한 권으로 끝내는
토목종합문제
토목기사 필기

예문사

PREFACE
ENGINEER CIVIL ENGINEERING

토목기사 자격증은 건설 분야에서 성공을 이끄는 핵심도구
토목기사 자격증은 건설 분야에서 성공적인 경력 쌓기를 위한 필수적인 도구 중 하나입니다. 국가기술자격증으로 인정받는 토목기사 자격증은 취업, 승진, 이직과 같은 진로 결정에 있어서 반드시 필요한 조건으로 자리매김하고 있습니다. 이 책은 토목기사 강의를 전담하고 있는 네 분의 교수님이 빠르고 효율적으로 자격증을 취득할 수 있는 방법을 제시한 교재입니다.

왜 토목기사 자격증을 취득해야 하는가?
토목기사 자격증을 취득하는 이유는 기술의 공인과 함께 해당 분야에서의 경력 쌓기와 기술 향상에 있어 필수불가결합니다. 국가기술자격증은 기술의 인정뿐만 아니라, 해당 분야에서의 진출과 발전을 위한 필수적인 지표로 작용하며, 그 중에서도 토목기사 자격증은 기술자 등급에서 승격을 위한 기초가 되며, 높은 등급으로의 진급에 필수적인 발판을 제공합니다.

기술자 등급은 초급부터 특급까지 다양하게 분류되는데, 토목기사 자격증을 취득함으로써 중급, 고급, 그리고 특급 기술자로의 승격이 수월해집니다. 즉, 토목기사 자격증은 단순히 자격을 증명하는 것을 넘어 기술적 성장과 미래 진로를 위한 필수적인 도구인 것입니다.

교재 활용 방법
이 교재는 실전 시험 대비를 위해 과거 시험 유형을 반영한 문제들로 구성되어 있습니다. 시작 단계에서는 문제와 해설을 먼저 훑어 전반적인 내용과 패턴을 파악하는 것이 중요합니다. 그 후 해당 내용의 이론을 학습하는 것을 권장합니다. 이를 통해 이론과 실전 문제 풀이를 유기적으로 연결하여 실전에 대비할 수 있도록 돕고자 합니다.

이러한 학습 방법은 이론과 문제 풀이를 조화롭게 결합하여 학습 효율성을 높이고, 시험에서의 실제 대응 능력을 키우는 데 도움을 줄 것입니다. 이 책을 통해 토목기사 자격증 취득을 목표로 하는 여러분이 실전에 완벽히 대비할 수 있기를 바랍니다.

저자일동

이책의 구성

01 정역학의 기초

① 힘(Force)

1. 힘의 3요소

(1) **크기** : 선분길이로 표시(l)

(2) **방향** : 화살표와 선분기울기인 각도로 표시(θ)

(3) **작용점** : 좌표로 표시(x, y)

※ 작용선 : 힘의 방향을 연장한 선(L)

힘의 3요소	힘의 표시법

- 이론을 한눈에 이해할 수 있도록 핵심 내용을 간추려 구성하였습니다.
- 표와 도표를 활용하여 내용의 이해를 도울 수 있습니다.

② 힘의 합성과 분해

1. 한 점에 작용하는 두 힘의 합성

식	힘의 합성
$R = \sqrt{P_1^2 + P_2^2 + 2P_1P_2\cos\alpha}$	

2. 한점에 작용하는 여러 힘의 합성

합력 :

- 이론과 관련된 보충 내용을 수록하여 이해도를 높일 수 있습니다.

① 수평분력의 합
  $\Sigma H = H_1 + H_2 + H_3$

② 수직분력의 합
  $\Sigma V = V_1 + V_2 + V_3 = P_1\sin\alpha_1 + P_2\sin\alpha_2 - P_3\sin\alpha_3$

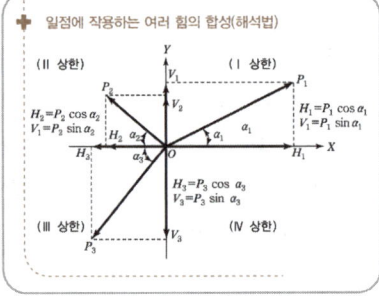

일점에 작용하는 여러 힘의 합성(해석법)

과년도 기출문제

토목 / 기사 / 산업기사 / 필기

01 힘의 3요소를 가장 옳게 설명한 것은?

① 벡터양으로 표시한다.
② 스칼라양으로 표시한다.
③ 벡터양과 스칼라양으로 표시한다.
④ 벡터양과 스칼라양으로 표시할 수 없다.

[해설]
물리량의 표현
• 스칼라양 : 크기만을 갖는 물리량으로 길이, 질량, 속력 등이 있다.
• 벡터양 : 크기와 방향을 갖는 물리량으로 변위, 무게, 속도, 가속도, 힘 등이 있다.

■ 관련 이론의 기출문제 풀이를 통해 실전에 대비할 수 있습니다.
■ 학습한 이론을 복습하여 부족한 부분을 보완할 수 있습니다.

02 아래 그림과 같이 60°의 각도를 이루는 두 힘 P_1, P_2가 작용할 때 합력 R의 크기는?

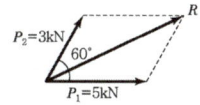

① 7kN ② 8kN
③ 9kN ④ 10kN

[해설]
$R = \sqrt{P_1^2 + P_2^2 + 2P_1P_2\cos\alpha}$
$= \sqrt{5^2 + 3^2 + 2\times5\times3\times\cos60°} = 7\text{kN}$

03 그림에서 두 힘($P_1 = 50\text{kN}$, $P_2 = 40\text{kN}$)에 대한 합력(R)의 크기와 방향(θ) 값은?

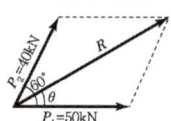

① $R = 78.10\text{kN}$, $\theta = 26.3°$
② $R = 78.10\text{kN}$, $\theta = 28.5°$
③ $R = 86.97\text{kN}$, $\theta = 26.3°$
④ $R = 86.97\text{kN}$, $\theta = 28.5°$

$= \tan^{-1}\dfrac{34.64}{70} = \tan^{-1}(0.49)$
$\theta = 26.3°$

04 다음 그림에 표시된 힘들의 x방향의 합력은 약 얼마인가?

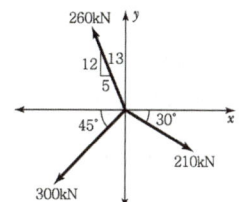

① 55kN(←) ② 77kN(→)
③ 122kN(→) ④ 130kN(←)

[해설]
$\Sigma H = -260\times\dfrac{5}{13} - 300\times\cos 45° + 210\times\cos 30°$
$= -100 - 212.16 + 181.87$
$= -130.3$
$= 130.3\text{kN}(←)$

정답 01 ① 02 ① 03 ① 04 ④

CHAPTER 01. 응용역학

SECTION 01 정역학의 기초 ········ 2
01 힘(Force) ········ 2
02 힘의 합성과 분해 ········ 2
03 모멘트(Moment)와 우력(Couple Force) ········ 4
04 힘의 평형 ········ 6

SECTION 02 단면의 성질 ········ 10
01 단면1차모멘트(Geometrical Moment of Section) ········ 10
02 도심(Centroid) ········ 12
03 단면상승모멘트(관성상승모멘트) ········ 14
04 단면2차모멘트(Moment of Intertia of Section) ········ 16
05 단면2차극모멘트(극관성모멘트) ········ 20
06 단면계수(Section Modulus) ········ 22
07 단면 회전반경(회전반지름) ········ 24

SECTION 03 판별식 ········ 26
01 구조물의 판별 ········ 26

SECTION 04 정정보 ········ 30
01 반력 ········ 30
02 단면력 ········ 34
03 단순보(Simple Beam) ········ 38
04 캔틸레버보(Cantilever Beam) ········ 46

05 내민보(Overhanging Beam) 해석 ···················· 48
06 게르버보(Gerber Beam) ···················· 50
07 절대 최대 휨모멘트 ···················· 52
08 하중에 따른 단면력도 ···················· 54

SECTION 05 라멘 및 아치 ···················· 56

01 정정 라멘(Rahmen) ···················· 56
02 정정 아치(Arch) ···················· 60

SECTION 06 트러스 ···················· 62

01 트러스의 종류 ···················· 62
02 트러스의 특성 ···················· 62
03 트러스의 해법 ···················· 66

SECTION 07 재료의 성질 ···················· 70

01 응력(Stress) ···················· 70
02 변형도(Strain) ···················· 70
03 탄성(Elasticity) ···················· 72
04 축응력과 변형도 ···················· 78

SECTION 08 보의 응력 ···················· 84

01 휨응력(Bending Stress) ···················· 84
02 전단응력(Shear Stress) ···················· 86

SECTION 09 기둥 ···················· 92

01 기둥의 구별 ···················· 92
02 단주 ···················· 92

03 단면의 핵 ··········· 96
04 축하중의 편심거리(e)에 의한 응력분포도 ··········· 98
05 장주의 공식 ··········· 100

SECTION 10 보의 처짐 ··········· 104

01 곡률반경과 곡률 ··········· 104
02 탄성하중법(Mohr의 정리)에 의한 해석 ··········· 106
03 공액보 ··········· 110
04 내민보·겔버보 처짐 ··········· 114
05 처짐각과 처짐공식 ··········· 116
06 단위하중법(가상일의 원리) ··········· 120

SECTION 11 탄성변형에너지 ··········· 122

01 일(Work) ··········· 122
02 캔틸레버보 ··········· 124
03 단순보 ··········· 124
04 내력일(Internal Work) ··········· 126
05 보의 탄성에너지 ··········· 130
06 상반작용의 원리 ··········· 132

SECTION 12 부정정보 ··········· 134

01 변위일치법 ··········· 134
02 3연 모멘트의 정리 ··········· 146
03 모멘트 분배법(고정모멘트법) ··········· 152
04 처짐각법(요각법) ··········· 156

CHAPTER 02 측량학

SECTION 01 측량의 기준 ········· 166

- 01 정밀도 ········· 166
- 02 평면측량과 측지측량의 측량범위 ········· 168
- 03 평면측량과 측지측량의 정밀도 및 거리오차 ········· 168
- 04 측지학의 분류 ········· 170
- 05 중력이상 값 ········· 170
- 06 지오이드(수직위치) ········· 172
- 07 UTM(Universal Transverse Mercator) 좌표 ········· 174
- 08 평면직각 좌표계 4원점(가상점) ········· 174

SECTION 02 오차해석 ········· 176

- 01 정오차와 부정(우연)오차 ········· 176
- 02 오차 보정 후 실제거리 계산 ········· 176
- 03 축척 ········· 178
- 04 거리의 정밀도와 면적의 정밀도 ········· 178
- 05 도면이 수축 또는 팽창 시 실제면적 ········· 178
- 06 경중률(P) ········· 182
- 07 최확값 산정 ········· 182
- 08 부정오차의 오차전파 ········· 184
- 09 면적 관측 시 최확값 및 평균제곱근 오차 합 ········· 184

SECTION 03 거리와 각 측량 ········· 186

- 01 거리의 보정값 ········· 186
- 02 간접거리관측방법 ········· 186

이책의 차례

03 거리관측 시 삼각함수 이용 ···················· 186
04 기선측량의 보정(거리측정값의 보정, 정오차 보정) ···················· 188
05 정위, 반위 평균 시 제거되는 오차 ···················· 190
06 각관측 조정(동일경중률, 경중률 일정) ···················· 190
07 조건부 관측 시 조정 ···················· 190
08 수평각관측 방법 ···················· 192

SECTION 04 다각측량(트래버스 측량) ···················· 194

01 다각측량(트래버스 측량)의 특징 ···················· 194
02 다각측량(트래버스 측량)의 순서 ···················· 194
03 다각(트래버스) 측량의 종류 ···················· 196
04 다각(트래버스) 측량의 각 관측 ···················· 196
05 폐합트래버스 오차 ···················· 198
06 결합트래버스 오차 ···················· 198
07 각 관측 값의 허용오차 범위 및 오차 배분 ···················· 200
08 교각 관측 시 방위각 계산 ···················· 200
09 좌표가 주어졌을 때 거리와 방위각 계산 ···················· 202
10 방위 계산 ···················· 202
11 위거와 경거 ···················· 204
12 폐합비(결합비) ···················· 204
13 폐합오차의 조정 ···················· 206
14 합위거(X좌표), 합경거(Y좌표) ···················· 206
15 배횡거 ···················· 208
16 배횡거 계산 ···················· 208
17 배면적과 면적 ···················· 208
18 면적 계산 ···················· 208

SECTION 05 삼각측량 · 210

01 삼각 및 삼변측량의 비교 · 210
02 삼각 및 삼변측량의 원리 및 특징 · 210
03 삼각측량의 순서 · 210
04 삼각망의 종류 · 212
05 선점 · 214
06 조표 · 214
07 관측(편심보정) · 214
08 각관측 3조건 · 216
09 단열삼각망 각 조정 · 216
10 유심삼각망 조정 · 216
11 구차 및 양차 식 · 218

SECTION 06 수준측량 · 220

01 수준측량의 정의 · 220
02 직접 수준측량의 용어 · 220
03 직접 수준측량 야장의 종류 · 222
04 직접 수준측량의 원리 · 222
05 고차식 · 224
06 기고식 · 224
07 전시와 후시의 거리를 같게 취함(등시준거리)으로 제거되는 오차 · 226
08 간접 수준측량 · 226
09 교호수준측량의 정의 · 228
10 교호수준측량의 계산 · 228
11 수준측량의 오차 분류 · 230
12 수준측량의 오차조정 · 230
13 수준측량의 오차 · 232
14 최확값 · 232
15 경중률(P) 계산 · 232

이책의 차례

SECTION 07 지형측량 ... 236

01 지형측량과 지형도 ... 236
02 등고선의 종류 ... 236
03 등고선의 간격(단위 : m) ... 236
04 등고선의 성질 ... 238
05 지성선의 종류 ... 238
06 지형의 표시방법 ... 240
07 등고선 그리는 법 ... 240
08 등경사선의 경사 ... 240

SECTION 08 면체적 측량 ... 244

01 면적(도형)의 선형에 따른 분류 ... 244
02 삼각형의 면적계산 ... 244
03 좌표법(합위거, 합경거) ... 246
04 횡단면적 산정 ... 246
05 심프슨 제1법칙 ... 248
06 면적의 정확도 ... 248
07 한 변에 평행한 직선에 의한 분할 ... 250
08 삼각형의 꼭지점(정점)을 통하는 분할 ... 250
09 한 변에 평행하지 않은 직선 분할 ... 250
10 단면법(체적결정) ... 252
11 점고법(체적결정) ... 252
12 등고선법(지형도 이용법) ... 256
13 유토곡선(토적곡선) ... 256
14 유토곡선(토적곡선)의 특징 ... 256

SECTION 09 노선측량 ... 258

01 노선측량의 순서 ... 258
02 곡선의 분류 ... 258

03 원곡선(단곡선) 명칭	260
04 원곡선(단곡선) 공식	260
05 원곡선의 종류	264
06 편각에 의한 단곡선 설치	266
07 중앙종거법에 의한 단곡선 설치	266
08 접선에 대한 지거법 및 접선 편거 현 편거에 의한 방법	266
09 장애물이 있는 경우의 단곡선 설치	270
10 노선변경	270
11 종횡단 측량	270
12 완화곡선 정의	272
13 완화곡선의 요소	272
14 완화곡선의 종류	272
15 클로소이드 곡선의 정의	278
16 클로소이드 곡선의 기본식	278
17 클로소이드 곡선의 성질	278

SECTION 10 하천측량 ... 280

01 하천측량의 정의 및 순서	280
02 하천측량 분류	280
03 평면측량의 범위	280
04 양수표(수위 관측소) 설치장소	282
05 하천의 수위	282
06 부자(Float)에 의한 유속 관측 방법	284
07 평균유속을 구하는 방법	284

SECTION 11 GNSS(위성측위 시스템) ... 286

01 GPS(GNSS)	286
02 GPS(GNSS)의 구성	286
03 WGS 84 좌표계	286

이책의 차례

- 04 GPS(GNSS) 측위개념 ········· 290
- 05 GPS(GNSS)의 고도 ········· 290
- 06 단독위치 결정 ········· 290
- 07 후처리 상대위치결정(정지측량, 정적관측) ········· 290
- 08 GPS(GNSS) 오차(구조적 오차) ········· 292
- 09 위성의 기하학적 배치에 따른 오차(DOP) ········· 292
- 10 고의적 오차 ········· 292

CHAPTER 03. 수리수문학

SECTION 01 유체의 물리적 성질 ········· 296

- 01 중량과 질량 ········· 296
- 02 밀도와 단위중량 ········· 296
- 03 비중 ········· 296
- 04 유체의 분류 ········· 298
- 05 Newton의 마찰법칙(점성법칙) ········· 298
- 06 점성계수 ········· 298
- 07 표면장력 ········· 300
- 08 모세관 현상(Capillary Phenomenon) ········· 300
- 09 물방울에 작용하는 표면장력(T) ········· 300
- 10 단위계 ········· 302
- 11 Newton의 제2법칙 ········· 302
- 12 LMT계와 LFT계의 상호 변환 ········· 302

SECTION 02 정수역학 · 304

01 정수압 · 304
02 정수압의 특징 · 304
03 절대압력과 계기압력 · 304
04 Pascal 원리 및 수압기 · 306
05 액주계(Manometer) : 압력 측정기구 · 306
06 평면 및 경사면에 작용하는 전수압(수중) · 308
07 수중의 곡면에 작용하는 전수압 · 310
08 곡면에 작용하는 여러 가지 형태의 전수압(수중) · 310
09 부양면과 흘수 · 314
10 부력 구하기 · 314
11 물체 무게(W)와 부력(B)과의 관계 · 314
12 경심과 경심고 · 318
13 부체의 안정조건 · 318
14 수평 및 연직 등가속도를 받는 액체 · 320
15 수문을 끌어올리는 힘 · 322
16 수문에 작용하는 전수압 · 322

SECTION 03 동수역학 · 324

01 정수역학과 동수역학 · 324
02 유속과 유량 · 324
03 유선 · 324
04 정류(Steady Flow)와 부정류(Unsteady Flow) · 326
05 등류(Uniform Flow)와 부등류(Nonuniform Flow) · 326
06 층류(Laminar Flow)와 난류(Turbulent Flow) · 326
07 1차원 흐름 · 330
08 1차원 흐름의 기본 방정식 · 330
09 1차원 흐름의 연속방정식 · 330
10 베르누이 정리(에너지 방정식) · 332

11 Torricelli 정리 ········ 338
12 정지판에 미치는 충격력 ········ 338
13 3차원 흐름에 대한 연속 방정식 ········ 342
14 실제유체 흐름의 유속 분포 ········ 342
15 보정계수를 이용한 식(실제유속에 적용) ········ 342
16 속도 포텐셜 ········ 344
17 항력의 정의 ········ 344
18 항력의 종류 ········ 344

SECTION 04 오리피스와 위어 ········ 348

01 오리피스 종류 ········ 348
02 작은 오리피스 유량 계산 ········ 348
03 수축계수(C_a)와 유속계수(C_v) 및 유량계수(C) ········ 348
04 오리피스 수두오차와 유량오차의 관계 ········ 352
05 큰 오리피스 ········ 352
06 큰 오리피스 유량계산(직사각형 단면) ········ 352
07 수중 오리피스 ········ 354
08 노즐 ········ 354
09 분수에서 유효수두(분수 높이) ········ 358
10 오리피스 유출시간 ········ 358
11 사각형(구형) 위어 ········ 360
12 Francis 공식(계산은 n) ········ 360
13 단수축 수(n) ········ 360
14 삼각형 위어 ········ 364
15 제형(사다리꼴) 위어 및 치폴레티(Cippoletti) 위어 ········ 364
16 나팔형 위어 ········ 364
17 광정 위어(완전 월류 시 유량) ········ 366
18 광정 위어(수중 위어 시 유량) ········ 366
19 위어의 수위와 유량과의 관계 ········ 366
20 Venturimeter ········ 370

SECTION 05 관수로 ... 372

01 관수로의 정의 및 특징 ... 372
02 윤변과 경심 ... 372
03 유속분포 및 마찰응력 ... 372
04 유속분포 및 마찰력 분포(층류) ... 372
05 마찰손실수두(h_L) ... 374
06 마찰손실계수(f) ... 374
07 상대조도 및 매끈한 관과 거친 관 ... 374
08 마찰속도(전단속도) ... 374
09 Chezy의 평균유속공식과 Manning의 평균유속공식 ... 378
10 유속계수(c)와 마찰손실계수(f)의 관계 ... 378
11 마찰 이외의 미소손실수두 ... 378
12 유입손실수두 ... 378
13 두 수조를 연결하는 등단면 단일관수로(마찰고려) ... 384
14 사이폰(펀) ... 384
15 역사이폰 ... 384
16 원관에 작용하는 수압(주장력 공식) ... 388
17 다지 관수로 ... 390
18 병렬 관수로 ... 390
19 Hardy – Cross 관망해석 방법 ... 392
20 수격작용 ... 392
21 공동현상 ... 392
22 동력 ... 394
23 펌프의 동력 ... 394
24 수차의 동력 ... 394

SECTION 06 개수로 ... 396

01 개수로의 정의 및 특징 ... 396
02 각 상황에 따른 경심(R) ... 396

03 수리상 유리한 단면(최량수리단면) ···················· 396
04 수리상 유리한 단면 유형 ···················· 396
05 유속계에 의한 평균유속 ···················· 400
06 공식을 이용한 평균유속 ···················· 400
07 통수능(K, Manning 공식) ···················· 400
08 등류계산을 위한 수리지수 ···················· 400
09 비에너지(H_e) ···················· 404
10 한계수심(h_c) ···················· 404
11 한계유속(V_c) ···················· 404
12 한계경사(I_c) ···················· 404
13 프루드 수(Fr)에 따른 상류 및 사류의 분류 ···················· 410
14 상류와 사류의 구분(구형 단면) ···················· 410
15 한계 Reynolds 수에 의한 흐름의 분류 ···················· 410
16 직사각형 수로의 최대유량 ···················· 410
17 도수 ···················· 416
18 도수 후 에너지 손실과 도수 후 상류 수심 ···················· 416
19 완전도수와 불완전(파상)도수 ···················· 416
20 부등류의 수면곡선(완경사, M곡선) ···················· 420
21 단파(Surge or Hydraulic Bore) ···················· 420

SECTION 07 지하수와 수리학적 상사성 ···················· 422

01 Darcy 법칙(지하수 흐름의 기본 방정식) ···················· 422
02 Darcy 법칙의 3대 가정과 적용범위 ···················· 422
03 통기대 ···················· 424
04 포화대 ···················· 424
05 비피압 대수층과 피압 대수층(1) ···················· 424
06 비피압 대수층과 피압 대수층(2) ···················· 426
07 Dupuit의 침윤선 ···················· 430
08 길이의 비로서 표시한 물리량의 비 ···················· 430
09 특별상사의 법칙 ···················· 430

10 미소진폭파	432
11 상대수심에 의한 분류	432
12 파랑의 반사율	432
13 천해파의 파장과 파속	432
14 파랑의 굴절	434
15 유의파고와 최대파고	434
16 방파제의 활동에 대한 안전율	434

SECTION 08 수문학 ········ 436

01 수문학	436
02 습도	436
03 우리나라 수자원 및 하천의 특성	436
04 하천의 수위	436
05 강수량의 측정(누가우량곡선)	438
06 강수자료의 조정(2중 누가우량 분석)	438
07 강수기록의 결측치 추정방법	438
08 평균강우량 산정	440
09 강수량 자료의 해석	440
10 평균우량깊이(D) – 유역면적(A) – 강우지속기간(D) 관계 해석	440
11 저수지 증발량의 산정방법	446
12 증발접시에 의한 방법으로 저수지 증발량 산정	446
13 침투와 침루	446
14 토양의 침투능 결정방법	446
15 침투지수법(Index)에 의한 유역의 평균 침투능 결정	450
16 유출의 분류	450
17 수위표에 의한 유량 산정	451
18 수위 – 유량 관계곡선이 Loop형인 이유	451
19 수위 – 유량 관계곡선(Rating Curve)의 연장	451
20 수문곡선(Q – t Curve)	456
21 수문곡선의 구성	456

이책의 차례

- 22 호우조건 및 토양수분 미흡량에 따른 구성양상 ········ 457
- 23 수문곡선의 분리(직접 유출과 기저 유출의 분리) ········ 457
- 24 단위도(단위유량도) ········ 460
- 25 단위도(단위유량도)의 3대 가정 ········ 460
- 26 유효우량과 직접 유출 수문 Graph와의 관계 ········ 460
- 27 단위도(단위유량도) 지속시간 변경 ········ 461
- 28 S-curve Method(S-곡선 방법) ········ 461
- 29 합성(종합) 단위도 ········ 461
- 30 합성 단위도의 인자 ········ 461
- 31 합리식의 개요 ········ 466
- 32 공식 ········ 466
- 33 도달시간(t_c, 유달시간, 지속시간) ········ 466

CHAPTER 04. 철근콘크리트 및 강구조

SECTION 01 철근콘크리트 개론 ········ 470

- 01 철근콘크리트의 기본개념 ········ 470
- 02 콘크리트 ········ 472
- 03 철근 ········ 484

SECTION 02 설계방법 ········ 490

- 01 구조물 설계의 기본개념 ········ 490
- 02 강도설계법 ········ 490

SECTION 03 보의 휨해석과 설계 498

- **01** 강도설계법의 기본개념 498
- **02** 단철근 직사각형 단면보 502
- **03** 복철근 직사각형 단면보 524
- **04** T형 단면보 532

SECTION 04 보의 전단과 비틀림 542

- **01** 전단응력 542
- **02** 사인장응력과 균열 543
- **03** 전단철근의 종류 546
- **04** 전단해석과 설계 548
- **05** 특수한 경우의 전단설계 560

SECTION 05 철근의 정착과 이음 570

- **01** 철근의 구조세목 570
- **02** 부착과 정착 572
- **03** 철근의 정착 574
- **04** 철근의 이음 582

SECTION 06 사용성 586

- **01** 서론 586
- **02** 처짐 586
- **03** 균열 592
- **04** 피로 594

SECTION 07 기둥 598

- **01** 서론 598

이책의 차례

02 기둥의 구조세목 ········· 600
03 설계의 기본개념 ········· 602
04 단주 ········· 606
05 장주 ········· 612

SECTION 08 슬래브 ········· 614

01 서론 ········· 614
02 1방향 슬래브 ········· 616
03 2방향 슬래브 ········· 620

SECTION 09 확대기초 ········· 624

01 서론 ········· 624
02 독립 확대기초 ········· 625

SECTION 10 옹벽 ········· 630

01 서론 ········· 630
02 옹벽의 설계 ········· 630

SECTION 11 프리스트레스트 콘크리트(PSC) ········· 636

01 서론 ········· 636
02 재료 ········· 637
03 프리스트레스트 콘크리트의 기본개념 ········· 642
04 프리스트레싱 방법 및 정착공법 ········· 650
05 프리스트레스의 도입과 손실 ········· 652
06 프리스트레스트 콘크리트 보의 해석과 설계 ········· 660

SECTION 12 강구조 및 교량 ······ 668

- **01** 서론 ······ 668
- **02** 리벳이음 ······ 669
- **03** 고장력 볼트이음 ······ 676
- **04** 용접이음 ······ 678
- **05** 교량을 구성하는 부재 ······ 684

CHAPTER 05. 토질 및 기초

SECTION 01 흙의 기본적 성질 ······ 688

- **01** 비점성토의 입자구조 ······ 688
- **02** 흙의 3상(주상도) ······ 688
- **03** 흙의 상대정수 ······ 688
- **04** 간극비, 간극률 ······ 690
- **05** 무게 ······ 690
- **06** 흙입자의 비중(G_s) ······ 690
- **07** 정리 ······ 690
- **08** 흙의 단위중량(밀도) ······ 692
- **09** 간극비(e)를 구하는 방법 ······ 692
- **10** 상대밀도(D_r) ······ 694
- **11** 애터버그 한계(Atterberg Limits) ······ 694
- **12** 활성도(Activity, A) ······ 696
- **13** 활성도(Activity, A) 식 ······ 696
- **14** 점토광물 ······ 696

SECTION 02 흙의 분류 ································· 698

01 흙의 분류 ································· 698
02 입경에 따른 분류 ··························· 698
03 입도분포 곡선 ····························· 698
04 균등계수(C_u) ····························· 702
05 곡률계수(C_g) ····························· 702
06 입도분포가 좋은 양입도 ····················· 702
07 양입도(입도양호)의 판정 ···················· 702
08 통일 분류법 ······························· 704
09 양입도 판정 ······························· 704
10 소성도표 ································· 704
11 AASHTO 분류법 ····························· 706
12 AASHTO 분류법에 의한 흙의 분류 ············· 706
13 통일분류법과 AASHTO 분류법의 분류 ·········· 706

SECTION 03 지반 내 물의 흐름 ························· 708

01 Darcy 법칙 ································ 708
02 실제 침투유속 ····························· 708
03 Darcy 법칙의 적용 ························· 708
04 투수계수 공식 ····························· 710
05 투수계수와 간극비의 관계 ··················· 710
06 정수위 투수시험(조립토에 적용) ············· 710
07 수평방향 등가 투수계수(k_h) ················ 712
08 수직방향 등가 투수계수(k_v) ················ 712
09 비등방성(이방성) 투수계수 ················· 712
10 유선망 ··································· 714
11 유선망의 특징 ····························· 714
12 침투유량(침투수량) ······················· 716

SECTION 04 동해 ··· 718

- 01 동상의 조건 ··· 718
- 02 동상현상의 방지대책 ··· 718
- 03 동결심도(동결깊이) ··· 718

SECTION 05 유효응력 ··· 720

- 01 지중의 한 점에 작용하는 (수직)응력 ··· 720
- 02 상재 하중이 작용할 때 유효응력 ··· 720
- 03 모관상승으로 완전 포화된 경우(S = 100%) ··· 722
- 04 모관상승으로 부분적으로 포화된 경우(0 < S < 100%) ··· 722
- 05 연직 상향침투가 있는 경우 유효응력 ··· 724
- 06 널말뚝에서 침투에 의한 전수압(전수두) 및 유효응력 ··· 726
- 07 분사현상(Quick Sand)의 개념 ··· 728
- 08 분사현상의 조건 ··· 728

SECTION 06 지중응력 ··· 732

- 01 흙의 자중에 의한 응력 ··· 732
- 02 집중하중 작용 시 유효응력을 고려하지 않은 지중응력 ··· 732
- 03 유효응력을 고려한 지중응력(유효연직응력) ··· 732
- 04 구형 등분포하중에 의한 지중응력(모서리점 아래) ··· 734
- 05 임의 점 A가 구형 안에 있는 경우 ··· 734
- 06 임의 점 A가 구형 밖에 있는 경우 ··· 734
- 07 중첩의 원리 ··· 734
- 08 간편법(2 : 1 분포법, $\tan\theta = \dfrac{1}{2}$ 법) ··· 736
- 09 휨성(가요성) 기초의 접지압 ··· 736
- 10 강성 기초의 접지압 ··· 736

SECTION 07 압밀 ······ 738

- 01 압밀의 과정(S = 100%) ······ 738
- 02 1차 압밀이론의 기본가정(Terzaghi) ······ 738
- 03 압밀시험에 따른 성과표 ······ 738
- 04 체적변화계수 ······ 740
- 05 투수계수 ······ 740
- 06 압밀계수(C_v) ······ 740
- 07 배수거리 ······ 740
- 08 압축계수(a_v) ······ 742
- 09 압축지수(C_c) ······ 742
- 10 압축지수(C_c)의 경험식(Terzaghi 경험식) ······ 742
- 11 선행압밀하중(P_c) ······ 742
- 12 압밀도 ······ 744
- 13 Z지점에서 압밀도(U_z)와 평균압밀도($\overline{U}$) ······ 744
- 14 압밀도(U)에 영향을 주는 요소 ······ 744
- 15 압밀침하량(정규압밀점토, ΔH) ······ 746

SECTION 08 전단강도 ······ 750

- 01 전단강도(전단응력) ······ 750
- 02 흙의 종류에 따른 전단강도 ······ 750
- 03 강도정수(c, ϕ)를 구하기 위한 실내 전단강도시험 ······ 750
- 04 주응력 ······ 752
- 05 Mohr 응력원(해석적으로 수직응력, 전단응력 구함) ······ 752
- 06 주응력면과 파괴면이 이루는 각 ······ 752
- 07 일축압축시험 ······ 756
- 08 일축압축강도(q_u) ······ 756
- 09 일축압축시험 시 전단강도(실험식) ······ 758
- 10 예민비 ······ 758
- 11 Thixotropy ······ 758

12 삼축압축시험 ·· 760
13 삼축압축시험의 결과 ·· 760
14 주응력면과 파괴면이 이루는 각 ·· 760
15 3축 압축시험의 종류 ·· 762
16 비압밀 비배수시험(UU시험) ·· 762
17 압밀 배수시험(CD시험) ··· 764
18 압밀 비배수시험(CU시험) ··· 764
19 점토의 강도증가율 산정방법 ··· 764
20 Skempton 제안식(소성지수에 의한 방법) ··· 764
21 응력경로 ··· 768
22 응력경로의 종류 ·· 768
23 CD 시험 시의 전응력경로 및 유효응력경로 ·· 768
24 응력경로 ··· 768
25 간극수압계수 ··· 770
26 등방압축 시 간극 수압계수(B계수) ·· 770
27 1축 압축 시 간극수압계수(D계수) ·· 770
28 3축 압축 시(비배수 전단 시) 과잉공극수압 및 A계수 ······························· 770
29 다일러탠시(Dilatancy) ··· 772
30 조밀한 모래(과압밀 점토) ··· 772
31 느슨한 모래(정규압밀 점토) ··· 772
32 다일러탠시(Dilatancy) 현상 ··· 772

SECTION 09 수평토압 ··· 774

01 토압 ··· 774
02 정지토압 ··· 774
03 주동토압 ··· 774
04 수동토압 ··· 774
05 토압이론 ··· 776
06 Rankine 토압론의 기본가정 ·· 776
07 토압분포도 ··· 776

이책의 차례

08 정지토압계수(K_o) ········· 778
09 주동토압계수(K_a) ········· 778
10 수동토압계수(K_p) ········· 778
11 주동토압계수와 수동토압계수의 관계 ········· 778
12 정지토압계수 계산 ········· 778
13 연직옹벽에 작용하는 토압($i=0$, $c=0$) ········· 780
14 등분포하중에 의한 토압($i=0$, $c=0$) ········· 780
15 지하수위가 있는 경우 토압(1) ········· 782
16 지하수위가 있는 경우 토압(2) ········· 782
17 점성이 있는 경우의 토압($c\neq 0$) ········· 784

SECTION 10 흙의 다짐 ········· 786

01 다짐의 개선효과 ········· 786
02 최적함수비(OMC) ········· 786
03 영공극 곡선(영공기 간극곡선, 포화곡선) ········· 786
04 (상대)다짐도와 다짐에너지 ········· 788
05 다짐에너지(다짐횟수)에 따른 특징 ········· 788
06 다짐곡선에서 토질에 따른 특징 ········· 788
07 동일한 에너지로 다지는 경우 토질의 특징 ········· 790
08 다짐한 점성토의 공학적 특성 ········· 794
09 모래치환법(들밀도시험) ········· 794

SECTION 11 사면의 안정 ········· 796

01 사면에 관한 용어 ········· 796
02 사면파괴의 원인 ········· 796
03 임계원 ········· 796
04 유한사면의 활동에 대한 안전율 ········· 798
05 평면 파괴면을 갖는 사면의 안정해석 ········· 798
06 직각사면의 안전율 ········· 798

07 원호파괴면을 갖는 사면의 안정 해석법 802
08 질량법($\phi=0$)의 사면안정 해석 802
09 절편법(분할법) 804
10 파괴면 아래에 지하수위가 있는 경우 806

SECTION 12 지반조사 808

01 보링(Boring)의 개요 및 목적 808
02 보링(Boring)의 분류 808
03 면적비(A_R) 808
04 면적비(A_R) 판정조건 808
05 암석의 회수율(TCR) 810
06 사운딩(Sounding) 개요 810
07 사운딩(Sounding) 분류 810
08 베인시험(Vane Test) 810
09 노상토 지지력비(CBR) 시험의 적용범위 814
10 노상토 지지력비 결정방법 814
11 설계 CBR 계산 814
12 표준관입시험 개요 816
13 N치의 수정 816
14 N치와 내부 마찰력과의 관계 816
15 N값으로 추정할 수 있는 사항 816
16 평판재하시험 820
17 재하판의 크기에 따른 지지력계수 820
18 평판재하시험에 의한 허용지지력 산정 820
19 재하시험에 의한 설계 허용지지력(q_t) 820
20 평판재하시험(PBT) 결과에서 고려할 사항 824
21 재하판의 크기에 따른 영향(Scale Effect) 824

SECTION 13 직접기초 826

01 기초지반의 전단파괴 826
02 기초의 구비조건 826
03 직접기초(얕은 기초)에서 (수정) 극한지지력 공식 826
04 기초형상에 따른 형상계수(α, β) 826
05 주어진 조건에 따른 Terzaghi의 수정 극한지지력 식 830
06 지하수위 영향에 따른 단위중량 계산($0 \leq d_1 \leq D_f$) 830
07 지하수위 영향에 따른 단위중량 계산($d \leq B$) 830
08 직접기초의 허용지지력(q_a) 830
09 Meyerhof 공식(모래지반의 극한지지력) 834
10 연속기초의 편심하중 834
11 보상기초 정의 834
12 부분 보상기초 834

SECTION 14 깊은 기초 838

01 주동말뚝과 수동말뚝 838
02 단항과 군항의 판정기준 838
03 단항과 군항의 허용지지력 838
04 군항의 효율 838
05 말뚝의 지지력 산정방법 840
06 정역학적 공식에 의한 극한지지력 840
07 선단지지력과 주면마찰저항력 840
08 Hiley의 공식 842
09 Sander 공식 842
10 Engineering-News 공식 842
11 부마찰력(Negative Friction) 844
12 부마찰력의 크기 844

SECTION 15 지반개량공법 ·· 848

01 점성토 개량공법 ·· 848
02 사질토 개량공법 ·· 848
03 연약지반에서 일시적 지반개량공법 ····················· 848
04 Sand Drain 공법의 유효직경(d_e, 물을 흡수하는 범위) ····· 850
05 평균압밀도(U) ··· 850
06 Paper Drain ·· 850
07 Paper Drain의 등치 환산원의 직경 ····················· 850
08 압성토 공법 ·· 852
09 동다짐 공법 ·· 852
10 토목섬유의 종류 및 주요 기능 ····························· 852
11 토목섬유의 주요 기능 ·· 852

CHAPTER 06. 상하수도공학

SECTION 01 상수도시설계획 ·· 858

01 상수도시설계획 ·· 858
02 계획급수량산정 ·· 860
03 인구추정방법 ·· 862

SECTION 02 수원, 취수시설 ·· 864

01 수원 ·· 864
02 취수시설 ·· 864

이책의 차례

SECTION 03 수질관리 및 수질기준 ··· 868

- 01 수질관리(수질용어) ··· 868
- 02 수질기준 ··· 872

SECTION 04 상수관로시설 ··· 874

- 01 계획도수량과 계획송수량 ··· 874
- 02 도수송수노선 결정 시 고려사항 ··· 874
- 03 수로의 평균유속 ··· 874
- 04 상수도 밸브 ··· 874
- 05 배수시설 ··· 878
- 06 급수시설 ··· 882

SECTION 05 정수장시설 ··· 884

- 01 응집 ··· 884
- 02 침전 ··· 886
- 03 여과 ··· 890
- 04 소독 ··· 894

SECTION 06 하수도시설계획 ··· 898

- 01 하수도의 개요 ··· 898
- 02 계획하수량 ··· 898
- 03 계획오수량 산정 ··· 898
- 04 계획우수량 산정(합리식 적용) ··· 898
- 05 하수배제방식의 비교 ··· 902
- 06 하수관거 배치방식 ··· 902

SECTION 07 하수관로시설 ········· 904

01 유속과 경사 ········· 904
02 하수관거의 단면형상 ········· 906
03 하수관거의 접합 ········· 908
04 관정부식(Crown Corrosion) ········· 910
05 부대시설 ········· 912

SECTION 08 하수처리장시설 ········· 914

01 물리적 처리시설 ········· 914
02 하수고도처리(3차 처리) ········· 918
03 생물학적처리 ········· 920

SECTION 09 배출수 및 슬러지 처리 ········· 928

01 슬러지 처리 목적 ········· 928
02 슬러지 함수율과 부피와의 관계 ········· 928
03 슬러지 처리 계통 ········· 928
04 호기성과 혐기성 슬러지 소화방법 비교 ········· 928

SECTION 10 펌프장시설 ········· 932

01 펌프의 결정기준과 특성 ········· 932
02 펌프의 종류 ········· 932
03 펌프의 계산 ········· 932
04 수격작용 ········· 932
05 공동현상 ········· 932

이책의 차례

부록 CBT 실전모의고사

01 제1회 CBT 실전모의고사 ·················· 942
02 제2회 CBT 실전모의고사 ·················· 970
03 제3회 CBT 실전모의고사 ·················· 999
04 제4회 CBT 실전모의고사 ·················· 1026
05 제5회 CBT 실전모의고사 ·················· 1055

응용역학

ENGINEER CIVIL ENGINEERING

01 정역학의 기초
02 단면의 성질
03 판별식
04 정정보
05 라멘 및 아치
06 트러스
07 재료의 성질
08 보의 응력
09 기둥
10 보의 처짐
11 탄성변형에너지
12 부정정보

01 정역학의 기초

1 힘(Force)

1. 힘의 3요소

(1) **크기** : 선분길이로 표시(l)

(2) **방향** : 화살표와 선분기울기인 각도로 표시(θ)

(3) **작용점** : 좌표로 표시(x, y)

※ 작용선 : 힘의 방향을 연장한 선(L)

힘의 3요소 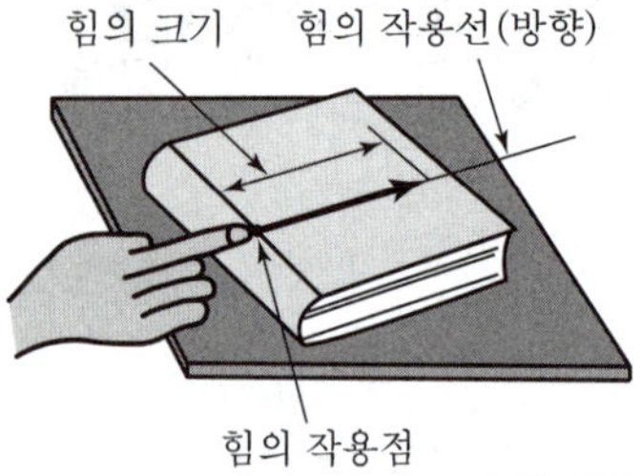	힘의 표시법 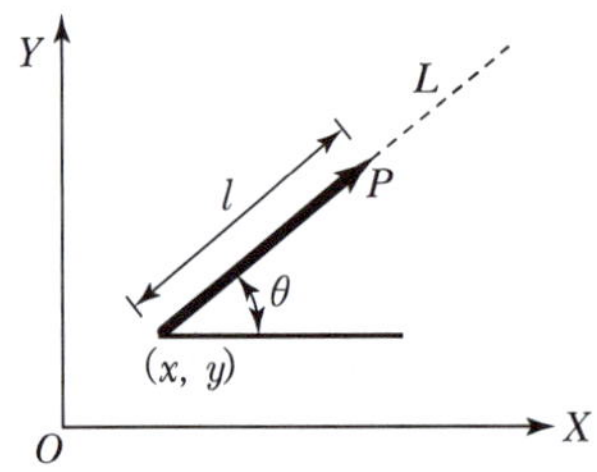

2 힘의 합성과 분해

1. 한 점에 작용하는 두 힘의 합성

식	힘의 합성
$R = \sqrt{P_1^2 + P_2^2 + 2P_1P_2\cos\alpha}$	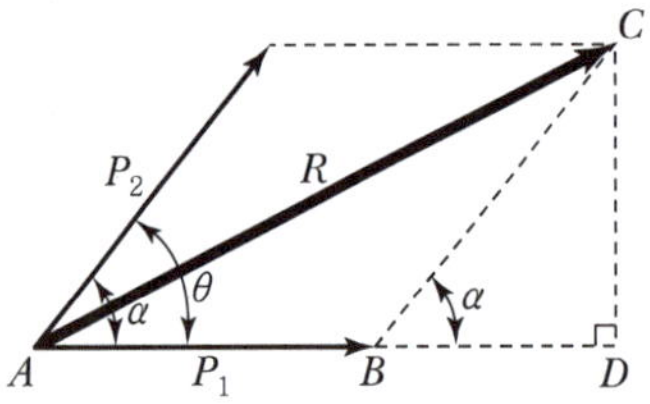

2. 한점에 작용하는 여러 힘의 합성

$$합력 : R = \sqrt{(\sum H)^2 + (\sum V)^2}$$

① 수평분력의 합
$\sum H = H_1 + H_2 + H_3 = P_1\cos\alpha_1 - P_2\cos\alpha_2 - P_3\cos\alpha_3$

② 수직분력의 합
$\sum V = V_1 + V_2 + V_3 = P_1\sin\alpha_1 + P_2\sin\alpha_2 - P_3\sin\alpha_3$

➕ 일점에 작용하는 여러 힘의 합성(해석법)

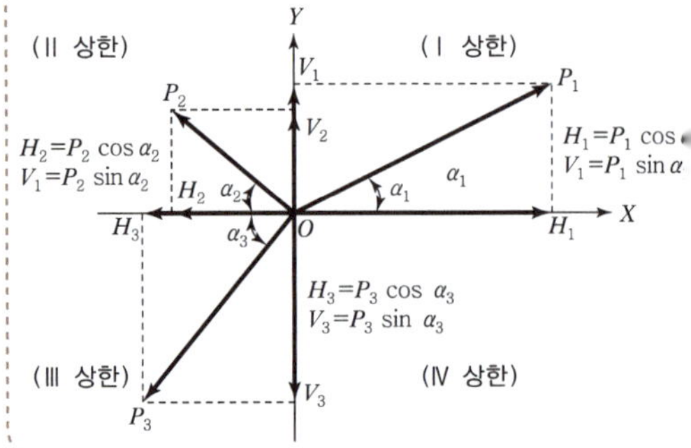

과년도 기출문제

01 힘의 3요소를 가장 옳게 설명한 것은?

① 벡터양으로 표시한다.
② 스칼라양으로 표시한다.
③ 벡터양과 스칼라양으로 표시한다.
④ 벡터양과 스칼라양으로 표시할 수 없다.

[해설]

물리량의 표현
- 스칼라양 : 크기만을 갖는 물리량으로 길이, 질량, 속력 등이 있다.
- 벡터양 : 크기와 방향을 갖는 물리량으로 변위, 무게, 속도, 가속도, 힘 등이 있다.

02 아래 그림과 같이 60°의 각도를 이루는 두 힘 P_1, P_2가 작용할 때 합력 R의 크기는?

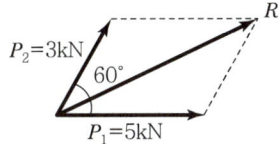

① 7kN ② 8kN
③ 9kN ④ 10kN

[해설]

$$R = \sqrt{P_1^2 + P_2^2 + 2P_1P_2\cos\alpha}$$
$$= \sqrt{5^2 + 3^2 + 2 \times 5 \times 3 \times \cos 60°} = 7\text{kN}$$

03 그림에서 두 힘($P_1=50$kN, $P_2=40$kN)에 대한 합력(R)의 크기와 방향(θ) 값은?

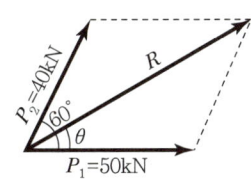

① $R=78.10$kN, $\theta=26.3°$
② $R=78.10$kN, $\theta=28.5°$
③ $R=86.97$kN, $\theta=26.3°$
④ $R=86.97$kN, $\theta=28.5°$

[해설]

- $R = \sqrt{P_1^2 + P_2^2 + 2P_1 \cdot P_2 \cos\alpha}$
  $= \sqrt{(50)^2 + (40)^2 + 2 \times 50 \times 40 \times \cos 60}$
  $= 78.10$kN
- $\tan\theta = \dfrac{P_2\sin\alpha}{P_1 + P_2\cos\alpha}$

  $\theta = \tan^{-1}\dfrac{P_2\sin\alpha}{P_1 + P_2\cos\alpha}$

  $= \tan^{-1}\dfrac{40\sin 60}{50 + 40\cos 60}$

  $= \tan^{-1}\dfrac{34.64}{70} = \tan^{-1}(0.49)$

  $\theta = 26.3°$

04 다음 그림에 표시된 힘들의 x방향의 합력은 약 얼마인가?

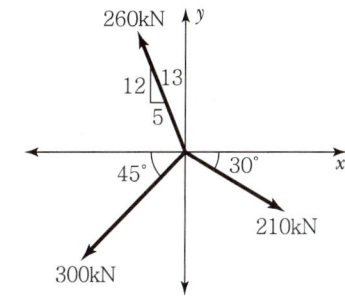

① 55kN(←) ② 77kN(→)
③ 122kN(→) ④ 130kN(←)

[해설]

$\sum H = -260 \times \dfrac{5}{13} - 300 \times \cos 45° + 210 \times \cos 30°$
$= -100 - 212.16 + 181.87$
$= -130.3$
$= 130.3\text{kN}(\leftarrow)$

정답 01 ① 02 ① 03 ① 04 ④

01 정역학의 기초

③ 모멘트(Moment)와 우력(Couple Force)

1. 모멘트(Moment)

(1) **정의** : 어떤 점을 기준으로 회전시키려고 하는 힘으로 구하는 점에서 힘의 방향에 내린 수선의 길이를 곱하면 된다.

$$M = P \times l$$

✚ 힘의 모멘트

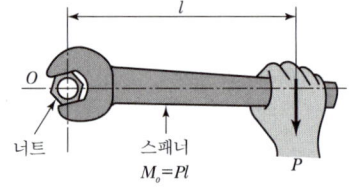

(2) **단위** : [N·cm], [N·m], [kN·m] 등

(3) **부호** : 시계방향 ↷(+), 반시계방향 ↶(−)

2. 바리뇽(Varignon)의 정리

(1) **정리** : 임의의 1점에 대한 분력모멘트 합은 그 점의 합력모멘트값과 같다.

(2) **적용** : 같은 방향으로 작용하는 힘의 합력 위치를 구할 때 사용된다.

① 여러 힘의 합력 : $R = P_1 + P_2$

② 바리뇽 정리를 기준선 $n-n$에 대해 적용하면

$$P_1 \times x_1 + P_2 \times x_2 = R \times x_0, \quad \therefore \boxed{x_0 = \frac{P_1 \cdot x_1 + P_2 \cdot x_2}{R}}$$

✚ 합력의 작용위치

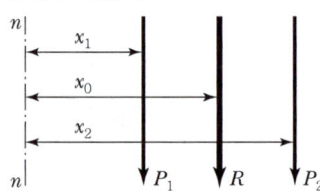

3. 우력(짝힘)

(1) **정의** : 힘의 크기가 같고 방향이 서로 반대인 한 쌍의 나란한 힘

(2) **우력모멘트** : 우력에 대한 힘의 모멘트를 말함

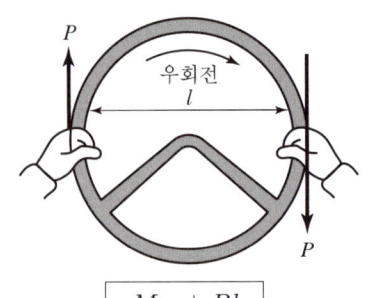

$$\begin{aligned} M &= P_1 l_1 - P_2 (l_1 + l) \\ &= P_1 l_1 - P_2 l_1 - P_2 l \\ &= -P_2 l \, (P_1 = P_2 = P) \\ &= -Pl \end{aligned}$$

✚ 우력과 우력모멘트

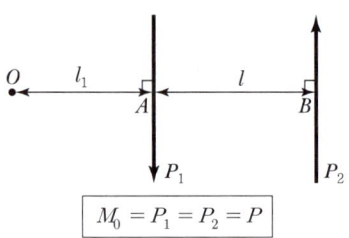

과년도 기출문제

01 다음 그림과 같이 O점에 P_1, P_2, P_3의 3힘이 작용하고 있을 때 점 A를 중심으로 한 모멘트의 크기는?

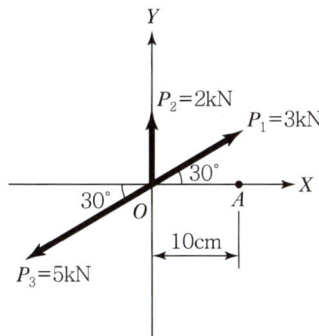

① 8kN·cm   ② 10kN·cm
③ 15kN·cm   ④ 18kN·cm

[해설]

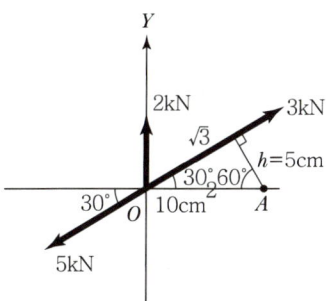

$M_A = -(5-3) \times 5 + 2 \times 10$
$\quad = -2 \times 5 + 2 \times 10$
$\quad = 10 \text{kN} \cdot \text{cm}$

02 다음 그림과 같은 세 힘에 대한 합력(R)의 작용점은 O점에서 얼마의 거리에 있는가?

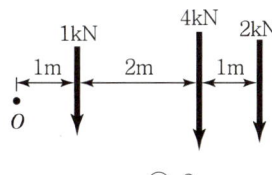

① 1m   ② 2m
③ 3m   ④ 4m

[해설]

바리뇽 정리
$M_o = +1 \times 1 + 4 \times 3 + 2 \times 4 = Rx$
$+21 = +7x$
$\therefore x = 3\text{m}$

03 600kg의 힘이 그림과 같이 A와 C의 모서리에 작용하고 있다. 이 두 힘에 의해서 발생하는 모멘트는?

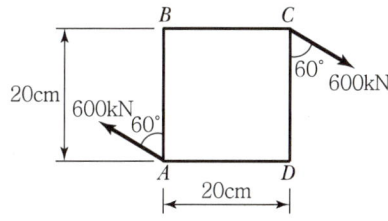

① 163.9kN·m   ② 169.7kN·m
③ 173.9kN·m   ④ 179.7kN·m

[해설]

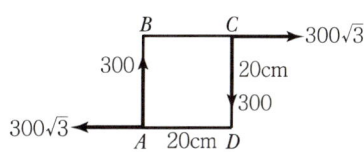

$M = 300 \times 20 + 300\sqrt{3} \times 20$
$\quad = 6,000 + 6,000\sqrt{3}$
$\quad = 16,392 \text{kN} \cdot \text{cm}$
$\quad = 163.92 \text{kN} \cdot \text{m}$

정답 01 ②   02 ③   03 ①

01 정역학의 기초

4 힘의 평형

1. 여러 점에 작용하는 여러 힘의 평형조건

(1) 도해적 조건 : 시력도와 연력도가 폐합해야 한다. ($R=0$, $M=0$)

(2) 해석적 조건

$$\sum H = 0, \ \sum V = 0, \ \sum M = 0$$

개념이해

01 다음 그림과 같은 구조물의 BD 부재에 작용하는 힘의 크기는?

① 10kN
② 12.5kN
③ 15kN
④ 20kN

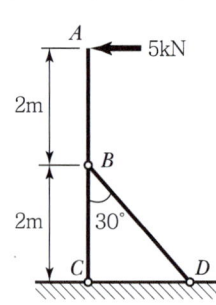

$\sum M_C = 0$

$-5 \times 4 + BD \times h = 0$

$-20 + BD \times 2\sin 30° = 0$

$-20 + BD \times 1 = 0$

$\therefore BD = 20\text{kN}$

답 ④

02 다음 그림과 같은 세 개의 힘이 평형상태에 있다면 C 점에서 작용하는 힘 P와 BC 사이의 거리 x는?

① $P=400\text{kN}, \ x=3\text{m}$
② $P=300\text{kN}, \ x=3\text{m}$
③ $P=400\text{kN}, \ x=4\text{m}$
④ $P=300\text{kN}, \ x=4\text{m}$

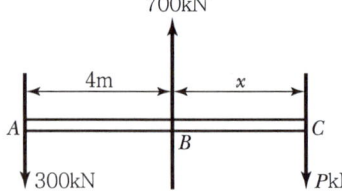

- $\sum V = -300 + 700 - P = 0$
  $\therefore P = 400\text{kN}(\downarrow)$
- $\sum M_A = 0$
  $-700 \times 4 + P(4+x) = 0$
  $-2,800 + 1,600 + 400x = 0$
  $x = \dfrac{1,200}{400} = 3\text{m}$

답 ①

과년도 기출문제

01 다음 그림에서 지점 A와 C에서의 반력을 각각 R_A와 R_C라고 할 때, R_A의 크기는?

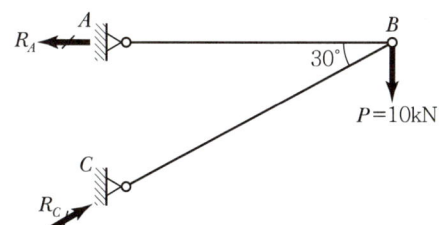

① 20kN ② 17.32kN
③ 10kN ④ 8.66kN

[해설]

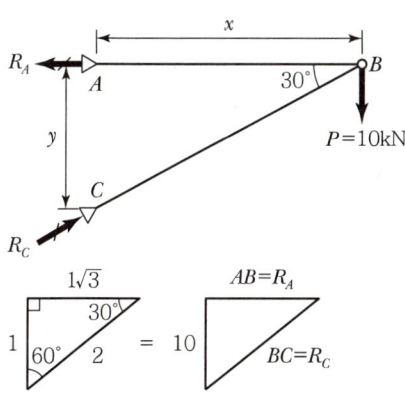

$\dfrac{10}{1} = \dfrac{R_A}{\sqrt{3}}$

$R_A = 10\sqrt{3} = 17.32$ (←)

02 그림과 같이 네 개의 힘이 평형 상태에 있다면 A점에 작용하는 힘 P와 AB 사이의 거리 x는?

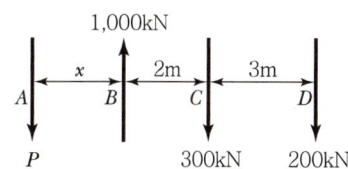

① $P = 400$kN, $x = 2.5$m
② $P = 400$kN, $x = 3.6$m
③ $P = 500$kN, $x = 2.5$m
④ $P = 500$kN, $x = 3.2$m

[해설]

- $\sum V = -P + 1{,}000 - 300 - 200 = 0$
  ∴ $P = 500$kN(↓)
- $\sum M_B = -500 \times x + 300 \times 2 + 200 \times 5 = 0$
  ∴ $x = \dfrac{600 + 1{,}000}{500} = 3.2$m

01 정역학의 기초

2. 라미(Lami)의 정리

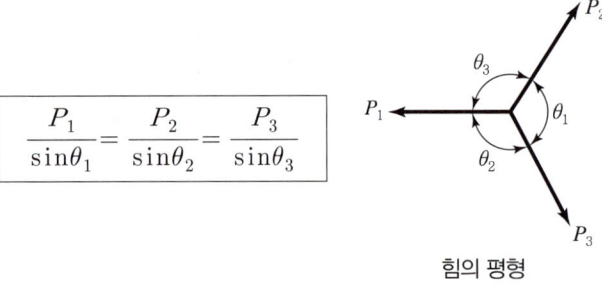

$$\frac{P_1}{\sin\theta_1} = \frac{P_2}{\sin\theta_2} = \frac{P_3}{\sin\theta_3}$$

힘의 평형

개념이해

01 그림과 같이 중량이 500kN 되는 물체가 로프에 지지되어 있을 때, 줄 AB 및 BC에 작용하는 힘은?

① $AB = 433$kN, $BC = 220$kN
② $AB = 433$kN, $BC = 250$kN
③ $AB = 443$kN, $BC = 220$kN
④ $AB = 443$kN, $BC = 250$kN

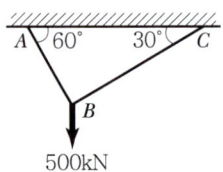

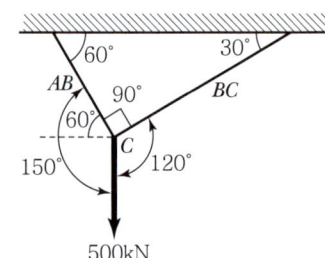

- $\dfrac{AB}{\sin 120°} = \dfrac{500}{\sin 90°} = \dfrac{BC}{\sin 150°}$
- $AB = \dfrac{500}{\sin 90°} \times \sin 120° ≒ 433$kN
- $BC = \dfrac{500}{\sin 90°} \times \sin 150° = 250$kN

답 ②

02 그림과 같이 무게 1,000kN의 물체가 두 부재 AC 및 BC로써 지지되어 있을 때 각 부재에 작용하는 장력 T는?

① 696kN   ② 707kN
③ 796kN   ④ 807kN

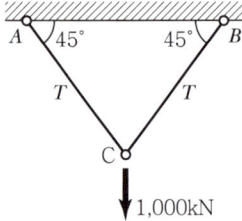

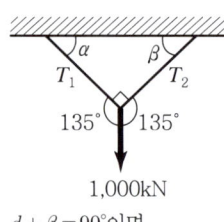

$α + β = 90°$이면
$T_1 = T_2 = P\sin 45$
$= 1,000 \times \dfrac{1}{\sqrt{2}}$
$= 707$kN

답 ②

과년도 기출문제

01 그림과 같이 ABC의 중앙점에 10kN의 하중을 달았을 때 정지하였다면 장력 T의 값은 몇 kN인가?

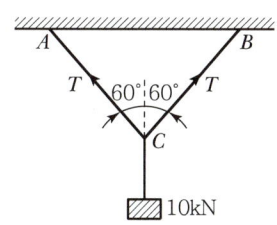

① 10 ② 8.66
③ 5   ④ 15

[해설]

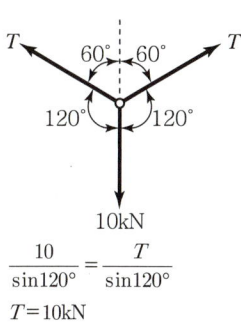

$$\frac{10}{\sin 120°} = \frac{T}{\sin 120°}$$
$T = 10\text{kN}$

02 무게 1kN의 물체를 두 끈으로 늘어뜨렸을 때 한 끈이 받는 힘의 크기 순서가 옳은 것은?

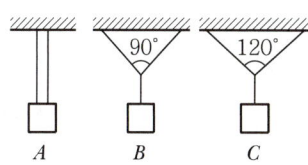

① $B > A > C$ ② $C > A > B$
③ $A > B > C$ ④ $C > B > A$

[해설]

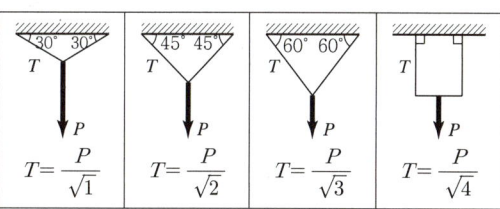

$C > B > A$
$\frac{w}{\sqrt{1}} \quad \frac{w}{\sqrt{2}} \quad \frac{w}{\sqrt{4}}$

정답 01 ① 02 ④

02 단면의 성질

1 단면1차모멘트(Geometrical Moment of Section)

1. 기본 단면의 도심위치

삼각형	
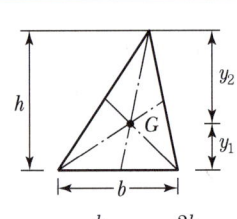 $y_1 = \dfrac{h}{3},\ y_2 = \dfrac{2h}{3}$	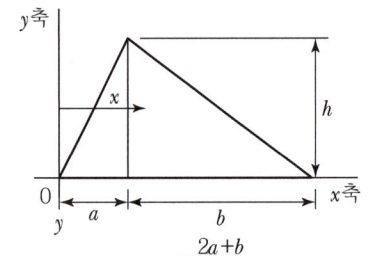 $x = \dfrac{2a+b}{3}$

포물선형	사다리꼴형
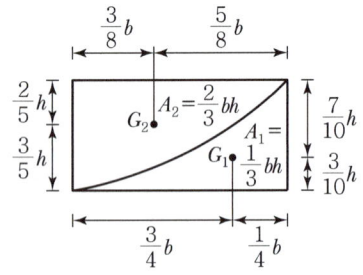	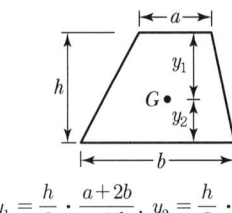 $y_1 = \dfrac{h}{3} \cdot \dfrac{a+2b}{a+b},\ y_2 = \dfrac{h}{3} \cdot \dfrac{2a+b}{a+b}$

2. 단면1차모멘트(G)

공식	내용
$G_x = A \cdot y$ $G_y = A \cdot x$	A : 전체 단면적　　　　　d_A : 미소면적 $x,\ y$: 구하는 축에서 도심까지 거리　G_x : x축 단면 1차 모멘트 G_x : y축 단면 1차 모멘트

개념이해

01 다음 포물선에서 도심거리 $\overline{x}$와 $\overline{y}$는?

	$\overline{x}$	$\overline{y}$		$\overline{x}$	$\overline{y}$
①	$\dfrac{3}{10}b$	$\dfrac{3}{4}h$	②	$\dfrac{4}{5}b$	$\dfrac{3}{4}h$
③	$\dfrac{3}{4}b$	$\dfrac{3}{10}h$	④	$\dfrac{4}{3}b$	$\dfrac{4}{5}h$

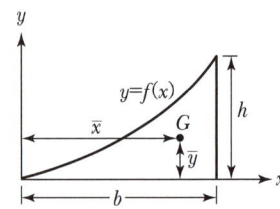

○ 2차 포물선의 도심위치

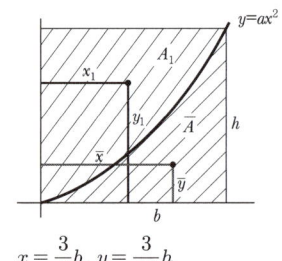

$x = \dfrac{3}{4}b,\ y = \dfrac{3}{10}h$

답 ③

과년도 기출문제

01 다음 사다리꼴의 도심의 위치는?

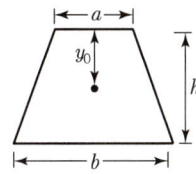

① $y_0 = \dfrac{h}{3} \times \dfrac{2a+b}{a+b}$

② $y_0 = \dfrac{h}{3} \times \dfrac{a+2b}{a+b}$

③ $y_0 = \dfrac{h}{3} \times \dfrac{a+b}{2a+b}$

④ $y_0 = \dfrac{h}{3} \times \dfrac{a+b}{a+2b}$

[해설]

$y_0 = \dfrac{h(a+2b)}{3(a+b)}$

02 다음 삼각형(ABC) 단면에서 y축으로부터 도심까지의 거리는?

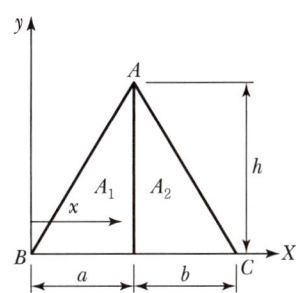

① $\dfrac{2a+b}{3}$ ② $\dfrac{a+2b}{2}$

③ $\dfrac{2a+b}{2}$ ④ $\dfrac{a+2b}{3}$

[해설]

$x = \dfrac{2a+b}{3}$

03 그림과 같은 단면의 X축에 대한 단면1차모멘트는 얼마인가?

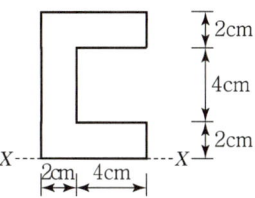

① 128cm^3 ② 138cm^3
③ 148cm^3 ④ 158cm^3

[해설]

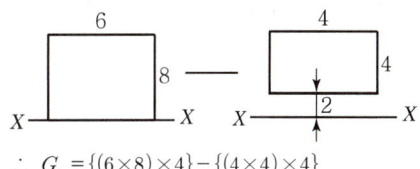

∴ $G_x = \{(6\times 8)\times 4\} - \{(4\times 4)\times 4\}$
$= 128\text{cm}^3$

04 그림과 같은 도형(빗금 친 부분)의 X축에 대한 단면1차모멘트는?

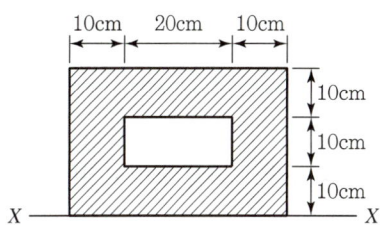

① $5,000\text{cm}^3$ ② $10,000\text{cm}^3$
③ $15,000\text{cm}^3$ ④ $20,000\text{cm}^3$

[해설]

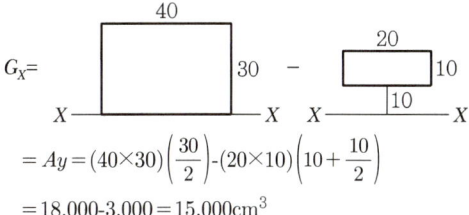

$= Ay = (40\times 30)\left(\dfrac{30}{2}\right) - (20\times 10)\left(10 + \dfrac{10}{2}\right)$
$= 18,000 - 3,000 = 15,000\text{cm}^3$

정답 01 ② 02 ① 03 ① 04 ③

02 단면의 성질

2 도심(Centroid)

$$y = \frac{G_x(\text{단면1차모멘트})}{A(\text{단면적})}, \quad x = \frac{G_y}{A}$$

개념이해

01 그림과 같은 단면에서 외곽 원의 직경(D)이 60cm이고 내부 원의 직경($D/2$)은 30cm라면, 빗금 친 부분의 도심의 위치는 x에서 얼마나 떨어진 곳인가? [11, 15년]

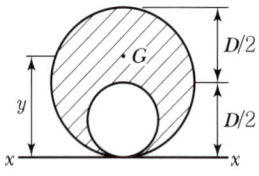

① 33cm
② 35cm
③ 37cm
④ 39cm

- $A = \dfrac{\pi D^2}{4} - \dfrac{\pi\left(\dfrac{D}{2}\right)^2}{4}$
  $= \dfrac{\pi D^2}{4} - \dfrac{\pi D^2}{16} = \dfrac{3\pi D^2}{16}$

- $G_x = \Sigma A \cdot y$
  $= \dfrac{\pi D^2}{4} \times \dfrac{D}{2} - \dfrac{\pi D^2}{16} \times \dfrac{D}{4}$
  $= \dfrac{7\pi D^3}{64}$

∴ $y = \dfrac{G_x}{A} = \dfrac{\dfrac{7\pi D^3}{64}}{\dfrac{3\pi D^2}{16}} = \dfrac{7D}{12}$
  $= \dfrac{7 \times 60}{12} = 35\text{cm}$

답 ②

02 그림과 같은 4분원 중에서 빗금 친 부분의 밑변으로부터 도심까지의 위치 y는?

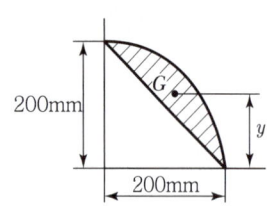

① 116.8mm
② 126.8mm
③ 146.7mm
④ 158.7mm

- $A = \dfrac{\pi r^2}{4} - \dfrac{r^2}{2} = \dfrac{200^2 \pi}{4} - \dfrac{200^2}{2}$
  $= 11,400\text{mm}^2$

- $G_x = A \cdot y = \dfrac{\pi r^2}{4} \times \dfrac{4r}{3\pi} - \dfrac{r^2}{2} \times \dfrac{r}{3}$
  $= \dfrac{200^2 \pi}{4} \times \dfrac{4 \times 200}{3\pi} - \dfrac{200^2}{2} \times \dfrac{200}{3}$
  $\fallingdotseq 1,333,333\text{mm}^3$

  $y = \dfrac{G_x}{A} = \dfrac{1,333,333}{11,400} \fallingdotseq 116.8\text{mm}$

[별해] $y = \dfrac{2r}{3(\pi - 2)} = \dfrac{2 \times 200}{3(\pi - 2)}$
  $= 116.80\text{mm}$

답 ①

과년도 기출문제

01 다음과 같이 1변이 a인 정사각형 단면의 1/4을 절취한 나머지 부분의 도심(C)의 위치 y_0는?

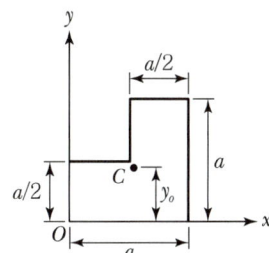

① $\dfrac{5a}{12}$ ② $\dfrac{6a}{12}$

③ $\dfrac{7a}{12}$ ④ $\dfrac{8a}{12}$

[해설]

$$y_0 = \dfrac{G_X}{A} = \dfrac{\left\{\left(\dfrac{a}{2}\times\dfrac{a}{2}\right)\times\dfrac{a}{4}\right\}+\left\{\left(\dfrac{a}{2}\times a\right)\times\dfrac{a}{2}\right\}}{\left(\dfrac{a}{2}\times\dfrac{a}{2}\right)+\left(\dfrac{a}{2}\times a\right)} = \dfrac{5a}{12}$$

02 다음 그림과 같은 T형 단면에서 도심축 $C-C$ 축의 위치 y는?

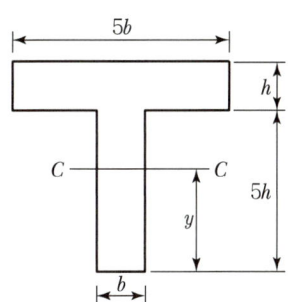

① $2.5h$ ② $3.0h$
③ $3.5h$ ④ $4.0h$

[해설]

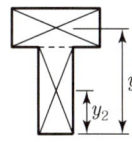

$A_1 = A_2$이면
$y = \dfrac{y_1 + y_2}{2} = \dfrac{5.5h + 2.5h}{2} = 4h$

03 다음 도형의 단면에서 빗금 친 부분에 대한 도심 y_0값은?

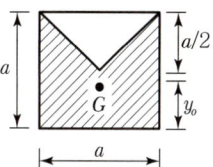

① $\dfrac{8}{17}a$ ② $\dfrac{7}{18}a$

③ $\dfrac{8}{19}a$ ④ $\dfrac{13}{20}a$

[해설]

$$y_0 = \dfrac{G_A - G_{x1}}{A - A_1} = \dfrac{a^2 \times \dfrac{a}{2} - \dfrac{a^2}{4}\times\left(\dfrac{a}{2}+\dfrac{a}{2}\times\dfrac{2}{3}\right)}{a^2 - a\times\dfrac{a}{2}\times\dfrac{1}{2}}$$

$$= \dfrac{\dfrac{a^3}{2} - \dfrac{5a^3}{24}}{\dfrac{3a^2}{4}} = \dfrac{7a}{18}$$

정답 01 ① 02 ④ 03 ②

02 단면의 성질

3 단면상승모멘트(관성상승모멘트)

1. 공식

$$I_{xy} = A \times x_0 \times y_0$$

2. 여러 단면의 단면상승모멘트

사각형	1/4원형	삼각형
$I_{xy} = \dfrac{b^2h^2}{4}$	$I_{xy} = \dfrac{r^4}{8}$	$I_{xy} = \dfrac{b^2h^2}{24}$

개념이해

01 그림과 같이 폭(b)이 20cm, 높이(h)가 30cm인 직사각형 단면의 x, y축에 대한 단면상승모멘트 I_{xy}는?

① 30,000cm^4 ② 60,000cm^4
③ 90,000cm^4 ④ 120,000cm^4

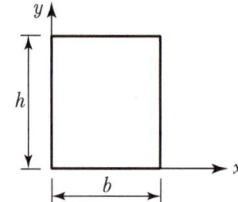

$I_{xy} = A \cdot x \cdot y = bh \times \dfrac{b}{2} \times \dfrac{h}{2} = \dfrac{b^2h^2}{4}$

$= \dfrac{20^2 \times 30^2}{4} = 90,000 \text{cm}^4$

답 ③

02 그림에서 직사각형의 도심축에 대한 단면상승모멘트 I_{XY}의 크기는?

[10, 16년]

① 576cm^4 ② 256cm^4
③ 142cm^4 ④ 0cm^4

대칭도형이며 X, Y축 중에서 한 축이라도 도심을 지나면 $I_{xy} = 0$이다.

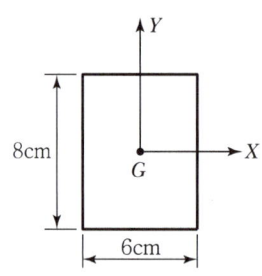

답 ④

과년도 기출문제

01 그림과 같은 단면의 단면상승모멘트 I_{xy}는?

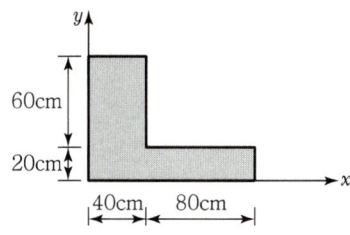

① 384,000cm^4
② 3,840,000cm^4
③ 3,360,000cm^4
④ 3,520,000cm^4

[해설]

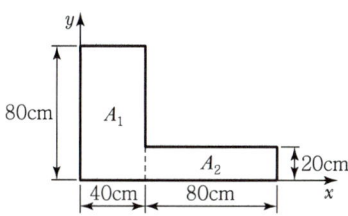

$I_{xy} = A_1 x_1 y_1 + A_2 x_2 y_2$
$= 3,200 \times 20 \times 40 + 1,600 \times 80 \times 10$
$= 3,840,000 \text{cm}^4$

02 그림과 같은 도형에서 빗금 친 부분에 대한 x, y축의 단면상승모멘트(I_{xy})는?

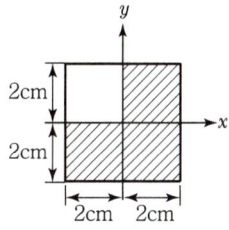

① 2cm^4
② 4cm^4
③ 8cm^4
④ 16cm^4

[해설]

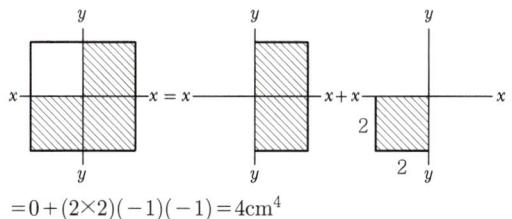

$= 0 + (2 \times 2)(-1)(-1) = 4\text{cm}^4$

03 그림과 같이 폭(b)와 높이(h)가 모두 12cm인 2등변삼각형의 x, y축에 대한 단면상승모멘트 I_{xy}는?

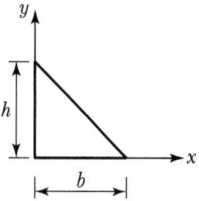

① 624cm^4
② 864cm^4
③ 1,072cm^4
④ 1,152cm^4

[해설]

$I_{xy} = \dfrac{b^2 h^2}{24} = \dfrac{12^4}{24} = 864\text{cm}^4$

04 다음 중 정(+)의 값뿐만 아니라 부(-)의 값도 갖는 것은?

① 단면계수
② 단면2차모멘트
③ 단면2차반경
④ 단면상승모멘트

정답 01 ② 02 ② 03 ② 04 ④

02 단면의 성질

4 단면2차모멘트(Moment of Intertia of Section)

1. 정의

$$I_X = \int_A y^2 dA \quad I_Y = \int_A x^2 dA$$

2. 기본 단면의 도심축에 대한 단면2차모멘트

직사각형	원형	삼각형
$I_X = \dfrac{bh^3}{12}$, $I_Y = \dfrac{hb^3}{12}$	$I_X = I_Y = \dfrac{\pi D^4}{64} = \dfrac{\pi r^4}{4}$	$I_X = \dfrac{bh^3}{36}$

> **개념이해**
>
> **01** 다음 그림과 같은 단면 $X-X$축에 대한 단면2차모멘트 I_{X-X}를 표시한 값은?

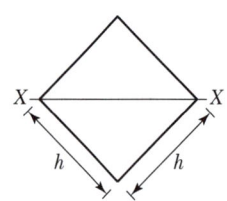

① $\dfrac{h^3}{24}$ ② $\dfrac{h^3}{3}$

③ $\dfrac{h^4}{6}$ ④ $\dfrac{h^4}{12}$

$I_X = \dfrac{bh^3}{12} = \dfrac{h^4}{12}$

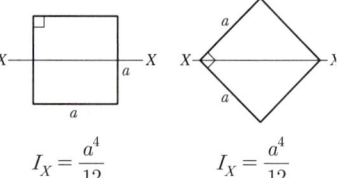

$I_X = \dfrac{a^4}{12}$ $I_X = \dfrac{a^4}{12}$

답 ④

과년도 기출문제

01 정삼각형의 도심(G)을 지나는 여러 축에 대한 단면2차 모멘트의 값에 대한 다음 설명 중 옳은 것은?

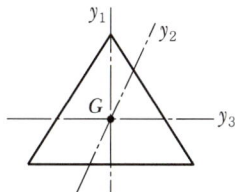

① $I_{y1} > I_{y2}$
② $I_{y2} > I_{y1}$
③ $I_{y3} > I_{y2}$
④ $I_{y1} = I_{y2} = I_{y3}$

[해설]

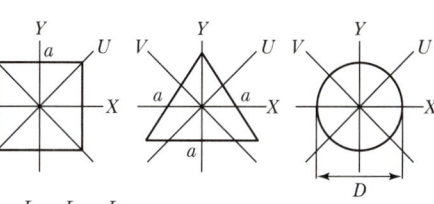

$I_x = I_y = I_u = I_v$

02 그림과 같은 정사각형 단면의 대칭축 $X-X$에 대하여 $30°$ 기울어진 $x-x$축에 대한 단면2차모멘트 I_X의 값은?

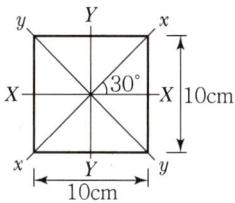

① $I_X = 1,667 \text{cm}^4$
② $I_X = 1,250 \text{cm}^4$
③ $I_X = 625 \text{cm}^4$
④ $I_X = 833 \text{cm}^4$

[해설]
$I_X = I_x = I_Y = I_y$
$\therefore I_X = \dfrac{bh^3}{12} = \dfrac{10^4}{12} = 833.3 \text{cm}^4$

03 그림과 같은 I형 단면에서 중립축 $X-X$에 대한 단면2차모멘트는?

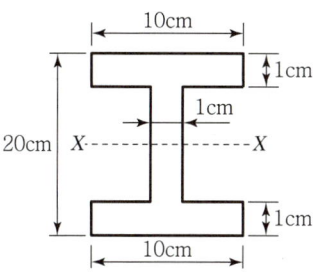

① $4,374.00 \text{cm}^4$
② $6,666.67 \text{cm}^4$
③ $2,292.67 \text{cm}^4$
④ $3,574.76 \text{cm}^4$

[해설]

$I_X = \dfrac{BH^3}{12} - \dfrac{bh^3}{12}$
$= \dfrac{10 \times 20^3}{12} - \dfrac{9 \times 18^3}{12}$
$\fallingdotseq 2,292.67 \text{cm}^4$

정답 01 ④ 02 ④ 03 ③

02 단면의 성질

3. 도심축에 평행한 임의 축에 대한 단면2차모멘트

직사각형	삼각형	원형
$I_X = \dfrac{bh^3}{3}$	$\dfrac{bh^3}{12}$	$\dfrac{5}{64}\pi D^4$

4. 임의축 단면2차모멘트를 이용한 도심축의 단면2차모멘트 계산

$$I_X = I_x - A \cdot y^2$$

임의축 단면2차모멘트를 이용한 도심축 단면2차모멘트

도심축 $I_{X_1} = \dfrac{\pi r^4}{4}$	임의축 $I_{X_2} = \dfrac{\pi r^4}{8}$ 도심축 $I_{X_0} = \dfrac{\pi r^4}{8} - \dfrac{8r^4}{9\pi}$	임의축 $I_{X_3} = \dfrac{\pi r^4}{16}$ 도심축 $I_{X_0} = \dfrac{\pi r^4}{16} - \dfrac{4r^4}{9\pi}$

개념이해

01 다음 그림과 같은 단면의 $A-A$축에 대한 단면2차모멘트는?

① $558b^4$ ② $623b^4$
③ $685b^4$ ④ $729b^4$

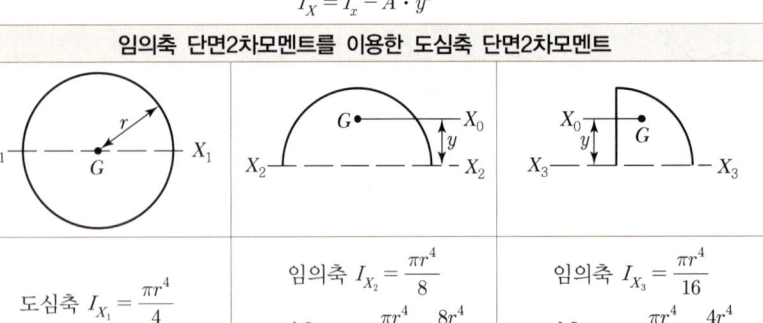

$I_A = \dfrac{2b(9b)^3}{3} + \dfrac{b(6b)^3}{3}$

$= \dfrac{1,458 + 216}{3} \cdot b^4 = 558b^4$

답 ①

02 반지름 2cm인 반원의 도심에 대한 단면2차모멘트 I_{x0}를 구한 값은 얼마인가?

① 1.75cm^4 ② 1.85cm^4
③ 1.95cm^4 ④ 2.00cm^4

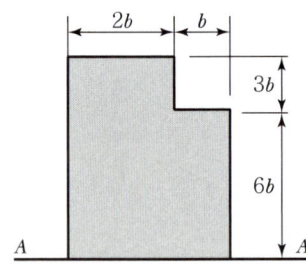

$I_x = I_X + Ay^2$

$\dfrac{\pi r^4}{8} = I_X + \left(\dfrac{\pi r^2}{2}\right)\left(\dfrac{4r}{3\pi}\right)^2$

$\therefore I_X = \left(\dfrac{\pi}{8} - \dfrac{8}{9\pi}\right)r^4$

• $I_{x_0} = \left(\dfrac{\pi}{8} - \dfrac{8}{9\pi}\right)r^4 = \left(\dfrac{\pi}{8} - \dfrac{8}{9\pi}\right) \times 2^4$

$= 1.756\text{cm}^4$

답 ①

과년도 기출문제

01 그림과 같은 사다리꼴 단면에서 x축에 대한 단면2차모멘트 값은?

① $\dfrac{h^3}{12}(b+2a)$

② $\dfrac{h^3}{12}(3b+a)$

③ $\dfrac{h^3}{12}(2b+a)$

④ $\dfrac{h^3}{12}(b+3a)$

[해설]

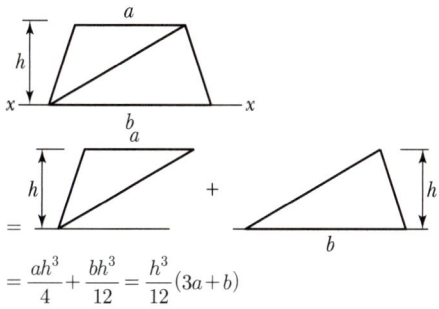

$= \dfrac{ah^3}{4} + \dfrac{bh^3}{12} = \dfrac{h^3}{12}(3a+b)$

02 다음 T형 단면에서 X축에 관한 단면2차모멘트 값은?

① 413cm^4
② 446cm^4
③ 489cm^4
④ 513cm^4

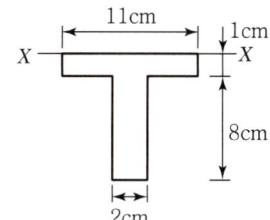

[해설]

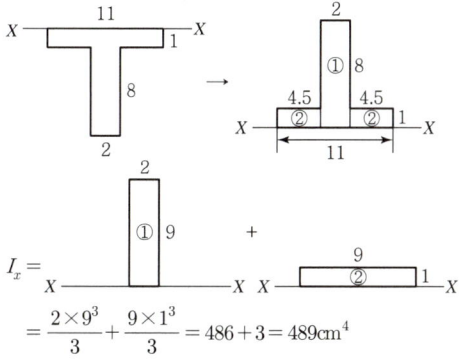

$I_x = \dfrac{2 \times 9^3}{3} + \dfrac{9 \times 1^3}{3} = 486 + 3 = 489\text{cm}^4$

03 다음과 같은 단면적이 A인 임의의 부재단면이 있다. 도심축으로부터 y_1 떨어진 축을 기준으로 한 단면2차모멘트의 크기가 I_{x_1}일 때, $2y_1$ 떨어진 축을 기준으로 한 단면2차모멘트의 크기는?

① $I_{x_1} + Ay_1^2$

② $I_{x_1} + 2Ay_1^2$

③ $I_{x_1} + 3Ay_1^2$

④ $I_{x_1} + 4Ay_1^2$

[해설]

- $I_{X_1} = I_{X_0} + A \cdot y_1^2$
  $\therefore I_{X_0} = I_{X_1} - A \cdot y_1^2$
- $I_{X_2} = I_{X_0} + A \cdot (2y_1)^2$
  $= (I_{X_1} - A \cdot y_1^2) + 4 \cdot A \cdot y_1^2 = I_{X_1} + 3 \cdot A \cdot y_1^2$

04 다음 그림에서 $A-A$축과 $B-B$축에 대한 빗금부분의 단면2차모멘트가 각각 80,000cm^4, 160,000 cm^{4}일 때 빗금부분의 면적은?

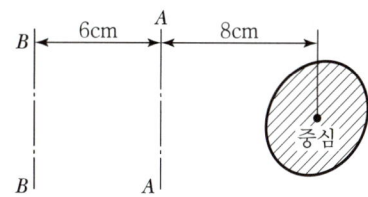

① 800cm^2 ② 752cm^2
③ 606cm^2 ④ 573cm^2

[해설]

- $I_{임의축} = I_{도심축} + A \cdot y^2$
  $(\because I_{도심축} = I_{임의축} - A \cdot y^2)$
  $\therefore I_{도심축} = I_A - A \cdot y_A^2 = I_B - A \cdot y_B^2$
- $A = \dfrac{I_B - I_A}{y_B^2 - y_A^2} = \dfrac{160,000 - 80,000}{14^2 - 8^2}$
  $\fallingdotseq 606\text{cm}^2$

정답 01 ④ 02 ③ 03 ③ 04 ③

02 단면의 성질

5 단면2차극모멘트(극관성모멘트)

1. 정의

$$\boxed{I_P = \int_A (y^2 + x^2)dA}$$
$$= \int_A \cdot y^2 dA + \int_A \cdot x^2 dA$$
$$= \boxed{I_X + I_Y}$$

$I_X = I_Y$ 인 경우 $I_P = 2I_X = 2I_Y$

※ 단면2차극모멘트는 좌표축의 회전에 관계없이 항상 일정하다.

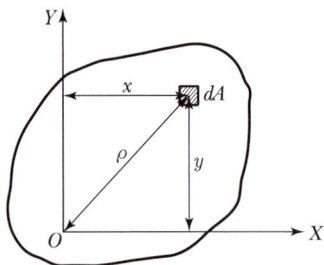
단면2차극모멘트

개념이해

01 폭이 b이고 높이가 h인 직사각형의 그 도심에 대한 극(極)2차모멘트는?

① $\dfrac{bh}{3}(b^2 + h^2)$ ② $\dfrac{\sqrt{bh}}{3}(b^3 + h^3)$

③ $\dfrac{\sqrt{bh}}{12}(b^3 + h^3)$ ④ $\dfrac{bh}{12}(b^2 + h^2)$

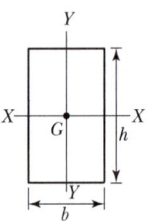

$I_{P(G)} = I_X + I_Y = \dfrac{bh^3}{12} + \dfrac{b^3 h}{12}$
$= \dfrac{bh}{12}(h^2 + b^2)$

답 ④

02 그림과 같이 밑변의 길이가 4m, 높이는 6m인 이등변삼각형의 도심을 지나는 중심 X, Y의 도심 G에 대한 단면2차극모멘트 I_P의 크기는?

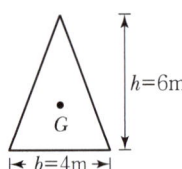

① 32m^4 ② 48m^4
③ 288m^4 ④ 296m^4

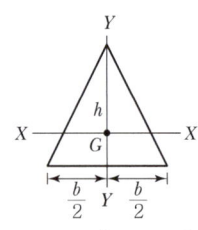

- $I_X = \dfrac{bh^3}{36} = \dfrac{4 \times 6^3}{36} = 24\text{m}^4$
- $I_Y = \dfrac{b^3 h}{48} = \dfrac{(4)^3 \times 6}{48} = 8\text{m}^4$

$\therefore I_P = 24 + 8 = 32\text{m}^4$

답 ①

과년도 기출문제

01 직경 d인 원형 단면의 단면2차극모멘트 I_P의 값은?

① $\dfrac{\pi d^4}{64}$ ② $\dfrac{\pi d^4}{32}$

③ $\dfrac{\pi d^4}{16}$ ④ $\dfrac{\pi d^4}{4}$

[해설]

원형단면이므로 $I_x = I_y$

$I_p = I_x + I_y = 2I_x = 2 \times \dfrac{\pi d^4}{64} = \dfrac{\pi d^4}{32}$

02 그림과 같이 속이 빈 원형 단면(빗금 친 부분)의 도심에 대한 극관성모멘트는?

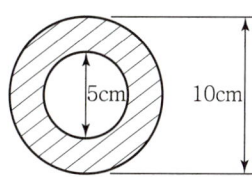

① 460cm^4 ② 760cm^4
③ 840cm^4 ④ 920cm^4

[해설]

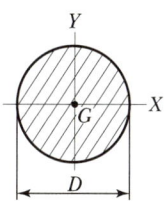

$I_{P_{(G)}} = \dfrac{\pi D^4}{32}$

- $I_{P_{(G)}} = \dfrac{\pi}{32}(D^4 - d^4) = \dfrac{\pi}{32}(10^4 - 5^4)$
  $\fallingdotseq 920.38\text{cm}^4$

03 다음 그림과 같은 정사각형의 도심 0에 관한 단면 2차극모멘트는?

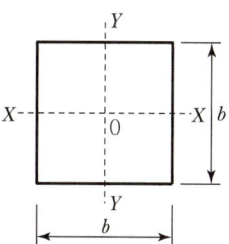

① $\dfrac{1}{144}b^4$ ② $\dfrac{1}{12}b^4$

③ $\dfrac{1}{6}b^4$ ④ $\dfrac{1}{3}b^4$

[해설]

$I_{P(0)} = I_X + I_Y = \dfrac{b^4}{12} + \dfrac{b^4}{12} = \dfrac{b^4}{6}$

정답 01 ②   02 ④   03 ④

02 단면의 성질

6 단면계수(Section Modulus)

1. 정의

$$Z_{X_1} = \frac{I_X}{y_1}, \quad Z_{X_2} = \frac{I_X}{y_2}$$

2. 기본 단면의 단면계수

사각형	원형	삼각형
$y_1 = \frac{h}{2}$, $y_2 = \frac{h}{2}$	$y_1 = \frac{D}{2}$, $y_2 = \frac{D}{2}$	$y_1 = \frac{2}{3}h$, $y_2 = \frac{h}{3}$
$Z_{X_1} = Z_{X_2} = \frac{bh^2}{6}$	$Z_{X_1} = Z_{X_2} = \frac{\pi D^3}{32}$	$Z_{X_1} = \frac{I_X}{y_1} = \frac{bh^2}{24}$, $Z_{X_2} = \frac{I_X}{y_2} = \frac{bh^2}{12}$, $Z_1 : Z_2 = 1 : 2$

➕ 단면계수도 단면2차모멘트와 같은 성질로 단면계수가 크다는 것은 재료의 강도가 크다는 뜻이며, 부재 단면 설계 시 단면계수가 큰 것이 유리한 단면이 된다.

개념이해

01 그림과 같은 직사각형 보에서 중립축에 대한 단면계수값은?

① $\frac{bh^2}{6}$ ② $\frac{bh^2}{12}$

③ $\frac{bh^3}{6}$ ④ $\frac{bh}{4}$

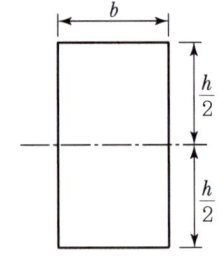

🔵 $Z_{X_1} = Z_{X_2} = \frac{bh^2}{6}$

답 ③

과년도 기출문제

01 그림과 같은 단면의 단면계수는 얼마인가?

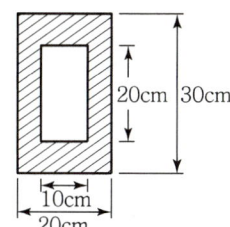

① $2,333\text{cm}^3$ ② $2,555\text{cm}^3$
③ $38,333\text{cm}^3$ ④ $45,000\text{cm}^3$

[해설]

- $I_X = \dfrac{BH^3}{12} - \dfrac{bh^3}{12} = \dfrac{1}{12}(BH^3 - bh^3)$
  $= \dfrac{1}{12}(20 \times 30^3 - 10 \times 20^3)$
  $= 38,333.3 \text{cm}^4$
- $Z_x = \dfrac{I_X}{y} = \dfrac{38,333.3}{15} = 2,555.6\text{cm}^3$

02 다음 단면에서 중립축 상단의 단면계수는?

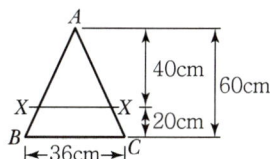

① $10,800\text{cm}^3$ ② $8,800\text{cm}^3$
③ $5,300\text{cm}^3$ ④ $5,400\text{cm}^3$

[해설]

$Z = \dfrac{I_X}{y_C} = \dfrac{\frac{bh^3}{36}}{\frac{2h}{3}} = \dfrac{bh^2}{24} = \dfrac{36 \times 60^2}{24}$
$= 5,400\text{cm}^3$

03 지름 D인 원형 단면의 단면계수는?   [11, 14년]

① $\dfrac{\pi D^4}{64}$ ② $\dfrac{\pi D^3}{64}$
③ $\dfrac{\pi D^4}{32}$ ④ $\dfrac{\pi D^3}{32}$

[해설]

$Z = \dfrac{I_X}{y_1} = \dfrac{\frac{\pi D^4}{64}}{\frac{D}{2}} = \dfrac{\pi D^3}{32}$

04 지름이 D인 원목을 직사각형 단면으로 제재하고자 한다. 휨모멘트에 대한 저항을 크게 하기 위해 최대 단면계수를 갖는 직사각형 단면을 얻으려면 적당한 폭 b는?

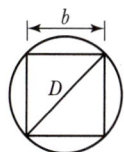

① $b = \dfrac{\sqrt{3}}{2}D$ ② $b = \sqrt{\dfrac{2}{3}}D$
③ $b = \dfrac{1}{2}D$ ④ $b = \dfrac{1}{\sqrt{3}}D$

[해설]

- 피타고라스 정리에 의해 $h^2 = D^2 - b^2$
- $Z = \dfrac{bh^2}{6} = \dfrac{b(D^2 - b^2)}{6} = \dfrac{bD^2 - b^3}{6}$
- 단면계수가 최대이려면
  $\dfrac{dz}{db} = \dfrac{D^2 - 3b^2}{6} = 0$
  $\therefore D^2 - 3b^2 = 0$
  $\therefore b = \dfrac{D}{\sqrt{3}}$
- $h^2 = \sqrt{D^2 - b^2} = \sqrt{D^2 - \left(\dfrac{D}{\sqrt{3}}\right)^2} = \sqrt{\dfrac{2}{3}D^2}$
  $\therefore h = \dfrac{\sqrt{2}}{\sqrt{3}}D$

정답   01 ②   02 ④   03 ④   04 ④

02 단면의 성질

7 단면 회전반경(회전반지름)

1. 정의

$$r_X = \sqrt{\frac{I_X}{A}},\ r_Y = \sqrt{\frac{I_Y}{A}}$$

2. 도심축 회전반경

사각형	삼각형	원형
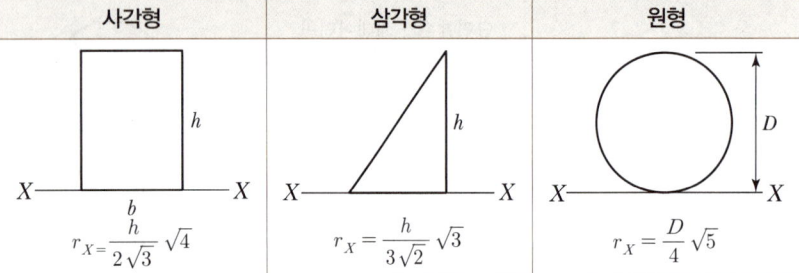		
$r_X = \dfrac{h}{2\sqrt{3}}\quad r_Y = \dfrac{b}{2\sqrt{3}}$	$r_X = \dfrac{h}{3\sqrt{2}}\quad r_Y = \dfrac{b}{3\sqrt{2}}$	$r_X = r_Y = \dfrac{d}{4}$

3. 도심축에 평행한 회전반경

$$r_x = \sqrt{\frac{I_x}{A}} = \sqrt{\frac{I_x + Ay^2}{A}} = \sqrt{r_x^2 + y^2}$$

사각형	삼각형	원형
$r_X = \dfrac{h}{2\sqrt{3}}\sqrt{4}$	$r_X = \dfrac{h}{3\sqrt{2}}\sqrt{3}$	$r_X = \dfrac{D}{4}\sqrt{5}$

과년도 기출문제

01 다음 그림에서 $x-x$축에 대한 단면 2차 반지름은?

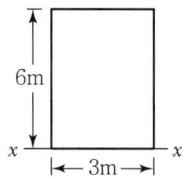

① 1.73m ② 2.46m
③ 2.73m ④ 3.46m

[해설]

- $I_x = \dfrac{bh^3}{3} = \dfrac{3 \times 6^3}{3} = 216\text{m}^4$
- $A = 6 \times 3 = 18\text{m}^2$

$\therefore r_x = \sqrt{\dfrac{I_x}{A}} = \sqrt{\dfrac{216}{18}} = 3.46\text{m}$

또는 $r_x = \dfrac{h}{2\sqrt{3}}\sqrt{4} = \dfrac{h}{\sqrt{3}} = \dfrac{6}{\sqrt{3}} = 3.46\text{cm}$

02 다음 그림과 같은 T형 단면에서 $x-x$축에 대한 회전반지름(r)은?

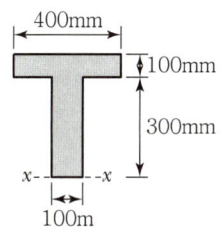

① 227mm ② 289mm
③ 334mm ④ 376mm

[해설]

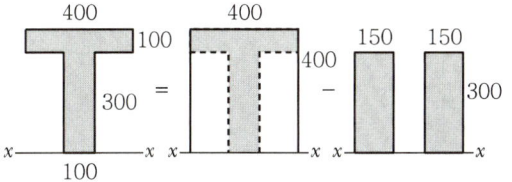

- $I_x = \dfrac{(400)(400)^3}{3} - \dfrac{(300)(300)^3}{3}$

  $= \dfrac{256 \times 10^8}{3} - \dfrac{81 \times 10^8}{3}$

  $= \dfrac{175 \times 10^8}{3}$

  $= 58.33 \times 10^8$

- $A = (400 \times 100) + (300 \times 100) = 70,000$
- $r_x = \sqrt{\dfrac{I_x}{A}} = \sqrt{\dfrac{58.33 \times 10^8}{70,000}} = 288.66$

03 다음 단면에서 y축에 대한 회전반지름은?

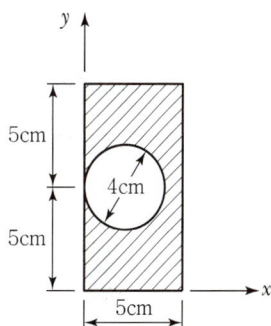

① 3.07cm ② 3.20cm
③ 3.81cm ④ 4.24cm

[해설]

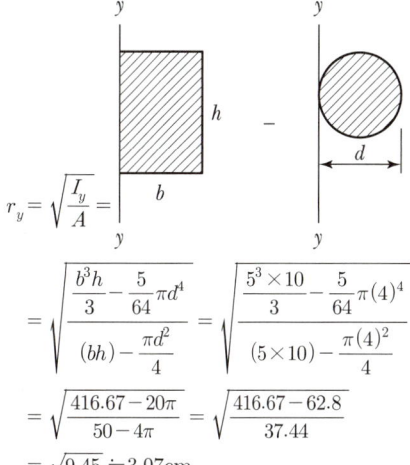

$r_y = \sqrt{\dfrac{I_y}{A}} =$

$= \sqrt{\dfrac{\dfrac{b^3 h}{3} - \dfrac{5}{64}\pi d^4}{(bh) - \dfrac{\pi d^2}{4}}} = \sqrt{\dfrac{\dfrac{5^3 \times 10}{3} - \dfrac{5}{64}\pi(4)^4}{(5 \times 10) - \dfrac{\pi(4)^2}{4}}}$

$= \sqrt{\dfrac{416.67 - 20\pi}{50 - 4\pi}} = \sqrt{\dfrac{416.67 - 62.8}{37.44}}$

$= \sqrt{9.45} \fallingdotseq 3.07\text{cm}$

정답 01 ④ 02 ② 03 ①

03 판별식

1 구조물의 판별

1. 단층 구조물 판별(외적 판별)

$$N = R - 3 - h$$

여기서, N : 부정정 차수($N<0$: 불안정, $N=0$: 정정, $N>0$: 부정정)
R : 지점 반력 수, h : 힌지(활절) 수

2. 지점의 종류

종류	지점 구조상태	기호	반력 수
가동지점(이동지점) (Roller Support)			수직반력 1개
회전지점 (Hinged Support)			수직반력 1개 수평반력 1개
고정지점 (Fixed Support)			수직반력 1개 수평반력 1개 모멘트 반력 1개

3. 라멘 구조물 판별

$$N = R + m + S - 2P$$

여기서, N : 부정정 차수, R : 지점 반력 수, m : 점과 점 사이의 부재 수
S : 강절점 수

P : 절점 수(지점 및 자유단 포함)

개념이해

01 다음 구조물의 부정정 차수는?

① 1차 ② 2차
③ 3차 ④ 4차

$N = R - 3 - h$
$= 6 - 3 - 0$
$= 3차$

답 ③

과년도 기출문제

01 그림과 같이 양 지점이 고정(Fixed)인 라멘은 몇 차 부정정 차수인가?

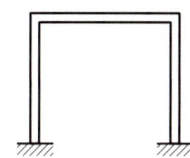

① 1차　　② 2차
③ 3차　　④ 4차

[해설]

$N = R - 3 - h$
$\quad = 6 - 3 - 0$
$\quad = 3차$

[별해] $N = R + m + S - 2P$
$\qquad = 6 + 3 + 2 - 2 \times 4$
$\qquad = 3차$

02 다음 라멘의 부정정 차수는?

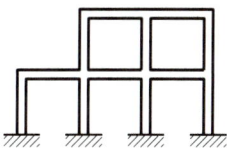

① 9차　　② 8차
③ 7차　　④ 15차

[해설]

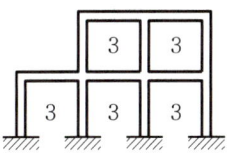

$N = 15차 부정정$

03 그림과 같은 라멘의 부정정 차수는?

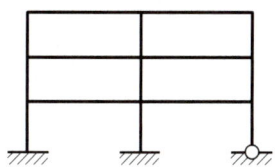

① 16차　　② 17차
③ 18차　　④ 19차

[해설]

$N = R + m + s - 2P$
$\quad = 8 + 15 + 18 - 2 \times 12 = 17차 부정정$

또는,

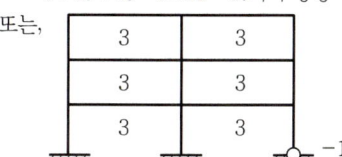

$N = 3 \times 6 - 1 = 17차 부정정$

04 그림과 같은 구조물의 부정정 차수는?

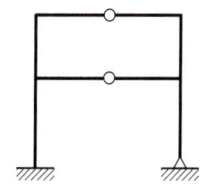

① 2차　　② 3차
③ 4차　　④ 5차

[해설]

$N = R + m + s - 2P = 5 + 8 + 6 - 2 \times 8 = 3차 부정정$

[별해]

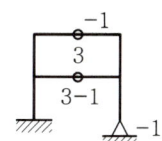

$N = 6 - 3 = 3차 부정정$

정답　01 ③　02 ④　03 ②　04 ②

03 판별식

4. 트러스 구조물 판별

$$N = R + m - 2P$$

여기서, N : 부정정 차수
m : 부재 수
R : 지점 반력 수
P : 절점 수

개념이해

01 다음 트러스 구조물의 부정정 차수는?

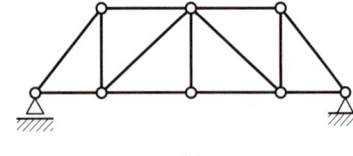
(a)

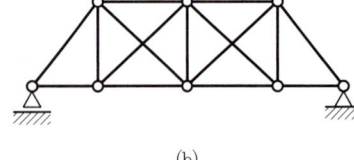
(b)

    (a)   (b)
① 1차 부정정   2차 부정정
② 정정   2차 부정정
③ 정정   정정
④ 2차 부정정   1차 부정정

$N_{(a)} = R + m - 2P$
$\qquad = 3 + 13 - 2 \times 8 = 0 \,(정정)$
$N_{(b)} = R + m - 2P$
$\qquad = 3 + 15 - 2 \times 8 = 2 \,(2차 \; 부정정)$

답 ②

과년도 기출문제

토목 / 기사 / 필기

01 그림과 같은 트러스는?

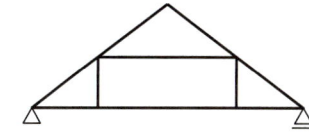

① 불안정　　② 정정
③ 1차 부정정　④ 2차 부정정

[해설]

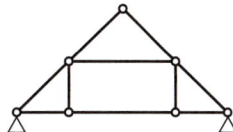

$N = R + m - 2P$
$\quad = 3 + 10 - 2 \times 7$
$\quad = -1$ (불안정)

02 다음 트러스를 판별하면?

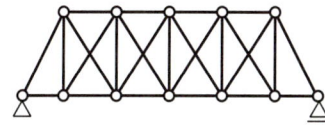

① 4차 부정정　② 2차 부정정
③ 불안정　　　④ 1차 부정정

[해설]

$N = N_{외} + N_{내}$
$\quad = (3-3) + (4) = 4$차

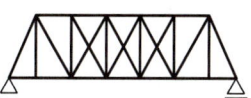 의 수

03 다음 트러스는 몇 차 부정정인가?

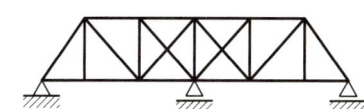

① 1차　　② 2차
③ 3차　　④ 4차

[해설]

$N = R + m + S - 2P$
$\quad = 4 + 23 + 0 - 2 \times 12$
$\quad = 3$차 부정정

04 다음 트러스의 부정정 차수는?

① 내적 1차, 외적 1차
② 내적 2차
③ 내적 3차
④ 내적 2차, 외적 1차

[해설]

$N = N_{외} + N_{내}$
$\quad = (R-3) + (\boxtimes 수)$
$\quad = (3-3) + (3)$
$\quad = $ 내적 3차

정답　01 ①　02 ①　03 ③　04 ③

04 정정보

1 반력

1. 집중하중이 작용하는 경우

(1) 수평반력

$\sum H = 0$에서 $\therefore H_A = 0$

(2) 수직반력

$\sum M_B = 0$에서

$R_A \times l - P \times b = 0$

$$\therefore R_A = \frac{Pb}{l}$$

$\sum M_A = 0$에서 $-R_B \times l + P \times a = 0$

$$\therefore R_B = \frac{Pa}{l}$$

즉, R_A 계산 후

$\sum V = 0$에서 $R_A + R_B - P = 0$

$\therefore R_B = P - R_A$

개념이해

01 다음 그림과 같은 보에서 A점의 반력이 B점의 반력의 2배가 되도록 하는 거리 X는 얼마인가? [기 10, 15, 22년]

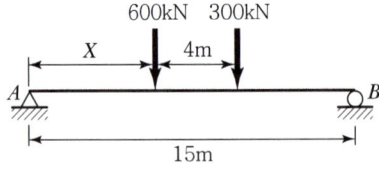

① 1.67m ② 2.67m
③ 3.67m ④ 4.67m

- $\sum V = 0$
  $R_A + R_B - 900 = 0$
  $(2R_B) + R_B = 900\text{kN}$
  $R_B = 300\text{kN}$
  $R_A = 2R_B = 600\text{kN}$
- $\sum M_A = 0$
  $600 \times X + 300 \times (X+4) - 300 \times 15 = 0$
  $X = 3.67\text{m}(\rightarrow)$

답 ③

과년도 기출문제

01 다음 그림과 같은 보에서 B지점의 반력이 $2P$가 되기 위해서 $\dfrac{b}{a}$는 얼마가 되어야 하는가? [기 11, 16년]

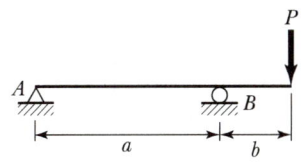

① 0.50 ② 0.75
③ 1.00 ④ 1.25

[해설]

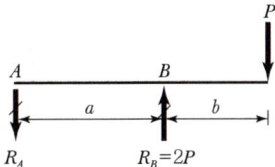

- $\sum V = 0$
  $-R_A + 2P - P = 0$, $R_A = P(\downarrow)$
- $\sum M_B = 0$
  $-P \times a + P \times b = 0$, $\dfrac{b}{a} = 1$

[별해]
- B점 반력 $R_B = 2P(\uparrow)$
- $\sum M_A = -2P \times a + P(a+b) = 0$
  $Pa = Pb$ ∴ $\dfrac{b}{a} = 1$

02 다음 그림에서 지점 A의 반력이 영(零)이 되기 위해 C점에 작용시킬 집중하중의 크기(P)는?

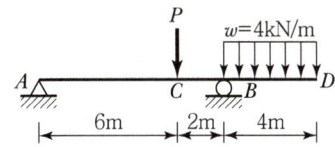

① 12kN ② 16kN
③ 20kN ④ 24kN

[해설]
$\sum M_B = 0$
$-P \times 2 + 4 \times 4 \times 2 = 0$
$P = 16\text{kN}$

03 그림과 같은 단순보에서 A점의 반력이 B점의 반력의 2배가 되도록 하는 거리 x는?(단, x는 A점으로부터의 거리이다.) [10, 15, 21, 22년]

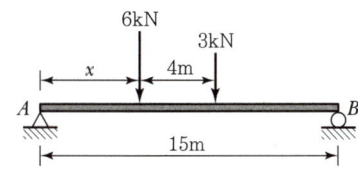

① 1.67m ② 2.67m
③ 3.67m ④ 4.67m

[해설]

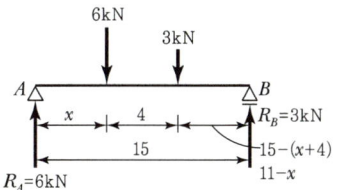

- $\sum V = 0$
  $R_A + R_B - 6 - 3 = 0$
  $(2R_B) + R_B = 9$
  $R_B = 3\text{kN}$
  ∴ $R_A = 6\text{kN}$
- $\sum M_B = 0$

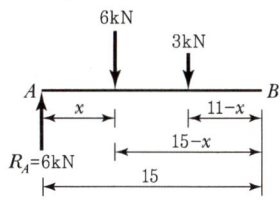

$R_A \times 15 - 6(15-x) - 3(11-x) = 0$
$90 - 90 + 6x - 33 + 3x = 0$
$9x = 33$
$x = 3.67\text{m}$

[별해]

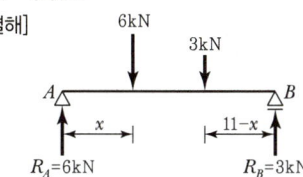

$\sum M = 0$
시계방향 짝힘 M+반시계방향 짝힘 $M = 0$
$6x - 3(11-x) = 0$
$6x - 33 + 3x = 0$
$9x = 33$ $x = 3.67\text{m}$

정답 01 ③ 02 ② 03 ③

04 정정보

2. 등분포하중이 작용할 때

$\sum M_B = 0$ 에서 $R_A \times l - w \times l \times \dfrac{l}{2} = 0$ $\quad \therefore R_A = \dfrac{wl}{2}$

$\sum V = 0$ 에서 $R_A + R_B - w \times l = 0$ $\quad \therefore R_B = wl - R_A = \dfrac{wl}{2}$

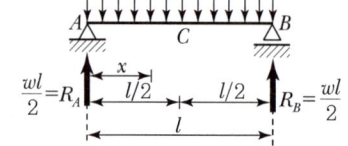

3. 등변분포하중이 작용할 때

(1) 반력

$\sum M_B = 0$ 에서 $R_A \times l - \left(\dfrac{wl}{2}\right) \times \left(\dfrac{1}{3}\right) = 0$ $\quad \therefore R_A = \dfrac{wl}{6}$

$\sum V = 0$ 에서 $R_A + R_B - \dfrac{wl}{2} - 0$ $\quad \therefore R_B = \dfrac{wl}{3}$

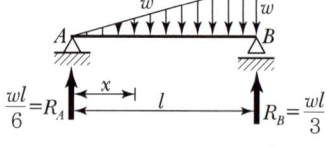

4. 모멘트하중이 작용할 때

모멘트하중은 수직, 수평력이 없고 보를 회전시키려는 힘이다.

(1) 반력

$\sum M_B = 0$ 에서 $R_A \times l - M = 0$ $\quad \therefore R_A = \dfrac{M}{l}$

$\sum V = 0$ 에서 $R_A - R_B = 0$ $\quad \therefore R_B = \dfrac{M}{l}$

- 단순보에 Moment 하중만 작용 시 A, B지점의 반력 절댓값은 같고, 방향은 서로 반대이다.

개념이해

01 그림과 같은 보에서 A점의 반력은?

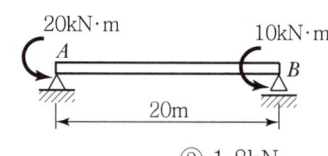

① 1.5kN ② 1.8kN
③ 2.0kN ④ 2.3kN

$\sum M_B = 0$
$R_A \times 20 - 20 - 10 = 0$
$R_A = 1.5\text{kN}(\uparrow)$

답 ①

과년도 기출문제

01 그림과 같은 보에서 A점의 반력은? [19년]

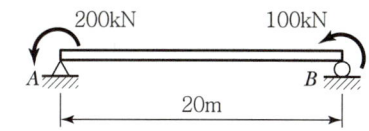

① 15kN　② 18kN
③ 20kN　④ 23kN

[해설]

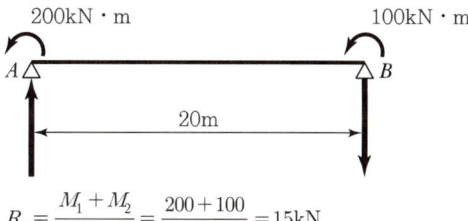

$$R_A = \frac{M_1 + M_2}{L} = \frac{200 + 100}{20} = 15\text{kN}$$

02 그림과 같은 단순보에서 옳은 지점반력은?
(단, A, B점의 지점반력은 R_A, R_B이다.)

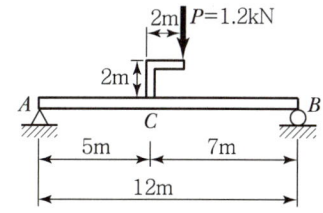

① $R_A = 0.8\text{kN}$　② $R_B = 0.8\text{kN}$
③ $R_A = 0.5\text{kN}$　④ $R_B = 0.5\text{kN}$

[해설]

- $\sum M_A = 0$
  $1.2 \times 7 - R_B \times 12 = 0$
  $R_B = 0.7\text{kN}(\uparrow)$
- $\sum V = 0$
  $R_A - 1.2 + 0.7 = 0$
  $R_A = 0.5\text{kN}(\uparrow)$

03 그림과 같은 단순보의 지점 A에서 수직반력은?

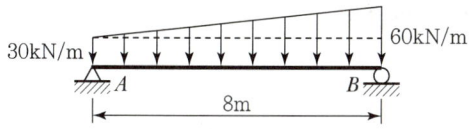

① 80kN　② 160kN
③ 200kN　④ 240kN

[해설]

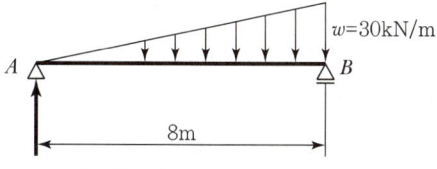

$$R_{A_1} = \frac{wl}{6} = \frac{30 \times 8}{6} = 40\text{kN}$$

$$R_{A_2} = \frac{wl}{2} = \frac{30 \times 8}{20} = 120\text{kN}$$

∴ $R_A = R_{A_1} + R_{A_2} = 40 + 120 = 160\text{kN}$

04 그림과 같은 단순보에서 A지점의 반력은?

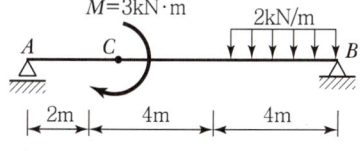

① 0.8kN　② 1.3kN
③ 1.9kN　④ 2.5kN

[해설]

$\sum M_B = 0$
$R_A \times 10\text{m} + 3\text{kN} \cdot \text{m} - (2 \times 4) \times 2\text{m} = 0$

∴ $R_A = \dfrac{-3 + 16}{10} = 1.3\text{kN}(\uparrow)$

정답 01 ①　02 ③　03 ②　04 ②

04 정정보

2 단면력

1. 축방향력(Axial Force, A)

정의	보의 중립축방향으로 외력(수평력)이 작용하여 보를 인장 또는 압축하려는 힘
부호	• 인장일 때 : $(+)$ • 압축일 때 : $(-)$
크기	부재의 축방향에 작용하는 힘으로서 어떤 단면의 축방향의 크기는 어느 한쪽에 작용하는 모든 외력(하중, 반력)의 대수합
단위	kg, ton, 힘의 단위와 동일

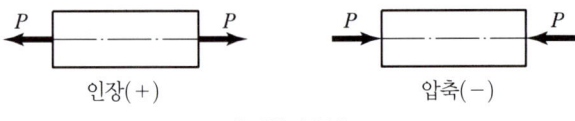

축방향력 부호

2. 전단력(Shearing Force, S)

정의	보의 중립축에 직각방향으로 외력(수직력)이 작용하여 보를 절단하려는 힘
부호	• 좌측 : 상향↑$(+)$, 하향↓$(-)$ • 우측 : 상향↑$(-)$, 하향↓$(+)$
크기	부재의 중립축과 수직방향으로 절단하려는 힘으로 보의 임의의 단면에 대한 전단력의 크기는 그 점의 좌측 또는 우측에 작용하는 보의 중립축 방향과 수직한 분력의 대수합
단위	kg, ton, 힘의 단위와 동일

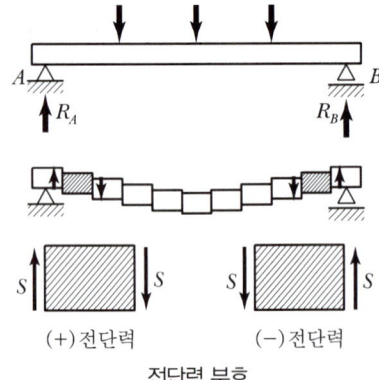

전단력 부호

과년도 기출문제

01 그림과 같은 단순보에서 C점의 전단력 크기는 다음 중 어느 것인가?

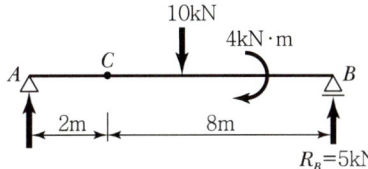

① 1kN ② 5kN
③ 9kN ④ 19kN

[해설]

- R_B가 주어졌으므로
  $\sum V = R_A + 5t = 10\text{kN}$
  $\therefore R_A = 5\text{kN}(\uparrow)$
- 따라서, $S_C = R_A = 5\text{kN}$
  (∵ 참고로 10kN은 A점으로부터 4, 6m 위치에 있다)

02 다음 그림에서 C점의 전단력은?

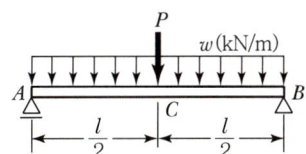

① $\dfrac{P}{2} + \dfrac{w \cdot l}{2}$ ② $\dfrac{w \cdot l}{2}$

③ $\dfrac{P}{2}$ ④ $\dfrac{P \cdot l}{4} + \dfrac{w \cdot l^2}{3}$

[해설]

- $\sum M_B = 0$
  $R_A \times l - P \times \dfrac{l}{2} - \dfrac{w \cdot l^2}{2} = 0$
  $R_A = \dfrac{P}{2} + \dfrac{w \cdot l}{2}$
- $S_C = R_A - \dfrac{w \cdot l}{2}$
  $= \dfrac{P}{2}$

03 다음 그림에서 $x = \dfrac{l}{2}$인 점의 전단력은 몇 kN인가?

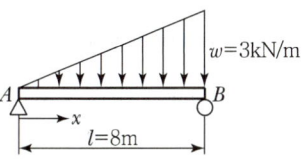

① 4kN ② 3kN
③ 2kN ④ 1kN

[해설]

$S_{\left(\frac{l}{2}\right)} = \dfrac{w \cdot l}{24} = \dfrac{3 \times 8}{24} = 1\text{kN}$

[참고]

$S_{\left(\frac{l}{2}\right)} = R_A - \left(\dfrac{w}{2} \times \dfrac{l}{2} \times \dfrac{1}{2}\right) = \dfrac{wl}{6} - \dfrac{wl}{8} = \dfrac{wl}{24}$

04 그림과 같은 단순보에서 $C \sim D$ 구간의 전단력 값은? [21년]

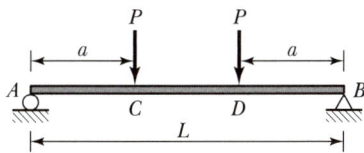

① P ② $2P$
③ $\dfrac{P}{2}$ ④ 0

[해설]

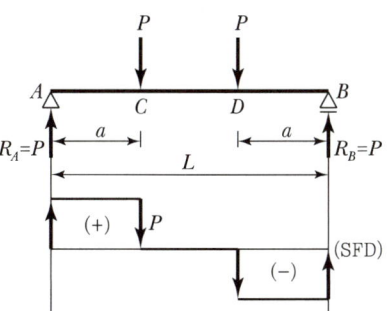

$S_{A \sim C} = P$
$S_{C \sim D} = 0$
$S_{D \sim B} = -P$

정답 01 ② 02 ③ 03 ④ 04 ④

04 정정보

3. 휨모멘트(Bending Moment, M)

정의	보에 외력(모멘트)이 작용하여 보를 휘게 하려는 힘
부호	• 좌측 : 시계방향 ↷ (+), 반시계방향 ↶ (−) • 우측 : 시계방향 ↷ (−), 반시계방향 ↶ (+)
크기	부재를 휘게 하는 힘으로서 보의 임의의 단면에 대한 휨모멘트의 크기는 그 점의 좌측 또는 우측에 작용하는 외력의 그 점에 대한 모멘트의 대수합이다.
단위	kg·cm, t·m, 모멘트의 단위와 동일하다.

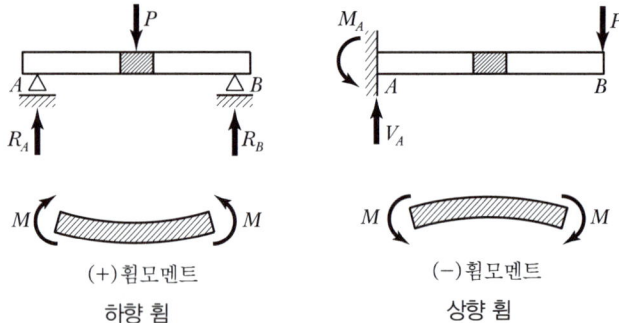

(+)휨모멘트   (−)휨모멘트
하향 휨   상향 휨

개념이해

01 아래 그림과 같은 단순보의 B점에 하중 5kN이 연직방향으로 작용하면 C점에서의 휨모멘트는?

① 3.33kN·m
② 5.4kN·m
③ 6.67kN·m
④ 10.0kN·m

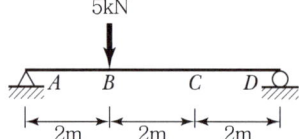

$M_C = \dfrac{Pa'b'}{l} = \dfrac{5 \times 2 \times 2}{6} = 3.34 \text{kN} \cdot \text{m}$

답 ①

과년도 기출문제

01 다음 그림과 같은 단순보에서 C점의 모멘트는 얼마인가?

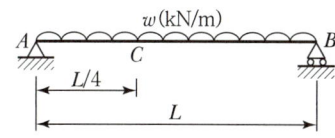

① $\dfrac{wL^2}{16}$ ② $\dfrac{wL^2}{8}$

③ $\dfrac{3wL^2}{32}$ ④ $\dfrac{wL^2}{10}$

[해설]

- $\sum M_B = R_A \times L - (wL) \times \dfrac{L}{2} = 0$

  $\therefore R_A = \dfrac{wL}{2}(\uparrow)$

- $M_C = \dfrac{wL}{2} \times \dfrac{L}{4} - \left(\dfrac{wL}{4}\right) \times \dfrac{L}{8} = \dfrac{3wL^2}{32}$

02 그림의 단순보에서 지점 A에서 4m 떨어진 C점에서의 휨모멘트는?

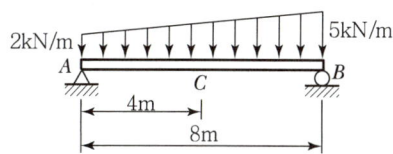

① 24kN · m ② 28kN · m
③ 32kN · m ④ 40kN · m

[해설]

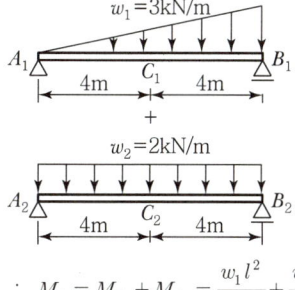

$\therefore M_C = M_{C1} + M_{C2} = \dfrac{w_1 l^2}{16} + \dfrac{w_2 l^2}{8}$

$= \dfrac{3 \times 8^2}{16} + \dfrac{2 \times 8^2}{8} = 28 \text{kN} \cdot \text{m}$

03 그림과 같은 단순보의 중앙점(C점)에서 휨모멘트 M_C는?

① 10kN · m
② 20kN · m
③ 30kN · m
④ 40kN · m

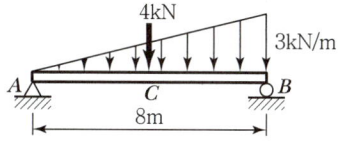

[해설]

$M_C = M_{C_1} + M_{C_2} = \dfrac{Pl}{4} + \dfrac{wl^2}{16} = \dfrac{4 \times 8}{4} + \dfrac{3 \times 8^2}{16} = 20 \text{kN} \cdot \text{m}$

04 그림에서 중앙점 C의 휨모멘트 M_C는?

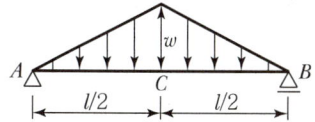

① $\dfrac{wl^2}{20}$ ② $\dfrac{wl^2}{96}$

③ $\dfrac{wl^2}{6}$ ④ $\dfrac{wl^2}{12}$

[해설]

- 대칭하중이므로

  $R_A = R_B = \left(\dfrac{w \times l}{2} \times \dfrac{1}{2}\right) = \dfrac{wl}{4}(\uparrow)$

- $M_C = \dfrac{wl}{4} \times \dfrac{l}{2} - \left(w \times \dfrac{l}{2} \times \dfrac{1}{2}\right) \times \left(\dfrac{l}{2} \times \dfrac{1}{3}\right) = \dfrac{wl^2}{12}$

05 다음 그림과 같은 보에서 C점의 휨모멘트는?

[19년]

① 0kN/m
② 40kN/m
③ 45kN/m
④ 50kN/m

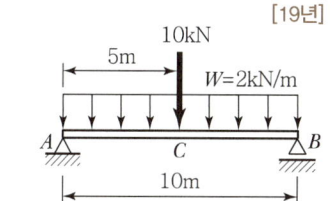

[해설]

$M_C = \dfrac{Pl}{4} + \dfrac{wl^2}{8} = \dfrac{10 \times 10}{4} + \dfrac{2 \times 10^2}{8} = 25 + 25 = 50 \text{kN/m}$

(여기서, $P = 10\text{kN}, l = 10\text{m}, w = 2\text{kN/m}$)

정답 01 ③ 02 ② 03 ② 04 ④ 05 ④

04 정정보

③ 단순보(Simple Beam)

1. 집중하중이 작용하는 경우

	집중하중이 작용할 경우	집중하중이 중앙에 작용할 경우
단면력도	(S.F.D, B.M.D 그림) $M_c = M_{max} = \dfrac{Pab}{l}$	(S.F.D, B.M.D 그림) $\dfrac{Pl}{4}$
반력	$R_A = \dfrac{Pb}{l}$, $R_B = \dfrac{Pa}{l}$	$R_A = \dfrac{P}{2}$, $R_B = \dfrac{P}{2}$
전단력	$S_A = R_A = \dfrac{Pb}{l}$, $S_{A-C} = R_A - \dfrac{Pb}{l}$ $S_B = -R_B = -\dfrac{Pa}{l}$	$S_{A-C} = \dfrac{P}{2}$, $S_{C-B} = \dfrac{P}{2}$
휨모멘트 (좌에서 우로 계산)	$M_C = M_{max} = R_A \times a = \dfrac{Pba}{l}$	$M_C = \dfrac{P}{2} \times \dfrac{l}{2} = \dfrac{Pl}{4}$

과년도 기출문제

01 다음 보에서 지점반력은 $R_B = 2R_A$ 이다. 하중 위치 X의 값은?

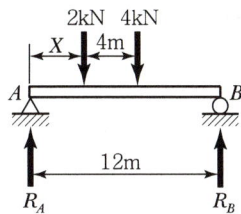

① 7.2m ② 6.4m
③ 5.3m ④ 4.8m

[해설]

- $\sum V = 0$
  $R_A + R_B - 6 = 0$
  $R_A + (2R_A) - 6 = 0$
  $R_A = 2\text{kN}(\uparrow)$
  $R_B = 2R_A = 4\text{kN}(\uparrow)$
- $\sum M_A = 0$
  $2 \times X + 4 \times (X+4) - 4 \times 12 = 0$
  $X = 5.33\text{m}(\rightarrow)$

02 그림과 같은 단순보에서 A지점의 반력은?

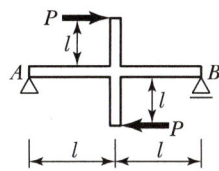

① P의 상향 ② P의 하향
③ $2P$의 상향 ④ $2P$의 하향

[해설]

$\sum M_B = 0$에서
$V_A \times 2l + P \times l + P \times l = 0$
$\therefore V_A = -P(\downarrow)$
(하중이 시계방향의 우력이므로 반력은 반시계방향의 우력이 되어야 한다.)

03 다음 그림과 같은 단순보에서 n점이 받는 힘은?

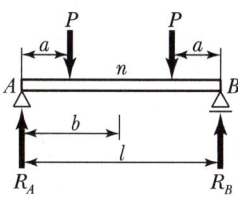

① 비틀림 모멘트와 전단력을 받는다.
② 전단력과 휨모멘트를 받는다.
③ 전단력만 받는다.
④ 휨모멘트만 받는다.

[해설]

- 하중이 좌우대칭이므로 $R_A = R_B = P$
- 전단력은 $S_n = R_A - P = 0$
- 휨모멘트는 $M_n = P \times b - P \times (b-a) = Pa$
- n점에서는 휨모멘트만 생긴다.

04 주어진 보에서 C점의 전단력의 크기는?

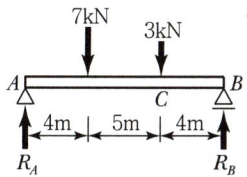

① 3kN ② 5.77kN
③ 1.23kN ④ 4.23kN

[해설]

- $\sum M_A = 0$에서
  $7\text{t} \times 4\text{m} + 3\text{t} \times 9\text{m} - R_B \times 13\text{m} = 0$
  $\therefore R_B = 4.23\text{kN}(\uparrow)$
- $S_C = R_B = 4.23\text{kN}$
  (하중 3t을 포함하지 않고 전단력이 큰 값이 되도록 한다.)

04 정정보

2. 등분포하중이 작용할 때

등분포하중이 작용할 때	등분포하중이 작용할 때 임의점 휨모멘트
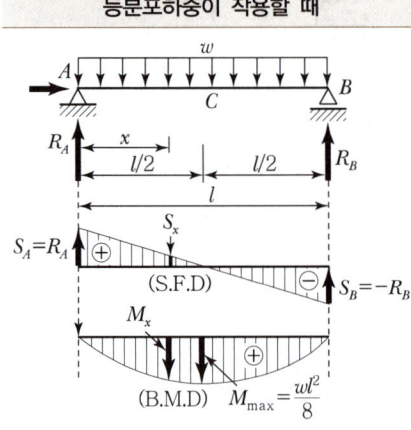	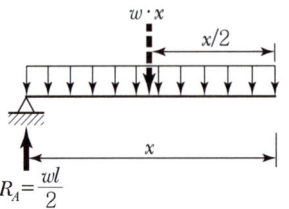

반력	$\sum M_B = 0$ 에서 $\therefore R_A = \dfrac{wl}{2}$ $\sum V = 0$ 에서 $R_A + R_B - w \times l = 0$ $\therefore R_B = wl - R_A = \dfrac{wl}{2}$
전단력	$S_A = R_A = \dfrac{wl}{2}$ $S_x = R_A - wx = \dfrac{wl}{2} - wx$
전단력이 0인 위치의 x 계산	$S_x = 0$ $R_A - w \times x = 0$ $\therefore x = \dfrac{R_A}{w} = \dfrac{wl}{w} = \dfrac{l}{2}$
휨모멘트	$M_x = R_A \times x - w \times x \times \dfrac{x}{2} = \dfrac{wl}{2}x - \dfrac{wx^2}{2}$ $M_{\max} = R_A \times \dfrac{l}{2} - w \times \dfrac{l}{2} \times \dfrac{l}{2} \times \dfrac{1}{2} = \dfrac{wl^2}{8}$

과년도 기출문제

01 다음 그림과 같은 길이가 l인 단순보에 등분포하중 w가 재하되고 있다. 이때 A를 기준으로 한 전단력 선 방정식(S_x) 및 휨모멘트 선 방정식(M_x)을 구하면?

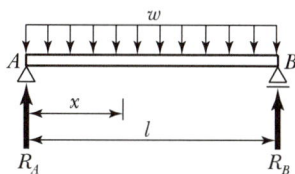

① $S_x = \dfrac{w \cdot l}{2} + wx$, $M_x = \dfrac{w \cdot l}{2}x + \dfrac{w}{2}x^2$

② $S_x = \dfrac{w \cdot l}{2} + wx$, $M_x = \dfrac{w \cdot l}{2}x - \dfrac{w}{2}x^2$

③ $S_x = \dfrac{w \cdot l}{2} - wx$, $M_x = \dfrac{w \cdot l}{2}x - \dfrac{w}{2}x^2$

④ $S_x = \dfrac{w \cdot l}{2} - wx$, $M_x = \dfrac{w \cdot l}{2}x + \dfrac{w}{2}x^2$

[해설]

전단력 $S_x = \dfrac{wl}{2} - wx$

휨모멘트 $M_x = \dfrac{wl}{2} \times x - wx \times \dfrac{x}{2}$
$= \dfrac{wl}{2}x - \dfrac{w}{2}x^2$

$M_x = \int S_x d_x$

02 그림에 표시한 것은 단순보에 대한 전단력도이다. 이 보의 C점에 발생하는 휨모멘트는?(단, 단순보에는 회전모멘트하중이 작용하지 않는다.)

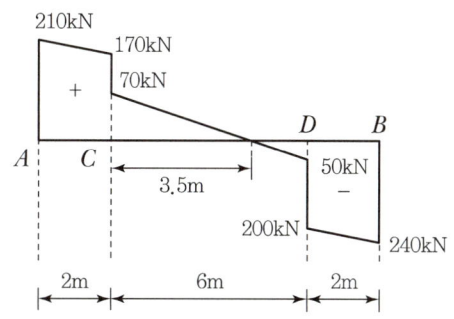

① $+420 \text{kN} \cdot \text{m}$ ② $+380 \text{kN} \cdot \text{m}$
③ $+210 \text{kN} \cdot \text{m}$ ④ $+100 \text{kN} \cdot \text{m}$

[해설]

M_C = C점까지 SFD면적

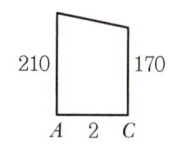

$M_C = \dfrac{(210+170) \times 2}{2} = 380 \text{kN} \cdot \text{m}$

03 중앙점 C의 휨모멘트 M_c는?(단, C는 보의 중앙임)

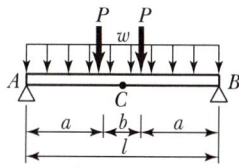

① $\dfrac{wl^2}{4} + Pa$ ② $\dfrac{wl^2}{8} + \dfrac{Pa}{2}$

③ $\dfrac{wl^2}{8} + Pa$ ④ $\dfrac{wl^2}{5} + \dfrac{Pl}{8}$

[해설]

$M_c = \dfrac{wl^2}{8} + Pa$

정답 01 ③ 02 ② 03 ③

04 정정보

3. 등변분포하중이 작용할 때

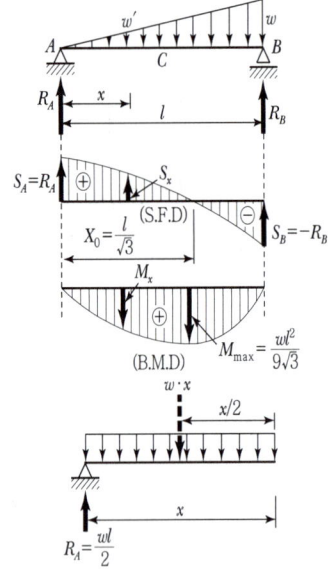

(1) 반력

$$R_A = \frac{wl}{6} \qquad R_B = \frac{wl}{3}$$

(2) 전단력

$$S_A = R_A = \frac{wl}{6} \qquad S_x = R_A - \frac{w'x}{2} = \boxed{\frac{wl}{6} - \frac{wx^2}{2l}}$$

(3) 전단력이 0인 x_0 위치 계산

$$\boxed{x_0 = \frac{l}{\sqrt{3}} = 0.577l}$$

(4) 휨모멘트

$$M_x = R_A \times x - \left(\frac{w'x}{2}\right) \times \frac{x}{3} = \frac{wl}{6} \times x - \frac{x}{l} \times w \times \frac{x^2}{6} = \frac{w}{6}\left(lx - \frac{x^3}{l}\right)$$

$$M_{\max} = R_A \times \frac{l}{\sqrt{3}} - w' \times \frac{1}{\sqrt{3}} \times \frac{1}{2} \times \frac{l}{\sqrt{3}} \times \frac{1}{3}$$

$$= \frac{wl^2}{6}\left(\frac{1}{\sqrt{3}} - \frac{1}{3\sqrt{3}}\right) = \frac{wl^2}{6} \times \frac{2}{3\sqrt{3}} = \boxed{\frac{wl^2}{9\sqrt{3}}}$$

x에 관한 2차식으로 2차 포물선 변화를 한다.

$$S_B = S_A - \frac{wl}{2} = \frac{wl}{6} - \frac{wl}{2} = -\frac{wl}{3}$$

$$S_B' = S_B + R_B = 0$$

과년도 기출문제

01 다음 보에서 최대 휨모멘트가 발생되는 위치는 지점 A로부터 얼마인가?

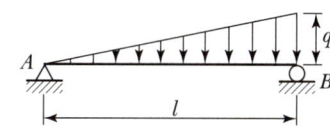

① $\dfrac{4}{5}l$ ② $\dfrac{2}{3}l$

③ $\dfrac{l}{\sqrt{3}}$ ④ $\dfrac{l}{\sqrt{2}}$

[해설]

- $\sum M_B = R_A \times l - \dfrac{q \cdot l}{2} \times \dfrac{l}{3} = 0$ ∴ $R_A = \dfrac{q \cdot l}{6}$
- 최대 휨모멘트는 전단력이 0이 되는 곳이므로

  $S_x = \dfrac{q \cdot l}{6} - \dfrac{q \cdot x}{l} \times x \times \dfrac{1}{2} = 0$

  ∴ $x = \dfrac{1}{\sqrt{3}} = 0.577l$

02 그림과 같은 단순보에서 C점의 휨모멘트는?

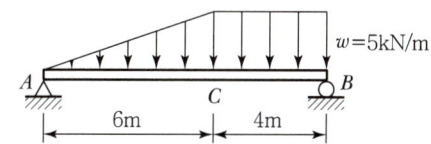

① $32\text{kN} \cdot \text{m}$ ② $42\text{kN} \cdot \text{m}$
③ $48\text{kN} \cdot \text{m}$ ④ $54\text{kN} \cdot \text{m}$

[해설]

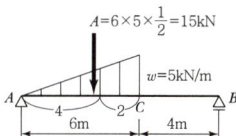

- $M_{C_1} = \dfrac{15 \times (4) \times (4)}{10} = 24\text{kN} \cdot \text{m}$

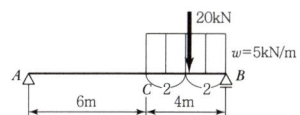

- $M_{C_2} = \dfrac{20 \times (6) \times (2)}{10} = 24\text{kN} \cdot \text{m}$
- $M_C = M_{C_1} + M_{C_2} = 48\text{kN} \cdot \text{m}$

03 다음 그림과 같은 단순보에서 A점으로부터 0.5m 되는 C점의 휨모멘트 M_C와 전단력 V_C는 각각 얼마인가?

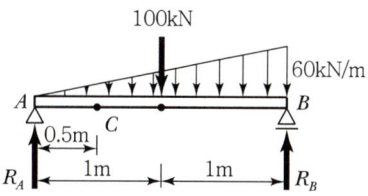

① $M_C = 34.375\text{kN} \cdot \text{m}$, $V_C = 66.25\text{kN}$
② $M_C = 44.375\text{kN} \cdot \text{m}$, $V_C = 33.75\text{kN}$
③ $M_C = 34.375\text{kN} \cdot \text{m}$, $V_C = 65.50\text{kN}$
④ $M_C = 43.75\text{kN} \cdot \text{m}$, $V_C = 85.00\text{kN}$

[해설]

- $R_A = \dfrac{P}{2} + \dfrac{wl}{6} = \dfrac{100}{2} + \dfrac{60 \times 2}{6} = 70\text{kN}$
- 전단력 $V_C = 70\text{kN} - 1/2 \times 15\text{kN/m} \times 0.5\text{m} = 66.25\text{kN}$
- 휨모멘트

  $M_C = 70\text{kN} \times 0.5\text{m} - 1/2 \times 15\text{kN/m} \times 0.5\text{m} \times \dfrac{0.5\text{m}}{3}$

  $= 34.375\text{kN} \cdot \text{m}$

04 그림과 같이 삼각형 분포하중이 작용하는 단순보에서 최대휨모멘트가 발생하는 점 C의 위치는 A 지점에서 거리 x 되는 곳이다. 여기서 x의 값은?

[22년]

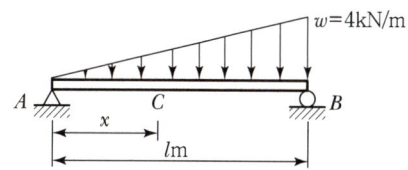

① $0.577l(\text{m})$ ② $0.667l(\text{m})$
③ $0.750l(\text{m})$ ④ $0.875l(\text{m})$

[해설]

- $x = \dfrac{l}{\sqrt{3}} ≒ 0.577l$
- $M_{\max} = \dfrac{wl^2}{9\sqrt{3}}$

정답 01 ③ 02 ③ 03 ① 04 ①

04 정정보

4. 모멘트하중이 작용할 때

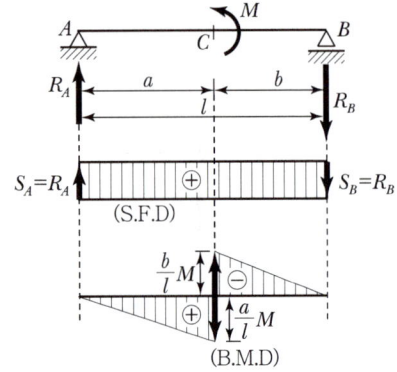

(1) 반력

$$R_A = \frac{M}{l} \quad R_B = \frac{M}{l}$$

(2) 전단력

$$S_A = R_A = \frac{M}{l}$$

$$S_{A-B} = S_A = \frac{M}{l}$$

(3) 휨모멘트

$$M_C = R_A \times a = \frac{M}{l} \cdot a$$

$$M_C' = R_A \times a - M = \frac{M}{l} \times a - M = -\frac{M}{l} \times b$$

➕ 모멘트하중이 작용하는 단면에서 휨모멘트 값은 2개이다.

$$M_{C_1} = \frac{a}{l}M \quad M_{C_2} = \frac{b}{l}M$$

과년도 기출문제

01 그림과 같은 단순보에서 A, B 구간의 전단력 및 휨모멘트의 값은?

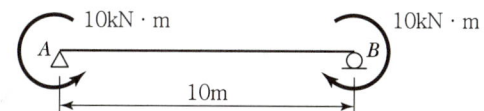

① $S=10$kN, $M=10$kN · m
② $S=10$kN, $M=20$kN · m
③ $S=0$, $M=-10$kN · m
④ $S=20$kN, $M=-10$kN · m

[해설]

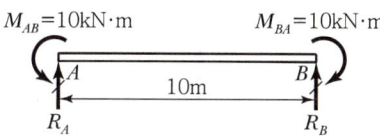

- $\sum M_B = 0$
  $R_A \times 10 - 10 + 10 = 0$
  $R_A = 0$
- $S_{A\sim B} = 0$
- $M_A = M_B = -10$kN · m

02 그림과 같은 보에서 C점의 휨모멘트는?

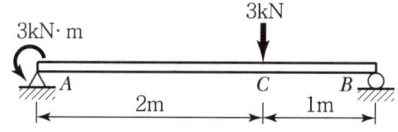

① 1kN · m
② -1kN · m
③ 2kN · m
④ -2kN · m

[해설]

- $\sum M_B = R_A \times 3\text{m} - 3\text{kN} \cdot \text{m} - 3\text{kN} \times 1\text{m} = 0$
  $R_A = 2$kN(↑)
- $M_C = R_A \times 2\text{m} - 3\text{kN} \cdot \text{m}$
  $= 2\text{kN} \times 2\text{m} - 3\text{kN} \cdot \text{m}$
  $= 1$kN · m

또는 $M_C = M_{C_1} + M_{C_2} = \dfrac{Pab}{l} - \left(3 \times \dfrac{1}{3}\right)$
$= \dfrac{3 \times 2 \times 1}{3} - 1 = 1$kN · m

03 그림과 같은 단순보에서 최대 휨모멘트가 발생하는 위치는?(단, A점으로부터의 거리 X로 나타낸다.)

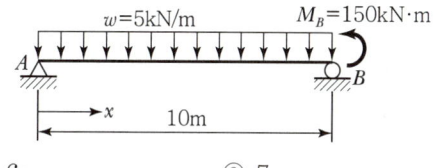

① 6m
② 7m
③ 8m
④ 9m

[해설]

- $\sum M_B = 0$
  $R_A \times 10 - (5 \times 10) \times 5 - 150 = 0$
  $R_A = 40$kN(↑)
- $x = \dfrac{R_A}{w} = \dfrac{40}{5} = 8$m

04 그림과 같은 단순보에서 C 단면의 휨모멘트는?

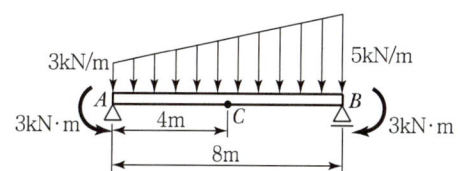

① 20kN · m
② 23kN · m
③ 26kN · m
④ 29kN · m

[해설]

- $\sum M_B = R_A \times 8\text{m} - 3\text{kN} \cdot \text{m}$
  $- (3\text{kN/m} \times 8\text{m}) \times 4\text{m}$
  $- \dfrac{2\text{kN/m} \times 8\text{m}}{2} \times \dfrac{8\text{m}}{3} + 3\text{kN} \cdot \text{m} = 0$
  $\therefore R_A = 14.67$kN(↑)
- C점은 중앙이므로 삼각형 하중에서
  $w' = 1$kN/m를 갖는다.
  $M_C = 14.67\text{kN} \times 4\text{m} - 3\text{kN} \cdot \text{m}$
  $- (3\text{kN/m} \times 4\text{m}) \times 2\text{m}$
  $- \dfrac{1\text{kN/m} \times 4\text{m}}{2} \times \dfrac{4\text{m}}{3} = 29$kN · m

정답 01 ③ 02 ① 03 ③ 04 ④

04 정정보

④ 캔틸레버보(Cantilever Beam)

1. 집중하중이 경사로 작용할 때

반력	$V_A = P\sin\theta$
축방향력	$A_{A-B} = H_A(인장) = P \cdot \cos\theta$
전단력	$S_A = V_A = P \cdot \sin\theta$ $S_{A-B} = S_A = P \cdot \sin\theta$ $S_B = S_A - V = 0$
휨모멘트	$M_A = -M_A(반력모멘트) = -P \times l \times \sin\theta$

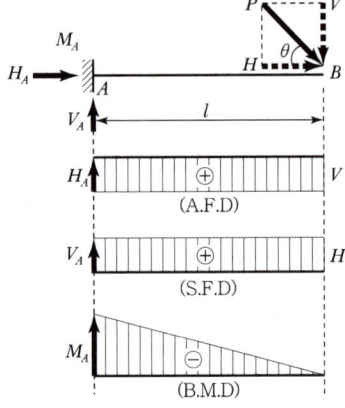
집중하중이 경사로 작용할 때

2. 등분포하중이 작용할 때

반력	$V_A = w \times l, \quad M_A = \dfrac{wl^2}{2}$
전단력	$S_A = -w \cdot l$
휨모멘트	$M_A = -w \times l \times \dfrac{l}{2} = -\dfrac{wl^2}{2}$

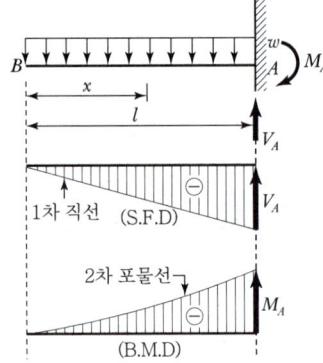
등분포하중이 작용할 때

3. 등변분포하중이 작용할 때

반력	$V_A = \dfrac{wl}{2}, \quad M_A = \dfrac{wl^2}{6}$
전단력	$S_B = 0$ $S_A = -w \times l \times \dfrac{1}{2} = -\dfrac{wl}{2}$
휨모멘트	$M_A = -\dfrac{wl}{2} \times \dfrac{l}{3} = -\dfrac{wl^2}{6}$

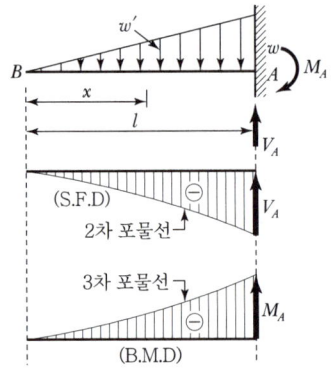
등변분포하중이 작용할 때

과년도 기출문제

01 그림과 같은 캔틸레버보에서 C점의 휨모멘트는?

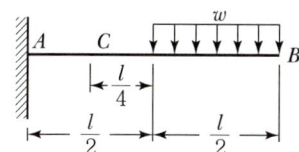

① $-\dfrac{1}{8}wl^2$ ② $-\dfrac{1}{6}wl^2$

③ $-\dfrac{1}{4}wl^2$ ④ $-\dfrac{1}{2}wl^2$

[해설]

$M_C = -\left(w \cdot \dfrac{l}{2}\right) \times \dfrac{l}{2} = -\dfrac{1}{4}wl^2$

02 다음 그림의 캔틸레버에서 A점의 휨 모멘트는?

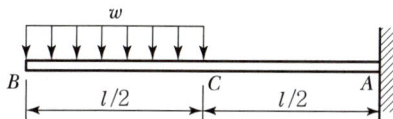

① $-\dfrac{wl^2}{8}$ ② $-\dfrac{2wl^2}{8}$

③ $-\dfrac{3wl^2}{4}$ ④ $-\dfrac{3wl^2}{8}$

[해설]

$M_A = -\left(w \times \dfrac{l}{2}\right) \times \left(\dfrac{l}{2} \times \dfrac{1}{2} + \dfrac{l}{2}\right) = -\dfrac{wl}{2} \times \dfrac{3l}{4} = -\dfrac{3wl^2}{8}$

03 그림과 같은 캔틸레버(Cantilever)의 고정단 B의 휨모멘트 M_B의 값은?

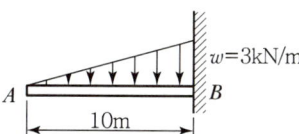

① $50\text{kN} \cdot \text{m}$ ② $-50\text{kN} \cdot \text{m}$
③ $75\text{kN} \cdot \text{m}$ ④ $-75\text{kN} \cdot \text{m}$

[해설]

- $A = \dfrac{1}{2} \times 3\text{kN/m} \times 10\text{m} = 15\text{kN}$
- $M_B = -15\text{kN} \times 10\text{m} \times \dfrac{1}{3} = -50\text{kN} \cdot \text{m}$

04 그림과 같은 캔틸레버보의 C점의 휨모멘트는 얼마인가?(단, 자중은 무시한다.)

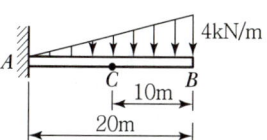

① $-30.0\text{kN} \cdot \text{m}$ ② $-80.5\text{kN} \cdot \text{m}$
③ $120.1\text{kN} \cdot \text{m}$ ④ $-166.7\text{kN} \cdot \text{m}$

[해설]

- 사각형 면적 $=2\text{kN/m} \times 10\text{m} = 20\text{kN}$
- 삼각형 면적 $=1/2 \times 2\text{kN/m} \times 10\text{m} = 10\text{kN}$
∴ $M_C = -(20\text{kN} \times 5\text{m}) - (10\text{kN} \times 10\text{m} \times 2/3)$
    $= -166.7\text{kN} \cdot \text{m}$

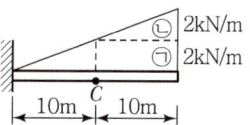

정답 01 ③ 02 ④ 03 ② 04 ④

04 정정보

5 내민보(Overhanging Beam) 해석

내민보의 하중에 대한 단면력도

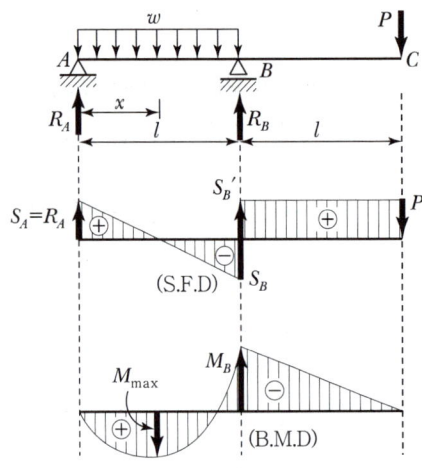

반력	$R_A = \dfrac{wl}{2} - P$ $R_B = \dfrac{wl}{2} + 2P$
전단력	$S_A = R_A = \dfrac{wl}{2} - P$ $S_B = S_A - w \times l = -\dfrac{wl}{2} - P$ $S_{B-C} = S_B' = P$
전단력이 0인 위치의 x 계산	$S_x = 0, \quad R_A - w \times x = 0$ $\therefore x = \dfrac{R_A}{w} = \dfrac{l}{2} - \dfrac{P}{w}$
휨모멘트	$M_A = M_C = 0$ $M_{max} = R_A \times x - w \times x \times \dfrac{x}{2}$ $M_B = R_A \times l - w \times l \times \dfrac{l}{2} = -P \times l$

과년도 기출문제

01 다음 내민보에서 B점의 모멘트와 C점의 모멘트의 절댓값의 크기를 같게 하기 위한 $\dfrac{L}{a}$의 값을 구하면? [10, 14, 18년]

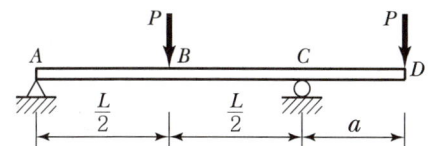

① 6 ② 4.5
③ 4 ④ 3

[해설]

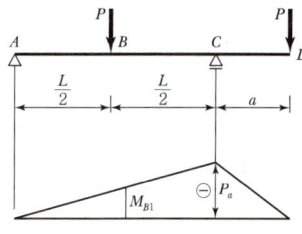

- $M_{B_1} = -\dfrac{Pa}{2}$, $M_{B_2} = \dfrac{PL}{4}$
- $|M_B| = |M_C|$, $\left|\dfrac{PL}{4} - \dfrac{Pa}{2}\right| = |Pa|$, $\dfrac{PL}{4} = \dfrac{3}{2}Pa$
- $\therefore \dfrac{L}{4} = \dfrac{3}{2}a$
- $\dfrac{L}{a} = \dfrac{4 \times 3}{2} = 6$

02 그림과 같은 내민보에서 C점의 휨모멘트가 영(零)이 되게 하기 위해서는 x가 얼마가 되어야 하는가? [14, 17, 22년]

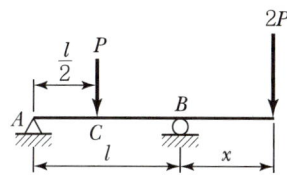

① $x = \dfrac{l}{4}$ ② $x = \dfrac{l}{3}$
③ $x = \dfrac{l}{2}$ ④ $x = \dfrac{2l}{3}$

[해설]

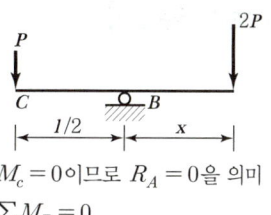

$M_C = 0$이므로 $R_A = 0$을 의미
$\sum M_B = 0$
$-P \times \dfrac{l}{2} + 2Px = 0$
$x = \dfrac{l}{4}$

03 그림과 같은 양단 내민보에서 C점(중앙점)에서 휨모멘트가 0이 되기 위한 $\dfrac{a}{L}$는?(단, $P = wL$이다.) [19년]

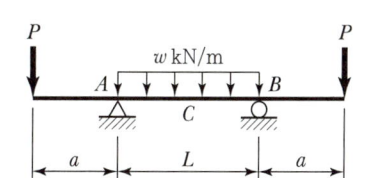

① $\dfrac{1}{2}$ ② $\dfrac{1}{4}$
③ $\dfrac{1}{7}$ ④ $\dfrac{1}{8}$

[해설]

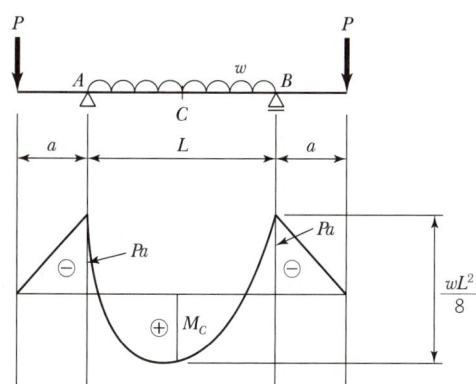

$M_C = \dfrac{wL^2}{8} - Pa = 0 = \dfrac{PL}{8} - Pa = 0$
$L = 8a$
$\therefore \dfrac{a}{L} = \dfrac{a}{8a} = \dfrac{1}{8}$

정답 01 ① 02 ① 03 ④

04 정정보

6 게르버보(Gerber Beam)

반력	• 단순보 구간의 반력 : $R_B = R_D = \dfrac{P}{2}$ • 캔틸레버보 구간의 반력 : $V_A = w \times l + \dfrac{P}{2}$
전단력	$S_A = V_A = w \times l + \dfrac{P}{2}$ $S_B = S_A - w \times l = \dfrac{P}{2}$ $S_{B-C} = S_B = \dfrac{P}{2}$ $S_C = S_B - P = -\dfrac{P}{2}$ $S_{C-D} = S_C = -\dfrac{P}{2}$ $S_D = S_C + R_D = 0$
휨모멘트	$M_C = R_D \times \dfrac{l}{2} = \dfrac{Pl}{4}$ $M_A = +R_B \times l + w \times l \times \dfrac{l}{2} = -\left(\dfrac{Pl}{2} + \dfrac{wl^2}{2}\right)$ (최종 부호 반대)

➕ 게르버보의 하중에 대한 단면력도

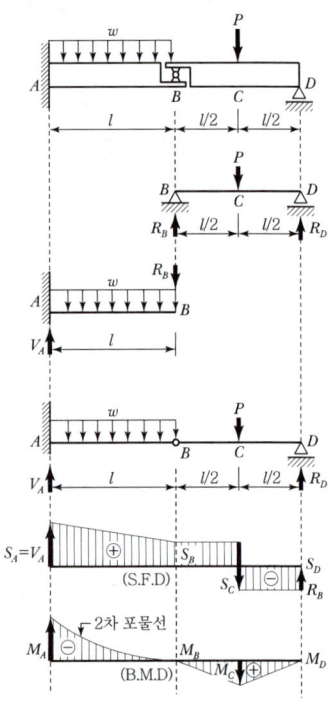

개념이해

01 다음 게르버보에서 A점의 모멘트는?

① $-16\text{kN} \cdot \text{m}$ ② $-20\text{kN} \cdot \text{m}$
③ $-25\text{kN} \cdot \text{m}$ ④ $-40\text{kN} \cdot \text{m}$

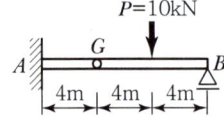

$R_G = 5\text{kN}$
$M_A = -5\text{kN} \times 4\text{m} = -20\text{kN} \cdot \text{m}$

답 ②

02 다음 그림과 같은 게르버보에서 C점의 휨모멘트 M_C와 전단력 S_C를 구하시오.

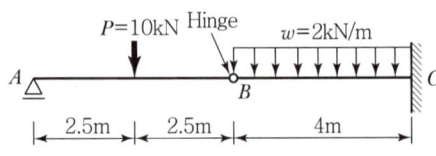

① $M_C = -36\text{kN} \cdot \text{m},\ S_C = -13\text{kN}$
② $M_C = -52\text{kN} \cdot \text{m},\ S_C = 15\text{kN}$
③ $M_C = -27\text{kN} \cdot \text{m},\ S_C = 13\text{kN}$
④ $M_C = -36\text{kN} \cdot \text{m},\ S_C = 15\text{kN}$

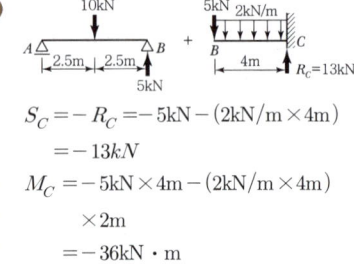

$S_C = -R_C = -5\text{kN} - (2\text{kN/m} \times 4\text{m})$
$= -13kN$
$M_C = -5\text{kN} \times 4\text{m} - (2\text{kN/m} \times 4\text{m})$
$\quad \times 2\text{m}$
$= -36\text{kN} \cdot \text{m}$

답 ①

과년도 기출문제

01 그림과 같은 게르버보에서 B점의 휨모멘트값은?

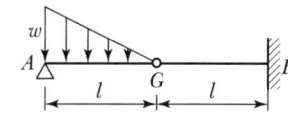

① $-\dfrac{wl^2}{2}$ 　② $-\dfrac{wl^2}{3}$

③ $+\dfrac{wl^2}{3}$ 　④ $-\dfrac{wl^2}{6}$

[해설]

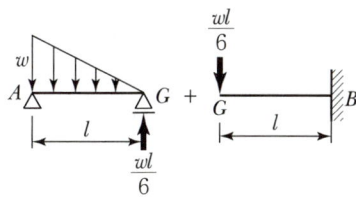

$\therefore M_B = -\dfrac{wl}{6} \times l = -\dfrac{wl^2}{6}$

02 그림과 같은 게르버보의 A점의 전단력으로 맞는 것은?

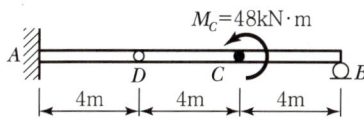

① 4kN　② 6kN
③ 12kN　④ 24kN

[해설]

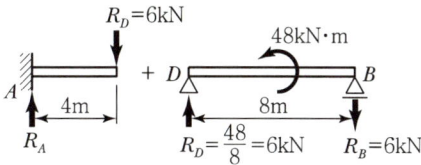

- $R_D = \dfrac{48}{8} = 6\text{kN}$, $R_B = 6\text{kN}$
- $S_A = 6\text{kN}$

03 그림과 같은 게르버보에서 A지점의 휨모멘트는?

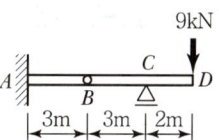

① 18kN · m　② 27kN · m
③ 45kN · m　④ 72kN · m

[해설]

- $\Sigma M_C = 0$
  $V_B \times 3\text{m} + 9\text{kN} \times 2\text{m} = 0$
  $\therefore V_B = -6\text{kN}(\downarrow)$
- $M_A = 6\text{kN} \times 3\text{m} = 18\text{kN} \cdot \text{m}$

04 그림과 같이 C점이 내부힌지로 구성된 게르버보에서 B지점에 발생하는 모멘트의 크기는?

[15, 17년]

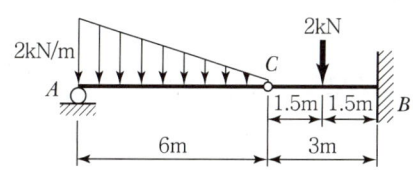

① 9kN · m　② 6kN · m
③ 3kN · m　④ 1kN · m

[해설]

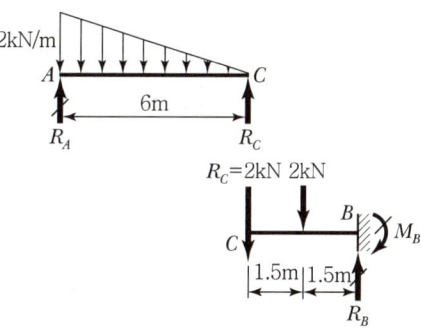

- $\Sigma M_{\circledA} = 0$
  $\left(\dfrac{1}{2} \times 2 \times 6\right) \times \left(6 \times \dfrac{1}{3}\right)$
  $- R_c \times 6 = 0$
  $R_c = 2\text{kN}$
- $M_B = -2 \times 1.5 - 2 \times 3 = -9\text{kN} \cdot \text{m}$

정답　01 ④　02 ②　03 ①　04 ①

04 정정보

7 절대 최대 휨모멘트

(1) 합력

$$R = P_1 + P_2$$

(2) 합력의 작용위치 x 계산

$R \times x = P_2 \times d$

$$\therefore x = \frac{P_2 \cdot d}{R}$$

(3) 합력과 가장 가까운 하중과의 거리 $\frac{1}{2}$ 되는 곳을 보의 중앙점에 오도록 하중을 이동한다.

(4) 최대 휨모멘트는 중앙지점에서 가장 가까운 하중에서 발생한다.

A점에서 거리는 $\frac{l}{2} - \frac{x}{2}$

(5) 최대 휨모멘트 계산 : $M_{\max} = R_A \times \left(\frac{l}{2} - \frac{x}{2} \right)$

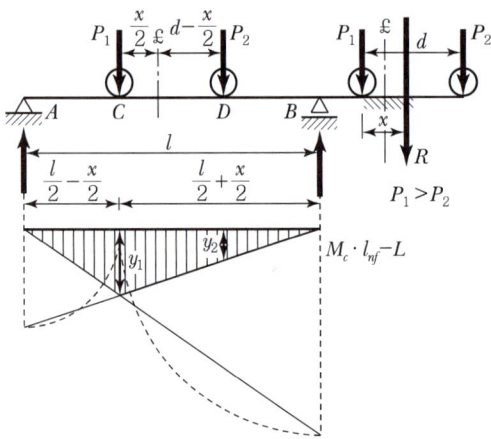

집중하중 2개가 이동작용할 때 최대 휨모멘트

과년도 기출문제

01 그림과 같이 2개의 집중하중이 단순보 위를 통과할 때 절대 최대 휨모멘트의 크기(M_{max})와 발생위치(x)는? [12, 18, 21년]

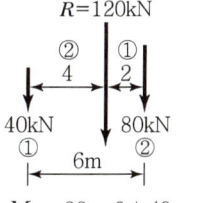

① $M_{max} = 362\text{kN} \cdot \text{m}, \ x = 8\text{m}$
② $M_{max} = 382\text{kN} \cdot \text{m}, \ x = 8\text{m}$
③ $M_{max} = 486\text{kN} \cdot \text{m}, \ x = 9\text{m}$
④ $M_{max} = 506\text{kN} \cdot \text{m}, \ x = 9\text{m}$

[해설]

- 합력 R의 위치

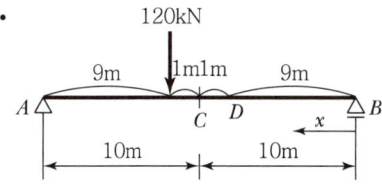

$M_0 = 80 \times 6 + 40 \times 0 = R \cdot x$
$480 = 120x$
$\therefore x = 4\text{m}$

-

절대 최대 휨모멘트는 B점으로부터 9m 거리에서 발생 ($x = 9\text{m}$)

- $M_D = M_{max} = \dfrac{Rab}{l} = \dfrac{120 \times 9 \times 9}{20} = 486\text{kN} \cdot \text{m}$

02 다음 그림의 단순보에 이동하중이 작용할 때 절대 최대 휨모멘트를 구한 값은? [22년]

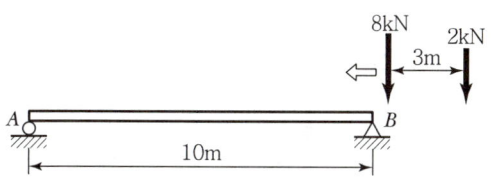

① $18.20\text{kN} \cdot \text{m}$ ② $22.09\text{kN} \cdot \text{m}$
③ $26.76\text{kN} \cdot \text{m}$ ④ $32.80\text{kN} \cdot \text{m}$

[해설]

- 바리뇽 정리(C점)
$R \times x = 2\text{kN} \times 3\text{m}$
$\therefore x = 0.6\text{m}$

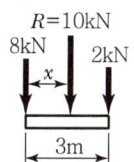

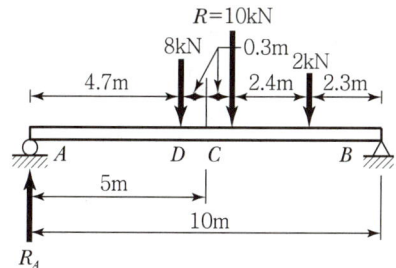

- $M_D = M_{max} = R_A \times 4.7\text{m}$
$= \left(\dfrac{8\text{kN} \times 5.3\text{m} + 2\text{kN} \times 2.3\text{m}}{10\text{m}} \right) \times 4.7\text{m}$
$= 22.09\text{kN} \cdot \text{m}$

정답 01 ③ 02 ② 03 ③

04 정정보

8 하중에 따른 단면력도

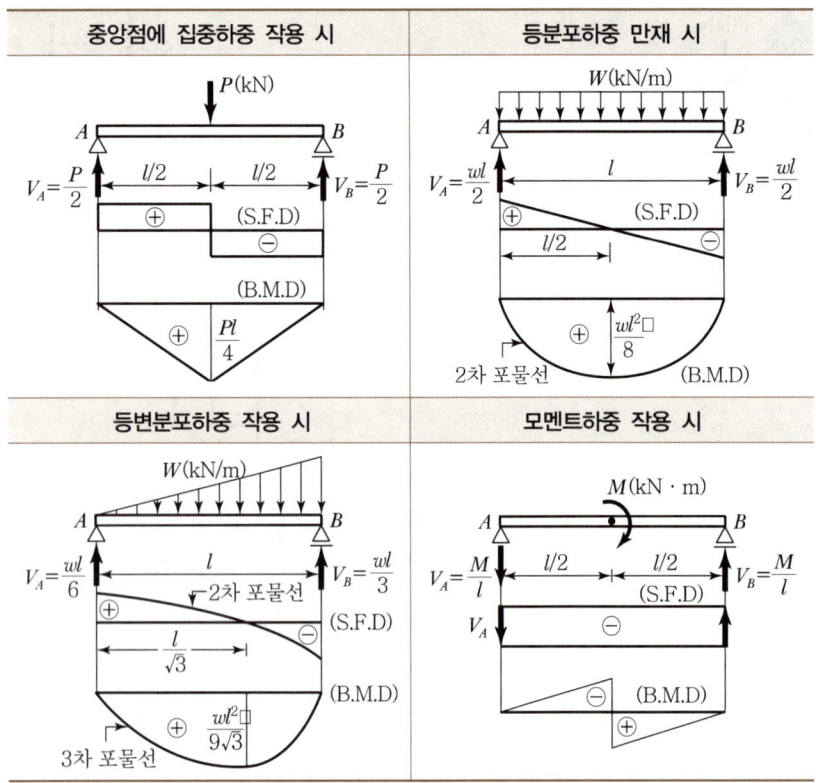

과년도 기출문제

01 다음은 단순보의 B.M.D이다. C점에 작용하는 집중하중 P_C와 $C-D$ 간의 전단력 S_{C-D}의 값은?

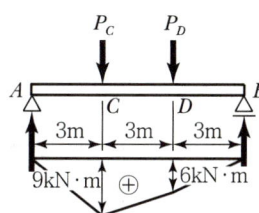

	P_C(kN)	S_{C-D}(kN)
①	3	−1
②	4	−2
③	1	1
④	4	−1

[해설]

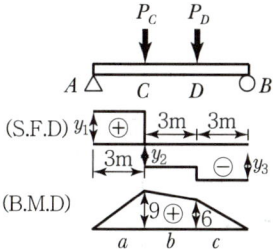

- $P_C = 4\text{kN}$, $P_D = 1\text{kN}$
- $S_{A-C} = y_1 = \dfrac{9-0}{3} = 3\text{kN}$
- $S_{C-D} = \dfrac{-(9-6)}{3} = -1\text{kN}$
- $S_{D-B} = \dfrac{-(6-0)}{3} = -2\text{kN}$

02 다음 그림은 단순보의 전단력도이다. 전단력도를 이용하여 최대 휨모멘트를 구한 값은?

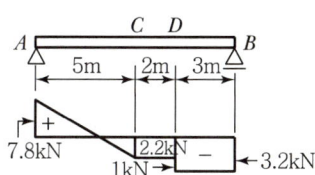

① 14.71kN·m ② 15.21kN·m
③ 16.21kN·m ④ 17.31kN·m

[해설]
- 전단력이 0인 곳 x
  $7.8 : x = 2.2 : (5-x)$
  ∴ $x = 3.9\text{m}$
- $M_{\max} = \dfrac{1}{2} \times 3.9\text{m} \times 7.8\text{kN} = 15.21\text{kN} \cdot \text{m}$

03 다음 그림과 같은 내민보에서 집중하중 P, 반력 R_B 및 B.M.D에서 M의 값은?

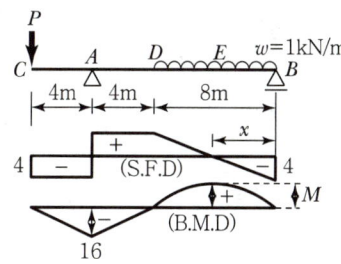

	P(kN)	R_B(kN)	M(kN·m)
①	4kN	4kN(↑)	8kN·m
②	4kN	4kN(↓)	16kN·m
③	−4kN	4kN(↑)	8kN·m
④	−4kN	4kN(↓)	16kN·m

[해설]
- $P = 4\text{kN}(\downarrow)$
- $R_B = 4\text{kN}(\uparrow)$
- $M = R_B \times 4\text{m} - (1\text{kN/m} \times 4\text{m}) \times 2\text{m}$
  $= 8\text{kN} \cdot \text{m}$
- $x = \dfrac{4}{w} = \dfrac{4}{1} = 4\text{m}$

정답 01 ④ 02 ② 03 ③

05 라멘 및 아치

1 정정 라멘(Rahmen)

1. 캔틸레버형 라멘 해석

부재축에 경사진 힘(P)을 수평력(H)과 수직력(V)으로 분해	$H = P \cdot \cos\theta,\ V = P \cdot \sin\theta$
반력	$H_A = H = P \cdot \cos\theta$ $V_A = V = P \cdot \sin\theta$ $M_A = V \cdot l - H \cdot h$
축방향력	$A_{A-B} = V_A(\text{압축}) = -P\sin\theta$ $A_{B-C} = H_A(\text{압축}) = -P\cos\theta$
전단력	$S_{A-B} = -H_A = -P \cdot \cos\theta$ $S_{B-C} = V_A = P \cdot \sin\theta$
휨모멘트	$M_B = V \times l = P \cdot l \cdot \sin\theta = M_A - H_A \times h$ $M_A = V \times l - H \times h = P \cdot l \cdot \sin\theta - P \cdot h \cdot \cos\theta$

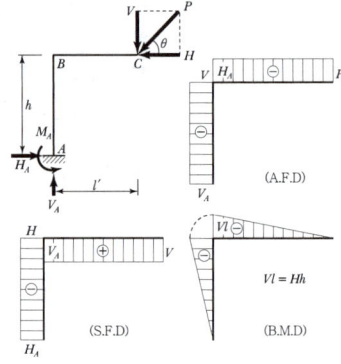

2. 단순보형 라멘 해석

반력	$H_A = P,\ V_B = \dfrac{P \cdot h_1}{l},\ V_A = \dfrac{P \cdot h_1}{l}$
축방향력 (A)	$A_{A-C} = V_A(\text{인장}) = \dfrac{P \cdot h_1}{l},\ A_{C-D} = 0,\ A_{D-B} = V_B(\text{압축}) = -\dfrac{P \cdot h_1}{l}$
전단력 (S)	$S_{A-E} = H_A = P(\text{일정}),\ S_{E-C} = 0,\ S_{C-D} = -V_A = -\dfrac{P \cdot h_1}{l},\ S_{D-B} = 0$
휨모멘트 (M)	$M_E = H_A \times h_1 = P \times h_1,\ M_C = H_A \times h - P \times h_2$ $M_D = -V_A \times l + H_A \times h - P \times h_2 = 0$

+ 단순보형 라멘의 단면력도

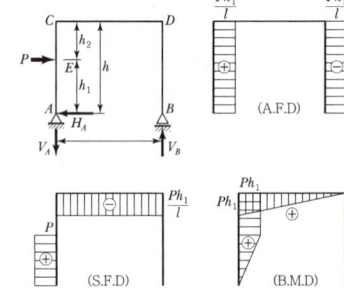

개념이해

01 다음의 분형 라멘에서 BC 부재의 전단력은?

① $-\dfrac{P \cdot h}{4l}$ ② $-\dfrac{P \cdot h}{2l}$

③ $-\dfrac{P \cdot h}{l}$ ④ $-\dfrac{2P \cdot h}{l}$

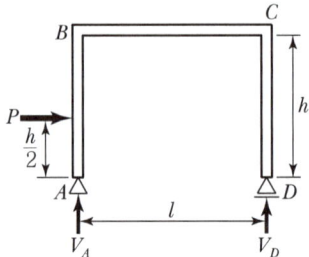

○ $\Sigma M_A = 0$

• $P \times \dfrac{h}{2} - V_D \times l = 0$

$V_D = \dfrac{P \cdot h}{2l}(\uparrow)$

• $S_{BC} = V_A = V_D = -\dfrac{P \cdot h}{2l}$

답 ②

과년도 기출문제

01 그림과 같은 라멘에서 A점의 수직반력(R_A)은?
[19년]

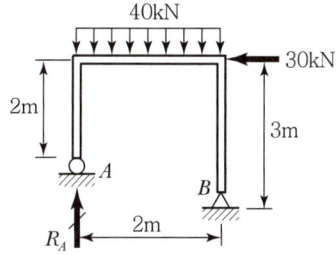

① 65kN ② 75kN
③ 85kN ④ 95kN

[해설]

$\sum M_B = R_A \times 2 - 40 \times 2 \times 1 - 30 \times 3 = 0$

$\therefore R_A = \dfrac{80+90}{2} = 85\text{kN}$

또는 $R_A = \dfrac{wl}{2} + \dfrac{ph}{l} = \dfrac{40 \times 2}{2} + \dfrac{30 \times 3}{2} = 85\text{kN}$

02 다음 그림과 같은 정정 라멘의 C점에서 휨모멘트는?

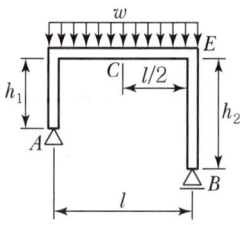

① $\dfrac{w \cdot l}{8}(h_1 + h_2)$ ② $\dfrac{w \cdot l^2}{8} + \dfrac{w \cdot l}{2}h_1$

③ $\dfrac{w \cdot l^2}{8} + \dfrac{w \cdot l}{2}h_1$ ④ $\dfrac{w \cdot l^2}{8}$

[해설]

- $R_A = \dfrac{wl}{2}$
- $M_C = R_A \times \dfrac{l}{2} - w \times \dfrac{l}{2} \times \dfrac{l}{4} = \dfrac{wl^2}{8}$

03 아래 그림과 같은 정정 라멘에 분포하중 w가 작용할 때 최대 모멘트를 구하면?
[12, 15년]

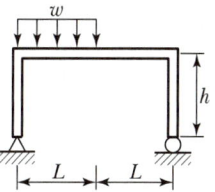

① $0.186wL^2$ ② $0.219wL^2$
③ $0.250wL^2$ ④ $0.281wL^2$

[해설]

단순보와 같다.

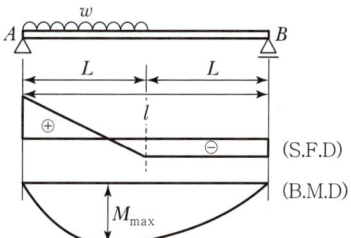

- $S = 0$인 위치 x

$x = \dfrac{3}{8}l = \dfrac{3}{8}(2L) = \dfrac{6}{8}L$

- 최대 휨모멘트

$M_{\max} = \dfrac{9}{128}wl^2 = \dfrac{9}{128}w(2L)^2 = 0.28125wL^2$

04 그림과 같은 라멘에서 A점의 휨모멘트 반력은?

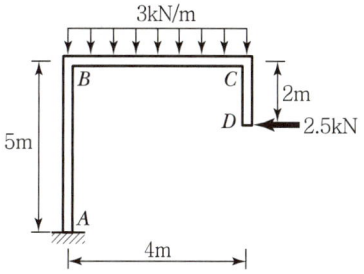

① $-9.5\text{kN} \cdot \text{m}$ ② $-12.5\text{kN} \cdot \text{m}$
③ $-14.5\text{kN} \cdot \text{m}$ ④ $-16.5\text{kN} \cdot \text{m}$

[해설]

$M_A = -3 \times 4 \times 2 - 2.5 \times 3 = -16.5\text{kN} \cdot \text{m}$

정답 01 ③ 02 ④ 03 ④ 04 ④

05 라멘 및 아치

3. 3활절(Hinge) 라멘

3활절 라멘의 단면력도

반력	$V_A = \dfrac{P \cdot h}{l}(\downarrow)$ $V_B = V_A = \dfrac{P \cdot h}{l}(\uparrow)$ $\sum M_E = 0$ 에서 $-V_A \times \dfrac{l}{2} + H_A \times h = 0$ $\therefore H_A = \dfrac{P}{2}(\leftarrow), \; \therefore H_B = \dfrac{P}{2}(\leftarrow)$
축방향력 (A)	$A_{A-C} = V_A = \dfrac{P \cdot h}{l}$ (인장), $\;A_{C-D} = -\dfrac{P}{2}$ (압축) $A_{D-B} = -V_B = -\dfrac{P \cdot h}{l}$ (압축)
전단력 (S)	$S_{A-C} = H_A = \dfrac{P}{2}, \; S_{C-E-D} = -V_A = -\dfrac{p \cdot h}{l}, \; S_{D-B} = H_B = \dfrac{P}{2}$
휨모멘트(M)	$M_C = H_A \times h = \dfrac{P \cdot h}{2}$ $M_D = -V_A \times l + H_A \times h = -\dfrac{P \cdot h}{2}$

개념이해

01 그림과 같은 3활절 라멘에 일어나는 최대 휨모멘트는?

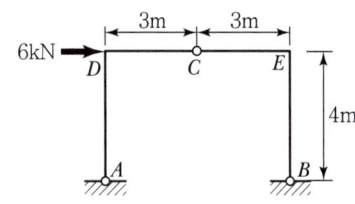

① 9kN·m
② 12kN·m
③ 15kN·m
④ 18kN·m

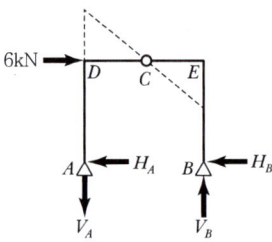

- $\sum M_B = 0, \; V_A \times 6\text{m} + 6\text{kN} \times 4\text{m} = 0,$
 $V_A = -4\text{kN}(\downarrow)$
- $\sum M_{C(\text{힌지 좌측})}$
 $= -4\text{kN} \times 3\text{m} - H_A \times 4\text{m} = 0,$
 $H_A = -3\text{kN}(\leftarrow)$
- $M_D = H_A \times 4\text{m} = 3\text{kN} \times 4\text{m}$
 $= 12\text{kN} \cdot \text{m}$
- $M_E = H_B \times 4 = -3 \times 4 = 12\text{kN} \cdot \text{m}$
- $\therefore M_{\max} = M_D \text{ 또는 } M_E$

답 ②

과년도 기출문제

01 다음 3힌지 라멘에 A점의 수평반력(H_A)은?

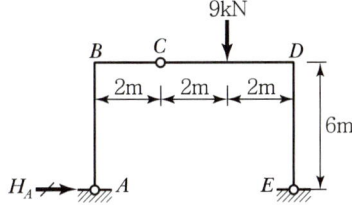

① 1kN ② 2kN
③ 3kN ④ 4kN

[해설]
- $\sum M_E = 0$
  $V_A \times 6 - 9 \times 2 = 0$
  $V_A = 3\text{kN}(\uparrow)$
- $\sum M_C = 0$
  $3 \times 2 - H_A \times 6 = 0$
  $H_A = 1\text{kN}(\rightarrow)$

02 다음 그림과 같은 3힌지 라멘의 수평지점 반력 H_A는 얼마인가?

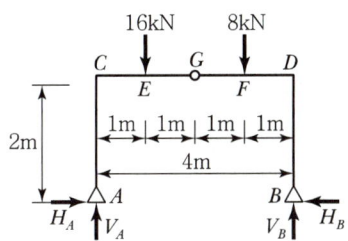

① 2kN ② 4kN
③ 6kN ④ 8kN

[해설]
- $\sum M_B = 0$
  $V_A \times 4\text{m} - 16\text{kN} \times 3\text{m} - 8\text{kN} \times 1\text{m} = 0$
  $\therefore V_A = 14\text{kN}$
- $\sum M_C = 0$
  $14\text{kN} \times 2\text{m} - H_A \times 2\text{m} - 16\text{kN} \times 1\text{m} = 0$
  $\therefore H_A = 6\text{kN}$

03 그림과 같은 3-Hinge 라멘의 수평반력 H_A 값은?

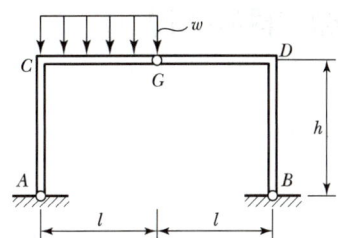

① $\dfrac{wl^2}{4h}$ ② $\dfrac{wl^2}{8h}$
③ $\dfrac{wl^2}{16h}$ ④ $\dfrac{wl^2}{24h}$

[해설]
- $\sum M_B = V_A \times 2l - wl \times \dfrac{3}{2}l = 0$
  $\therefore V_A = \dfrac{3wl}{4}(\uparrow)$
- $\sum M_G = V_A \times l - H_A \times h - wl \times \dfrac{l}{2} = 0$
  $\therefore H_A = \dfrac{wl^2}{4h}(\rightarrow)$

[별해]
$H_A = \dfrac{단순보 M_G}{h} = \dfrac{w(2l)^2}{16h} = \dfrac{wl^2}{4h}$

04 다음 라멘의 수직반력 R_B는? [19년]

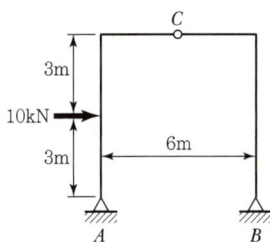

① 2kN ② 3kN
③ 4kN ④ 5kN

[해설]

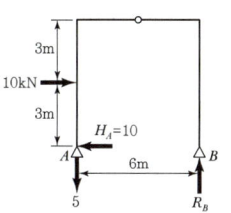

$\sum M_A = 0$
$10 \times 3 - R_B \times 6 = 0$
$\therefore R_B = 5\text{kN}$

정답 01 ① 02 ③ 03 ① 04 ④

05 라멘 및 아치

2 정정 아치(Arch)

1. 단순 아치 해석

반력	$V_A = \dfrac{P}{2}(\uparrow),\ \ V_B = \dfrac{P}{2}(\uparrow)$
축방향력 (A)	$A_D = V_A \cdot \cos\theta\,(압축) = -\dfrac{P}{2}\cos\theta$
전단력 (S)	$S_D = V_A \cdot \sin\theta = \dfrac{P}{2}\cdot \sin\theta$ $S_C = \dfrac{P}{2},\ \ S_C{`} = S_C - P = -\dfrac{P}{2}$
휨모멘트 (M)	$M_D = V_A \times x = \dfrac{P}{2}\cdot x \quad M_C = V_A \times \dfrac{l}{2} = \dfrac{Pl}{4}$

단순 아치 단면도

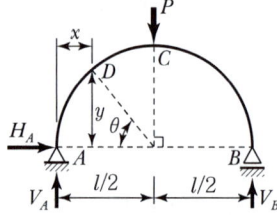

2. 3활절 아치 해석

반력	$V_A = \dfrac{wl}{2}(\uparrow),\ \ V_B = \dfrac{wl}{2}(\uparrow),\ \ \sum M_D = 0$ $V_A \times \dfrac{l}{2} - H_A \times h - w \times \dfrac{l}{2} \times \dfrac{l}{4} = 0$ $\therefore H_A = \dfrac{wl^2}{8h}$ $\sum H = 0,\ \ H_A - H_B = 0$ $\therefore H_B = H_A = \dfrac{wl^2}{8h}$

3활절 아치에 등분포하중이 작용할 때

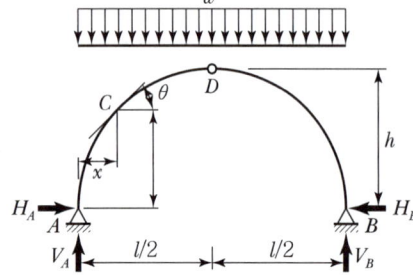

과년도 기출문제

01 다음 그림과 같은 반원형 3힌지 아치에서 A점의 수평반력은? [기 10, 18, 22년]

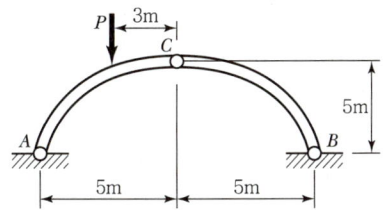

① P
② $\dfrac{P}{2}$
③ $\dfrac{P}{4}$
④ $\dfrac{P}{5}$

[해설]

- $\sum M_B = V_A \times 10 - P \times 8 = 0$

  $\therefore V_A = \dfrac{4}{5}P$ (힌지 좌측 부분)

- $\sum M_C = V_A \times 5 - P \times 3 - H_A \times 5 = 0$

  $\therefore H_A = \dfrac{P}{5}(\rightarrow)$

[별해]

㉠ $H_A = \dfrac{P(5-3)}{2h} = \dfrac{P \times 2}{2 \times 5} = \dfrac{P}{5}(\rightarrow)$

㉡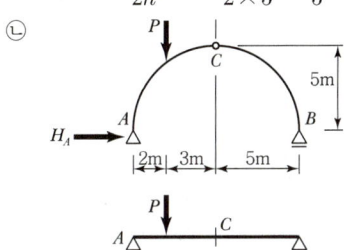

$H_A = \dfrac{\text{단순보}\,M_C}{h} = \dfrac{P \times 2}{2 \times 5} = \dfrac{P}{5}$

02 그림과 같은 3활절 아치에서 A지점의 반력은? [기 11, 15년]

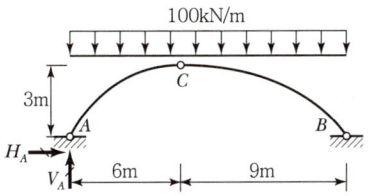

① $V_A = 750\text{kN}(\uparrow)$, $H_A = 900\text{kN}(\rightarrow)$
② $V_A = 600\text{kN}(\uparrow)$, $H_A = 600\text{kN}(\rightarrow)$
③ $V_A = 900\text{kN}(\uparrow)$, $H_A = 1,200\text{kN}(\rightarrow)$
④ $V_A = 600\text{kN}(\uparrow)$, $H_A = 1,200\text{kN}(\rightarrow)$

[해설]

- $\sum M_B = V_A \times 15 - 100 \times 15 \times 7.5 = 0$,

  $\therefore V_A = 750\text{kN}(\uparrow)$

- $\sum M_C = V_A \times 6 - H_A \times 3 - 100 \times 6 \times 3 = 0$

  $\therefore H_A = \dfrac{750 \times 6 - 1,800}{3} = 900\text{kN}(\rightarrow)$

[별해]

$H_A = \dfrac{Wab}{2H} = \dfrac{100 \times 6 \times 9}{2 \times 3} = 900\text{kN}(\rightarrow)$

04 다음 3힌지 아치에서 수평반력 H_B를 구하면? [19년]

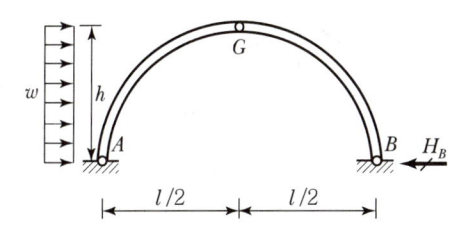

① $\dfrac{1}{4}wh$
② $\dfrac{1}{2}wh$
③ $\dfrac{wh}{4}$
④ $2wh$

[해설]

- $\sum M_A = -V_B \times l + wh \times \dfrac{h}{2} = 0$

  $\therefore V_B = \dfrac{wh^2}{2l}(\uparrow)$, $V_A = \dfrac{wh^2}{2l}(\downarrow)$

- $\sum M_G = -V_B \times \dfrac{l}{2} + H_B \times h = 0 \to -\dfrac{wh^2}{2l} \times \dfrac{l}{2} + H_B \cdot h = 0$

  $\therefore H_B = \dfrac{wh}{4}(\leftarrow)$

[별해]

$H_B = 힘 \times \dfrac{1}{4} = (wh) \times \dfrac{1}{4} = \dfrac{wh}{4}$

06 트러스

1 트러스의 종류

현재의 형상에 따른 분류	
직현 트러스(Parallel Chord Truss)	상하 현재가 평행하게 일직선상에 있는 트러스
곡현 트러스(Curved Chord Truss)	현재가 경사지게 구성되어 다각형을 이루고 있는 트러스
복부재 배열에 따른 분류	
와렌(Warren) 트러스	하우(Howe) 트러스
프랫(Pratt) 트러스	K-트러스
지붕틀 트러스(King Post Truss)	곡현 트러스(Curved Chord Truss)

2 트러스의 특성

1. 해법상의 가정

① 각 부재는 직선재이다.
② 각 부재의 절점은 마찰이 전혀 없는 핀(Pin) 또는 활절(Hinge)로 결합되어 있다.
③ 각 부재축은 각 절점에서 한 점에 모인다.
④ 트러스의 부재에 작용하는 하중은 같은 평면 안에 있다.
⑤ 하중은 절점에만 집중하여 작용하고, 부재축을 따라 다른 절점에 전달된다.
⑥ 부재응력은 그 부재 재료의 탄성한도 이내에서 성립한다.
⑦ 하중이 작용한 후에도 절점의 위치에는 변화가 없다.
⑧ 각 부재의 변형은 미소하여 그로 인한 2차 응력은 무시한다.
⑨ 트러스에서 전단력과 휨모멘트는 발생하지 않고 부재력(축방향력)만 작용한다. 위 가정하에서 발생되는 축방향응력을 1차 응력이라 한다.

+ **2차 응력**

결점을 실제조건인 강절 또는 볼트이음과 자중 등을 고려할 때 발생되는 응력(마찰, 변형, 침하 등으로 1차 응력의 20~30% 정도이다)

과년도 기출문제

01 그림과 같은 형태의 트러스를 무슨 트러스라 부르는가?

① 프랫 트러스 ② 하우 트러스
③ 와우 트러스 ④ K-트러스

02 그림과 같은 형태의 트러스를 무슨 트러스라 부르는가?

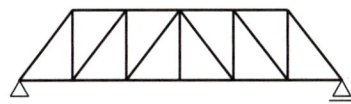

① 프랫 트러스 ② 하우 트러스
③ 와렌 트러스 ④ K-트러스

03 트러스 해석 시 가정을 설명한 것 중 틀린 것은? [11, 15년]

① 부재들은 일단에서 마찰이 없는 핀으로 연결된다.
② 하중과 반력은 모두 트러스의 격점에만 작용한다.
③ 부재의 도심축은 직선이며 연결핀의 중심을 지난다.
④ 하중으로 인한 트러스의 변형을 고려하여 부재력을 산출한다.

[해설]
트러스의 변형은 고려하지 않는다.

04 트러스(Truss)를 해석하기 위한 가정 중 틀린 것은? [19년]

① 모든 하중은 절점에만 작용한다.
② 작용하중에 의한 트러스의 변형은 무시한다.
③ 부재들은 마찰이 없는 힌지로 연결되어 있다.
④ 각 부재는 직선재이며, 절점의 중심을 연결하는 직선은 부재축과 일치하지 않는다.

[해설]
④ 부재축과 일치한다.

05 축방향력만을 받는 부재로 된 구조물은?

① 단순보 ② 트러스
③ 연속보 ④ 라멘

[해설]
부재의 종류와 단면력

부재	단면력
트러스, 줄, 철사	축방향력
기둥(편심=0)	
기둥(편심≠0)	축방향력, 휨모멘트
보	전단력, 휨모멘트
라멘, 아치	축방향력, 휨모멘트, 전단력

정답 01 ① 02 ② 03 ④ 04 ④ 05 ②

06 트러스

2. 트러스의 0부재

(1) 정의
사실상 트러스에는 변형이 발생하나 트러스 가정상 변형은 미소하여 무시한다. 이 때문에 계산상 부재응력이 0이 되는 부재를 0부재라 한다.

(2) 0부재 설치 목적
① 구조상 안정하기 위하여 설치한다.
② 변형과 처짐이 적게 발생하도록 설치한다.

(3) 트러스 부재력의 일반원칙

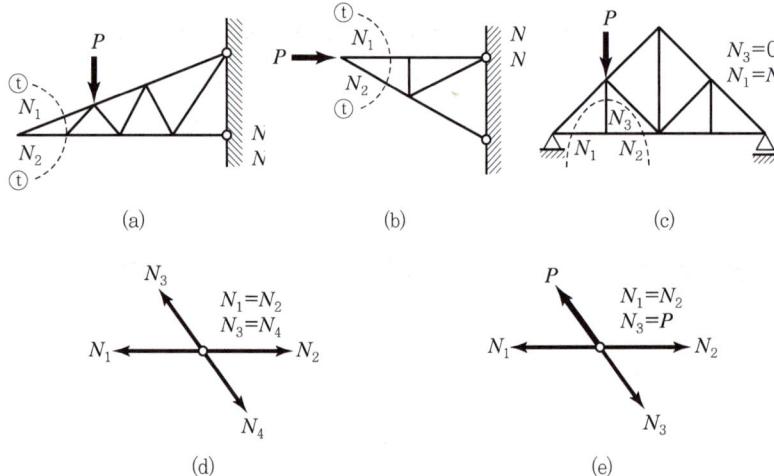

과년도 기출문제

01 다음 트러스에서 부재력이 0인 부재는? [10, 18년]

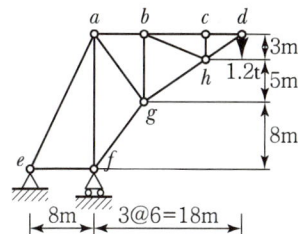

① 부재 $a-e$ ② 부재 $a-f$
③ 부재 $b-a$ ④ 부재 $c-h$

[해설]

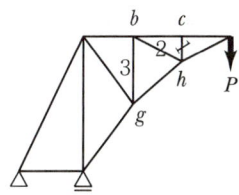

$bg = bh = ch = 0$

[참고]
0부재 판별순서
1. 절점표시
2. 반력표시(반력계산)
3. 절점주위 부재수 3개 이하
4. 원 → 화살표

02 다음 그림의 지붕틀에서 응력이 생기지 않는 부재의 수는?

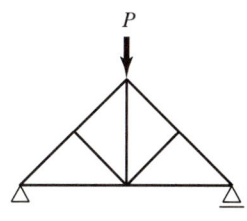

① 1개 ② 2개
③ 3개 ④ 4개

[해설]

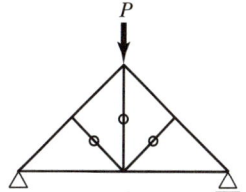

03 그림과 같은 트러스에서 부재력이 0인 부재는 몇 개인가?

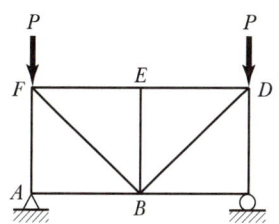

① 3개 ② 4개
③ 5개 ④ 7개

[해설]

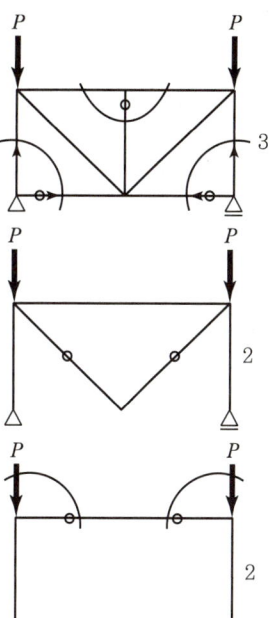

정답 01 ④ 02 ③ 03 ④

06 트러스

3 트러스의 해법

1. 격점법(절점법)

반력	$R_A = \dfrac{P}{2}, \ R_B = \dfrac{P}{2}$
부재각(θ)	$\cos\theta = \dfrac{a}{d}, \ \sin\theta = \dfrac{h}{d}$
D_1 부재력	ⓣ-ⓣ 부재 절단 그림에서 $\sum V = 0$에서 $D_1 \cdot \sin\theta + R_A = 0$ $\therefore D_1 = -\dfrac{R_A}{\sin\theta} = -\dfrac{\dfrac{P}{2}}{\dfrac{h}{d}} = -\dfrac{Pd}{2h}$ (압축)
L_1 부재력	ⓣ-ⓣ 부재 절단 그림에서 $\sum H = 0$에서 $L_1 + D_1 \cdot \cos\theta = 0$ $\therefore L_1 = -D_1 \cdot \cos\theta = -\left(-\dfrac{Pd}{2h}\right) \times \dfrac{a}{d} = \dfrac{Pa}{2h}$ (인장)
D_2 부재력	트러스하중이 대칭이므로 부재력 D_2는 D_1과 같다. $D_2 = D_1 = -\dfrac{Pd}{2h}$ (압축)

➕ 격점법

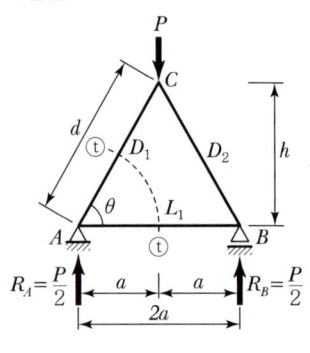

➕ ⓣ-ⓣ 부재 절단

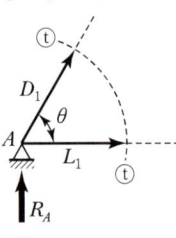

개념이해

01 다음 그림과 같은 트러스에서 AC의 부재력은?   [기 10, 12년]

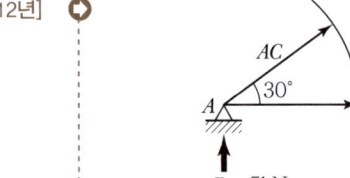

① 인장 10kN
② 인장 15kN
③ 압축 5kN
④ 압축 10kN

$\sum V = 0$
$R_A + AC \cdot \sin 30° = 0$
$5 + AC \cdot \dfrac{1}{2} = 0$
$\therefore AC = -10\text{kN}$ (압축)

답 ④

과년도 기출문제

01 그림과 같은 트러스에서 AC 부재의 부재력은?

[기 13, 17년]

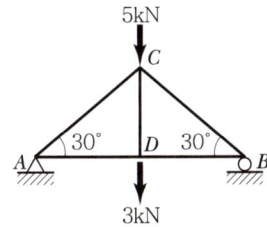

① 인장 4kN ② 압축 4kN
③ 인장 8kN ④ 압축 8kN

[해설]

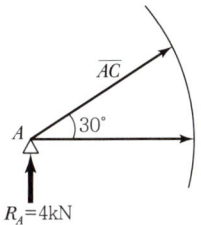

$\sum V = 0$, $AC\sin 30° + 4\text{kN} = 0$

$\therefore AC = -\dfrac{4\text{kN}}{\sin 30°} = -8\text{kN}(압축)$

02 다음 트러스에서 경사재인 A 부재의 부재력은?

[기 12, 16년]

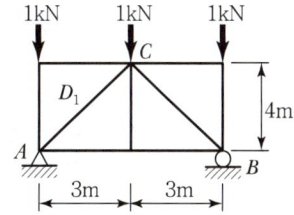

① 2.5kN(인장) ② 2kN(인장)
③ 2.5kN(압축) ④ 2kN(압축)

[해설]

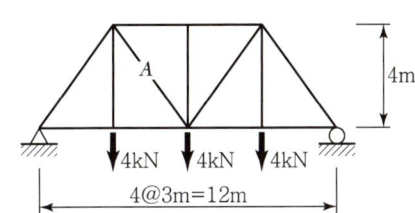

- $R_A = \dfrac{12\text{kN}}{2} = 6\text{kN}(\uparrow)$
- $\sum V = 6\text{kN} - 4\text{kN} - A\sin\theta = 0$

$\therefore A = \dfrac{6-4}{\sin\theta} = \dfrac{2}{\frac{4}{5}} = 2.5\text{kN}(인장)$

03 그림과 같은 정정 트러스에서 D_1 부재($\overline{AC}$)의 부재력은?

[기 12, 16년]

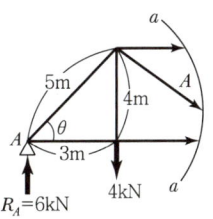

① 0.625kN(인장력) ② 0.625kN(압축력)
③ 0.75kN(인장력)   ④ 0.75kN(압축력)

[해설]

- $R_A = R_B = \dfrac{3\text{t}}{2} = 1.5\text{kN}(\uparrow)$
- $\sum V = 0$

$1.5 + D_1 \cdot \sin\theta - 1 = 0$

$\therefore D_1 = \dfrac{-1.5+1}{\sin\theta}$

$= -0.5 \times \dfrac{5}{4} = -0.625\text{kN}(압축)$

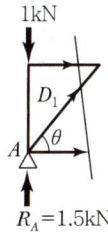

정답 01 ④ 02 ① 03 ②

06 트러스

2. 단면법

모멘트법		상현재와 하현재의 부재력 계산에 사용하면 편리하다.
	반력	$\therefore R_A = 1.5P$ $\therefore R_A = 3P - 1.5P = 1.5P$
	부재각(θ)	$\cos\theta = \dfrac{\lambda}{d}$, $\sin\theta = \dfrac{h}{d}$
	U_1 부재력	ⓣ-ⓣ 부재 절단 그림에서 $\sum M_D = 0$에서 $R_A \times \lambda + U_1 \times h = 0$ $\therefore U_1 = -\dfrac{R_A \times \lambda}{h} = -\dfrac{3P\lambda}{2h}$ (압축)
	L_1 부재력	ⓣ-ⓣ 부재 절단 그림에서 $\sum M_E = 0$에서 $R_A \times 2\lambda - P \times \lambda - L_1 \times h = 0$ $\therefore L_1 = \dfrac{R_A \times 2\lambda - P \times \lambda}{h} = \dfrac{2P\lambda}{h}$ (인장)

단면법	ⓣ-ⓣ 부재 절단
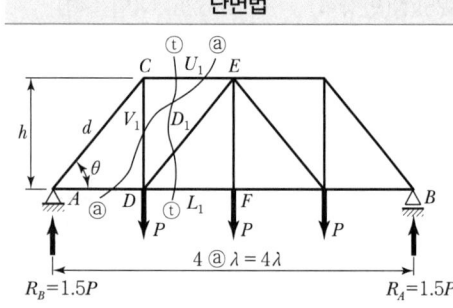	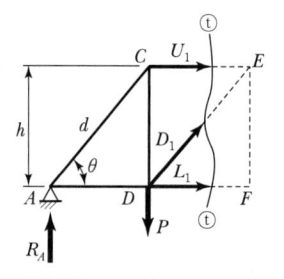

전단력법		사재와 수직재에 사용하면 편리하다.
	D_1 부재력	ⓣ-ⓣ 부재 절단 그림에서 $\sum V = 0$에서 $R_A - P + D_1 \sin\theta = 0$ $\therefore D_1 = \dfrac{-R_A + P}{\sin\theta} = -\dfrac{0.5P}{\sin\theta}$ (압축)
	V_1 부재력	ⓐ-ⓐ 부재 절단 그림에서 $\sum V = 0$에서 $R_A - V_1 = 0$ $\therefore V_1 = R_A = 1.5P$ (인장)

ⓐ-ⓐ 부재 절단
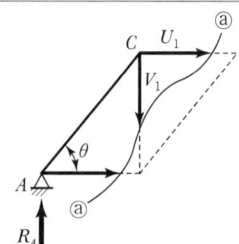

과년도 기출문제

토 목 / 기 사 / 필 기

01 다음 트러스에서 부재 U_1의 부재력은? [기 19년]

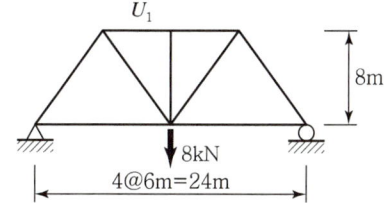

① 6kN(압축) ② 6kN(인장)
③ 5kN(압축) ④ 5kN(인장)

[해설]

- $R_A = 4\text{kN}(\uparrow)$
- $\Sigma M_C = 0$
  $4\text{kN} \times 12\text{m} + a \times 8\text{m} = 0$
  $a = -6\text{kN}(\text{압축})$

[별해]
$\dfrac{-Pl}{4h} = \dfrac{-8 \times 24}{4 \times 8} = -6\text{kN}$

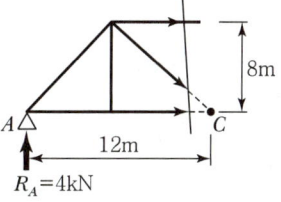

02 다음 트러스(Truss)에서 U_1 부재의 부재력을 계산한 값은?(단, 부재들은 힌지로써 연결되어 있다.)

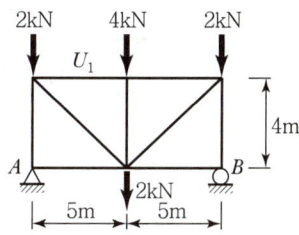

① 3.75kN(압축) ② 3.05kN(압축)
③ 2.83kN(압축) ④ 2.83kN(인장)

[해설]

- $R_A = R_B = 5\text{kN}(\uparrow)$
- $a-a$단면으로 절단하여
  $\Sigma M_C = 0$을 취하면
  $5\text{kN} \times 5\text{m} - 2\text{kN} \times 5\text{m} + U_1 \times 4\text{m} = 0$
  $\therefore U_1 = -3.75\text{kN}(\text{압축})$

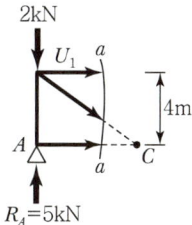

03 그림과 같은 트러스에서 부재 U_1 및 D_1의 부재력은? [22년]

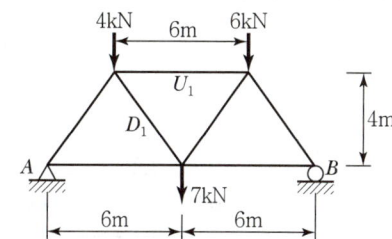

① $U_1 = 5\text{kN}(\text{압축})$, $D_1 = 9\text{kN}(\text{인장})$
② $U_1 = 5\text{kN}(\text{인장})$, $D_1 = 9\text{kN}(\text{압축})$
③ $U_1 = 9\text{kN}(\text{압축})$, $D_1 = 5\text{kN}(\text{인장})$
④ $U_1 = 9\text{kN}(\text{인장})$, $D_1 = 5\text{kN}(\text{압축})$

[해설]

- $\Sigma M_B = 0$
  $R_A \times 12 - 4 \times 9 - 7 \times 6 - 6 \times 3 = 0$
  $R_A = 8\text{kN}(\uparrow)$

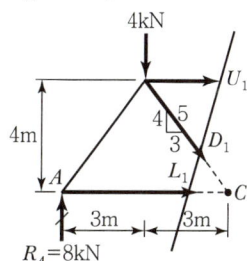

- $\Sigma M_C = 0$
  $8 \times 6 - 4 \times 3 + U_1 \times 4 = 0$
  $U_1 = -9\text{kN}(\text{압축})$
- $\Sigma V = 0$
  $8 - 4 - D_1 \dfrac{4}{5} = 0$
  $D_1 = 5\text{kN}(\text{인장})$

정답 01 ① 02 ① 03 ③

07 재료의 성질

1 응력(Stress)

수직응력 (축방향 응력)	축방향 인장응력	• 인장력(P) 작용 • $\sigma_t = \dfrac{+P}{A}$ (N/mm²)
	축방향 압축응력	• 압축력(P) 작용 • $\sigma_c = \dfrac{-P}{A}$ (N/mm²)

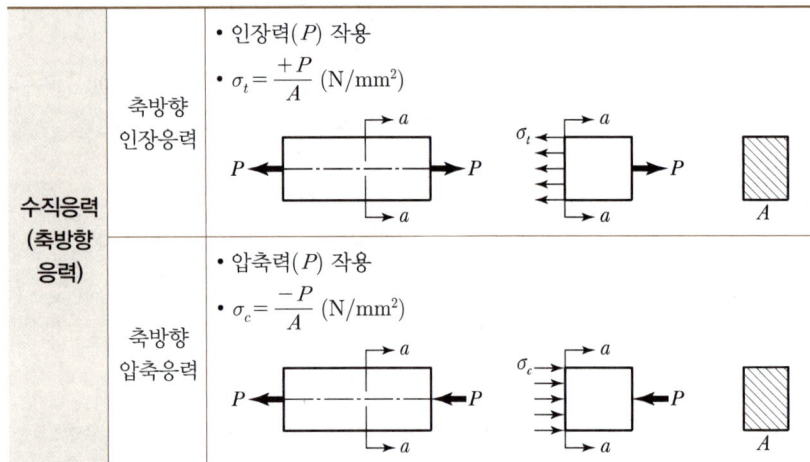

2 변형도(Strain)

선변형도 (수직 변형도, 길이 변형도)	세로 변형도 (길이방향 변형도, 종변형도)	$\varepsilon = \dfrac{\Delta l}{l}$
	가로 변형도 (단면방향 변형도, 횡변형도)	$\beta = -\dfrac{\Delta d}{d}$
푸아송 비 (Poisson's Ratio)	$\nu = \dfrac{\text{가로 변형도}(\beta)}{\text{세로 변형도}(\varepsilon)} = \dfrac{l \cdot \Delta d}{d \cdot \Delta l}$	
푸아송 수 (Poisson's Number)	$m = \dfrac{\text{세로 변형도}(\varepsilon)}{\text{가로 변형도}(\beta)} = \dfrac{d \cdot \Delta l}{l \cdot \Delta d}$	

✚ 선(세로, 가로) 변형도

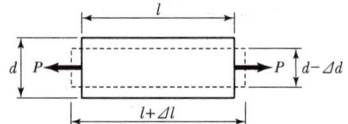

과년도 기출문제

01 그림과 같이 한 변의 길이가 d인 정사각형 단면을 가진 부재가 점 A에서 하중 4.8kN을 받고 있을 때 필요한 정사각형 최소 단면의 한 변 길이 d는 얼마인가?(단, 자중은 무시하고 부재 허용인장응력 $\sigma_w = 1,200 \text{N/cm}^2$으로 한다.)

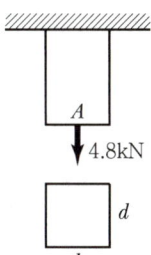

① 2cm ② 3cm
③ 1cm ④ 4cm

[해설]

$\sigma = \dfrac{P}{A}$

$1,200 = \dfrac{4,800}{d^2}$

$d = 2\text{cm}$

02 그림과 같은 강봉이 2개의 다른 정사각형 단면적을 가지고 하중 P를 받고 있을 때 AB가 1,500kN/cm²의 수직응력(Normal Stress)을 가지면, BC에서의 수직응력(Normal Stress)은 얼마인가?

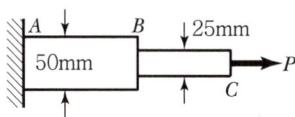

① 1,500kN/cm² ② 3,000kN/cm²
③ 4,500kN/cm² ④ 6,000kN/cm²

[해설]

• $\sigma_{AB} = \dfrac{P}{A} = \dfrac{P}{5 \times 5} = 1,500$

∴ $P = 37,500\text{kN}$

• $\sigma_{BC} = \dfrac{P}{A} = \dfrac{37,500}{2.5 \times 2.5} = 6,000\text{kN/cm}^2$

03 지름 4cm, 길이 100cm의 둥근 막대가 인장력을 받아서 길이가 0.6cm 늘어나고 동시에 지름이 0.008cm만큼 줄었을 때 이 재료의 푸아송 수는?

① 1.5 ② 2.0
③ 2.5 ④ 3.0

[해설]

푸아송 수$(m) = \dfrac{\text{세로변형률}}{\text{가로변형률}} = \dfrac{\dfrac{\Delta l}{l}}{\dfrac{\Delta d}{d}} = \dfrac{d \cdot \Delta l}{l \cdot \Delta d}$

$= \dfrac{4 \times 0.6}{100 \times 0.008} = 3$

04 직경 50mm, 길이 2m의 봉이 힘을 받아 길이가 2mm 늘어났다면, 이때 이 봉의 직경은 얼마나 줄어드는가?(단, 이 봉의 푸아송(Poisson's) 비는 0.3이다.) [10, 12년]

① 0.015mm ② 0.030mm
③ 0.045mm ④ 0.060mm

[해설]

$\Delta d = \dfrac{\nu \cdot d \cdot \Delta l}{l} = \dfrac{0.3 \times 50 \times 2}{2,000} = 0.015\text{mm}$

정답 01 ① 02 ④ 03 ④ 04 ①

07 재료의 성질

3 탄성(Elasticity)

1. 후크의 법칙(Hooke's Law)

탄성한도 내에서 응력은 그 변형에 비례한다.

탄성계수	$E = \dfrac{\sigma}{\varepsilon} = \dfrac{P/A}{\Delta l/l} = \dfrac{P \cdot l}{A \cdot \Delta l}$
응력도	$\sigma = E \cdot \varepsilon = E \dfrac{\Delta l}{l}$
탄성 변형량	$\Delta l = \dfrac{P \cdot l}{A \cdot E}$
탄성 하중	$P = \dfrac{E \cdot A \cdot \Delta l}{l}$ 여기서, A : 단면적, P : 축방향하중, l : 부재길이, Δl : 변형량

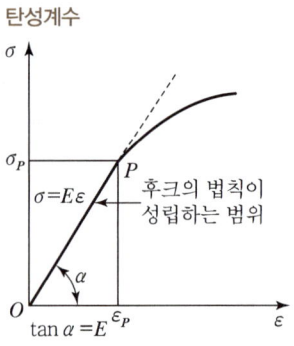

탄성계수

후크의 법칙이 성립하는 범위

$\tan \alpha = E$

개념이해

01 길이 10m, 지름 30mm인 철근이 5mm 늘어나기 위해서는 약 얼마의 하중이 필요한가?(단, $E = 2 \times 10^6 \, \text{kN/cm}^2$이다.)

① 5,148kN ② 6,215kN
③ 7,069kN ④ 8,132kN

$\Delta l = \dfrac{Pl}{EA}$

$P = \dfrac{\Delta l EA}{l}$

$= \dfrac{0.5 \times (2 \times 10^6) \times \left(\dfrac{\pi \times 3^2}{4}\right)}{(10 \times 10^2)}$

$= 7,069 \text{kN}$

답 ③

02 직경 50mm, 길이 2m인 봉이 힘을 받아 길이가 2mm 늘어났다면, 이 봉의 직경은 얼마나 줄어드는가?(단, 이 봉의 푸아송 비는 0.3이다.)

① 0.015mm ② 0.030mm
③ 0.045mm ④ 0.060mm

$\Delta d = \dfrac{\nu \cdot d \cdot \Delta l}{l} = \dfrac{0.3 \times 50 \times 2}{2,000}$

$= 0.015 \text{mm}$

답 ①

03 다음 중 단위 변형을 일으키는 데 필요한 힘은?

① 강성도 ② 유연도
③ 축강도 ④ 푸아송 비

• $\delta = \dfrac{PL}{AE}$

$P = 1$일 때 δ

∴ 유연도$(f) = \dfrac{L}{AE}$

• $P = \dfrac{AE}{L} \delta$

$\delta = 1$ 늘리는 데 필요한 힘

∴ 강성도$(K) = \dfrac{AE}{L}$

답 ①

과년도 기출문제

01 다음과 같은 단면의 지름이 $2d$에서 d로 선형적으로 변하는 원형 단면부재에 하중 P가 작용할 때, 전체 축방향 변위를 구하면?(단, 탄성계수 E는 일정하다.)

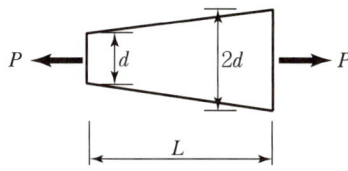

① $\dfrac{2PL}{3\pi d^2 E}$ ② $\dfrac{3PL}{2\pi d^2 E}$

③ $\dfrac{2PL}{\pi d^2 E}$ ④ $\dfrac{3PL}{\pi d^2 E}$

[해설]

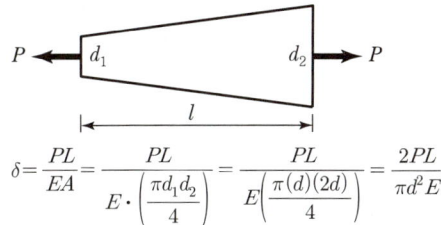

$\delta = \dfrac{PL}{EA} = \dfrac{PL}{E \cdot \left(\dfrac{\pi d_1 d_2}{4}\right)} = \dfrac{PL}{E\left(\dfrac{\pi(d)(2d)}{4}\right)} = \dfrac{2PL}{\pi d^2 E}$

02 아래의 그림과 같이 길이 L인 부재에서 전체 길이의 변화량(ΔL)은?(단, 보는 균일하며 단면적 A와 탄성계수 E는 일정) [22년]

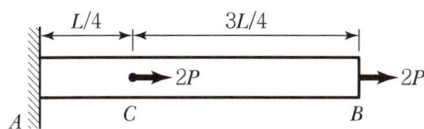

① $\dfrac{2PL}{EA}$ ② $\dfrac{2.5PL}{EA}$

③ $\dfrac{3PL}{EA}$ ④ $\dfrac{3.5PL}{EA}$

[해설]

- $\Delta L_1 = \dfrac{(4P)(L/4)}{EA} = \dfrac{PL}{EA}$

- $\Delta L_2 = \dfrac{(2P)(3L/4)}{EA} = \dfrac{3PL}{2EA}$

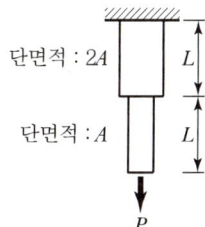

- $\Delta L = \Delta L_1 + \Delta L_2 = \dfrac{PL}{EA} + \dfrac{3PL}{2EA}$
  $= \dfrac{2.5PL}{EA}$

03 다음 인장부재의 수직변위를 구하는 식으로 옳은 것은?(단, 탄성계수는 E) [13, 18년]

① $\dfrac{PL}{EA}$ ② $\dfrac{3PL}{2EA}$

③ $\dfrac{2PL}{EA}$ ④ $\dfrac{5PL}{2EA}$

[해설]

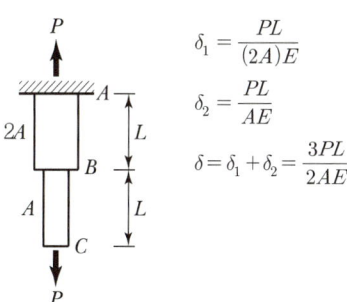

$\delta_1 = \dfrac{PL}{(2A)E}$

$\delta_2 = \dfrac{PL}{AE}$

$\delta = \delta_1 + \delta_2 = \dfrac{3PL}{2AE}$

정답 01 ③ 02 ② 03 ②

07 재료의 성질

2. 여러 탄성계수의 상호관계

영률 (종탄성계수, 탄성계수, 영계수)	$E = \dfrac{\sigma}{\varepsilon} = \dfrac{P/A}{\Delta l/l} = \dfrac{P \cdot l}{A \cdot \Delta l}$
전단 탄성계수 (횡탄성계수)	$G = \dfrac{\tau}{\gamma} = \dfrac{S/A}{\lambda/l} = \dfrac{S \cdot l}{A \cdot \lambda}$
체적 탄성계수	$K = \dfrac{\sigma}{\varepsilon_V} = \dfrac{P/A}{\Delta V/V}$

개념이해

01 단면 4cm×4cm인 부재에 5kN의 전단력을 작용시켜 전단변형도가 0.001rad일 때 전단 탄성계수(G)는?

① 312.5N/cm²
② 3,125N/cm²
③ 31,250N/cm²
④ 312,500N/cm²

$G = \dfrac{\tau}{\gamma} = \dfrac{\dfrac{S}{A}}{0.001} = \dfrac{\dfrac{5,000}{4 \times 4}}{0.001}$

$= 312,500 \text{N/cm}^2$

답 ④

02 길이 20cm, 단면 20cm×20cm인 부재에 100kN의 전단력이 가해졌을 때 전단변형량은?(단, 전단탄성계수 $G = 80,000$N/cm²이다.)

① 0.0625cm
② 0.00625cm
③ 0.0725cm
④ 0.00725cm

전단탄성계수$(G) = \dfrac{\text{전단응력}(\tau)}{\text{전단변형률}(\gamma)}$

$= \dfrac{\dfrac{S}{A}}{\dfrac{\lambda}{l}} = \dfrac{Sl}{A\lambda}$

$\therefore \lambda = \dfrac{Sl}{AG} = \dfrac{100,000 \times 20}{20 \times 20 \times 80,000}$

$= 0.0625 \text{cm}$

답 ①

과년도 기출문제

01 그림과 같은 직육면체의 윗면에 전단력 $V = 540N$이 작용하여 그림 (b)와 같이 상면이 옆으로 0.6cm만큼의 변형이 발생되었다. 이 재료의 전단탄성계수(G)는 얼마인가?

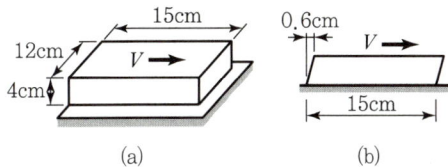

① $10N/cm^2$
② $15N/cm^2$
③ $20N/cm^2$
④ $25N/cm^2$

[해설]

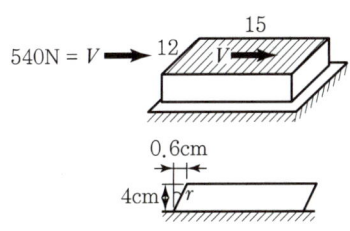

- 전단응력 $\tau = \dfrac{S}{A} = \dfrac{V = 540N}{12 \times 15}$

- 전단변형률 $\gamma = \tan\gamma = \dfrac{0.6}{4}$

∴ 전단탄성계수(G)

$G = \dfrac{\tau}{\gamma} = \dfrac{\dfrac{540}{12 \times 15}}{\dfrac{0.6}{4}} = 20N/cm^2$

[참고]

- 전단응력 $\tau = \dfrac{S}{A} = \dfrac{V}{bd}$

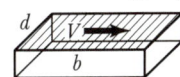

- 수직응력 $\sigma = \dfrac{P}{A} = \dfrac{P}{hd}$

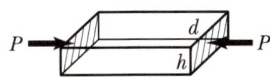

02 지름 5cm의 강봉을 8t으로 당길 때 지름은 약 얼마나 줄어들겠는가?(단, 전단탄성계수(G) = 7.0 × $10^5 kg/cm^2$, 푸아송 비(ν) = 0.5)

① 0.003mm
② 0.005mm
③ 0.007mm
④ 0.008mm

[해설]

- $E = G \cdot 2(1+\nu) = (7 \times 10^5) \times 2 \times (1+0.5)$
  $= 2.1 \times 10^6 kg/cm^2$

- $\Delta l = \dfrac{Pl}{EA}$

  $\dfrac{\Delta l}{l} = \dfrac{P}{EA} = \dfrac{P}{E\left(\dfrac{\pi D^2}{4}\right)} = \dfrac{4P}{E\pi D^2}$

  $= \dfrac{4 \times (8 \times 10^3)}{(2.1 \times 10^6)\pi \cdot 5^2} = 0.000194$

- $\Delta D = -\nu \cdot D \cdot \dfrac{\Delta l}{l}$
  $= -0.5 \times 5 \times 0.000194$
  $= -0.0005 cm$
  $= -0.005 mm$

정답 01 ③ 02 ②

07 재료의 성질

3. 레질리언스 계수

재료의 인장시험결과 $\sigma \cdot \varepsilon$ 관계 그래프를 보면 탄성한도 내에서는 직선이며 단위체적당 저장되는 변형(탄성) 에너지

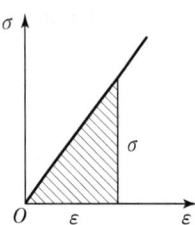

$$\therefore U = \boxed{\frac{\varepsilon \cdot \sigma}{2}} = \frac{\left(\dfrac{\sigma}{E}\right) \cdot \sigma}{2} = \boxed{\frac{\sigma^2}{2E}}$$

(단위 : $U = \dfrac{(\mathrm{kN/cm^2})^2}{\mathrm{kN/cm^2}} = \mathrm{kN/cm^2}$)

4. 유연도와 강성도

유연도(柔軟度, Flexibility)	단위하중($P=1$)으로 인한 변형으로 $\dfrac{l}{EA}$로 표시
강성도(剛性度, Stiffness)	단위변형($\Delta l=1$)을 일으키는 데 필요한 힘으로 $\dfrac{EA}{l}$로 표시
강성(剛性, Rigidity)	변형에 저항하는 성질 ① 휨강성(EI) ② 축강성(EA) ③ 전단강성(GA) ④ 비틀림강성(GI_P)

5. 탄성계수의 상호관계

탄성계수(E)와 전단 탄성계수(G)의 관계	$G = \dfrac{mE}{2(m+1)} = \dfrac{E}{2(1+\nu)}$
탄성계수(E)와 체적 탄성계수(K)의 관계	$K = \dfrac{mE}{3(m-2)} = \dfrac{E}{3(1+2\nu)}$
전단 탄성계수(G)와 체적 탄성계수(K)의 관계	$G = \dfrac{3(m-2)}{2(m+1)} \cdot K$

과년도 기출문제

01 지름이 4cm인 원형 강봉을 10kN의 힘으로 잡아당겼을 때 소성은 일어나지 않았고 탄성변형에 의해 길이가 1mm 증가하였다. 강봉에 축적된 탄성변형에너지는 얼마인가?

① 1.0kN·mm   ② 5.0kN·mm
③ 10.0kN·mm   ④ 20.0kN·mm

[해설]

탄성에너지 $U = \dfrac{P \cdot \delta}{2} = \dfrac{10\text{kN} \times 1\text{mm}}{2}$
$= 5\text{kN} \cdot \text{mm}$

02 봉의 변형에너지를 신장량의 함수로 표시한 식은?(단, L : 봉의 길이, EA : 봉의 축강성, δ : 신장량이다.)

① $V = \dfrac{EA\delta}{L}$ ② $V = \dfrac{EA\delta^2}{L^2}$
③ $V = \dfrac{EA\delta^2}{2L}$ ④ $V = \dfrac{E^2A\delta}{L}$

[해설]

- 변형량 $\Delta l = \delta = \dfrac{PL}{AE}$

$\therefore P = \dfrac{AE \cdot \delta}{L}$

- 봉의 변형에너지(u)

$u = \dfrac{P^2 L}{2EA} = \dfrac{\left(\dfrac{AE\delta}{L}\right)^2 L}{2EA} = \dfrac{\dfrac{A^2 E^2 \delta^2}{L^2} \cdot L}{2EA} = \dfrac{AE \cdot \delta^2}{2L}$

03 부재 AB의 강성도(Stiffness)를 바르게 나타낸 것은?

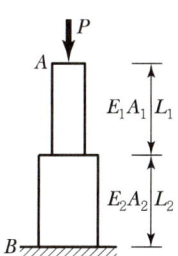

① $\dfrac{1}{\left(\dfrac{L_1}{E_1 A_1} + \dfrac{L_2}{E_2 A_2}\right)}$ ② $\dfrac{E_1 A_1}{L_1} + \dfrac{E_2 A_2}{L_2}$

③ $\dfrac{E_1 A_1 + E_2 A_2}{L_1 + L_2}$ ④ $\dfrac{L_1}{E_1 A_1} + \dfrac{L_2}{E_2 A_2}$

[해설]

강성도(K) : $\dfrac{AE}{L}$

$\delta = \dfrac{PL_1}{A_1 E_1} + \dfrac{PL_2}{A_2 E_2} = 1$

$\therefore P = \dfrac{1}{\dfrac{L_1}{A_1 E_1} + \dfrac{L_2}{A_2 E_2}} = \dfrac{1}{\dfrac{A_1 E_1 L_2 + A_2 E_2 L_1}{A_1 E_1 A_2 E_2}}$

$= \dfrac{A_1 E_1 A_2 E_2}{A_1 E_1 L_2 + A_2 E_2 L_1}$

04 탄성계수 $E = 2.1 \times 10^6$MPa, 푸아송 비 $\nu = 0.25$일 때 전단탄성계수는? [13, 18년]

① 8.4×10^5MPa   ② 1.1×10^6MPa
③ 1.7×10^6MPa   ④ 2.1×10^6MPa

[해설]

$G = \dfrac{mE}{2(m+1)} = \dfrac{E}{2(1+\nu)}$

$K = \dfrac{mE}{3(m-2)} = \dfrac{E}{3(1-2\nu)}$

$E = 2.1 \times 10^6 \text{kg/m}^2$
$\nu = 0.25$

$G = \dfrac{E}{2(1+\nu)} = \dfrac{2.1 \times 10^6 \text{kg/cm}^2}{2(1+0.25)}$
$= \dfrac{2.1}{2.5} \times 10^6 \text{kg/cm}^2 = 8.4 \times 10^5 \text{kg/cm}^2$

05 탄성계수는 2.3×10^6MPa, 푸아송 비는 0.35일 때 전단탄성계수의 값을 구하면? [10, 16년]

① 8.1×10^5MPa   ② 8.5×10^5MPa
③ 8.9×10^5MPa   ④ 9.3×10^5MPa

[해설]

$G = \dfrac{E}{2(1+\nu)} = \dfrac{2.3 \times 10^6}{2(1+0.35)} \fallingdotseq 8.5 \times 10^5 \text{kg/cm}^2$

정답 01 ② 02 ③ 03 ① 04 ① 05 ②

07 재료의 성질

4 축응력과 변형도

1. 2축 응력에서의 변형도

$$\varepsilon_x = \frac{\sigma_x}{E} - \nu\frac{\sigma_y}{E}$$

σ_x로 인한 x방향의 변형도 $= \dfrac{\sigma_x}{E}$

σ_y로 인한 x방향의 변형도 $= -\nu \cdot \dfrac{\sigma_y}{E}$

$\nu(\text{Poisson's Ratio}) = \dfrac{\beta}{\varepsilon}$

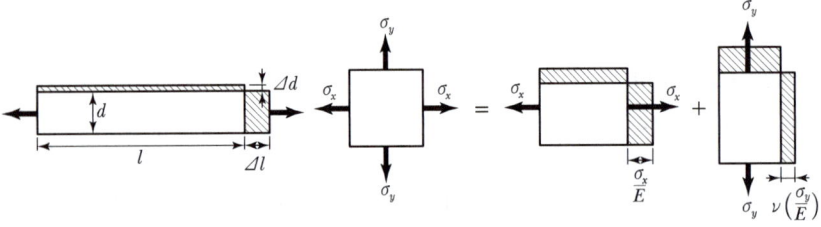

2축 응력의 변형

$$\varepsilon_x = \frac{\sigma_x}{E} - \nu\frac{\sigma_y}{E}$$

$$\varepsilon_y = \frac{\sigma_y}{E} - \nu\frac{\sigma_x}{E}$$

$$\varepsilon_z = -\nu\frac{\sigma_x}{E} - \nu\frac{\sigma_y}{E}$$

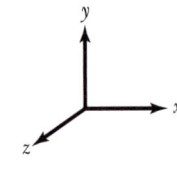

여기서, ε_z : 입체로 볼 경우 폭으로 생각한다.

2. 2축 응력상태의 체적변형도

$$\frac{\Delta V}{V} = \frac{1-2\nu}{E}(\sigma_x + \sigma_y)$$

3. 3축 응력상태의 체적변형도

$$\frac{\Delta V}{V} = \varepsilon_V = \frac{1-2\nu}{E}(\sigma_x + \sigma_y + \sigma_z)$$

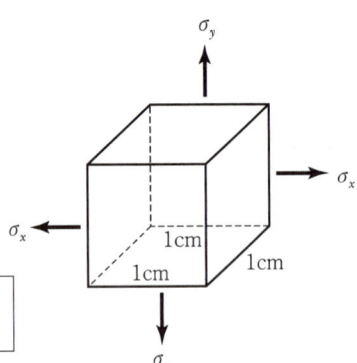

과년도 기출문제

01 그림과 같이 이축응력(二軸應力) 상태에 있는 요소에서 x방향의 변형률은?(단, 이 요소의 탄성계수 $E = 2 \times 10^6 \text{kN/cm}^2$, 푸아송 비 $\nu = 0.3$이다.)

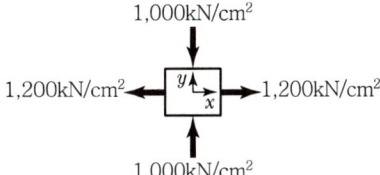

① 4.5×10^{-4} ② 5.5×10^{-4}
③ 6.5×10^{-4} ④ 7.5×10^{-4}

[해설]

x방향의 변형률

$\varepsilon_x = \dfrac{\sigma_x}{E} - \dfrac{\nu}{E}(\sigma_y + \sigma_z)$

$= \dfrac{1,200}{2 \times 10^6} - \dfrac{0.3}{2 \times 10^6}(-1,000 + 0)$

$= 7.5 \times 10^{-4}$

02 그림과 같은 2축응력을 받고 있는 요소의 체적변형률은?(단, 탄성계수 $E = 2 \times 10^6 \text{kN/mm}^2$, 푸아송 비 $\nu = 0.2$이다.) [11, 14, 22년]

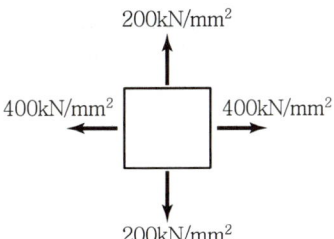

① 1.8×10^{-4} ② 3.6×10^{-4}
③ 4.4×10^{-4} ④ 6.2×10^{-4}

[해설]

$\varepsilon_V = \dfrac{\sum V}{V} = \dfrac{1-2\nu}{E}(\sigma_x + \sigma_y + \sigma_z)$

$= \dfrac{1 - 2 \times 0.2}{2 \times 10^6}(400 + 200 + 0)$

$= 1.8 \times 10^{-4}$

03 그림과 같이 이축응력을 받고 있는 요소의 체적변형률은?[단, 탄성계수(E)는 2×10^5MPa, 푸아송 비(ν)는 0.3이다.] [11, 15년]

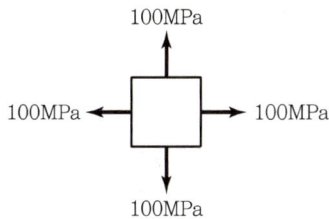

① 2.7×10^{-4} ② 3.0×10^{-4}
③ 3.7×10^{-4} ④ 4.0×10^{-4}

[해설]

$\sigma_y = 100\text{MPa}$, $\sigma_x = 100\text{MPa}$

$\begin{cases} E = 2 \times 10^5 \text{MPa} \\ \nu = 0.3 \end{cases}$

$K = \dfrac{\sigma}{\varepsilon_\nu} = \dfrac{mE}{3(m-2)} = \dfrac{E}{3(1-2\nu)}$

$\dfrac{\sigma}{\varepsilon_\nu} = \dfrac{E}{3(1-2\nu)}$

$\therefore \varepsilon_\nu = \dfrac{3\sigma}{E}(1-2\nu)$

$= \dfrac{(\sigma_x + \sigma_y + \sigma_z)}{E}(1-2\nu)$

$= \dfrac{100+100}{2 \times 10^5}(1 - 2 \times 0.3) = 4 \times 10^{-4}$

정답 01 ④ 02 ① 03 ④

07 재료의 성질

5. 비틀림 응력(Torsional Stress)

$$\tau = \frac{T \cdot r}{J} = \frac{T \cdot r}{I_p}$$

$$= \frac{16T}{\pi d^3} = \frac{2T}{\pi r^3}$$

여기서, T : 비틀림 모멘트
J : 비틀림 상수
I_p : 단면2차극모멘트 $\left(I_p = \dfrac{\pi d^4}{32} = \dfrac{\pi r^4}{2}\right)$

6. 온도응력(Temperature Stress)

온도의 변화$(t_1 - t_0)$에 의해 물체 내부에서 발생하는 응력이다.

(1) 온도응력

$$\sigma_t = E \cdot \varepsilon = E \cdot \frac{\Delta l}{l} = E \cdot \frac{\alpha \cdot l \cdot (t_1 - t_0)}{l} = \boxed{E \cdot \alpha \cdot (t_1 - t_0)}$$

여기서, E : 탄성계수
ε : 변형도
α : 선팽창계수(1℃ 기준)
t_0 : 기준온도
t_1 : 측정 당시 온도

(2) 온도변형

온도에 의한 변형량$(\Delta l) = \alpha \cdot t \cdot l$

$$\therefore \varepsilon = \frac{\Delta l}{l} = \frac{\alpha \cdot t \cdot l}{l} = \boxed{\alpha \cdot t}$$

(3) 온도하중

$$P = \sigma_t \cdot A = \boxed{E \cdot A \cdot \alpha \cdot (t_1 - t_0)}$$

➕ 온도응력

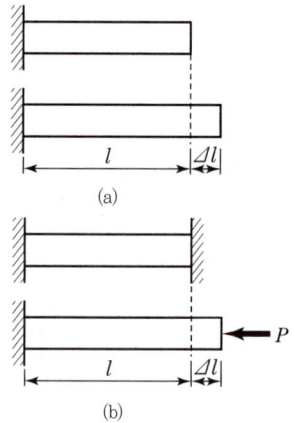

과년도 기출문제

01 그림과 같은 속이 찬 직경 6cm의 원형 축이 비틀림 $T=400\text{kN}\cdot\text{m}$를 받을 때 단면에서 발생하는 최대 전단응력은? [기 13, 17년]

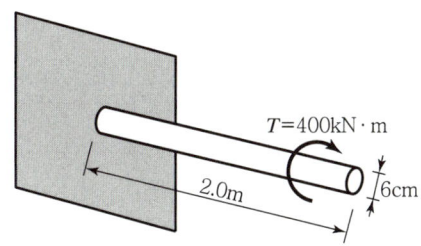

① 926.5kN/cm^2 ② 932.6kN/cm^2
③ 943.1kN/cm^2 ④ 950.2kN/cm^2

[해설]

$$\tau = \frac{T\cdot r}{J} = \frac{T\cdot \frac{d}{2}}{I_P} = \frac{T\cdot \frac{d}{2}}{\frac{\pi d^4}{32}} = \frac{16T}{\pi d^3}$$

$$\tau = \frac{16\times(400\times 10^2)}{\pi \times 6^3} \fallingdotseq 943.1\text{kN/cm}^2$$

여기서, $T=400\text{kN}\cdot\text{m}=400\times 10^2\text{kN}\cdot\text{cm}$, $d=6\text{cm}$

02 그림과 같이 X, Y축에 대칭인 빗금 친 단면에 비틀림우력 5kN·m가 작용할 때 최대 전단응력은? [12, 15년]

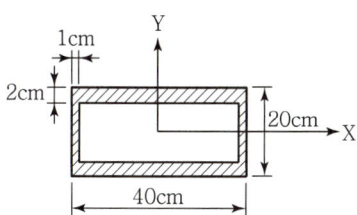

① 356.1N/cm^2 ② 435.5N/cm^2
③ 524.3N/cm^2 ④ 602.7N/cm^2

[해설]

중심선 치수의 단면적 $A_m = (40-1)\text{cm}\times(20-2)\text{cm}$
$= 39\text{cm}\times 18\text{cm}$

$$\therefore \tau_{\max} = \frac{T}{2A_m\cdot t} = \frac{5\times 10^5}{2\times(39\times 18)\times 1}$$
$\fallingdotseq 356.1\text{N/cm}^2$

여기서, $T=5\text{kN}\cdot\text{m}=5\times 10^5\text{N}\cdot\text{cm}$
$A_m = 39\times 18\text{cm}^2$
$t = 1\text{cm}$

03 양단이 고정되어 있는 지름 3cm 강봉을 처음 10℃에서 25℃까지 가열하였을 때 온도응력은?(단, 탄성계수는 $2\times 10^6\text{kN/cm}^2$, 선팽창 계수는 1.2×10^{-5}이다.)

① 280kN/cm^2 ② 360kN/cm^2
③ 420kN/cm^2 ④ 480kN/cm^2

[해설]

$\sigma_T = E\cdot\sigma\cdot(t-t_0)$
$= 2\times 10^6 \times 1.2\times 10^{-5}\times(25-10) = 360\text{kN/cm}^2$

04 다음 그림과 같이 양단이 고정된 강봉이 상온에서 20℃만큼 온도가 상승했다면 강봉에 작용하는 압축력의 크기는?[단, 강봉의 단면적 $A=50\text{cm}^2$, $E=2.0\times 10^6\text{N/cm}^2$, 열팽창계수 $\alpha=1.0\times 10^{-5}$ (1℃에 대해서)이다.]

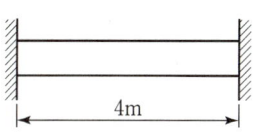

① 10kN ② 15kN
③ 20kN ④ 25kN

[해설]

$P_{\Delta t} = \sigma_{\Delta t}\cdot A = (E\cdot\alpha\cdot\Delta t)\cdot A$
$= \{(2.0\times 10^6)\times(1.0\times 10^{-5})\times 20\}\times 50$
$= 20\times 10^3\text{N} = 20\text{kN}$

정답 01 ③ 02 ① 03 ② 04 ③

07 재료의 성질

7. 원환응력(Hoop Stress)

수도관이나 가스관 등에서 내압력을 받을 때 관 내부에서 발생되는 응력이다.

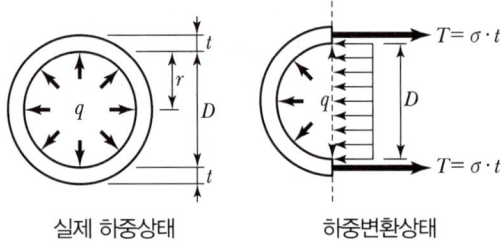

실제 하중상태   하중변환상태

(1) 원환응력

$$\therefore \sigma = \frac{T}{A} = \frac{q \cdot D}{2 \cdot t}$$

(2) 관의 두께

$$t = \frac{q \cdot D}{2 \cdot \sigma}$$

여기서, q : 내압력(kN/m^2 또는 N/mm^2)
   t : 관의 두께
   σ_a : 관의 허용인장응력
   T : 내압력에 의한 인장력

과년도 기출문제

01 평균지름 $d=1,200$mm, 벽두께 $t=6$mm를 갖는 긴 강재 수도관(鋼製 水道管)이 $P=10$kN/cm²의 내압을 받고 있다. 이 관벽 속에 발생하는 원환응력(圓環應力) σ의 크기는?

① 16.6kN/cm² ② 450kN/cm²
③ 900kN/cm² ④ $1,000$kN/cm²

[해설]

$\sigma = \dfrac{Pr}{t} = \dfrac{10 \times 60}{6 \times 10^{-1}} = 1,000$kN/cm²

여기서, P(내압)$= 10$kN/cm²

r(단면반경)$= \dfrac{1,200}{2} = 600$mm $= 60$cm

t(두께)$= 6$mm $= 6 \times 10^{-1}$cm

02 지름 $d=120$cm, 벽두께 $t=0.6$cm인 긴 강관이 $q=20$kN/cm²의 내압을 받고 있다. 이 관벽 속에 발생하는 원환응력 σ의 크기는?

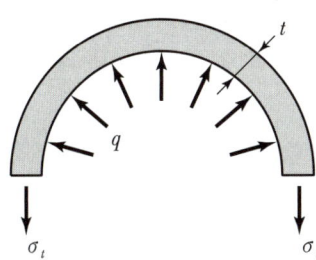

① 300kN/cm² ② 900kN/cm²
③ $1,800$kN/cm² ④ $2,000$kN/cm²

[해설]

$\sigma = \dfrac{PD}{2t} = \dfrac{20 \times 120}{2 \times 0.6} = 2,000$kN/cm²

여기서, $P = 20$kN/cm², $D = 120$cm, $t = 0.6$cm

정답 01 ④ 02 ④

08 보의 응력

1 휨응력(Bending Stress)

공식	$\sigma_{하단}^{상단} = \mp \dfrac{M}{I} y$ (kN/cm² 또는 N/mm²) 여기서, M : 휨모멘트, I : 단면2차모멘트 y : 중립축에서부터 구하는 축까지 거리
특징	① 휨응력은 중립축에서 0이다. ② 휨응력은 상·하연단에서 최대이다. ③ 휨응력도는 직선 변화를 한다. ④ 휨응력의 크기는 중립축으로부터 거리에 비례한다.

최대 휨응력
- 상연단응력 : $\sigma_c = -\dfrac{M}{Z_c}$
- 하연단응력 : $\sigma_t = \dfrac{M}{Z_t}$

여기서, Z_c와 Z_t : 각각 단면의 상·하 연단에 대한 단면계수

개념이해

01 그림과 같은 구형 단면보가 최대 휨모멘트 90kN·cm를 받고 있을 때 상단에서 5cm인 $a-a$ 단면에서 휨응력 절대치는? [10, 17년]

① 30N/cm²
② 25N/cm²
③ 20N/cm²
④ 15N/cm²

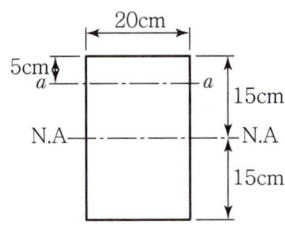

$\sigma_{a-a} = \dfrac{M}{I} \cdot y$
$= \dfrac{90,000}{\dfrac{20 \times 30^3}{12}} \times (15-5)$
$= 20\text{N/cm}^2$

답 ③

02 보의 단면에서 휨모멘트로 인한 최대 휨응력이 생기는 위치는 어느 곳인가?

① 중립축
② 중립축과 상단의 중간점
③ 단면 상·하단
④ 중립축과 하단의 중간점

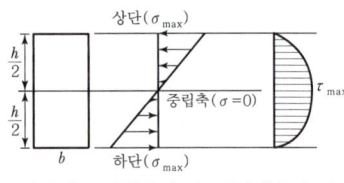

답 ③

03 일반적인 보에서 휨모멘트에 의해 최대 휨응력이 발생되는 위치는 어느 곳인가?

① 부재의 중립축에서 발생
② 부재의 상단에서만 발생
③ 부재의 하단에서만 발생
④ 부재의 상·하단에서 발생

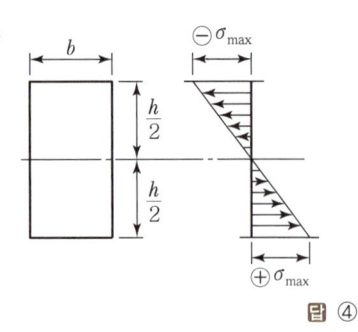

답 ④

과년도 기출문제

01 지름 D인 원형 단면보에 휨모멘트 M이 작용할 때 최대 휨응력은? [기 15, 17년]

① $\dfrac{16M}{\pi D^3}$ ② $\dfrac{6M}{\pi D^3}$
③ $\dfrac{32M}{\pi D^3}$ ④ $\dfrac{64M}{\pi D^3}$

[해설]

$\sigma = \dfrac{M}{Z} = \dfrac{M}{\dfrac{\pi D^3}{32}} = \dfrac{32M}{\pi D^3}$

02 그림과 같은 단면을 갖는 부재(A)와 부재(B)가 있다. 동일 조건의 보에 사용하고 재료의 강도도 같다면, 휨에 대한 강도를 비교한 설명으로 옳은 것은?

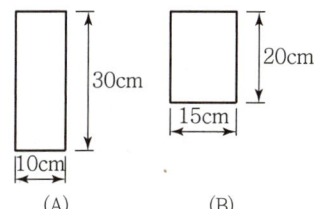

① 보(A)는 보(B)보다 휨에 대한 강도가 2.0배 크다.
② 보(B)는 보(A)보다 휨에 대한 강도가 2.0배 크다.
③ 보(B)는 보(A)보다 휨에 대한 강도가 1.5배 크다.
④ 보(A)는 보(B)보다 휨에 대한 강도가 1.5배 크다.

[해설]

- $Z_{(A)} = \sigma_y \cdot \dfrac{10 \times 30^2}{6}$
- $Z_{(B)} = \sigma_y \cdot \dfrac{15 \times 20^2}{6}$
- $\dfrac{Z_{(A)}}{Z_{(B)}} = 1.5$

03 단면이 원형(반지름 R)인 보에 휨모멘트 M이 작용할 때 이 보에 작용하는 최대 휨응력은? [11, 15, 18년]

① $\dfrac{4M}{\pi R^3}$ ② $\dfrac{12M}{\pi R^3}$
③ $\dfrac{16M}{\pi R^3}$ ④ $\dfrac{32M}{\pi R^3}$

[해설]

- $Z = \dfrac{I_X}{y_1} = \dfrac{\left(\dfrac{\pi R^4}{4}\right)}{R} = \dfrac{\pi R^3}{4}$
- $\sigma_{\max} = \dfrac{M}{Z} = \dfrac{M}{\left(\dfrac{\pi R^3}{4}\right)} = \dfrac{4M}{\pi R^3}$

[별해]

$\sigma_{\max} = \dfrac{M}{Z} = \dfrac{M}{\dfrac{\pi D^3}{32}} = \dfrac{32M}{\pi D^3} = \dfrac{32M}{\pi(2R)^3} = \dfrac{4M}{\pi R^3}$

04 똑같은 휨모멘트 M을 받고 있는 두 보의 단면이 (A) 및 (B)와 같다. (B)의 보의 최대 휨응력은 (A)의 보의 최대 휨응력의 몇 배인가?

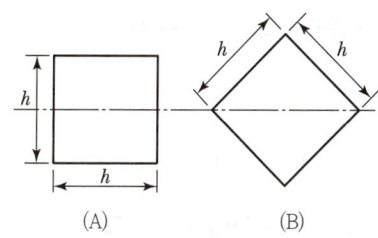

① $\sqrt{2}$ 배 ② $2\sqrt{2}$ 배
③ $\sqrt{5}$ 배 ④ $\sqrt{3}$ 배

[해설]

[공식]

$\sigma_{\max} = \dfrac{M_{\max}}{Z}$

- $Z_1 = \dfrac{I}{y} = \dfrac{\dfrac{h^4}{12}}{\dfrac{h}{2}} = \dfrac{h^3}{6}$
- $Z_2 = \dfrac{I}{y} = \dfrac{\dfrac{h^4}{12}}{\dfrac{h}{\sqrt{2}}} = \dfrac{\sqrt{2}h^3}{12}$
- $\dfrac{Z_1}{Z_2} = \dfrac{2}{\sqrt{2}} = \sqrt{2}$

정답 01 ③ 02 ④ 03 ① 04 ①

08 보의 응력

2 전단응력(Shear Stress)

1. 전단응력 공식

$$\therefore \tau = \frac{S}{Ib} \cdot G_x$$

여기서, τ : 전단응력(N/mm²), I : 도심축 단면2차모멘트(cm⁴)
b : 구하는 단면의 폭(cm), S : 전단력(kN)
G_x : 구하려는 축 위 단면의 중립축에 대한 단면1차모멘트(cm³)

2. 여러 단면의 최대 전단응력

(1) 구형 단면의 최대 전단응력

$$\tau_{\max} = \frac{3S}{2A}$$

※ 구형 단면에서 최대 전단응력은 평균 전단응력의 1.5배이다.

+ 구형 단면의 전단응력도
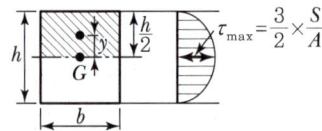

(2) 원형 단면의 최대 전단응력

$$\tau_{\max} = \frac{4S}{3A}$$

※ 원형 단면에서 최대 전단응력은 평균 전단응력의 4/3배이다.

+ 원형 단면의 전단응력도
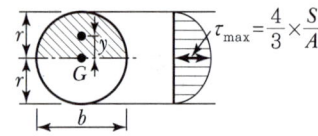

(3) 삼각형 단면의 최대 전단응력

$$\tau_{\max} = \frac{3S}{2A}$$

※ 삼각형 단면의 최대전단응력은 h/2되는 곳에서 발생하고 평균 전단응력의 1.5배이다.

+ 삼각형 단면의 전단응력도
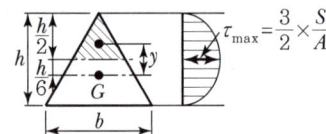

(4) 여러 단면의 전단응력도

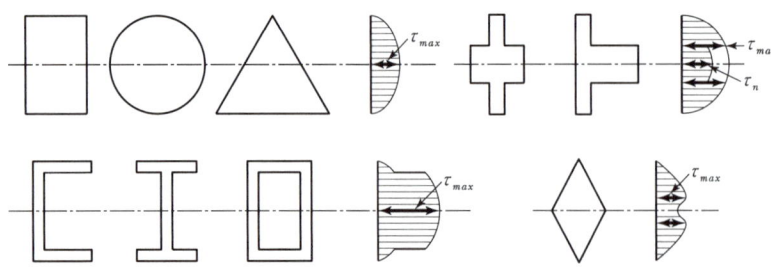

과년도 기출문제

01 그림과 같은 $b=12\text{cm}$, $h=30\text{cm}$의 직사각형 보에서 2.4kN의 전단력을 받을 때 위 가장자리에서 5cm 떨어진 면($a-a$면)의 전단응력은?

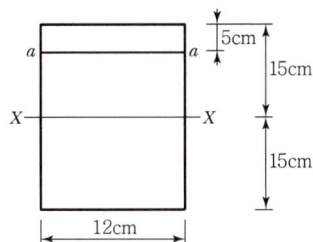

① 4.6N/cm^2 ② 5.6N/cm^2
③ 6.6N/cm^2 ④ 7.6N/cm^2

[해설]

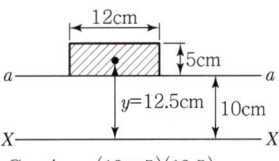

$G = Ay = (12 \times 5)(12.5)$

$\tau_{a-a} = \dfrac{SG}{Ib} = 5.6\text{N/cm}^2 = \dfrac{2,400 \times (12 \times 5 \times 12.5)}{\dfrac{12 \times 30^3}{12} \times 12}$

02 폭 30cm, 높이 40cm인 직사각형 단면의 단순보에서 전단력 $V=20\text{kN}$이 작용할 때 중립축으로부터 위로 10cm 떨어진 점에서 전단응력은?

① 18.75kN/cm^2 ② 25.5kN/cm^2
③ 29.54kN/cm^2 ④ 37.84kN/cm^2

[해설]

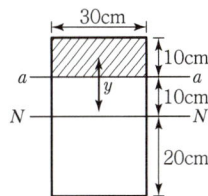

- $I_N = \dfrac{bh^3}{12} = \dfrac{30 \times 40^3}{12}$
- $G_x = Ay = (30 \times 10)(15)$ (빗금 친 단면1차모멘트)
- $\tau_{a-a} = \dfrac{SG}{Ib} = \dfrac{20,000 \times (30 \times 10 \times 15)}{\dfrac{30 \times 40^3}{12} \times 30} = 18.75\text{kN/cm}^2$

[별해]

$\tau_{a-a} = \dfrac{1}{4} \times \dfrac{3}{4} \times 6 \times \dfrac{S}{A} = \dfrac{18 \times 20 \times 10^3}{16 \times (30 \times 40)}$
$= 18.75\text{kN/cm}^2$

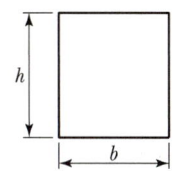

03 다음 단면에서 직사각형 단면의 최대 전단응력도는 원형 단면의 몇 배인가?(단, 두 단면적과 작용하는 전단력의 크기는 같다.)

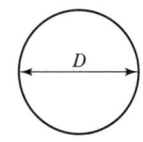

① 9/8배 ② 8/9배
③ 5/6배 ④ 6/5배

[해설]

- 직사각형 단면의 최대 전단응력 : $\tau_{\max} = \dfrac{3}{2} \cdot \dfrac{S_{\max}}{A}$
- 원형 단면의 최대 전단응력 : $\tau_{\max} = \dfrac{4}{3} \cdot \dfrac{S_{\max}}{A}$

$\therefore \dfrac{\text{직사각형 } \tau_{\max}}{\text{원형 } \tau_{\max}} = \dfrac{\dfrac{3}{2}}{\dfrac{4}{3}} = \dfrac{9}{8}$

04 어떤 보 단면의 전단응력도를 그렸더니 다음 그림과 같았다. 이 단면에 가해진 전단력의 크기는?(단, 최대 전단응력($\tau_{\max}$)은 6kN/cm²이다.) [기 19년]

① 4,200kN
② 4,800kN
③ 5,400kN
④ 6,000kN

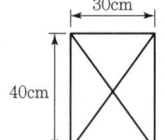

[해설]

$\tau_{\max} = \dfrac{3}{2} \times \dfrac{S}{A}$

$6 = \dfrac{3}{2} \times \dfrac{S}{40 \times 30}$

$\therefore S = 4,800\text{kN}$

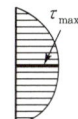

정답 01 ② 02 ① 03 ① 04 ②

08 보의 응력

3. I형 단면의 최대 전단응력

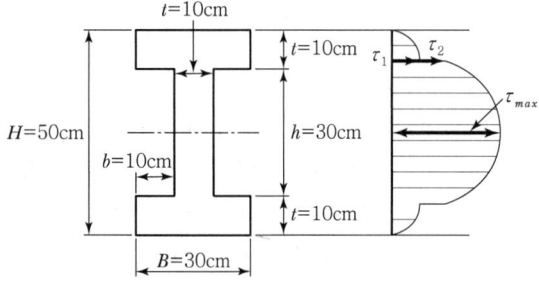

(1) 단면2차모멘트(I)

$$I = \frac{BH^3}{12} - \frac{bh^3}{12} \times 2 = \frac{30 \times 50^3}{12} - \frac{10 \times 30^3}{12} \times 2 = 267,500 \text{cm}^4$$

(2) 전단력

$S(\text{kN})$

(3) 단면폭(b)

$\tau_{\max},\ \tau_2 \to t = 10\text{cm},\ \tau_1 \to B = 30\text{cm}$

(4) 단면1차모멘트(G_x)

$$\tau_{\max} \to G_x = B \times t \times \left(\frac{h}{2} + \frac{t}{2}\right) + t \times \frac{h}{2} \times \frac{h}{4}$$

$$= 30 \times 10 \times \left(15 + \frac{10}{2}\right) + 10 \times 15 \times \left(\frac{15}{2}\right) = 7,125 \text{cm}^3$$

$$\tau_1,\tau_2 \to G_x = B \times t \times \left(\frac{h}{2} + \frac{t}{2}\right) = 30 \times 10 \times \left(15 + \frac{10}{2}\right) = 6,000 \text{cm}^3$$

(5) 최대 전단응력($\tau_{\max}$)

$$\tau_{\max} = \frac{G_x \cdot S}{I \cdot b} = \frac{7,125 \times S}{267,500 \times 10} \fallingdotseq \frac{S}{375}(\text{kN/cm}^2)$$

(6) 플랜지와 복부 경계면의 전단응력(τ_1, τ_2)

$$\tau_1 = \frac{G_x \cdot S}{I \cdot b} = \frac{6,000 \times S}{267,500 \times 10} \fallingdotseq \frac{S}{446}(\text{kN/cm}^2)$$

$$\tau_2 = \frac{G_x \cdot S}{I \cdot b} = \frac{6,000 \times S}{267,500 \times 30} \fallingdotseq \frac{S}{1,338}(\text{kN/cm}^2)$$

(7) $\tau_{\max}$, τ_1, τ_2 사용

플랜지와 복부의 경계면에서 τ_1과 τ_2의 비는 $\frac{1}{B} : \frac{1}{t}$ 이므로 $t : B$가 된다.

과년도 기출문제

01 그림과 같은 단면에 1,000kN의 전단력이 작용할 때 최대 전단응력의 크기는? [22년]

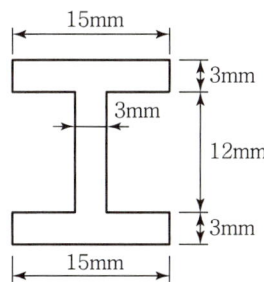

① 23.5kN/mm^2 ② 28.4kN/mm^2
③ 35.2kN/mm^2 ④ 43.3kN/mm^2

[해설]

- $I_x = \dfrac{15 \times 18^3}{12} - \dfrac{12 \times 12^3}{12} = 5,562 \text{mm}^4$
- $b = b_{\min} = 3\text{mm}$
- $S = 1,000\text{kN}$

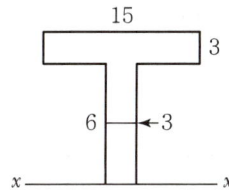

- $G_x = (6 \times 3)\left(\dfrac{6}{2}\right) + (15 \times 3)\left(6 + \dfrac{3}{2}\right) = 391.5 \text{mm}^3$
- $\tau_{\max} = \dfrac{SG}{Ib_{\min}}$
  $= \dfrac{1,000 \times 391.5}{5,562 \times 3}$
  $= 23.5 \text{kN/mm}^2$

02 다음 그림과 같이 속이 빈 단면에 전단력 $V = 15\text{kN}$이 작용하고 있다. 단면에 발생하는 최대 전단응력은?

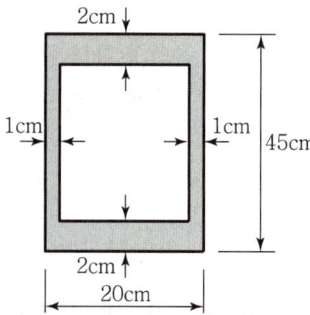

① 9.9N/cm^2 ② 19.8N/cm^2
③ 99N/cm^2 ④ 198N/cm^2

[해설]

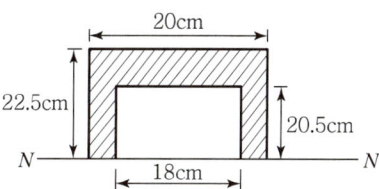

- $I_N = \dfrac{BH^3}{12} - \dfrac{bh^3}{12} = \dfrac{20 \times 45^3}{12} - \dfrac{18 \times 41^3}{12}$
  $≒ 48,493.5 \text{cm}^4$
- $G_N = 20 \times 22.5 \times \dfrac{22.5}{2} - 18 \times 20.5 \times \dfrac{20.5}{2}$
  $= 1,280.25 \text{cm}^3$
- $b = 20 - 18 = 2\text{cm}$

$\therefore \tau_{\max} = \dfrac{SG}{Ib} = \dfrac{15,000 \times 1,280.25}{48,493.5 \times 2} ≒ 198 \text{N/cm}^2$

정답 01 ① 02 ④

08 보의 응력

4. 전단응력의 특징

① 전단응력은 중립축에서 최대이다.
② 전단응력은 상·하연단에서 0이다.
③ 전단응력도는 곡선 변화를 한다.
④ 전단응력은 중립축에서부터 거리에 반비례한다.

개념이해

01 전단응력도에 대한 다음 설명 중 옳지 않은 것은?

① 직사각형 단면에서는 중앙부의 전단응력도가 제일 크다.
② I형 단면에서는 상·하단의 전단응력도가 제일 크다.
③ 원형 단면에서는 중앙부의 전단응력도가 제일 크다.
④ 전단응력도는 전단력의 크기에 비례한다.

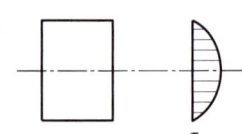

$\tau = \dfrac{S \cdot G}{I \cdot b}$ 에서 G는 구하고자 하는 점에서 끝단까지의 단면1차모멘트이므로 단면의 형태에 관계없이 상·하단의 전단응력은 0이다.

답 ②

02 보의 단면에서 휨모멘트로 인한 최대 전단응력이 생기는 위치는 어느 곳인가?

① 중립축
② 중립축과 상단의 중간점
③ 단면 상·하단
④ 중립축과 하단의 중간점

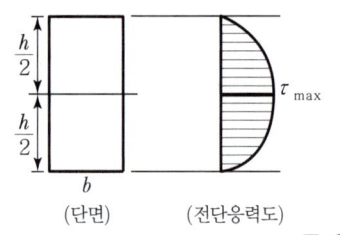

답 ①

03 일반적인 보에서 휨모멘트에 의해 전단응력이 0인 위치는 어느 곳인가?

① 부재의 중립축에서 발생
② 부재의 상단에서만 발생
③ 부재의 하단에서만 발생
④ 부재의 상·하단에서 발생

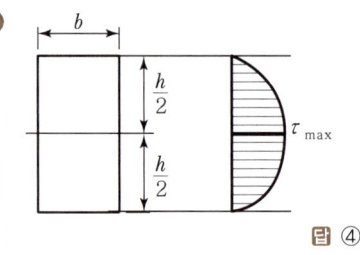

답 ④

과년도 기출문제

01 그림과 같은 단면의 단순보에 집중하중이 작용할 때 단면에 생기는 최대 전단응력도(N/cm²)의 값은?

① 0.5
② 1.5
③ 3.0
④ 5.0

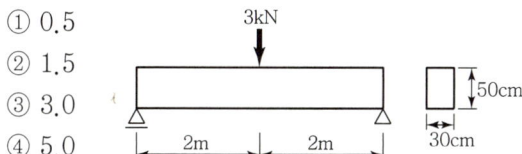

[해설]

$$\tau_{max} = \frac{3}{2} \cdot \frac{S_{max}}{A} = \frac{3}{2} \times \frac{\frac{3,000}{2}}{30 \times 50} = 1.5\text{N/cm}^2$$

02 다음 그림에서 최대 휨응력도는?

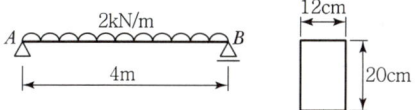

① 250N/cm²
② 500N/cm²
③ 750N/cm²
④ 1,000N/cm²

[해설]

$$\sigma_{max} = \frac{6M_{max}}{bh^2} = \frac{6 \times \left(\frac{2 \times 4^2}{8}\right) \times 10^5 \text{N} \cdot \text{cm}}{12 \times 20^2} = 500\text{N/cm}^2$$

03 다음 그림과 같은 단순보에서 지점 A로부터 2m 되는 D 단면에 발생하는 최대 전단응력은 얼마인가?(단, 이 보의 단면은 폭 10cm, 높이 20cm의 직사각형 단면이다.)

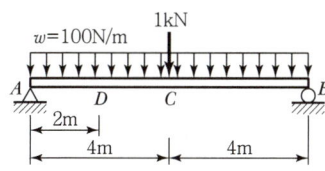

① 3.50N/cm²
② 4.75N/cm²
③ 5.25N/cm²
④ 6.00N/cm²

[해설]

- 대칭하중이므로
$$R_A = \frac{wl + P}{2} = \frac{(100 \times 8) + 1,000}{2} = 900\text{N}(\uparrow)$$

- $S_D = R_A - (100\text{N/m} \times 2\text{m}) = 900 - 200 = 700\text{N}$

$$\therefore \tau_{D(max)} = \frac{3}{2} \cdot \frac{S_D}{A} = \frac{3}{2} \times \frac{700}{10 \times 20} = 5.25\text{N/cm}^2$$

04 그림과 같은 단순보의 최대 전단응력 τ_{max}를 구하면?(단, 보의 단면은 지름이 D인 원이다.)

[기 12, 16년]

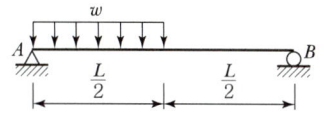

① $\dfrac{wL}{2\pi D^2}$ ② $\dfrac{9wL}{4\pi D^2}$

③ $\dfrac{3wL}{2\pi D^2}$ ④ $\dfrac{2wL}{\pi D^2}$

[해설]

- $S_{max} = \dfrac{3wL}{8}$

- $\tau_{max} = \alpha \dfrac{S_{max}}{A}$

$= \dfrac{4}{3} \cdot \dfrac{\left(\frac{3wL}{8}\right)}{\left(\frac{\pi D^2}{4}\right)} = \dfrac{2wL}{\pi D^2}$

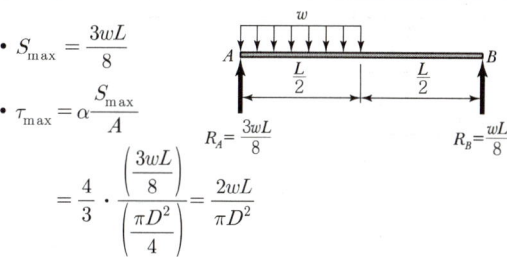

05 주어진 T형보 단면의 캔틸레버에서 최대 전단응력을 구하면 얼마인가?(단, T형보 단면의 $I_{N.A.} = 86.8\text{cm}^4$이다.)

[기 10, 11, 15, 17년]

① 1,256.8N/cm²
② 1,663.6N/cm²
③ 2,079.5N/cm²
④ 2,433.2N/cm²

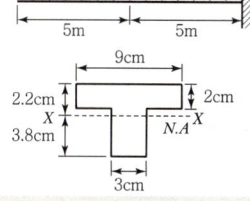

[해설]

- $I_X = 86.8\text{cm}^4$
- $b = 3\text{cm}$
- $S_{max} = wl = 2 \times 10 = 20\text{kN}$
- $G_X = 3 \times 3.8 \times \dfrac{3.8}{2} = 21.66\text{cm}^3$
- $\tau_{max} = \dfrac{S_{max} G_X}{I_X b} = \dfrac{(20 \times 10^3) \times 21.66}{86.8 \times 3} = 1,663.6\text{N/cm}^2$

정답 01 ① 02 ② 03 ③ 04 ④ 05 ②

09 기둥

1 기둥의 구별

1. 세장비(Slenderness Ratio)에 따른 분류

$$\text{세장비}(\lambda) = \frac{\text{기둥길이}(l)}{\text{최소회전반경}(r_{\min})}$$

2 단주

1. 편심축 하중을 받는 단주

중심축 하중 P가 x축 또는 y축상에 편심 작용할 때

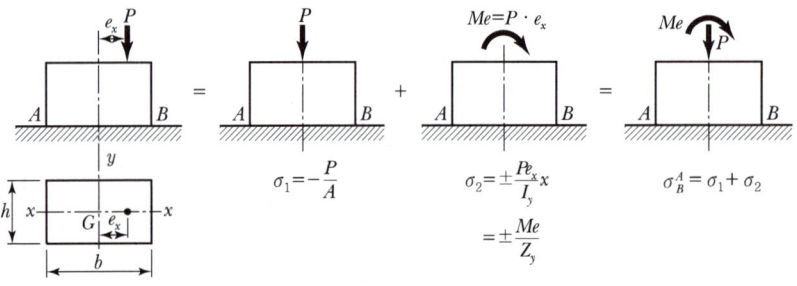

합성응력 $\sigma_B^A = -\dfrac{P}{A} \pm \dfrac{Me}{I_y}x = -\dfrac{P}{A} \pm \dfrac{Pe_x}{Z_y}$ (압축⊖, 인장⊕)

여기서, $A = bh$, $I_y = \dfrac{hb^3}{12}$, $x = \dfrac{b}{2}$, $Z_y = \dfrac{hb^2}{6}$, $Me = P \cdot e_x$

$\therefore \sigma_B^A = -\dfrac{P}{bh} \pm \dfrac{P \cdot e_x}{\dfrac{hb^2}{6}} = -\dfrac{P}{bh} \pm \dfrac{6P \cdot e_x}{hb^2} = \boxed{-\dfrac{P}{bh}\left(1 \mp \dfrac{6e_x}{b}\right)}$

> [공식] 세장비
>
> $\lambda = \dfrac{l}{r_{\min}}$
>
> | □ | △ | ○ |
> |---|---|---|
> | $r = \dfrac{b}{2\sqrt{3}}$ | $\dfrac{b}{3\sqrt{2}}$ | $\dfrac{D}{4\sqrt{1}}$ |

개념이해

01 단면이 20cm×30cm인 압축부재가 있다. 그 길이가 2.9m일 때 이 압축부재의 세장비는 약 얼마인가? [22년]

① 33　　② 50
③ 60　　④ 100

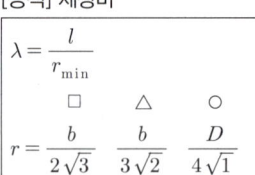

$l = 2.9\text{m} = 290\text{cm}$

$\lambda = \dfrac{l}{r_{\min}} = \dfrac{2.9 \times 100}{\dfrac{20}{2\sqrt{3}}} = \dfrac{290}{\dfrac{20}{2\sqrt{3}}} = 50.2$

답 ②

과년도 기출문제

01 지름 d인 원형 단면의 나무기둥에서 길이가 4m일 때 세장비를 100으로 하려면 적당한 d는?

[기 12, 16, 19, 22년]

① 10cm ② 12cm
③ 14cm ④ 16cm

[해설]

원형 단면의 세장비 $\lambda = \dfrac{4l}{d} = \dfrac{4 \times 400}{d} = 100$

$\therefore d = 16\text{cm}$

02 그림과 같이 가운데가 비어 있는 직사각형 단면 기둥의 길이 $L=10\text{m}$일 때 이 기둥의 세장비는?

[기 11, 14년]

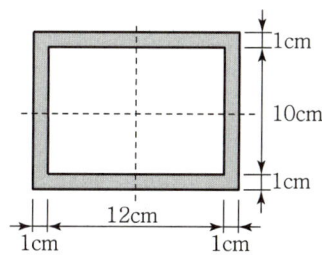

① 1.9 ② 191.9
③ 2.2 ④ 217.3

[해설]

- $A = 14 \times 12 - 12 \times 10 = 48\text{cm}^2$
- $I_{max} = \dfrac{BH^3 - bh^3}{12} = \dfrac{14 \times 12^3 - 12 \times 10^3}{12} = 1,016\text{cm}^4$
- $r_{min} = \sqrt{\dfrac{I_{min}}{A}} = \sqrt{\dfrac{1,016}{48}} ≒ 4.6\text{cm}$

$\therefore \lambda = \dfrac{l}{r_{min}} = \dfrac{1,000}{4.6} ≒ 217.39$

03 그림과 같은 단주에 편심하중 $P=18\text{kN}$이 작용할 때 단면 내에 응력이 0인 위치는 A점으로부터 얼마인가?

① 6cm
② 8cm
③ 10cm
④ 18cm

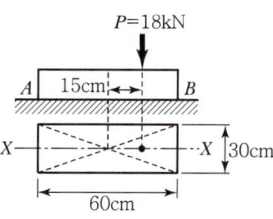

[해설]

$\sigma = -\dfrac{P}{A} \pm \dfrac{6M}{bh^2}$

$= -\dfrac{18,000}{30 \times 60} \pm \dfrac{6 \times (18,000 \times 15)}{30 \times 60^2}$

$= -10 \pm 15$

$\therefore \sigma_{max} = -25\text{N/cm}^2 \text{(압축)}$
$\sigma_{min} = +5\text{N/cm}^2 \text{(인장)}$

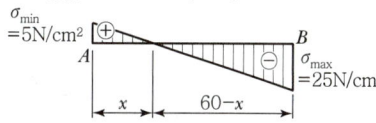

(비례식을 이용하면)

$25 : (60-x) = 5 : x$

$300 - 5x = 25x \quad \therefore x = \dfrac{300}{30} = 10\text{cm}$

04 편심하중을 받는 다음 기둥에서 B점의 응력을 구한 값은?(단, 기둥 단면의 지름 $d=20\text{cm}$, 편심거리 $e_x=5\text{cm}$, 편심하중 $P=10\text{kN}$)

① 31.84N/cm²
② 94.46N/cm²
③ 95.49N/cm²
④ 95.54N/cm²

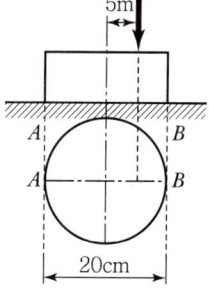

[해설]

$\sigma = -\dfrac{P}{A} \pm \dfrac{M}{Z}$ 에서

$\therefore \sigma_B = -\dfrac{P}{\dfrac{\pi D^2}{4}} - \dfrac{P \cdot e}{\dfrac{\pi D^3}{32}}$

$= -\dfrac{4 \times 10,000}{\pi \times 20^2} - \dfrac{32 \times 10,000 \times 5}{\pi \times 20^3}$

$≒ -95.49\text{N/cm}^2 \text{(압축)}$

정답 01 ④ 02 ④ 03 ④ 04 ③

09 기둥

2 축하중 작용점의 응력

$$\sigma = -\frac{P}{A} \pm \frac{M_y}{I_y}x \pm \frac{M_x}{I_x}y \quad \begin{pmatrix} M_y = Pe_x \\ M_x = Pe_y \end{pmatrix}$$

$$\sigma_A = -\frac{P}{A} - \frac{M_y}{I_y} \cdot x - \frac{M_x}{I_x} \cdot y = -\frac{P}{A} - \frac{Pe_x}{Z_y} - \frac{Pe_y}{Z_x}$$
$$(M_y = Pe_x)$$

$$\sigma_B = -\frac{P}{A} - \frac{M_y}{I_y} \cdot x + \frac{M_x}{I_x} \cdot y = -\frac{P}{A} - \frac{Pe_x}{Z_y} + \frac{Pe_y}{Z_x}$$
$$(M_x = Pe_y)$$

$$\sigma_C = -\frac{P}{A} + \frac{M_y}{I_y} \cdot x + \frac{M_x}{I_x} \cdot y = -\frac{P}{A} + \frac{Pe_x}{Z_y} + \frac{Pe_y}{Z_x}$$

$$\sigma_D = -\frac{P}{A} + \frac{M_y}{I_y} \cdot x - \frac{M_x}{I_x} \cdot y = -\frac{P}{A} + \frac{Pe_x}{Z_y} - \frac{Pe_y}{Z_x}$$

+ 축하중 임의점에 편심작용할 때

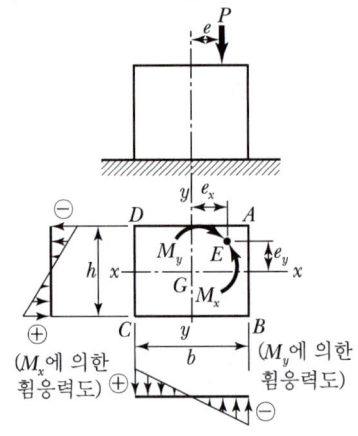

(M_x에 의한 휨응력도) ⊕ (M_y에 의한 휨응력도)

개념이해

01 그림과 같은 단주에 편심하중이 작용할 때 최대 압축응력은?

[기 11, 14, 17년]

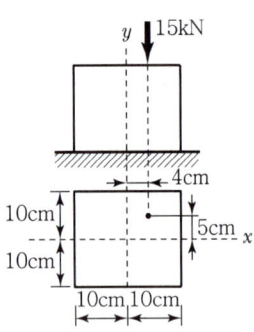

① 138.75N/cm²   ② 172.65N/cm²
③ 245.75N/cm²   ④ 317.65N/cm²

• $Z_x = Z_y = \dfrac{bh^2}{6} = \dfrac{20 \times 20^2}{6}$
$\qquad \fallingdotseq 1,333\text{cm}^3$

• $\sigma_{\max} = -\dfrac{P}{A} - \dfrac{P \cdot e_y}{Z_x} - \dfrac{P \cdot e_x}{Z_y}$

$= -\dfrac{15,000}{20 \times 20} - \dfrac{15,000 \times 4}{1,333}$

$\quad - \dfrac{15,000 \times 5}{1,333}$

$\fallingdotseq -138.75\text{N/cm}^2$

답 ①

과년도 기출문제

01 기둥이 그림과 같이 재하되어 있을 때 B점의 응력을 나타내는 식은?[단, A = 단면적, I_x, I_y = x, y축의 단면2차모멘트, 압축응력을 (+)로 한다.]

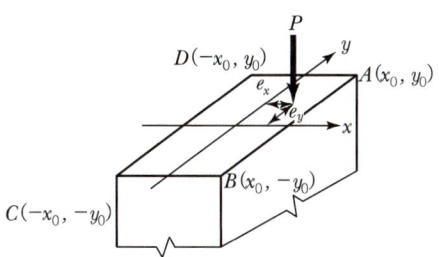

① $\sigma_B = \dfrac{P}{A} - \dfrac{P \cdot e_y}{I_y} \cdot y_0 + \dfrac{P \cdot e_x}{I_x} x_0$

② $\sigma_B = \dfrac{P}{A} + \dfrac{P \cdot e_y}{I_y} \cdot y_0 - \dfrac{P \cdot e_x}{I_x} x_0$

③ $\sigma_B = \dfrac{P}{A} - \dfrac{P \cdot e_y}{I_x} \cdot x_0 + \dfrac{P \cdot e_x}{I_y} y_0$

④ $\sigma_B = \dfrac{P}{A} - \dfrac{P \cdot e_y}{I_x} \cdot y_0 + \dfrac{P \cdot e_x}{I_y} x_0$

[해설]

- 문제에서 압축을 (+)로 하므로

$\sigma = \dfrac{P}{A} \pm \dfrac{M_x}{Z_x} \pm \dfrac{M_y}{Z_y}$

　　(하중)　(x축)　(y축)

$= \dfrac{P}{A} \pm \dfrac{P \cdot e_y}{I_x} \cdot y \pm \dfrac{P \cdot e_x}{I_y} \cdot x$

- B점은 x축에 대하여는 인장(−), y축에 대하여는 압축(+)이므로

$\sigma_B = \dfrac{P}{A} - \dfrac{P \cdot e_y}{I_x} \cdot y + \dfrac{P \cdot e_x}{I_y} \cdot x$

02 그림과 같은 직사각형 단면의 단주에 편심 축하중 P가 작용할 때 모서리 A점의 응력은?

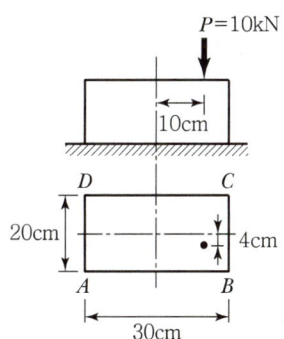

① 3.4N/cm^2　② 30N/cm^2
③ 38.6N/cm^2　④ 70N/cm^2

[해설]

- 복편심응력

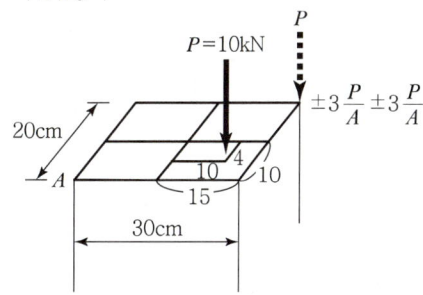

- $\sigma_A = -\dfrac{P}{A} \pm \dfrac{Pe_x}{I_y} x \pm \dfrac{Pe_y}{I_x} y$

$= -\dfrac{P}{A} + 3\left(\dfrac{2}{3}\right)\dfrac{P}{A} - 3\left(\dfrac{2}{5}\right)\dfrac{P}{A}$

$= -\dfrac{P}{A} + 2\dfrac{P}{A} - \dfrac{6}{5} \times \dfrac{P}{A} = \dfrac{P}{A}\left(-1 + 2 - \dfrac{6}{5}\right)$

$= -\dfrac{1}{5} \times \dfrac{P}{A} = -\dfrac{1}{5} \times \dfrac{10 \times 10^3}{20 \times 30} = -3.4 \text{N/cm}^2$

[참고]

가로 $(15 \xrightarrow{\frac{2}{3}} 10)$

세로 $(15 \xrightarrow{\frac{2}{5}} 4)$

정답 01 ④　02 ①

09 기둥

③ 단면의 핵

1. 기둥단면에 압축응력만 발생되는 하중작용 편심거리(핵거리)

$$핵거리(e) \leq \frac{I_Y}{A \cdot x} = \frac{r_Y^2}{x} = \frac{Z_Y}{A}$$

여기서, r_Y : 회전반경 $\left(\sqrt{\frac{I_Y}{A}}\right)$, Z_Y : 단면계수 $\left(\frac{I_Y}{x}\right)$

2. 핵거리(핵반경) 계산

(1) 직사각형(구형) 단면

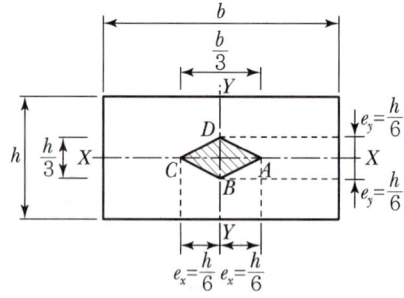

직사각형 단면의 핵

$$e_y = \frac{I_X}{A \cdot y} = \frac{\frac{bh^3}{12}}{bh \times \frac{h}{2}} = \boxed{\frac{h}{6}}, \quad e_x = \frac{I_Y}{A \cdot x} = \frac{\frac{hb^3}{12}}{bh \times \frac{b}{2}} = \boxed{\frac{b}{6}}$$

3. 단면의 핵(직사각형 단면과 같이 계산)

(1) 원형 단면

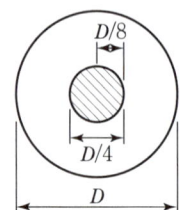

① $ex = \frac{D}{8}$ 원형 단면

② 핵단면적(A') = $\frac{\pi D^2}{64}$

(2) 삼각형 단면

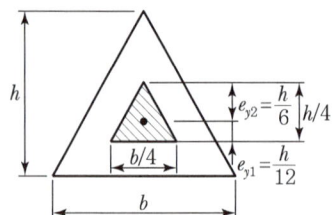

① $e_x = \frac{D}{8}$ $e_{y1} = \frac{h}{12}$ $e_{y2} = \frac{h}{6}$

② 핵단면적(A') = $\frac{bh}{32}$

과년도 기출문제

01 그림과 같은 단주에서 편심거리 e에 $P=800\text{kN}$이 작용할 때 단면에 인장력이 생기지 않기 위한 e의 한계는? [19년]

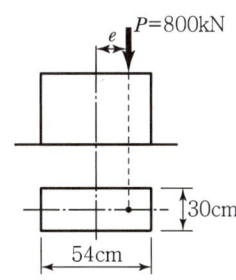

① 10cm ② 8cm
③ 9cm ④ 5cm

[해설]

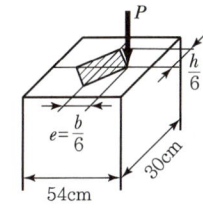 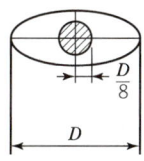

- $e_x = \dfrac{b}{6} = \dfrac{54}{6} = 9\text{cm}$
- $e_x = \dfrac{D}{8}$
- $e_y = \dfrac{h}{6} = \dfrac{30}{6} = 5\text{cm}$

02 그림과 같은 사각형 단면을 가지는 기둥의 핵 면적은?

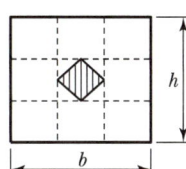

① $\dfrac{bh}{9}$ ② $\dfrac{bh}{18}$
③ $\dfrac{bh}{16}$ ④ $\dfrac{bh}{36}$

[해설]

핵면적 $A = \left(\dfrac{b}{6} \times \dfrac{h}{6} \times \dfrac{1}{2}\right) \times 4\text{개} = \dfrac{1}{18}bh = \dfrac{bh}{18}$

03 반지름이 25cm인 원형단면을 가지는 단주에서 핵의 면적은 약 얼마인가? [기 15, 18, 22년]

① 122.7cm² ② 168.4cm²
③ 245.4cm² ④ 336.8cm²

[해설]

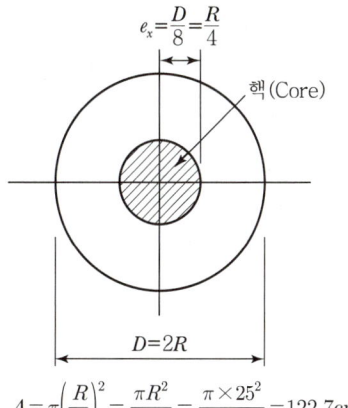

$A = \pi\left(\dfrac{R}{4}\right)^2 = \dfrac{\pi R^2}{16} = \dfrac{\pi \times 25^2}{16} = 122.7\text{cm}^2$

04 단주에서 단면의 핵이란 기둥에서 인장응력이 발생되지 않도록 재하되는 편심거리로 정의된다. 지름 40cm인 원형 단면의 핵의 지름은? [19년]

① 2.5cm ② 5.0cm
③ 7.5cm ④ 10.0cm

[해설]

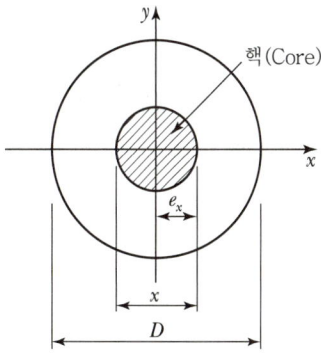

$x = 2e_x = 2\left(\dfrac{D}{8}\right) = \dfrac{D}{4} = \dfrac{40}{4} = 10\text{cm}$

정답 01 ③ 02 ② 03 ① 04 ④

09 기둥

4 축하중의 편심거리(e)에 의한 응력분포도

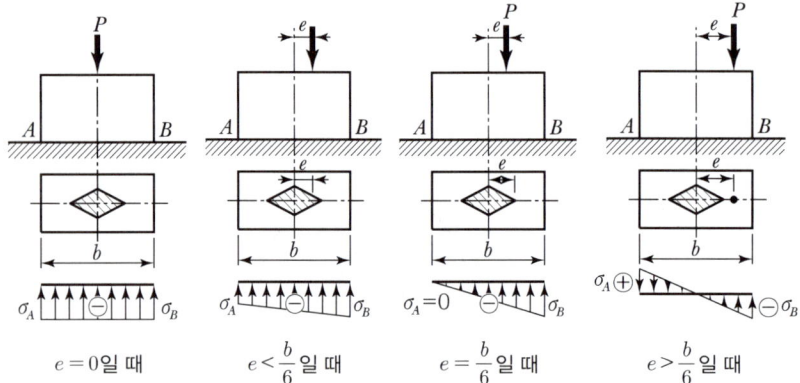

개념이해

01 그림과 같은 단주에서 편심거리 e에 $P = 800\text{kN}$이 작용할 때 단면에 인장력이 생기지 않기 위한 e의 한계는?

① 10cm ② 8cm
③ 9cm   ④ 5cm

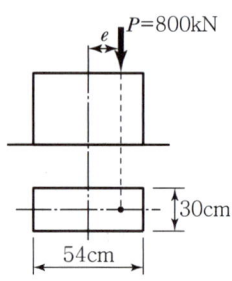

- $e_x = \dfrac{b}{6} = \dfrac{54}{6}$
   $= 9\text{cm}$
- $e_y = \dfrac{h}{6} = \dfrac{30}{6}$
   $= 5\text{cm}$
- $e_x = \dfrac{D}{8}$

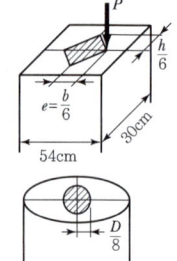

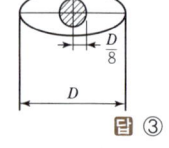

답 ③

02 다음 그림과 같이 $P = 15\text{kN}$, $M = 5\text{kN}\cdot\text{m}$를 받는 철근콘크리트 기초가 있다. 지면에서 받는 반력이 직선분포한다고 가정하고, 기초 1단의 반력을 0이 되도록 하려면 기초 폭은 얼마로 하면 되는가?

① 1.5m ② 2.0m
③ 2.5m ④ 3.0m

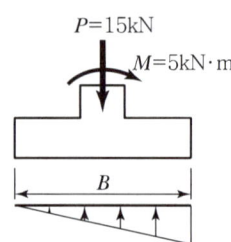

- $M = P \cdot e_x$
  $e_x = \dfrac{M}{P} = \dfrac{5}{15} = \dfrac{1}{3}\text{m}$
- $e_x = \dfrac{h}{6}$
  $h = 6 \cdot e_x = 6 \times \dfrac{1}{3} = 2\text{m}$

답 ②

과년도 기출문제

01 기둥의 밑면에서 응력이 그림과 같을 때 하중의 편심거리가 가장 큰 단주는?

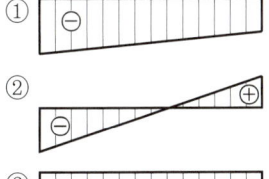

[해설]
① 하중이 핵 내에 작용할 경우
② 하중이 핵을 벗어났을 때
③ 하중이 중심에 작용할 경우
④ 하중이 핵점에 작용할 경우

02 직사각형 단면의 단주에서 편심거리가 e 되는 점에 하중 P가 작용할 때 $e > \dfrac{h}{6}$ (x축)인 경우 단면에 생기는 응력의 분포도로 옳은 것은?

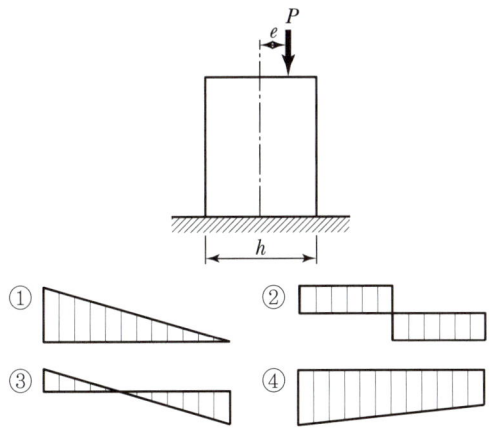

[해설]
편심거리가 단면의 핵을 벗어났으므로 편심의 반대쪽 위치에 인장응력이 발생한다.

03 다음과 같은 직사각형 단면의 짧은 기둥의 응력에 대하여 옳은 것은?

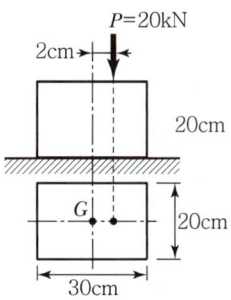

① $\sigma_{\max}$은 인장, $\sigma_{\min}$은 압축
② $\sigma_{\max}$, $\sigma_{\min}$ 모두 인장
③ $\sigma_{\max}$, $\sigma_{\min}$ 모두 압축
④ $\sigma_{\max}$, $\sigma_{\min}$ 모두 0

[해설]
- $e_x < \dfrac{b}{6}$, $2 < \dfrac{30}{6}$, $2 < 5$
- 편심 2cm는 핵 이내이므로 단면에는 모두 압축응력이 발생한다.

정답 01 ② 02 ③ 03 ③

09 기둥

⑤ 장주의 공식

1. 장주기둥의 고정 계수

기둥의 종류 \ 항목	1단 고정 타단 자유 1단 구속 타단 자유	양단 힌지 단부 회전 불구속	1단 고정 타단 힌지 1단 구속 타단 불구속	양단고정 양단부 구속
	$kl=2l$	$kl=l$	$kl=0.7l$	$kl=0.5l$
좌굴계수(k)	2	1	0.7	0.5
환산길이= 좌굴길이 (kl)	$2l$	l	$0.7l$	$0.5l$
좌굴강도 계수 $\left(n=\dfrac{1}{k^2}\right)$	$\dfrac{1}{4}$	1	2	4
등가기둥 길이 $\left(\dfrac{1}{k}\right)$	$\dfrac{1}{2}$	1	$\sqrt{2}$	2

개념이해

01 그림에서 (a)의 장주가 4kN에 견딜 수 있다면 (b)의 장주가 견딜 수 있는 하중은?

[기 10, 14년]

① 4kN ② 16kN
③ 32kN ④ 64kN

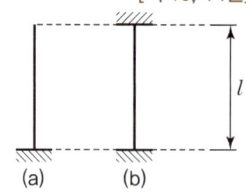

- 좌굴하중은 기둥의 강도(n값)에 비례
  $n_a : n_b = \dfrac{1}{4} : 4 = 1 : 16$
- $P_{(a)} : P_{(b)}$
  $1 : 16$
  $4\text{kN} : 64\text{kN}$

답 ④

02 그림과 같은 등질, 등단면 장주의 강도가 옳게 표시된 것은?

① $A > B > C$ ② $A > B = C$
③ $A = B = C$ ④ $A = B < C$

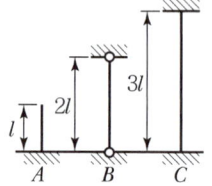

- $l_{KA} = 2l$, $l_{KB} = 2l$, $l_{KC} = 1.5l$
- $l_{KA} = l_{KB} < l_{KC}$ (∵ 동일 조건에서 좌굴길이가 작으면 강도가 크다.)

답 ④

과년도 기출문제

01 그림에서 (a)의 장주(長柱)가 4kN에 견딜 수 있다면 (b)의 장주가 견딜 수 있는 하중은?

[기 10, 14, 22년]

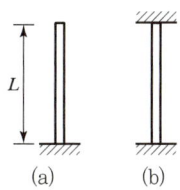

① 4kN　　② 16kN
③ 32kN　　④ 64kN

[해설]

좌굴하중은 단부 지지상태 n값에 비례한다.
- $n_a : n_b = \dfrac{1}{4} : 4 = 1 : 16$
- $P_a : P_b = 4\text{kN} : 4\text{kN} \times 16 = 4\text{kN} : 64\text{kN}$

02 동일한 재료 및 단면을 사용한 다음 기둥 중 좌굴하중이 가장 큰 기둥은?

① 양단 고정의 길이가 $2L$인 기둥
② 양단 힌지의 길이가 L인 기둥
③ 일단 자유 타단 고정의 길이가 $0.5L$인 기둥
④ 일단 힌지 타단 고정의 길이가 $1.2L$인 기둥

[해설]

$P_b = \dfrac{n\pi^2 EI}{L^2}$ 이므로 L^2에 반비례 n에 비례

$\therefore \dfrac{4}{(2L)^2} : \dfrac{1}{L^2} : \dfrac{\frac{1}{4}}{(0.5L)^2} : \dfrac{2}{(1.2L)^2}$

$\quad\; 1 \;:\; 1 \;:\; 1 \;:\; 1.38$

03 재질과 단면적과 길이가 같은 장주에서 양단활절 기둥의 좌굴하중과 양단고정 기둥의 좌굴하중의 비는?

① 1 : 16　　② 1 : 8
③ 1 : 4　　④ 1 : 2

[해설]

좌굴하중 $P_b = \dfrac{n\pi^2 EI}{l^2}$

따라서, 조건이 같으므로 n값으로 비교한다.

$n_{양단힌지} : n_{양단고정} = 1 : 4$

04 다음 그림과 같은 기둥에서 좌굴하중의 비 (a) : (b) : (c) : (d)는?[단, EI와 기둥의 길이(l)는 모두 같다.]

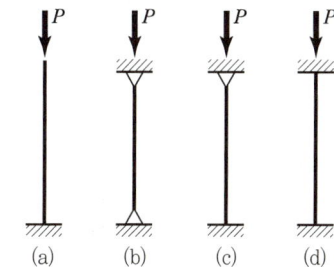

① 1 : 2 : 3 : 4　　② 1 : 4 : 8 : 12
③ $\dfrac{1}{4}$: 2 : 4 : 8　　④ 1 : 4 : 8 : 16

[해설]

$P_{cr} = \dfrac{n\pi^2 EI}{l^2}$

$\therefore$

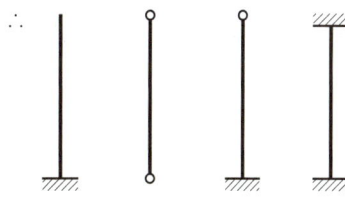

$(n) \quad \dfrac{1}{4} \;:\; 1 \;:\; 2 \;:\; 4$

$\qquad\; 1 \;:\; 4 \;:\; 8 \;:\; 16$

정답　01 ④　02 ④　03 ③　04 ④

09 기둥

2. 좌굴하중(P_{cr})

$$P_{cr} = \frac{n\pi^2 EI_{\min}}{l^2} = \frac{\pi^2 EI_{\min}}{l_k^2}$$

① 기둥의 길이 l을 사용한 경우 $\left(r_{\min} = \sqrt{\frac{I_{\min}}{A}}\right)$

$$P_{cr} = \frac{n\pi^2 EI_{\min}}{l^2} = \boxed{\frac{n\pi^2 EA}{\lambda^2}}$$

② 좌굴길이 l_k을 사용한 경우

$$P_{cr} = \frac{\pi^2 EI_{\min}}{l_k^2} = \boxed{\frac{\pi^2 EA}{\lambda^2}}$$

+ λ : 세장비
  $r_{\min}$: 최소 회전반경
  l_k : 좌굴길이 $= kl = \dfrac{l}{\sqrt{n}}$
  l : 기둥길이
  $I_{\min}$: 최소 2차모멘트
  A : 면적

3. 좌굴응력(σ_{cr})

① 기둥의 길이 l을 사용한 경우 $\left(r_{\min} = \sqrt{\frac{I_{\min}}{A}}\right)$

$$\boxed{\sigma_{cr} = \frac{n\pi^2 E}{\lambda^2}}$$

② 좌굴길이 l_k을 사용한 경우

$$\boxed{\sigma_{cr} = \frac{\pi^2 E}{\lambda^2}}$$

+ λ : 세장비
  $r_{\min}$: 최소 회전반경
  l_k : 좌굴길이 $= kl = \dfrac{l}{\sqrt{n}}$
  l : 기둥길이
  $I_{\min}$: 최소 2차모멘트
  A : 면적
  ※ 좌굴응력은 탄성계수에 비례하고 세장비의 제곱에 반비례하므로, 가늘고 긴 기둥은 좌굴응력이 작다.

개념이해

01 Euler의 장주공식은 $P_{cr} = \dfrac{\pi^2 EI}{(Kl)^2}$ 이다. 다음 기둥의 경우, K값은?

① 1.0
② 0.7
③ 0.5
④ 2.0

Euler의 좌굴하중
$$P_{cr} = \frac{n\pi^2 EI}{l^2} = \frac{\pi^2 EI}{(Kl)^2} \text{이므로}$$
$$P_{cr} = \frac{\pi^2 EI_{\min}}{(0.7l)^2}$$

답 ②

02 동일한 재료 및 단면을 사용한 다음 기둥 중 좌굴하중이 가장 큰 기둥은?

[기 19년]

① 양단 고정의 길이가 $2L$인 기둥
② 양단 힌지의 길이가 L인 기둥
③ 일단 자유 타단 고정의 길이가 $0.5L$인 기둥
④ 일단 힌지 타단 고정의 길이가 $1.2L$인 기둥

$P_b = \dfrac{n\pi^2 EI}{L^2}$ 이므로 L^2에 반비례, n에 비례

$$\frac{4}{(2L)^2} : \frac{1}{L^2} : \frac{\frac{1}{4}}{(0.5L)^2} : \frac{2}{(1.2L)^2}$$
$$1 \;:\; 1 \;:\; 1 \;:\; 1.38$$

답 ④

과년도 기출문제

01 단면2차모멘트가 I이고 길이가 l인 균일한 단면의 직선상(直線狀)의 기둥이 있다. 그 양단이 고정되어 있을 때 오일러(Euler) 좌굴하중은?[단, 이 기둥의 영(Young)계수는 E이다.]

① $\dfrac{4\pi^2 EI}{l^2}$ ② $\dfrac{\pi^2 EI}{(0.7l)^2}$

③ $\dfrac{\pi^2 EI}{l^2}$ ④ $\dfrac{\pi^2 EI}{4l^2}$

[해설]

양단 고정 상태의 $n=4$ ∴ $P_b = \dfrac{n\pi^2 EI}{l^2} = \dfrac{4\pi^2 EI}{l^2}$

02 단면2차모멘트가 I이고 길이가 l인 균일한 단면의 직선상(直線狀)의 기둥이 있다. 지지상태가 1단 고정, 1단 자유인 경우 오일러(Euler) 좌굴하중 (P_{cr})은?[단, 이 기둥의 영(Young) 계수는 E이다.]   [22년]

① $\dfrac{\pi^2 EI}{4l^2}$ ② $\dfrac{\pi^2 EI}{l^2}$

③ $\dfrac{2\pi^2 EI}{l^2}$ ④ $\dfrac{4\pi^2 EI}{l^2}$

[해설]

좌굴하중 $(P_{cr}) = \dfrac{n\pi^2 EI}{l^2} = \dfrac{\frac{1}{4}\pi^2 EI}{l^2} = \dfrac{\pi^2 EI}{4l^2}$

단계수 n: 1/4 1 2 4

[참고]

$P_{cr} = \dfrac{n\pi^2 EI}{l^2}$ $P_{cr} = \dfrac{\pi^2 EI}{l_k^2}$ $P_{cr2} = \dfrac{\pi^2 EA}{\lambda^2}$

03 길이 2m, 지름 4cm인 원형 단면을 가진 일단고정, 단힌지의 장주에 중심축 하중이 작용할 때 이 단면의 좌굴 응력은?[단, $E=2\times10^6\text{N/cm}^2$이다.]

① 769N/cm^2 ② 987N/cm^2

③ $1{,}254\text{N/cm}^2$ ④ $1{,}487\text{N/cm}^2$

[해설]

• 세장비 : $\lambda = \dfrac{l}{r} = \dfrac{l}{D/4} = \dfrac{200}{4/4} = 200$

• 좌굴응력 : $\sigma_b = \dfrac{n\pi^2 E}{\lambda^2} = \dfrac{2\times\pi^2\times 2\times10^6}{200^2} \fallingdotseq 987\text{N/cm}^2$

04 변의 길이가 a인 정사각형 단면의 장주(長柱)가 있다. 길이가 l이고, 최대 임계축하중이 P이고 탄성계수가 E라면 다음 설명 중 옳은 것은?

① P는 E에 비례, a의 3제곱에 비례, 길이 l^2에 반비례
② P는 E에 비례, a의 3제곱에 비례, 길이 l^3에 반비례
③ P는 E에 비례, a의 4제곱에 비례, 길이 l^2에 반비례
④ P는 E에 비례, a의 4제곱에 비례, 길이 l에 반비례

[해설]

$P = \dfrac{\pi^2 EI_{\min}}{(Kl)^2} = \dfrac{\pi^2 E\left(\dfrac{a^4}{12}\right)}{(Kl)^2} = \dfrac{\pi^2 Ea^4}{12(Kl)^2}$

05 다음 그림과 같이 일단고정 타단힌지의 장주에 P_b라는 압축력이 작용할 때 이 단면에서 좌굴응력의 값은?(단, $E=21\times10^5\text{N/cm}^2$이다.)

① 332.8N/cm^2
② 284.5N/cm^2
③ 51.4N/cm^2
④ 41.5N/cm^2

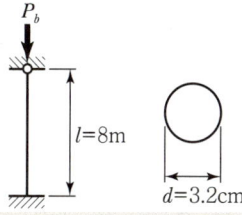

[해설]

$\sigma_u = \dfrac{\pi^2 E}{\lambda^2} = \dfrac{\pi^2 E}{\left(\dfrac{l_k}{r_{\min}}\right)^2}$ 또는 $\dfrac{n\pi^2 E}{\left(\dfrac{l}{r_{\min}}\right)^2}$

$(l_k = kl = \dfrac{l}{\sqrt{n}})$

• 일단고정, 타단활절이므로 $n=2$

• 단면의 2차 반경 $r = \dfrac{d}{4} = \dfrac{3.2\text{cm}}{4} = 0.8\text{cm}$

∴ $\sigma_u = \dfrac{n\pi^2 E}{\left(\dfrac{l}{r_{\min}}\right)^2} = \dfrac{2\times\pi^2\times 21\times10^5}{\left(\dfrac{800}{0.8}\right)^2} \fallingdotseq 41.45\text{N/cm}^2$

정답 01 ① 02 ① 03 ② 04 ③ 05 ④

10 보의 처짐

1 곡률반경과 곡률

곡률반경(R)	$R = \dfrac{EI}{M}$
곡률($\dfrac{1}{R}$)	$\dfrac{1}{R} = \dfrac{M}{EI}$

여기서, R : 곡률반경(ρ)

$\dfrac{1}{R}$: 곡률

$E \cdot I$: 휨강성(굴곡강성)

$\dfrac{M}{EI}$: 탄성하중

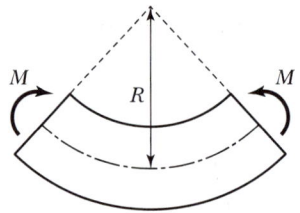

개념이해

01 최대 휨모멘트 $M = 6\text{kN} \cdot \text{m}$를 받는 단순보의 단면 폭 $b = 23\text{cm}$, 높이 $h = 35\text{cm}$라 할 때 그 곡률반경은 얼마인가?(단, $E = 1.0 \times 10^5 \text{N/cm}^2$이다.)

① 356m
② 113m
③ 254m
④ 137m

$R = \dfrac{EI}{M} = \dfrac{1 \times 10^5 \times \dfrac{23 \times 35^3}{12}}{6 \times 10^5}$

≒ 13,696cm ≒ 137m

답 ④

02 다음 그림과 같은 단순보에 등분포하중 w가 만재하여 작용할 경우 이 보의 처짐곡선에 대한 곡률반경의 최소치는 다음 중 어느 점에서 발생되는가?

① A
② B
③ C
④ D

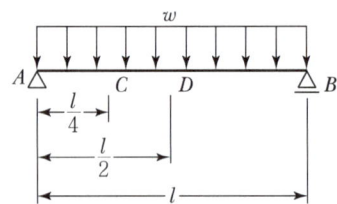

$R_{\min} = \dfrac{EI}{M_{\max}}$

∴ D점

답 ④

과년도 기출문제

01 다음의 단순보의 C점의 곡률반경을 구하면 얼마인가?(단, $E=10,000\text{N/cm}^2$, $I=40,000\text{cm}^4$)

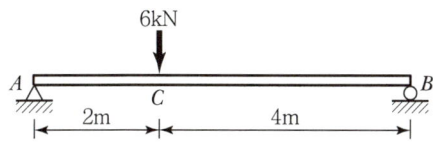

① 350cm   ② 400cm
③ 450cm   ④ 500cm

[해설]

$M_C = \dfrac{Pab}{l} = \dfrac{6 \times 2 \times 4}{6} = 8\text{kN} \cdot \text{m}$
$= 800,000\text{kg} \cdot \text{cm}$

$\therefore R_C = \dfrac{EI}{M_C} = \dfrac{10,000 \times 40,000}{800,000} = 500\text{cm}$

02 그림과 같은 보에서 CD 구간의 곡률반경(曲律半徑)은 얼마인가?(단, 이 보의 휨강도 $EI=3,800\text{kN} \cdot \text{m}^2$이다.)

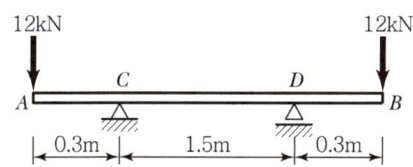

① 924m   ② 1,056m
③ 1,174m   ④ 1,283m

[해설]

- $M_C = M_D = -12\text{kN} \times 0.3\text{m}$
  $= -3.6\text{kN} \cdot \text{m}$
- 곡률반경
  $R_{CD} = \dfrac{EI}{M_{CD}} = \dfrac{3,800}{3.6} ≒ 1,055.6\text{m}$

03 지름이 d인 강선이 반지름 r인 원통 위로 굽어져 있다. 이 강선 내의 최대 굽힘모멘트 $M_{\max}$를 계산하면?(단, 강선의 탄성계수 $E=2\times10^6\text{N/cm}^2$, $d=2\text{cm}$, $r=10\text{cm}$)

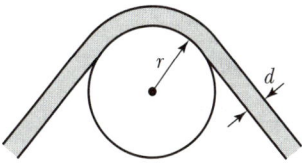

① $1.2 \times 10^5 \text{N} \cdot \text{cm}$ ② $1.4 \times 10^5 \text{N} \cdot \text{cm}$
③ $2.0 \times 10^5 \text{N} \cdot \text{cm}$ ④ $2.2 \times 10^5 \text{N} \cdot \text{cm}$

[해설]

$\dfrac{1}{R} = \dfrac{M}{EI}$

$M = \dfrac{EI}{R} = \dfrac{E\left(\dfrac{\pi d^4}{64}\right)}{\left(r+\dfrac{d}{2}\right)} = \dfrac{E\pi d^4}{64\left(r+\dfrac{d}{2}\right)}$

$= \dfrac{(2\times10^6)\pi(2^4)}{64\left(10+\dfrac{2}{2}\right)} = 1.4 \times 10^5 \text{N} \cdot \text{cm}$

정답 01 ④ 02 ② 03 ②

10 보의 처짐

❷ 탄성하중법(Mohr의 정리)에 의한 해석

1. 단순보 중앙에 집중하중이 작용할 때

① A점의 처짐각(θ_A)

$$\theta_A = \frac{Pl^2}{16EI}$$

② $\theta_B = -\theta_A = -\dfrac{Pl^2}{16EI}$

③ C점의 처짐(y_c) = (y_{max})

$$y_c = y_{max} = \frac{Pl^3}{48EI}$$

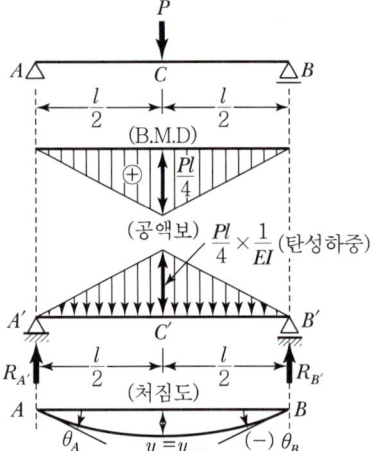

개념이해

01 보의 단면에서 그림과 같이 지간이 같은 단순보의 중앙에 집중하중 P가 작용할 경우 처짐 y_1은 y_2의 몇 배인가?

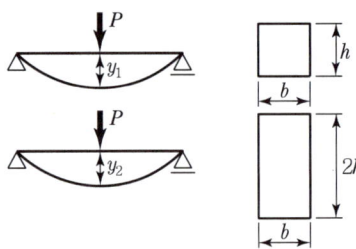

① 1배　　② 2배
③ 4배　　④ 8배

$y_{max} = \dfrac{Pl^3}{48EI}$

∴ $y_1 : y_2$

$= \dfrac{Pl^3}{48E \times \dfrac{bh^3}{12}} : \dfrac{Pl^3}{48E \times \dfrac{b(2h)^3}{12}}$

$= 1 : \dfrac{1}{8} = 8 : 1$

답 ④

과년도 기출문제

01 중앙점에서 서로 직교하는 두 개의 단순보가 있다. E, I는 일정하고 지간 길이의 비는 1 : 2이다. 교점인 중앙점에 집중하중 P가 작용할 때 두보의 하중 부담률은?

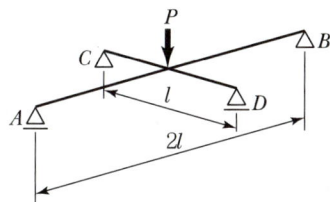

① 8 : 1　　② 9 : 1
③ 4 : 1　　④ 2 : 1

[해설]

교차보에서 중앙 처짐은 같다. 따라서,

$$\frac{P_{AB} \cdot (2l)^3}{48EI} = \frac{P_{CD} \cdot (l)^3}{48EI}$$

$P_{AB} \times 8l^3 = P_{CD} \times l^3$

$$\therefore \begin{cases} P_{AB} : P_{CD} = 1 : 8 \\ P_{CD} : P_{AB} = 8 : 1 \end{cases}$$

02 그림과 같은 보에서 A점의 처짐각을 구하면?(단, $EI = 2 \times 10^5 \text{N} \cdot \text{m}^2$이다.)

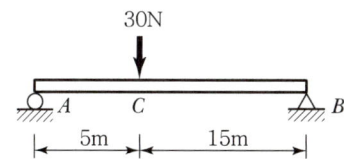

① 0.00328rad　　② 0.00563rad
③ 0.00600rad　　④ 0.01125rad

[해설]

$$\theta_A = \frac{Pab(l+b)}{6EIl} = \frac{30 \times 5 \times 15 \times (20+15)}{6 \times 2 \times 10^5 \times 20} = 0.00328 \text{rad}$$

03 그림과 같은 단순보에서 C의 처짐은?

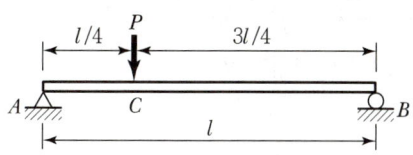

① $\dfrac{5Pl^3}{198EI}$　　② $\dfrac{7Pl^3}{198EI}$

③ $\dfrac{3Pl^3}{256EI}$　　④ $\dfrac{7Pl^3}{256EI}$

[해설]

$$y_c = \frac{Pa^2b^2}{3EIl} = \frac{P\left(\dfrac{l}{4}\right)^2\left(\dfrac{3l}{4}\right)^2}{3EIl} = \frac{P \times \dfrac{l^2}{16} \times \dfrac{9l^2}{16}}{3EIl} = \frac{3Pl^3}{256EI}$$

04 다음 그림에서 처짐각 θ_A는?

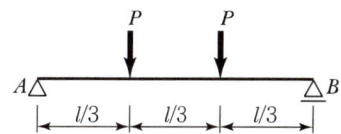

① $\dfrac{Pl^2}{EI}$　　② $\dfrac{Pl^3}{EI}$

③ $\dfrac{Pl^2}{9EI}$　　④ $\dfrac{10Pl^3}{81EI}$

[해설]

$$\theta_A = \frac{S_A}{EI} = \frac{R_A'\left(\text{전 하중의 } \dfrac{1}{2}\right)}{EI}$$

$$= \frac{1}{EI}\left[\frac{\left(\dfrac{l}{3}+l\right) \times \dfrac{Pl}{3}}{2} \times \dfrac{1}{2}\right]$$

$$= \frac{Pl^2}{9EI}$$

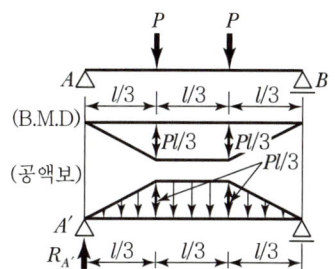

정답 01 ②　02 ①　03 ③　04 ③

10 보의 처짐

2. 단순보에 등분포하중이 작용할 때

① A점의 처짐각(θ_A)

$$\theta_A = \frac{wl^3}{24EI}$$

② B점의 처짐각(θ_B)
구조와 하중이 대칭이므로

$$\theta_B = -\theta_A = -\frac{wl^3}{24EI}$$

③ C점의 처짐(y_c) = ($y_{\max}$)

$$y_c = \frac{5wl^4}{384EI}$$

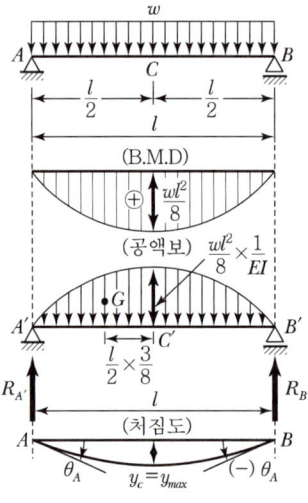

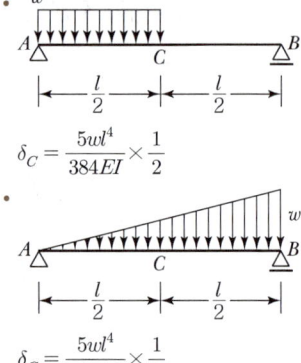

$$\delta_C = \frac{5wl^4}{384EI} \times \frac{1}{2}$$

$$\delta_C = \frac{5wl^4}{384EI} \times \frac{1}{2}$$

3. 단순보에 모멘트하중이 작용할 때

① A점 처짐각(θ_A)

$$\theta_A = \frac{Ml}{3EI}$$

② B점 처짐각(θ_B)

$$\theta_B = \frac{-Ml}{6EI}$$

③ C점 처짐량(δ_C)

$$\delta_C = \frac{M_C}{EI} = \frac{Ml^2}{16EI}$$

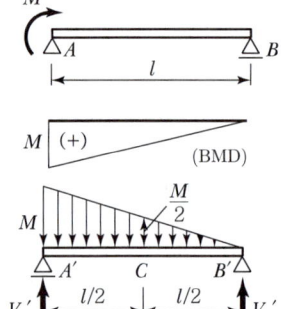

개념이해

01 그림과 같은 단순보의 지점 A에 모멘트 M_a가 작용할 경우 A점과 B점의 처짐각 비 $\left(\dfrac{\theta_a}{\theta_b}\right)$의 크기는? [기 10, 14, 17년]

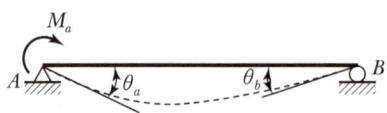

① 1.5   ② 2.0
③ 2.5   ④ 3.0

- $\theta_A = \dfrac{M_a \cdot l}{3EI}$
- $\theta_B = \dfrac{M_a \cdot l}{6EI}$

$\therefore \left(\dfrac{\theta_A}{\theta_B}\right) = \dfrac{M_a \cdot l/3EI}{M_a \cdot l/6EI} = 2$

답 ②

과년도 기출문제

01 스팬에 (길이 l인) 등분포하중 w를 받는 구형 단순보의 최대 처짐에 대하여 옳은 것은?

① 보의 폭에 정비례한다.
② l의 3승에 정비례한다.
③ 탄성계수에 반비례한다.
④ 보 높이의 2승에 반비례한다.

[해설]

단순보에 등분포하중이 작용할 경우 최대 처짐

$$y_{\max} = \frac{5wl^4}{384EI} = \frac{5wl^4}{384E \times \frac{bh^3}{12}}$$

따라서, ① 폭(b)에 반비례
② l의 4승에 비례
③ 높이(h)의 3승에 반비례

02 단순보의 중앙점에 집중하중 P가 작용하는 경우 (A)와 등분포하중이 작용하는 경우 (B)의 최대 처짐의 비 (A) : (B)는?(단, $w = \dfrac{P}{l}$이며 EI는 일정하다.)

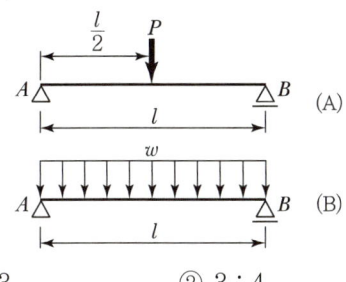

① 4 : 3   ② 3 : 4
③ 8 : 5   ④ 5 : 8

[해설]

$$y_A : y_B = \frac{Pl^3}{48EI} : \frac{5\left(\dfrac{P}{l}\right) \cdot l^4}{384EI}$$
$$= \frac{1}{48} : \frac{5}{384} = 8 : 5$$

03 그림 (a)와 (b)의 중앙점의 처짐이 같아지도록 그림 (b)의 등분포하중 w를 그림 (a)의 하중 P의 함수로 나타내면 얼마인가? [13, 17년]

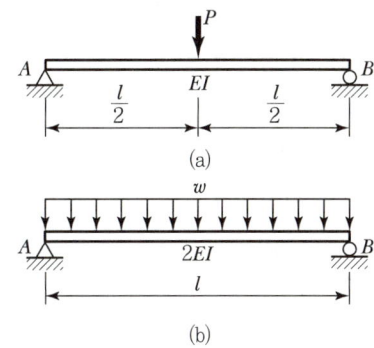

① $1.6\dfrac{P}{l}$ ② $2.4\dfrac{P}{l}$
③ $3.2\dfrac{P}{l}$ ④ $4.0\dfrac{P}{l}$

[해설]

- $\dfrac{Pl^3}{48EI} = \dfrac{5wl^4}{384(2EI)}$ • $w = \dfrac{P}{48} \times \dfrac{768}{5l} = 3.2\dfrac{P}{l}$

  $\dfrac{Pl^3}{48EI} = \dfrac{5wl^4}{768EI}$

04 단순보의 중앙에 수평하중 P가 작용할 때 B점에서의 처짐각을 구하면?

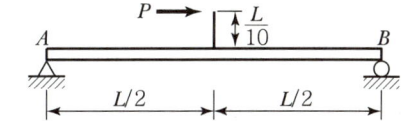

① $-\dfrac{PL^2}{240EI}$ ② $-\dfrac{PL^2}{120EI}$
③ $-\dfrac{3PL^2}{80EI}$ ④ $-\dfrac{3PL^2}{40EI}$

[해설]

$$\therefore \theta_B = -\frac{ML}{24EI} = -\frac{L}{24EI}\left(\frac{PL}{10}\right) = -\frac{PL^2}{240EI}$$

정답 01 ③ 02 ③ 03 ③ 04 ①

10 보의 처짐

③ 공액보

1. 캔틸레버보에 집중하중이 작용할 때

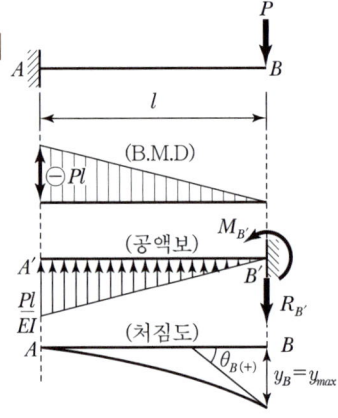

① B점의 처짐각(θ_B)

$$\theta_B = \frac{Pl^2}{2EI}$$

② B점의 처짐(y_B)

$$y_B = \frac{Pl^3}{3EI}$$

∴ $y_B = y_{\max}$

최대 처짐각과 처짐은 자유단에서 발생하고 고정지점에서의 처짐각과 처짐은 0이다.

개념이해

01 캔틸레버보에서 보의 끝 B점에 집중하중 P와 우력모멘트 M_o가 작용하고 있다. B점에서의 연직변위는 얼마인가?(단, 보의 EI는 일정하다.)

[14, 17, 22년]

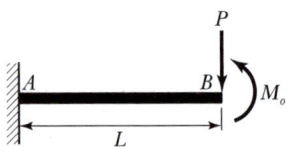

① $\delta_B = \dfrac{PL^3}{4EI} - \dfrac{M_oL^2}{2EI}$ ② $\delta_B = \dfrac{PL^3}{3EI} + \dfrac{M_oL^2}{2EI}$

③ $\delta_B = \dfrac{PL^3}{3EI} - \dfrac{M_oL^2}{2EI}$ ④ $\delta_B = \dfrac{PL^3}{4EI} + \dfrac{M_oL^2}{2EI}$

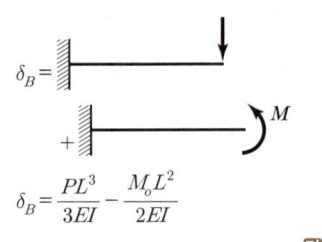

$$\delta_B = \frac{PL^3}{3EI} - \frac{M_oL^2}{2EI}$$

답 ③

02 그림과 같은 캔틸레버보에서 C점에 집중하중 P가 작용할 때 보의 중앙 B점의 처짐각은 얼마인가?(단, EI는 일정)

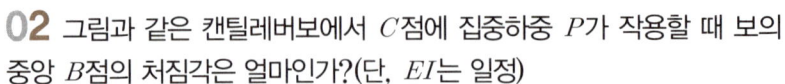

① $\dfrac{PL^2}{12EI}$ ② $\dfrac{5PL^2}{12EI}$

③ $\dfrac{PL^2}{8EI}$ ④ $\dfrac{3PL^2}{8EI}$

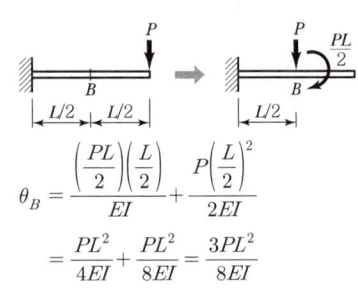

$$\theta_B = \frac{\left(\dfrac{PL}{2}\right)\left(\dfrac{L}{2}\right)}{EI} + \frac{P\left(\dfrac{L}{2}\right)^2}{2EI}$$

$$= \frac{PL^2}{4EI} + \frac{PL^2}{8EI} = \frac{3PL^2}{8EI}$$

답 ④

과년도 기출문제

01 그림과 같은 보에 일정한 단면적을 가진 길이 l의 Cantilever 자유단 B에 집중하중 P가 작용하여 B점의 처짐 δ가 4δ가 되려면 보의 길이는?

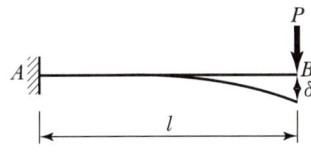

① l의 1.2배　② l의 1.6배
③ l의 2.0배　④ l의 2.2배

[해설]

캔틸레버보의 B점 처짐 $\delta = \dfrac{Pl^3}{3EI}$이므로 4δ가 되려면 보의 길이가 (l_1)배 늘어나야 한다.

따라서, $4\delta = 4 \times \left(\dfrac{Pl^3}{3EI}\right) = \dfrac{P(l_1)^3}{3EI}$

$\therefore l_1^3 = 4l^3$

$\therefore l_1 = \sqrt[3]{4} \cdot l ≒ 1.587l$

02 재질, 단면이 같은 2개의 Cantilever 자유단의 처짐을 같게 하려면 P_1/P_2의 값은?　[기 19년]

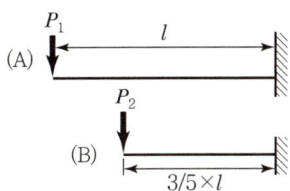

① 0.217　② 0.216
③ 0.215　④ 0.214

[해설]

$\delta_A = \dfrac{P_1 \cdot l^3}{3EI}$, $\delta_B = \dfrac{P_2 \cdot \left(\dfrac{3}{5}l\right)^3}{3EI}$ 처짐은 같으므로

$\dfrac{P_1 \cdot l^3}{3EI} = \dfrac{P_2 \cdot \left(\dfrac{3}{5}l\right)^3}{3EI}$

$\therefore \dfrac{P_1}{P_2} = \left(\dfrac{3}{5}\right)^3 = 0.216$

03 그림과 같은 집중하중이 작용하는 캔틸레버보(Cantilever Beam)의 A점의 처짐은?(단, EI는 일정하다.)　[기 21년]

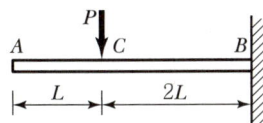

① $\dfrac{14PL^3}{3EI}$　② $\dfrac{2PL^3}{EI}$
③ $\dfrac{8PL^3}{3EI}$　④ $\dfrac{10PL^3}{3EI}$

[해설]

$\delta_A = \dfrac{Pa^2}{6EI}(2a + 3b)$

$\delta_A = \dfrac{P(2L)^2}{6EI}[2 \times 2L + 3L]$

$= \dfrac{4PL^2}{6EI}[7L]$

$= \dfrac{14}{3EI}PL^3$

정답 01 ②　02 ②　03 ①

10 보의 처짐

2. 캔틸레버보에 등분포하중이 작용할 경우

① B점의 처짐각(θ_B)

$$\theta_B = \frac{wl^3}{6EI}$$

∴ $\theta_B = \theta_{\max}$

② B점의 처짐(y_B)

$$y_B = \frac{wl^4}{8EI}$$

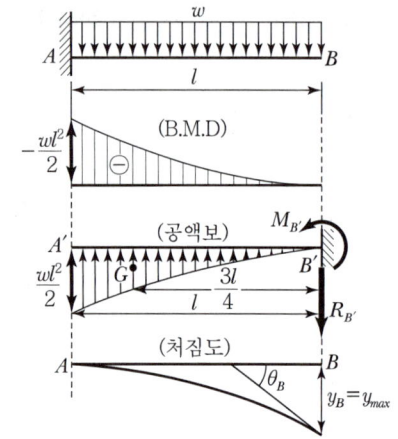

개념이해

01 다음의 캔틸레버보에서 A점의 처짐량은?(단, 이 보의 $E = 2 \times 10^6$ N/cm², $I = 1,000$cm⁴이다.)

① 0.264cm ② 0.396cm
③ 0.528cm ④ 0.660cm

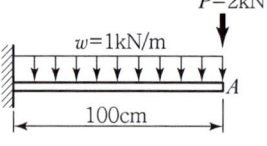

$$y_A = \frac{Pl^3}{3EI} + \frac{wl^4}{8EI} = \frac{1}{EI}\left(\frac{Pl^3}{3} + \frac{wl^4}{8}\right)$$

$$= \frac{1}{2 \times 10^6 \times 1,000}\left(\frac{2,000 \times 100^3}{3} + \frac{10 \times 100^4}{8}\right) = 0.396\text{cm}$$

(여기서, $w = 1\text{kN/m} = 10\text{N/cm}$)

답 ②

02 아래 그림의 보에서 C점의 수직 처짐량은? [기 12, 17년]

① $\dfrac{7wL^4}{384EI}$ ② $\dfrac{5wL^4}{384EI}$

③ $\dfrac{7wL^4}{192EI}$ ④ $\dfrac{5wL^4}{192EI}$

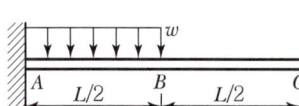

공액보

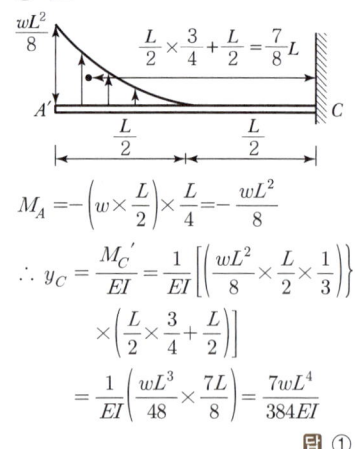

$$M_A = -\left(w \times \frac{L}{2}\right) \times \frac{L}{4} = -\frac{wL^2}{8}$$

$$\therefore y_C = \frac{M_C'}{EI} = \frac{1}{EI}\left[\left(\frac{wL^2}{8} \times \frac{L}{2} \times \frac{1}{3}\right) \times \left(\frac{L}{2} \times \frac{3}{4} + \frac{L}{2}\right)\right]$$

$$= \frac{1}{EI}\left(\frac{wL^3}{48} \times \frac{7L}{8}\right) = \frac{7wL^4}{384EI}$$

답 ①

과년도 기출문제

01 다음 그림과 같은 캔틸레버(Cantilever)에서 (2)구조 A점의 처짐은?[단, (1)과 (2)의 EI는 일정하다.]

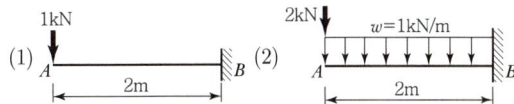

① (1)구조 A점 처짐의 2.65배이다.
② (1)구조 A점 처짐의 2.75배이다.
③ (1)구조 A점 처짐의 2.85배이다.
④ (1)구조 A점 처짐의 2.95배이다.

[해설]

- $\delta_{A(1)} = \dfrac{Pl^3}{3EI} = \dfrac{1\times 2^3}{3EI} \fallingdotseq \dfrac{2.66}{EI}$
- $\delta_{A(2)} = \dfrac{Pl^3}{3EI} + \dfrac{wl^4}{8EI} = \dfrac{2\times 2^3}{3EI} + \dfrac{1\times 2^4}{8EI} \fallingdotseq \dfrac{7.33}{EI}$

∴ $\dfrac{\delta_{A(2)}}{\delta_{A(1)}} = \dfrac{7.33}{2.66} = 2.75$

02 다음의 캔틸레버보에서 A점의 회전각은 얼마인가?(단, 보의 $E = 2\times 10^6 \text{N/cm}^2$, $I = 1{,}000\text{cm}^4$)

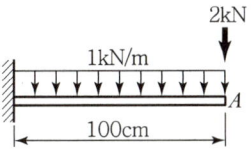

① 0.00234 radian ② 0.00349 radian
③ 0.00466 radian ④ 0.00583 radian

[해설]

$\theta_A = \dfrac{Pl^2}{2EI} + \dfrac{wl^3}{6EI}$

$= \dfrac{1}{EI}\left(\dfrac{Pl^2}{2} + \dfrac{wl^3}{6}\right)$

$= \dfrac{1}{2\times 10^6 \times 1{,}000}\left(\dfrac{2{,}000\times 100^2}{2} + \dfrac{10\times 100^3}{6}\right)$

$= 0.00583 \,\text{rad}$

03 그림과 같은 캔틸레버보에서 최대 처짐각(θ_B)은? (단, EI는 일정하다.)

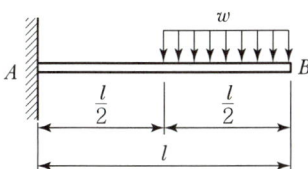

① $\dfrac{3wl^3}{48EI}$ ② $\dfrac{7wl^3}{48EI}$
③ $\dfrac{9wl^3}{48EI}$ ④ $\dfrac{5wl^3}{48EI}$

[해설]

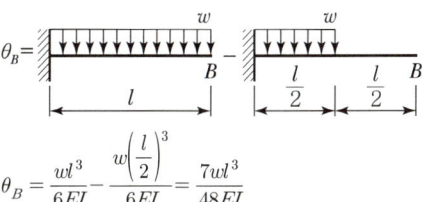

$\theta_B = \dfrac{wl^3}{6EI} - \dfrac{w\left(\dfrac{l}{2}\right)^3}{6EI} = \dfrac{7wl^3}{48EI}$

04 그림의 캔틸레버에서 C점, B점의 처짐 $\Delta_C : \Delta_B$는?(단, EI는 일정)

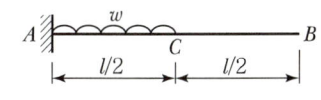

① 3 : 8   ② 3 : 7
③ 2 : 5   ④ 1 : 2

[해설]

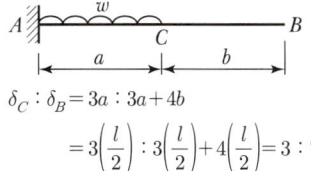

$\delta_C : \delta_B = 3a : 3a + 4b$
$= 3\left(\dfrac{l}{2}\right) : 3\left(\dfrac{l}{2}\right) + 4\left(\dfrac{l}{2}\right) = 3 : 7$

정답 01 ② 02 ④ 03 ② 04 ②

10 보의 처짐

4 내민보·겔버보 처짐

개념이해

01 그림과 같은 내민보에서 A점의 처짐은?(단, $I=1.6\times10^8\text{mm}^4$, $E=2.0\times10^5\text{MPa}$이다.) [12, 18년]

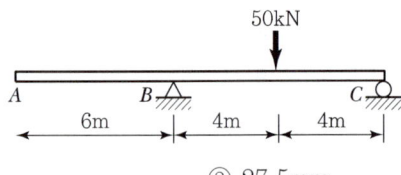

① 22.5mm ② 27.5mm
③ 32.5mm ④ 37.5mm

[공식]

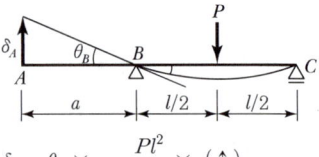

$$\delta_B = \theta_B \times a = \frac{Pl^2}{16EI} \times a(\uparrow)$$

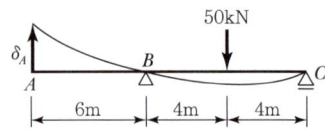

$$\delta_A = \frac{Pl^2}{16EI} \times a$$

$$= \frac{(5\times10^4)(8\times10^3)^2(6\times10^3)}{16\times(2\times10^5)(1.6\times10^8)}$$

$$= \frac{5\times8^2\times6\times10^4\times10^6\times10^3}{16\times2\times1.6\times10^{13}}$$

$$= 37.5\text{mm}$$

여기서,
$E = 2\times10^5\text{MPa} = 2\times10^5\text{N/mm}^2$
$I = 1.6\times10^8\text{mm}^4$
$P = 50\text{kN} = 50\times10^3\text{N} = 5\times10^4\text{N}$
$l = 8\text{m} = 8\times10^3\text{mm}$
$a = 6\text{m} = 6\times10^3\text{mm}$

답 ④

02 그림과 같은 내민보에서 자유단의 처짐은?(단, $EI=3.2\times10^{11}\text{N/cm}^2$) [19년]

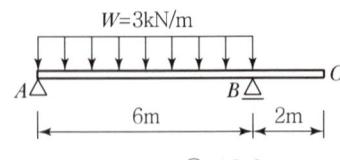

① 0.169cm ② 16.9cm
③ 0.338cm ④ 33.8cm

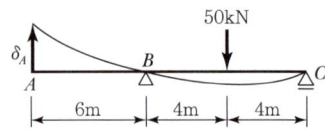

$$\delta_c = \theta_B \cdot a = \frac{wl^3}{24EI} \times a$$

$$= \frac{(30)(600)^3\times(200)}{24\times(3.2\times10^{11})} = 0.169\text{cm}$$

여기서,
$w = 3\text{kN/m} = \dfrac{3,000}{100} = 30\text{kN/cm}$
$l = 6\text{m} = 600\text{cm}$
$a = 2\text{m} = 200\text{cm}$
$EI = 3.2\times10^{11}\text{N/cm}^2$

답 ①

과년도 기출문제

01 그림과 같은 내민보에 대하여 지점 B에서의 처짐각을 구하면?(단, EI = 일정) [22년]

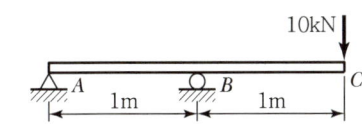

① $\dfrac{10}{3EI}$ ② $\dfrac{20}{3EI}$

③ $\dfrac{9}{5EI}$ ④ $\dfrac{15}{6EI}$

[해설]

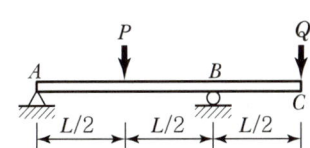

$\theta_B = \dfrac{Ml}{3EI} = \dfrac{(10)(1)}{3EI} = \dfrac{10}{3EI}$

02 그림과 같은 내민보에서 자유단 C점의 처짐이 0이 되기 위한 P/Q는 얼마인가?(단, EI는 일정하다.) [11, 13년]

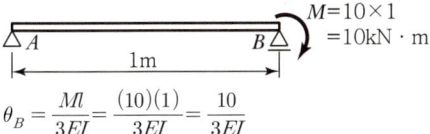

① 3 ② 4
③ 5 ④ 6

[해설]

㉠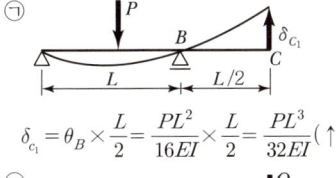

$\delta_{c_1} = \theta_B \times \dfrac{L}{2} = \dfrac{PL^2}{16EI} \times \dfrac{L}{2} = \dfrac{PL^3}{32EI}(\uparrow)$

㉡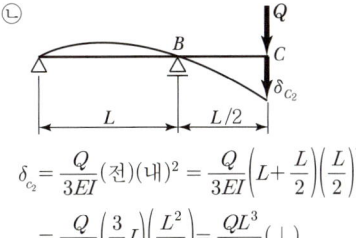

$\delta_{c_2} = \dfrac{Q}{3EI}(\text{전})(\text{내})^2 = \dfrac{Q}{3EI}\left(L+\dfrac{L}{2}\right)\left(\dfrac{L}{2}\right)^2$

$= \dfrac{Q}{3EI}\left(\dfrac{3}{2}L\right)\left(\dfrac{L^2}{4}\right) = \dfrac{QL^3}{8EI}(\downarrow)$

㉢ $\delta_c = \delta_{c_1} + \delta_{c_2} = -\dfrac{PL^3}{32EI} + \dfrac{QL^3}{8EI} = 0$ $\therefore \dfrac{P}{Q} = \dfrac{32}{8} = 4$

03 그림과 같은 게르버보에서 하중 P만에 의한 C점의 처짐은?(단, EI는 일정하고 $EI = 2.7 \times 10^{11}$ N·cm²이다.) [10, 13, 18년]

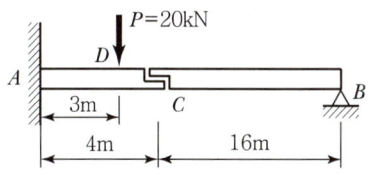

① 2.7cm ② 2.0cm
③ 1.0cm ④ 0.7cm

[해설]

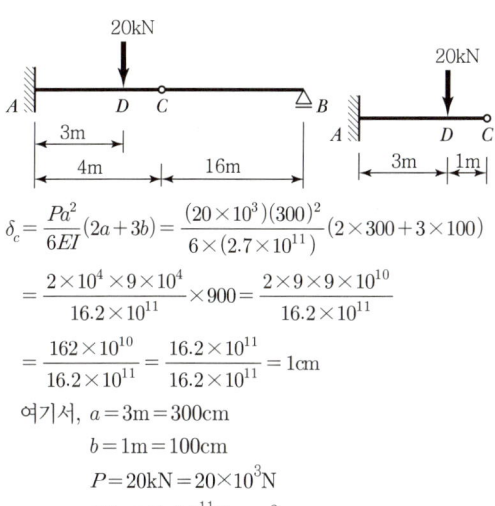

$\delta_c = \dfrac{Pa^2}{6EI}(2a+3b) = \dfrac{(20\times10^3)(300)^2}{6\times(2.7\times10^{11})}(2\times300+3\times100)$

$= \dfrac{2\times10^4 \times 9\times10^4}{16.2\times10^{11}} \times 900 = \dfrac{2\times9\times9\times10^{10}}{16.2\times10^{11}}$

$= \dfrac{162\times10^{10}}{16.2\times10^{11}} = \dfrac{16.2\times10^{11}}{16.2\times10^{11}} = 1\text{cm}$

여기서, $a = 3\text{m} = 300\text{cm}$
$b = 1\text{m} = 100\text{cm}$
$P = 20\text{kN} = 20\times10^3\text{N}$
$EI = 2.7\times10^{11}\text{N}\cdot\text{cm}^2$

정답 01 ① 02 ② 03 ③

10 보의 처짐

5 처짐각과 처짐공식

(1) 단순보

종류	하중작용 상태	처짐각(θ)	최대 처짐(y_{max})
1	중앙 집중하중 P, $l/2$, $l/2$	$\theta_A = -\theta_B = \dfrac{Pl^2}{16EI}$	$y_C = \dfrac{Pl^3}{48EI}$
2	임의 위치 집중하중 P, a, b	$\theta_A = \dfrac{Pb}{6EIl}(l^2 - b^2)$ $\theta_B = -\dfrac{Pa}{6EIl}(l^2 - a^2)$	$y_C = \dfrac{Pa^2b^2}{3EIl}$
3	등분포하중 w	$\theta_A = -\theta_B = \dfrac{wl^3}{24EI}$	$y_C = \dfrac{5wl^4}{384EI}$
4	삼각형 분포하중 w	$\theta_A = \dfrac{7wl^3}{360EI}$ $\theta_B = -\dfrac{8wl^3}{360EI}$	$y_{max} = 0.00652 \times \dfrac{wl^4}{EI}$
5	중앙이 최대인 삼각형 분포하중 w	$\theta_A = -\theta_B = \dfrac{5wl^3}{192EI}$	$y_C = \dfrac{wl^4}{120EI}$
6	양단 모멘트 M_A, M_B	$\theta_A = \dfrac{l}{6EI}(2M_A + M_B)$ $\theta_B = -\dfrac{l}{6EI}(M_A + 2M_B)$	$M_A = M_B = M$ $y_{max} = \dfrac{Ml^2}{8EI}$
7	A단 모멘트 M_A	$\theta_A = \dfrac{M_A l}{3EI}$ $\theta_B = -\dfrac{M_A l}{6EI}$	$y_{max} = 0.064 \times \dfrac{Ml^2}{EI}$
8	A단 반대방향 모멘트 M_A	$\theta_A = -\dfrac{M_A l}{3EI}$ $\theta_B = \dfrac{M_A l}{6EI}$	$y_{max} = -0.064 \times \dfrac{Ml^2}{EI}$

(2) 캔틸레버보

종류	하중작용 상태	처짐각(θ)	최대 처짐($y_{\max}$)
1		$\theta_B = \dfrac{Pl^2}{2EI}$	$y_B = \dfrac{Pl^3}{3EI}$
2		$\theta_C = \theta_B = \dfrac{Pa^2}{2EI}$	$y_B = \dfrac{Pa^2}{6EI}(3l-a)$
3		$\theta_C = \theta_B = \dfrac{Pl^2}{8EI}$	$y_B = \dfrac{5Pl^3}{48EI}$
4		$\theta_B = \dfrac{3Pl^2}{8EI}$	$y_B = \dfrac{11Pl^3}{48EI}$
5		$\theta_B = \dfrac{wl^3}{6EI}$	$y_B = \dfrac{wl^4}{8EI}$
6		$\theta_C = \theta_B = \dfrac{wl^3}{48EI}$	$y_B = \dfrac{7wl^4}{384EI}$
7		$\theta_B = \dfrac{7wl^3}{48EI}$	$y_B = \dfrac{41wl^4}{384EI}$
8		$\theta_B = \dfrac{wl^3}{24EI}$	$y_B = \dfrac{wl^4}{30EI}$
9		$\theta_B = \dfrac{Ml}{EI}$	$y_B = \dfrac{Ml^2}{2EI}$
10		$\theta_B = \dfrac{Ml}{2EI}$	$y_B = \dfrac{3Ml^2}{8EI}$

10 보의 처짐

(3) 부정정보

종류	하중작용 상태	처짐각(θ)	최대 처짐($y_{\max}$)
1	A ─ C ─ B (l/2, l/2), M at B	$\theta_B = -\dfrac{Ml}{4EI}$	
2	A ─ B, w 등분포, 길이 l	$\theta_B = -\dfrac{wl^3}{48EI}$	$y_{\max} = \dfrac{wl^4}{185EI}$
3	A ─ C ─ B (l/2, l/2), P at C		$y_C = \dfrac{Pl^3}{192EI}$
4	A ─ C ─ B (l/2, l/2), w 등분포		$y_C = \dfrac{wl^4}{384EI}$

개념이해

01 다음과 같은 부정정보에서 A의 처짐각 θ_A는?(단, 보의 휨강성은 EI 이다.) [기 13, 18년]

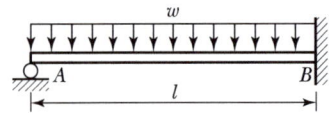

① $\dfrac{1}{12}\dfrac{wl^3}{EI}$ ② $\dfrac{1}{24}\dfrac{wl^3}{EI}$

③ $\dfrac{1}{36}\dfrac{wl^3}{EI}$ ④ $\dfrac{1}{48}\dfrac{wl^3}{EI}$

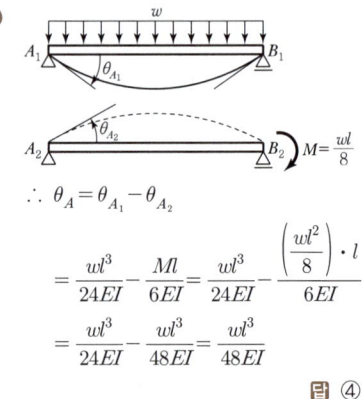

$\therefore \theta_A = \theta_{A_1} - \theta_{A_2}$

$= \dfrac{wl^3}{24EI} - \dfrac{Ml}{6EI} = \dfrac{wl^3}{24EI} - \dfrac{\left(\dfrac{wl^2}{8}\right)\cdot l}{6EI}$

$= \dfrac{wl^3}{24EI} - \dfrac{wl^3}{48EI} = \dfrac{wl^3}{48EI}$

답 ④

과년도 기출문제

01 다음 그림과 같은 균일 단면의 들보 AB의 A단에 M_{AB}인 우력을 가했을 때 A단의 회전각 θ_A는?

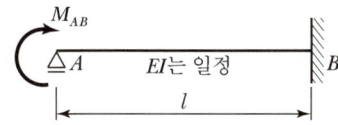

① $\theta_A = \dfrac{M_{AB} \cdot l}{4EI}$ ② $\theta_A = \dfrac{M_{AB} \cdot l}{3EI}$

③ $\theta_A = \dfrac{M_{AB} \cdot l}{EI}$ ④ $\theta_A = \dfrac{3M_{AB} \cdot l}{EI}$

[해설]

$M_B = \dfrac{M_{AB}}{2}$ (모멘트 분배법에 의해 고정단으로 1/2 전달)

따라서,

$$\theta_A = \dfrac{(2M_A + M_B) \cdot l}{6EI} = \dfrac{2M_{AB} + \left(-\dfrac{M_{AB}}{2}\right) \cdot l}{6EI}$$

$$= \dfrac{\dfrac{3M_{AB}}{2} \cdot l}{6EI} = \dfrac{M_{AB} \cdot l}{4EI}$$

02 그림과 같이 양단 고정보의 중앙점 C에 집중하중 P가 작용할 경우 C점의 처짐 δ_C는?(단, 보의 EI는 일정하다.)

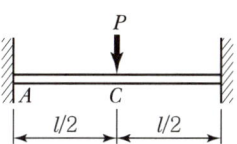

① $\delta_C = 0.00521 \dfrac{Pl^3}{EI}$

② $\delta_C = 0.00511 \dfrac{Pl^3}{EI}$

③ $\delta_C = 0.00501 \dfrac{Pl^3}{EI}$

④ $\delta_C = 0.00491 \dfrac{Pl^3}{EI}$

[해설]

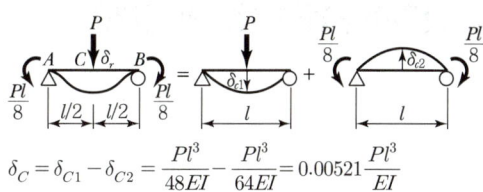

$$\delta_C = \delta_{C1} - \delta_{C2} = \dfrac{Pl^3}{48EI} - \dfrac{Pl^3}{64EI} = 0.00521 \dfrac{Pl^3}{EI}$$

03 다음 그림에서 중앙점의 최대 처짐 δ는?

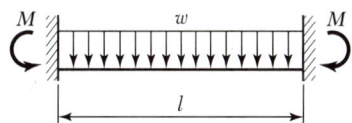

① $\dfrac{wl^4}{2EI}$ ② $\dfrac{5wl^4}{384EI}$

③ $\dfrac{wl^4}{384EI}$ ④ $\dfrac{41wl^4}{384EI}$

[해설]

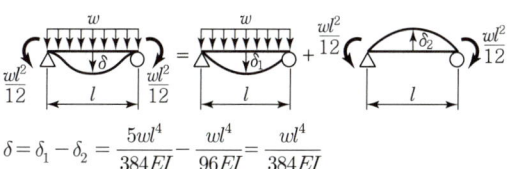

$$\delta = \delta_1 - \delta_2 = \dfrac{5wl^4}{384EI} - \dfrac{wl^4}{96EI} = \dfrac{wl^4}{384EI}$$

정답 01 ① 02 ① 03 ③

10 보의 처짐

6 단위하중법(가상일의 원리)

단위하중법의 공식

구하고자 하는 점에 가상 단위하중 1(또는 단위모멘트 $M=1$)을 작용시켜 처짐각과 처짐을 구하면 된다.

처짐각	$\theta_x = \int_0^l \dfrac{M\,Mn}{EI}dx$
처짐	$y_x = \int_0^l \dfrac{M\,\overline{Mn}}{EI}dx$

여기서, M : 주어진 하중에 의한 임의점의 휨모멘트
　　　　Mn : 처짐각을 구할 때는 가상 단위모멘트하중($M=1$)에 의한 임의점의 휨모멘트
　　　　$\overline{Mn}$: 처짐을 구할 때는 가상 단위 집중하중($\overline{P}=1$)에 의한 임의점의 휨모멘트

개념이해

01 다음 그림과 같은 정정 라멘에서 C점의 수직 처짐은?　[10, 15년]

① $\dfrac{PL^3}{3EI}(L+2H)$　② $\dfrac{PL^2}{3EI}(3L+H)$

③ $\dfrac{PL^2}{3EI}(L+3H)$　④ $\dfrac{PL^3}{3EI}(2L+H)$

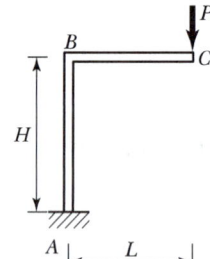

- $U = \dfrac{(PL)^2 H}{2EI} + \dfrac{(PL)^2 L}{6EI}$
　　　$\overline{AB구간}$　　$\overline{BC구간}$
　$= \dfrac{P^2 L^2 H}{2EI} + \dfrac{P^2 L^3}{6EI}$

- $\delta = \dfrac{2}{P}U = \dfrac{PL^2 H}{EI} + \dfrac{PL^3}{3EI}$
　$= \dfrac{PL^2}{3EI}(L+3H)$

답 ③

과년도 기출문제

01 그림과 같은 구조물에서 C점의 수직 처짐을 구하면?(단, $EI=2\times10^9\text{kg}\cdot\text{cm}^2$이며 자중은 무시한다.) [10, 15, 18년]

① 2.70mm
② 3.57mm
③ 6.24mm
④ 7.35mm

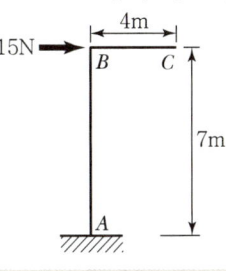

[해설]

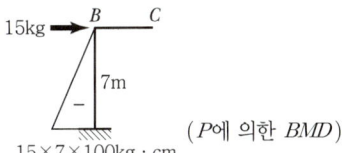

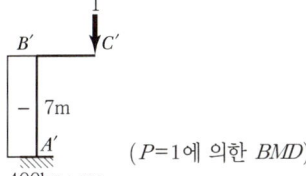

$\delta = \dfrac{1}{2EI}(M_1)(M_2)(\text{부재길이})$

$= \dfrac{1}{2EI}(15\times700)(400)(700) = 0.735\text{cm}$

[별해]

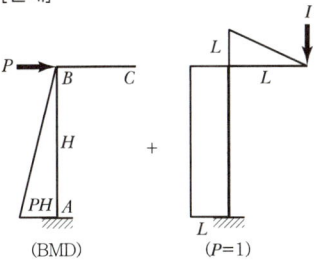

$\delta_{CV} = \dfrac{M\overline{M}H}{2EI} = \dfrac{(PH)(L)(H)}{2EI} = \dfrac{PH^2L}{2EI}$

$= \dfrac{15\times(7\times10^2)^2\times(4\times10^2)}{2\times(2\times10^9)} = 0.735\text{cm} = 7.35\text{mm}$

[공식] 라멘 처짐

㉠
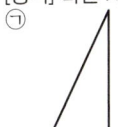 
(P에 의한 BMD) ($P=1$에 의한 BMD)

$u = \dfrac{M^2l}{6EI}$, $\delta = \dfrac{2u}{P}$

㉡
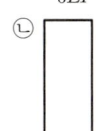 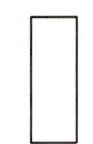
(P에 의한 BMD) ($P=1$에 의한 BMD)

$u = \dfrac{M^2l}{2EI}$, $\delta = \dfrac{2u}{P}$

㉢

M_1 $\quad M_2$
(P에 의한 BMD) ($P=1$에 의한 BMD)

$\delta = \dfrac{1}{2EI}(M_1)(M_2)(\text{부재의 길이})$

02 그림과 같은 구조물에서 C점의 수직 처짐을 구하면?(단, $EI=2\times10^9\text{N}\cdot\text{cm}^2$이며 자중은 무시한다.) [12, 18년]

① 2.7mm
② 3.6mm
③ 5.4mm
④ 7.2mm

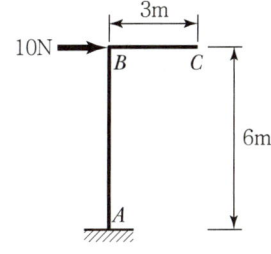

[해설]

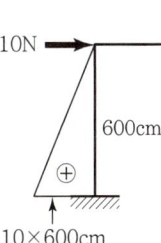 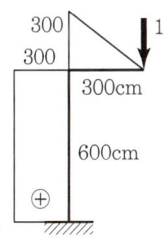

$\delta_{CV} = \dfrac{1}{2EI}(M_1)(M_2)(\text{기둥길이})$

$= \dfrac{1}{2\times2\times10^9\text{N}\cdot\text{cm}^2}(60\times100)(300)(600)$

$= 0.27\text{cm}$

정답 01 ③ 02 ①

11 탄성변형에너지

1 일(Work)

1. 외력일(External Work)

비변동 외력일(일정한 방향의 일정한 힘에 의한 일)	
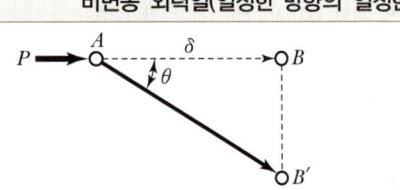	$\overline{W} = P \cdot \delta = P \cdot \overline{AB'}\cos\theta$

변동 외력일(하중의 크기가 0으로부터 일정하게 서서히 증가할 때의 일)	
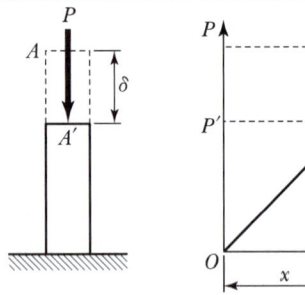 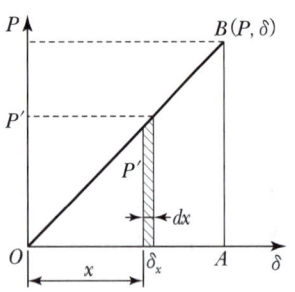	$W = \dfrac{P\delta}{2}$

모멘트(회전)에 의한 일	
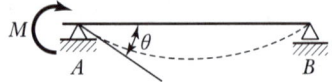	$W = \dfrac{M \cdot \theta}{2}$

2. 외력이 한 일

하중작용상태	외력일	하중작용상태	외력일
	$W = \dfrac{1}{2} P \cdot \delta$		$W = \dfrac{1}{2} P \cdot \delta$
	$W = \dfrac{1}{2} P \cdot \delta$		$W = \dfrac{1}{2} M \cdot \theta$
	$W_{P1} = \dfrac{1}{2} P_1 \cdot \delta_1 + P_1 \cdot \delta_2$ $W_{P2} = \dfrac{1}{2} P_2 \cdot \delta_3$		$W = \dfrac{1}{2} M \cdot \theta$

과년도 기출문제

01 어떤 강봉의 하중과 변위의 관계가 다음 그림과 같다. 이 강봉을 0.05cm 신장(伸張)시키는 데 필요한 일의 양은 얼마인가?

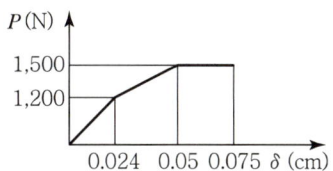

① 35.5N·cm ② 49.5N·cm
③ 54.5N·cm ④ 75.0N·cm

[해설]

$$W = \underbrace{\frac{1}{2} \times 1,200 \times 0.024}_{A_1} + \underbrace{1,200 \times (0.05 - 0.024)}_{A_2}$$
$$+ \underbrace{\frac{1}{2}(1,500 - 1,200) \times (0.05 - 0.024)}_{A_3}$$
$$= 49.5\text{N} \cdot \text{cm}$$

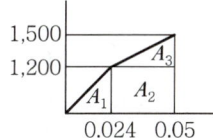

02 P_1, P_2가 0으로부터 작용하였다. B점의 처짐이 P_1으로 인하여 δ_1, P_2로 인하여 δ_2가 생겼다면 P_1이 하는 일은? [기 10, 14년]

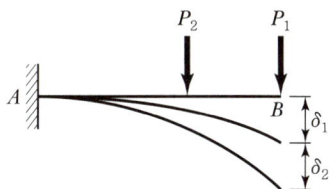

① $\dfrac{1}{2}P_1\delta_1 + \dfrac{1}{2}P_2\delta_2$ ② $\dfrac{1}{2}P_1\delta_1 + \dfrac{1}{2}P_1\delta_2$

③ $\dfrac{1}{2}P_1\delta_1 + P_2\delta_2$ ④ $\dfrac{1}{2}P_1\delta_1 + P_1\delta_2$

[해설]

• P_1이 한 일 $= \dfrac{P_1 \cdot \delta_1}{2} + P_1 \cdot \delta_2$

• P_2가 한 일 $= \dfrac{P_2 \cdot \delta_2}{2}$

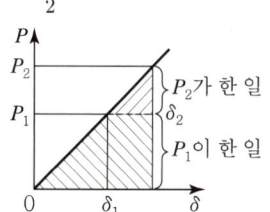

03 다음 그림에서 처음에 P_1이 작용했을 때 자유단의 처짐 δ_1이 생기고, 다음에 P_2를 가했을 때 자유단의 처짐은 δ_2만큼 증가되었다고 한다. 이때 외력 P_2가 행한 일은?

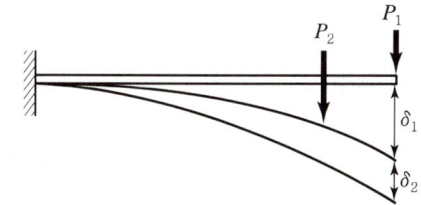

① $\dfrac{1}{2}P_2\delta_2$ ② $\dfrac{1}{2}P_1\delta_1 + P_2\delta_2$

③ $\dfrac{1}{2}(P_1\delta_1 + P_1\delta_2)$ ④ $\dfrac{1}{2}(P_1\delta_1 + P_2\delta_2)$

[해설]

탄성인 구간에서 하중과 변형 관계를 보면 다음과 같다. 따라서

• P_1이 한 일 $= \dfrac{P_1 \cdot \delta_1}{2} + P_1 \cdot \delta_2$

• P_2가 한 일 $= \dfrac{P_2 \cdot \delta_2}{2}$

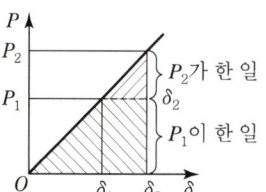

정답 01 ② 02 ② 03 ①

11 탄성변형에너지

② 캔틸레버보

	하중 P_1과 P_2가 동시에 작용할 때
하중 P_1에 의한 외력일	$W_1 = \dfrac{1}{2} P_1 \cdot y_1 + P_1 \cdot y_2$
하중 P_2에 의한 외력일	$W_2 = \dfrac{1}{2} P_2 \cdot y_2$

➕ 캔틸레버보의 외력일

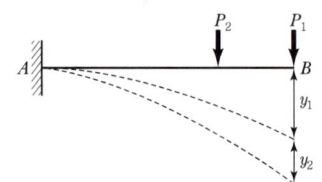

➕ 탄성체에서 하중과 처짐의 관계

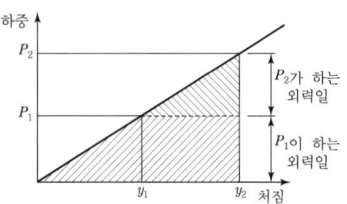

③ 단순보

	하중이 차례로 작용할 경우
P_1이 먼저 작용할 경우	$W = \dfrac{1}{2} P_1 \cdot y_1 + P_1 \cdot x_1 + \dfrac{1}{2} P_2 \cdot x_2$
P_2가 먼저 작용할 경우	$W = \dfrac{1}{2} P_2 \cdot x_2 + P_2 \cdot y_2 + \dfrac{1}{2} P_1 \cdot y_1$
P_1과 P_2가 동시에 작용할 경우	$W = \Sigma \dfrac{1}{2} P \cdot y = \dfrac{1}{2}(P_1 \cdot y_1 + P_1 \cdot x_1 + P_2 \cdot x_2 + P_2 \cdot y_2)$

※ P_1이 먼저 작용할 경우, P_2가 먼저 작용할 경우, P_1과 P_2가 동시에 작용할 경우의 계산된 총 외력일은 서로 같다.

➕ 단순보의 외력일

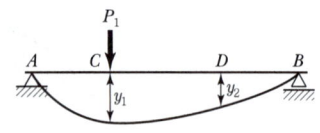

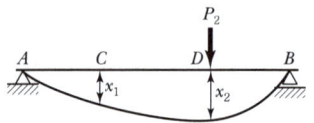

과년도 기출문제

01 그림과 같은 구조물에서 P_1으로 인하여 B점의 처짐 $\delta_1 = 3\text{cm}$, P_2로 인하여 B점의 처짐 $\delta_2 = 2\text{cm}$였다. P_1과 P_2가 동시에 작용하였을 때 P_1이 하는 일(외력일의 합)은?

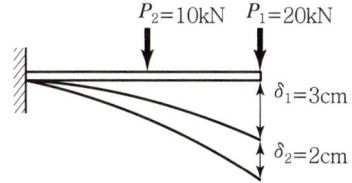

① 70,000N · cm
② 100,000N · cm
③ 120,000N · cm
④ 150,000N · cm

[해설]

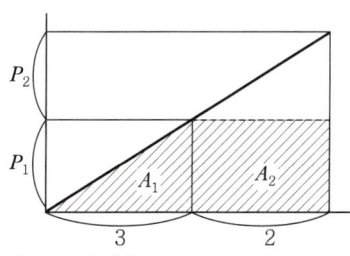

외력 P_1이 행한 일

$$W = \frac{1}{2}P_1\delta_1 + P_1\delta_2 = \underbrace{\frac{1}{2} \times 20{,}000 \times 3}_{A_1} + \underbrace{20{,}000 \times 2}_{A_2}$$

$= 70{,}000\text{N} \cdot \text{cm}$

02 그림에서 P_1이 단순보의 C점에 작용하였을 때 C 및 D점의 수직변위가 각각 0.4cm, 0.3cm이고 P_2가 D점에 단독으로 작용하였을 때 C, D점의 수직변위는 0.2cm, 0.25cm였다. P_1과 P_2가 동시에 작용하였을 때의 일 W는?

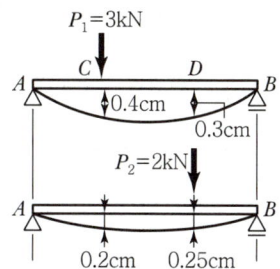

① $W = 2.05\text{kN} \cdot \text{cm}$
② $W = 1.45\text{kN} \cdot \text{cm}$
③ $W = 2.85\text{kN} \cdot \text{cm}$
④ $W = 1.90\text{kN} \cdot \text{cm}$

[해설]

$W_{12} = \frac{1}{2}(P_1\delta_{11} + P_2\delta_{22}) + P_1\delta_{12}$

$\quad = \frac{1}{2}(3 \times 0.4 + 2 \times 0.25) + 3 \times 0.2 = 1.45\text{kN} \cdot \text{cm}$

또는

$W_{21} = \frac{1}{2}(P_1\delta_{11} + P_2\delta_{22}) + P_2\delta_{21}$

$\quad = \frac{1}{2}(3 \times 0.4 + 2 \times 0.25) + 2 \times 0.3 = 1.45\text{kN} \cdot \text{cm}$

정답 01 ① 02 ②

11 탄성변형에너지

4 내력일(Internal Work)

1. 수직응력에 의한 내력일

$$U_P = \boxed{\frac{P\Delta l}{2}} = \frac{P}{2} \cdot \frac{Pl}{AE} = \frac{P^2 l}{2AE} = \frac{\sigma^2 \cdot A^2 \cdot l}{2A \cdot E} = \boxed{\frac{\sigma^2}{2E} \cdot A \cdot l}$$

여기서, $\frac{\sigma^2}{2E}$: 탄성에너지계수[레질리언스(Resilience) 계수]

※ 체적(V) = $A \cdot l$이므로 단위체적당의 탄성에너지는 탄성에너지계수와 같다.

2. 전단응력에 의한 내력일

(1) 전단력이 변화할 때

$$U_S = \boxed{\int_0^l K \frac{S^2}{2G \cdot A} dx} \text{(일반식)}$$

(2) 순수전단력이 작용할 때

$$U_S = \boxed{K \frac{S^2 l}{2G \cdot A}}$$

3. 휨응력에 의한 내력일

(1) 휨모멘트가 변화할 때

$$U_M = \boxed{\int_0^l \frac{M^2}{2EI} dx} \text{ (일반식)}$$

(2) 순수휨모멘트가 작용할 때

$$U_M = \boxed{\frac{M^2 \cdot l}{2E \cdot I}}$$

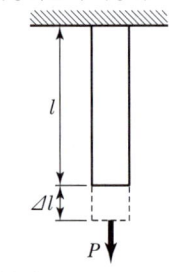

➕ 수직응력에 의한 탄성에너지
- 봉에 작용하는 수직응력

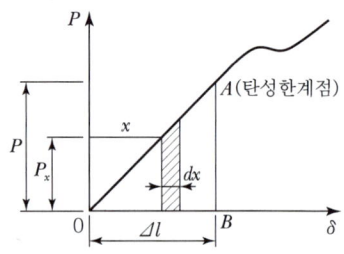

- 탄성에너지

➕ 휨모멘트가 변화할 때

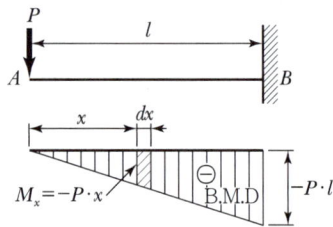

➕ 순수휨모멘트가 작용할 때

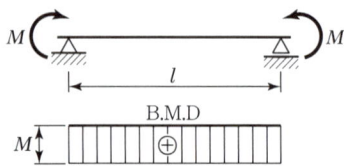

과년도 기출문제

01 수직응력에 의하여 단위 체적에 저장되는 변형에너지를 옳게 표시한 것은?(단, σ: 수직응력도, ε: 세로변형률, E: 탄성계수)

① $\dfrac{E\varepsilon}{2}$ ② $\dfrac{\sigma\varepsilon}{2}$

③ $\dfrac{E\varepsilon}{2E}$ ④ $\dfrac{\sigma\varepsilon}{2E}$

[해설]

- $U = \dfrac{P^2 l}{2EA} = \dfrac{\sigma^2 Al}{2E}$ (여기서, 단위 체적 $V = Al$)
- $U = \dfrac{\sigma^2}{2E} = \dfrac{\sigma\varepsilon}{2}$

02 그림과 같은 2개의 캔틸레버보에 저장되는 변형에너지를 각각 $U_{(1)}$, $U_{(2)}$라고 할 때 $U_{(1)} : U_{(2)}$의 비는?

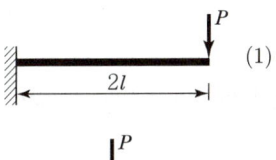

① 2 : 1   ② 4 : 1
③ 8 : 1   ④ 16 : 1

[해설]

$U = \dfrac{P^2 l^3}{6EI}$

길이의 세제곱(l^3)에 비례한다.
$U_{(1)} : U_{(2)} = (2l)^3 : l^3 = 8 : 1$

03 다음 그림과 같은 캔틸레버보에서 휨모멘트에 의한 탄성변형에너지는?(단, EI는 일정) [19년]

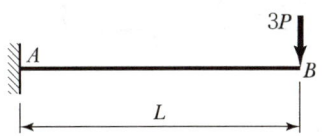

① $\dfrac{2P^2 L^3}{3EI}$ ② $\dfrac{3P^2 L^3}{2EI}$

③ $\dfrac{2P^2 L^3}{9EI}$ ④ $\dfrac{9P^2 L^3}{2EI}$

[해설]

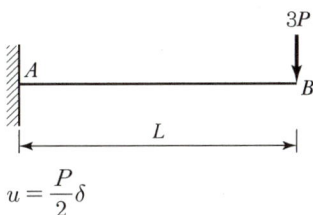

$u = \dfrac{P}{2}\delta$

- $\delta_B = \dfrac{(3P)L^3}{3EI}$
- $u = \dfrac{(3P)}{2}\delta_B$
  $= \dfrac{(3P)}{2} \times \left[\dfrac{(3P)L^3}{3EI}\right] = \dfrac{3P^2 L^3}{2EI}$

04 다음 구조물의 변형에너지의 크기는?(단, E, I, A는 일정하다.) [11, 16년]

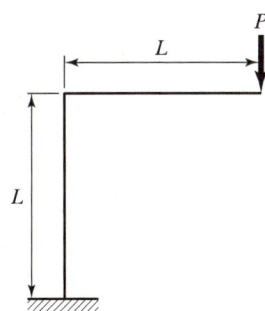

① $\dfrac{2PL^3}{3EI} + \dfrac{P^2 L}{2EA}$ ② $\dfrac{P^2 L^3}{3EI} + \dfrac{P^2 L}{EA}$

③ $\dfrac{P^2 L^3}{3EI} + \dfrac{P^2 L}{2EA}$ ④ $\dfrac{2P^2 L^3}{3EI} + \dfrac{P^2 L}{EA}$

정답 01 ② 02 ③ 03 ② 04 ①

[해설]

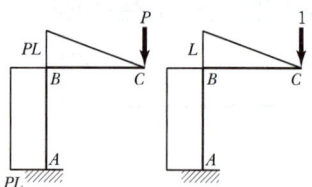

$U = AB + BC +$ 축방향에너지
$= \dfrac{(PL)^2 L}{2EI} + \dfrac{(PL)^2 L}{6EI} + \dfrac{P^2 L}{2AE} = \dfrac{2P^2 L^3}{3EI} + \dfrac{P^2 L}{2AE}$

[별해]
- 휨모멘트에 의한 변형에너지

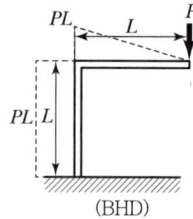

$U_1 = \dfrac{M^2 l}{2EI} + \dfrac{M^2 l}{6EI} = \dfrac{(PL)^2 L}{2EI} + \dfrac{(PL)^2}{6EI} = \dfrac{2P^2 L^3}{3EI}$

- 축방향력에 의한 변형에너지

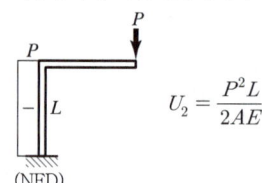

$U_2 = \dfrac{P^2 L}{2AE}$

- $U = U_1 + U_2 = \dfrac{2P^2 L^3}{3EI} + \dfrac{P^2 L}{2EA}$

05 그림과 같이 자유단에 휨모멘트 M이 작용할 때 캔틸레버보에 저장되는 탄성변형에너지는?

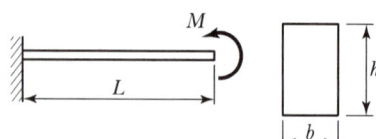

① $\dfrac{M^2 L}{2EI}$ ② $\dfrac{ML^2}{EI}$

③ $\dfrac{M^2 L}{3EI}$ ④ $\dfrac{M^2 L}{EI}$

[해설]

$U = \int_0^l \dfrac{M_x^2}{2EI} dx$ 에서 $M_x = M$ 이므로

$\therefore U = \dfrac{M^2 L}{2EI}$

06 그림과 같은 단순보에서 저장되는 변형에너지는?

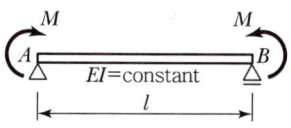

① $\dfrac{M^2 l}{2EI}$ ② $\dfrac{M^2 l}{4EI}$

③ $\dfrac{M^2 l}{6EI}$ ④ $\dfrac{M^2 l}{8EI}$

[해설]

$M_x = M$ 이므로 $W = \int_0^l \dfrac{M_x^2}{2EI} dx = \dfrac{M^2 l}{2EI}$

07 다음에서 설명하고 있는 것은? [19년]

> 탄성체에 저장된 변형에너지 U를 변위의 함수로 나타내는 경우에, 임의의 변위 Δ_i에 관한 변형에너지 U의 1차 편도함수는 대응되는 하중 P_i와 같다. 즉, $P_i = \dfrac{\partial U}{\partial \Delta_i}$ 로 나타낼 수 있다.

① 중첩의 원리 ② Castigliano의 제1정리
③ Betti의 정리 ④ Maxwell의 정리

[해설]

- 카스틸리아노 2정리 : $\delta = \dfrac{\partial u}{\partial P}$

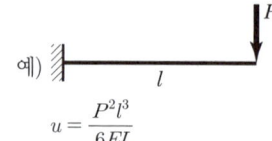

$u = \dfrac{P^2 l^3}{6EI}$

$\therefore \delta = \dfrac{\partial u}{\partial P} = \dfrac{2Pl^3}{6EI} = \dfrac{Pl^3}{3EI}$

- 카스틸리아노 1정리 : $P = \dfrac{\partial u}{\partial \delta}$

정답 05 ① 06 ① 07 ②

MEMO

11 탄성변형에너지

⑤ 보의 탄성에너지

작용 하중	하중 작용상태	단면력	탄성에너지(U)	
축하중		축방향력 $P_x = P$	$$U = \int_0^l \frac{P^2}{2E \cdot A} dxz$$ $$= \int_0^l \frac{P_x \cdot l}{E \cdot A} dPx$$ $$= \frac{P^2 \cdot l}{2E \cdot A}$$	
모멘트하중		휨모멘트 $M_x = M$ 전단력 $S_x = 0$	휨모멘트에 의한 탄성에너지 $$U = \int_0^l \frac{M^2}{2E \cdot I} dx$$ $$= \frac{M^2 \cdot l}{2E \cdot I}$$	전단력에 의한 탄성에너지 $$U = \int_0^l K \frac{S^2}{2GA} dx$$ $$= 0$$
집중하중·등분포하중		$M_x = -P \cdot x$ $S_x = P$	$$U = \frac{P^2 \cdot l^3}{6E \cdot I}$$	$$U = \frac{K \cdot P^2 \cdot l}{2G \cdot A}$$
		$M_x = -\frac{w \cdot x^2}{2}$ $S_x = w \cdot x$	$$U = \frac{w^2 \cdot l^5}{40E \cdot I}$$	$$U = \frac{K \cdot w^2 \cdot l^3}{6G \cdot A}$$
		$M_x = R_A \cdot x = \frac{P \cdot x}{2}$ $S_x = R_A = \frac{P}{2}$	$$U = \frac{P^2 \cdot l^3}{96E \cdot I}$$	$$U = \frac{K \cdot P^2 \cdot l}{8G \cdot A}$$
		$M_x = \frac{w \cdot l}{2} x - \frac{w \cdot x^2}{2}$ $S_x = \frac{w \cdot l}{2} - w \cdot x$	$$U = \frac{w^2 \cdot l^5}{240E \cdot I}$$	$$U = \frac{K \cdot w^2 \cdot l^3}{24G \cdot A}$$
		$M_x = \frac{P}{2} x - \frac{P \cdot l}{8}$ $S_x = \frac{P}{2}$	$$U = \frac{P^2 \cdot l^3}{384E \cdot I}$$	$$U = \frac{K \cdot P^2 \cdot l}{8G \cdot A}$$
		$M_x = \frac{w \cdot l}{2} x - \frac{w \cdot l^2}{12}$ $S_x = \frac{w \cdot l}{2} - w \cdot x$	$$U = \frac{w^2 \cdot l^5}{1440E \cdot I}$$	$$U = \frac{k \cdot w^2 \cdot l^3}{24G \cdot A}$$

과년도 기출문제

01 아래 그림과 같은 단순보에 등분포하중 w가 작용하고 있을 때 이 보에서 휨모멘트에 의한 변형에너지는?(단, 보의 EI는 일정하다.) [12, 16, 17, 22년]

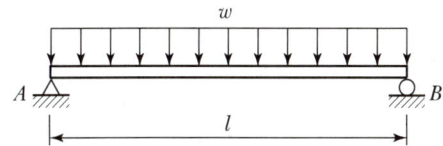

① $\dfrac{w^2 l^5}{384EI}$ ② $\dfrac{w^2 l^5}{240EI}$

③ $\dfrac{7w^2 l^5}{384EI}$ ④ $\dfrac{w^2 l^5}{48EI}$

[해설]

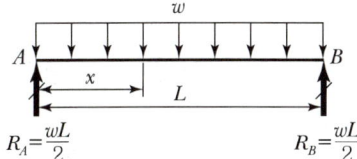

- $M_x = \dfrac{wL}{2}x - \dfrac{w}{2}x^2$

- $U = \dfrac{1}{2EI}\int_0^L M_x^{\,2}dx$

  $= \dfrac{1}{2EI}\int_0^L \left(\dfrac{wL}{2}x - \dfrac{w}{2}x^2\right)^2 dx$

  $= \dfrac{1}{2EI}\int_0^L \left(\dfrac{w^2 L^2}{4}x^2 - \dfrac{w^2 L}{2}x^3 + \dfrac{w^2}{4}x^4\right)dx$

  $= \dfrac{1}{2EI}\left(\dfrac{w^2 L^5}{120}\right) = \dfrac{w^2 L^5}{240EI}$

[별해]

- $M_x = \dfrac{wl}{2}x - \dfrac{w}{2}x^2 = \dfrac{wx}{2}(l-x)$

- $U = \int \dfrac{M^2}{2EI}dx = \dfrac{1}{2EI}\int_0^l \left[\dfrac{wx}{2}\cdot(l-x)\right]^2 dx$

  $= \dfrac{1}{2EI}\int_0^l \dfrac{w^2}{4}\cdot x^2 \cdot (l^2 - 2lx + x^2)dx$

  $= \dfrac{w^2}{8EI}\int_0^l (l^2 x^2 - 2lx^3 + x^4)dx$

  $= \dfrac{1}{8EI}\left[\dfrac{l^2 x^3}{3} - \dfrac{2lx^4}{4} + \dfrac{x^5}{5}\right]_0^l = \dfrac{w^2 l^5}{240EI}$

02 다음 그림과 같은 보에서 휨모멘트에 의한 탄성변형 에너지를 구한 값은? [10, 16년]

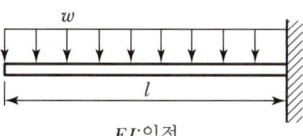

EI:일정

① $\dfrac{w^2 l^5}{8EI}$ ② $\dfrac{w^2 l^5}{24EI}$

③ $\dfrac{w^2 l^5}{40EI}$ ④ $\dfrac{w^2 l^5}{48EI}$

[해설]

$U = \int \dfrac{M_x^2}{2EI}dx = \dfrac{1}{2EI}\int_0^l \left(-\dfrac{w\cdot x^2}{2}\right)^2 dx$

$= \dfrac{1}{2EI}\times\dfrac{w^2}{4}\left[\dfrac{x^5}{5}\right]_0^l$

$= \dfrac{1}{2EI}\times\dfrac{w^2}{4}\times\dfrac{l^5}{5}$

$= \dfrac{w^2 l^5}{40EI}$

정답 01 ② 02 ③

11 탄성변형에너지

6 상반작용의 원리

1. 베티(Betti)의 정리(상반 가상일의 원리)

온도 변화와 지점침하가 없는 탄성구조물에 하중 P_1 및 P_2가 작용할 때 P_1에 의해 P_2 방향인 D점에 생기는 처짐을 y_1, P_2에 의해 P_1방향으로 C점에 생긴 처짐을 y_2라 하면 다음과 같은 조건이 성립한다.

$$\therefore P_1 \cdot y_2 = P_2 \cdot y_1 \quad \text{(하중과 처짐의 관계)}$$

(1) 하중에 의한 처짐과 모멘트에 의한 처짐각에 대해서도 성립된다.

$$P_1 \cdot y_3 = M_1 \cdot \theta_1$$

(2) 모멘트와 모멘트의 처짐각에 대해서도 성립된다.

$$M_2 \cdot \theta_3 = M_1 \cdot \theta_2$$

여기서, y_1 : C점에 하중(P_1)이 작용할 때 D점의 처짐
y_2 : D점에 하중(P_2)이 작용할 때 C점의 처짐
y_3 : D점에 하중(M_1)이 작용할 때 C점의 처짐
θ_1 : C점에 하중(P_1)이 작용할 때 D점의 처짐각
θ_2 : C점에 하중(M_2)이 작용할 때 D점의 처짐각
θ_3 : D점에 하중(M_1)이 작용할 때 C점의 처짐각

2. 맥스웰(Maxwell)의 정리(상반처짐의 정리)

위 Betti의 정리에서 $P_1 = P_2 = M_1 = M_2 = 1$일 때 처짐과 처짐각을 표시한다.

$$\boxed{y_1 = y_2} \quad \boxed{y_3 = \theta_1} \quad \boxed{\theta_2 = \theta_3}$$

➕ 처짐과 처짐각의 상반작용

• 집중하중의 상반작용

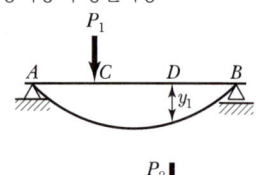

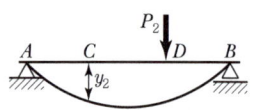

• 집중하중과 모멘트하중의 상반작용

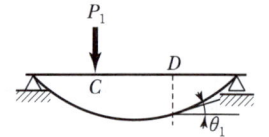

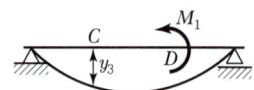

• 모멘트하중의 상반작용

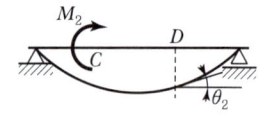

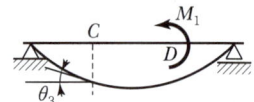

과년도 기출문제

01 다음 정리들 가운데 어느 하나는 다른 셋에 속하지 않는다. 그 하나는?

① 맥스웰(Maxwell)의 정리
② 베티(Betti)의 정리
③ 모멘트-면적정리
④ 상반정리(相反定理)

【해설】
①, ②, ④ : 에너지 이론에 의한 탄성 변형의 정리
③ : 휨모멘트 면적을 탄성하중으로 생각하여 처짐이나 처짐각을 구하는 방법

02 그림의 보에서 상반작용(相反作用)의 원리가 옳은 것은?

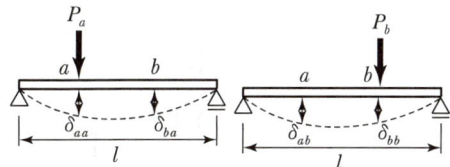

① $P_a \delta_{aa} = P_b \delta_{bb}$
② $P_a \delta_{ab} = P_b \delta_{ba}$
③ $P_a \delta_{ba} = P_b \delta_{ab}$
④ $P_a \delta_{bb} = P_b \delta_{aa}$

【해설】
베티와 맥스웰의 상반정리
$P_a \delta_{ab} = P_b \delta_{ba}$

03 Betti-Maxwell의 법칙에 의할 때 다음 그림에서 성립되는 관계식은?(단, δ_{11} : 하중 P가 점 1에 작용했을 때 이 점에서 하중 방향으로 생기는 처짐, δ_{12} : 점 2에 작용하는 하중 P에 의하여 생기는 점 1에서의 처짐, δ_{21} : 하중 P가 점 1에 작용했을 때 점 2에 생기는 처짐, δ_{22} : 점 2에 작용하는 하중 P에 의하여 생기는 점 2에서의 처짐)

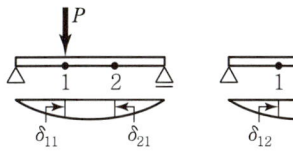

① $\delta_{11} = \delta_{12}$
② $\delta_{11} = \delta_{22}$
③ $\delta_{21} = \delta_{22}$
④ $\delta_{21} = \delta_{12}$

【해설】
$P_1 = P_2 = 1$이면 $\delta_{12} = \delta_{21}$

04 다음 그림의 단순보 m점에 P의 하중이 작용할 때 n점에 δ_{nm}이라는 처짐이 생긴다면, P라는 하중이 n점에 작용할 때 m점에 생기는 처짐의 크기는? (단, 휨 강성계수 EI의 값은 일정하다.)

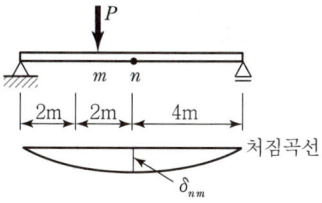

① $4.0 \times \delta_{nm}$
② $2.0 \times \delta_{nm}$
③ $1.0 \times \delta_{nm}$
④ $0.5 \times \delta_{nm}$

【해설】
$\delta_{nm} = \delta_{mn}$ ∴ $\delta_{mn} = 1 \times \delta_{nm}$

05 그림과 같은 단순보의 B지점에 $M = 2\text{kN} \cdot \text{m}$를 작용시켰더니 A 및 B지점에서의 처짐각이 각각 0.08rad과 0.12rad이었다. 만일 A지점에서 3kN·m의 단모멘트를 작용시킨다면 B지점에서의 처짐각은?

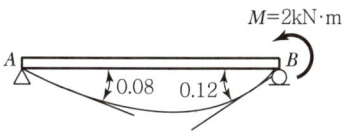

① 0.08radian
② 0.10radian
③ 0.12radian
④ 0.15radian

【해설】
베티의 정리
$M_1 \times \theta_{B2} = M_2 \times \theta_{A1}$
∴ $2 \times \theta_{B2} = 3 \times 0.08$
∴ $\theta_{B2} = 0.12\text{rad}$

정답 01 ③ 02 ② 03 ④ 04 ③ 05 ③

12 부정정보

1 변위일치법

1. 처짐각을 이용하는 방법

(1) 일단 고정 타단이 가동지점인 고정보의 중앙에 집중하중이 작용할 때

① 반력모멘트(M_B)

$\theta_{B1} + \theta_{B2} = 0$ 에서

$-\dfrac{Pl^2}{16EI} + \dfrac{M_B \cdot l}{3EI} = 0$ ∴ $\boxed{M_B = \dfrac{3}{16}Pl}$

② $\boxed{R_A = \dfrac{5}{16}P}$

$\boxed{R_B = \dfrac{11}{16}P}$

③ 전단력(S)

$S_{(A-C)} = R_A = \dfrac{5}{16}P$

$S_{(C-B)} = R_A - P = -\dfrac{11}{16}P$

④ 휨모멘트(M)

$M_A = 0$

$M_B = \dfrac{5}{16}P \times l - P \times \dfrac{l}{2} = \boxed{-\dfrac{3}{16}Pl}$

$M_C = \dfrac{5}{16}P \times \dfrac{l}{2} = \boxed{\dfrac{5}{32}Pl}$

➕ 처짐각을 이용한 일단 고정 타단 가동인 보의 부정정 해석

(a)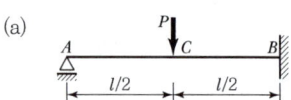

(b)

(c)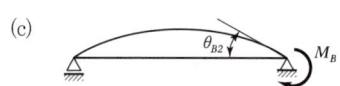

(d)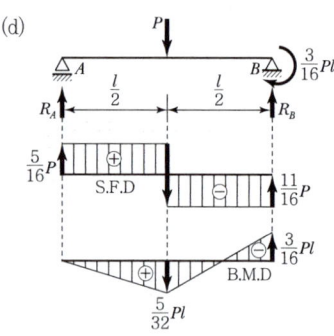

개념이해

01 다음 부정정보에서 B점의 반력 크기는?

① $\dfrac{5}{16}P$ ② $\dfrac{7}{16}P$

③ $\dfrac{1}{2}P$ ④ $\dfrac{11}{16}P$

 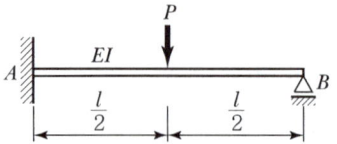

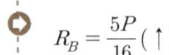

$R_B = \dfrac{5P}{16}(\uparrow)$

답 ①

과년도 기출문제

01 아래 그림과 같은 보에서 A점의 휨모멘트는?

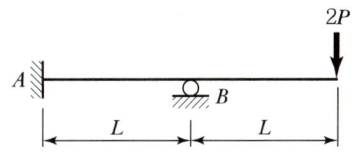

① $\dfrac{PL}{8}$ (시계방향) ② $\dfrac{PL}{2}$ (시계방향)

③ $\dfrac{PL}{2}$ (반시계방향) ④ PL (시계방향)

[해설]

- $M_B = 2PL$
- $M_A = \dfrac{M_B}{2} = PL$

02 다음 구조물에서 B점의 수평방향 반력 R_B를 구한 값은?(단, EI는 일정) [11, 14년]

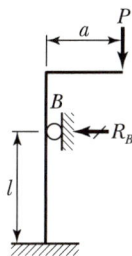

① $\dfrac{3Pa}{2l}$ ② $\dfrac{3Pl}{2a}$

③ $\dfrac{2Pa}{3l}$ ④ $\dfrac{2Pl}{3a}$

[해설]

$R_B = \dfrac{3M}{2l} = \dfrac{3Pa}{2l}$

03 다음 그림에서 보에 집중하중 P가 작용할 때 고정단 모멘트는? [기 11, 17년]

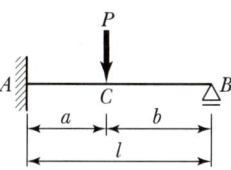

① $-\dfrac{Pab}{2l^2}(l+a)$ ② $-\dfrac{Pab}{2l^2}(l+b)$

③ $-\dfrac{Pab}{2l^3}(l+a)$ ④ $-\dfrac{Pab}{2l^3}(l+b)$

[해설]

$M_A = -\dfrac{Pab}{2l^2}(l+b)$

04 다음 부정정보에서 B점의 수직반력은?

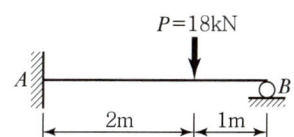

① 10.67kN ② 9.33kN
③ 8.4kN   ④ 7.6kN

[해설]

변형일치법으로 푼다.

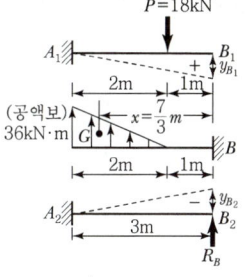

$\delta_{B1} = \dfrac{M_B'}{EI} = \dfrac{1}{EI}\left(36 \times 2 \times \dfrac{1}{2} \times \dfrac{7\text{m}}{3}\right) = \dfrac{84}{EI}(\text{kN} \cdot \text{m}^3)$

$\delta_{B2} = -\dfrac{R_B \cdot l^3}{3EI} = -\dfrac{R_B \times 3^3}{3EI} = -\dfrac{9R_B}{EI}(\text{m}^3)$

$\delta_{B1} + \delta_{B2} = \dfrac{84}{EI} + \left(-\dfrac{9R_b}{EI}\right) = 0$

$R_B = \dfrac{84}{9} \fallingdotseq 9.33\text{kN}(\uparrow)$

정답 01 ④ 02 ① 03 ② 04 ②

12 부정정보

(2) 양단고정보의 중앙에 집중하중이 작용할 때

① $\theta_{A1} + \theta_{A2} = 0$, $\dfrac{Pl^2}{16EI} = \dfrac{Ml}{2EI}$

$$\boxed{\begin{aligned} M_A &= \dfrac{Pl}{8} \text{ (반시계 방향)} \\ M_B &= \dfrac{Pl}{8} \text{ (시계 방향)} \end{aligned}}$$

② 수직반력($V_A = V_B$)

좌우대칭이므로 $V_A = V_B = \dfrac{P}{2}$

③ 전단력(S)

$S_{(A-C)} = \dfrac{P}{2}$, $S_{(C-B)} = -\dfrac{P}{2}$

④ 휨모멘트(M)

$M_A = -M_A\text{(반력모멘트)} = \boxed{-\dfrac{Pl}{8}}$

$M_C = V_A \times \dfrac{l}{2} - M_A = \boxed{\dfrac{Pl}{8}}$

$M_B = V_A \times l - M_A - P \times \dfrac{l}{2} = \boxed{-\dfrac{Pl}{8}}$

처짐각을 이용한 양단고정보의 부정정 해석

(a)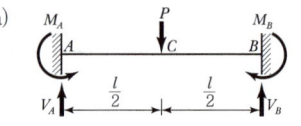

(b)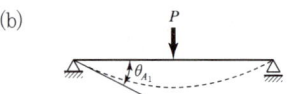

(c)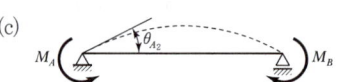

(d)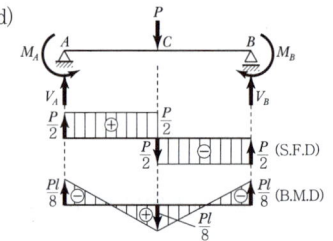

개념이해

01 스팬 l인 양단 고정보의 중앙에 집중하중 P가 작용할 때 고정단의 모멘트의 크기는?

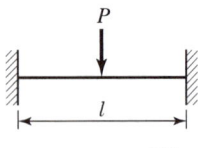

① $\dfrac{Pl}{2}$ ② $\dfrac{Pl}{4}$

③ $\dfrac{Pl}{8}$ ④ $\dfrac{Pl}{16}$

$M = -\dfrac{Pl}{8}$

답 ③

과년도 기출문제

01 그림과 같은 양단고정보의 하중점(C점)에서의 휨모멘트가 옳은 것은?

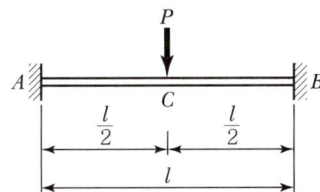

① $M_C = \dfrac{Pl}{8}$ ② $M_C = -\dfrac{Pl^2}{8}$

③ $M_C = \dfrac{Pl}{16}$ ④ $M_C = -\dfrac{Pl^2}{16}$

[해설]

- $M_C = \dfrac{Pl}{8}$
- $M_A = M_B = -\dfrac{Pl}{8}$

02 다음과 같은 부정정보에서 8kN·m의 최대 휨모멘트가 작용한다면 몇 kN 이상의 집중하중으로서 보가 파괴되는가?

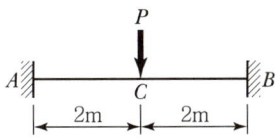

① 12kN 이상 ② 14kN 이상
③ 16kN 이상 ④ 18kN 이상

[해설]

$M_{\max} = \dfrac{Pl}{8} = \dfrac{P \times 4\text{m}}{8} = 8\text{kN} \cdot \text{m}$

∴ $P = 16\text{kN}$

03 최대 휨응력이 같도록 한다면 그림 (a)의 하중을 P로 할 때 그림 (b)에서 하중의 크기 P_b는?(단, 단면 및 EI는 일정하고 하중은 중앙에 작용)

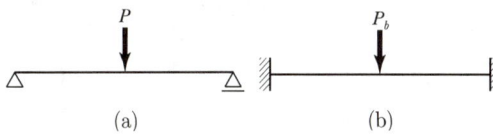

① $1.0P$ ② $1.5P$
③ $2.0P$ ④ $2.5P$

[해설]

$M_a = \dfrac{Pl}{4}$, $M_b = \dfrac{P_b \cdot l}{8}$

$\dfrac{Pl}{4} = \dfrac{P_b \cdot l}{8}$

∴ $P_b = 2P$

정답 01 ① 02 ③ 03 ③

12 부정정보

(3) 양단고정보에 등분포하중이 작용할 때

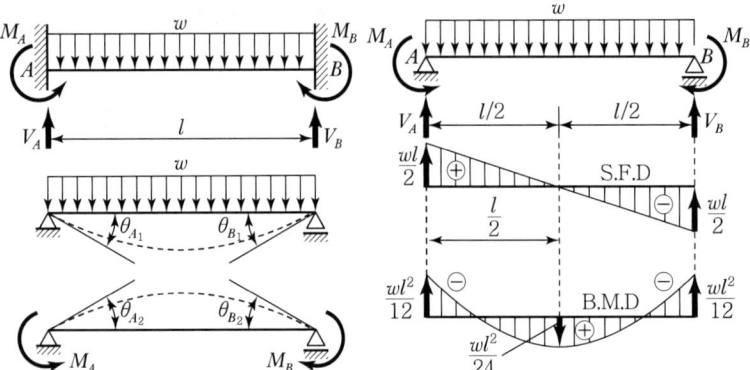

처짐각을 이용한 양단 고정보의 부정정 해석

① 반력모멘트($M_A \cdot M_B$)

$$\boxed{M_A = \frac{wl^2}{12}} \text{ (반시계 방향)}$$

$$\boxed{M_B = \frac{wl^2}{12}} \text{ (시계 방향)}$$

② 수직반력($V_A = V_B$)

좌우대칭이므로 $V_A = V_B = \dfrac{wl}{2}$

③ 전단력(S)

$S_A = V_A = \dfrac{wl}{2}$, $S_B = S_A - wl = -\dfrac{wl}{2}$

$S_B{'} = S_B + V_B = 0$

④ 휨모멘트(M)

$M_A = -M_A(\text{반력모멘트}) = \boxed{-\dfrac{wl^2}{12}}$

$M_{\max} = -M_A + V_A \times \dfrac{l}{2} - \left(w \times \dfrac{l}{2}\right) \times \left(\dfrac{l}{2} \times \dfrac{1}{2}\right)$

$= -\dfrac{wl^2}{12} + \dfrac{wl^2}{4} - \dfrac{wl^2}{8} = \boxed{\dfrac{wl^2}{24}}$

$M_B = -M_A + V_A \times l - w \times l \times \dfrac{l}{2} = \boxed{-\dfrac{wl^2}{12}}$

과년도 기출문제

01 다음과 같이 양단고정보 AB에 3kN/m의 등분포하중과 10kN의 집중하중이 작용할 때 A점의 휨모멘트를 구하면?

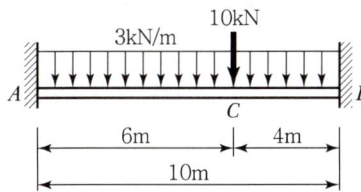

① -31.7kN·m ② -34.6kN·m
③ -37.4kN·m ④ -39.6kN·m

[해설]

$$M_A = -\frac{Pab^2}{l^2} - \frac{wl^2}{12}$$
$$= -\frac{10 \times 6 \times 4^2}{10^2} - \frac{3 \times 10^2}{12}$$
$$= -34.6\text{kN} \cdot \text{m}$$

02 그림과 같은 양단고정보에 등분포하중이 작용할 경우 지점 A의 휨모멘트 절댓값과 보 중앙에서의 휨모멘트 절댓값의 합은? [기 19년]

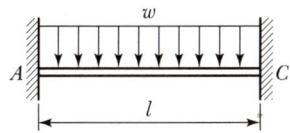

① $\dfrac{wl^2}{8}$ ② $\dfrac{wl^2}{12}$
③ $\dfrac{wl^2}{24}$ ④ $\dfrac{wl^2}{36}$

[해설]

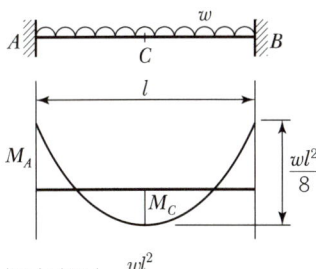

$|M_A| + |M_C| = \dfrac{wl^2}{8}$

03 다음 그림과 같은 양단고정보에서 보 중앙의 휨모멘트는 얼마인가?

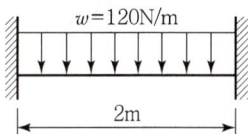

① 10N·m ② 20N·m
③ 30N·m ④ 40N·m

[해설]

• 단부 최대 휨모멘트 $M_{\max} = -\dfrac{wl^2}{12}$
• 중앙점 휨모멘트
$$M_{중앙} = +\dfrac{wl^2}{24} = \dfrac{120 \times 2^2}{24} = 20\text{N} \cdot \text{m}$$

정답 01 ② 02 ① 03 ②

12 부정정보

2. 처짐을 이용하는 방법

(1) 일단 고정 타단이 가동지점인 고정보에 등분포하중이 작용할 때

① 지점반력(R_B, R_A)

$y_1 + y_2 = 0$에서 $\dfrac{wl^4}{8EI} = \dfrac{R_B \cdot l^3}{3EI}$

$$\therefore R_B = \frac{3wl}{8}$$

$\sum V = 0$에서, $R_A + R_B - wl = 0$

$$\therefore R_A = wl - \frac{3wl}{8} = \boxed{\frac{5wl}{8}}$$

② 지점반력모멘트(M_A)

$-M_A + w \times l \times \dfrac{l}{2} - R_B \times l = 0$

$$\therefore M_A = -\frac{w \cdot l^2}{8}$$ (우에서 좌로 계산할 때 최종부호 반대)

③ $M_{\max} = -M_A + R_A \times x_0 - w \times x_0 \times \dfrac{x_0}{2}$

$= -\dfrac{wl^2}{18} + \dfrac{5wl}{8} \times \dfrac{5l}{8} - w \times \dfrac{5l}{8} \times \dfrac{5l}{8} \times \dfrac{1}{2} = \boxed{\dfrac{9wl^2}{128}}$

(2) 고정보의 제 공식을 적용한 2경간 연속보

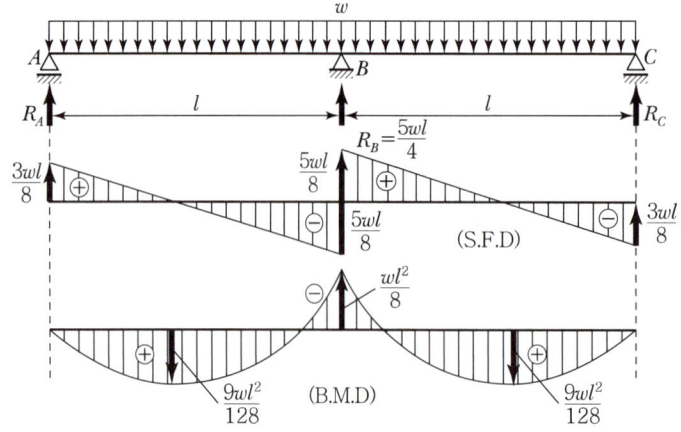

■ 처짐을 이용한 일단 고정 타단 가동인 고정보의 부정정 해석

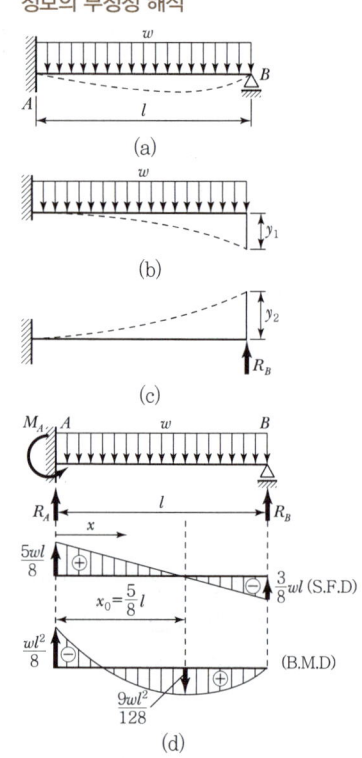

과년도 기출문제

01 그림과 같은 부정정보에서 지점 A의 휨모멘트값을 옳게 나타낸 것은? [기 11, 15, 22년]

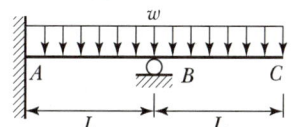

① $\dfrac{wL^2}{8}$ ② $-\dfrac{wL^2}{8}$

③ $\dfrac{3wL^2}{8}$ ④ $-\dfrac{3wL^2}{8}$

[해설]

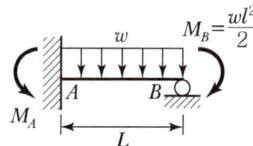

- $M_B = \dfrac{wL^2}{2}$
- $M_A = \dfrac{1}{2}M_B - \dfrac{wL^2}{8}$
  $= \dfrac{1}{2}\left(\dfrac{wL^2}{2}\right) - \dfrac{wL^2}{8} = \dfrac{wL^2}{8}$

02 아래 그림과 같은 부정정보에서 C점에 작용하는 휨모멘트는? [기 10, 12년]

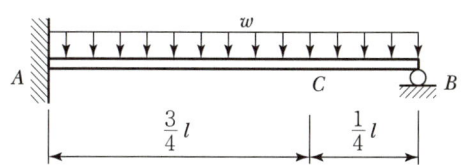

① $\dfrac{1}{16}wl^2$ ② $\dfrac{1}{12}wl^2$

③ $\dfrac{3}{32}wl^2$ ④ $\dfrac{5}{24}wl^2$

[해설]

- $R_B = \dfrac{3wl}{8}(\uparrow)$
- $M_C = \dfrac{3wl}{8} \times \dfrac{l}{4} - \left(w \times \dfrac{l}{4}\right) \times \left(\dfrac{l}{4} \times \dfrac{l}{2}\right)$
  $= \dfrac{3wl^2}{32} - \dfrac{wl^2}{32} = \dfrac{wl^2}{16}$

또는, $M_C = -M_A \times \dfrac{1}{4} + \dfrac{wab}{2}$
$= -\dfrac{wl^2}{8} \times \dfrac{1}{4} + \dfrac{w}{2}\left(\dfrac{3}{4}l\right)\left(\dfrac{1}{4}l\right)$
$= \dfrac{wl^2}{16}$

03 아래 그림과 같은 1차 부정정보에서 B점으로부터 전단력이 '0'이 되는 위치(x)의 값은?

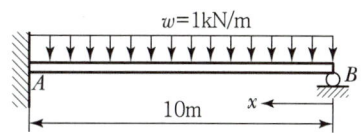

① 3.75m ② 4.25m
③ 4.75m ④ 5.25m

[해설]

- $R_B = \dfrac{3wl}{8}$
- $S_x = -\dfrac{3wl}{8} + wx = 0$
- $x = \dfrac{3l}{8} = \dfrac{3 \times 10\text{m}}{8} = 3.75\text{m}$

04 그림과 같은 연속보에서 B점의 지점반력은?

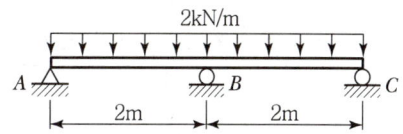

① 5kN ② 2.67kN
③ 1.5kN ④ 1kN

[해설]

$R_B = \dfrac{5}{8}wl \times 2 = \dfrac{5}{8} \times 2 \times 2 \times 2 = 5\text{kN}$

정답 01 ② 02 ① 03 ① 04 ①

05 다음의 2경간 연속보에서 지점 A에서의 수직반력은 얼마인가?

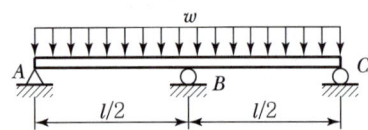

① $\dfrac{5wl}{16}$ ② $\dfrac{3wl}{8}$

③ $\dfrac{5wl}{8}$ ④ $\dfrac{3wl}{16}$

[해설]

$R_A = R_C = \dfrac{3wl}{8}$

$R_B = \dfrac{5wl}{4}$,

$M_B = -\dfrac{wl^2}{8}$

$R_A = \dfrac{3w\left(\dfrac{l}{2}\right)}{8} = \dfrac{3wl}{16}$

06 그림과 같이 길이가 $2L$인 보에 w의 등분포하중이 작용할 때 중앙지점을 δ만큼 낮추면 중간지점의 반력(R_B)값은 얼마인가?

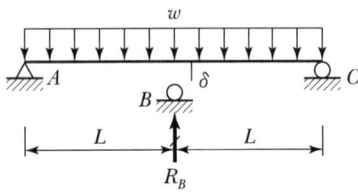

① $R_B = \dfrac{wL}{4} - \dfrac{6\delta EI}{L^3}$

② $R_B = \dfrac{3wL}{4} - \dfrac{6\delta EI}{L^3}$

③ $R_B = \dfrac{5wL}{4} - \dfrac{6\delta EI}{L^3}$

④ $R_B = \dfrac{7wL}{4} - \dfrac{6\delta EI}{L^3}$

[해설]

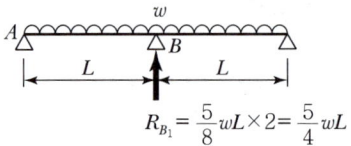

$R_{B_1} = \dfrac{5}{8}wL \times 2 = \dfrac{5}{4}wL$

$R_{B_1} = \dfrac{5}{8}wL \times 2 = \dfrac{5}{4}wL$

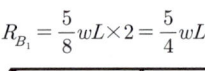

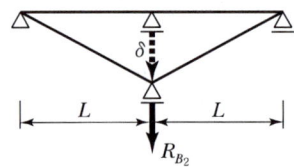

$R_{B_2} = \dfrac{3EI}{L^3}\delta \times 2 = \dfrac{6EI}{L^3}\delta$

$R_B = R_{B_1} + R_{B_2} = \dfrac{5}{4}wL - \dfrac{6EI}{L^3}\delta$

정답 05 ④ 06 ③

MEMO

12 부정정보

(3) 하중항 공식

지점상태 / 하중작용상태	C_{AB} ─── C_{BA} (양단고정)		H_{AB} ─── (고정-힌지)	H_{BA} (힌지-고정)
P at a, b	$\dfrac{Pab^2}{l^2}$	$\dfrac{Pa^2b}{l^2}$	$\dfrac{Pab}{2l^2}(l+b)$	$\dfrac{Pab}{2l^2}(l+a)$
P at $l/2$	$\dfrac{Pl}{8}$	$\dfrac{Pl}{8}$	$\dfrac{3}{16}Pl$	$\dfrac{3}{16}Pl$
P, P at a, a	$\dfrac{Pa}{l}(l-a)$	$\dfrac{Pa}{l}(l-a)$	$\dfrac{3Pa}{2l}(l-a)$	$\dfrac{3Pa}{2l}(l-a)$
w 등분포	$\dfrac{wl^2}{12}$	$\dfrac{wl^2}{12}$	$\dfrac{wl^2}{8}$	$\dfrac{wl^2}{8}$
삼각형 w	$\dfrac{wl^2}{30}$	$\dfrac{wl^2}{20}$	$\dfrac{7wl^2}{120}$	$\dfrac{8wl^2}{120}$
사다리꼴 w_2, w_1	$\dfrac{l^2}{60}(3w_2+2w_1)$	$\dfrac{l^2}{60}(2w_2+3w_1)$	$\dfrac{l^2}{120}(8w_2+7w_1)$	$\dfrac{l^2}{120}(7w_2+8w_1)$
M at $l/2$	$\dfrac{M}{4}$	$\dfrac{M}{4}$	$\dfrac{3M}{8}$	$\dfrac{3M}{8}$
M at a, b	$\dfrac{M \cdot b}{l^2}(b-2a)$	$\dfrac{M \cdot a}{l^2}(a-2b)$	$\dfrac{M}{2l^3}(2b^3-3a^2b-a^3)$	$\dfrac{M}{2l^3}(2a^3-3ab^2-b^3)$

개념이해

01 그림과 같은 양단고정보에서 A점 고정단 모멘트의 크기는?

① $-\dfrac{ql^2}{30}$ ② $-\dfrac{ql^2}{20}$

③ $-\dfrac{ql^2}{12}$ ④ $-\dfrac{ql^2}{8}$

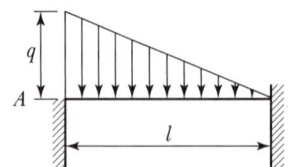

- $M_A = -\dfrac{ql^2}{20}$
- $M_B = -\dfrac{ql^2}{30}$

답 ②

과년도 기출문제

01 다음 그림과 같이 2경간 연속보의 첫 경간에 등분포 하중이 작용한다. 중앙지점 B의 휨모멘트는?

[기 10, 12년]

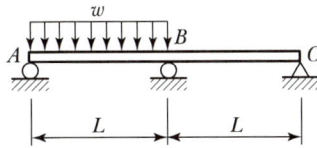

① $-\dfrac{1}{24}wL^2$ ② $-\dfrac{1}{16}wL^2$

③ $-\dfrac{1}{12}wL^2$ ④ $-\dfrac{1}{8}wL^2$

[해설]

$M_B = -\dfrac{wL^2}{8} \times \dfrac{1}{2} = -\dfrac{wL^2}{16}$

[별해]

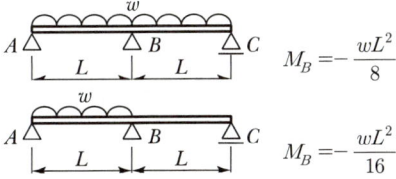

$M_B = -\dfrac{wL^2}{8}$

$M_B = -\dfrac{wL^2}{16}$

02 아래 그림과 같은 연속보가 있다. B점과 C점 중간에 10kN의 하중이 작용할 때 B점에서의 휨모멘트는?(단, EI는 전 구간에 걸쳐 일정하다.)

[10, 17년]

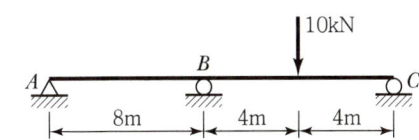

① $-5\text{kN} \cdot \text{m}$ ② $-7.5\text{kN} \cdot \text{m}$

③ $-10\text{kN} \cdot \text{m}$ ④ $-12.5\text{kN} \cdot \text{m}$

[해설]

$M_B = \dfrac{-3}{32}PL = \dfrac{-3}{32} \times 10 \times 8 = -7.5\text{kN} \cdot \text{m}$

03 다음 연속보에서 B점의 지점반력을 구한 값은?

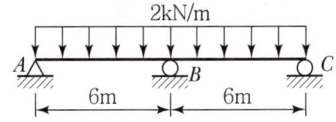

① 10kN   ② 15kN
③ 20kN   ④ 25kN

[해설]

$R_B = \dfrac{5wl}{4} = \dfrac{5 \times 2 \times 6}{4} = 15\text{kN}(\uparrow)$

정답 01 ② 02 ② 03 ②

12 부정정보

② 3연 모멘트의 정리

1. 기본식

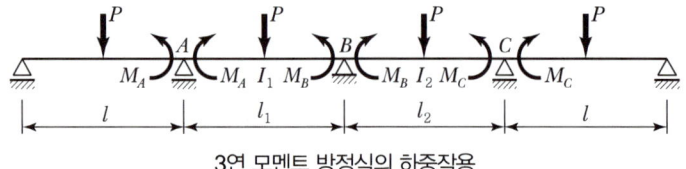

3연 모멘트 방정식의 하중작용

$$\therefore M_A \frac{l_1}{I_1} + 2M_B\left(\frac{l_1}{I_1} + \frac{l_2}{I_2}\right) + M_C \frac{l_2}{I_2} = 6E(\theta_{BA} - \theta_{BC})$$

2. 3연 모멘트 정리를 이용하는 방법

(1) 2지간 연속보에 집중하중이 작용할 때($E \cdot I$ 일정)

기본방정식에서 $M_A \cdot M_C$가 0이므로

$$2M_B\left(\frac{l_1}{I_1} + \frac{l_2}{I_2}\right) = 6E(\theta_{BA} - \theta_{BC})$$

$$\therefore M_B = \frac{6EI}{4l}(\theta_{BA} - \theta_{BC})$$

$$= \frac{6EI}{4l}\left(-\frac{Pl^2}{16EI} - 0\right)$$

$$= \boxed{-\frac{3Pl}{32}}$$

➕ 집중하중이 작용하는 연속보의 3연 모멘트 정리 해석

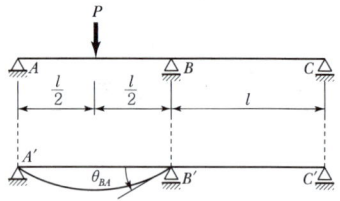

(2) 2지간 연속보에 등분포하중이 작용할 때($E \cdot I$ 일정)

기본방정식에서 $M_A \cdot M_C$가 0이므로

$$2M_B\left(\frac{l_1}{I_1} + \frac{l_2}{I_2}\right) = 6E(\theta_{BA} - \theta_{BC})$$

$$\therefore M_B = \frac{6EI}{4l}(\theta_{BA} - \theta_{BC})$$

$$= \frac{6EI}{4l}\left(-\frac{wl^3}{24EI} - \frac{wl^3}{24EI}\right)$$

$$= -\frac{wl^2}{8}$$

➕ 등분포하중이 작용하는 연속보의 3연 모멘트 정리 해석

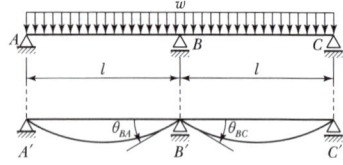

과년도 기출문제

01 다음 그림에 보이는 1차 부정정보의 중앙 지점에서의 휨모멘트는?

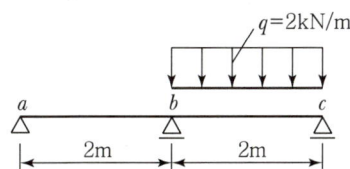

① $-0.10\text{kN}\cdot\text{m}$ ② $-0.25\text{kN}\cdot\text{m}$
③ $-0.33\text{kN}\cdot\text{m}$ ④ $-0.50\text{kN}\cdot\text{m}$

[해설]

$M_a = M_c = 0$ 이므로

- $2M_b\left(\dfrac{2\text{m}}{I} + \dfrac{2\text{m}}{I}\right) = 6E\left(0 - \dfrac{2 \times 2^3}{24EI}\right)$

  $\therefore M_b = -0.5\text{kN}\cdot\text{m}$

- $M_b = -\dfrac{q \cdot l^2}{16}$

  $\therefore M_b = -\dfrac{2 \times 2^2}{16} = -0.5\text{kN}\cdot\text{m}$

02 그림과 같은 연속보에서 B지점 모멘트 M_B는? (단, EI는 일정하다.)

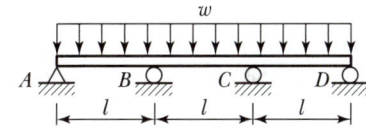

① $-\dfrac{wl^2}{4}$ ② $-\dfrac{wl^2}{8}$
③ $-\dfrac{wl^2}{10}$ ④ $-\dfrac{wl^2}{12}$

[해설]

$M_B = M_C = -\dfrac{wl^2}{10}$

03 그림의 보에서 지점모멘트 M_B의 크기는?

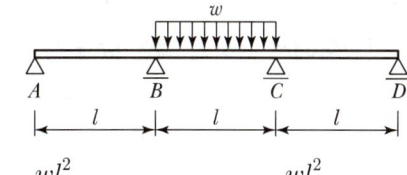

① $-\dfrac{wl^2}{20}$ ② $-\dfrac{wl^2}{10}$
③ $-\dfrac{wl^2}{5}$ ④ $-wl^2$

[해설]

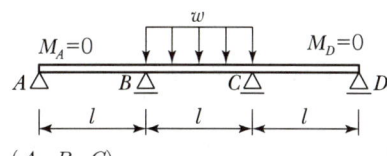

$(A-B-C)$

- $M_A\left(\dfrac{l}{I}\right) + 2M_B\left(\dfrac{l}{I} + \dfrac{l}{I}\right) + M_C\left(\dfrac{l}{I}\right) = 0 - \dfrac{6 \times \dfrac{wl^3}{12} \times \dfrac{l}{2}}{I \cdot l}$

- $M_B = M_C$

- $M_B = -\dfrac{wl^2}{20}$

정답 01 ④ 02 ③ 03 ①

12 부정정보

3. 하중과 지점 부등침하를 고려할 때

(1) 기본방정식에서 침하에 의한 값을 추가로 고려한다.

$$M_A \frac{l_1}{I_1} + 2M_B\left(\frac{l_1}{I_1} + \frac{l_2}{I_2}\right) + M_C \frac{l_2}{I_2} = 6E(\theta_{BA} - \theta_{BC}) + 6E(R_{AB} - R_{BC})$$

① B지점이 δ만큼 침하할 때 : $R_{AB} = \dfrac{\delta}{l} \quad R_{BC} = -\dfrac{\delta}{l}$

② A지점이 δ만큼 침하할 때 : $R_{AB} = -\dfrac{\delta}{l}$

③ C지점이 δ만큼 침하할 때 : $R_{BC} = \dfrac{\delta}{l}$

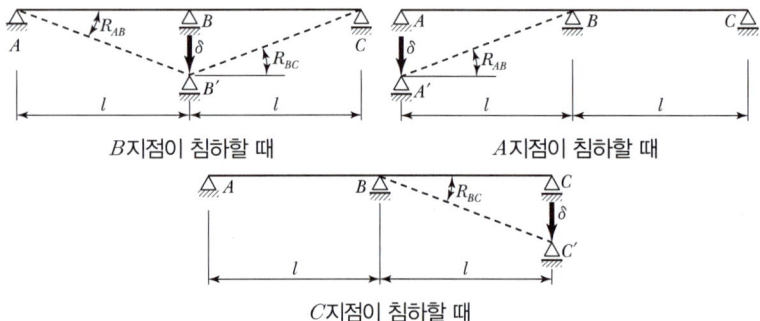

(2) 2지간 연속보에서 B지점이 δ만큼 침하할 때($E \cdot I$ 일정)

기본방정식에서 $M_A \cdot M_B$가 0이므로

$$2M_B\left(\frac{l_1}{I_1} + \frac{l_2}{I_2}\right) = 6E(R_{AB} - R_{BC})$$

$$\therefore M_B = \frac{6EI}{4l}(R_{AB} - R_{BC})$$

$$= \frac{6EI}{4l}\left(\frac{\delta}{l} + \frac{\delta}{l}\right) = \frac{6EI}{4l} \times \frac{2\delta}{l}$$

$$= \boxed{\frac{3EI\delta}{l^2}}$$

지점침하 시 3연 모멘트 정리해석

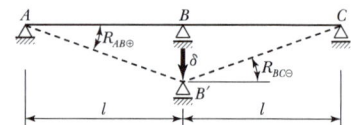

과년도 기출문제

01 그림과 같은 2경간 연속보에서 B점이 5cm 아래로 침하하고, C점이 2cm 위로 상승하는 변위를 각각 취했을 때 B점의 휨모멘트로서 옳은 것은?

[기 11, 16년]

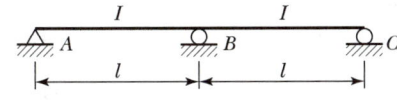

① $20EI/l^2$ ② $18EI/l^2$
③ $15EI/l^2$ ④ $12EI/l^2$

[해설]

3연 모멘트식을 이용하면

$$0 + 2M_B\left(\frac{l}{I} + \frac{l}{I}\right) + 0 = 0 + 6E\left(\frac{5-0}{l} - \frac{-2-5}{l}\right)$$

$$\therefore \frac{4M_B \cdot l}{I} = 6E\left(\frac{12}{l}\right)$$

$$\therefore M_B = \frac{18EI}{l^2}$$

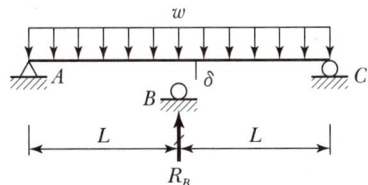

02 그림과 같이 길이가 $2L$인 보에 w의 등분포하중이 작용할 때 중앙지점을 δ만큼 낮추면 중간지점의 반력(R_B)값은 얼마인가?

[12, 17년]

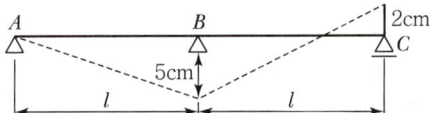

① $R_B = \dfrac{wL}{4} - \dfrac{6\delta EI}{L^3}$

② $R_B = \dfrac{3wL}{4} - \dfrac{6\delta EI}{L^3}$

③ $R_B = \dfrac{5wL}{4} - \dfrac{6\delta EI}{L^3}$

④ $R_B = \dfrac{7wL}{4} - \dfrac{6\delta EI}{L^3}$

[해설]

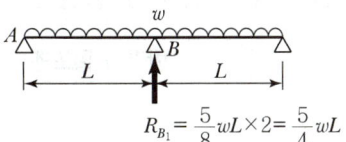

$$R_{B_1} = \frac{5}{8}wL \times 2 = \frac{5}{4}wL$$

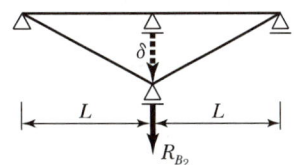

$$R_{B_2} = \frac{3EI}{L^3}\delta \times 2 = \frac{6EI}{L^3}\delta$$

• $R_B = R_{B_1} + R_{B_2} = \dfrac{5}{4}wL - \dfrac{6EI}{L^3}\delta$

정답 01 ② 02 ③

12 부정정보

4. 보의 하중상태에 따른 반력과 휨모멘트 관계

하중상태	반력과 휨모멘트	하중상태	반력과 휨모멘트
단순보 집중하중 (a, b)	$R_A = \dfrac{Pb}{l}, \; M_A = M_B = 0$ $R_B = \dfrac{Pa}{l}, \; M_C = \dfrac{Pab}{l}$	양단고정 집중하중 (a, b)	$R_A = \dfrac{Pb}{l}, \; M_A = -\dfrac{Pab^2}{l^2}$ $R_B = \dfrac{Pa}{l}, \; M_B = -\dfrac{Pa^2b}{l^2}$ $M_C = \dfrac{Pab}{2l}$
단순보 중앙 집중하중	$R_A = R_B = \dfrac{P}{2}, \; M_A = M_B = 0$ $M_C = \dfrac{Pl}{4}$	양단고정 중앙 집중하중	$R_A = \dfrac{P}{2}, \; M_A = M_B = -\dfrac{Pl}{8}$ $P_B = \dfrac{P}{2}, \; M_C = \dfrac{Pl}{8}$
단순보 등분포하중	$R_A = \dfrac{wl}{2}, \; M_A = M_B = 0$ $R_B = \dfrac{wl}{2}, \; M_C = \dfrac{wl^2}{8}$	양단고정 등분포하중	$R_A = \dfrac{wl}{2}, \; M_A = M_B = -\dfrac{wl^2}{12}$ $R_B = \dfrac{wl}{2}, \; M_C = \dfrac{wl^2}{24}$
2경간 연속보 등분포하중	$R_A = R_C = \dfrac{3}{8}wl$ $R_B = \dfrac{10}{8}wl = \dfrac{5}{4}wl$ $M_A = M_C = 0$ $M_B = -\dfrac{wl^2}{8}$ $M_{\max} = \dfrac{9}{128}wl^2$	일단고정 타단단순 등분포	$R_A = R_C = \dfrac{wl}{2}$ $R_B = wl$ $M_A = M_B = M_C = -\dfrac{wl^2}{12}$ $(+)M_{\max} = \dfrac{wl^2}{24}$
3경간 연속보	$R_A = R_D = \dfrac{4}{10}wl$ $R_B = R_C = \dfrac{11}{10}wl$ $M_B = M_C = -\dfrac{wl^2}{10}$	일단고정 타단단순 집중하중 (a, b)	$R_B = \dfrac{Pa^2(2l+b)}{2l^3}$ $R_A = P - R_B$ $M_A = -\dfrac{Pab(a+2b)}{2l^2}$
양단고정 삼각분포하중	$R_A = \dfrac{3wl}{20}, \; M_A = -\dfrac{3wl^2}{20}$ $R_B = \dfrac{7}{20}wl, \; M_B = -\dfrac{wl^2}{20}$	일단고정 타단단순 중앙집중	$R_A = \dfrac{11}{16}P, \; M_A = -\dfrac{3}{16}Pl$ $R_B = \dfrac{5}{16}P, \; M_C = \dfrac{5}{32}Pl$
일단고정 삼각분포하중	$R_A = \dfrac{9}{40}wl, \; M_A = \dfrac{-7wl^2}{120}$ $R_B = \dfrac{11}{40}wl, \; M_B = 0$	일단고정 타단단순 등분포	$R_A = \dfrac{5}{8}wl, \; M_A = -\dfrac{wl^2}{8}$ $R_B = \dfrac{3}{8}wl, \; M_{\max} = \dfrac{9wl^2}{128}$ $M_C = \dfrac{wl^2}{16}$
일단고정 삼각분포하중	$R_A = \dfrac{4}{10}wl, \; M_A = -\dfrac{wl^2}{15}$ $R_B = \dfrac{1}{10}wl$		

과년도 기출문제

01 그림과 같은 부정정보의 휨모멘트도는 다음 중 어느 것인가?

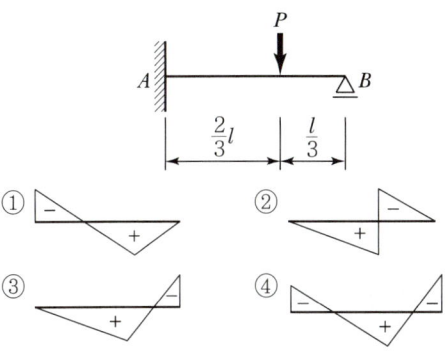

[해설]

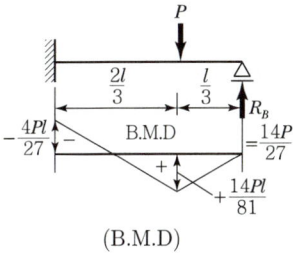

02 그림과 같은 2경간 연속보에 등분포하중 $w=4$ kN/m가 작용할 때 전단력이 "0"이 되는 위치는 지점 A로부터 얼마의 거리(x)에 있는가?

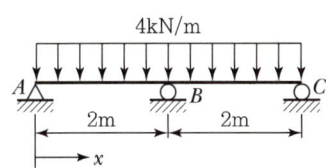

① 0.75m ② 0.85m
③ 0.95m ④ 1.05m

[해설]

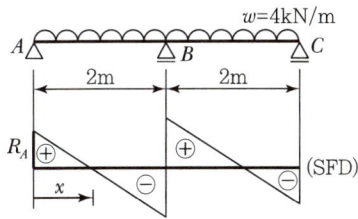

$$x = \frac{R_A}{w} = \frac{\frac{3}{8}wl}{w} = \frac{3}{8}l = \frac{3}{8}(2) = 0.75\text{m}$$

03 그림과 같은 2경간 연속보에서 중앙 지점의 휨모멘트가 $M_B = -\frac{3Pl}{16}$이다. 각 지점의 반력은?

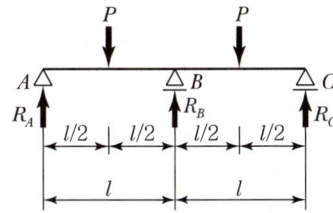

① $R_A = \frac{5}{16}P$, $R_B = \frac{22}{16}P$, $R_C = \frac{5}{16}P$

② $R_A = \frac{5}{16}P$, $R_B = \frac{11}{16}P$, $R_C = \frac{5}{16}P$

③ $R_A = \frac{3}{16}P$, $R_B = \frac{26}{16}P$, $R_C = \frac{3}{16}P$

④ $R_A = \frac{3}{16}P$, $R_B = \frac{13}{16}P$, $R_C = \frac{3}{16}P$

[해설]

- $\sum M_{B1} = R_A \times l - P \times \frac{l}{2} - \left(-\frac{3Pl}{16}\right) = 0$

  $\therefore R_A = \frac{5}{16}P(\uparrow)$

- $R_{B1} = P - R_A = \frac{11}{16}P(\uparrow)$ 대칭구조물이므로

  $R_{B2} = R_{B1} = \frac{11}{16}P(\uparrow)$,

  $R_C = R_A = \frac{5P}{16}(\uparrow)$

- $\begin{cases} R_A = R_C = \frac{5P}{16}(\uparrow) \\ R_B = R_{B1} + R_{B2} = \frac{22}{16}P(\uparrow) \end{cases}$

정답 01 ① 02 ① 03 ①

12 부정정보

3 모멘트 분배법(고정모멘트법)

1. 해법순서

(1) 부재강도(k)와 강비(K)

① 부재강도(Stiffness) : k

$$k = \frac{\text{단면 2차 모멘트}(I)}{\text{부재길이}(l)}$$

② 기준강도(k_0) : 여러 부재의 강도 중에서 기준으로 삼기 위한 지정강도

③ 강비(Stiffness Ratio) : K

$$K = \frac{\text{그 부재강도}(k)}{\text{기준강도}(k_0)}$$

(2) 분배율(Distribution Factor : DF) : $D.F = \dfrac{\text{그 부재강도}(k)}{\text{전체강비}(\sum K)}$

➕ 분배율의 합은 1이다.

(3) 하중항(Fixed End Moment : FEM)

(4) 불균형 모멘트(Unbalanced Moment : UMB)

보의 임의 한 점에서 좌우 모멘트 값은 같아야 하나 지간을 나누어 계산해 보면 좌우 하중항이 틀린 경우가 대부분이다. 이 좌우 모멘트 차를 불균형 모멘트라 한다.

(5) 분배모멘트(Distributed Moment : DM)

$$D.M = \text{불균형 모멘트}(M) \times \text{분배율}(DF)$$

(6) 전달률과 전달모멘트

① 전달률(Carry Factor) : f

한쪽에 작용하는 모멘트를 다른 쪽 지점으로 전달하는 비율로 고정절점 또는 고정지점에서 1/2이고 활절에서는 0이다.

② 전달모멘트(Carry Moment : CM)

$$C.M = \text{분배모멘트}(D.M) \times \text{전달률}(f)$$

(7) 재단모멘트 = 최종모멘트(Final Moment : F.M)

$$\text{재단모멘트} = \text{하중항} + \text{분배모멘트} + \text{전달모멘트}$$
$$= \text{하중항} + \text{변량모멘트}(D.M + C.M)$$

➕ 재단 모멘트의 부호는 작용위치에 관계없이 ($+$)인 경우는 시계방향, ($-$)인 경우는 반시계방향을 의미한다.

과년도 기출문제

01 모멘트 분배법의 적용이 적당한 예는?

① 트러스의 처짐 계산
② 트러스 내력 계산
③ 아치의 해석
④ 라멘의 해석

[해설]

모멘트 분배법은 Hardy Cross 교수가 제안한 방법으로 한 절점에서 생긴 불균형 모멘트(U.B.M)를 분배하여 구조물을 해석하는 방법으로 라멘구조물 해석에 편리하다.

02 그림과 같은 구조물에서 단부 A, B는 고정, C지점은 힌지일 때 OA, OB, OC 부재의 분배율로 옳은 것은?

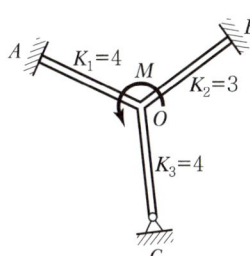

① $DF_{OA} = \dfrac{3}{10}$, $DF_{OB} = \dfrac{4}{10}$, $DF_{OC} = \dfrac{4}{10}$
② $DF_{OA} = \dfrac{4}{10}$, $DF_{OB} = \dfrac{3}{10}$, $DF_{OC} = \dfrac{3}{10}$
③ $DF_{OA} = \dfrac{4}{10}$, $DF_{OB} = \dfrac{3}{10}$, $DF_{OC} = \dfrac{4}{10}$
④ $DF_{OA} = \dfrac{3}{10}$, $DF_{OB} = \dfrac{4}{10}$, $DF_{OC} = \dfrac{3}{10}$

[해설]

분배율$(DF) = \dfrac{K}{\sum K}$ (단, 힌지는 $\dfrac{3}{4}K$)

$DF_{OA} = \dfrac{K_{OA}}{\sum K} = \dfrac{4}{4+3+\left(4 \times \dfrac{3}{4}\right)} = \dfrac{4}{10}$

$DF_{OB} = \dfrac{K_{OB}}{\sum K} = \dfrac{3}{10}$

$DF_{OC} = \dfrac{K_{OC}}{\sum K} = \dfrac{4 \times \dfrac{3}{4}}{10} = \dfrac{3}{10}$

03 절점 O는 이동하지 않으며, 재단 A, B, C가 고정일 때 M_{CO}의 크기는 얼마인가?(단, K는 강비이다.) [22년]

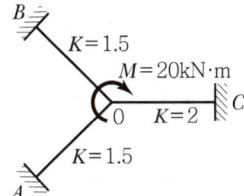

① $2.5\text{kN} \cdot \text{m}$
② $3\text{kN} \cdot \text{m}$
③ $3.5\text{kN} \cdot \text{m}$
④ $4\text{kN} \cdot \text{m}$

[해설]

- $K_{OA} : K_{OB} : K_{OC} = 1.5 : 1.5 : 2 = 3 : 3 : 4$
- $DF_{OC} = \dfrac{K_{OC}}{\sum K_i} = \dfrac{4}{3+3+4} = \dfrac{4}{10}$
- $M_{OC} = M \times DF_{OC} = 20 \times \dfrac{4}{10} = 8\text{kN} \cdot \text{m}$
- $M_{CO} = \dfrac{1}{2} \times M_{OC} = \dfrac{1}{2} \times 8 = 4\text{kN} \cdot \text{m}$

정답 01 ④ 02 ② 03 ④

12 부정정보

(8) 유효강비 및 전달률, 절대강도

부재의 조건	휨모멘트분포도	유효강비(강도)	전달률 f	절대강도
타단 고정		$k\left(\dfrac{I}{l}\right)$ (100%)	$\dfrac{1}{2}$	$\dfrac{4EI}{l}$
타단 활절		$\dfrac{3}{4}k\left(\dfrac{I}{l}\right)$ (75%)	0	$\dfrac{3EI}{l}$
타단 자유		0	0	0
대칭 변형		$\dfrac{1}{2}k\left(\dfrac{I}{l}\right)$ (50%)	−1	$\dfrac{2EI}{l}$
역대칭 변형		$\dfrac{3}{2}k\left(\dfrac{I}{l}\right)$ (150%)	1	$\dfrac{6EI}{l}$

2. 모멘트 분배법의 해석

(1) 부재강도

$$K_{AO} = \frac{3I}{l}, \quad K_{BO} = \frac{2I}{l}, \quad K_{CO} = \frac{3}{4} \times \frac{4I}{3l} = \frac{I}{l}$$

(2) 부재강비

$$k_{AO} : k_{BO} : k_{OC} = \frac{3I}{l} : \frac{2I}{l} : \frac{I}{l} = 3 : 2 : 1$$

(3) 분배율

$$DF_{OA} = \frac{k_{AO}}{k_{AO} + k_{BO} + k_{CO}} = \frac{3}{3+2+1} = \frac{3}{6}$$

$$DF_{OB} = \frac{2}{3+2+1} = \frac{2}{6}, \quad DF_{OC} = \frac{1}{3+2+1} = \frac{1}{6}$$

(4) 분배모멘트

$$M_{OA} = \text{불균형 모멘트}(M) \times \text{분배율}(DF_{OA}) = 6 \times \frac{3}{6} = 3\text{kN} \cdot \text{m}$$

$$M_{OB} = M \times DF_{OB} = 6 \times \frac{2}{6} = 2\text{kN} \cdot \text{m}$$

+ 모멘트 분배법을 이용한 부정정 해석

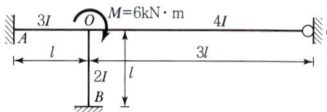

과년도 기출문제

01 그림과 같은 라멘 구조물의 E점에서의 불균형 모멘트에 대한 부재 EA의 모멘트 분배율은?

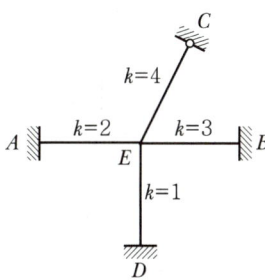

① 0.222 ② 0.1667
③ 0.2857 ④ 0.40

[해설]

- 강비
$$K_{EA} : K_{EB} : K_{EC} : K_{ED} = 2 : 3 : 4 \times \frac{3}{4} : 1 = 2 : 3 : 3 : 1$$

- 분배율
$$f_{EA} = \frac{2}{2+3+3+1} = \frac{2}{9} = 0.222$$

02 그림의 구조물에서 유효강성계수를 고려한 부재 AC의 모멘트 분배율 DF_{AC}는 얼마인가?

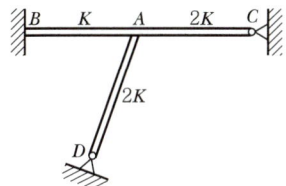

① 0.253 ② 0.375
③ 0.407 ③ 0.567

[해설]

힌지는 유효강비 $\frac{3}{4}$을 적용한다.

$$\therefore DF_{AC} = \frac{K_{AC}}{\Sigma K} = \frac{2K\left(\frac{3}{4}\right)}{K + 2K\left(\frac{3}{4}\right) + 2K\left(\frac{3}{4}\right)}$$

$$= \frac{\frac{3}{2}K}{K + \frac{3}{2}K + \frac{3}{2}K} = \frac{1.5}{4} = 0.375$$

03 그림과 같은 부정정 구조물에서 OA, OB, OC 부재의 EI/l이 모두 동일하다면 A에서의 반력 모멘트는?

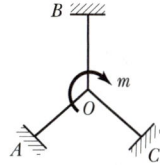

① $\frac{m}{6}(\curvearrowleft)$ ② $\frac{m}{6}(\curvearrowright)$
③ $\frac{m}{3}(\curvearrowleft)$ ④ $\frac{m}{3}(\curvearrowright)$

[해설]

- $M_A = M_{OA} \times \frac{1}{2} = \left(m \times \frac{k_{OA}}{\Sigma k}\right) \times \frac{1}{2} = \left(m \times \frac{1}{1+1+1}\right) \times \frac{1}{2}$
$$= \left(m \times \frac{1}{3}\right) \times \frac{1}{2} = \frac{m}{6}(\curvearrowright)$$

- A점 반력 모멘트는 A점 재단 모멘트와 같으므로 $\frac{m}{6}(\curvearrowright)$이다.

04 다음 그림에서 A점의 모멘트 반력은?(단, 각 부재의 길이는 동일함) [기 12, 14년]

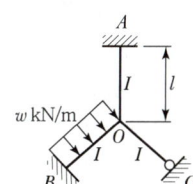

① $M_A = \frac{wl^2}{12}$ ② $M_A = \frac{wl^2}{24}$
③ $M_A = \frac{wl^2}{72}$ ④ $M_A = \frac{wl^2}{66}$

[해설]

- O점의 불균형 모멘트(U.B.M) $= M_O = \frac{wl^2}{12}$

- $M_A = M_{OA} \times \frac{1}{2} = \left(\frac{wl^2}{12} \times \frac{k_{OA}}{\Sigma k}\right) \times \frac{1}{2}$
$$= \left\{\frac{wl^2}{12} \times \frac{1}{1+1+\left(1 \times \frac{3}{4}\right)}\right\} \times \frac{1}{2}$$
$$= \left(\frac{wl^2}{12} \times \frac{1}{2.75}\right) \times \frac{1}{2} = \frac{wl^2}{66}$$

정답 01 ① 02 ② 03 ② 04 ④

12 부정정보

4 처짐각법(요각법)

1. 기본공식

(1) 양단이 고정절점 또는 고정지점일 때

$$M_{AB} = 2EK_{AB}(2\theta_A + \theta_B - 3R) - C_{AB}$$
$$M_{BA} = 2EK_{BA}(\theta_A + 2\theta_B - 3R) + C_{BA}$$

(2) 일단이 고정지점이고 타단이 고정절점일 때

- A점 지점, B점 절점일 때

$$M_{AB} = 2EK_{AB}(\theta_B - 3R) - C_{AB}$$
$$M_{BA} = 2EK_{BA}(2\theta_B - 3R) + C_{BA}$$

(3) 일단이 고정절점이고 타단이 활절 또는 가동지점일 때

- A점 고정절점, B점 활절(Hinge)일 때

$$M_{AB} = 2EK_{AB}(1.5\theta_A - 1.5R) - H_{AB}$$

여기서, $K_{AB} = K_{BA}$: AB 부재강도 $\left(K = \dfrac{I}{l}\right)$

θ_A, θ_B : A, B절점의 절점각(처짐각)

R : 부재각 $\left(R = \dfrac{\delta}{l}, R = \dfrac{\delta}{h}\right)$

C_{AB}, C_{BA} : 양단이 고정절점(지점)일 때의 하중항

H_{AB}, H_{BA} : 일단 고정절점, 타단활절일 때의 하중항

$\left[H_{AB} = -\left(C_{AB} + \dfrac{C_{BA}}{2}\right), H_{BA} = \left(C_{BA} + \dfrac{C_{AB}}{2}\right)\right]$

2. 실용공식

(1) 양단 고정절점 또는 고정지점인 경우

$$M_{AB} = k_0(2\phi_A + \phi_B + \mu) - C_{AB}$$
$$M_{BA} = k_0(2\phi_B + \phi_A + \mu) + C_{BA}$$

(2) 일단 고정절점이고 타단 활절 또는 가동지점인 경우

$$M_{AB} = k_0(1.5\phi_A + 0.5\mu) - H_{AB} \qquad M_{BA} = 0$$

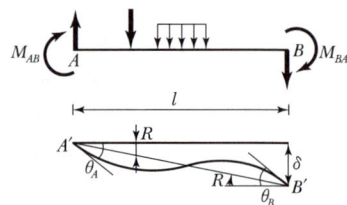

양단이 고정절점 또는 고정지점일 때

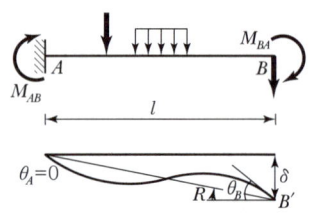

일단이 고정지점이고 타단이 고정절점일 때

여기서, $\phi : 2 \cdot E \cdot K \cdot \theta$

$\mu : -6 \cdot E \cdot K \cdot R$

k_0 : 강비 $\left(\dfrac{\text{그 부재의 강도}}{\text{표준강도}}\right)$

과년도 기출문제

01 다음 부정정 라멘을 요각법으로 풀 때 BC 부재의 재단 모멘트(M_{BC})에 대한 요각 방정식을 옳게 쓴 것은?

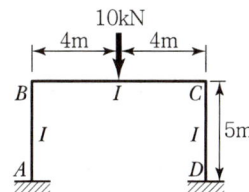

① $M_{BC} = \dfrac{EI}{4}(2\theta_B + \theta_C) - 10$

② $M_{BC} = \dfrac{EI}{4}(2\theta_B + \theta_C) + 10$

③ $M_{BC} = \dfrac{4EI}{5}(2\theta_B + \theta_C) - 10$

④ $M_{BC} = \dfrac{4EI}{5}(2\theta_B + \theta_C) + 10$

[해설]

$M_{BC} = 2EK(2\theta_B + \theta_C - 3R) - C_{BC}$
$= 2E \cdot \dfrac{I}{l}(2\theta_B + \theta_C) - \dfrac{Pl}{8} = \dfrac{2EI}{8}(2\theta_B + \theta_C) - \dfrac{10 \times 8}{8}$
$= \dfrac{EI}{4}(2\theta_B + \theta_C) - 10$

02 그림과 같은 균일 단면보 AB의 A단에 모멘트 M_{AB}를 가하였을 때 A단의 회전각 θ_A는?

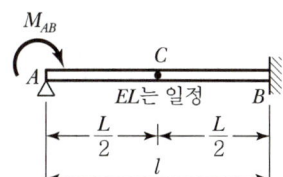

① $\theta_A = \dfrac{3M_{AB}L}{4EI}$ ② $\theta_A = \dfrac{M_{AB}L}{4EI}$

③ $\theta_A = \dfrac{M_{AB}L}{3EI}$ ④ $\theta_A = \dfrac{2M_{AB}L}{3EI}$

[해설]

• $\theta_B = \theta$
• $M_{AB} = M_{FAB} + \dfrac{2EI}{l}(2\theta_A + \theta_B) = 0 + \dfrac{4EI}{l}\theta_A$

∴ $\theta_A = \dfrac{M_{AB}L}{4EI}$

03 그림과 같은 양단 고정 2경간 연속보의 재단 모멘트 M_{AB}는?(단, EI는 일정하다.)

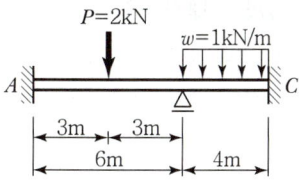

① $M_{AB} = \phi_B - 1.5$ ② $M_{AB} = 2\phi_B + 1.5$

③ $M_{AB} = 3\phi_B - 1.33$ ④ $M_{AB} = 1.5\phi_B + 1.33$

[해설]

• $k_{AB} : k_{BC} = \dfrac{1}{6} : \dfrac{1}{4} = 1 : 1.5$

• $M_{FAB} = -\dfrac{Pl}{8} = -\dfrac{2 \times 6}{8} = -1.5 \text{kN} \cdot \text{m}$

• $M_{AB} = M_{FAB} + k_{AB}(2\phi_A + \phi_B) = -1.5 + \phi_B$
(여기서, $\phi_A = 0$)

04 다음 부정정 라멘을 처짐각법으로 해석할 경우 M_{CB}의 방정식으로 옳은 것은?

① $M_{CB} = \psi_B + \dfrac{wl^2}{12}$

② $M_{CB} = 2\psi_B - \dfrac{wl^2}{12}$

③ $M_{CB} = 2\psi_B + \psi_C - \dfrac{wl^2}{12}$

④ $M_{CB} = 2\psi_B + \psi_C + \dfrac{wl^2}{12}$

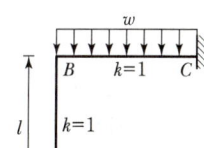

[해설]

• (BC 부재)
 $\psi_B = 0$(고정단)
 $\phi = 0$(부재각 없음)

• $C_{CB} = \dfrac{wl^2}{12}$ (하중항 우측⊕)

• $M_{CB} = k(\psi_B + 2\psi_C + \phi) + C_{CB} = \psi_B + \dfrac{wl^2}{12}$
$= 4\psi_B - 11.52$

정답 01 ① 02 ② 03 ① 04 ①

12 부정정보

3. 평형 방정식

(1) 절점각(θ)과 부재각(R)

① 절점각(재단처짐각＝처짐각＝회전각) : θ_C, θ_D
   절점각수는 끝지점을 제외한 절점수와 같다.

② 부재각(침하각) : $R_1 \cdot R_2$
   수평변위나 수직변위에 의해 발생되는 각으로 부재각의 수는 구조물의 층수와 같다.

$$\boxed{R_1 = \frac{\delta_1}{h_1}} \rightarrow \delta_1 = R_1 \cdot h_1$$

$$\boxed{R_2 = \frac{\delta_2}{h_2}} \rightarrow \delta_2 = R_2 \cdot h_2$$

변위 $\delta_1 = \delta_2$이므로

$$R_2 = \frac{\delta_2}{h_2} = \frac{h_1 \cdot R_1}{h_2}$$

절점각과 부재각

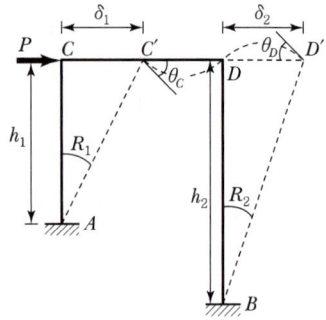

개념이해

01 그림과 같은 부정정 라멘이 외력을 받으면 기둥은 일반적으로 부재각(部材角)을 이룬다. 지금 기둥 CD의 부재각을 R이라고 하면 기둥 AB의 부재각은?

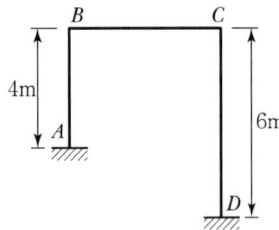

① R　　② $1.5R$
③ $2R$　　④ $2.5R$

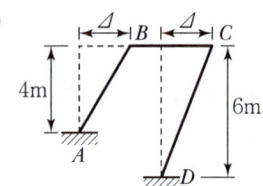

• $R_{CD} = \dfrac{\Delta}{6} = R \rightarrow \Delta = 6R$

• $R_{AB} = \dfrac{\Delta}{4} = \dfrac{6R}{4} = 1.5R$

답 ②

과년도 기출문제

01 그림과 같이 양단이 고정된 보에서 B지점이 B'로 Δ만큼 수직 침하되었을 때 보의 양단에서 발생되는 반력모멘트의 크기는?

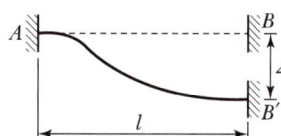

① $\dfrac{6EI\Delta}{l^2}$ (반시계방향)

② $\dfrac{8EI\Delta}{l^2}$ (반시계방향)

③ $\dfrac{10EI\Delta}{l^2}$ (반시계방향)

④ $\dfrac{12EI\Delta}{l^2}$ (반시계방향)

[해설]

- 고정단 처짐각 : $\theta_A = \theta_B = 0$
- 강비 : $K = \dfrac{I}{l}$
- 부재각 : $R = \dfrac{\Delta}{l}$
- 하중항 : $C_{AB} = 0$
- $M_{AB} = 2E \cdot \dfrac{I}{l}\left(-3 \times \dfrac{\Delta}{l}\right) = -\dfrac{6EI\Delta}{l^2}$

02 다음 부정정보의 b단이 l^*만큼 아래로 처졌다면 a단에 생기는 모멘트는?(단, $l^*/l = 1/600$이다.)

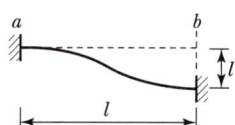

① $M_{ab} = +0.01\dfrac{EI}{l}$ ② $M_{ab} = -0.01\dfrac{EI}{l}$

③ $M_{ab} = +0.1\dfrac{EI}{l}$ ④ $M_{ab} = -0.1\dfrac{EI}{l}$

[해설]

- 고정단 처짐각 : $\theta_a = \theta_b = 0$
- 강비 : $K = \dfrac{I}{l}$
- 부재각 : $R = \dfrac{l^*}{l} = \dfrac{1}{600}$
- 하중항 : $C_{ab} = 0$

$\therefore M_{ab} = 2EK(2\theta_a + \theta_b - 3R) - C_{ab}$
$= 2E \times \dfrac{I}{l}\left(-3 \times \dfrac{1}{600}\right)$
$= -0.01\dfrac{EI}{l}$

03 그림과 같은 양단 고정보에서 지점 B를 반시계 방향으로 1만큼 회전시켰을 때 B점에 발생하는 단 모멘트의 값이 옳은 것은?

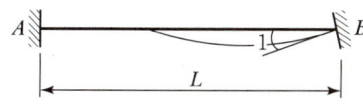

① $\dfrac{2EI}{L^2}$ ② $\dfrac{4EI}{L}$

③ $\dfrac{2EI}{L}$ ④ $\dfrac{4EI^2}{L}$

[해설]

- $M_{AB} = 2EK(2\theta_A + \theta_B - 3R) - C_{AB}$
  $= 2E\dfrac{I}{L}(\theta_B) = \dfrac{2EI}{L}$
- $M_{BA} = 2EK(\theta_A + 2\theta_B - 3R) - C_{BA}$
  $= 2E\dfrac{I}{L}(2\theta_B) = \dfrac{4EI}{L}$

[별해]

$\theta_B = \dfrac{M_B L}{2EI}$

$M_B = \dfrac{4EI\theta}{L} = \dfrac{4EI \times 1}{L}$

정답 01 ① 02 ② 03 ②

12 부정정보

4. 절점방정식(모멘트식)

절점에 모인 각부재의 재단 모멘트 합은 0이며, 절점방정식은 끝지점을 제외한 절점수만큼 발생한다.

(1) 임의하중에 의한 절점방정식

1) 보구조

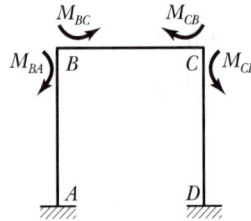

절점방정식 : 1개

$\sum M_B = 0$ 에서 $\boxed{M_{BA} + M_{BC} = 0}$

2) 라멘구조

절점방정식 : 2개

$\sum M_B = 0$ 에서 $\boxed{M_{BA} + M_{BC} = 0}$

$\sum M_C = 0$ 에서 $\boxed{M_{CB} + M_{CD} = 0}$

(2) 모멘트하중(M)이 작용할 때 절점방정식

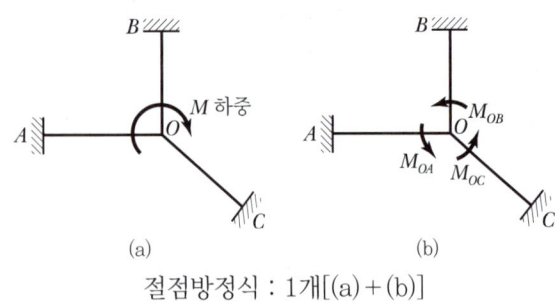

(a)　　　　　(b)

절점방정식 : 1개[(a)+(b)]

$\boxed{M - (M_{OA} + M_{OB} + M_{OC}) = 0}$

과년도 기출문제

01 그림과 같은 라멘에서 기둥에 모멘트가 생기지 않도록 하기 위해서 필요한 P의 값은?(단, EI는 일정하다.)

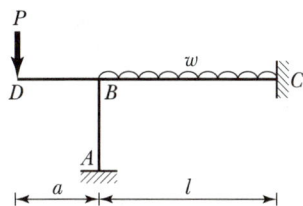

① $\dfrac{wl^2}{12a}$ ② $\dfrac{wl^2}{24a}$

③ $\dfrac{wl^2}{8a}$ ④ $\dfrac{wl^2}{4a}$

[해설]

- 기둥에 휨모멘트가 생기지 않기 위해서는 B점에서 좌우 평형이 되어야 한다.
  즉, $M_{BD} = M_{BC}$

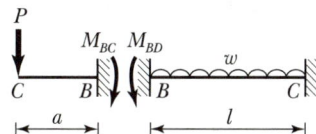

- $\begin{cases} M_{BD} = -P \cdot a \\ M_{BC} = -\dfrac{wl^2}{12} \end{cases}$

∴ $-Pa = -\dfrac{wl^2}{12}$, $P = \dfrac{wl^2}{12a}$

02 그림과 같은 구조물에서 기둥 AB에 모멘트가 생기지 않게 하기 위한 l_1과 l_2의 비 $l_1 : l_2$의 값은?

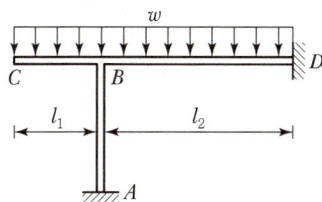

① $1 : \sqrt{2}$ ② $1 : \sqrt{3}$
③ $1 : \sqrt{5}$ ④ $1 : \sqrt{6}$

[해설]

- $M_{BD} = \dfrac{wl_1^{\,2}}{2}$

- $M_{BC} = \dfrac{wl_2^{\,2}}{12}$

- $M_{BD} = M_{BC}$

  $\dfrac{wl_1^{\,2}}{2} = \dfrac{wl_2^{\,2}}{12}$, $\dfrac{l_1}{l_2} = \dfrac{1}{\sqrt{6}}$

03 그림과 같은 등분포하중을 받는 부정정 구조물에서 기둥에 휨모멘트가 생기지 않도록 하기 위한 l_1과 l_2의 비는?

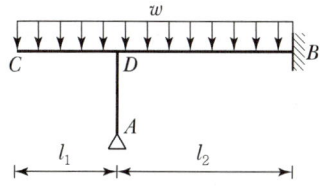

① $1 : \sqrt{3}$ ② $1 : \sqrt{4}$
③ $1 : \sqrt{5}$ ④ $1 : \sqrt{6}$

[해설]

- 기둥에 휨모멘트가 생기지 않으려면 D점에서 좌우 평형이 되어야 한다. 즉, $M_{DC} = M_{DB}$

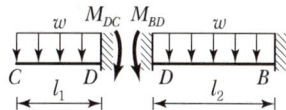

- $M_{DC} = -wl_1 \times \dfrac{l_1}{2} = -\dfrac{wl_1^{\,2}}{2}$

- $M_{DB} = -\dfrac{wl_2^{\,2}}{12}$

- $-\dfrac{wl_1^{\,2}}{2} = -\dfrac{wl_2^{\,2}}{12}$

  $l_1^{\,2} = \dfrac{l_2^{\,2}}{6}$

∴ $l_1 = \dfrac{l_2}{\sqrt{6}}\,(l_1 : l_2 = 1 : \sqrt{6})$

정답 01 ① 02 ④ 03 ④

12 부정정보

5. 층방정식(전단력식)

각 층에서 전단력(수평력)의 합은 0이며, 층방정식수는 구조물의 층수만큼 존재한다.

> 각 층의 층방정식＝위 절점의 재단 모멘트＋아래 절점의 재단 모멘트
> ＋(해당 층 위에 작용하는 수평력)×해당 층의 높이
> ＋(해당 층에 작용하는 수평력)×기둥 하단에서 수평력까지 거리＝0

(1) 1층 구조의 층방정식

1층 구조

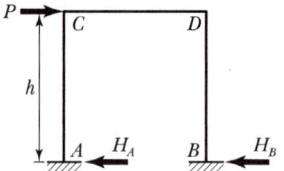

1) AC부재의 수평반력

$\sum M_C = 0$에서

$H_A \times h + M_{AC} + M_{CA} = 0$

$$\therefore H_A = -\frac{1}{h}(M_{AC} + M_{CA})$$

2) BD부재의 수평반력

$\sum M_D = 0$에서

$H_B \times h + M_{BD} + M_{DB} = 0$

$$\therefore H_B = -\frac{1}{h}(M_{BD} + M_{DB})$$

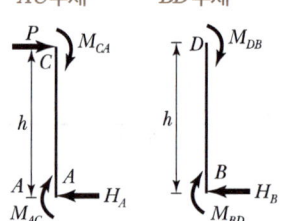
AC부재 BD부재

3) 층방정식

$\sum H = 0$에서 $P - H_A - H_B = 0$

$\therefore P - \left[-\frac{1}{h}(M_{AC} + M_{CA})\right] - \left[-\frac{1}{h}(M_{BD} + M_{DB})\right] = 0$

$$\therefore Ph + M_{AC} + M_{CA} + M_{BD} + M_{DB} = 0$$

(2) 2층 구조의 층방정식

2층 구조 층방정식

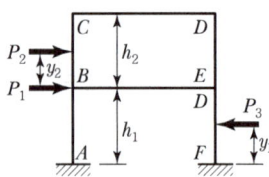

1) 1층에 대한 층방정식

$\sum H = 0$에서 $\sum P + \sum M_0 = 0$

$$\therefore P_1 \cdot h_1 + P_2 \cdot h_1 - P_3 \cdot y_1 + M_{AB} + M_{BA} + M_{EF} + M_{FE} = 0$$

2) 2층에 대한 층방정식(2층 위에 있는 수평력을 모두 더한다)

$\sum H = 0$에서 $\sum P + \sum M_0 = 0$

$$\therefore P_2 \cdot y_2 + M_{BC} + M_{CB} + M_{DE} + M_{ED} = 0$$

과년도 기출문제

01 다음 라멘에서 1층에 대한 층방정식으로서 옳은 것은?

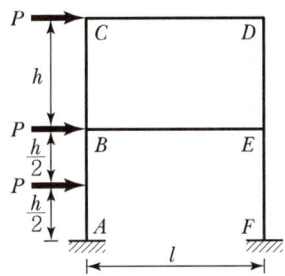

① $M_{AB}+M_{BA}+M_{EF}+M_{FE}+2P \cdot h = 0$
② $M_{AB}+M_{BA}+M_{EF}+M_{FE}+2.5P \cdot h = 0$
③ $M_{AB}+M_{BA}+M_{EF}+M_{FE}+3P \cdot h = 0$
④ $M_{AB}+M_{BA}+M_{EF}+M_{FE}+1P \cdot h = 0$

[해설]

$3P+\left(\dfrac{M_{AB}+M_{BA}}{h}\right)-\dfrac{P}{2}+\left(\dfrac{M_{FE}+M_{EF}}{h}\right)=0$

$M_{AB}+M_{BA}+M_{EF}+M_{FE}+2.5P \cdot h = 0$

[보충] 2층 구조의 층방정식
- 1층에 대한 층방정식
  $\sum H = 0$에서 $\sum P + \sum M_0 = 0$

  $\therefore P_1 \cdot h_1 + P_2 \cdot h_1 - P_3 \cdot y_1 + M_{AB} + M_{BA} + M_{EF} + M_{FE} = 0$

- 2층에 대한 층방정식(2층 위에 있는 수평력을 모두 더한다.)
  $\sum H = 0$에서 $\sum P + \sum M_0 = 0$

  $\therefore P_2 \cdot y_2 + M_{BC} + M_{CB} + M_{DE} + M_{ED} = 0$

02 다음 그림과 같은 뼈대 A점에 작용하는 수평하중 P는?

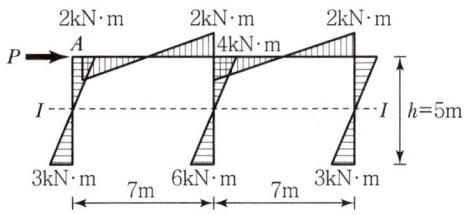

① 2kN
② 3kN
③ 4kN
④ 5kN

[해설]

$P = S_A + S_C + S_E$

$= \dfrac{M_{AB}+M_{BA}}{h} + \dfrac{M_{CD}+M_{DC}}{h} + \dfrac{M_{EF}+M_{FE}}{h}$

$= \dfrac{2kN \cdot m + 3kN \cdot m}{5m} + \dfrac{4kN \cdot m + 6kN \cdot m}{5m}$

$\quad + \dfrac{2kN \cdot m + 3kN \cdot m}{5m}$

$= 1kN + 2kN + 1kN = 4kN$

정답 01 ② 02 ③

CHAPTER 02

측량학

ENGINEER CIVIL ENGINEERING

01 측량의 기준
02 오차해석
03 거리와 각 측량
04 다각측량(트래버스 측량)
05 삼각측량
06 수준측량
07 지형측량
08 면체적 측량
09 노선측량
10 하천측량
11 GNSS(위성측위 시스템)

01 측량의 기준

1 정밀도

정도	$\dfrac{1}{m} = \dfrac{거리오차(\Delta l)}{실제거리(l)} = \dfrac{각의\ 오차(\theta'')}{라디안(\rho'')} = \dfrac{폐합오차(E)}{전체거리(\Sigma l)}$
라디안(ρ)	① $\rho° = \dfrac{180°}{\pi}$ ② $\rho' = \dfrac{180°}{\pi} \times 60'$ ③ $\rho'' = \dfrac{180°}{\pi} \times 60' \times 60'' = 206,265''$

+ 호도법

1라디안(ρ)은 반지름의 길이와 같은 호에 대한 중심각의 크기

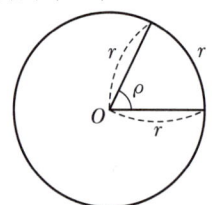

- 1라디안(ρ) = $\dfrac{호(r)}{반지름(r)}$

- $\dfrac{\rho°}{360°} = \dfrac{r}{2\pi r}$

  $\therefore \rho° = \dfrac{360°}{2\pi} = \dfrac{180°}{\pi}$

개념이해

01 거리와 각을 동일한 정밀도로 관측하여 다각측량을 하려고 한다. 이때 각측량기의 정밀도가 10″라면 거리측량기의 정밀도는 약 얼마 정도이어야 하는가?

① $\dfrac{1}{15,000}$ ② $\dfrac{1}{18,000}$

③ $\dfrac{1}{21,000}$ ④ $\dfrac{1}{25,000}$

○ $\dfrac{\Delta l}{l} = \dfrac{\theta''}{\rho''} = \dfrac{10''}{206,265''} = \dfrac{1}{21,000}$

답 ③

02 수평각 측정에서 5′ 이하를 생략하면 거리 측량은 얼마 정도로 측정해야 정도에 균형이 맞는가?

① 약 $\dfrac{1}{690}$ ② 약 $\dfrac{1}{695}$

③ 약 $\dfrac{1}{675}$ ④ 약 $\dfrac{1}{680}$

○ $\dfrac{1}{m} = \dfrac{\Delta l}{l} = \dfrac{\theta''}{\rho''}$

$\therefore \dfrac{1}{m} = \dfrac{5' \times 60''}{206265''} = \dfrac{1}{688} ≒ \dfrac{1}{690}$

답 ④

03 거리관측의 정밀도와 각 관측의 정밀도가 같다고 할 때 거리관측의 허용오차를 1/5,000로 하면 각 관측의 허용오차는?

① 41.05″   ② 41.25″
③ 82.15″   ④ 82.50″

○ $\dfrac{\Delta l}{l} = \dfrac{\theta''}{\rho''}$

$\therefore \theta'' = \dfrac{\Delta l}{l}\rho'' = \dfrac{1}{5,000} \times 206,265''$
$= 41.25''$

답 ②

과년도 기출문제

01 거리측량의 정확도가 $\dfrac{1}{10,000}$일 때 같은 정확도를 가지는 각 관측오차는? [15년 2회]

① 18.6″ ② 19.6″
③ 20.6″ ④ 21.6″

[해설]

정확도(정밀도) $= \dfrac{1}{m} = \dfrac{\Delta l}{l} = \dfrac{\theta''}{\rho''}$

$\therefore \theta'' = \dfrac{1}{m} \times \rho'' = \dfrac{1}{10,000} \times 206,265'' = 20.63''$

02 측점 A에 각관측 장비를 세우고 50m 떨어져 있는 측점 B를 시준하여 각을 관측할 때, 측선 AB에 직각방향으로 3cm의 오차가 있었다면 이로 인한 각관측 오차는? [17년 2회]

① 0°1′13″ ② 0°1′22″
③ 0°2′04″ ④ 0°2′45″

[해설]

$\dfrac{\Delta l}{l} = \dfrac{\theta''}{\rho''}$, $\dfrac{0.03}{50} = \dfrac{\theta''}{206265''}$

$\therefore \theta'' = 2'03.76''$

03 트래버스 측량에서 거리 관측의 오차가 관측거리 100m에 대하여 ±1.0mm인 경우 이에 상응하는 각관측 오차는? [20년 1회]

① ±1.1″ ② ±2.1″
③ ±3.1″ ④ ±4.1″

[해설]

$\dfrac{\Delta l}{l} = \dfrac{\theta''}{\rho''}$, $\dfrac{1 \times 10^{-3}}{100} = \dfrac{\theta''}{206,265''}$

$\therefore \theta'' = \pm 2.1''$

04 다각측량에서 거리관측 및 각관측의 정밀도는 균형을 고려해야 한다. 거리관측의 허용오차가 ±1/10,000이라고 할 때, 각관측의 허용오차는? [20년 3회]

① ±20″ ② ±10″
③ ±5″ ④ ±1′

[해설]

정도$\left(\dfrac{1}{m}\right) = \dfrac{\Delta l}{l} = \dfrac{\theta''}{\rho''}$

$\dfrac{1}{10,000} = \dfrac{\theta''}{206,265''}$ $\therefore \theta'' = 20''$

05 토털스테이션으로 각을 측정할 때 기계의 중심과 측점이 일치하지 않아 0.5mm의 오차가 발생하였다면 각 관측 오차를 2″ 이하로 하기 위한 관측 변의 최소 길이는? [21년 3회]

① 82.51m ② 51.57m
③ 8.25m ④ 5.16m

[해설]

정밀도 $= \dfrac{1}{m} = \dfrac{\Delta l}{l} = \dfrac{\theta''}{\rho''}$

$\dfrac{0.5 \times 10^{-3}}{l} = \dfrac{2}{206,265}$

$\therefore l = 51.57\text{m}$

06 축척 1 : 5,000의 지형도 제작에서 등고선 위치오차가 ±0.3mm, 높이 관측오차가 ±0.2mm로 하면 등고선 간격은 최소한 얼마 이상으로 하여야 하는가? [16년 2회]

① 1.5m ② 2.0m
③ 2.5m ④ 3.0m

[해설]

등고선 간격(h)

$\dfrac{1}{5,000} = \dfrac{dh}{h}$ $\therefore h = 5,000 \times 0.2 = 1,000\text{mm} = 1\text{m}$ 이상

정답 01 ③ 02 ③ 03 ② 04 ① 05 ② 06 ①

01 측량의 기준

② 평면측량과 측지측량의 측량범위

평면측량(소지, 단거리측량)	측지측량(대지, 장거리측량)
① 정도 $\dfrac{1}{백만}\left(\dfrac{1}{10^6}\right)$일 때 반경 11km 이내를 측량할 때	① 정도 $\dfrac{1}{백만}\left(\dfrac{1}{10^6}\right)$일 때 반경 11km 이상을 측량할 때
② 면적 약 400km² 이하의 지역에서 지구곡률을 고려하지 않는 측량 $\left(정도=\dfrac{1}{10^6}\right)$	② 면적 약 400km² 이상의 넓은 지역에 지구곡률을 고려하는 정밀측량 $\left(정도=\dfrac{1}{10^6}\right)$
③ 측량 대상을 직선(평면)으로 간주	③ 측량 대상을 곡선(곡면)으로 간주
④ 정도 $\dfrac{1}{십만}\left(\dfrac{1}{10^5}\right)$일 때 반경 35km 이내를 측량할 때	④ 정도 $\dfrac{1}{십만}\left(\dfrac{1}{10^5}\right)$일 때 반경 35km 이상을 측량할 때

③ 평면측량과 측지측량의 정밀도 및 거리오차

지구상 거리	정밀도
	정밀도$\left(\dfrac{1}{m}\right)=\dfrac{d-l}{l}=\dfrac{1}{12}\left(\dfrac{l}{R}\right)^2$
	거리오차
	거리오차 $= d-l = \dfrac{1}{12}\times\dfrac{l^3}{R^2}$

- d : 평면으로 관측한 거리(평면거리, 소지측량)
- R : 지구곡률반경(6,370km)
- l : C점에서 지구표면을 따라 관측한 실제거리(곡면거리, 대지측량)
- $d-l$: 거리오차

＋ 측지(대지)측량

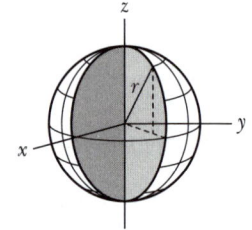

① 지구곡률을 고려한 장거리 측량
② 지각변동의 관측, 항로 등의 측량

정도 $1/10^6$일 때 면적(A)의 범위
(반경 11km일 때)

$$A = \dfrac{\pi D^2}{4} = \pi R^2 = \pi \times 11^2$$
$$\fallingdotseq 400\text{km}^2$$

＋ 구과량

구면삼각형의 세 내각의 합이 180°보다 큰 차이값

$$\varepsilon = (A+B+C) - 180°$$

식

$$\varepsilon'' = \dfrac{A}{R^2}\rho'' = \dfrac{ab\sin\gamma}{2R^2}\rho''$$

ε : 구과량
A : 삼각형 면적
R : 지구곡률반경(6,370km)

개념이해

01 측지학에 관한 설명 중 옳지 않은 것은? [21년 1회]

① 측지학이란 지구 내부의 특성, 지구의 형상, 지구 표면의 상호 위치관계를 결정하는 학문이다.
② 물리학적 측지학은 중력측정, 지자기측정 등을 포함한다.
③ 기학학적 측지학에는 천문측량, 위성측량, 높이의 결정 등이 있다.
④ 측지측량이란 지구의 곡률을 고려하지 않는 측량으로 11km 이내를 평면으로 취급한다.

측지(대지)측량은 지구의 곡률을 고려해 반경 11km 이상, 면적 약 400km² 이상의 대상을 측량한다.

답 ④

과년도 기출문제

01 다음 설명 중 틀린 것은? [16년 2회]

① 측지학이란 지구 내부의 특성, 지구의 형상 및 운동을 결정하는 측량과 지구표면상 모든 점들 간의 상호위치 관계를 산정하는 측량을 위한 학문이다.
② 측지측량은 지구의 곡률을 고려한 정밀측량이다.
③ 지각변동의 관측, 항로 등의 측량은 평면측량으로 한다.
④ 측지학의 구분은 물리측지학과 기하측지학으로 크게 나눌 수 있다.

[해설]
지각변동의 관측, 항로 등의 측량 → 측지측량

02 지구반지름이 6,370km이고 거리의 허용오차가 $1/10^5$이면 평면측량으로 볼 수 있는 범위의 지름은? [22년 2회]

① 약 69km   ② 약 64km
③ 약 36km   ④ 약 22km

[해설]
평면측량
- 정도 $\frac{1}{10^6}$ 일 때 반경 11km(직경 22km) 이내 측량
- 정도 $\frac{1}{10^5}$ 일 때 반경 35km(직경 70km) 이내 측량

03 지구의 곡률에 의하여 발생하는 오차를 $1/10^6$까지 허용한다면 평면으로 가정할 수 있는 최대 반지름은?(단, 지구곡률반지름 $R=6{,}370\text{km}$) [16년 1회]

① 약 5km   ② 약 11km
③ 약 22km   ④ 약 110km

[해설]

정도	$1/10^6$	$1/10^5$
평면간주 반지름	11km	35km

04 평면측량에서 거리의 허용오차를 1/500,000까지 허용한다면 지구를 평면으로 볼 수 있는 한계는 몇 km인가?(단, 지구의 곡률반지름은 6,370km이다.) [21년 3회]

① 22.07km   ② 31.2km
③ 2,207km   ④ 3,121km

[해설]
$$\text{정도} = \frac{1}{12}\left(\frac{l}{R}\right)^2$$
$$\frac{1}{500{,}000} = \frac{1}{12}\left(\frac{l}{6{,}370}\right)^2$$
∴ $l = 31.2\text{km}$

05 지구 표면의 거리 35km까지를 평면으로 간주했다면 허용정밀도는 약 얼마인가?(단, 지구의 반지름은 6,370km이다.) [15년 4회]

① 1/300,000   ② 1/400,000
③ 1/500,000   ④ 1/600,000

[해설]
$$\text{정도}\left(\frac{\Delta l}{l}\right) = \frac{l^2}{12R^2} = \frac{35^2}{12 \times 6{,}370^2} ≒ \frac{1}{400{,}000}$$

06 구면 삼각형의 성질에 대한 설명으로 틀린 것은? [20년 4회]

① 구면 삼각형의 내각의 합은 180°보다 크다.
② 2점 간 거리가 구면상에서는 대원의 호길이가 된다.
③ 구면 삼각형의 한 변은 다른 두 변위 합보다는 작고 차보다는 크다.
④ 구과량은 구 반지름의 제곱에 비례하고 구면 삼각형의 면적에 반비례한다.

[해설]
$$\text{구과량} = \frac{A}{R^2}\rho''$$
(면적에 비례, 반지름 제곱에 반비례)

정답 01 ③ 02 ① 03 ② 04 ② 05 ② 06 ④

01 측량의 기준

④ 측지학의 분류

기하학적 측지학	물리학적 측지학
① 측지학적 3차원 위치결정	① 지구 형상 해석
② 길이 및 시의 결정	② 중력측량
③ 수평위치 결정	③ 지자기 측량
④ 높이의 결정	④ 탄성파 측량
⑤ 천문측량	⑤ 대륙의 부동
⑥ 위성측량	⑥ 지구의 극운동과 자전운동
⑦ 해양측량	⑦ 지각의 변동 및 균형
⑧ 면·체적 결정	⑧ 지구의 열
⑨ 지도제작	⑨ 지구 조석

➕ 천문측량
천체의 고도, 방위각, 시각을 관측하여 관측지점의 경위도 및 방위를 구하는 측량

⑤ 중력이상 값

중력이상	중력보정 방법
① 중력이상 : 실측값-계산값 ② 중력이상(+) : 질량이 여유인 지역 ③ 중력이상(-) : 질량이 부족한 지역	위도보정, 계기보정, 지형보정, 고도보정, 프리에어보정, 부게보정 등

➕ 중력보정
- 중력은 높이의 함수
- 서로 다른 고도(위도)에서의 중력값의 비교는 불가
- 중력보정은 주변에 발생하는 중력 변화량을 제거하는 것

개념이해

01 다음 중 중력보정방법이 아닌 것은?

① 지형보정 ② 경도보정
③ 부게보정 ④ 고도보정

◯ 중력보정방법
지형보정, 고도보정, 아이소스타시(지각균형) 보정, 에토베스보정

目 ②

과년도 기출문제

01 다음 중 물리학적 측지학에 해당되는 것은?

[15년 4회]

① 탄성파 관측
② 면적 및 부피 계산
③ 구과량 계산
④ 3차원 위치 결정

[해설]

구분	기하학적 측지학	물리학적 측지학
대상	1. 길이 및 시 결정 2. 수평위치 결정 3. 높이 결정 4. 측지학의 3차원 위치 결정 5. 천문측량 6. 위성측지 7. 하해측지 8. 면적/체적의 산정 9. 지도제작 10. 사진측량	1. 지구의 형상해석 2. 중력 측정 3. 지자기 측정 4. 탄성파 측정 5. 지구의 극운동/자전운동 6. 지각변동/균형 7. 지구의 열 8. 대륙의 부동 9. 해양의 조류 10. 지구의 조석

02 중력이상에 대한 설명으로 옳지 않은 것은?

[20년 1회]

① 중력이상에 의해 지표면 밑의 상태를 추정할 수 있다.
② 중력이상에 대한 취급은 물리학적 측지학에 속한다.
③ 중력이상이 양(+)이면 그 지점 부근에 무거운 물질이 있는 것으로 추정할 수 있다.
④ 중력식에 의한 계산값에서 실측값을 뺀 것이 중력이상이다.

[해설]

중력이상 = 실측값 − 계산값

03 중력이상의 주된 원인에 대한 설명으로 옳은 것은?

① 지하 물질의 밀도가 고르게 분포되어 있지 않기 때문이다.
② 지하수의 흐름이 불규칙하기 때문이다.
③ 태양과 달의 인력 때문이다.
④ 잦은 화산 폭발 때문이다.

[해설]

중력이상은 지하의 물질밀도가 고르게 분포되어 있지 않기 때문이다.
- 중력이상 = 실측값 − 계산값
- 중력이상(+) : 질량이 여유있는 지역
- 중력이상(−) : 질량이 부족한 지역

정답 01 ① 02 ④ 03 ①

01 측량의 기준

6 지오이드(수직위치)

정의	① 정지된 평균해수면을 육지까지 연장한 가상적인 곡면(해발고도기준) ② 중력에 의해 정해진 평균해수면을 기준한 면(수준측량기준)
모식도	(평균해수면(지오이드), 지표면, 타원체, 타원체에 수직, 지오이드에 수직, 지오이드 중력의 변화에 따라 기복을 이룸)
특징	① 지오이드는 중력장의 등포텐셜면(연직선 중력방향에 직교)이다. ② 지오이드는 위치에너지($E=mgh$)가 0이며 불규칙 지형이다. ③ 지오이드는 육지에서는 회전타원체면 위에 존재하고, 바다에서는 회전타원체면 아래에 존재한다. ④ 실제로 지오이드 면은 굴곡이 심하므로 측량의 기준으로 채택하기 어렵다(요철이 있다). ⑤ 지오이드는 높이를 측정하기 위한 기준면이다.

＋ 지오이드
수학적으로 정의된 타원체가 아니고 중력에 의해 정해진 평균해수면을 기준한 면

• 지오이드면과 기준(지구)타원체는 일치하지 않는다.

등포텐셜면

등포텐셜면

개념이해

01 지오이드(Geoid)에 대한 설명으로 옳은 것은? [16년 2회]

① 육지와 해양의 지형면을 말한다.
② 육지 및 해저의 요철(凹凸)을 평균한 매끈한 곡면이다.
③ 회전타원체와 같은 것으로 지구의 형상이 되는 곡면이다.
④ 평균해수면을 육지 내부까지 연장했을 때의 가상적인 곡면이다.

▶ 평균해수면을 육지까지 연장한 가상의 곡선을 지오이드라 한다.

답 ④

02 지오이드(Geoid)에 대한 설명 중 옳지 않은 것은? [17년 4회]

① 평균해수면을 육지까지 연장한 가상적인 곡면을 지오이드라 하며 이것은 지구타원체와 일치한다.
② 지오이드는 중력장의 등퍼텐셜면으로 볼 수 있다.
③ 실제로 지오이드면은 굴곡이 심하므로 측지측량의 기준으로 채택하기 어렵다.
④ 지구타원체의 법선과 지오이드의 법선 간의 차이를 연직선 편차라 한다.

▶ 지오이드는 지구타원체와 일치하지 않는다.

답 ①

과년도 기출문제

토목 / 기사 / 필기

01 지오이드(Geoid)에 대한 설명으로 옳지 않은 것은?
[21년 2회]

① 평균해수면을 육지까지 연장시켜 지구 전체를 둘러싼 곡면이다.
② 지오이드면은 등포텐셜면으로 중력방향은 이 면에 수직이다.
③ 지표 위 모든 점의 위치를 결정하기 위해 수학적으로 정의된 타원체이다.
④ 실제로 지오이드면은 굴곡이 심하므로 측지측량의 기준으로 채택하기 어렵다.

[해설]

지오이드의 특징
- 지오이드는 중력장의 등포텐셜면(연직선 중력방향에 직교)
- 지오이드는 위치에너지($E=mgh$)가 0이며 불규칙 지형임
- 지오이드는 육지에서는 회전타원체면 위에 존재하고, 바다에서는 회전타원체면 아래에 존재함
- 실제로 지오이드면은 굴곡이 심하므로 측량의 기준으로 채택하기 어려움(요철이 있다.)

02 지오이드(Geoid)에 대한 설명으로 옳은 것은?
[19년 1회]

① 육지와 해양의 지형면을 말한다.
② 육지 및 해저의 요철(凹凸)을 평균한 매끈한 곡면이다.
③ 회전타원체와 같은 것으로서 지구의 형상이 되는 곡면이다.
④ 평균해수면을 육지내부까지 연장했을 때의 가상적인 곡면이다.

[해설]

지오이드
- 정지된 평균 해수면을 육지까지 연장한 가상곡면(해발고도 기준)
- 중력에 의해 정해진 평균해수면을 기준한 면(수준측량기준)
- 지오이드는 중력장의 등포텐셜면(연직선 중력방향에 직교)
- 지오이드는 위치에너지($E=mgh$)가 0이며 불규칙 지형임
- 지오이드는 육지에서는 회전타원체면 위에 존재하고, 바다에서는 회전타원체면 아래에 존재함
- 실제로 지오이드면은 굴곡이 심하므로 측량의 기준으로 채택하기 어려움

03 지구의 형상에 대한 설명으로 틀린 것은?
[17년 1회]

① 회전타원체는 지구의 형상을 수학적으로 정의한 것이고, 어느 하나의 국가에 기준으로 채택한 타원체를 기준타원체라 한다.
② 지오이드는 물리적인 형상을 고려하여 만든 불규칙한 곡면이며, 높이 측정의 기준이 된다.
③ 지오이드 상에서 중력 포텐셜의 크기는 중력 이상에 의하여 달라진다.
④ 임의 지점에서 회전타원체에 내린 법선이 적도면과 만나는 각도를 측지위도라 한다.

[해설]

지오이드는 등 포텐셜면이다(지오이드 상에서 중력포텐셜의 크기는 모두 같다).

04 지오이드(Geoid)에 관한 설명으로 틀린 것은?
[19년 2회]

① 중력장 이론에 의한 물리적 가상면이다.
② 지오이드면과 기준타원체면은 일치한다.
③ 지오이드는 어느 곳에서나 중력 방향과 수직을 이룬다.
④ 평균 해수면과 일치하는 등포텐셜면이다.

[해설]

지오이드의 특징
- 지오이드는 중력장의 등포텐셜면(연직선 중력방향에 직교)
- 지오이드는 위치에너지($E=mgh$)가 0이며 불규칙 지형임
- 지오이드는 육지에서는 회전타원체면 위에 존재하고, 바다에서는 회전타원체면 아래에 존재함
- 실제로 지오이드면은 굴곡이 심하므로 측량의 기준으로 채택하기 어려움(요철이 있다.)
- 지오이드면과 기준타원체면은 일치하지 않음

정답 01 ③ 02 ④ 03 ③ 04 ②

01 측량의 기준

❼ UTM(Universal Transverse Mercator) 좌표

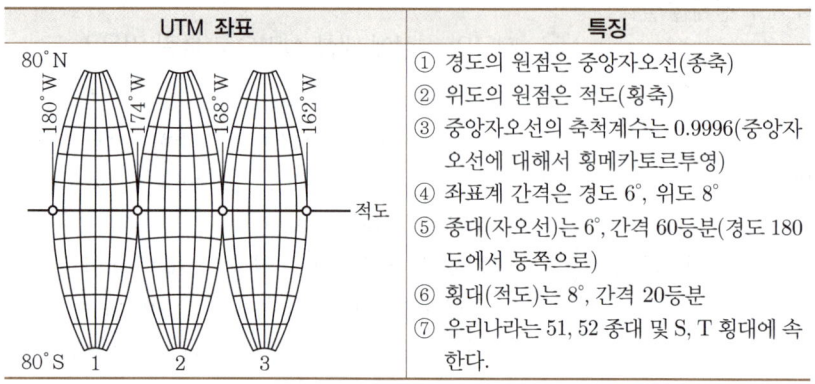

UTM 좌표	특징
(그림)	① 경도의 원점은 중앙자오선(종축) ② 위도의 원점은 적도(횡축) ③ 중앙자오선의 축척계수는 0.9996(중앙자오선에 대해서 횡메카토르투영) ④ 좌표계 간격은 경도 6°, 위도 8° ⑤ 종대(자오선)는 6°, 간격 60등분(경도 180도에서 동쪽으로) ⑥ 횡대(적도)는 8°, 간격 20등분 ⑦ 우리나라는 51, 52 종대 및 S, T 횡대에 속한다.

＋ 평면직각좌표
- 측량범위가 크지 않은 지역 (가장 많이 사용)
- 직교 좌푯값(X, Y)으로 표시
- X축은 북쪽, Y축은 동쪽을 표현
- 다각측량(트래버스 측량)의 좌표계

❽ 평면직각 좌표계 4원점(가상점)

명칭	4원점(TM좌표계의 원점)	단일원점(UTM-K)
투영원점	서부원점 : 동경125°, 북위38° 중부원점 : 동경127°, 북위38° 동부원점 : 동경129°, 북위38° 동해원점 : 동경131°, 북위38°	동경 127° 30′ 북위 38°
축척계수	1	0.9996
투영원점 가산값	(600,000m, 200,000m)	(2,000,000m, 1,000,000m)
범위	서부원점 : 동경124°~126° 구역 내 중부원점 : 동경126°~128° 구역 내 동부원점 : 동경128°~130° 구역 내 동해원점 : 동경130°~132° 구역 내	한반도 전역

＋ 수준원점
- 인천 인하대 교정에 설치
- 평균해수면과 수준원점 간의 표고는 26.6871m(수준원점의 표고)

개념이해

01 일반적인 측량에 많이 이용되는 좌표는 어느 것인가?
① 구면좌표 ② 평면직각좌표
③ 극좌표 ④ 사좌표

➡ 측량범위가 크지 않은 일반적인 측량에 많이 이용되는 좌표는 평면직각 좌표계이다.
답 ②

02 우리나라 평면직각 좌표계에 대한 설명으로 옳은 것은?
① 평면상에서 원점을 지나는 동서방향을 X축으로 하며 자오선을 Y축으로 한다.
② 모든 점의 좌표가 양수(+)가 되도록 종축에 200,000m, 횡축에 600,000m를 더한다.
③ 원점은 서부원점, 중부원점, 동부원점, 동해원점의 4개를 기본으로 하고 있다.
④ 중부원점은 동경 124°~126°에서 적용이 된다.

➡ ① 평면상에서 원점을 지나는 동서방향을 Y축으로 하며 자오선을 X축으로 한다.
② 모든 점의 좌표가 양수(+)가 되도록 종축에 600,000m, 횡축에 200,000m를 더한다.
③ TM 좌표계의 축척계수는 1이며 투영원점은 4개이다.
④ 중부원점은 동경 126°~128°에서 적용이 된다.
답 ③

과년도 기출문제

01 UTM 좌표에 대한 설명으로 옳지 않은 것은?
[17년 2회]

① 중앙 자오선의 축척 계수는 0.9996이다.
② 좌표계는 경도 6°, 위도 8° 간격으로 나눈다.
③ 우리나라는 40구역(ZONE)과 43구역(ZONE)에 위치하고 있다.
④ 경도의 원점은 중앙자오선에 있으며 위도의 원점은 적도상에 있다.

[해설]
우리나라는 51구역(ZONE)과 52구역(ZONE)에 위치하고 있다.

02 UTM 좌표(Universal Transverse Mercator Coordinates)에 대한 설명으로 옳은 것은?

① 적도를 횡축, 자오선을 종축으로 한다.
② 좌표계의 세로 간격(Zone)은 경도 3° 간격이다.
③ 종 좌표(N)의 원점은 위도 38°이다.
④ 축척은 중앙자오선에서 멀어짐에 따라 작아진다.

[해설]
UTM 좌표
- 적도를 횡축, 자오선을 종축으로 한다.
- 좌표계 경도를 6°씩, 위도를 8°씩 분할한다.
- 경도의 원점은 중앙자오선, 위도의 원점은 적도이다.
- 중앙자오선의 축척계수는 0.9996이고 중앙자오선에서 멀어짐에 따라 축척계수는 1로 커진다.
- 종축(경도)원점은 중앙자오선
- 횡축(위도)원점은 적도

03 우리나라는 TM 도법에 따른 평면직교좌표계를 사용하고 있는데 다음 중 동해원점의 경위도 좌표는?

① 129° 00′ 00″ E, 35° 00′ 00″ N
② 131° 00′ 00″ E, 35° 00′ 00″ N
③ 129° 00′ 00″ E, 38° 00′ 00″ N
④ 131° 00′ 00″ E, 38° 00′ 00″ N

[해설]

구분	서부 도원점	중부 도원점	동부 도원점	동해원점
경도	동경125°	동경127°	동경129°	동경131°
위도	북위 38°	북위 38°	북위 38°	북위 38°

04 다음 우리나라에서 사용되고 있는 좌표계에 대한 설명 중 옳지 않은 것은?
[20년 3회]

우리나라의 평면직각좌표는 ㉠ 4개의 평면직각좌표계(서부, 중부, 동부, 동해)를 사용하고 있다. 각 좌표계의 ㉡ 원점은 위도 38°선과 경도 125°, 127°, 129°, 131°선의 교점에 위치하며, ㉢ 투영법은 TM(Transverse Mercator)을 사용한다. 좌표의 음수 표기를 방지하기 위해 ㉣ 횡좌표에 200,000m, 종좌표에 500,000m를 가산한 가좌표를 사용한다.

① ㉠   ② ㉡
③ ㉢   ④ ㉣

[해설]
좌표의 음수 표기를 방지하기 위해 횡좌표에 200,000m, 종좌표에 600,000m를 가산한다.

05 한국수준원점의 높이는 어느 것을 기준으로 측정한 높이인가?

① 동부원점의 지표면   ② 부산항의 평균수면
③ 지리조사 지표면   ④ 인천항의 평균수면

[해설]
한국수준원점의 높이는 인천만의 평균해수면을 기준으로 하며, 인천만의 평균해수면과 수준원점 간의 표고는 26.6871m이다.

06 인하대학교 교정에 설치된 우리나라의 수준원점의 표고는 다음 중 어느 것인가?

① 26.6871m   ② 26.6876m
③ 25.1968m   ④ 25.6871m

정답 01 ③ 02 ① 03 ④ 04 ④ 05 ④ 06 ①

02 오차해석

1 정오차와 부정(우연)오차

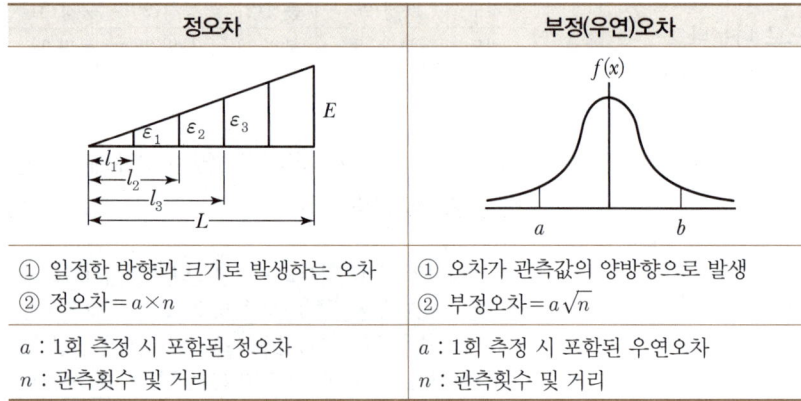

정오차	부정(우연)오차
① 일정한 방향과 크기로 발생하는 오차 ② 정오차 $= a \times n$ a : 1회 측정 시 포함된 정오차 n : 관측횟수 및 거리	① 오차가 관측값의 양방향으로 발생 ② 부정오차 $= a\sqrt{n}$ a : 1회 측정 시 포함된 우연오차 n : 관측횟수 및 거리

성질에 따른 오차 분류
- 정오차
- 부정(우연)오차
- 과실(관측자의 실수)

참오차
참값 − 관측값

잔차(v)
최확값 − 관측값

최확값
- 참값에 가까울 확률이 가장 큰 값
- 측량에서는 참값 대신 최확값을 이용

2 오차 보정 후 실제거리 계산

실제거리 계산	관측거리 $+$ 정오차$(a \times n) \pm$ 우연오차$(a\sqrt{n})$
전길이의 확률오차	$\sqrt{(정오차)^2 + (우연오차)^2}$

부정오차(우연오차)
- 원인이 불명확한 오차(소거 후에도 잔존)
- 부호의 크기가 불규칙적이며 서로 상쇄 (상차)
- 최소제곱법에 의해 추정가능(최확치)

개념이해

01 줄자로 거리를 관측할 때 한 구간 20m의 거리에 비례하는 정오차가 +2mm라면 전 구간 200m를 관측하였을 때 정오차는? [22년 1회]

① +0.2mm ② +0.63mm
③ +6.3mm ④ +20mm

정오차 $= a \times n = 2 \times \left(\dfrac{200}{20}\right) = +20\text{mm}$

답 ④

02 100m의 측선을 20m 줄자로 관측하였다. 1회의 관측에 +4mm의 정오차와 ±3mm의 부정오차가 있었다면 측선의 거리는? [19년 3회]

① 100.010±0.007m ② 100.010±0.015m
③ 100.020±0.007m ④ 100.020±0.015m

실거 = 관거 + 정오차 ± 부정오차
$= 100 + (0.004 \times 5) \pm 0.003\sqrt{5}$
$= 100.02 \pm 0.007\text{m}$

답 ③

과년도 기출문제

01 120m의 측선을 30m 줄자로 관측하였다. 1회 관측에 따른 우연오차가 ±3mm이었다면, 전체 거리에 대한 오차는? [19년 2회]

① ±3mm ② ±6mm
③ ±9mm ④ ±12mm

[해설]

부정오차 $= a\sqrt{n} = 3\sqrt{(120/30)} = 6$mm

02 상차라고도 하며 그 크기와 방향(부호)이 불규칙적으로 발생하고 확률론에 의해 추정할 수 있는 오차는? [21년 3회]

① 착오 ② 정오차
③ 개인오차 ④ 우연오차

[해설]

부정오차(우연오차)
- 예측할 수 없이 발생
- 오차의 표현 : ±
- 확률론에 의해 추정
- 조정방법 : 최소제곱법

03 20m 줄자로 두 지점의 거리를 측정한 결과가 320m였다. 1회 측정마다 ±3mm의 우연오차가 발생한다면 두 지점 간의 우연오차는? [17년 2회]

① ±12mm ② ±14mm
③ ±24mm ④ ±48mm

[해설]

우연오차 $= a\sqrt{n} = 3\sqrt{\dfrac{320}{20}} = \pm 12$mm

04 2,000m의 거리를 50m씩 끊어서 40회 관측하였다. 관측결과 오차가 ±0.14m였고, 40회 관측의 정밀도가 동일하다면, 50m 거리 관측의 오차는? [15년 4회]

① ±0.022m ② ±0.019m
③ ±0.016m ④ ±0.013m

[해설]

$0.14 = a\sqrt{40}$, $x = a\sqrt{1}$
∴ $x = \pm 0.022$m

05 A, B, C, D 네 사람이 각각 거리 8km, 12.5km, 18km, 24.5km의 구간을 왕복 수준측량하여 폐합차를 7mm, 8mm, 10mm, 12mm 얻었다면 4명 중에서 가장 정밀한 측량을 실시한 사람은? [18년 2회]

① A ② B
③ C ④ D

[해설]

$E = a\sqrt{n}$에서 1회 관측오차는 $a = \dfrac{E}{\sqrt{n}}$이다.

1회 관측오차(a)가 제일 적은 사람은
$B\left(a = \dfrac{E}{\sqrt{n}} = \dfrac{8}{\sqrt{25}} = 1.6\right)$이다.

06 트래버스 측량에서 1회 각관측의 오차가 ±10″라면 30개의 측점에서 1회씩 각관측하였을 때의 총 각관측 오차는? [21년 1회]

① ±15″ ② ±17″
③ ±55″ ④ ±70″

[해설]

총 각관측 오차 $= a\sqrt{n} = 10\sqrt{30} = \pm 55''$

07 2,000m의 거리를 50m씩 끊어서 40회 관측하였다. 관측결과 총오차가 ±0.14m이었고, 40회 관측의 정밀도가 동일하다면, 50m 거리관측의 오차는? [20년 4회]

① ±0.022m ② ±0.019m
③ ±0.016m ④ ±0.013m

[해설]

$0.14 = a\sqrt{\dfrac{2,000}{50}}$ ∴ $a = 0.022$

정답 01 ② 02 ④ 03 ① 04 ① 05 ② 06 ③ 07 ①

02 오차해석

③ 축척

축척(거리)	$\dfrac{1}{m} = \dfrac{도상거리}{실제거리}$
축척(면적)	$\left(\dfrac{1}{m}\right)^2 = \dfrac{도상면적}{실제면적}$

＋ 축척과 면적과의 관계
면적은 축척의 제곱에 비례

④ 거리의 정밀도와 면적의 정밀도

거리의 정밀도와 면적의 정밀도	거리의 정밀도와 체적의 정밀도
$\dfrac{\triangle A}{A} = 2\dfrac{\triangle l}{l}$	$\dfrac{\triangle V}{V} = 3\dfrac{\triangle l}{l}$
면적의 정밀도는 거리 정밀도의 2배	체적의 정밀도는 거리 정밀도의 3배

⑤ 도면이 수축 또는 팽창 시 실제면적

면적오차($\triangle A$)	실제면적(A_o)
$\triangle A = 2\dfrac{\triangle l}{l} \times A$	실제면적(A_o) = 관측면적(A) ± 면적오차($\triangle A$)

＋ 도면에서 부호 결정
수축 시 : (+)
팽창 시 : (−)

줄자에서 부호 결정
늘어난 줄자 사용 시 : (+)
줄어든 줄자 사용 시 : (−)

개념이해

01 축척 1 : 2,000의 도면에서 관측한 면적이 2,500m²이었다. 이때, 도면의 가로와 세로가 각각 1% 줄었다면 실제 면적은? [19년 3회]

① 2,451m² ② 2,475m²
③ 2,525m² ④ 2,551m²

○ 실면 = 관면 ± $\triangle A$
　　　= 2,500 + 50 = 2,550
$\left(2 \cdot \dfrac{\triangle l}{l} = \dfrac{\triangle A}{A},\ \triangle A = 2 \cdot \dfrac{\triangle l}{l} \cdot A = 50\right)$

답 ④

02 30m에 대하여 3mm 늘어나 있는 줄자로써 정사각형의 지역을 측정한 결과 80,000m²였다면 실제의 면적은? [15년 1회]

① 80,016m² ② 80,008m²
③ 79,984m² ④ 79,992m²

○ 실제면적 = 관측면적 ± $\triangle A$(면적오차)
$\triangle A = 2 \cdot \dfrac{\triangle l}{l} \cdot A$
　　 $= 2 \times \dfrac{0.003}{30} \times 80,000 = 16$
∴ 실제면적 = 80,000 + 16 = 80,016m²
(늘어난 줄자 +, 줄어든 줄자 −)

답 ②

과년도 기출문제

01 축척 1 : 2,000 도면 상의 면적을 축척 1 : 1,000 으로 잘못 알고 면적을 관측하여 24,000m²를 얻었다면 실제 면적은? [16년 1회]

① 6,000m² ② 12,000m²
③ 48,000m² ④ 96,000m²

[해설]

- $\left(\dfrac{1}{1,000}\right)^2 = \left(\dfrac{x}{24,000}\right)$, $x = 0.024$
- $\left(\dfrac{1}{2,000}\right)^2 = \left(\dfrac{0.024}{y}\right)$, $y = 96,000\text{m}^2$

02 직사각형 두 변의 길이를 $\dfrac{1}{200}$ 정확도로 관측하여 면적을 구할 때 산출된 면적의 정확도는? [16년 1회]

① $\dfrac{1}{50}$ ② $\dfrac{1}{100}$
③ $\dfrac{1}{200}$ ④ $\dfrac{1}{400}$

[해설]

$\dfrac{\Delta A}{A} = 2\dfrac{\Delta l}{l} = 2 \times \dfrac{1}{200} = \dfrac{1}{100}$

03 축척 1 : 500 지형도를 기초로 하여 축척 1 : 3,000 지형도를 제작하고자 한다. 축척 1 : 3,000 도면 한 장에 포함되는 축척 1 : 500 도면의 매수는?(단, 1 : 500 지형도와 1 : 3,000 지형도의 크기는 동일하다.) [19년 2회]

① 16매 ② 25매
③ 36매 ④ 49매

[해설]

6매×6매=36매

04 축척에 대한 설명 중 옳은 것은? [15년 4회]

① 축척 1 : 500 도면에서의 면적은 실제면적의 1/1,000이다.
② 축척 1 : 600 도면을 축척 1 : 200으로 확대했을 때 도면의 크기는 3배가 된다.
③ 축척 1 : 300 도면에서의 면적은 실제면적의 1/9,000이다.
④ 축척 1 : 500 도면을 축척 1 : 1,000으로 축소했을 때 도면의 크기는 1/4이 된다.

[해설]

- 축척이 $\left(\dfrac{1}{m}\right)$이면 실제면적은 $\left(\dfrac{1}{m}\right)^2$이다.
- 축척 $\dfrac{1}{500}$을 $\dfrac{1}{1,000}$로 축소했을 때 도면의 면적은 1/4이다.

05 축척 1 : 25,000 지형도에서 거리가 6.73cm인 두 점 사이의 거리를 다른 축척의 지형도에서 측정한 결과 11.21cm이었다면 이 지형도의 축척은 약 얼마인가? [18년 1회]

① 1 : 20,000 ② 1 : 18,000
③ 1 : 15,000 ④ 1 : 13,000

[해설]

$\dfrac{1}{25,000} = \dfrac{6.73\text{cm} \times 10^{-2}}{\text{실제거리}}$, 따라서 실제거리=1,682.5m

$\dfrac{1}{m} = \dfrac{11.21\text{cm} \times 10^{-2}}{1,682.5\text{m}}$

∴ 축척$\left(\dfrac{1}{m}\right) = \dfrac{1}{15,000}$

06 축척 1 : 500 지형도를 기초로 하여 축척 1 : 5,000의 지형도를 같은 크기로 편찬하려 한다. 축척 1 : 5,000 지형도 1장을 만들기 위한 축척 1 : 500 지형도의 매수는? [19년 1회]

① 50매 ② 100매
③ 150매 ④ 250매

[해설]

10매×10매=100매

정답 01 ④ 02 ② 03 ③ 04 ④ 05 ③ 06 ②

과년도 기출문제

07 지상 1km²의 면적을 지도상에서 4cm²으로 표시하기 위한 축척으로 옳은 것은? [18년 3회]

① 1 : 5,000
② 1 : 50,000
③ 1 : 25,000
④ 1 : 250,00000

[해설]

$$\frac{1}{m} = \sqrt{\frac{4}{1 \times 100^2 \times 1{,}000^2}} = \frac{1}{50{,}000}$$

08 축척 1 : 1,500 지도상의 면적을 축척 1 : 1,000으로 잘못 관측한 결과가 10,000m²이었다면 실제면적은? [20년 4회]

① 4,444m²
② 6,667m²
③ 15,000m²
④ 22,500m²

[해설]

- $\left(\frac{1}{1{,}000}\right)^2 = \frac{도상면적}{10{,}000}$ ∴ 도상면적 = 0.01m
- $\left(\frac{1}{1{,}500}\right)^2 = \frac{0.01}{실제면적}$ ∴ 실제면적 = 22,500m²

09 축척 1 : 600인 지도상의 면적을 축척 1 : 500으로 계산하여 38.675m²을 얻었다면 실제면적은? [18년 2회]

① 26.858m²
② 32.229m²
③ 46.410m²
④ 55.692m²

[해설]

$\left(\frac{1}{500}\right)^2 = \frac{x}{38.675}$, ∴ $x = 0.0001547$m²

$\left(\frac{1}{600}\right)^2 = \frac{x}{실제면적}$, ∴ 실제면적 = 55.692m²

10 어떤 횡단면의 도상면적이 40.5cm²이었다. 가로 축척이 1 : 20, 세로 축척이 1 : 60이었다면 실제면적은? [18년 1회]

① 48.6m²
② 33.75m²
③ 4.86m²
④ 3.375m²

[해설]

$\frac{1}{m_1} \times \frac{1}{m_2} = \frac{도상면적}{실제면적}$

$\frac{1}{20} \times \frac{1}{60} = \frac{40.5\text{cm}^2}{실제면적}$ ∴ 실제면적 = 48,600cm² = 4.86m²

11 100m²의 정사각형 토지면적을 0.2m²까지 정확하게 계산하기 위한 한 변의 최대허용오차는? [17년 4회]

① 2mm
② 4mm
③ 5mm
④ 10mm

[해설]

$2 \cdot \frac{\Delta l}{l} = \frac{\Delta A}{A}$

$2 \cdot \frac{\Delta l}{10} = \frac{0.2}{100}$

∴ $\Delta l = 0.01$m = 10mm

12 100m²인 정사각형 토지의 면적을 0.1m²까지 정확하게 구현하고자 한다면 이에 필요한 거리관측의 정확도는? [19년 1회]

① 1/2,000
② 1/1,000
③ 1/500
④ 1/300

[해설]

$2 \cdot \frac{\Delta l}{l} = \frac{\Delta A}{A}$

$\frac{\Delta l}{l} = \frac{\Delta A}{A} \times \frac{1}{2} = \frac{0.1}{100} \times \frac{1}{2} = \frac{1}{2{,}000}$

13 1,600m²의 정사각형 토지 면적을 0.5m²까지 정확하게 구하기 위해서 필요한 변길이의 최대 허용오차는? [17년 2회]

① 2.25mm
② 6.25mm
③ 10.25mm
④ 12.25mm

정답 07 ② 08 ④ 09 ④ 10 ③ 11 ④ 12 ① 13 ②

과년도 기출문제

토 목 / 기 사 / 필 기

[해설]

$$\frac{\Delta A}{A} = 2\frac{\Delta l}{l}, \quad \frac{0.5}{1600} = 2 \cdot \frac{x}{40}, \quad x = 6.25mm$$

14 30m당 0.03m가 짧은 줄자를 사용하여 정사각형 토지와 한 변을 측정한 결과 150m이었다면 면적에 대한 오차는? [22년 2회]

① $41m^2$ ② $43m^2$
③ $45m^2$ ④ $47m^2$

[해설]

$$2 \cdot \frac{\Delta l}{l} = \frac{\Delta A}{A}$$

$$\Delta A = 2 \cdot \frac{\Delta l}{l} \cdot A = 2 \times \frac{0.03}{30} \times 150^2 = 45m^2$$

15 직사각형의 두 변의 길이를 $\frac{1}{100}$ 정밀도로 관측하여 면적을 산출할 경우 산출된 면적의 정밀도는? [20년 3회]

① $\frac{1}{50}$ ② $\frac{1}{100}$
③ $\frac{1}{200}$ ④ $\frac{1}{300}$

[해설]

$$\frac{\Delta A}{A} = 2 \cdot \frac{\Delta l}{l} = 2 \cdot \frac{1}{100} = \frac{1}{50}$$

16 한 변의 길이가 10m인 정사각형 토지를 축척 1 : 600 도상에서 관측한 결과, 도상의 변 관측오차가 0.2mm씩 발생하였다면 실제면적에 대한 오차 비율(%)은? [17년 1회]

① 1.2% ② 2.4%
③ 4.8% ④ 6.0%

[해설]

실제면적에 대한 오차 비율(%)

$$\frac{\Delta A}{A} = 2\frac{\Delta l}{l}(\%)$$

㉠ $l = 10$ m
㉡ Δl

- $\frac{1}{m} = \frac{도상거리}{실제거리} = \frac{도상관측오차}{실제측정오차}$
- $\frac{1}{600} = \frac{0.2}{\Delta l}$

$\Delta l = 120mm = 0.12m$

㉢ $\frac{\Delta A}{A} = 2 \cdot \frac{\Delta l}{l} = 2 \times \frac{0.12}{10}$

$= 0.024 = 2.4\%$

17 동일한 정확도로 3변을 관측한 직육면체의 체적을 계산한 결과가 1,200m³이었다. 거리의 정확도를 1/10,000까지 허용한다면 체적의 허용오차는? [22년 1회]

① $0.08m^3$ ② $0.12m^3$
③ $0.24m^3$ ④ $0.36m^3$

[해설]

- $3 \cdot \frac{\Delta l}{l} = \frac{\Delta V}{V}$
- $\Delta V = 3 \cdot \frac{\Delta l}{l} \cdot V$

$= 3 \times \frac{1}{10,000} \times 1,200$

$= 0.36m^3$

18 수평 및 수직거리를 동일한 정확도로 관측하여 육면체의 체적을 3,000m³로 구하였다. 체적계산의 오차를 0.6m³ 이하로 하기 위한 수평 및 수직거리 관측의 최대 허용 정확도는? [16년 2회]

① $\frac{1}{15,000}$ ② $\frac{1}{20,000}$
③ $\frac{1}{25,000}$ ④ $\frac{1}{30,000}$

[해설]

$$\frac{\Delta V}{V} = 3\frac{\Delta l}{l}, \quad \frac{0.6}{3,000} = 3 \cdot \frac{\Delta l}{l} \quad \therefore \frac{\Delta l}{l} = \frac{1}{15,000}$$

정답 14 ③   15 ①   16 ②   17 ④   18 ①

02 오차해석

6 경중률(P)

경중률(가중치, 무게, 중량치)
① 경중률은 관측횟수(N)에 비례 → $P_1 : P_2 : P_3 = N_1 : N_2 : N_3$
② 경중률은 노선거리(S)에 반비례 → $P_1 : P_2 : P_3 = \dfrac{1}{S_1} : \dfrac{1}{S_2} : \dfrac{1}{S_3}$
③ 경중률은 평균제곱근 오차(표준편차, m)의 제곱에 반비례한다.   → $P_1 : P_2 : P_3 = \dfrac{1}{m_1^2} : \dfrac{1}{m_2^2} : \dfrac{1}{m_3^2}$

＋ 경중률(무게, P)
- 관측값의 신뢰도를 나타내는 척도
- 경중률이 높다는 것은 신뢰도가 높다는 의미
- 각 데이터가 가진 평균에 대한 중요도
- 측량의 반복횟수에 따라 정밀도가 달라짐
- 경중률은 분산에 반비례함
- 일반적으로 큰 오차가 생길 확률은 작은 오차가 생길 확률보다 매우 작음

7 최확값 산정

독립 최확값 산정	조건부 최확값 산정(동일 경중률)
(θ 각도 그림)	(O점에서 A, B, C로 향하는 각 α, β, γ 그림)
최확값 $= \dfrac{P_1 L_1 + P_2 L_2 + P_3 L_3}{P_1 + P_2 + P_3}$	① 조건 : $\alpha + \beta = \gamma (\alpha : \beta : \gamma = 1 : 1 : 1)$ ② 오차(W) $= (\alpha + \beta) - \gamma$ ③ 조정량(d) $= \dfrac{W}{n}$
P : 경중률, L : 관측값	조정량은 각의 크기에 관계없이 등배분하여 각 조정 완료

＋ 오차 조정
- 오차가 큰 각은 조정량만큼 ($-$)
- 오차가 작은 각은 조정량만큼 ($+$)

개념이해

01 수준점 A, B, C에서 수준측량을 하여 P점의 표고를 얻었다. 관측거리를 경중률로 사용한 P점 표고의 최확값은? [18년 2회]

노선	P점 표고값	노선거리
$A \to P$	57.583m	2km
$B \to P$	57.700m	3km
$C \to P$	57.680m	4km

① 57.641m ② 57.649m
③ 57.654m ④ 57.706m

P점 표고의 최확값은
- 경중률은 $\dfrac{1}{2} : \dfrac{1}{3} : \dfrac{1}{4} = 6 : 4 : 3$
- P점의 최확값은 $\dfrac{P_1 l_1 + P_2 l_2 + P_3 l_3}{P_1 + P_2 + P_3}$
  $= \dfrac{6 \times 57.583 + 4 \times 57.700 + 3 \times 57.680}{6 + 4 + 3}$
  $= 57.641$m

답 ①

과년도 기출문제

01 어떤 측선의 길이를 관측하여 다음 표와 같은 결과를 얻었다면 최확값은? [22년 2회]

관측군	관측값(m)	관측횟수
1	40.532	5
2	40.537	4
3	40.529	6

① 40.530m ② 40.531m
③ 40.532m ④ 40.533m

[해설]

$$최확값 = \frac{P_1 l_1 + P_2 l_2 + P_3 l_3}{P_1 + P_2 + P_3}$$
$$= \frac{(5 \times 40.532) + (4 \times 40.537) + (6 \times 40.529)}{5 + 4 + 6}$$
$$= 40.532 \text{m}$$

02 수준점 A, B, C에서 P점까지 수준측량을 한 결과가 표와 같다. 관측거리에 대한 경중률을 고려한 P점의 표고는? [22년 1회]

측량경로	거리	P점의 표고
$A \to P$	1km	135.487m
$B \to P$	2km	135.563m
$C \to P$	3km	135.603m

① 135.529m ② 135.551m
③ 135.563m ④ 135.570m

[해설]

$$P점\ 표고 = \frac{P_1 l_1 + P_2 l_2 + P_3 l_3}{P_1 + P_2 + P_3}$$
$$= \frac{(6 \times 135.487) + (3 \times 135.563) + (2 \times 135.603)}{6 + 3 + 2}$$
$$= 135.529 \text{m}$$

03 어느 각을 10번 관측하여 52°12′을 2번, 52°13′을 4번, 52°14′을 4번 얻었다면 관측한 각의 최확값은? [19년 3회]

① 52°12′45″ ② 52°13′00″
③ 52°13′12″ ④ 52°13′45″

[해설]

$$최확값 = \frac{2 \times 52°12' + 4 \times 52°13' + 4 \times 52°14'}{2 + 4 + 4}$$
$$= 52°13'12''$$

04 어느 두 지점 사이의 거리를 A, B, C, D 4명의 사람이 각각 10회 관측한 결과가 다음과 같다면 가장 신뢰성이 낮은 관측자는? [21년 1회]

- A : 165.864±0.002m
- B : 165.867±0.006m
- C : 165.862±0.007m
- D : 165.864±0.004m

① A ② B
③ C ④ D

[해설]

$$A : B : C : D = \frac{1}{4} : \frac{1}{36} : \frac{1}{49} : \frac{1}{16}$$

∴ C가 신뢰성이 가장 낮다.

05 A, B, C 세 점에서 P점의 높이를 구하기 위해 직접수준측량을 실시하였다. A, B, C점에서 구한 P점의 높이는 각각 325.13m, 325.19m, 325.02m이고 AP=BP=1km, CP=3km일 때 P점의 표고는? [19년 1회]

① 325.08m ② 325.11m
③ 325.14m ④ 325.21m

[해설]

P점의 표고(최확값)

- $A : B : C = \frac{1}{1} : \frac{1}{1} : \frac{1}{3} = 3 : 3 : 1$

- $H_P = \frac{P_1 l_1 + P_2 l_2 + P_3 l_3}{P_1 + P_2 + P_3}$
$$= \frac{3 \times 325.13 + 3 \times 325.19 + 1 \times 325.02}{3 + 3 + 1}$$
$$= 325.14 \text{m}$$

정답 01 ③ 02 ① 03 ③ 04 ③ 05 ③

02 오차해석

8 부정오차의 오차전파

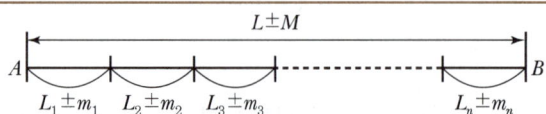

	관측값의 총합	$L = L_1 + L_2 + \cdots + L_n$
1회 관측오차가 같은 경우	전파된 부정오차의 총합 (평균제곱근오차)	$M = \pm \sqrt{m_1^2 + m_2^2 + \cdots + m_n^2}$ $(m_1 = m_2 = m_3 \cdots = m_n = a)$ $\therefore M = \pm a\sqrt{n}$
	오차와 관측값을 고려한 최확값	$L \pm a\sqrt{n}$
1회 관측오차가 다른 경우	관측값의 총합	$L = L_1 + L_2 + \cdots + L_n$
	전파된 부정오차의 총합 (평균제곱근오차)	$M = \pm \sqrt{m_1^2 + m_2^2 + \cdots + m_n^2}$
	오차와 관측값을 고려한 최확값	$L \pm \sqrt{m_1^2 + m_2^2 + \cdots + m_n^2}$

➕ 부정오차
한 구간 내에서 발생하는 부정오차의 크기는 그 구간에서의 평균제곱근 오차를 구해 결정한다.

부정오차의 전파
① 같은 조건이면 평균제곱근 오차는 동일하다.
② 다른 조건이면 모든 평균제곱근 오차를 고려하여 오차전파 계산을 한다.

- L : 전 구간 최확길이
- M : 전 구간 평균제곱근 오차
- a : 1회 측정 시 포함된 우연오차
- $L_1, L_2, \cdots L_n$: 구간 최확값
- $m_1, m_2, \cdots m_n$: 구간 평균제곱근 오차
- 평균 제곱근 오차가 적은값이 정도가 높다.

9 면적 관측 시 최확값 및 평균제곱근 오차 합

모식도	면적의 최확값	면적의 평균제곱근 오차
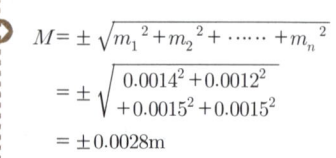	$A = L_1 \times L_2$	$M = \pm \sqrt{(L_2 m_1)^2 + (L_1 m_2)^2}$

개념이해

01 어떤 기선을 측정하는데 이것을 4구간으로 나누어 측정하니 아래와 같다. 여기서, 0.0014m, 0.0012m… 등을 표준오차라 하면 전거리에 대한 표준오차는?

- $L_1 = 29.5512\text{m} \pm 0.0014\text{m}$
- $L_2 = 29.8837\text{m} \pm 0.0012\text{m}$
- $L_3 = 29.3363\text{m} \pm 0.0015\text{m}$
- $L_4 = 29.4488\text{m} \pm 0.0015\text{m}$

① ±0.0028m
② ±0.0012m
③ ±0.0015m
④ ±0.0014m

$M = \pm \sqrt{m_1^2 + m_2^2 + \cdots + m_n^2}$
$= \pm \sqrt{0.0014^2 + 0.0012^2 + 0.0015^2 + 0.0015^2}$
$= \pm 0.0028\text{m}$

🔲 ①

과년도 기출문제

01 전길이를 n구간으로 나누어 1구간 측정 시 3mm의 정오차와 ±3mm의 우연오차가 있을 때 정오차와 우연오차를 고려한 전 길이의 오차는?

① $3\sqrt{n}$ mm
② $3\sqrt{n^3}$ mm
③ $3n\sqrt{2}$ mm
④ $3\sqrt{n^2+n}$ mm

[해설]

$$M = \sqrt{(an)^2 + (\pm a\sqrt{n})^2} = \sqrt{(3n)^2 + (\pm 3\sqrt{n})^2}$$
$$= \sqrt{9n^2 + 9n} = 3\sqrt{n^2 + n} \text{ mm}$$

02 A, B 두 점 간의 거리를 관측하기 위하여 그림과 같이 세 구간으로 나누어 측량하였다. 측선 $\overline{AB}$의 거리는?(단, Ⅰ : 10m±0.01m, Ⅱ : 20m±0.03m, Ⅲ : 30m±0.05m이다.) [18년 2회]

① 60m±0.09m
② 30m±0.06m
③ 60m±0.06m
④ 30m±0.09m

[해설]

AB거리 $= A \pm \triangle A = 60\text{m} \pm 0.06\text{m}$
· $A = L_1 + L_2 + L_3 = 10 + 20 + 30 = 60\text{m}$
· $\triangle A = \sqrt{(\triangle L_1^2 + \triangle L_2^2 + \triangle L_3^2)}$
$= \sqrt{0.01^2 + 0.03^2 + 0.05^2} = 0.06\text{m}$

03 4명의 관측자가 하나의 각을 같은 기계를 사용하여 같은 방법으로 5회 측정하여 오차를 얻었다. 다음 중 어느 것이 정밀도가 가장 높은가?

① 6″, 0″, −4″, 5″, −5″
② 6″, 4″, −1″, 4″, −5″
③ 4″, 7″, 0″, −3″, −6″
④ 5″, −6″, 3″, 2″, −4″

[해설]

평균 제곱근 오차를 구했을 때 가장 적은 값이 정도가 높다.
$M = \sqrt{m_1^2 + m_2^2 + m_3^2 + m_4^2 + m_5^2}$

① $M = \sqrt{6^2 + 0^2 + (-4)^2 + 5^2 + (-5)^2} ≒ 11''$
② $M = \sqrt{6^2 + 4^2 + (-1)^2 + 4^2 + (-5)^2} ≒ 9.7''$
③ $M = \sqrt{4^2 + 7^2 + 0^2 + (-3)^2 + (-6)^2} ≒ 10.5''$
④ $M = \sqrt{5^2 + (-6)^2 + 3^2 + 2^2 + (-4)^2} ≒ 9.5''$

04 직사각형의 가로, 세로의 거리가 그림과 같다. 면적 A의 표현으로 가장 적절한 것은? [18년 1회]

75m±0.003m A
100m±0.008m

① 7,500m² ± 0.67m²
② 7,500m² ± 0.41m²
③ 7,500.9m² ± 0.67m²
④ 7,500.9m² ± 0.41m²

[해설]

$A \pm \Delta A = (75 \times 100) \pm \sqrt{(75 \times 0.008)^2 + (100 \times 0.003)^2}$
$= 7,500\text{m}^2 \pm 0.67\text{m}^2$

05 구형의 토지 면적을 잴 때 2변 x, y의 길이를 측정한 관측값이 다음과 같다. 면적과 그 평균 제곱 오차를 구하면?(단, $x = 60.26\text{m} \pm 0.016\text{m}$, $y = 38.54\text{m} \pm 0.005\text{m}$)

① $A = 2,322.42$ m², $\sigma = \pm 0.69$ m²
② $A = 2,322.42$ m², $\sigma = \pm 0.017$ m²
③ $A = 1,161.21$ m², $\sigma = \pm 0.69$ m²
④ $A = 1,161.21$ m², $\sigma = \pm 0.017$ m²

[해설]

부정 오차의 전파 법칙에 의해
· $A = x \times y = 60.26 \times 38.54 = 2,322.42$ m²
· $M = \pm \sqrt{(y \cdot m_x)^2 + (x \cdot m_y)^2}$
$= \pm \sqrt{(38.54 \times 0.016)^2 + (60.26 \times 0.005)^2}$
$≒ \pm 0.69\text{m}^2$

정답 01 ④ 02 ③ 03 ④ 04 ① 05 ①

03 거리와 각 측량

1 거리의 보정값

피타고라스 정리	경사보정	삼각비
$D^2 = L^2 - H^2$ $D = \sqrt{L^2 - H^2}$	$D = L - \dfrac{H^2}{2L}$	$D = L\cos\theta$

2 간접거리관측방법

sine 법칙	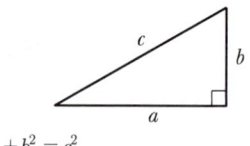	$\dfrac{a}{\sin A} = \dfrac{b}{\sin B} = \dfrac{c}{\sin C}$ $\therefore b = \dfrac{\sin B}{\sin A} \cdot a$
cos 법칙		$a = \sqrt{b^2 + c^2 - 2bc\cos A}$

3 거리관측 시 삼각함수 이용

삼각비	
	① $\sin\theta = \dfrac{b}{c}$ ② $\cos\theta = \dfrac{a}{c}$ ③ $\tan\theta = \dfrac{b}{a}$ ④ $a = c \cdot \cos\theta$ ⑤ $b = c \cdot \sin\theta$

+ 구배

$$\dfrac{1}{m} = \dfrac{\text{높이}}{\text{수평거리}} = \dfrac{H}{D}$$

경사보정량

$$-\dfrac{H^2}{2L}$$

피타고라스 정리

$a^2 + b^2 = c^2$

개념이해

01 수준측량에서 경사거리 S, 연직각이 α일 때 두 점 간의 수평거리 D는?

① $D = S\sin\alpha$
② $D = S\cos\alpha$
③ $D = S\tan\alpha$
④ $D = S\cot\alpha$

● $\cos\alpha = \dfrac{D}{S}$

● $D = S\cos\alpha$

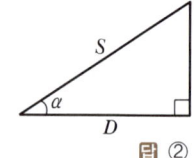

답 ②

02 다음 도로의 횡단면도에서 AB의 수평거리는?

① 8.1m
② 12.3m
③ 14.3m
④ 18.5m

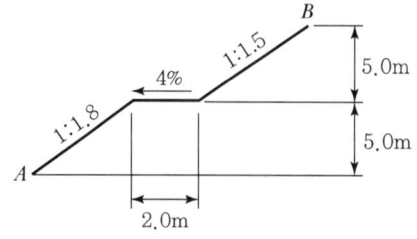

● $\overline{AB} = (1.8 \times 5) + 2.0 + (1.5 \times 5)$
  $= 18.5\text{m}$

답 ④

과년도 기출문제

01 그림에서 $\overline{AB}=500\text{m}$, $\angle a = 71°33'54''$, $\angle b_1 = 36°52'12''$, $\angle b_2 = 39°05'38''$, $\angle c = 85°36'05''$ 를 관측하였을 때 $\overline{BC}$의 거리는? [18년 2회]

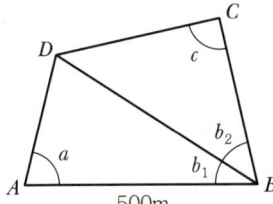

① 391mm ② 412mm
③ 422mm ④ 427mm

[해설]

$$\frac{BC}{\sin(180°-\angle c + \angle b_2)} = \frac{DB}{\sin \angle c}$$

$$\frac{BC}{\sin(180°-85°36'05''+39°05'38'')} = \frac{DB}{\sin 85°36'05''}$$

$\therefore BC = 412\text{m}$

$\left(\dfrac{DB}{\sin 71°33'54''} = \dfrac{500}{\sin \angle ADB}\right)$

02 장애물로 인하여 접근하기 어려운 2점 P, Q를 간접거리 측량한 결과가 그림과 같다. $\overline{AB}$의 거리가 216.90m일 때 $\overline{PQ}$의 거리는? [21년 2회]

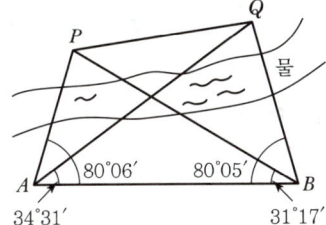

① 120.96m ② 142.29m
③ 173.39m ④ 194.22m

[해설]

- $\dfrac{\overline{AP}}{\sin 31°17'} = \dfrac{216.90}{\sin 68°37'}$ $\quad \therefore \overline{AP} = 20.96\text{m}$
- $\dfrac{\overline{AQ}}{\sin 80°05'} = \dfrac{216.90}{\sin 65°24'}$ $\quad \therefore \overline{AQ} = 234.99\text{m}$
- $\overline{PQ} = \sqrt{\overline{AP}^2 + \overline{AQ}^2 + 2 \cdot \overline{AP} \cdot \overline{AQ} \cdot \cos \angle PAQ}$
  $= \sqrt{120.96^2 + 234.99^2 + 2 \times 120.96 \times 234.99 \cos 45°35'}$
  $= 173.39\text{m}$

03 그림과 같이 $\triangle P_1 P_2 C$는 동일 평면 상에서 $\alpha_1 = 62°08'$, $\alpha_2 = 56°27'$, $B = 60.00\text{m}$이고 연직각 $\nu_1 = 20°46'$일 때 C로부터 P까지의 높이 H는? [16년 1회]

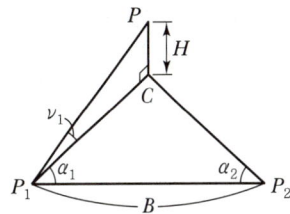

① 24.23m ② 22.90m
③ 21.59m ④ 20.58m

[해설]

$\tan V_1 = \dfrac{H}{\overline{P_1 C}}$ $\quad \therefore H = \overline{P_1 C} \times \tan V_1$

- $\dfrac{B}{\sin C} = \dfrac{\overline{P_1 C}}{\sin \alpha_2}$

  $\therefore \overline{P_1 C} = \dfrac{\sin \alpha_2}{\sin C} \times B = \dfrac{\sin 56°27'}{\sin 61°25'} \times 60 = 56.94$

  $(\angle C = 180° - (\alpha_1 + \alpha_2) = 180 - (62°08' + 56°27') = 61°25')$

- $H = \overline{P_1 C} \times \tan V_1 = 56.94 \times \tan 20°46' = 21.59\text{m}$

04 기선 $D = 30\text{m}$, 수평각 $\alpha = 80°$, $\beta = 70°$, 연직각 $V = 40°$를 관측하였다면 높이 H는?(단, A, B, C 점은 동일 평면임) [15년 2회]

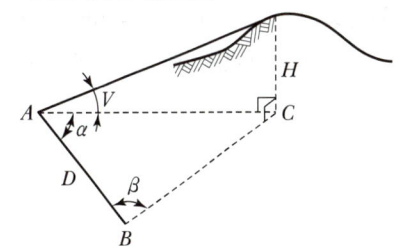

① 31.54m ② 32.42m
③ 47.31m ④ 55.32m

[해설]

- $\dfrac{30}{\sin 30°} = \dfrac{\overline{AC}}{\sin 70°}$, $\overline{AC} = 56.38\text{m}$
- $H = \overline{AC} \tan V = 56.38 \tan 40° = 47.31\text{m}$

정답 01 ② 02 ③ 03 ③ 04 ③

03 거리와 각 측량

4 기선측량의 보정(거리측정값의 보정, 정오차 보정)

표준척 보정된 수평거리	$L_0 = L \pm$ 표준척 보정량 $= L \pm \dfrac{\Delta l}{l} L$	L_0 : 표준척 보정된 수평거리 L : 구간 측정 길이 l : Tape 길이 Δl : 구간 관측 오차 늘음량(+) or 줄음량(−)
경사 보정된 수평거리	$L_0 = L -$ 경사보정량 $= L - \dfrac{h^2}{2L}$	L_0 : 경사 보정된 수평거리 h : 경사높이(양단 고저차) L : 구간 측정 길이 $-\dfrac{h^2}{2L}$: 경사보정량
표고 보정된 수평거리	$L_0 = L -$ 표고보정량 $= L - \dfrac{H}{R} L$	L_0 : 표고 보정된 수평거리 H : 기선의 표고 R : 지구의 반지름(6,370km)

✚ 표준척 줄자의 보정원칙
줄자가 길면 더하고(+),
줄자가 짧으면 뺀다(−).

경사보정된 수평거리

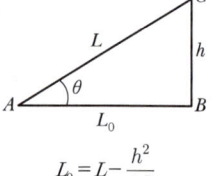

$$L_0 = L - \dfrac{h^2}{2L}$$

표고보정된 수평거리
(평균해수면상 보정)
수평거리를 기준 면상으로 환산

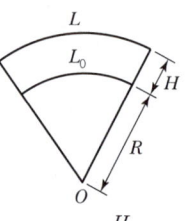

$$L_0 = L - \dfrac{H}{R} L$$

개념이해

01 30m에 대하여 3mm 늘어나 있는 줄자로써 정사각형의 지역을 측정한 결과 80,000m²이었다면 실제의 면적은? [20년 4회]

① 80,016m² ② 80,008m²
③ 79,984m² ④ 79,992m²

○ • $L_o = L + \left(\dfrac{\Delta l}{l} \cdot L\right)$
$= 282.84 + \left(\dfrac{0.003}{30} \times 282.84\right)$
$= 282.868$
• $A = L_o^2 = (282.868)^2 = 80,016\text{m}^2$

답 ①

02 표준길이에 비하여 2cm 늘어난 50m 줄자로 사각형 토지의 길이를 측정하여 면적을 구하였을 때, 그 면적이 88m²이었다면 토지의 실제 면적은? [21년 2회]

① 87.30m² ② 87.93m²
③ 88.07m² ④ 88.71m²

○ 실제면적 = 관측면적 $\pm \Delta A$
$= 88 + \left(2 \times \dfrac{0.02}{50} \times 88\right)$
$= 88.07\text{m}^2$
$\left(\Delta A = 2 \times \dfrac{\Delta l}{l} A\right)$

답 ③

03 높이 2,774m인 산의 정상에 위치한 저수지의 가장 긴 변의 거리를 관측한 결과 1,950m였다면 평균해수면으로 환산한 거리는?(단, 지구반지름 $R = 6,377$km) [16년 1회]

① 1,949.152m ② 1,950.849m
③ −0.848m   ④ +0.848m

○ 평균 해수면으로 환산한 거리(L_0)
$= L - C_h$
• C_h(표고보정량) $= -\dfrac{H \cdot L}{R}$
$= -\dfrac{2774 \times 1950}{6.377 \times 10^3} = -0.848\text{m}$
• $L_0 = L - C_h$
$= 1,950 - 0.848 = 1,949.152\text{m}$

답 ①

과년도 기출문제

01 표고가 300m인 평지에서 삼각망의 기선을 측정한 결과 600m이었다. 이 기선에 대하여 평균해수면상의 거리로 보정할 때 보정량은?(단, 지구반지름 $R=6,370$km) [21년 2회]

① +2.83cm ② +2.42cm
③ -2.42cm ④ -2.83cm

[해설]

평균해수면 보정 $=-\dfrac{HL}{R}=-\dfrac{300\times 600}{6,370\times 10^3}=-2.83$cm

02 표준길이보다 5mm가 늘어나 있는 50m 강철줄자로 250×250m인 정사각형 토지를 측량하였다면 이 토지의 실제면적은? [16년 4회]

① 62,487.50m² ② 62,493.75m²
③ 62,506.25m² ④ 62,512.50m²

[해설]

실제면적 $=\left(L_1+L_1\dfrac{\Delta l}{l}\right)\times\left(L_2+L_2\dfrac{\Delta l}{l}\right)$
$=\left(250+250\times\dfrac{0.005}{50}\right)\times\left(250+250\times\dfrac{0.005}{50}\right)$
$=62,512.50$m²

03 직사각형 토지를 줄자로 측정한 결과가 가로 37.8m, 세로 28.9m이었다. 이 줄자는 표준길이 30m당 4.7cm가 늘어 있었다면 이 토지의 면적 최대 오차는? [16년 2회]

① 0.03m² ② 0.36m²
③ 3.42m² ④ 3.53m²

[해설]

면적최대오차 = 실제면적 - 측정면적
측정면적 $=37.8\times 28.9=1,092.42$m²
실제면적 $=\left(L_1+L_1\dfrac{\Delta l}{l}\right)\times\left(L_2+L_2\dfrac{\Delta l}{l}\right)$
$=\left(37.8+37.8\times\dfrac{0.047}{30}\right)\times\left(28.9+28.9\times\dfrac{0.047}{30}\right)$
$=1,095.84$m²
∴ 면적최대오차 $=1,095.84-1,092.42=3.42$m²

04 정확도 1/5,000을 요구하는 50m 거리 측량에서 경사거리를 측정하여도 허용되는 두 점 간의 최대 높이차는? [16년 4회]

① 1.0m ② 1.5m
③ 2.0m ④ 2.5m

[해설]

경사보정량(수평거리와 경사거리의 차) $=\dfrac{h^2}{2L}$
정확도 $=\dfrac{\Delta l}{l}=\dfrac{h^2/2L}{L}=\dfrac{h^2}{2L^2}$
∴ $\dfrac{1}{5,000}=\dfrac{h^2}{2L^2}$, $h=\sqrt{\dfrac{2\times 50^2}{5,000}}=1$m

05 표고 $h=326.42$m인 지대에 설치한 기선의 길이가 $L=500$m일 때 평균해면상의 보정량은?(단, 지구 반지름 $R=6,367$km이다.) [16년 2회]

① -0.0156m ② -0.0256m
③ -0.0356m ④ -0.0456m

[해설]

평균해수면(표고) 보정량 $=-\dfrac{H\cdot L}{R}$
$=-\dfrac{326.42\times 500}{6,367\times 10^3}=-0.0256$m

06 평균표고 730m인 지형에서 $\overline{AB}$측선의 수평거리를 측정한 결과 5,000m였다면 평균해수면에서의 환산거리는?(단, 지구의 반지름은 6,370km) [15년 2회]

① 5,000.57m ② 5,000.66m
③ 4,999.34m ④ 4,999.43m

[해설]

평균해수면으로 환산한 거리$(D)=L-C_h$
- C_h(평균해수면 보정) $=-\dfrac{HL}{R}=-\dfrac{730\times 5,000}{6,370\times 10^3}$
  $=-0.573$m
- $D=L-C_h=5,000-0.573=4,999.43$m

정답 01 ④ 02 ④ 03 ③ 04 ① 05 ② 06 ④

03 거리와 각 측량

5 정위, 반위 평균 시 제거되는 오차

정위 반위 관측	정반 평균으로 제거되는 오차
(그림: 정위 A 0도, B 0도+θ / 반위 A' 180, B' 180+θ)	① 시준축 오차 ② 시준선의 편심오차(외심오차) ③ 수평축오차

정위
각을 시계방향으로 측정

반위
각을 반시계방향으로 측정

EDM에 의한 거리관측 시 거리에 비례하는 오차(점진적으로 증가되는 오차)
- 광속도 오차
- 광변조 주파수 오차
- 굴절률 오차

EDM에 의한 거리관측 시 거리에 비례하지 않는 오차(1회성 오차)
- 위상차 관측 오차
- 기계정수, 반사경 오차

정밀도 ∝ 경중률

보정량 ∝ $\dfrac{1}{경중률}$

조건부 최확값에서
관측횟수를 다르게 하면 오차 보정량은 관측횟수에 반비례로 조정

6 각관측 조정(동일경중률, 경중률 일정)

모식도	경중률(관측횟수) 같을 때 조정량은 등배분	오차 조정
(그림: O점에서 α, β, γ 각 A, B, C)	① 조건 : $\alpha+\beta=\gamma$ ② 오차$(W)=(\alpha+\beta)-\gamma$ ③ 조정량$(d)=\dfrac{W}{n}=\dfrac{W}{3}$	① $(\alpha+\beta)-\gamma=$ 오차 ② 큰 각에는 조정량만큼 $(-)$ ③ 작은 각에는 조정량 만큼 $(+)$

7 조건부 관측 시 조정

경중률이 일정할 때	경중률이 다를 때
등배분으로 조정	경중률(횟수)에 반비례로 조정

개념이해

01 수평각 관측을 할 때 망원경의 정위, 반위로 관측하여 평균하여도 소거되지 않는 오차는? [20년 4회]

① 수평축 오차
② 시준축 오차
③ 연직축 오차
④ 편심오차

> 망원경을 정위와 반위로 관측한 값을 평균하면 소거할 수 있는 오차
> - 시준축 오차
> - 수평축 오차
> - 시준선의 편심오차(외심오차)
>
> 답 ③

02 전자파거리측량기로 거리를 측량할 때 발생되는 관측오차에 대한 설명으로 옳은 것은? [20년 3회]

① 모든 관측오차는 거리에 비례한다.
② 모든 관측오차는 거리에 비례하지 않는다.
③ 거리에 비례하는 오차와 비례하지 않는 오차가 있다.
④ 거리가 어떤 길이 이상으로 커지면 관측오차가 상쇄되어 길이에 대한 영향이 없어진다.

> 전자파거리측정기
> ㉠ 거리에 비례하는 오차
>   - 광속도 오차
>   - 주파수 오차
>   - 굴절률 오차
> ㉡ 거리에 비례하지 않는 오차
>   위상차 오차
>
> 답 ③

과년도 기출문제

01 전자파거리측량기로 거리를 측량할 때 발생되는 관측오차에 대한 설명으로 옳은 것은? [15년 1회]

① 모든 관측오차는 거리에 비례한다.
② 모든 관측오차는 거리에 비례하지 않는다.
③ 거리에 비례하는 오차와 비례하지 않는 오차가 있다.
④ 거리가 어떤 길이 이상으로 커지면 관측오차가 상쇄되어 길이에 대한 영향이 없어진다.

[해설]

EDM 거리에 비례하는 오차	EDM 거리에 반비례하는 오차
① 광속도 오차 ② 광변조 주파수 오차 ③ 굴절률 오차	① 위상차 관측 오차 ② 기계정수, 반사경 오차

02 그림과 같이 2회 관측한 ∠AOB의 크기는 21°36′28″, 3회 관측한 ∠BOC는 63°18′45″, 6회 관측한 ∠AOC는 84°54′37″일 때 ∠AOC의 최확값은? [16년 2회]

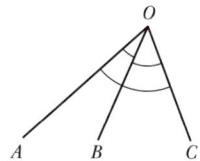

① 84°54′25″
② 84°54′31″
③ 84°54′43″
④ 84°54′49″

[해설]
- 오차
  (∠AOB + ∠BOC) − ∠AOC = 36″
  ∴ ∠AOB, ∠BOC는 (−)조정, ∠AOC는 (+)조정
- 조건부 최확값인 경우 관측횟수에 반비례
  $P_1 : P_2 : P_3 = \frac{1}{2} : \frac{1}{3} : \frac{1}{6} = 3 : 2 : 1$
- ∠AOC 조정량 = $\frac{1}{3+2+1} \times 36 = 6″$
- ∠AOC 최확값
  84°54′37″ + 0°0′6″ = 84°54′43″

03 각관측 장비의 수평축이 연직축과 직교하지 않기 때문에 발생하는 측각오차를 최소화하는 방법으로 옳은 것은? [21년 1회]

① 직교에 대한 편차를 구하여 더한다.
② 배각법을 사용한다.
③ 방향각법을 사용한다.
④ 망원경의 정·반위로 측정하여 평균한다.

[해설]
정반 평균으로 제거되는 오차
- 시준축오차
- 시준선의 편심오차(외심오차)
- 수평축오차

04 그림과 같이 한 점 O에서 A, B, C 방향의 각관측을 실시한 결과가 다음과 같을 때 ∠BOC의 최확값은? [21년 1회]

∠AOB	2회 관측 결과 40°30′25″ 3회 관측 결과 40°30′20″
∠AOC	6회 관측 결과 85°30′20″ 4회 관측 결과 85°30′25″

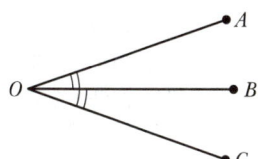

① 45°00′05″
② 45°00′02″
③ 45°00′03″
④ 45°00′00″

[해설]
∠BOC = ∠AOC − ∠AOB
- ∠AOC = $\frac{6 \times 85°30′20″ + 4 \times 85°30′25″}{10}$
  = 85°30′22″
- ∠AOB = $\frac{2 \times 40°30′25″ + 3 \times 40°30′20″}{5}$
  = 40°30′22″
∴ ∠BOC = 85°30′22″ − 40°30′22″ = 45°00′00″

정답 01 ③ 02 ③ 03 ④ 04 ④

03 거리와 각 측량

8 수평각 관측 방법

각관측 방법	내용	모식도
단측법	① 1개의 각을 1회 관측하는 방법 (나중에 읽은 값 − 처음 읽은 값) ② $\angle AOB = a_n - a_0$	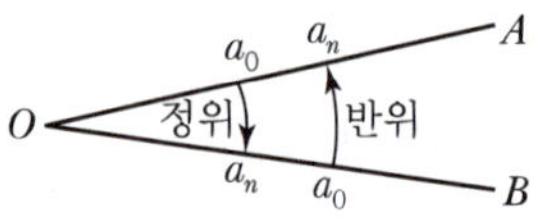
배각법	1개의 각을 2회 이상 관측하여 관측횟수로 나누어서 구하는 방법 (읽음오차를 줄이고 최소눈금 미만의 정밀 관측값 얻음)	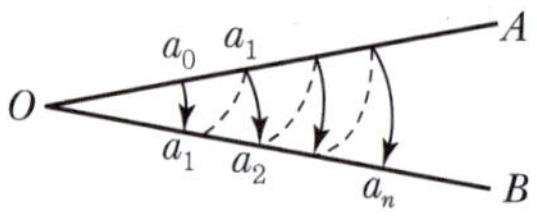
방향관측법	① 한 측점 주위에 관측할 각이 많은 경우 어느 측선(기준선)에서 각 측선에 이르는 각을 차례로 관측하는 방법 ② 반복법에 비해 시간이 절약되며 3등 이하의 삼각측량에 이용 ③ 정밀도는 단측법과 동일	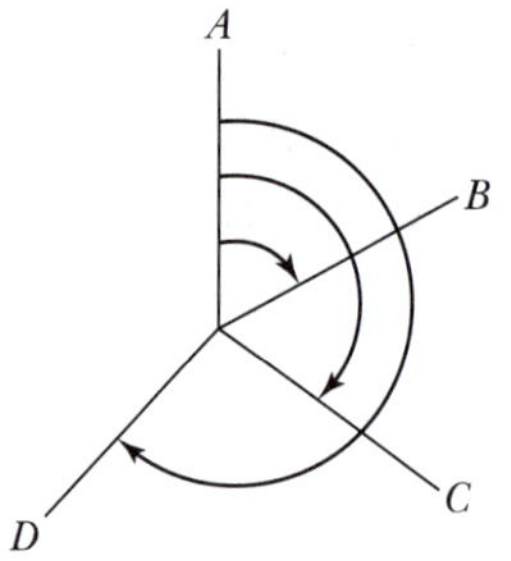
각관측법 (조합각 관측법)	수평각 각 관측 방법 중 가장 정확한 값을 얻을 수 있는 방법 (1등 삼각측량에 이용) ① 측각총수 $= \frac{1}{2}S(S-1)$ ② S : 측선 수	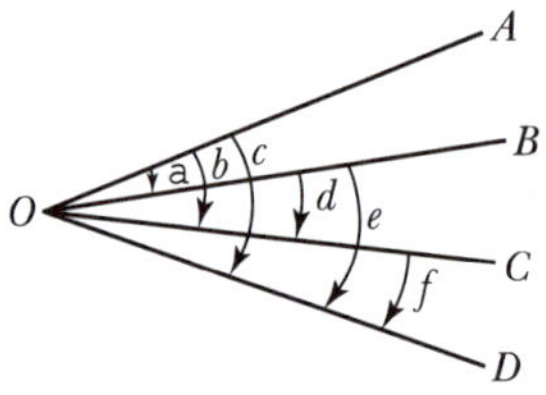

+ 배각법

배각법은 내축, 외축을 이용하므로 내축과 외축의 연직선 불일치에 의한 오차가 발생한다.

배각법의 특징
- 방향각법에 비해 읽음오차가 작다.
- 세밀한 값을 읽을 수 있다(눈금을 직접 측정할 수 없는 미량의 값을 누적하여 반복횟수로 나누면).
- 방향이 많은 삼각측량과 같은 경우에는 적합하지 않다.
- 내축과 외축의 연직선에 대한 불일치에 의한 오차가 발생할 수 있다.

개념이해

01 수평각 관측법 중 트래버스 측량과 같이 한 측점에서 1개의 각을 높은 정밀도로 측정할 때 사용하며, 시준할 때의 오차를 줄일 수 있고 최소 눈금 미만의 정밀한 관측값을 얻을 수 있는 것은?

① 단측법 ② 배각법
③ 방향각법 ④ 조합각 관측법

◎ **배각법의 특징**
- 눈금을 직접 측정할 수 없는 미량의 값을 누적하여 반복횟수로 나누면 세밀한 값을 읽을 수 있다.
- 방향각법에 비하여 읽기 오차의 영향을 적게 받는다.

답 ②

과년도 기출문제

토목 / 기사 / 필기

01 수평각관측법 중 가장 정확한 값을 얻을 수 있는 방법으로 1등 삼각측량에 이용되는 방법은?

① 조합각관측법 ② 방향각법
③ 배각법 ④ 단각법

[해설]

각관측 방법(조합 각관측법)이 가장 정밀도가 높고, 1등 삼각측량에 사용한다.

02 각관측 방법 중 배각법에 관한 설명으로 옳지 않은 것은? [20년 3회]

① 방향각법에 비하여 읽기 오차의 영향을 적게 받는다.
② 수평각 관측법 중 가장 정확한 방법으로 정밀한 삼각측량에 주로 이용된다.
③ 시준할 때의 오차를 줄일 수 있고 최소 눈금 미만의 정밀한 관측값을 얻을 수 있다.
④ 1개의 각을 2회 이상 반복 관측하여 관측한 각도의 평균을 구하는 방법이다.

[해설]

각관측법은 수평각 관측법 중 가장 정확한 방법으로 정밀한 삼각측량에 주로 이용된다.

03 수평각 관측 방법에서 그림과 같이 각을 관측하는 방법은? [17년 2회]

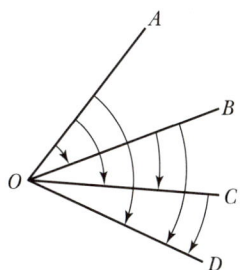

① 방향각 관측법 ② 반복 관측법
③ 배각 관측법 ④ 조합각 관측법

[해설]

각 관측법(조합각 관측법)
- 가장 정확한 값을 얻을 수 있다.
- 1등 삼각 측량에 이용
- 측각 총수 = $\frac{1}{2}S(S-1)$

04 수평각관측법 중 가장 정확한 값을 얻을 수 있는 방법으로 1등 삼각측량에 이용되는 방법은? [15년 1회]

① 조합각 관측법 ② 방향각법
③ 배각법 ④ 단각법

[해설]

각관측법(조합각 관측법)
- 수평각 각관측 방법 중 가장 정확한 각을 얻을 수 있다.
- 1등 삼각측량에 이용

05 다각측량에서 각 측량의 기계적 오차 중 시준축과 수평축이 직교하지 않아 발생하는 오차를 처리하는 방법으로 옳은 것은? [22년 2회]

① 망원경을 정위와 반위로 측정하여 평균값을 취한다.
② 배각법으로 관측을 한다.
③ 방향각법으로 관측을 한다.
④ 편심관측을 하여 귀심계산을 한다.

[해설]

망원경을 정위와 반위로 관측한 값을 평균하면 소거할 수 있는 오차
- 시준축 오차
- 수평축 오차
- 시준선의 편심오차(외심오차)

정답 01 ① 02 ② 03 ④ 04 ① 05 ①

04 다각측량(트래버스 측량)

1 다각측량(트래버스 측량)의 특징

트래버스 측량의 특징

① 삼각점이 멀리 배치되어 있는 좁은 지역에 세부 측량의 기준이 되는 도근점을 추가 설치할 때 편리
② 복잡한 시가지나 지형의 기복이 심하여 시준이 어려운 지역의 측량에 적합
③ 선로와 같이 좁고 긴 곳의 측량에 편리(도로, 수로, 철도 등)
④ 거리와 각을 관측하여 도식해법에 의해 점의 위치를 결정할 때 편리
⑤ 삼각측량과 같이 높은 정도를 요하지 않는 골조측량에 이용

+ 도근점
지형측량 시 기본 삼각측량을 통한 삼각점만으로는 기준점이 부족할 때 추가로 설치하는 기준점

조표
표석이나 표지 등을 설치하여 측량 시 위치 확인과 시준이 잘 되도록 하는 작업이다.

선점(측점위치결정) 시 주의사항
- 기계를 세우거나 시준하기 좋고 지반이 튼튼한 장소
- 측점 간의 거리는 가능한 같고 큰 고저차가 없을 것
- 결합트래버스의 출발점과 결합점 간의 거리는 단거리
- 변의 길이는 될 수 있는 대로 길고 측점의 수는 적게 함

2 다각측량(트래버스 측량)의 순서

트래버스 측량의 순서

①	②	③	④	⑤	⑥	⑦
계획	답사	선점	조표	방위각 관측	수평각 및 거리관측	계산

개념이해

01 다각측량에 관한 설명 중 옳지 않은 것은? [18년 2회]

① 각과 거리를 측정하여 점의 위치를 결정한다.
② 근거리이고 조건식이 많아 삼각측량에서 구한 위치보다 정확도가 높다.
③ 선로와 같이 좁고 긴 지역의 측량에 편리하다.
④ 삼각측량에 비해 시가지 또는 복잡한 장애물이 있는 곳의 측량에 적합하다.

○ 다각측량은 삼각측량보다 정확도가 떨어진다.
답 ②

02 트래버스 측량의 작업순서로 알맞은 것은? [21년 2회]

① 선점 - 계획 - 답사 - 조표 - 관측
② 계획 - 답사 - 선점 - 조표 - 관측
③ 답사 - 계획 - 조표 - 선점 - 관측
④ 조표 - 답사 - 계획 - 선점 - 관측

○ 트래버스 측량의 순서
계획 → 답사 → 선점 → 조표 → 방위각 관측 → 수평각 및 거리관측 → 계산
답 ②

03 지형측량을 할 때 기본 삼각점만으로는 기준점이 부족하여 추가로 설치하는 기준점은? [22년 2회]

① 방향전환점
② 도근점
③ 이기점
④ 중간점

○ 기본 삼각점만으로 기준점이 부족할 때 도근점을 추가적으로 설치한다.
답 ②

과년도 기출문제

01 다각측량의 특징에 대한 설명으로 옳지 않은 것은? [21년 2회]

① 삼각점으로부터 좁은 지역의 세부측량 기준점을 측설하는 경우에 편리하다.
② 삼각측량에 비해 복잡한 시가지나 지형의 기복이 심한 지역에는 알맞지 않다.
③ 하천이나 도로 또는 수로 등의 좁고 긴 지역의 측량에 편리하다.
④ 다각측량의 종류에는 개방, 폐합, 결합형 등이 있다.

[해설]

트래버스 측량의 특징
- 삼각점이 멀리 배치되어 있는 좁은 지역에 세부 측량의 기준이 되는 도근점을 추가 설치할 때 편리
- 복잡한 시가지나 지형의 기복이 심하여 시준이 어려운 지역의 측량에 적합
- 선로와 같이 좁고 긴 곳의 측량에 편리(도로, 수로, 철도 등)
- 거리와 각을 관측하여 도식해법에 의해 점의 위치를 결정할 때 편리
- 삼각측량과 같이 높은 정도를 요하지 않는 골조측량에 이용

02 트래버스 측량에서 선점 시 주의하여야 할 사항이 아닌 것은? [20년 1회]

① 트래버스의 노선은 가능한 한 폐합 또는 결합이 되게 한다.
② 결합 트래버스의 출발점과 결합점 간의 거리는 가능한 한 단거리로 한다.
③ 거리측량과 각측량의 정확도가 균형을 이루게 한다.
④ 측점 간 거리는 다양하게 선점하여 부정오차를 소거한다.

[해설]

선점은 최소화하여 오차를 줄인다.

03 기지의 삼각점을 이용하여 새로운 도근점들을 매설하고자 할 때 결합 트래버스측량(다각측량)의 순서는? [18년 2회]

① 도상계획 → 답사 및 선점 → 조표 → 거리관측 → 각관측 → 거리 및 각의 오차 분배 → 좌표계산 및 측점전개
② 도상계획 → 조표 → 답사 및 선점 → 각관측 → 거리관측 → 거리 및 각의 오차 분배 → 좌표계산 및 측점전개
③ 답사 및 선점 → 도상계획 → 조표 → 각관측 → 거리관측 → 거리 및 각의 오차 분배 → 좌표계산 및 측점전개
④ 답사 및 선점 → 조표 → 도상계획 → 거리관측 → 각관측 → 좌표계산 및 측점전개 → 거리 및 각의 오차 분배

[해설]

다각측량 순서
계획 → 답사 및 선점 → 조표 → 관측

04 다각측량에서 토털스테이션의 구심오차에 관한 설명으로 옳은 것은? [16년 2회]

① 도상의 측점과 지상의 측점이 동일 연직선 상에 있지 않음으로써 발생한다.
② 시준선이 수평분도원의 중심을 통과하지 않음으로써 발생한다.
③ 편심량의 크기에 반비례한다.
④ 정반관측으로 소거된다.

[해설]

지상점과 기계중심점이 동일 연직선 상에 있지 않기 때문에 발생하는 오차를 구심오차라 한다.

정답 01 ② 02 ④ 03 ① 04 ①

04 다각측량(트래버스 측량)

3 다각(트래버스) 측량의 종류

결합 트래버스	(그림: A 기지점 출발점 → B → C → D → E 종점)	① 기지점에서 출발하여 다른 기지점에 결합시키는 방법 ② 대규모 지역의 정확성을 요하는 측량에 사용(조정과 점검이 완전함) ③ 기준점 위치 결정에 사용
폐합 트래버스	(그림: A, B, C, D 사각형, 내각 $\alpha_1, \alpha_2, \alpha_3, \alpha_4$, β)	① 임의의 한 점에서 출발하여 다시 시작점으로 폐합 ② 토지분할과 같은 소규모 지역측량에 적합 ③ 결합 다각형보다 정확도가 낮음
개방 트래버스	(그림: A-B-C-D-E-F 지그재그)	① 임의의 한 점에서 출발하여 임의점으로 끝나는 트래버스 ② 정도는 낮으며 오차조정이 불가능함 ③ 노선측량 및 답사 등에 편리

➕ **트래버스 정확도 순서**
결합 > 폐합 > 개방 트래버스

• 폐합트래버스에서 각에 대한 오차는 점검할 수 있으나 거리에 대한 오차는 점검이 불가능하여 결합 다각형보다 정확도가 낮다.

다각망의 종류
① X형
② Y형
③ A형

4 다각(트래버스) 측량의 각 관측

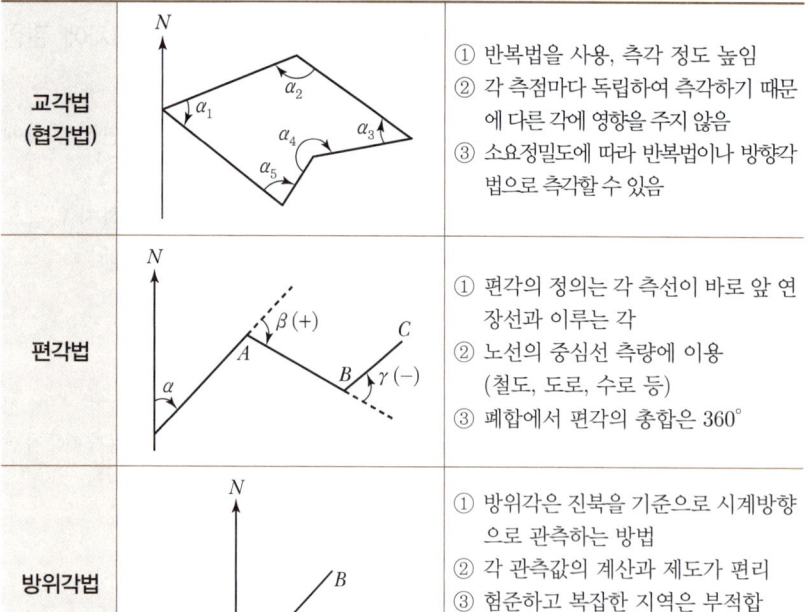

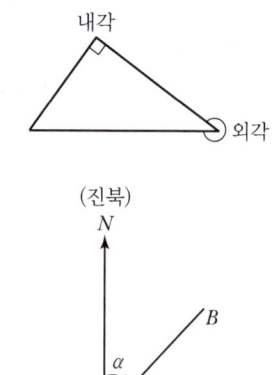

➕ **교각**
(그림: 내각, 외각 표시)

(진북)
(그림: N축 기준, AB 방향 각 α)

AB방위각 : α

BA방위각(역방위각) : $\alpha + 180$

교각법 (협각법)		① 반복법을 사용, 측각 정도 높임 ② 각 측점마다 독립하여 측각하기 때문에 다른 각에 영향을 주지 않음 ③ 소요정밀도에 따라 반복법이나 방향각법으로 측각할 수 있음
편각법		① 편각의 정의는 각 측선이 바로 앞 연장선과 이루는 각 ② 노선의 중심선 측량에 이용 (철도, 도로, 수로 등) ③ 폐합에서 편각의 총합은 360°
방위각법		① 방위각은 진북을 기준으로 시계방향으로 관측하는 방법 ② 각 관측값의 계산과 제도가 편리 ③ 험준하고 복잡한 지역은 부적합 ④ 한번 오차 발생 시 끝까지 영향을 줌 ⑤ 반전법과 부전법이 있음

과년도 기출문제

01 트래버스측량의 종류와 그 특징으로 옳지 않은 것은? [22년 1회]

① 결합트래버스는 삼각점과 삼각점을 연결시킨 것으로 조정계산 정확도가 가장 좋다.
② 폐합트래버스는 한 측점에서 시작하여 다시 그 측점에 돌아오는 관측 형태이다.
③ 폐합트래버스는 오차의 계산 및 조정이 가능하나, 정확도는 개방트래버스보다 좋지 못하다.
④ 개방트래버스는 임의의 한 측점에서 시작하여 다른 임의의 한 점에서 끝나는 관측 형태이다.

[해설]

트래버스 정밀도 순서
결합트래버스 > 폐합트래버스 > 개방트래버스

02 트래버스 측량의 각 관측방법 중 방위각법에 대한 설명으로 틀린 것은? [17년 4회]

① 진북을 기준으로 어느 측선까지 시계 방향으로 측정하는 방법이다.
② 험준하고 복잡한 지역에서는 적합하지 않다.
③ 각이 독립적으로 관측되므로 오차 발생 시 개별 각의 오차는 이후의 측량에 영향이 없다.
④ 각 관측값의 계산과 제도가 편리하고 신속히 관측할 수 있다.

[해설]

③ 교각법에 대한 설명이다.

03 다각측량을 위한 수평각 측정방법 중 어느 측선의 바로 앞 측선의 연장선과 이루는 각을 측정하여 각을 측정하는 방법은? [16년 1회]

① 편각법   ② 교각법
③ 방위각법   ④ 전진법

[해설]

편각법
앞 측선의 연장선과 이루는 각을 관측하는 방법

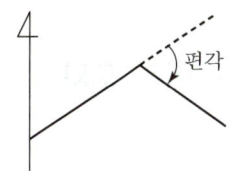

04 트래버스측량에서 관측값의 계산은 편리하나 한 번 오차가 생기면 그 영향이 끝까지 미치는 각관측 방법은? [15년 4회]

① 교각법   ② 편각법
③ 협각법   ④ 방위각법

[해설]

방위각법
직접 관측되어 편리하나 오차 발생 시 그 영향이 끝까지 미친다.

05 트래버스측량의 각 관측방법 중 방위각법에 대한 설명으로 틀린 것은? [21년 3회]

① 진북을 기준으로 어느 측선까지 시계방향으로 측정하는 방법이다.
② 방위각법에는 반전법과 부전법이 있다.
③ 각이 독립적으로 관측되므로 오차 발생 시, 개별 각의 오차는 이후의 측량에 영향이 없다.
④ 각 관측값의 계산과 제도가 편리하고 신속히 관측할 수 있다.

[해설]

방위각법의 특징
• 방위각은 진북을 기준으로 시계방향으로 관측하는 방법
• 각 관측값 계산과 제도가 편리
• 험준하고 복잡한 지역은 부적합
• 한 번 오차가 발생하게 되면 계속 영향을 미침

교각법의 특징
• 반복법을 사용, 측각 정도를 높임
• 각 측점마다 독립하여 측각하기 때문에 다른 각에 영향을 주지 않음

정답 01 ③ 02 ③ 03 ① 04 ④ 05 ③

04 다각측량(트래버스 측량)

5 폐합트래버스 오차

내각오차	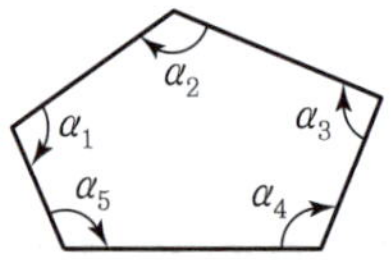	내각오차 = $\sum \alpha - 180°(n-2)$
외각오차	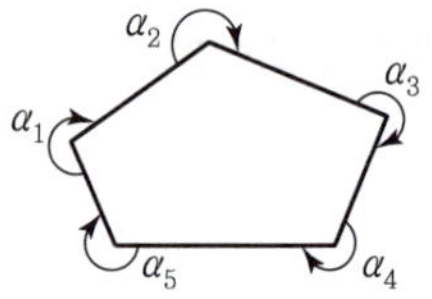	외각오차 = $\sum \alpha - 180°(n+2)$
편각오차	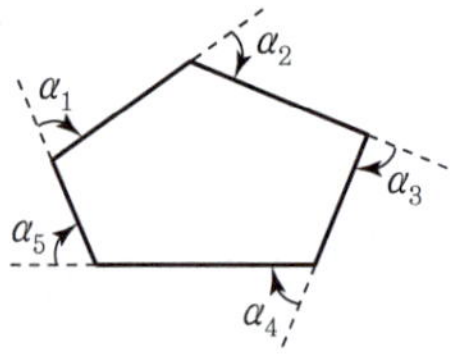	편각오차 = $\sum \alpha - 360°$

➕ 폐합트래버스에서 내각 구하는 식
$180°(n-2)$

폐합트래버스에서 외각 구하는 식
$180°(n+2)$

- $\sum \alpha : \alpha_1 + \alpha_2 + \cdots + \alpha_n$
  n : 관측각의 수

- 폐합일 때 편각의 총합은 $360°$

6 결합트래버스 오차

모식도	결합트래버스 오차(E_α)
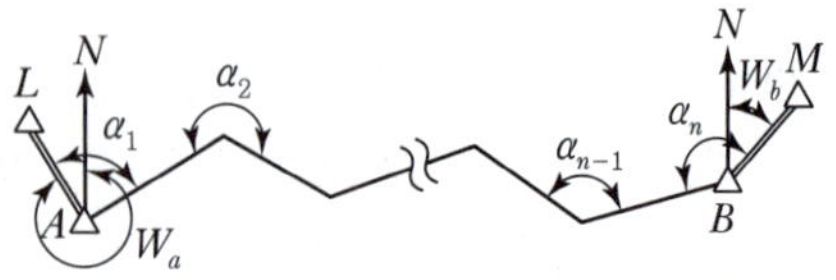	$E_\alpha = W_a + \sum \alpha - 180°(n+1) - W_b$
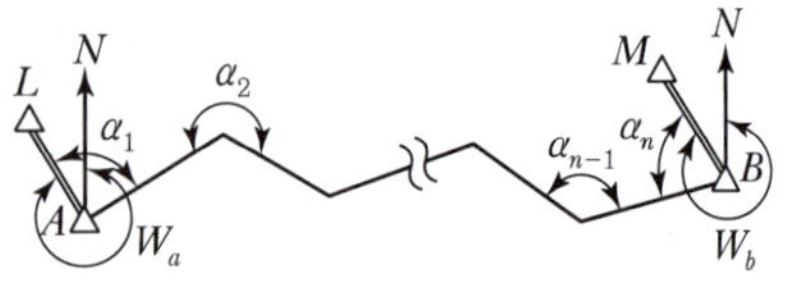	$E_\alpha = W_a + \sum \alpha - 180°(n-1) - W_b$
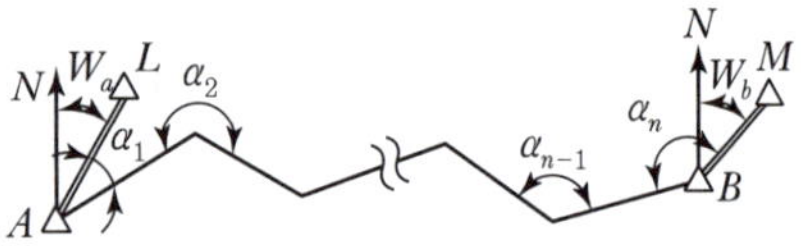	$E_\alpha = W_a + \sum \alpha - 180°(n-1) - W_b$
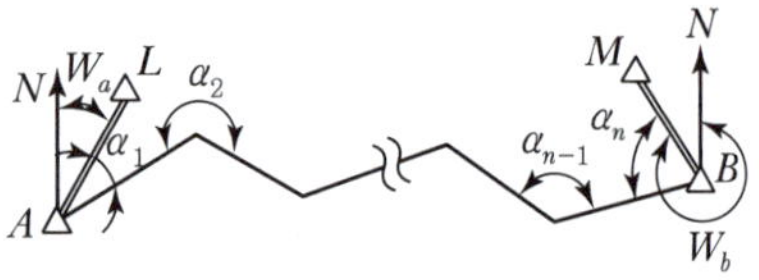	$E_\alpha = W_a + \sum \alpha - 180°(n-3) - W_b$

➕ · W_a : 첫측선 방위각
  $\sum \alpha : \alpha_1 + \alpha_2 + \cdots + \alpha_n$
  n : 관측각의 수
  W_b : 마지막측선 방위각

➕ 방위각
진북을 기준으로 시계방향으로 돌린 수평방향의 각

- 결합트래버스에서 오차의 조정은 등배분으로 한다.

과년도 기출문제

01 폐합트래버스측량에서 편각을 측정했을 때 측각 오차를 구하는 식은?(단, n : 변수, $[\alpha]$: 측정 교각의 합)

① $[\alpha] - 180°(n+2)$ ② $[\alpha] - 180°(n-2)$
③ $[\alpha] - 900°(n+4)$ ④ $[\alpha] - 360°$

[해설]
- 내각관측 오차 $E = [\alpha] - 180°(n-2)$
- 외각관측 오차 $E = [\alpha] - 180°(n+2)$
- 편각관측 오차 $E = [\alpha] - 360°$

02 총 측정 수가 18개인 폐합트래버스의 외각을 측정한 경우 총합은?

① $2,700°$ ② $2,800°$
③ $3,420°$ ④ $3,600°$

[해설]
외각총합 $= 180(n+2) = 180(18+2) = 3,600°$

03 그림과 같은 결합측량 결과에서 측각 오차는?(단, $A_1 = 293°12'35''$, $\alpha_1 = 130°14'06''$, $\alpha_2 = 261°01'33''$, $\alpha_3 = 138°03'54''$, $\alpha_4 = 114°20'23''$, $A_n = 36°52'11''$)

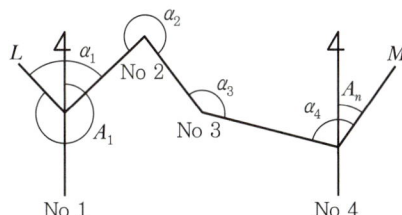

① $5''$ ② $10''$
③ $15''$ ④ $20''$

[해설]
- 관측오차 $(E) = W_a + \sum\alpha - 180°(n+1) - W_b$
- $E = 293°12'35'' + [643°39'56''] - 180°(4+1) - 36°52'11'' = 20''$

04 그림과 같은 트래버스에서 AL의 방위각이 $29°40'15''$, BM의 방위각이 $320°27'12''$, 교각의 총합이 $1,190°47'32''$ 일 때 각관측 오차는? [22년 2회]

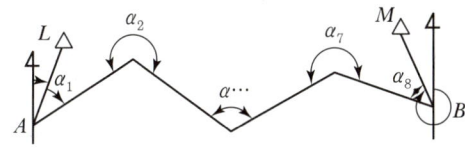

① $45''$ ② $35''$
③ $25''$ ④ $15''$

[해설]
$E_a = W_a + [a] - 180(n-3) - W_b$
$= 29°40'15'' + 1,190°47'32'' - 180(8-3) - 320°27'12''$
$= 35''$

05 그림과 같은 결합 트래버스에서 측점 2의 조정량은?

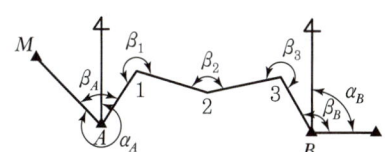

측점	측각(β)	평균방위각
A	$68°26'54''$	$\alpha_A = 325°14'16''$
1	$239°58'42''$	
2	$149°49'18''$	
3	$269°30'15''$	
B	$118°36'36''$	$\alpha_B = 91°35'46''$
계	$846°21'45''$	

① $-2''$ ② $-3''$
③ $-5''$ ④ $-15''$

[해설]
- 관측오차 $(E) = W_a + \sum\alpha - 180°(n+1) - W_b$
  $= 325°14'16'' + 846°21'45'' - 180°(5+1) - 91°35'46'' = 15''$
- 관측오차 $= +15''$ (보정은 $-15''$)
- 보정량 $= -\dfrac{15''}{n} = -\dfrac{15''}{5} = -3''$

∴ 측점 2의 보정량은 $-3''$이다.

정답 01 ④ 02 ④ 03 ④ 04 ② 05 ②

04 다각측량(트래버스 측량)

7 각 관측 값의 허용오차 범위 및 오차 배분

허용오차의 범위		오차 배분	
시가지	$20\sqrt{n} \sim 30\sqrt{n}$ (초)	관측정도가 같을 때	오차를 각의 크기에 상관없이 등배분
평탄지	$30\sqrt{n} \sim 60\sqrt{n}$ (초)	관측값의 경중률이 다를 때	오차를 경중률에 비례해서 배분
산지	$\sim 90\sqrt{n}$ (초)		

+ n : 측각 수, 관측점 수

8 교각 관측 시 방위각 계산

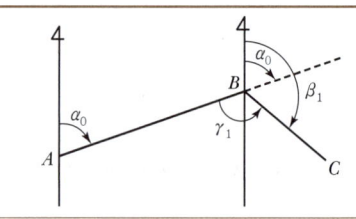

BC의 방위각 $\beta_1 = \alpha_0 + 180° - \gamma_1$	BC의 방위각 $\beta_1 = \alpha_0 - 180° + \gamma_1$

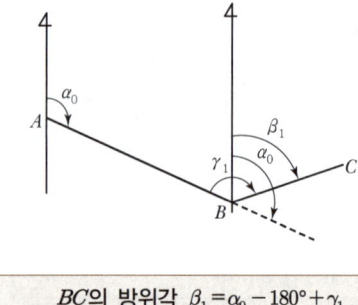 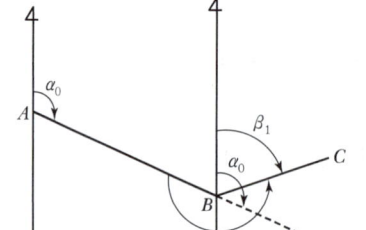

BC의 방위각 $\beta_1 = \alpha_0 - 180° + \gamma_1$	BC의 방위각 $\beta_1 = \alpha_0 + 180° - \gamma_1$

+ 방위각 계산에서 부호결정
- 진행방향에서 교각이 우측방향에 있으면 $+180°$ − 교각
- 진행방향에서 교각이 좌측방향에 있으면 $-180°$ + 교각

+ 방위각의 특징
- 방위각과 역방위각은 180도 차이
- 방위각에서 360도가 넘으면 360도를 빼줌
- 방위각이 음수(−)면 360도를 더해줌
- 임의측선 방위각은 전측선의 방위각 $\pm 180 \mp$ 교각

개념이해

01 평탄한 지역에서 9개 측선으로 구성된 다각측량에서 2′의 각관측 오차가 발생하였다면 오차의 처리 방법으로 옳은 것은?(단, 허용오차는 $60''\sqrt{N}$로 가정한다.) [21년 2회]

① 오차가 크므로 다시 관측한다.
② 측선의 거리에 비례하여 배분한다.
③ 관측각의 크기에 역비례하여 배분한다.
④ 관측각에 같은 크기로 배분한다.

- 오차의 한계는
$60''\sqrt{n} = 60''\sqrt{9} = 180''$
- 오차는 2′(120″)
∴ 보정은 등배분(같은 크기로)

답 ④

과년도 기출문제

01 시가지에서 25변형 트래버스 측량을 실시하여 2′50″의 각관측 오차가 발생하였다면 오차의 처리 방법으로 옳은 것은?(단, 시가지의 측각 허용범위 $=\pm 20''\sqrt{n} \sim 30''\sqrt{n}$, 여기서 n은 트래버스의 측점 수이다.) [19년 3회]

① 오차가 허용오차 이상이므로 다시 관측하여야 한다.
② 변의 길이의 역수에 비례하여 배분한다.
③ 변의 길이에 비례하여 배분한다.
④ 각의 크기에 따라 배분한다.

[해설]
- 허용오차 한계 : $20''\sqrt{25} \sim 30''\sqrt{25}$
- 오차 : 2′50″
∴ 재관측

02 시가지에서 5개의 측점으로 폐합 트래버스를 구성하여 내각을 측정한 결과, 각관측 오차가 30″이었다. 각관측의 경중률이 동일할 때 각오차의 처리방법은?(단, 시가지의 허용오차 범위 $=20''\sqrt{n} \sim 30''\sqrt{n}$) [17년 2회]

① 재측량한다.
② 각의 크기에 관계없이 등배분한다.
③ 각의 크기에 비례하여 배분한다.
④ 각의 크기에 반비례하여 배분한다.

[해설]
- 오차의 허용범위
 $20''\sqrt{5} \sim 30''\sqrt{5} = 44.7'' \sim 67.1''$
- 각 관측오차(30″) < 허용범위
- 관측오차를 등배분 조정

03 그림과 같은 측량 결과에서 BC 방위각은?

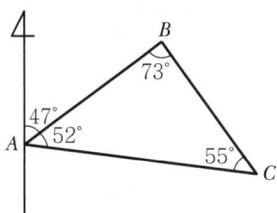

① 154°
② 137°
③ 128°
④ 121°

[해설]

BC의 방위각 $=47° + 180° - 73° = 154°$

04 다음 다각 측량에서 $\overline{EF}$ 측선의 방위각은?

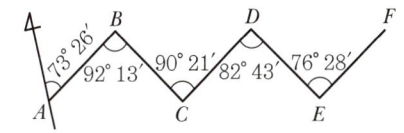

① 65°19′
② 81°55′
③ 245°19′
④ 261°55′

[해설]

진행방향으로 좌측각(+), 우측각(−)이 번갈아 있으므로 계산에 주의한다.
- $\overline{AB}$ 방위각 $=73°26′$
- $\overline{BC}$ 방위각 $=73°26′ + 180° - 92°13′(우) = 161°13′$
- $\overline{CD}$ 방위각 $=161°13′ - 180° + 90°21′(좌) = 71°34′$
- $\overline{DE}$ 방위각 $=71°34′ + 180° - 82°43′(우) = 168°51′$
- $\overline{EF}$ 방위각 $=168°51′ - 180° + 76°28′(좌) = 65°19′$

05 직선 AB의 방위각이 128°30′30″이었다면 직선 BA의 방위각은?

① 128°30′30″
② 51°29′30″
③ 308°30′30″
④ 358°29′30″

[해설]
- 역방위각 = 방위각 + 180°
- BA방위각 $= 128°30′30″ + 180° = 308°30′30″$

정답 01 ① 02 ② 03 ① 04 ① 05 ③

04 다각측량(트래버스 측량)

9 좌표가 주어졌을 때 거리와 방위각 계산

모식도	거리와 방위각
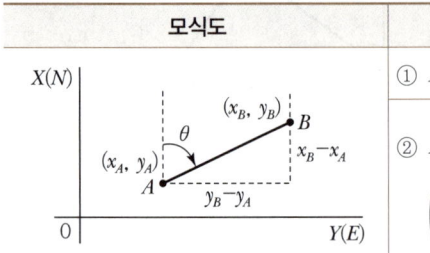	① $AB = \sqrt{(x_B - x_A)^2 + (y_B - y_A)^2}$ ② AB방위각$(\theta) = \tan^{-1}\left(\dfrac{y_B - y_A}{x_B - x_A}\right)$ $\left(\tan\theta = \dfrac{y_B - y_A}{x_B - x_A} = \dfrac{경거}{위거}\right)$

➕ 좌표로 방위각을 구할 때는 반드시 상한을 고려하여 결정

10 방위 계산

방위각	상한	방위	모식도
0°~90°	제1상한	N0°~90°E	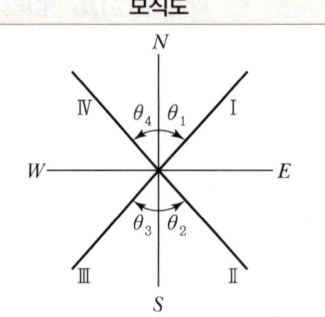
90°~180°	제2상한	S0°~90°E	
180°~270°	제3상한	S0°~90°W	
270°~360°	제4상한	N0°~90°W	

➕ 방위 계산
- 4개의 상한을 북(N), 남(S)을 기준으로 구획
- 동서남북을 E, W, S, N으로 구분하여 90도 이하의 각으로 표현

개념이해

01 A와 B의 좌표가 다음과 같을 때 측선 $\overline{AB}$의 방위각은? [16년 4회]

> A점의 좌표 = (179,847.1m, 76,614.3m)
> B점의 좌표 = (179,964.5m, 76,625.1m)

① 5°23′15″   ② 185°15′23″
③ 185°23′15″   ④ 5°15′22″

○ $\overline{AB}$방위각
$= \tan^{-1}\left(\dfrac{Y_B - Y_A}{X_B - X_A}\right)$
$= \tan^{-1}\left(\dfrac{76,625.1 - 76,614.3}{179,964.5 - 179,847.1}\right)$
$= 5°15′22″$

답 ④

02 방위각 265°에 대한 측선의 방위는? [19년 1회]

① S85°W   ② E85°W
③ N85°E   ④ E85°N

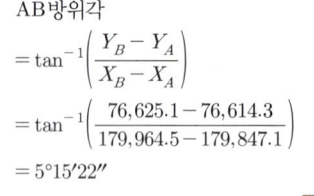

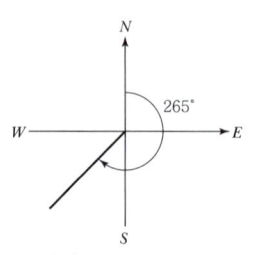

∴ 방위는 S85°W

답 ①

과년도 기출문제

01 A의 좌표가 $(x=3,120.26m, y=4,216.32m)$이고, B의 좌표가 $(x=1,829.54m, y=3,833.82m)$일 때 $\overline{BA}$의 방향각은?

① 16°30′25″ ② 163°29′39″
③ 196°30′25″ ④ 343°29′39″

[해설]

- $\tan\theta = \dfrac{y_A - y_B}{x_A - x_B}$
  $= \dfrac{4216.32 - 3833.82}{3120.26 - 1829.54} = \dfrac{382.5}{1290.72}$
- $\theta = \tan^{-1}\left(\dfrac{382.5}{1290.72}\right) = 16°30′25.17″$ (1상한)

02 평면직각좌표에서 A점의 좌표 $X_A = 74.544m$, $Y_A = 36.654m$이고 B점의 좌표 $X_B = -52.271m$, $Y_B = -81.265m$일 때 AB선의 방위각은?

① 42°55′06″ ② 47°04′54″
③ 222°55′06″ ④ 227°04′54″

[해설]

- $\theta = \tan^{-1}\left(\dfrac{-81.265 - 36.654}{-52.271 - 74.544}\right) = \tan^{-1}\left(\dfrac{-117.919}{-126.815}\right)$
  $= 42°55′5.64″$ (3상한)
- 방위각 $= 180° + 42°55′5.64″$
  $= 222°55′5.64″ ≒ 222°55′06″$

03 폐합트래버스 $ABCD$에서 각 측선의 경거, 위거가 표와 같을 때, $\overline{AD}$ 측선의 방위각은? [20년 4회]

측선	위거 +	위거 −	경거 +	경거 −
AB	50		50	
BC		30	60	
CD		70		60
DA				

① 133° ② 135°
③ 137° ④ 145°

[해설]

$\overline{AD}$ 측선의 방위각 $= \tan^{-1}\left(\dfrac{50-0}{-50-0}\right) = -45°$

∴ $180 - 45 = 135°$

04 방위각 153°20′25″에 대한 방위는? [19년 3회]

① E63°20′25″S ② E26°39′35″S
③ S26°39′35″E ④ S63°20′25″E

[해설]

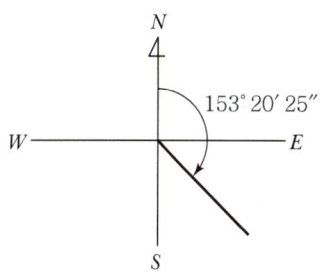

∴ 방위는 S(180° − 153°20′25″)E
S26°39′35″E

05 그림과 같은 트래버스에서 $\overline{CD}$ 측선의 방위는? (단, $\overline{AB}$의 방위 $= N\,82°10′\,E$, $\angle ABC = 98°39′$, $\angle BCD = 67°14′$이다.)

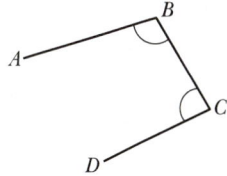

① S6°17′W ② S83°43′W
③ N6°17′W ④ N83°43′W

[해설]

- $\overline{AB}$ 방위각 $= 82°10′$
- $\overline{BC}$ 방위각 $= 82°10′ + 180° - 98°39′ = 163°31′$
- $\overline{CD}$ 방위각 $= 163°31′ + 180° - 67°14′ = 276°17′$
- $\overline{CD}$ 방위는 276°17′이 4상한이므로 N83°43′W

정답 01 ① 02 ③ 03 ② 04 ③ 05 ④

04 다각측량(트래버스 측량)

11 위거와 경거

모식도	위거	경거
$X(N)$ (x, y) L(위거) θ S 0 D(경거) $Y(E)$	일정한 자오선에 대한 어떤 측선의 정사투영 거리(위도차)	일정한 동서선에 대한 어떤 측선의 정사투영 거리(경도차)
	위거 $= S\cos\theta$ (S : 측선의 길이 θ : 방위각)	경거 $= S\sin\theta$ (S : 측선의 길이 θ : 방위각)

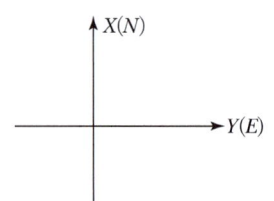

- 위거가 북쪽 향하면(+)
  위거가 남쪽 향하면(−)

- 경거가 동쪽 향하면(+)
  경거가 서쪽 향하면(−)

12 폐합비(결합비)

정도	$\dfrac{1}{m} = \dfrac{거리오차(\Delta l)}{실제거리(l)} = \dfrac{각의 오차(\theta'')}{라디안(\rho'')}$
폐합비	$\dfrac{1}{m} = \dfrac{폐합오차(E)}{총거리} = \dfrac{\sqrt{(\Delta l)^2 + (\Delta d)^2}}{\sum l} = \dfrac{\sqrt{위거오차^2 + 경거오차^2}}{총거리}$

Δl : 위거오차(위거합)
Δd : 경거오차(경거합)

개념이해

01 측선 길이가 100m, 방위각이 240°일 때 위거와 경거는?

① 위거 : 80.6m, 경거 : 50.0m
② 위거 : 50.0m, 경거 : 86.6m
③ 위거 : −86.6m, 경거 : −50.0m
④ 위거 : −50.0m, 경거 : −86.6m

- 위거 $= S \cdot \cos\theta = 100 \times \cos 240°$
  $= -50m$
- 경거 $= S \cdot \sin\theta = 100 \times \sin 240°$
  $= -86.60m$

답 ④

02 국토지리정보원에서 발급하는 기준점 성과표의 내용으로 틀린 것은?
[17년 1회]

① 삼각점이 위치한 평면좌표계의 원점을 알 수 있다.
② 삼각점 위치를 결정한 관측방법을 알 수 있다.
③ 삼각점의 경도, 위도, 직각좌표를 알 수 있다.
④ 삼각점의 표고를 알 수 있다.

기준점 성과표 기재사항
- 삼각점 번호
- 경위도 좌표값
- 평면직각 좌표 및 표고
- 수준원점
- 도엽명칭 및 번호
- 진북방향각 등

답 ②

과년도 기출문제

01 한 측선의 자오선(종축)과 이루는 각이 60°00′이고 계산된 측선의 위거가 −60m, 경거가 −103.92m 일 때 이 측선의 방위와 거리는? [20년 1회]

① 방위=S60°00′ E, 거리=130m
② 방위=N60°00′ E, 거리=130m
③ 방위=N60°00′ W, 거리=120m
④ 방위=S60°00′ W, 거리=120m

[해설]

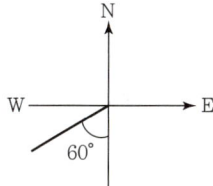

- 방위각 240°
  ∴ 방위 S60°W
- 위거 $= S \times \cos\alpha$
  $-60 = S \times \cos 240°$
  ∴ S(거리) $= 120$m

02 폐합다각측량을 실시하여 위거오차 30cm, 경거오차 40cm를 얻었다. 다각측량의 전체 길이가 500m라면 다각형의 폐합비는? [20년 3회]

① $\dfrac{1}{100}$ ② $\dfrac{1}{125}$
③ $\dfrac{1}{1,000}$ ④ $\dfrac{1}{1,250}$

[해설]

폐합비 $= \dfrac{E}{\sum l}$

∴ $\dfrac{\sqrt{0.3^2 + 0.4^2}}{500} = \dfrac{1}{1,000}$

03 트래버스 측량의 결과로 위거오차 0.4m, 경거오차 0.3m를 얻었다. 총 측선의 길이가 1,500m이었다면 폐합비는? [17년 4회]

① 1/2,000 ② 1/3,000
③ 1/4,000 ④ 1/5,000

[해설]

폐합비 $= \dfrac{1}{m} = \dfrac{\sqrt{위거오차^2 + 경거오차^2}}{\sum l}$

$= \dfrac{\sqrt{0.4^2 + 0.3^2}}{1,500} = \dfrac{1}{3,000}$

04 폐합 트래버스에서 위거의 합이 −0.17m, 경거의 합이 0.22m이고, 전 측선의 거리의 합이 252m일 때 폐합비는? [21년 3회]

① 1/900 ② 1/1,000
③ 1/1,100 ④ 1/1,200

[해설]

폐합비 $= \dfrac{E}{\sum l} = \dfrac{\sqrt{-0.17^2 + 0.22^2}}{252} = \dfrac{1}{906}$

05 노선거리 2km의 결합트래버스측량에서 폐합비를 1/5,000로 제한한다면 허용폐합오차는? [22년 1회]

① 0.1m ② 0.4m
③ 0.8m ④ 1.2m

[해설]

- 폐합비 $= \dfrac{1}{m} = \dfrac{E}{\sum l}$
- E(폐합비) $= \dfrac{1}{m} = \sum l = \dfrac{1}{5,000} \times 2,000 = 0.4$m

06 트래버스측량에서 거리관측의 허용오차를 1/10,000로 할 때, 이와 같은 정확도로 각 관측에 허용되는 오차는?

① 5″ ② 10″
③ 20″ ④ 30″

[해설]

$\dfrac{1}{m} = \dfrac{\Delta l}{l} = \dfrac{\theta''}{\rho''}$

∴ $\theta'' = \dfrac{1}{m} \times \rho'' = \dfrac{1}{10,000} \times 206,265'' = 20.63''$

정답 01 ④ 02 ③ 03 ② 04 ① 05 ② 06 ③

04 다각측량(트래버스 측량)

13 폐합오차의 조정

컴퍼스 법칙	① 오차배분은 측선길이에 비례하여 실시한다. ② 각관측과 거리관측의 정도가 거의 같을 때 조정한다. ③ 데오돌라이트나 광파기에 의한 관측이 이루어질 경우에 적합하다.
트랜싯 법칙	① 오차배분은 위거, 경거에 비례하여 실시한다. ② 각관측의 정밀도가 거리관측의 정밀도보다 높을 때 조정한다. ③ 스타디아측량에 의해 거리를 관측하는 경우에 적합하다.

- 트래버스 측량결과가 허용범위 내에 있을 경우 계산에 의하여 완전히 폐합되도록 하여야 한다. 이러한 조정방법에는 컴퍼스 법칙과 트랜싯 법칙이 있다.

컴퍼스 법칙
- 각 정도 ≤ 거리 정도
- 각관측보다 거리관측의 정밀도가 높을 때도 활용

트랜싯 법칙
각 정도 > 거리 정도

14 합위거(X좌표), 합경거(Y좌표)

모식도	합위거(X좌표), 합경거(Y좌표)
(그림: $X(N)$, (x_1, y_1), (x_2, y_2), (x_3, y_3), L_1, L_2, D_1, D_2, $Y(E)$)	① $x_2 = x_1 + L_1$ (위거) $y_2 = y_1 + D_1$ (경거) ② $x_3 = x_2 + L_2$ (위거) $y_3 = y_2 + D_2$ (경거)

합위거(X좌표) 구하는 법
① $x_{미지점} = x_{기지점} + $위거
② 위거 = 거리 $\times \cos\theta$ (θ : 방위각)

합경거(Y좌표) 구하는 법
① $y_{미지점} = y_{기지점} + $경거
② 경거 = 거리 $\times \sin\theta$ (θ : 방위각)

개념이해

01 다각측량에서 어떤 폐합다각망을 측량하여 위거 및 경거의 오차를 구하였다. 거리와 각을 유사한 정밀도로 관측하였다면 위거 및 경거의 폐합오차를 배분하는 방법으로 가장 적합한 것은? [19년 3회]

① 측선의 길이에 비례하여 분배한다.
② 각각의 위거 및 경거에 등분배한다.
③ 위거 및 경거의 크기에 비례하여 배분한다.
④ 위거 및 경거 절대값의 총합에 대한 위거 및 경거 크기에 비례하여 배분한다.

- 거리의 정밀도 = 각의 정밀도
- 컴퍼스 법칙(측선거리에 비례조정)

답 ①

02 트래버스 측점 A의 좌표가 (200, 200)이고, AB 측선의 길이가 50m일 때 B점의 좌표는?(단, AB의 방위각은 195°이고, 좌표의 단위는 m이다.) [15년 1회]

① (248.3, 187.1)   ② (248.3, 212.9)
③ (151.7, 187.1)   ④ (151.7, 212.9)

- $x_B = x_A + \overline{AB}\cos AB$ 방위각
  $= 200 + 50\cos 195° = 151.7$
- $y_B = y_A + \overline{AB}\sin AB$ 방위각
  $= 200 + 50\sin 195° = 187.1$

답 ③

과년도 기출문제

01 트래버스측량의 일반적인 사항에 대한 설명으로 옳지 않은 것은? [20년 4회]

① 트래버스 종류 중 결합트래버스는 가장 높은 정확도를 얻을 수 있다.
② 각관측 방법 중 방위각법은 한번 오차가 발생하면 그 영향은 끝까지 미친다.
③ 폐합오차 조정방법 중 컴퍼스법칙은 각관측의 정밀도가 거리관측의 정밀도보다 높을 때 실시한다.
④ 폐합트래버스에서 편각의 총합은 반드시 360°가 되어야 한다.

[해설]

컴퍼스법칙
각관측 정밀도 = 거리관측 정밀도

02 트래버스측량(다각측량)의 폐합오차 조정방법 중 컴퍼스 법칙에 대한 설명으로 옳은 것은? [19년 2회]

① 각과 거리의 정밀도가 비슷할 때 실시하는 방법이다.
② 위거와 경거의 크기에 비례하여 폐합오차를 배분한다.
③ 각 측선의 길이에 반비례하여 폐합오차를 배분한다.
④ 거리보다는 각의 정밀도가 높을 때 활용하는 방법이다.

[해설]

컴퍼스 법칙
• 오차배분은 측선길이에 비례하여 실시
• 각관측과 거리관측의 정도가 같을 때 조정

트랜싯 법칙
• 오차배분은 위거, 경거에 비례하여 실시
• 각관측의 정밀도가 거리관측의 정밀도보다 높을 때 조정

03 그림의 다각망에서 C점의 좌표는?(단, $\overline{AB} = \overline{BC} = 100m$이다.) [20년 3회]

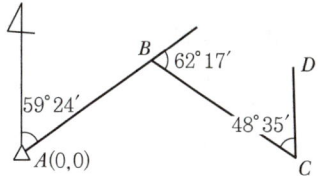

① $X_C = -5.31m$, $Y_C = 160.45m$
② $X_C = -1.62m$, $Y_C = 171.17m$
③ $X_C = -10.27m$, $Y_C = 89.25m$
④ $X_C = 50.90m$, $Y_C = 86.07m$

[해설]

$X_B = X_A + AB\cos AB$ 방위각 $= 0 + 100\cos 59°24' = 50.904$
$Y_B = Y_A + AB\sin AB$ 방위각 $= 0 + 100\sin 59°24' = 86.074$
$X_C = X_B + BC\cos BC$ 방위각 $= 50.904 + 100\cos 121°41'$
$\quad = -1.62m$
$Y_C = Y_B + BC\sin BC$ 방위각 $= 86.074 + 100\sin 121°41'$
$\quad = 171.17m$

04 그림과 같은 관측결과 $\theta = 30°11'00''$, $S = 1,000m$일 때 C점의 X좌표는?(단, AB의 방위각 $= 89°49'00''$, A점의 X좌표 $= 1,200m$) [22년 2회]

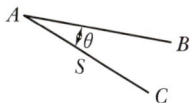

① 700.00m
② 1,203.20m
③ 2,064.42m
④ 2,066.03m

[해설]

$X_C = X_A + AC\cos AC$ 방위각
$\quad = 1,200 + 1,000 \times \cos 120° = 700m$
(AC 방위각 $= AB$ 방위각 $+ \theta = 89°49' + 30°11' = 120°$)

정답 01 ③ 02 ① 03 ② 04 ①

04 다각측량(트래버스 측량)

15 배횡거

배횡거의 정의	배횡거
어떤 측선의 중점으로부터 기준선(남북자오선)에 내린 수선의 길이를 횡거라 하며 횡거의 2배를 배횡거라 한다.	① 제1측선의 배횡거=제1측선의 경거 ② 임의 측선의 배횡거는 전측선 배횡거+앞 측선 경거+그 측선 경거

16 배횡거 계산

측선	위거	경거	배횡거
AB		①	① (1측선 배횡거=1측선 경거)
BC		②	①+①+②=④
CA		③	④+②+③

17 배면적과 면적

배면적	면적
① 각각의 배횡거와 위거의 곱의 합 ② $\sum$(배횡거×위거)	① 배면적의 반 ② $\frac{1}{2}\sum$(배횡거×위거)

18 면적 계산

측선	위거	경거	배횡거	배면적
AB	①		④	①×④=4
BC	②		⑤	②×⑤=10
CA	③		⑥	③×⑥=18
합계				$\sum=32$
면적		$\frac{\sum(배횡거\times위거)}{2}=\frac{32}{2}=16$		

- 횡거 = $\frac{배횡거}{2}$
- 방위각 = $\tan^{-1}\left(\frac{경거}{위거}\right)$
- 경거오차=0
  |마지막 측선배횡거|=|마지막 측선 경거|

임의 측선 배횡거

전측선 배횡거+전측선 경거+그 측선 경거

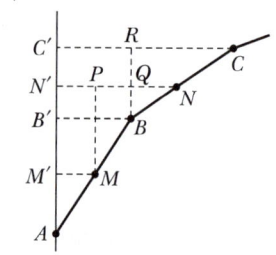

① M : AB의 중점,
   MM' : AB의 횡거
② N : BC의 중점,
   NN' : BC의 횡거
③ AB' : AB의 위거,
   BB' : AB의 경거

면적 계산

$\frac{1}{2}\sum$(배횡거×위거)

개념이해

01 어떤 측선의 배횡거를 구하는 방법으로 옳은 것은?

① 전 측선의 배횡거+전 측선의 경거+그 측선의 경거
② 전 측선의 횡거+전 측선의 경거+그 측선의 횡거
③ 전 측선의 횡거+전 측선의 경거+그 측선의 경거
④ 전 측선의 배횡거+전 측선의 경거+그 측선의 횡거

> 임의 측선의 배횡거
> 전 측선의 배횡거+전 측선의 경거+그 측선의 경거
>
> 답 ①

과년도 기출문제

01 A점에서 관측을 시작하여 A점으로 폐합시킨 폐합 트래버스 측량에서 다음과 같은 측량결과를 얻었다. 이때 측선 AB의 배횡거는? [15년 2회]

측선	위거(m)	경거(m)
AB	15.5	25.6
BC	−35.8	32.2
CA	20.3	−57.8

① 0m ② 25.6m
③ 57.8m ④ 83.4m

[해설]

배횡거
- 첫 측선의 배횡거 = 첫 측선의 경거
- AB측선의 배횡거 = AB측선의 경거 = 25.6
  (임의측선 배횡거 = 전 측선의 배횡거 + 전 측선의 경거 + 그 측선의 경거)

02 트래버스 $ABCD$에서 각 측선에 대한 위거와 경거 값이 아래 표와 같을 때, 측선 BC의 배횡거는? [18년 3회]

측선	위거(m)	경거(m)
AB	+75.39	+81.57
BC	−33.57	+18.78
CD	−61.43	−45.60
DA	+44.61	−52.65

① 81.57m ② 155.10m
③ 163.14m ④ 181.92m

[해설]

측선	위거(m)	경거(m)	배횡거(m)
AB	+75.39	+81.57	81.57
BC	−33.57	+18.78	181.92
CD	−61.43	−45.60	155.1
DA	+44.61	−52.65	56.85

03 다음은 폐합 트래버스 측량성과이다. 측선 CD의 배횡거는? [18년 1회]

측선	위거(m)	경거(m)
AB	65.39	83.57
BC	−34.57	19.68
CD	−65.43	−40.60
DA	34.61	−62.65

① 60.25m ② 115.90m
③ 135.45m ④ 165.90m

[해설]

측선	위거(m)	경거(m)	배횡거
AB	65.39	83.57	83.57
BC	−34.57	19.68	186.82
CD	−65.43	−40.60	165.90
DA	34.61	−62.65	62.65

04 다음 트래버스 측량계산에서 면적은 얼마인가?

측선	위거(m)	경거(m)
AB	+112.83	+80.41
BC	−185.47	+106.27
CA	+72.64	−186.68

① 12,098.84m² ② 13,452.04m²
③ 24,197.68m² ④ 26,904.08m²

[해설]

측선	위거	경거	배횡거	배면적
AB	112.83	80.41	80.41	9072.6603
BC	−185.47	106.27	267.09	−49537.1823
CA	72.64	−186.68	186.68	13560.4352

∴ 면적 = $\dfrac{|\Sigma \text{ 배면적}|}{2} = \dfrac{|-26,904.08|}{2}$
= 13,452.04m²

정답 01 ② 02 ④ 03 ④ 04 ②

05 삼각측량

1 삼각 및 삼변측량의 비교

구분	삼각측량	삼변측량
관측 요소	각	변
목적	2차원(x, y) 수평위치 결정	2차원(x, y) 수평위치 결정
원리	sine 법칙	cosine 제2법칙, 반각공식
활용	과거(긴 거리 측정 부담)	현대(EDM, TS, GPS)

+ 삼각측량에서 얻어진 거리란?
두 점 간의 거리는 기준 회전 타원체면상 투영한 거리(평균해수면에 투영한 최단 거리)

• 삼각형 계산에서 기준이 되는 최초의 변장은 기선(기지변)이며 마지막 변의 변장이 검기선이다.

2 삼각 및 삼변측량의 원리 및 특징

구분	삼각측량(sine 법칙)	삼변측량(cosine 법칙)
그림	(삼각형 ABC, 변 c는 기선(Baseline))	(삼각형 ABC, 세 변 a, b, c)
원리	$\dfrac{a}{\sin A} = \dfrac{c}{\sin C}$ $\therefore a = \dfrac{c}{\sin C} \times \sin A$	$a^2 = b^2 + c^2 - 2bc \cos A$ $\therefore \angle A = \cos^{-1}\left(\dfrac{b^2 + c^2 - a^2}{2bc}\right)$
특징	① 원리는 sine 법칙 ② 넓은 면적의 측량에 적합 ③ 각 단계에서 정확도 점검 가능 ④ 삼각점 간 거리 길게 할 수 있음 ⑤ 산림지역은 부적합(벌목)	① 원리는 cosine 법칙, 반각공식 ② 관측요소는 변의 길이 ③ 조건식이 적은 단점 ④ 반각 공식을 이용하여 변으로부터 각을 구함

+ 시준이 곤란하여 관측에 어려움이 있을 때는 삼각측량이 아닌 다각측량을 사용한다.

3 삼각측량의 순서

삼각측량의 순서						
①	②	③	④	⑤	⑥	⑦
도상계획	답사	선점	조표	기선측량	각관측	계산

+ 라플라스점
① 지형을 측량할 때 오차가 커지는 것을 방지하기 위해 200~300km마다 설치한 삼각점
② 삼각측량과 천문측량이 동시에 이루어지도록하는 기준점

> **개념이해**
>
> **01** 삼변측량에 관한 설명 중 틀린 것은? [18년 3회]
>
> ① 관측요소는 변의 길이뿐이다.
> ② 관측값에 비하여 조건식이 적은 단점이 있다.
> ③ 삼각형의 내각을 구하기 위해 cosine 제2법칙을 이용한다.
> ④ 반각공식을 이용하여 각으로부터 변을 구하여 수직위치를 구한다.

○ 삼변측량은 변으로부터 각을 구하여 수평위치를 구하는 측량이다.

답 ④

과년도 기출문제

01 삼각측량과 삼변측량에 대한 설명으로 틀린 것은? [21년 1회]

① 삼변측량은 변 길이를 관측하여 삼각점의 위치를 구하는 측량이다.
② 삼각측량의 삼각망 중 가장 정확도가 높은 망은 사변형삼각망이다.
③ 삼각점의 선점 시 기계나 측표가 동요할 수 있는 습지나 하상은 피한다.
④ 삼각점의 등급을 정하는 주된 목적은 표석설치를 편리하게 하기 위함이다.

[해설]
삼각점은 각 관측 정확도에 따라 등급을 정한다.

02 삼변측량에 대한 설명으로 틀린 것은? [22년 1회]

① 전자파거리측량기(EDM)의 출현으로 그 이용이 활성화되었다.
② 관측값의 수에 비해 조건식이 많은 것이 장점이다.
③ 코사인 제2법칙과 반각공식을 이용하여 각을 구한다.
④ 조정방법에는 조건방정식에 의한 조정과 관측방정식에 의한 조정방법이 있다.

[해설]

삼각측량	삼변측량
• 원리는 Sine 법칙 • 조건식이 많은 장점	• 원리는 반각공식 • 조건식이 적은 단점

03 삼변측량을 실시하여 길이가 각각 $a=1,200m$, $b=1,300m$, $c=1,500m$이었다면 $\angle ACB$는? [20년 4회]

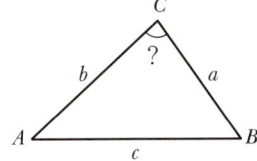

① 73°31′02″ ② 73°33′02″
③ 73°35′02″ ④ 73°37′02″

[해설]
$$\angle C = \cos^{-1}\left(\frac{a^2+b^2-c^2}{2ab}\right)$$
$$= \cos^{-1}\left(\frac{1,200^2+1,300^2-1,500^2}{2\times1,200\times1,300}\right)$$
$$= 73°37′02″$$

04 조정계산이 완료된 조정각 및 기선으로부터 처음 신설하는 삼각점의 위치를 구하는 계산순서로 가장 적합한 것은? [21년 1회]

① 편심조정 계산 → 삼각형 계산(변, 방향각) → 경위도 결정 → 좌표조정 계산 → 표고 계산
② 편심조정 계산 → 삼각형 계산(변, 방향각) → 좌표조정 계산 → 표고 계산 → 경위도 결정
③ 삼각형 계산(변, 방향각) → 편심조정 계산 → 표고 계산 → 경위도 결정 → 좌표조정 계산
④ 삼각형 계산(변, 방향각) → 편심조정 계산 → 표고 계산 → 좌표조정 계산 → 경위도 결정

[해설]
삼각형 계산 → 좌표조정 계산 → 표고 계산 → 경위도 결정

05 다음 설명 중 옳지 않은 것은? [22년 1회]

① 측지선은 지표상 두 점 간의 최단거리선이다.
② 라플라스점은 중력측정을 실시하기 위한 점이다.
③ 항정선은 자오선과 항상 일정한 각도를 유지하는 지표의 선이다.
④ 지표면의 요철을 무시하고 적도반지름과 극반지름으로 지구의 형상을 나타내는 가상의 타원체를 지구타원체라고 한다.

[해설]
라플라스점은 삼각측량과 천문측량을 실시하기 위한 점이다.

정답 01 ④ 02 ② 03 ④ 04 ② 05 ②

05 삼각측량

4 삼각망의 종류

종류	모식도	특징
단열 삼각망 (삼각쇄)	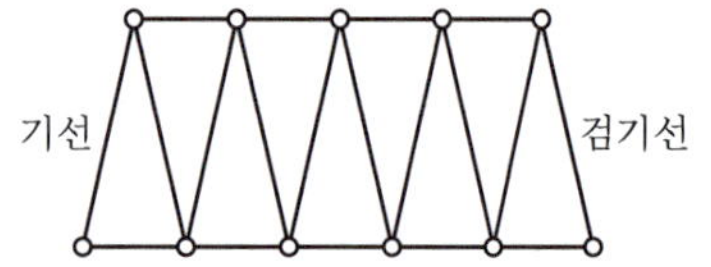 기선 — 검기선	① 폭이 좁고 거리가 먼 지역에 적합하다(노선, 하천, 터널측량). ② 측량이 신속, 경비 적게 든다. ③ 조건식이 적어 정도가 낮다.
유심 삼각망 (유심쇄)	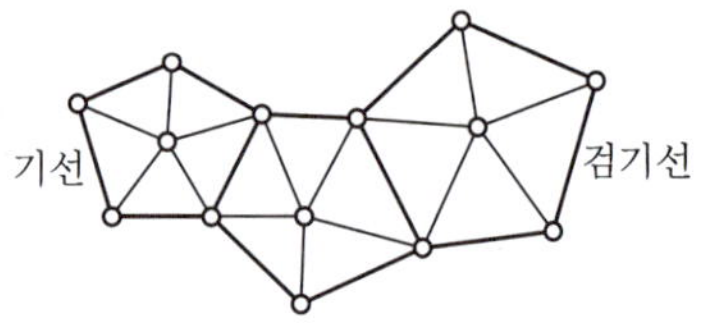 기선 — 검기선	① 방대한 지역의 측량에 적합하다 (대규모 농지, 단지). ② 동일 측점수에 비해 표면적(포괄면적)이 넓다. ③ 정확도가 비교적 높다. (단열삼각망과 비교)
사변형 삼각망 (사변쇄)	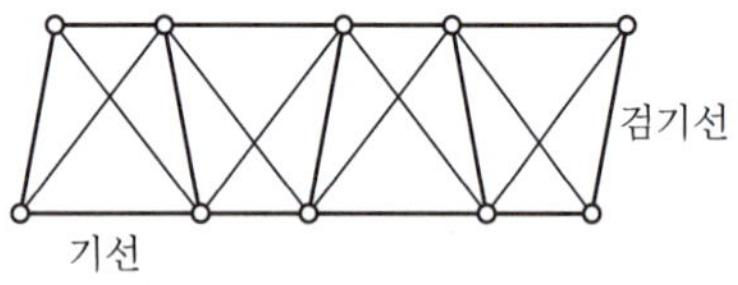 기선 — 검기선	① 기선 삼각망에 이용한다. (정밀도가 필요한 시가지) ② 정밀도가 가장 높다. (조건식이 가장 많기 때문) ③ 시간과 경비가 많이 든다.

+ 삼각망을 구성하는 가장 이상적인 형상은 정삼각형

삼각망 정밀도 높은 순서
사변형 > 유심 > 단열 삼각망

기준점 성과표
삼각측량의 최종성과인 기준점에 대한 자료를 정리한 기록물

삼각점(기준점) 성과표 기재사항
- 점번호
- 경위도
- 평면직각좌표 및 표고
- 수준원점
- 도엽명칭 및 번호
- 진북방향각등

개념이해

01 삼각측량에서 대표적인 삼각망의 종류가 아닌 것은?

① 단열삼각망　　② 귀심삼각망
③ 사변형망　　　④ 유심삼각망

○ 삼각망의 종류
- 단열 삼각망
- 유심 삼각망
- 사변형 삼각망

답 ②

02 노선측량, 하천측량, 철도측량 등에 많이 사용하며 측량이 간단하고 경제적이나 정확도가 낮은 삼각망은?

① 사변형 삼각망　② 유심 삼각망
③ 기선 삼각망　　④ 단열 삼각망

○ 단열삼각망은 노선, 하천측량과 같이 폭이 좁고 긴 지역에 이용하며 조건식이 적어 정밀도가 낮다.

답 ④

과년도 기출문제

01 일반적으로 단열삼각망으로 구성하기에 가장 적합한 것은? [21년 3회]

① 시가지와 같이 정밀을 요하는 골조측량
② 복잡한 지형의 골조측량
③ 광대한 지역의 지형측량
④ 하천조사를 위한 골조측량

[해설]
단열삼각망은 노선, 하천측량과 같이 폭이 좁고 긴 지역에 이용하며 조건식이 적어 정밀도가 낮다.

02 삼각망의 종류 중 유심삼각망에 대한 설명으로 옳은 것은? [18년 1회]

① 삼각망 가운데 가장 간단한 형태이며 측량의 정확도를 얻기 위한 조건이 부족하므로 특수한 경우 외에는 사용하지 않는다.
② 가장 높은 정확도를 얻을 수 있으나 조정이 복잡하고, 포함된 면적이 작으며 특히 기선을 확대할 때 주로 사용한다.
③ 거리에 비하여 측점수가 가장 적으므로 측량이 간단하며 조건식의 수가 적어 정확도가 낮다.
④ 광대한 지역의 측량에 적합하며 정확도가 비교적 높은 편이다.

[해설]
- 삼각망 가운데 가장 간단한 형태는 단열삼각망이다.
- 삼각망의 정확도 순서 : 사변형삼각망 > 유심삼각망 > 단열삼각망

03 삼각측량을 위한 삼각망 중에서 유심다각망에 대한 설명으로 틀린 것은? [20년 1회]

① 농지측량에 많이 사용된다.
② 방대한 지역의 측량에 적합하다.
③ 삼각망 중에서 정확도가 가장 높다.
④ 동일 측점 수에 비하여 포함면적이 가장 넓다.

[해설]
삼각망 정밀도 순서
사변형 > 유심 > 단열

04 삼각측량에서 시간과 경비가 많이 소요되나 가장 정밀한 측량성과를 얻을 수 있는 삼각망은? [16년 2회]

① 유심망
② 단삼각형
③ 단열삼각망
④ 사변형망

[해설]
사변형망
- 기선삼각망에 이용한다.
- 조건식수가 가장 많아 정밀도가 높다.
- 시간과 경비가 많이 소요된다.

05 삼각측량에서 삼각망을 구성하는 형상으로 가장 이상적인 것은?

① 직각 삼각형
② 2등변 삼각형
③ 정삼각형
④ 둔각 삼각형

[해설]
- 표차는 각이 90°에 가까울수록 작다. 그러므로 삼각망은 정삼각형에 가깝게 구성한다.
- 각이 0° 혹은 180°에 가까우면 표차가 커진다.

06 삼각측량을 위한 기준점 성과표에 기록되는 내용이 아닌 것은? [19년 3회]

① 점번호
② 도엽명칭
③ 천문경위도
④ 평면직각좌표

[해설]
삼각점(기준점) 성과표 기재사항
- 점번호
- 평면직각좌표 및 표고
- 도엽명칭 및 번호
- 경위도
- 수준원점
- 진북방향각 등

정답 01 ④ 02 ④ 03 ③ 04 ④ 05 ③ 06 ③

05 삼각측량

5 선점

삼각측량 선점 시 주의사항
① 가능한 측점수가 적고 거리는 비슷하게 한다.
② 삼각형은 정삼각형에 가까울수록 좋다(각오차가 변장에 미치는 영향 최소화).
③ 삼각점의 위치는 다른 삼각점과 시준(시통)이 잘 되어야 한다.
④ 많은 나무의 벌채를 요하거나 높은 측표를 요하는 지점은 피한다. (편심관측을 해야 하는 곳은 삼각점 위치선정에 있어 피할 필요가 없음)
⑤ 불가피한 경우에는 편심을 허용한다.
⑥ 지반은 영구 보존할 수 있는 지점을 택한다.
⑦ 삼각점은 한쪽에 편중되지 않도록 고른 밀도로 배치한다.
⑧ 미지점은 최소 3개, 최대 5개의 기지점에서 정반 양방향으로 시통이 되도록 한다.

6 조표

조표	영구표지
① 삼각점의 위치를 지상에 나타내기 위해 표지를 묻고 다른 삼각점으로부터 시준 목표가 되는 시준표를 만드는 작업 ② 조표 중 영구표지는 지반에 영구히 매설하는 표주와 반석으로 구성 (주석과 반석은 화강암 재질)	(보호석, 주석(표주), 반석)

7 관측(편심보정)

	편심보정(T)	모식도
T	$T = t + x_2 - x_1$	
x_1	$\dfrac{e}{\sin x_1} = \dfrac{S_1'}{\sin(360° - \phi)}$ $x_1'' = \sin^{-1}\left[\dfrac{e \cdot \sin(360° - \phi)}{S_1'}\right]$	
x_2	$\dfrac{e}{\sin x_2} = \dfrac{S_2'}{\sin(360° - \phi + t)}$ $x_2'' = \sin^{-1}\left[\dfrac{e \cdot \sin(360° - \phi + t)}{S_2'}\right]$	

삼각측량의 작업순서
① 계획
② 답사
③ 선점
④ 조표
⑤ 관측
⑥ 계산

답사
측량지역에서 계획대로 작업이 수행되도록 조사

선점
계획에 따라 삼각점의 측점을 선정

편심(귀심)
삼각측량 시 이상적 조건은 표석중심(C), 기계중심(B) 및 시표중심(P)이 연직선상에 일치해야 한다. 만약 현장여건상 불일치하는 경우 편심이 발생한다.

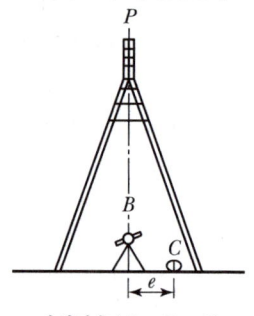

편심관측($B = P \neq C$)

- 각관측 방법은 정밀도가 높은 각관측 방법을 이용한다.

- $\sin^{-1} = \rho''$

과년도 기출문제

01 삼각측량에서 삼각점을 선점할 때 주의사항으로 잘못된 것은?

① 삼각형은 정삼각형에 가까울수록 좋다.
② 가능한 측점의 수를 많게 하고 거리가 짧을수록 유리하다.
③ 미지점은 최소 3개, 최대 5개의 기지점에서 정·반 양방향으로 시통이 되도록 한다.
④ 삼각점의 위치는 다른 삼각점과 시준이 잘 되어야 한다.

[해설]
- 선점 시 측점의 수는 가능한 적을수록 좋다.
- 삼각형은 정삼각형에 가까울수록 좋다.
- 미지점은 최소 3개, 최대 5개의 기지점에서 정반 양방향으로 시통이 되게 한다.

02 삼각측량을 위한 삼각점의 위치선정에 있어서 피해야 할 장소와 가장 거리가 먼 것은? [20년 3회]

① 측표를 높게 설치해야 되는 곳
② 나무의 벌목면적이 큰 곳
③ 편심관측을 해야 되는 곳
④ 습지 또는 하상인 곳

[해설]
편심관측을 해야 되는 곳은 삼각점의 위치선정에 있어서 피해야 할 장소와 가장 거리가 멀다.

03 삼각점 C에 기계를 세울 수 없어서 2.5m를 편심하여 B에 기계를 설치하고 $T'=31°15'40''$를 얻었다면 T는?(단, $\phi=300°20'$, $S_1=2\text{km}$, $S_2=3\text{km}$) [19년 3회]

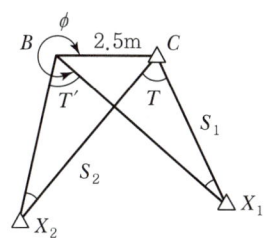

① 31°14'49''   ② 31°15'18''
③ 31°15'29''   ④ 31°15'41''

[해설]
- x_1

$$\frac{2.5}{\sin x_1} = \frac{2,000}{\sin(360°-300°20')}$$

$$\therefore x_1 = 3'42.53''$$

- x_2

$$\frac{2.5}{\sin x_2} = \frac{3,000}{\sin(360°-300°20'+31°15'40'')}$$

$$\therefore x_2 = 2'51.86''$$

$$\therefore T = T' + x_2 - x_1$$
$$= 31°15'40'' + 2'51.86'' - 3'42.53''$$
$$= 31°14'49''$$

04 그림과 같은 편심측량에서 ∠ABC는?(단, $\overline{AB}=2.0\text{km}$, $\overline{BC}=1.5\text{km}$, $e=0.5\text{m}$, $t=54°30'$, $\rho=300°30'$) [20년 3회]

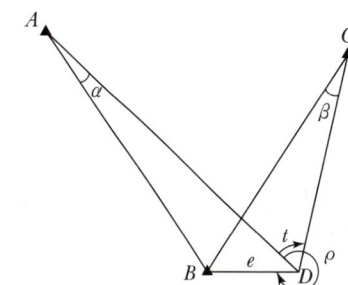

① 54°28'45''   ② 54°30'19''
③ 54°31'58''   ④ 54°33'14''

[해설]
∠$ABC = t + \beta - \alpha$

- β

$$\frac{0.5}{\sin\beta} = \frac{1,500}{\sin 114°}, \quad \beta = 1'02.81''$$

- α

$$\frac{0.5}{\sin\alpha} = \frac{2,000}{\sin(360°-300°30')}, \quad \alpha = 44.43''$$

$$\therefore \angle ABC = 54°30' + 1'02.81'' - 44.43''$$
$$= 54°30'19''$$

정답 01 ② 02 ③ 03 ① 04 ②

05 삼각측량

8 각관측 3조건

3조건	내용
각조건	삼각망 중 3각형 내각의 합은 180°
변조건	• 임의 한 변의 길이는 계산순서에 관계없이 동일 • 검기선은 측정한 길이와 계산된 길이가 동일
점조건	한 측점 주위에 있는 모든 각의 총합은 360°

모든 각의 측정은 각관측 3조건을 만족해야 한다.

각방정식
점조건 + 각조건

9 단열삼각망 각 조정

	삼각형 조정	모식도
각조건 식	$(\alpha + \beta + \gamma) - 180 = \pm W$	
	① $\alpha' = \alpha \mp \dfrac{W}{3}$ ② $\beta' = \beta \mp \dfrac{W}{3}$ ③ $\gamma' = \gamma \mp \dfrac{W}{3}$	

단열삼각망의 조정
각을 같은 정밀도로 관측한 경우 발생하는 오차는 각의 크기에 관계없이 등배분한다.

10 유심삼각망 조정

유심삼각망 조정	
각조건	$\alpha_2 + \beta_2 + \gamma_2 = 180°$
점조건	$\gamma_1 + \gamma_2 + \gamma_3 + \gamma_4 + \gamma_5 = 360°$
변조건	$\dfrac{\sin \alpha_1 \sin \alpha_2 \sin \alpha_3 \sin \alpha_4 \sin \alpha_5}{\sin \beta_1 \sin \beta_2 \sin \beta_3 \sin \beta_4 \sin \beta_5} = 1$

변조정
삼각망의 어느 한 변장은 관측순서에 관계없이 동일함

개념이해

01 삼각망 조정에 관한 설명으로 옳지 않은 것은? [21년 1회]

① 임의의 한 변의 길이는 계산경로에 따라 달라질 수 있다.
② 검기선은 측정한 길이와 계산된 길이가 동일하다.
③ 1점 주위에 있는 각의 합은 360°이다.
④ 삼각형의 내각의 합은 180°이다.

각관측 3조건

3조건	내용
각조건	삼각망 중 3각형 내각의 합은 180°
변조건	임의 한 변의 길이는 계산순서에 관계없이 동일
점조건	한 측점 주위에 있는 모든 각의 총합은 360°

답 ①

과년도 기출문제

01 삼각측량의 각 삼각점에 있어 모든 각의 관측 시 만족되어야 하는 조건이 아닌 것은? [19년 1회]

① 하나의 측점을 둘러싸고 있는 각의 합은 360°가 되어야 한다.
② 삼각망 중에서 임의의 한 변의 길이는 계산의 순서에 관계없이 같아야 한다.
③ 삼각망 중 각각 삼각형 내각의 합은 180°가 되어야 한다.
④ 모든 삼각점의 포함면적은 각각 일정하여야 한다.

[해설]

각관측 3조건

3조건	내용
각조건	삼각망 중 3각형 내각의 합은 180°
변조건	임의의 한 변의 길이는 계산순서에 관계없이 동일
점조건	한 측점 주위에 있는 모든 각의 총합은 360°

02 삼각형 A, B, C의 각을 동일한 정확도로 관측하여 다음과 같은 결과를 얻었다. ∠C의 보정각은?

∠A = 41°37′44″
∠B = 61°18′13″
∠C = 77°03′53″

① 77°03′51″ ② 77°03′53″
③ 77°03′55″ ④ 77°03′57″

[해설]
• 폐합오차[E]
  = 180 − (41°37′44″ + 61°18′13″ + 77°03′53″) = 10″
• 경중률이 같을 경우 등배분한다.
  $\dfrac{[오차]}{3} = \dfrac{[10″]}{3} = 3.33″$
• ∠C의 보정각 = 77°03′53″ + 3.33″
  = 77°03′56.33″ ≒ 77°03′57

03 단일삼각형에 대해 삼각측량을 수행한 결과 내각이 $\alpha = 54°25′32″$, $\beta = 68°43′23″$, $\gamma = 56°51′14″$이었다면 β의 각 조건에 의한 조정량은? [18년 1회]

① −4″ ② −3″
③ +4″ ④ +3″

[해설]
$(\alpha + \beta + \gamma) - 180° = 9″/3$
∴ β의 조정량은 : −3″

04 삼각망 조정계산의 경우에 하나의 삼각형에 발생한 각오차의 처리 방법은?(단, 각관측 정밀도는 동일하다.) [19년 2회]

① 각의 크기에 관계없이 동일하게 배분한다.
② 대변의 크기에 비례하여 배분한다.
③ 각의 크기에 반비례하여 배분한다.
④ 각의 크기에 비례하여 배분한다.

[해설]
각을 같은 정밀도로 관측한 경우 발생하는 오차는 각의 크기에 관계없이 등배분한다.

05 그림과 같은 유심 삼각망에서 점조건 조정식에 해당하는 것은? [19년 2회]

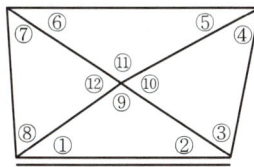

① (①+②+⑨) = 180°
② (①+②) = (⑤+⑥)
③ (⑨+⑩+⑪+⑫) = 360°
④ (①+②+③+④+⑤+⑥+⑦+⑧) = 360°

[해설]
• 각조건 : ①+⑨+② = 180°
• 점조건 : ⑨+⑩+⑪+⑫ = 360°

정답 01 ④ 02 ④ 03 ② 04 ① 05 ③

05 삼각측량

11 구차 및 양차 식

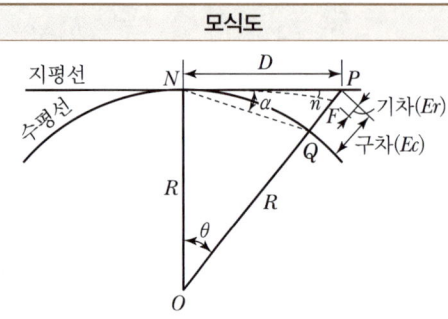
모식도

- N과 Q는 같은 수준면 위에 있다.
- $\overline{NP}(D)$는 망원경의 시준선
- Q에 세워진 표척의 읽음값은 PQ 만큼 커진다.

내용	설명
구차	① $E_c = +\dfrac{D^2}{2R}$ (구차는 실제의 높이보다 낮게 하므로 항상 +로 보정) ② 시점과 동일한 표고점은 Q점이지만 실제로는 P점을 관측하는데 관측 차이값 (E_c)을 구차라 한다.
기차	① $E_\gamma = -\dfrac{KD^2}{2R}$ (기차는 항상 -로 보정) ② 빛이 대기를 통과하면서 생기는 굴절의 영향에 의해 생기는 거리차
양차	① $E = \dfrac{D^2(1-K)}{2R}$ ② 구차와 기차는 보통 동시에 발생한다. ③ 양차는 구차와 기차의 합이다.

측지삼각측량에서 곡률오차(구차)와 굴절오차(기차)는 반드시 고려한다.

- R : 지구 반경(6,370km)
- D : 수평거리
- K : 빛의 굴절계수(0.14)

삼각수준측량의 정도

$$정도 = \dfrac{1}{m} = \dfrac{\Delta l}{l} = \dfrac{\Delta h}{D}$$
$$= \dfrac{(1-K)D}{2R}$$

개념이해

01 삼각수준측량의 관측값에서 대기의 굴절오차(기차)와 지구의 곡률오차(구차)의 조정방법으로 옳은 것은?

① 기차는 높게, 구차는 낮게 조정한다.
② 기차는 낮게, 구차는 높게 조정한다.
③ 기차와 구차를 함께 높게 조정한다.
④ 기차와 구차를 함께 낮게 조정한다.

- 구차(지구 곡률오차)는 높게 조정
- 기차(대기굴절오차)는 낮게 조정

답 ②

02 지표면상의 A, B 간의 거리가 7.1km라고 하면 B점에서 A점을 시준할 때 필요한 측표(표척)의 최소 높이로 옳은 것은?(단, 지구의 반지름은 6,370km이고, 대기의 굴절에 의한 요인은 무시한다.) [16년 1회]

① 1m   ② 2m
③ 3m   ④ 4m

$$구차 = \dfrac{D^2}{2R} = \dfrac{7.1^2}{2 \times 6,370}$$
$$= 0.004km = 4m$$

답 ④

과년도 기출문제

01 지표상 P점에서 9km 떨어진 Q점을 관측할 때 Q점에 세워야 할 측표의 최소 높이는?(단, 지구 반지름 $R=6,370$km이고, P, Q점은 수평면상에 존재한다.) [20년 1회]

① 10.2m ② 6.4m
③ 2.5m   ④ 0.6m

[해설]

최소 높이(구차) $= \dfrac{D^2}{2R} = \dfrac{9^2}{2 \times 6,370} = 6.4 \times 10^{-3}$km $= 6.4$m

02 거리 2.0km에 대한 양차는?(단, 굴절계수 K는 0.14, 지구의 반지름은 6,370km이다.) [16년 2회]

① 0.27m ② 0.29m
③ 0.31m ④ 0.33m

[해설]

양차 $= \dfrac{D^2(1-k)}{2R} = \dfrac{2,000^2(1-0.14)}{2 \times 6,370 \times 10^3} = 0.27$m

03 평야지대에서 어느 한 측점에서 중간 장애물이 없는 26km 떨어진 측점을 시준할 때 측점에 세울 표척의 최소 높이는?(단, 굴절계수는 0.14이고 지구곡률반지름은 6,370km이다.) [19년 1회]

① 16m ② 26m
③ 36m ④ 46m

[해설]

양차 $= \dfrac{D^2(1-K)}{2R} = \dfrac{26^2(1-0.14)}{2 \times 6,370} = 0.0456$km ≒ 46m

04 삼각수준측량에서 1 : 25,000의 정확도로 수준차를 허용할 경우 지구의 곡률을 고려하지 않아도 되는 시준거리는?(단, 공기의 굴절계수 $K=0.14$, 지구반경 $R=6,370$km)

① 593m ② 693m
③ 793m ④ 893m

[해설]

$\dfrac{1}{25,000} = \dfrac{\dfrac{D^2(1-K)}{2R}}{D}$

$\therefore D = \dfrac{2R}{(1-K) \times 25,000} = \dfrac{2 \times 6,370}{(1-0.14) \times 25,000}$
$= 0.59255$km $= 593$m

05 삼각수준측량에서 정밀도 10^{-5}의 수준차를 허용할 경우 지구곡률을 고려하지 않아도 되는 최대시준거리는?(단, 지구곡률반지름 $R=6,370$km이고, 빛의 굴절계수는 무시) [17년 1회]

① 35m   ② 64m
③ 70m   ④ 127m

[해설]

$\dfrac{1}{10^5} = \dfrac{D^2/2R}{D} = \dfrac{D}{2R}$

$\therefore D = \dfrac{2R}{10^5} = \dfrac{2 \times 6,370 \times 10^3}{10^5} = 127.4$m

06 삼각수준측량에 의해 높이를 측정할 때 기지점과 미지점의 쌍방에서 연직각을 측정하여 평균하는 이유는? [19년 3회]

① 연직축오차를 최소화하기 위하여
② 수평분도원의 편심오차를 제거하기 위하여
③ 연직분도원의 눈금오차를 제거하기 위하여
④ 공기의 밀도변화에 의한 굴절오차의 영향을 소거하기 위하여

[해설]

- 직시(기지점 → 미지점)
- 반시(미지점 → 기지점)
- $\dfrac{직시 + 반시}{2}$ (구차, 기차 제거)

정답 01 ② 02 ① 03 ④ 04 ① 05 ④ 06 ④

06 수준측량

1 수준측량의 정의

수준측량의 정의
① 높이를 결정하기 위한 측량(레벨측량)
② 표고의 기준은 등포텐셜면(지오이드면, 평균해수면)
③ 장거리 수준측량은 구차(지구곡률), 기차(대기굴절), 중력에 대한 보정을 한다.

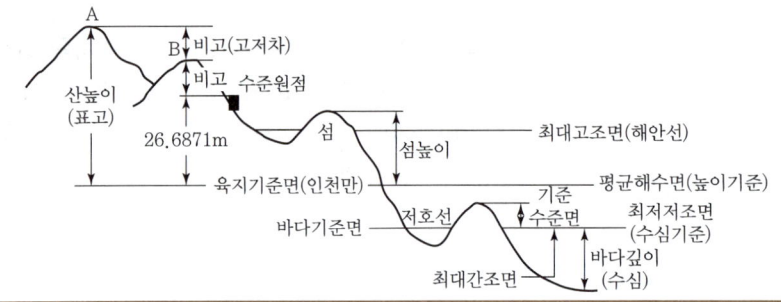

표고
어떤 기준면(평균해면)으로부터 그점까지 연직거리

비고
임의 기준면에 대한 상대높이차(고저차)

수준원점의 표고
26.6871m

수심 및 높이의 기준
- 해안선(최고고조면, 최대고조면)
- 높이기준(평균해수면)
- 수심기준(최저저조면)

2 직접 수준측량의 용어

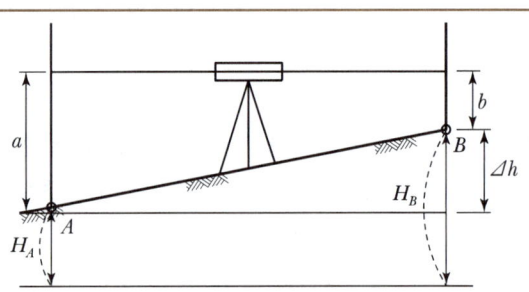

기계고(IH)	기준면에서 망원경 시준선까지의 높이($H_A + a$)
후시(BS)	기지점에 세운 표척의 읽음값(a)
전시(FS)	표고를 구하려는 점에 세운 표척의 읽음값(b)
이기점(TP) (전환점)	① 전시와 후시의 연결점으로 기계를 옮기는 점 ② 이기점은 중요하므로 1mm 단위까지 읽는다.
중간점(IP)	① 전시만을 취하는 점으로 표고를 관측할 점을 말한다. ② 그 점에 오차가 발생하여도 다른 점에 영향을 주지 않는다.
지반고(GH) (표고)	① 기준면부터 구하는 지점의 표고(H_A, H_B) ② $H_B = H_A + a(후시) - b(전시)$
표고차(Δh)	표고를 알고 있는 지점에서 시작하여 마지막 점까지의 높이 차

- 수준측량은 후시에서 시작해서 전시로 끝난다.
- 표척은 전후로 기울여 최소 읽음값을 관측

레벨의 조정
① 시준선 // 기포관축
   (레벨 조정에서 가장 중요한 수평 시준선을 얻기 위해)
② 기포관축 ⊥ 연직축

구배(경사, 물매)

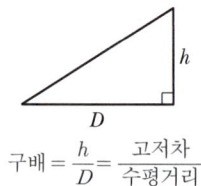

$$구배 = \frac{h}{D} = \frac{고저차}{수평거리}$$

과년도 기출문제

01 지반의 높이를 비교할 때 사용하는 기준면은?
[20년 3회]

① 표고(Elevation)
② 수준면(Level Surface)
③ 수평면(Horizontal Plane)
④ 평균해수면(Mean Sea Level)

[해설]
높이의 기준이 되는 면은 평균해수면이다.

02 수준측량과 관련된 용어에 대한 설명으로 틀린 것은?
[21년 3회]

① 수준면(Level Surface)은 각 점들이 중력방향에 직각으로 이루어진 곡면이다.
② 어느 지점의 표고(Elevation)라 함은 그 지역기준타원체로부터의 수직거리를 말한다.
③ 지구곡률을 고려하지 않는 범위에서는 수준면(Level Surface)을 평면으로 간주한다.
④ 지구의 중심을 포함한 평면과 수준면이 교차하는 선이 수준선(Level Line)이다.

[해설]
표고는 인천만의 평균해수면으로부터의 수직거리를 말한다.

03 수준측량에 관한 설명으로 옳은 것은? [16년 4회]

① 수준측량에서는 빛의 굴절에 의하여 물체가 실제로 위치하고 있는 곳보다 더욱 낮게 보인다.
② 삼각수준측량은 토털스테이션을 사용하여 연직각과 거리를 동시에 관측하므로 레벨측량보다 정확도가 높다.
③ 수평한 시준선을 얻기 위해서는 시준선과 기포관축은 서로 나란하여야 한다.
④ 수준측량의 시준 오차를 줄이기 위하여 기준점과의 구심 작업에 신중을 기울여야 한다.

[해설]
수평한 시준선을 얻기 위해서는 시준선과 기포관축이 평행하여야 한다.

04 기준면으로부터 어느 측점까지의 연직 거리를 의미하는 용어는?
[19년 3회]

① 수준선(Level Line)
② 표고(Elevation)
③ 연직선(Plumb Line)
④ 수평면(Horizontal Plane)

[해설]

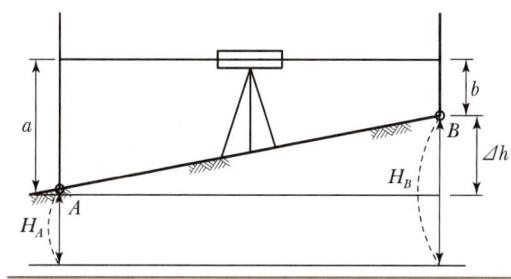

후시(BS)	기지점에 세운 표척의 읽음값(a)
전시(FS)	표고를 구하려는 점에 세운 표척의 읽음값(b)
지반고(GH)	• 기준면부터 구하는 지점의 표고(H_A, H_B) • $H_B = H_A + a(후시) - b(전시)$

05 수로조사에서 간출지의 높이와 수심의 기준이 되는 것은?
[21년 2회]

① 약최고고저면
② 평균중등수위면
③ 수애면
④ 약최저저조면

[해설]
• 해안선 기준 : 약최고고조면
• 수심 기준 : 약최저저조면

정답 01 ④ 02 ② 03 ③ 04 ② 05 ④

06 수준측량

3 직접 수준측량 야장의 종류

고차식	① 야장기입 방법 중 가장 간단한 방법(BS, FS만 있으면 됨) ② 후시의 합과 전시의 합의 차로서 고저차를 구하는 방법
기고식	① 가장 많이 사용하는 방법, 중간점이 많을 때 가장 편리 ② 완전한 검산을 할 수 없는 것이 결점
승강식	① 후시값과 전시값의 차가 (+)이면 승란에 기입 ② 후시값과 전시값의 차가 (−)이면 강란에 기입 ③ 기입사항이 많고 중간점이 많을 때 시간이 많이 소요 ④ 계산 시 완전한 검사를 할 수 있어 정밀 측량에 적당함 승 : 후시 − 전시 = ⊕ 강 : 후시 − 전시 = ⊖

➕ 수준측량의 야장은 현장에서 얻은 관측값을 쉽게 적을 수 있는 일정한 서식으로 구성

4 직접 수준측량의 원리

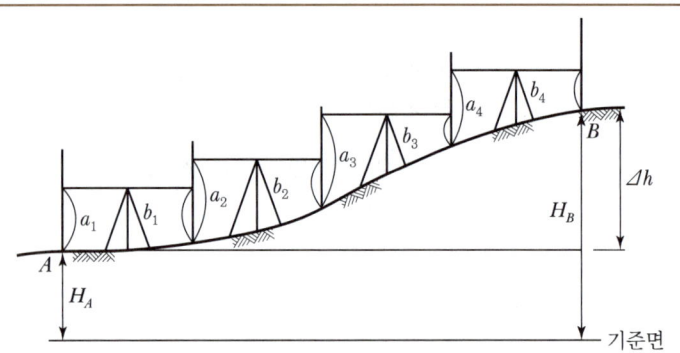

기계고 결정	기계고(IH) = 기지점지반고(H_A) + 후시(BS)
미지점 지반고	미지점 지반고 = 기계고(IH) − 전시(FS)
고저차(Δh)	① 고저차(Δh) = 후시(a) − 전시(b) ② $\Delta h = (a_1-b_1) + (a_2-b_2) + (a_3-b_3) + (a_4-b_4)$ $\qquad = (a_1+a_2+a_3+a_4) - (b_1+b_2+b_3+b_4)$ $\qquad = \Sigma BS - \Sigma FS$
B점 지반고(H_B)	$H_B = H_A + \Delta h$ $\qquad = H_A + (\Sigma BS - \Sigma FS)$

➕ **직접 수준 측량**
레벨을 사용하여 직접 고저차를 구함

• 고저차(Δh)가 (+)면 전시방향이 높다.
• 고저차(Δh)가 (−)면 후시방향이 높다.

과년도 기출문제

01 종단 및 횡단 수준측량에서 중간점이 많은 경우에 가장 편리한 야장기입법은? [21년 3회]

① 고차식 ② 승강식
③ 기고식 ④ 간접식

[해설]
기고식은 중간점이 많은 경우 사용하는 반면, 승강식은 중간점이 많은 경우 계산이 복잡하고 시간과 비용이 많이 소요된다.

02 종단수준측량에서 중간점을 많이 사용하는 이유로 옳은 것은?

① 중심말뚝의 간격이 20m 내외로 좁기 때문에 중심말뚝을 모두 전환점으로 사용할 경우 오차가 더욱 커질 수 있기 때문이다.
② 중간점을 많이 사용하고 기고식 야장을 작성할 경우 완전한 검산이 가능하여 종단수준측량의 정확도를 높일 수 있기 때문이다.
③ B.M.점 좌우의 많은 점을 동시에 측량하여 세밀한 종단면도를 작성하기 위해서이다.
④ 핸드레벨을 이용한 작업에 적합한 측량방법이기 때문이다.

[해설]
중간점이 많을 때는 기고식을 이용하며 중심말뚝을 중간점으로 사용한다. 만약 전환점(T.P.)으로 사용할 경우 오차가 더욱 커질 수 있다.

03 그림에서 B점의 지반고는?(단, $H_A = 39.695$m)

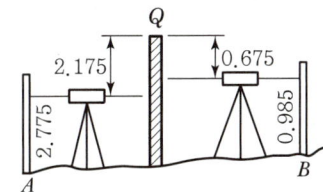

① 39.405m ② 39.985m
③ 42.985m ④ 46.305m

[해설]
$H_B = 39.695 + 2.775 + 2.175 - 0.675 - 0.985 = 42.985$m

04 기지점의 지반고가 100m이고, 기지점에 대한 후시는 2.75m, 미지점에 대한 전시가 1.40m일 때 미지점의 지반고는? [21년 1회]

① 98.65m ② 101.35m
③ 102.75m ④ 104.15m

[해설]
$H_{미지점} = H_{지반고} + 후시 - 전시$
$= 100 + 2.75 - 1.40 = 101.35$m

05 직접고저측량을 실시한 결과가 그림과 같을 때, A점의 표고가 10m라면 C점의 표고는?(단, 그림은 개략도로 실제 치수와 다를 수 있음) [20년 3회]

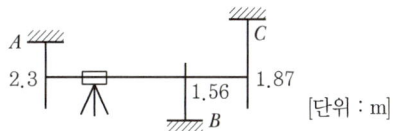

① 9.57m ② 9.66m
③ 10.57m ④ 10.66m

[해설]
$H_C = 10 - 2.3 + 1.87 = 9.57$m

06 그림과 같은 터널 내 수준측량의 관측결과에서 A점의 지반고가 20.32m일 때 C점의 지반고는? (단, 관측값의 단위는 m이다.) [18년 2회]

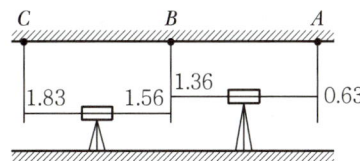

① 21.32m ② 21.49m
③ 16.32m ④ 16.49m

[해설]
$H_C = H_A(20.32) - 0.63 + 1.36 - 1.56 + 1.83 = 21.32$m

정답 01 ③ 02 ① 03 ③ 04 ② 05 ① 06 ①

06 수준측량

5 고차식

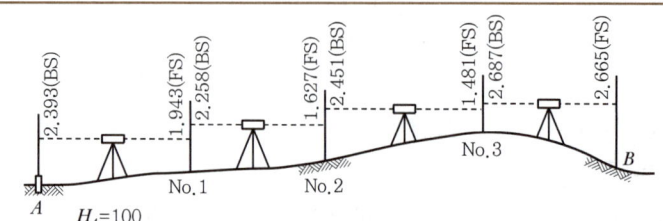

측점	후시(BS)	전시(FS)	지반고(GH)
A	2.393		100.000
No.1	2.258	1.943	100.450
No.2	2.451	1.627	101.081
No.3	2.687	1.481	102.051
B		2.665	102.073
계	9.789	7.716	

고차식
- 가장 간단한 방법으로 두 점 사이의 고저차를 구하는 방법
- 전시(FS)와 후시(BS)만 있으면 된다.

6 기고식

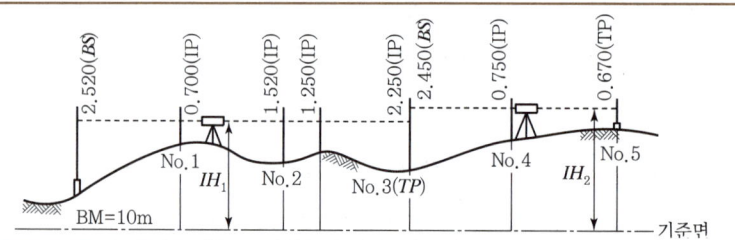

측점(S)	거리(D)	후시(BS)	기계고(IH)	전시(FS) 이기점(TP)	전시(FS) 중간점(IP)	지반고(GH)
BM	0	2.520	12.520			10.000
No.1	20				0.700	11.820
No.2	40				1.520	11.000
No.2^{+5}	45				1.250	11.270
No.3	60	2.450	12.720	2.250		10.270
No.4	80				0.750	11.970
No.5	100			0.670		12.050
계		4.970		2.920		

기고식
- 중간점이 많은 경우 편리
- 기계고=지반고+후시
- 지반고=기계고-전시

- 이기점은 중요하므로 1mm 단위까지 읽는다.

승강식
- 정밀 측량에 적당
- Σ후시-Σ전시(T.P.)

과년도 기출문제

토 목 / 기 사 / 필 기

01 수준측량야장에서 측점 3의 지반고는? [21년 2회]

[단위 : m]

측점	후시	전시		지반고
		T.P	I.P	
1	0.95			10.00
2			1.03	
3	0.90	0.36		
4			0.96	
5		1.05		

① 10.59m　　② 10.46m
③ 9.92m　　④ 9.56m

[해설]

$H_3 = H_1 + BS - TP = 10 + 0.95 - 0.36$
$\qquad = 10.59$

02 어떤 노선을 수준측량하여 작성된 기고식 야장의 일부 중 지반고 값이 틀린 측점은? [22년 1회]

[단위 : m]

측점	B.S	F.S		기계고	지반고
		T.P	I.P		
0	3.121				123.567
1			2.586		124.102
2	2.428	4.065			122.623
3			-0.664		124.387
4		2.321			122.730

① 측점 1　　② 측점 2
③ 측점 3　　④ 측점 4

[해설]

- 측점 1의 지반고 = 126.688 - 2.586 = 124.102m
- 측점 2의 지반고 = 126.688 - 4.065 = 122.623m
- 측점 3의 지반고 = 125.051 - 0.664 = 125.715m
- 측점 4의 지반고 = 125.051 - 2.321 = 122.730m

03 아래 종단수준측량의 야장에서 ㉠, ㉡, ㉢에 들어갈 값으로 옳은 것은? [20년 1회]

[단위 : m]

측점	후시	기계고	전시		지반고
			전환점	이기점	
BM	0.175	㉠			37.133
No. 1				0.154	
No. 2				1.569	
No. 3				1.143	
No. 4	1.098	㉡	1.237		㉢
No. 5				0.948	
No. 6				1.175	

① ㉠ : 37.308, ㉡ : 37.169, ㉢ : 36.071
② ㉠ : 37.308, ㉡ : 36.071, ㉢ : 37.169
③ ㉠ : 36.958, ㉡ : 35.860, ㉢ : 37.097
④ ㉠ : 36.958, ㉡ : 37.097, ㉢ : 35.860

[해설]

㉠ 37.133 + 0.175 = 37.308, ㉡ 36.071 + 1.098 = 37.169
㉢ 37.308 - 1.237 = 36.071

04 승강식 야장이 표와 같이 작성되었다고 가정할 때, 성과를 검산하는 방법으로 옳은 것은?(여기서, ⓐ - ⓑ는 두 값의 차를 의미한다.) [19년 3회]

측점	후시	전시		승(+)	강(-)	지반고
		T.P.	I.P.			
BM	0.175					㉥
No.1			0.154	⋯		⋯
No.2	1.098	1.237			⋯	⋯
No.3			0.948	⋯		⋯
No.4		1.175			⋯	㉦
합계	㉠	㉡	㉢	㉣	㉤	

① ㉦ - ㉥ = ㉠ - ㉡ = ㉣ - ㉤
② ㉦ - ㉥ = ㉠ - ㉢ = ㉣ - ㉤
③ ㉦ - ㉥ = ㉠ - ㉣ = ㉡ - ㉤
④ ㉦ - ㉥ = ㉡ - ㉢ = ㉢ - ㉤

[해설]

지반고차 = Σ(후시) - Σ(전시, T.P.)
　　　　 = Σ(승) - Σ(강)

정답 01 ①　02 ③　03 ①　04 ①

06 수준측량

7 전시와 후시의 거리를 같게 취함(등시준거리)으로 제거되는 오차

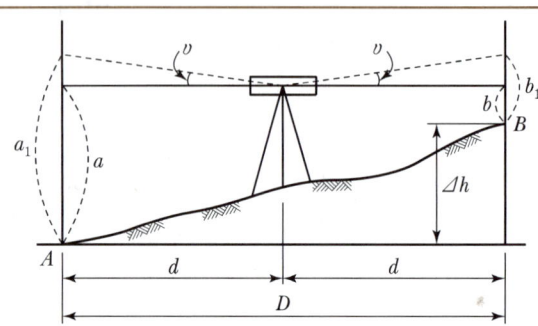

등거리로 전시와 후시를 관측하면 오차가 포함된 a_1과 b_1이 얻어져도 기계오차가 소거된다($a_1=a$, $b_1=b$).

표척의 영눈금 오차를 제거하는 방법
표척은 1, 2개를 쓰고 출발점에 세운 표척을 도착점에 세워둔다.

소거되는 오차	① 시준축 오차(기포관축과 시준축이 평행되지 않은 오차) ② 지구의 곡률로 인한 오차(구차) ③ 빛의 굴절로 인한 오차(기차) ④ 시준 오차(표척시준 시 초점나사를 조정할 필요 없음) ⑤ 시준선 오차(기포관축과 시준선이 평행하지 않을 때)
높이차(Δh)	$\Delta h = a_1 - b_1 = a - b$ (등시준거리)
B점 지반고(H_B)	$H_B = H_A + \Delta h$ (고저차)

8 간접 수준측량

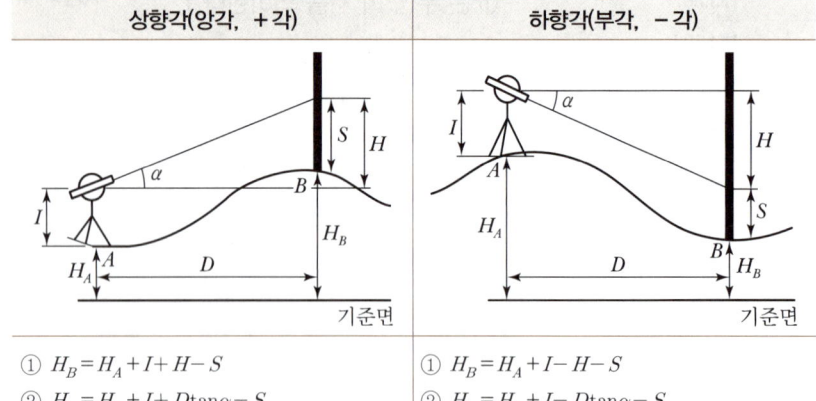

간접수준측량
레벨을 이용하지 않고 간접 방법으로 고저차를 구하는 방법(트랜싯, 평판 등)

- H_B : B점의 지반고
- H_A : A점의 지반고
- D : 시준거리
- I : 기계고
- S : 시준고

상향각(앙각, +각)
① $H_B = H_A + I + H - S$
② $H_B = H_A + I + D\tan\alpha - S$

하향각(부각, −각)
① $H_B = H_A + I - H - S$
② $H_B = H_A + I - D\tan\alpha - S$

과년도 기출문제

01 수준측량에서 시준거리를 같게 함으로써 소거할 수 있는 오차에 대한 설명으로 틀린 것은? [20년 3회]

① 기포관축과 시준선이 평행하지 않을 때 생기는 시준선 오차를 소거할 수 있다.
② 지구곡률오차를 소거할 수 있다.
③ 표척 시준 시 초점나사를 조정할 필요가 없으므로 이로 인한 오차인 시준오차를 줄일 수 있다.
④ 표척의 눈금 부정확으로 인한 오차를 소거할 수 있다.

[해설]
시준거리를 같게 함으로써 소거할 수 있는 오차
• 시준오차   • 구차   • 기차

02 레벨의 불완전 조정에 의하여 발생한 오차를 최소화하는 가장 좋은 방법은? [21년 1회]

① 왕복 2회 측정하여 그 평균을 취한다.
② 기포를 항상 중앙에 오게 한다.
③ 시준선의 거리를 짧게 한다.
④ 전시, 후시의 표척거리를 같게 한다.

[해설]
전후시 표척거리를 같게 하면 제거되는 오차
• 시준축오차(레벨의 불완전 오차)
• 구차, 기차

03 측점 A에 토털스테이션을 정치하고 B점에 설치한 프리즘을 관측하였다. 이때 기계고 1.7m, 고저각 $+15°$, 시준고 3.5m, 경사거리가 2,000m이었다면, 두 측점의 고저차는? [21년 3회]

① 512.438m   ② 515.838m
③ 522.838m   ④ 534.098m

[해설]
• $H_B = H_A + I + h - S$
• $\Delta h = I + h - S = 1.7 + 2,000\sin15 - 3.5 = 515.838m$

04 지반고(h_A)가 123.6m인 A점에 토털스테이션을 설치하여 B점의 프리즘을 관측하여, 기계고 1.5m, 관측사거리(S) 150m, 수평선으로부터의 고저각(α) 30°, 프리즘고(P_h) 1.5m를 얻었다면 B점의 지반고는? [18년 3회]

① 198.0m   ② 198.3m
③ 198.6m   ④ 198.9m

[해설]
$H_B = H_A(123.6) + 1.5 + (150\sin30°) - 1.5 = 198.6m$

05 직접법으로 등고선을 측정하기 위하여 A점에 레벨을 세우고 기계고 1.5m를 얻었다. 70m 등고선 상의 P점을 구하기 위한 표척(Staff)의 관측값은?(단, A점 표고는 71.6m이다.) [17년 2회]

① 1.0m   ② 2.3m
③ 3.1m   ④ 3.8m

[해설]

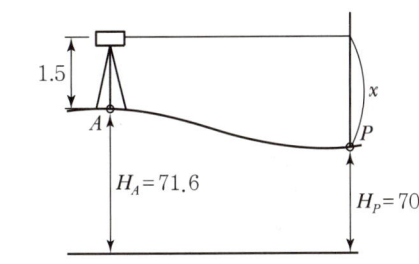

$x = (71.6 + 1.5) - 70 = 3.1m$

정답 01 ④ 02 ④ 03 ② 04 ③ 05 ③

06 수준측량

❾ 교호수준측량의 정의

정의	방법
큰 강에서 수준측량을 할 때에는 중앙에 레벨을 세울 수가 없기 때문에 시준오차가 발생한다. 이런 문제를 없애기 위해 양안에서 표고차를 관측하여 평균하는 측량	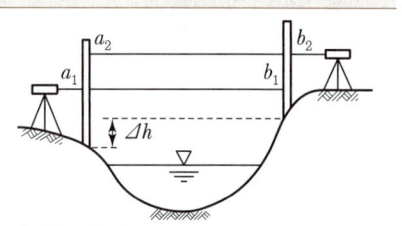

➕ 등거리 관측 시 제거되는 오차
- 기계오차(시준축 오차)
- 구차(지구곡률오차)
- 기차(굴절오차)

❿ 교호수준측량의 계산

교호수준측량

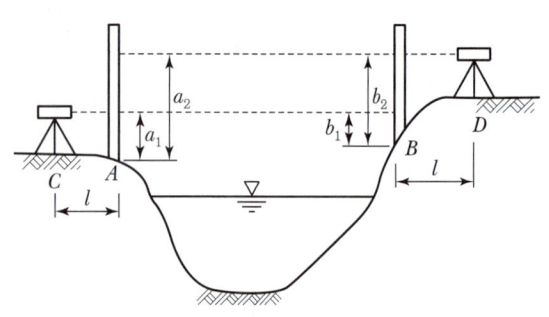

① A점과 B점의 높이차	$\Delta h = \dfrac{1}{2}\{(a_1-b_1)+(a_2-b_2)\}$
② B점의 지반고	$H_B = H_A + \Delta h$ $= H_A + \dfrac{1}{2}\{(a_1-b_1)+(a_2-b_2)\}$

➕
- a_1, a_2 : A점의 표척 읽음 값
- b_1, b_2 : B점의 표척 읽음 값

개념이해

01 교호수준측량을 한 결과로 $a_1=0.472$m, $a_2=2.656$m, $b_1=2.106$m, $b_2=3.895$m를 얻었다. A점의 표고가 66.204m일 때 B점의 표고는?

[20년 4회]

① 64.130m ② 64.768m
③ 65.238m ④ 67.641m

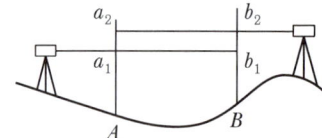

$H_B = H_A + \dfrac{(a_1-b_1)+(a_2-b_2)}{2}$

$= 66.204 + \dfrac{(0.472-2.106)+(2.656-3.895)}{2}$

$= 64.768$m

답 ②

과년도 기출문제

토목 / 기 사 / 필 기

01 그림과 같이 교호수준측량을 실시한 결과가 $a_1 = 0.63m$, $a_2 = 1.25m$, $b_1 = 1.15m$, $b_2 = 1.73m$ 이었다면, B점의 표고는?(단, A의 표고 = 50.00m)

[22년 2회]

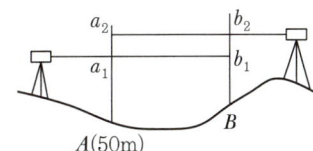

① 49.50m   ② 50.00m
③ 50.50m   ④ 51.00m

[해설]

$$H_B = H_A + \Delta h = H_A + \frac{(a_1 - b_1) + (a_2 - b_2)}{2}$$
$$= 50 + \frac{(0.63 - 1.15) + (1.25 - 1.73)}{2}$$
$$= 49.50m$$

02 A, B 두 점에서 교호수준측량을 실시하여 다음의 결과를 얻었다. A점의 표고가 67.104m일 때 B점의 표고는?(단, $a_1 = 3.756m$, $a_2 = 1.572m$, $b_1 = 4.995m$, $b_2 = 3.209m$)

[21년 3회]

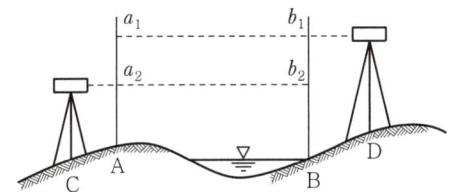

① 64.668m   ② 65.666m
③ 68.542m   ④ 69.089m

[해설]

$$H_D = H_A + \Delta h = H_A = \frac{(a_1 - b_1 + (a_2 - b_2)}{2}$$
$$= 67.104 + \frac{(3.756 - 4.995) + (1.572 - 3.209)}{2}$$
$$= 65.666m$$

03 그림과 같이 수준측량을 실시하였다. A점의 표고는 300m이고, B와 C구간은 교호수준측량을 실시하였다면, D점의 표고는?(단, 표고차 : $A \to B = +1.233m$, $B \to C = +0.726m$, $C \to B = -0.720m$, $C \to D = -0.926m$)

[20년 1회]

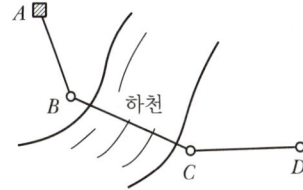

① 300.310m   ② 301.030m
③ 302.153m   ④ 302.882m

[해설]

$$H_D = H_A + \Delta h_{AB} + \Delta h_{BC} + \Delta h_{CD}$$
$$= 300 + 1.233 + \left(\frac{0.726 + 0.720}{2}\right) - 0.926$$
$$= 301.03m$$

04 교호수준측량의 결과가 아래와 같고, A점의 표고가 10m일 때 B점의 표고는?

[21년 1회]

- 레벨 P에서 $A \to B$ 관측 표고차 : $-1.256m$
- 레벨 Q에서 $B \to A$ 관측 표고차 : $+1.238m$

① 8.753m   ② 9.753m
③ 11.238m   ④ 11.247m

[해설]

$$H_B = H_A + \Delta h = 10 + \left(\frac{-1.256 - 1.238}{2}\right) = 8.753m$$

정답 01 ①   02 ②   03 ②   04 ①

06 수준측량

11 수준측량의 오차 분류

정오차	부정오차
① 온도 변화에 대한 표척의 신축 ② 지구 곡률에 의한 오차(구차) ③ 광선 굴절에 의한 오차(기차) ④ 표척 눈금에 의한 오차 ⑤ 표척을 연직으로 세우지 않을 때 경사오차 ⑥ 기계의 불완전 조정에 의한 오차	① 대물경의 출입에 의한 오차 ② 일광 직사로 인한 오차(기상변화) ③ 기포관의 둔감 ④ 진동, 지진에 의한 오차 ⑤ 십자선의 굵기 및 시차 　(시준 불완전, 야장기록 오기)

+ 수준측량의 오차 중 부정오차는 오차의 제거가 불가능한 기계내부오차

+ 측지삼각수준측량에서 곡률오차와 굴절오차는 고려해야 한다.

12 수준측량의 오차조정

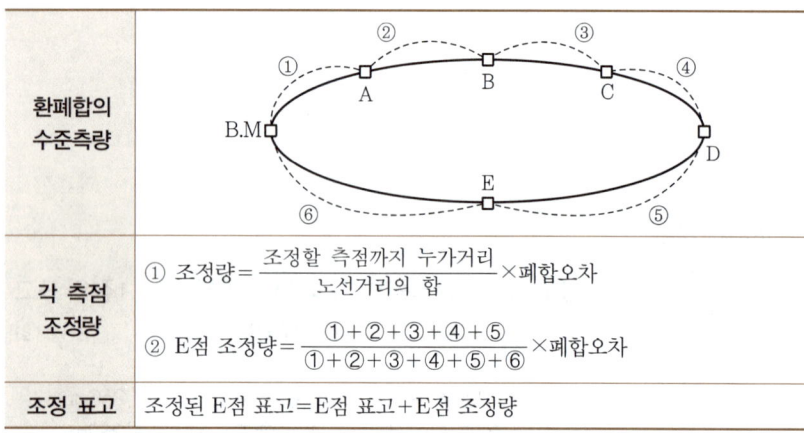

환폐합의 수준측량	(그림)
각 측점 조정량	① 조정량 = $\dfrac{\text{조정할 측점까지 누가거리}}{\text{노선거리의 합}} \times$ 폐합오차 ② E점 조정량 = $\dfrac{①+②+③+④+⑤}{①+②+③+④+⑤+⑥} \times$ 폐합오차
조정 표고	조정된 E점 표고 = E점 표고 + E점 조정량

+ 각 측점의 오차는 노선거리에 비례하여 보정한다.

개념이해

01 수준측량의 부정오차에 해당되는 것은?　　　[22년 1회]

① 기포의 순간 이동에 의한 오차
② 기계의 불완전 조정에 의한 오차
③ 지구곡률에 의한 오차
④ 빛의 굴절에 의한 오차

○ 수분측량에서 부정오차는 오차의 제거가 불가능한 기계 내부오차이다.

답 ①

과년도 기출문제

01 수준측량에서 발생하는 오차에 대한 설명으로 틀린 것은? [22년 2회]

① 기계의 조정에 의해 발생하는 오차는 전시와 후시의 거리를 같게 하여 소거할 수 있다.
② 표척의 영눈금 오차는 출발점의 표척을 도착점에서 사용하여 소거할 수 있다.
③ 측지삼각수준측량에서 곡률오차와 굴절오차는 그 양이 미소하므로 무시할 수 있다.
④ 기포의 수평조정이나 표척면의 읽기는 육안으로 한계가 있으나 이로 인한 오차는 일반적으로 허용오차 범위 안에 들 수 있다.

[해설]
정확도를 요구하는 측지삼각수준 측량에서 곡률오차와 굴절오차까지 고려해야 한다.

02 수준측량에서 발생할 수 있는 정오차에 해당하는 것은? [16년 4회]

① 표척을 잘못 뽑아 발생되는 읽음오차
② 광선의 굴절에 의한 오차
③ 관측자의 시력 불완전에 의한 오차
④ 태양의 광선, 바람, 습도 및 온도의 순간 변화에 의해 발생되는 오차

[해설]

수준측량의 정오차	수준측량의 부정오차
• 온도 변화에 대한 표척의 신축 • 지구 곡률에 의한 오차(구차) • 광선 굴절에 의한 오차(기차) • 표척 눈금에 의한 오차 • 표척을 연직으로 세우지 않을 때 경사오차	• 대물경의 출입에 의한 오차 • 일광 직사로 인한 오차(기상변화) • 기포관의 둔감 • 진동, 지진에 의한 오차 • 십자선의 굵기 및 시차(시준 불완전, 야장기록 오기)

03 단일 환의 수준망에서 관측결과로 생긴 허용오차 이내의 폐합오차를 보정하는 방법으로 옳은 것은?

① 모든 점에 등배분한다.
② 출발 기준점으로부터의 거리에 비례하여 배분한다.
③ 출발 기준점으로부터의 거리에 반비례하여 배분한다.
④ 각 점의 표고값 크기에 비례하여 배분한다.

[해설]
환폐합의 수준측량 시 폐합오차는 노선거리에 비례하여 배분한다.

04 그림과 같은 수준환에서 직접수준측량에 의하여 표와 같은 결과를 얻었다. D점의 표고는?(단, A점의 표고는 20m, 경중률은 동일) [17년 4회]

구분	거리(km)	표고(m)
$A \to B$	3	$B = 12.401$
$B \to C$	2	$C = 11.275$
$C \to D$	1	$D = 9.780$
$D \to A$	2.5	$A = 20.044$

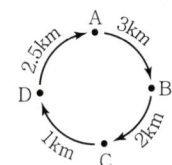

① 6.877m
② 8.327m
③ 9.749m
④ 10.586m

[해설]
• 폐합오차 = 20 − 20.044 = −0.044
• D점 조정량 = $\dfrac{추가거리}{전체거리} \times 폐합오차$

$= \dfrac{6}{8.5} \times (-0.044) = -0.031$

∴ D점의 표고 = 9.780 − 0.031 = 9.749m

05 표척이 앞으로 3° 기울어져 있는 표척의 읽음값이 3.645m이었다면 높이의 보정량은? [21년 2회]

① 5mm
② −5mm
③ 10mm
④ −10mm

[해설]
높이의 오차 = 3.645 − (3.645cos3°) = 5mm (오차)
∴ 높이의 보정량은 −5mm

정답 01 ③ 02 ② 03 ② 04 ③ 05 ②

06 수준측량

13 수준측량의 오차

개요	식
수준측량의 오차는 노선 거리의 제곱근에 비례한다.	$E = C\sqrt{L}$ E : 수준측량 오차의 합(mm), 폐합오차 C : 1km에 대한 우연 오차(C가 적을수록 정확하다) L : (왕복)노선거리(km)

14 최확값

최확값	최확값 계산(경중률 일정)	최확값 계산(경중률 고려)
① 참값에 가까운 값 ② 가중 평균값	$\dfrac{L_1 + L_2 + \cdots + L_n}{n}$	$\dfrac{P_1 L_1 + P_2 L_2 + P_3 L_3}{P_1 + P_2 + P_3}$

최확값(평균값)

측량을 반복 관측하여도 참값은 얻을 수 없지만 참값에 가까운 값에 도달. 즉 참값에 대한 평균값

- P : 경중률
- L : 관측값

15 경중률(P) 계산

경중률(가중치, 무게, 중량치)
① 경중률은 관측횟수(N)에 비례 → $P_1 : P_2 : P_3 = N_1 : N_2 : N_3$
② 경중률은 노선거리(S)에 반비례 → $P_1 : P_2 : P_3 = \dfrac{1}{S_1} : \dfrac{1}{S_2} : \dfrac{1}{S_3}$
③ 경중률은 평균제곱근 오차(표준편차, m)의 제곱에 반비례 → $P_1 : P_2 : P_3 = \dfrac{1}{m_1^2} : \dfrac{1}{m_2^2} : \dfrac{1}{m_3^2}$

경중률(무게, P)

- 관측값의 신뢰도를 나타내는 척도
- 경중률이 높다는 것은 신뢰도가 높다는 의미
- 각 데이터가 가진 평균에 대한 중요도

개념이해

01 A, B, C, D 네 사람이 각각 거리 8km, 12.5km, 18km, 24.5km의 구간을 수준측량을 실시하여 왕복관측하여 폐합차를 7mm, 8mm, 10mm, 12mm 얻었다면 4명 중에서 가장 정확한 측량을 실시한 사람은?

① A
② B
③ C
④ D

수준측량 오차는 왕복노선거리의 제곱근에 비례한다.

$E = \pm C\sqrt{L}, \quad C = \dfrac{E}{\sqrt{L}}$

- $C_A = \dfrac{7}{\sqrt{16}} = 1.75$
- $C_B = \dfrac{8}{\sqrt{25}} = 1.6$
- $C_C = \dfrac{10}{\sqrt{36}} = 1.67$
- $C_D = \dfrac{12}{\sqrt{49}} = 1.71$

∴ B가 가장 정확하게 측량을 하였다.

답 ②

과년도 기출문제

01 수준측량에서 수준 노선의 거리와 무게(경중률)의 관계로 옳은 것은? [15년 1회]

① 노선거리에 비례한다.
② 노선거리에 반비례한다.
③ 노선거리의 제곱근에 비례한다.
④ 노선거리의 제곱근에 반비례한다.

[해설]

구분	조건	관계
경중률	노선거리 횟수 오차²	반비례 비례 반비례

02 수준망의 관측 결과가 표와 같을 때, 정확도가 가장 높은 것은? [15년 4회]

구분	총 거리(km)	폐합오차(mm)
I	25	±20
II	16	±18
III	12	±15
IV	8	±13

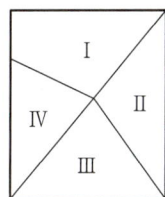

① I ② II
③ III ④ IV

[해설]

- I 구간오차 : $\delta_I = \dfrac{\pm 20}{\sqrt{25}} = \pm 4$
- II 구간오차 : $\delta_{II} = \dfrac{\pm 18}{\sqrt{16}} = \pm 4.5$
- III 구간오차 : $\delta_{III} = \dfrac{\pm 15}{\sqrt{12}} = \pm 4.33$
- IV 구간오차 : $\delta_{IV} = \dfrac{\pm 13}{\sqrt{8}} = \pm 4.596$

∴ 오차가 가장 적은 I 구간의 정확도가 가장 높다.

03 그림과 같은 수준망에서 높이차의 정확도가 가장 낮은 것으로 추정되는 노선은?(단, 수준환의 거리 I=4km, II=3km, III=2.4km, IV(㉯㉶㉱)=6km) [21년 2회]

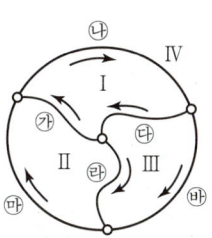

노선	높이차(m)
㉮	+3.600
㉯	+1.385
㉰	−5.023
㉱	+1.105
㉲	+2.523
㉶	−3.912

① ㉮ ② ㉯
③ ㉰ ④ ㉱

[해설]

- I 노선 = ㉮ + ㉯ + ㉰
  = 3.6 + 1.385 − 5.023 = −0.037m
- II 노선 = ㉱ + ㉲ − ㉮
  = 1.105 + 2.523 − 3.6 = +0.028m
- III 노선 = ㉰ + ㉱ − ㉶
  = −5.023 + 1.105 − (−3.912) = −0.006m

1km당 오차를 계산하면
$\dfrac{0.037}{\sqrt{4}} : \dfrac{0.028}{\sqrt{3}} : \dfrac{0.006}{\sqrt{2.4}} = 0.0185 : 0.016 : 0.004$

∴ 폐합오차 결과를 볼 때 I 노선과 II 노선의 성과가 나쁘게 나타나므로 I, II 노선에 공통으로 포함된 ㉮가 정확도가 가장 낮다고 추정

정답 01 ② 02 ① 03 ①

과년도 기출문제

04 그림과 같은 수준망을 각각의 환에 따라 폐합오차를 구한 결과가 표와 같고 폐합오차의 한계가 $\pm 1.0\sqrt{S}$ cm일 때 우선적으로 재관측할 필요가 있는 노선은?(단, S : 거리[km]) [22년 2회]

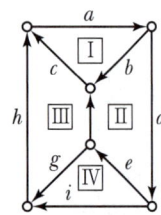

환	노선	거리(km)	폐합오차(m)
I	abc	8.7	-0.017
II	bdef	15.8	0.048
III	cfgh	10.9	-0.026
IV	eig	9.3	-0.083
외주	adih	15.9	-0.031

① e노선 ② f노선
③ g노선 ④ h노선

[해설]

각 노선의 오차 한계
- I = $\pm 1.0\sqrt{8.7} = \pm 2.95$cm
- II = $\pm 1.0\sqrt{15.8} = \pm 3.98$cm
- III = $\pm 1.0\sqrt{10.9} = \pm 3.30$cm
- IV = $\pm 1.0\sqrt{9.3} = \pm 3.05$cm
- 외주 = $\pm 1.0\sqrt{15.9} = \pm 3.99$cm

※ 여기서, II와 IV 노선의 폐합 오차가 오차 한계보다 크므로 공통으로 속한 'e' 노선을 우선적으로 재측한다.

05 측점 M의 표고를 구하기 위하여 수준점 A, B, C로부터 수준측량을 실시하여 표와 같은 결과를 얻었다면 M의 표고는? [19년 3회]

구분	표고(m)	관측방향	고저차(m)	노선길이
A	13.03	A → M	+1.10	2km
B	15.60	B → M	-1.30	4km
C	13.64	C → M	+0.45	1km

① 14.13m ② 14.17m
③ 14.22m ④ 14.30m

[해설]

- P

$$\frac{1}{2} : \frac{1}{4} : \frac{1}{1} = 2 : 1 : 4$$

- $l_1 = 13.03 + 1.10 = 14.13$
  $l_2 = 15.60 - 1.30 = 14.30$
  $l_3 = 13.64 + 0.45 = 14.09$

$$\therefore H_M = \frac{P_1 l_1 + P_2 l_2 + P_3 l_3}{P_1 + P_2 + P_3} = 14.13$$

06 지구상에서 50km 떨어진 두 점의 거리를 지구곡률을 고려하지 않은 평면측량으로 수행한 경우의 거리오차는?(단, 지구의 반지름은 6,370km이다.) [18년 2회]

① 0.257m ② 0.138m
③ 0.069m ④ 0.005m

[해설]

$$거리오차(d-l) = \frac{1}{12}\left(\frac{l^3}{R^2}\right)$$
$$= \frac{1}{12}\left(\frac{50^3}{6,370^2}\right) = 0.257\text{m}$$

07 극좌표를 설명한 것이다. 옳게 나타낸 것은?

① 거리 S와 방향각 T로 어느 지점의 위치를 표시하는 방법이다.
② 거리 S와 높이 H로 어느 지점의 위치를 표시하는 방법이다.
③ 남극의 방향과 거리로 어느 지점의 위치를 표시하는 방법이다.
④ 북극의 방향과 거리로 어느 지점의 위치를 표시하는 방법이다.

[해설]

극좌표는 거리와 각으로 표현되는 좌표계

정답 04 ① 05 ① 06 ① 07 ①

과년도 기출문제

08 직사각형 토지의 면적을 산출하기 위해 두 변 a, b 의 거리를 관측한 결과가 $a = 48.25 \pm 0.04$m, $b = 23.42 \pm 0.02$m이었다면 면적의 정밀도($\triangle A / A$)는? [21년 1회]

① $\dfrac{1}{420}$　　② $\dfrac{1}{630}$
③ $\dfrac{1}{840}$　　④ $\dfrac{1}{1,080}$

[해설]

$$\frac{\Delta A}{A} = \frac{\sqrt{(48.25 \times 0.02)^2 + (23.42 \times 0.04)^2}}{(48.25 \times 23.42)} = \frac{1}{840}$$

09 측점 M의 표고를 구하기 위하여 수준점 A, B, C 로부터 수준측량을 실시하여 표와 같은 결과를 얻었다면 M의 표고는? [17년 1회]

측점	표고(m)	관측방향	고저차(m)	노선길이
A	11.03	A→M	+2.10	2km
B	13.60	B→M	-0.30	4km
C	11.64	C→M	+1.45	1km

① 13.09m　　② 13.13m
③ 13.17m　　④ 13.22m

[해설]

M의 표고(최확값)

• $P_M = \dfrac{P_A H_A + P_B H_B + P_C H_C}{P_A + P_B + P_C}$

• $H_A = 11.03 + 2.10 = 13.13$
$H_B = 13.60 - 0.30 = 13.30$
$H_C = 11.64 + 1.45 = 13.09$

• $P_A : P_B : P_C = \dfrac{1}{2} : \dfrac{1}{4} : \dfrac{1}{1} = 4 : 2 : 8$

∴ $P_M = \dfrac{13.13 \times 4 + 13.30 \times 2 + 13.09 \times 8}{4 + 2 + 8}$
$= 13.13$m

10 수준측량의 야장기입방법 중 가장 간단한 방법으로 전시(BS)와 후시(FS)만 있으면 되는 방법은? [17년 2회]

① 고차식　　② 교호식
③ 기고식　　④ 승강식

[해설]

• 고차식 : 가장 간단한 방법으로 전시(FS)와 후시(BS)만 있으면 된다.
• 기고식 : 중간점이 많은 경우 편리

11 레벨을 이용하여 표고가 53.85m인 A점에 세운 표척을 시준하여 1.34m를 얻었다. 표고 50m의 등고선을 측정하려면 시준하여야 할 표척의 높이는? [18년 2회]

① 3.51m　　② 4.11m
③ 5.19m　　④ 6.25m

[해설]

표척의 높이는 $x = 53.85 + 1.34 - 50 = 5.19$m

12 그림과 같이 교호수준측량을 실시한 결과, $a_1 = 3.835$m, $b_1 = 4.264$m, $a_2 = 2.375$m, $b_2 = 2.812$m 이었다. 이때 양안의 두 점 A와 B의 높이 차는? (단, 양안에서 시준점과 표척까지의 거리 CA = DB이다.) [21년 3회]

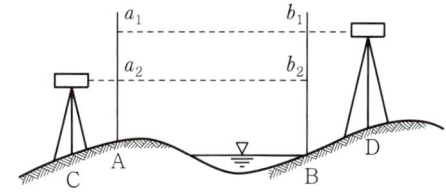

① 0.429m　　② 0.433m
③ 0.437m　　④ 0.441m

[해설]

$$\Delta h = \frac{(a_1 - b_1) + (a_2 - b_2)}{2}$$
$$= \frac{(3.835 - 4.264) + (2.375 - 2.812)}{2} = (-)0.433\text{m}$$

07 지형측량

1 지형측량과 지형도

지형측량 작업순서
측량계획 → 기준점측량 → 세부측량 → 측량원도

지형도 이용법
- 저수량 및 토공량 산정
- 유역면적의 도상 측정
- 등경사선 관측

2 등고선의 종류

주곡선	기본곡선으로 가는 실선으로 표시
간곡선	완경사지, 파선으로 표시(주곡선 1/2)
조곡선	점선으로 표시(주곡선 1/4, 간곡선 1/2)
계곡선	지형의 상태와 판독을 쉽게 하기 위해서 주곡선 5개마다 굵은 실선으로 표시

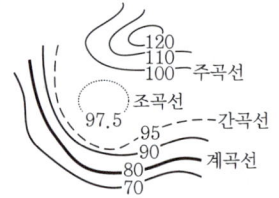

등고선
- 동일 고도 또는 높이를 연결한 선
- 지형의 기복 표시

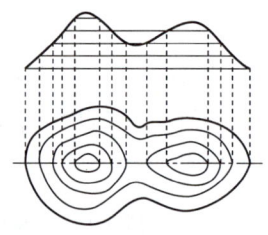

3 등고선의 간격(단위 : m)

축척 종류	1/5,000	1/10,000	1/25,000	1/50,000
주곡선	5	5	10	20
간곡선	2.5	2.5	5	10
조곡선	1.25	1.25	2.5	5
계곡선	25	25	50	100

등고선 간격 결정 시 고려사항
- 지도 사용목적
- 지도의 축척
- 지형의 형태(상태)
- 시간비용

등고선 간격의 의미
수직방향의 거리(연직거리, 높이)

- 일반적으로 등고선 간격은 $\dfrac{M}{2,000}$ 으로 결정한다(소축척).

과년도 기출문제

01 지형측량의 순서로 옳은 것은? [20년 4회]

① 측량계획 → 골조측량 → 측량원도 작성 → 세부측량
② 측량계획 → 세부측량 → 측량원도 작성 → 골조측량
③ 측량계획 → 측량원도 작성 → 골조측량 → 세부측량
④ 측량계획 → 골조측량 → 세부측량 → 측량원도 작성

[해설]

지형 측량 작업 순서
측량계획 → 탐사 및 선점 → 기준점(골조) 측량 → 세부 측량 → 측량원도 → 지도 편집

02 지형도의 이용법에 해당되지 않는 것은? [20년 1회]

① 저수량 및 토공량 산정
② 유역면적의 도상 측정
③ 직접적인 지적도 작성
④ 등경사선 관측

[해설]

지형도의 이용법
• 저수량 및 토공량 산정
• 유역면적의 도상 측정
• 등경사선 관측

03 축척 1 : 5,000 수치지형도의 주곡선 간격으로 옳은 것은? [18년 3회]

① 5m   ② 10m
③ 15m   ④ 20m

[해설]

	(1/5,000)	1/10,000	1/25,000	1/50,000
주곡선	5	10		20
간곡선	2.5	5		10
조곡선	1.25	2.5		5
계곡선	25	50		100

04 축척 1 : 25,000의 수치지형도에서 경사가 10%인 등경사 지형의 주곡선 간 도상거리는? [15년 4회]

① 2mm   ② 4mm
③ 6mm   ④ 8mm

[해설]

$\dfrac{1}{25,000}$ 지도의 주곡선 간격(H) = 10m

경사(i) = $\dfrac{H}{D}$ = 10%, $D = H \div 10\% = 10 \div 0.1 = 100$

축척 = $\dfrac{1}{2,500} = \dfrac{x}{100}$

∴ 도상수평거리(x) = 0.004m = 4mm

05 축척 1 : 50,000 우리나라 지형도에서 990m의 산정과 510m의 산중턱 간에 들어가는 계곡선의 수는?

① 4개   ② 5개
③ 20개   ④ 24개

[해설]

• $\dfrac{1}{50,000}$ 지형도의 주곡선 간격은 20m

• 주곡선 수 = $\left(\dfrac{980-520}{20}\right) + 1 = 24$개

• 계곡선 수 = 주곡선 수 ÷ 5 = 24 ÷ 5 = 4.8 ≒ 4개

[별해] 계곡선의 수 = $\left(\dfrac{900-600}{100}\right) + 1 = 4$개

정답 01 ④ 02 ③ 03 ① 04 ② 05 ①

07 지형측량

4 등고선의 성질

등고선의 성질
① 동일 등고선 상의 모든 점은 같은 높이이다. ② 등고선은 도면 내·외에서 반드시 폐합하는 폐곡선이다. ③ 도면 내에서 폐합하면 등고선 내부에 산꼭대기(산정) 또는 분지가 있다. ④ 높이가 다른 등고선은 동굴이나 절벽을 제외하고는 교차하지 않는다. ⑤ 최대경사의 방향은 등고선과 직각으로 교차(등고선과 최단거리)한다. ⑥ 등고선은 경사가 급한 곳에서는 간격이 좁고 완만한 경사에서는 넓다. ⑦ 두 쌍의 등고선의 볼록부가 상대할 때는 볼록부 고개(안부)를 표현한다.

등고선

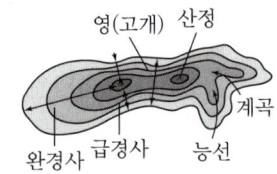

고개

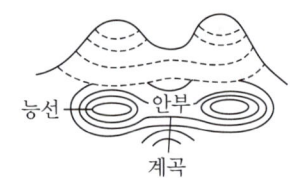

5 지성선의 종류

凸선 (철선, 능선)	① 지표면의 가장 높은 곳을 연결한 선(V형) ② 빗물이 좌우로 흐르게 되므로 분수선이라고도 함
凹선 (요선, 합수선)	① 지표면의 가장 낮은 곳을 연결한 선(A형) ② 지표의 경사가 최소되는 방향을 표시한 선 ③ 빗물이 합쳐지므로 계곡선이라고도 함
경사 변환선	동일 방향 경사면에서 경사의 크기가 다른 두 면의 교선
최대 경사선	① 동일 방향 경사면에서 경사의 크기가 다른 두 면의 교선 ② 지표상 임의의 한 점에서 경사가 최대로 되는 방향을 표시한 선 ③ 등고선에 직각으로 교차하며 유하선(물이 흐름)이라고 함

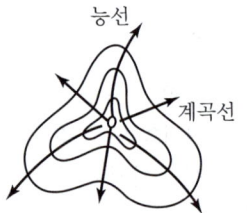

경사변환점

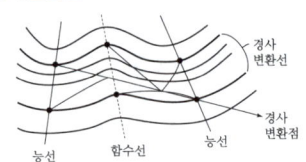

능선에서 계곡선, 계곡선에서 능선으로 갈 때 경사가 변환 되는 점

최대경사선

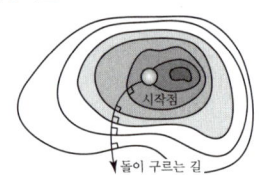

과년도 기출문제

01 지형측량에서 등고선의 성질에 대한 설명으로 옳지 않은 것은? [22년 1회]

① 등고선의 간격은 경사가 급한 곳에서는 넓어지고, 완만한 곳에서는 좁아진다.
② 등고선은 지표의 최대 경사선 방향과 직교한다.
③ 동일 등고선상에 있는 모든 점은 같은 높이이다.
④ 등고선 간의 최단거리 방향은 그 지표면의 최대경사 방향을 가리킨다.

[해설]

등고선의 간격은 경사가 급한 곳에서는 좁아지고 완만한 곳에서는 넓어진다.

02 등고선의 성질에 대한 설명으로 옳지 않은 것은? [21년 2회]

① 등고선은 분수선(능선)과 평행하다.
② 등고선은 도면 내·외에서 폐합하는 폐곡선이다.
③ 지도의 도면 내에서 등고선이 폐합하는 경우에 등고선의 내부에는 산꼭대기 또는 분지가 있다.
④ 절벽에서 등고선은 서로 만날 수 있다.

[해설]

등고선은 지성선(능선, 계곡선, 최대경사선)과 직각으로 교차한다.

03 등고선에 관한 설명으로 옳지 않은 것은? [21년 1회]

① 높이가 다른 등고선은 절대 교차하지 않는다.
② 등고선 간의 최단거리 방향은 최대경사 방향을 나타낸다.
③ 지도의 도면 내에서 폐합되는 경우에 등고선의 내부에는 산꼭대기 또는 분지가 있다.
④ 동일한 경사의 지표에서 등고선 간의 간격은 같다.

[해설]

등고선은 동굴이나 절벽에서 교차한다.

04 지성선에 관한 설명으로 옳지 않은 것은? [22년 2회]

① 철(凸)선을 능선 또는 분수선이라 한다.
② 경사변환선이란 동일 방향의 경사면에서 경사의 크기가 다른 두 면의 접합선이다.
③ 요(凹)선은 지표의 경사가 최대로 되는 방향을 표시한 선으로 유하선이라고 한다.
④ 지성선은 지표면이 다수의 평면으로 구성되었다고 할 때 평면 간 접합부, 즉 접선을 말하며 지세선이라고도 한다.

[해설]

요(凹)선은 지표의 경사가 최소로 되는 방향을 표시한 선이다.

05 지형측량에서 지성선(地性線)에 대한 설명으로 옳은 것은? [19년 1회]

① 등고선이 수목에 가려져 불명확할 때 이어주는 선을 의미한다.
② 지모(地貌)의 골격이 되는 선을 의미한다.
③ 등고선에 직각방향으로 내려 그은 선을 의미한다.
④ 곡선(谷線)이 합류되는 점들을 서로 연결한 선을 의미한다.

[해설]

지성선
- 지모의 골격이 되는 선으로, 지표는 지성선으로 구성
- 지표면을 다수의 평면으로 이루어졌다고 볼 때 각 평면의 교선
- 철선(능선), 요선(합수선), 경사변환선, 최대경사선을 의미

정답 01 ① 02 ① 03 ① 04 ③ 05 ②

07 지형측량

⑥ 지형의 표시방법

자연적 도법	부호적 도법
① 음영법(명암법) : 그림자로 지표의 기복을 표시 ② 영선법(우모법) • 짧은 선으로 지표의 기복을 표시 • 급경사 : 굵게, 완경사 : 가늘게	① 점고법 ② 등고선법 ③ 채색법

점고법

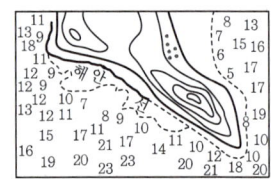

- 도상에 표고를 숫자로 나타냄
- 하천, 항만, 해안측량 등에서 수심측량을 하여 지형을 표시하는 방법

등고선법
- 동일 표고선을 이은 선
- 지형의 기복 표시

⑦ 등고선 그리는 법

모식도	비례식을 이용한 보간법
(그림)	$H : D = h_1 : d_1$ $\therefore d_1 = \dfrac{D}{H} \cdot h_1$
	$H : D = h_2 : d_2$ $\therefore d_2 = \dfrac{D}{H} \cdot h_2$

- H : A, B의 높이차
- D : A, B의 수평거리
- h_1, h_2 : A에서 높이차
- d_1, d_2 : A에서 수평거리

⑧ 등경사선의 경사

모식도	경사도 작성
(그림)	경사각(θ) : $\tan\theta = \dfrac{h}{D}$
	구배(%) : $i = \dfrac{h}{D} \times 100(\%)$

- h : 등고선 간격(높이)
- D : 수평거리
- i : 등경사선의 경사(구배)

과년도 기출문제

01 지형의 표시법에서 자연적 도법에 해당하는 것은?
[21년 3회]

① 점고법 ② 등고선법
③ 영선법 ④ 채색법

[해설]

자연적 도법	부호적 도법
• 음영법(명암법) • 영선법(우모법)	• 점고법 • 등고선법 • 채색법

02 해도와 같은 지도에 이용되며, 주로 하천이나 항만 등의 심천측량을 한 결과를 표시하는 방법으로 가장 적당한 것은?
[21년 1회]

① 채색법 ② 영선법
③ 점고법 ④ 음영법

[해설]

점고법
• 도상에 표고를 숫자로 나타냄
• 하천, 항만, 해안측량 등에서 수심측량을 하여 지형을 표시하는 방법

03 표고 또는 수심을 숫자로 기입하는 방법으로 하천이나 항만 등에서 수심을 표시하는 데 주로 사용되는 방법은?
[20년 3회]

① 영선법 ② 채색법
③ 음영법 ④ 점고법

[해설]

점고법
• 도상에 표고를 숫자로 나타냄
• 하천, 항만, 해안측량 등에서 수심측량을 하여 지형을 표시하는 방법

04 지형의 표시법에 대한 설명으로 틀린 것은?
[22년 1회]

① 영선법은 짧고 거의 평행한 선을 이용하여 경사가 급하면 가늘고 길게, 경사가 완만하면 굵고 짧게 표시하는 방법이다.
② 음영법은 태양광선이 서북쪽에서 45도 각도로 비친다고 가정하고, 지표의 기복에 대하여 그 명암을 2~3색 이상으로 채색하여 기복의 모양을 표시하는 방법이다.
③ 채색법은 등고선의 사이를 색으로 채색, 색채의 농도를 변화시켜 표고를 구분하는 방법이다.
④ 점고법은 하천, 항만, 해양측량 등에서 수심을 나타낼 때 측점에 숫자를 기입하여 수심 등을 나타내는 방법이다.

[해설]

영선법은 경사가 급하면 굵고 짧게, 경사가 완만하면 가늘고 깊게 표시하는 방법이다.

05 지형을 표시하는 방법 중에서 짧은 선으로 지표의 기복을 나타내는 방법은?
[16년 4회]

① 점고법 ② 영선법
③ 단채법 ④ 등고선법

[해설]

지형표시법

자연적 도법	부호적 도법
• 음영법 : 그림자로 지표의 기복을 표시 • 영선법 : 짧은 선으로 지표의 기복을 표시	• 점고법 • 등고선법 • 채색법

정답 01 ③ 02 ③ 03 ④ 04 ① 05 ②

과년도 기출문제

06 축척 1 : 5,000인 지형도에서 AB 사이의 수평거리가 2cm이면 AB의 경사는? [21년 3회]

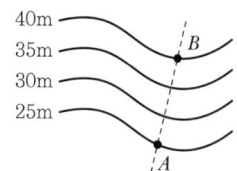

① 10% ② 15%
③ 20% ④ 25%

[해설]

AB 경사 $= \dfrac{H}{D} \times 100 = \dfrac{(40-25)}{100} \times 100 = 15\%$

$\left(\dfrac{1}{5,000} = \dfrac{0.02}{D},\ D = 100\text{m}\right)$

07 등경사인 지성선 상에 있는 A, B표고가 각각 43m, 63m이고 $\overline{AB}$의 수평거리는 80m이다. 45m, 50m 등고선과 지성선 $\overline{AB}$의 교점을 각각 C, D라고 할 때 $\overline{AC}$의 도상길이는?(단, 도상축척은 1:100이다.) [16년 1회]

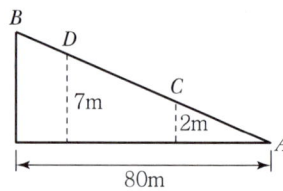

① 2cm ② 4cm
③ 8cm ④ 12cm

[해설]

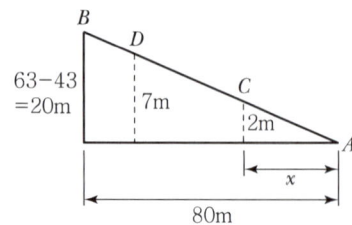

• $\dfrac{20}{80} = \dfrac{2}{x},\ x = 8\text{m}$

• 축척$\left(\dfrac{1}{m} = \dfrac{\text{도상거리}}{\text{실제거리}}\right)$

$\dfrac{1}{100} = \dfrac{\text{도상거리}}{8\text{m}}$

∴ $\overline{AC}$ 도상거리 $= 0.08\text{m} = 8\text{cm}$

08 축척 1 : 50,000 지형도상에서 주곡선 간의 도상길이가 1cm이었다면 이 지형의 경사는? [20년 3회]

① 4% ② 5%
③ 6% ④ 10%

[해설]

경사$\left(\dfrac{H}{D}\right)$

• $H = 20\text{m}$

• $\dfrac{1}{50,000} = \dfrac{0.01}{D}$ ∴ $D = 500$

∴ 경사 $= \dfrac{20}{500} \times 100 = 4\%$

09 1 : 50,000 지형도의 주곡선 간격은 20m이다. 지형도에서 4% 경사의 노선을 선정하고자 할 때 주곡선 사이의 도상수평거리는? [19년 3회]

① 5mm ② 10mm
③ 15mm ④ 20mm

[해설]

• 경사 $= \dfrac{H}{D} = \dfrac{4}{100}$

  ($H = 20\text{m},\ D = 500\text{m}$)

• $\dfrac{1}{50,000} = \dfrac{x}{500}$

∴ $x = 0.01\text{m} = 10\text{mm}$

10 삼변측량에서 △ABC에서 세 변의 길이가 $a = 1,200.00\text{m},\ b = 1,600.00\text{m},\ c = 1,442.22\text{m}$라면 변 c의 대각인 ∠C는? [20년 1회]

① 45° ② 60°
③ 75° ④ 90°

정답 06 ② 07 ③ 08 ① 09 ② 10 ②

과년도 기출문제

[해설]

$$\angle c = \cos^{-1} \frac{a^2+b^2-c^2}{2ab}$$
$$= \cos^{-1} \frac{1{,}200^2+1{,}600^2-1{,}442.22^2}{2\times1{,}200\times1{,}600} = 60°$$

11 삼각망 조정에 관한 설명으로 옳지 않은 것은?

[17년 2회]

① 임의 한 변의 길이는 계산경로에 따라 달라질 수 있다.
② 검기선은 측정한 길이와 계산된 길이가 동일하다.
③ 1점 주위에 있는 각의 합은 360°이다.
④ 삼각형의 내각의 합은 180°이다.

[해설]
① 변조점 : 임의 한 변의 길이는 계산순서에 관계없이 동일하다.

12 종단점법에 의한 등고선 관측방법을 사용하는 가장 적당한 경우는?

[20년 1회]

① 정확한 토량을 산출할 때
② 지형이 복잡할 때
③ 비교적 소축척으로 산지 등의 지형측량을 행할 때
④ 정밀한 등고선을 구하려 할 때

[해설]
등고선 간접 관측법
- 방안법(점고법)
- 종단점법(소축척, 산지 등의 지형측량)
- 횡단점법(노선측량)

정답 11 ① 12 ③

08 면체적 측량

1 면적(도형)의 선형에 따른 분류

경계선이 직선으로 둘러싸인 면적법	경계선이 곡선으로 둘러싸인 면적법
① 삼각형법(삼사법, 2변협각법, 삼변법) ② 배횡거법(트래버스 측량) ③ 좌표법	① 지거법(심프슨 법칙) ② 방안법(투사지법) ③ 구적기법(Planimeter법)

방안법(투사지법)

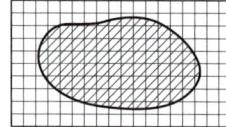

2 삼각형의 면적계산

삼사법	$A = \dfrac{1}{2}ah$ ① a : 밑변, h : 높이 ② 삼각형의 밑변과 높이가 되도록 같게 하는 것이 이상적	
2변 협각법	$A = \dfrac{1}{2}ab\sin\gamma$ 두 변과 끼인 각이 주어질 때	
삼변법 (Heron의 공식)	$A = \sqrt{S(S-a)(S-b)(S-c)}$ ① $S = \dfrac{1}{2}(a+b+c)$ ② 정삼각형에 가깝도록 하는 것이 이상적	

사다리꼴 면적

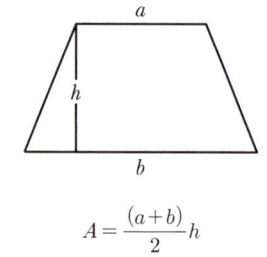

$$A = \dfrac{(a+b)}{2}h$$

축척

① $\dfrac{1}{m} = \dfrac{도상거리}{실제거리}$

② $\left(\dfrac{1}{m}\right)^2 = \dfrac{도상면적}{실제면적}$

과년도 기출문제

01 축척 1 : 500 도상에서 3변의 길이가 각각 20.5 cm, 32.4cm, 28.5cm인 삼각형 지형의 실제면적은? [21년 3회]

① 40.70m² ② 288.53m²
③ 6,924.15m² ④ 7,213.26m²

[해설]

$$S = \frac{a+b+c}{2} = \frac{20.5+32.4+28.5}{2} = 40.7\text{m}$$
$$A = \sqrt{S(S-a)(S-b)(S-c)}$$
$$= \sqrt{40.7(40.7-20.5)(40.7-32.4)(40.7-28.5)}$$
$$= 7,213.26\text{m}^2$$

02 다음 중 도면에서 곡선에 둘러싸여 있는 부분의 면적을 구하기에 가장 적합한 것은? [17년 4회]

① 좌표법에 의한 방법
② 배횡거법에 의한 방법
③ 삼사법에 의한 방법
④ 구적기에 의한 방법

[해설]

경계선이 직선으로 둘러싸인 지역
- 삼각형법
- 배횡거법
- 좌표법

경계선이 곡선으로 둘러싸인 지역
- 지거법(심프슨 법칙)
- 방안법
- 구적기법

03 그림과 같은 지역의 면적은?

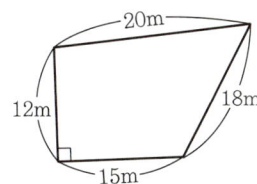

① 246.5m² ② 268.4m²
③ 275.2m² ④ 288.9m²

[해설]

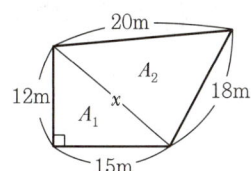

- $A_1 = \frac{1}{2} \times 12 \times 15 = 90\text{m}^2$
- $x = \sqrt{12^2 + 15^2} = 19.21\text{m}$
- $A_2 = \sqrt{(S(S-a)(S-b)(S-x))}$
  $= \sqrt{(28.605 \cdot (28.605-20) \cdot (28.605-18) \cdot (28.605-19.21))}$
  $= 156.603\text{m}^2$
  $\left(S = \frac{a+b+x}{2} = \frac{20+18+19.21}{2} = 28.605\text{m}\right)$

∴ $A = A_1 + A_2 = 90 + 156.603 = 246.5\text{m}^2$

04 축척이 1/600인 도면상에서 그림과 같은 값을 얻었을 때, 삼각형의 면적은?

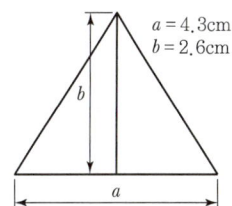

① 33.54m² ② 67.08m²
③ 101.24m² ④ 201.24m²

[해설]

$$A = \frac{1}{2}ab = \frac{1}{2} \times 4.3 \times 2.6 = 5.59\text{cm}^2$$
$$\left(\frac{1}{m}\right)^2 = \frac{도상면적}{실제면적}$$
$$\left(\frac{1}{600}\right)^2 = \frac{5.59}{실제면적}$$

∴ 실제면적 = 2,012,400cm² = 201.24m²

정답 01 ④ 02 ④ 03 ① 04 ④

08 면체적 측량

③ 좌표법(합위거, 합경거)

좌표법의 면적계산(예)

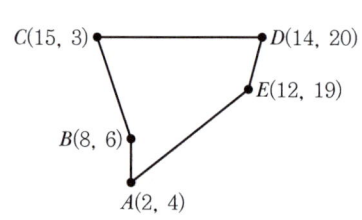

측점	x_n	y_n	$(x_{n-1}-x_{n+1})y_n$
A	2	4	$(12-8)\times 4=16$
B	8	6	$(2-15)\times 6=-78$
C	15	3	$(8-14)\times 3=-18$
D	14	20	$(15-12)\times 20=60$
E	12	19	$(14-2)\times 19=228$

Σ(합계)$=208=2A$(배면적)

그러므로 면적은 $A=\dfrac{208}{2}=104\text{m}^2$

+ x_{i-1} : 하나 전 점의 x좌표
  x_{i+1} : 하나 다음 점의 x좌표
  y_i : 그 점의 y좌표
  x_n : 합위거(x좌표)
  y_n : 합경거(y좌표)

④ 횡단면적 산정

수평단면(사다리꼴 공식 이용)	식
10m 상단, 1:1.5 경사, 2m 높이, 하단 3+10m+3	$A=\dfrac{(a+b)}{2}h$ $\therefore A=\dfrac{10+16}{2}\times 2=26\text{m}^3$

+ **구배**

$\dfrac{\text{높이}}{\text{수평거리}}=$ (높이 : 거리)

횡단면적
토공량을 구하기 위해 횡단면적을 관측한다($V=A\times h$).

개념이해

01 △ABC의 꼭짓점에 대한 좌푯값이 (30, 50), (20, 90), (60, 100)일 때 삼각형 토지의 면적은?(단, 좌표의 단위 : m) [22년 1회]

① 500m²
② 750m²
③ 850m²
④ 960m²

x	y	$(x_{i-1}-x_{i+1})y_i$
30	50	$(60-20)50=2,000$
20	90	$(30-60)90=-2,700$
60	100	$(20-30)100=-1,000$
		$2A=-1,700$
		$\therefore A=\dfrac{-1,700}{2}=850\text{m}^2$

답 ③

과년도 기출문제

01 그림과 같은 도로 횡단면도의 단면적은?(단, 0을 원점으로 하는 좌표(x, y)의 단위 : [m]) [16년 4회]

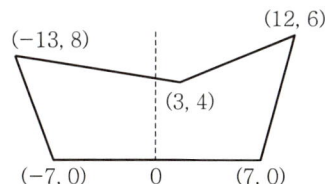

① 94m² ② 98m²
③ 102m² ④ 106m²

[해설]

측점	X	Y	$(x_{n-1}-x_{n+1})y_n$
A	−7	0	$[7-(-13)]\times 0 = 0$
B	−13	8	$[(-7)-3]\times 8 = -80$
C	3	4	$[(-13)-12]\times 4 = -100$
D	12	6	$[3-7]\times 6 = -24$
E	7	0	$[12-(-7)]\times 0 = 0$
계			204

$\therefore A = \dfrac{204}{2} = 102\text{m}^2$

02 그림과 같은 단면의 면적은?(단, 좌표의 단위는 m이다.) [19년 2회]

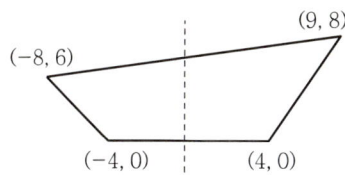

① 174m² ② 148m²
③ 104m² ④ 87m²

[해설]

	X	Y	$(X_{i-1}-X_{i+1})Y_i$
A	−8	6	$(-4-9)\cdot 6 = -78$
B	9	8	$(-8-4)\cdot 8 = -96$
C	4	0	$(9+4)\cdot 0 = 0$
D	−4	0	$(4+8)\cdot 0 = 0$

$2A = |-174|, \quad A = 87\text{m}^2$

03 그림과 같은 횡단면의 면적은? [20년 4회]

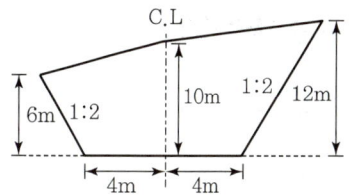

① 196m² ② 204m²
③ 216m² ④ 256m²

[해설]

X	Y	$(\chi_{i-1}-\chi_{i+1})y_i$
4	0	$(-4-28)0 = 0$
28	12	$(4-0)12 = 48$
0	10	$(28+16)10 = 440$
−16	6	$(0+4)6 = 24$
−4	0	$(-16-4)0 = 0$

$2A = 512 \quad \therefore A = 256\text{m}^2$

04 다각측량 결과 측점 A, B, C의 합위거, 합경거가 표와 같다면 삼각형 A, B, C의 면적은?

측점	합위거(m)	합경거(m)
A	100.0	100.0
B	400.0	100.0
C	100.0	500.0

① 40,000m² ② 60,000m²
③ 80,000m² ④ 120,000m²

[해설]

	합위거(X)	합경거(Y)	$(X_{i-1}-X_{i+1})Y_i$
A	100	100	$(100-400)100 = -30{,}000$
B	400	100	$(100-100)100 = 0$
C	100	500	$(400-100)500 = 150{,}000$

$\therefore 2A = 120{,}000, \ A = 60{,}000\text{m}^2$

정답 01 ③ 02 ④ 03 ④ 04 ②

08 면체적 측량

5 심프슨 제1법칙

심프슨(Simpson) 제1법칙	내용
y_1 y_2 y_3 y_4 y_5 y_6 y_7 d = 등간격	① 1/3 법칙 ② 사다리꼴 2개를 1조로 구성 ③ 경계선을 2차 포물선으로 가정 ④ 4짝2홀(y는 홀수)

$$A = \frac{d}{3}\{y_1 + y_n + 4(y_2 + y_4 + \cdots + y_{n-2}) + 2(y_3 + y_5 + \cdots + y_{n-1})\}$$
$$= \frac{d}{3}(y_1 + y_n + 4\Sigma y_{짝수} + 2\Sigma y_{홀수})$$

6 면적의 정확도

면적의 정도	면적의 오차($\triangle A$)	실제면적
$\dfrac{\triangle A}{A} = 2\dfrac{\triangle l}{l}$	$\triangle A = 2\dfrac{\triangle l}{l} \times A$	관측면적(A)±면적오차($\triangle A$)

＋ 심프슨 제1법칙

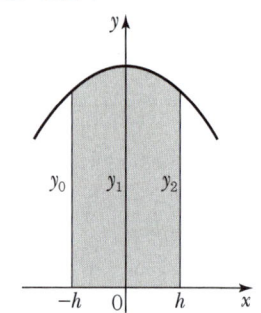

$A = \dfrac{h}{3}(y_0 + y_2 + 4y_1)$

(만약 첫 번째 지거가 y_0라면)

＋ 축척

① $\dfrac{1}{m} = \dfrac{도상거리}{실제거리}$

② $\left(\dfrac{1}{m}\right)^2 = \dfrac{도상면적}{실제면적}$

＋ 부호(±) 결정

① (+)결정
  - 도면이 수축할 때
  - 늘어난 줄자로 측량

② (−)결정
  - 도면이 팽창될 때
  - 줄어든 줄자로 측량

개념이해

01 지거를 5m의 등간격으로 택하고, 각 지거가 $y_1 = 3.8$m, $y_2 = 9.4$m, $y_3 = 11.6$m, $y_4 = 13.8$m, $y_5 = 7.4$m였다. Simpson 제1법칙의 공식으로 면적을 구한 값은?

① 156.35m²
② 212.67m²
③ 156.55m²
④ 212.00m²

$A = \dfrac{5}{3}\{3.8 + 7.4 + 4(9.4 + 13.8) + 2(11.6)\}$
$= 212.00$m²

답 ④

과년도 기출문제

01 100m²인 정사각형 토지의 면적을 0.1m²까지 정확하게 구하고자 한다면 이에 필요한 거리관측의 정확도는?

① 1/2,000
② 1/1,000
③ 1/500
④ 1/300

[해설]

$$\frac{\Delta A}{A} = 2\frac{\Delta l}{l}, \ \frac{0.1}{100} = 2 \times \frac{\Delta l}{l} \ \therefore \ \frac{\Delta l}{l} = \frac{1}{2} \times \frac{0.1}{100} = \frac{1}{2,000}$$

02 그림과 같은 구역을 심프슨 제1법칙으로 구한 면적은?(단, 각 구간의 지거는 1m로 동일하다.)

[22년 2회]

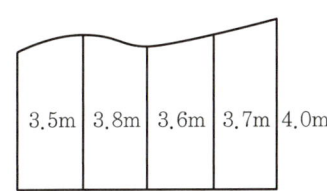

① 14.20m²
② 14.90m²
③ 15.50m²
④ 16.00m²

[해설]

$$A = \frac{d}{3}[y_1 + y_n + 4\text{짝} + 2\text{홀}]$$
$$= \frac{1}{3}[3.5 + 4 + 4(3.8 + 3.7) + 2(3.6)]$$
$$= 14.90\text{m}^2$$

03 중심말뚝의 간격이 20m인 도로구간에서 각 지점에 대한 횡단면적을 표시한 결과가 그림과 같을 때, 각주공식에 의한 전체 토공량은? [18년 1회]

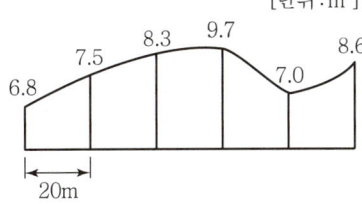

① 156m³
② 672m³
③ 817m³
④ 920m³

[해설]

심프슨 제1법칙 + 양단면 평균법

$$V = \frac{1}{3} \times 20[6.8 + 7.5 + 4(7.5 + 9.7) + 2(8.3)] + \left(\frac{7 + 8.6}{2} \times 20\right)$$
$$= 820\text{m}^3$$

04 어떤 횡단면의 도상면적이 40.5cm²이었다. 가로 축척이 1:20, 세로 축척이 1:60이었다면 실제 면적은?

① 48.6m²
② 33.75m²
③ 4.86m²
④ 3.375m²

[해설]

- $\left(\frac{1}{m}\right)^2 = \frac{\text{도상면적}}{\text{실제면적}}$
- $\frac{1}{m_1} \times \frac{1}{m_2} = \frac{40.5\text{cm}^2}{\text{실제면적} \times 100^2(\text{cm}^2)}$

∴ 실제면적 = $40.5 \times (20 \times 60) \div 100^2 = 4.86\text{m}^2$

05 직사각형 두 변의 길이를 $\frac{1}{200}$ 정확도로 관측하여 면적을 구할 때 산출된 면적의 정확도는?

① $\frac{1}{50}$
② $\frac{1}{100}$
③ $\frac{1}{200}$
④ $\frac{1}{400}$

[해설]

$$\frac{\Delta A}{A} = 2 \cdot \frac{\Delta l}{l} = 2 \times \frac{1}{200} = \frac{1}{100}$$

정답 01 ① 02 ② 03 ③ 04 ③ 05 ②

08 면체적 측량

7 한 변에 평행한 직선에 의한 분할

모식도	식
(삼각형 ABC, DE가 BC와 평행, 상부 m, 하부 n)	$\dfrac{\triangle ADE}{\triangle ABC} = \dfrac{m}{m+n} = \left(\dfrac{DE}{BC}\right)^2 = \left(\dfrac{AD}{AB}\right)^2 = \left(\dfrac{AE}{AC}\right)^2$ ① $AD = AB\sqrt{\dfrac{m}{m+n}}$ ② $AE = AC\sqrt{\dfrac{m}{m+n}}$

+ 한변에 평행한 직선에 의한 분할
$\triangle ABC$를 $m:n$으로 $BC /\!/ DE$로 분할

8 삼각형의 꼭지점(정점)을 통하는 분할

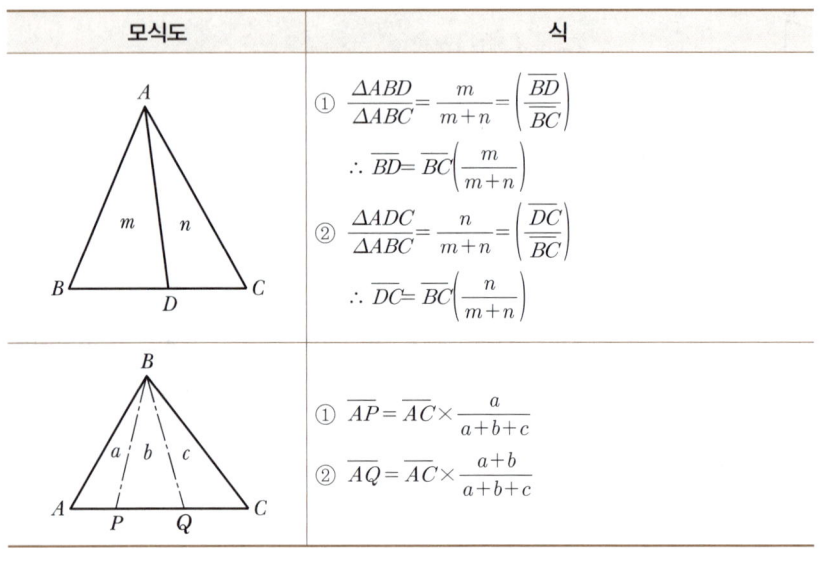

① $\dfrac{\triangle ABD}{\triangle ABC} = \dfrac{m}{m+n} = \left(\dfrac{\overline{BD}}{\overline{BC}}\right)$

∴ $\overline{BD} = \overline{BC}\left(\dfrac{m}{m+n}\right)$

② $\dfrac{\triangle ADC}{\triangle ABC} = \dfrac{n}{m+n} = \left(\dfrac{\overline{DC}}{\overline{BC}}\right)$

∴ $\overline{DC} = \overline{BC}\left(\dfrac{n}{m+n}\right)$

① $\overline{AP} = \overline{AC} \times \dfrac{a}{a+b+c}$

② $\overline{AQ} = \overline{AC} \times \dfrac{a+b}{a+b+c}$

+ 삼각형의 꼭짓점(정점)을 통한 분할
$\triangle ABC$를 $m:n$으로 정점 A를 통하여 분할할 때

9 한 변에 평행하지 않은 직선 분할

모식도	식
(삼각형 ABC, D는 AB 위, E는 AC 위, DE는 BC와 평행하지 않음)	$\dfrac{\triangle ADE}{\triangle ABC} = \dfrac{m}{m+n} = \dfrac{\overline{AD}\cdot\overline{AE}}{\overline{AB}\cdot\overline{AC}}$ ① $\overline{AD} = \dfrac{m}{m+n}\left(\dfrac{\overline{AB}\cdot\overline{AC}}{\overline{AE}}\right)$ ② $\overline{AE} = \dfrac{m}{m+n}\left(\dfrac{\overline{AB}\cdot\overline{AC}}{\overline{AD}}\right)$

+ 한 변에 평행하지 않은 직선 분할
$\triangle ABC$를 $m:n$으로 정점 D를 통해 분할할 때

과년도 기출문제

01 그림과 같은 토지의 $\overline{BC}$에 평행한 $\overline{XY}$로 $m:n$ = 1 : 2.5의 비율로 면적을 분할하고자 한다. $\overline{AB}$ = 35m일 때 $\overline{AX}$는? [20년 1회]

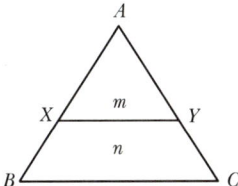

① 17.7m ② 18.1m
③ 18.7m ④ 19.1m

[해설]

$$AX = AB \times \sqrt{\frac{m}{m+n}}$$
$$= 35 \times \sqrt{\frac{1}{1+2.5}}$$
$$= 18.7\text{m}$$

02 그림과 같이 △ABC의 토지를 한 변 BC에 평행한 DE로 분할하여 면적의 비율이 ADE : BCED = 2 : 3이 되게 하려고 한다. AD의 길이를 얼마로 하면 되는가?(단, AB의 길이는 50m임)

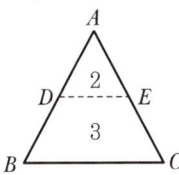

① 32.52m ② 31.62m
③ 30m   ④ 20m

[해설]

$$\overline{AD} = \overline{AB} \times \sqrt{\frac{m}{m+n}}$$
$$= 50 \times \sqrt{\frac{2}{2+3}}$$
$$= 31.62\text{m}$$

03 그림과 같은 삼각형을 직선 AP로 분할하여 $m:n$ = 3 : 7의 면적비율로 나누기 위한 BP의 거리는? (단, BC의 거리=500m) [15년 2회]

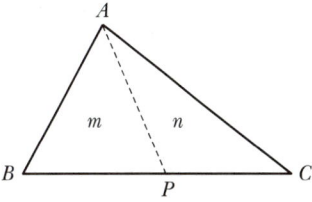

① 100m ② 150m
③ 200m ④ 250m

[해설]

$$\overline{BP} = \overline{BC} \times \frac{m}{m+n} = 500 \times \frac{3}{3+7} = 150\text{m}$$

04 그림과 같은 토지의 한 변 BC=52m 상의 점 D와 AC=46m 상의 점 E를 연결하여 △ABC의 면적을 2등분하려면 AE의 길이를 얼마로 하면 좋은가?

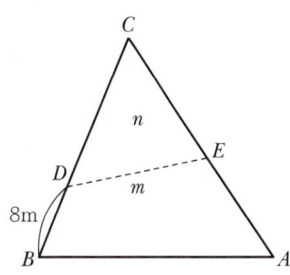

① 18.8m ② 20.8m
③ 22.4m ④ 24.6m

[해설]

먼저 CE를 구하면
$$CE = \frac{AC \cdot BC}{CD} \times \frac{n}{m+n}$$
$$= \frac{46 \times 52}{44} \times \frac{1}{2} ≒ 27.2\text{m}$$
$$\therefore AE = AC - CE = 46 - 27.2 = 18.8\text{m}$$

정답 01 ③ 02 ② 03 ② 04 ①

08 면체적 측량

⑩ 단면법(체적결정)

양단면 평균법	$V = \left(\dfrac{A_1 + A_2}{2}\right) \times l$
중앙 단면법	$V = A_m \times l$
각주공식	$V = \dfrac{h}{3}(A_1 + 4A_m + A_2)$ $V = \dfrac{l}{6}(A_1 + 4A_m + A_2)$

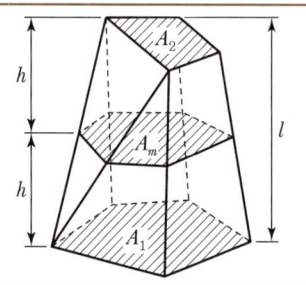

+ **체적결정**
- 단면법 : 도로, 철도, 수로의 절·성토량
- 점고법 : 정지작업의 토공량 산정(넓은 지역의 택지공사)
- 등고선법 : 저수지의 담수량 결정

단면법 토량 크기순
양단면 평균법 > 각주공식 > 중앙단면적

각주 공식
- 심프슨 제1법칙 이용
- $\dfrac{d}{3}(y_1 + y_n + 4\Sigma y_{짝수} + 2\Sigma y_{홀수})$

⑪ 점고법(체적결정)

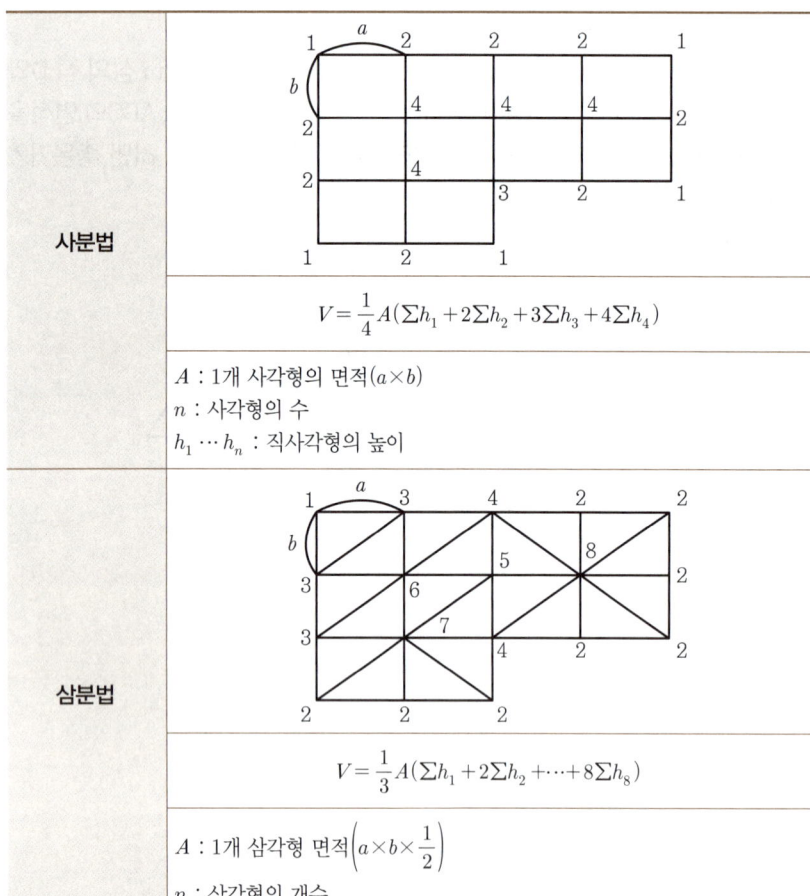

사분법

$$V = \dfrac{1}{4}A(\Sigma h_1 + 2\Sigma h_2 + 3\Sigma h_3 + 4\Sigma h_4)$$

A : 1개 사각형의 면적($a \times b$)
n : 사각형의 수
$h_1 \cdots h_n$: 직사각형의 높이

삼분법

$$V = \dfrac{1}{3}A(\Sigma h_1 + 2\Sigma h_2 + \cdots + 8\Sigma h_8)$$

A : 1개 삼각형 면적$\left(a \times b \times \dfrac{1}{2}\right)$
n : 삼각형의 개수

+ **토량계산**
- 흙 쌓기 면적(성토 면적)
- 흙 깍기 면적(절토 면적)

+ 점고법은 비행장이나 운동장과 같이 넓은 지형의 토지정리나 구획정리에 많이 쓰이며 주로 정지작업에 이용된다.

계획고(평균표고)
$h(계획고) = \dfrac{V}{nA}$
$(A = a \times b)$

과년도 기출문제

01 지형의 토공량 산정 방법이 아닌 것은? [18년 2회]

① 각주공식 ② 양단면 평균법
③ 중앙단면법 ④ 삼변법

[해설]
삼변법은 삼각형의 면적을 구하는 방법이다.

02 대단위 신도시를 건설하기 위한 넓은 지형의 정지공사에서 토량을 계산하고자 할 때 가장 적당한 방법은? [21년 3회]

① 점고법 ② 비례중앙법
③ 양단면 평균법 ④ 각주공식에 의한 방법

[해설]
점고법은 주로 정지작업에 이용되며 넓은 지형의 토지정리나 구획정리에 많이 쓰인다.

03 고속도로 공사에서 각 측점의 단면적이 표와 같을 때, 측점 10에서 측점 12까지의 토량은?(단, 양단면평균법에 의해 계산한다.) [19년 3회]

측점	단면적(m²)	비고
No. 10	318	
No. 11	512	측점 간의 거리=20m
No. 12	682	

① 15,120m³ ② 20,160m³
③ 20,240m³ ④ 30,240m³

[해설]
$$V = \left(\frac{A_1+A_2}{2}\right) \cdot l$$
$$= \left(\frac{318+512}{2}\right) \times 20 + \left(\frac{512+682}{2}\right) \times 20$$
$$= 20,240 \text{m}^3$$

04 토량 계산공식 중 양단면의 면적차가 클 때 산출된 토량의 일반적인 대소 관계로 옳은 것은?(단, 중앙단면법 : A, 양단면평균법 : B, 각주공식 : C) [20년 1회]

① $A = C < B$ ② $A < C = B$
③ $A < C < B$ ④ $A > C > B$

[해설]
중앙 단면법(A)<각주공식(C)<양단면 평균법

05 도로공사에서 거리 20m인 성토구간에 대하여 시작 단면 $A_1 = 72\text{m}^2$, 끝 단면 $A_2 = 182\text{m}^2$, 중앙단면 $A_m = 132\text{m}^2$라고 할 때 각주공식에 의한 성토량은? [17년 2회]

① 2,540.0m³ ② 2,573.3m³
③ 2,600.0m³ ④ 2,606.7m³

[해설]
각주공식$(V) = \frac{h}{3}(A_1 + 4A_m + A_2)$
$= \frac{10}{3}(72 + 4 \times 132 + 182)$
$= 2,606.7 \text{m}^3$

06 그림과 같은 지형에서 각 등고선에 쌓인 부분의 면적이 표와 같을 때 각주공식에 의한 토량은?(단, 윗면은 평평한 것으로 가정한다.) [22년 2회]

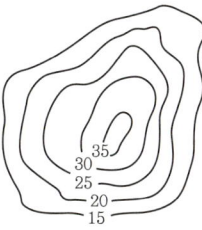

등고선	면적(m²)
15	3,800
20	2,900
25	1,800
30	900
35	200

① 11,400m³ ② 22,800m³
③ 33,800m³ ④ 38,000m³

정답 01 ④ 02 ① 03 ③ 04 ③ 05 ④ 06 ④

과년도 기출문제

[해설]

각주공식

$$V = \left(\frac{A_1+A_2}{2}+\frac{A_2+A_3}{2}+\frac{A_3+A_4}{2}+\frac{A_4+A_5}{2}\right)h$$
$$= \left(\frac{3,800+2,900}{2}+\frac{2,900+1,800}{2}+\frac{1,800+900}{2}\right.$$
$$\left.+\frac{900+200}{2}\right)5$$
$$= 38,000\text{m}^3$$

07 대상구역을 삼각형으로 분할하여 각 교점의 표고를 측량한 결과가 그림과 같을 때 토공량은?(단위 : m) [19년 2회]

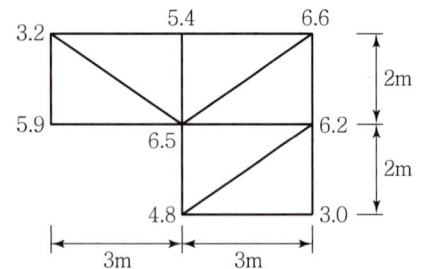

① 98m³ ② 100m³
③ 102m³ ④ 104m³

[해설]

$$V = \frac{A}{3}[\Sigma h_1 + 2\Sigma h_2 + 3\Sigma h_3 + 4\Sigma h_4 + \cdots]$$
$$= \frac{(3\times2)/2}{3}[(5.9+3)+2(3.2+5.4+6.6+4.8)$$
$$+3(6.2)+5(6.5)]$$
$$= 100$$

08 그림과 같이 각 격자의 크기가 10m×10m로 동일한 지역의 전체 토량은? [21년 2회]

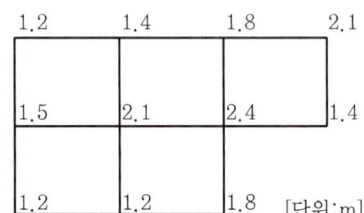

① 877.5m³ ② 893.6m³
③ 913.7m³ ④ 926.1m³

[해설]

$$V = \frac{10\times10}{4}[(1.2+2.1+1.4+1.2+1.8)$$
$$+2(1.4+1.8+1.5+1.2)+3\times2.4+4\times2.1]$$
$$= 877.5\text{m}^3$$

09 등고선의 성질에 대한 설명으로 옳지 않은 것은? [16년 4회]

① 동일 등고선 상의 모든 점은 기준면으로부터 같은 높이에 있다.
② 지표면의 경사가 같을 때는 등고선의 간격은 같고 평행하다.
③ 등고선은 도면 내 또는 밖에서 반드시 폐합한다.
④ 높이가 다른 두 등고선은 절대로 교차하지 않는다.

[해설]

높이가 다른 두 등고선은 동굴이나 절벽을 제외하고는 교차하지 않는다.

10 지성선에 해당하지 않는 것은? [17년 1회]

① 구조선 ② 능선
③ 계곡선 ④ 경사변환선

[해설]

지성선의 종류

凸선 (철선, 능선)	• 지표면의 가장 높은 곳을 연결한 선(V형) • 빗물이 좌우로 흐르게 되므로 분수선이라고도 함
凹선 (요선, 합수선)	• 지표면의 가장 낮은 곳을 연결한 선(A형) • 빗물이 합쳐지므로 계곡선이라고도 함
경사 변환선	• 동일 방향 경사면에서 경사의 크기가 다른 두 면의 교선
최대 경사선	• 동일 방향 경사면에서 경사의 크기가 다른 두 면의 교선 • 등고선에 직각으로 교차하며 유하선(물이 흐름)이라고 함

과년도 기출문제

11 삼각형의 면적을 측정하고자 한다. 양 변이 각각 82m와 73m이며, 그 사이에 낀 각이 57°일 때 삼각형의 면적은?

① 2,510m²
② 2,634m²
③ 2,871m²
④ 2,941m²

[해설]

- 이변협각법$(A) = \frac{1}{2}ab\sin\alpha$
- $A = \frac{1}{2} \times 82 \times 73 \times \sin 57° = 2,510\text{m}^2$

12 삼각형 면적을 계산하기 위해 변길이를 관측한 결과가 그림과 같을 때 이 삼각형의 면적은?

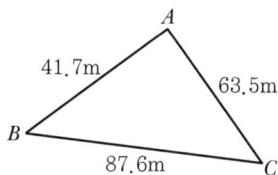

① 1,072.7m²
② 1,126.2m²
③ 1,235.6m²
④ 1,357.9m²

[해설]

삼변법
- $S = \frac{1}{2}(a+b+c) = \frac{1}{2}(41.7+63.5+87.6) = 96.4\text{m}$
- $A = \sqrt{S(s-a)(s-b)(s-c)}$
  $= \sqrt{96.4 \times (96.4-41.7) \times (96.4-63.5) \times (96.4-87.6)}$
  $= 1,235.6\text{m}^2$

13 절토면의 형상이 그림과 같을 때 절토면적은?

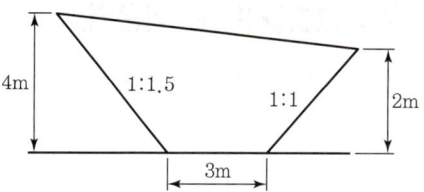

① 12.0m²
② 13.5m²
③ 16.5m²
④ 19.0m²

[해설]

절토면적$(A) = \frac{1}{2}(4+2) \times 11 - \frac{1}{2}(4 \times 6 + 2 \times 2) = 19\text{cm}^2$

정답 11 ① 12 ③ 13 ④

08 면체적 측량

12 등고선법(지형도 이용법)

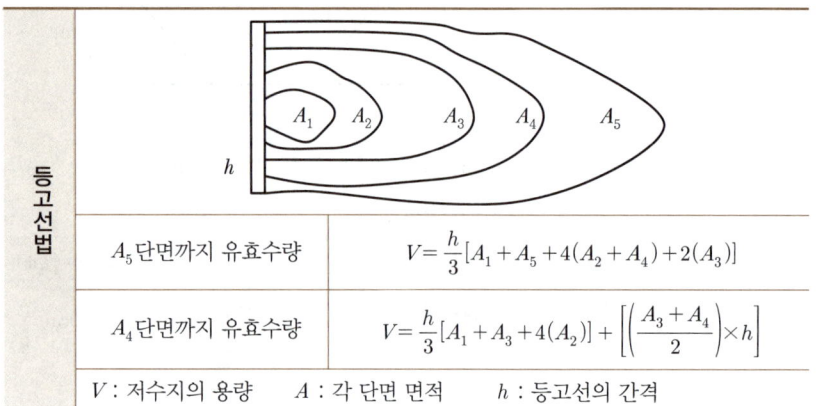

A_5 단면까지 유효수량	$V = \dfrac{h}{3}[A_1 + A_5 + 4(A_2 + A_4) + 2(A_3)]$
A_4 단면까지 유효수량	$V = \dfrac{h}{3}[A_1 + A_3 + 4(A_2)] + \left[\left(\dfrac{A_3 + A_4}{2}\right) \times h\right]$

V : 저수지의 용량 A : 각 단면 면적 h : 등고선의 간격

등고선법
- 저수지의 담수량 결정
- 체적을 근사적으로 결정할 경우 편리한 방법
- 심프슨 제1법칙 이용

- 마지막 면적(A_n)의 수가 짝수일 때 남은 구간은 사다리꼴 공식으로 계산하여 합산한다.

13 유토곡선(토적곡선)

유토곡선	고려사항
(유토곡선 도식)	① 절토와 성토량 같게
	② 경사와 곡선은 가능한 적게 설치
	③ 절토는 성토를 이용할 수 있게 운반거리 고려

14 유토곡선(토적곡선)의 특징

모식도	특징
(모식도)	① 절토 : 상승부분(OA, CE)
	② 성토 : 하향부분(AC, EF)
	③ 절토와 성토량이 같은 부분 : OB
	④ 토량의 이동이 없는 부분 : OX

유토곡선(토적곡선) 작성목적
- 토량 배분
- 평균운반거리 산출
- 토공기계 선정

과년도 기출문제

01 저수지의 용량을 구하기 위하여 각 등고선 내 면적을 측정한 결과가 다음과 같을 때 등고선 150~200m에 의한 유효수량은?(단, $A_{150}=200\text{m}^2$, $A_{160}=900\text{m}^2$, $A_{170}=3,500\text{m}^2$, $A_{180}=8,900\text{m}^2$, $A_{190}=13,000\text{m}^2$, $A_{200}=20,000\text{m}^2$)

① 375,000m³ ② 400,000m³
③ 363,000m³ ④ 356,000m³

[해설]
$$V = \frac{h}{3}[A_1+A_5+4(A_2+A_4)+2(A_3)] + \left(\frac{A_5+A_6}{2}\times h\right)$$
$$= \frac{10}{3}[200+13,000+4(900+8,900)+2(3,500)]$$
$$+\left(\frac{13,000+20,000}{2}\times 10\right) = 363,000\text{m}^3$$

02 그림과 같은 구릉이 있다. 표고 5m의 등고선에 쌓인 부분의 단면적이 $A_1=200\text{m}^2$, $A_2=900\text{m}^2$, $A_3=1,800\text{m}^2$, $A_4=2,900\text{m}^2$, $A_5=3,800\text{m}^2$라고 할 때의 이 구릉의 토량은?

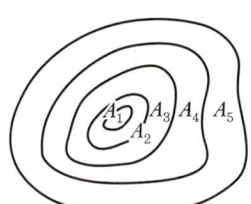

① 22,500m³ ② 11,400m³
③ 33,800m³ ④ 38,000m³

[해설]
등고선 토량은 심프슨 제1법칙을 적용한다.
$$\therefore V = \frac{h}{3}\{A_1+A_5+4(A_2+A_4)+2(A_3)\}$$
$$= \frac{5}{3}\{200+3,800+4(900+2,900)+2(1,800)\}$$
$$= 38,000\text{m}^3$$

03 토공작업을 수반하는 종단면도에 계획선을 넣을 때 고려하여야 할 사항으로 옳지 않은 것은?

① 계획선은 될 수 있는 한 요구에 맞게 한다.
② 절토는 성토로 이용할 수 있도록 운반거리를 고려하여야 한다.
③ 경사와 곡선을 병설해야 하고 단조로움을 피하기 위하여 가능한 한 많이 설치한다.
④ 절토량과 성토량은 거의 같게 한다.

[해설]
경사와 곡선은 가능한 적게 설치한다.

04 토적곡선(Mass Curve)을 작성하는 목적으로 가장 거리가 먼 것은? [17년 1회]

① 토량의 운반거리 산출 ② 토공기계의 선정
③ 토량의 배분   ④ 교통량 산정

[해설]
토적곡선의 작성목적
토량 배분, 평균운반거리 산출, 토공기계 선정

05 토적곡선을 작성하는 목적으로 거리가 먼 것은? [20년 3회]

① 토량의 배분   ② 토량의 운반거리 산출
③ 토공기계 선정 ④ 중심선 설치

[해설]
토적곡선은 토량의 배분, 토공기계 선정, 토량의 운반거리 산출에 쓰인다.

06 그림과 같은 유토곡선(Mass Curve)에서 하향구간이 의미하는 것은? [21년 1회]

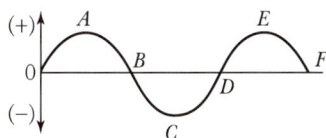

① 성토구간 ② 절토구간
③ 운반토량 ④ 운반거리

[해설]
유토곡선에서 상향구간은 절토구간, 하향구간은 성토구간이다.

정답 01 ③ 02 ④ 03 ③ 04 ④ 05 ④ 06 ①

09 노선측량

1 노선측량의 순서

① 노선선정	• 현지답사 • 도상계획(1/50,000 지형도)
② 계획 및 조사측량	• 지형도 작성(중심선 측량) • 개략노선 선정(예측)
③ 실시설계 측량	• 지형도 작성 • 중심선 선정, 중심선 설치(도상) • 다각측량 • 고저측량
④ 세부측량	• 평면도(종 1/500~1/100) • 종단면도(종1/100, 횡1/500~1/100)
⑤ 용지측량	• 횡단면도에 계획 단면을 기입 • 용지폭을 정하고 용지도 작성
⑥ 공사측량	• 중심말뚝의 검측 • 가인조점 설치

2 곡선의 분류

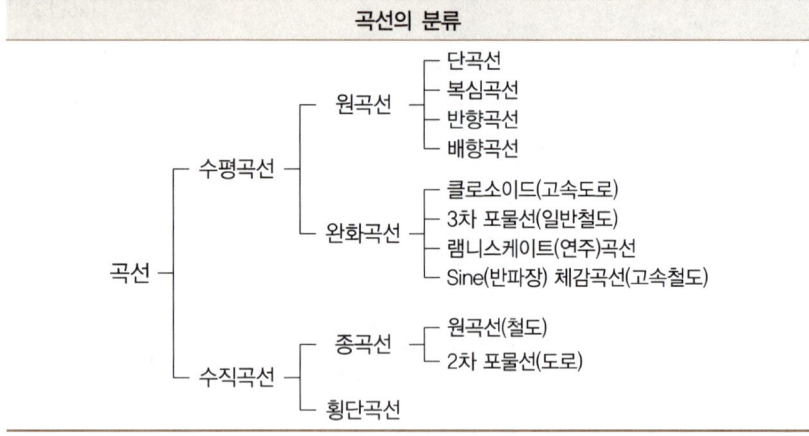

노선측량
도로, 철도 등의 부설에 따른 교통로 측량, 상하수도의 관 매설에 따른 측량 등 폭이 좁고 길이가 긴 구역의 측량을 총칭

노선선정 시 고려사항
- 건설비, 유지비가 적게 드는 노선
- 기존 시설물의 이전 비용 등을 고려
- 가급적 급경사 노선은 피하는게 좋음
- 절토와 성토의 균형을 이뤄 토공량이 적게 함
- 복심곡선과 반향곡선은 가급적 피함

노선선정 시 중요한 요소
수송량, 경제성, 시공성, 안전성

종단면도 기입사항
- 추가거리 • 지반고
- 계획고   • 절토고
- 성토고   • 경사도

종단면도
- 노선의 경사도를 파악한다.
- 종단측량 실시 후 횡단측량을 한다.
- 종단측량은 횡단측량보다 높은 정확도가 요구된다.
- 종단도를 보면 노선의 형태를 알 수 있으나 횡단도를 보면 알 수 없다.
- 종단도의 횡축척과 종축척은 서로 다르게 잡는다.

수평곡선
노선의 방향을 바꾸기 위해 설치

수직곡선
곡선의 경사를 바꾸기 위해 설치

과년도 기출문제

01 노선측량의 일반적인 작업 순서로 옳은 것은?

[20년 4회]

A : 종·횡단측량	B : 중심선측량
C : 공사측량	D : 답사

① A→B→D→C ② A→C→D→B
③ D→B→A→C ④ D→C→A→B

[해설]

노선측량의 순서
① 노선선정(현지답사) ② 계획 및 조사측량(중심선측량)
③ 실시설계 측량 ④ 세부측량(종·횡단측량)
⑤ 용지측량 ⑥ 공사측량

02 노선측량에서 실시설계측량에 해당하지 않는 것은?

[22년 1회]

① 중심선 설치 ② 지형도 작성
③ 다각측량 ④ 용지측량

[해설]

실시설계측량
• 지형도 작성
• 중심선 선정, 중심선 설치(도상)
• 다각측량
• 고저측량

03 도로의 종단곡선으로 주로 사용되는 곡선은?

[15년 4회]

① 2차 포물선 ② 3차 포물선
③ 클로소이드 ④ 렘니스케이트

[해설]

• 도로 : 2차 포물선 • 철도 : 원곡선

04 종단측량과 횡단측량에 관한 설명으로 틀린 것은?

[20년 1회]

① 종단도를 보면 노선의 형태를 알 수 있으나 횡단도를 보면 알 수 없다.
② 종단측량은 횡단측량보다 높은 정확도가 요구된다.
③ 종단도의 횡축척과 종축척은 서로 다르게 잡는 것이 일반적이다.
④ 횡단측량은 노선의 종단측량에 앞서 실시한다.

[해설]

종단측량 후 횡단측량을 실시한다.

05 종단면도에 표기하여야 하는 사항으로 거리가 먼 것은?

[16년 1회]

① 흙깎기 토량과 흙쌓기 토량
② 거리 및 누가거리
③ 지반고 및 계획고
④ 경사도

[해설]

종단면도 기입사항
• 지반고   • 성토고
• 절토고   • 계획고
• 추가거리   • 경사도

06 종단곡선에 대한 설명으로 옳지 않은 것은?

[20년 1회]

① 철도에서는 원곡선을, 도로에서는 2차 포물선을 주로 사용한다.
② 종단경사는 환경적, 경제적 측면에서 허용할 수 있는 범위 내에서 최대한 완만하게 한다.
③ 설계속도와 지형 조건에 따라 종단경사의 기준값이 제시되어 있다.
④ 지형의 상황, 주변 지장물 등의 한계가 있는 경우 10% 정도 증감이 가능하다.

[해설]

지형의 상황, 주변 지장물 등의 한계가 있는 경우 1% 증감이 가능하다.

정답 01 ③ 02 ④ 03 ① 04 ④ 05 ① 06 ④

09 노선측량

3 원곡선(단곡선) 명칭

기호	명칭	위치
BC	곡선의 시점	A
EC	곡선의 종점	B
IP	교점	IP
I	교각	I
TL	접선길이	A−IP
R	곡선 반지름	R
CL	곡선길이	AHB
E(SL)	외할	IP−H
M	중앙종거	M
C(L)	현장	AB
δ	편각	δ

➕ 원곡선 설치 시 발생오차
① 각과 거리관측의 오차
② 토털스테이션과 데오돌라이트의 조정 불량
③ 토털스테이션과 데오돌라이트의 수평, 중심 맞추기 불량

- No.5 + 3m = 103m
  (말뚝간격 20m)

4 원곡선(단곡선) 공식

기호	명칭	식
BC	곡선의 시점	$(BC) = IP - TL$
EC	곡선의 종점	$(EC) = BC + CL$
TL	접선길이	$(TL) = R \tan \dfrac{I}{2}$
CL	곡선길이	$(CL) = RI \dfrac{\pi}{180}$ (R이 안 주어지면 외할을 이용)
M	중앙종거	$(M) = R\left(1 - \cos \dfrac{I}{2}\right)$
C(L)	현의 길이(장현)	$(C) = 2R \sin \dfrac{I}{2}$
E(SL)	외할	$(E) = R\left(\sec \dfrac{I}{2} - 1\right)$
δ	편각	$(\delta) = \dfrac{l}{2R} \times \dfrac{180°}{\pi}$

➕ 접선길이(TL)

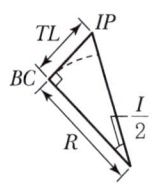

$(TL) = R \tan \dfrac{I}{2}$

곡선길이(CL)

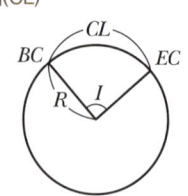

$2\pi R : CL = 360° : I$

$CL = \dfrac{\pi}{180°} \cdot R \cdot I$

과년도 기출문제

01 곡선반지름 R, 교각 I인 단곡선을 설치할 때 사용되는 공식으로 틀린 것은? [15년 4회]

① $T.L. = R\tan\dfrac{I}{2}$ ② $C.L. = \dfrac{\pi}{180°}RI°$

③ $E = R\left(\sec\dfrac{I}{2} - 1\right)$ ④ $M = R\left(1 - \sin\dfrac{I}{2}\right)$

[해설]

중앙종거$(M) = R\left(1 - \cos\dfrac{I}{2}\right)$

02 곡선반지름 R, 교각 I인 단곡선을 설치할 때 각 요소의 계산 공식으로 틀린 것은? [21년 3회]

① $M = R\left(1 - \sin\dfrac{I}{2}\right)$ ② $TL = R\tan\dfrac{I}{2}$

③ $CL = \dfrac{\pi}{180°}RI°$ ④ $E = R\left(\sec\dfrac{I}{2} - 1\right)$

[해설]

$M = R\left(1 - \cos\dfrac{I}{2}\right)$

03 교각이 60°이고 반지름이 300m인 원곡선을 설치할 때 접선의 길이(T.L.)는? [18년 3회]

① 81.603m ② 173.205m
③ 346.412m ④ 519.615m

[해설]

$TL = R\tan\dfrac{I}{2} = 300 \times \tan\dfrac{60°}{2} = 173.205\text{m}$

04 곡선설치에서 교각 $I = 60°$, 반지름 $R = 150$m일 때 접선장($T.L$)은? [17년 2회]

① 100.0m ② 86.6m
③ 76.8m ④ 38.6m

[해설]

$TL = R \times \tan\dfrac{I}{2} = 150 \times \tan\dfrac{60°}{2}$
$= 86.6\text{m}$

05 반지름 150m의 단곡선을 설치하기 위하여 교각을 측정한 값이 57°36′일 때 접선장(TL)과 곡선장(CL)은?

① 접선장=82.46m, 곡선장=150.80m
② 접선장=82.46m, 곡선장=75.40m
③ 접선장=236.36m, 곡선장=75.40m
④ 접선장=236.36m, 곡선장=150.80m

[해설]

- 접선장 $= R\tan\dfrac{I}{2} = 150 \times \tan\dfrac{57°\,36′}{2} = 82.46\text{m}$
- 곡선장 $= RI\dfrac{\pi}{180°} = 150 \times 57°\,36′ \times \dfrac{\pi}{180°} = 150.80\text{m}$

06 노선측량에서 교각이 32°15′00″, 곡선 반지름이 600m일 때의 곡선장(CL)은? [17년 1회]

① 355.52m ② 337.72m
③ 328.75m ④ 315.35m

[해설]

곡선장$(CL) = R \cdot I \cdot \dfrac{\pi}{180}$
$= 600 \times 32°15′00″ \times \dfrac{\pi}{180}$
$= 337.72\text{m}$

07 도로 설계 시에 단곡선의 외할(E)은 10m, 교각은 60°일 때, 접선장($T.L$)은? [18년 2회]

① 42.4m ② 37.3m
③ 32.4m ④ 27.3m

[해설]

$TL = R\tan\dfrac{I}{2} = 65 \times \tan\dfrac{60°}{2} ≒ 37.3\text{m}$

$\left[E = R\left(\sec\dfrac{I}{2} - 1\right),\ 10 = R\left(\sec\dfrac{60°}{2} - 1\right),\ \therefore\ R = 65\text{m}\right]$

정답 01 ④ 02 ① 03 ② 04 ② 05 ① 06 ② 07 ②

과년도 기출문제

08 노선설치에서 곡선반지름 R, 교각 I인 단곡선을 설치할 때 곡선의 중앙종거(M)를 구하는 식으로 옳은 것은? [20년 3회]

① $M = R\left(\sec\dfrac{I}{2} - 1\right)$ ② $M = R\tan\dfrac{I}{2}$

③ $M = 2R\sin\dfrac{I}{2}$ ④ $M = R\left(1 - \cos\dfrac{I}{2}\right)$

[해설]

중앙종거$(M) = R\left(1 - \cos\dfrac{I}{2}\right)$

09 교각(I) 60°, 외선 길이(E) 15m인 단곡선을 설치할 때 곡선길이는? [19년 1회]

① 85.2m ② 91.3m
③ 97.0m ④ 101.5m

[해설]

- $E = R\left(\sec\dfrac{I}{2} - 1\right)$, $15 = R\left(\sec\dfrac{60°}{2} - 1\right)$
  ∴ $R = 96.96$
- $CL = R \cdot I \cdot \dfrac{\pi}{180} = 96.96 \times 60 \times \dfrac{\pi}{180} = 101.5\text{m}$

10 노선측량에서 단곡선 설치 시 필요한 교각이 95°30′, 곡선반지름이 200m일 때 장현(L)의 길이는? [21년 1회]

① 296.087m ② 302.619m
③ 417.131m ④ 597.238m

[해설]

$L(C) = 2R\sin\dfrac{I}{2} = 2 \times 200 \times \sin\left(\dfrac{95°30′}{2}\right) = 296.087\text{m}$

11 노선측량으로 곡선을 설치할 때에 교각(I) 60°, 외선 길이(E) 30m로 단곡선을 설치할 경우 곡선반지름(R)은? [17년 4회]

① 103.7m ② 120.7m
③ 150.9m ④ 193.9m

[해설]

외할$(E) = R\left(\sec\dfrac{I}{2} - 1\right)$

$30 = R\left(\sec\dfrac{60°}{2} - 1\right)$

∴ $R = 193.9\text{m}$

12 교각 $I = 90°$, 곡선반지름 $R = 150$m인 단곡선에서 교점($I.P$)의 추가거리가 1,139.250m일 때 곡선종점($E.C$)까지의 추가거리는? [22년 1회]

① 875.375m ② 989.250m
③ 1224.869m ④ 1374.825m

[해설]

$EC = BC + CL$
$= (IP - TL) + CL$
$= 1,139.250 - \left(150 \times \tan\dfrac{90°}{2}\right) + \left(150 \times 90 \times \dfrac{\pi}{180}\right)$
$= 1,224.869\text{m}$

※ 참고
- $TL = R \cdot \tan\dfrac{I}{2}$
- $CL = R \cdot I \cdot \dfrac{\pi}{180}$

13 도로 기점으로부터 교점(IP)까지의 추가거리가 400m, 곡선 반지름 $R = 200$m, 교각 $I = 90°$인 원곡선을 설치할 경우, 곡선시점(BC)은?(단, 중심 말뚝거리 = 20m) [17년 2회]

① No.9 ② No.9 + 10m
③ No.10 ④ No.10 + 10m

[해설]

$BC = IP - TL$
$= 400 - \left(200 \times \tan\dfrac{90}{2}\right)$
$= 200\text{m}$

∴ $200\text{m} = \text{No.10}$

정답 08 ④ 09 ③ 10 ① 11 ④ 12 ③ 13 ③

과년도 기출문제

14 교점(IP)의 위치가 기점으로부터 추가거리 325.18 m이고, 곡선반지름(R) 200m, 교각(I) 41°00′인 단곡선을 편각법으로 설치하고자 할 때, 곡선시점(BC)의 위치는?(단, 중심말뚝 간격은 20m이다.)

① No.3 + 14.777m ② No.4 + 5.223m
③ No.12 + 10.403m ④ No.13 + 9.596m

[해설]

$\overline{BC}$거리 = IP − TL
= 325.18 − 74.777 = 250.403m = No.12 + 10.403m

$\left(TL = R\tan\dfrac{I}{2} = 200 \times \tan\dfrac{41°}{2} = 74.777m\right)$

15 곡선 설치에서 교각이 35°, 원곡선 반지름이 500m일 때 도로 기점으로부터 곡선 시점까지의 거리가 315.45m이면 도로 기점으로부터 곡선 종점까지의 거리는?

① 593.38m ② 596.88m
③ 620.88m ④ 625.36m

[해설]

- CL(곡선장) = $\dfrac{\pi}{180}RI$ = $\dfrac{\pi}{180} \times 500 \times 35°$ = 305.43m
- EC 거리 = BC 거리 = CL = 315.45 = 305.43 = 620.88m

16 그림과 같이 곡선반지름 R = 500m인 단곡선을 설치할 때 교점에 장애물이 있어 ∠ACD=150°, ∠CDB=90°, CD=100m를 관측하였다. 이때 C 점으로부터 곡선의 시점까지의 거리는? [20년 3회]

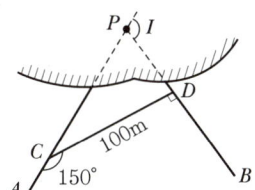

① 530.27m ② 657.04m
③ 750.56m ④ 796.09m

[해설]

$AC = TL - CP$

- $TL = R\tan\dfrac{I}{2} = 500 \cdot \tan\dfrac{120}{2} = 866.025m$
- $\dfrac{CP}{\sin 90} = \dfrac{100}{\sin 60}$, ∴ $CP = 115.470m$

따라서 $AC = 866.025 - 115.470 = 750.56m$

17 반지름 R=200m인 원곡선을 설치하고자 한다. 도로의 시점으로부터 1243.27m 거리에 교점(IP)이 있고 그림과 같이 ∠A와 ∠B를 관측하였을 때 원곡선 시점(BC)의 위치는?(단, 도로의 중심점 간격은 20m이다.)

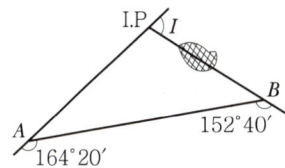

① No. 3 + 1.22m ② No. 3 + 18.78m
③ No. 58 + 4.49m ④ No. 58 + 15.51m

[해설]

- ∠A = 180° − 164° 20′ = 15° 40′
- ∠B = 180° − 152° 40′ = 27° 20′
- ∠IP = 180° − (15° 40′ + 27° 20′) = 137°
- TL = $R\tan\dfrac{I}{2}$ = $200 \times \tan\dfrac{43°}{2}$ = 78.78m

  (I = ∠A + ∠B = 43°)

- $\overline{BC}$거리 = IP − TL = 1243.27 − 78.78 = 1,164.49m

∴ 1,164.49 = No. 58 + 4.49m

09 노선측량

⑤ 원곡선의 종류

복심 곡선	① 반지름이 다른 두 개의 원곡선이 한 개의 공통접선을 갖고 접선의 같은 쪽에서 연결하는 곡선(중심이 동일 방향) ② $t_1 + t_2 = R_1 \tan\dfrac{\Delta_1}{2} + R_2 \tan\dfrac{\Delta_2}{2}$	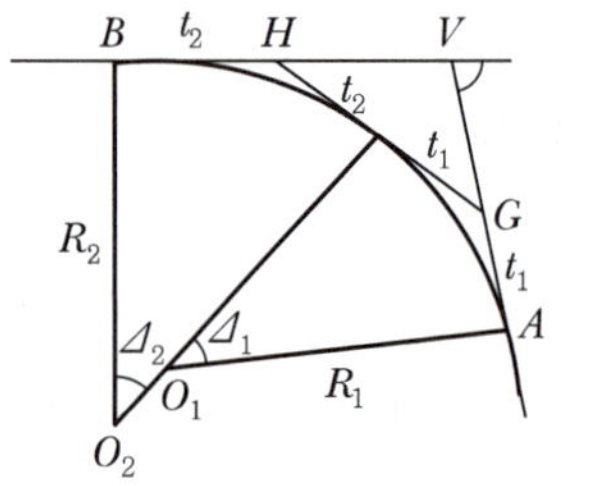
반향 곡선	① 반지름이 다른 두 원곡선이 1개의 공통접선의 양쪽에 서로 곡선 중심을 가지고 연결한 곡선 ② 각각의 원곡선이 반대방향으로 원의 중심을 갖도록 설계 (중심이 서로 반대방향)	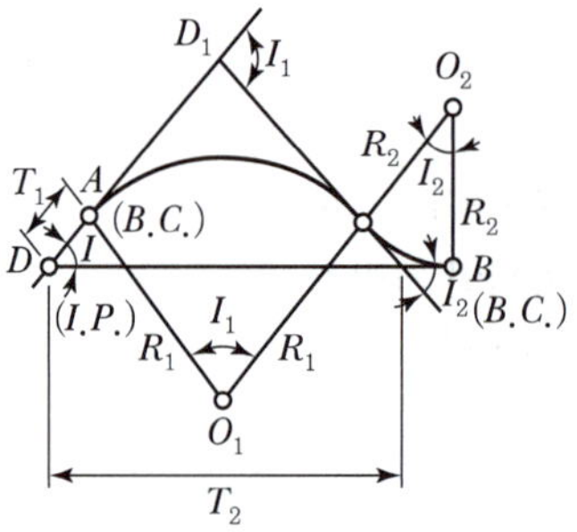
배향 곡선	① 반향곡선을 연속시켜 머리핀 형태를 형성 ② Switch Back(철도) 적합 ③ 복곡선과 반향곡선의 조합	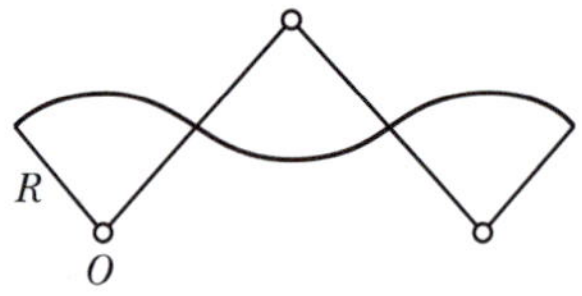

➕ **수평곡선(원곡선)**
- 단곡선
- 복심곡선
- 반향곡선
- 배향곡선

- 고속주행을 하기 위해서는 복심, 반향 곡선을 피하고 단곡선으로 설치하는 것이 유리하다.

개념이해

01 노선측량에서 평면곡선으로 공통 접선의 반대방향에 반지름(R)의 중심을 갖는 곡선 형태는?

① 복심곡선　　② 포물선곡선
③ 반향곡선　　④ 횡단곡선

- 복심곡선 : 반지름이 다른 두 개의 원곡선이 한 개의 공통접선을 갖고 접선의 같은 쪽에서 연결
- 반향곡선 : 각각의 원곡선이 반대방향으로 원의 중심을 갖도록 설계
- 배향곡선 : 반향곡선을 연속시켜 머리핀 형태를 형성, Switch Back(철도) 적합

답 ③

과년도 기출문제

01 그림과 같은 복곡선에서 $t_1 + t_2$의 값은? [22년 2회]

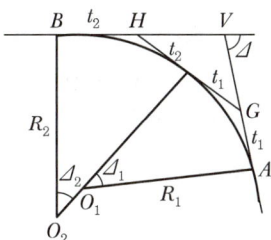

① $R_1(\tan\Delta_1 + \tan\Delta_2)$ ② $R_2(\tan\Delta_1 + \tan\Delta_2)$
③ $R_1\tan\Delta_1 + R_2\tan\Delta_2$ ④ $R_1\tan\dfrac{\Delta_1}{2} + R_2\tan\dfrac{\Delta_2}{2}$

[해설]
- 접선장($T.L$) $= R\tan\dfrac{I}{2}$
- $t_1 = R_1\tan\dfrac{\Delta_1}{2},\ t_2 = R_2\tan\dfrac{\Delta_2}{2}$
- $t_1 + t_2 = R_1\tan\dfrac{\Delta_1}{2} + R_2\tan\dfrac{\Delta_2}{2}$

02 그림과 같은 반지름=50m인 원곡선을 설치하고자 할 때 접선거리 $\overline{AI}$ 상에 있는 $\overline{HC}$의 거리는? (단, 교각=60°, $\alpha=20°$, $\angle AHC=90°$) [22년 1회]

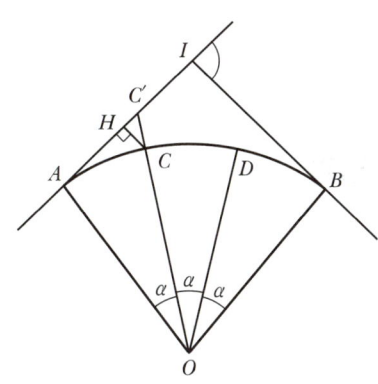

① 0.19m ② 1.98m
③ 3.02m ④ 3.24m

[해설]
- $\cos\alpha = \dfrac{OA}{C'O}$ ∴ $C'O = \dfrac{OA}{\cos\alpha} = \dfrac{50}{\cos 20°} = 53.21\text{m}$
- $CC' = C'O - R = 53.21 - 50 = 3.21\text{m}$
- $\cos\alpha = \dfrac{HC}{C'C}$
- $HC = C'C\cos\alpha = 3.21 \times \cos 20° = 3.02\text{m}$

03 원곡선의 주요점에 대한 좌표가 다음과 같을 때 이 원곡선의 교각(I)은? [15년 1회]

- 교점(IP)의 좌표: $X=1,150.0$m, $Y=2,300.0$m
- 곡선시점(BC)의 좌표: $X=1,000.0$m, $Y=2,100.0$m
- 곡선종점(EC)의 좌표: $X=1,000.0$m, $Y=2,500.0$m

① 90°00′00″ ② 73°44′24″
③ 53°07′48″ ④ 36°52′12″

[해설]

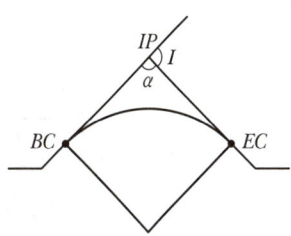

- 교각(I) $= 180 - \alpha$
- $\alpha = \tan^{-1}\left(\dfrac{2,100-2,300}{1,000-1,150}\right) - \tan^{-1}\left(\dfrac{2,500-2,300}{1,000-1,150}\right)$
  $= 233°07′48.37″ - 126°52′11.63″$
  $= 106°15′36.74″$
- ∴ $I = 180 - 106°15′36.74″ = 73°44′23.26″$

정답 01 ④ 02 ③ 03 ②

09 노선측량

6 편각에 의한 단곡선 설치

특징	모식도
① 철도, 도로 등의 곡선설치에 가장 일반적으로 널리 사용 ② 다른 방법에 비해 정확함 ③ 반지름이 작을 때 오차가 발생 ④ 중심 말뚝은 20m마다 설치	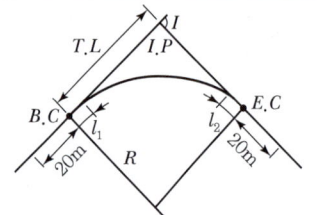

20m 편각	$\delta_{20} = \dfrac{20}{2R} \times \dfrac{180°}{\pi}$
시단현 편각	$\delta_{\ell_1} = \dfrac{l_1}{2R} \times \dfrac{180°}{\pi}$
종단현 편각	$\delta_{\ell_2} = \dfrac{l_2}{2R} \times \dfrac{180°}{\pi}$

➕ l_1(시단현)

곡선시점(BC)에서 바로 앞 말뚝까지의 거리(20m 이하)

l_2(종단현)

곡선종점(EC)에서 바로 전 말뚝까지의 거리(20m 이하)

편각법
- δ_{ℓ_1} : 시단편각
- δ_{20} : 20m 편각
- δ_{ℓ_2} : 종단편각
- l_1 : 시단현
- l_2 : 종단현

7 중앙종거법에 의한 단곡선 설치

중앙종거 식	모식도	중앙종거법 특징
① $M_1 = R\left(1 - \cos\dfrac{I}{2}\right)$ ② $M_2 = R\left(1 - \cos\dfrac{I}{4}\right)$ ③ $M_3 = R\left(1 - \cos\dfrac{I}{8}\right)$		① 기설곡선의 검사에 이용 ② 반경이 작은 시가지의 곡선 설치에 이용 ③ 1/4법 ④ 중심말뚝을 20m마다 설치할 수 있음

8 접선에 대한 지거법 및 접선 편거 현 편거에 의한 방법

접선에 대한 지거법(좌표법)	접선편거와 현 편거법
양접선에 지거를 내려 곡선을 설치하는 방법으로 터널 내의 곡선설치와 산림지에서 벌채량을 줄일 경우에 적당한 방법	트랜싯을 사용하지 못할 때 Pole과 Tape 만으로 설치하는 방법, 곡률이 큰 지방도로 및 농로에 많이 사용(정도 낮다)

➕ 접선에 대한 지거법(좌표법)

- $y = \dfrac{x^2}{2R}$
- 평면곡선 및 종단곡선의 설치요소를 동시에 위치시킬 수 없다.

접선편거(t_1)$= \dfrac{l^2}{2R}$

현 편거(d)$= \dfrac{l^2}{R}$

과년도 기출문제

01 교점($I.P$)은 도로 기점에서 500m의 위치에 있고 교각 $I=36°$일 때 외선길이(외할)=5.00m라면 시단현의 길이는?(단, 중심말뚝거리는 20m이다.) [18년 1회]

① 10.43m ② 11.57m
③ 12.36m ④ 13.25m

[해설]
$$BC = IP - TL = 500 - \left(R\tan\frac{I}{2}\right)$$
$$= 500 - \left(97.159\tan\frac{36°}{2}\right) = 468.43m$$
$$\left[E = R\left(\sec\frac{I}{2} - 1\right), 5 = R\left(\sec\frac{36°}{2} - 1\right), \therefore R = 97.159m\right]$$
∴ 시단현은 $480 - 468.43 = 11.57m$

02 도로의 노선측량에서 반지름(R) 200m인 원곡선을 설치할 때, 도로의 기점으로부터 교점(IP)까지의 추가거리가 423.26m, 교각(I)가 42°20′일 때 시단현의 편각은?(단, 중심말뚝간격은 20m이다.) [20년 4회]

① 0°50′00″ ② 2°01′52″
③ 2°03′11″ ④ 2°51′47″

[해설]
• $BC = IP - \left(R\tan\frac{I}{2}\right)$
$= 423.26 - \left(200 \times \tan\frac{42°20′}{2}\right) = 345.819m$
∴ $l_1 = 360 - 345.819 = 14.181m$
• $\delta_{l_1} = \frac{l_1}{2R} \times \frac{180}{\pi} = 2°01′52″$

03 단곡선 설치에 있어서 교각 $I=60°$, 반지름 $R=200$m, 곡선의 시점 BC=No.8+15m일 때 종단현에 대한 편각은?(단, 중심말뚝의 간격은 20m이다.) [16년 4회]

① 0°38′10″ ② 0°42′58″
③ 1°16′20″ ④ 2°51′53″

[해설]
종단현 편가(δ_{12}) = $\frac{l_2}{2R} \times \frac{180}{\pi}$
CL(곡선장) = $R \cdot I \cdot \frac{\pi}{180} = 200 \times 60 \times \frac{\pi}{180} = 209.44m$
EC(곡선종점) = BC(곡선시점) + CL(곡선장)
$= 175 + 209.44$
$= 384.44m(No.19 + 4.44m)$
l_2(종단현) = 4.44m
∴ $\delta_{12} = \frac{l_2}{2R} \times \frac{180}{\pi} = \frac{4.44}{2 \times 200} \times \frac{180}{\pi} = 0°38′10″$

04 노선측량에서 단곡선의 설치방법에 대한 설명으로 옳지 않은 것은? [20년 1회]

① 중앙종거를 이용한 설치방법은 터널 속이나 삼림지대에서 벌목량이 많을 때 사용하면 편리하다.
② 편각설치법은 비교적 높은 정확도로 인해 고속도로나 철도에 사용할 수 있다.
③ 접선편거와 현편거에 의하여 설치하는 방법은 줄자만을 사용하여 원곡선을 설치할 수 있다.
④ 장현에 대한 종거와 횡거에 의하는 방법은 곡률반지름이 짧은 곡선일 때 편리하다.

[해설]
접선에서 지거를 이용한 방법은 산림지에서 벌목량이 많을 때 사용한다.

05 노선측량에서 단곡선의 설치방법에 대한 설명으로 옳지 않은 것은? [15년 2회]

① 중앙종거를 이용한 설치방법은 터널 속이나 삼림지대에서 벌목량이 많을 때 사용하면 편리하다.
② 편각설치법은 비교적 높은 정확도로 인해 고속도로나 철도에 사용할 수 있다.
③ 접선편거와 현편거에 의하여 설치하는 방법은 줄자만을 사용하여 원곡선을 설치할 수 있다.
④ 장현에 대한 종거와 횡거에 의하는 방법은 곡률반지름이 짧은 곡선일 때 편리하다.

정답 01 ② 02 ② 03 ① 04 ① 05 ①

과년도 기출문제

[해설]
- 중앙종거법 : 기설 곡선의 검사(1/4법)
- 접선에서 지거를 이용하는 방법 : 터널, 산림지에서 벌채량을 줄일 때 적합

06 노선 설치 방법 중 좌표법에 의한 설치방법에 대한 설명으로 틀린 것은? [22년 2회]

① 토털스테이션, GPS 등과 같은 장비를 이용하여 측점을 위치시킬 수 있다.
② 좌표법에 의한 노선의 설치는 다른 방법보다 지형의 굴곡이나 시통 등의 문제가 적다.
③ 좌표법은 평면곡선 및 종단곡선의 설치요소를 동시에 위치시킬 수 있다.
④ 평면적인 위치의 측설을 수행하고 지형표고를 관측하여 종단면도를 작성할 수 있다.

[해설]
좌표법은 평면곡선 및 종단곡선의 설치요소를 동시에 위치시킬수 없다.

07 노선에 곡선반지름 $R=600m$인 곡선을 설치할 때, 현의 길이 $L=20m$에 대한 편각은? [16년 2회]

① $54'18''$ ② $55'18''$
③ $56'18''$ ④ $57'18''$

[해설]
$$\delta_{20} = \frac{l}{2R} \times \frac{180}{\pi} = \frac{20}{2 \times 600} \times \frac{180}{\pi} = 57'18''$$

08 단곡선을 설치할 때 곡선반지름이 250m, 교각이 116°23′, 곡선시점까지의 추가거리가 1,146m 일 때 시단현의 편각은?(단, 중심말뚝 간격=20m)
[22년 2회]

① $0°41'15''$ ② $1°15'36''$
③ $1°36'15''$ ④ $2°54'51''$

[해설]
$$\delta_{l_1} = \frac{l_1}{2R} \times \frac{180}{\pi} = \frac{14}{(2 \times 250)} \times \frac{180}{\pi} = 1°36'15''$$
$(l_1 = 1,160 - 1,146 = 14)$

09 교점(IP)까지의 누가거리가 355m인 곡선부에 반지름(R)이 100m인 원곡선을 편각법에 의해 삽입하고자 한다. 이때 20m에 대한 호와 현길이의 차이에서 발생하는 편각(δ)의 차이는?
[15년 1회]

① 약 $20''$ ② 약 $34''$
③ 약 $46''$ ④ 약 $55''$

[해설]
$$\delta = \frac{l}{2R} \times \frac{180}{\pi}$$
- l(호와 현 길이의 차이)$= \frac{L^3}{24R^2} = \frac{20^3}{24 \times 100^2} = 0.033$
- $\delta = \frac{0.033}{2 \times 100} \times \frac{180}{\pi} = 34''$

10 곡선반지름이 500m인 단곡선의 종단현이 15.343m 라면 종단현에 대한 편각은? [21년 3회]

① $0°31'37''$ ② $0°43'19''$
③ $0°52'45''$ ④ $1°04'26''$

[해설]
$$\delta_{l_2} = \frac{l_2}{2R} \times \frac{180}{\pi} = \frac{15.343}{2 \times 500} \times \frac{180}{\pi} = 0°52'45''$$

11 도로의 단곡선 설치에서 교각이 60°, 반지름이 150m이며, 곡선시점이 No.8+17m(20m×8+17m)일 때 종단현에 대한 편각은? [21년 2회]

① $0°02'45''$ ② $2°41'21''$
③ $2°57'54''$ ④ $3°15'23''$

정답 06 ③ 07 ④ 08 ③ 09 ② 10 ③ 11 ②

과년도 기출문제

[해설]

$$\delta_{l_2} = \frac{l_2}{2R} \times \frac{180}{\pi} = \frac{14.08}{2 \times 150} \times \frac{180}{\pi} = 2°41'21''$$

$$(EC = BC + CL = 177 + RI\frac{\pi}{180} = 334.08 \quad \therefore l_2 = 14.08)$$

12 교각이 60°, 곡선반경이 200m인 단곡선 설치에서 노선 시작점에서 교점(IP)까지의 추가거리가 210.60m일 때 시단현의 길이는?(단, 중심말뚝의 간격은 20m이다.)

① 3.26m ② 4.87m
③ 6.24m ④ 15.13m

[해설]

- $TL = R\tan\frac{I}{2} = 200 \times \tan\frac{60°}{2} = 115.47$
- BC거리 $= IP$거리 $- TL = 210.60 - 115.47 = 95.13$
- 시단현 길이$(l_1) = 20 - 15.13 = 4.87$m

13 반지름 500m인 단곡선에서 시단현 15m에 대한 편각은?

① 0°51'34'' ② 1°4'27''
③ 1°13'33'' ④ 1°17'42''

[해설]

$$편각(\delta) = \frac{l}{2R} \times \frac{180°}{\pi} = \frac{15}{2 \times 500} \times \frac{180°}{\pi} = 0°51'34''$$

14 도로시점에서 교점까지의 추가거리가 546.42m 이고, 교각이 45°일 때 곡선반지름 300m인 단곡선에서 시단현의 편각 δ_1의 값은?(단, 중심말뚝 간격은 20m이다.)

① 0°15'38'' ② 1°41'21''
③ 1°42'13'' ④ 1°54'35''

[해설]

- $TL = R\tan\frac{I}{2} = 300 \times \tan\frac{45°}{2} = 124.26$m
- $\overline{BC}$ 거리 $= IP - TL = 546.42 - 124.26 = 422.16$m
- 시단현 길이$(l_1) = 440 - 422.16 = 17.84$m
- 시단편각$(\delta_1) = \frac{l_1}{2R} \times \frac{180°}{\pi} = \frac{17.84}{2 \times 300} \times \frac{180°}{\pi} = 1°42'13''$

15 도로의 단곡선 설치에서 교각 $I = 60°$, 곡선반지름 $R = 150$m이며, 곡선시점 BC는 NO.8+17m(20m ×8+17m)일 때 종단현에 대한 편각은?

① 0°12'45'' ② 2°41'21''
③ 2°57'54'' ④ 3°15'23''

[해설]

- $CL = R \cdot I \cdot \frac{\pi}{180} = 150 \times 60 \times \frac{\pi}{180} = 157.08$m
- $EC = BC + CL = (20 \times 8 + 17) + 157.08 = 334.08$m
- 종단현$(l_2) = 334.08 - 320 = 14.08$m
- 종단현의 편각$(\delta_2) = \frac{l_2}{2R} \times \frac{180°}{\pi} = \frac{14.08}{2 \times 150} \times \frac{180°}{\pi}$
  $= 2°41'21''$

16 접선과 현이 이루는 각을 이용하여 곡선을 설치하는 방법으로 정확도가 비교적 높아 단곡선 설치에 가장 널리 사용되고 있는 방법은?

① 지거설치법 ② 중앙종거법
③ 편각설치법 ④ 현편거법

17 노선측량에서 제1중앙종거(M_o)는 제3중앙종거 (M_2)의 약 몇 배인가?

① 2배 ② 4배
③ 8배 ④ 16배

[해설]

$$M_0 : M_2 = R\left(1 - \cos\frac{I}{2}\right) : R\left(1 - \cos\frac{I}{8}\right)$$
$$= \left(1 - \cos\frac{I}{2}\right) : \left(1 - \cos\frac{I}{8}\right)$$
$$= \left(1 - \cos\frac{60}{2}\right) : \left(1 - \cos\frac{60}{8}\right)$$
$$= 16 : 1$$

정답 12 ② 13 ① 14 ③ 15 ② 16 ③ 17 ④

09 노선측량

9 장애물이 있는 경우의 단곡선 설치

교점(IP) 부근에 장애물이 있는 경우	관련식
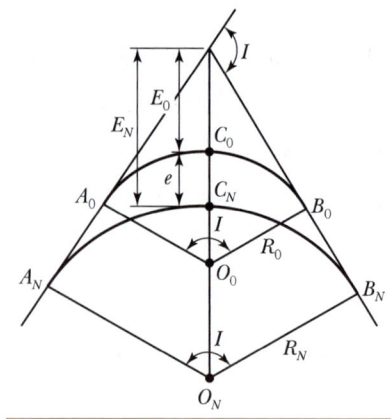	① $I = \alpha + \beta$ ② $CP = \dfrac{\sin \beta}{\sin I} \times l$ 　　$\because \sin(180° - I) = \sin I$ ③ $DP = \dfrac{\sin \alpha}{\sin I} \times l$ ④ $AC = TL - CP$ 　　$= R\tan\dfrac{\alpha+\beta}{2} - \dfrac{\sin\beta}{\sin(\alpha+\beta)} \times l$ ⑤ $BD = TL - DP$ 　　$= R\tan\dfrac{\alpha+\beta}{2} - \dfrac{\sin\alpha}{\sin(\alpha+\beta)} \times l$

교점(IP) 부근에 장애물이 있는 경우
교각 I의 직접 측정이 불가능 시, 양 점선 상의 임의의 점 C, D에서 α, β, l를 측정하여 sine 법칙 적용

10 노선변경

접선의 위치 및 방향이 변하지 않는 경우 신곡선 반경(R_N)	
(그림)	$E_N = E_0 + e$ $R_N\left(\sec\dfrac{I}{2} - 1\right) = R_0\left(\sec\dfrac{I}{2} - 1\right) + e$ $\therefore R_N = R_0 + \dfrac{e}{\left(\sec\dfrac{I}{2} - 1\right)}$

- R_0 : 구곡선의 반경
  R_N : 신곡선의 반경
  e : 호의 중심점 이동량

- $\sec 30° = \dfrac{1}{\cos 30°}$

11 종횡단 측량

종단측량	횡단측량
① 종단측량 → 종단면도	① 횡단측량 → 횡단면도
② 종단면도 → 종축척 $\dfrac{1}{1,000}$ (소축척)	② 횡단면도 → 횡축척 $\dfrac{1}{250}$ 이상(대축척)
③ 노선의 경사도 확인	③ 말뚝기준, 거리와 지반고 결정

과년도 기출문제

01 그림과 같이 AC 및 BD선 사이에 곡선을 설치하고자 한다. 그런데 그 교점에 장애물이 있어 교각을 측정하지 못했기 때문에 ∠ACD, ∠CDB 및 CD의 거리를 측정하여 다음의 결과를 얻었다. ∠ACD = 150°, ∠CDB = 90°, CD = 200m, 곡선반지름 300m 라 하면 C점부터 곡선의 시점까지의 거리는?

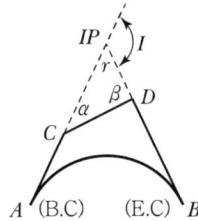

① 298.58m ② 275.78m
③ 265.78m ④ 288.68m

[해설]
CD = 200m, ∠ACD = 150° ∠CDB = 90°에서 α, β, γ를 구하여 I를 구한다.
$\alpha = 30°$, $\beta = 90°$, $\gamma = 60°$
그러므로 교각(I)는 120°이다.
$T.L = R\tan\dfrac{I}{2} = 300 \times \tan\dfrac{120°}{2} = 519.6\text{m}$

sine 법칙에 의하여 $\overline{CP}$를 구하면 $\dfrac{200}{\sin 60°} = \dfrac{\overline{CP}}{\sin 90°}$

∴ $\overline{CP} = 230.94\text{m}$
그러므로 $\overline{AC} = T.L - \overline{CP} = 519.6 - 230.94 ≒ 288.67\text{m}$

02 그림과 같이 $\widehat{A_O B_O}$의 노선을 $e = 10\text{m}$만큼 이동하여 내측으로 노선을 설치하고자 한다. 새로운 반지름 R_N은?(단, $R_O = 200\text{m}$, $I = 60°$) [20년 3회]

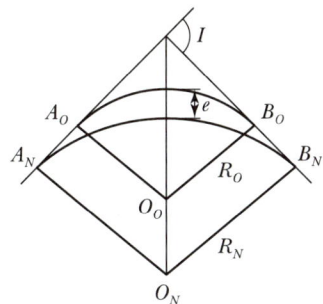

① 217.64m ② 238.26m
③ 250.50m ④ 264.64m

[해설]
$E_N = E_o + e$
$R_N\left(\sec\dfrac{I}{2} - 1\right) = R_o\left(\sec\dfrac{I}{2} - 1\right) + e$

∴ $R_N = R_o + \dfrac{e}{\sec\dfrac{I}{2} - 1} = 200 + \dfrac{10}{\sec\dfrac{60}{2} - 1} = 264.64\text{m}$

03 도로를 계수하여 구곡선의 중앙에 있어서 10m만큼 곡선을 내측으로 옮기고자 한다. 신곡선의 반경을 구하라.(단, 구곡선의 곡선반경은 100m이고 그 교각안 60°로 하며 접선방향은 변하지 않는 것으로 한다.)

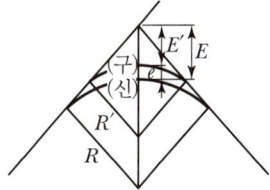

① 138.26m ② 194.65m
③ 150.50m ④ 164.64m

[해설]
$E = E' + e$
$R\left(\sec\dfrac{I}{2} - 1\right) = R'\left(\sec\dfrac{I}{2} - 1\right) + e$
$R = R' + \dfrac{e}{\sec\dfrac{I}{2} - 1} = 100 + \dfrac{10}{\sec 30° - 1} = 164.64\text{m}$

04 종단 및 횡단측량에 대한 설명으로 옳은 것은?

① 종단도의 종축척과 횡축척은 일반적으로 같게 한다.
② 노선의 경사도 형태를 알려면 종단도를 보면 된다.
③ 횡단측량은 종단측량보다 높은 정확도가 요구된다.
④ 노선의 횡단측량을 종단측량보다 먼저 실시하여 횡단도를 작성한다.

[해설]
• 보통 종축척은 1/1,000, 횡축척은 1/250 이상이다.
• 종단측량은 횡단측량보다 높은 정밀도를 요구한다.
• 종단측량은 횡단측량보다 먼저 실시한다.

정답 01 ④ 02 ④ 03 ④ 04 ②

09 노선측량

12 완화곡선 정의

특징	완화곡선
① 차량이 직선부에서 곡선부로 접어들 때 급격한 원심력을 감소시키기 위해 직선부와 원곡선 사이에 설치 ② 완화곡선의 접선은 시점에서는 직선에, 종점에서는 원호에 접함 ③ 완화곡선의 반지름은 시작점에서 무한대 종점에서는 원곡선의 반지름과 같음	

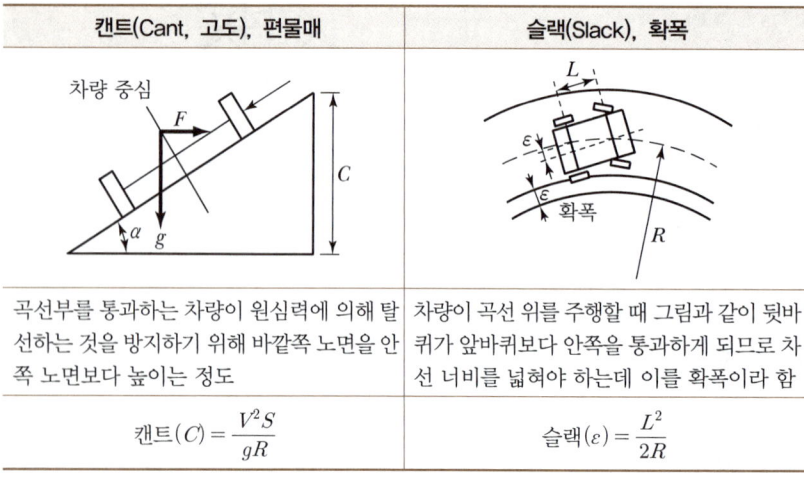

- 완화곡선의 시작점에서 캔트는 0이다.
- 완화곡선의 곡률은 곡선의 어느 부분에서도 그 값은 다르다.
- 완화곡선의 곡선반경 감소율은 캔트의 증가율과 같다.

13 완화곡선의 요소

캔트(Cant, 고도), 편물매	슬랙(Slack), 확폭
곡선부를 통과하는 차량이 원심력에 의해 탈선하는 것을 방지하기 위해 바깥쪽 노면을 안쪽 노면보다 높이는 정도	차량이 곡선 위를 주행할 때 그림과 같이 뒷바퀴가 앞바퀴보다 안쪽을 통과하게 되므로 차선 너비를 넓혀야 하는데 이를 확폭이라 함
캔트$(C) = \dfrac{V^2 S}{gR}$	슬랙$(\varepsilon) = \dfrac{L^2}{2R}$

- 캔트(Cant, 도로에서는 편물매, 철도에서는 고도)
  - C : 캔트
  - S : 궤간
  - V : 속도(m/sec)
  - R : 반경
  - g : 중력 가속도($9.8 m/s^2$)

- 슬랙(확폭)
  - ε : 확폭량
  - R : 반경
  - L : 차량 앞바퀴에서 뒷바퀴까지의 거리

14 완화곡선의 종류

종류	사용	모식도
클로소이드	고속도로	
램니스케이트 (연주곡선)	인터체인지 램프에 이용	
3차 포물선	일반철도	
반파장 sine곡선	고속철도	

- 완화곡선의 길이
  $$L = \dfrac{N \cdot C}{1,000} (N : 상수)$$

- 극각이 45°일 때 곡률이 가장 큰 곡선은 클로소이드 곡선이다.

- 램니스케이트는 곡률반경이 동경 S에 반비례하여 변화하는 곡선이다.

과년도 기출문제

01 노선측량에 관한 설명으로 옳은 것은? [17년 4회]

① 일반적으로 단곡선 설치 시 가장 많이 이용하는 방법은 지거법이다.
② 곡률이 곡선길이에 비례하는 곡선을 클로소이드 곡선이라 한다.
③ 완화곡선의 접선은 시점에서 원호에, 종점에서 직선에 접한다.
④ 완화곡선의 반지름은 종점에서 무한대이고 시점에서는 원곡선의 반지름이 된다.

[해설]
- 단곡선 설치 시 가장 많이 이용하는 방법은 편각법이다.
- 곡률이 곡선장에 비례하는 곡선을 클로소이드 곡선이라 한다.
- 완화곡선의 접선은 시점에서 직선, 종점에서 원호에 접한다.
- 완화곡선의 반지름은 시점에서 무한대, 종점에서는 원곡선의 반지름이 된다.

02 다음 중 완화곡선의 종류가 아닌 것은? [22년 2회]

① 렘니스케이트 곡선 ② 클로소이드 곡선
③ 3차 포물선   ④ 배향 곡선

[해설]
배향곡선은 원곡선에 해당한다.

03 완화곡선에 대한 설명으로 옳지 않은 것은? [18년 3회]

① 모든 클로소이드(Clothoid)는 닮은꼴이며 클로소이드 요소는 길이의 단위를 가진 것과 단위가 없는 것이 있다.
② 완화곡선의 접선은 시점에서 원호에, 종점에서 직선에 접한다.
③ 완화곡선의 반지름은 그 시점에서 무한대, 종점에서는 원곡선의 반지름과 같다.
④ 완화곡선에 연한 곡선반지름의 감소율은 캔트(Cant)의 증가율과 같다.

[해설]
완화곡선(수평곡선)의 접선은 시작점에서는 직선에, 종점에서는 곡선에 접한다.

04 완화곡선에 대한 설명으로 옳지 않은 것은? [21년 3회]

① 완화곡선의 곡선반지름은 시점에서 무한대, 종점에서 원곡선의 반지름 R로 된다.
② 클로소이드의 형식에는 S형, 복합형, 기본형 등이 있다.
③ 완화곡선의 접선은 시점에서 원호에, 종점에서 직선에 접한다.
④ 모든 클로소이드는 닮은꼴이며 클로소이드 요소에는 길이의 단위를 가진 것과 단위가 없는 것이 있다.

[해설]
완화곡선의 접선은 시점에서는 직선, 종점에서는 원호에 접한다.

05 완화곡선에 대한 설명으로 틀린 것은? [19년 2회]

① 곡선 반지름은 완화곡선의 시점에서 무한대, 종점에서 원곡선의 반지름이 된다.
② 완화곡선에 연한 곡선 반지름의 감소율은 캔트의 증가율과 같다.
③ 완화곡선의 접선은 시점에서 원호에, 종점에서 직선에 접한다.
④ 종점에 있는 캔트는 원곡선의 캔트와 같게 된다.

[해설]
완화곡선의 특징
- 차량이 직선부에서 곡선부로 접어들 때 급격한 원심력을 감소시키기 위해 직선부와 원곡선 사이에 설치한다.
- 완화곡선의 접선은 시점에서는 직선에, 종점에서는 원호에 접한다.
- 완화곡선의 반지름은 시작점에서 무한대, 종점에서는 원곡선의 반지름과 같다.

정답 01 ② 02 ④ 03 ② 04 ③ 05 ③

과년도 기출문제

06 원곡선에 대한 설명으로 틀린 것은? [21년 1회]

① 원곡선을 설치하기 위한 기본요소는 반지름(R)과 교각(I)이다.
② 접선길이는 곡선반지름에 비례한다.
③ 원곡선은 평면곡선과 수직곡선으로 모두 사용할 수 있다.
④ 고속도로와 같이 고속의 원활한 주행을 위해서는 복심곡선 또는 반향곡선을 주로 사용한다.

[해설]
고속의 원활한 주행을 위해서는 완화(클로소이드) 곡선을 사용한다.

07 완화곡선에 대한 설명으로 옳지 않은 것은? [20년 4회]

① 완화곡선의 접선은 시점에서 원호에, 종점에서 직선에 접한다.
② 완화곡선에 연한 곡선반지름의 감소율은 캔트(Cant)의 증가율과 같다.
③ 완화곡선의 반지름은 그 시점에서 무한대, 종점에서는 원곡선의 반지름과 같다.
④ 모든 클로소이드(Clothoid)는 닮은꼴이며 클로소이드 요소는 길이의 단위를 가진 것과 단위가 없는 것이 있다.

[해설]
완화곡선의 접선은 시점에서 직선에, 종점에서 원호에 접한다.

08 완화곡선에 대한 설명으로 옳지 않은 것은? [18년 2회]

① 완화곡선은 모든 부분에서 곡률이 동일하지 않다.
② 완화곡선의 반지름은 무한대에서 시작한 후 점차 감소되어 원곡선의 반지름과 같게 된다.
③ 완화곡선의 접선은 시점에서 원호에 접한다.
④ 완화곡선에 연한 곡선 반지름의 감소율은 캔트의 증가율과 같다.

[해설]
완화곡선의 접선은 시점에서는 직선에 접하고 종점에서는 원호에 접한다.

09 완화곡선에 대한 설명으로 옳지 않은 것은? [19년 1회]

① 곡선반지름은 완화곡선의 시점에서 무한대, 종점에서 원곡선의 반지름으로 된다.
② 완화곡선의 접선은 시점에서 직선에, 종점에서 원호에 접한다.
③ 완화곡선에 연한 곡선반지름의 감소율은 캔트의 증가율의 2배가 된다.
④ 완화곡선 종점의 캔트는 원곡선의 캔트와 같다.

[해설]
완화곡선에서 곡선반지름의 감소율은 캔트의 증가율과 같다.

10 캔트(Cant)의 계산에서 속도 및 반지름을 2배로 하면 캔트는 몇 배가 되는가? [20년 1회]

① 2배　② 4배
③ 8배　④ 16배

[해설]
$C = \dfrac{V^2 S}{gR} = \dfrac{2^2}{2} = 2$

11 도로의 곡선부에서 확폭량(Slack)을 구하는 식으로 옳은 것은?(단, L : 차량 앞면에서 차량의 뒤축까지의 거리, R = 차선 중심선의 반지름) [21년 2회]

① $\dfrac{L}{2R^2}$　② $\dfrac{L^2}{2R^2}$
③ $\dfrac{L^2}{2R}$　④ $\dfrac{L}{2R}$

정답 06 ④　07 ①　08 ③　09 ①　10 ①　11 ③

과년도 기출문제

[해설]

완화곡선의 요소

캔트	슬랙(확폭)
$C = \dfrac{V^2 S}{gR}$	$S = \dfrac{L^2}{2R}$

12 확폭량이 S인 노선에서 노선의 곡선 반지름(R)을 두 배로 하면 확폭량(S')은? [16년 1회]

① $S' = \dfrac{1}{4}S$ ② $S' = \dfrac{1}{2}S$
③ $S' = 2S$ ④ $S' = 4S$

[해설]

- 확폭량 $= \dfrac{L^2}{2R}$
  R : 반경, L : 차량 앞바퀴에서 뒷바퀴까지 거리
- 확폭량은 곡선반경(R)에 반비례 $\left(S' = \dfrac{1}{2} \cdot S\right)$

13 완화곡선에 대한 설명으로 틀린 것은? [16년 4회]

① 단위 클로소이드란 매개 변수 A가 1인, 즉 $R \times L = 1$의 관계에 있는 클로소이드다.
② 완화곡선의 접선은 시점에서 직선에, 종점에서 원호에 접한다.
③ 클로소이드의 형식 중 S형은 복심곡선 사이에 클로소이드를 삽입한 것이다.
④ 캔트(Cant)는 원심력 때문에 발생하는 불리한 점을 제거하기 위해 두는 편경사이다.

[해설]

클로소이드의 형식 중 S형은 반향곡선 사이에 2개의 클로소이드를 삽입한 것이다.

14 곡률이 급변하는 평면 곡선부에서의 탈선 및 심한 흔들림 등의 불안정한 주행을 막기 위해 고려하여야 하는 사항과 가장 거리가 먼 것은? [19년 3회]

① 완화곡선 ② 종단곡선
③ 캔트 ④ 슬랙

[해설]

완화곡선의 요소

캔트(Cant, 고도), 편물매	슬랙(Slack), 확폭
곡선부를 통과하는 차량이 원심력에 의해 탈선하는 것을 방지하기 위해 바깥쪽 노면을 안쪽 노면보다 높이는 정도	차량이 곡선 위를 주행할 때 그림과 같이 뒷바퀴가 앞바퀴보다 안쪽을 통과하게 되므로 차선 너비를 넓혀야 하는데 이를 확폭이라 함
캔트(C) $= \dfrac{V^2 S}{gR}$	슬랙(ε) $= \dfrac{L^2}{2R}$

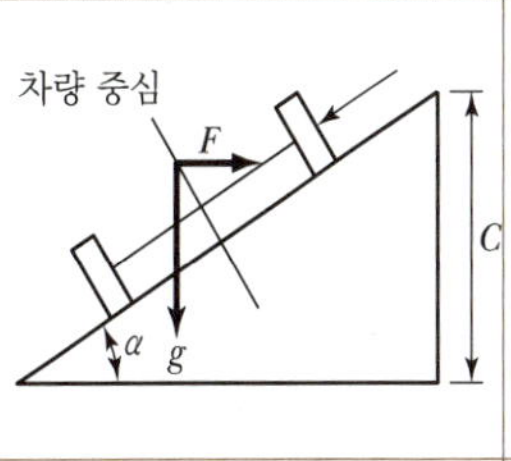

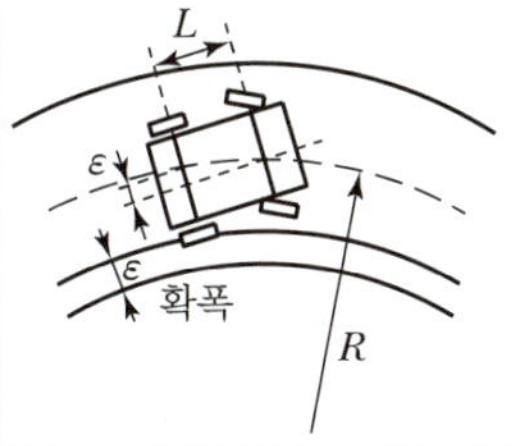

15 캔트(Cant)의 크기가 C인 노선의 곡선 반지름을 2배로 증가시키면 새로운 캔트 C'의 크기는? [19년 2회]

① $0.5C$ ② C
③ $2C$ ④ $4C$

[해설]

$\text{Cant} = \dfrac{V^2 S}{g \cdot 2R} = \dfrac{1}{2} \cdot \dfrac{V^2 S}{gR} = 0.5 \text{Cant}$

16 철도의 궤도간격 $b = 1.067\text{m}$, 곡선반지름 $R = 600\text{m}$인 원곡선상을 열차가 100km/h로 주행하려고 할 때 캔트는? [19년 1회]

① 100mm ② 140mm
③ 180mm ④ 220mm

[해설]

캔트(Cant) $= \dfrac{V^2 S}{gR}$

$= \dfrac{\left(100 \times 1{,}000 \times \dfrac{1}{3{,}600}\right)^2 \times 1.067}{9.8 \times 600}$

$= 0.140\text{m} = 140\text{mm}$

정답 12 ② 13 ③ 14 ② 15 ① 16 ②

과년도 기출문제

17 곡선반지름이 400m인 원곡선을 설계속도 70 km/h로 하려고 할 때 캔트(Cant)는?(단, 궤간 $b = 1.065$m) [19년 3회]

① 73mm   ② 83mm
③ 93mm   ④ 103mm

[해설]

$$\text{Cant} = \frac{V^2 S}{gR} = \frac{\left(70 \times 1,000 \times \frac{1}{60 \times 60}\right)^2 \times 1.065}{9.8 \times 400}$$
$$= 0.103\text{m} = 103\text{mm}$$

18 노선측량에 대한 용어 설명 중 옳지 않은 것은? [18년 1회]

① 교점 – 방향이 변하는 두 직선이 교차하는 점
② 중심말뚝 – 노선의 시점, 종점 및 교점에 설치하는 말뚝
③ 복심곡선 – 반지름이 서로 다른 두 개 또는 그 이상의 원호가 연결된 곡선으로 공통접선의 같은 쪽에 원호의 중심이 있는 곡선
④ 완화곡선 – 고속으로 이동하는 차량이 직선부에서 곡선부로 진입할 때 차량의 원심력을 완화하기 위해 설치하는 곡선

[해설]

중심말뚝은 노선상 20m마다 설치한다.

19 노선측량에서 노선을 선정할 때 유의해야 할 사항으로 옳지 않은 것은?

① 배수가 잘 되는 곳으로 한다.
② 노선 선정 시 가급적 직선이 좋다.
③ 절토 및 성토의 운반거리를 가급적 짧게 한다.
④ 가급적 성토구간이 길고, 토공량이 많아야 한다.

[해설]

- 노선 선정 시 가능한 직선, 경사는 완만하게 한다.
- 절·성토량이 같고 절토의 운반거리를 짧게 한다.
- 배수가 잘되는 곳을 선정한다.

20 노선의 곡선에서 수평곡선으로 사용하지 않는 곡선은?

① 복곡선   ② 단곡선
③ 2차 포물선   ④ 반향곡선

[해설]

2차 포물선은 수직곡선이다.

21 노선측량에서 단곡선 설치 시 필요한 교각 $I = 95°30'$, 곡선 반지름 $R = 300$m일 때 장현(Long Chord ; L)은?

① 222.065m   ② 298.619m
③ 444.121m   ④ 597.238m

[해설]

장현 길이$(C) = 2R\sin\frac{I}{2} = 2 \times 300 \times \sin\frac{95°30'}{2} = 444.131\text{m}$

22 그림과 같이 곡선반지름 $R = 500$m인 단곡선을 설치할 때 교점에 장애물이 있어 $\angle ACD = 150°$, $\angle CDB = 90°$, $CD = 100$m를 관측하였다. 이때 C점으로부터 곡선의 시점까지의 거리는? [20년 3회]

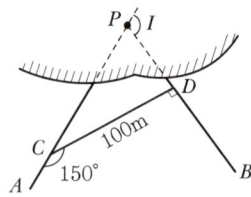

① 530.27m   ② 657.04m
③ 750.56m   ④ 796.09m

[해설]

$AC = TL - CP$

- $TL = R\tan\frac{I}{2} = 500 \cdot \tan\frac{120}{2} = 866.025\text{m}$
- $\frac{CP}{\sin 90} = \frac{100}{\sin 60}$, ∴ $CP = 115.470\text{m}$

따라서 $AC = 866.025 - 115.470 = 750.56\text{m}$

정답 17 ④ 18 ② 19 ④ 20 ③ 21 ③ 22 ③

23 그림과 같은 복곡선(Compound Curve)에서 관계식으로 틀린 것은? [16년 1회]

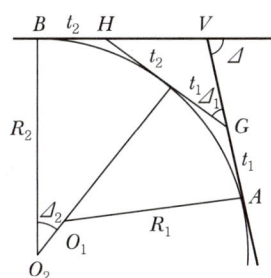

① $\Delta_1 = \Delta - \Delta_2$

② $t_2 = R_2 \tan \dfrac{\Delta_2}{2}$

③ $VG = (\sin \Delta_2)\left(\dfrac{GH}{\sin \Delta}\right)$

④ $VB = (\sin \Delta_2)\left(\dfrac{GH}{\sin \Delta}\right) + t_2$

[해설]

복곡선 관계식

- $\Delta = \Delta_1 + \Delta_2 \quad \therefore \Delta_1 = \Delta - \Delta_2$
- $t_2 = R_2 \tan \dfrac{\Delta_2}{Z}$, $t_1 = R_1 \tan \dfrac{\Delta_1}{Z}$
- $\dfrac{VG}{\sin \Delta_2} = \dfrac{GH}{\sin \Delta} \quad \therefore VG = \dfrac{\sin \Delta_2}{\sin \Delta} \times GH$
- $VB = VH + t_2$

$\left(\dfrac{GH}{\sin \Delta} = \dfrac{VH}{\sin \Delta} \quad \therefore VH = \dfrac{\sin \Delta_1}{\sin \Delta} \times GH\right)$

$= \left(\dfrac{\sin \Delta_1}{\sin \Delta} \times GH\right) + t_2$

정답 23 ④

09 노선측량

15 클로소이드 곡선의 정의

정의	모식도
① 곡률이 곡선장에 비례하는 곡선 ② 차의 앞바퀴의 회전속도를 일정하게 유지할 경우 이 차가 그리는 운동 궤적	

곡률

곡선반경의 역수 $\left(\dfrac{1}{R}\right)$

16 클로소이드 곡선의 기본식

기본식	모식도
① $\dfrac{1}{R} = C \cdot L$ ② $\dfrac{1}{C} = A^2$ (양변의 차원을 일치) ∴ $A^2 = RL$ (A : 클로소이드 매개변수, m)	

매개변수를 A^2으로 쓰는 이유는 양변의 차원(단위)을 일치시키기 위해서임

17 클로소이드 곡선의 성질

성질	기본식
① 클로소이드는 나선의 일종이다. ② 모든 클로소이드는 닮은꼴이다. ③ 길이의 단위가 있는 것도 있고 없는 것도 있다. ④ 도로에 주로 이용되며 접선각(τ)은 30°가 적당하다. ⑤ 매개변수(A)가 클수록 반경과 길이가 증가되므로 곡선은 완만해진다(매개변수를 바꾸면 다른 클로소이드를 만들 수 있다). ⑥ 클로소이드 곡률은 곡선장에 비례한다. ⑦ 기본형 : 직선 – 완화곡선 – 단곡선	$A^2 = RL = \dfrac{L^2}{2\tau}$ A : 매개변수 R : 곡률반경 L : 완화곡선 길이 τ : 접선각

단위클로소이드
- 매개변수(A) = 1
- $A^2 = R \times L = 1$

- 곡선길이가 일정할 때 곡선 반지름이 크면 접선각은 작아진다.

기본형

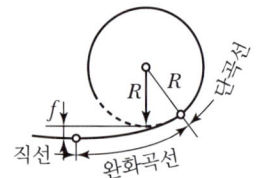

과년도 기출문제

01 도로노선의 곡률반지름 $R=2,000\text{m}$, 곡선길이 $L=245\text{m}$일 때, 클로소이드의 매개변수 A는?
[22년 1회]

① 500m　　② 600m
③ 700m　　④ 800m

[해설]

$A^2 = R \cdot L$
$A = \sqrt{R \cdot L} = \sqrt{2,000 \times 245} = 700\text{m}$

02 설계속도 80km/h의 고속도로에서 클로소이드 곡선의 곡선반지름이 360m, 완화곡선길이가 40m일 때 클로소이드 매개변수 A는?
[21년 1회]

① 100m　　② 120m
③ 140m　　④ 150m

[해설]

$A^2 = R \cdot L$
$\therefore A = \sqrt{R \cdot L} = \sqrt{(360 \times 40)} = 120\text{m}$

03 클로소이드(Clothoid)의 매개변수(A)가 60m, 곡선길이(L)가 30m일 때 반지름(R)은?
[18년 2회]

① 60m　　② 90m
③ 120m　　④ 150m

[해설]

매개변수$(A^2) = RL$
$R = \dfrac{A^2}{L} = \dfrac{60^2}{30} = 120\text{m}$

04 클로소이드 곡선에서 곡선 반지름(R)=450m, 매개변수(A)=300m일 때 곡선길이(L)는?
[18년 1회]

① 100m　　② 150m
③ 200m　　④ 250m

[해설]

매개변수$(A^2) = RL$
$L = \dfrac{A^2}{R} = \dfrac{300^2}{450} = 200\text{m}$

05 클로소이드 곡선(Clothoid Curve)에 대한 설명으로 옳지 않은 것은?
[21년 2회]

① 고속도로에 널리 이용된다.
② 곡률이 곡선의 길이에 비례한다.
③ 완화곡선의 일종이다.
④ 클로소이드 요소는 모두 단위를 갖지 않는다.

[해설]

클로소이드 요소는 단위가 있는 것도 있고 없는 것도 있다.

06 클로소이드 곡선에 관한 설명으로 옳은 것은?
[16년 2회]

① 곡선반지름 R, 곡선길이 L, 매개변수 A와의 관계식은 $RL = A$이다.
② 곡선반지름에 비례하여 곡선길이가 증가하는 곡선이다.
③ 곡선길이가 일정할 때 곡선반지름이 커지면 접선각은 작아진다.
④ 곡선반지름과 곡선길이가 매개변수 A의 1/2인 점($R=L=A/2$)을 클로소이드 특성점이라고 한다.

[해설]

• $A^2 = RL$
• 클로소이드 곡률은 곡선장에 비례 $\left(R \propto \dfrac{1}{L}\right)$
• 곡선반지름이 크면 접선각은 작아진다.

정답 01 ③　02 ②　03 ③　04 ③　05 ④　06 ③

10 하천측량

1 하천측량의 정의 및 순서

정의	측량 순서
① 하천의 형상, 수위, 단면, 구배 등을 관측하여 하천의 평면도, 종횡단면도를 작성 ② 유속, 유량, 기타 구조물을 조사하여 각종 수공설계, 시공에 필요한 자료를 얻기 위한 측량	① 도상조사 ② 자료조사 ③ 현지조사 ④ 평면측량 ⑤ 고저(수준)측량 ⑥ 유량측량 ⑦ 기타측량

+ 하천측량
- 하천공작물 설계
- 시공에 필요한 자료를 얻기 위함

2 하천측량 분류

평면측량	수준(고저)측량	유량측량
① 골조측량(삼각, 다각) ② 세부측량(평판) ③ 평면도 작성	① 종, 횡단 측량 ② 심천측량 　(횡단면도 제작)	① 고저(수위)관측 ② 유속관측 ③ 심천측량(유량계산)

+ 심천측량
하천의 수심 및 유수 부분의 하저상황을 조사하고 횡단면도를 제작하는 측량

고저측량
- 종단측량
- 횡단측량
- 심천측량

3 평면측량의 범위

하천 단면도 모식도

구분	평면측량 범위
유제부	제외지 전부와 제내지의 300m 이내
무제부	홍수가 영향을 주는 구역보다 약간 넓게(100m) 측량 (홍수 시 물이 흐르는 맨 옆에서 100m까지)
하천공사	하구에서 상류의 홍수피해가 미치는 지점까지
사방공사	수원지까지

+ 제내지
제방에 의해 보호를 받는 구역

제외지
제방에 의해 보호를 받지 않는 구역

사방공사
산사태, 토양의 침식작용 등을 방지하기 위해 실시하는 공사

과년도 기출문제

01 하천측량을 실시하는 주목적에 대한 설명으로 가장 적합한 것은? [18년 1회]

① 하천 개수공사나 공작물의 설계, 시공에 필요한 자료를 얻기 위하여
② 유속 등을 관측하여 하천의 성질을 알기 위하여
③ 하천의 수위, 기울기, 단면을 알기 위하여
④ 평면도, 종단면도를 작성하기 위하여

[해설]
하천측량을 실시하는 목적은 시공에 필요한 자료를 얻기 위함이다.

02 하천측량을 실시하는 주목적은 어디에 있는가?

① 하천의 수위, 기울기, 단면을 알기 위함
② 하천 공작물의 설계, 시공에 필요한 자료를 얻기 위함
③ 평면도, 종단면도를 작성하기 위함
④ 유속 등을 관측하여 하천의 성질을 알기 위함

[해설]
하천측량의 목적
- 하천공작물 설계
- 시공에 필요한 자료를 얻기 위함

03 하천측량의 고저측량에 해당되지 않는 것은?

① 종단측량   ② 유량관측
③ 횡단측량   ④ 심천측량

[해설]
고저측량
- 종단측량 • 횡단측량 • 심천측량

04 하천측량의 고저측량에 해당하지 않는 것은?

① 거리표 설치   ② 유속관측
③ 종·횡단측량 ④ 심천측량

05 하천의 심천(측심)측량에 관한 설명으로 틀린 것은? [21년 3회]

① 심천측량은 하천의 수면으로부터 하저까지 깊이를 구하는 측량으로 횡단측량과 같이 행한다.
② 측심간(Rod)에 의한 심천측량은 보통 수심 5m 정도의 얕은 곳에 사용한다.
③ 측심추(Lead)로 관측이 불가능한 깊은 곳은 음향측심기를 사용한다.
④ 심천측량은 수위가 높은 장마철에 하는 것이 효과적이다.

[해설]
심천측량은 횡단면도를 제작하기 위해 수심을 관측하는 측량이며 장마철은 피해야 한다.

06 하천측량 시 무제부에서의 평면측량 범위는? [18년 3회]

① 홍수가 영향을 주는 구역보다 약간 넓게
② 계획하고자 하는 지역의 전체
③ 홍수가 영향을 주는 구역까지
④ 홍수영향 구역보다 약간 좁게

[해설]
무제부에서 평면측량의 범위는 홍수가 영향을 주는 구역보다 약간 넓게 측량한다.

07 하천의 수심 및 유수부분의 하저상황을 조사하고 횡단면도를 제작하는 측량은?

① 평면측량   ② 심천측량
③ 수준측량   ④ 유량측량

[해설]
심천측량은 하천의 수심 및 유수 부분의 하저 상황을 조사하고 횡단면도를 제작하는 측량이다.

정답 01 ①　02 ②　03 ②　04 ②　05 ④　06 ①　07 ②

10 하천측량

4 양수표(수위 관측소) 설치장소

양수표(수위 관측소) 설치장소
① 상하류 약 100m 정도의 직선인 장소 ② 수류방향이 일정한 장소 ③ 수위가 교각이나 기타 구조물에 의해 영향을 받지 않는 장소 ④ 유실, 세굴, 이동, 파손의 위험이 없는 장소 ⑤ 쉽게 수위를 관측할 수 있는 장소 ⑥ 합류점이나 분류점에서 수위의 변화가 생기지 않는 장소 ⑦ 수면구배가 급하거나 완만하지 않은 지점

➕ **양수표**

5 하천의 수위

구분	내용
평수위	① 어느 기간의 수위 중 이것보다 높은 수위와 낮은 수위의 관측수가 똑같은 수위 ② 1년을 통해 185일은 이보다 저하하지 않는 수위 ③ 수애선의 기준
저수위	1년을 통해 275일은 이보다 저하하지 않는 수위
갈수위	1년을 통해 355일은 이보다 저하하지 않는 수위

➕ **평수위**
하천측량에서 수애선을 결정하는 수위

수애선
하천경계의 기준

개념이해

01 하천측량에서 수애선이 기준이 되는 수위는? [15년 1회]

① 갈수위　　　② 평수위
③ 저수위　　　④ 고수위

종류	기준수위
수애선(하천측량)	평수위
해안선(지형도)	최고 고저면
해도수심	최저 저조면

🔲 ②

02 하천의 수위관측소 설치를 위한 장소로 적합하지 않은 것은? [15년 2회]

① 상하류의 길이가 약 100m 정도는 직선인 곳
② 홍수 시 관측소가 유실 및 파손될 염려가 없는 곳
③ 수위표를 쉽게 읽을 수 있는 곳
④ 합류나 분류에 의해 수위가 민감하게 변화하여 다양한 수위의 관측이 가능한 곳

하천의 수위관측소는 지천의 합류, 분류점에서 수위 변화가 없는 곳에 설치

🔲 ④

과년도 기출문제

01 하천측량에 대한 설명 중 옳지 않은 것은?

[16년 4회]

① 하천측량 시 처음에 할 일은 도상조사로서 유로상황, 지역면적, 지형지물, 토지이용 상황 등을 조사하여야 한다.
② 심천측량은 하천의 수심 및 유수부분의 하저사항을 조사하고 횡단면도를 제작하는 측량을 말한다.
③ 하천측량에서 수준측량을 할 때의 거리표는 하천의 중심에 직각방향으로 설치한다.
④ 수위관측소의 위치는 지천의 합류점 및 분류점으로서 수위의 변화가 뚜렷한 곳이 적당하다.

[해설]

수위관측소의 위치는 합류점이나 분류점에서 수위의 변화가 생기지 않는 장소이어야 한다.

02 하천측량에 대한 설명으로 옳지 않은 것은?

[20년 3회]

① 수위관측소 위치는 지천의 합류점 및 분류점으로서 수위의 변화가 일어나기 쉬운 곳이 적당하다.
② 하천측량에서 수준측량을 할 때의 거리표는 하천의 중심에 직각 방향으로 설치한다.
③ 심천측량은 하천의 수심 및 유수부분의 하저 상황을 조사하고 횡단면도를 제작하는 측량을 말한다.
④ 하천측량 시 처음에 할 일은 도상 조사로서 유로 상황, 지역면적, 지형, 토지이용 상황 등을 조사하여야 한다.

[해설]

수위관측소 위치는 수위의 변화가 일어나기 쉬운 곳은 피한다.

03 수위관측소의 설치장소 선정 시 고려하여야 할 사항에 대한 설명으로 옳지 않은 것은?

① 수위가 교각이나 기타구조물에 의한 영향을 받지 않는 장소일 것
② 홍수 때는 관측소가 유실, 이동 및 파손될 염려가 없는 장소일 것
③ 잔류, 역류 및 저수가 풍부한 장소일 것
④ 하상과 하안이 안전하고 퇴적이 생기지 않는 장소일 것

[해설]

수위관측소는 잔류 및 역류가 적고 수위가 급변하지 않는 곳에 설치한다.

04 하천측량에 대한 설명으로 틀린 것은? [18년 2회]

① 제방중심선 및 종단측량은 레벨을 사용하여 직접 수준측량 방식으로 실시한다.
② 심천측량은 하천의 수심 및 유수부분의 하저상황을 조사하고 횡단면도를 제작하는 측량이다.
③ 하천의 수위경계선인 수애선은 평균수위를 기준으로 한다.
④ 수위 관측은 지천의 합류점이나 분류점 등 수위 변화가 생기지 않는 곳을 선택한다.

[해설]

하천의 수위경계선인 수애선은 평수위를 기준으로 한다.

정답 01 ④ 02 ① 03 ③ 04 ③

10 하천측량

6 부자(Float)에 의한 유속 관측 방법

구분	내용	모식도
표면 부자	① 답사나 홍수 시 급하게 유속을 관측할 때 편리한 방법 ② 나무코르크, 병 등을 이용하여 수면유속을 관측	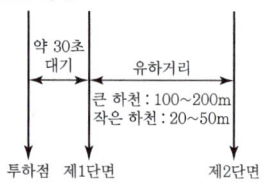

7 평균유속을 구하는 방법

구분	내용	모식도
1점법	$V_m = V_{0.6}$ 수면으로부터 수심 0.6H 되는 곳의 유속을 평균유속(V_m)	
2점법	$V_m = \dfrac{1}{2}(V_{0.2} + V_{0.8})$ 수심 0.2H, 0.8H 되는 곳의 유속을 평균유속(V_m)	
3점법	$V_m = \dfrac{1}{4}(V_{0.2} + 2V_{0.6} + V_{0.8})$ 수심 0.2H, 0.6H, 0.8H 되는 곳의 유속을 평균유속(V_m)	
4점법	$V_m = \dfrac{1}{5}\left\{(V_{0.2} + V_{0.4} + V_{0.6} + V_{0.8}) + \dfrac{1}{2}\left(V_{0.2} + \dfrac{V_{0.8}}{2}\right)\right\}$ 수심 1.0m 내외의 장소에서 적당	

➕ 부자에 의한 유속관측
① 유속관측의 유하거리는 하천폭의 2~3배 정도
② 큰 하천 : 100~200m
③ 작은 하천 : 20~50m

위어(Weir)
유량 관측을 위한 장치(장비가 아님)

➕ 유량
① $Q = A \cdot V$
② 평균유속(V)
　= 실제유속(m/s)×유속계수

음파의 속도
$V = 2\dfrac{L}{t}$(m/sec)

과년도 기출문제

01 홍수 때 급히 유속을 측정하기에 가장 알맞은 것은? [17년 4회]

① 봉부자 ② 이중부자
③ 수중부자 ④ 표면부자

[해설]
표면부자는 답사나 홍수 시 급히 유속을 관측할 때 편리한 방법(나무코르크, 병)

02 하천측량에서 유속관측에 대한 설명으로 옳지 않은 것은? [20년 3회]

① 유속계에 의한 평균유속 계산식은 1점법, 2점법, 3점법 등이 있다.
② 하천기울기(I)를 이용하여 유속을 구하는 식에는 Chezy식과 Manning식 등이 있다.
③ 유속관측을 위해 이용되는 부자는 표면부자, 2중부자, 봉부자 등이 있다.
④ 위어(Weir)는 유량관측을 위해 직접적으로 유속을 관측하는 장비이다.

[해설]
위어는 유량관측을 위해 물의 높이를 추정하여 유량을 간접적으로 계산하는 구조물이다.

03 답사나 홍수 등 급하게 유속관측을 필요로 하는 경우에 편리하여 주로 이용하는 방법은? [17년 1회]

① 이중부자
② 표면부자
③ 스크루(Screw)형 유속계
④ 프라이스(Price)식 유속계

[해설]
표면부자
• 답사, 홍수 시 급한 유속을 관측할 때 편리
• 나무 코르크, 병 등을 이용하여 수면 유속을 관측

04 수면으로부터 수심(H)의 0.2H, 0.4H, 0.6H, 0.8H 지점의 유속($V_{0.2}$, $V_{0.4}$, $V_{0.6}$, $V_{0.8}$)을 관측하여 평균유속을 구하는 공식으로 옳지 않은 것은? [16년 2회]

① $V = V_{0.6}$
② $V = \dfrac{1}{2}(V_{0.2} + V_{0.8})$
③ $V = \dfrac{1}{3}(V_{0.2} + V_{0.6} + V_{0.8})$
④ $V = \dfrac{1}{4}(V_{0.2} + 2V_{0.6} + V_{0.8})$

[해설]
평균유속을 구하는 방법
• 1점법(V_m) = $V_{0.6}$
• 2점법(V_m) = $\dfrac{V_{0.2} + V_{0.8}}{2}$
• 3점법(V_m) = $\dfrac{V_{0.2} + 2V_{0.6} + V_{0.8}}{4}$

05 수심 H인 하천의 유속측정에서 수면으로부터 깊이 0.2H, 0.4H, 0.6H, 0.8H인 지점의 유속이 각각 0.663m/s, 0.556m/s, 0.532m/s, 0.466m/s이었다면 3점법에 의한 평균유속은? [22년 1회]

① 0.543m/s ② 0.548m/s
③ 0.559m/s ④ 0.560m/s

[해설]
$$3점법(V_m) = \dfrac{V_{0.2} + 2V_{0.6} + V_{0.8}}{4}$$
$$= \dfrac{0.663 + (2 \times 0.532) + 0.466}{4}$$
$$= 0.548\text{m/s}$$

06 수심이 h인 하천의 평균 유속을 구하기 위하여 수면으로부터 0.2h, 0.6h, 0.8h가 되는 깊이에서 유속을 측량한 결과 0.8m/s, 1.5m/s, 1.0m/s이었다. 3점법에 의한 평균 유속은? [18년 3회]

① 0.9m/s ② 1.0m/s
③ 1.1m/s ④ 1.2m/s

[해설]
3점법 평균 유속
$$= \dfrac{V_{0.2} + (2 \times V_{0.6}) + V_{0.8}}{4} = \dfrac{0.8 + (2 \times 1.5) + 1.0}{4} = 1.2\text{m/s}$$

정답 01 ④ 02 ④ 03 ② 04 ③ 05 ② 06 ④

11 GNSS(위성측위 시스템)

1 GPS(GNSS)

GPS	모식도
① GPS(Global Positioning System) ② GNSS 위성을 통해 기상이나 시간의 제약 없이 3차원 위치정보를 취득	

위치 결정 원리
- 코드방식(P, C/A)
- 반송파 관측방식(L_1, L_2, L_5)

GNSS(위성측위 시스템)
- GPS
- GLONASS
- Galileo
- Compass
- QZSS

2 GPS(GNSS)의 구성

우주부문	제어부문	사용자부문
① 24개의 위성과 3개 보조위성으로 구성(12시간 주기) ② 3차원 후방교회법 ③ 사용좌표계는 WGS84 ④ 궤도는 원궤도 ⑤ 높이 20,180km	① 위성의 신호상태를 점검 ② 궤도위치에 대한 정보를 모니터링 ③ GPS 시간 결정 ④ 항법메시지 갱신	① 위성에서 전송되는 신호 정보를 이용 수신기의 정확한 위치와 속도를 결정하고 활용 ② GPS 수신기와 사용자로 구성

GPS(GNSS) 특징
- 고정밀도 측량 가능
- 장거리 측량 이용
- 관측점 간 시통 불필요
- 날씨에 영향을 안받음
- 야간관측 가능
- 지구질량 중심을 원점(WGS84 좌표계)
- 3차원 공간계측 가능
- 해안지역의 장대교량공사 중 교각의 정밀 위치 시공에 가장 유리

3 WGS 84 좌표계

설명	WGS 84 좌표계
지구질량 중심을 원점으로 하는 3차원 직교 좌표계	

과년도 기출문제

토목 / 기사 / 필기

01 다음 중 위성 측위 시스템(GNSS)이 아닌 것은?

① GPS ② GLONASS
③ EDM ④ Galileo

[해설]

EMD은 전자파를 이용한 거리측정기구

02 범세계 위치 결정체계(GPS)의 체계구성에 해당하지 않는 것은?

① 사용자부문 ② 우주부문
③ 제어부문 ④ 신호부문

[해설]

GPS 구성은 우주부문, 제어부문, 사용자부문으로 이루어진다.

03 GNSS 위성측량시스템으로 틀린 것은? [16년 2회]

① GPS ② GSIS
③ QZSS ④ GALILEO

[해설]

GNSS(위성측위 시스템) 종류
- GPS
- GLONASS
- GALILEO
- COMPASS
- QZSS

04 GPS 측량에서 이용하지 않는 위성신호는?

[15년 2회]

① L_1 반송파 ② L_2 반송파
③ L_4 반송파 ④ L_5 반송파

[해설]

GPS 위성신호

PRN 코드	P-코드(10.23MHz)	C/A-코드(1.023MHz)
	M-코드(10.23MHz)	
반송파	L_1(1,575.42MHz)	L_1C(1,575.42MHz)
	L_2(1,227.60MHz)	L_2C(1,227.60MHz)
	L_5(1,176.45MHz)	

05 GNSS 측량에 대한 설명으로 옳지 않은 것은?

[16년 4회]

① 3차원 공간 계측이 가능하다.
② 기상의 영향을 거의 받지 않으며 야간에도 측량이 가능하다.
③ Bessel 타원체를 기준으로 경위도 좌표를 수집하기 때문에 좌표정밀도가 높다.
④ 기선 결정의 경우 두 측점 간의 시통에 관계가 없다.

[해설]

GNSS 측량의 기준이 되는 좌표계는 세계 측지 기준계이다(GPS는 WGS 84 좌표계).

06 측점 간의 시통이 불필요하고 24시간 상시 높은 정밀도로 3차원 위치측정이 가능하며, 실시간 측정이 가능하여 항법용으로도 활용되는 측량방법은?

[22년 2회]

① NNSS 측량 ② GNSS 측량
③ VLBI 측량 ④ 토털스테이션 측량

[해설]

GPS(GNSS) 특징
- 고정밀도 측량 가능
- 장거리 측량 이용
- 관측점 간 시통 불필요
- 날씨에 영향을 안 받음
- 야간관측 가능
- 지구질량 중심을 원점(WGS 84 좌표계)
- 3차원 공간계측 가능
- 해안지역의 장대교량공사 중 교각의 정밀 위치 시공에 가장 유리

정답 01 ③ 02 ④ 03 ② 04 ③ 05 ③ 06 ②

과년도 기출문제

07 GPS 구성 부문 중 위성의 신호 상태를 점검하고, 궤도 위치에 대한 정보를 모니터링하는 임무를 수행하는 부문은? [16년 2회]

① 우주부문　　② 제어부문
③ 사용자부문　④ 개발부문

[해설]

제어부문
- 위성에서 송신되는 신호의 품질점검
- 위성궤도의 추적
- 위성에 탑재된 기기의 동작상태 점검 및 각종 제어 작업 수행

08 GPS 위성측량에 대한 설명으로 옳은 것은? [15년 1회]

① GPS를 이용하여 취득한 높이는 지반고이다.
② GPS에서 사용하고 있는 기준타원체는 GRS80 타원체이다.
③ 대기 내 수증기는 GPS 위성 신호를 지연시킨다.
④ VRS 측량에서는 망조정이 필요하다.

[해설]

① GPS를 이용하여 취득한 높이는 타원체고이다.
② GPS에서 사용하는 기준 타원체는 WGS-84이다.
③ VRS(가상기준점 방식) 측량은 현장 캘리브레이션이 필요 없다.

09 GPS 위성측량에 대한 설명으로 옳은 것은? [20년 4회]

① GPS를 이용하여 취득한 높이는 지반고이다.
② GPS에서 사용하고 있는 기준타원체는 GRS80 타원체이다.
③ 대기 내 수증기는 GPS 위성신호를 지연시킨다.
④ GPS 측량은 별도의 후처리 없이 관측값을 직접 사용할 수 있다.

[해설]

① GPS를 이용하여 취득한 높이는 타원체고이다.
② GPS의 기준타원체는 WGS-84 타원체이다.
④ GPS 측량은 후처리 후 관측값을 사용한다.

10 완화곡선 중 클로소이드에 대한 설명으로 틀린 것은? [16년 4회]

① 클로소이드는 나선의 일종이다.
② 매개변수를 바꾸면 다른 무수한 클로소이드를 만들 수 있다.
③ 모든 클로소이드는 닮은꼴이다.
④ 클로소이드 요소는 모두 길이의 단위를 갖는다.

[해설]

클로소이드 곡선의 성질
- 클로소이드 요소는 길이의 단위를 가진 것과 단위가 없는 것 등이 있다.
- 클로소이드는 나선의 일종이다.
- 모든 클로소이드는 닮은꼴이다.
- 길이의 단위가 있는 것도 있고 없는 것도 있다.
- 도로에 주로 이용되며 접선각(τ)은 30°가 적당하다.
- 매개변수(A)가 클수록 반경과 길이가 증가되므로 곡선은 완만해진다(매개변수를 바꾸면 다른 클로소이드를 만들 수 있다).
- 클로소이드 곡률은 곡선장에 비례한다.

11 클로소이드 곡선에 대한 설명으로 틀린 것은? [15년 1회]

① 곡률이 곡선의 길이에 반비례하는 곡선이다.
② 단위클로소이드란 매개변수 A가 1인 클로소이드이다.
③ 모든 클로소이드는 닮은꼴이다.
④ 클로소이드에서 매개변수 A가 정해지면 클로소이드의 크기가 정해진다.

정답 07 ② 08 ③ 09 ③ 10 ④ 11 ①

과년도 기출문제

[해설]

클로소이드 곡선

정의	성질
곡률이 곡선 장에 비례하는 곡선	• 클로소이드는 나선의 일종임 • 모든 클로소이드는 닮은꼴임 • 단위가 있는 것도 있고 없는 것도 있음 • 도로에 주로 이용, 접선각(τ)은 30°가 적당함 • $A^2 = R \cdot L$

12 하천측량에서 평면측량의 일반적인 측량 범위로 가장 적합한 것은?

① 유제부에서 제외지를 제외한 제내지 300m 이내, 무제부에서는 홍수가 영향을 주는 구역보다 약간 좁게 한다.
② 유제부에서 제외지 및 제내지 300m 이내, 무제부에서는 홍수가 영향을 주는 구역보다 약간 넓게 한다.
③ 유제부에서 제외지를 제외한 제내지 20m 이내, 무제부에서는 홍수가 영향을 주는 구역보다 약간 좁게 한다.
④ 유제부에서 제외지 및 제내지 20m 이내, 무제부에서는 홍수가 영향을 주는 구역보다 약간 넓게 한다.

[해설]
• 유제부 : 제외지 전부와 제내지 300m 정도
• 무제부 : 홍수 시 영향이 있는 구역보다 약간 넓게(약100m 정도)

13 양수표의 설치장소로 적합하지 않은 곳은?

① 상·하류 최소 300m 정도가 곡선인 장소
② 교각이나 구조물에 의한 수위변동이 없는 장소
③ 홍수 시 유실 또는 이동이 없는 장소
④ 지천의 합류점에서 상당히 상류에 위치한 장소

[해설]
양수표 설치장소는 상하류 약 100m 정도의 직선인 장소

14 하천에서 수애선 결정에 관계되는 수위는? [17년 2회]

① 갈수위(DWL)
② 최저수위(HWL)
③ 평균최저수위(NLWL)
④ 평수위(OWL)

[해설]

평수위(OWL)
• 하천에서 수애선 결정에 관계되는 수위
• 어떤 기간 동안 관측한 수위 가운데 1/2은 그 수위보다 높고, 다른 1/2은 낮은 수위

15 수애선의 기준이 되는 수위는? [19년 3회]

① 평수위
② 평균수위
③ 최고수위
④ 최저수위

[해설]

1년을 통해 185일은 저하되지 않는 수위를 하며 수애선의 기준이 되는 수위는 평수위이다.

16 하천의 유속측정결과, 수면으로부터 깊이의 2/10, 4/10, 6/10, 8/10 되는 곳의 유속(m/s)이 각각 0.662, 0.552, 0.442, 0.332이었다면 3점법에 의한 평균유속은? [17년 1회]

① 0.4603m/s
② 0.4695m/s
③ 0.5245m/s
④ 0.5337m/s

[해설]

3점법
$$V_m = \frac{1}{4}(V_{0.2} + 2V_{0.6} + V_{0.8})$$
$$= \frac{1}{4}\{0.662 + (2 \times 0.442) + 0.332\}$$
$$= 0.4695 \text{m/s}$$

정답 12 ② 13 ① 14 ④ 15 ① 16 ②

11 GNSS(위성측위 시스템)

4 GPS(GNSS) 측위개념

모식도	측위개념
(위성(기지점), 전파, 위치계산정보 방송(위성의 X, Y, Z, T, 궤도정보 등), GPS 수신기(미지점))	GPS 수신기는 4개의 위성신호를 수신하면 4차방정식을 자동 생성하여 미지점에 대한 X, Y, Z, T값을 결정한다(후방교회법).

5 GPS(GNSS)의 고도

모식도	높이의 기준	
(GPS, 지형, 지오이드, 타원체, 해양, H, h, N)	수준측량	① 인천만 평균해수면(지오이드) ② H(정표고)
	GPS	① 타원체를 기준 ② h(타원체고)

정표고(H) = 타원체고(h) − 지오이드고(N)

6 단독위치 결정

모식도	측위 개념
(GPS위성 A, B, C, D, 측위점)	① GPS 수신기 1대로 위치 측정 ② 정밀도는 매우 떨어짐

7 후처리 상대위치결정(정지측량, 정적관측)

모식도	측위 개념
(기지점, 최초기선, 미지점, 기지점, 미지점)	① 정확도가 가장 높아 측지측량에 주로 이용 ② 2대 이상의 고성능 수신기를 이용 ③ Static 측량

+ GNSS 위성을 이용한 측위계산에서 3차원 위치를 구하기 위한 최소 위성의 수는 4개이다.

+ RINEX
GNSS 데이터의 교환 등에 필요한 공통적인 형식으로 원시데이터에서 측량에 필요한 데이터를 추출하여 보기 쉽게 표현한 것

+ VRS(가상 기지국)

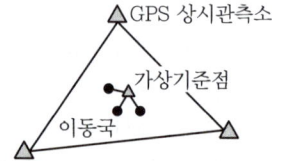

- Network RTK GPS측량
- 3점 이상의 상시관측소에서 관측되는 위치 오차량을 보간
- 보정데이터를 이동국 GPS로 송신하여 관측값을 보정
- 1대의 수신기만으로 고정밀 RTK 측량을 수행
- 망 조정이 필요 없음

과년도 기출문제

01 GNSS 상대측위 방법에 대한 설명으로 옳은 것은? [22년 1회]

① 수신기 1대만을 사용하여 측위를 실시한다.
② 위성의 수신기 간의 거리는 전파의 파장 개수를 이용하여 계산할 수 있다.
③ 위상차의 계산은 단순차, 2중차, 3중차와 같은 차분기법으로는 해결하기 어렵다.
④ 전파의 위상차를 관측하는 방식이나 절대측위 방법보다 정확도가 떨어진다.

[해설]
① 수신기 1대만을 사용하는 방법은 절대관측(단독측위) 방법이다.
③ 위상차의 계산은 단순차, 2중차, 3중차와 같은 차분기법으로 해결할 수 있다.
④ 상대측위 방법은 절대측위 방법보다 정확도가 높다.

02 GNSS 측량에 대한 설명으로 틀린 것은? [17년 4회]

① 다양한 항법위성을 이용한 3차원 측위방법으로 GPS, GLONASS, Galileo 등이 있다.
② VRS 측위는 수신기 1대를 이용한 절대측위방법이다.
③ 지구질량중심을 원점으로 하는 3차원 직교좌표체계를 사용한다.
④ 정지측량, 신속정지측량, 이동측량 등으로 측위방법을 구분할 수 있다.

[해설]
VRS(가상 기지국) 측위는 수신기 1대를 이용한 이동측위(RTK) 방법이다.

03 GNSS 관측성과로 틀린 것은? [18년 1회]

① 지오이드 모델
② 경도와 위도
③ 지구중심좌표
④ 타원체고

[해설]
지오이드 모델은 중력측량을 통해 얻어진다.

04 GPS 측량으로 측점의 표고를 구하였더니 89.123m였다. 이 지점의 지오이드 높이가 40.150m라면 실제 표고(정표고)는?

① 129.273m
② 48.973m
③ 69.048m
④ 89.123m

[해설]
실제표고(정표고) = 타원체고 − 지오이드고
= 89.123 − 40.150 = 48.973m

05 GPS시스템에서 획득될 수 없는 정보는?

① 정확한 위치
② 정확한 시간
③ 정확한 수신기의 무게
④ 정확한 기선의 길이

[해설]
수신기의 무게와 GPS 취득 정보와는 무관

06 GNSS 데이터의 교환 등에 필요한 공통적인 형식으로 원시데이터에서 측량에 필요한 데이터를 추출하여 보기 쉽게 표현한 것은? [20년 4회]

① Bernese
② RINEX
③ Ambiguity
④ Binary

[해설]
RINEX
GNSS 데이터의 교환 등에 필요한 공통적인 형식으로 원시데이터에서 측량에 필요한 데이터를 추출하여 보기 쉽게 표현한 것

정답 01 ② 02 ② 03 ① 04 ② 05 ③ 06 ②

11 GNSS(위성측위 시스템)

⑧ GPS(GNSS) 오차(구조적 오차)

위성에서 발생하는 오차	위성궤도오차	위성의 항행메시지에 의한 예상 궤도와 실제궤도의 불일치가 원인
	위성시계오차	위성에 장착된 정밀한 원자시계의 미세한 오차
대기권 전파지연 오차	전리층 오차	대기권의 영향은 대기권을 통과할 때 수증기 굴절이 발생하기 때문에 GPS위성 신호를 지연시킴(전리층 지연오차를 제거하기 위해서 다중주파수를 채택)
	대류권 오차	
수신기 오차	다중경로오차 (Multipath)	수신기 주변의 건물 등의 지형지물로 인해 위성으로부터 온 신호가 굴절, 반사되어 발생
	사이클 슬립 (Cycle slip)	수신기에서 위성의 신호를 받다가 순간적으로 신호가 끊어져 발생하는 오차

전리층 대류권의 굴절

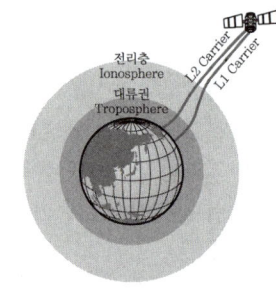

Multipath(다중경로오차)

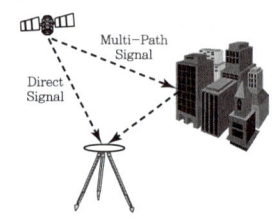

⑨ 위성의 기하학적 배치에 따른 오차(DOP)

DOP의 특징	① DOP는 위성의 기하학적 분포에 따른 오차이다. ② 일반적으로 위성들 간의 공간이 더 크면 위치 정밀도가 높아진다. ③ DOP를 이용하여 실제 측량 전에 위성측량의 정확도를 예측할 수 있다. ④ DOP 값이 클수록 정확도가 좋지 않은 상태이다. ⑤ RDOP(상대정밀도 저하율)은 상대측위와 관련이 없다.
DOP의 종류	① PDOP(Position DOP) : 3차원 위치결정의 정밀도 ② HDOP(Horizontal DOP) : 수평방향의 정밀도 ③ VDOP(Vertical DOP) : 높이의 정밀도 ④ TDOP(Time DOP) : 시간의 정밀도 ⑤ GDOP(Geometrical DOP) : 기하학적 정밀도 ⑥ RDOP(Relative DOP) : 상대정밀도 저하율

사이클 슬립(주파단절) 원인
- 낮은 위성의 고도각
- 낮은 신호강도
- 높은 신호잡음
- 상공시계 불량

DOP
- Dilution Of Precision
- 정밀도 저하율
- DOP의 수치는 낮을수록 위성의 기하학적 배치가 좋은 것을 의미

DOP 정밀도
DOP×단위 관측정확도

⑩ 고의적 오차

AS	군사목적의 P-코드를 적의 교란으로부터 방지하기 위해 암호화
SA	① 미국방성이 정책적 판단에 의해 고의로 오차를 증가 ② 2000년 5월 1일부로 해제(더 이상 영향을 미치지 않는다.)

AS
Anti Spoofing

SA
Selective Availability

과년도 기출문제

01 GNSS가 다중주파수(Multi Frequency)를 채택하고 있는 가장 큰 이유는? [19년 2회]

① 데이터 취득 속도의 향상을 위해
② 대류권 지연 효과를 제거하기 위해
③ 다중경로오차를 제거하기 위해
④ 전리층 지연 효과를 제거하기 위해

[해설]

전리층을 통과할 때 굴절이 발생하기 때문에 전리층 지연 효과가 발생하고 다중주파수를 이용하여 제거가 가능하다.

02 L_1과 L_2의 두 개 주파수 수신이 가능한 2주파 GNSS수신기에 의하여 제거가 가능한 오차는? [22년 1회]

① 위성의 기하학적 위치에 따른 오차
② 다중경로오차
③ 수신기 오차
④ 전리층오차

[해설]

GNSS측량에서는 L_1, L_2파의 선형 조합을 통해 전리층 지연 오차 등을 산정하여 보정할 수 있다.

03 GNSS가 다중주파수(Multi-Frequency)를 채택하고 있는 가장 큰 이유는? [22년 2회]

① 데이터 취득 속도의 향상을 위해
② 대류권지연 효과를 제거하기 위해
③ 다중경로오차를 제거하기 위해
④ 전리층지연 효과의 제거를 위해

[해설]

전리층 지연 오차를 제거하기 위해서 다중 주파수(L_1, L_2)를 채택하고 있다.

04 GNSS 측량에 대한 설명으로 옳지 않은 것은? [21년 4회]

① 상대측위기법을 이용하면 절대측위보다 높은 측위정확도의 확보가 가능하다.
② GNSS 측량을 위해서는 최소 4개의 가시위성 (Visible Satellite)이 필요하다.
③ GNSS 측량을 통해 수신기의 좌표뿐만 아니라 시계오차도 계산할 수 있다.
④ 위성의 고도각(Elevation Angle)이 낮은 경우 상대적으로 높은 측위정확도의 확보가 가능하다.

[해설]

사이클 슬립의 주요 원인(측위 정확도가 떨어짐)
• 위성의 낮은 고도각 때문에 발생
• 낮은 신호강도 때문에 발생
• 높은 신호잡음 때문에 발생
• 상공 시계의 불량으로 인해 발생

05 위성측량의 DOP(Dilution of Precision)에 관한 설명으로 옳지 않은 것은? [20년 1회]

① DOP는 위성의 기하학적 분포에 따른 오차이다.
② 일반적으로 위성들 간의 공간이 더 크면 위치정밀도가 낮아진다.
③ DOP를 이용하여 실제 측량 전에 위성측량의 정확도를 예측할 수 있다.
④ DOP 값이 클수록 정확도가 좋지 않은 상태이다.

[해설]

위성들 간의 공간이 더 크면 위치정밀도가 높아진다.

정답 01 ④ 02 ④ 03 ④ 04 ④ 05 ②

과년도 기출문제

06 위성측량의 DOP(Dilution of Precision)에 관한 설명 중 옳지 않은 것은? [19년 1회]

① 기하학적 DOP(GDOP), 3차원위치 DOP(PDOP), 수직위치 DOP(VDOP), 평면위치 DOP(HDOP), 시간 DOP(TDOP) 등이 있다.
② DOP는 측량할 때 수신 가능한 위성의 궤도정보를 항법메시지에서 받아 계산할 수 있다.
③ 위성측량에서 DOP가 작으면 클 때보다 위성의 배치상태가 좋은 것이다.
④ 3차원위치 DOP(PDOP)는 평면 DOP(HDOP)와 수직 위치 DOP(VDOP)의 합으로 나타난다.

[해설]

DOP
- Dilution of Precision
- 정밀도 저하율
- DOP의 수치는 낮을수록 위성의 기하학적 배치가 좋은 것을 의미
- 위성의 기하학적 배치에 따른 오차(DOP)

PDOP(Position DOP)	3차원위치결정의 정밀도 저하율
HDOP(Horizontal DOP)	수평방향의 정밀도 저하율
VDOP(Vertical DOP)	높이의 정밀도 저하율
TDOP(Time DOP)	시간의 정밀도 저하율
GDOP(Geometrical DOP)	기하학적 정밀도 저하율
RDOP(Relative DOP)	상대정밀도 저하율

07 최근 GNSS 측량의 의사거리 결정에 영향을 주는 오차와 거리가 먼 것은? [21년 2회]

① 위성의 궤도오차
② 위성의 시계오차
③ 위성의 기하학적 위치에 따른 오차
④ SA(Selective Availability) 오차

[해설]

SA 오차는 2000년 5월 해제되었다.

정답 06 ④ 07 ④

수리수문학

ENGINEER CIVIL ENGINEERING

01 유체의 물리적 성질
02 정수역학
03 동수역학
04 오리피스와 위어
05 관수로
06 개수로
07 지하수와 수리학적 상사성
08 수문학

01 유체의 물리적 성질

1 중량과 질량

구분	기호	식	내용
중량, 무게 (Weight)	W	$W = mg$	① 물체에 작용하는 중력의 크기 ② 중력가속도의 영향을 받음 ③ 단위는 gf, kgf, kg 중
질량 (Mass)	m	$m = \dfrac{W}{g}$	① 변하지 않는 물체의 고유무게 ② 단위는 g, kg
중력가속도	g	① 9.8m/s^2 ② 980cm/s^2	지구와 물체 사이의 만유인력에 의한 가속도

2 밀도와 단위중량

구분	내용	단위	내용
밀도 (ρ)	비질량 (단위 체적당 질량)	g/cm³ kg/m³	$\rho = \dfrac{m(\text{질량})}{V(\text{부피})} = \dfrac{w(\text{단위중량})}{g(9.8\text{m/s}^2)}$
단위 중량 (w)	비중량 (단위 체적당 중량)	gf/cm³ kgf/m³	$w = \dfrac{W(\text{중량})}{V(\text{부피})} = \dfrac{mg}{V} = \rho g$
	1기압에서 물(담수)의 단위중량		$1\text{t/m}^3 = 1{,}000\text{kg/m}^3 = 1\text{g/cm}^3$ $= 9.81\text{kN/m}^3 = 9{,}810\text{N/m}^3$

3 비중

구분	기호	단위	내용
비중	G_s	무차원	$G = \dfrac{W_s}{W_w} = \dfrac{w_s}{w_w} = \dfrac{\rho_s}{\rho_w}$ • W_s : (물체)중량 • w_s : (물체)단위중량 • ρ_s : (물체)밀도 • W_w : (물)중량 • w_w : (물)단위중량 • ρ_w : (물)밀도
4℃에서 물의 무게와 동일한 체적의 물체 무게와의 비			

중량(무게)

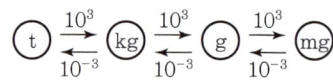

체적(부피)

$\text{m}^3 \underset{10^{-3}}{\overset{10^3}{\rightleftarrows}} l \underset{10^{-3}}{\overset{10^3}{\rightleftarrows}} \text{cm}^3$ (ml, cc)

압력

$10\text{t/m}^2 = 1\text{kg/cm}^2 = 0.1\text{MPa}$

dyne, N

- $1\text{ dyne} = \dfrac{1}{980}\text{gf}$
- $1\text{ kgf} = 9.8\text{N}$

단위중량

- 단위중량에서 kg은 질량의 단위가 아니고 무게를 의미하는 힘(Force)의 단위(kg 중)
- 해수단위중량 : 1.025t/m^3

비중이 2

물보다 2배 무거움(수은의 비중은 13.6)

비중(G) = w_s ($w_w = 1\text{t/m}^3$)

만약 $w_w = 9.8\text{kN/m}^3$이면
비중(G) = $w_s \times 9.8$

과년도 기출문제

토목 / 기사 / 필기

01 부피 50m³인 해수의 무게(W)와 밀도(ρ)를 구한 값으로 옳은 것은?(단, 해수의 단위중량은 1.025 t/m³) [19년 2회]

① W=5t, ρ=0.1046kg·sec²/m⁴
② W=5t, ρ=104.6kg·sec²/m⁴
③ W=5.125t, ρ=104.6kg·sec²/m⁴
④ W=51.25t, ρ=104.6kg·sec²/m⁴

[해설]

• $w = \dfrac{W}{V}$, $1.025 = \dfrac{W}{50}$ ∴ $W = 51.25$t

• $\rho = \dfrac{w}{g} = \dfrac{1.025 \times 1,000}{9.8} = 104.6$kg·sec²/m⁴

02 물에 대한 성질을 설명한 것으로 옳지 않은 것은?

① 점성계수는 수온이 높을수록 작아진다.
② 동점성 계수는 수온에 따라 변하며 온도가 낮을수록 그 값은 크다.
③ 물은 일정한 체적을 갖고 있으나 온도와 압력의 변화에 따라 어느 정도 팽창 또는 수축을 한다.
④ 물의 단위중량은 0℃에서 최대이고 밀도는 4℃에서 최대이다.

[해설]

물의 단위중량과 밀도는 4℃에서 최댓값을 갖는다.

03 용적이 4m³인 유체의 중량이 42kN이면 유체의 밀도(ρ)와 비중(s)은?

　　　　　ρ　　　　s
① 1,070N·s²/m⁴, 1.05
② 1,700N·s²/m⁴, 1.50
③ 1,000N·s²/m⁴, 1.00
④ 1,000N·s²/m⁴, 1.05

[해설]

• 밀도 $\rho = \dfrac{w}{g} = \dfrac{42/4}{9.8} = 1.07$kN·s²/m⁴
　　　　　　　= 1,070N·s²/m⁴

• 비중 $G = \dfrac{w_s}{w_w} = \dfrac{42/4}{10} = 1.05$

04 부피가 4.6m³인 유체의 중량이 51.548kN일 때 이 유체의 비중은? [16년 1회]

① 1.14   ② 5.26
③ 11.40   ④ 1,143.48

[해설]

• $W = \dfrac{51.548}{9.8} = 5.26$t

• $w = \dfrac{W}{V} = \dfrac{5.26}{4.6} = 1.14$t/m³

• 비중(G) = $\dfrac{w}{w_w} = \dfrac{1.14}{1} = 1.14$

05 일반적인 물의 성질로 틀린 것은? [22년 1회]

① 물의 비중은 기름의 비중보다 크다.
② 물은 일반적으로 완전유체로 취급한다.
③ 해수(海水)도 담수(淡水)와 같은 단위중량으로 취급한다.
④ 물의 밀도는 보통 1g/cc=1,000kg/m³=1t/m³를 쓴다.

[해설]

• 해수의 단위 중량 : 1.025t/m³
• 담수의 단위 중량 : 1.0t/m³

06 압력 150kN/m²를 수은기둥으로 계산한 높이는?(단, 수은의 비중은 13.57, 물의 단위중량은 9.81kN/m³이다.) [21년 3회]

① 0.905m   ② 1.13m
③ 15m   ④ 203.5m

[해설]

• 비중 = $\dfrac{w_{수은}}{w_w}$, $13.57 = \dfrac{w_{수은}}{9.81}$

∴ $w_{수은} = 133.12$kN/m³

• $\rho = w_{수은} \cdot h$

$h = \dfrac{\rho}{w_{수은}} = \dfrac{150\text{kN/m}^2}{133.12\text{kN/m}^3} = 1.13$m

정답 01 ④ 02 ④ 03 ① 04 ① 05 ③ 06 ②

01 유체의 물리적 성질

❹ 유체의 분류

이상유체 (완전유체)	비압축성	밀도 일정(체적변화 없음)
	비점성	점성을 고려하지 않음(점성=0)
실제유체 (점성유체)	압축성	밀도 변화(체적변화 생김)
	점성	점성 고려, 전단응력 발생

➕ 물의 압축성은 대단히 작으므로 물을 비압축성유체(이상유체)로 가정하여 해석

뉴턴유체
- 전단응력과 속도구배(변형률, $\frac{dv}{dy}$)가 정비례 관계를 갖는 유체(원점을 지나는 직선)
- 뉴턴유체는 물, 공기가 대표적

❺ Newton의 마찰법칙(점성법칙)

구분	식	내용
전단응력 (마찰력)	$\tau = \mu \tan\theta$ $= \mu \dfrac{dv}{dy}$	τ : 전단응력(마찰력) μ : 비례상수(점성계수) $\dfrac{dv}{dy}$: 전단속도, 속도 변화율, 경사(기울기)
	전단응력(τ)과 전단속도($\dfrac{dv}{dy}$)의 관계는 원점을 지나는 직선	
$\dfrac{dv}{dy}$	① 속도 변화율(전단속도) ② 경사, 구배, 기울기	

➕ 점성계수(μ)는 온도에 따라 변화가 심함 (온도가 상승하면 점성계수는 작아짐)

뉴턴 점성식에 영향을 주는 요소
- 점성계수
- 속도변화율

❻ 점성계수

구분	기호	특수단위
(정)점성계수	μ(mu)	$\mu = 1\text{poise} = \text{g/cm} \cdot \sec$
동점성계수	ν(nu)	$\nu = 1\text{stokes} = \dfrac{\mu(\text{g/cm} \cdot \sec)}{\rho(\text{g/cm}^3)} = \text{cm}^2/\sec$
유동계수		점성계수의 역수($\dfrac{1}{\mu}$)

➕
- 점성은 수온에 반비례
- 동점성 계수(ν)는 점성 계수를 밀도로 나눈 값
- 동점성 계수(ν)는 점성 계수(μ)와 비례
- 속도(V)의 단위는 cm/sec
- 푸아즈(Poise)
  스토크(Stoke)
- Poise = Pa · s
  $= \dfrac{\text{N}}{\text{m}^2} \cdot \text{s} = \text{N} \cdot \text{s/m}^2$

개념이해

01 동점성계수와 비중이 각각 0.0019m²/s와 1.2인 액체의 점성계수 μ는?(단, 물의 밀도는 1,000 kg/m³) [21년 3회]

① $1.9\text{kg}_f \cdot \text{s/m}^2$
② $0.19\text{kg}_f \cdot \text{s/m}^2$
③ $0.23\text{kg}_f \cdot \text{s/m}^2$
④ $2.3\text{kg}_f \cdot \text{s/m}^2$

○ $\nu = \dfrac{\mu}{\rho}$
$\mu = \nu \cdot \rho = 0.0019 \times 122.449$
$\quad = 0.23\text{kg}_f \cdot \text{s/m}^2$

비중 $= \dfrac{w_s}{w_w}$, $w_s = 1.2 \times 1,000 = 1,200\text{kg/m}^3$

$\rho = \dfrac{w}{g} = \dfrac{1,200}{9.8} = 122.449$

답 ③

과년도 기출문제

01 비압축성 이상유체에 대한 아래 내용 중 ( ) 안에 들어갈 알맞은 말은? [21년 2회]

> 비압축성 이상유체는 압력 및 온도에 따른 ( )의 변화가 미소하여 이를 무시할 수 있다.

① 밀도 ② 비중
③ 속도 ④ 점성

[해설]

유체

이상유체 (완전유체)	비압축성	밀도 일정(체적변화 없음)
	비점성	점성을 고려하지 않음
실제유체 (점성유체)	압축성	밀도 변화(체적변화 생김)
	점성	점성 고려, 전단응력 발생

02 두 개의 수평한 판이 5mm 간격으로 놓여 있고, 점성계수 $0.01\text{N} \cdot \text{s/cm}^2$인 유체로 채워져 있다. 하나의 판을 고정시키고 다른 하나의 판을 2m/s로 움직일 때 유체 내에서 발생되는 전단응력은? [20년 4회]

① 1N/cm^2 ② 2N/cm^2
③ 3N/cm^2 ④ 4N/cm^2

[해설]

$\tau = \mu \cdot \dfrac{d_v}{d_y} = 0.01\left(\dfrac{200}{0.5}\right) = 4\text{N/cm}^2$

03 유속분포의 방정식이 $v = 2y^{1/2}$로 표시될 때 경계면에서 0.5m인 점에서의 속도경사는?(단, y : 경계면으로부터의 거리) [15년 4회]

① 4.232sec^{-1} ② 3.564sec^{-1}
③ 2.831sec^{-1} ④ 1.414sec^{-1}

[해설]

속도경사
$\dfrac{dV}{dy} = (2y^{1/2})' = 2 \times \dfrac{1}{2} y^{-1/2} = 0.5^{-1/2} = 1.414\text{sec}^{-1}$

04 속도분포를 $V = 4y^{\frac{2}{3}}$으로 나타낼 수 있을 때 바닥면에서 0.5m 떨어진 높이에서의 속도경사(Velocity Gradient)는?(단, v : m/sec, y : m) [22년 2회]

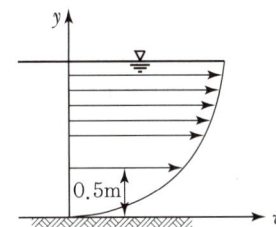

① 2.67sec^{-1} ② 3.36sec^{-1}
③ 2.67sec^{-2} ④ 3.36sec^{-2}

[해설]

$V = 4y^{\frac{2}{3}}$

$\dfrac{dv}{dy} = \left(4 \times \dfrac{2}{3}\right)y^{\frac{1}{3}}$

$= \left(4 \times \dfrac{2}{3}\right) \times 0.5^{\frac{1}{3}} = 3.36\text{sec}^{-1}$

※ $\dfrac{\text{m/s}}{\text{m}} = \dfrac{1}{\text{s}}(\text{s}^{-1})$

05 물의 점성계수를 μ, 동점성계수를 ν, 밀도를 ρ라 할 때 관계식으로 옳은 것은? [18년 2회]

① $\nu = \rho\mu$ ② $\nu = \dfrac{\rho}{\mu}$
③ $\nu = \dfrac{\mu}{\rho}$ ④ $\nu = \dfrac{1}{\rho\mu}$

[해설]

$\nu = \dfrac{\mu}{\rho}$, $\rho = \dfrac{w}{g}$

정답 01 ① 02 ④ 03 ④ 04 ② 05 ③

01 유체의 물리적 성질

7 표면장력

구분	내용
응집력	같은 분자 사이에 끌어당기는 힘
부착력	다른 분자 사이에 작용하는 힘
표면장력 (T)	① 응집력에 의해 액체와 기체의 경계면에 작용하는 분자인력의 힘 ② 표면적을 최소로 하려는 힘 ③ 물 위에 바늘이 가라앉지 않고 뜨는 이유

+ • 온도가 증가하면 표면장력은 감소
  • 표면장력은 길이에 작용하는 힘
    (g/cm, dyne/cm)

8 모세관 현상(Capillary Phenomenon)

구분	도식화	모관상승고(h)
유리관		부착력=응집력(W) $\pi d \times T\cos\theta = w \times V(A \times h)$
		$h = \dfrac{4T\cos\theta}{wd}$
2개의 연직평판		부착력=응집력(W) $2b \times T\cos\theta = w \times V(bd \times h)$
		$h = \dfrac{2T\cos\theta}{wd}$

① T : 표면장력 ② θ : 접촉각 ③ w : 물의 단위중량 ④ d : 관 직경
(액체와 고체 벽면이 이루는 접촉각(θ)은 액체의 비중에 따라 다르다)

+ 모세관 현상
  ① 모세관 현상은 부착력과 표면장력에 의해 액체가 가는 관을 따라 상승 또는 하강하는 현상이다.
  ② 표면장력에 의한 상방향의 힘과 중력에 의한 하방향의 힘이 평형을 이루어 정지상태를 유지한다.

부착력 > 응집력
관 내 상승(물)

부착력 < 응집력
관 내 하강(수은)

• 유리관을 통해서 올라간 높이는 평판을 통해서 올라간 높이의 2배
  ($h_\text{유} = 2h_2$)

• 모세관 상승고(h)는 관 직경의 (−)1승에 비례($h \propto d-1$)

+ Δp : 물방울 내외부의 압력강도

9 물방울에 작용하는 표면장력(T)

도식화	물방울에 작용하는 표면장력(T)
	$\Sigma F_y = 0$에서 $A \times \Delta p = \pi \times d \times T$에서 표면장력 T $T = \dfrac{\Delta p \, d}{4}$ (g/cm)

과년도 기출문제

01 모세관 현상에 관한 설명 중 옳은 것은?

① 모세관 내의 액체의 상승 높이는 모세관 주위의 중력과 표면장력 등에 관계된다.
② 모세관 내의 액체의 상승 높이는 모세관 지름의 제곱에 반비례한다.
③ 모세관 내의 액체의 상승 높이는 모세관의 크기에만 관계된다.
④ 모세관의 높이는 어느 액체를 막론하고 주위의 액체면보다 높게 상승한다.

[해설]
모세관 현상은 액체와 기체 사이의 부착력과 액체 사이의 응집력, 그리고 모세관 주위의 중력과 표면장력에 의해 액체의 표면을 따라 상승 또는 하강하는 현상이다.

02 액체와 기체의 경계면에 작용하는 분자인력에 의한 힘은? [15년 2회]

① 모관현상　　② 점성력
③ 표면장력　　④ 내부마찰력

[해설]
액체와 기체의 경계면에 작용하는 분자인력에 의한 힘을 의미하는 것은 표면장력이다.

03 동일한 유체에 동일한 재료를 사용하여 모관상승고를 구하였다. 직경 d인 원형관을 세웠을 때의 상승고를 h_a, 간격 d인 나란한 연직 평판을 세웠을 때의 상승고를 h_b라 할 때 올바른 것은?

① $h_a = 2\,h_b$　　② $h_b = 2\,h_a$
③ $h_a = 4\,h_b$　　④ $h_b = 4\,h_a$

[해설]
- 원형관의 모관 상승고 $h_a = \dfrac{4T \cdot \cos\theta}{w \cdot d}$
- 연직평판의 모관상승고 $h_b = \dfrac{2T \cdot \cos\theta}{w \cdot d}$

∴ $h_a = 2h_b$ 이다.

04 직경이 0.15cm인 미끈한 유리관을 15℃의 물속에 세웠을 경우 접촉각이 9°이었다면 모세관 현상에 의한 물의 높이는?(단, 15°의 표면장력 T = 0.075g/cm)

① 1.976cm　　② 0.384cm
③ 0.988cm　　④ 2.831cm

[해설]
$$h = \frac{4T\cos\theta}{wd} = \frac{4 \times 0.075\,\text{g/cm} \times \cos 9°}{1\,\text{g/cm}^3 \times 0.15\,\text{cm}} = 1.975\,\text{cm}$$

05 밀도가 ρ인 액체에 지름 d인 모세관을 연직으로 세웠을 경우 이 모세관 내에 상승한 액체의 높이는?(단, T : 표면장력, θ : 접촉각이다.) [19년 3회]

① $h = \dfrac{4T\cos\theta}{\rho g d^2}$　　② $h = \dfrac{2T\cos\theta}{\rho g d}$
③ $h = \dfrac{2T\cos\theta}{\rho g d^2}$　　④ $h = \dfrac{4T\cos\theta}{\rho g d}$

[해설]
$$h_c = \frac{4T\cos\theta}{wd} = \frac{4T\cos\theta}{\rho \cdot g \cdot d}$$
$(\rho = \dfrac{w}{g},\ w = \rho \cdot g)$

06 20℃에서 지름 0.3mm인 물방울이 공기와 접하고 있다. 물방울 내부의 압력이 대기압보다 10 gf/cm²만큼 크다고 할 때 표면장력의 크기를 dyne/cm로 나타내면? [20년 3회]

① 0.075　　② 0.75
③ 73.50　　④ 75.0

[해설]
$$T = \frac{Pd}{4} = \frac{10 \times 0.03}{4} = 0.075\,\text{g/cm} \times 980\,\text{dyne}$$
$$= 73.50\,\text{dyne/cm}$$

정답 01 ①　02 ③　03 ①　04 ①　05 ④　06 ③

01 유체의 물리적 성질

10 단위계

단위계	구분	차원	단위	
미터 단위계	절대 단위계 (CGS)	LMT계	(L) : 길이 − cm	
			(M) : 질량 − g	
			(T) : 시간 − sec	
	공학 단위계 (MKS)	LFT계	(L) : 길이 − m	
			(F) : 중량 − kg	
			(T) : 시간 − sec	
SI 단위계	① 국제 단위계 ② LFT계 단위 사용 ③ 힘의 기본 단위로 Newton(N) 사용			

+ **단위**
물리량을 나타내는 기준

차원
질량$[M]$, 길이$[L]$, 시간$[T]$ 등을 이용하여 물리량으로 표시하는 것

독립된 기본량 3개
① 물리학
 • 질량(Mass)
 • 길이(Length)
 • 시간(Time)
② 공학 : 힘(Force)

절대 단위계
길이, 질량, 시간을 기본 단위로 사용

공학 단위계
길이, 중량, 시간을 기본 단위로 사용

SI 단위계
① 국제 단위계
② 힘의 기본 단위(N)
③ $1N = \dfrac{1}{9.8} kgf$
　($1kgf = 9.8N$)
④ $1 dyne = \dfrac{1}{980} gf$
⑤ $1Pa = 1 \dfrac{N}{m^2}$
※ $1kg/cm^2 = 10t/m^2 = 100kPa$

밀도(Density, 비질량)
$\rho = \dfrac{w}{g} = \dfrac{1,000 kg/m^3}{9.8 m/\sec^2}$
$= 102 kg \cdot \sec^2/m^4$

11 Newton의 제2법칙

Newton(뉴턴)의 제2법칙		차원
$F = ma$	m(질량) : kg, $[M]$	$F = [MLT^{-2}]$
	a(가속도) : cm/s², $[LT^{-2}]$	

12 LMT계와 LFT계의 상호 변환

물리량	식	공학단위	[LMT]계	[LFT]계
탄성계수	$E = \dfrac{\Delta p}{\Delta V/V}$	kg/cm²	$[ML^{-1}T^{-2}]$	$[FL^{-2}]$
표면장력	$T = \dfrac{pd}{4}$	g/cm	$[MT^{-2}]$	$[FL^{-1}]$
점성계수	$\tau = \mu \dfrac{dv}{dy}$	g/sec·cm	$[ML^{-1}T^{-1}]$	$[FL^{-2}T]$
동점성 계수	$\nu = \dfrac{\mu}{\rho}$	cm²/sec	$[L^2T^{-1}]$	$[L^2T^{-1}]$
밀도	$\rho = m/V$	kg·s²/m⁴	$[ML^{-3}]$	$[FL^{-4}T^2]$
운동량	$M = mV$	kg·sec	$[MLT^{-1}]$	$[FT]$
압력	$p = F/A$	kg/cm²	$[ML^{-1}T^{-2}]$	$[FL^{-2}]$

과년도 기출문제

01 다음 중 밀도를 나타내는 차원은? [20년 1회]

① $[FL^{-4}T^2]$ ② $[FL^4T^{-2}]$
③ $[FL^{-2}T^4]$ ④ $[FL^{-2}T^{-4}]$

[해설]

밀도$[ML^{-3}]$, $M = FL^{-1}T^2$이므로
$FL^{-1}T^2 \cdot L^{-3} = FL^{-4}T^2$

02 물리량의 차원이 옳지 않은 것은? [19년 1회]

① 에너지 : $[ML^{-2}T^{-2}]$
② 동점성계수 : $[L^2T^{-1}]$
③ 점성계수 : $[ML^{-1}T^{-1}]$
④ 밀도 : $[FL^{-4}T^2]$

[해설]

물리량의 차원

물리량	식	공학단위	$[LMT]$계	$[LFT]$계
점성계수	$\tau = \mu \dfrac{dv}{dy}$	g/sec·m	$[ML^{-1}T^{-1}]$	$[FL^{-2}T]$
동점성계수	$\nu = \dfrac{\mu}{\rho}$	cm²/sec	$[L^2T^{-1}]$	$[L^2T^{-1}]$
밀도	$\rho = m/V$	kg·s²/m⁴	$[ML^{-3}]$	$[FL^{-4}T^2]$

03 다음 물리량 중에서 차원이 잘못 표시된 것은? [18년 3회]

① 동점계수 : $[FL^2T]$
② 밀도 : $[FL^{-4}T^2]$
③ 전단응력 : $[FL^{-2}]$
④ 표면장력 : $[FL^{-1}]$

[해설]

물리량	공학단위계	절대단위계
동점성계수	L^2T^{-1}	L^2T^{-1}

04 다음 중 힘의 차원을 갖지 않는 것은?

① 압력강도(P)   ② 점성계수(μ)
③ 동점성 계수(ν)   ④ 표면장력(T)

[해설]

동점성 계수의 차원은 $[L^2T^{-1}]$이므로 힘의 차원이 없다.

05 차원계를 $[MLT]$에서 $[FLT]$로 변환할 때 사용하는 식으로 옳은 것은? [17년 4회]

① $[M] = [LFT]$
② $[M] = [L^{-1}FT^2]$
③ $[M] = [LFT^2]$
④ $[M] = [L^2FT]$

[해설]

$F = MLT^{-2}$ ∴ $M = L^{-1}FT^2$

06 수리학에서 취급되는 여러 가지 양에 대한 차원이 옳은 것은? [18년 1회]

① 유량 = $[L^3T^{-1}]$
② 힘 = $[MLT^{-3}]$
③ 동점성계수 = $[L^3T^{-1}]$
④ 운동량 = $[MLT^{-2}]$

[해설]

물리량	공학단위계	절대단위계
유량	L^3T^{-1}	L^3T^{-1}
힘	F	MLT^{-2}
동점성계수	L^2T^{-1}	L^2T^{-1}
운동량	FT	MLT^{-1}

정답 01 ① 02 ① 03 ④ 04 ③ 05 ② 06 ①

02 정수역학

1 정수압

정수압	정수압의 단위
① 물의 중량에 의해 생기는 수면 아래에서 받는 압력 ② 정수 중에는 마찰력(전단력)이 작용하지 않으므로 면에 직각으로 작용하는 응력만 존재	① 강도는 단위면적당 힘으로 표시 (kg/cm^2, t/m^2, kN/m^2, kPa) ② $p = \dfrac{P}{A} = \dfrac{전압력(힘)}{단면적}$

2 정수압의 특징

특징	해설
① 유체 사이에 상대적인 운동이 없다.	전단응력 $(\tau) = \mu \dfrac{dV}{dy} = 0$
	상대속도 $\left(\dfrac{dV}{dy}\right) = 0$, 전단응력 $(\tau) = 0$
	정수 중에는 마찰력(전단력)이 작용하지 않음
② 정수압 강도는 수심에 비례한다.	$p = \omega \cdot h = \dfrac{P}{A}$
③ 수심이 같아도 액체의 단위중량이 다르면 정수압의 크기는 다르다.	
④ 정수 중 한 점에 작용하는 정수압은 모든 방향에 대해 동일한 크기를 갖는다 ($p_1 = p_2 = p_3 = p_4$). (정수압은 면에 수직으로 작용하기 때문)	(그림: p_1, p_2, p_3, p_n 방향 표시)

3 절대압력과 계기압력

구분	특징	해설
p_{ab} (절대압력)	p_a(대기압) + ωh(계기압력)	수면에 작용하는 대기압을 고려한 압력
계기압력	① 대기압을 무시한 압력 ② 대기압을 압력의 기준(0)으로 했을 때 정수압은 계기압력으로 표시	대기압은 압력의 기준 ($p_a = 0$)

정수역학

흐르지 않고 정지상태에 있는 물이 어떤 점 혹은 면에 작용하는 힘의 관계를 다루는 분야

• 정수압은 작용면에 직각 방향으로 작용

물 정지(정수)
① 마찰력(점성) = 0
② 상대속도 $\left(\dfrac{dV}{dy}\right) = 0$
③ 전단응력 $(\tau) = 0$

정수압(p)

$p = \omega \cdot h = \dfrac{P}{A}$

여기서, h : 수심(= 압력수두)
ω : 유체의 단위중량 (kg/cm^3, t/m^3)
p : 정수압 (g/cm^2, t/m^2)
P : 전수압 (kg, t)
A : 단면적

전수압(P)

$P = \omega \cdot h \cdot A$

단위 면적당 힘의 세기 정수압 P / 면 전체의 압력 전체 수압 P / 면적 $A = ab$

대기압(공기의 무게)
$= 760\text{mmHg}$
$= 0.76\text{m} \times 13.6\text{t}/\text{m}^3 = 10.33\text{t}/\text{m}^2$

계기압력(수압)

$p = \omega h$

(압력수두 $h = \dfrac{p}{\omega}$)

과년도 기출문제

01 정수역학에 관한 설명으로 틀린 것은? [22년 1회]

① 정수 중에는 전단응력이 발생된다.
② 정수 중에는 인장응력이 발생되지 않는다.
③ 정수압은 항상 벽면에 직각방향으로 작용한다.
④ 정수 중의 한 점에 작용하는 정수압은 모든 방향에서 균일하게 작용한다.

[해설]
정수 중에는 전단응력이 발생되지 않으며 마찰과 점성도 발생되지 않는다.

02 물속에 존재하는 임의의 면에 작용하는 정수압의 작용방향은? [17년 1회]

① 수면에 대하여 수평방향으로 작용한다.
② 수면에 대하여 수직방향으로 작용한다.
③ 정수압의 수직압은 존재하지 않는다.
④ 임의의 면에 직각으로 작용한다.

[해설]
정수압의 작용방향은 모든 면에 직각으로 작용

03 수면 아래 30m 지점의 수압을 kN/m²로 표시하면?(단, 물의 단위중량은 9.81kN/m³이다.) [20년 4회]

① 2.94kN/m²   ② 29.43kN/m²
③ 294.3kN/m² ④ 2,943kN/m²

[해설]
$P = \omega h = 1\text{t/m}^3 \times 9.81 \times 30 = 294.3\text{kN/m}^2$

04 수조에 물이 2m 깊이로 담겨져 있고, 물 위에 비중 0.85인 기름이 1m 깊이로 떠 있을 때 수조 바닥에 작용하는 압력은?

① 8kPa   ② 14kPa
③ 20kPa ④ 28kPa

[해설]
$p = \omega h = 1 \times 2 + 0.85 \times 1 = 2.85\text{t/m}^2$
$= 0.285\text{kg/cm}^2 = 28.5\text{kPa}(\text{※} 1\text{kg/cm}^2 = 10\text{t/m}^2 = 100\text{kPa})$

05 정지하고 있는 수중에 작용하는 정수압의 성질로 옳지 않은 것은? [22년 2회]

① 정수압의 크기는 깊이에 비례한다.
② 정수압은 물체의 면에 수직으로 작용한다.
③ 정수압은 단위면적에 작용하는 힘의 크기로 나타낸다.
④ 한 점에 작용하는 정수압은 방향에 따라 크기가 다르다.

[해설]
정수 중 한 점에 작용하는 정수압은 모든 방향에 대해 동일한 크기를 갖는다.

06 탱크 속에 깊이 2m의 물과 그 위에 비중 0.85의 기름이 4m 들어 있다. 탱크 바닥에서 받는 압력을 구한 값은?(단, 물의 단위중량은 9.81kN/m³이다.) [21년 3회]

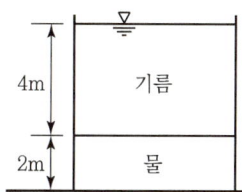

① 52.974kN/m²   ② 53.974kN/m²
③ 54.974kN/m²   ④ 55.974kN/m²

[해설]
• $\rho_1(기름) = w_1 h_1 = 8.339 \times 4 = 33.356\text{kN/m}^2$
  (비중 $= \dfrac{w_1}{w_w}$, $w_1 = 0.85 \times 9.81 = 8.339\text{kN/m}^3$)
• $\rho_2(물) = w_2 h_1 = 9.81 \times 2 = 19.62\text{kN/m}^2$
• $\rho = \rho_1 + \rho_2 = 33.356 + 19.62 = 52.974\text{kN/m}^2$

정답 01 ① 02 ④ 03 ③ 04 ④ 05 ④ 06 ①

02 정수역학

④ Pascal 원리 및 수압기

구분	모식도	식
파스칼의 원리	(그림)	$p_B = p_A + wh$
수압기	(그림)	$\dfrac{P_1}{A_1} = \dfrac{P_2}{A_2}$

압력은 용기 전체에 고르게 전달된다. $\dfrac{P_1}{A_1} + \gamma h = \dfrac{P_2}{A_2}$, (파스칼의 원리)

＋ 파스칼의 원리
정수 중 한 점에 압력을 가하면 그 압력은 물속의 모든 곳에 동일하게 전달된다는 원리

수압기
- Pascal의 원리를 응용
- 압력을 측정하는 기구
- 작은 힘으로 큰 힘을 만들 수 있는 장치
- $p = \omega \cdot h = \dfrac{P}{A}$
- 전수압$(P) = p \cdot A$

- P_1, P_2가 충분히 크면 wh항은 무시하는 경우도 있다.
  $\dfrac{P_1}{A_1} = \dfrac{P_2}{A_2} \Rightarrow P_2 = P_1 \dfrac{A_2}{A_1}$

⑤ 액주계(Manometer) : 압력 측정기구

구분	모식도	식
U자형 액주계	(그림)	$(X-X$ 면$)$ 등압면 기준 $p_A + \omega_1 h_1 = \omega_2 h_2$ $\therefore p_A = \omega_2 h_2 - \omega_1 h_1$
역U자형 액주계	(그림)	$(X-X$ 면$)$ 등압면 기준 $p_A - \omega_1 h_1 - \omega_2 h_2$ $= p_B - \omega_1 h_3$ $\therefore p_A - p_B$ $= \omega_2 h_2 + \omega_1 (h_1 - h_3)$
시차 액주계	(그림)	$(X-X$ 면$)$ 등압면 기준 $p_A + \omega_1 h$ $= p_B + \omega_1 (h_2 - h) + \omega_2 h$ $\therefore p_A - p_B$ $= \omega_1 (h_2 - h) + \omega_2 h - \omega_1 h_1$

＋ 액주계
관로나 용기의 한 단면에서의 압력 또는 두 단면 간의 압력차를 측정하는 데 사용됨
정수압$(p) = w \cdot h$

- $1\text{kg} = 9.8\text{N}$
  $1\text{t} = 9.8\text{kN}$
  $1\text{Pa} = 1\text{N/m}^2$

등압면
동일 액체 내에서 동일 수면상의 점이다. 이때 압력은 같다.

부호 결정
- 등압면 기준으로 압력이 하향방향이면 $(+)$
- 등압면 기준으로 압력이 상향방향이면 $(-)$

과년도 기출문제

01 그림과 같은 수압기에서 B점의 원통의 무게가 2,000N(200kg), 면적이 500cm²이고 A점의 원통의 면적이 25cm²이라면, 이들이 평형상태를 유지하기 위한 힘 P의 크기는?(단, A점의 원통 무게는 무시하고 관 내 액체의 비중은 0.9이며, 무게 1kg=10N이다.)

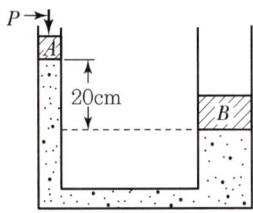

① 0.0955N ② 0.955N
③ 95.5N ④ 955N

[해설]

수압기에서 $p_1 = p_2$이므로 $\dfrac{P_1}{A_1} + wh = \dfrac{P_2}{A_2}$

$\dfrac{P_1}{25\text{cm}^2} + (0.9\text{g/cm}^2 \times 20\text{cm}) = \dfrac{200,000\text{g}}{500\text{cm}^2}$

∴ $P_1 = 9,550\text{g} = 9.55\text{kg} = 95.5\text{N}$

02 그림과 같은 액주계에서 수은면의 차가 10cm이었다면 A, B점의 수압차는?(단, 수은의 비중=13.6, 무게 1kg=9.8N) [16년 1회]

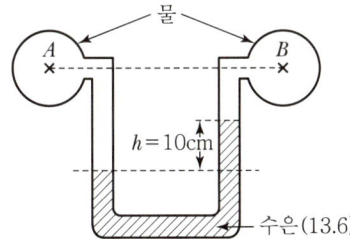

① 133.5kPa ② 123.5kPa
③ 13.35kPa ④ 12.35kPa

[해설]

- $P_A + w_1 h = P_B + w_2 h$
- $P_B - P_A = w_2 h - w_1 h = 13.6 \times 0.1 - 1 \times 0.1$
  $= 1.26\text{t/m}^2 = 1.26 \times 9.8\text{kN} \cdot \text{m}^2 = 12.35\text{kN/m}^2$
  $= 12.35\text{kPa}(1\text{Pa} = 1\text{N/m}^2)$

03 그림에서 h=25cm, H=40cm이다. A, B점의 압력차는? [15년 4회]

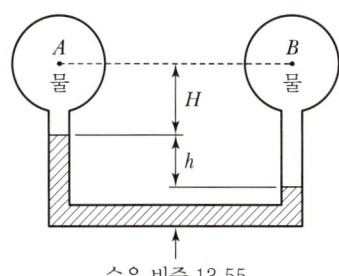

① 1N/cm² ② 3N/cm²
③ 49N/cm² ④ 100N/cm²

[해설]

① $p_A + w_1 H - w_2 h = p_B + w_1(H+h)$
② $p_B - p_A = w_2 h - w_1 h$
   $= (13.55 \times 0.25) - (1 \times 0.25)$
   $= 3.14\text{t/m}^2 = 0.314\text{kg/cm}^2$
∴ $p_B - p_A = 3\text{N/cm}^2$

04 그림에서 A와 B의 압력차는?(단, 수은의 비중= 13.50) [16년 4회]

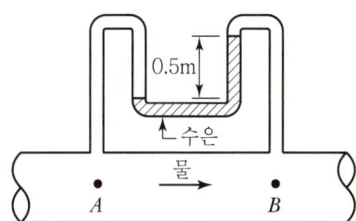

① 32.85kN/m² ② 57.50kN/m²
③ 61.25kN/m² ④ 78.94kN/m²

[해설]

$P_A + wh = P_B + w_s h$
∴ $P_A - P_B = 13.5 \times 0.5 - 1 \times 0.5 = 6.25\text{t}$
   $= 61.25\text{kN/m}^2$

정답 01 ③ 02 ④ 03 ② 04 ③

02 정수역학

6 평면 및 경사면에 작용하는 전수압(수중)

구분	모식도	식
수면 아래 연직인 평면 (연직판)		① 전수압 $P = pA = \omega h_G A$ ($h_G = \dfrac{h}{2}$, $A = b \times h$) ② 전수압의 작용점 $h_C = h_G + \dfrac{I_G}{h_G A}$
수면에서 a만큼 떨어진 연직 평면 (판)		① 전수압 $P = pA = \omega h_G A$ ($h_G = a + \dfrac{h}{2}$, $A = b \times h$) ② 전수압의 작용점 $h_C = h_G + \dfrac{I_G}{h_G A}$
수면에 평행한 평면 (판)		① 전수압 $P = pA = \omega h_G A$ ($h_G = h$) ② 전수압의 작용점 $h_C = h_G + \dfrac{I_G}{h_G A}$
수면에 경사진 평면 (판)		① 경사진 평면의 전수압 $P = pA = \omega h_G A$ $\quad = \omega (S_G \sin\theta) A$ ② 전수압의 작용점 $h_C = h_G + \dfrac{I_G \sin^2\theta}{h_G A}$ $\left(S_C = S_G + \dfrac{I_G}{S_G \cdot A}\right)$

➕ 도심(h_G)

수면에서 압력을 받고 있는 부분의 중심까지의 거리

압력프리즘

작용하는 합력의 크기는 압력프리즘의 체적과 같다.

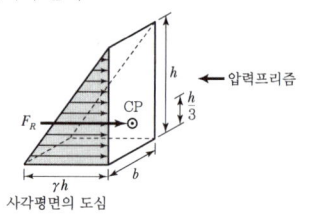

사각평면의 도심

도심축 단면2차모멘트(I_G)

• 사각형

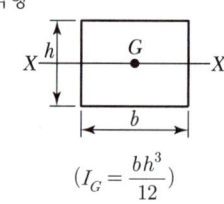

$\left(I_G = \dfrac{bh^3}{12}\right)$

• 삼각형

$\left(I_G = \dfrac{bh^3}{36}\right)$

• 원

$\left(I_G = \dfrac{\pi D^4}{64}\right)$

작용점(h_C)

도심(h_G)보다 항상 아래에 있다.

과년도 기출문제

01 그림과 같이 물이 수문의 최상단까지 차있을 때, 높이 6m, 폭 1m의 수문에 작용하는 전수압의 작용점(h_c)은?

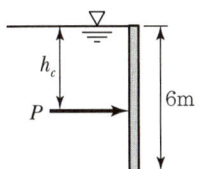

① 3m
② 3.5m
③ 4m
④ 4.3m

[해설]

$$h_C = h_G + \frac{I_G}{h_G A} = 3 + \frac{\frac{1 \times 6^3}{12}}{3 \times (1 \times 6)} = 4\text{m}$$

또는 $h_C = \frac{2}{3}h = \frac{2}{3} \times 6 = 4\text{m}$

02 액체 속에 잠겨 있는 경사평면에 작용하는 힘에 대한 설명으로 옳은 것은? [21년 1회]

① 경사각과 상관없다.
② 경사각에 직접 비례한다.
③ 경사각의 제곱에 비례한다.
④ 무게중심에서의 압력과 면적의 곱과 같다.

[해설]

$P = \omega h_G A = \omega(S_G \cdot \sin\theta)A$

03 그림과 같은 단면 A, B, C, D, E, F에 작용하는 전수압은?

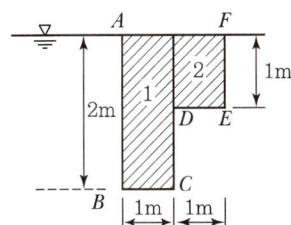

① 24.5kN
② 48.02kN
③ 240.1kN
④ 288.12kN

[해설]

- $P = \omega h_G A$
  $= 1\text{t}/\text{m}^3 \times 1\text{m} \times (1 \times 2)\text{m}^2 + 1\text{t}/\text{m}^3 \times 0.5\text{m} \times (1 \times 1)\text{m}$
  $= 2.5\text{t} = 24.5\text{kN}$
- $P = \omega h_G A$
  $= 1\text{t}/\text{m}^3 \times 1\text{m} \times (2 \times 2)\text{m}^2 - 1\text{t}/\text{m}^3 \times 1.5\text{m} \times (1 \times 1)\text{m}$
  $= 2.5\text{t} = 24.5\text{kN}$

04 그림과 같이 정수 중에 있는 판에 작용하는 전수압을 계산하는 식은? [17년 4회]

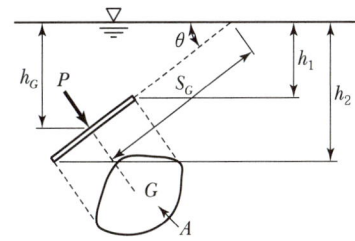

① $P = \gamma S_G A$
② $P = \gamma \frac{h_1 + h_2}{2} A$
③ $P = \gamma h_G A$
④ $P = \gamma h_G A \sin\theta$

[해설]

- $P = \gamma h_G A$
- $h_G = S_G \sin\theta$

05 밑변 2m, 높이 3m인 삼각형 형상의 판이 밑변을 수면과 맞대고 연직으로 수중에 있다. 이 삼각형 판의 작용점 위치는?(단, 수면을 기준으로 한다.) [20년 1회]

① 1m
② 1.33m
③ 1.5m
④ 2m

[해설]

$$h_c = h_G + \frac{I_G}{h_G A} = 1 + \frac{\frac{2 \times 3^3}{36}}{1 \times \left(\frac{2 \times 3}{2}\right)} = 1.5\text{m}$$

정답 01 ③ 02 ④ 03 ① 04 ③ 05 ③

02 정수역학

7 수중의 곡면에 작용하는 전수압

구분	모식도	식
수평 수압 (P_H)		P_H는 FE의 연직투영면에 작용하는 수압 (작용점은 연직면에 작용하는 힘의 작용점과 동일)
		$P_H = wh_G A$
연직 수압 (P_V)		P_V는 곡면(AB)이 밑면이 되는 물기둥의 무게 (작용점은 수주의 중심을 통과)
		$P_V = w \cdot V$

➕ **수평수압**
$P_H = wh_G A$
여기서, h_G : 연직 투영점(투영중심)에서 도심까지 거리
A : 투영 면적

- 연직수압에서 투영면이 중복되는 부분은 빼준다.

8 곡면에 작용하는 여러 가지 형태의 전수압(수중)

모식도	식	P_V
	① $P = \sqrt{P_H^2 + P_V^2}$ ② $P_H = wh_G A$ 　(A : 투영면적) ③ $P_V = w \cdot V$	$P_V = w \cdot V$ ($V = A \cdot b$) 이때 면적(A)은?
	① $P = \sqrt{P_H^2 + P_V^2}$ ② $P_H = wh_G A$ 　(A : 투영면적) ③ $P_V = w \cdot V$	$P_V = w \cdot V$ ($V = A \cdot b$) 이때 면적(A)은?
	① $P = \sqrt{P_H^2 + P_V^2}$ ② $P_H = wh_G A$ 　(A : 투영면적) ③ $P_V = w \cdot V$	$P_V = w \cdot V$ ($V = A \cdot b$) 이때 면적(A)은?

➕ **전수압**
$P = \sqrt{P_H^2 + P_V^2}$

- P_H에서 A는 투영면적
- P_V에서 A는 면적

과년도 기출문제

01 물속에 잠긴 곡면에 작용하는 수평분력에 대한 설명으로 옳은 것은?

① 곡면의 수직 상방에 실려 있는 물의 무게와 같다.
② 곡면에 의해서 배제된 물의 무게와 같다.
③ 곡면의 무게중심(中心)에서의 압력과 면적의 곱이다.
④ 곡면의 연직 투영면상에 작용하는 전수압과 같다.

[해설]
곡면에 작용하는 수평방향 분력은 연직 투영면에 작용하는 전수압과 동일하다.

02 물속에 잠긴 곡면에 작용하는 정수압의 연직방향 분력은?

① 곡면을 밑면으로 하는 물기둥 체적의 무게와 같다.
② 곡면 중심에서의 압력에 수직투영 면적을 곱한 것과 같다.
③ 곡면의 수직투영 면적에 작용하는 힘과 같다.
④ 수평분력의 크기와 같다.

[해설]
곡면에 작용하는 전수압에서 연직방향 분력은 곡면을 저면(밑면)으로 하는 물기둥 체적의 무게와 같다.

03 그림과 같은 반원통면의 외측에 작용하는 수압의 연직분력을 구하는 식은?(단, γ_o : 물의 단위 중량, l : 원통길이)

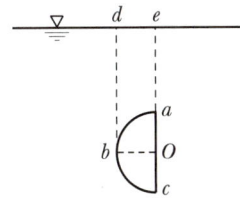

① ($bced$의 면적 $-$ $abca$의 면적)$\gamma_o l$
② ($bced$의 면적 $-$ $baed$의 면적)$\gamma_o l$
③ ($boed$의 면적)$\gamma_o l$
④ ($baed$의 면적 $-$ $abca$의 면적)$\gamma_o l$

[해설]
연직분력 $P_V = w \cdot V$
$= \gamma_o \times l \times (bced\text{ 면적} - deab\text{ 면적})$

04 그림과 같이 폭 2m인 4분원면 AB에 작용하는 전수압의 연직성분은?(단, 무게 1kg = 10N)

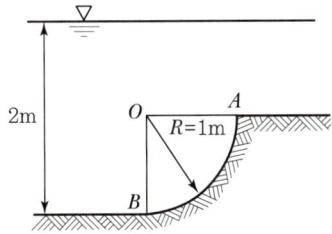

① 17.9kN
② 23.9kN
③ 35.7kN
④ 71.4kN

[해설]
연직분력
$P_V = wV = 1 \times \left(\dfrac{1}{4} \times \dfrac{\pi \times 2^2}{4} + 1 \times 1\right) \times 2 = 3.57\text{t}$
∴ $3.57(\text{t}) \times 10(\text{kN}) = 35.7\text{kN}$

05 길이 7m, 직경 4m인 원주가 수평으로 놓여 있을 경우 원주의 중심까지 물이 차 있다면 이 원주에 작용하는 전수압은?(단, 물의 단위중량 $\gamma = 9,800 \text{ N/m}^3$)

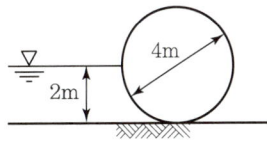

① 205.5kN
② 225.5kN
③ 245.5kN
④ 255.5kN

[해설]
$P_H = 9.8 \times \dfrac{2}{2} \times (7 \times 2) = 137.2\text{kN}$
$P_V = 9.8 \times \dfrac{1}{4} \times \dfrac{\pi \times 4^2}{4} \times 7 = 215.51\text{kN}$
∴ $P = \sqrt{137.2^2 + 215.21^2} = 255.5\text{kN}$

정답 01 ④ 02 ① 03 ② 04 ③ 05 ④

과년도 기출문제

06 수중에 잠겨 있는 곡면에 작용하는 연직분력은?
[22년 2회]

① 곡면에 의해 배제된 물의 무게와 같다.
② 곡면중심의 압력에 물의 무게를 더한 값이다.
③ 곡면을 밑면으로 하는 물기둥의 무게와 같다.
④ 곡면을 연직면상에 투영했을 때 그 투영면이 작용하는 정수압과 같다.

[해설]

수중의 곡면에 작용하는 전수압

구분	모식도	식
수평수압 (P_H)		P_H는 FE의 연직투영면에 작용하는 수압 (작용점은 연직면에 작용하는 힘의 작용점과 동일)
		$P_H = wh_G A$
연직수압 (P_V)		P_V는 곡면(AB)이 밑면이 되는 물기둥의 무게 (작용점은 수주의 중심을 통과)
		$P_V = w \cdot V$

07 그림과 같이 지름 3m, 길이 8m인 수로의 드럼게이트에 작용하는 전수압이 수문 $\widehat{ABC}$에 작용하는 지점의 수심은?
[20년 1회]

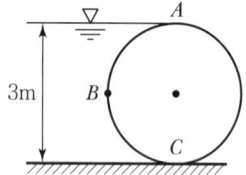

① 2.00m ② 2.25m
③ 2.43m ④ 2.68m

[해설]

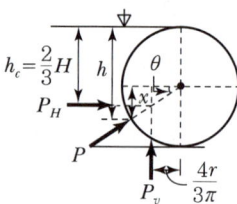

$h = 1.5 + x = 1.5 + 0.923 = 2.426m$

• θ
$\tan\theta = \dfrac{1-1.5}{\dfrac{4R}{3\pi}}, \quad \therefore \theta = 38.13°$

• x
$\sin 38.13° = \dfrac{x}{1.5}, \quad \therefore x = 0.926m$

08 반지름(OP)이 6m이고, $\theta' = 30°$인 수문이 그림과 같이 설치되었을 때, 수문에 작용하는 전수압(저항력)은?
[16년 4회]

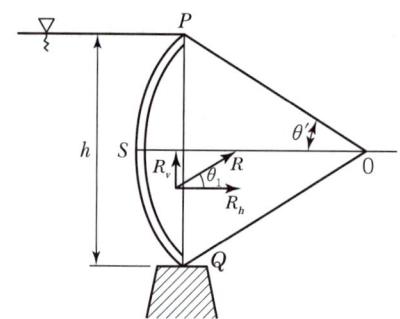

① 185.5kN/m ② 179.5kN/m
③ 169.5kN/m ④ 159.5kN/m

[해설]

• 수평분력의 산정
$P_H = wh_G A = 1 \times \dfrac{6\sin 30° \times 2}{2} \times (6\sin 30° \times 2 \times 1)$
$= 18t$

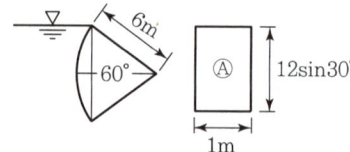

정답 06 ③ 07 ③ 08 ②

과년도 기출문제

- 연직분력의 산정

$$P_V = w \times \text{(반원-삼각형)} \times b$$

$$P_V = W = wV = 1 \times \left[\left(\pi \times 6^2 \times \frac{60°}{360°}\right) - \left(\frac{1}{2} \times 6 \times 6 \times \sin 60°\right)\right] \times 1 = 3.25\text{t}$$

- 합력의 산정

$$P = \sqrt{P_H^2 + P_V^2} = \sqrt{18^2 + 3.25^2} = 18.291\text{t}$$

- 보기에는 단위폭당 전수압으로 표기

$$18.291\text{t/m} \times 1,000(\text{kg}) \times 9.8 \div 1,000(\text{kN}) = 179.3\text{kN/m}$$

09 유체 속에 잠긴 곡면에 작용하는 수평분력은?

[21년 2회]

① 곡면에 의해 배재된 액체의 무게와 같다.
② 곡면의 중심에서의 압력과 면적의 곱과 같다.
③ 곡면의 연직상방에 실려 있는 액체의 무게와 같다.
④ 곡면을 연직면상에 투영하였을 때 생기는 투영면적에 작용하는 힘과 같다.

[해설]

- $P_H = \omega h_G A_투$
- $P_V = W(밑면의 물기둥의 무게) = \omega V$

10 면적이 A인 평판(平板)이 수면으로부터 h가 되는 깊이에 수평으로 놓여 있을 경우 이 면에 작용하는 전수압은?(단, 물의 단위 중량은 ω이다.)

① $P = \omega h A$
② $P = \omega h^2 A$
③ $P = \frac{1}{2}\omega h^2 A$
④ $P = \frac{1}{2}\omega h A$

[해설]

수면에 수평한 평면에 작용하는 전수압 $P = \omega h A$이다.

11 밀폐된 용기 내 정수 중의 한 점에 압력을 가하면 그 압력은 물속의 모든 곳에 동일하게 전달된다는 원리는?

① 파스칼(Pascal)의 원리
② 아르키메데스(Archimedes)의 원리
③ 베르누이(Bernoulli)의 원리
④ 레이놀즈(Reynolds)의 원리

[해설]

파스칼(Pascal)의 원리는 밀폐된 용기 내 정수 중의 한 점에 압력을 가하면 그 압력은 물속의 모든 곳에 동일하게 전달된다는 이론이다.

12 흐르지 않는 물에 잠긴 평판에 작용하는 전수압(全水壓)의 계산 방법으로 옳은 것은?(단, 여기서 수압이란 단위 면적당 압력을 의미한다.) [19년 1회]

① 평판도심의 수압에 평판면적을 곱한다.
② 단면의 상단과 하단 수압의 평균값에 평판면적을 곱한다.
③ 작용하는 수압의 최댓값에 평판면적을 곱한다.
④ 평판의 상단에 작용하는 수압에 평판면적을 곱한다.

[해설]

- 전수압 $(P) = w \cdot h_G \cdot A$
- 정수압 $(p) = w \cdot h$

13 정수 중의 평면에 작용하는 압력프리즘에 관한 성질 중 틀린 것은? [19년 3회]

① 전수압의 크기는 압력프리즘의 면적과 같다.
② 전수압의 작용선은 압력프리즘의 도심을 통과한다.
③ 수면에 수평한 평면인 경우 압력프리즘은 직사각형이다.
④ 한쪽 끝이 수면에 닿는 평면인 경우에는 삼각형이다.

[해설]

전수압의 크기는 압력프리즘의 체적과 같다.

정답 09 ④ 10 ① 11 ① 12 ① 13 ①

02 정수역학

9 부양면과 흘수

부양면과 흘수	모식도
① 물 표면에 떠 있는 부체가 수면에 의해 절단되는 면이 부양면이다. ② 부양면으로부터 물체의 최하단까지의 깊이가 흘수이다.	부양면, 흘수, V : 배제된 물의 체적

부심
배수용량(수중에 잠긴 부분)의 중심

10 부력 구하기

부력(B) 구하는 식	모식도
$B = w\overline{V}$ • w : 물의 단위중량 • $\overline{V}$: 수중 부분의 물체 체적(배수용량)	W, G, C, h, V(배수용적) G : 물체의 무게중심
물체가 물의 표면에 떠 있는 경우 물체가 물에 잠긴 부분의 부피와 동일한 무게의 크기인 부력을 받는다. (물체의 무게와 동일하여 평형을 유지)	

부력
• 물체표면에 작용하는 전수압
• 수중부분 물체의 부피만큼의 물의 무게
• 부력은 수심에 비례하지 않음

11 물체 무게(W)와 부력(B)과의 관계

구분	모식도	식
수중으로 부상하는 경우 (하중을 가한 경우)	P	$W < B$ $W + P = B$ ($w_s \cdot V_{전체} + P = w_w \cdot V_{잠김}$)
물체가 수중에 잠겨 있는 경우 (수중무게 고려 시)	W'	$W > B$ $W = B + W'$ ($w_s \cdot V_{전체} = w_w \cdot V_{잠김} + W'$)

W' (수중에서 무게)
물체가 물에 잠긴 만큼 체적의 물의 무게
$W' = B - W$

물체가 수중에 잠겨 있는 경우
물체의 무게는 물체의 부피와 동일한 물의 무게의 크기인 부력을 받으므로 가벼워진다.

아르키메데스의 원리
수중에서 물체의 중량은 부력만큼 가벼워진다.

과년도 기출문제

01 길이 13m, 높이 2m, 폭 3m, 무게 20ton인 바지선의 흘수는? [19년 2회]

① 0.51m ② 0.56m
③ 0.58m ④ 0.46m

[해설]
$W = B$
$20(t) = 1 \times (13 \times 3 \times 흘수)$
∴ 흘수 = 0.51m

02 빙산(氷山)의 부피가 V, 비중이 0.92이고, 바닷물의 비중은 1.025라 할 때 바닷물 속에 잠겨 있는 빙산의 부피는? [18년 3회]

① 1.1V ② 0.9V
③ 0.8V ④ 0.7V

[해설]
$0.92 V = 1.025 V'$
∴ $V' = \dfrac{0.92 V}{1.025} = 0.9 V$

03 단위무게 5.88kN/m³, 단면 40cm×40cm, 길이 4m인 물체를 물속에 완전히 가라앉히려 할 때 필요한 최소 힘은? [16년 2회]

① 2.51kN ② 3.76kN
③ 5.88kN ④ 6.27kN

[해설]
$W(무게) + P = B(부력)$
$5.88(0.4 \times 0.4 \times 4) + P = 9.8(0.4 \times 0.4 \times 4)$
∴ $P = 2.51$kN

04 물체의 공기 중 무게가 750N이고 물속에서의 무게는 250N일 때 이 물체의 체적은?(단, 무게 1kg중 = 10N이다.) [19년 1회]

① 0.05m³ ② 0.06m³
③ 0.50m³ ④ 0.60m³

[해설]
$W = B + W'$
$750N = (10,000N/m^3 \times V) + 250N$
∴ 잠수된 부분의 체적(V)은 0.05m³

05 비중이 0.9인 목재가 물에 떠 있다. 수면 위에 노출된 체적이 1.0m³라면 목재 전체의 체적은?(단, 물의 비중은 1.0이다.) [22년 1회]

① 1.9m³ ② 2.0m³
③ 9.0m³ ④ 10.0m³

[해설]
$W = B$
$W_s V_a = W_{해} V_{잠}$
$0.9 \times V_a = 1 \times (V_a - 1)$
∴ $V_a = 10.0$m³

06 중량이 600N, 비중이 3.0인 물체를 물(담수)속에 넣었을 때 물속에서의 중량은? [21년 1회]

① 100N ② 200N
③ 300N ④ 400N

[해설]
$W = B + W'$
$600 = (1 \times V_{잠}) + W'$
($V_{잠}$은 $600 = w_s \cdot V_a$) w_s가 3이므로 $V_{잠} = 200$
∴ $600 = (1 \times 200) + W'$, $W' = 400$N

07 빙산의 비중이 0.92이고 바닷물의 비중은 1.025일 때 빙산이 바닷물 속에 잠겨 있는 부분의 부피는 수면 위에 나와 있는 부분의 약 몇 배인가? [15년 2회]

① 10.8배 ② 8.8배
③ 4.8배 ④ 0.8배

[정답] 01 ① 02 ② 03 ① 04 ① 05 ④ 06 ④ 07 ②

[해설]

$W = B$
- $0.92(V' + \overline{V}) = 1.025\overline{V}$
- $0.92 V' = (1.025 - 0.92)\overline{V}$

$\therefore \dfrac{\overline{V}}{V'} = 8.76$

08 빙산의 비중이 0.92이고 바닷물의 비중은 1.025일 때 빙산이 바닷물 속에 잠겨 있는 부분의 부피는 수면 위에 나와 있는 부분의 약 몇 배인가?

[21년 2회]

① 0.8배 ② 4.8배
③ 8.8배 ④ 10.8배

[해설]

$\omega_s V_a = \omega_{해} V_{잠}$
$0.92 \cdot V_a = 1.025 \cdot V_{잠}$
$V_{잠} = \dfrac{0.92}{1.025} V_a = 0.89 V_a$
따라서 수면 아래 $V_{잠} = 0.89 V_a$
수면 위에 나와 있는 $V = 0.11 V_a$
$\therefore V_{잠} = 8.8_{수면 위}$

09 지름 25cm, 길이 1m의 원주가 연직으로 물에 떠 있을 때, 물속에 가라앉은 부분의 길이가 90cm라면 원주의 무게는?(단, 무게 1kgf = 9.8N)

[20년 3회]

① 253N ② 344N
③ 433N ④ 503N

[해설]

$W = B(\omega v)$
$\quad = 1 t/m^3 \times \left(\dfrac{\pi \cdot 0.25^2}{4} \times 0.9\right)$
$\quad = 0.044 t \times 1,000 kg \times 9.8 N = 433 N$

10 비중 γ_1의 물체가 비중 $\gamma_2 (\gamma_2 > \gamma_1)$의 액체에 떠 있다. 액면 위의 부피($V_1$)와 액면 아래의 부피($V_2$) 비$\left(\dfrac{V_1}{V_2}\right)$는?

[17년 2회]

① $\dfrac{V_1}{V_2} = \dfrac{\gamma_2}{\gamma_1} + 1$ ② $\dfrac{V_1}{V_2} = \dfrac{\gamma_2}{\gamma_1} - 1$

③ $\dfrac{V_1}{V_2} = \dfrac{\gamma_1}{\gamma_2}$ ④ $\dfrac{V_1}{V_2} = \dfrac{\gamma_2}{\gamma_1}$

[해설]

- W(무게) $= B$(부력)
- $\gamma_1 V$(총 체적) $= \gamma_2 V_2$(물에 잠긴 만큼의 체적)
  $\gamma_1 (V_1 + V_2) = \gamma_2 V_2$
- $\gamma_1 V_1 = V_2 (\gamma_2 - \gamma_1)$

$\therefore \dfrac{V_1}{V_2} = \dfrac{\gamma_2 - \gamma_1}{\gamma_1} = \dfrac{\gamma_2}{\gamma_1} - 1$

11 부력의 원리를 이용하여 그림과 같이 바닷물 위에 떠 있는 빙산의 전체적을 구한 값은?

[21년 1회]

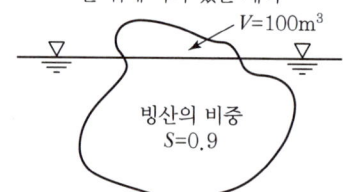

① 550m³ ② 890m³
③ 1,000m³ ④ 1,100m³

[해설]

$W = B$
$\omega_s V_a = \omega_{해} V_{잠}$
$0.9 \times (V_{잠} + 100) = 1.1 \times V_{잠}$
$\therefore V_{잠} = 450 m^3$, 빙산의 전체적은 $450 + 100 = 550 m^2$

정답 08 ① 09 ③ 10 ② 11 ①

과년도 기출문제

12 그림과 같이 1m×1m×1m인 정육면체의 나무가 물에 떠 있을 때 부체(浮體)로서 상태로 옳은 것은?(단, 나무의 비중은 0.8이다.) [20년 3회]

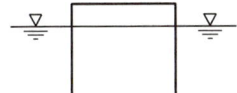

① 안정하다. ② 불안정하다.
③ 중립상태다. ④ 판단할 수 없다.

[해설]

$CM > CG$: 안정

㉠ $CM = \dfrac{I}{V_{\text{잠수}}} = \dfrac{0.833}{0.8} = 1.04$

- $I = \dfrac{1 \times 1^3}{12} = 0.833$
- $W = B$
  $0.8 \times (1 \times 1 \times 1) = 1 \times (1 \times 1 \times 흘수)$
  ∴ 흘수 = 0.8

㉡ $CG = 0.5 - 0.4 = 0.1$

13 부체가 수면에 의해 절단되는 면에서 최심부까지의 수심을 무엇이라 하는가?

① 부심 ② 흘수
③ 부력 ④ 부양면

[해설]
흘수는 부양면에서 부체의 최심부까지의 수심이다.

14 수중에 잠긴 물체에서 배수용적의 중심을 무엇이라 하는가?

① 무게중심 ② 부심
③ 경심 ④ 부양면

[해설]
부심은 수중에 잠긴 체적의 무게중심을 통과하는 부분의 중심이다.

15 다음 그림과 같은 배가 무게가 90ton일 때 이 배가 운항하는 데 필요한 최소수심은?

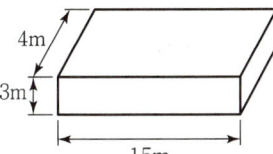

① 1.2m
② 1.5m
③ 1.8m
④ 2.0m

[해설]

$W = B = w\overline{V}$ 에서
$90t = 1 \times (15 \times 4 \times d)$
∴ $d = 1.5m$

16 4m×5m×1m의 목재판이 물에 떠 있고, 판위에 2,000kg의 하중이 놓여 있다. 목재의 비중이 0.5일 때 목재판이 물에 잠기는 흘수(Draught)와 체적은?

① $d = 0.5m, V = 8.0m^3$
② $d = 0.6m, V = 12.0m^3$
③ $d = 1.0m, V = 16.0m^3$
④ $d = 0.5m, V = 9.6m^3$

[해설]

$W = B$ 에서
$2 + 0.5 \times (4 \times 5 \times 1) = 1 \times (4 \times 5 \times d)$ ∴ $d = 0.6m$
따라서 수중부분 체적 $\overline{V} = 4 \times 5 \times 0.6 = 12m^3$

17 10cm×10cm×10cm의 각목이 물에 떠 있다. 그림과 같이 밑면까지의 수심이 6cm라고 하면 이 각주의 무게는?

① 6,000N
② 3,000N
③ 600N
④ 300N

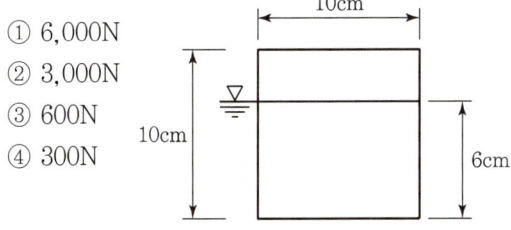

[해설]

$W = B$ 에서
$W = 1g/cm^3 \times (10cm \times 10cm \times 6cm) = 600g = 6,000N$

정답 12 ① 13 ② 14 ② 15 ② 16 ② 17 ①

02 정수역학

12 경심과 경고

경심	경심고
부체의 중심선과 부력의 작용선과의 교점	경심과 무게 중심 간 거리 $\overline{MG}$를 경심고라하며, 이는 부체 안정여부의 척도로 사용됨

경심고와 복원모멘트 결정

① $\overline{MG} < 0$이면 불안정(전도)
  M(경심)이 G(중심)보다 아래에 있다.
② $\overline{MG} > 0$이면 안정(즉, M이 G보다 위에 있으면 안정)
  M(경심)이 G(중심)보다 위에 있다.

G : 중심(무게중심)
C : 부심(부력중심)
M : 경심(기울어진 부분의 중심)

13 부체의 안정조건

중립	안정(복원력이 있다)	불안정(복원력이 없다)
M(경심)과 G(중심)는 일치	M(경심)이 G(중심)보다 위에 있다.	M(경심)이 G(중심)보다 아래에 있다.
① ($M = G - C$) ② $\overline{CM} = \overline{CG}$ ③ $\overline{CM} - \overline{CG} = 0$ ④ $\dfrac{I_x}{V} - \overline{CG} = 0$ ⑤ $\overline{MG} = 0$	① ($M - G - C$) ② $\overline{CM} > \overline{CG}$ ③ $\overline{CM} - \overline{CG} > 0$ ④ $\dfrac{I_x}{V} - \overline{CG} > 0$ ⑤ $\overline{MG} > 0$	① ($G - M - C$) ② $\overline{CM} < \overline{CG}$ ③ $\overline{CM} - \overline{CG} < 0$ ④ $\dfrac{I_x}{V} - \overline{CG} < 0$ ⑤ $\overline{MG} < 0$

• 단면 2차 모멘트가 작을수록 부체는 불안정하다.
• 단면 2차 모멘트가 가장 작은 축으로 기울어지기 쉽다.
• 경심고가 클수록 부체는 안정하다.

부체의 안정

부체의 안정은 물 표면에 떠 있는 물체의 중심(무게중심)과 부력의 중심(부심)의 상대적인 위치에 따라 결정

부체의 안정조건식

$$\overline{MG} = \overline{CM} - \overline{CG} = \dfrac{I_x}{V} - \overline{CG}$$

경심고($\overline{MG}$)

$$\overline{MG} = \dfrac{PL}{W \cdot \tan\theta}$$

여기서, W : 부체 자체의 무게
(배수용량)

• I_x : 부양면에 대한 최소 단면 2차 모멘트
  $\overline{V}$: 수중부분의 체적

과년도 기출문제

01 다음 그림에 표시된 위치에서 부체가 안정상태인 것은?(단, M : 경심, C : 부심, G : 무게중심이고 기호 표시는 위로부터의 순서를 말한다.)

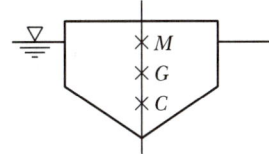

① $G-M-C$ ② $M-G-C$
③ $C-M-G$ ④ $G-C-M$

[해설]
경심(M)이 중심(G)보다 위에 있을 때 부체는 안정하다.

02 부력과 부체 안정에 관한 설명 중에서 옳지 않은 것은?

① 부심과 경심과의 거리를 경심고라 한다.
② 부체가 수면에 의하여 절단되는 가상면을 부양면이라 한다.
③ 부력의 작용선과 물체의 중심축과의 교점을 부심이라 한다.
④ 수면에서 부체의 최심부까지의 거리를 흘수라 한다.

[해설]
• 완전히 가라앉은 상태라면 무게중심과 부심은 일치한다.
• 부력의 작용선과 물체의 중심축과의 교점은 경심이다.

03 부체의 경심 M, 부심 C, 중심 G일 때 부체가 안정되기 위한 조건은?

① $\overline{CM} > \overline{CG}$ ② $\overline{CM} < \overline{CG}$
③ $\overline{CM} = \overline{CG}$ ④ $\overline{CM} < \dfrac{\overline{CG}}{2}$

[해설]
부체가 안정이 되기 위한 조건
경심고 $h>0, h = \overline{MG} = \overline{CM} - \overline{CG} > 0$에서
∴ $\overline{CM} > \overline{CG}$

04 그림과 같은 $1m \times 1m \times 1m$인 정육면체의 나무가 물에 떠 있다. 비중이 0.8이면 부체로서 다음 중 옳은 것은?

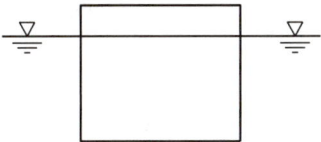

① 안정하다.   ② 불안정하다.
③ 중립상태다.   ④ 판단할 수 없다.

[해설]

$W = B$에서
$0.8 \times (1 \times 1 \times 1) = 1 \times (1 \times 1 \times d)$
∴ $d = 0.8m$, $\overline{V} = 0.8m^3$

$\overline{MG} = \dfrac{I_y}{V} - \overline{GC} = \dfrac{\dfrac{1 \times 1^3}{12}}{0.8} - \left(0.5 - \dfrac{0.8}{2}\right) = 0.00416m > 0$

∴ 안정하다.

05 부체의 안정에 관한 설명으로 옳지 않은 것은?

[20년 4회]

① 경심(M)이 무게중심(G)보다 낮을 경우 안정하다.
② 무게중심(G)이 부심(B)보다 아래쪽에 있으면 안정하다.
③ 부심(B)과 무게중심(G)이 동일 연직선상에 위치할 때 안정을 유지한다.
④ 경심(M)이 무게중심(G)보다 높을 경우 복원모멘트가 작용한다.

[해설]

부체의 안정조건
• 안정 : 경심(M) - 중심(G) - 부심(C)
• 불안정 : 중심(G) - 경심(M) - 부심(C)
∴ 부체가 안정되기 위해서는 경심(M)이 중심(G)보다 위에 있어야 한다.

정답 01 ② 02 ③ 03 ① 04 ① 05 ①

02 정수역학

14 수평 및 연직 등가속도를 받는 액체

구분	모식도	식
수평 등가속도를 받는 액체		$\tan\theta = \dfrac{F}{W} = \dfrac{m\alpha}{mg}$ $\tan\theta = \dfrac{\alpha}{g} = \dfrac{H-h}{b/2} = -\dfrac{z}{x}$ 평형 수면의 방정식 : $z = -\dfrac{\alpha}{g}x$
연직 등가속도를 받는 액체		연직 상향 이동 $p = wh\left(1 + \dfrac{\alpha}{g}\right)$ 연직 하향 이동 $p = wh\left(1 - \dfrac{\alpha}{g}\right)$
회전 등가속도를 받는 액체		$h = \dfrac{1}{2}(h_0 + h_a)$

상대정지
움직이지 않는 유체에 외력이 가해졌을 때 유체내부의 압력변화와 수면의 이동상태를 다루는 문제

등압방정식
$Xd_x + Yd_y + Zd_z = 0$

α : 최고 가속도
(물이 쏟아지지 않을 경우)

연직 등각속도를 받는 액체
물이 든 용기를 연직상향으로 α의 등가속도로 이동시키면 물은 이동방향과 반대되는 방향으로 등가속도를 받음

회전 등각속도를 받는 액체
반경이 r인 원통에 초기수심 h로 물을 담고 원통을 일정한 각속도 w로 원통축 둘레로 회전시킨다고 가정하면 원통 내 물도 각속도 w로 회전하게 될 것이며 결국 상대적 평형에 도달한다.

- h : 정수 시 수심
  h_0 : 회전 시 최저 수심
  h_a : 회전 시 최고 수심

과년도 기출문제

토 목 / 기 사 / 필 기

01 등가속도 운동을 하고 있는 유체는?

① 유체의 층 상호 간에 상대적인 운동이 존재한다.
② 유체의 층 상호 간에 상대적인 운동이 존재하지 않는다.
③ 유체의 자유표면은 계속적으로 이동된다.
④ 정지유체와 같이 자유표면은 수평을 이룬다.

[해설]

유체의 가속도가 일정하게 운동할 때는 유체 내부의 상대적인 운동은 존재하지 않는다.

02 물이 담겨 있는 그릇을 정지 상태에서 가속도 a로 수평으로 잡아당겼을 때 발생되는 수면이 수평면과 이루는 각이 30°이었다면 가속도 a는?(단, 중력가속도=9.8m/s²)

① 약 4.9m/s² ② 약 5.7m/s²
③ 약 8.5m/s² ④ 약 17.0m/s²

[해설]

수평면과 이루는 각 $\tan\theta = \dfrac{\alpha}{g}$ 에서

$\tan 30° = \dfrac{\alpha}{9.8}$ ∴ $\alpha = 5.66 \text{m/s}^2$

03 물이 들어 있고 뚜껑이 없는 수조가 9.8m/s²으로 수직상향 가속되고 있을 때 수심 2m에서의 압력은?(단, 무게 1kg=9.8N)

① 78.4kPa ② 39.2kPa
③ 19.6kPa ④ 0kPa

[해설]

수직으로 상향이동 시

$p = wh\left(1 + \dfrac{\alpha}{g}\right) = 9.8 \text{ kN/m}^3 \times 2 \text{ m} \times \left(1 + \dfrac{9.8}{9.8}\right)$
$= 39.2 \text{kN/m}^2 = 39.2 \text{kPa}(\because 1\text{kN/m}^2 = 1\text{kPa})$

04 그림과 같이 높이 2m인 물통에 물이 1.5m만큼 담겨 있다. 물통이 수평으로 4.9m/sec²의 일정한 가속도를 받고 있을 때, 물통의 물이 넘쳐흐르지 않기 위한 물통의 길이(L)는? [18년 3회]

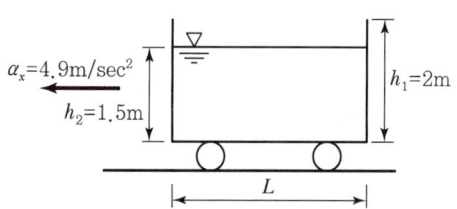

① 2.0m ② 2.4m
③ 2.8m ④ 3.0m

[해설]

$\tan\theta = \dfrac{\alpha}{g} = \dfrac{H-h}{L/2}$ 에서 $\dfrac{4.9}{9.8} = \dfrac{2-1.5}{L/2}$ ∴ $L = 2\text{m}$

05 그림과 같이 뚜껑이 없는 원통 속에 물을 가득 넣고 중심 축 주위로 회전시켰을 때 흘러넘친 양이 전체의 20%였다. 이때, 원통 바닥면이 받는 전수압(全水壓)은? [19년 3회]

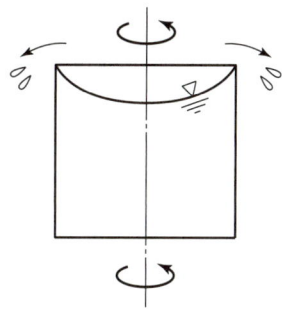

① 정지상태와 비교할 수 없다.
② 정지상태에 비해 변함이 없다.
③ 정지상태에 비해 20%만큼 증가한다.
④ 정지상태에 비해 20%만큼 감소한다.

[해설]

물이 20% 넘치면 수압은 20% 감소한다.

정답 01 ② 02 ② 03 ② 04 ① 05 ④

02 정수역학

15 수문을 끌어올리는 힘

수문을 끌어올리는 힘(F)	모식도
$F + B = fP + W$ $\therefore F = fP + W - B$	

F : 수문을 끌어올리는 힘
f : 수문 홈통의 마찰계수
W : 수문의 무게(자체 중량)
P : 수문에 작용하는 전수압
　$(P = wh_G A)$
B : 수문에 작용하는 부력
　(일반적으로는 무시)

✚ A(수문에 작용하는 전수압에서면적은 투영면적)

$P_V = w \times $ ◗ $\times b$

16 수문에 작용하는 전수압

곡면이 받는 전수압		모식도
① 수평분력의 산정	$P_H = wh_G A$	
② 연직분력의 산정	$P_V = W = wV$	
③ 합력의 산정	$P = \sqrt{P_H^{\,2} + P_V^{\,2}}$	

✚ Pa(파스칼)

- $1\text{pa} = 1\dfrac{\text{N}}{\text{m}^2}$
- 파스칼은 압력에 대한 SI 유도 단위
- $1\dfrac{\text{N}}{\text{m}^2} = \dfrac{\frac{\text{kg} \cdot \text{m}}{\text{s}^2}}{\text{m}^2} = \dfrac{\text{kg}}{\text{m} \cdot \text{s}^2}$
- $1\text{kPa} = 10^3 \text{Pa}$
- $1\dfrac{\text{t}}{\text{m}^2} = 9.8\dfrac{\text{kN}}{\text{m}^2} = 1\text{kPa}$

과년도 기출문제

토목 / 기 사 / 필 기

01 그림과 같이 물속에 수직으로 설치된 2m×3m 넓이의 수문을 올리는 데 필요한 힘은?(단, 수문의 물속 무게는 1,960N이고, 수문과 벽면 사이의 마찰계수는 0.25이다.) [19년 2회]

① 5.45kN
② 53.4kN
③ 126.7kN
④ 271.2kN

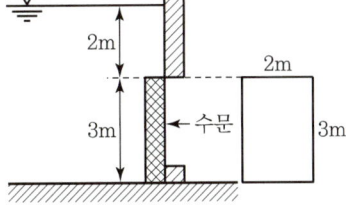

[해설]

- 수문을 끌어올리는 힘
  $F = fP + W - B$
- 수문에 작용하는 전수압
  $P = wh_G A = 1 \times (2 + \frac{3}{2}) \times (2 \times 3) = 21t$
  $= 205.8 kN$
- 수문을 끌어올리는 힘의 산정
  $F = fP + W - B = 0.25 \times 205.8 + 1.96$
  $= 53.4 kN$

02 반지름(OP)이 6m이고, $\theta' = 30°$인 수문이 그림과 같이 설치되었을 때, 수문에 작용하는 전수압(저항력)은?

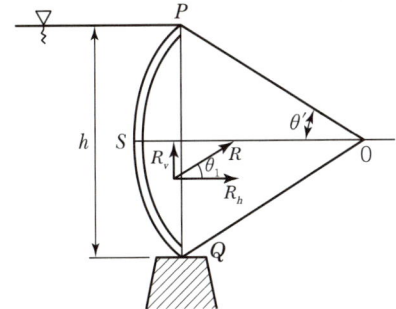

① 185.5kN/m
② 179.5kN/m
③ 169.5kN/m
④ 159.5kN/m

[해설]

- 수평분력의 산정
  $P_H = wh_G A = 1 \times \frac{6\sin30 \times 2}{2} \times (6\sin30 \times 2 \times 1) = 18t$

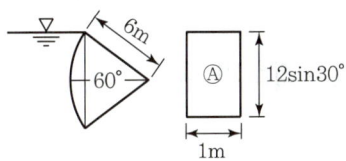

- 연직분력의 산정
  $P_V = w \times \text{(면적)} \times b$
  $P_V = W = wV = 1 \times \left[\left(\pi \times 6^2 \times \frac{60}{360}\right) - \left(\frac{1}{2} \times 6 \times 6 \times \sin60\right)\right] \times 1 = 3.25t$

- 합력의 산정
  $P = \sqrt{P_H^2 + P_V^2} = \sqrt{18^2 + 3.25^2} = 18.291t$

- 보기에는 단위폭당 전수압으로 표기
  $18.291t/m \times 1,000(kg) \times 9.8 \div 1,000(KN) = 179.3kN/m$

03 폭 4.8m, 높이 2.7m의 연직 직사각형 수문이 한쪽 면에서 수압을 받고 있다. 수문의 밑면은 힌지로 연결되어 있고 상단은 수평 체인(Chain)으로 고정되어 있을 때 이 체인에 작용하는 장력(張力)은?(단, 수문의 정상과 수면은 일치한다.) [18년 1회]

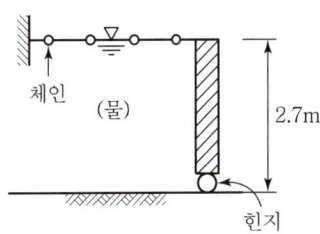

① 29.23kN
② 57.15kN
③ 7.87kN
④ 0.88kN

[해설]

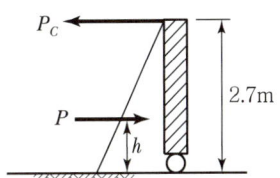

- $P = wh_G A = 1 \times \frac{2.7}{2} \times (4.8 \times 2.7) = 17.5t$

- $17.5 \times \frac{1}{3} \times 2.7 = P_c \times 2.7$

$\therefore P_c = 5.85t = 5.85 \times 9.8 = 57.16 kN$

정답 01 ② 02 ② 03 ②

03 동수역학

1 정수역학과 동수역학

정수역학	동수역학
흐르지 않고 정지상태에 있는 물과 힘의 관계를 다루는 분야	물이 흐를 경우 유체의 운동기술과 힘과의 관계를 다루는 분야

+ 전단력(τ) − 마찰 − 상대적 속도 − 흐름 − 이동속도(v) − 이동량(Q)

2 유속과 유량

구분	기호	해설
흐름	F	유체 입자가 연속적으로 운동
유속	V	흐름의 속도(m/s)
유적	A	흐름을 직각으로 끊는 횡단면적
유량	Q	단위시간에 그 유적을 통과하는 물의 용적(량)($\mathrm{m^3/s}$)

+ **유체의 1차원 흐름**
직각방향의 속도성분을 갖지 않고 1개의 유선을 따라 흐르는 흐름방향 속도성분만을 갖는 흐름

유속
단위 시간당 물의 유하 거리

유량
$Q = AV$

- CMS(m³/sec)
  Cubic Meter Per Sec

3 유선

구분	기호	해설
유선 (Stream Line)	Sl	• 속도 벡터의 접선을 연결한 선(가상) • 유선에 수평한 방향으로 속도 성분 존재
유적선 (Path Line)	Pl	운동하고 있는 유체에서 개개 유체입자가 흐르는 경로
유관 (Stream Tube)	St	여러 개의 유선들에 의해 둘러싸인 가상의 관
유선 방정식		① $\dfrac{dx}{u} = \dfrac{dy}{v} = \dfrac{dz}{w}$ ② 유선상을 따라 이동하는 유체입자의 변위와 속도성분 간의 관계를 표시하는 식 ③ 이 관계를 만족하는 공간좌표상의 선이 바로 유선

+ **유선**
정류 시 유선은 다른 유선과 교차하지 않음

유적선
정류일 때 유선과 일치

유선의 형태
- 직선 : $x = y$
- 원 : $x^2 + y^2 = c$
- 쌍곡선 : $x \cdot y = c$
  $x^2 - y^2 = c$

과년도 기출문제

01 흐름에 대한 설명 중 틀린 것은? [17년 1회]

① 흐름이 층류일 때는 뉴턴의 점성법칙을 적용할 수 있다.
② 등류란 모든 점에서의 흐름의 특성이 공간에 따라 변하지 않는 흐름이다.
③ 유관이란 개개의 유체입자가 흐르는 경로를 말한다.
④ 유선이란 각 점에서 속도벡터에 접하는 곡선을 연결한 선이다.

[해설]

유관이란 여러 개의 유선이 모여 만든 하나의 가상 폐합관을 말한다.

02 유선(Streamline)에 대한 설명으로 옳지 않은 것은? [16년 2회]

① 유선이란 유체입자가 움직인 경로를 말한다.
② 비정상류에서는 시간에 따라 유선이 달라진다.
③ 정상류에서는 유적선(Pathline)과 일치한다.
④ 하나의 유선은 다른 유선과 교차하지 않는다.

[해설]

• 유선 : 어느 시각에 각 입자의 속도벡터가 접선이 되는 가상적인 곡선
• 유적선 : 유체입자의 움직이는 경로

03 유선(Streamline)에 대한 설명으로 옳지 않은 것은?

① 유선에 수직한 방향으로 속도 성분이 존재한다.
② 유선은 어느 순간의 속도 벡터에 접하는 곡선이다.
③ 흐름이 정상류일 때는 유선과 유적선이 일치한다.
④ 유선 방정식은 $\frac{dx}{u} = \frac{dy}{v} = \frac{dz}{w}$ 이다.

[해설]

유선은 어느 시각에 각 입자의 속도벡터가 접선이 되는 가상적인 곡선

04 평면상 x, y 방향의 속도성분이 각각 $u = ky$, $v = kx$인 유선의 형태는? [20년 1회]

① 원
② 타원
③ 쌍곡선
④ 포물선

[해설]

유선방정식 $\frac{dx}{u} = \frac{dy}{v}$, $\frac{dx}{ky} = \frac{dy}{kx}$

$xdx - ydy = 0$, 적분하면 $\frac{1}{2}x^2 - \frac{1}{2}y^2 = c$

∴ $x^2 - y^2 = c$(쌍곡선)

05 유선 위 한 점의 x, y, z축에 대한 좌표를 (x, y, z), x, y, z축 방향 속도성분을 각각 u, v, w라 할 때 서로의 관계가 $\frac{dx}{u} = \frac{dy}{v} = \frac{dz}{w}$, $u = -ky$, $v = kx$, $w = 0$인 흐름에서 유선의 형태는?(단, k는 상수이다.) [19년 3회]

① 원
② 직선
③ 타원
④ 쌍곡선

[해설]

유선방정식은 $\frac{dx}{u} = \frac{dy}{v}$ 이다.

문제에서 주어진 $u = -ky$, $v = kx$를 2차원 흐름의 유선방정식에 대입하면 $\frac{dx}{-ky} = \frac{dy}{kx}$ 이고, $xdx + ydy = 0$ 이며, 이를 적분하면, $\frac{1}{2}x^2 + \frac{1}{2}y^2 = C \rightarrow x^2 + y^2 = C$ 이므로 원의 형태이다.

06 속도성분이 $u = kx$, $v = -ky$인 2차원 흐름의 유선은 다음 중 어느 경우인가?

① 직선
② 포물선
③ 쌍곡선
④ 3차 곡선

[해설]

유선의 방정식 $\frac{dx}{u} = \frac{dy}{v}$, $u = kx$, $v = -ky$ 를 대입하면

$\frac{1}{kx}dx = -\frac{1}{ky}dy$

적분하면 $x \cdot y = C$ 이므로 유선은 쌍곡선 형태이다.

정답 01 ③ 02 ① 03 ① 04 ③ 05 ① 06 ③

03 동수역학

④ 정류(Steady Flow)와 부정류(Unsteady Flow)

구분	해설
정류(정상류)	수류의 단면에서 유속, 유량, 밀도 등이 시간과 무관하게 항상 일정하게 흐르는 평수위의 하천의 흐름
부정류	유체의 흐름 특성이 시간에 따라 변하는 흐름

유체의 흐름특성이 시간에 따라 변하느냐 혹은 변하지 않느냐는 정상류와 부정류를 구분하는 기준

정류
- 평상시 하천
- 유선, 유적선 일치
- 시간에 따른 변화=0

$$\frac{\partial V(Q)}{\partial t}=0,\ \frac{\partial \rho}{\partial t}=0$$

부정류(비정상류)
- 홍수 시 하천
- 유선, 유적선 불일치
- 시간에 따른 변화≠0

$$\frac{\partial V(Q)}{\partial t}\neq 0,\ \frac{\partial \rho}{\partial t}\neq 0$$

⑤ 등류(Uniform Flow)와 부등류(Nonuniform Flow)

구분	모식도	해설
등류 (A-B) (C-D)	$A\ B\quad\quad C\ D$ $V_1\ V_1\quad\quad V_2\ V_2$	정류 시 어느 단면(거리)에서도 유속과 유적이 일정(에너지선과 동수경사선이 항상 평행)
부등류 (B-C)		정류 시 거리에 따라 유속과 유적이 변화하는 흐름

등류
공간적으로 변하지 않는 흐름(홍수 시)

$$\frac{\partial V}{\partial t}=0,\ \frac{\partial V}{\partial l}=0$$

부등류
공간적으로 변하는 흐름

$$\frac{\partial V}{\partial t}=0,\ \frac{\partial V}{\partial l}\neq 0$$

⑥ 층류(Laminar Flow)와 난류(Turbulent Flow)

구분	모식도	설명	구분(Reynolds 수)
층류	층류	물분자가 층상으로 질서 정연하게 흐르는 흐름	$Re<2,000$
난류	난류	물분자가 흐름에 상하좌우로 직각방향의 속도성분을 가지고 이동하면서 흐르는 흐름	$Re>4,000$

층류에서 난류로 변할 때의 유속과 난류에서 층류로 변할 때의 유속은 다르다.

- 층류와 난류의 구분은 레이놀즈 수에 의한다.

Reynolds 수(무차원)
점성력에 대한 관성력의 비

$$Re=\frac{VD}{\nu}=\frac{\rho VD}{\mu}$$

여기서, μ : 점성계수
ν : 동점성계수

천이상태(영역)
(층류와 난류 공존, 불완전층류)
$2,000<Re<4,000$

한계레이놀즈 수 : 2,000

과년도 기출문제

01 유체의 흐름에 관한 설명으로 옳지 않은 것은?
[21년 2회]

① 유체의 입자가 흐르는 경로를 유적선이라 한다.
② 부정류(不定流)에서는 유선이 시간에 따라 변화한다.
③ 정상류(定常流)에서는 하나의 유선이 다른 유선과 교차하게 된다.
④ 점성이나 압축성을 완전히 무시하고 밀도가 일정한 이상적인 유체를 완전유체라 한다.

[해설]
정상류에서는 하나의 유선이 다른 유선과 교차하지 않는다.

02 정상류(Steady Flow)의 정의로 가장 적합한 것은?
[17년 1회]

① 수리학적 특성이 시간에 따라 변하지 않는 흐름
② 수리학적 특성이 공간에 따라 변하지 않는 흐름
③ 수리학적 특성이 시간에 따라 변하는 흐름
④ 수리학적 특성이 공간에 따라 변하는 흐름

[해설]
시간에 따른 흐름의 특성이 변하지 않는 경우를 정류(정상류), 변하는 경우를 부정류라 한다.

03 정상류의 흐름에 대한 설명으로 옳은 것은?
[17년 4회]

① 흐름 특성이 시간에 따라 변하지 않는 흐름이다.
② 흐름 특성이 공간에 따라 변하지 않는 흐름이다.
③ 흐름 특성이 단면에 관계없이 동일한 흐름이다.
④ 흐름 특성이 시간에 따라 일정한 비율로 변하는 흐름이다.

[해설]
정상류는 흐름의 특성이 시간에 따라 변하지 않는 흐름을 말한다.

04 유체의 흐름에 대한 설명으로 옳지 않은 것은?
[20년 1회]

① 이상유체에서 점성은 무시된다.
② 유관(Stream Tube)은 유선으로 구성된 가상적인 관이다.
③ 점성이 있는 유체가 계속해서 흐르기 위해서는 가속도가 필요하다.
④ 정상류의 흐름상태는 위치변화에 따라 변화하지 않는 흐름을 의미한다.

[해설]
정상류의 흐름상태는 시간에 따라 변화하지 않는 흐름을 의미한다.

05 시간을 t, 유속을 v, 두 단면 간의 거리를 l이라 할 때, 다음 조건 중 부등류인 경우는?
[20년 1회]

① $\dfrac{v}{t}=0$ ② $\dfrac{v}{t}\neq 0$

③ $\dfrac{v}{t}=0,\ \dfrac{v}{l}=0$ ④ $\dfrac{v}{t}=0,\ \dfrac{v}{l}\neq 0$

[해설]
• 정류($\dfrac{v}{t}=0$)
• 등류($\dfrac{v}{t}=0,\ \dfrac{v}{l}=0$)
• 부등류($\dfrac{v}{t}=0,\ \dfrac{v}{l}\neq 0$)

06 부등류에 대한 표현으로 가장 적합한 것은?(단, t : 시간, ℓ : 거리, v : 유속)
[15년 1회]

① $\dfrac{dv}{d\ell}=0$ ② $\dfrac{dv}{d\ell}\neq 0$

③ $\dfrac{dv}{dt}=0$ ④ $\dfrac{dv}{dt}\neq 0$

[해설]
• 정류 : $\dfrac{\partial V}{\partial t}=0,\ \dfrac{\partial Q}{\partial t}=0$

정답 01 ③ 02 ① 03 ① 04 ④ 05 ④ 06 ②

- 등류 : $\dfrac{\partial V}{\partial t}=0,\ \dfrac{\partial V}{\partial l}=0$
- 부등류 : $\dfrac{\partial V}{\partial t}=0,\ \dfrac{\partial V}{\partial l}\neq 0$
- 부정류 : $\dfrac{\partial V}{\partial t}\neq 0,\ \dfrac{\partial Q}{\partial t}\neq 0$

07 층류와 난류(亂流)에 관한 설명으로 옳지 않은 것은? [19년 1회]

① 층류란 유수(流水) 중에서 유선이 평행한 층을 이루는 흐름이다.
② 층류와 난류를 레이놀즈 수에 의하여 구별할 수 있다.
③ 원관 내 흐름의 한계 레이놀즈 수는 약 2,000 정도이다.
④ 층류에서 난류로 변할 때의 유속과 난류에서 층류로 변할 때의 유속은 같다.

[해설]

구분	설명	구분 (Reynolds 수)
층류	물분자가 층상으로 질서정연하게 흐르는 흐름	$Re<2,000$
난류	물분자가 흐름에 상하좌우로 직각방향의 속도성분을 가지고 이동하면서 흐르는 흐름	$Re>4,000$

08 정상류에 관한 설명으로 옳지 않은 것은? [22년 2회]

① 유선과 유적선이 일치한다.
② 흐름의 상태가 시간에 따라 변하지 않고 일정하다.
③ 실제 개수로 내 흐름의 상태는 정상류가 대부분이다.
④ 정상류 흐름의 연속방정식은 질량보존의 법칙으로 설명된다.

[해설]

실제 개수로의 흐름은 층류, 난류, 상류, 사류가 결합된 형태이다.

09 레이놀즈(Reynolds) 수에 대한 설명으로 옳은 것은? [21년 2회]

① 관성력에 대한 중력의 상대적인 크기
② 압력에 대한 탄성력의 상대적인 크기
③ 중력에 대한 점성력의 상대적인 크기
④ 관성력에 대한 점성력의 상대적인 크기

[해설]

$Re=\dfrac{VD}{\nu}\ \left(\nu=\dfrac{\mu}{\rho}\right)$

10 안지름 2m의 관 내를 20℃의 물이 흐를 때 동점성계수가 $0.0101\,\text{cm}^2/\text{s}$이고 속도가 50cm/s라면 이때의 레이놀즈 수(Reynolds Number)는? [16년 1회]

① 960,000
② 970,000
③ 980,000
④ 990,000

[해설]

$R_e=\dfrac{VD}{\nu}=\dfrac{50\times200}{0.0101}=990,099$

11 정류에 대한 설명으로 옳지 않은 것은?

① 어느 단면에서 지속적으로 유속이 균일해야 한다.
② 흐름의 상태가 시간에 관계없이 일정하다.
③ 유선과 유적선이 일치한다.
④ 유선에 따라 유속이 일정하게 변한다.

[해설]

정류는 수류의 단면에서 유속, 유량, 밀도 등이 시간과 무관하게 항상 일정하게 흐르는 평수위의 하천의 흐름

정답 07 ④ 08 ③ 09 ④ 10 ④ 11 ④

과년도 기출문제

12 유체의 흐름에 대한 설명으로 옳지 않은 것은?

① 이상유체에서 점성은 무시된다.
② 점성이 있는 유체가 계속해서 흐르기 위해서는 가속도가 필요하다.
③ 정상류의 흐름상태는 위치변화에 따라 변화하지 않는 흐름을 의미한다.
④ 유관(Stream Tube)은 유선으로 구성된 가상적인 관이다.

[해설]
모든 점 또는 한 점에서 유동특성(속도, 압력, 밀도, 유량)이 시간에 따라 변하지 않는 흐름을 정상류라 하며, 유관은 유선들에 의하여 둘러싸인 가상적인 관이다.

13 에너지선과 동수경사선이 항상 평행하게 되는 흐름은?

① 등류   ② 부등류
③ 난류   ④ 상류

[해설]
두 단면이 일정하고 마찰손실만 발생하는 경우에 동수경사선은 에너지선에 대해 속도수두만큼 아래에 위치하고 서로 나란하며 이때의 흐름을 등류라고 한다.

14 레이놀즈 실험장치(Reynolds 수)에 의해서 구별할 수 있는 흐름은?

① 층류와 난류   ② 정류와 부정류
③ 상류와 사류   ④ 등류와 부등류

[해설]
층류와 난류는 Reynolds 수에 의해 구분한다.
층류 : $Re < 2,000$, 난류 : $Re < 4,000$

15 내경 2cm의 관 내를 수온 20℃의 물이 25cm/s의 유속을 갖고 흐를 때 이 흐름의 상태는?(단, 20℃일 때의 물의 동점성계수 $\nu = 0.01 \text{cm}^2/\text{s}$)

① 층류   ② 난류
③ 상류   ④ 불완전 층류

[해설]
레이놀즈 수 $Re = \dfrac{VD}{\nu} = \dfrac{25 \times 2}{0.01} = 5,000 > 4,000$
∴ 난류이다.

16 레이놀즈 수가 갖는 물리적인 의미는?

① 점성력에 대한 중력의 비(중력/점성력)
② 관성력에 대한 중력의 비(중력/관성력)
③ 점성력에 대한 관성력의 비(관성력/점성력)
④ 관성력에 대한 점성력의 비(점성력/관성력)

[해설]
Reynolds 수는 층류와 난류를 구분하기 위하여 실험에 의해 얻어진 점성력에 대한 관성력의 비인 $Re = \dfrac{VD}{\nu}$ 로 나타낸다 (중력에 대한 관성력의 비는 Froude 수이다).

17 직경 5cm의 원관에서 300cc/sec의 유량이 흐르고 있다. 이 흐름의 레이놀즈 수는 얼마인가?(물이 20℃일 때 $\nu = 0.01 \text{cm}^2/\text{sec}$)

① 4,000   ② 5,670
③ 6,570   ④ 7,650

[해설]
$Re = \dfrac{VD}{\nu} = \dfrac{15.28 \times 5}{0.01} = 7,640$
$\left(V = \dfrac{Q}{A} = \dfrac{4Q}{\pi D^2} = \dfrac{4 \times 300}{\pi \times 5^2} = 15.28 \text{cm/sec} \right)$

정답 12 ③ 13 ① 14 ① 15 ② 16 ③ 17 ④

03 동수역학

7 1차원 흐름

내용
① 하나의 유선은 가상의 선으로 한 개의 차원만을 가진다.
② 개개 유선을 따라 흐르는 흐름은 1차원 흐름이다.
③ 실제 흐름이 1차원이 아니더라도 유선이 거의 직선에 가깝고 서로 평행한 경우에는 1차원 흐름으로 간단하게 해석한다.

8 1차원 흐름의 기본 방정식

구분	방정식 표시	식
연속방정식	질량보존의 법칙	$Q = AV$
에너지 방정식	베르누이(Bernoulli) 정리	$H = \dfrac{V^2}{2g} + \dfrac{p}{w} + z$
운동량 방정식	Newton 운동법칙	$F = \dfrac{w}{g} Q(V_2 - V_1)$

➕ 연속 방정식
- 질량보존의 법칙
- 정류일때와 부정류일 때 연속방정식은 같다.
- 관수로에 물이 흐를 때 유속을 구하는 방법

에너지 방정식
- H : 전수두
- $\dfrac{V^2}{2g}$: 속도수두
- $\dfrac{p}{w}$: 압력수두
- Z : 위치수두

9 1차원 흐름의 연속방정식

모식도		식
(그림: 관로 I, II, $A_1, V_1 \to A_2, V_2$)	비압축성 유체 (정류)	$Q = A_1 V_1 = A_2 V_2 =$ 일정 $\therefore A_1 V_1 = A_2 V_2$
(그림: 개수로, $A_1, V_1 \to A_2, V_2$)	압축성 유체	$w_1 A_1 V_1 = w_2 A_2 V_2$

① 연속방정식 질량보존의 법칙을 설명해 주는 방정식
② 한 단면에서 다른 단면으로 흐르는 유체의 연속성을 표시
③ 유체의 밀도 변화가 무시할 정도로 작으면 비압축성 유체로 간주
④ 물은 비압축성으로 해석

➕ 압축성 유체
- 밀도(ρ) 고려
- $\rho = \dfrac{w}{g}$

과년도 기출문제

01 비압축성유체의 연속방정식을 표현한 것으로 가장 올바른 것은? [19년 2회]

① $Q = \rho A V$
② $\rho_1 A_1 = \rho_2 A_2$
③ $Q_1 A_1 V_1 = Q_2 A_2 V_2$
④ $A_1 V_1 = A_2 V_2$

[해설]

비압축성 유체
$Q = A_1 V_1 = A_2 V_2 =$ 일정
∴ $A_1 V_1 = A_2 V_2$
※ 압축성 유체
  $w_1 A_1 V_1 = w_2 A_2 V_2$

02 질량보존 법칙과 가장 관계가 깊은 것은?

① 운동 방정식   ② 에너지 방정식
③ 연속 방정식   ④ 운동량 방정식

[해설]

연속 방정식은 질량 보존법칙과 관계가 있고, 베르누이 방정식은 에너지 방정식과 관계가 있다.

03 관의 지름이 각각 3m, 1.5m인 서로 다른 관이 연결되어 있을 때, 지름 3m 관내에 흐르는 연속이 0.03m/s이라면 지름 1.5m 관내에 흐르는 유량은? [20년 3회]

① $0.157 \text{m}^3/\text{s}$
② $0.212 \text{m}^3/\text{s}$
③ $0.378 \text{m}^3/\text{s}$
④ $0.540 \text{m}^3/\text{s}$

[해설]

$Q = A_1 V_1 = A_2 V_2$
$= \dfrac{\pi \cdot 3^2}{4} \cdot 0.03 = \dfrac{\pi \cdot 1.5^2}{4} \cdot V_2$
$= 0.212 \text{m}^3/\text{s}$

04 그림과 같은 단면 ①에서의 관의 지름이 0.5m, 단면 ②의 지름이 0.2m, 단면 ①에서의 유속이 2m/sec라 하면, 단면 ②에서의 유속은?

① 10.5m/sec
② 11.5m/sec
③ 12.5m/sec
④ 13.5m/sec

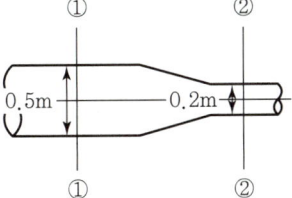

[해설]

연속방정식
$Q = A_1 V_1 = A_2 V_2$ 에서
$0.5^2 \times 2 = 0.2^2 \times V_2$ ∴ $V_2 = 12.5 \text{m/sec}$

05 직사각형 수로에서 폭 3.2m, 평균유속 1.5m/s, 유량 12m³/s라 하면 수로의 수심은?

① 2.5m   ② 3.0m
③ 3.5m   ④ 4.0m

[해설]

$Q = AV = b \times h \times V$ 에서
$h = \dfrac{Q}{b \times V} = \dfrac{12}{3.2 \times 1.5} = 2.5 \text{m}$

06 지름 1m의 원통 수조에서 지름 2cm의 관으로 물이 유출되고 있다. 관 내의 유속이 2.0m/s일 때, 수조의 수면이 저하되는 속도는?

① 0.4cm/s   ② 0.3cm/s
③ 0.08cm/s   ④ 0.06cm/s

[해설]

연속방정식 $A_1 V_1 = A_2 V_2$ 에서
$\dfrac{\pi \times 100^2}{4} \times V_1 = \dfrac{\pi \times 2^2}{4} \times 200$
∴ $V_1 = 0.08 \text{cm/sec}$

정답 01 ④ 02 ③ 03 ② 04 ③ 05 ① 06 ③

03 동수역학

10 베르누이 정리(에너지 방정식)

구분	내용
정의	① 속도수두, 압력수두 및 위치수두의 합에 의해 발생한 에너지가 일정 ② 동일한 유선상에서 유체입자가 가지는 에너지는 같음 　(에너지 불변의 법칙) ③ H(전수두) $= \dfrac{V^2}{2g} + \dfrac{p}{w} + z =$ 일정 　총압력 = 동압력 + 정압력 + 위치압력
모식도	(그림: 에너지선, 동수경사선, $\dfrac{V_1^2}{2g}$, $\dfrac{V_2^2}{2g}$, h_L, h_L', $\dfrac{P_1}{w}$, $\dfrac{P_2}{w}$, I V_1, II V_2, Z_1, Z_2, l, 기준 수평선)
전수두 (H)	$H = \dfrac{V_1^2}{2g} + \dfrac{p_1}{\omega} + z_1 = \dfrac{V_2^2}{2g} + \dfrac{p_2}{\omega} + z_2 =$ 일정 이들 수두는 길이의 단위(m)를 가지나 실질적으로는 1kg의 유체가 가지는 에너지인 단위무게당 에너지(kg-m/kg)를 의미
손실수두(h_L) 고려 시	$\dfrac{V_1^2}{2g} + \dfrac{p_1}{\omega} + z_1 = \dfrac{V_2^2}{2g} + \dfrac{p_2}{\omega} + z_2 + h_L$
에너지선 ($E.L$)	① 전수두를 연결한 선 ② 수평 기준면과 평행한 수평선(이상유체 흐름)
에너지 경사	에너지선의 경사 $\left(I = \dfrac{h_L}{l} \right)$
동수경사선 (수두경사선)	① 기준 수평면에서 위치수두와 압력수두의 합을 연결한 선 ② 에너지선은 동수경사선보다 위에 위치(속도수두만큼) ③ 동수경사선은 에너지선에서 속도수두만큼 아래에 위치
펌프의 에너지가 가해지는 경우	$\dfrac{V_1^2}{2g} + \dfrac{p_1}{\omega} + z_1 + E_P = \dfrac{V_2^2}{2g} + \dfrac{p_2}{\omega} + z_2 + E_T + h_L$ E_P : 펌프에 의한 수두 E_T : 수차(터빈)에 의한 수두 h_L : 손실수두

베르누이 정리의 성립조건
- 흐름은 정상류(부정류에서는 불성립)
- 비압축성 유체, 비점성 유체
- 회전류는 동일한 유선상에서 성립
- 임의 두 점은 동일 유선상에 있음(하나의 유선)
- 하나의 유선에 대해서는 총에너지가 일정

정체압
정압력(P) + 동압력 $\left(\dfrac{\rho V^2}{2} \right)$

정체압력 수두
압력수두 + 속도수두

속도수두 $\left(\dfrac{V^2}{2g} \right)$
속도에너지를 액체의 높이로 표시

압력수두 $\left(h = \dfrac{p}{w} \right)$
- 압력에너지를 액체의 높이로 표시
- 1기압의 물이 갖는 압력
- 수두는 10m

위치수두(Z)
유체 입자의 위치에너지를 나타내는 항

- h_L = 손실수두

- 에너지선은 동수경사선보다 위에 위치 (속도수두만큼)

- 동수경사선은 에너지선에서 속도수두 만큼 아래에 위치

등류(속도 동일)
에너지선과 동수경사선 평행

과년도 기출문제

01 베르누이 정리가 성립하기 위한 조건으로 틀린 것은? [15년 1회]

① 압축성 유체에서 성립한다.
② 유체의 흐름은 정상류이다.
③ 개수로 및 관수로 모두에 적용된다.
④ 하나의 유선에 대하여 성립한다.

[해설]

베르누이 정리의 성립조건
- 흐름은 정상류(부정류에서는 불성립)
- 유체는 비압축성 유체
- 비점성 유체
- 임의 두 점은 동일 유선상에 있음(하나의 유선)
- 하나의 유선에 대해서는 총에너지가 일정

02 베르누이(Bernoulli)의 정리에 관한 설명으로 틀린 것은? [22년 1회]

① 회전류의 경우는 모든 영역에서 성립한다.
② Euler의 운동방정식으로부터 적분하여 유도할 수 있다.
③ 베르누이의 정리를 이용하여 Torricelli의 정리를 유도할 수 있다.
④ 이상유체 흐름에 대하여 기계적 에너지를 포함한 방정식과 같다.

[해설]

회전류의 경우는 동일한 유선상에서 성립하고, 비회전류의 경우는 모든 영역에서 성립한다.

03 정상적인 흐름에서 1개 유선상의 유체입자에 대하여 그 속도수두를 $\frac{V^2}{2g}$, 위치수두를 Z, 압력수두를 $\frac{P}{\gamma_o}$라 할 때 동수경사는? [20년 3회]

① $\frac{P}{\gamma_o}+Z$를 연결한 값이다.
② $\frac{V^2}{2g}+Z$를 연결한 값이다.
③ $\frac{V^2}{2g}+\frac{P}{\gamma_o}$를 연결한 값이다.
④ $\frac{V^2}{2g}+\frac{P}{\gamma_o}+Z$를 연결한 값이다.

[해설]

동수경사 = 위치수두 + 압력수두 = $Z+\frac{P}{\omega(r_o)}$

04 에너지선에 대한 설명으로 옳은 것은? [18년 3회]

① 언제나 수평선이 된다.
② 동수경사선보다 아래에 있다.
③ 속도수두와 위치수두의 합을 의미한다.
④ 동수경사선보다 속도수두만큼 위에 위치하게 된다.

[해설]

- 동수경사선은 $\frac{P}{w_o}+Z$를 연결한 값이다.
- 총수두(에너지선) = 위치수두 + 압력수두 + 속도수두
- 에너지선은 동수경사선보다 속도수두만큼 위에 위치하게 된다.

정답 01 ① 02 ① 03 ① 04 ④

과년도 기출문제

05 기계적 에너지와 마찰손실을 고려하는 베르누이 정리에 관한 표현식은?(단, E_P 및 E_T는 각각 펌프 및 터빈에 의한 수두를 의미하며, 유체는 점 1에서 점 2로 흐른다.) [17년 2회]

① $\dfrac{v_1^2}{2g}+\dfrac{p_1}{\gamma}+z_1 = \dfrac{v_2^2}{2g}+\dfrac{p_2}{\gamma}+z_2+E_P+E_T+h_L$

② $\dfrac{v_1^2}{2g}+\dfrac{p_1}{\gamma}+z_1 = \dfrac{v_2^2}{2g}+\dfrac{p_2}{\gamma}+z_2-E_P-E_T-h_L$

③ $\dfrac{v_1^2}{2g}+\dfrac{p_1}{\gamma}+z_1 = \dfrac{v_2^2}{2g}+\dfrac{p_2}{\gamma}+z_2-E_P+E_T+h_L$

④ $\dfrac{v_1^2}{2g}+\dfrac{p_1}{\gamma}+z_1 = \dfrac{v_2^2}{2g}+\dfrac{p_2}{\gamma}+z_2+E_P-E_T+h_L$

[해설]
펌프와 터빈을 모두 설치한 경우
$z_1+\dfrac{p_1}{\gamma}+\dfrac{v_1^2}{2g}+E_P = z_2+\dfrac{p_2}{\gamma}+\dfrac{v_2^2}{2g}+E_T+h_L$
$\therefore z_1+\dfrac{p_1}{\gamma}+\dfrac{v_1^2}{2g} = z_2+\dfrac{p_2}{\gamma}+\dfrac{v_2^2}{2g}-E_P+E_T+h_L$

06 베르누이 정리를 $\dfrac{\rho}{2}V^2+wZ+P=H$로 표현할 때, 이 식에서 정체압(Stagnation Pressure)은? [16년 1회]

① $\dfrac{\rho}{2}V^2+wZ$로 표시한다.
② $\dfrac{\rho}{2}V^2+P$로 표시한다.
③ $wZ+P$로 표시한다.
④ P로 표시한다.

[해설]
- 정체압은 정압과 동압력의 합
- 정체압 = $\dfrac{\rho V^2}{2}+P$

07 유속을 V, 물의 단위중량을 γ_w, 물의 밀도를 ρ, 중력가속도를 g라 할 때 동수압(動水壓)을 바르게 표시한 것은? [21년 1회]

① $\dfrac{V^2}{2g}$ ② $\dfrac{\gamma_w V^2}{2g}$
③ $\dfrac{\gamma_w V}{2g}$ ④ $\dfrac{\rho V^2}{2g}$

[해설]
항력(D) = $C_D \cdot A \cdot \dfrac{\rho V^2}{2}$
여기서 $\dfrac{\rho V^2}{2}\left(=\dfrac{\gamma_w V^2}{2g}\right)$은 동압력(동수압)이다.

08 5m의 높이에 있는 물의 수압은 8kg/cm²이고, 유속 10m/sec일 때 이 유수의 전수두는 약 얼마인가?

① 80m   ② 90m
③ 110m   ④ 100m

[해설]
전수두 $H = z+\dfrac{p}{w}+\dfrac{V^2}{2g}$
$= 5+\dfrac{80}{1}+\dfrac{10^2}{19.6} = 90.1\text{m}$

정답 05 ③ 06 ② 07 ② 08 ②

과년도 기출문제

09 기준면상 높이 7m 위치에 있는 단면 1의 안지름이 50cm, 유속이 2m/s, 압력이 30N/cm²이고, 높이 2m 위치에 있는 단면 2의 안지름은 25cm, 압력은 25N/cm²이다. 이 관수로의 단면 1과 2 사이에서 발생하는 손실수두는?(단, 물의 단위중량은 9.8 kN/m³이다.)

① 6.94m ② 5.94m
③ 4.94m ④ 3.94m

[해설]

$\dfrac{\pi \times 0.5^2}{4} \times 2 = \dfrac{\pi \times 0.25^2}{4} \times V_2$ 에서
$V_2 = 8\text{m/s}$
베르누이 정리로부터
$7 + \dfrac{30}{1} + \dfrac{2^2}{19.6} = 2 + \dfrac{25}{1} + \dfrac{8^2}{19.6} + h_L$
$\therefore h_L = 6.94\text{m}$

10 물이 3m/sec의 속도로 그림과 같은 원형 관을 흐를 때 관의 압력은?[단, 관 중심에서 에너지선 ($E.L$)까지의 높이는 1.2m이고, 무게 1kg=9.8 N이다.]

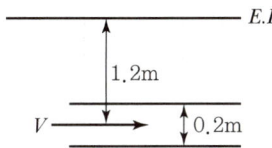

① 5,400Pa ② 6,700Pa
③ 7,260Pa ④ 8,300Pa

[해설]

$H = \dfrac{p}{w} + \dfrac{V^2}{2g}$ 에서 $1.2 = \dfrac{p}{9,800} + \dfrac{3^2}{19.6}$
$\therefore p = 7,260\text{Pa}$

11 압력수두 P, 속도수두 V, 위치수두 Z라고 할 때 정체압력수두 P_s는? [18년 2회]

① $P_s = P - V - Z$ ② $P_s = P + V + Z$
③ $P_s = P - V$ ④ $P_s = P + V$

[해설]

• 정체압 $= P + \dfrac{\rho V^2}{2}$
• 정체압력수두 $P_s = P + V$

12 관의 단면적이 4m²인 관수로에서 물이 정지하고 있을 때 압력을 측정하니 500kPa이었고 물을 흐르게 했을 때 압력을 측정하니 420kPa이었다면, 이때 유속(V)은?(단, 물의 단위중량은 9.81kN/m³ 이다.)

① 10.05m/s ② 11.16m/s
③ 12.65m/s ④ 15.22m/s

[해설]

• $h = \dfrac{p}{w} = \dfrac{\dfrac{(500-420)}{9.8\text{t/m}^2}}{1\text{t/m}^3} = 8.16\text{m}$
• $v = \sqrt{2gh} = \sqrt{2 \times 9.8 \times 8.16} = 12.65\text{m/s}$

13 Bernoulli의 정리로서 가장 옳은 것은? [15년 4회]

① 동일한 유선상에서 유체입자가 가지는 Energy는 같다.
② 동일한 단면에서의 Energy의 합이 항상 같다.
③ 동일한 시각에는 Energy의 양이 불변한다.
④ 동일한 질량이 가지는 Energy는 같다.

[해설]

베르누이 정리는 동일한 유선상에서 유체입자가 가지는 Energy는 같다는 이론이다.

정답 09 ① 10 ③ 11 ④ 12 ③ 13 ①

과년도 기출문제

14 수평으로 관 A와 B가 연결되어 있다. 관 A에서 유속은 2m/s, 관 B에서의 유속은 3m/s이며, 관 B에서의 유체압력이 9.8kN/m²라 하면 관 A에서의 유체압력은?(단, 에너지 손실은 무시한다.)

[16년 1회]

① 2.5kN/m²   ② 12.3kN/m²
③ 22.6kN/m² ④ 37.6kN/m²

[해설]

- 베르누이 정리
$$z_1 + \frac{p_1}{w} + \frac{v_1^2}{2g} = z_2 + \frac{p_2}{w} + \frac{v_2^2}{2g}$$
- $\frac{p_A}{1} + \frac{2^2}{2 \times 9.8} = \frac{1}{1} + \frac{3^2}{2 \times 9.8}$
∴ $p_A = 1.256 t/m^2 = 12.3 kN/m^2$

15 유속이 3m/s인 유수 중에 유선형 물체가 흐름방향으로 향하여 $h=3$m 깊이에 놓여 있을 때 정체압력(Stagnation Pressure)은?

[18년 3회]

① 0.46kN/m²   ② 12.21kN/m²
③ 33.90kN/m² ④ 102.35kN/m²

[해설]

정체압 $= P + \frac{\rho V^2}{2} = 1 \times 3 + \frac{\frac{1}{9.8} \times 3^2}{2}$
$= 3.459 t/m^2 \times 3.459 \times 9.8 = 33.9 kN/m^2$

16 한 유선상에서의 속도수두를 $\frac{V^2}{2g}$, 압력수두를 $\frac{P}{w}$, 위치수두를 Z라 할 때 동수경사선(E)을 표시하는 식은?(단, V는 유속, P는 압력, w는 단위중량, g는 중력가속도, Z는 기준면으로부터의 높이이다.)

[15년 1회]

① $\frac{V^2}{2g} + \frac{P}{w} + Z = E$ ② $\frac{V^2}{2g} + \frac{P}{w} = E$
③ $\frac{V^2}{2g} + Z = E$ ④ $\frac{P}{w} + Z = E$

[해설]

- 동수경사선 = 위치수두(z) + 압력수두$\left(\frac{p}{w}\right)$
- 동수경사선은 에너지선에서 속도수두$\left(\frac{V^2}{2g}\right)$ 만큼 아래에 위치
- 개수로일 때의 동수경사선은 수면과 일치

17 수심이 1.2m인 수조의 밑바닥에 길이 4.5m, 지름 2cm인 원형관이 연직으로 설치되어 있다. 최초에 물이 배수되기 시작할 때 수조의 밑바닥에서 0.5m 떨어진 연직관 내의 수압은?(단, 물의 단위중량은 9.81kN/m³이며, 손실은 무시한다.)

[22년 1회]

① 49.05kN/m²   ② −49.05kN/m²
③ 39.24kN/m²   ④ −39.24kN/m²

[해설]

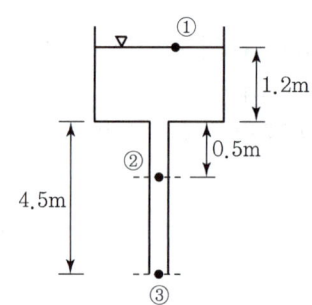

- ① = ③
$(1.2 + 4.5) + 0 + 0 = 0 + 0 + \frac{V_3^2}{2g}$
∴ $V_3 = 10.575 m/s = V_2$
- ① = ②
$(1.2 + 0.5) + 0 + 0 = 0 + \frac{P_2}{w} + \frac{V_2^2}{2g}$
$1.7 = \frac{P_2}{1 t/m^3 \times 9.81 kN} + \frac{10.575^2}{2 \times 9.8}$
∴ ②지점의 수압 P_2는 $-39.24 kN/m^2$

정답 14 ② 15 ③ 16 ④ 17 ④

과년도 기출문제

18 그림과 같은 수로에서 단면 1의 수심 $h_1 = 1\text{m}$, 단면 2의 수심 $h_2 = 0.4\text{m}$라면 단면 2에서의 유속 V_2는?(단, 단면 1과 2의 수로 폭은 같으며, 마찰손실은 무시한다.) [15년 2회]

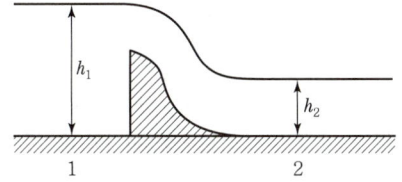

① 3.74m/s ② 4.05m/s
③ 5.56m/s ④ 2.47m/s

[해설]

베르누이 정리
$$1 + \frac{V_1^2}{19.6} = 0.4 + \frac{V_2^2}{19.6} \ (\because 대기압 = 0)$$

연속방정식
$1 \times V_1 = 0.4 \times V_2$, $V_1 = 0.4 V_2$

따라서, $1 + \frac{(0.4V_2)^2}{19.6} = 0.4 + \frac{V_2^2}{19.6}$

$1 - 0.4 = \frac{V_2^2(1 - 0.16)}{19.6}$

∴ $V_2 = 3.74\text{m/sec}$

19 다음 중에 이상유체의 정의로 옳은 것은?

① 점성이 없고 $PV = RT$를 만족하는 유체
② 점성이 없는 모든 유체
③ 점성이 없고 비압축성인 유체
④ $\tau = \mu \frac{dV}{dy}$를 만족하는 비압축성인 유체

[해설]

이상유체는 비압축성, 비점성 유체이다.

20 어떠한 경우라도 전단응력 및 인장력이 발생하지 않고 전혀 압축되지도 않고, 마찰저항 $h_L = 0$인 유체를 무엇이라 말하는가?

① 소성유체 ② 점성유체
③ 탄성유체 ④ 완전유체

[해설]

유체는 실제유체와 이상유체(완전유체)로 구분되며, 이상유체는 비압축성·비점성 유체이므로 손실이 없다.

21 두 개의 수평한 판이 5mm 간격으로 놓여 있고, 점성계수 0.01N·s/cm²인 유체로 채워져 있다. 하나의 판을 고정시키고 다른 하나의 판을 2m/s로 움직일 때 유체 내에서 발생되는 전단응력은?

[17년 2회]

① 1N/cm² ② 2N/cm²
③ 3N/cm² ④ 4N/cm²

[해설]

$\tau = \mu \frac{dv}{dy} = 0.01 \times \frac{200}{0.5} = 4\text{N/cm}^2$

22 대기압을 무시한 압력을 무엇이라 하는가?

① 정압력 ② 부압력
③ 절대압력 ④ 계기압력

[해설]

계기압력(Gauge Pressure)은 대기압을 0으로 한 압력이다 (대기압 무시).

정답 18 ① 19 ③ 20 ④ 21 ④ 22 ④

03 동수역학

⑪ Torricelli 정리

내용	식	모식도
정수두에서 작은 오리피스를 통한 평균유속 V는 정수두 h의 제곱근에 비례	$V=\sqrt{2gH}$	

① $\dfrac{V_1^2}{2g}+\dfrac{p_1}{w}+z_1=\dfrac{V_2^2}{2g}+\dfrac{p_2}{w}+z_2$

② $0+0+H=\dfrac{V_2^2}{2g}+0+0$ (2점의 압력수두는 0, 대기압 무시)

∴ $V=\sqrt{2gH}$

베르누이 정리의 응용
- Torricelli 정리
- Pitot Tube
- Venturimeter

Torricelli 정리 유도
1단면과 2단면에 베르누이 정리를 적용
(대기압 무시)

⑫ 정지판에 미치는 충격력

구분	모식도	식
직각 충돌 시		$F=\dfrac{w}{g}Q(V_2-V_1)$ $-F_x=\dfrac{w}{g}Q(V_2-V_1)$ • V_1: 유입되는 유속 • V_2: 유출되는 유속
곡면판 충돌 시		$F=\sqrt{F_x^2+F_y^2}$ • $\Omega F_x=\dfrac{w}{g}Q(V_2\cos\theta-V_1)$ • $F_y=\dfrac{w}{g}Q(V_2\sin\theta+V_1\sin\theta)$

유속은 유입각도와 유출각도로 바뀌어 변화하면서, 만곡된 관벽의 힘 F_x 및 F_y의 힘을 발생시킨다.

경사(곡관) 충돌 시
수평분력과 연직분력을 구한 후 충격력을 구한다.

운동량 방정식의 가정
- 흐름은 정상류로 가정
- 유속은 단면 내에서 일정

과년도 기출문제

01 토리첼리(Torricelli) 정리는 다음 중 어느 것을 이용하여 유도할 수 있는가? [20년 1회]

① 파스칼 원리 ② 아르키메데스 원리
③ 레이놀즈 원리 ④ 베르누이 정리

[해설]
베르누이 정리를 이용하여 토리첼리 정리($U=\sqrt{2gh}$)를 유도한다.

02 원형 단면의 수맥이 그림과 같이 곡면을 따라 유량 0.018m³/s가 흐를 때 x 방향의 분력은?(단, 관 내의 유속은 9.8m/s, 마찰은 무시한다.) [16년 4회]

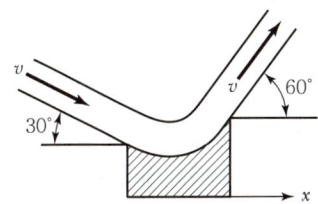

① -18.25N ② -37.83N
③ -64.56N ④ 17.64N

[해설]
$$F = \frac{wQ}{g}(V_2 - V_1) = \frac{1 \times 0.018}{9.8}(9.8\cos 60° - 9.8\cos 30°)$$
$$= -6.59 \times 10^{-3} t = -64.56 N$$

03 다음 중 베르누이의 정리를 응용한 것이 아닌 것은? [20년 4회]

① 오리피스 ② 레이놀즈 수
③ 벤추리미터 ④ 토리첼리의 정리

[해설]
레이놀즈 수는 층류와 난류를 구분하는 데 사용한다.

04 원형관의 중앙에 피토관(Pito Tube)을 넣고 관벽의 정수압을 측정하기 위하여 정압관과의 수면차를 측정하였더니 10.7m였다. 이때의 유속은? (단, 피토관 상수 $C=1$이다.) [16년 2회]

① 8.4m/s ② 11.7m/s
③ 13.1m/s ④ 14.5m/s

[해설]
$V = \sqrt{2gh} = \sqrt{2 \times 9.8 \times 10.7} = 14.5 m/s$

05 물이 유량 $Q=0.06$m³/s로 60°의 경사평면에 충돌할 때 충돌 후의 유량 Q_1, Q_2는?(단, 에너지 손실과 평면의 마찰은 없다고 가정하고 기타 조건은 일정하다.) [21년 3회]

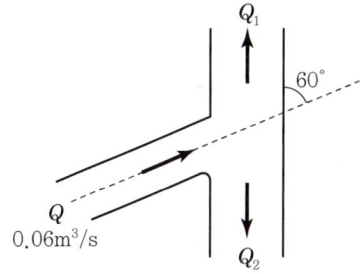

① $Q_1 : 0.03$m³/s, $Q_2 : 0.03$m³/s
② $Q_1 : 0.035$m³/s, $Q_2 : 0.025$m³/s
③ $Q_1 : 0.040$m³/s, $Q_2 : 0.020$m³/s
④ $Q_1 : 0.045$m³/s, $Q_2 : 0.015$m³/s

[해설]
- $Q = Q_1 + Q_2$
- $Q_1 = \frac{Q}{2} + \frac{Q}{2}\cos 60 = \frac{0.06}{2} + \frac{0.06}{2}\cos 60$
  $= 0.045 m^3/s$
- $Q_2 = \frac{Q}{2} - \frac{Q}{2}\cos 60 = \frac{0.06}{2} - \frac{0.06}{2}\cos 60$
  $= 0.015 m^3/s$

정답 01 ④ 02 ③ 03 ② 04 ④ 05 ④

과년도 기출문제

06 수로의 단위폭에 대한 운동량 방정식은?(단, 수로의 경사는 완만하며, 바닥 마찰저항은 무시한다.) [22년 2회]

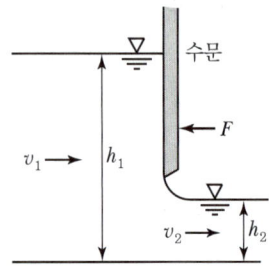

① $\dfrac{\gamma h_1^2}{2} - \dfrac{\gamma h_2^2}{2} - F = \rho Q(V_1 - V_2)$

② $\dfrac{\gamma h_1^2}{2} - \dfrac{\gamma h_2^2}{2} - F = \rho Q(V_2 - V_1)$

③ $\dfrac{\gamma h_1^2}{2} + \dfrac{\gamma h_2^2}{2} - F = \rho Q(V_2 - V_1)$

④ $\dfrac{\gamma h_1^2}{2} + \rho Q V_1 + F = \dfrac{\gamma h_2^2}{2} + \rho Q V_2$

[해설]

$F = \dfrac{w}{g} Q(V_2 - V_1)$

$F + P_1 - P_2 = \rho Q(V_2 - V_1)$

$F + (wh_G A) - (wh_G A) = \rho Q(V_2 - V_1)$

$F + \left[\gamma \cdot \dfrac{h_1}{2} \cdot (h_1 \times 1)\right] - \left[\gamma \cdot \dfrac{h_2}{2} \cdot h_2\right] = \rho Q(V_2 - V_1)$

07 1차원 정류흐름에서 단위시간에 대한 운동량 방정식은?(단, F: 힘, m: 질량, V_1: 초속도, V_2: 종속도, Δt: 시간의 변화량, S: 변위, W: 물체의 중량) [21년 3회]

① $F = W \cdot S$ ② $F = m \cdot \Delta t$
③ $F = m\dfrac{V_2 - V_1}{S}$ ④ $F = m(V_2 - V_1)$

[해설]

$F = ma = m\dfrac{v_2 - v_1}{\Delta t}$ 에서 $\therefore F \cdot \Delta t = m(v_2 - v_1)$

08 보기의 가정 중 방정식 $\sum F_x = \rho Q(v_2 - v_1)$에서 성립되는 가정으로 옳은 것은? [15년 2회]

[보기]
가. 유속은 단면 내에서 일정하다.
나. 흐름은 정류(定流)이다.
다. 흐름은 등류(等流)이다.
라. 유체는 압축성이며 비점성 유체이다.

① 가, 나 ② 가, 라
③ 나, 라 ④ 다, 라

[해설]

운동량 방정식의 가정조건
• 흐름이 정상류
• 유속은 단면 내에서 일정

09 Δt 시간 동안 질량 m인 물체에 속도변화 Δv가 발생할 때, 이 물체에 작용하는 외력 F는? [18년 2회]

① $\dfrac{m \cdot \Delta t}{\Delta v}$ ② $m \cdot \Delta v \cdot \Delta t$
③ $\dfrac{m \cdot \Delta v}{\Delta t}$ ④ $m \cdot \Delta t$

[해설]

$F = ma = m\dfrac{(v_2 - v_1)}{\Delta t} = m\dfrac{\Delta v}{\Delta t}$

10 그림에서 배수구의 면적이 5cm²일 때 물통에 작용하는 힘은?(단, 물의 높이는 유지되고, 손실은 무시한다.) [17년 4회]

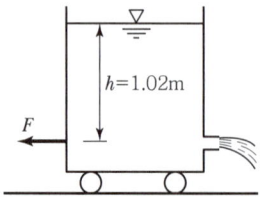

① 1N ② 10N
③ 100N ④ 102N

정답 06 ② 07 ④ 08 ① 09 ③ 10 ②

[해설]
- $V = \sqrt{2gh} = \sqrt{2 \times 980 \times 102} = 447 \text{cm/sec}$
- $F_x = \dfrac{wQ}{g}(V_1 - V_2) = \dfrac{1 \times 5 \times 447}{980} \times (447 - 0)$
  $= 1019\text{g} = 1.019\text{kg} \times 9.8 = 10\text{N}$

11 그림과 같이 지름이 20cm인 노즐에서 20m/sec의 유속으로 물이 수직판에 직각으로 충돌할 때 판에 주는 압력은?(단, 수평분력 P_H, 수직분력 P_V 임)

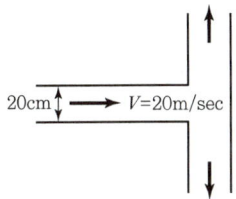

① $P_H = 12.54\text{kN}, \ P_V = 0$
② $P_H = 22.34\text{kN}, \ P_V = 0$
③ $P_H = 12.54\text{kN}, \ P_V = 9.8\text{kN}$
④ $P_H = 22.34\text{kN}, \ P_V = 9.8\text{kN}$

[해설]
$-P_H = \dfrac{w}{g}Q(V_2 - V_1) = \dfrac{1}{9.8} \times \dfrac{\pi \times 0.2^2}{4} \times 20 \times (0 - 20)$
$\qquad = -1.286\text{t} = -12.54\text{kN}$
$\therefore P_H = 12.54\text{kN}, \ P_V = 0$

12 단면적이 200cm²인 90° 굽어진 관(1/4원의 형태)을 따라 유량 $Q = 0.05\text{m}^3/\text{s}$의 물이 흐르고 있다. 이 굽어진 면에 작용하는 힘(F)은?(단, 무게 1kg = 9.8N)

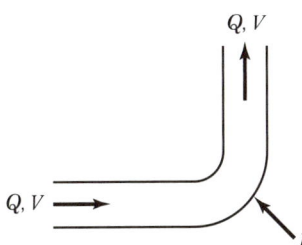

① 157N
② 177N
③ 1,570N
④ 1,770N

[해설]
$V = \dfrac{Q}{A} = \dfrac{0.05}{200 \times 10^{-4}} = 2.5\text{m/s}$
$-F_x = \dfrac{wQ}{g}(V_2 - V_1) = \dfrac{1 \times 0.05}{9.8} \times (0 - 2.5)$
$\qquad = -0.013\text{t} \qquad \therefore F_x = 0.013\text{t}$
$F_y = \dfrac{wQ}{g}(V_2 - V_1) = \dfrac{1 \times 0.05}{9.8} \times (2.5 - 0)$
$\qquad = 0.013\text{t}$
$F = \sqrt{F_x^2 + F_y^2} = \sqrt{-0.013^2 + 0.013^2}$
$\qquad = 0.018\text{t} = 18\text{kg} = 176.4\text{N}$ ≒

13 지름 4cm의 원형관에서 수맥(水脈)이 그림과 같이 구부러질 때, 곡면을 지지하는 데 필요한 힘 P_x와 P_y의 크기는?(단, 수맥의 속도는 15m/sec이고, 마찰은 무시한다.)

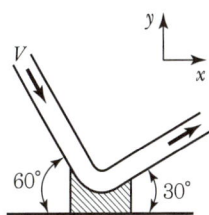

① $P_x = 0.0106\text{t}, \ P_y = 0.0394\text{t}$
② $P_x = 0.0394\text{t}, \ P_y = 0.0106\text{t}$
③ $P_x = 0.106\text{t}, \ P_y = 0.394\text{t}$
④ $P_x = 0.394\text{t}, \ P_y = 0.106\text{t}$

[해설]
$P_x = \dfrac{w}{g}Q(V_2 - V_1)$ 에서
$P_x = \dfrac{w}{g}Q(V_2\cos 30° - V_1\cos 300°)$
$\qquad = \dfrac{1}{9.8} \times \dfrac{\pi \times 0.04^2}{4} \times 15 \times (15\cos 30° - 15\cos 300°)$
$\qquad = 0.01056\text{t}$
$P_y = \dfrac{w}{g}Q(V_2 - V_1) = \dfrac{w}{g}Q(V_2\sin 30° - V_1\sin 300°)$
$\qquad = \dfrac{1}{9.8} \times \dfrac{\pi \times 0.04^2}{4} \times 15 \times (15\sin 30° - 15\sin 300°)$
$\qquad = 0.03940\text{t}$

정답 11 ① 12 ② 13 ①

03 동수역학

13 3차원 흐름에 대한 연속 방정식

구분	식
압축성 부정류	$\frac{\partial \rho}{\partial t} + \frac{\partial \rho u}{\partial x} + \frac{\partial \rho v}{\partial y} + \frac{\partial \rho w}{\partial z} = 0$ (밀도가 0이 아니고 시간의 항을 고려)
압축성 정상류	$\frac{\partial \rho u}{\partial x} + \frac{\partial \rho v}{\partial y} + \frac{\partial \rho w}{\partial z} = 0$
비압축성 정상류	$\frac{\partial u}{\partial x} + \frac{\partial v}{\partial y} + \frac{\partial w}{\partial z} = 0$

3차원 운동방정식
u, v, w : 유체입자의 x, y, z 방향의 속도성분

압축성 부정류
가장 일반적인 경우의 유체운동에 관한 연속방정식

14 실제유체 흐름의 유속 분포

실제유체 흐름으로 적용	흐름 분포
① 베르누이, 운동량방정식은 유체를 이상유체로 가정 ② 이들 방정식을 실제유체 흐름에 적용하기 위해서는 속도수두 항과 운동량 항의 보정이 필요	V_m 평균유속 / V 실제유속

15 보정계수를 이용한 식(실제유속에 적용)

구분	식
에너지 보정계수(α)를 이용한 Bernoulli(베르누이) 정리	$H = \alpha \frac{V^2}{2g} + \frac{p}{w} + z$
운동량 보정계수(β)를 사용한 운동량 방정식	$F = \beta \frac{w}{g} Q(V_2 - V_1)$

- 에너지 보정계수(α)
- 운동량 보정계수(β)
- 보정계수는 수로의 단면형, 유속분포에 따라 결정되는 값

과년도 기출문제

01 3차원 흐름의 연속방정식을 아래와 같은 형태로 나타낼 때 이에 알맞은 흐름의 상태는? [22년 2회]

$$\frac{\partial u}{\partial x}+\frac{\partial v}{\partial y}+\frac{\partial w}{\partial z}=0$$

① 압축성 부정류 ② 압축성 정상류
③ 비압축성 부정류 ④ 비압축성 정상류

[해설]

비압축성 : $\rho=0$, 정상류 : $t=0$

02 흐르는 유체 속의 한 점 $(x,\ y,\ z)$의 각 측방향의 속도성분을 $(u,\ v,\ w)$라 하고 밀도를 ρ, 시간을 t로 표시할 때 가장 일반적인 경우의 연속방정식은? [22년 1회]

① $\frac{\partial u}{\partial t}+\frac{\partial v}{\partial t}+\frac{\partial w}{\partial t}=0$

② $\frac{\partial \rho u}{\partial x}+\frac{\partial \rho v}{\partial y}+\frac{\partial \rho w}{\partial z}=0$

③ $\frac{\partial \rho}{\partial t}+\frac{\partial u}{\partial x}+\frac{\partial v}{\partial y}+\frac{\partial w}{\partial z}=0$

④ $\frac{\partial \rho}{\partial t}+\frac{\partial \rho u}{\partial x}+\frac{\partial \rho v}{\partial y}+\frac{\partial \rho w}{\partial z}=0$

[해설]

압축성 유체는 밀도가 0이 아니고 시간의 항을 고려해야 하므로 연속방정식

$\frac{\partial \rho}{\partial t}+\frac{\partial \rho u}{\partial x}+\frac{\partial \rho v}{\partial y}+\frac{\partial \rho u}{\partial x}=0$이다.

03 xy평면이 수면에 나란하고, 질량력의 x, y, z축 방향성분을 X, Y, Z라 할 때, 정지평형상태에 있는 액체 내부의 미소 육면체의 부피를 dx, dy, dz라 하면 등압면(等壓面)의 방정식은? [16년 4회]

① $Xdx+Ydy+Zdz=0$
② $\frac{X}{dx}+\frac{Y}{dy}+\frac{Z}{dz}=0$
③ $\frac{dx}{X}+\frac{dy}{Y}+\frac{dz}{Z}=0$
④ $\frac{X}{x}dx+\frac{Y}{y}dy+\frac{Z}{z}dz=0$

[해설]

등압면 방정식 : 수면의 이동상태를 해석하는 방정식
$X\cdot dx+Y\cdot dy+Z\cdot dz=0$

04 에너지 보정계수(α)와 운동량 보정계수(β)에 대한 설명으로 옳지 않은 것은?

① α는 속도수두를 보정하기 위한 무차원 상수이다.
② β는 운동량을 보정하기 위한 무차원 상수이다.
③ 실제 유체흐름에서는 $\beta>\alpha>1$이다.
④ 이상 유체에서는 $\alpha=\beta=1$이다.

[해설]

에너지 보정계수 α는 속도수두, 운동량 보정계수 β는 운동량을 보정하기 위한 무차원 상수로 이상유체일 때는 보정하지 않으므로 $\alpha=\beta=1$이며, 실제유체일 때는 $\alpha=2$, $\beta=\frac{4}{3}$를 보정하므로 $\alpha>\beta$이다.

05 점성을 가지는 유체가 흐를 때 다음 설명 중 틀린 것은? [15년 2회]

① 원형관 내의 층류흐름에서 유량은 점성계수에 반비례하고 직경의 4제곱(승)에 비례한다.
② Darcy-Weisbach의 식은 원형관 내의 마찰손실수두를 계산하기 위하여 사용된다.
③ 층류의 경우 마찰손실계수는 Reynolds 수에 반비례한다.
④ 에너지 보정계수는 이상유체에서의 압력수두를 보정하기 위한 무차원 상수이다.

[해설]

에너지 보정계수 α는 이상유체에서 속도수두를 보정하기 위한 무차원 상수이다.

정답 01 ④ 02 ④ 03 ① 04 ③ 05 ④

03 동수역학

16 속도 포텐셜

구분	내용
비회전류	유체입자가 회전을 하지 않는 흐름
회전류	유체입자가 소용돌이처럼 회전하면서 흐르는 흐름
Laplace의 방정식	$\dfrac{\partial^2 \phi}{\partial x^2} + \dfrac{\partial^2 \phi}{\partial y^2} + \dfrac{\partial^2 \phi}{\partial z^2} = 0$

➕ 포텐셜류는 유체입자가 회전을 하지 않는 흐름이기 때문에 비회전류이다.

17 항력의 정의

구분	정의	식
항력 (전 저항력)	흐르는 유체 속에 있는 물체가 유체로부터 받는 힘	$D = C_D \, A \, \dfrac{\rho V^2}{2}$ $C_D = \dfrac{24}{Re}$ A : 흐름방향의 투영면적 $\dfrac{\rho V^2}{2}$: 동압력

➕ Reynolds 수

$$Re = \dfrac{VD}{\nu}$$
$$= \dfrac{\rho VD}{\mu}$$

여기서, μ : 점성계수
ν : 동점성 계수

정체압

정압력(p) + 동압력$\left(\dfrac{\rho V^2}{2}\right)$

A(흐름방향의 투영면적)

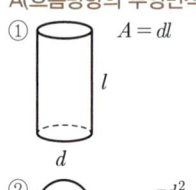

① $A = dl$

② $A = \dfrac{\pi d^2}{4}$

18 항력의 종류

구분	내용
마찰저항(마찰항력)	물체표면에 발생하는 저항
형상저항(형상항력)	물체후면의 소용돌이(후류)가 생겨 압력저하에 의하여 발생하는 흐름
조파저항(조파항력)	물체가 수면에 떠 있거나, 일부가 수면 위에 있을 때 파동을 일으키는 경우 물체에 저항하는 항력

과년도 기출문제

01 흐르는 유체 속에 물체가 있을 때, 물체가 유체로부터 받는 힘은? [20년 4회]

① 장력(張力)　　② 충력(衝力)
③ 항력(抗力)　　④ 소류력(掃流力)

[해설]

항력$(D) = C_D \cdot A \cdot \dfrac{\rho V^2}{2}$

02 단위중량 w, 밀도 ρ인 유체가 유속 V로서 수평방향으로 흐르고 있다. 지름 d, 길이 l인 원주가 유체의 흐름방향에 직각으로 중심축을 가치고 놓였을 때 원주에 작용하는 항력(D)은?(단, C는 항력계수이다.) [19년 2회]

① $D = C \cdot \dfrac{\pi d^2}{4} \cdot \dfrac{w V^2}{2}$

② $D = C \cdot d \cdot l \cdot \dfrac{\rho V^2}{2}$

③ $D = C \cdot \dfrac{\pi d^2}{4} \cdot \dfrac{\rho V^2}{2}$

④ $D = C \cdot d \cdot l \cdot \dfrac{w V^2}{2}$

[해설]

항력 $D = C_D A \dfrac{\rho V_0^2}{2}$에서 A는 흐름방향의 투영면적이므로 원주의 투영면적 $A = dl$이다.

∴ $D = C_D dl \dfrac{\rho V_0^2}{2}$

03 항력(Drag Force)에 관한 설명으로 틀린 것은? [21년 2회]

① 항력 $D = C_D A \dfrac{\rho V^2}{2}$으로 표현되며, 항력계수 C_D는 Froude의 함수이다.

② 형상항력은 물체의 형상에 의한 후류(Wake)로 인해 압력이 저하하여 발생하는 압력저항이다.

③ 마찰항력은 유체가 물체표면을 흐를 때 점성과 난류에 의해 물체표면에 발생하는 마찰저항이다.

④ 조파항력은 물체가 수면에 떠 있거나 물체의 일부분이 수면 위에 있을 때에 발생하는 유체저항이다.

[해설]

$C_D = \dfrac{24}{Re}$ (C_D는 Re의 함수이다)

04 정지유체에 침강하는 물체가 받는 항력(Drag Force)의 크기와 관계가 없는 것은? [18년 2회]

① 유체의 밀도　　② Froude 수
③ 물체의 형상　　④ Reynolds 수

[해설]

항력$(D) = C_D \cdot A \cdot \dfrac{\rho V^2}{2}$

여기서, C_D : 항력계수 $\left(C_D = \dfrac{24}{R_e}\right)$

A : 투영면적

$\dfrac{\rho V^2}{2}$: 동압력

∴ Froude 수는 항력과 관련이 없다.

05 흐르는 유체 속에 잠겨 있는 물체에 작용하는 항력과 관계가 없는 것은? [17년 1회]

① 유체의 밀도　　② 물체의 크기
③ 물체의 형상　　④ 물체의 밀도

[해설]

$D = C_D \cdot A \cdot \dfrac{\rho V^2}{2}$

여기서, C_D : 항력계수 $\left(C_D = \dfrac{24}{Re}\right)$

A : 투영면적, $\dfrac{\rho V^2}{2}$: 동압력

∴ 항력과 관련이 없는 인자는 물체의 밀도이다.

정답 01 ③　02 ②　03 ①　04 ②　05 ④

과년도 기출문제

06 지름 d인 구(球)가 밀도 ρ의 유체 속을 유속 V로 침강할 때 구의 항력 D는?(단, 항력계수는 C_D라 한다.) [18년 3회]

① $\dfrac{1}{8} C_D \pi d^2 \rho V^2$ ② $\dfrac{1}{2} C_D \pi d^2 \rho V^2$

③ $\dfrac{1}{4} C_D \pi d^2 \rho V^2$ ④ $C_D \pi d^2 \rho V^2$

[해설]

$D = C_D \cdot A \cdot \dfrac{\rho V^2}{2}$

$\therefore D = C_D \times \dfrac{\pi d^2}{4} \times \dfrac{\rho V^2}{2} = \dfrac{1}{8} C_D \pi d^2 \rho V^2$

07 하천의 임의 단면에 교량을 설치하고자 한다. 원통형 교각 상류(전면)에 2m/s의 유속으로 물이 흘러간다면 교각에 가해지는 항력은?(단, 수심은 4m, 교각의 직경은 2m, 항력계수는 1.5이다.) [16년 4회]

① 16kN ② 24kN
③ 43kN ④ 62kN

[해설]

$D = C_D \cdot A \cdot \dfrac{\rho V^2}{2} = 1.5 \times (2 \times 4) \times \dfrac{\frac{1}{9.8} \times 2^2}{2}$

$= 2.45 t \times 9.8 = 24 kN$

08 밀도가 ρ인 유체가 일정한 유속 V_O로 수평방향으로 흐르고 있다. 이 유체 속에 지름 d, 길이 l인 원주가 그림과 같이 놓였을 때 원주에 작용되는 항력(抗力)을 구하는 공식은?(단, C_D는 항력계수) [17년 4회]

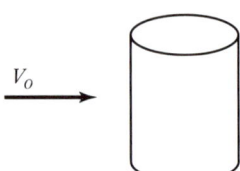

① $C_D \cdot \dfrac{\pi d^2}{4} \cdot \dfrac{\rho V_O}{2}$

② $C_D \cdot d \cdot l \cdot \dfrac{\rho V_O^2}{2}$

③ $C_D \cdot \dfrac{\pi d^2}{4} \cdot l \cdot \dfrac{\rho V_O}{2}$

④ $C_D \cdot \pi d \cdot l \cdot \dfrac{\rho V_O}{2}$

[해설]

항력(D) $= C_D \cdot A \cdot \dfrac{\rho V_O^2}{2} = C_D \cdot d \cdot l \cdot \dfrac{\rho V_O^2}{2}$

09 물체의 흐름방향 투영면적을 A, 항력계수를 C_D, 유체의 밀도를 ρ, 단위 중량은 γ, 중력가속도를 g라 할 때 유속 V인 유수 중에 놓여 있는 물체가 받는 전 저항력 D는?

① $D = C_D A \dfrac{V^2}{2g}$ ② $D = C_D A \dfrac{\gamma V^2}{2}$

③ $D = C_D A \dfrac{\rho V^2}{2}$ ④ $D = C_D A \dfrac{\gamma V^2}{2g}$

10 폭이 2m, 높이가 9.8m인 평판이 정지수중에서 5m/sec의 속도로 움직일 때 항력계수가 $C_D = 0.2$라면 평판에 작용하는 항력(抗力)은?(단, 무게 1kg=10N)

① 10kN ② 25kN
③ 30kN ④ 50kN

[해설]

$D = C_D A \dfrac{\rho V^2}{2} = 0.2 \times (2 \times 9.8) \times \dfrac{\frac{1}{9.8} \times 5^2}{2}$

$= 5t (= 50 kN)$

정답 06 ① 07 ② 08 ② 09 ③ 10 ④

과년도 기출문제

11 단위중량 w 또는 밀도 ρ 인 유체가 유속 V 로서 수평방향으로 흐르고 있다. 직경 d, 길이 l인 원주가 유체의 흐름방향에 직각으로 중심축을 가지고 놓였을 때 원주에 작용하는 항력(D)은?(단, C : 항력계수, g : 중력가속도)

① $D = C \cdot \dfrac{\pi d^2}{4} \cdot \dfrac{wV^2}{2}$

② $D = C \cdot d \cdot l \cdot \dfrac{\rho V^2}{2}$

③ $D = C \cdot \dfrac{\pi d^2}{4} \cdot \dfrac{\rho V^2}{2}$

④ $D = C \cdot d \cdot l \cdot \dfrac{wV^2}{2}$

[해설]

항력 $D = C_D A \dfrac{\rho V_o^2}{2}$ 에서 A는 흐름방향의 투영면적이므로 원주의 투영면적 $A = dl$이다.

∴ $D = C_D \, dl \, \dfrac{\rho V_o^2}{2}$

12 항력 $D = C \cdot A \cdot \dfrac{\rho V^2}{2}$ 에서 $\dfrac{\rho V^2}{2}$ 항이 의미하는 것은?

① 속도 ② 길이
③ 질량 ④ 동압력

[해설]

$\dfrac{wV^2}{2g} = \dfrac{\rho V^2}{2}$ 은 동압력이다.

13 흐르는 물속에 물체가 놓여 있을 때, 물체의 형상에 기인하여 후방에 와(渦, Vortex) 등의 후류 발생영역이 나타나 작용하게 되는 힘을 일컫는 용어는?

① 양력(전 저항력)   ② 마찰항력(표면저항)
③ 압력항력(압력저항) ④ 조파항력(조파저항)

[해설]

압력저항(형상저항)은 물체의 형상에 기인하여 물체 후면의 소용돌이(후류)가 생겨 압력저하에 따른 흐름저항이다.

14 스토크(Stokes)의 법칙에 있어서, 항력계수 C_D 의 값으로 옳은 것은?(단, Re는 Reynolds 수이다.)

① $C_D = \dfrac{64}{Re}$ ② $C_D = \dfrac{32}{Re}$

③ $C_D = \dfrac{24}{Re}$ ④ $C_D = \dfrac{4}{Re}$

[해설]

$D = C_D A \dfrac{\rho V^2}{2}$ 과 $D = 3\pi \mu V d$ 에서

$C_D \dfrac{\pi d^2}{4} \dfrac{\rho V^2}{2} = 3\pi \mu V d$

∴ $C_D = \dfrac{24\mu}{\rho V d} = \dfrac{24}{Re}$ ($\because Re = \dfrac{Vd}{\nu} = \dfrac{\rho V d}{\mu}$)

정답 11 ② 12 ④ 13 ③ 14 ③

04 오리피스와 위어

1 오리피스 종류

구분	모식도	해설
작은 오리피스	(수축단면 Vena Contracta, H, d, $d/2$)	$H > 5d$ 수심(H)에 비해 직경 및 높이(d)가 작은 오리피스
큰 오리피스	(H, r(반지름))	$H < 5d$ 수심(H)에 비해 직경 및 높이(d)가 큰 오리피스

수축단면
- Vena Contracta
- 발생위치는 $d/2$
- 오리피스의 유출수맥에서 발생
- 물줄기가 최소단면적이 되는 단면

2 작은 오리피스 유량 계산

도식화	실제 유속(V_t)
수축단면(Vena Contracta)	$V_t = C_v \cdot \sqrt{2gh}$
	실제 유량(Q)
	$Q = a \cdot V_t \left(C_a = \dfrac{a}{A}\right)$ $= C_a \cdot A \cdot V_t$ $= C_a \cdot C_v \cdot A \cdot \sqrt{2gH}$

접근유속(V_a)을 고려한 유량

$$Q = C \cdot A \cdot \sqrt{2g(H+h_a)} = C \cdot A \cdot \sqrt{2g\left(H + \alpha \dfrac{V_a^2}{2g}\right)}$$

- $V = \sqrt{2gH}$
 (베르누이 정리로 유도)

수축단면
- Vena Contracta
- 발생위치는 $d/2$

C_a : 수축계수

실제오리피스 단면적보다 유출단면적이 작기 때문에 수축계수를 고려한다.

- H(수두차)
- $g(9.8\text{m/s}^2)$

C_v : 유속계수

물의 점성 때문에 마찰에 의한 에너지 손실이 발생하므로 유속계수를 곱해서 수정해주어야 한다.

C : 유량계수(0.6~0.64)
($C = C_a C_v$)

실제유속 = $C_v \cdot$ 이론유속

에너지 손실을 실제유속에 반영하기 위해 이론유속에 유속계수를 곱한다.

3 수축계수(C_a)와 유속계수(C_v) 및 유량계수(C)

수축계수(C_a)	유속계수(C_v)	유량계수(C)
$C_a = \dfrac{a(\text{수축단면적})}{A(\text{오리피스단면적})}$	$C_v = \dfrac{\text{실제유속}}{\text{이론유속}}$	$C = C_a C_v$

과년도 기출문제

01 오리피스에서 수축계수의 정의와 그 크기로 옳은 것은?(단, a_0 : 수축단면적, a : 오리피스 단면적, V_0 : 수축단면의 유속, V : 이론유속이다.)
[19년 3회]

① $C_a = \dfrac{a_0}{a}$, 1.0~1.1　② $C_a = \dfrac{V_0}{V}$, 1.0~1.1

③ $C_a = \dfrac{a_0}{a}$, 0.6~0.7　④ $C_a = \dfrac{V_0}{V}$, 0.6~0.7

[해설]

오리피스에서 수축계수 $C_a = \dfrac{a_0}{a}$ 이고 그 값은 0.6~0.7 사이의 범위이다.

02 오리피스의 지름이 2cm, 수축단면(Vena Contracta)의 지름이 1.6cm라면, 유속계수가 0.9일 때 유량계수는? [21년 2회]

① 0.49　② 0.58
③ 0.62　④ 0.72

[해설]

유량계수 $(C) = C_a \cdot C_v$

$C_a = \dfrac{a}{A} = \dfrac{\dfrac{\pi \cdot 1.6^2}{4}}{\dfrac{\pi \cdot 2^2}{4}} = 0.64$

∴ 유량계수 $(C) = 0.64 \times 0.9 = 0.58$

03 연직오리피스에서 일반적인 유량계수 C의 값은? [16년 1회]

① 대략 1.00 전후이다.
② 대략 0.80 전후이다.
③ 대략 0.60 전후이다.
④ 대략 0.40 전후이다.

[해설]

유량계수는 대략 0.6 전후이다.

04 오리피스에서 C_c를 수축계수, C_v를 유속계수라 할 때 실제유량과 이론유량의 비(C)는? [16년 4회]

① $C = C_c$　② $C = C_v$
③ $C = C_c/C_v$　④ $C = C_c \cdot C_v$

[해설]

유량계수 $(C) = C_a \times C_v ≒ 0.62$

05 그림과 같이 $D = 2$cm의 지름을 가진 오리피스로부터의 분류(Jet)의 수축단면(Vena Contracta)에서 지름이 1.6cm로 줄었을 때 수축계수와 수축단면의 거리(l)는?

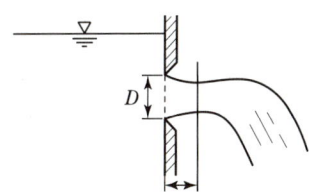

① 수축계수$(C_a) = 1.25$, $l = 0.8$cm
② 수축계수$(C_a) = 0.64$, $l = 1$cm
③ 수축계수$(C_a) = 0.64$, $l = 0.8$cm
④ 수축계수$(C_a) = 1.25$, $l = 1$cm

[해설]

• 수축계수 $C_a = \dfrac{a}{A} = \dfrac{1.6^2}{2^2} = 0.64$

• 수축단면의 거리 $l = \dfrac{d}{2} = \dfrac{2}{2} = 1$cm

06 단면적 20cm²인 원형 오리피스(Orifice)가 수면에서 3m의 깊이에 있을 때, 유출수의 유량은?(단, 유량계수는 0.6이라 한다.) [17년 2회]

① 0.0014m³/s　② 0.0092m³/s
③ 0.0119m³/s　④ 0.1524m³/s

[해설]

$Q = Ca\sqrt{2gh} = 0.6 \times (20 \times 10^{-4}) \times \sqrt{2 \times 9.8 \times 3}$
$= 0.0092$m³/sec

정답 01 ③ 02 ② 03 ③ 04 ④ 05 ② 06 ②

과년도 기출문제

07 오리피스(Orifice)의 압력수두가 2m이고 단면적이 4cm², 접근유속은 1m/s일 때 유출량은?(단, 유량계수 $C=0.63$이다.) [20년 4회]

① 1,558cm³/s ② 1,578cm³/s
③ 1,598cm³/s ④ 1,618cm³/s

[해설]
$$Q = c \cdot a \sqrt{2g(h+h_a)}$$
$$= 0.63 \times \left(4\text{cm}^2 \times \frac{1}{100^2}\text{m}^2\right) \times \sqrt{2 \times 9.8 \times \left(2 + \frac{1^2}{2 \times 9.8}\right)}$$
$$= 1,598 \text{cm}^3/\text{s}$$

08 수조의 수면에서 2m 아래 지점에 지름 10cm의 오리피스를 통하여 유출되는 유량은?(단, 유량계수 $C=0.6$이다.) [19년 1회]

① 0.0152m³/s ② 0.0068m³/s
③ 0.0295m³/s ④ 0.0094m³/s

[해설]
$$Q = CAV = 0.6 \times \frac{\pi \times 0.1^2}{4} \times \sqrt{2 \times 9.8 \times 2} = 0.0295 \text{m}^3/\text{s}$$

09 저수지의 측벽에 폭 20cm, 높이 5cm의 직사각형 오리피스를 설치하여 유량 200L/s를 유출시키려고 할 때 수면으로부터의 오리피스 설치 위치는? (단, 유량계수 $C=0.62$) [17년 1회]

① 33m ② 43m
③ 53m ④ 63m

[해설]
$$Q = Ca\sqrt{2gh}$$
$$\therefore h = \frac{Q^2}{C^2 a^2 2g} = \frac{0.2^2}{0.62^2 \times (0.2 \times 0.05)^2 \times 2 \times 9.8} = 53\text{m}$$

10 단면적이 5m²인 관에 단면적 3m²인 관이 연결되어 유량이 흘러가고 있다. 수축계수가 0.55이면 축류부의 단면적은?

① 1.65m² ② 2.64m²
③ 2.75m² ④ 3.25m²

[해설]
$C_a = \frac{a}{A}$, 따라서 $a = C_a \times A = 0.55 \times 3 = 1.65\text{m}^2$

11 오리피스에서 유출되는 실제유량은 $Q=C_a C_v A V$로 표현한다. 이때 수축계수 C_a는?(단, A_0는 수맥의 최소 단면적, A는 오리피스의 단면적, V는 실제유속, V_0는 이론유속)

① $C_a = \frac{A_0}{A}$ ② $C_a = \frac{V_0}{V}$
③ $C_a = \frac{A}{A_0}$ ④ $C_a = \frac{V}{V_0}$

[해설]
작은 오리피스의 수축계수 $C_a = \frac{A_0}{A}$ 이다.

12 그림과 같이 기하학적으로 유사한 대소(大小)원형 오리피스의 비가 $n = \frac{D}{d} = \frac{H}{h}$인 경우에 두 오리피스의 유속, 축류단면의 비, 유량의 비로 옳은 것은?(단, 유속계수 C_v, 수축계수 C_a는 대·소 오리피스가 같다.) [15년 4회]

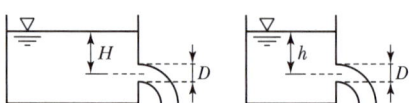

① 유속의 비 $=n^2$, 축류단면의 비 $=n^{\frac{1}{2}}$,
유량의 비 $=n^{\frac{2}{3}}$
② 유속의 비 $=n^{\frac{1}{2}}$, 축류단면의 비 $=n^2$,
유량의 비 $=n^{\frac{5}{2}}$
③ 유속의 비 $=n^{\frac{1}{2}}$, 축류단면의 비 $=n^{\frac{1}{2}}$,
유량의 비 $=n^{\frac{5}{2}}$
④ 유속의 비 $=n^2$, 축류단면의 비 $=n^{\frac{1}{2}}$,
유량의 비 $=n^{\frac{5}{2}}$

정답 07 ③ 08 ③ 09 ③ 10 ① 11 ① 12 ②

과년도 기출문제

[해설]

- 유속의 비 $= \dfrac{\sqrt{2gH}}{\sqrt{2gh}} = \sqrt{\dfrac{H}{h}} = n^{1/2}$

- 축류단면의 비 $= \dfrac{A}{a} = \dfrac{\dfrac{\pi D^2}{4}}{\dfrac{\pi d^2}{4}} = \left(\dfrac{D}{d}\right)^2 = n^2$

- 유량의 비 $= \dfrac{CA\sqrt{2gH}}{Ca\sqrt{2gh}} = n^2 \, n^{1/2} = n^{5/2}$

13 다음 그림과 같은 오리피스에서 유출하는 유량은?(단, 이론유량을 계산한다.)

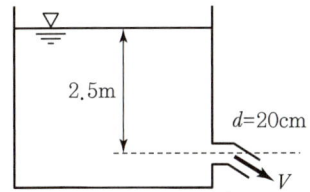

① $0.12\text{m}^3/\text{sec}$ ② $0.22\text{m}^3/\text{sec}$
③ $0.32\text{m}^3/\text{sec}$ ④ $0.42\text{m}^3/\text{sec}$

[해설]

$Q = A\sqrt{2gH} = \dfrac{\pi \times 0.2^2}{4} \times \sqrt{19.6 \times 2.5} = 0.22 \text{m}^3/\text{s}$

($H > 5d$ 이므로 작은 오리피스이다)

14 수두 3m 되는 곳에 직경 4cm 오리피스를 만들어 물을 분출시킬 경우 유속계수가 0.95, 수축계수를 0.70이라 하면 실제유량은?

① 약 $6l/\text{sec}$ ② 약 $12l/\text{sec}$
③ 약 $3l/\text{sec}$ ④ 약 $24l/\text{sec}$

[해설]

($H > 5d$ 이므로 작은 오리피스이다)
$Q = CA\sqrt{2gH}$
$= 0.7 \times 0.95 \times \dfrac{\pi \times 4^2}{4} \times \sqrt{1,960 \times 300} = 6,407.96 \text{cm}^3/\text{s}$
$= 6.4 l/s$

15 직경 20cm인 원형 오리피스로 $0.1\text{m}^3/\text{s}$의 유량을 유출시키려 할 때 필요한 수심(오리피스 중심으로부터 수면까지의 높이)은?(단, 유량계수 $C = 0.6$)

① 1.24m ② 1.44m
③ 1.56m ④ 2.00m

[해설]

$Q = CA\sqrt{2gH}$ 에서 $0.1 = 0.6 \times \dfrac{\pi \times 0.2^2}{4} \times \sqrt{19.6 \times H}$ 이므로
$\therefore H = 1.44\text{m}$

16 그림과 같은 수조 벽면에 작은 구멍을 뚫고 구멍의 중심에서 수면까지 높이가 h일 때, 유출속도 V는?(단, 에너지 손실은 무시한다.) [22년 2회]

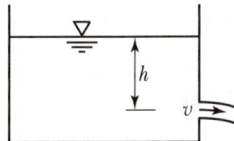

① $\sqrt{2gh}$ ② $\sqrt{gh}$
③ $2gh$ ④ gh

[해설]

- $\dfrac{V_1^2}{2g} + \dfrac{p_1}{w} + z_1 = \dfrac{V_2^2}{2g} + \dfrac{p_2}{w} + z_2$

- $0 + 0 + H = \dfrac{V_2^2}{2g} + 0 + 0$

 (2점의 압력수두는 0, 대기압 무시)
$\therefore V = \sqrt{2gH}$

정답 13 ② 14 ① 15 ② 16 ①

04 오리피스와 위어

④ 오리피스 수두오차와 유량오차의 관계

유량오차	해설
$\dfrac{dQ}{Q} = \dfrac{1}{2}\dfrac{dH}{H}$	$\dfrac{dQ}{Q} = \dfrac{\frac{1}{2}CA\sqrt{2g}\,H^{-\frac{1}{2}}dH}{CA\sqrt{2gH}} = \dfrac{1}{2}\dfrac{dH}{H}$ ① $Q = CA\sqrt{2gH}$ 를 H에 대해 미분 ② $\dfrac{dQ}{dH} = CA\sqrt{2g}\,\dfrac{1}{2}H^{-\frac{1}{2}}$ ③ 유량 Q로 나누면 $\dfrac{1}{2}\cdot\dfrac{dH}{H}$ ④ $\dfrac{dQ}{Q} \cdot \dfrac{1}{2}\dfrac{dH}{H}$

+ 미분공식
① $y = c$ (c는 상수)
  $y' = 0$
② $y = x^n$ (n은 자연수)
  $y' = nx^{n-1}$

⑤ 큰 오리피스

모식도	해설
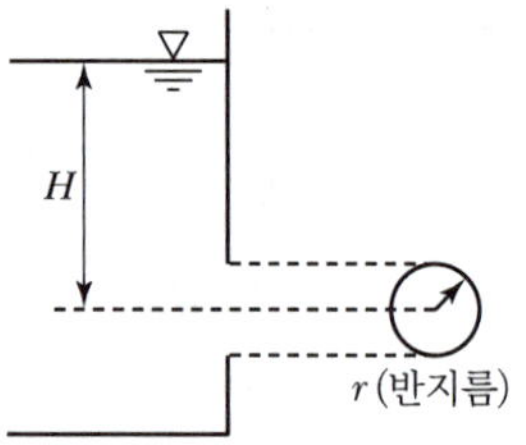 (그림: 수두 H, 반지름 r)	$H < 5d$ 수심(H)에 비해 직경 및 높이(d)가 큰 오리피스

+ 큰 오리피스
수두(H)에 비해 직경(d)이 커서 유속계산 시 오리피스의 상단에서 하단까지의 압력변화를 고려해야 할 때

⑥ 큰 오리피스 유량계산(직사각형 단면)

유량(Q)	$Q = \dfrac{2}{3}Cb\sqrt{2g}\,(H_2^{3/2} - H_1^{3/2})$
접근유속 고려 시 유량(Q)	$Q = \dfrac{2}{3}Cb\sqrt{2g}\,[(H_2+H_a)^{3/2} - (H_1+H_a)^{3/2}]$ $= \dfrac{2}{3}Cb\sqrt{2g}\,[(H_2+\alpha\dfrac{V_a^2}{2g})^{3/2} - (H_1+\alpha\dfrac{V_a^2}{2g})^{3/2}]$

+ 접근유속(V_a)
단면축소의 영향을 받지 않는 상류부분의 유속

접근유속수두(H_a)
$H_a = \alpha\dfrac{V_a^2}{2g}$

과년도 기출문제

01 오리피스(Orifice)로부터의 유량을 측정한 경우 수두 H를 추정함에 1%의 오차가 있었다면 유량 Q에는 몇 %의 오차가 생기는가? [20년 1회]

① 1%   ② 0.5%
③ 1.5%   ④ 2%

[해설]

$$\frac{dQ}{Q} = \frac{1}{2} \cdot \frac{dH}{H} = \frac{1}{2} \cdot 1 = 0.5\%$$

02 직사각형의 위어로 유량을 측정할 경우 수두 H를 측정할 때 1%의 측정오차가 있었다면 유량 Q에서 예상되는 오차는? [19년 3회]

① 0.5%   ② 1.0%
③ 1.5%   ④ 2.5%

[해설]

$$\frac{dQ}{Q} = \frac{3}{2} \cdot \frac{dH}{H} = \frac{3}{2} \times 1\% = 1.5\%$$

03 직사각형 단면의 위어에서 수두(h) 측정에 2%의 오차가 발생했을 때, 유량(Q)에 발생되는 오차는? [19년 1회]

① 1%   ② 2%
③ 3%   ④ 4%

[해설]

$$\frac{dQ}{Q} = \frac{3}{2} \cdot \frac{dh}{H} = \frac{3}{2} \times \frac{2}{100} = 0.03 = 3\%$$

04 수조에서 수면으로부터 2m의 깊이에 있는 오리피스의 이론 유속은? [20년 3회]

① 5.26m/s   ② 6.26m/s
③ 7.26m/s   ④ 8.26m/s

[해설]

$$V = \sqrt{2gh} = \sqrt{2 \times 9.8 \times 2} = 6.26 \text{m/s}$$

05 그림과 같은 구형의 큰 오리피스의 유량은 얼마인가?(단, $C=0.62$이고 접근유속은 무시한다.)

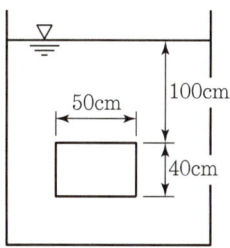

① 1.621m³/sec   ② 1.019m³/sec
③ 0.601m³/sec   ④ 0.588m³/sec

[해설]

$$Q = \frac{2}{3} Cb\sqrt{2g}\,(H_2^{3/2} - H_1^{3/2})$$
$$= \frac{2}{3} \times 0.62 \times 0.5 \times \sqrt{19.6}\,(1.4^{3/2} - 1^{3/2})$$
$$= 0.601 \text{m}^3/\text{sec}$$

06 그림과 같이 $d_1=1$m인 원통형 수조의 측벽에 내경 $d_2=10$cm인 관으로 송수할 때의 평균유속(V_2)이 2m/s이었다면 이때의 유량 Q와 수조의 수면이 강하하는 유속 V_1은? [15년 4회]

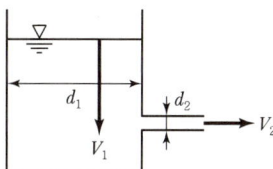

① $Q=1.57$L/s, $V_1=2$cm/s
② $Q=1.57$L/s, $V_1=3$cm/s
③ $Q=15.7$L/s, $V_1=2$cm/s
④ $Q=15.7$L/s, $V_1=3$cm/s

[해설]

유량

$$Q = AV_2 = \frac{\pi \times 0.1^2}{4} \times 2 \times 10^3 = 15.7 \text{L/sec}$$ 이므로

수면이 강하하는 유속 V_1, $Q = AV_1$에서

$$15.7 \times 10^3 = \frac{\pi \times 100^2}{4} \times V_1 \quad \therefore\ V_1 = 2\text{cm/sec}$$

정답 01 ② 02 ③ 03 ③ 04 ② 05 ③ 06 ③

04 오리피스와 위어

7 수중 오리피스

완전 수중 오리피스	불완전 수중 오리피스
(그림)	(그림)
유출수가 전부 수중으로 유출되는 오리피스	수조의 유출수 중 일부는 수중으로, 일부는 대기로 유출되는 오리피스 ① Q_1(상부유량) : 구형 큰 오리피스 ② Q_2(하부유량) : 완전 수중 오리피스
① $Q = Ca\sqrt{2g(H_1 - H_2)}$ $\quad = Ca\sqrt{2gH}$ ② 접근유속 고려 시 $\quad Q = Ca\sqrt{2g(H+H_a)}$	$Q = Q_1 + Q_2$ $= \dfrac{2}{3}C_1 b\sqrt{2g}\left[(H+H_a)^{3/2} - (H_1+H_a)^{3/2}\right]$ $\quad + C_2 b(H_2 - H)\sqrt{2g(H+H_a)}$

수중 오리피스
수조나 수로 등에서 수중으로 물이 유출되는 오리피스
- 완전 수중 오리피스
- 불완전 수중 오리피스

수문(오리피스 이론으로 구함)
수문에서 유출된 물의 수심이 점점 감소하다가 일정한 수심으로 흐르는 상태의 유출

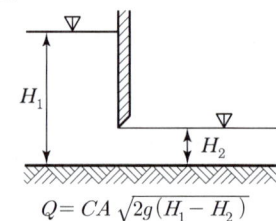

$Q = CA\sqrt{2g(H_1 - H_2)}$

8 노즐

구분	식	모식도
노즐의 사출수량	$Q = C \cdot a \sqrt{\dfrac{2gH}{1 - \left(\dfrac{C \cdot a}{A}\right)^2}}$	(그림)

과년도 기출문제

01 오리피스(Orifice)의 이론과 가장 관계가 먼 것은? [15년 2회]

① 토리첼리(Torricelli) 정리
② 베르누이(Bernoulli) 정리
③ 베나콘트랙타(Vena Contracta)
④ 모세관 현상의 원리

[해설]
- 오리피스 이론에서 베르누이 정리
  $h + 0 + 0 = 0 + 0 + \dfrac{V^2}{2g}$ (토리첼리 정리)
- 토리첼리(Torricelli)의 정리에서 $V = \sqrt{2gh}$ 이다.
- 오리피스의 이론유속으로 오리피스는 유출 시 베나콘트랙타(Vena Contracta)라는 수축단면이 발생

02 오리피스(Orifice)의 이론유속 $V = \sqrt{2gh}$ 이 유도되는 이론으로 옳은 것은?(단, V : 유속, g : 중력가속도, h : 수두차) [18년 1회]

① 베르누이(Bernoulli)의 정리
② 레이놀즈(Reynolds)의 정리
③ 벤투리(Venturi)의 이론식
④ 운동량방정식 이론

[해설]
Torricelli 정리 ($V = \sqrt{2gh}$)
베르누이 정리를 이용하여 오리피스의 유출구의 이론유속을 구하는 공식이다.

03 그림과 같은 수로의 단위폭당 유량은?(단, 유출계수 $C=1$ 이며 이외 손실은 무시함) [16년 2회]

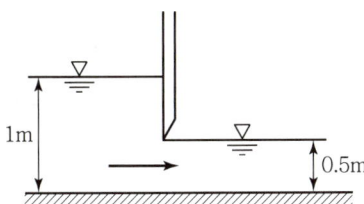

① 2.5m³/s/m   ② 1.6m³/s/m
③ 2.0m³/s/m   ④ 1.2m³/s/m

[해설]
$Q = CA\sqrt{2gH}$
$= 1 \times (1 \times 0.5) \times \sqrt{2 \times 9.8 \times (1-0.5)}$
$= 1.6 \text{m}^3/\text{sec}$

04 수중 오리피스(Orifice)의 유속에 관한 설명으로 옳은 것은? [20년 3회]

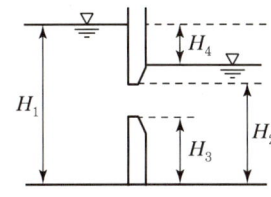

① H_1이 클수록 유속이 빠르다.
② H_2가 클수록 유속이 빠르다.
③ H_3이 클수록 유속이 빠르다.
④ H_4가 클수록 유속이 빠르다.

[해설]
$V = \sqrt{2gH}$ 이므로 H가 클수록 유속이 빠르다.

05 그림과 같은 수중 오리피스에서 오리피스 단면적이 30cm²일 때 유출량 Q는?(단, 유량계수 $C = 0.6$)

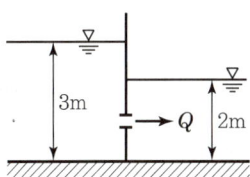

① 약 13.7 l/sec   ② 약 12.5 l/sec
③ 약 10.2 l/sec   ④ 약 8.0 l/sec

[해설]
$Q = CA\sqrt{2g(H_1 - H_2)}$
$= 0.6 \times 30 \times \sqrt{1,960 \times (300-200)}$
$= 7,969 \text{cm}^3/\text{s} = 8.0 \, l/\text{s}$

정답 01 ④ 02 ① 03 ② 04 ④ 05 ④

과년도 기출문제

06 그림과 같은 불완전 수중 오리피스의 유량을 계산할 때 ① 하류의 수면 이상의 부분과 ② 수면 이하 부분으로 나누어 계산한다. ①의 부분은?

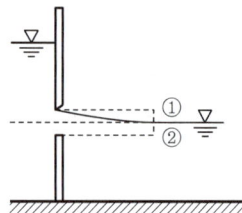

① 수중 오리피스 ② 보통 오리피스
③ 수평 오리피스 ④ 폰설레 오리피스

[해설]

불완전 오리피스 중 수면 윗부분은 보통(구형) 오리피스로 유량을 계산하고, 수면 아랫부분은 완전 수중 오리피스로 유량을 계산한다.

07 그림과 같은 노즐에서 유량을 구하기 위한 식으로 옳은 것은?(단, 유량계수는 1.0으로 가정한다.)

[21년 1회]

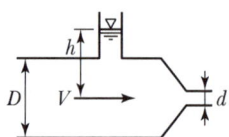

① $\dfrac{\pi d^2}{4}\sqrt{2gh}$ ② $\dfrac{\pi d^2}{4}\sqrt{\dfrac{2gh}{1-\left(\dfrac{d}{D}\right)^4}}$

③ $\dfrac{\pi d^2}{4}\sqrt{\dfrac{2gh}{1-\left(\dfrac{d}{D}\right)^2}}$ ④ $\dfrac{\pi d^2}{4}\sqrt{\dfrac{2gh}{1+\left(\dfrac{d}{D}\right)^2}}$

[해설]

노즐의 사출수량

$$Q = C \cdot a \cdot V = C \cdot a \cdot \dfrac{\sqrt{2gh}}{\sqrt{1-\left(\dfrac{C \cdot a}{A}\right)^2}}$$

$\left(a = \dfrac{\pi d^2}{4},\ A = \dfrac{\pi D^2}{4}\right)$

08 해수면상의 체적이 1,205m³인 빙산 위에 무게가 300kg인 곰 10마리가 올라가 있을 경우 수면 아래 빙산의 체적은?(단, 빙산의 비중은 0.92, 해수의 비중은 1.025이다.)

① 10,558m³   ② 1,112m³
③ 10,587m³   ④ 5,422m³

[해설]

$W = B$ 에서 $w_s V = w\overline{V}$
$3t + 0.92(1,205 + \overline{V}) = 1.025\overline{V}$
∴ $\overline{V} = 10,586.7$m³

09 단면 40×40cm, 길이 4m, 단위중량 0.6kN/m³의 물체를 물속에 완전히 가라앉히려 할 때 가해야 할 힘은 얼마 이상이어야 하겠는가?(단, 물의 단위중량은 10kN/m³)

① 1.28kN   ② 2.56kN
③ 3.84kN   ④ 6.4kN

[해설]

$P + W = B$,
$P = B - W = (10-6) \times (0.4 \times 0.4 \times 4) = 2.56$kN

10 지름 25cm, 길이 1m의 원주가 연직으로 물에 떠 있을 때, 물속에 가라앉은 부분의 길이가 70cm라면 원주의 무게는?(단, 무게 1kg=10N)

① 252.5N   ② 343.6N
③ 423.5N   ④ 503.0N

[해설]

길이 1m 중 가라앉은 부분이 70cm이면 원주의 비중은 0.7이다.

따라서, $W = wV = 700 \times \dfrac{\pi \times 0.25^2}{4} \times 1 = 34.36$kg

정답 06 ② 07 ② 08 ③ 09 ② 10 ②

과년도 기출문제

11 단면적 2.5cm², 길이 1.5m인 강철봉이 공기 중에서 무게가 28N이었다면 물(비중=1.0) 속에서 강철봉의 무게는?

① 2.37N ② 2.43N
③ 23.72N ④ 24.32N

[해설]

$W = B + W'$ 에서
$28 = 9,800 \times 2.5 \times 10^{-4} \times 1.5 + W'$ 이므로 ∴ $W' = 24.32N$

12 밑면적 A, 높이 H인 원주형 물체의 흘수가 h라면 물체의 단위중량 w_m은?(단, 물의 단위중량은 w_0이다.)

① $w_m = w_0 \times \dfrac{H}{h}$ ② $w_m = w_0 \times \dfrac{h}{H}$
③ $w_m = w_0 \times \dfrac{H-h}{h}$ ④ $w_m = w_0 \times \dfrac{H-h}{H}$

[해설]

$w_m(A \times H) = w_0(A \times h)$ ∴ $w_m = w_0 \times \dfrac{h}{H}$

13 부체에 관한 설명 중 틀린 것은?

① 수면으로부터 부체의 최심부(가장 깊은 곳)까지의 수심을 흘수라 한다.
② 경심은 부력의 작용선과 물체의 중심선의 교점이다.
③ 수중에 있는 물체는 그 물체가 배제한 배수량만큼 가벼워진다.
④ 수면에 떠 있는 물체의 경우 경심이 중심보다 위에 있을 때는 불안정한 상태이다.

[해설]

경심이 중심보다 위에 있을 때는 안정한 상태이다.

14 그림과 같은 용기에 물이 들어 있다. 이 용기를 x 방향으로 가속도, a로서 당길 때의 수면의 방정식을 나타낸 것 중 옳은 것은?

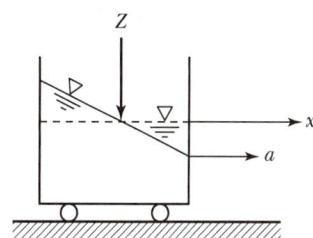

① $z = \dfrac{g}{a}x$ ② $z = -\dfrac{g}{a}x$
③ $z = \dfrac{a}{g}x$ ④ $z = -\dfrac{a}{g}x$

[해설]

수평가속도를 받을 때의 수면의 식은 $z = -\dfrac{a}{g}x$이다.

정답 11 ④ 12 ② 13 ④ 14 ④

04 오리피스와 위어

⑨ 분수에서 유효수두(분수 높이)

구분	식	모식도
유효수두 (H_v)	$H_v = C_v^2 H$	
분수에서 일어나는 손실수두 (H_L)	전 수두 − 분수 높이 • $H_L = H - \dfrac{V_a^2}{2g}$ • $H_L = H - C_v^2 H = (1 - C_v^2)H$ • $H_L = \dfrac{V_a^2}{2g}\left(\dfrac{1}{C_v^2} - 1\right)$	

+ 분수 유효수두(H_v)

$$H_v = \dfrac{V^2}{2g}$$
$$= \dfrac{1}{2g}(C_v\sqrt{2gH})^2$$
$$= \dfrac{1}{2g}C_v^2 \cdot 2gH$$
$$= C_v^2 H$$

H
- $V = C_v\sqrt{2gH}$
- $V^2 = C_v^2 \cdot 2gH$
- $\therefore H = \dfrac{1}{C_v^2} \cdot \dfrac{V^2}{2g}$

⑩ 오리피스 유출시간

구분	모식도	유출시간
보통 오리피스		$T = -\displaystyle\int_{h_1}^{h_2}\dfrac{A}{Ca\sqrt{2gh}}dh$ $= \displaystyle\int_{h_2}^{h_1}\dfrac{A}{Ca\sqrt{2g}}h^{-\frac{1}{2}}dh$ $\therefore T = \dfrac{2A}{Ca\sqrt{2g}}(h_1^{\frac{1}{2}} - h_2^{\frac{1}{2}})$
	보통 오리피스의 배수시간(유출시간)	$T = \dfrac{2A}{Ca\sqrt{2g}}(\sqrt{H_1} - \sqrt{H_2})\,(\sec)$
	완전배수 시($H_2 = 0$)	$T = \dfrac{2A}{Ca\sqrt{2g}}H^{1/2}\,(\sec)$
수중 오리피스		수중 오리피스의 배수시간(유출시간)
		$T = \dfrac{2A_1A_2}{Ca\sqrt{2g}(A_1+A_2)}(\sqrt{H} - \sqrt{h})$
		두 수조의 수위가 같다면($h = 0$)
		$T = \dfrac{2A_1A_2}{Ca\sqrt{2g}(A_1+A_2)}\sqrt{H}$

- dt 시간의 유량을 dQ라 하면
$$dQ = Ca\sqrt{2gh}\,dt$$
수조에서는 $-Adh$의 수량이 줄었으므로
$$dQ = Ca\sqrt{2gh}\,dt = -Adh$$
$$\therefore dt = -\dfrac{Adh}{Ca\sqrt{2gh}}$$

- H : 배수 전 수두차
  h : 배수 후 수위차

과년도 기출문제

01 지름이 3.5m인 수조로부터 지름 8cm인 오리피스를 이용하여 물을 배출할 때, 처음의 수조의 수위가 6m라면 물을 완전 배수시키는 데 요하는 시간은?(단, 유량계수 $C=0.62$이다.)

① 57분　② 44분
③ 37분　④ 24분

[해설]

$$T = \frac{2A}{Ca\sqrt{2g}}(H_1^{1/2} - H_2^{1/2})$$

$$= \frac{2 \times \frac{\pi \times 3.5^2}{4}}{0.62 \times \frac{\pi \times 0.08^2}{4} \times \sqrt{19.6}} \times 6^{1/2} = 3,416\text{sec} ≒ 57\text{min}$$

02 그림과 같은 모양의 분수(噴水)를 만들었을 때 분수의 높이(H_V)는?(단, 유속계수 C_V : 0.96, 중력가속도 g : 9.8m/s², 다른 손실은 무시한다.)

[22년 1회]

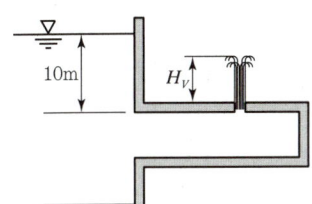

① 9.00m　② 9.22m
③ 9.62m　④ 10.00m

[해설]

$H_V = H \times C_V^2 = 10 \times 0.96^2 = 9.22$m

03 그림과 같이 일정한 수위가 유지되는 충분히 넓은 두 수조의 수중 오리피스에서 오리피스의 직경 $d = 20$cm 일 때, 유출량 Q는?(단, 유량계수 $C = 1$ 이다.)

[15년 1회]

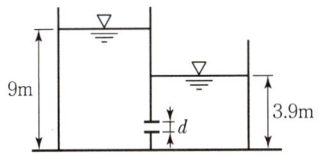

① 0.314m³/s　② 0.628m³/s
③ 3.14m³/s　④ 6.28m³/s

[해설]

$$Q = Ca\sqrt{2gH} = 1 \times \frac{\pi \times 0.2^2}{4} \times \sqrt{19.6 \times (9-3.9)}$$
$$= 0.314\text{m}^3/\text{sec}$$

04 단면 2m×2m, 높이 6m인 수조에 물이 가득 차 있을 때 이 수조의 바닥에 설치한 지름이 20cm인 오리피스로 배수시키고자 한다. 수심이 2m가 될 때까지 배수하는 데 필요한 시간은?(단, 오리피스 유량계수 $C=0.6$, 중력가속도 $g=9.8$m/s²) [22년 3회]

① 1분 39초　② 2분 36초
③ 2분 55초　④ 3분 45초

[해설]

$$t = \frac{2 \cdot A}{C \cdot a} \cdot \frac{\sqrt{H_1} - \sqrt{H_2}}{\sqrt{2g}}$$

$$= \frac{2 \times (2 \times 2)}{0.6 \times (\frac{\pi \times 0.2^2}{4})} \times \frac{\sqrt{6} - \sqrt{2}}{\sqrt{2 \times 9.8}} = 99.2\text{sec} = 1\text{분 } 39\text{초}$$

05 수조 횡단면적이 1m²인 측벽에 공구면적이 20cm²인 구멍으로 수두 2m에서 1m로 하강하는데 요하는 시간은?(단, 유량계수 $C=0.6$)

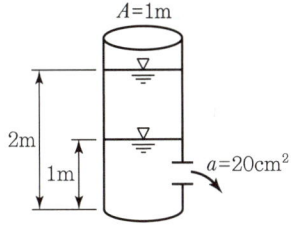

① 25.0초　② 108.2초
③ 155.9초　④ 169.5초

[해설]

$$T = \frac{2A}{Ca\sqrt{2g}}(h_1^{1/2} - h_2^{1/2})$$

$$= \frac{2 \times 1}{0.6 \times (20 \times 10^{-4}) \times \sqrt{19.6}} \times (2^{1/2} - 1^{1/2})$$

$$= 155.9\text{초}$$

정답　01 ①　02 ②　03 ①　04 ①　05 ③

04 오리피스와 위어

11 사각형(구형) 위어

모식도	식
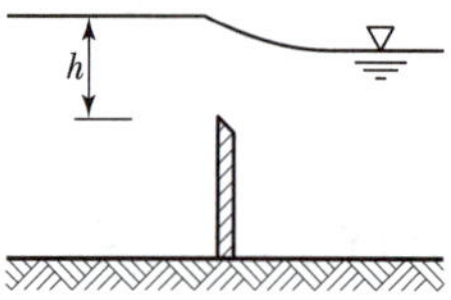	$Q = \dfrac{2}{3} Cb\sqrt{2g}\, h^{3/2}$
위어계수	$\dfrac{2}{3} C\sqrt{2g}$

12 Francis 공식(계산은 n)

식	
접근유속을 고려하지 않을 때	$Q = 1.84\, b_0\, h^{3/2} = 1.84(b - 0.1nh)h^{3/2}$
접근유속을 고려할 때	$Q = 1.84(b - 0.1nh)[(h + h_a)^{3/2} - h_a^{3/2}]$

13 단수축 수(n)

구분	모식도	단수축의 수
(완전) 양단수축	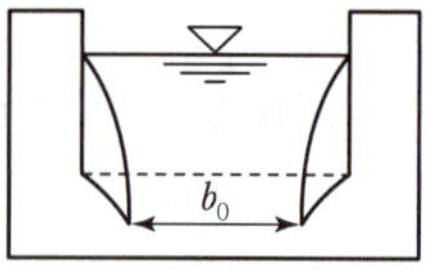 b_0, $n=2$	$n = 2$ (양쪽이 수축되는 경우)
일단수축	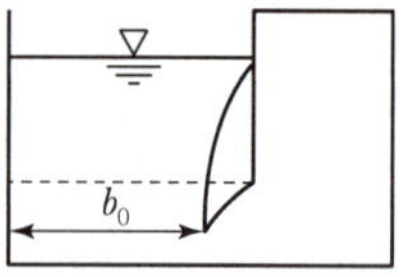 b_0, $n=1$	$n = 1$ (한쪽만 수축되는 경우)
전폭위어	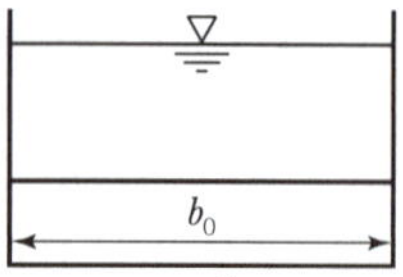 b_0, $n=0$	$n = 0$ (양쪽에 수축이 없는 경우)

➕ **위어**
(월류수심)

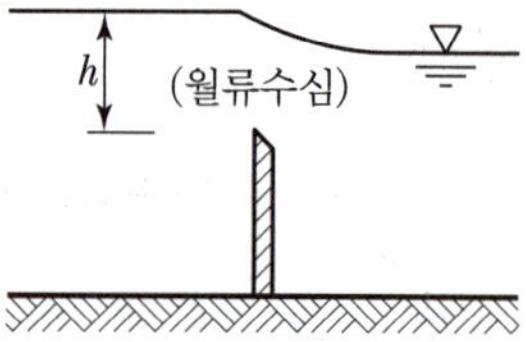

➕ **사각형(구형)위어**
큰 오리피스 공식으로 구함
- h : 월류수심

➕ **Francis 실험공식**
유량계수(C) = 0.623 가정

n = 단수축 수
단수축은 0.1h만큼 발생

접근유속
Orifice를 향하여 접근하는 물의 평균유속

접근유속수두
$h_a = \alpha \dfrac{V_a^2}{2g}$

➕ 댐 여수로에서 단수축의 수(n) = 2

과년도 기출문제

01 폭이 b인 직사각형 위어에서 접근유속이 작은 경우 월류수심이 h일 때 양단수축 조건에서 월류수맥에 대한 단수축 폭(b_0)은?(단, Francis 공식을 적용) [18년 1회]

① $b_0 = b - \dfrac{h}{5}$ ② $b_0 = 2b - \dfrac{h}{5}$

③ $b_0 = b - \dfrac{h}{10}$ ④ $b_0 = 2b - \dfrac{h}{10}$

[해설]
$b_o = b - 0.1 \times 2 \times h = b - \dfrac{2h}{10} = b - \dfrac{h}{5}$

02 사각 위어에서 유량산출에 쓰이는 Francis 공식에 대하여 양단 수축이 있는 경우에 유량으로 옳은 것은?(단, B : 위어 폭, h : 월류수심) [18년 3회]

① $Q = 1.84(B - 0.4h)h^{\frac{3}{2}}$

② $Q = 1.84(B - 0.3h)h^{\frac{3}{2}}$

③ $Q = 1.84(B - 0.2h)h^{\frac{3}{2}}$

④ $Q = 1.84(B - 0.1h)h^{\frac{3}{2}}$

[해설]
$Q = 1.84(B - 0.1nh)h^{\frac{3}{2}} = 1.84(B - 0.2h)h^{\frac{3}{2}}$

03 폭 2.5m, 월류수심 0.4m인 사각형 위어(Weir)의 유량은?(단, Francis 공식 : $Q = 1.84 B_o h^{3/2}$에 의하며, B_o : 유효폭, h : 월류수심, 접근유속은 무시하며 양단수축이다.) [18년 2회]

① $1.117 \text{m}^3/\text{s}$ ② $1.126 \text{m}^3/\text{s}$
③ $1.145 \text{m}^3/\text{s}$ ④ $1.164 \text{m}^3/\text{s}$

[해설]
$Q = 1.84(b - 0.1nh)h^{\frac{3}{2}}$
$ = 1.84 \times (2.5 - 0.1 \times 2 \times 0.4) \times 0.4^{\frac{3}{2}}$
$ = 1.126 \text{m}^3/\text{s}$

04 폭 35cm인 직사각형 위어(Weir)의 유량을 측정하였더니 $0.03 \text{m}^3/\text{s}$이었다. 월류수심의 측정에 1mm의 오차가 생겼다면, 유량에 발생하는 오차는? [단, 유량계산은 프란시스(Francis) 공식을 사용하되 월류 시 단면수축은 없는 것으로 가정한다.] [19년 2회]

① 1.16%   ② 1.50%
③ 1.67%   ④ 1.84%

[해설]
$Q = 1.84b \cdot h^{3/2}$
$0.03 = 1.84 \times 0.35 \times h^{3/2}$
$h = \left(\dfrac{0.03}{1.84 \times 0.35}\right)^{2/3} = 0.13 \text{m}$
$\therefore \dfrac{dQ}{Q} = \dfrac{3}{2} \cdot \dfrac{dh}{h} = \dfrac{3}{2} \times \dfrac{0.001}{0.13} = 0.0115 = 1.15\%$

05 $10 \text{m}^3/\text{s}$의 유량이 흐르는 수로에 폭 10m의 단수축이 없는 위어를 설계할 때, 위어의 높이를 1m로 할 경우 예상되는 월류수심은?(단, Francis 공식을 사용하며, 접근유속은 무시한다.) [21년 1회]

① 0.67m   ② 0.71m
③ 0.75m   ④ 0.79m

[해설]
$Q = 1.84 b_o h^{\frac{3}{2}}$
$10 = 1.84 \times 10 \times h^{\frac{3}{2}}$
$\therefore h = 0.67 \text{m}$ (계산기의 Solve 기능 사용)

정답 01 ①   02 ③   03 ②   04 ①   05 ①

과년도 기출문제

06 폭 3.5m, 수심 0.4m인 직사각형 수로의 Francis 공식에 의한 유량은?(단, 접근유속은 무시하고 양단수축이다.) [17년 4회]

① 1.59m³/s ② 2.04m³/s
③ 2.19m³/s ④ 2.34m³/s

[해설]

$Q = 1.84(b-0.1nh)h^{\frac{3}{2}} = 1.84(3.5-0.1\times2\times0.4)\times0.4^{\frac{3}{2}}$
$= 1.59\text{m}^3/\text{sec}$

07 월류수심 40cm인 전폭 위어의 유량을 Francis 공식에 의해 구한 결과 0.40m³/s였다. 이때 위어 폭의 측정에 2cm의 오차가 발생했다면 유량의 오차는 몇 %인가? [21년 2회]

① 1.16% ② 1.50%
③ 2.00% ④ 2.33%

[해설]

- $Q = 1.84bh^{\frac{3}{2}}$, $0.4 = 1.84 \cdot b \cdot 0.4^{\frac{3}{2}}$
  ∴ $b = 0.86\text{m}$
- $\dfrac{dQ}{Q} = \dfrac{db}{b} = \dfrac{2\text{cm}}{86\text{cm}} \times 100 = 2.33\%$

08 폭 35cm인 직사각형 위어(Weir)의 유량을 측정하였더니 0.03m³/s이었다. 월류수심의 측정에 1mm의 오차가 생겼다면, 유량에 발생하는 오차는?
[단, 유량계산은 프란시스(Francis) 공식을 사용하고, 월류 시 단면수축은 없는 것으로 가정한다.]
[21년 3회]

① 1.16% ② 1.50%
③ 1.67% ④ 1.84%

[해설]

- $Q = 1.84bh^{3/2}$, $0.03 = 1.84 \times 0.35 \times h^{3/2}$
  ∴ $h = 0.13$
- $\dfrac{dQ}{Q} = \dfrac{3}{2} \cdot \dfrac{dh}{h} = \dfrac{3}{2} \cdot \dfrac{0.001}{0.13}$
  ∴ 1.16%

09 다음 중 유량을 옳게 설명한 것은 어느 것인가?

① 단위 시간 내에 유적을 통과한 물의 용량이다.
② 단위 시간 내에 물이 이동한 거리이다.
③ 유적을 통과한 단위 시간을 말한다.
④ 유적을 통과하는 수량을 단위 시간당 유속으로 표시한다.

[해설]

$Q = AV$이고 단위는 $\text{m}^2 \times \text{m/s} = \text{m}^3/\text{s}$ 이다.

10 유관(Stream Tube)에 대한 설명으로 옳은 것은?

① 한 개의 유선(流線)으로 이루어지는 관을 말한다.
② 어떤 폐곡선(閉曲線)을 통과하는 여러 개의 유선으로 이루어지는 관을 말한다.
③ 개방된 곡선을 통과하는 유선으로 이루어지는 평면을 말한다.
④ 임의의 여러 유선으로 이루어지는 유동체를 말한다.

[해설]

유관(流管)은 어떤 폐곡선을 통과하는 여러 개의 유선으로 이루어지는 관을 말한다.

11 지름이 20cm인 A관에서 지름이 10cm인 B관으로 축소되었다가 다시 지름이 15cm인 C관으로 단면이 변화되었다. B관의 평균유속이 3m/s일 때 A관과 C관의 유속은?(단, 유체는 비압축성이며, 에너지 손실은 무시한다.)

① A관의 유속 $V_A = 0.75\text{m/s}$,
   C관의 유속 $V_C = 2.00\text{m/s}$
② A관의 유속 $V_A = 1.50\text{m/s}$,
   C관의 유속 $V_C = 1.33\text{m/s}$
③ A관의 유속 $V_A = 0.75\text{m/s}$,
   C관의 유속 $V_C = 1.33\text{m/s}$
④ A관의 유속 $V_A = 1.50\text{m/s}$,
   C관의 유속 $V_C = 0.75\text{m/s}$

정답 06 ① 07 ④ 08 ① 09 ① 10 ② 11 ③

[해설]

연속방정식 $Q = A_1V_1 = A_2V_2$에서

$$\frac{\pi \times 0.2^2}{4} \times V_A = \frac{\pi \times 0.1^2}{4} \times 3$$

$$\therefore V_A = 0.75 \text{m/s}$$

$$\frac{\pi \times 0.15^2}{4} \times V_C = \frac{\pi \times 0.1^2}{4} \times 3$$

$$\therefore V_C = 1.33 \text{m/s}$$

12 물이 3m/sec의 속도로 그림과 같은 원형 관을 흐를 때 관의 압력은?(단, 관 중심에서 에너지선 (E.L)까지의 높이는 1.2m이고, 무게 1kg=9.8N이다.)

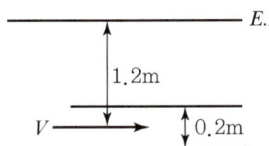

① 5,400Pa ② 6,700Pa
③ 7,260Pa ④ 8,300Pa

[해설]

$H = \frac{p}{w} + \frac{V^2}{2g}$ 에서 $1.2 = \frac{p}{9,800} + \frac{3^2}{19.6}$ $\therefore p = 7,260\text{Pa}$

13 정상적인 흐름 내의 1개의 유선상의 유체입자에 대하여 그 속도수두 $\frac{V^2}{2g}$, 압력수두 $\frac{P}{w_o}$, 위치수두 Z에 대하여 동수경사로 옳은 것은?

① $\frac{V^2}{2g} + \frac{P}{w_o}$ ② $\frac{V^2}{2g} + Z + \frac{P}{w_o}$

③ $\frac{V^2}{2g} + Z$ ④ $\frac{P}{w_o} + Z$

[해설]

동수경사선은 위치수두(Z)와 압력수두$\left(\frac{P}{w_o}\right)$의 합을 연결한 선으로, 에너지선에서 속도수두$\left(\frac{V^2}{2g}\right)$만큼 아래에 위치하며, 개수로일 때의 동수경사선은 수면과 일치한다.

14 극히 짧은 시간 사이에 유체가 어떤 면에 충돌하여 발생되는 반작용의 힘을 구하는 식은?

① 연속 방정식   ② 오일러 방정식
③ 베르누이 방정식   ④ 운동량 방정식

[해설]

운동량 방정식은 극히 짧은 시간 사이에 유체가 어떤 면에 충돌하여 발생되는 반작용의 힘을 구하는 식이다.

15 속도변화를 Δv, 질량을 m이라 할 때, Δt시간에 외력 F가 작용할 때의 운동량 방정식은?

① $F \cdot \Delta v = m \cdot \Delta t$ ② $F = m \cdot \Delta v \cdot \Delta t$

③ $F \cdot \Delta t = m \cdot \Delta v$ ④ $\frac{F}{\Delta t} = m$

[해설]

$F = ma = m\frac{v_2 - v_1}{\Delta t}$ 에서 $\therefore F \cdot \Delta t = m(v_2 - v_1)$

16 운동에너지의 수정계수는 어느 경우에 적용되어야 하는가?

① 모든 유체의 유동에 적용된다.
② 이상유체의 흐름에 적용된다.
③ 실제유체의 흐름에 적용된다.
④ 유동단면이 원형일 때만 적용된다.

[해설]

에너지 보정계수(α)와 운동량 보정계수(η)는 실제유속 시와 평균유속 시의 차이를 보정해주는 계수이므로 실제유체흐름에 적용한다.

17 에너지 보정계수(α)와 운동량 보정계수(β)에 대한 설명 중 틀린 것은?

① 흐름이 이상유체일 때, α와 β는 각각 1.5이다.
② 균일 유속분포일 때는 $\alpha = \beta = 1$ 이다.
③ 흐름이 실제유체일 때 α와 β는 각각 1보다 크다.
④ α, β 값은 흐름이 난류일 때보다 층류일 때가 크다.

[해설]

흐름이 이상유체일 때 에너지 보정계수와 운동량 보정계수는 보정할 필요가 없으므로 1이다.

정답 12 ③ 13 ④ 14 ④ 15 ③ 16 ③ 17 ①

04 오리피스와 위어

14 삼각형 위어

구분	모식도	식
삼각형 위어		$Q = \dfrac{8}{15} C \tan \dfrac{\theta}{2} \sqrt{2g}\, h^{5/2}$ $Q = \dfrac{4}{15} C \tan \theta \sqrt{2g}\, h^{5/2}$

삼각형 위어의 특징
- 보통 이등변 삼각형이고 실제로 많이 사용하는 것은 $\theta = 90°$인 직각삼각위어이다.
- 정확한 유량측정 시 사용한다.
- 개수로에서 유량이 작을 때 많이 사용한다(소규모 수로에 주로 이용).
- 보통 접근유속은 무시한다.
- 수두변화에 따른 유량변화가 가장 예민하다.

15 제형(사다리꼴) 위어 및 치폴레티(Cippoletti) 위어

구분	모식도	해설
제형(사다리꼴) 위어		$Q = Q_1 + Q_2$ • $Q_1 = \dfrac{2}{3} C_1 b \sqrt{2g}\, h^{\frac{3}{2}}$ • $Q_2 = \dfrac{8}{15} C_2 \tan \dfrac{\theta}{2} \sqrt{2g}\, h^{\frac{5}{2}}$
치폴레티(Cippoletti) 위어		• 예연에 의한 양단수축 발생 • 사다리꼴 위어에서 $\tan \dfrac{\theta}{2} = \dfrac{1}{4}$ 인 위어

치폴레티 위어
- 시공상 기울기가 1 : 4
- 양단 수축

16 나팔형 위어

입구부가 잠수되지 않은 상태 (완전월류)	입구부가 완전히 잠수된 상태 (불완전월류, 수중위어)
$Q = C_1 2\pi r h^{\frac{3}{2}}$	$Q = C_1 a h_2^{\frac{1}{2}} = C_2 a (h + h_1)^{\frac{1}{2}}$

과년도 기출문제

01 다음 위어 중에서 정확한 유량측정이 필요할 경우 사용하는 위어는 어느 것인가? [17년 2회]

① 제형 위어　② 구형 위어
③ 삼각형 위어　④ 원형 위어

[해설]
적은 양의 유량을 정확하게 측정할 때 삼각형 위어를 사용한다.

02 삼각위어에서 수두를 H라 할 때 위어를 통해 흐르는 유량 Q와 비례하는 것은? [17년 2회]

① $H^{-1/2}$　② $H^{1/2}$
③ $H^{3/2}$　④ $H^{5/2}$

[해설]
$$Q = \frac{8}{15} C \tan\frac{\theta}{2} \sqrt{2g}\, H^{\frac{5}{2}}$$
$$\therefore Q \propto H^{\frac{5}{2}}$$

03 직각삼각형 위어에서 월류수심이 0.25m일 때 일반식에 의한 유량은?[단, 유량계수(C)는 0.6이고, 접근속도는 무시한다.] [15년 1회]

① 0.0143m³/s　② 0.0243m³/s
③ 0.0343m³/s　④ 0.0443m³/s

[해설]
삼각형 위어의 유량
$$Q = \frac{8}{15} C \tan\frac{\theta}{2} \sqrt{2g}\, h^{5/2}$$
$$= \frac{8}{15} \times 0.6 \times \tan\frac{90°}{2} \times \sqrt{19.6} \times 0.25^{5/2}$$
$$= 0.0443 \text{m}^3/\text{sec}$$

04 중심각이 90°인 삼각형 위어상의 수두가 30cm일 때 유량을 계산한 값은?(단, 위어의 유량계수는 0.6으로 가정하시오.)

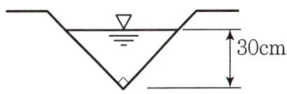

① 69.8 l/sec　② 15.8 l/sec
③ 16.9 l/sec　④ 13.8 l/sec

[해설]
$$Q = \frac{8}{15} C \tan\frac{\theta}{2} \sqrt{2g}\, h^{5/2}$$
$$= \frac{8}{15} \times 0.6 \times \tan\frac{90°}{2} \sqrt{19.6} \times 0.3^{5/2}$$
$$= 0.0698 \text{m}^3/\text{s} = 69.8 l/\text{s}$$

05 직각삼각형 위어에서 월류수심의 측정에 1%의 오차가 있다고 하면 유량에 발생하는 오차는? [16년 2회]

① 0.4%　② 0.8%
③ 1.5%　④ 2.5%

[해설]
$$\frac{dQ}{Q} = \frac{5}{2}\frac{dH}{H} = \frac{5}{2} \times 1\% = 2.5\%$$

06 저수지에 설치된 나팔형 위어의 유량 Q와 월류수심 h와의 관계에서 완전 월류상태는 $Q \propto h^{3/2}$이다. 불완전월류(수중위어) 상태에서의 관계는? [21년 3회]

① $Q \propto h^{-1}$　② $Q \propto h^{1/2}$
③ $Q \propto h^{3/2}$　④ $Q \propto h^{-1/2}$

[해설]
나팔형 위어

입구부가 잠수되지 않은 상태(완전월류)	입구부가 완전히 잠수된 상태(불완전월류, 수중위어)
$Q = C_1 2\pi r h^{\frac{2}{3}}$	$Q = C_1 a h_2^{\frac{1}{2}} = C_2 a(h+h_1)^{\frac{1}{2}}$

정답　01 ③　02 ④　03 ④　04 ①　05 ④　06 ②

04 오리피스와 위어

17 광정 위어(완전 월류 시 유량)

구분	모식도	유량
완전 월류 시	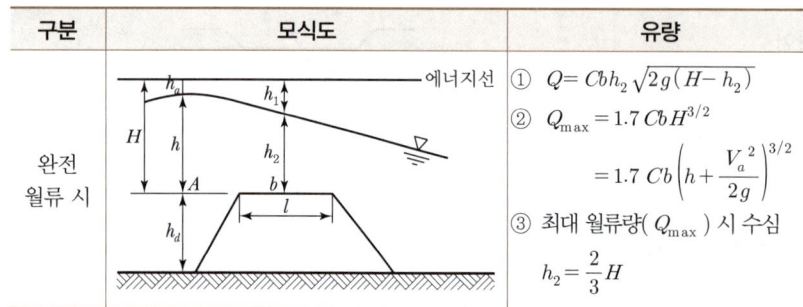	① $Q = Cbh_2\sqrt{2g(H-h_2)}$ ② $Q_{max} = 1.7\,CbH^{3/2}$ $\quad = 1.7\,Cb\left(h + \dfrac{V_a^2}{2g}\right)^{3/2}$ ③ 최대 월류량(Q_{max}) 시 수심 $\quad h_2 = \dfrac{2}{3}H$

광정 위어(넓은 마루 위어)
월류수심(h)에 비해 마루폭(l)이 큰 위어

- H : 전수두($h + h_a$)
  (h) : 월류수심
- h_2 = 한계수심
- b = 광정위어의 길이

18 광정 위어(수중 위어 시 유량)

구분	모식도	유량
수중 위어 시	(모식도)	$Q = Cbh_2\sqrt{2g(H-h_2)}$
		특징 ① $h_3 = \dfrac{2}{3}H$: 유량최대, 한계류 ② $h_3 < \dfrac{2}{3}H$: 완전월류 ③ $h_3 > \dfrac{2}{3}H$: 수중위어

- H : 상류 측 전수두
- h_3 : 하류수위

19 위어의 수위와 유량과의 관계

구분	해설	식
직사각형 위어	$Q = \dfrac{2}{3}Cb\sqrt{2g}\,h^{\frac{3}{2}}$ $dQ = \dfrac{3}{2} \cdot \dfrac{2}{3}Cb\sqrt{2g}\,h^{\frac{1}{2}}\,dh$	$\dfrac{dQ}{Q} = \dfrac{3}{2}\dfrac{dh}{H}$
삼각형 위어	$Q = \dfrac{8}{15}C\tan\dfrac{\theta}{2}\sqrt{2g}\,h^{\frac{5}{2}}$ $dQ = \dfrac{5}{2} \cdot \dfrac{8}{15}C\tan\dfrac{\theta}{2}\sqrt{2g}\,h^{\frac{3}{2}}\,dh$	$\dfrac{dQ}{Q} = \dfrac{5}{2}\dfrac{dh}{H}$

- 삼각위어의 수두측정 오차가 유량에 미치는 영향이 가장 크다.

유량 오차비
오리피스 : 사각형위어 : 삼각형위어
= 1 : 3 : 5

과년도 기출문제

01 광정 위어(Weir)의 유량공식 $Q = 1.704 CbH^{\frac{3}{2}}$ 에 사용되는 수두(H)는? [20년 1회]

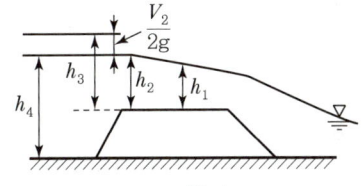

① h_1 ② h_2
③ h_3 ④ h_4

[해설]

전수두(H) = 월류수심(h_2) + 접근유속수두($\frac{V^2}{2g}$) = h_3

02 다음 그림과 같은 광정위어(Weir)의 유량은?(단, 수로 폭은 3m, 접근유속은 무시하며, 유량계수는 0.96임)

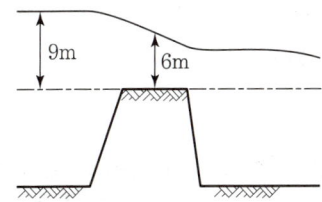

① 71.96m³/sec
② 103.72m³/sec
③ 132.19m³/sec
④ 157.32m³/sec

[해설]

광정위어(Weir)의 유량
$Q = 1.7 Cb(h + h_a)^{3/2} = 1.7 \times 0.96 \times 3 \times 9^{3/2}$
$= 132.19 \text{m}^3/\text{s}$

03 3m 폭을 가진 직사각형 수로에 사각형인 광정(廣頂) 위어를 설치하려 한다. 위어 설치 전의 평균유속은 1.5m/sec, 수심이 0.3m이고, 위어 설치 후의 평균 유속이 0.3m/sec, 위어상류의 수심이 1.5m가 되었다면 위어의 높이 h는?(단, 에너지 보정계수 $\alpha = 1.0$)

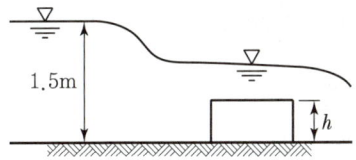

① 0.7m   ② 0.9m
③ 1.1m   ④ 1.3m

[해설]

$Q = AV = 1.7 Cb(h + h_a)^{3/2}$ 에서 사각형 위어의 설치 전과 설치 후의 유량은

$(3 \times 0.3) \times 1.5 = 1.7 \times 1 \times 3 \times \left(h + \frac{0.3^2}{19.6}\right)^{3/2}$

∴ $h' = 0.41\text{m}$
따라서, $h = H - h' = 1.5 - 0.41 = 1.09\text{m}$

$\left(\text{접근유속수두 } h_a = \alpha \frac{V_a^2}{2g}\right)$

04 위어(Weir)에 관한 설명으로 옳지 않은 것은? [16년 2회]

① 위어를 월류하는 흐름은 일반적으로 상류에서 사류로 변한다.
② 위어를 월류하는 흐름이 사류일 경우(완전월류) 유량은 하류 수위의 영향을 받는다.
③ 위어는 개수로의 유량측정, 취수를 위한 수위증가 등의 목적으로 설치한다.
④ 작은 유량을 측정할 경우 삼각위어가 효과적이다.

[해설]

완전월류일 때 위어의 흐름은 사류가 되므로 월류량은 하류수심의 영향을 받지 않는다.

정답 01 ③   02 ③   03 ③   04 ②

05 위어(Weir)에 물이 월류할 경우 위어의 정상을 기준으로 상류 측 전수두를 H, 하류수위를 h라 할 때, 수중위어(Submerged Weir)로 해석될 수 있는 조건은? [20년 4회]

① $h < \dfrac{2}{3}H$ ② $h < \dfrac{1}{2}H$
③ $h > \dfrac{2}{3}H$ ④ $h > \dfrac{1}{3}H$

[해설]

모식도

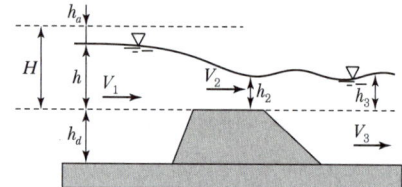

특징
- $h_3 = \dfrac{2}{3}H$: 유량최대, 한계류
- $h_3 < \dfrac{2}{3}H$: 완전월류
- $h_3 > \dfrac{2}{3}H$: 수중위어

06 삼각위어에 있어서 유량계수가 일정하다고 할 때 유량변화율(dQ/Q)이 1% 이하가 되기 위한 월류수심의 변화율(dH/H)은? [17년 1회]

① 0.4% 이하 ② 0.5% 이하
③ 0.6% 이하 ④ 0.7% 이하

[해설]
- $\dfrac{dQ}{Q} = \dfrac{5}{2}\dfrac{dH}{H}$
- $\therefore 1 = \dfrac{5}{2}\dfrac{dH}{H}$
- $\dfrac{dH}{H} = \dfrac{2}{5}\% = 0.4\%$ 이하

07 오리피스의 표준단관에서 유속계수가 0.78이었다면 유량계수는?

① 0.66 ② 0.70
③ 0.74 ④ 0.78

[해설]

유량계수
C(유량계수) $= C_a$(수축계수)$\times C_v$(유속계수)이고 표준단관일 때는 수축계수 $C_a = 1$이므로 유속계수와 유량계수는 같다.

08 수면에서 4m의 깊이에 중심을 지나는 지름 20mm의 작은 오리피스(Orifice)에서 나오는 실제 유량은?(단, 오리피스의 유량계수 $C=0.62$)

① $1.72 l/\sec$ ② $1.83 l/\sec$
③ $19.4 l/\sec$ ④ $86.23 l/\sec$

[해설]

$Q = CA\sqrt{2gH} = 0.62 \times \dfrac{\pi \times 2^2}{4} \times \sqrt{1,960 \times 400}$
$= 1,724\ cm^3/s = 1.724 l/s$

09 저수조 측벽의 정사각형의 오리피스에서 0.08 m^3/s의 유량을 얻자면 적당한 정사각형 한 변의 길이는?(단, 유량계수는 0.61이고 수면과 정4각형 오리피스 중심까지의 고저차는 1.8m이다.)

① 9cm   ② 11cm
③ 13cm ④ 15cm

[해설]

$Q = CA\sqrt{2gH}$ 에서 $0.08 = 0.61 \times d^2 \times \sqrt{19.6 \times 1.8}$
$\therefore d = 0.148 m = 14.8 cm$

과년도 기출문제

10 큰 오리피스에 관한 설명 중 옳지 않은 것은?

① 일반적으로 단면의 형상에는 관계가 없다.
② 오리피스 단면의 높이가 수두의 1/5 미만이면 상당히 큰 단면의 오리피스도 작은 오리피스로 계산한다.
③ 구형 오리피스는 큰 오리피스로 보고 계산한다.
④ 오리피스 단면 내에서 유속 분포를 균일하지 않다고 보고 계산한다.

[해설]
- $H < 5d$ 이면 큰 오리피스
- 수두에 비해 오리피스가 커서 유속을 계산할 때 오리피스의 상단에서 하단까지의 수두 변화를 고려해야 한다.

11 수심 H에 위치한 작은 오리피스(Orifice)에서 물이 분출할 때 일어나는 손실수두(Δh)의 계산식으로 틀린 것은?(단, V_a는 오리피스에서 측정된 유속이며 C_v는 유속계수이다.) [17년 4회]

① $\Delta h = H - \dfrac{V_a^2}{2g}$

② $\Delta h = H(1 - C_v^2)$

③ $\Delta h = \dfrac{V_a^2}{2g}\left(\dfrac{1}{C_v^2} - 1\right)$

④ $\Delta h = \dfrac{V_a^2}{2g}\left(\dfrac{1}{C_v^2 + 1}\right)$

[해설]
오리피스의 손실수두
오리피스에서 물이 분출할 때 일어나는 손실수두는 다음 식에 의해 계산한다.

① $\Delta h = H - \dfrac{V_a^2}{2g}$

② $\Delta h = H(1 - C_v^2)$

③ $\Delta h = \dfrac{V_a^2}{2g}\left(\dfrac{1}{C_v^2} - 1\right)$

12 삼각 위어(Weir)로 월류 수심을 측정할 때 2%의 오차가 있었다면 유량 산정 시 발생하는 오차는? [15년 4회]

① 2%
② 3%
③ 4%
④ 5%

[해설]
삼각위어의 유량오차와 수두오차와의 관계
$\dfrac{dQ}{Q} = \dfrac{5}{2}\dfrac{dh}{H} = \dfrac{5}{2} \times 2\% = 5\%$

정답 10 ③ 11 ④ 12 ④

04 오리피스와 위어

20 Venturimeter

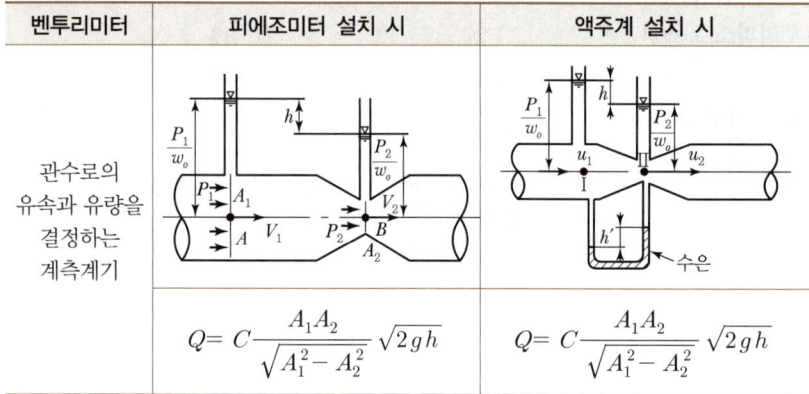

벤투리미터	피에조미터 설치 시	액주계 설치 시
관수로의 유속과 유량을 결정하는 계측계기	$Q = C \dfrac{A_1 A_2}{\sqrt{A_1^2 - A_2^2}} \sqrt{2gh}$	$Q = C \dfrac{A_1 A_2}{\sqrt{A_1^2 - A_2^2}} \sqrt{2gh}$

➕ Venturimeter(액주계)
w' : 수은의 단위중량
C : 유량계수
h : 피에조미터의 수두차
$h = \left(\dfrac{p_1 - p_2}{w} \right) = \dfrac{(w' - w)h'}{w}$
여기서, h' : U자형 수은차압계의 수두차

과년도 기출문제

01 삼각 위어(Weir)에 월류 수심을 측정할 때 2%의 오차가 있었다면 유량 산정 시 발생하는 오차는?
[22년 1회]

① 2% ② 3%
③ 4% ④ 5%

[해설]

$$\frac{dQ}{Q} = \frac{5}{2} \cdot \frac{dh}{h} = \frac{5}{2} \times 0.02 = 0.05 = 5\%$$

02 그림과 같이 수평으로 놓은 원형관의 안지름이 A에서 50cm이고 B에서 25cm로 축소되었다가 다시 C에서 50cm로 되었다. 물이 340L/s의 유량으로 흐를 때 A와 B의 압력차($P_A - P_B$)는?(단, 에너지 손실은 무시한다.)

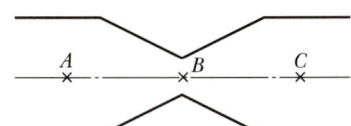

① 0.225N/cm² ② 2.25N/cm²
③ 22.5N/cm²   ④ 225N/cm²

[해설]

$$V_A = \frac{Q}{A} = \frac{4 \times 340 \times 10^{-3}}{\pi \times 0.5^2} = 1.73\text{m/s}$$

$$V_B = \frac{Q}{A} = \frac{4 \times 340 \times 10^{-3}}{\pi \times 0.25^2} = 6.93\text{m/s}$$

베르누이 정리에서

$$\frac{p_A}{9,800} + \frac{1.73^2}{19.6} = \frac{p_B}{9,800} + \frac{6.93^2}{19.6}$$

$$\therefore p_A - p_B = \frac{6.93^2 - 1.73^2}{19.6} \times 9,800$$

$$= 22,516\text{N/m}^2 = 2.25\text{N/cm}^2$$

($\because 1\text{m}^2 = (10^2\text{cm})^2 = 10^4\text{cm}^2$)

03 그림과 같은 직사각형 위어(Weir)에서 유량계수를 고려하지 않을 경우 유량은?(단, g = 중력가속도)
[15년 2회]

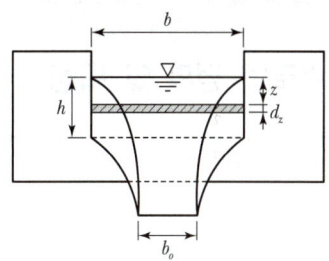

① $\frac{2}{5} b \sqrt{2g} h^{\frac{5}{2}}$ ② $\frac{2}{3} b \sqrt{2g} h^{\frac{3}{2}}$
③ $\frac{2}{5} b_o \sqrt{2g} h^{\frac{5}{2}}$ ④ $\frac{2}{3} b_o \sqrt{2g} h^{\frac{3}{2}}$

[해설]

직사각형 위어의 유량

• $Q = \frac{2}{3} Cb \sqrt{2g} h^{3/2}$

• 유량계수를 고려하지 않으면 $Q = \frac{2}{3} b \sqrt{2g} h^{3/2}$

04 벤투리미터(Venturi Meter)의 일반적인 용도로 옳은 것은?
[17년 2회]

① 수심 측정 ② 압력 측정
③ 유속 측정 ④ 단면 측정

[해설]

벤투리미터
관 내에 축소부를 두어 축소 전과 축소 후의 압력차를 측정하여 관수로의 유속 및 유량을 측정하는 기구를 말한다.

05 지름 200mm인 관로에 축소부 지름이 120mm인 벤투리미터(Venturimeter)가 부착되어 있다. 두 단면의 수두차가 1.0m, $C=0.98$일 때의 유량은?
[19년 1회]

① 0.00525m³/s ② 0.0525m³/s
③ 0.525m³/s   ④ 5.250m³/s

[해설]

$$Q = CA\sqrt{2gh} = 0.98 \times \frac{A_1 \times A_2}{\sqrt{A_1^2 - A_2^2}} \times \sqrt{2 \times 9.8 \times 1}$$

$(A_1 = \frac{\pi d^2}{4} = 0.0314, A_2 = 0.0113)$

$\therefore Q = 0.0525\text{m}^3/\text{s}$

정답 01 ④ 02 ② 03 ② 04 ③ 05 ②

05 관수로

1 관수로의 정의 및 특징

정의	특징
유수가 관 내에 가득 차서 압력차 때문에 흐르는 흐름(관수로는 두 단면의 압력차로 흐른다)	① 흐름을 지배하는 힘은 점성력 ② 흐름을 지속시키는 요소는 압력차 ③ 자유수면을 갖지 않는 흐름

- 관수로 내에서는 점성으로 인한 마찰효과를 고려한다.
- 자유수면을 갖는 원형단면은 (개수로)로 해석한다.

2 윤변과 경심

윤변(P)	경심(동수반경, 수리반경, 수리 평균심)
유체가 벽면에 접하는 길이 (물이 닿은 변의 길이의 합)	$R = \dfrac{A}{P}$
	① 유수단면적(A)을 윤변(P)으로 나눔 ② 동수반경(R)이 큰 수로는 마찰에 의한 수두손실이 작음

- A : 유수 단면적
- P : 윤변

경심(원형관수로)

$$R = \dfrac{A}{P} = \dfrac{\dfrac{\pi D^2}{4}}{\pi D} = \dfrac{D}{4}$$

경심(정사각형 관수로)

$$R = \dfrac{A}{P} = \dfrac{b^2}{4b} = \dfrac{b}{4}$$

경심(개수로)

$$R = \dfrac{A}{P} = \dfrac{bh}{b+2h}$$

3 유속분포 및 마찰응력

구분	식
평균유속(V_m)	$V_m = \dfrac{Q}{A} = \dfrac{Q}{\pi r^2} = \dfrac{w \cdot h_L}{8\mu l} r^2 = \dfrac{1}{2} V_{\max}$
최대유속($V_{\max}$)	$V_{\max} = \dfrac{w \cdot h_L}{4\mu l} r^2 = 2 V_m$, $\dfrac{V_{\max}}{V_m} = 2$
관벽의 마찰력(τ_o)	$\tau_o = \dfrac{w \cdot h_L}{2l} r = \dfrac{\Delta P}{2l} r = wRI$

- 원형관 내 흐름이 포물선형 유속분포를 가질 경우에 평균유속은 관 중심축 유속의 1/2이다.

경심

$$R = \dfrac{A}{P}$$

4 유속분포 및 마찰력 분포(층류)

유속분포	마찰력 분포
중심축에서는 $V_{\max}$, 관벽에서는 $V=0$ 인 포물선	중심축에서 $\tau=0$, 관벽에서는 $\tau_{\max}$ 인 직선

유속분포(포물선)

마찰력 분포
거리에 비례, 직선분포

과년도 기출문제

01 동수반경에 대한 설명으로 옳지 않은 것은?
[22년 1회]

① 원형관의 경우, 지름의 1/4이다.
② 유수단면적을 윤변으로 나눈 값이다.
③ 폭이 넓은 직사각형 수로의 동수반경은 그 수로의 수심과 거의 같다.
④ 동수반경이 큰 수로는 동수반경이 작은 수로보다 마찰에 의한 수두손실이 크다.

[해설]

경심↑ - 윤변(P)↓ - 저항↓ - 수두손실↓

02 지름 D인 원관에 물이 반만 차서 흐를 때 경심은?
[16년 4회]

① $D/4$ ② $D/3$
③ $D/2$ ④ $D/5$

[해설]

$$R = \frac{A}{P} = \frac{\frac{\pi D^2}{4} \times \frac{1}{2}}{\pi D \times \frac{1}{2}} = \frac{D}{4}$$

03 지름 20cm의 원형단면 관수로에 물이 가득 차서 흐를 때의 동수반경은?
[22년 2회]

① 5cm ② 10cm
③ 15cm ④ 20cm

[해설]

관수로 동수반경

$$R = \frac{D}{4} = \frac{20}{4} = 5\text{cm}$$

04 그림과 같이 반지름 R인 원형관에서 물이 층류로 흐를 때 중심부에서의 최대속도를 V라 할 경우 평균속도 V_m은?
[17년 1회]

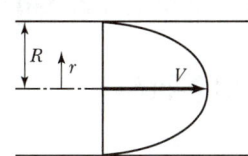

① $V_m = \dfrac{V}{2}$ ② $V_m = \dfrac{V}{3}$
③ $V_m = \dfrac{V}{4}$ ④ $V_m = \dfrac{V}{5}$

[해설]

$V = 2V_m$ ∴ $V_m = \dfrac{V}{2}$

05 그림과 같이 원형관 중심에서 V의 유속으로 물이 흐르는 경우에 대한 설명으로 틀린 것은?(단, 흐름은 층류로 가정한다.)
[22년 2회]

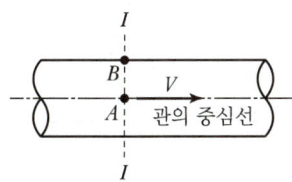

① 지점 A에서의 마찰력은 V^2에 비례한다.
② 지점 A에서의 유속은 단면 평균유속의 2배이다.
③ 지점 A에서 지점 B로 갈수록 마찰력은 커진다.
④ 유속은 지점 A에서 최대인 포물선 분포를 한다.

[해설]

A지점에서 마찰력은 0이다.

06 지름이 30cm, 길이 1m인 관에 물이 흐르고 있을 때 마찰손실이 30cm이라면 관벽에 작용하는 마찰력 τ_0는?

① 451.6Pa ② 220.5Pa
③ 176.4Pa ④ 58.6Pa

[해설]

$$\tau_0 = wRI = w\frac{D}{4}\frac{h_L}{l} = \left(1 \times 9,800\frac{\text{N}}{\text{m}^3}\right) \times \frac{0.3}{4} \times \frac{0.3}{1}$$
$$= 220.5\text{N/m}^2(\text{Pa})$$

정답 01 ④ 02 ① 03 ① 04 ① 05 ① 06 ②

05 관수로

⑤ 마찰손실수두(h_L)

정의	Darcy-Weisbach 식	해설
단면이 일정한 원관 속을 물이 흐를 때 발생	$h_L = f \dfrac{l}{D} \dfrac{V^2}{2g}$	① 마찰손실수두는 관경에 반비례 ② 관의 길이와 유속의 2승에 비례 ③ h_L은 관수로에서 가장 큰 손실 ④ 관의 조도(e)에 비례

- h_L(베르누이 정리로 유도)
  f : 마찰손실계수
  D : 관경
  L : 관 길이
  V : 평균유속
- 관수로에서 마찰손실이 일어나는 에너지선이 손실수두만큼 내려오므로 동수경사선과 서로 나란하다.

⑥ 마찰손실계수(f)

구분	식	해설	
층류, 난류	$f = \dfrac{64}{Re}$	① 층류는 Reynolds 수의 함수 ② 난류는 Reynolds 수와 상대조도의 함수	
Chezy 공식	$f = \dfrac{8 \cdot g}{C^2}$	매끄러운 관	Reynolds 수의 함수
		거친 관 (난류)	상대조도의 함수 (Reynolds 수와 무관)
Manning 공식	$f = \dfrac{124.5 n^2}{D^{\frac{1}{3}}}$	① D의 계산은 m 단위로 ② n : 조도계수(차원이 있다.)	

- Chezy 공식
- 매끄러운 관
  $f = 0.3164 Re^{-1/4}$
- 거친 관
  $\dfrac{1}{\sqrt{f}} = 1.74 + \ln \dfrac{D}{2e}$
  $\left(\dfrac{e}{D} \text{는 상대조도}\right)$
- C는 Chezy의 평균유속계수

⑦ 상대조도 및 매끈한 관과 거친 관

구분	식	해설
상대조도		상대조도 $= \dfrac{e}{D}$ (무차원, 절대조도(e)를 관경(D)으로 나눈 값)
매끈한 관		벽면의 미소 요철 높이가 층류저층의 두께보다 작은 관 ($e < t$)
거친 관		벽면의 미소 요철 높이가 층류저층의 두께보다 큰 관 ($e > t$)

- 절대조도(e)
  벽면의 요철
- 층류(점성)저층(t)
  난류상태인 흐름에서 벽면 부근에 나타난 층류 부분

⑧ 마찰속도(전단속도)

정의	식	기타
벽면부근의 마찰에 의한 속도	$U_* = \sqrt{\dfrac{\tau_0}{\rho}} = \sqrt{gRI}$	R : 경심, I : 동수경사

- $\tau_o = \dfrac{w \cdot h_L}{2l} r = \dfrac{\Delta P}{2l} r = wRI$

과년도 기출문제

01 관수로에 대한 설명 중 틀린 것은? [18년 3회]

① 단면 점확대로 인한 수두손실은 단면 급확대로 인한 수두손실보다 클 수 있다.
② 관수로 내의 마찰손실수두는 유속수두에 비례한다.
③ 아주 긴 관수로에서는 마찰 이외의 손실수두를 무시할 수 있다.
④ 마찰손실수두는 모든 손실수두 가운데 가장 큰 것으로 마찰손실계수에 유속수두를 곱한 것과 같다.

[해설]

- $h_L = f \dfrac{l}{D} \dfrac{V^2}{2g}$
- 마찰손실수두는 모든 손실수두 가운데 가장 큰 것으로 마찰손실계수에 속도수두, 직경과 길이의 비를 곱한 것과 같다.

02 관수로에서의 마찰손실수두에 대한 설명으로 옳은 것은? [20년 4회]

① Froude 수에 반비례한다.
② 관수로의 길이에 비례한다.
③ 관의 조도계수에 반비례한다.
④ 관 내 유속의 1/4 제곱에 비례한다.

[해설]

$h_L = f \cdot \dfrac{l}{D} \cdot \dfrac{V^2}{2g}$

03 원형 관내 층류영역에서 사용 가능한 마찰손실계수 식은?(단, Re : Reynolds 수) [21년 3회]

① $\dfrac{1}{Re}$ ② $\dfrac{4}{Re}$
③ $\dfrac{24}{Re}$ ④ $\dfrac{64}{Re}$

[해설]

마찰손실계수(f)
$f = \dfrac{64}{Re} = \dfrac{8g}{C^2} = \dfrac{124.5n^2}{D^{1/3}}$

04 원형 관수로 흐름에서 Manning 식의 조도계수와 마찰계수의 관계식은?(단, f는 마찰계수, n은 조도계수, d는 관의 직경, 중력가속도는 9.8m/s^2이다.) [15년 1회]

① $f = \dfrac{98.8n^2}{d^{1/3}}$ ② $f = \dfrac{124.5n^2}{d^{1/3}}$
③ $f = \sqrt{\dfrac{98.8n^2}{d^{1/3}}}$ ④ $f = \sqrt{\dfrac{124.5n^2}{d^{1/3}}}$

[해설]

마찰손실계수(f) = $\dfrac{124.5 \cdot n^2}{d^{1/3}}$

05 관수로의 흐름이 층류인 경우 마찰손실계수(f)에 대한 설명으로 옳은 것은? [17년 1회]

① 조도에만 영향을 받는다.
② 레이놀즈 수에만 영향을 받는다.
③ 항상 0.2778로 일정한 값을 갖는다.
④ 조도와 레이놀즈 수에 영향을 받는다.

[해설]

층류영역에서의 마찰손실계수는 레이놀즈 수에만 영향을 받는다. $\left(f = \dfrac{64}{Re}\right)$

06 상대조도에 관한 사항 중 옳은 것은? [19년 2회]

① Chezy의 유속계수와 같다.
② Manning의 조도계수를 나타낸다.
③ 절대조도를 관지름으로 곱한 것이다.
④ 절대조도를 관지름으로 나눈 것이다.

정답 01 ④ 02 ② 03 ④ 04 ② 05 ② 06 ④

[해설]

상대조도 = $\dfrac{e(절대조도)}{D(관경)}$

07 관수로의 마찰손실공식 중 난류에서의 마찰손실계수 f는? [18년 3회]

① 상대조도만의 함수이다.
② 레이놀즈 수와 상대조도의 함수이다.
③ 프루드 수와 상대조도의 함수이다.
④ 레이놀즈 수만의 함수이다.

[해설]

난류에서의 마찰손실계수는 레이놀즈 수와 상대조도의 함수이다.

08 관수로에서 관의 마찰손실계수가 0.02, 관의 지름이 40cm일 때, 관 내 물의 흐름이 100m를 흐르는 동안 2m의 마찰손실수두가 발생하였다면 관 내의 유속은? [21년 3회]

① 0.3m/s   ② 1.3m/s
③ 2.8m/s   ④ 3.8m/s

[해설]

- $h_L = f \cdot \dfrac{l}{D} \cdot \dfrac{V^2}{2g}$
- $2 = 0.02 \times \dfrac{100}{0.4} \times \dfrac{V^2}{2 \times 9.8}$

∴ $V = 2.8$m/s

09 지름이 20cm인 관수로에 평균유속 5m/s로 물이 흐른다. 관의 길이가 50m일 때 5m의 손실수두가 나타났다면, 마찰속도(U_*)는? [18년 1회]

① $U_* = 0.022$m/s   ② $U_* = 0.22$m/s
③ $U_* = 2.21$m/s   ④ $U_* = 22.1$m/s

[해설]

$U_* = \sqrt{gRI} = \sqrt{9.8 \times \dfrac{0.2}{4} \times \dfrac{5}{50}} = 0.22$m/s

10 지름이 800mm인 원관 내에 1.20m/sec의 유속으로 물이 흐르고 있다. 관 길이 600m에 대한 마찰손실수두는?[단, 마찰손실계수(f)는 0.04이다.]

① 2.2m   ② 2.6m
③ 3.0m   ④ 3.4m

[해설]

$h_L = f \dfrac{l}{D} \dfrac{V^2}{2g} = 0.04 \times \dfrac{600}{0.8} \times \dfrac{1.2^2}{19.6} = 2.2$m

11 안지름 20cm인 관로에서 관의 마찰에 의한 손실수두가 속도수두와 같게 되었다면, 이때 관로의 길이는?(단, 마찰저항 계수 $f = 0.04$이다.) [21년 3회]

① 3m   ② 4m
③ 5m   ④ 6m

[해설]

- $h_L = f \cdot \dfrac{l}{D} \cdot \dfrac{V^2}{2g} = \dfrac{V^2}{2g}$
- $f \cdot \dfrac{l}{D} = 1$, $l = \dfrac{D}{f} = \dfrac{0.2}{0.04} = 5$m

12 관 벽면의 마찰력 τ_o, 유체의 밀도 ρ, 점성계수를 μ라 할 때 마찰속도(U_*)는? [16년 1회]

① $\dfrac{\tau_o}{\rho\mu}$ ② $\sqrt{\dfrac{\tau_o}{\rho\mu}}$
③ $\sqrt{\dfrac{\tau_o}{\rho}}$ ④ $\sqrt{\dfrac{\tau_o}{\mu}}$

[해설]

$U_* = \sqrt{\dfrac{\tau_0}{\rho}} = \sqrt{\dfrac{wRI}{\rho}} = \sqrt{gRI}$

정답 07 ② 08 ③ 09 ② 10 ① 11 ③ 12 ③

과년도 기출문제

13 직경이 0.2cm인 매끈한 관 속을 3cm³/sec의 물이 흐를 때, 관의 길이 0.5m에 대한 마찰손실수두는?(단, 물의 동점성 계수 $\nu = 1.12 \times 10^{-2}$cm²/sec 이다.)

① 37.3cm ② 43.7cm
③ 57.3cm ④ 61.6cm

[해설]

$$h_L = f \frac{l}{D} \frac{V^2}{2g} = \frac{64}{Re} \times \frac{l}{D} \times \frac{V^2}{2g}$$
$$= \frac{64}{1,705.2} \times \frac{50}{0.2} \times \frac{95.49^2}{1,960}$$
$$= 43.62 \text{cm}$$

$$\left(V = \frac{Q}{A} = \frac{4Q}{\pi D^2} = \frac{4 \times 3}{\pi \times 0.2^2} = 95.49 \text{cm/sec} \right)$$
$$\left(Re = \frac{VD}{\nu} = \frac{95.49 \times 0.2}{1.12 \times 10^{-2}} = 1,705.2 \right)$$

14 관망 문제해석에서 손실수두를 유량의 함수로 표시하여 사용할 경우 지름 D인 원형단면관에 대하여 $h_L = kQ^2$으로 표시할 수 있다. 관의 특성 재원에 따라 결정되는 상수 k의 값은?(단, f는 마찰손실계수, L은 관의 길이이며 다른 손실은 무시한다.)

① $\dfrac{0.0827 f \cdot L}{D^3}$ ② $\dfrac{0.0827 L \cdot D}{f}$
③ $\dfrac{0.0827 f \cdot D}{L^2}$ ④ $\dfrac{0.0827 f \cdot L}{D^5}$

[해설]

$$h_L = f \cdot \frac{l}{D} \cdot \frac{V^2}{2g}$$
$$= f \cdot \frac{l}{D} \cdot \frac{\left(\frac{4Q}{\pi D^2}\right)^2}{2g} = 0.0827 \times \frac{fl}{D^5} Q^2 = KQ^2$$
$$\therefore K = \frac{0.0827 fl}{D^5}$$

15 관 내의 손실수두(h_L)와 유량(Q)의 관계로 옳은 것은?(단, Darcy-Weisbach 공식을 사용) [17년 2회]

① $h_L \propto Q$ ② $h_L \propto Q^{1.85}$
③ $h_L \propto Q^2$ ④ $h_L \propto Q^{2.5}$

[해설]

$$h_L = f \frac{l}{D} \frac{V^2}{2g} = f \frac{l}{D} \frac{1}{2g} \left(\frac{Q}{A}\right)^2$$
$$\therefore h_L \propto Q^2$$

16 층류영역에서 사용 가능한 마찰손실계수의 산정식은?(단, Re : Reynolds 수) [17년 2회]

① $\dfrac{1}{Re}$ ② $\dfrac{4}{Re}$
③ $\dfrac{24}{Re}$ ④ $\dfrac{64}{Re}$

[해설]

마찰손실계수 $f = \dfrac{64}{Re}$ 이다.

17 마찰손실계수(f)와 Reynolds 수(Re) 및 상대조도(ε/d)의 관계를 나타낸 Moody 도표에 대한 설명으로 옳지 않은 것은? [20년 4회]

① 층류영역에서는 관의 조도에 관계없이 단일 직선이 적용된다.
② 완전 난류의 완전히 거친 영역에서 f는 Re^n과 반비례하는 관계를 보인다.
③ 층류와 난류의 물리적 상이점은 $f-Re$ 관계가 한계 Reynolds 수 부근에서 갑자기 변한다.
④ 난류영역에서는 $f-Re$ 곡선은 상대조도에 따라 변하며 Reynolds 수보다는 관의 조도가 더 중요한 변수가 된다.

[해설]

거친관은 상대조도의 함수이며 Re와 무관

정답 13 ② 14 ④ 15 ③ 16 ④ 17 ②

05 관수로

9 Chezy의 평균유속공식과 Manning의 평균유속공식

구분	식	해설
Chezy 공식	$V = C\sqrt{RI}$ (m/sec) ($C = \sqrt{\dfrac{8g}{f}}$, $f = \dfrac{8g}{C^2}$)	• g=9.8m/sec² • 모든 단위는 m로
Manning 공식	$V = \dfrac{1}{n} R^{2/3} I^{1/2}$ (m/sec) (n : 조도계수)	• g=9.8m/sec² • 모든 단위는 m로
Hazen–Williams 공식	$V = 0.84935\, CR^{0.63} I^{0.54}$	미국상하수도의 표준공식

+ 유량
$Q = AV$

+ 관수로 경심(R)
$R = \dfrac{D}{4}$

+ 조도계수(n)
• 수로의 표면구성물질에 따라 변하는 값
• sec/m$^{1/3}$ = m$^{-1/3}$ · sec

10 유속계수(C)와 마찰손실계수(f)의 관계

식	해설
$C = \dfrac{1}{n} R^{1/6}$	① $V = C\sqrt{RI} = \dfrac{1}{n} R^{\frac{2}{3}} I^{\frac{1}{2}}$ ② $C = \dfrac{1}{n} R^{1/6}$
$C = \sqrt{\dfrac{8g}{f}}$	① $f = \dfrac{8g}{C^2} = \dfrac{8g}{\left(\dfrac{1}{n} R^{\frac{1}{6}}\right)^2}$ ② $C = \sqrt{\dfrac{8g}{f}}$

+ 원형관의 경심(R)
$R = \dfrac{A}{P} = \dfrac{\dfrac{\pi D^2}{4}}{\pi D} = \dfrac{D}{4}$

11 마찰 이외의 미소손실수두

특징	식	해설
미소손실은 속도수두에 대략적으로 비례한다.	$h_L' = f_x \dfrac{V^2}{2g}$	관 길이가 짧은 단관 $\left(\dfrac{l}{D} < 3{,}000\right)$일 때 미소손실 고려

+ 미소손실 무시
관수로 설계에서 관 길이가 긴 장관 $\left(\dfrac{l}{D} > 3{,}000\right)$에서는 미소손실을 무시하고 마찰손실만 고려(마찰손실에 비하여 상대적으로 작으므로)

• f_x : 미소손실계수

12 유입손실수두

모식도			
$f_i = 1$	$f_i = 0.5$	$f_i = 0.25$	$f_i = 0.01$

• 유입손실계수(f_i)는 유입구의 형상에 따라 다르다.
• $f_i = 0.5$(통상 각이 진 입구부)

과년도 기출문제

01 Chezy의 평균유속 공식에서 평균유속계수 C를 Manning의 평균유속 공식을 이용하여 표현한 것으로 옳은 것은? [21년 2회]

① $\dfrac{R^{1/2}}{n}$ ② $\dfrac{R^{1/6}}{n}$

③ $\sqrt{\dfrac{f}{8g}}$ ④ $\sqrt{\dfrac{8g}{f}}$

[해설]

$V = C\sqrt{RI} = \dfrac{1}{n} R^{\frac{2}{3}} I^{\frac{1}{2}}$

$\therefore C = \dfrac{1}{n} R^{\frac{1}{6}}$

02 경심이 8m, 동수경사가 1/100, 마찰손실계수 f = 0.03일 때 Chezy의 유속계수 C를 구한 값은? [15년 4회]

① $51.1 \text{m}^{\frac{1}{2}}/\text{s}$ ② $25.6 \text{m}^{\frac{1}{2}}/\text{s}$

③ $36.1 \text{m}^{\frac{1}{2}}/\text{s}$ ④ $44.3 \text{m}^{\frac{1}{2}}/\text{s}$

[해설]

$C = \sqrt{\dfrac{8g}{f}} = \sqrt{\dfrac{8 \times 9.8}{0.03}} = 51.12 \text{m}^{\frac{1}{2}}/\sec$

03 경심이 5m이고 동수경사가 1/200인 관로에서 Reynolds 수가 1,000인 흐름의 평균유속은? [16년 2회]

① 0.70m/s ② 2.24m/s
③ 5.00m/s ④ 5.53m/s

[해설]

- $f = \dfrac{64}{Re} = \dfrac{64}{1,000} = 0.064$
- $C = \sqrt{\dfrac{8g}{f}} = \sqrt{\dfrac{8 \times 9.8}{0.064}} = 35$

$\therefore V = C\sqrt{RI} = 35 \times \sqrt{5 \times \dfrac{1}{200}} = 5.53 \text{m}/\sec$

04 관속에 흐르는 물의 속도수두를 10m로 유지하기 위한 평균 유속은? [19년 1회]

① 4.9m/s ② 9.8m/s
③ 12.6m/s ④ 14.0m/s

[해설]

$V = \sqrt{2gh} = \sqrt{2 \times 9.8 \times 10} = 14 \text{m}/\text{s}$

05 Manning의 조도계수 n = 0.012인 원관을 사용하여 1m³/s의 물을 동수경사 1/100로 송수하려 할 때 적당한 관의 지름은? [18년 2회]

① 70cm ② 80cm
③ 90cm ④ 100cm

[해설]

- $Q = AV = \dfrac{\pi D^2}{4} \times \dfrac{1}{n} R^{\frac{2}{3}} I^{\frac{1}{2}}$
- $1 = \dfrac{\pi D^2}{4} \times \dfrac{1}{0.012} \times \left(\dfrac{D}{4}\right)^{\frac{2}{3}} \times \left(\dfrac{1}{100}\right)^{\frac{1}{2}}$

$\therefore D = 0.7\text{m} = 70\text{cm}$

06 관로 길이 100m, 안지름 30cm의 주철관에 0.1m³/s의 유량을 송수할 때 손실수두는? (단, $v = C\sqrt{RI}$, $C = 63 \text{m}^{\frac{1}{2}}/\text{s}$ 이다.) [16년 1회]

① 0.54m ② 0.67m
③ 0.74m ④ 0.88m

[해설]

$V = \dfrac{Q}{A} = \dfrac{0.1}{\dfrac{\pi \times 0.3^2}{4}} = 1.42 \text{m}/\text{s}$

$V = C\sqrt{RI} = C\sqrt{\dfrac{D}{4} \times \dfrac{h_L}{l}}$

$\therefore 1.42 = 63 \times \sqrt{\dfrac{0.3}{4} \times \dfrac{h_L}{100}}$

손실수두 (h_L) = 0.678m

정답 01 ② 02 ① 03 ④ 04 ④ 05 ① 06 ②

과년도 기출문제

07 동수반지름(R)이 10m, 동수경사(I)가 1/200, 관로의 마찰손실계수(f)가 0.04일 때 유속은? [19년 3회]

① 8.9m/s ② 9.9m/s
③ 11.3m/s ④ 12.3m/s

[해설]

$$V = C\sqrt{RI} = 44.27\sqrt{10 \times \frac{1}{200}} = 9.9\text{m/s}$$

$$\left(C = \sqrt{\frac{8g}{f}} = \sqrt{\frac{8 \times 9.8}{0.04}} = 44.27\text{m/s}\right)$$

08 관수로에서의 미소손실(Minor Loss)은? [16년 4회]

① 위치수두에 비례한다.
② 압력수두에 비례한다.
③ 속도수두에 비례한다.
④ 레이놀즈 수의 제곱에 반비례한다.

[해설]

미소손실수두는 속도(유속)수두에 비례한다.

09 관수로의 흐름에서 마찰손실계수를 f, 동수반경을 R, 동수경사를 I, Chezy 계수를 C라 할 때 평균 유속 V는? [21년 1회]

① $V = \sqrt{\dfrac{8g}{f}}\sqrt{RI}$
② $V = fC\sqrt{RI}$
③ $V = \dfrac{\pi d^2}{4} f \sqrt{RI}$
④ $V = f\dfrac{l}{4R} \cdot \dfrac{V^2}{2g}$

[해설]

$V = C\sqrt{RI}$ $\left(C = \dfrac{1}{n}R^{\frac{1}{6}} = \sqrt{\dfrac{8g}{f}}\right)$

$\therefore\ V = \sqrt{\dfrac{8g}{f}} \cdot \sqrt{RI}$

10 지름 $D = 4$m, 조도계수 $n = 0.01\text{m}^{-1/3} \cdot \text{s}$인 원형관의 Chezy의 유속계수 C는? [21년 2회]

① 10 ② 50
③ 100 ④ 150

[해설]

$$C = \frac{1}{n}R^{\frac{1}{6}} = \frac{1}{0.01}\left(\frac{0.04}{4}\right)^{\frac{1}{6}} = 100$$

11 유속 3m/s로 매초 100L의 물이 흐르게 하는 데 필요한 관의 지름은? [21년 1회]

① 153mm ② 206mm
③ 265mm ④ 312mm

[해설]

$Q = A \cdot V$

$100\text{L} \times 10^{-3}\text{m}^3 = \dfrac{\pi D^2}{4} \times 3$

$\therefore\ D = 0.206\text{m} = 206\text{mm}$

12 관수로에서 관의 마찰손실계수가 0.02, 관의 지름이 40cm일 때, 관내 물의 흐름이 100m를 흐르는 동안 2m의 마찰손실수두가 발생하였다면 관내의 유속은? [18년 2회]

① 0.3m/s ② 1.3m/s
③ 2.8m/s ④ 3.8m/s

[해설]

- $h_L = f\dfrac{l}{D}\dfrac{V^2}{2g}$
- $V = \sqrt{\dfrac{2gDh_L}{fl}} = \sqrt{\dfrac{2 \times 9.8 \times 0.4 \times 2}{0.02 \times 100}} = 2.8\text{m/s}$

정답 07 ② 08 ③ 09 ① 10 ③ 11 ② 12 ③

과년도 기출문제

13 $n=0.013$인 지름 600mm의 원형 주철관의 동수경사가 1/180일 때 유량은?(단, Manning 공식을 사용할 것) [15년 2회]

① $1.62\text{m}^3/\text{s}$ ② $0.148\text{m}^3/\text{s}$
③ $0.458\text{m}^3/\text{s}$ ④ $4.122\text{m}^3/\text{s}$

[해설]
$$Q = AV = A\frac{1}{n}R^{2/3}I^{1/2}$$
$$= \frac{\pi \times 0.6^2}{4} \times \frac{1}{0.013} \times \left(\frac{0.6}{4}\right)^{2/3} \times \left(\frac{1}{180}\right)^{\frac{1}{2}}$$
$$= 0.458\text{m}^3/\text{sec}$$

14 유량 147.6L/s를 송수하기 위하여 안지름 0.4m의 관을 700m의 길이로 설치하였을 때 흐름의 에너지 경사는?(단, 조도계수 $n=0.012$, Manning 공식을 적용한다.) [19년 1회]

① 1/700 ② 2/700
③ 3/700 ④ 4/700

[해설]
$$Q = A \cdot \frac{1}{n}R^{2/3}I^{1/2}$$
$$0.1476 = \frac{\pi \cdot 0.4^2}{4} \times \frac{1}{0.012} \cdot \left(\frac{0.4}{4}\right)^{2/3} \cdot I^{1/2}$$
$$\therefore I = \frac{3}{700}$$

15 지름 1m의 원통 수조에서 지름 2cm의 관으로 물이 유출되고 있다. 관 내의 유속이 2.0m/s일 때, 수조의 수면이 저하되는 속도는? [21년 2회]

① 0.3cm/s ② 0.4cm/s
③ 0.06cm/s ④ 0.08cm/s

[해설]
$Q = A \cdot V_2$
• $Q = a \cdot V_1 = \frac{\pi \cdot 2^2}{4} \times 200$
$\therefore Q = 628.319\text{cm}^3/\text{s}$

• $628.319 = \frac{\pi \cdot 100^2}{4} \times V_2$
$\therefore V_2 = 0.08\text{cm/s}$

16 아래 그림과 같이 지름 10cm인 원 관이 지름 20cm로 급확대되었다. 관의 확대 전 유속이 4.9m/s라면 단면 급확대에 의한 손실수두는? [20년 3회]

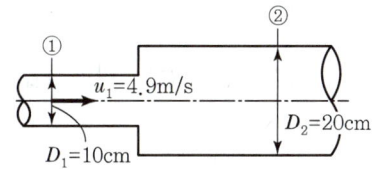

① 0.69m ② 0.96m
③ 1.14m ④ 2.45m

[해설]
$$h_{se} = f_{se} \cdot \frac{V^2}{2g}$$
$$f_{se} = \left(1 - \frac{A_1}{A_2}\right)^2 = \left(1 - \frac{d^2}{D^2}\right)^2 = 0.5625$$
$$\therefore F_{se} = 0.5625 \cdot \frac{4.9^2}{2 \times 9.8} = 0.69\text{m}$$

17 내경 600mm인 송수관 내에 유량 $2\text{m}^3/\text{s}$가 흐를 때 평균유속은 얼마인가?

① 6.9m/s ② 7.1m/s
③ 7.4m/s ④ 7.9m/s

[해설]
평균유속
$$V = \frac{Q}{A} = \frac{Q}{\frac{\pi D^2}{4}} = \frac{4Q}{\pi D^2} = \frac{4 \times 2}{\pi \times 0.6^2}$$
$$= 7.07\text{m/sec}$$

정답 13 ③ 14 ③ 15 ④ 16 ① 17 ②

18 거리가 50m일 때 손실수두가 1m인 직사각형 개수로의 유량을 Manning의 평균유속공식을 사용하여 구한 값은?(단, 수로폭=10m, 수심=2m, 수로의 조도계수=0.03)

① 120m³/sec   ② 100m³/sec
③ 80m³/sec   ④ 60m³/sec

[해설]
$$Q = AV = A\frac{1}{n}R^{2/3}I^{1/2}$$
$$= (10 \times 2) \times \frac{1}{0.03} \times \left(\frac{10 \times 2}{10+2 \times 2}\right)^{2/3} \times \left(\frac{1}{50}\right)^{1/2}$$
$$= 119.6 \text{m}^3/\text{sec}$$

19 유량 147.6L/sec를 송수하기 위하여 안지름 0.4m인 관을 700.0m 설치하고자 할 때 알맞은 관로의 경사는?(단, 조도계수 $n = 0.012\text{m}^{-1/3} \cdot \text{s}$ 이고, Manning 공식을 이용)

① 1/700   ② 3/700
③ 1/500   ④ 3/500

[해설]
$0.1476\text{m}^3/\text{s} = \frac{\pi \times 0.4^2}{4} \times \frac{1}{0.012} \times \left(\frac{0.4}{4}\right)^{2/3} \times I^{1/2}$ 에서
$0.06542 = I^{1/2}$ 이므로
$\therefore I = 0.00428 = \frac{3}{700}$

20 다음의 손실계수 중 특별한 형상이 아닌 경우, 일반적으로 그 값이 가장 큰 것은? [16년 2회]

① 입구 손실계수(f_e)
② 단면 급확대 손실계수(f_{se})
③ 단면 급축소 손실계수(f_{sc})
④ 출구 손실계수(f_o)

[해설]
손실계수에서 가장 큰 값은 출구 손실계수($f_o = 1.0$)이다.

21 그림에서 손실수두가 $\frac{3V^2}{2g}$ 일 때 지름 0.1m의 관을 통과하는 유량은?(단, 수면은 일정하게 유지된다.) [19년 3회]

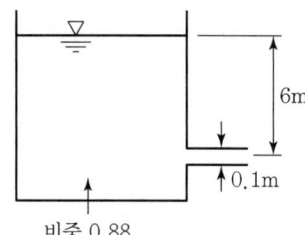

① 0.0399m³/s   ② 0.0426m³/s
③ 0.0798m³/s   ④ 0.085m³/s

[해설]
수면과 출구에서 베르누이 정리를 적용한다.
$6 = \frac{V^2}{2g} + \frac{3V^2}{2g}$ 에서 $V = \sqrt{\frac{19.6 \times 6}{4}} = 5.422$
$\therefore Q = AV = \frac{\pi \times 0.1^2}{4} \times 5.422 = 0.0426\text{m}^3/\text{sec}$

22 경심이 1m이고 동수경사가 1/500인 관수로에서의 레이놀즈 수가 1,500인 흐름의 유속은?

① 1.4m/sec   ② 1.9m/sec
③ 2.4m/sec   ④ 2.9m/sec

[해설]
마찰손실계수 $f = \frac{64}{Re} = \frac{64}{1,500} = 0.043$ 이므로
유속 $V = C\sqrt{RI} = \sqrt{\frac{8g}{f}}\sqrt{RI}$
$= \sqrt{\frac{8 \times 9.8}{0.043}}\sqrt{1 \times 1/500} = 1.9\text{m/s}$

정답 18 ① 19 ② 20 ④ 21 ② 22 ②

과년도 기출문제

23 Pipe의 배관에 있어서 엘보(Elbow)에 의한 손실수두와 직선관의 마찰손실수두가 같아지는 직선관의 길이는 직경의 몇 배에 해당하는가?(단, 관의 마찰계수 f는 0.025이고 엘보(Elbow)의 미소손실계수 K는 0.9이다.)

① 48배 ② 40배
③ 36배 ④ 20배

[해설]

엘보(Elbow)에 의한 손실수두 $h_L' = f_x \dfrac{V^2}{2g}$ 과

마찰손실수두 $h_L = f \dfrac{l}{D} \dfrac{V^2}{2g}$ 을 같다고 하면

$0.9 \dfrac{V^2}{2g} = 0.025 \dfrac{l}{D} \dfrac{V^2}{2g}$ 이므로 $l = 36D$

24 상대조도(相對粗度)를 바르게 설명한 것은?
[15년 4회]

① 차원(次元)이 [L]이다.
② 절대조도를 관경으로 곱한 값이다.
③ 거친 원관 내의 난류인 흐름에서 속도분포에 영향을 준다.
④ 원형관 내의 난류 흐름에서 마찰손실계수와 관계가 없는 값이다.

[해설]

상대조도 $\left(\dfrac{e}{D}\right)$

- 절대조도(e)를 관경으로 나눈값
- 차원은 무차원
- 난류 흐름일 때 마찰손실계수와 관계가 있다.

25 매끈한 원관 속으로 완전발달 상태의 물이 흐를 때 단면의 전단응력은?
[16년 4회]

① 관의 중심에서 0이고 관 벽에서 가장 크다.
② 관 벽에서 변화가 없고 관의 중심에서 가장 큰 직선 변화를 한다.
③ 단면의 어디서나 일정하다.
④ 유속분포와 동일하게 포물선형으로 변화한다.

[해설]

관수로 흐름의 특성
- 유속분포는 중앙에서 최대이고 관 벽에서 0인 포물선 분포
- 전단응력 분포는 관 벽에서 최대이고 중앙에서 0인 직선 비례

05 관수로

13 두 수조를 연결하는 등단면 단일관수로(마찰고려)

모식도	해설
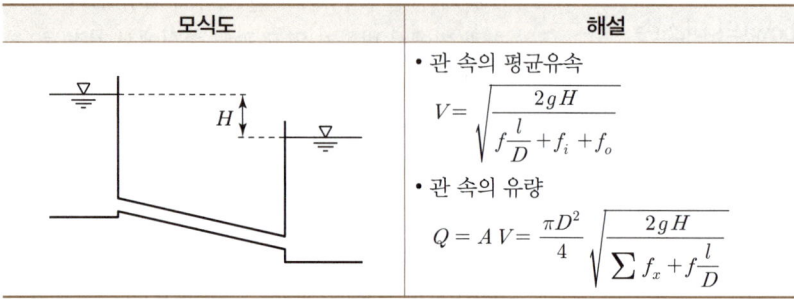	• 관 속의 평균유속 $$V = \sqrt{\dfrac{2gH}{f\dfrac{l}{D} + f_i + f_o}}$$ • 관 속의 유량 $$Q = AV = \dfrac{\pi D^2}{4}\sqrt{\dfrac{2gH}{\sum f_x + f\dfrac{l}{D}}}$$

+ 물이 흐를 때 H만큼의 수두를 잃게 된다. 이것은 마찰손실, 유입손실, 유출손실 때문이다.

14 사이폰(펀)

모식도
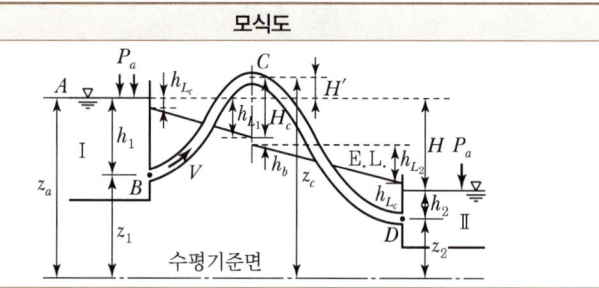

사이폰	① 유체를 동수경사선보다 높은 곳으로 끌어올린 후 낮은 곳으로 방출하는 관수로 ② 관수로의 일부가 동수경사선보다 위에 있는 관수로 ③ 동수경사선보다 위에 있는 부분의 관 내 압력은 부압이라는 점이 일반 관수로와 다름
유량	$Q = AV = \dfrac{\pi D^2}{4} V = \dfrac{\pi D^2}{4}\sqrt{\dfrac{2gH}{f_i + f_b + f_o + f\dfrac{l_1 + l_2}{D}}}$
H_c	① 사이폰 작용이 지속되는 C점의 최대 부압수두는 대기압(P_a)에 해당하는 수두 ② $H_c = \dfrac{P_c}{w} = -\dfrac{P_a}{w} = -10.34\text{m} \fallingdotseq 8 \sim 9\text{m}$

+ 사이폰(펀) 설계
  • H_c를 $8 \sim 9\text{m}$ 이하로 설계 (사이폰 정상 작동)
  • 마찰저항 등의 영향

15 역사이폰

모식도	역사이폰
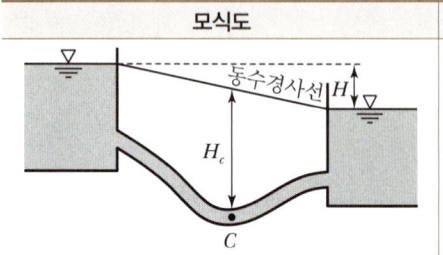	① 계곡이나 하천을 횡단하기 위해 역사이폰 설치 ② 하천이나 철도를 횡단할 때 장애물 횡단방법으로 적합 ③ 최저점인 C의 압력이 상당히 커서 주의 요함

+ 수압은 수심에 비례

과년도 기출문제

01 수면 높이차가 항상 20m인 두 수조가 지름 30cm, 길이 500m, 마찰손실계수가 0.03인 수평관으로 연결되었다면 관 내의 유속은?(단, 마찰, 단면 급확대 및 급축소에 따른 손실을 고려한다.) [17년 4회]

① 2.76m/s ② 4.72m/s
③ 5.76m/s ④ 6.72m/s

[해설]

$$V = \sqrt{\frac{2gH}{1.5 + f\frac{l}{D}}} = \sqrt{\frac{2 \times 9.8 \times 20}{1.5 + 0.03 \times \frac{500}{0.3}}} = 2.76 \text{m/s}$$

02 A 저수지에서 200m 떨어진 B 저수지로 지름 20cm, 마찰손실계수 0.035인 원형 관으로 0.0628 m³/s의 물을 송수하려고 한다. A 저수지와 B 수지 사이의 수위차는?(단, 마찰손실, 단면 급확대 및 급축소 손실을 고려한다.) [18년 1회]

① 5.75m ② 6.94m
③ 7.14m ④ 7.45m

[해설]

$$Q = \frac{\pi D^2}{4} \times \sqrt{\frac{2gH}{1.5 + f\frac{l}{D}}}$$

$$0.0628 = \frac{\pi \times 0.2^2}{4} \times \sqrt{\frac{2 \times 9.8 \times H}{1.5 + 0.035 \times \frac{200}{0.2}}}$$

$$\therefore H = 7.45 \text{m}$$

03 두 수조가 관길이 $L = 50$m, 지름 $D = 0.8$m, Manning의 조도계수 $n = 0.013$인 원형관으로 연결되어 있다. 이 관을 통하여 유량 $Q = 1.2$m³/s의 난류가 흐를 때, 두 수조의 수위차(H)는?(단, 마찰, 단면 급확대 및 급축소 손실만을 고려한다.) [17년 1회]

① 0.98m ② 0.85m
③ 0.54m ④ 0.36m

[해설]

- $f = \dfrac{124.6 n^2}{D^{\frac{1}{3}}} = \dfrac{124.6 \times 0.013^2}{0.8^{\frac{1}{3}}} = 0.0227$

- $Q = \dfrac{\pi D^2}{4} \times \sqrt{\dfrac{2gH}{1.5 + f\dfrac{l}{D}}}$

$$1.2 = \frac{\pi \times 0.8^2}{4} \times \sqrt{\frac{2 \times 9.8 \times H}{1.5 + 0.0227 \times \frac{50}{0.8}}}$$

$$\therefore H = 0.85 \text{m}$$

04 수두차가 10m인 두 저수지를 지름이 30cm, 길이가 300m, 조도계수가 $0.013 \text{m}^{-1/3} \cdot \text{s}$인 주철관으로 연결하여 송수할 때, 관을 흐르는 유량(Q)은?(단, 관의 유입손실계수 $f_e = 0.5$, 유출손실계수 $f_c = 1.0$이다.) [21년 1회]

① 0.02m³/s ② 0.08m³/s
③ 0.17m³/s ④ 0.19m³/s

[해설]

$$Q = A \cdot V = \frac{\pi D^2}{4} \times \frac{\sqrt{2gH}}{\sqrt{f \cdot \frac{l}{D} + f_i + f_o}}$$

$$= \frac{\pi \times 0.3^2}{4} \times \frac{\sqrt{2 \times 9.8 \times 10}}{\sqrt{0.314 \frac{300}{0.3} + 0.5 + 1}} = 0.17 \text{m}^3/\text{s}$$

$$\left(f = \frac{124.5 n^2}{D^{\frac{1}{3}}} = \frac{124.5 \times 0.013^2}{0.3^{\frac{1}{3}}} = 0.0314 \right)$$

05 A 저수지에서 1km 떨어진 B 저수지에 유량 8m³/s를 송수한다. 저수지의 수면차를 10m로 하기 위한 관의 직경은?(단, 마찰손실만을 고려하고 마찰손실계수는 $f = 0.03$이다.)

① 2.15m ② 1.92m
③ 1.74m ④ 1.52m

[해설]

$$8 = \frac{\pi D^2}{4} \times \sqrt{\frac{19.6 \times 10}{0.03 \times \frac{1,000}{D}}} \text{에서}$$

$$D^{5/2} = 3.985 \quad \therefore D = 1.74 \text{m}$$

정답 01 ① 02 ④ 03 ② 04 ③ 05 ③

과년도 기출문제

06 수위차가 3m인 2개의 저수지를 지름 50cm, 길이 80m의 직선관으로 연결하였을 때 유량은?(단, 입구손실계수=0.5, 관의 마찰손실계수=0.0265, 출구손실계수=1.0, 이외의 손실은 없다고 한다.)

[15년 1회]

① 0.124m³/s ② 0.314m³/s
③ 0.628m³/s ④ 1.280m³/s

[해설]

$$유량(Q) = \frac{\pi \times D^2}{4} \times \sqrt{\frac{2gH}{\sum f_x + f\frac{l}{D}}}$$

$$= \frac{\pi \times 0.5^2}{4} \times \sqrt{\frac{19.6 \times 3}{1.5 + 0.0265 \times \frac{80}{0.5}}}$$

$$= 0.628\text{m}^3/\text{sec}$$

07 고수조에서 저수조로 관로에 의해서 송수할 때 관로의 일부가 동수경사선보다 높은 부분이 있을 경우가 있다. 이와 같은 관로를 무엇이라 하는가?

① 관망   ② 분기관
③ 사이폰 ④ 피토관

[해설]

고수조에서 저수조로 관로에 의해서 송수할 때 관로의 일부가 동수경사선보다 높은 부분이 있을 경우의 관로를 사이폰이라 한다.

08 사이폰(Syphon)에 관한 사항 중 옳지 않은 것은?

① 관수로의 일부가 동수경사선보다 높은 곳을 통과하는 것을 말한다.
② 사이폰 내에서는 부압(負壓)이 생기는 곳이 많다.
③ 수로(水路)가 하천이나 철도를 횡단할 때도 이것을 설치한다.
④ 사이폰의 정점과 동수경사선과의 고저차는 8.0m 이하로 설계하는 것이 보통이다.

[해설]

병렬 하천이나 철도를 횡단할 때는 역사이폰을 설치한다.

09 다음 중 사이폰에 대한 설명으로 가장 옳은 것은?

① 사이폰이란 만곡된 수로이다.
② 역사이폰과 보통사이폰은 현상은 반대이나 수리학적 이론은 같다.
③ 부압이 생기는 부분이 없는 관로이다.
④ 관의 일부가 동수경사선보다 위에 있는 관로이다.

[해설]

관로의 일부가 동수경사선보다 높은 부분이 있을 경우의 관로를 사이폰이라 한다.

10 Syphon과 동수경사선과의 수두차에 대하여 옳은 것은?

① 이론상 760[cm]이다.
② $\sqrt{2gH}$ 만큼 보는 것이 좋다.
③ 4~5[m] 정도이다.
④ 7~8[m] 이하이면 작동이 된다.

[해설]

이론상의 수두차는 10.33m이며, 실제의 수두차는 이론상 수두차의 약 80% 정도, 즉 8.0m 이하일 때 작동이 된다.

11 A, B, C, D점에서의 압력강도를 각각 p_a, p_b, p_c, p_d라 할 때 다음 사항 중 옳지 않은 것은?

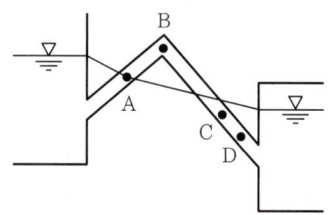

① $p_c > p_d$ ② $p_b < 0$
③ $p_c > 0$ ④ $p_a = 0$

[해설]

$p = wh$에서 면적이 같고 수심이 다르므로 수심이 깊어질수록 수압(압력강도)이 커지고, B점의 압력은 부압이다.

정답 06 ③ 07 ③ 08 ③ 09 ④ 10 ④ 11 ①

과년도 기출문제

12 관수로 흐름에서 난류에 대한 설명으로 옳은 것은?

[17년 4회]

① 마찰손실계수는 레이놀즈 수만 알면 구할 수 있다.
② 관벽 조도가 유속에 주는 영향은 층류일 때보다 작다.
③ 관성력의 점성력에 대한 비율이 층류의 경우보다 크다.
④ 에너지 손실은 주로 난류효과보다 유체의 점성 때문에 발생한다.

[해설]

관수로 흐름의 특징
- 난류에서의 마찰손실계수는 레이놀즈 수(Re)와 상대조도 $\left(\dfrac{e}{D}\right)$의 함수이다.
- 난류에서는 관벽의 조도가 유속에 주는 영향이 층류일 때보다 크다.
- 난류에서는 관성력이 점성력에 비하여 크므로 관성력과 점성력의 비율이 층류의 경우보다 크다.
- 점성에 의한 에너지 손실은 난류보다 층류의 경우에 발생된다.

13 Darcy-Weisbach의 마찰손실수두공식 $h = f\dfrac{\ell}{D}\dfrac{V^2}{2g}$에서 f는 마찰손실계수이다. 원형관의 관벽이 완전 조면인 거친 관이고, 흐름이 난류라고 하면 f는?

[15년 1회]

① 프루드 수만의 함수로 표현할 수 있다.
② 상대조도만의 함수로 표현할 수 있다.
③ 레이놀즈 수만의 함수로 표현할 수 있다.
④ 레이놀즈 수와 조도의 함수로 표현할 수 있다.

[해설]

Chezy 공식	$f = \dfrac{8 \cdot g}{C^2}$	매끄러운관	Reynolds 수의 함수
		거친관	상대조도의 함수 (Reynolds 수와 무관)

14 관수로에서 흐름의 지배력은 무엇인가?

① 중력
② 관성력
③ 점성력
④ 원심력

[해설]

관수로의 흐름을 지배하는 주된 힘은 점성력이고, 지속시키는 요소는 압력차이다.

15 원관 내 흐름이 포물선형 유속분포를 가질 때 관 중심선상에서의 유속을 V_o, 전단응력을 τ_o, 관 벽면에서의 전단응력을 τ_s, 관 내의 평균유속을 V_m, 관 중심선에서 y만큼 떨어져 있는 곳의 유속을 V라 할 때 다음 중 옳지 않은 것은?

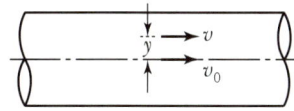

① $V_o > V$
② $V_o = 2V_m$
③ $\tau_s = 2\tau_o$
④ $\tau_s > \tau_o$

[해설]

관 중심에서 최대유속(V_{max})은 평균유속(V_m)의 2배이고, 전단응력은 0이며, 관벽으로 갈수록 유속은 감소하며 전단응력은 증가한다.

정답 12 ③ 13 ② 14 ③ 15 ③

05 관수로

16 원관에 작용하는 수압(주장력 공식)

모식도	원관에서 관두께 결정식
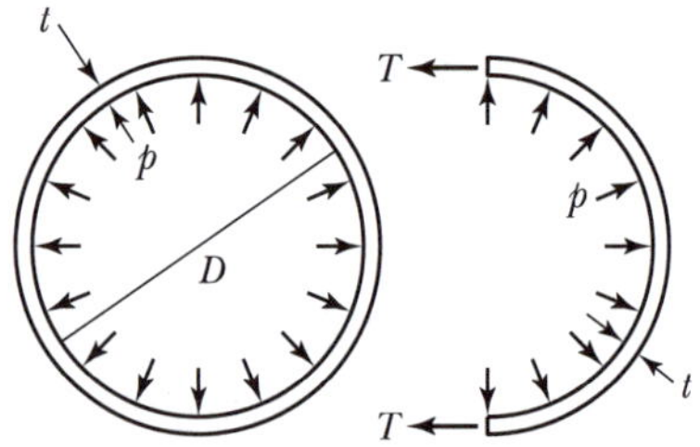	$t = \dfrac{pD}{2\sigma} = \dfrac{whD}{2\sigma}$
	원형관은 모든 방향으로 대칭이므로 반원관에 대해서만 고려

- t : 관두께
  σ : 관의 인장응력
  p : 관내 수압강도

p(관 내 수압강도) 결정

h(압력수두) $= \dfrac{p}{w}$ 에서

$p = wh$로 결정

과년도 기출문제

01 지름이 4cm인 원형관 속에 물이 흐르고 있다. 관로 길이 1.0m 구간에서 압력강하가 0.1N/m²이었다면 관벽의 마찰응력은? [17년 4회]

① 0.001N/m² ② 0.002N/m²
③ 0.01N/m²   ④ 0.02N/m²

[해설]

- $\tau = \dfrac{\Delta P r}{2l} = \omega R I$
- $\tau = \dfrac{\Delta P r}{2l} = \dfrac{0.1 \times 0.02}{2 \times 1} = 0.001 \text{N/m}^2$

02 관경 D, 관 내 압력 p, 관외 두께 t, 관 내 압력으로 인한 인장응력을 σ라 할 때 다음 상관식 중 옳은 것은?

① $\sigma = \dfrac{pD}{2t}$ ② $p = \dfrac{tD}{\sigma}$
③ $t = \dfrac{\sigma D}{p}$ ④ $t = \dfrac{\sigma}{pD}$

[해설]

강관의 두께

$t = \dfrac{pD}{2\sigma}$ 에서

$\therefore \sigma = \dfrac{pD}{2t}$

03 내부반지름(r)이 100cm인 원형강철관 속에 작용하고 있는 수압(P)이 10kg/cm²이다. 강철관의 허용인장응력(σ_{ta})이 1,000kg/cm²이라고 할 때 관의 소요두께는?

① 0.1cm   ② 1.0cm
③ 10.0cm ④ 100.0cm

[해설]

$t = \dfrac{pD}{2\sigma_{ta}} = \dfrac{10 \text{kg/cm}^2 \times 200 \text{cm}}{2 \times 1,000 \text{kg/cm}^2} = 1.0 \text{cm}$

04 반지름 1.5m의 강관에 압력수두 100m의 물이 흐른다. 강재의 허용응력이 147MPa인 강관의 최소 두께는 얼마인가?

① 1.0cm   ② 0.5cm
③ 0.98cm ④ 10cm

[해설]

$t = \dfrac{pD}{2\sigma} = \dfrac{whD}{2\sigma} = \dfrac{1 \times 100 \times 3}{2 \times 14,700}$

$= 0.01 \text{ m} = 1\text{cm}$

(147MPa = 1,470kg/cm² = 14,700t/m²)

정답 01 ① 02 ① 03 ② 04 ①

05 관수로

17 다지 관수로

구분	모식도	식
분지 관수로	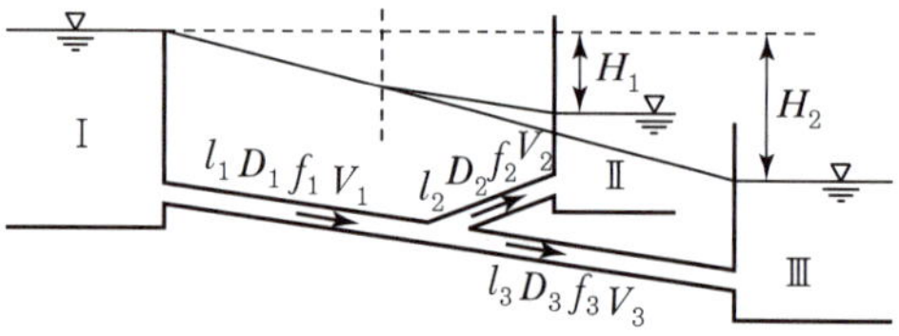 I 수조에서 II, III 수조로 물이 흐르는 경우	$Q_I = Q_{II} + Q_{III}$ (연속방정식)
합류 관수로	I 수조에서 II, III 수조로 물이 흐르는 경우	$Q_I + Q_{II} = Q_{III}$ (연속방정식)

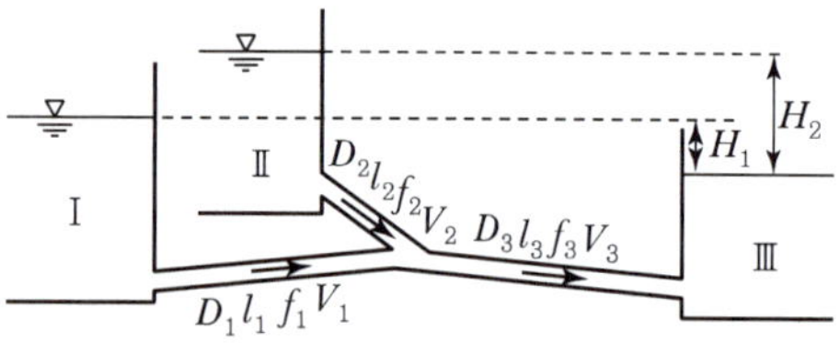

➕ 다지 관수로

한 개의 교차점을 갖는 여러 개의 관이 각각 서로 다른 수조 혹은 저수지에 연결되어 있는 관수로

18 병렬 관수로

구분	모식도
병렬 관수로	$Q = Q_1 + Q_2 + Q_3 = Q$ (연속방정식) $h_{L1} = h_{L2} = h_{L3} = \left(\dfrac{p_A}{\omega} + z_A\right) - \left(\dfrac{p_B}{\omega} + z_B\right)$ ① 하나의 관수로가 도중에 두 개 이상의 관으로 분기되었다가 다시 하나로 합류하는 관로 ② 병렬 관수로에서 수두손실은 서로 같음 ($h_{L1} = h_{L2} = h_{L3}$) ③ 총 유량은 합한 것과 같음

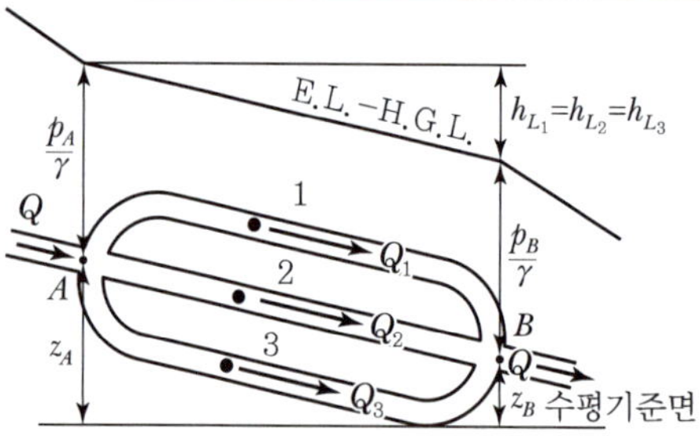

➕ 병렬 관수로

병렬 관수로 내의 흐름문제 해석 시에는 미소손실과 속도수두는 통상 무시

• 병렬로 연결된 관들의 손실수두는 같다.

과년도 기출문제

01 다음 그림과 같이 원관으로 된 관로에서 $D_2 = 200mm$, $Q_2 = 150\ l/sec$이고 $D_3 = 150mm$, $V_3 = 2.2m/sec$인 경우 $D_1 = 300mm$에서의 유량 Q_1은?

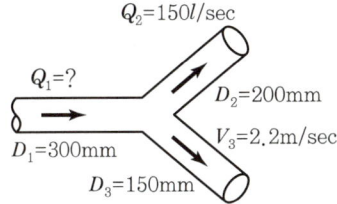

① $188.9 l/sec$ ② $180.0 l/sec$
③ $170.4 l/sec$ ④ $190.2 l/sec$

[해설]

합류 관수로

$Q_1 = Q_2 + Q_3 = 150 \times 10^3 + \dfrac{\pi \times 15^2}{4} \times 220$

$= 188,877\ cm^3/s = 188.88 l/sec$

02 그림과 같이 A에서 분기된 관이 B에서 다시 합류하는 경우, 관 Ⅰ과 관 Ⅱ의 손실수두를 비교하면?   [20년 1회]

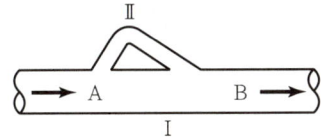

① 관 Ⅰ의 손실수두가 크다.
② 관 Ⅱ의 손실수두가 크다.
③ 두 관의 손실수두는 같다.
④ 경우에 따라서 다르다.

[해설]

병렬 관수로에서의 각 관의 손실수두는 같다.

03 그림과 같은 관로의 흐름에 대한 설명으로 옳지 않은 것은?(단, h_1, h_2는 위치 1, 2에서의 손실수두, h_{LA}, h_{LB}는 각각 관로 A 및 B에서의 손실수두이다.)   [17년 2회]

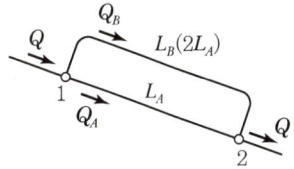

① $h_{LA} = h_{LB}$ ② $Q = Q_A + Q_B$
③ $h_2 = h_1 + 2h_{LB}$ ④ $h_2 = h_1 + h_{LA}$

[해설]

병렬 관수로
• $Q = Q_A + Q_B$, • $h_2 = h_1 + h_{LA} = h_1 + h_{LB}$, • $h_{LA} = h_{LB}$
2지점에서의 손실수두 h_2는 1지점에서의 손실수두 h_1과 A지점에서의 손실수두의 합인 $h_2 = h_1 + h_{LA}$이다.

04 그림과 같은 병렬관수로 ㉠, ㉡, ㉢에서 각 관의 지름과 관의 길이를 각각 D_1, D_2, D_3, L_1, L_2, L_3라 할 때 $D_1 > D_2 > D_3$이고 $L_1 > L_2 > L_3$이면 A점과 B점 사이의 손실수두는?   [19년 1회]

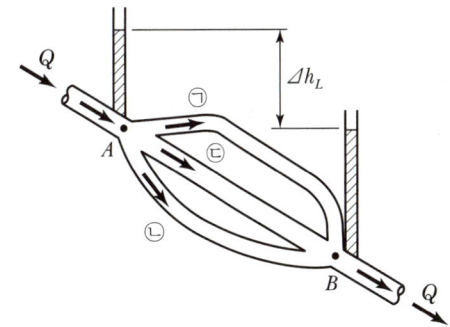

① ㉠의 손실수두가 가장 크다.
② ㉡의 손실수두가 가장 크다.
③ ㉢에서만 손실수두가 발생한다.
④ 모든 관의 손실수두가 같다.

[해설]

병렬관수로에서 모든 관의 손실수두는 같다.

정답 01 ① 02 ③ 03 ③ 04 ④

05 관수로

19 Hardy-Cross 관망해석 방법

기본가정
① 각 분기점 또는 합류점에 유입하는 유량은 전부 유출된다(유량의 합은 0).   ② 각 폐합관의 손실수두의 합은 0이다(경로에 관계없이 일정).   ③ 손실은 마찰손실만 고려한다(미소손실 무시).   ④ 보정량은 +, - 값 모두를 갖는다.   ⑤ 초기유량을 가정한다.

+ 관망해석
가장 널리 쓰이고 있는 관망해석 방법은 Hardy-Cross의 관망 계산법으로서 시행오차법에 의한 근사치 해석(시산법, Trial And Error Method)

20 수격작용

모식도	해설
밸브(갑자기 닫힌다)	① 관수로에 물이 흐를 때 밸브를 갑자기 잠그면 순간적으로 유속이 0이 되고 관벽의 수압은 급격히 상승함 ② 밸브를 갑자기 열면 관벽의 수압은 급격히 저하됨 ③ 급격히 증감하는 압력을 수격압이라 함

+ 수격작용(Water Hammer)
수격압의 작용

21 공동현상

정의	해설
댐 여수로 설계 시 중요한 사항으로 여수로 표면에 심각한 손상을 발생시키는 현상	① 빠른 속도로 유속이 증가할 때 액체의 압력이 증기압 이하로 낮아져서 물속에 있던 공기가 분리되어 물속에 공기덩어리(기포)가 생기는 현상 ② 공동 속의 압력은 절대압 0보다 크다. ③ 공동의 발생과 소멸은 연속적으로 발생

과년도 기출문제

01 관망계산에 대한 설명으로 틀린 것은? [21년 1회]

① 관망은 Hardy-Cross 방법으로 근사계산할 수 있다.
② 관망계산 시 각 관에서의 유량을 임의로 가정해도 결과는 같아진다.
③ 관망계산에서 반시계방향과 시계방향으로 흐를 때의 마찰 손실수두의 합은 0이라고 가정한다.
④ 관망계산 시 극히 작은 손실의 무시로도 결과에 큰 차를 가져올 수 있으므로 무시하여서는 안 된다.

[해설]
관망손실은 마찰손실만 고려(미소손실 무시)한다.

02 관망(Pipe Network) 계산에 대한 설명으로 옳지 않은 것은? [16년 2회]

① 관 내의 흐름은 연속 방정식을 만족한다.
② 가정 유량에 대한 보정을 통한 시산법(Trial And Error Method)으로 계산한다.
③ 관 내에서는 Darcy–Weisbach 공식을 만족한다.
④ 임의 두 점 간의 압력강하량은 연결하는 경로에 따라 다를 수 있다.

[해설]
각 폐합관의 손실수두의 합은 0이다(경로에 관계없이 일정하다).

03 Hardy-Cross의 관망계산 시 가정조건에 대한 설명으로 옳은 것은? [20년 3회]

① 합류점에 유입하는 유량은 그 점에서 1/2만 유출된다.
② 각 분기점에 유입하는 유량은 그 점에서 정지하지 않고 전부 유출한다.
③ 폐합관에서 시계방향 또는 반시계방향으로 흐르는 관로의 손실수두의 합은 0이 될 수 없다.
④ Hardy-Cross 방법은 관경에 관계없이 관수로의 분할 개수에 의해 유량 분배를 하면 된다.

[해설]
Hardy-Cross 관망계산 시 가정조건
각 분기점에 유입하는 유량은 전부 유출한다.

04 관망 문제 해석에서 손실수두를 유량의 함수로 표시하여 사용할 경우 지름이 D인 원형 단면관에 대하여 $h_L = kQ^2$으로 표시할 수 있다. 관의 특성 제원에 따라 결정되는 상수 k의 값은?(단, f는 마찰 손실계수이고, l은 관의 길이이며, 다른 손실은 무시한다.)

① $\dfrac{0.0827 f \cdot l}{D^3}$ ② $\dfrac{0.0827 l \cdot D}{f}$
③ $\dfrac{0.0827 f \cdot l}{D^5}$ ④ $\dfrac{0.0827 f \cdot D}{l^2}$

[해설]
$$h_L = f\frac{l}{D}\frac{V^2}{2g} = f\frac{l}{D}\frac{\left(\frac{4Q}{\pi D^2}\right)^2}{2g}$$
$$= 0.0827\frac{fl}{D^5}Q^2 = kQ^2 \text{이므로}$$
$$k = 0.0827\frac{fl}{D^5}$$

05 관 내에 유속 V로 물이 흐르고 있을 때 밸브의 급격한 폐쇄 등에 의하여 유속이 줄어들면 이에 따라 관 내에 압력의 변화가 생기는데 이것을 무엇이라 하는가? [15년 4회]

① 수격압(水擊壓) ② 동압(動壓)
③ 정압(靜壓) ④ 정체압(停滯壓)

[해설]
관 내를 유속 V로 물이 흐르고 있을 때 밸브 등의 급격한 폐쇄 등에 의하여 유속이 줄어들면 이에 따라 관 내의 압력 변화가 생기는 것을 수격압(水擊壓)이라고 한다.

정답 01 ④ 02 ④ 03 ② 04 ③ 05 ①

05 관수로

22 동력

정의	단위
① 단위시간당 기계가 한 일(일/시간) ② $E = w \cdot Q \cdot H$	① 1HP(마력) = 75 kg · m/sec ② 1kW(킬로와트) = 102 kg · m/sec

동력
압력에 유량을 곱하면 동력이 된다.
(압력 = $w \cdot H$)

23 펌프의 동력

모식도	구분	단위	식
	이론 출력	HP	$E = \dfrac{1{,}000}{75} QH_e$
		kW	$E = \dfrac{1{,}000}{102} QH_e$
	실제 출력	HP	$E = \dfrac{1{,}000}{75} Q(H+\Sigma h_L)/\eta$
		kW	$E = \dfrac{1{,}000}{102} Q(H+\Sigma h_L)/\eta$

펌프
낮은 곳에 있는 물을 높은 곳으로 양수하는 기계

H_e(펌프의 유효수두)
양수높이(H) + 총손실수두(h_L)
(손실수두만큼 힘이 가중)

- Q : 유량
  h_L : 손실수두
  η : 수차의 효율(1보다 작음)
  $\eta = \eta_1 \times \eta_2$

- 펌프에서 H는 양수높이(양정)

24 수차의 동력

모식도	구분	단위	식
	이론 출력	HP	$E = \dfrac{1{,}000}{75} QH_e$
		kW	$E = \dfrac{1{,}000}{102} QH_e$
	실제 출력	HP	$E = \dfrac{1{,}000}{75} Q(H-\Sigma h_L)\eta$
		kW	$E = \dfrac{1{,}000}{102} Q(H-\Sigma h_L)\eta$

수차(발전기)
높은 곳에 있는 물이 낮은 곳으로 흐를 때 동력을 얻음

H_e(수차의 유효수두)
총낙차(H) − 총손실수두(h_L)

- η : 수차의 효율(1보다 작음)
  $\eta = \eta_1 \times \eta_2$

- 수차에서 H는 낙차거리

과년도 기출문제

01 0.3m³/s의 물을 실양정 45m의 높이로 양수하는 데 필요한 펌프의 동력은?(단, 마찰손실수두는 18.6m이다.) [19년 3회]

① 186.98kW ② 196.98kW
③ 214.4kW   ④ 224.4kW

[해설]

$$E_p = \frac{1,000}{102}Q(H+\Sigma h_L)/\eta$$
$$= \frac{1,000}{102} \times 0.3 \times (45+18.6)$$
$$= 187\text{kW}$$

02 관의 마찰 및 기타 손실수두를 양정고의 10%로 가정할 경우 펌프의 동력을 마력으로 구하면?(단, 유량은 $Q=0.07\text{m}^3/\text{s}$이며, 효율은 100%로 가정한다.) [20년 3회]

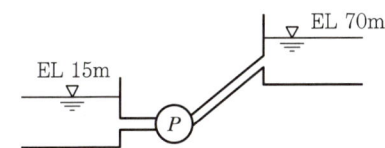

① 57.2HP   ② 48.0HP
③ 51.3HP   ④ 56.5HP

[해설]

$$E_{(HP)} = \frac{1,000}{75} \times Q\left(\frac{H+h_L}{\varepsilon}\right)$$
$$= \frac{1,000}{75} \times \frac{0.07(55+5.5)}{1}$$
$$= 56.5\text{HP}$$

03 표고 20m인 저수지에서 물을 표고 50m인 지점까지 1.0m³/sec의 물을 양수하는 데 소요되는 펌프 동력은?(단, 모든 손실수두의 합은 3.0m이고 모든 관은 동일한 직경과 수리학적 특성을 지니며, 펌프의 효율은 80%이다.) [19년 2회]

① 248kW   ② 330kW
③ 404kW   ④ 650kW

[해설]

$$\text{동력(kW)} = \frac{1,000}{102}(H+h_L)\div\eta$$
$$= \frac{1,000}{102}[(50-20)+3]\div 0.8 = 404\text{kW}$$

04 양정이 5m일 때 4.9kW의 펌프로 0.03m³/s를 양수했다면 이 펌프의 효율은? [20년 4회]

① 약 0.3   ② 약 0.4
③ 약 0.5   ④ 약 0.6

[해설]

$$\text{kW} = \frac{1,000}{102}QH/\varepsilon \qquad 4.9 = \frac{1,000}{102} \times 0.03 \times 5/\varepsilon$$

∴ 효율(ε) = 0.3

05 그림과 같이 수조 A의 물을 펌프에 의해 수조 B로 양수한다. 연결관의 단면적 200cm², 유량 0.196 m³/s, 총손실수두는 속도수두의 3.0배에 해당할 때 펌프의 필요한 동력(HP)은?(단, 펌프의 효율은 98%이며, 물의 단위중량은 9.81kN/m³, 1HP는 735.75N·m/s, 중력가속도는 9.8m/s²) [22년 1회]

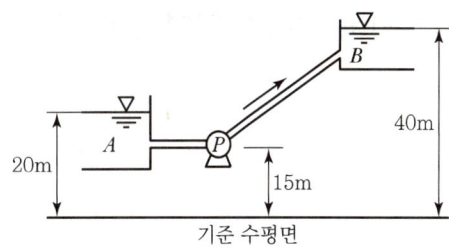

① 92.5HP   ② 101.6HP
③ 105.9HP ④ 115.2HP

[해설]

- $V = \dfrac{Q}{A} = \dfrac{0.196}{200\text{cm}^2 \times 10^{-4}\text{m}^2} = 9.8\text{m/s}$
- $h_L = \dfrac{V^2}{2g} \times 3 = \dfrac{9.8^2}{2g} \times 3 = 14.7\text{m}$
- $H_P = WQ(h+h_L)/\eta = \dfrac{1,000}{75} \times 0.196 \times (20+14.7)/\eta$
  $= 92.5\text{HP}$

정답 01 ① 02 ④ 03 ③ 04 ① 05 ①

06 개수로

1 개수로의 정의 및 특징

모식도	정의	특징
	공기와 접촉하는 자유표면을 가지고 중력에 의해 흐르는 중력흐름	① 자유수면을 갖음 ② 관성력의 영향을 받음 ③ 중력이 흐름을 지배함 ④ 동수경사선과 자유수면은 일치

2 각 상황에 따른 경심(R)

관수로	개수로	폭이 넓은 광폭개수로
$R = \dfrac{A}{P} = \dfrac{\pi D^2/4}{\pi D} = \dfrac{D}{4}$	$R = \dfrac{A}{P} = \dfrac{bh}{b+2h}$	$R = \dfrac{A}{P} = \dfrac{h}{1+\dfrac{2h}{b}} = h$

3 수리상 유리한 단면(최량수리단면)

수리상 유리한 단면	특징
일정한 단면적에 대해 최대유량이 흐르는 단면	① 경심(R)이 최대 ② 윤변(P)이 최소

4 수리상 유리한 단면 유형

구분	모식도	식
직사각형 단면		① $B = 2h$, $h = \dfrac{B}{2}$ ② $R_{\max} = \dfrac{h}{2}$
사다리꼴 (제형 단면)		① $l = \dfrac{B}{2}$ ② $R_{\max} = \dfrac{h}{2}$ ③ $\theta = 60°$(경제적 단면) ④ 수리상 유리한 단면 $OA = OB = OC$(수심)

- 경심 = 수리평균심
  = 동수수리반경

- A : 유수단면적
  P : 윤변
  B : 수로폭(b)
  D : 수리수심

광폭개수로에서 평균마찰응력(소류력)
$\tau = wRI = whI$

광폭개수로에서 등류의 마찰(유속)속도
$U = \sqrt{\dfrac{\tau}{\rho}} = \sqrt{gRI} = \sqrt{ghI}$

Chezy의 평균유속 계수
$C = \dfrac{1}{n} R^{1/6} = \sqrt{\dfrac{8g}{f}}$

- 직사각형 단면에서 수리학적으로 가장 유리한 단면형은 반원이 내접하는 단면이다.

- 사다리꼴 단면 수로의 수리상 유리한 단면은 수심을 반지름으로 하는 반원에 외접하는 정육각형의 제형 단면이다(정삼각형 3개가 모인 단면).

과년도 기출문제

01 댐의 Crest에 물이 흐를 때 가장 중요한 역할을 하는 힘은?

① 중력, 관성력   ② 점성력, 관성력
③ 탄성력, 압력   ④ 압력, 관성력

[해설]

댐의 Crest에서 흐름은 개수로 흐름이기 때문에, 관성력과 중력에 의해 흐름이 지배된다.

02 개수로 내의 흐름에 대한 설명으로 옳은 것은?
[19년 2회]

① 에너지선은 자유표면과 일치한다.
② 동수경사선은 자유표면과 일치한다.
③ 에너지선과 동수경사선은 일치한다.
④ 동수경사선은 에너지선과 언제나 평행하다.

[해설]

개수로에서 동수경사선(수두경사선)은 자유수면과 항상 일치한다.

03 폭이 무한히 넓은 개수로의 동수반경(Hydraulic Radius, 경심)은?
[21년 3회]

① 계산할 수 없다.
② 개수로의 폭과 같다.
③ 개수로의 면적과 같다.
④ 개수로의 수심과 같다.

[해설]

각 상황에 따른 경심(R)
- (관수로) $R = \dfrac{D}{4}$
- (개수로) $R = \dfrac{bh}{b+2h}$
- (광폭수로) $R = h$
- (수리상 유리한 단면) $R = \dfrac{h}{2}$

04 수리학적으로 유리한 단면에 관한 내용으로 옳지 않은 것은?
[20년 4회]

① 동수반경을 최대로 하는 단면이다.
② 구형에서는 수심이 폭의 반과 같다.
③ 사다리꼴에서는 동수반경이 수심의 반과 같다.
④ 수리학적으로 가장 유리한 단면의 형태는 이등변 직각삼각형이다.

[해설]

수리학적으로 가장 유리한 단면은 반원이 내접하는 직사각형 단면이다.

05 수리학적으로 유리한 단면에 관한 설명으로 옳지 않은 것은?
[22년 1회]

① 주어진 단면에서 윤변이 최소가 되는 단면이다.
② 직사각형 단면일 경우 수심이 폭의 1/2인 단면이다.
③ 최대유량의 소통을 가능하게 하는 가장 경제적인 단면이다.
④ 사다리꼴 단면일 경우 수심을 반지름으로 하는 반원을 외접원으로 하는 사다리꼴 단면이다.

[해설]

사다리꼴 단면일 경우 수심을 반지름으로 하는 반원을 내접원으로 하는 사다리꼴 단면이다.

06 수로의 경사 및 단면의 형상이 주어질 때 최대 유량이 흐르는 조건은?
[19년 3회]

① 수심이 최소이거나 경심이 최대일 때
② 윤변이 최대이거나 경심이 최소일 때
③ 윤변이 최소이거나 경심이 최대일 때
④ 수로폭이 최소이거나 수심이 최대일 때

[해설]

수리상 유리한 단면	수리상 유리한 단면의 특징
일정한 단면적에 대해 최대 유량이 흐르는 단면	• 경심(V)이 최대 • 윤변(P)이 최소

정답 01 ① 02 ② 03 ④ 04 ④ 05 ④ 06 ③

과년도 기출문제

07 흐름의 단면적과 수로경사가 일정할 때 최대유량이 흐르는 조건으로 옳은 것은? [18년 2회]

① 윤변이 최소이거나 동수반경이 최대일 때
② 윤변이 최대이거나 동수반경이 최소일 때
③ 수심이 최소이거나 동수반경이 최대일 때
④ 수심이 최대이거나 수로 폭이 최소일 때

[해설]
수리학적으로 유리한 단면이 되기 위해서는 경심(R)이 최대이거나, 윤변(P)이 최소일 때 성립된다.

08 개수로에서 단면적이 일정할 때 수리학적으로 유리한 단면에 해당되지 않는 것은?(단, H : 수심, R_h : 동수반경, l : 측면의 길이, B : 수면폭, P : 윤변, θ : 측면의 경사) [17년 4회]

① H를 반지름으로 하는 반원에 외접하는 직사각형 단면
② R_h가 최대 또는 P가 최소인 단면
③ $H = B/2$이고 $R_h = B/2$인 직사각형 단면
④ $l = B/2$, $R_h = H/2$, $\theta = 60°$인 사다리꼴 단면

[해설]
직사각형 단면에서 수리학적으로 유리한 단면이 되기 위한 조건은 $B = 2H$, $R = \dfrac{H}{2}$이다.
(수심 H를 반지름으로 하는 반원에 외접하는 단면)

09 개수로에서 일정한 단면적에 대하여 최대유량이 흐르는 조건은? [16년 2회]

① 수심이 최대이거나 수로 폭이 최소일 때
② 수심이 최소이거나 수로 폭이 최대일 때
③ 윤변이 최소이거나 경심이 최대일 때
④ 윤변이 최대이거나 경심이 최소일 때

[해설]
수리학적으로 유리한 단면은 경심(R)이 최대이거나, 윤변(P)이 최소일 때 성립된다.

10 다음 그림과 같은 사다리꼴 수로에서 수리상 유리한 단면으로 설계된 경우의 조건은? [20년 1회]

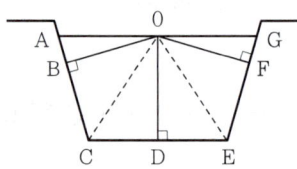

① OB = OD = OF
② OA = OD = OG
③ OC = OG + OA = OE
④ OA = OC = OE = OG

[해설]
수리상 유리한 단면
- 직사각형 단면 : 반원
- 사다리꼴 : 반지름이 수심(OB = OD = OF)

11 다음 사다리꼴 수로의 윤변은? [22년 1회]

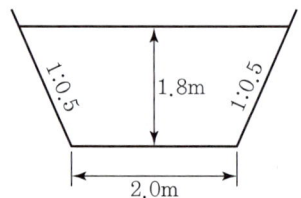

① 8.02m
② 7.02m
③ 6.02m
④ 9.02m

[해설]
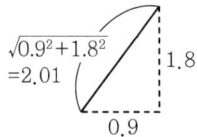

윤변(P) = (2.01×2) + 2 = 6.02m

정답 07 ① 08 ③ 09 ③ 10 ① 11 ③

과년도 기출문제

12 그림과 같은 좌우가 대칭인 하천단면의 경심(R)은?

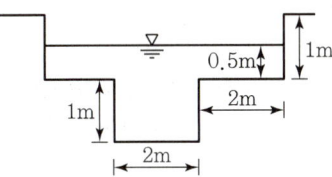

① 0.72m ② 0.63m
③ 0.56m ④ 0.50m

[해설]

경심 $R = \dfrac{A}{P} = \dfrac{bh}{b+2h} = \dfrac{0.5 \times 6 + 2 \times 1}{2 \times (0.5+2+1)+2} = 0.56\text{m}$

13 등류의 마찰속도 u_*를 구하는 공식으로 옳은 것은?(단, H : 수심, I : 수면경사, g : 중력가속도)

① $u_* = \sqrt{gHI}$ ② $u_* = gHI$
③ $u_* = gH^2I$ ④ $u_* = gHI^2$

[해설]

등류의 마찰속도 $u_* = \sqrt{gRI} ≒ \sqrt{gHI}$ 이다.

14 수로 바닥에서의 마찰력 τ_0, 물의 밀도 ρ, 중력가속도 g, 수리평균수심 R, 수면경사 I, 에너지선의 경사 I_e라고 할 때 등류(㉠)와 부등류(㉡)의 경우에 대한 마찰속도(u_e)는? [21년 1회]

① ㉠ : ρRI_e, ㉡ : ρRI
② ㉠ : $\dfrac{\rho RI}{\tau_0}$, ㉡ : $\dfrac{\rho RI_e}{\tau_0}$
③ ㉠ : $\sqrt{gRI}$, ㉡ : $\sqrt{gRI_e}$
④ ㉠ : $\sqrt{\dfrac{gRI_e}{\tau_0}}$, ㉡ : $\sqrt{\dfrac{gRI}{\tau_0}}$

[해설]

마찰속도(u) = $\sqrt{gRI}$

15 하폭이 넓은 완경사 개수로 흐름에서 물의 단위중량 $W = \rho g$, 수심 h, 하상경사 S일 때 바닥 전단응력 τ_0는?(단, ρ : 물의 밀도, g : 중력가속도) [22년 1회]

① ρhS ② ghS
③ $\sqrt{\dfrac{hS}{\rho}}$ ④ WhS

[해설]

$\tau = wRI = whs$
(하천이 넓은 완경사 = 광폭개수로)

16 폭이 넓은 하천에서 수심이 2m이고 경사가 $\dfrac{1}{200}$인 흐름의 소류력(Tractive Force)은? [17년 4회]

① 98N/m² ② 49N/m²
③ 196N/m² ④ 294N/m²

[해설]

$\tau = whI = 1 \times 2 \times \dfrac{1}{200} = 0.01\text{t/m}^2$
$= 10\text{kg/m}^2 = 98\text{N/m}^2$ (1kg = 9.8N)

정답 12 ③ 13 ① 14 ③ 15 ④ 16 ①

06 개수로

5 유속계에 의한 평균유속

모식도	구분	식
	표면법	$V_m = 0.85 V_s$
	1점법	$V_m = V_{0.6}$
	2점법	$V_m = \dfrac{V_{0.2} + V_{0.8}}{2}$
	3점법	$V_m = \dfrac{V_{0.2} + 2V_{0.6} + V_{0.8}}{4}$

+ $V_{0.2}$: 표면에서 수심 20% 점 유속
  $V_{0.6}$: 표면에서 수심 60% 점 유속
  $V_{0.8}$: 표면에서 수심 80% 점 유속

- 최대유속이 생기는 점은 수면에서 $0.2h$ 깊이
- 평균유속과 같은 유속의 점은 수면에서 $0.6h$ 깊이

6 공식을 이용한 평균유속

구분	식
Chezy 공식	$V = C\sqrt{RI}$ (m/sec) C : Chezy 평균유속계수 I : 수로(동수)경사
Manning 공식	$V = \dfrac{1}{n} R^{2/3} I^{1/2}$ (m/sec) n : Manning의 조도계수($\mathrm{m}^{-1/3} \cdot \mathrm{s}$) [조도계수($n$) 값을 결정하는 요소로는 하상(河床)물질의 형태, 하도(河道)의 형상, 식생의 종류 등]

+ $C = \dfrac{1}{n} R^{1/6} = \sqrt{\dfrac{8g}{f}}$

+ Manning 조도계수(n)
- 관이나 하상바닥의 거친 정도
- 콘크리트관 > 유리관

7 통수능(K, Manning 공식)

정의	식
K는 통수단면의 기하학적 형상과 조도계수에만 관계되는 것으로 이것이 개수로의 통수능이다.	$K = A \dfrac{1}{n} R^{2/3}$ ① $Q = AV = A \dfrac{1}{n} R^{2/3} I^{1/2} = K I^{1/2}$ ② $K = A \dfrac{1}{n} R^{2/3}$

+ 통수능(K)
단면이 물을 통수시키는 능력

8 등류계산을 위한 수리지수

정의	식
단면형 조도가 주어질 때	$K^2 = ch^N$ (N : 수리지수)

과년도 기출문제

01 개수로 내의 흐름에서 평균유속을 구하는 방법 중 2점법의 유속 측정 위치로 옳은 것은? [21년 1회]

① 수면과 전수심의 50% 위치
② 수면으로부터 수심의 10%와 90% 위치
③ 수면으로부터 수심의 20%와 80% 위치
④ 수면으로부터 수심의 40%와 60% 위치

[해설]

유속계에 의한 평균유속
- 1점법 : $V_m = V_{0.6}$
- 2점법 : $V_m = \dfrac{V_{0.2} + V_{0.8}}{2}$
- 3점법 : $V_m = \dfrac{V_{0.2} + 2V_{0.6} + V_{0.8}}{4}$

02 Manning의 조도계수 n에 대한 설명으로 옳지 않은 것은? [15년 4회]

① 콘크리트관이 유리관보다 일반적으로 값이 작다.
② Kutter의 조도계수보다 이후에 제안되었다.
③ Chezy의 C계수와는 $C = 1/n \times R^{1/6}$의 관계가 성립한다.
④ n의 값은 대부분 1보다 작다.

[해설]

Manning의 조도계수는 관이나 하상바닥의 까칠까칠한 정도이므로 콘크리트관이 유리관보다 일반적으로 값이 크다.

03 수로경사 1/10,000인 직사각형 단면 수로에 유량 30m³/s를 흐르게 할 때 수리학적으로 유리한 단면은?(단, h : 수심, B : 폭이며, Manning 공식을 쓰고, $n = 0.025\text{m}^{-1/3} \cdot \text{s}$) [21년 1회]

① $h = 1.95\text{m}, \ B = 3.9\text{m}$
② $h = 2.0\text{m}, \ B = 4.0\text{m}$
③ $h = 3.0\text{m}, \ B = 6.0\text{m}$
④ $h = 4.63\text{m}, \ B = 9.26\text{m}$

[해설]

$Q = A \cdot V$

$30 = (B \cdot h) \times \dfrac{1}{n} R^{\frac{2}{3}} I^{\frac{1}{2}}$

$30 = (2h \cdot h) \times \dfrac{1}{0.025} \cdot \left(\dfrac{h}{2}\right)^{\frac{2}{3}} \cdot \left(\dfrac{1}{10,000}\right)^{\frac{1}{2}}$

$\therefore h = 4.63\text{m}$ (계산기의 Solve 기능 사용)
$B = 2h = 9.26\text{m}$

04 직사각형의 단면(폭 4m×수심 2m) 개수로에서 Manning 공식의 조도계수 $n = 0.017$이고 유량 $Q = 15\text{m}^3/\text{s}$일 때 수로의 경사($I$)는? [16년 1회]

① 1.016×10^{-3}
② 4.548×10^{-3}
③ 15.365×10^{-3}
④ 31.875×10^{-3}

[해설]

$Q = AV = A\dfrac{1}{n} R^{\frac{2}{3}} I^{\frac{1}{2}}$

$15 = (4 \times 2) \times \dfrac{1}{0.017} \times \left(\dfrac{4 \times 2}{4 + 2 \times 2}\right)^{\frac{2}{3}} \times I^{\frac{1}{2}}$

$\therefore I = 1.016 \times 10^{-3}$

05 수로경사 $I = 1/2,500$, 조도계수 $n = 0.013\text{m}^{-1/3} \cdot \text{s}$인 수로에 아래 그림과 같이 물이 흐르고 있다면 평균유속은?(단, Manning의 공식을 사용한다.) [21년 2회]

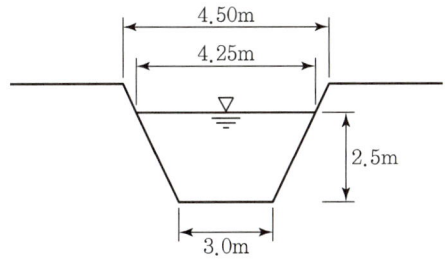

① 1.65m/s
② 2.16m/s
③ 2.65m/s
④ 3.16m/s

정답 01 ③ 02 ① 03 ④ 04 ① 05 ①

과년도 기출문제

[해설]

- $S = 3 + 2\sqrt{2.5^2 + 0.625^2} = 8.15\text{m}$
- $A = \dfrac{3 + 4.25}{2} \times 2.5 = 9.06\text{m}^2$
- $V = \dfrac{1}{n} R^{\frac{2}{3}} I^{\frac{1}{2}}$

$\quad = \dfrac{1}{0.013} \times \left(\dfrac{9.06}{8.15}\right)^{\frac{2}{3}} \times \left(\dfrac{1}{2,500}\right)^{\frac{1}{2}} = 1.65\text{m/s}$

06 폭이 4m, 수심 2m인 직사각형 수로에 등류가 흐르고 있을 때 조도계수 $n = 0.02\text{m}^{-1/3} \cdot \text{s}$라면 Chezy의 평균유속계수 C는?

① 0.05
② 0.5
③ 5
④ 50

[해설]

$C = \dfrac{1}{n} R^{1/6} = \dfrac{1}{0.02} \times \left(\dfrac{4 \times 2}{4 + 2 \times 2}\right)^{1/6} = 50$

07 경심이 8m, 동수경사가 1/100, 마찰손실계수 $f = 0.03$일 때 Chezy의 유속계수 C를 구한 값은?

① $51.1\text{m}^{\frac{1}{2}}/\text{s}$
② $25.6\text{m}^{\frac{1}{2}}/\text{s}$
③ $36.1\text{m}^{\frac{1}{2}}/\text{s}$
④ $44.3\text{m}^{\frac{1}{2}}/\text{s}$

[해설]

$C = \sqrt{\dfrac{8g}{f}} = \sqrt{\dfrac{8 \times 9.8}{0.03}} = \sqrt{51.12} = 51.12\text{m}^{\frac{1}{2}}/\text{sec}$

08 폭 4m, 수심 2m인 직사각형 단면 개수로에서 Manning 공식의 조도계수 $n = 0.017\text{m}^{-1/3} \cdot \text{s}$, 유량 $Q = 15\text{m}^3/\text{s}$일 때 수로의 경사($I$)는?

[20년 4회]

① 1.016×10^{-3}
② 4.548×10^{-3}
③ 15.365×10^{-3}
④ 31.875×10^{-3}

[해설]

$Q = A \cdot \dfrac{1}{n} R^{2/3} I^{1/2}$

$15 = (4 \times 2) \times \dfrac{1}{0.017} \times \left[\dfrac{4 \times 2}{4 + (2 \times 2)}\right]^{2/3} \times I^{1/2}$

$\therefore I = 1.016 \times 10^{-3}$

09 그림과 같은 개수로에서 수로경사 $S_0 = 0.001$, Manning의 조도계수 $n = 0.002$일 때 유량은?

[20년 3회]

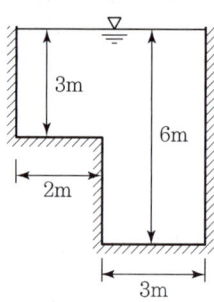

① 약 $150\text{m}^3/\text{s}$
② 약 $320\text{m}^3/\text{s}$
③ 약 $480\text{m}^3/\text{s}$
④ 약 $540\text{m}^3/\text{s}$

[해설]

$Q = A \cdot \dfrac{1}{n} R^{2/3} I^{1/2}$

$\quad = 24 \times \dfrac{1}{0.002} \times \left(\dfrac{24}{3+2+3+3+6}\right)^{2/3} \times (0.001)^{1/2}$

$\quad = 480\text{m}^3/\text{s}$

정답 06 ④ 07 ① 08 ① 09 ③

과년도 기출문제

10 수심 2m, 폭 4m, 경사 0.0004인 직사각형 단면 수로에서 유량 14.56m³/s가 흐르고 있다. 이 흐름에서 수로표면 조도계수(n)는?(단, Manning 공식 사용) [17년 2회]

① 0.0096 ② 0.01099
③ 0.02096 ④ 0.03099

[해설]

$$Q = AV = A\frac{1}{n}R^{\frac{2}{3}}I^{\frac{1}{2}}$$

$$\therefore n = \frac{AR^{\frac{2}{3}}I^{\frac{1}{2}}}{Q}$$

$$= \frac{(4\times2)\times1^{\frac{2}{3}}\times0.0004^{\frac{1}{2}}}{14.56}$$

$$= 0.01099$$

11 직사각형 개수로에서 수리상 유리한 단면(Hydraulic Best Section)은?(단, b : 직사각형 수로의 폭, h : 수심, A : 단면적)

① $h = 2b$ ② $h = b$
③ $h = \sqrt{\dfrac{A}{2}}$ ④ $h = b^{\frac{1}{2}}$

[해설]

직사각형 수로에서 수리상 유리한 단면은 $b=2h$이므로
$A = bh = 2h \times h = 2h^2$
$\therefore h = \sqrt{\dfrac{A}{2}}$

12 폭 1m인 판을 접어서 직사각형 개수로를 만들었을 때 수리상 유리한 단면의 단면적은?

① 0.111m² ② 0.120m²
③ 0.125m² ④ 0.135m²

[해설]

수리상 유리한 단면일 때 폭 1m인 판을 접으면 폭 0.5m, 수심 0.25m인 개수로가 된다($\because b = 2h$).
따라서, $A = bh = 0.5\text{m} \times 0.25\text{m} = 0.125\text{m}^2$

13 유량 45m³/sec가 흐르는 직사각형 수로에서 수면경사가 0.001인 조건에서 가장 유리한 단면이 되기 위한 수로폭의 크기는?(단, Manning의 조도계수 $n = 0.035$이다.)

① 8.66m ② 8.28m
③ 7.94m ④ 7.48m

[해설]

$Q = A\dfrac{1}{n}R^{2/3}I^{1/2}$에서

$45 = (2h \times h) \times \dfrac{1}{0.035} \times \left(\dfrac{h}{2}\right)^{2/3} \times (0.001)^{1/2}$이므로

$h^{8/3} = 39.53$

$\therefore h = 3.97\text{m}$이므로 $b = 2h = 7.94\text{m}$

14 수면경사가 1/500인 직사각형 수로에 유량이 50m³/s로 흐를 때 수리상 유리한 단면의 수심(h)은?(단, Manning 공식을 이용하며, $n = 0.023$)

① 0.8m ② 1.1m
③ 2.0m ④ 3.1m

[해설]

$Q = A \cdot V = A \cdot \dfrac{1}{n}R^{2/3}I^{1/2}$

$50 = (2h \times h) \times \dfrac{1}{0.023} \times \left(\dfrac{h}{2}\right)^{2/3} \times \left(\dfrac{1}{500}\right)^{1/2}$

$\therefore h = 3.1\text{m}$

15 일반적인 수로단면에서 단면계수 Z_c와 수심 h의 상관식은 $Z_c^2 = Ch^M$으로 표시할 수 있는데 이 식에서 M은? [20년 1회]

① 단면지수 ② 수리지수
③ 윤변지수 ④ 흐름지수

[해설]

단면형 조도가 주어졌을 때 M은 수리지수를 의미한다.

정답 10 ② 11 ③ 12 ③ 13 ③ 14 ④ 15 ②

06 개수로

⑨ 비에너지(H_e)

정의	모식도	식
① 수로 바닥을 기준으로 한 총수두(에너지) ② 단위 중량의 물이 가지고 있는 에너지 ③ 등류일 때는 값이 일정	(에너지선, $\frac{V^2}{2g}$, h, V, z, 기준수평면)	$H_e = h + \alpha \dfrac{V^2}{2g}$ 비에너지(H_e)는 유량이 일정할 경우 수심(h)만의 함수가 된다.
	① 흐름이 상류 : 수심이 작아짐에 따라 비에너지 값도 작아진다. ② 흐름이 사류 : 수심이 작아짐에 따라 비에너지는 커진다.	

정상부등류
- 임의 단면에서의 흐름 특성이 시간에 따라서는 변하지 않으나 공간적으로는 변하는 흐름을 의미
- 수면곡선이 정상등류와는 달리 수로바닥과 평행하지 않은 흐름

- h : 수심(동수경사선)
- α : 에너지 보정계수
- V : 유속
- g : 중력가속도

⑩ 한계수심(h_c)

구분	모식도	해설 및 공식
직사각형 단면	(폭 b, 높이 h, 면적 A)	$A = ah^n = bh$ 이므로 $a = b$, $n = 1$이다. $\therefore h_c = \left(\dfrac{\alpha Q^2}{gb^2}\right)^{1/3}$

한계수심(h_c)
- Q가 일정할 때 H_e가 최소가 되는 수심
- H_e가 일정할 때 Q가 최대가 되는 수심
- $h_c = \dfrac{2}{3} H_e$ (직사각형 단면)
- Fr(프루드 수)이 1일 때 수심
- 유량이 일정하고 비력이 최소일 때의 수심

⑪ 한계유속(V_c)

정의	식
한계수심, 한계경사에서의 유속(V_c)	$V_c = \sqrt{\dfrac{gh_c}{\alpha}}$

- $h_c = \dfrac{2}{3} H_e$
  α : 에너지 보정계수

⑫ 한계경사(I_c)

정의	식
흐름이 상류에서 사류로 변하는 지배단면에서의 경사	$I_c = \dfrac{g}{\alpha C^2} = \dfrac{g}{\alpha\left(\dfrac{1}{n}R^{\frac{1}{6}}\right)^2} = \dfrac{gn^2}{\alpha\left(R^{\frac{1}{6}}\right)^2}$ 수로의 조도계수(n)가 클수록 한계경사(I_c)는 일반적으로 커진다.

- 한계수심으로 흐를 때의 수로경사가 한계경사이다.
- α : 에너지 보정계수
  $C = \dfrac{1}{n} R^{1/6}$

과년도 기출문제

01 개수로의 흐름에서 비에너지의 정의로 옳은 것은? [19년 1회]

① 단위 중량의 물이 가지고 있는 에너지로 수심과 속도수두의 합
② 수로의 한 단면에서 물이 가지고 있는 에너지를 단면적으로 나눈 값
③ 수로의 두 단면에서 물이 가지고 있는 에너지를 수심으로 나눈 값
④ 압력 에너지와 속도 에너지의 비

[해설]

비에너지(H_e) = h(수심) + $\dfrac{\alpha V^2}{2g}$(속도수두)

02 비에너지(Specific Energy)와 한계수심에 대한 설명으로 옳지 않은 것은? [18년 3회]

① 비에너지는 수로의 바닥을 기준으로 한 단위무게의 유수가 가진 에너지이다.
② 유량이 일정할 때 비에너지가 최소가 되는 수심이 한계수심이다.
③ 비에너지가 일정할 때 한계수심으로 흐르면 유량이 최소가 된다.
④ 직사각형 단면에서 한계수심은 비에너지의 2/3가 된다.

[해설]

비에너지가 일정할 때 유량이 최대로 흐를 때의 수심을 한계수심이라 한다.

03 개수로 흐름에 대한 설명으로 틀린 것은? [17년 4회]

① 한계류 상태에서는 수심의 크기가 속도수두의 2배가 된다.
② 유량이 일정할 때 상류에서는 수심이 작아질수록 유속이 커진다.
③ 비에너지는 수평기준면을 기준으로 한 단위무게의 유수가 가진 에너지를 말한다.
④ 흐름이 사류에서 상류로 바뀔 때에는 도수와 함께 큰 에너지 손실을 동반한다.

[해설]

비에너지는 수로 바닥면을 기준으로 한 단위무게의 유수가 가진 에너지를 말한다.

04 개수로 내 흐름에 있어서 한계수심에 대한 설명으로 옳은 것은? [17년 1회]

① 상류 쪽의 저항이 하류 쪽의 조건에 따라 변한다.
② 유량이 일정할 때 비력이 최대가 된다.
③ 유량이 일정할 때 비에너지가 최소가 된다.
④ 비에너지가 일정할 때 유량이 최소가 된다.

[해설]

한계수심
• 유량이 일정하고 비에너지가 최소일 때의 수심
• 에너지가 일정하고 유량이 최대로 흐를 때의 수심
• 유량이 일정하고 비력이 최소일 때의 수심

05 개수로에서 한계수심에 대한 설명으로 옳은 것은? [19년 1회]

① 사류 흐름의 수심
② 상류 흐름의 수심
③ 비에너지가 최대일 때의 수심
④ 비에너지가 최소일 때의 수심

[해설]

한계수심(h_c)
• 비에너지가 최소인 수심
• 한계유속으로 흐를 때 수심
• 유량이 일정할 때 비에너지가 최소인 수심

정답 01 ① 02 ③ 03 ③ 04 ① 05 ④

과년도 기출문제

06 개수로 내의 흐름에서 비에너지(Specific Energy, H_e)가 일정할 때, 최대 유량이 생기는 수심 h로 옳은 것은?(단, 개수로의 단면은 직사각형이고 $\alpha = 1$이다.) [20년 4회]

① $h = H_e$ ② $h = \frac{1}{2}H_e$

③ $h = \frac{2}{3}H_e$ ④ $h = \frac{3}{4}H_e$

[해설]

한계수심(h_c)
- $H_{e\,min}$
- Q_{max}
- $H_e \times \frac{2}{3}$

07 직사각형 단면의 수로에서 단위폭당 유량이 0.4 m³/s/m이고 수심이 0.8m일 때 비에너지는?(단, 에너지 보정계수는 1.0으로 함) [15년 4회]

① 0.801m   ② 0.813m

③ 0.825m   ④ 0.837m

[해설]

$H_e = h + \alpha \frac{V^2}{2g} = 0.8 + \frac{1}{19.6}\left(\frac{0.4}{1 \times 0.8}\right)^2 = 0.813m$

08 직사각형 단면 개수로에서 수심이 $1m$, 평균유속이 $4.5m/s$, 에너지보정계수 $\alpha = 1.0$일 때 비에너지(H_e)는? [15년 1회]

① 1.03m   ② 2.03m

③ 3.03m   ④ 4.03m

[해설]

비에너지(H_e) $= h + \frac{\alpha V^2}{2g} = 1 + \frac{1 \times 4.5^2}{2 \times 9.8} = 2.03m$

09 사각형 개수로 단면에서 한계수심(h_c)과 비에너지(h_e)의 관계로 옳은 것은? [16년 4회]

① $h_c = \frac{2}{3}h_e$ ② $h_c = h_e$

③ $h_c = \frac{3}{2}h_e$ ④ $h_c = 2h_e$

[해설]

비에너지와 한계수심의 관계는 $h_c = \frac{2}{3}h_e$

10 주어진 유량에 대한 비에너지(Specific Energy)가 3m일 때, 한계수심은? [20년 1회]

① 1m   ② 1.5m

③ 2m   ④ 2.5m

[해설]

한계수심(h_c) $= H_e \times \frac{2}{3} = 3 \times \frac{2}{3} = 2m$

11 직사각형 단면의 수로에서 최소 비에너지가 1.5m라면 단위폭당 최대유량은?(단, 에너지보정계수 $\alpha = 1.0$) [16년 1회]

① 2.86m³/s/m   ② 2.98m³/s/m

③ 3.13m³/s/m   ④ 3.32m³/s/m

[해설]

- $h_c = \frac{2}{3}h_e$

  $h_c = \frac{2}{3} \times 1.5 = 1m$

- $h_c = \left(\frac{\alpha Q^2}{gb^2}\right)^{\frac{1}{3}}$

  $1 = \left(\frac{1 \times Q^2}{9.8 \times 1^2}\right)^{\frac{1}{3}}$

  $\therefore Q = 3.13m^3/s$

정답 06 ③ 07 ② 08 ② 09 ① 10 ③ 11 ③

과년도 기출문제

12 수심 h, 단면적 A, 유량 Q 로 흐르고 있는 개수로에서 에너지 보정계수를 α 라고 할 때 비에너지 H_e를 구하는 식은?(단, h =수심, g =중력가속도) [17년 1회]

① $H_e = h + \alpha\left(\dfrac{Q}{A}\right)$

② $H_e = h + \alpha\left(\dfrac{Q}{A}\right)^2$

③ $H_e = h + \alpha\left(\dfrac{Q^2}{A}\right)$

④ $H_e = h + \dfrac{\alpha}{2g}\left(\dfrac{Q}{A}\right)^2$

[해설]

비에너지 $H_e = h + \dfrac{\alpha v^2}{2g} = h + \dfrac{\alpha}{2g}\left(\dfrac{Q}{A}\right)^2$

13 수로 폭이 3m인 직사각형 개수로에서 비에너지가 1.5m일 경우의 최대유량은?(단, 에너지 보정계수는 1.0이다.) [19년 3회]

① 9.39m³/s
② 11.50m³/s
③ 14.09m³/s
④ 17.25m³/s

[해설]

$h_c = \left(\dfrac{\alpha Q^2}{gb^2}\right)^{1/3}$

• $h_c = \dfrac{2}{3}H_e = \dfrac{2}{3} \times 1.5 = 1$

• $1 = \left(\dfrac{1 \times Q_{\max}^2}{9.8 \times 3^2}\right)^{1/3}$

∴ $Q_{\max} = 9.39\text{m}^3/\text{s}$

14 수면폭이 1.2m인 V형 삼각 수로에서 2.8m³/s의 유량이 0.9m 수심으로 흐른다면 이때의 비에너지는?(단, 에너지보정계수 α =1로 가정한다.) [17년 2회]

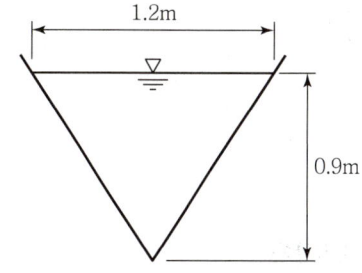

① 0.9m
② 1.14m
③ 1.84m
④ 2.27m

[해설]

• $A = \dfrac{1}{2}bh = \dfrac{1}{2} \times 1.2 \times 0.9 = 0.54\text{m}^2$

• $V = \dfrac{Q}{A} = \dfrac{2.8}{0.54} = 5.19\text{m/s}$

∴ $h_e = h + \dfrac{\alpha V^2}{2g} = 0.9 + \dfrac{1 \times 5.19^2}{2 \times 9.8} = 2.27\text{m}$

15 폭 8m의 구형단면 수로에 40m³/s의 물을 수심 5m로 흐르게 할 때, 비에너지는?(단, 에너지 보정계수 α =1.11로 가정한다.) [19년 2회]

① 5.06m
② 5.87m
③ 6.19m
④ 6.73m

[해설]

$V = \dfrac{Q}{A} = \dfrac{40}{8 \times 5} = 1$

∴ $H_e = h + \dfrac{\alpha V^2}{2g} = 5 + \dfrac{1.11 \times 1^2}{2 \times 9.8} = 5.06\text{m}$

정답 12 ④ 13 ① 14 ④ 15 ①

과년도 기출문제

16 폭 9m의 직사각형 수로에 16.2m³/s의 유량이 92cm의 수심으로 흐르고 있다. 장파의 전파속도 C와 비에너지 E는?(단, 에너지 보정계수 $\alpha = 1.0$) [21년 2회]

① $C=2.0$m/s, $E=1.015$m
② $C=2.0$m/s, $E=1.115$m
③ $C=3.0$m/s, $E=1.015$m
④ $C=3.0$m/s, $E=1.115$m

[해설]

- $C = \sqrt{gh} = \sqrt{9.8 \times 0.92} = 3$m/s
- $H_e = h + \dfrac{\alpha V^2}{2g} = 0.92 + \dfrac{1 \times \left(\dfrac{16.2}{9 \times 0.92}\right)^2}{2 \times 9.8}$
  $= 1.115$m

17 직사각형 단면수로의 폭이 5m이고 한계수심이 1m일 때의 유량은?(단, 에너지 보정계수 $\alpha = 1.0$) [18년 3회]

① 15.65m³/s   ② 10.75m³/s
③ 9.80m³/s   ④ 3.13m³/s

[해설]

- $h_c = \left(\dfrac{\alpha Q^2}{gb^2}\right)^{\frac{1}{3}}$
- $1 = \left(\dfrac{1 \times Q^2}{9.8 \times 5^2}\right)^{\frac{1}{3}}$

  $\therefore Q = 15.65$m³/s

18 광폭 직사각형 단면 수로의 단위폭당 유량이 16m³/s일 때, 한계경사는?(단, 수로의 조도계수 $n = 0.02$이다.) [18년 2회]

① 3.27×10^{-3} ② 2.73×10^{-3}
③ 2.81×10^{-2} ④ 2.90×10^{-2}

[해설]

- $h_c = \left(\dfrac{\alpha Q^2}{gB^2}\right)^{\frac{1}{3}} = \left(\dfrac{1 \times 16^2}{9.8 \times 1^2}\right)^{\frac{1}{3}} = 2.97$m
- $C = \dfrac{1}{n} R^{\frac{1}{6}} = \dfrac{1}{0.02} \times 2.97^{\frac{1}{6}} = 59.95$(광폭개수로 $R = h$)

$\therefore I_c = \dfrac{g}{\alpha C^2} = \dfrac{9.8}{1 \times 59.95^2} = 2.73 \times 10^{-3}$

19 직사각형 수로에서 유량이 2m³/sec일 때 비에너지를 구한 값은?(단, 에너지 보정계수 $\alpha = 1$)

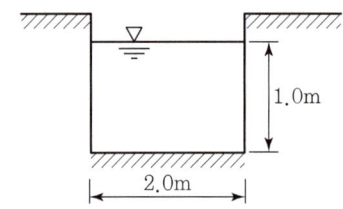

① 1.05m   ② 1.51m
③ 2.05m   ④ 2.51m

[해설]

$H_e = h + \alpha \dfrac{V^2}{2g} = h + \alpha \dfrac{1}{2g}\left(\dfrac{Q}{A}\right)^2 = 1 + \dfrac{1}{19.6}\left(\dfrac{2}{2 \times 1}\right)^2 = 1.05$m

20 한계수심에 대한 설명으로 틀린 것은?

① 한계유속으로 흐르고 있는 수로에서의 수심
② 프루드 수(Froude Number)가 1인 흐름에서의 수심
③ 일정한 유량을 흐르게 할 때 비에너지를 최대로 하는 수심
④ 일정한 비에너지 아래에서 최대유량을 흐르게 할 수 있는 수심

[해설]

개수로에서 한계수심(h_c)은 유량이 일정할 때 비에너지가 최소로 되는 수심($H_{e\min}$)이며, 비에너지가 일정할 때 유량이 최대가 되는 수심($Q_{\max}$)이다.

정답 16 ④   17 ①   18 ②   19 ①   20 ③

과년도 기출문제

21 폭이 10m인 직사각형 수로에서 유량 10m³/s가 1m의 수심으로 흐를 때 한계유속은?(단, 에너지 보정계수 $\alpha = 1.1$이다.)

① 3.96m/s ② 2.87m/s
③ 2.07m/s ④ 1.89m/s

[해설]
$$h_c = \left(\frac{\alpha Q^2}{g b^2}\right)^{1/3} = \left(\frac{1.1 \times 10^2}{9.8 \times 10^2}\right)^{1/3} = 0.48$$
$$V_c = \sqrt{\frac{g h_c}{\alpha}} = \sqrt{\frac{9.8 \times 0.48}{1.1}} = 2.07 \, \text{m/s}$$

22 개수로 지배단면의 특성으로 옳은 것은? [16년 1회]

① 하천흐름의 부정류인 경우에 발생한다.
② 완경사의 흐름에서 배수곡선이 나타나면 발생한다.
③ 상류 흐름에서 사류 흐름으로 변화할 때 발생한다.
④ 사류인 흐름에서 도수가 발생할 때 발생한다.

[해설]
개수로에서 흐름이 상류에서 사류로 바뀌는 지점의 단면을 지배단면이라 한다.

23 역(逆)사이폰에서 특히 주의해야 할 점은?

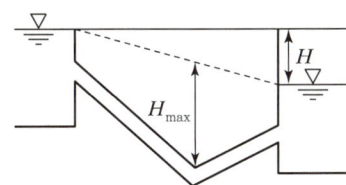

① 부압
② 만곡에 의한 손실수두
③ 마찰손실수두
④ 관 내의 H_{max}에 상당하는 큰 수압

[해설]
병렬 하천이나 철도를 횡단할 때는 역사이폰을 설치하며 최저점에 압력이 커서 주의해야 한다.

24 긴 관로상의 유량조절 밸브를 갑자기 폐쇄시키면 관로 내의 유량은 갑자기 크게 변화하게 되며 관 내의 물의 질량과 운동량 때문에 관벽에 큰 힘을 가하게 되어 정상적인 동수압보다 몇 배의 큰 압력 상승이 일어난다. 이와 같은 현상을 무엇이라 하는가?

① 공동현상 ② 도수현상
③ 수격작용 ④ 배수현상

[해설]
관수로 속의 유량조절밸브를 갑자기 폐쇄시키면 밸브위치에서 유속은 0이고 수압은 현저히 상승한다. 또, 닫혀 있는 밸브를 갑자기 열면 반대로 수압은 현저히 저하된다. 이와 같이 급격히 증감하는 수압을 수격압이라 하고, 이러한 작용을 수격작용(Water Hammer)이라 한다.

25 관 내에 유속 v로 물이 흐르고 있을 때 밸브의 급격한 폐쇄 등에 의하여 유속이 줄어들면 이에 따라 관 내에 압력의 변화가 생기는데 이것을 무엇이라 하는가?

① 수격압(水擊壓) ② 동압(動壓)
③ 정압(靜壓) ④ 정체압(停滯壓)

[해설]
관 내를 유속 V로 물이 흐르고 있을 때 밸브 등의 급격한 폐쇄 등에 의하여 유속이 줄어들면 이에 따라 관 내의 압력변화가 생기는데 이것을 수격압(水擊壓)이라고 한다.

26 댐 여수로 설계 시 중요한 사항으로 국부적인 저압부가 발생하여 여수로 표면에 심각한 손상을 발생시키는 현상을 무엇이라 하는가?

① 수격작용 ② 공동현상
③ 서징(Surging) ④ 도수현상

[해설]
댐 여수로 설계 시 중요한 사항으로 국부적인 저압부가 발생하여 여수로 표면에 심각한 손상을 발생시키는 현상을 공동현상이라 한다.

정답 21 ③ 22 ③ 23 ④ 24 ③ 25 ① 26 ②

06 개수로

13 프루드 수(Fr)에 따른 상류 및 사류의 분류

프루드 수	구분	
$Fr = \dfrac{V}{\sqrt{gh}}$	$Fr = \dfrac{V}{C} = \dfrac{V}{\sqrt{gh}} < 1$	상류
	$Fr = 1$	한계류
	$Fr = \dfrac{V}{C} = \dfrac{V}{\sqrt{gh}} > 1$	사류

➕ Froude 수
- 중력에 대한 관성력의 비
- Fr값을 1과 비교하여 상류, 한계류, 사류로 구분

- V : 유속
  h : 수심
  g : 중력가속도(9.8m/sec)

14 상류와 사류의 구분(구형 단면)

구분	상류	사류	한계류	공식
Fr 수	$Fr < 1$	$Fr > 1$	$Fr = 1$	$Fr = \dfrac{V}{\sqrt{gh}}$
한계수심(h_c)	$h > h_c$	$h < h_c$	$h = h_c$	$h_c = \left(\dfrac{\alpha Q^2}{gb^2}\right)^{1/3}$
한계경사(I_c)	$I < I_c$	$I > I_c$	$I = I_c$	$I_c = \dfrac{g}{\alpha C^2}$
한계유속(V_c)	$V < V_c$	$V > V_c$	$V = V_c$	$V_c = \sqrt{\dfrac{gh_c}{\alpha}}$

➕ 무차원 단위
- 비중 G
- 레이놀즈 수 Re
- 에너지보정계수 α
- 운동량보정계수 β
- 프루드 수 Fr

- 개수로의 흐름은 층류, 난류, 상류, 사류가 결합된 형태이다.

15 한계 Reynolds 수에 의한 흐름의 분류

식	구분
$Re = \dfrac{VR}{\nu} < 500$	층류
$Re = \dfrac{VR}{\nu} > 500$	난류

➕ 관수로에서 Re(레이놀즈)
점성력에 대한 관성력의 비
$Re = \dfrac{VD}{\nu}$
- 층류 : $Re < 2,000$
- 난류 : $Re > 4,000$

- R : 경심

16 직사각형 수로의 최대유량

최대유량	식
직사각형 수로에서 한계수심으로 흐를 때의 최대유량	$Q = AV_c = (bh_c)\sqrt{\dfrac{gh_c}{\alpha}}$

➕
- $h_c = \dfrac{2}{3}H_e$
  α : 에너지보정계수(보통 1의 값)

과년도 기출문제

01 수로 폭이 3m인 직사각형 수로에 수심이 50cm로 흐를 때 흐름이 상류(Subcritical Flow)가 되는 유량은? [21년 3회]

① 2.5m³/sec
② 4.5m³/sec
③ 6.5m³/sec
④ 8.5m³/sec

[해설]
- $F_r < 1$: 상류
- $F_r = \dfrac{V}{\sqrt{gh}} = \dfrac{\frac{Q}{A}}{\sqrt{gh}} = \dfrac{\frac{Q}{(3 \times 0.5)}}{\sqrt{9.8 \times 0.5}} < 1$

∴ $Q < 3.32$

02 수심이 10cm, 수로 폭이 20cm인 직사각형 개수로에서 유량 $Q = 80$cm³/s가 흐를 때 동점성계수 $v = 1.0 \times 10^{-2}$cm²/s이면 흐름은? [20년 3회]

① 난류, 사류
② 층류, 사류
③ 난류, 상류
④ 층류, 상류

[해설]
- $Re = \dfrac{VR}{V} = \dfrac{0.4 \cdot \left(\dfrac{20 \times 10}{20 + 2 \times 10}\right)}{1 \times 10^{-2}} = 200$

∴ $Re < 500$(층류)

- $Fr = \dfrac{V}{c} = \dfrac{0.4}{\sqrt{980 \times 10}} = 0.004$

∴ $Fr < 1$(상류)

03 개수로의 흐름에 대한 설명으로 옳지 않은 것은? [21년 3회]

① 사류(Supercritical Flow)에서는 수면변동이 일어날 때 상류(上流)로 전파될 수 없다.
② 상류(Subcritical Flow)일 때는 Froude 수가 1보다 크다.
③ 수로경사가 한계경사보다 클 때 사류(Super-critical Flow)가 된다.
④ Reynolds수가 500보다 커지면 난류(Turbulent Flow)가 된다.

[해설]
상류
$F_r < 1, \ h_c < h, \ V_c > V, \ I_c > I$

04 폭이 넓은 개수로($R \fallingdotseq h_c$)에서 Chezy의 평균유속계수 $C = 29$, 수로경사 $I = \dfrac{1}{80}$인 하천의 흐름 상태는?(단, $\alpha = 1.11$) [19년 3회]

① $I_c = \dfrac{1}{105}$로 사류
② $I_c = \dfrac{1}{95}$로 사류
③ $I_c = \dfrac{1}{70}$로 상류
④ $I_c = \dfrac{1}{50}$로 상류

[해설]
$I_c = \dfrac{g}{\alpha C^2} = \dfrac{9.8}{1.11 \times 29^2} = \dfrac{1}{95}$

∴ $I_c < I$(사류)

05 한계수심에 대한 설명으로 옳지 않은 것은? [22년 2회]

① 유량이 일정할 때 한계수심에서 비에너지가 최소가 된다.
② 직사각형 단면 수로의 한계수심은 최소 비에너지의 2/3이다.
③ 비에너지가 일정하면 한계수심으로 흐를 때 유량이 최대가 된다.
④ 한계수심보다 수심이 작은 흐름이 상류(常流)이고, 큰 흐름이 사류(射流)이다.

[해설]
상류 h(수심) $> h_c$(한계수심)

정답 01 ① 02 ④ 03 ② 04 ② 05 ④

과년도 기출문제

06 다음 물의 흐름에 대한 설명 중 옳은 것은?
[19년 2회]

① 수심은 깊으나 유속이 느린 흐름을 사류라 한다.
② 물의 분자가 흩어지지 않고 질서 정연히 흐르는 흐름을 난류라 한다.
③ 모든 단면에 있어 유적과 유속이 시간에 따라 변하는 것을 정류라 한다.
④ 에너지선과 동수 경사선의 높이의 차는 일반적으로 $V^2/2g$이다.

[해설]

① 사류 → 상류
② 난류 → 층류
③ 정류 → 부정류

07 개수로의 흐름에 대한 설명으로 옳지 않은 것은?
[16년 4회]

① 사류(Supercritical Flow)에서는 수면변동이 일어날 때 상류(上流)로 전파될 수 없다.
② 상류(Subcritical Flow)일 때는 Froude 수가 1보다 크다.
③ 수로경사가 한계경사보다 클 때 사류(Supercritical Flow)가 된다.
④ Reynolds 수가 500보다 커지면 난류(Turbulent Flow)가 된다.

[해설]

구분	상류	사류
Fr	$Fr<1$	$Fr>1$
I_c	$I<I_c$	$I>I_c$
V_c	$V<V_c$	$V>V_c$

∴ Froude 수가 1보다 적어야 상류이다.

08 폭이 1m인 직사각형 개수로에서 0.5m³/s의 유량이 80cm의 수심으로 흐르는 경우, 이 흐름을 가장 잘 나타낸 것은?(단, 동점성계수는 0.012cm²/s, 한계수심은 29.5cm이다.)
[16년 2회]

① 층류이며 상류
② 층류이며 사류
③ 난류이며 상류
④ 난류이며 사류

[해설]

- $V = \dfrac{Q}{A} = \dfrac{0.5}{1 \times 0.8} = 0.625 \text{m/s} = 62.5 \text{cm/s}$
- $R = \dfrac{A}{P} = \dfrac{1 \times 0.8}{1 + (0.8 \times 2)} = 0.31$
- $Re = \dfrac{VR}{\nu} = \dfrac{62.5 \times 0.31}{0.012} = 1,614.58 > 500$ ∴ 난류
- $Fr = \dfrac{V}{\sqrt{gh}} = \dfrac{0.625}{\sqrt{9.8 \times 0.8}} = 0.22 < 1$ ∴ 상류

09 개수로의 상류(Subcritical Flow)에 대한 설명으로 옳은 것은?
[18년 3회]

① 유속과 수심이 일정한 흐름
② 수심이 한계수심보다 작은 흐름
③ 유속이 한계유속보다 작은 흐름
④ Froude 수가 1보다 큰 흐름

[해설]

구분	상류(常流)	사류(射流)
Fr	$Fr<1$	$Fr>1$
I_c	$I<I_c$	$I>I_c$
y_c	$y>y_c$	$y<y_c$
V_c	$V<V_c$	$V>V_c$

∴ 상류 조건에서는 유속이 한계유속보다 작은 흐름을 말한다.

정답 06 ④ 07 ② 08 ③ 09 ③

과년도 기출문제

10 상류(Subcritical Flow)에 관한 설명으로 틀린 것은? [19년 1회]

① 하천의 유속이 장파의 전파속도보다 느린 경우이다.
② 관성력이 중력의 영향보다 더 큰 흐름이다.
③ 수심은 한계수심보다 크다.
④ 유속은 한계유속보다 작다.

[해설]
상류는 중력이 관성력의 영향보다 큰 흐름이다.

11 안지름 1cm인 관로에 충만되어 물이 흐를 때 다음 중 층류 흐름이 유지되는 최대유속은?(단, 동점성계수 $\nu = 0.01 cm^2/s$) [15년 2회]

① 5cm/s
② 10cm/s
③ 20cm/s
④ 40cm/s

[해설]

$$Re = \frac{VD}{\nu} = \frac{V_{max} \times 1}{0.01} = 2{,}000$$

$$\therefore V_{max} = 20 cm/sec 이다.$$

12 폭이 1m인 직사각형 수로에서 $0.5 m^3/s$의 유량이 80cm의 수심으로 흐르는 경우, 이 흐름을 가장 잘 나타낸 것은?(단, 동점성계수는 $0.012 cm^2/s$, 한계수심은 29.5cm이다.) [21년 2회]

① 층류이며 상류
② 층류이며 사류
③ 난류이며 상류
④ 난류이며 사류

[해설]

• $Re = \dfrac{VR}{\nu} = \dfrac{\dfrac{0.5}{(1\times 0.8)} \times \dfrac{1\times 0.8}{1+(2\times 0.8)}}{0.012 cm^2/s \times \dfrac{1m^2}{100^2 cm^2}} > 500$

∴ 난류
• $h(80cm) > h_c(29.5cm)$
∴ 상류

13 관수로에 물이 흐를 때 층류가 되는 레이놀즈 수 (Re, Reynolds Number)의 범위는? [19년 3회]

① $Re < 2{,}000$
② $2{,}000 < Re < 3{,}000$
③ $3{,}000 < Re < 4{,}000$
④ $Re > 4{,}000$

[해설]
층류와 난류는 Reynolds 수로 구분한다.
• 층류 : $Re < 2{,}000$
• 난류 : $Re > 4{,}000$

14 개수로에서 상류(常流)와 사류(射流)에 대한 설명으로 틀린 것은?

① 수심이 한계수심보다 클 경우 상류 상태이다.
② 프루드(Froude) 수가 1보다 클 경우 사류 상태이다.
③ 수로경사가 한계경사보다 급할 때 사류 상태이다.
④ 레이놀즈(Reynolds) 수가 1보다 클 경우 상류 상태이다.

[해설]
레이놀즈(Reynolds) 수는 층류와 난류를 구분하는 무차원 수이며 상류는 $Fr < 1$이다.

15 한계 프루드 수(Froude Number)를 사용하여 구분할 수 있는 흐름 특성은?

① 등류와 부등류
② 정류와 부정류
③ 층류와 난류
④ 상류와 사류

[해설]
상류와 사류는 프루드(Froude) 수에 의해 구분한다.

정답 10 ②　11 ③　12 ③　13 ①　14 ④　15 ④

과년도 기출문제

16 폭이 20m인 직사각형 단면수로에 30.6m³/sec의 유량이 0.8m의 수심으로 흐를 때 Froude 수와 흐름은?

① 0.683, 상류 ② 0.683, 사류
③ 1.464, 상류 ④ 1.464, 사류

[해설]

$$V = \frac{Q}{A} = \frac{30.6}{20 \times 0.8} = 1.913 \text{ m/sec}$$

$$Fr = \frac{V}{\sqrt{gh}} = \frac{1.913}{\sqrt{9.8 \times 0.8}} = 0.683 < 1 \text{이므로 상류이다.}$$

17 개수로 흐름에서 수심이 1m, 유속이 2m/sec라면 흐름의 상태는?

① 상류(常流) ② 난류(亂流)
③ 층류(層流) ④ 사류(射流)

[해설]

$$Fr = \frac{V}{\sqrt{gh}} = \frac{2}{\sqrt{9.8 \times 1}} = 0.64 < 1 \text{이므로 상류이다.}$$

18 프루드 수와 한계경사 및 흐름의 상태 중 상류일 때의 조건으로 옳은 것은?(단, Fr : 프루드 수, I : 수로경사, I_c : 한계경사, V : 유속, V_c : 한계유속, y : 수심, y_c : 한계수심)

① $V > V_c$ ② $Fr > 1$
③ $I < I_c$ ④ $y < y_c$

[해설]

상류일 때의 조건은 $y > y_c$, $V < V_c$, $F_r < 1$, $I > I_c$이다.

19 수로 폭이 10m인 직사각형 수로에 15m³/sec의 유량이 1m의 수심으로 흐를 때 비에너지와 흐름의 상태는?(단, 에너지 보정계수는 1.0이다.)

① 0.115m, 사류 ② 0.115m, 상류
③ 1.115m, 사류 ④ 1.115m, 상류

[해설]

$$H_e = h + \frac{\alpha V^2}{2g} = 1 + \frac{1}{19.6}\left(\frac{15}{10 \times 1}\right)^2 = 1.11\text{m}$$

$$Fr = \frac{V}{\sqrt{gh}} = \frac{\left(\frac{15}{10 \times 1}\right)}{\sqrt{9.8 \times 1}} = 0.72 < 1 \text{이므로 상류이다.}$$

20 흐름 중 상류(常流)에 대한 수식으로 옳지 않은 것은?(단, H_c : 한계수심, I_c : 한계경사, V_c : 한계유속, I : 수로경사, H : 수심, V : 유속)

① $H_c < H$ ② $I_c > I$
③ $\dfrac{V}{\sqrt{gH}} > 1$ ④ $V_c > V$

[해설]

상류(常流) 흐름의 조건은
$H > H_c$, $V < V_c$, $Fr = \dfrac{V}{\sqrt{gH}} < 1$, $I < I_c$이다.

21 관수로 흐름에서 레이놀즈 수가 500보다 작은 경우의 흐름 상태는? [18년 2회]

① 상류 ② 난류
③ 사류 ④ 층류

[해설]

- $Re < 2,000$: 층류
- $2,000 < Re < 4,000$: 천이영역
- $Re > 4,000$: 난류

정답 16 ① 17 ① 18 ③ 19 ④ 20 ③ 21 ④

과년도 기출문제

22 그림과 같은 병렬 관수로에서 $d_1 : d_2 = 2 : 1$, $l_1 : l_2 = 1 : 2$이며 $f_1 = f_2$일 때 $\dfrac{V_1}{V_2}$는?

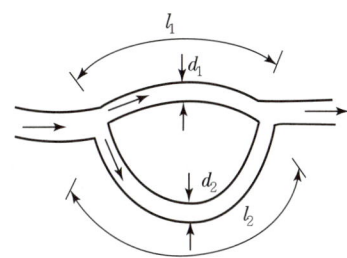

① $\dfrac{1}{2}$ ② 1

③ 2   ④ 4

[해설]

병렬 관수로에서는 $h_{L1} = h_{L2}$이므로

$f_1 \dfrac{l_1}{d_1} \dfrac{V_1^2}{2g} = f_2 \dfrac{l_2}{d_2} \dfrac{V_2^2}{2g}$, $f_1 = f_2$이므로

$\dfrac{l_1}{d_1} V_1^2 = \dfrac{l_2}{d_2} V_2^2$이고

$\left(\dfrac{V_1}{V_2}\right)^2 = \dfrac{l_2 \times d_1}{d_2 \times l_1} = \dfrac{2l_1 \times 2d_2}{d_2 \times l_1} = 4$

$\therefore \dfrac{V_1}{V_2} = 2$

23 동력 20,000kW, 효율 88%인 펌프를 이용하여 150m 위의 저수지로 물을 양수하려고 한다. 손실수두가 10m일 때 양수량은? [18년 1회]

① $15.5\text{m}^3/\text{s}$ ② $14.5\text{m}^3/\text{s}$

③ $11.2\text{m}^3/\text{s}$ ④ $12.0\text{m}^3/\text{s}$

[해설]

- $P = \dfrac{1,000}{75} \times \dfrac{Q(H_e + H_L)}{\eta}$ (HP)
- $20,000 = \dfrac{9.8 \times Q \times (150 + 10)}{0.88}$

$\therefore Q = 11.22 \text{m}^3/\text{s}$

24 수면표고가 18m인 정수장에서 직경 600mm인 강관 900m를 이용하여 수면표고 39m인 배수지로 양수하려고 한다. 유량이 1.0m³/s이고 관로의 마찰손실계수가 0.03일 때 모터의 소요 동력은? (단, 마찰손실만 고려하며, 펌프 및 모터의 효율은 각각 80% 및 70%이다.)

① 520kW   ② 620kW
③ 780kW   ④ 870kW

[해설]

유속 $V = \dfrac{4 \times 1}{\pi \times 0.6^2} = 3.537 \text{m/s}$

마찰손실 $h_L = f \dfrac{l}{D} \dfrac{V^2}{2g} = 0.03 \times \dfrac{900}{0.6} \times \dfrac{3.537^2}{19.6} = 28.7 \text{m}$

$\therefore E = \dfrac{1,000}{102} Q(H_e + h_L)/\eta$

$= \dfrac{1,000}{102} \times 1 \times (21 + 28.7)/(0.8 \times 0.7)$

$= 870.1 \text{kW}$

25 개수로의 흐름에 가장 지배적인 영향을 미치는 것은?

① 유체의 밀도   ② 관성력
③ 중력   ④ 점성력

[해설]

개수로는 자유수면을 갖는 흐름으로 관성력의 영향을 받으며 중력이 흐름을 지배한다.

정답 22 ③   23 ③   24 ④   25 ③

06 개수로

17 도수

정의	모식도
① 흐름이 사류에서 상류로 변할 때 불연속적으로 수면이 뛰는 현상(불연속 구간) ② 도수가 발생하기 이전과 이후의 비에너지는 다르다.	(그림)

지배단면
상류에서 사류로 변하는 지점의 단면

도수로 인한 에너지 손실
- 사류와 상류의 비에너지 차
- 도수에 의한 에너지 손실은 도수 전후의 수면차가 클수록 큼

18 도수 후 에너지 손실과 도수 후 상류 수심

구분	모식도	식
도수 전, 후 에너지 손실 (ΔH_e)	(그림)	$\Delta H_e = \dfrac{(h_2 - h_1)^3}{4 h_1 h_2}$
도수 후 수심 (h_2, 하류수심, 공액수심)	(그림)	$h_2 = -\dfrac{h_1}{2} + \dfrac{h_1}{2}\sqrt{1+8Fr_1^2}$ $\therefore h_2 = \dfrac{h_1}{2}(-1 + \sqrt{1+8Fr_1^2})$

① 흐름이 사류에서 상류로 바뀔 때 도수와 함께 큰 에너지 손실을 동반한다.
② 흐름에서 사류에서 상류로 바뀌면 도수현상으로 에너지선은 변한다.
③ 댐 여수로에서 도수를 발생시키는 것은 유수의 에너지 감쇄 목적이다.
④ 도수 전후의 수심관계는 운동량 방정식으로 구한다.

도수의 길이 구하는 실험식
- Smetana 공식
  $L = 6(h_2 - h_1)$
- Safranez 공식
- Bahkmeteff-matzke
- 미국 개척국 공식

- 도수가 발생한 후 하류의 유속은 느려지고 수심은 갑자기 증가한다.
- $Fr_1 = \dfrac{V_1}{\sqrt{gh_1}}$
  (h_1 : 도수 전 수심)
- $Fr = 1$ 이면 도수는 일어나지 않는다 (한계류).
- $Fr > 9$: 강도수 발생

19 완전도수와 불완전(파상)도수

구분	식	모식도
완전도수	$Fr \geq \sqrt{3}$	(그림)
불완전(파상)도수	$1 < Fr < \sqrt{3}$	

완전도수
맴돌이가 생기는 도수

불완전도수
맴돌이가 생기는 않는 도수

비력(충력치)
(물의 단위 무게당 운동량)
+ (단위 무게당 전수압의 합)

과년도 기출문제

01 개수로 흐름의 도수현상에 대한 설명으로 틀린 것은? [22년 2회]

① 비력과 비에너지가 최소인 수심은 근사적으로 같다.
② 도수 전·후의 수심관계는 베르누이 정리로부터 구할 수 있다.
③ 도수는 흐름이 사류에서 상류로 바뀔 경우에만 발생 된다.
④ 도수 전·후의 에너지 손실은 주로 불연속 수면 발생 때문이다.

[해설]

도수 전·후의 수심관계는 운동량 방정식 정리로부터 구할 수 있다.

02 댐의 여수로에서 도수를 발생시키는 목적 중 가장 중요한 것은? [17년 1회]

① 유수의 에너지 감쇄
② 취수를 위한 수위 상승
③ 댐 하류부에서의 유속의 증가
④ 댐 하류부에서의 유량의 증가

[해설]

댐 여수로에서 도수를 발생시키는 것은 유수의 에너지 감쇄에 목적이 있다.

03 다음 중 도수(跳水, Hydraulic Jump)가 생기는 경우는? [21년 3회]

① 사류(射流)에서 사류(射流)로 변할 때
② 사류(射流)에서 상류(常流)로 변할 때
③ 상류(常流)에서 상류(常流)로 변할 때
④ 상류(常流)에서 사류(射流)로 변할 때

[해설]

도수(Hydraulic Jump)는 사류에서 상류로 변할 때 수면이 불연속적으로 뛰는 현상이므로 수심(물의 깊이)이 증가하며 유속은 느려진다.

04 도수(Hydraulic Jump)에 대한 설명으로 옳은 것은? [17년 2회]

① 수문을 급히 개방할 경우 하류로 전파되는 흐름
② 유속이 파의 전파속도보다 작은 흐름
③ 상류에서 사류로 변할 때 발생하는 현상
④ Froude 수가 1보다 큰 흐름에서 1보다 작아질 때 발생하는 현상

[해설]

도수는 Froude 수가 1보다 큰 사류에서 Froude 수가 1보다 작은 상류로 바뀔 때 발생하는 현상이다.

05 도수(Hydraulic Jump) 전후의 수심 h_1, h_2의 관계를 도수 전의 Froude 수 Fr_1의 함수로 표시한 것으로 옳은 것은? [20년 4회]

① $\dfrac{h_1}{h_2} = \dfrac{1}{2}\left(\sqrt{8Fr_1^2 + 1} - 1\right)$

② $\dfrac{h_1}{h_2} = \dfrac{1}{2}\left(\sqrt{8Fr_1^2 + 1} + 1\right)$

③ $\dfrac{h_2}{h_1} = \dfrac{1}{2}\left(\sqrt{8Fr_1^2 + 1} - 1\right)$

④ $\dfrac{h_2}{h_1} = \dfrac{1}{2}\left(\sqrt{8Fr_1^2 + 1} + 1\right)$

[해설]

- 도수 후의 수심(h_2)
$$h_2 = -\dfrac{h_1}{2} + \dfrac{h_1}{2}\sqrt{1 + 8F_{r1}^2}$$

- $\dfrac{h_2}{h_1} = \dfrac{1}{2}\left(\sqrt{8F_{r1}^2 + 1} - 1\right)$

정답 01 ② 02 ① 03 ② 04 ④ 05 ③

과년도 기출문제

06 수로 폭이 10m인 직사각형 수로의 도수 전 수심이 0.5m, 유량이 40m³/s이었다면 도수 후의 수심(h_2)은? [21년 1회]

① 1.96m ② 2.18m
③ 2.31m ④ 2.85m

[해설]
$$h_2 = -\frac{h_1}{2} + \frac{h_1}{2}\sqrt{1+8Fr_1^2}$$
$$= -\frac{0.5}{2} + \frac{0.5}{2}\sqrt{1+(8\times 3.614^2)}$$
$$= 2.31\text{m}$$
$$\left(Fr_1 = \frac{V_1}{C} = \frac{V_1}{\sqrt{gh_1}} = \frac{\frac{40}{(10\times 0.5)}}{\sqrt{9.8\times 0.5}} = 3.614\right)$$

07 댐 여수로 내 물받이(Apron)에서 시점수위가 3.0m이고, 폭이 50m, 방류량이 2,000m³/s인 경우, 하류수심은? [15년 2회]

① 2.5m ② 8.0m
③ 9.0m ④ 13.3m

[해설]
하류수심(도수 후 수심, h_2)
• $Q = AV$에서 $2,000 = (3\times 50)V$
  ∴ $V = 13.33$m/sec
• $Fr_1 = \frac{V_1}{\sqrt{gh_1}} = \frac{13.33}{\sqrt{9.8\times 3}} = 2.46$
  ∴ $h_2 = \frac{h_1}{2}\left(-1 + \sqrt{1+8Fr_1^2}\right)$
  $= \frac{3}{2}\left(-1 + \sqrt{1+8\times 2.46^2}\right) = 9.04$m

08 폭이 50m인 직사각형 수로의 도수 전 수위 $h_1 = 3$m, 유량 $Q = 2,000$m³/s일 때 대응수심은? [20년 3회]

① 1.6m
② 6.1m
③ 9.0m
④ 도수가 발생하지 않는다.

[해설]
$$h_2 = -\frac{h_1}{2} + \frac{h_1}{2}\sqrt{1+8Fr_1^2}$$
$$\left(Fr = \frac{V}{c} = \frac{\frac{Q}{A}}{\sqrt{gh}} = \frac{\frac{2,000}{(50\times 3)}}{\sqrt{9.8\times 3}} = 2.45\right)$$
∴ $h_2 = -\frac{3}{2} + \frac{3}{2}\sqrt{1+(8\times 2.45^2)} = 9.0$m

09 폭 9m의 직사각형 수로에 16.2m³/s의 유량이 92cm의 수심으로 흐르고 있다. 장파의 전파속도 C와 비에너지 E는?(단, 에너지보정계수 $\alpha = 1.0$) [16년 4회]

① $C = 2.0$m/s, $E = 1.015$m
② $C = 2.0$m/s, $E = 1.115$m
③ $C = 3.0$m/s, $E = 1.015$m
④ $C = 3.0$m/s, $E = 1.115$m

[해설]
• 장파의 전파속도
  $C = \sqrt{gh} = \sqrt{9.8\times 0.92} = 3.0$m/s
• 비에너지의 산정
  $h_e = h + \frac{\alpha v^2}{2g} = 0.92 + \frac{1\times 1.96^2}{2\times 9.8} = 1.115$m
  $\left(v = \frac{Q}{A} = \frac{16.2}{9\times 0.92} = 1.96\text{m/s}\right)$

10 도수가 15m 폭의 수문 하류 측에서 발생되었다. 도수가 일어나기 전의 깊이가 1.5m이고 그때의 유속은 18m/s였다. 도수로 인한 에너지 손실 수두는?(단, 에너지 보정계수 $\alpha = 1$이다.) [19년 3회]

① 3.24m ② 5.40m
③ 7.62m ④ 8.34m

[해설]
• $\Delta H_e = \frac{(h_2-h_1)^3}{4(h_2\times h_1)} = \frac{(9.23-1.5)^3}{4(9.23\times 1.5)} = 8.34$m
• $h_2 = \frac{h_1}{2}\left(-1 + \sqrt{1+8F_{r_1}^2}\right)$

정답 06 ③ 07 ③ 08 ③ 09 ④ 10 ④

과년도 기출문제

$$= \frac{1.5}{2}\left(-1+\sqrt{1+8\times\left(\frac{18}{\sqrt{9.8\times 1.5}}\right)^2}\right)$$
$$= 9.23$$

11 도수 전후의 수심이 각각 2m, 4m일 때 도수로 인한 에너지 손실(수두)은? [19년 2회]

① 0.1m ② 0.2m
③ 0.25m ④ 0.5m

[해설]

$$\Delta H = \frac{(h_2-h_1)^3}{4(h_2\cdot h_1)} = \frac{(4-2)^3}{4(4\times 2)} = 0.25\text{m}$$

12 비력(Special Force)에 대한 설명으로 옳은 것은? [18년 1회]

① 물의 충격에 의해 생기는 힘의 크기
② 비에너지가 최대가 되는 수심에서의 에너지
③ 한계수심으로 흐를 때 한 단면에서의 총에너지 크기
④ 개수로의 어떤 단면에서 단위중량당 운동량과 정수압의 합계

[해설]

충력치(비력)
- 개수로 어떤 단면에서 수로바닥을 기준으로 단위중량당의 운동량(동수압과 정수압의 합)
- $M = \eta\frac{Q}{g}V + h_G A$

13 개수로의 지배단면(Control Section)에 대한 설명으로 옳은 것은?

① 개수로 내에서 유속이 가장 크게 되는 단면이다.
② 개수로 내에서 압력이 가장 크게 작용하는 단면이다.
③ 개수로 내에서 수로경사가 항상 같은 단면을 말한다.
④ 한계수심이 생기는 단면으로서 상류에서 사류로 변하는 단면을 말한다.

[해설]

지배단면(Control Section)은 한계수심(h_c)이 생기는 단면으로서 상류(常流)에서 사류(射流)로 변하는 단면이다.

14 도수(Hydraulic Jump)가 발생한 후 하류에서의 변화로 옳은 것은?

① 유량이 증가한다.
② 유속은 느려지고 물의 깊이가 갑자기 증가한다.
③ 유속은 빨라지고 물의 깊이가 감소한다.
④ 유량이 감소한다.

[해설]

도수(Hydraulic Jump)는 사류에서 상류로 변할 때 수면이 불연속적으로 뛰는 현상이므로 수심(물의 깊이)이 증가하며 유속은 느려진다.

15 도수 전의 수심을 초기수심이라고 하고, 이와 대응하는 도수 후의 수심을 무엇이라고 하는가?

① 대응수심 ② 한계수심
③ 등류수심 ④ 공액수심

[해설]

도수 전의 수심을 초기수심이라고 하고 이와 대응되는 도수 후의 수심을 공액수심(共軛水深 : Conjugate Depth)이라고 한다.

16 도수 전후의 수심이 각각 1m, 3m일 때 에너지 손실은?

① $\frac{1}{3}$m ② $\frac{1}{2}$m
③ $\frac{2}{3}$m ④ $\frac{4}{5}$m

[해설]

에너지 손실 $\Delta H_e = \frac{(h_2-h_1)^3}{4h_1h_2} = \frac{(3-1)^3}{4\times 1\times 3} = \frac{2}{3}$m

정답 11 ③ 12 ④ 13 ④ 14 ② 15 ④ 16 ③

06 개수로

20 부등류의 수면곡선(완경사, M 곡선)

배수곡선 완경사$\left(I<\dfrac{g}{\alpha C^2}\right)$ (M_1 배수곡선)	$h>h_o>h_c$	$\dfrac{dh}{dx}>0$
	① 흐름 방향으로 수심이 점차적으로 커짐 ② 상류에 댐을 만들 때 생김(배수효과) ③ 한계류 또는 등류수심보다 큰 영역 ④ 수심(h)이 상류로 갈수록 등류수심(h_o)에 접근	
저하곡선 완경사$\left(I<\dfrac{g}{\alpha C^2}\right)$ (M_2 저하곡선)	$h_o>h>h_c$	$\dfrac{dh}{dx}<0$
	① 수심이 점차적으로 작아짐 ② 수로가 단락되어 수로경사가 갑자기 클 때(폭포) ③ 한계수심과 등류수심 사이	
배수곡선 완경사$\left(I<\dfrac{g}{\alpha C^2}\right)$ (M_3 곡선)	$h_o>h>h_c$	$\dfrac{dh}{dx}>0$
	① 수심이 점차적으로 커짐 ② 수로경사가 급경사에서 완경사로 급변 ③ 한계류 또는 등류수심보다 작은 영역	

- 개수로에 댐과 같은 구조물을 만드는 경우, 수심(h)은 수리 구조물에 접근하면서 점점 상승한다. 이러한 수위상승이 상류(上流) 쪽으로 영향을 미쳐 등류수심(h_o)에 가까워지는 현상을 배수라 하며 그 곡선을 배수곡선이라 한다.

완경사(Mild Slope)
흐름이 상류가 되는 경사

급경사(Steep Slope)
흐름이 사류가 되는 경사

- h : 수심
  h_o : 등류수심
  h_c : 한계수심

배수곡선

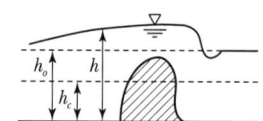

저하곡선

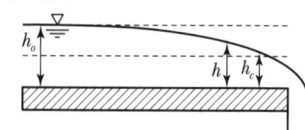

21 단파(Surge or Hydraulic Bore)

구분	설명
정단파 ($h_1<h_2$)	단파가 일어난 후의 수심(h_2)이 처음의 수심(h_1)보다 큰 단파
부단파 ($h_1>h_2$)	단파가 일어난 후의 수심(h_2)이 처음의 수심(h_1)보다 작은 단파

정단파

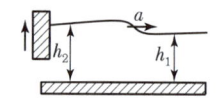

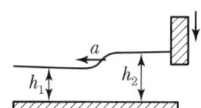

부단파

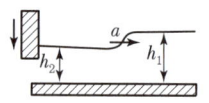

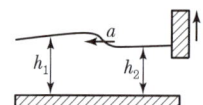

과년도 기출문제

01 배수곡선(Backwater Curve)에 해당하는 수면곡선은? [18년 1회]

① 댐을 월류할 때의 수면곡선
② 홍수 시의 하천의 수면곡선
③ 하천 단락부(段落部) 상류의 수면곡선
④ 상류 상태로 흐르는 하천에 댐을 구축했을 때 저수지의 수면곡선

[해설]
배수곡선(부등류의 수면곡선, 완경사)
• 수심이 점차적으로 커짐
• 상류에 댐을 만들 때 생김(배수효과)
• 한계류 또는 등류수심보다 큰 영역

02 완경사 수로에서 배수곡선(Backwater Curve)에 해당하는 수면곡선은? [22년 2회]

① 홍수 시 하천의 수면곡선
② 댐을 월류할 때의 수면곡선
③ 하천 단락부(段落部) 상류의 수면곡선
④ 상류 상태로 흐르는 하천에 댐을 구축했을 때 저수지 상류의 수면곡선

[해설]
배수곡선
• 흐름 방향으로 수심이 점차적으로 커진다.
• 상류에 댐을 만들 때 생긴다(배수효과).
• 한계류 또는 등류수심보다 큰 영역이다.
• 수심(h)이 상류로 갈수록 등류수심(h_0)에 접근한다.

03 개수로 흐름에 관한 설명으로 틀린 것은? [18년 2회]

① 사류에서 상류로 변하는 곳에 도수현상이 생긴다.
② 개수로 흐름은 중력이 원동력이 된다.
③ 비에너지는 수로 바닥을 기준으로 한 에너지이다.
④ 배수곡선은 수로가 단락(段落)이 되는 곳에 생기는 수면곡선이다.

[해설]
저하곡선은 수로가 단락되어 수로경사가 갑자기 클 때 생기는 수면곡선이다.

04 댐의 상류부에서 발생되는 수면곡선으로, 흐름방향으로 수심이 증가함을 뜻하는 곡선은? [22년 1회]

① 배수곡선
② 저하곡선
③ 유사량곡선
④ 수리특성곡선

[해설]
배수곡선
• 흐름방향으로 수심이 점차적으로 커진다.
• 한계류 또는 등류수심보다 큰 영역이다.
• 수심이 상류로 갈수록 등류수심에 접근한다.

05 댐의 상류부에서 발생되는 수면 곡선으로 흐름 방향으로 수심이 증가함을 뜻하는 곡선은? [19년 1회]

① 배수곡선
② 저하곡선
③ 수리특성곡선
④ 유사량곡선

[해설]
배수곡선
• 흐름방향으로 수심이 점차적으로 커진다.
• 상류에 댐을 만들 때 생긴다(배수효과).

06 그림과 같은 부등류 흐름에서 y는 실제수심, y_c는 한계수심, y_n은 등류수심으로 표시한다. 그림의 수로경사에 관한 설명과 수면형 명칭으로 옳은 것은? [15년 1회]

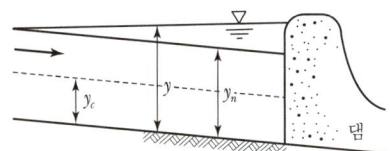

① 완경사 수로에서의 배수곡선이면 M_1곡선
② 급경사 수로에서의 배수곡선이면 S_1곡선
③ 완경사 수로에서의 배수곡선이면 M_2곡선
④ 급경사 수로에서의 배수곡선이면 S_2곡선

[해설]
배수곡선(M_1)의 완경사(Mild Slope)
$h(y) > h_0(y_n) > h_c(y_c)$

정답 01 ④ 02 ④ 03 ③ 04 ① 05 ① 06 ①

07 지하수와 수리학적 상사성

1 Darcy 법칙(지하수 흐름의 기본 방정식)

모식도	단위시간당 침투유량
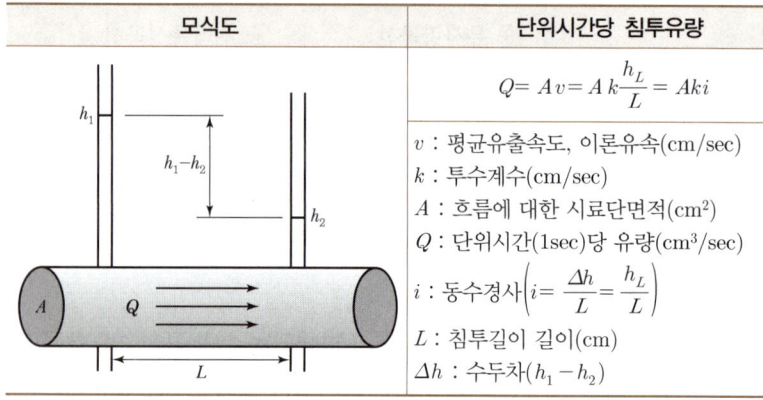	$Q = Av = Ak\dfrac{h_L}{L} = Aki$
	v : 평균유출속도, 이론유속(cm/sec)
	k : 투수계수(cm/sec)
	A : 흐름에 대한 시료단면적(cm²)
	Q : 단위시간(1sec)당 유량(cm³/sec)
	i : 동수경사 $\left(i = \dfrac{\Delta h}{L} = \dfrac{h_L}{L}\right)$
	L : 침투길이 길이(cm)
	Δh : 수두차($h_1 - h_2$)

+ 투수계수(k, 수리전도계수) 영향인자
- 흙입자의 모양 및 크기
- 토사의 간극비
- 흙의 구조
- 흙입자의 구성
- 유체의 점성
- 유체의 단위중량
- 지하수의 온도

(k는 토사의 단위중량과는 관계가 없다.)

2 Darcy 법칙의 3대 가정과 적용범위

Darcy 법칙의 3대 가정	Darcy 법칙의 적용범위
① 다공층 물질의 특성이 균일하고 동질이다.	① 지하수의 흐름이 층류인 경우에 잘 맞는다.
② 대수층 내에 모관수대가 존재하지 않는다(모세관 현상이 발생하지 않는다).	② 레이놀즈 수 적용의 일반적인 범위 : $Re < 1 \sim 10$(특히 $Re < 4$ 층류인 경우 가장 잘 성립)
③ 흐름은 정류이다.	

+ 자연 대수층 내의 지하수의 흐름은 $Re < 1$이므로 Darcy 법칙 적용 가능

개념이해

01 지하수에서 Darcy 법칙의 유속에 대한 설명으로 옳은 것은? [19년 1회]

① 영향권의 반지름에 비례한다.
② 동수경사에 비례한다.
③ 동수반지름(Hydraulic Radius)에 비례한다.
④ 수심에 비례한다.

○ $Q = A \cdot V = A \cdot K \cdot i$
∴ 유속(v)은 동수경사(i)에 비례한다.

답 ②

02 지하수의 투수계수와 관계가 없는 것은? [17년 4회]

① 토사의 형상 ② 토사의 입도
③ 물의 단위중량 ④ 토사의 단위중량

○ 투수계수 K는 토사의 단위중량과는 관계가 없다.

답 ④

과년도 기출문제

01 지하의 사질 여과층에서 수두차가 0.5m이며 투과거리가 2.5m일 때 이곳을 통과하는 지하수의 유속은?(단, 투수계수는 0.3cm/s이다.) [20년 1회]

① 0.03cm/s
② 0.04cm/s
③ 0.05cm/s
④ 0.06cm/s

[해설]

$$V = k \cdot i = k \cdot \frac{\Delta h}{L} = 0.3 \times \frac{50}{250} = 0.06 \text{cm/s}$$

02 대수층의 두께 2.3m, 폭 1.0m일 때 지하수 유량은?(단, 지하수류의 상·하류 두 지점 사이의 수두차 1.6m, 두 지점 사이의 평균거리 360m, 투수계수 $k = 192$m/day) [22년 2회]

① 1.53m³/day
② 1.80m³/day
③ 1.96m³/day
④ 2.21m³/day

[해설]

$$Q = A \cdot V = A \cdot K \cdot I = A \cdot K \cdot \frac{\Delta h}{L}$$
$$= (2.3 \times 1.0) \times 192 \text{m/day} \times \frac{1.6}{360} = 1.96 \text{m}^3/\text{day}$$

03 지름 4cm, 길이 30cm인 시험원통에 대수층의 표본을 채웠다. 시험원통의 출구에서 압력수두를 15cm로 일정하게 유지할 때 2분 동안 12cm³의 유출량이 발생하였다면 이 대수층 표본의 투수계수는? [21년 3회]

① 0.008cm/s
② 0.016cm/s
③ 0.032cm/s
④ 0.048cm/s

[해설]

$$K = \frac{QL}{hA} = \frac{0.1 \times 30}{15 \times \left(\frac{\pi \times 4^2}{4}\right)} = 0.016 \text{cm/s}$$

$$\left(Q = \frac{12 \text{cm}^3}{2 \text{min}} \times \frac{1 \text{min}}{60 \text{sec}} = 0.1 \text{cm}^3/\text{s} \right)$$

04 직경 10cm인 연직관 속에 높이 1m만큼 모래가 들어 있다. 모래면 위의 수위를 10cm로 일정하게 유지시켰더니 투수량 $Q = 4$L/hr이었다. 이때 모래의 투수계수 k는? [16년 4회]

① 0.4m/hr
② 0.5m/hr
③ 3.8m/hr
④ 5.1m/hr

[해설]

$$Q = A \cdot V = A \cdot K \cdot I = A \cdot K \cdot \frac{h_L}{L}$$

$$\therefore K = \frac{Q}{AI} = \frac{Q}{A\frac{h}{l}} = \frac{4 \times 10^{-3}}{\frac{\pi \times 0.1^2}{4} \times \frac{0.1}{1}} = 5.1 \text{m/hr}$$

05 지하수의 흐름에 대한 Darcy의 법칙은?(단, V : 유속, Δh : 길이 ΔL에 대한 손실수두, k : 투수계수) [19년 3회]

① $V = k\left(\frac{\Delta h}{\Delta L}\right)^2$
② $V = k\left(\frac{\Delta h}{\Delta L}\right)$
③ $V = k\left(\frac{\Delta h}{\Delta L}\right)^{-1}$
④ $V = k\left(\frac{\Delta h}{\Delta L}\right)^{-2}$

[해설]

$$V = K \cdot i = K \cdot \frac{\Delta h(\text{수두차})}{L(\text{침투길이})}$$

06 Darcy의 법칙에 대한 설명으로 옳지 않은 것은? [21년 1회]

① 투수계수는 물의 점성계수에 따라서도 변화한다.
② Darcy의 법칙은 지하수의 흐름에 대한 공식이다.
③ Reynolds 수가 100 이상이면 안심하고 적용할 수 있다.
④ 평균유속이 동수경사와 비례관계를 가지고 있는 흐름에 적용될 수 있다.

[해설]

Darcy 법칙의 적용범위
- 지하수의 흐름이 층류인 경우에 잘 맞는다.
- 레이놀즈 수 적용의 일반적인 범위 : $Re < 1 \sim 10$(특히, $Re < 4$ 층류인 경우 가장 잘 성립)

정답 01 ④ 02 ③ 03 ② 04 ④ 05 ② 06 ③

07 지하수와 수리학적 상사성

3 통기대

공기와 물로 차 있는 부분	토양수대	지표에서 식물뿌리가 박혀 있는 면까지를 말하며 이때 존재하는 물은 토양수이다.
	중간수대	토양수대 하단에서 모관수대 상단까지를 말하며 피막수와 중력수가 존재한다.
	모관수대	지하수가 모세관현상으로 올라가는 지하수면부터 상승점까지를 말하며, 이때 존재하는 물은 모관수이다.

피막수
모관력과 흡습력에 의해 토립자에 붙어 있는 물

중력수
중력에 의해 토양층을 통과하는 토양수의 여유분의 물

4 포화대

내용	모식도
지하수면 아래의 물로 포화되어 있는 부분 (지하수대)	(그림: 비-토양수대(토양수)-중간수대(중력수, 피막수)-모관수대(모관수)-자유면 지하수-불투수층(암반)-불투수층(암반); 침투; 비포화대=통기대, 포화대(지하수)=비피압+피압)

5 비피압 대수층과 피압 대수층(1)

비피압 대수층	피압 대수층
① 지하수가 압력을 받지 않고 흐르는 지하수면이 있는 대수층 ② 비피압 대수층의 지하수를 자유면 지하수라 함	① 불투수층 사이를 지하수가 흐르고 있어 대기압보다 큰 압력으로 흐르는 지하수면이 없는 대수층 ② 피압 대수층의 지하수를 피압 지하수라 함

피압지하수
두 개의 불투수층 사이에 끼어 있어 대기압보다 큰 압력을 받고 있는 대수층의 지하수

피압대수층 내 지하수 해석법
- Theis법
- Jacob법
- Chow법

과년도 기출문제

01 지하수의 연직분포를 크게 나누면 통기대와 포화대로 나눌 수 있다. 다음 중 통기대에 속하지 않는 것은? [22년 2회]

① 토양수대 ② 중간수대
③ 모관수대 ④ 지하수대

[해설]
통기대는 토양수대, 중간수대, 모관수대로 이루어져 있고 포화대는 지하수대라고도 한다.

02 지하수에 대한 설명으로 옳지 않은 것은?

① 불투수층 사이에 낀 투수층 내에서 압력을 받고 있는 지하수를 자유면 지하수라 한다.
② 불투수층 위 대수층 내의 자유면 지하수를 양수하는 우물 중 우물바닥이 불투수층까지 도달한 것을 심정이라 한다.
③ 피압면 지하수를 양수하는 우물을 굴착정이라 한다.
④ 양수하는 우물 중 우물바닥이 불투수층까지 도달하지 않는 것을 천정이라 한다.

[해설]
불투수층 사이를 지하수가 흐르고 있어 대기압보다 큰 압력으로 흐르는 지하수면이 없는 대수층을 피압 대수층이라 하며 피압 대수층의 지하수를 피압 지하수라 한다.

03 피압 지하수를 설명한 것으로 옳은 것은? [21년 1회]

① 하상 밑의 지하수
② 어떤 수원에서 다른 지역으로 보내지는 지하수
③ 지하수와 공기가 접해있는 지하수면을 가지는 지하수
④ 두 개의 불투수층 사이에 끼어 있어 대기압보다 큰 압력을 받고 있는 대수층의 지하수

[해설]
피압 지하수
두 개의 불투수층 사이에 끼어 있어 대기압보다 큰 압력을 받고 있는 대수층의 지하수

04 지하수의 유속에 대한 설명으로 옳은 것은? [15년 4회]

① 수온이 높으면 크다.
② 수온이 낮으면 크다.
③ $4℃$에서 가장 크다.
④ 수온에 관계없이 일정하다.

[해설]
지하수에서의 유속은 수온이 높으면 크다.

05 수온에 따른 지하수의 유속에 대한 설명으로 옳은 것은? [21년 2회]

① $4℃$에서 가장 크다.
② 수온이 높으면 크다.
③ 수온이 낮으면 크다.
④ 수온에는 관계없이 일정하다.

[해설]
지하수의 유속은 수온이 높을수록 크다.

06 다음 중 부정류 흐름의 지하수를 해석하는 방법은? [21년 3회]

① Theis 방법 ② Dupuit 방법
③ Thiem 방법 ④ Laplace 방법

[해설]
피압대수층 내 지하수 해석법
• Theis법
• Jacob법
• Chow법

정답 01 ④ 02 ① 03 ④ 04 ① 05 ② 06 ①

07 지하수와 수리학적 상사성

6 비피압 대수층과 피압 대수층(2)

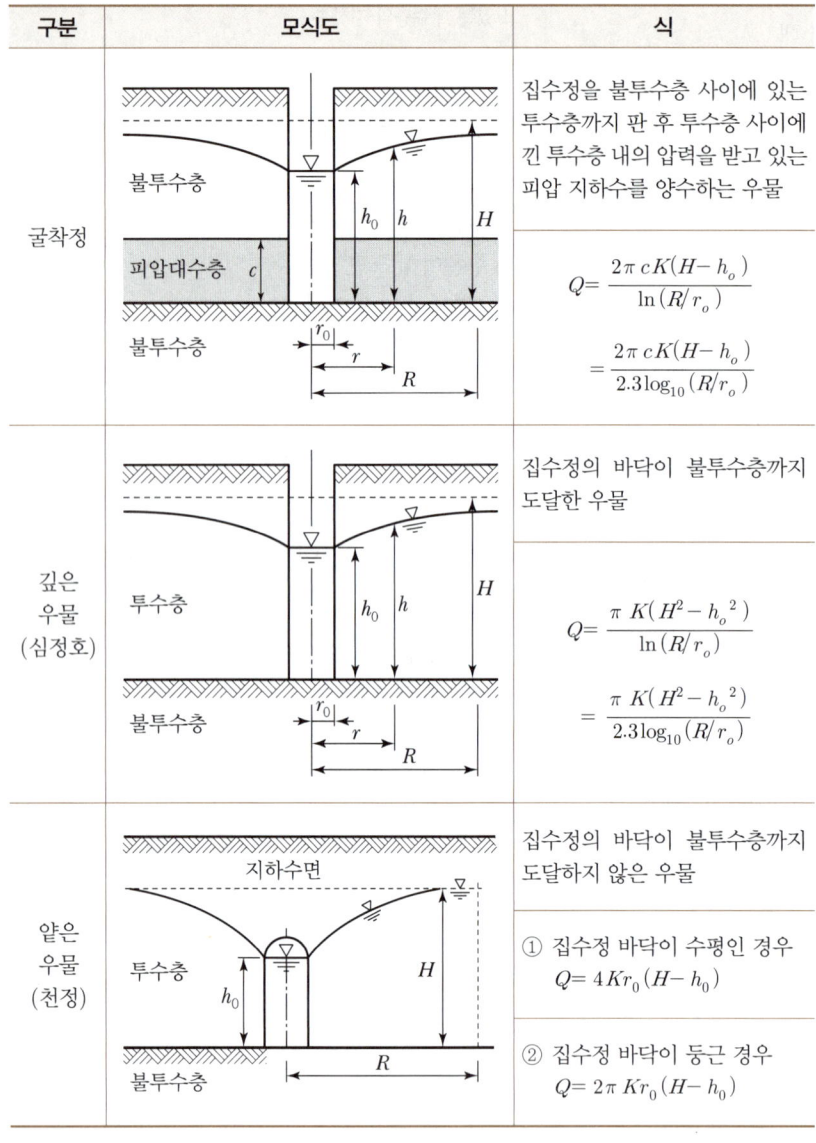

구분	모식도	식
굴착정		집수정을 불투수층 사이에 있는 투수층까지 판 후 투수층 사이에 낀 투수층 내의 압력을 받고 있는 피압 지하수를 양수하는 우물 $Q = \dfrac{2\pi cK(H-h_o)}{\ln(R/r_o)}$ $ = \dfrac{2\pi cK(H-h_o)}{2.3\log_{10}(R/r_o)}$
깊은 우물 (심정호)		집수정의 바닥이 불투수층까지 도달한 우물 $Q = \dfrac{\pi K(H^2 - h_o^2)}{\ln(R/r_o)}$ $ = \dfrac{\pi K(H^2 - h_o^2)}{2.3\log_{10}(R/r_o)}$
얕은 우물 (천정)		집수정의 바닥이 불투수층까지 도달하지 않은 우물 ① 집수정 바닥이 수평인 경우 $Q = 4Kr_0(H - h_0)$ ② 집수정 바닥이 둥근 경우 $Q = 2\pi Kr_0(H - h_0)$

- h_o : 우물의 수위
- H : 최초의 지하수위
- c : 피압대수층 높이(두께)
- R : 영향원의 반경
- r_o : 우물의 반경

우물의 영향원(권)
우물에서 지하수를 양수 시에 수면이 영향을 받지 않는 곳까지의 거리(범위)

부정류의 흐름의 지하수 해석
- Theis법(타이스)
- Jacob법(야콥)
- Chow법(쵸우)

과년도 기출문제

01 지하수(地下水)에 대한 설명으로 옳지 않은 것은?
[21년 2회]

① 자유 지하수를 양수(揚水)하는 우물을 굴착정(Artesian Well)이라 부른다.
② 불투수층(不透水層) 상부에 있는 지하수를 자유지하수(自由地下水)라 한다.
③ 불투수층과 불투수층 사이에 있는 지하수를 피압지하수(被壓地下水)라 한다.
④ 흙입자 사이에 충만되어 있으며 중력의 작용으로 운동하는 물을 지하수라 부른다.

[해설]
자유 지하수를 양수하는 우물을 심정이라 부른다.

02 두께가 10m인 피압대수층에서 우물을 통해 양수한 결과, 50m 및 100m 떨어진 두 지점에서 수면강하가 각각 20m 및 10m로 관측되었다. 정상상태를 가정할 때 우물의 양수량은?(단, 투수계수는 0.3m/hr)
[17년 4회]

① 7.6×10^{-2} m³/s
② 6.0×10^{-3} m³/s
③ 9.4m³/s
④ 21.6m³/s

[해설]
$$Q = \frac{2\pi aK(H-h_o)}{2.3\log(R/r_o)}$$
$$= \frac{2 \times \pi \times 10 \times (0.3/3,600) \times (20-10)}{2.3\log(100/50)} = 7.6 \times 10^{-2} \text{m}^3/\text{s}$$

03 두께 20.0m의 피압대수층에서 0.1m³/s로 양수했을 때 평형상태에 도달하였다. 이 양수정에서 각각 50.0m, 200.0m 떨어진 관측점에서 수위가 39.20m, 40.66m이었다면 이 대수층의 투수계수(k)는?
[15년 1회]

① 0.2m/day
② 6.5m/day
③ 20.7m/day
④ 65.3m/day

[해설]
양수량 $Q = \dfrac{2\pi cK(H-h_o)}{\ln(R/r_o)}$ 에서

$$k = \frac{\dfrac{0.1}{86,400} \times \ln(200/50)}{2\pi \times 20 \times (40.66 - 39.20)} = 65.3 \text{m/sec}$$

04 지름 0.3m, 수심 6m인 굴착정이 있다. 피압대수층의 두께가 3.0m라 할 때 5L/s의 물을 양수하면 우물의 수위는?(단, 영향원의 반지름은 500m, 투수계수는 4m/h이다.)
[20년 4회]

① 3.848m
② 4.063m
③ 5.920m
④ 5.999m

[해설]
굴착정 $Q = \dfrac{2c\pi k(H-h)}{\ln(R/r)}$

$5\text{L/s} \times 10^{-3}\text{m}^3 = \dfrac{2 \times 3 \times \pi \times (4 \div 3,600)[6-h]}{\ln(500/0.15)}$

∴ $h = 4.063$m

05 그림과 같이 우물로부터 일정한 양수율로 양수하여 우물 속의 수위가 일정하게 유지되고 있다. 대수층은 균질하며 지하수의 흐름은 우물을 향한 방사상 정상류라 할 때 양수율(Q)을 구하는 식은?(단, k는 투수계수임)
[19년 1회]

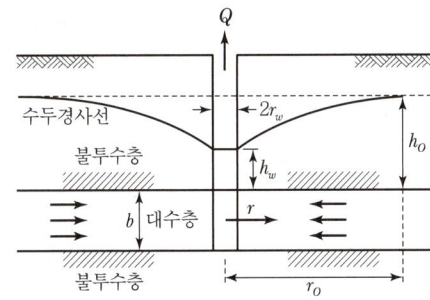

① $Q = 2\pi bk \dfrac{h_o - h_w}{\ln(r_o/r_w)}$

② $Q = 2\pi bk \dfrac{\ln(r_o/r_w)}{h_o - h_w}$

③ $Q = 2\pi bk \dfrac{h_o^2 - h_w^2}{\ln(r_o/r_w)}$

④ $Q = 2\pi bk \dfrac{\ln(r_o/r_w)}{h_o^2 - h_w^2}$

정답 01 ① 02 ① 03 ④ 04 ② 05 ①

[해설]

굴착정에서의 유량

$$Q = \frac{2\pi bk(h_o - h_w)}{\ln(r_o/r_w)} = \frac{2\pi bk(h_o - h_w)}{2.3\log_{10}(r_o/r_w)}$$

06 비피압대수층 내 지름 $D = 2\text{m}$, 영향권의 반지름 $R = 1,000\text{m}$, 원지하수의 수위 $H = 9\text{m}$, 집수정의 수위 $h_o = 5\text{m}$인 심정호의 양수량은?(단, 투수계수 $k = 0.0038\text{m/s}$) [20년 3회]

① $0.0415\text{m}^3/\text{s}$ ② $0.0461\text{m}^3/\text{s}$
③ $0.0968\text{m}^3/\text{s}$ ④ $1.8232\text{m}^3/\text{s}$

[해설]

$$Q = \frac{\pi k(H^2 - h^2)}{\ln(R/r)}$$
$$= \frac{\pi \cdot 0.0038(9^2 - 5^2)}{\ln(1,000/1)} = 0.0968\text{m}^3/\text{s}$$

07 2개의 불투수층 사이에 있는 대수층 두께 a, 투수계수 k인 곳에 반지름 r_0인 굴착정(Artesian Well)을 설치하고 일정 양수량 Q를 양수하였더니, 양수 전 굴착정 내의 수위 H가 h_0로 강하하여 정상흐름이 되었다. 굴착정의 영향원 반지름을 R이라 할 때 $(H - h_0)$의 값은? [22년 2회]

① $\dfrac{2Q}{\pi ak}\ln\left(\dfrac{R}{r_0}\right)$ ② $\dfrac{Q}{2\pi ak}\ln\left(\dfrac{R}{r_0}\right)$
③ $\dfrac{2Q}{\pi ak}\ln\left(\dfrac{r_0}{R}\right)$ ④ $\dfrac{Q}{2\pi ak}\ln\left(\dfrac{r_0}{R}\right)$

[해설]

굴착정

$$Q = \frac{2C\pi k(H-h)}{\ln\left(\dfrac{R}{r}\right)}$$

$$\therefore H - h = \frac{Q\ln\left(\dfrac{R}{r}\right)}{2C\pi k}$$

08 우물에서 장기간 양수를 한 후에도 수면강하가 일어나지 않는 지점까지의 우물로부터 거리(범위)를 무엇이라 하는가? [18년 3회]

① 용수효율권 ② 대수층권
③ 수류영역권 ④ 영향권

[해설]

우물로부터 지하수를 양수할 경우 지하수면으로부터 그 우물에 물이 모여드는 범위를 영향권(영향원)이라 한다.

09 개수로에서 도수가 발생할 때 도수 전의 수심이 0.5m, 유속이 7m/sec이면 도수 후의 수심은?

① 2.5m ② 2.0m
③ 1.8m ④ 1.5m

[해설]

$$h_2 = \frac{h_1}{2}\left(-1 + \sqrt{1 + 8\frac{V_1^2}{gh_1}}\right)$$
$$= \frac{0.5}{2} \times \left(-1 + \sqrt{1 + 8 \times \frac{7^2}{9.8 \times 0.5}}\right) = 2.0\text{m}$$

10 폭 6m인 직사각형 단면수로의 경사가 0.0025이며 $11\text{m}^3/\text{s}$의 유량이 흐르고 있다. 흐름의 어느 단면에서의 유속이 6m/s였다. 이 단면에서 도수가 발생한다면 공액수심은 얼마인가?

① 0.313m ② 0.871m
③ 1.353m ④ 2.541m

[해설]

$Q = AV$에서
$11 = 6 \times h \times 6$ 이므로 $h = 0.306\text{ m}$

$$\therefore h_2 = \frac{h_1}{2}\left(-1 + \sqrt{1 + 8Fr_1^2}\right)$$
$$= \frac{0.306}{2}\left(-1 + \sqrt{1 + 8 \times \frac{6^2}{9.8 \times 0.306}}\right)$$
$$= 1.354\text{m}$$

정답 06 ③ 07 ② 08 ④ 09 ② 10 ③

과년도 기출문제

11 그림과 같은 사다리꼴 수로에 등류가 흐를 때 유량은?(단, 조도계수 $n = 0.013$, 수로경사 $i = \dfrac{1}{1,000}$, 측벽의 경사 $= 1 : 1$이며, Manning 공식 이용)

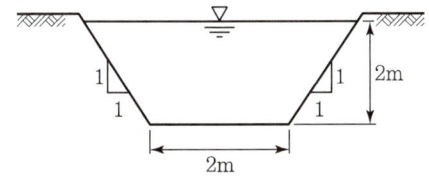

① 16.21m³/sec ② 18.16m³/sec
③ 20.04m³/sec ④ 22.16m³/sec

[해설]

단면적 $A = \dfrac{2+6}{2} \times 2 = 8\text{m}^2$

경심 $R = \dfrac{8}{2+2\sqrt{2}} = 1.0448\text{m}$ 이므로

$\therefore Q = A\dfrac{1}{n}R^{\frac{2}{3}}I^{\frac{1}{2}} = 8 \times \dfrac{1}{0.013} \times 1.0448^{\frac{2}{3}} \times \left(\dfrac{1}{1,000}\right)^{1/2}$

12 수심 2m, 폭 4m인 직사각형 단면 개수로의 유량을 Manning의 평균유속공식을 사용하여 구한 값은?(단, 수로경사 $i = \dfrac{1}{100}$, 수로의 조도계수 $n = 0.025$)

① 32.0m³/sec ② 64.0m³/sec
③ 128.0m³/sec ④ 160.0m³/sec

[해설]

$Q = AV = A\dfrac{1}{n}R^{2/3}I^{1/2}$

$= (4 \times 2) \times \dfrac{1}{0.025} \times \left(\dfrac{4 \times 2}{4+2 \times 2}\right)^{2/3} \times \left(\dfrac{1}{100}\right)^{1/2}$

$= 32\text{m}^3/\text{s}$

13 수문을 갑자기 닫아서 물의 흐름을 막으면 상류(上流) 쪽의 수면이 갑자기 상승하여 단상(段狀)이 되고, 이것이 상류로 향하여 전파되는 현상을 무엇이라 하는가? [15년 2회]

① 장파(長波) ② 단파(段波)
③ 홍수파(洪水波) ④ 파상도수(波狀跳水)

[해설]

단파
수문을 갑자기 닫아서 물의 흐름을 막으면 상류 쪽의 수면이 상승하여 이것이 상류로 향하여 전파되는 현상

14 물이 하상의 돌출부를 통과할 경우 비에너지와 비력의 변화는? [15년 4회]

① 비에너지와 비력이 모두 감소한다.
② 비에너지는 감소하고 비력은 일정하다.
③ 비에너지는 증가하고 비력은 감소한다.
④ 비에너지는 일정하고 비력은 감소한다.

[해설]

물이 하상의 돌출부를 통과할 경우 비에너지는 일정하고 비력은 감소하게 된다.

정답 11 ③ 12 ① 13 ② 14 ④

07 지하수와 수리학적 상사성

7 Dupuit의 침윤선

모식도	단위 폭당 유량식
(그림: 실제의 침윤선, h_1, h_2, a, b, b', l)	$q = A\,k\,i$ $= \dfrac{(h_1+h_2)}{2} \times 1 \times k \times \dfrac{(h_1-h_2)}{l}$ $= \dfrac{k(h_1{}^2 - h_2{}^2)}{2l}$

Dupuit 가정
- 침윤선의 경사가 작은 경우 물은 수평으로 흐른다.
- 동수경사는 자유수면의 경사와 같고 이는 깊이에 관계없이 일정

8 길이의 비로서 표시한 물리량의 비

구분	식
길이비 (축척)	$L_r = \dfrac{\text{모형의 거리}}{\text{원형의 거리}} = \dfrac{l_m}{l_p}$
면적비	$A_r = \dfrac{\text{모형의 면적}}{\text{원형의 면적}} = \dfrac{A_m}{A_p} = L_r^2$
시간비	$T_r = \dfrac{\text{모형의 시간}}{\text{원형의 시간}} = \dfrac{T_m}{T_p} = \sqrt{\dfrac{L_r}{g_r}} = \sqrt{L_r}$ (지구상)
유속비 (속도비)	$V_r = \dfrac{\text{모형의 유속}}{\text{원형의 유속}} = \dfrac{V_m}{V_p} = \dfrac{L_r}{T_r}$
유량비	$Q_r = \dfrac{\text{모형의 유량}}{\text{원형의 유량}} = \dfrac{Q_m}{Q_p} = \dfrac{L_r^3}{T_r} = \dfrac{L_r^3}{\sqrt{L_r}} = L_r^{\frac{5}{2}}$ (지구상)

g_r : 중력비

$g_r = \dfrac{\text{모형의 중력}}{\text{원형의 중력}}$

9 특별상사의 법칙

구분	흐름	흐름 지배
Reynolds 상사법칙	관수로 흐름에 해당	점성력 마찰력
Froude 상사법칙	• 개수로 내 흐름(하천) • 댐의 여수토의 흐름, 파동	관성력 중력
Weber 상사법칙	• 위어의 월류 수심이 작을 때 • 파고가 작은 파동	표면장력
Cauchy 상사법칙	수격작용에 해당	탄성력

수리모형 법칙
- 모형과 원형에서 완전상사를 얻기는 불가능하다.
- 실제 수리현상에서는 흐름을 지배하는 힘 하나만 고려한다.
- 완전 상사 조건 중 해당조건 1개에 맞추어 수리 모형실험 및 자료분석을 실시한다.

과년도 기출문제

01 지하수 흐름과 관련된 Dupuit의 공식으로 옳은 것은?(단, q = 단위폭당 유량, ℓ = 침윤선 길이, k = 투수계수) [17년 2회]

① $q = \dfrac{k}{2\ell}(h_1^2 - h_2^2)$ ② $q = \dfrac{k}{2\ell}(h_1^2 + h_2^2)$

③ $q = \dfrac{k}{\ell}\left(h_1^{\frac{3}{2}} - h_2^{\frac{3}{2}}\right)$ ④ $q = \dfrac{k}{\ell}\left(h_1^{\frac{3}{2}} + h_2^{\frac{3}{2}}\right)$

[해설]
Dupuit의 침윤선 공식
$q = \dfrac{k}{2l}(h_1^2 - h_2^2)$

02 축척이 1 : 50인 하천 수리모형에서 원형 유량 10,000m³/s에 대한 모형 유량은? [21년 1회]

① 0.401m³/s   ② 0.566m³/s
③ 14.142m³/s   ④ 28.284m³/s

[해설]
유량비 = $\dfrac{\text{모형 유량}}{\text{원형 유량}} = L_r^{\frac{5}{2}}$

$\dfrac{\text{모형 유량}}{10,000} = \left(\dfrac{1}{50}\right)^{\frac{5}{2}}$

∴ 모형유량 = 0.566m³/s

03 왜곡모형에서 Froude 상사법칙을 이용하여 물리량을 표시한 것으로 틀린 것은?(단, X_r은 수평축척비, Y_r은 연직축척비이다.) [20년 3회]

① 시간비 : $T_r = \dfrac{X_r}{Y_r^{1/2}}$

② 경사비 : $S_r = \dfrac{Y_r}{X_r}$

③ 유속비 : $V_r = \sqrt{Y_r}$

④ 유량비 : $Q_r = X_r Y_r^{5/2}$

[해설]
유량비(Q_r) = $X_r \cdot Y_r^{3/2}$

04 저수지의 물을 방류하는 데 1 : 225로 축소된 모형에서 4분이 소요되었다면, 원형에서의 소요시간은? [16년 1회]

① 60분   ② 120분
③ 900분   ④ 3,375분

[해설]
- $T_r = \dfrac{T_p}{T_m} = L_r^{\frac{1}{2}}$
- $T_p = T_m L_r^{\frac{1}{2}} = 4 \times 225^{\frac{1}{2}} = 60\text{min}$

05 원형 댐의 월류량(Q_p)이 1,000m³/s이고, 수문을 개방하는 데 필요한 시간(T_p)이 40초라 할 때 1/50 모형(模形)에서의 유량(Q_m)과 개방 시간(T_m)은? [단, 중력가속도비(g_r)는 1로 가정한다.] [15년 2회]

① $Q_m = 0.057\text{m}^3/\text{s}$, $T_m = 5.657\text{s}$
② $Q_m = 1.623\text{m}^3/\text{s}$, $T_m = 0.825\text{s}$
③ $Q_m = 56.56\text{m}^3/\text{s}$, $T_m = 0.825\text{s}$
④ $Q_m = 115.00\text{m}^3/\text{s}$, $T_m = 5.657\text{s}$

[해설]
- $Q_r = \dfrac{Q_m}{Q_p} = L_r^{5/2}$에서 $\dfrac{Q_m}{1,000} = \left(\dfrac{1}{50}\right)^{5/2}$

  ∴ $Q_m = 0.057\text{m}^3/\text{s}$

- $T_r = \dfrac{T_m}{T_p} = \sqrt{\dfrac{L_r}{g_r}} = \sqrt{L_r}$에서 $\dfrac{T_m}{40} = \sqrt{\dfrac{1}{50}}$

  ∴ $T_m = 5.657\text{sec}$

06 하천의 수리모형실험에 주로 사용되는 상사법칙은? [22년 2회]

① Weber의 상사법칙   ② Cauchy의 상사법칙
③ Froude의 상사법칙   ④ Reynolds의 상사법칙

[해설]

종류	특징
Reynolds의 상사법칙	점성력이 흐름을 주로 지배하고, 관수로 흐름의 경우에 적용
Froude의 상사법칙	중력이 흐름을 주로 지배하고, 개수로 흐름의 경우에 적용

정답 01 ① 02 ② 03 ④ 04 ① 05 ① 06 ③

07 지하수와 수리학적 상사성

10 미소진폭파

정의	미소진폭파 기본가정
파고가 아주 작아서 파형경사가 무시할만하고 또한 수심에 비하여 파고가 아주 작아서 파고 수심비가 무시할만하다는 가정, 즉 미소진폭의 가정을 하고 있기 때문에 미소진폭파라 한다.	① 파고는 수심에 비해 매우 작다. ② 유체는 비압축성이다 ③ 바닥은 평평한 불투수층이다. ④ 해저는 수평, 고정, 불투수성이어서 물입자의 연직속도가 해저에서 영(0)이다.

11 상대수심에 의한 분류

파랑의 종류	파랑의 반사율 식
① 천해파 : $\frac{h(수심)}{L(파장)} < 0.05$ ② 전이파 : $0.05 \leq \frac{h(수심)}{L(파장)} \leq 0.5$ ③ 심해파 : $\frac{h(수심)}{L(파장)} > 0.5$	(파장 L, 진폭, 마루, 파고, 골, h 그림)

$$E(파랑에너지) = E_k(운동에너지) + E_P(위치에너지) = \frac{1}{8}wH^2 = \frac{\rho g H^2}{8}$$

파장
하나의 파봉(Wave Crest)에서 인접하는 파봉까지의 수평거리

파고
파봉과 파곡(Wave Trough) 사이의 연직거리

천해파(Shallow Water Wave)
수심이 파장의 1/20보다 얕을 때의 해파

심해파(Deep Water Wave)
수심이 파장의 1/2보다 얕을 때의 해파

전이파
천해파와 심해파의 중간 형태

12 파랑의 반사율

내용	파랑의 반사율 식
① 반사율은 구조물의 특성과 파랑 특성에 따라 변함 ② 일반적으로 파형경사와 반사율은 반비례의 관계가 있음	$K_R = \frac{H_R}{H_I}$ K_R : 반사율 H_R : 반사파고 H_I : 입사파고

13 천해파의 파장과 파속

파장	파속
$L = \sqrt{gh} \cdot T$	$C = \sqrt{gh}$

- 천해파 : $\frac{h}{L} < 0.05$
- 파장(L)
- 주기(T) : sec

과년도 기출문제

01 미소진폭파(Small-amplitude Wave)이론을 가정할 때 일정 수심 h의 해역을 전파하는 파장 L, 파고 H, 주기 T의 파랑에 대한 설명 중 틀린 것은?
[17년 4회]

① h/L이 0.05보다 작을 때, 천해파로 정의한다.
② h/L이 1.0보다 클 때, 심해파로 정의한다.
③ 분산관계식은 L, h 및 T 사이의 관계를 나타낸다.
④ 파랑의 에너지는 H^2에 비례한다.

[해설]
심해파(Deep Water Wave)
수심이 파장의 1/20보다 얕을 때의 해파

02 미소진폭파(Small-amplitude Wave) 이론에 포함된 가정이 아닌 것은?
[18년 3회]

① 파장이 수심에 비해 매우 크다.
② 유체는 비압축성이다.
③ 바닥은 평평한 불투수층이다.
④ 파고는 수심에 비해 매우 작다.

[해설]
파고가 아주 작아서 파형경사가 무시할만하고 또한 수심에 비하여 파장이 아주 작아서 파고 수심비가 무시할만하다는 가정, 즉, 미소진폭의 가정을 하고 있기 때문에 미소진폭파라 한다.

03 방파제 건설을 위한 해안지역의 수심이 5.0m, 입사파랑의 주기가 14.5초인 장파(Long Wave)의 파장(Wave Length)은?(단, 중력가속도 $g=9.8\text{m/s}^2$)
[20년 3회]

① 49.5m ② 70.5m
③ 101.5m ④ 190.5m

[해설]
천해파 $\left(\dfrac{h}{L}<0.05\right)$일 때
$L=\sqrt{gh}\cdot T=\sqrt{9.8\times 5}\times 14.5$
$=101.5\text{m/s}$

04 컨테이너 부두 안벽에 입사하는 파랑의 입사파고가 0.8m이고, 안벽에서 반사된 파랑의 반사파고가 0.3m일 때 반사율은?
[17년 1회]

① 0.325 ② 0.375
③ 0.425 ④ 0.475

[해설]
- 파랑의 반사율 $K_R=\dfrac{H_R}{H_I}$
  여기서, K_R : 반사율, H_R : 반사파고, H_I : 입사파고
- 반사율 $K_R=\dfrac{H_R}{H_I}=\dfrac{0.3}{0.8}=0.375$

05 수심이 50m로 일정하고 무한히 넓은 해역에서 주태양반일주조(S_2)의 파장은?(단, 주태양반일주조의 주기는 12시간, 중력가속도 $g=9.81\text{m/s}^2$이다.)
[20년 4회]

① 9.56km ② 95.6km
③ 956km ④ 9,560km

[해설]
$L=\sqrt{gh}\cdot T=\sqrt{9.8\times 50}\times(12\times 3,600)$
$=956,272\text{m}=956\text{km}$

06 동해의 일본 측으로부터 300km 파장의 지진해일이 발생하여 수심 3,000m의 동해를 가로질러 2,000km 떨어진 우리나라 동해안에 도달한다고 할 때, 걸리는 시간은?(단, 파속 $c=\sqrt{gh}$, 중력가속도는 9.8m/s2이고 수심은 일정한 것으로 가정)
[16년 4회]

① 약 150분 ② 약 194분
③ 약 274분 ④ 약 332분

[해설]
- 장파의 전파속도
  $C=\sqrt{gh}=\sqrt{9.8\times 3,000}=171.46\text{m/s}$
  $=10,287.86\text{m/min}$
- 지진해일 도달시간의 산정
  $t(\text{시간})=\dfrac{2,000\times 1,000}{10,287.86}=194.4\text{min}$

정답 01 ② 02 ① 03 ③ 04 ② 05 ③ 06 ②

07 지하수와 수리학적 상사성

14 파랑의 굴절

관계식	모식도

$\dfrac{\sin\alpha_1}{\sin\alpha_2} = \dfrac{C_1}{C_2} = \dfrac{h_1}{h_2}$
 	
여기서, α_1, α_2 : 입사각
   C_1, C_2 : 파랑의 파속
   h_1, h_2 : 수심	

수심이 h_1에서 h_2로 감소하는 직선의 경계면에서 파가의 (β)각으로 입사하는 경우

15 유의파고와 최대파고

유의파고	최대파고
임의 관측시간 동안 관측된 파고 중에서 파고가 높은 순서로 전체의 1/3에 해당하는 파고들의 평균	임의 관측시간 동안 관측된 파고 중에서 최대인 파고

16 방파제의 활동에 대한 안전율

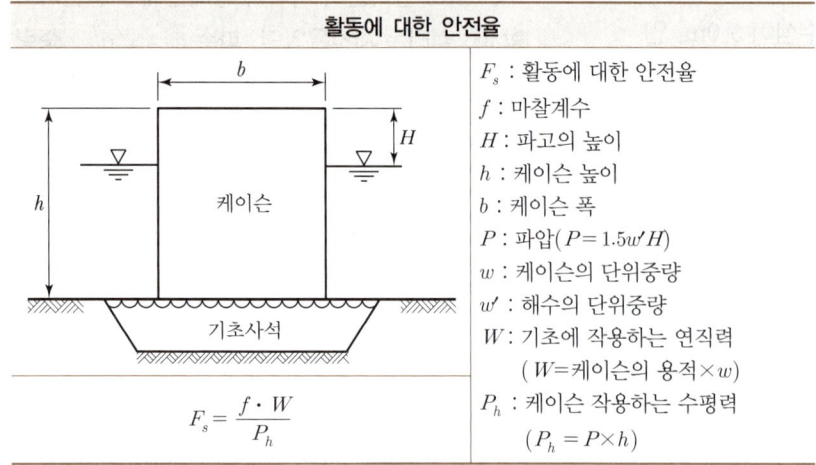

활동에 대한 안전율

F_s : 활동에 대한 안전율
f : 마찰계수
H : 파고의 높이
h : 케이슨 높이
b : 케이슨 폭
P : 파압 ($P = 1.5w'H$)
w : 케이슨의 단위중량
w' : 해수의 단위중량
W : 기초에 작용하는 연직력
  (W = 케이슨의 용적 × w)
P_h : 케이슨 작용하는 수평력
  ($P_h = P \times h$)

$$F_s = \dfrac{f \cdot W}{P_h}$$

➕ W(기초에 작용하는 연직력)
W = 케이슨의 자중 − 케이슨의 부력

과년도 기출문제

01 수심 10.0m에서 파속(C_1)이 50.0m/s인 파랑이 입사각(β_1) 30°로 들어올 때, 수심 8.0m에서 굴절된 파랑의 입사각(β_2)은?[단, 수심 8.0m에서 파랑의 파속(C_2) = 40.0m/s]　　　　[17년 2회]

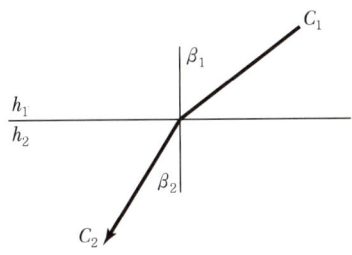

① 20.58°　　② 23.58°
③ 38.68°　　④ 46.15°

[해설]

- $\dfrac{\sin\alpha_1}{\sin\alpha_2} = \dfrac{C_1}{C_2} = \dfrac{h_1}{h_2}$

  여기서, α_1, α_2 : 입사각
  　　　　C_1, C_2 : 파랑의 파속
  　　　　h_1, h_2 : 수심

- $\dfrac{\sin\beta_1}{\sin\beta_2} = \dfrac{10}{8} = \dfrac{50}{40}$

  $\therefore \beta_2 = \sin^{-1}\left(\dfrac{h_2}{h_1}\right)\sin\beta_1 = \sin^{-1}\left(\dfrac{8}{10}\right)\times\sin 30° = 23.58°$

02 항만을 설계하기 위해 관측한 불규칙 파랑의 주기 및 파고가 다음 표와 같을 때, 유의파고($H_{1/3}$)는?

[18년 1회]

연번	파고(m)	주기(s)
1	9.5	9.8
2	8.9	9.0
3	7.4	8.0
4	7.3	7.4
5	6.5	7.5
6	5.8	6.5
7	4.2	6.2
8	3.3	4.3
9	3.2	5.6

① 9.0m　　② 8.6m
③ 8.2m　　④ 7.4m

[해설]

유의파고는 임의 관측시간 동안 관측된 파고 중에서 파고가 높은 순서로 전체의 1/3에 해당하는 파고들의 평균값이다.

$H_{1/3} = \dfrac{9.5 + 8.9 + 7.4}{3} = 8.6\text{m}$

03 그림과 같이 단위폭당 자중이 3.5×10^6N/m인 직립식 방파제에 1.5×10^6N/m의 수평 파력이 작용할 때, 방파제의 활동 안전율은?(단, 중력가속도 = 10.0m/s², 방파제와 바닥의 마찰계수 = 0.7, 해수의 비중 = 1로 가정하며, 파랑에 의한 양압력은 무시하고, 부력은 고려한다.)　　[18년 2회]

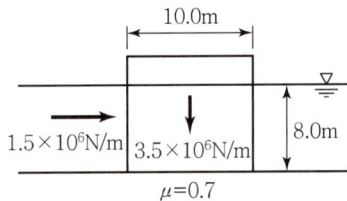

① 1.20　　② 1.22
③ 1.24　　④ 1.26

[해설]

- W = 케이슨의 자중 - 케이슨의 부력
  $= 3.5\times10^6 \times 10^{-3} - (10\times8\times1)\times10$
  $= 2,700\text{kN/m}$

- 안전율 계산

  $F_s = \dfrac{fW_V}{P_h} = \dfrac{0.7\times 2,700}{1.5\times 10^6 \times 10^{-3}} = 1.26$

정답 01 ②　02 ②　03 ④

08 수문학

1 수문학

정의	모식도
지구상에 존재하는 물의 생성부터 소멸까지 물 순환의 전 과정을 연구하는 학문	(구름 → 구름(응결), 1.증발, 2.강수, 3.차단, 4.증산, 5.침투, 6.침루, 7.저류, 8.유출, 바다, 지하수, 불투수층)

강수량(P) ⇔ 유출량(R) + 증발산량(E) + 침투량(C) + 저류량(S)

물의 순환
대기 중으로 방출(증발)된 수분이 강수의 형태로 다시 지상에 떨어지는 과정

- 강수량은 지하수 흐름과 지표면 흐름의 합과 동일하지 않다.

2 습도

습도	① 습도 : 대기 중의 공기가 함유하고 있는 수분의 정도 ② 상대습도(h) = $\dfrac{e(실제 증기압)}{e_s(포화증기압)} \times 100(\%)$ ③ 포화증기압 : 공기가 수증기로 포화되어 있을 때의 압력

연평균 기온
해당 연의 각 월평균 기온의 평균값

대기권의 열순환 원인
- 우리나라의 편서풍
- 대기권 내 열순환

고도와 풍속의 관계식
$$\dfrac{V}{V_1} = \left(\dfrac{Z}{Z_1}\right)^K$$
여기서, V : 고도 Z에서 풍속
V_1 : 고도 Z_1에서 풍속

3 우리나라 수자원 및 하천의 특성

우리나라 수자원의 특성	하상계수
① 연평균 강우량 : 약 1,280mm ② 가장 많은 이용 분야는 농업용수 분야이다. ③ 유로연장이 짧고 하천경사가 급한 곳이 많으며 하상계수가 크다.	① 하상계수 = $\dfrac{최대유량}{최소유량}$ ② 하상계수가 크면(300 이상) 물관리가 곤란하다.

하상계수
우리나라 하천의 하상계수는 보통 300이 넘는다.

4 하천의 수위

우리나라 수자원의 특성	모식도
① 평수위는 1년 중 185일은 저하되지 않는 수위 ② 저수위는 1년 중 275일은 저하되지 않는 수위 ③ 갈수위는 1년 중 355일은 저하되지 않는 수위	홍수위, 풍수위 95일, 평수위 185일, 저수위 275일, 갈수위 355일 (365일)

과년도 기출문제

01 물의 순환에 대한 설명으로 옳지 않은 것은?
[21년 1회]

① 지하수 일부는 지표면으로 용출해서 다시 지표수가 되어 하천으로 유입된다.
② 지표에 강하한 우수는 지표면에 도달 전에 그 일부가 식물의 나무와 가지에 의하여 차단된다.
③ 지표면에 도달한 우수는 토양 중에 수분을 공급하고 나머지가 아래로 침투해서 지하수가 된다.
④ 침투란 토양면을 통해 스며든 물이 중력에 의해 계속 지하로 이동하여 불투수층까지 도달하는 것이다.

[해설]
- 침투 : 중력과 모세관 현상에 의해 물이 흙 속으로 스며드는 현상
- 침루 : 토양면을 통해 스며든 물이 중력작용에 의하여 계속 지하로 이동하여 지하수면(불투수층)까지 도달하는 현상

02 다음 중 물의 순환에 관한 설명으로서 틀린 것은?
[18년 2회]

① 지구상에 존재하는 수자원이 대기권을 통해 지표면에 공급되고, 지하로 침투하여 지하수를 형성하는 등 복잡한 반복과정이다.
② 지표면 또는 바다로부터 증발된 물이 강수, 침투 및 침루, 유출 등의 과정을 거치는 물의 이동현상이다.
③ 물의 순환과정에서 강수량은 지하수 흐름과 지표면 흐름의 합과 동일하다.
④ 물의 순환과정 중 강수, 증발 및 증산은 수문기상학 분야이다.

[해설]
강수량은 지하수 흐름과 지표면 흐름의 합과 동일하지 않다.

03 물의 순환에 대한 다음 수문 사항 중 성립이 되지 않는 것은?
[15년 4회]

① 지하수 일부는 지표면으로 용출해서 다시 지표수가 되어 하천으로 유입된다.
② 지표면에 도달한 우수는 토양 중에 수분을 공급하고 나머지가 아래로 침투해서 지하수가 된다.
③ 땅속에 보류된 물과 지표하수는 토양 면에서 증발하고 일부는 식물에 흡수되어 증산한다.
④ 지표에 강하한 우수는 지표면에 도달 전에 그 일부가 식물의 나무와 가지에 의하여 차단된다.

[해설]
땅속에 저류된 물과 지표하수는 태양이 방사하는 열에너지에 의해 증발된다.

04 대기의 온도 t_1, 상대습도 70%인 상태에서 증발이 진행되었다. 온도가 t_2로 상승하고 대기 중의 증기압이 20% 증가하였다면 온도 t_1 및 t_2에서의 포화증기압이 각각 10.0mmHg 및 14.0mmHg라 할 때 온도 t_2에서의 상대습도는?
[18년 3회]

① 50% ② 60%
③ 70% ④ 80%

[해설]
- t_1℃일 때 상대습도 70%
  $70 = \dfrac{e}{10} \times 100$ ∴ 실제증기압 $e = 7$mmHg
- t_2℃일 때 증기압이 20% 증가하였으므로
  실제증기압 : $e = 7.0 \times 1.2 = 8.4$mmHg
- 상대습도 : $h = \dfrac{e}{e_s} \times 100(\%) = \dfrac{8.4}{14} \times 100(\%) = 60\%$

05 자연하천의 특성을 표현할 때 이용되는 하상계수에 대한 설명으로 옳은 것은?
[21년 3회]

① 최심하상고와 평형하상고의 비이다.
② 최대유량과 최소유량의 비로 나타낸다.
③ 개수 전과 개수 후의 수심 변화량의 비를 말한다.
④ 홍수 전과 홍수 후의 하상 변화량의 비를 말한다.

[해설]
하상계수
- 하상계수 = $\dfrac{최대유량}{최소유량}$
- 하상계수가 크면(300 이상) 물관리가 곤란하다.

정답 01 ④ 02 ③ 03 ③ 04 ② 05 ②

08 수문학

5 강수량의 측정(누가우량곡선)

누가우량곡선	특징
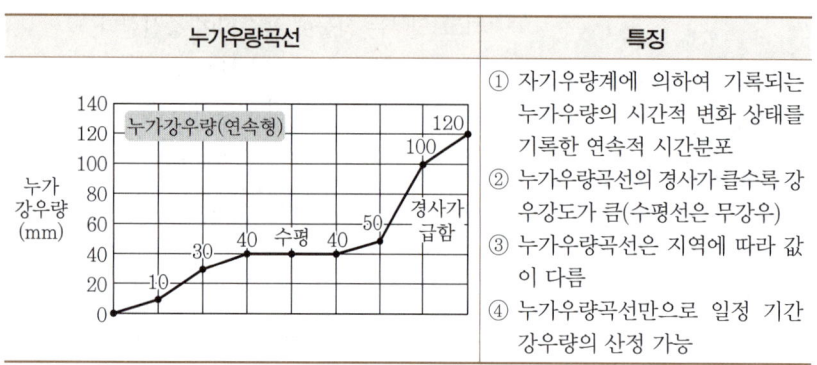	① 자기우량계에 의하여 기록되는 누가우량의 시간적 변화 상태를 기록한 연속적 시간분포 ② 누가우량곡선의 경사가 클수록 강우강도가 큼 (수평선은 무강우) ③ 누가우량곡선은 지역에 따라 값이 다름 ④ 누가우량곡선만으로 일정 기간 강우량의 산정 가능

＋ 우량측정시간
매일 1회 24시간
(오전 10시부터 다음 날 오전 10시)

＋ 강우량 크기
우리나라에서는 mm 사용

- 평균우량의 표준오차는 계측망의 밀도가 클수록, 유역면적이 클수록 작아지고 유역평균우량이 클수록 커진다.

＋ 정확도
자기우량기록계＞보통우량계

6 강수자료의 조정(2중 누가우량 분석)

2중 누가우량 분석	특징
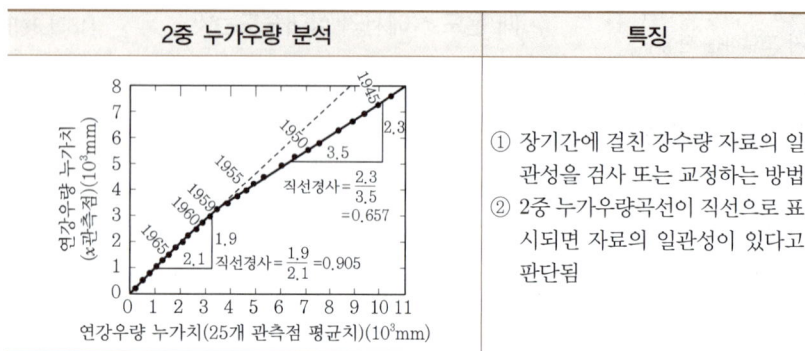	① 장기간에 걸친 강수량 자료의 일관성을 검사 또는 교정하는 방법 ② 2중 누가우량곡선이 직선으로 표시되면 자료의 일관성이 있다고 판단됨

＋ 일관성 검증
우량관측소의 관측방법 변화, 관측기기의 교체, 관측소의 이동 등

7 강수기록의 결측치 추정방법

구분	해설
산술 평균법	① 3개의 관측점 중 정상 연평균 강우량의 차가 10% 이내일 경우 ② $P_X = \dfrac{1}{3}(P_A + P_B + P_C)$ ③ P_A, P_B, P_C : 3개의 부근 관측점의 강수량
정상 연강수량 비율법	① 3개의 관측점 중 정상 연평균 강우량의 차가 10% 이상일 경우 ② $P_X = \dfrac{N_X}{3}\left(\dfrac{P_A}{N_A} + \dfrac{P_B}{N_B} + \dfrac{P_C}{N_C}\right)$ ③ P_A, P_B, P_C : 관측점의 연강수량
단순 비례법	결측치를 가진 관측점 부근에 다른 관측점이 1개일 때 사용

＋ 결측치 추정방법
관측소에서 관측자의 실수, 장비의 고장 등으로 일정 기간 관측을 못한 경우 인근 관측소의 자료를 이용하여 보완하는 것

- P_X : 결측점의 강수량
- N_A, N_B, N_C : 정상 연평균 강수량

※ 참고

강수기록의 결측치 추정방법	평균강우량 산정
• 산술평균법 • 정상 연강수량 비율법 • 단순비례법	• 산술평균법 • Thiessen의 가중법 • 등우선법

과년도 기출문제

01 누가우량곡선(Rainfall Mass Curve)의 특성으로 옳은 것은? [20년 3회]

① 누가우량곡선의 경사가 클수록 강우강도가 크다.
② 누가우량곡선의 경사는 지역에 관계없이 일정하다.
③ 누가우량곡선으로부터 일정기간 내의 강우량을 산출하는 것은 불가능하다.
④ 누가우량곡선은 자기우량기록에 의하여 작성하는 것보다 보통우량계의 기록에 의하여 작성하는 것이 더 정확하다.

[해설]

누가우량곡선의 경사가 클수록 강우강도가 크며, 보통우량계보다 자기우량기록이 더 정확하다.

02 2중 누가해석(Double Mass Analysis)에 관한 설명으로 옳은 것은? [15년 1회]

① 유역의 평균강우량 결정에 사용된다.
② 자료의 일관성을 조사하는 데 사용된다.
③ 구역별 적합한 강우강도 식의 산정에 사용된다.
④ 일부 결측된 강우기록을 보충하기 위하여 사용된다.

[해설]

2중 누가우량곡선(Double Mass Analysis)은 장기간에 걸친 강수량 자료의 일관성을 검증 또는 교정하는 방법

03 강우 자료의 일관성을 분석하기 위해 사용하는 방법은? [22년 1회]

① 합리식
② DAD 해석법
③ 누가우량곡선법
④ SCS(Soil Conservation Service) 방법

[해설]

2중 누가우량곡선의 특징
• 장기간에 걸친 강수량 자료의 일관성을 검사 또는 교정하는 방법이다.
• 2중 누가우량곡선이 직선으로 표시되면 자료의 일관성이 있다고 판단된다.

04 강우량 자료를 분석하는 방법 중 2중 누가곡선법에 대한 설명으로 옳은 것은? [17년 4회]

① 평균강수량을 산정하기 위하여 사용한다.
② 강수의 지속기간을 구하기 위하여 사용한다.
③ 결측자료를 보완하기 위하여 사용한다.
④ 강수량 자료의 일관성을 검증하기 위하여 사용한다.

[해설]

2중 누가우량분석
강수자료의 일관성 검증을 위해 실시하는 방법이다.

05 측정된 강우량 자료가 기상학적 원인 이외에 다른 영향을 받았는지의 여부를 판단하는, 즉 일관성(Consistency)에 대한 검사방법은? [18년 1회]

① 순간단위유량도법
② 합성단위유량도법
③ 2중 누가우량분석법
④ 선행강수지수법

[해설]

2중 누가우량분석은 강수자료의 일관성 검증을 위한 방법이다.

06 다음 중 강수 결측자료의 보완을 위한 추정방법이 아닌 것은?

① 단순비례법
② 2중 누가우량 분석법
③ 산술평균법
④ 정상 연강수량 비율법

[해설]

강우자료의 결측치 보완 추정방법에는 산술평균법, 정상 연강수량 비율법, 단순비례법 등이 있다.

정답 01 ① 02 ② 03 ③ 04 ④ 05 ③ 06 ②

08 수문학

8 평균강우량 산정

구분	식	특징
산술 평균법	$P_m = \dfrac{P_1 + P_2 + \cdots + P_N}{N}$	① 평야 지역에 적용 ② 약 500km² 미만의 유역 면적에 사용
Thissen의 가중법	$P_m = \dfrac{A_1 P_1 + A_2 P_2 + \cdots + A_N P_N}{A_1 + A_2 + \cdots + A_N}$	① 약 500~5,000km² 미만의 유역면적에 사용 ② 지형의 영향을 고려할 수 없는 단점 ③ 가중인자를 이용 ④ 관측소 간 우량변화를 선형으로 단순화한 방법
등우선법	$P_m = \dfrac{A_1 P_{1m} + A_2 P_{2m} + \cdots A_N P_{Nm}}{A_1 + A_2 + \cdots + A_N}$	① 강우에 대한 산악의 영향을 고려 ② 5,000km² 이상의 유역면적에 사용

- P_N : 강수량
  N : 관측점 총수
- P_N : 유역 내 강수량
  A_N : 관측점 지배면적
- P_m : 두 인접 등우선 간의 평균강우량(mm)

9 강수량 자료의 해석

구분	해설
강우강도(I)	단위시간에 내리는 강우량(mm/hr)
지속시간(t)(= 지속기간)	강우가 계속되는 시간(min)
생기빈도(재현기간)	임의의 강우량이 1회 이상 같거나 초과하는 데 소요되는 연수

- 강우지속시간(t)이 길수록 강우강도(I)는 작아진다(강우강도와 지속시간은 반비례).
- 강우강도와 지속시간의 관계는 지역에 따라 다르다.

10 평균우량깊이(D)-유역면적(A)-강우지속기간(D) 관계 해석

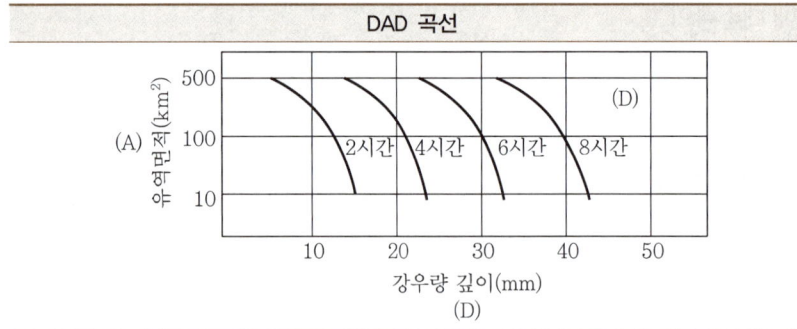

① 평균우량깊이(Depth) - 유역면적(Area) - 지속기간(Duration)
② 각종 크기의 유역면적(A)에 지속시간(D)이 다른 강우가 발생할 때 예상되는 최대강우량을 산정하는 것
③ 작성방법 : 반대수지에 작성(유역면적은 대수 축, 최대평균 우량은 산술 축)

DAD 곡선 해석(A-D의 관계)
① 유역면적이 커질수록 강우량 깊이는 작아짐
② 유역면적이 일정하면 지속시간이 커질수록 강우량 깊이가 커짐

DAD 작성순서
① 누가우량곡선으로부터 지속기간별 최대우량을 결정
② 소구역에 대한 평균누가우량을 결정한다.
③ 누가면적에 대한 평균누가유량을 산정한다.
④ 반대수지에 DAD 곡선을 작성한다.

최대가능강수량(PMP : Probable Maximum Precipitation)

정의	어떤 지역에서 생성될 수 있는 최악의 기상조건에서 발생 가능한 호우로 인한 최대강수량(설계기간 내 올 수 있는 가장 큰 강우)
특징	• 대규모 수공구조물을 설계할 때 기준으로 삼는 우량 • PMP로서 수공구조물의 크기(치수)를 결정한다.

과년도 기출문제

01 면적평균강수량 계산법에 관한 설명으로 옳은 것은? [15년 2회]

① 관측소의 수가 적은 산악지역에는 산술평균법이 적합하다.
② 티센망이나 등우선도 작성에 유역 밖의 관측소는 고려하지 말아야 한다.
③ 등우선도 작성에 지형도가 반드시 필요하다.
④ 티센 가중법은 관측소 간의 우량 변화를 선형으로 단순화한 것이다.

[해설]

Thiessen 가중법
- 관측소 간 우량 변화를 선형으로 단순화한 방법
- 유역면적이 500~5,000km²의 범위일 때 사용하는 평균 강우량 산정방법
- 지형의 영향을 고려할 수 없는 단점이 있다.

02 강우계의 관측분포가 균일한 평야지역의 작은 유역에 발생한 강우에 적합한 유역 평균강우량 산정법은? [17년 1회]

① Thiessen의 가중법 ② Talbot의 강도법
③ 산술평균법 ④ 등우선법

[해설]

산술평균법은 강우계의 관측분포가 균일한 평야지역에 적용한다.

03 Thiessen 다각형에서 각각의 면적이 20km², 30km², 50km²이고, 이에 대응하는 강우량이 각각 40mm, 30mm, 20mm일 때, 이 지역의 면적 평균 강우량은? [17년 4회]

① 25mm ② 27mm
③ 30mm ④ 32mm

[해설]

$$P_m = \frac{\sum_{i=1}^{N} A_i P_i}{\sum_{i=1}^{N} A_i}$$

$$= \frac{(20 \times 40) + (30 \times 30) + (50 \times 20)}{20 + 30 + 50}$$

$$= 27\text{mm}$$

04 다음 중 평균강우량 산정방법이 아닌 것은? [18년 2회]

① 각 관측점의 강우량을 산술평균하여 얻는다.
② 각 관측점의 지배면적을 가중인자로 잡아서 각 강우량에 곱하여 합산한 후 전 유역면적으로 나누어서 얻는다.
③ 각 등우선 간의 면적을 측정하고 전 유역면적에 대한 등우선 간의 면적을 등우선 간의 평균 강우량에 곱하여 이들을 합산하여 얻는다.
④ 각 관측점의 강우량을 크기순으로 나열하여 중앙에 위치한 값을 얻는다.

[해설]

유역의 평균우량 산정법
① 산술평균법 : 각 관측점의 강우량을 산술평균하여 구한다.
② Thiessen법 : 각 관측점의 지배면적을 가중인자로 잡아서 각 강우량에 곱하여 합산한 후 전 유역면적으로 나누어서 구한다.
③ 등우선법 : 각 등우선 간의 면적을 측정하고 전 유역면적에 대한 등우선 간의 면적을 등우선 간의 평균강우량에 곱하고 이들을 합산하여 구한다.

05 유역의 평균강우량 산정방법이 아닌 것은? [21년 2회]

① 등우선법 ② 기하평균법
③ 산술평균법 ④ Thiessen의 가중법

[해설]

평균강우량 산정방법
- 산술평균법
- 등우선법
- Thiessen의 가중법

정답 01 ④ 02 ③ 03 ② 04 ④ 05 ②

과년도 기출문제

06 그림과 같은 유역(12km×8km)의 평균강우량을 Thiessen 방법으로 구한 값은?(단, 작은 삼각형은 2km×2km의 정사각형으로서 모두 크기가 동일하다.) [20년 3회]

관측점	1	2	3	4
강우량(mm)	140	130	110	100

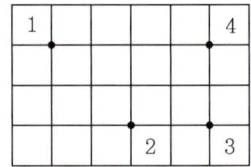

① 120mm ② 123mm
③ 125mm ④ 130mm

[해설]

평균강우량
$$= \frac{A_1P_1 + A_2P_2 + A_3P_3 + A_4P_4}{A_1 + A_2 + A_3 + A_4}$$
$$= \frac{(30 \times 140) + (28 \times 130) + (16 \times 110) + (22 \times 100)}{30 + 28 + 16 + 22}$$
$$= 123\text{mm}$$

07 강우강도(I), 지속시간(D), 생기빈도(F) 관계를 표현하는 식 $I = \dfrac{kT^x}{t^n}$ 에 대한 설명으로 틀린 것은? [21년 2회]

① k, x, n은 지역에 따라 다른 값을 가지는 상수이다.
② T는 강우의 생기빈도를 나타내는 연수(年數)로서 재현기간(년)을 의미한다.
③ t는 강우의 지속시간(min)으로서, 강우지속시간이 길수록 강우강도(I)는 커진다.
④ I는 단위시간에 내리는 강우량(mm/h)인 강우강도이며, 각종 수문학적 해석 및 설계에 필요하다.

[해설]

강우강도(I) $\propto \dfrac{1}{\text{지속시간}(t)}$

08 강우 강도 $I = \dfrac{5{,}000}{t+40}$ [mm/hr]로 표시되는 어느 도시에 있어서 20분간의 강우량 R_{20}은?(단, t의 단위는 분이다.) [20년 1회]

① 17.8mm ② 27.8mm
③ 37.8mm ④ 47.8mm

[해설]

- $I = \dfrac{5{,}000}{20+40} = 83.3\text{mm/hr}$
- $60 : 83.3 = 20 : x$
  ∴ $x = 27.8\text{mm}$

09 강우강도 공식에 관한 설명으로 틀린 것은? [20년 1회]

① 자기우량계의 우량자료로부터 결정되며, 지역에 무관하게 적용 가능하다.
② 도시지역의 우수관로, 고속도로 암거 등의 설계 시 기본 자료로서 널리 이용된다.
③ 강우강도가 커질수록 강우가 계속되는 시간은 일반적으로 작아지는 반비례 관계이다.
④ 강우강도(I)와 강우지속시간(D)과의 관계로서 Talbot, Sherman, Japanese형의 경험공식에 의해 표현될 수 있다.

[해설]

강우강도는 단위시간에 내리는 강우량(mm/hr)이며 지역에 따라 다르게 적용한다.

10 어떤 유역에 표와 같이 30분간 집중호우가 발생하였다면 지속시간 15분인 최대 강우강도는? [21년 1회]

시간(분)	0~5	5~10	10~15
우량(mm)	2	4	6

시간(분)	15~20	20~25	25~306
우량(mm)	4	8	6

① 50mm/h ② 64mm/h
③ 72mm/h ④ 80mm/h

정답 06 ② 07 ③ 08 ② 09 ① 10 ③

과년도 기출문제

[해설]

15분 : 18mm = 60분 : x

∴ $x = 72$mm/h

11 우량관측소에서 측정된 5분 단위 강우량 자료가 표와 같을 때 10분 지속 최대 강우강도는? [17년 1회]

시각(분)	0	5	10	15	20
누가우량(mm)	0	2	8	18	25

① 17mm/hr
② 48mm/hr
③ 102mm/hr
④ 120mm/hr

[해설]

시각(분)	0	5	10	15	20
우량(mm)	0	2	6	10	7

$I = (10+7) \times \dfrac{60}{10} = 102$mm/h

12 어떤 유역에 다음 표와 같이 30분간 집중호우가 계속되었을 때, 지속기간 15분인 최대강우강도는? [22년 2회]

시간(분)	우량(mm)
0~5	2
5~10	4
10~15	6
15~20	4
20~25	8
25~30	6

① 64mm/h
② 48mm/h
③ 72mm/h
④ 80mm/h

[해설]

15min : 18mm = 60min : x

$x = 72$mm/h

※ 18mm = 6+4+8 (최대)

13 어느 유역에 1시간 동안 계속되는 강우기록이 아래 표와 같을 때 10분 지속 최대강우강도는? [22년 1회]

시간(분)	0	0~10	10~20	20~30
우량(mm)	0	3.0	4.5	7.0

시간(분)	30~40	40~50	50~60
우량(mm)	6.0	4.5	6.0

① 5.1mm/h
② 7.0mm/h
③ 30.6mm/h
④ 42.0mm/h

[해설]

10min : 7mm = 60min : x

$x = 42.00$mm/h

14 강우강도 공식에 관한 설명으로 틀린 것은? [16년 4회]

① 강우강도(I)와 강우지속시간(D)의 관계로서 Talbot, Shermam, Japanese형의 경험공식에 의해 표현될 수 있다.
② 강우강도 공식은 자기우량계의 유량자료로부터 결정되며, 지역에 무관하게 적용 가능하다.
③ 도시지역의 우수거, 고속도로 암거 등의 설계 시에 기본자료로서 널리 이용된다.
④ 강우강도가 커질수록 강우가 계속되는 시간은 일반적으로 작아지는 반비례 관계이다.

[해설]

강우강도와 지속기간의 관계는 지역에 따라 다르다.

15 DAD 해석에 관한 내용으로 옳지 않은 것은? [20년 4회]

① DAD의 값은 유역에 따라 다르다.
② DAD 해석에서 누가우량곡선이 필요하다.
③ DAD 곡선은 대부분 반대수지로 표시된다.
④ DAD 관계에서 최대평균우량은 지속시간 및 유역 면적에 비례하여 증가한다.

정답 11 ③ 12 ③ 13 ④ 14 ② 15 ④

[해설]

DAD 해석

최대평균우량 ∝ $\frac{1}{A}$ ∝ 지속시간

16 DAD(Depth – Area – Duration) 해석에 관한 설명으로 옳은 것은? [17년 1회]

① 최대평균우량깊이, 유역면적, 강우강도와의 관계를 수립하는 작업이다.
② 유역면적을 대수 축(Logarithmic Scale)에, 최대평균강우량을 산술축(Arithmetic Scale)에 표시한다.
③ DAD 해석 시 상대습도 자료가 필요하다.
④ 유역면적과 증발산량과의 관계를 알 수 있다.

[해설]

면적을 대수 축에, 최대평균강우량을 산술 축에, 지속시간을 제3의 변수로 표기하는 방법이 DAD 해석이다.

17 DAD 해석에 관계되는 요소로 짝지어진 것은? [17년 2회]

① 강우깊이, 면적, 지속기간
② 적설량, 분포면적, 적설일수
③ 수심, 하천 단면적, 홍수기간
④ 강우량, 유수단면적, 최대수심

[해설]

DAD 해석의 구성요소는 강우량(강우깊이), 유역면적, 강우지속시간이다.

18 DAD 해석에 관련된 것으로 옳은 것은? [19년 3회]

① 수심 – 단면적 – 홍수기간
② 적설량 – 분포면적 – 적설일수
③ 강우깊이 – 유역면적 – 강우기간
④ 강우깊이 – 유수단면적 – 최대 수심

[해설]

DAD(Depth – Area – Duration) 해석
최대 평균 우량깊이 – 유역면적 – 강우지속시간의 관계를 규명하는 방법이다.

19 홍수유출에서 유역면적이 작으면 단시간의 강우에, 면적이 크면 장시간의 강우에 문제가 발생한다. 이와 같은 수문학적 인자 사이의 관계를 조사하는 DAD 해석에 필요 없는 인자는? [20년 3회]

① 강우량　　　② 유역면적
③ 증발산량　　④ 강우지속시간

[해설]

DAD 해석 시 필요인자
• 평균우량 깊이(D)
• 유역면적(A)
• 강우지속기간(D)

20 가능최대강수량(PMP)에 대한 설명으로 옳은 것은? [21년 3회]

① 홍수량 빈도해석에 사용된다.
② 강우량과 장기변동성향을 판단하는 데 사용된다.
③ 최대강우강도와 면적관계를 결정하는 데 사용된다.
④ 대규모 수공구조물의 설계홍수량을 결정하는 데 사용된다.

[해설]

최대가능강수량(PMP : Probable Maximum Precipitation)

정의	어떤 지역에서 생성될 수 있는 최악의 기상조건에서 발생 가능한 호우로 인한 최대강수량(설계기간 내 올 수 있는 가장 큰 강우)
특징	• 대규모 수공구조물을 설계할 때 기준으로 삼는 우량 • PMP로서 수공구조물의 크기(치수) 결정

정답 16 ② 17 ① 18 ③ 19 ③ 20 ④

과년도 기출문제

21 대규모 수공구조물의 설계우량으로 가장 적합한 것은? [19년 1회]

① 평균 면적우량
② 발생 가능 최대 강수량(PMP)
③ 기록상의 최대 우량
④ 재현기간 100년에 해당하는 강우량

[해설]

최대가능강수량(PMP : Probable Maximum Precipitation)

정의	어떤 지역에서 생성될 수 있는 최악의 기상조건에서 발생 가능한 호우로 인한 최대강수량(설계기간 내 올 수 있는 가장 큰 강우)
특징	• 대규모 수공구조물을 설계할 때 기준으로 삼는 우량 • PMP로서 수공구조물의 크기(치수)를 결정한다.

22 Darcy의 법칙에 대한 설명으로 옳지 않은 것은? [18년 1회]

① Darcy의 법칙은 지하수의 흐름에 대한 공식이다.
② 투수계수는 물의 점성계수에 따라서도 변화한다.
③ Reynolds 수가 클수록 안심하고 적용할 수 있다.
④ 평균유속이 동수경사와 비례관계를 가지고 있는 흐름에 적용될 수 있다.

[해설]

Darcy의 법칙은 정상류흐름에 층류에만 적용된다(특히, $R_e < 4$일 때 잘 적용된다).

23 대수층에서 지하수가 2.4m의 투과거리를 통과하면서 0.4m의 수두손실이 발생할 때 지하수의 유속은?(단, 투수계수=0.3m/s) [17년 1회]

① 0.01m/s
② 0.05m/s
③ 0.1m/s
④ 0.5m/s

[해설]

$Q = A \cdot V = A \cdot K \cdot I = A \cdot K \cdot \dfrac{h_L}{L}$

$\therefore V = K \cdot \dfrac{h_L}{L} = 0.3 \times \dfrac{0.4}{2.4} = 0.05 \text{m/s}$

24 여과량이 2m³/s, 동수경사가 0.2, 투수계수가 1cm/s일 때 필요한 여과지 면적은? [22년 1회]

① 1,000m²
② 1,500m²
③ 2,000m²
④ 2,500m²

[해설]

$Q = A \cdot V$

$A = \dfrac{Q}{V} = \dfrac{2}{K \cdot i} = \dfrac{2}{(1 \times 10^{-2}) \times 0.2} = 1,000 \text{m}^2$

정답 21 ② 22 ③ 23 ② 24 ①

08 수문학

11 저수지 증발량의 산정방법

증발량 산정방법	① 증발접시에 의한 방법 ② 물수지 방정식에 의한 방법(Water Budget) ③ 에너지 수지식(열수지법, Penman 이론법) ④ 경험공식에 의한 방법(Dalton의 법칙)

+ 증발산
지표면에 떨어진 강수량이 대기중으로 되돌아 가는 현상(증발＋승화＋증산)

증발에 영향을 주는 인자
- 온도
- 바람
- 상대습도
 (상대습도 증가 → 증발률 감소)
- 대기압
 (고도 증가 → 증발률 증가)
- 수질
 (불순물 증가 → 증발률 감소)

12 증발접시에 의한 방법으로 저수지 증발량 산정

증발접시계수	증발률(mm/day)	일 증발량(유입유량)
$\dfrac{저수지증발량}{접시증발량} < 1$	$\dfrac{일\ 증발량(m^3/day)}{수표면적(km^2)}$	증발률×수표 면적

- 땅속에 저류된 물과 지표하수는 태양이 방사하는 열에너지에 의해 증발된다.

+ 증발접시계수
증발접시 증발량에 대한 수표면의 실제 증발량의 비

13 침투와 침루

구분	내용
침투	중력과 모세관 현상에 의해 물이 흙 속으로 스며드는 현상
침루	토양면을 통해 스며든 물이 중력작용에 의하여 계속 지하로 이동하여 지하수면(불투수층)까지 도달하는 현상
침투능	① 토양면을 통해 물이 침투할 수 있는 최대비율 ② 단위는 (mm/hr, in/hr), 최대 침투율을 의미 ③ 침투능은 강우강도에 따라 변화함

+ 침투능의 지배인자
- 토양의 종류(침투능 : 모래＞점토)
- 다짐의 정도(침투능 : 비다짐＞다짐)
- 공극의 크기(침투능 : 큰 공극＞작은 공극)
- 함유수분(침투능 : 건조한 흙＞젖은 흙)
- 포화층의 두께(침투능 : 얇은 포화층＞두꺼운포화층)

14 토양의 침투능 결정방법

구분	해설
침투계에 의한 방법	소 유역에 실시함
침투모형(Model)에 의한 침투능 산정	Horton의 침투능
침투지수법(Index)에 의한 침투능 추정방법	ϕ – Index법
	w – Index법

+ Horton의 침투능곡선
시간에 따라 침투량이 변한다.

+ 침투지수법(Index)
시간에 따른 침투량 변화가 없다.

과년도 기출문제

01 면적 10km²인 저수지의 수면으로부터 2m 위에서 측정된 대기의 평균온도가 25℃, 상대습도가 65%, 풍속이 4m/s일 때 증발률이 1.44mm/day 이었다면 저수지 수면에서 일증발량은? [17년 4회]

① 9,360m³/day ② 3,600m³/day
③ 7,200m³/day ④ 14,400m³/day

[해설]

일증발량 = 수표면적 × 증발률
= $(10 \times 10^6) \times (1.44 \times 10^{-3}) = 14,400 m^3/day$

02 수표면적이 10km²인 저수지에서 24시간 동안 측정된 증발량이 2mm이며, 이 기간 동안 저수지 수위의 변화가 없었다면, 저수지로 유입된 유량은? (단, 저수지의 수표면적은 수심에 따라 변화하지 않음) [15년 1회]

① 0.23m³/s ② 2.32m³/s
③ 0.46m³/s ④ 4.63m³/s

[해설]

Q(일 증발량, 유입유량) = 증발률 × 수표면적
∴ $Q = (0.002/86,400) \times (10 \times 10^6) = 0.23 m^3/sec$

03 물의 순환과정인 증발에 관한 설명으로 옳지 않은 것은? [16년 2회]

① 증발량은 물수지방정식에 의하여 산정될 수 있다.
② 증발은 자유수면뿐만 아니라 식물의 엽면 등을 통하여 기화되는 모든 현상을 의미한다.
③ 증발접시계수는 저수지 증발량의 증발접시 증발량에 대한 비이다.
④ 증발량은 수면온도에 대한 공기의 포화증기압과 수면에서 일정 높이에서의 증기압의 차이에 비례한다.

[해설]

• 증발 : 자유수면으로부터 물이 대기 중으로 방출되는 현상
• 증산 : 식물의 엽면으로부터 대기 중으로 방출되는 현상

04 다음 중 증발에 영향을 미치는 인자가 아닌 것은? [19년 2회]

① 온도 ② 대기압
③ 통수능 ④ 상대습도

[해설]

증발에 영향을 주는 인자
• 온도
• 바람
• 상대습도(상대습도 증가 → 증발률 감소)
• 대기압(고도 증가 → 증발률 증가)
• 수질(불순물 증가 → 증발률 감소)

05 침투능(Infiltration Capacity)에 관한 설명으로 틀린 것은? [22년 2회]

① 침투능은 토양조건과는 무관하다
② 침투능은 강우강도에 따라 변화한다.
③ 일반적으로 단위는 mm/h 또는 in/h로 표시된다.
④ 어떤 토양면을 통해 물이 침투할 수 있는 최대율을 말한다.

[해설]

침투능은 토양의 종류에 따라 모래 > 점토이다.

06 수문에 관련한 용어에 대한 설명 중 옳지 않은 것은? [19년 1회]

① 침투란 토양면을 통해 스며든 물이 중력에 의해 계속 지하로 이동하여 불투수층까지 도달하는 것이다.
② 증산(Transpiration)이란 식물의 엽면(葉面)을 통해 물이 수증기의 형태로 대기 중에 방출되는 현상이다.
③ 강수(Precipitation)란 구름이 응축되어 지상으로 떨어지는 모든 형태의 수분을 총칭한다.
④ 증발이란 액체상태의 물이 기체상태의 수증기로 바뀌는 현상이다.

정답 01 ④ 02 ① 03 ② 04 ③ 05 ① 06 ①

과년도 기출문제

[해설]

구분	해설
침투	중력과 모세관 현상에 의해 물이 흙 속으로 스며드는 현상
침루	토양면을 통해 스며든 물이 중력작용에 의하여 계속 지하로 이동하여 지하수면(불투수층)까지 도달하는 현상

07 다음 중 토양의 침투능(Infiltration Capacity) 결정방법에 해당되지 않는 것은? [21년 3회]

① Philip 공식
② 침투계에 의한 실측법
③ 침투지수에 의한 방법
④ 물수지 원리에 의한 산정법

[해설]

④는 증발량 산정방법으로서 증발접시에 의한 방법, 물수지 방정식에 의한 방법, 에너지 수지법(Penman 이론), 경험공식(Dalton의 법칙) 등이 있다.

08 다음 중 토양의 침투능(Infiltration Capacity) 결정방법에 해당되지 않는 것은? [15년 2회]

① 침투계에 의한 실측법
② 경험공식에 의한 계산법
③ 침투지수에 의한 방법
④ 물수지 원리에 의한 산정법

[해설]

물수지 원리에 의한 산정법은 증발량 산정방법이다.

09 토양면을 통해 스며든 물이 중력의 영향 때문에 지하로 이동하여 지하수면까지 도달하는 현상은? [18년 1회]

① 침투(Infiltration)
② 침투능(Infiltration Capacity)
③ 침투율(Infiltration Rate)
④ 침루(Percolation)

[해설]

• 침투 : 토양면을 통해 물이 스며드는 현상
• 침루 : 스며든 물이 중력에 의해 지하수위까지 도달하는 현상

10 지하수의 흐름에서 상·하류 두 지점의 수두차가 1.6m이고, 두 지점의 수평거리가 480m인 경우, 대수층의 두께가 3.5m, 폭이 1.2m일 때의 지하수 유량은?(단, 투수계수 $k=208\text{m}/\text{day}$이다.) [15년 2회]

① $3.82\text{m}^3/\text{day}$ ② $2.91\text{m}^3/\text{day}$
③ $2.12\text{m}^3/\text{day}$ ④ $2.08\text{m}^3/\text{day}$

[해설]

$$Q = Av = A\,Ki = A\,K\frac{\Delta h}{L}$$
$$= (1.2 \times 3.5) \times 208 \times \frac{1.6}{480} = 2.91\text{m}^3/\text{day}$$

11 지하수의 투수계수에 관한 설명으로 틀린 것은? [18년 2회]

① 같은 종류의 토사라 할지라도 그 간극률에 따라 변한다.
② 흙입자의 구성, 지하수의 점성계수에 따라 변한다.
③ 지하수의 유량을 결정하는 데 사용된다.
④ 지역 특성에 따른 무차원 상수이다.

[해설]

투수계수는 지하수 유량을 결정하는 데 사용되며, 속도의 차원을 갖는다.

정답 07 ④ 08 ④ 09 ④ 10 ② 11 ④

과년도 기출문제

12 피압 대수층에 관한 설명으로 옳은 것은?

① 피압 대수층은 지하수면이 대기와 접하여 대기압만을 받는 대수층이다.
② 피압 대수층은 상부는 투수층으로 하부는 불투수층으로 구성되어 있다.
③ 피압 대수층은 상부와 하부가 불투수층으로 구성되어 있다.
④ 피압 대수층의 상부는 불투수층으로 하부는 투수층으로 구성되어 있다.

[해설]

피압 대수층은 상부와 하부가 불투수층으로 이루어진 사이를 지하수가 흐르고 있어 대기압보다 큰 압력으로 흐르는 대수층이다.

13 수리실험에서 점성력이 지배적인 힘이 될 때 사용할 수 있는 모형법칙은? [18년 3회]

① Reynolds 모형법칙
② Froude 모형법칙
③ Weber 모형법칙
④ Cauchy 모형법칙

[해설]

종류	특징
Reynolds의 상사법칙	점성력이 흐름을 주로 지배하고, 관수로 흐름의 경우에 적용
Froude의 상사법칙	중력이 흐름을 주로 지배하고, 개수로 흐름의 경우에 적용

정답 12 ③ 13 ①

08 수문학

15 침투지수법(Index)에 의한 유역의 평균 침투능 결정

구분	특징
ϕ-Index법	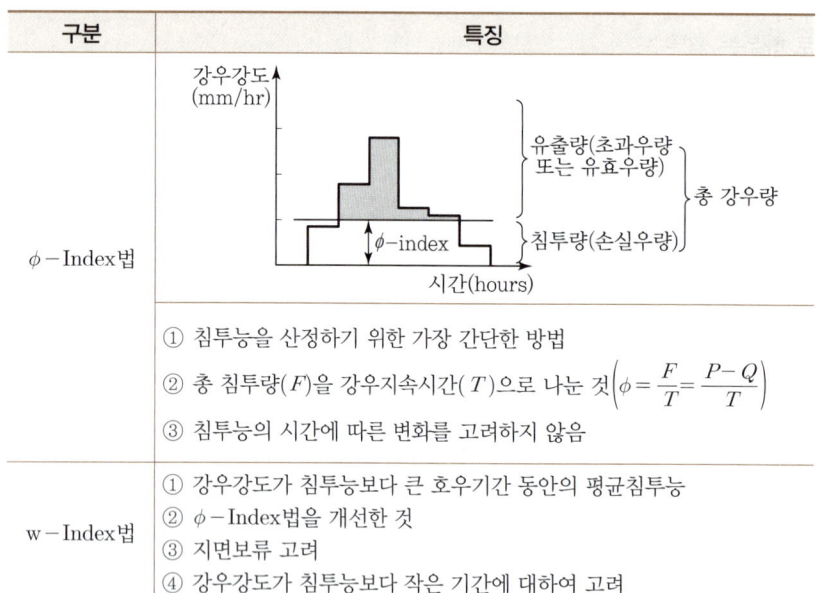 ① 침투능을 산정하기 위한 가장 간단한 방법 ② 총 침투량(F)을 강우지속시간(T)으로 나눈 것 $\left(\phi = \dfrac{F}{T} = \dfrac{P-Q}{T}\right)$ ③ 침투능의 시간에 따른 변화를 고려하지 않음
w-Index법	① 강우강도가 침투능보다 큰 호우기간 동안의 평균침투능 ② ϕ-Index법을 개선한 것 ③ 지면보류 고려 ④ 강우강도가 침투능보다 작은 기간에 대하여 고려

침투지수법
토양의 함유 수분이 대체로 크거나 호우의 강도가 크고 지속기간이 길어서 강우 초기에 침투율이 거의 일정한 경우에 적합

16 유출의 분류

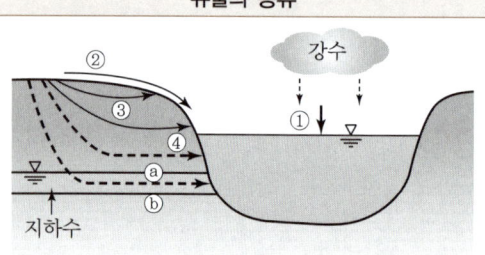

구분		설명
직접 유출 (유효 강우량)	① 수로상 강수	하천 위에 떨어지는 강수
	② 지표면 유출	지표면을 따라 하천으로 흘러가는 물로 홍수에 직접적인 영향을 미침
	③ 복류수 유출	침투된 물이 지표면으로 나와 지표면 유출과 합쳐지는 유출
	④ 조기지표하 유출	지표 상부 토층을 통해 단시간 내에 하천으로 유출
기저 유출	ⓐ 지연지표하 유출	상부 토층을 통해 장시간에 걸쳐 하천으로 유입되는 유출
	ⓑ 지하수 유출	지하수에 도달된 강우의 유출
총 유효우량		총 유효우량 = $\dfrac{\text{직접 유출의 총량}}{\text{유역면적}}$

• 강우량 중 일부는 침투, 침루, 증발, 증산, 차단, 저류되고 나머지는 유출된다.

유출
강수의 일부분이 지표상의 각종 수로에 도달하여 하천수를 형성하는 현상

직접 유출(유효강우량)
• 비가 내린 후 비교적 단시간 내 하천으로 흘러 들어가는 유출
• 지표면 유출 + 복류수 유출

기저 유출
• 비가 오기 전 건조 시 유출
• 장시간에 걸쳐 하천으로 유출

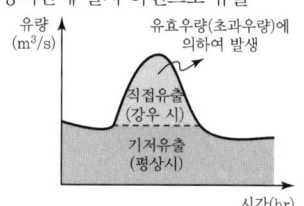

17 수위표에 의한 유량 산정

수위-유량 관계곡선(Rating-Curve)

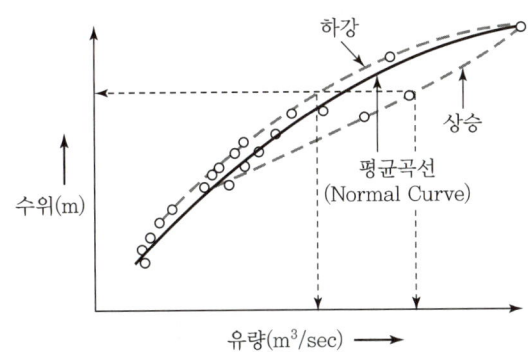

Rating-Curve 정의	수위-유량 관계식 Graph
수위표 지점에서 실측한 홍수위와 유량과의 관계식을 미리 작성하여 수위만 알면 홍수량을 산정할 수 있게 한 것	① 같은 유량이라도 홍수위는 하강 시가 상승 시보다 높다. ② 같은 수위라도 상승 시가 하강 시보다 홍수량이 크다.

+ Rating-Curve
- 한강대교 수위-유량 관계곡선식
  $Q = 781.03(H-0.3)^{1.601}$
- 관측수위가 2.0m이면
  $Q = 781.03(2-0.3)^{1.601}$
  $= 781.03(2-0.3)^{1.601}$
  $= 1,826 \text{m}^3/\text{sec}$

18 수위-유량 관계곡선이 Loop형인 이유

수위-유량 관계곡선이 Loop형인 이유는?
(같은 수위라도 홍수 상승 시와 하강 시 유량이 같지 않은 이유)

① 준설, 세굴, 퇴적, 식생 등 하도의 인위적, 자연적 변화 때문에
② 배수 및 저하효과, 홍수 시 수위의 급상승 및 급강하 때문에

+ 유량빈도곡선(유량지속곡선)
- 유량 빈도 곡선의 경사가 급경사 : 홍수가 빈번, 지하수의 하천방출이 미소
- 유량 빈도 곡선의 경사가 완경사 : 홍수가 드물고 지하수의 하천 방출이 큼

19 수위-유량 관계곡선(Rating Curve)의 연장

수위-유량 관계곡선을 연장하는 이유	rating curve 연장방법
대부분 Rating-Curve는 유량측정 후 작성된 것으로 고유량에 대한 자료가 필요하고 실무에서 작성된 Rating-Curve를 고유량까지 연장하여야 하기 때문	① 전대수지법 ② Stevens 방법 ③ Manning 공식

과년도 기출문제

01 어떤 유역에 70mm의 강우량이 그림과 같은 분포로 내렸을 때 유역의 직접 유출량이 30mm이었다면 이때의 ϕ-Index는? [15년 1회]

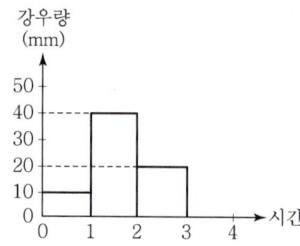

① 10mm/h ② 12.5mm/h
③ 15mm/h ④ 20mm/h

[해설]
- 종좌표의 15mm에서 계산하면
- 총강우량 − 유출량 = 침투량
  $(40-25)+(20-5)=30\text{mm}$
∴ ϕ-index = 15mm/hr 이다.

02 유역면적이 2km²인 어느 유역에 다음과 같은 강우가 있었다. 직접 유출용적이 140,000m³일 때, 이 유역에서의 ϕ-Index는? [20년 4회]

시간(30min)	1	2	3	4
강우강도(mm/h)	102	51	152	127

① 36.5mm/h ② 51.0mm/h
③ 73.0mm/h ④ 80.3mm/h

[해설]
- 직접 유출량 = $\dfrac{Q}{A} = \dfrac{140{,}000\text{m}^3}{2\text{km}^2} \times \dfrac{100^3 \times 10^3}{1{,}000^2 \times 100^2 \times 10^2}$

  $= 70\text{mm}(30\text{min}) \rightarrow 140\text{mm}(\text{hr})$
- $\phi = 80.3\text{mm/h}$

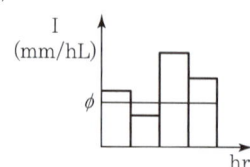

03 1시간 간격의 강우량이 15.2mm, 25.4mm, 20.3mm, 7.6mm이고, 지표 유출량이 47.9mm일 때 ϕ-Index는? [17년 2회]

① 5.15mm/hr ② 2.58mm/hr
③ 6.25mm/hr ④ 4.25mm/hr

[해설]
ϕ-Index의 산정
- 총 강우량 = 15.2 + 25.4 + 20.3 + 7.6 = 68.5mm
- 침투량 = 68.5 − 47.9 = 20.6mm
∴ ϕ-index = $\dfrac{20.6}{4}$ = 5.15mm/hr

04 어떤 유역에 내린 호우사상의 시간적 분포가 표와 같고 유역의 출구에서 측정한 지표유출량이 15mm일 때 ϕ-지표는? [17년 1회]

시간(hr)	0~1	1~2	2~3	3~4	4~5	5~6
강우강도(mm/hr)	2	10	6	8	2	1

① 2mm/hr ② 3mm/hr
③ 5mm/hr ④ 7mm/hr

[해설]
총강우량은 2 + 10 + 6 + 8 + 2 + 1 = 29mm이고, 이 중 15mm가 유출되었으므로 14mm가 침투량이다.
$(10-3)+(6-3)+(8-3)=15\text{mm}$
∴ ϕ-Index = 3mm/hr이다.

05 다음 설명 중 기저 유출에 해당되는 것은? [16년 2회]

- 유출은 유수의 생기원천에 따라 (A) 지표면 유출, (B) 지표하(중간) 유출, (C) 지하수 유출로 분류되며, 지표하 유출은 (B₁) 조기 지표하 유출(Prompt Subsurface Runoff), (B₂) 지연 지표하 유출(Delayed Subsurface Runoff)로 구성된다.
- 또한 실용적인 유출해석을 위해 하천수로를 통한 총 유출은 직접 유출과 기저 유출로 분류된다.

① (A)+(B)+(C) ② (B)+(C)
③ (A)+(B₁) ④ (C)+(B₂)

정답 01 ③ 02 ④ 03 ① 04 ② 05 ④

과년도 기출문제

[해설]

구분	종류
직접 유출	수로상 강수
	지표면 유출
	복류수 유출
	조기 지표하 유출
기저 유출	지연 지표하 유출
	지하수 유출

06 유출(Runoff)에 대한 설명으로 옳지 않은 것은?
[19년 1회]

① 비가 오기 전의 유출을 기저 유출이라 한다.
② 우량은 별도의 손실 없이 그 전량이 하천으로 유출된다.
③ 일정기간에 하천으로 유출되는 수량의 합을 유출량이라 한다.
④ 유출량과 그 기간의 강수량과의 비(比)를 유출계수 또는 유출률이라 한다.

[해설]
우량은 침투, 침루, 증발, 증산, 차단, 저류 후 하천으로 유출된다.

07 다음 중 직접 유출량에 포함되는 것은? [18년 3회]

① 지체지표하 유출량 ② 지하수 유출량
③ 기저 유출량 ④ 조기지표하 유출량

[해설]
직접 유출은 비교적 단시간에 발생된 유출을 말하며, 지표면 유출과 조기지표하 유출로 구성된다.

08 다음 중 유효강우량과 가장 관계가 깊은 것은?
[18년 2회]

① 직접 유출량 ② 기저 유출량
③ 지표면 유출량 ④ 지표하 유출량

[해설]
유효강우량과 가장 관계가 깊은 것은 직접 유출이다.

09 유효강수량과 가장 관계가 깊은 유출량은?
[16년 4회]

① 지표하 유출량 ② 직접 유출량
③ 지표면 유출량 ④ 기저 유출량

[해설]
유효강수량은 지표면 유출과 복류수 유출을 합한 직접 유출에 해당하는 강수량이다.

10 유출(流出)에 대한 설명으로 옳지 않은 것은?
[20년 4회]

① 총유출은 통상 직접 유출(Direct Run Off)과 기저 유출(Base Flow)로 분류된다.
② 하천에 도달하기 전에 지표면 위로 흐르는 유수를 지표유하수(Overland Flow)라 한다.
③ 하천에 도달한 후 다른 성분의 유출수와 합친 유수량을 총 유출수(Total Flow)라 한다.
④ 지하수 유출은 토양을 침투한 물이 침투하여 지하수를 형성하나 총 유출량에는 고려하지 않는다.

[해설]
• 총 유출 = 직접 유출 + 기저 유출
• 기저 유출(지하수 유출, 지연지표하 유출)

11 유출(流出)에 대한 설명으로 옳지 않은 것은?
[15년 2회]

① 비가 오기 전의 유출을 기저 유출이라 한다.
② 강우량은 그 전량이 하천으로 유출된다.
③ 일정기간에 하천으로 유출되는 수량의 합을 유출량(流出量)이라 한다.
④ 유출량과 그 기간의 강수량과의 비(比)를 유출계수 또는 유출률(流出率)이라 한다.

정답 06 ② 07 ④ 08 ① 09 ② 10 ④ 11 ②

과년도 기출문제

[해설]
강우량 중 일부는 침투, 침루, 증발, 증산, 차단, 저류되고 나머지는 유출된다.

12 하천유출에서 Rating Curve는 무엇과 관련된 것인가?

① 수위 – 시간 ② 수위 – 유량
③ 수위 – 단면적 ④ 수위 – 유속

[해설]
하천유출에서 수위 – 유량 관계곡선을 Rating Curve라고 정의한다.

13 수위 – 유량 관계곡선의 연장방법이 아닌 것은?

① 전대수지법
② Stevens 방법
③ Manning 공식에 의한 방법
④ 유량 빈도 곡선법

[해설]
수위 – 유량 관계곡선(Rating Curve)은 관측점이 위치한 하천에서의 수위와 유량과의 관계곡선이며, 연장방법으로는 전대수지법, Stevens법, Manning 공식에 의한 방법 등이 있다.

14 자연하천에서 수위-유량관계곡선이 Loop형을 이루게 되는 이유가 아닌 것은?   [15년 1회]

① 배수 및 저수효과
② 하도의 인공적 변화
③ 홍수 시 수위의 급변화
④ 조류 발생

[해설]
수위 유량 관계곡선이 Loop형인 이유(같은 수위라도 홍수상승시와 하강시 유량이 같지 않은 이유)
• 준설, 세굴, 퇴적, 식생 등 하도의 인위적, 자연적 변화
• 배수 및 저하효과, 홍수 시 수위의 급상승 및 급강하

15 수위-유량 관계곡선의 연장방법이 아닌 것은?   [15년 2회]

① 전대수지법
② Stevens 방법
③ Manning 공식에 의한 방법
④ 유량 빈도 곡선법

[해설]
수위 – 유량 관계곡선(Rating Curve)의 연장방법
• 전대수지법
• Stevens법
• Manning 공식에 의한 방법

16 하상계수(河狀係數)에 대한 설명으로 옳은 것은?   [16년 1회]

① 대하천의 주요 지점에서의 강우량과 저수량의 비
② 대하천의 주요 지점에서의 최소유량과 최대유량의 비
③ 대하천의 주요 지점에서의 홍수량과 하천유지유량의 비
④ 대하천의 주요 지점에서의 최소유량과 갈수량의 비

[해설]
하상계수 = $\dfrac{\text{최대유량}}{\text{최소유량}}$

17 자연하천의 특성을 표현할 때 이용되는 하상계수에 대한 설명으로 옳은 것은?   [15년 4회]

① 홍수 전과 홍수 후의 하상 변화량의 비를 말한다.
② 최심하상고와 평형하상고의 비이다.
③ 개수 전과 개수 후의 수심 변화량의 비를 말한다.
④ 최대유량과 최소유량의 비를 나타낸다.

[해설]
하상계수 = $\dfrac{\text{최대유량}}{\text{최소유량}}$

정답 12 ② 13 ④ 14 ④ 15 ④ 16 ② 17 ④

과년도 기출문제

18 누가우량곡선(Rainfall Mass Curve)의 특성으로 옳은 것은? [15년 4회]

① 누가우량곡선은 자기우량기록에 의하여 작성하는 것보다 보통우량계의 기록에 의하여 작성하는 것이 더 정확하다.
② 누가우량곡선으로부터 일정기간 내의 강우량을 산출하는 것은 불가능하다.
③ 누가우량곡선의 경사는 지역에 관계없이 일정하다.
④ 누가우량곡선의 경사가 클수록 강우강도가 크다.

[해설]

누가우량곡선은 자기우량계에 의해 관측점별로 누가우량의 시간적 변화를 기록한 것으로, 누가우량곡선의 경사가 클수록 강우강도는 커진다.

정답 18 ④

08 수문학

20 수문곡선(Q-t Curve)

모식도	수문곡선 구성
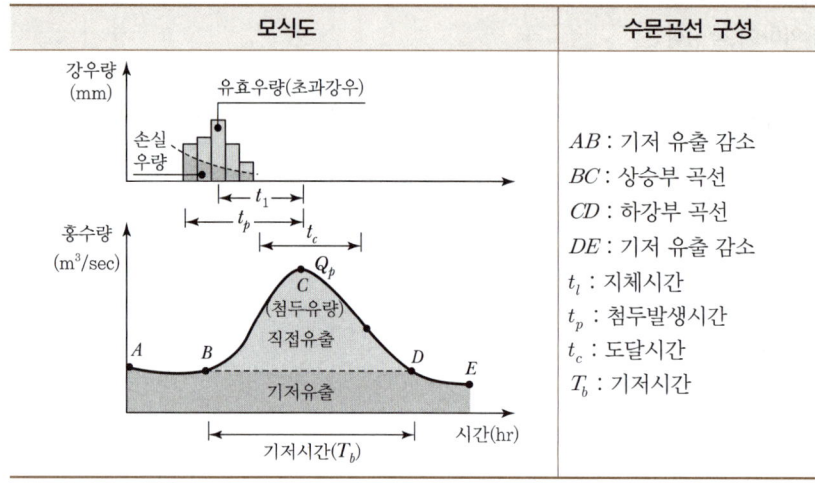	AB : 기저 유출 감소 BC : 상승부 곡선 CD : 하강부 곡선 DE : 기저 유출 감소 t_l : 지체시간 t_p : 첨두발생시간 t_c : 도달시간 T_b : 기저시간

수문곡선
- 유량의 시간에 대한 변화를 나타내는 곡선(Q-t Curve)이다.
- 초기에는 지하수에 의한 기저 유출만이 하천에 존재한다.
- 표면유출은 점차적으로 수문곡선을 상승시킨다.

21 수문곡선의 구성

구분	내용
지체시간(t_l)	유효우량 주상도의 중심점에서 첨두유량(C점)까지의 시간
첨두(발생) 시간(t_p)	유효우량의 시작부터 첨두유량(C점)까지의 시간
도달시간(t_c)	• 유효우량이 끝나는 시간부터 감속곡선상의 변곡점까지의 시간 • 강수가 최상류에서 하구까지 도달하는 시간 → 합리식 적용 시
기저시간(T_b)	직접 유출의 시작부터 끝까지 걸리는 시간(B-D)

지체시간
Lag Time : t_l

첨두발생시간
Time Of Peak : t_p

도달시간
Time Of Concentration : t_c

기저시간
Time Base : T_b

22 호우조건 및 토양수분 미흡량에 따른 구성양상

구분	내용
$I<f,\ F<M$	① 지표유출 없고 수로상 강수만 유출 ② 중간·지하 유출 없음
$I<f,\ F>M$	① 지표 유출 없고 수로상 강수 유출 ② 중간·지하 유출 발생(지하수위 상승)
$I>f,\ F<M$	① 지표유출 및 수로상 강수 유출 ② 중간·지하 유출 없음(지하수위가 상승하지 않음)
$I>f,\ F>M$	① 모든 유출 발생 ② 대규모 호우로 인한 호우 시 발생 ③ 중간유출과 지하수유출이 시작되며 강수와 함께 수문곡선을 그릴 수 있는 조건

23 수문곡선의 분리(직접 유출과 기저 유출의 분리)

구분	모식도
지하수 감수곡선법	
(a) 수평직선 분리법	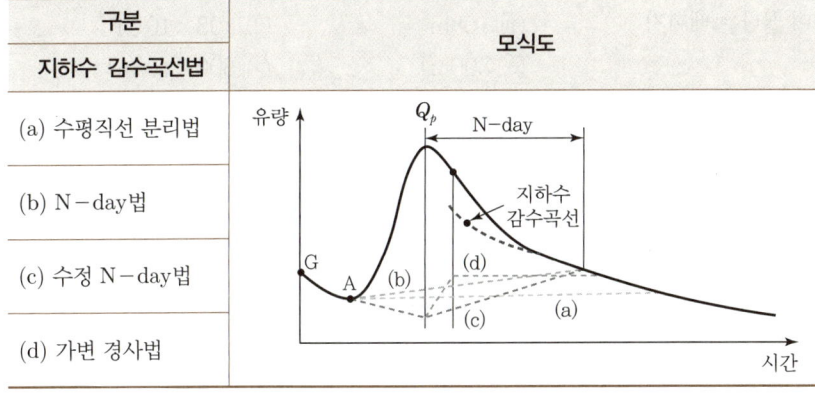
(b) N-day법	
(c) 수정 N-day법	
(d) 가변 경사법	

확률분포형의 매개변수를 추정하는 방법
- 모멘트법
- 최우도법
- 확률가중모멘트법
- L-모멘트법

과년도 기출문제

01 수문곡선 중 기저시간의 정의로 가장 옳은 것은?

① 수문곡선의 상승시점에서 첨두까지의 시간폭
② 강우중심에서 첨두까지의 시간폭
③ 유출구에서 유역의 수리학적으로 가장 먼 지점의 물입자가 유출구까지 유하하는 데 소요되는 시간
④ 직접 유출이 시작되는 시간에서 끝나는 시간까지의 시간폭

[해설]
수문곡선에서 기저시간은 수문곡선의 상승기점인 직접 유출이 시작되는 지점에서 끝나는 지점까지의 시간폭이다.

02 수문곡선에 있어서 지체시간에 대한 설명 중 옳은 것은?

① 직접 유출의 시작점부터 첨두유출이 생기는 데까지의 시간
② 직접 유출의 시작점인 직접 유출이 끝나는 데까지의 시간
③ 유효강우주상도의 중심부터 첨두유출이 생기는 데까지의 시간
④ 유효강우주상도의 중심부터 직접 유출이 끝나는 데까지의 시간

[해설]
수문곡선에서 지체시간(Lag Time)은 유효우량주상도의 중심에서 첨두유출(Peak Flow)이 발생하는 곳까지의 시간이다.

03 수문곡선에서 시간 매개변수에 대한 정의 중 틀린 것은? [15년 4회]

① 첨두시간은 수문곡선의 상승부 변곡점부터 첨두유량이 발생하는 시각까지의 시간차이다.
② 지체시간은 유효우량주상도의 중심에서 첨두유량이 발생하는 시각까지의 시간차이다.
③ 도달시간은 유효우량이 끝나는 시각에서 수문곡선의 감수부 변곡점까지의 시간차이다.
④ 기저시간은 직접 유출이 시작되는 시각에서 끝나는 시각까지의 시간차이다.

[해설]
첨두시간은 유효우량의 시작부터 첨두유량까지의 시간

04 유역면적 20km² 지역에서 수공구조물의 축조를 위해 다음 아래의 수문곡선을 얻었을 때, 총 유출량은? [20년 1회]

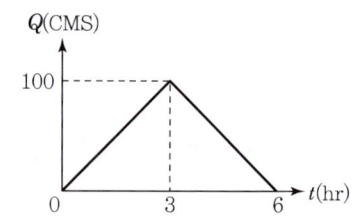

① 108m^3
② $108 \times 10^4 \text{m}^3$
③ 300m^3
④ $300 \times 10^4 \text{m}^3$

[해설]
총 유출량 $= \dfrac{(6\text{hr} \times 60 \times 60) \times 100\text{m}^3/\text{s}}{2} = 108 \times 10^4 \text{m}^3$

05 다음 중에서 차원이 다른 것은? [17년 4회]

① 증발량 ② 침투율
③ 강우강도 ④ 유출량

[해설]

물리량	단위	차원
증발량	mm/day	LT^{-1}
침투율	mm/hr	LT^{-1}
강우강도	mm/hr	LT^{-1}
유출량	m³/sec	L^3T^{-1}

정답 01 ④ 02 ③ 03 ① 04 ② 05 ④

과년도 기출문제

토목 / 기 사 / 필 기

06 강우강도를 I, 침투능을 f, 총 침투량을 F, 토양 수분 미흡량을 D라 할 때, 지표유출은 발생하나 지하수위는 상승하지 않는 경우에 대한 조건식은? [19년 3회]

① $I < f$, $F < D$ ② $I < f$, $F > D$
③ $I > f$, $F < D$ ④ $I > f$, $F > D$

[해설]

- 지표유출 발생 : $I > f$
- 지하수위가 상승하지 않는 경우 : $F < M$

07 수문자료 해석에 사용되는 확률분포형의 매개변수를 추정하는 방법이 아닌 것은? [22년 1회]

① 모멘트법(Method of Moments)
② 회선적분법(Convolution Intergral Method)
③ 최우도법(Method of Maximum Likelihood)
④ 확률가중도모멘트법(Method of Probability Weighted Moments)

08 단순 수문곡선의 분리방법이 아닌 것은? [19년 3회]

① N-day법
② S-Curve법
③ 수평직선 분리법
④ 지하수 감수곡선법

[해설]

S-Curve법은 단위도의 지속시간을 변경시킬 때 사용하는 방법이다.

정답 06 ③ 07 ② 08 ②

08 수문학

24 단위도(단위유량도)

단위도(단위유량도) 정의	단위도 작성 시 필요사항
① 단위 유효우량으로 인해 발생하는 직접 유출의 수문곡선 ② 유효강우 1cm(10mm)로 인한 우량 ③ 직접 유출의 근원이 되는 유량 [기저 유출(유량)은 미포함]	① 직접 유출량 ② 유역면적 ③ 유효우량의 강우지속시간(특정 단위시간)

+ 단위유량도에서 강우자료를 유효우량으로 쓰게 되는 이유는?
직접 유출의 근원이 되는 우량이기 때문에

단위 유량도
- 강우지속기간 동안 강우강도의 변화가 가급적 일정한 분포를 택한다.
- 단시간 지속시간의 단일 호우사상을 선택하여 대유역 면적에 적용

- 단위도의 특정 단위시간은 강우 지속시간을 의미한다(1시간을 의미하지 않는다).

- 동일 기저시간을 가진 모든 직접 유출 수문곡선의 종거들은 각 수문곡선에 의하여 주어진 총 직접 유출 수문곡선에 비례하여야 한다.

25 단위도(단위유량도)의 3대 가정

구분	내용	모식도
일정 기저시간 가정	유효우량의 지속시간만 일정하면 강우강도와 관계없이 기저시간은 일정함	
비례 가정	유효우량의 강우강도가 변하면 유출수문곡선 종거도 비례하며 변함 (강우에 대한 반응은 선형)	
중첩 가정	일정기간 동안 균일한 강도를 가진 유효우량에 의한 총 직접 유출량은 개개의 유효우량에 의한 유출량을 산술적으로 합한 것과 같음	

26 유효우량과 직접 유출 수문 Graph와의 관계

직접 유출면적(Q)	모식도
$Q = I \times A \quad \therefore I = \dfrac{Q}{A}$ • $Q(\mathrm{m^3/sec})$ • $I(\mathrm{mm/hr})$ • $A(\mathrm{km^2})$ 유효강우강도(I)에 유역면적(A)을 곱하면 직접 유출 수문곡선의 면적과 같음	

27 단위도(단위유량도) 지속시간 변경

단위도 지속시간 변경 이유	지속시간 변경 방법
강우자료의 지속시간과 일치시키기 위해	① 정배수 방법(지체-중첩방법) : 정수배로 늘릴 때 ② S-곡선 방법 : 지속시간을 길게 또는 짧게 할 때

첨두유량(Q)

$Q = q \times U$

여기서, $q(t$시간 동안 유량)
U(첨두유량의 종거)

28 S-curve Method(S-곡선 방법)

내용	S-curve 형상지배인자
① 단위도의 지속시간을 변경시킬 때 사용되는 방법 ② 긴 지속기간을 가진 단위도로부터 짧은 지속기간을 가진 단위도를 유도할 때 사용	① 단위도의 지속시간 ② 평형 유출량 ③ 직접 유출 수문곡선

29 합성(종합) 단위도

합성 단위(유량)도	종류
강우유출 자료가 없는 지역에서 유역 및 하천 특성인자만을 이용하여 미계측 유역에서 경험적으로 단위도를 구하는 방법	① Snyder 합성 단위도 ② NRCS(구 SCS) 합성 단위도 ③ Nakayasu 합성 단위도 ④ Clark 합성 단위도(실무에서 가장 많이 적용)

SCS

- 유출량 자료가 없는 경우에 유역의 토양 특성과 식생 피복상태 등에 대한 상세한 자료만으로도 총 우량으로부터 유효우량을 산정할 수 있는 방법
- 투수성 지역의 유출곡선 지수는 불투수성 지역의 유출곡선 지수보다 작은 값을 갖음

30 합성 단위도의 인자

합성 단위도를 결정하는 주요 인자	지체시간(t_l)에 영향을 주는 인자
(강우량, 유량(Q), 지체시간(t_l), Q_p, 기저시간(T_b), 시간 그래프)	(유역 모식도: 상류 C, 유역 중심, 본류하천 B, 하류 A, 분수계)
• 기저시간(T_b) • 지체시간(t_l) • 첨두유량(Q_p)	• L_c : 유역 중심까지의 하천길이 • L_k : 유역 경계까지의 하천길이 • C_t : 유역평균경사에 따른 계수

유역의 지체시간(t_l)

$t_l = C_t(L_c \cdot L_k)$

합성단위유량도의 매개변수

- 지체시간 : $t_p = c_t(L_{ca} \cdot L)^{0.3}$
- 첨두유량 : $Q_p = C_p \dfrac{640A}{t_p}$
- 기저시간 : $T = 3 + 3\left(\dfrac{t_p}{24}\right)$

과년도 기출문제

01 단위유량도(Unit Hydrograph)에서 강우자료를 유효우량으로 쓰게 되는 이유는? [15년 1회]

① 기저 유출이 포함되어 있기 때문에
② 손실우량을 산정할 수 없기 때문에
③ 직접 유출의 근원이 되는 우량이기 때문에
④ 대상유역 내 균일하게 분포하는 것으로 볼 수 있기 때문에

[해설]
단위유량도(단위도)란 특정 단위시간 동안 균일한 강도로 유역 전반에 걸쳐 균등하게 내린 단위 유효우량으로 인하여 발생되는 직접 유출의 수문곡선이다.

02 단위유량도(Unit Hydrograph)를 작성함에 있어서 주요 기본가정(또는 원리)으로만 짝지어진 것은? [21년 2회]

① 비례 가정, 중첩 가정, 직접 유출의 가정
② 비례 가정, 중첩 가정, 일정 기저시간의 가정
③ 일정 기저시간의 가정, 직접 유출의 가정, 비례 가정
④ 직접 유출의 가정, 일정 기저시간의 가정, 중첩 가정

[해설]
단위유량도 작성 시 기본가정
• 비례 가정
• 중첩 가정
• 일정기저시간의 가정

03 단위유량도(Unit hydrograph)를 작성함에 있어서 기본 가정에 해당되지 않는 것은? [19년 3회]

① 비례 가정
② 중첩 가정
③ 직접 유출의 가정
④ 일정 기저시간의 가정

[해설]
단위도(단위유량도) 3대 가정
• 일정 기저시간의 가정
• 비례 가정
• 중첩 가정

04 단위유량도에 대한 설명 중 틀린 것은? [16년 2회]

① 일정기저시간가정, 비례가정, 중첩가정은 단위도의 3대 기본가정이다.
② 단위도의 정의에서 특정 단위시간은 1시간을 의미한다.
③ 단위도의 정의에서 단위 유효우량은 유역 전 면적상의 등가우량 깊이로 측정되는 특정량의 우량을 의미한다.
④ 단위 유효우량은 유출량의 형태로 단위도상에 표시되며, 단위도 아래의 면적은 부피의 차원을 가진다.

[해설]
단위도의 특정 단위시간은 강우지속시간을 나타낸다.

05 단위유량도에 대한 설명으로 틀린 것은? [22년 2회]

① 단위유량도의 정의에서 특정 단위시간은 1시간을 의미한다.
② 일정기저시간가정, 비례가정, 중첩가정은 단위유량도의 3대 기본가정이다.
③ 단위유량도의 정의에서 단위유효우량은 유역 전 면적상의 등가우량 깊이로 측정되는 특정량의 우량을 의미한다.
④ 단위유효우량은 유출량의 형태로 단위유량도상에 표시되며, 단위유량도 아래의 면적은 부피의 차원을 가진다.

[해설]
단위도의 특정 단위시간은 강우지속시간을 의미한다.

정답 01 ③ 02 ② 03 ③ 04 ② 05 ①

과년도 기출문제

06 단위유량도 작성 시 필요 없는 사항은? [17년 1회]

① 유효우량의 지속시간
② 직접 유출량
③ 유역면적
④ 투수계수

[해설]

단위도의 구성요소
- 직접 유출량
- 유효우량 지속시간
- 유역면적

07 단위유량도 이론에서 사용하고 있는 기본가정이 아닌 것은? [21년 1회]

① 비례 가정
② 중첩 가정
③ 푸아송 분포 가정
④ 일정 기저시간 가정

[해설]

단위도 작성 시 세 가지 기본가정은 일정 기저시간 가정, 중첩 가정, 비례 가정이다.

08 단위도(단위 유량도)에 대한 설명으로 옳지 않은 것은? [19년 1회]

① 단위도의 3가지 가정은 일정기저시간 가정, 비례 가정, 중첩 가정이다.
② 단위도는 기저유량과 직접 유출량을 포함하는 수문곡선이다.
③ S-Curve를 이용하여 단위도의 단위시간을 변경할 수 있다.
④ Snyder는 합성단위도법을 연구 발표하였다.

[해설]

단위도는 직접 유출의 수문곡선이다.
(기저 유출은 미포함한다.)

09 단위유량도 이론의 가정에 대한 설명으로 옳지 않은 것은? [18년 3회]

① 초과강우는 유효지속기간 동안에 일정한 강도를 가진다.
② 초과강우는 전 유역에 걸쳐서 균등하게 분포된다.
③ 주어진 지속기간의 초과 강우로부터 발생된 직접 유출수문곡선의 기저시간은 일정하다.
④ 동일한 기저시간을 가진 모든 직접 유출 수문곡선의 종거들은 각 수문곡선에 의하여 주어진 총 직접 유출 수문곡선에 반비례한다.

[해설]

동일 기저시간을 가진 모든 직접 유출 수문곡선의 종거들은 각 수문곡선에 의하여 주어진 총 직접 유출 수문곡선에 비례하여야 한다.

10 다음 중 합성 단위유량도를 작성할 때 필요한 자료는? [15년 4회]

① 우량 주상도
② 유역 면적
③ 직접 유출량
④ 강우의 공간적 분포

[해설]

합성단위유량도의 매개변수
- 지체시간 : $t_p = c_t(L_{ca} \cdot L)^{0.3}$
- 첨두유량 : $Q_p = C_p \dfrac{640A}{t_p}$
- 기저시간 : $T = 3 + 3\left(\dfrac{t_p}{24}\right)$

11 합성 단위유량도의 모양을 결정하는 인자가 아닌 것은? [16년 1회]

① 기저시간
② 첨두유량
③ 지체시간
④ 강우강도

[해설]

합성 단위도 결정인자
- 기저시간(T)
- 지체시간(t_p)
- 첨두홍수량(Q_p)

정답 06 ④ 07 ③ 08 ② 09 ④ 10 ② 11 ④

과년도 기출문제

12 미계측 유역에 대한 단위유량도의 합성방법이 아닌 것은? [19년 2회]

① SCS 방법 ② Clark 방법
③ Horton 방법 ④ Snyder 방법

[해설]

합성 단위(유량)도의 종류
- Snyder 합성 단위도
- NRCS(구 SCS) 합성 단위도
- Nakayasu 합성 단위도
- Clark 합성 단위도(실무에서 가장 많이 적용)

13 합성단위 유량도(Synthetic Unit Hydrograph)의 작성방법이 아닌 것은? [20년 4회]

① Snyder 방법
② Nakayasu 방법
③ 순간 단위유량도법
④ SCS의 무차원 단위유량도 이용법

[해설]

합성단위 유량도의 종류
- Snyder 합성단위도
- Nakayasu 합성단위도
- SCS 합성단위도

14 1cm 단위도의 종거가 1, 5, 3, 1이다. 유효 강우량이 10mm, 20mm 내렸을 때 직접 유출 수문곡선의 종거는?(단, 모든 시간 간격은 1시간이다.) [21년 3회]

① 1, 5, 3, 1, 1 ② 1, 5, 10, 9, 2
③ 1, 7, 13, 7, 2 ④ 1, 7, 13, 9, 2

[해설]

- 10mm 단위도 종거 : 1 5 3 1
- 20mm 단위도 종거 : + 2 10 6 2

  1 7 13 7 2

15 지속기간 2hr인 어느 단위유량도의 기저시간이 10hr이다. 강우강도가 각각 2.0, 3.0 및 5.0cm/hr이고 강우지속기간은 똑같이 모두 2hr인 3개의 유효강우가 연속해서 내릴 경우 이로 인한 직접 유출 수문곡선의 기저시간은? [16년 1회]

① 2hr ② 10hr
③ 14hr ④ 16hr

[해설]

기저시간 = 10 + 2 + 2 = 14시간

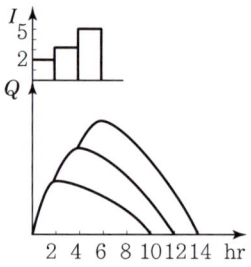

정답 12 ③ 13 ③ 14 ③ 15 ③

MEMO

08 수문학

31 합리식의 개요

합리식의 개요
① 강우강도와 첨두유량과의 관계를 나타내는 데 대표적인 방법
② 합리식은 소규모 유역의 첨두유량(홍수량)을 산정하는 간단한 방법으로 강우강도 및 유역면적 유출계수와 첨두유량은 비례한다는 가정
③ 합리식은 수문곡선을 이등변삼각형이라고 가정하여 첨두유량을 계산하는 방법
④ 강우의 지속시간이 유역의 도달시간과 같거나 큰 경우에 첨두유량은 강우강도에 유역면적을 곱한 값과 같음

합리식의 가정
① 강우강도는 지속시간 내에 변하지 않는다.
② 강우지속시간은 우수도달시간과 같다고 본다.
③ 유역면적과 유출계수는 항상 일정하다.
④ 첨두유량은 지속시간 동안 발생한 평균 강우강도의 직접적인 함수이다.
⑤ 첨두유량의 발생빈도와 평균강우강도의 빈도는 같다.

- 합리식은 좌우변의 단위가 서로 일치하여 합리적이기 때문에 합리식이라 한다(첨두 홍수량을 구하는 간단한 공식).

도달시간(지속시간)
Time Of Concentration : t_c

- 일반적으로 우수 도달시간이 길 경우 첨두유량은 시간적으로는 늦게 나타나기 때문에 첨두유량의 크기는 작다.

유출량 차원
m³/sec, $[L^3 T^{-1}]$

32 공식

합리식 공식	해설
$Q = 0.2778\,CIA$ $= \dfrac{1}{3.6}CIA$	첨두유량(유출량), 평형 유출량(Q) : m³/sec 유출계수(C) : 무차원 강우강도(I) : mm/hr 유역면적(A) : km²

- 강우강도 적용 시 강우지속시간(t)은 도달시간(t_c)과 같아야 한다.
- 도달시간(t_c) = 유입시간(t_1) + 유하시간(t_2)

- A : 유역면적(ha)

$$Q = \frac{1}{360}CIA$$

$$Q = \left(\frac{\text{mm}}{\text{hr}}\right) \times (\text{km}^2)$$
$$= \left(\frac{10^{-3}\text{m}}{3{,}600\text{sec}}\right) \times (10^6\text{m}^2)$$
$$= \frac{1(\text{m}^3)}{3.6(\text{sec})}$$

33 도달시간(t_c, 유달시간, 지속시간)

도달시간(유달시간)	모식도
강우로 인한 유수가 그 유역 내의 가장 먼 지점으로부터 유역출구까지 도달하는 데 소요되는 시간 • 도달시간(t_c) 　t_c = 유입시간(t_1) + 유하시간(t_2) • 강우강도 적용 시 강우지속시간(t)은 도달시간(t_c)과 같아야 함.	유입시간(t_1) 하천 유하시간(t_2)

유역형상계수(F)
- 유역의 형상이나 성질을 나타내는 계수
- 유역의 면적을 그 유역 내의 주 하천 길이의 제곱 값으로 나눈 값
- $F = \dfrac{A}{L^2}$

F : 형상계수
A : 유역면적
L : 유역 주 하천의 길이

과년도 기출문제

01 첨두홍수량 계산에 있어서 합리식의 적용에 관한 설명으로 옳지 않은 것은? [22년 1회]

① 하수도 설계 등 소유역에만 적용될 수 있다.
② 우수 도달시간은 강우 지속시간보다 길어야 한다.
③ 강우강도는 균일하고 전 유역에 고르게 분포되어야 한다.
④ 유량이 점차 증가되어 평형상태일 때의 첨두유출량을 나타낸다.

[해설]
강우 지속시간=(우수) 도달시간

02 강우로 인한 유수가 그 유역 내의 가장 먼 지점으로부터 유역출구까지 도달하는 데 소요되는 시간을 의미하는 것은? [20년 1회]

① 기저시간
② 도달시간
③ 지체시간
④ 강우지속시간

[해설]
도달시간(지속시간) = 유입시간 + 유하시간

03 유역면적이 4km²이고 유출계수가 0.8인 산지하천에서 강우강도가 80mm/h이다. 합리식을 사용한 유역출구에서의 첨두홍수량은? [21년 2회]

① 35.5m³/s
② 71.1m³/s
③ 128m³/s
④ 256m³/s

[해설]
$Q = \dfrac{1}{3.6}CIA = \dfrac{1}{3.6} \times 0.8 \times 80\text{mm/h} \times 4\text{km}^2$
$= 71.1\text{m}^3/\text{s}$

04 유역면적 10km², 강우강도 80mm/h, 유출계수 0.70일 때 합리식에 의한 첨두유량($Q_{\max}$)은? [21년 1회]

① 155.6m³/s
② 560m³/s
③ 1.556m³/s
④ 5.6m³/s

[해설]
$Q = \dfrac{1}{3.6}CIA = \dfrac{1}{3.6} \times 0.7 \times 80 \times 10$
$= 155.6\text{m}^3/\text{s}$

05 배수면적이 500ha, 유출계수가 0.70인 어느 유역에 연평균강우량이 1,300mm 내렸다. 이때 유역 내에서 발생한 최대유출량은? [20년 3회]

① 0.1443m³/s
② 12.64m³/s
③ 14.43m³/s
④ 1,264m³/s

[해설]
$Q = \dfrac{1}{360}CIA = \dfrac{1}{360} \times 0.7 \times \left(\dfrac{1,300}{365 \times 24}\right) \times 500$
$= 0.1443\text{m}^3/\text{s}$

06 유역면적이 15km²이고 1시간에 내린 강우량이 150mm일 때 하천의 유출량이 350m³/s이면 유출률은? [19년 2회]

① 0.56
② 0.65
③ 0.72
④ 0.78

[해설]
$Q = \dfrac{1}{3.6}CIA$
$350 = \dfrac{1}{3.6} \times C \times 150 \times 15$
$\therefore C = 0.56$

정답 01 ② 02 ② 03 ② 04 ① 05 ① 06 ①

과년도 기출문제

07 어느 소유역의 면적이 20ha, 유수의 도달시간이 5분이다. 강수자료의 해석으로부터 얻어진 이 지역의 강우강도식이 아래와 같을 때 합리식에 의한 홍수량은?(단, 유역의 평균 유출계수는 0.6이다.)

[18년 1회]

> 강우강도식 : $I = \dfrac{6,000}{(t+35)}$ [mm/hr]
> 여기서, t : 강우지속시간[분]

① 18.0m³/s ② 5.0m³/s
③ 1.8m³/s   ④ 0.5m³/s

[해설]

① $I = \dfrac{6,000}{(t+35)} = \dfrac{6,000}{(5+35)} = 150$ mm/hr

② $Q = \dfrac{1}{360} CIA = \dfrac{1}{360} \times 0.6 \times 150 \times 20 = 5$ m³/s

08 유역의 평균 폭 B, 유역면적 A, 본류의 유로연장 L인 유역의 형상을 양적으로 표시하기 위한 유역 형상계수는?

[17년 2회]

① $\dfrac{A}{L}$ ② $\dfrac{A}{L^2}$
③ $\dfrac{B}{L}$ ④ $\dfrac{B}{L^2}$

[해설]

유역형상계수 $F = \dfrac{A}{L^2}$

여기서, F : 형상계수
A : 유역면적
L : 유역 주 하천의 길이

09 어떤 계속된 호우에 있어서 총 유효우량 ΣR_e (mm), 직접 유출의 총량 ΣQ_e (m³), 유역면적 A (km²) 사이에 성립하는 식은?

[17년 2회]

① $\Sigma R_e = A \times \Sigma Q_e$
② $\Sigma R_e = \dfrac{10^3 \times A}{\Sigma Q_e}$
③ $\Sigma R_e = 10^3 \times A \times \Sigma Q_e$
④ $\Sigma R_e = \dfrac{\Sigma Q_e}{10^3 \times A}$

[해설]

총 유효우량 ΣR_e (mm)은 직접 유출의 총량 ΣQ_e을 유역면적 A로 나누어서 구할 수 있다.

$\Sigma R_e \text{(cm)} = \dfrac{\Sigma Q_e \times 10^6 \text{(cm}^3)}{A \times 10^{10} \text{(cm}^2)}$

$\therefore \Sigma R_e \text{(mm)} = \dfrac{\Sigma Q_e}{A \times 10^3}$

정답 07 ② 08 ② 09 ④

철근콘크리트 및 강구조

ENGINEER CIVIL ENGINEERING

01 철근콘크리트 개론
02 설계방법
03 보의 휨해석과 설계
04 보의 전단과 비틀림
05 철근의 정착과 이음
06 사용성
07 기둥
08 슬래브
09 확대기초
10 옹벽
11 프리스트레스트 콘크리트(PSC)
12 강구조 및 교량

01 철근콘크리트 개론

1 철근콘크리트의 기본개념

1. 철근콘크리트의 정의

(1) 콘크리트
압축강도에 비하여 인장강도가 매우 낮은 재료이다.
① 인장강도/압축강도 = 1/9~1/13
② 휨인장강도/압축강도 = 1/5~1/7

> **콘크리트의 구성재료**
> ① 시멘트풀 = 시멘트 + 물
> ② 모르터 = 시멘트풀 + 잔골재
> ③ 콘크리트 = 모르터 + 굵은골재
> 위의 ①, ②, ③에 추가적으로 혼화재료를 더 넣을 수 있다.

(2) 철근
인장강도와 압축강도가 거의 같고, 또한 그 강도가 매우 큰 재료이다.

(3) 철근콘크리트
콘크리트와 철근, 이들 성질이 서로 다른 두 재료가 완전한 부착에 의하여 외력에 일체 거동을 하도록 하여 압축은 콘크리트가 받고 인장은 철근이 받도록 구성한 합리적이면서 효율적인 합성재료이다.

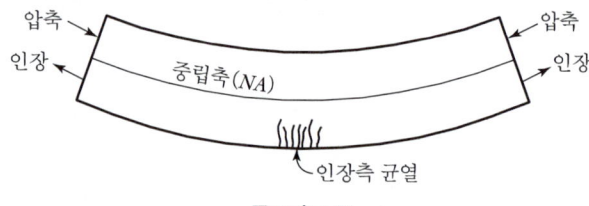

콘크리트 보

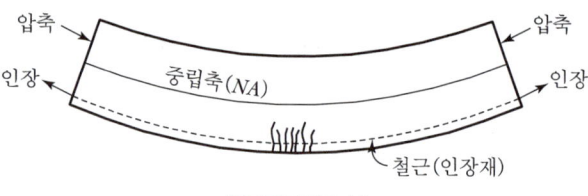

철근콘크리트 보

2. 철근콘크리트의 성립 이유

① 콘크리트와 철근 사이의 부착강도가 크다.
　(이러한 부착력이 두 재료 사이의 활동을 방지하여 일체거동을 하도록 한다)
② 콘크리트 속에 묻힌 철근은 부식되지 않는다.
　(이것은 콘크리트의 불투수성 때문이다)
③ 콘크리트와 철근의 열팽창계수는 거의 같다.
　(대기온도의 변화로 인하여 발생되는 두 재료 사이의 응력은 무시할 수 있다)

> **콘크리트와 철근의 열팽창계수**
> • 콘크리트의 열팽창계수
> 　$\alpha_c = (1.0 \sim 1.3) \times 10^{-5} (/℃)$
> • 철근의 열팽창계수
> 　$\alpha_s = 1.2 \times 10^{-5} (/℃)$

3. 철근콘크리트의 장점과 단점

(1) 철근콘크리트의 장점
① 구조물을 경제적으로 만들 수 있다.
② 구조물의 형상과 치수에 제약을 받지 않고 시공할 수 있다.
③ 구조물을 일체적으로 만들 수 있으므로 강성이 큰 구조를 얻을 수 있다.
④ 내구성이 좋다.
⑤ 내화성이 좋다.
⑥ 진동이 적고 소음이 덜 난다.

✚ 강성(Stiffness)과 연성(Flexibility)
- 강성 : 단위 변위를 유발시키는 데 필요한 힘
- 연성 : 단위 힘당 발생되는 변위

(2) 철근콘크리트의 단점
① 중량이 비교적 크다.
② 콘크리트에 균열이 발생한다.
③ 부분적인 파손이 일어나기 쉽다.
④ 검사하기가 어렵다.
⑤ 개조, 보강, 그리고 해체하기가 어렵다.
⑥ 시공이 조잡해지기 쉽다.

개념이해

01 철근콘크리트가 성립되는 조건으로 옳지 않은 것은?

① 철근과 콘크리트와의 부착력이 크다.
② 철근과 콘크리트의 열팽창계수가 거의 같다.
③ 철근과 콘크리트의 탄성계수가 거의 같다.
④ 철근은 콘크리트 속에서 녹이 슬지 않는다.

○ 철근콘크리트의 성립 요건
- 콘크리트와 철근 사이의 부착강도가 크다.
- 콘크리트와 철근의 열팽창계수가 거의 같다.
$$\begin{cases} \alpha_c = (1.0 \sim 1.3) \times 10^{-5} (/℃) \\ \alpha_s = 1.2 \times 10^{-5} (/℃) \end{cases}$$
- 콘크리트 속에 묻힌 철근은 부식되지 않는다.

답 ③

01 철근콘크리트 개론

❷ 콘크리트

1. 콘크리트의 구성재료

(1) 시멘트
① 시멘트는 골재를 고형물질로 결합시킬 수 있는 응집성과 점착성을 가진 재료이다.
② 철근콘크리트에 사용되는 시멘트는 수경성 시멘트이다.
③ 보통 포틀랜드 시멘트(Ordinary Portland Cement)
  - 가장 보편적으로 사용되는 시멘트이다.
  - 콘크리트 타설 후 14일 정도 경과되면 거푸집을 제거할 수 있는 강도에 도달하고, 재령 28일에 설계강도에 도달하는 시멘트이다.

+ 수경성 시멘트
물을 만나면 수화작용을 일으켜서 응결, 경화하는 시멘트

(2) 물
① 철근콘크리트에 사용되는 물은 콘크리트와 철근에 유해한 영향을 미치는 기름, 산, 염류, 그리고 유기물 등을 함유해서는 안 된다.
② 콘크리트 배합에 필요한 최소의 물-시멘트 비(Water-Cement Ratio)는 35~40% 정도이다.
  - 시멘트의 수화작용을 위해서 필요한 물의 양 : 25%
  - 물의 유동성을 위해서 필요한 물의 양 : 10~15%

+ 물-시멘트 비
$$W/C비 = \frac{물의\ 질량}{시멘트의\ 질량} \times 100\%$$

(3) 잔골재
① 모래, 부순모래 등과 같은 골재를 잔골재라고 한다.
② No.4체(체눈의 크기 5mm)를 거의 통과하고(질량의 85% 이상 통과) No.200체(체눈의 크기 0.08mm)에 거의 남는(질량의 85% 이상 남음) 골재를 잔골재로 정의한다.

(4) 굵은골재
① 자갈, 부순자갈 등과 같은 골재를 굵은골재라고 한다.
② No.4체에 거의 남는 골재를 굵은골재로 정의한다.
③ 굵은골재 최대 치수
  - 질량비로 90% 이상 통과하는 체 중에서 최소 치수의 체의 눈의 호칭 치수로 나타낸 것을 굵은골재 최대 치수라고 한다.
  - 굵은골재 최대 치수는 다음 값 이하이어야 한다.
    - 일반적인 경우 25mm, 단면이 큰 경우 40mm
    - 거푸집 양 측면 사이의 최소거리의 1/5(부재 최소 치수의 1/5)
    - 슬래브 두께의 1/3
    - 철근 수평 순간격의 3/4

(5) 혼화재료

① 혼화재료 : 콘크리트의 성질을 개선할 목적으로 시멘트, 물, 골재 이외에 추가적으로 더 넣는 재료
② 혼화제 : 사용량이 비교적 적어서 그 자체의 부피를 배합설계에서 무시할 수 있는 혼화재료
③ 혼화재 : 사용량이 비교적 많아서 그 자체의 부피를 배합설계에 고려해야 하는 혼화재료

혼화제의 종류
AE제, 감수제, AE감수제, 유동화제, 촉진제, 지연제, 급결제, 방수제, 기포제, 방청제 등

혼화재의 종류
플라이 애쉬, 실리카퓸, 폴리머 등

2. 콘크리트의 강도

(1) 콘크리트의 압축강도

1) 콘크리트의 압축강도 시험

① 시편치수
$\phi 150 \times 300mm$ 원주형 공시체($D=150mm$, $h=300mm$)

② 시험강도
$$f_c = \frac{P}{A} = \frac{4P}{\pi D^2}$$

2) 콘크리트의 압축강도

일반적으로 콘크리트 구조물의 설계에 있어서 콘크리트의 압축강도는 재령 28일의 압축강도를 기준으로 한다.

$$f_c = f_{28} = f_{ck}$$

3) 공시체의 형상과 치수에 따른 콘크리트의 압축강도

① $100 \times 200mm$ 원주형 공시체의 압축강도는 $150 \times 300mm$ 원주형 공시체의 압축강도의 1.03배이다(강도보정계수=0.97).
② $200 \times 200 \times 200mm$ 정육면체 공시체의 압축강도는 $150 \times 300mm$ 원주형 공시체의 압축강도의 1.2배이다(강도보정계수=0.83).
③ $150 \times 150 \times 150mm$ 정육면체 공시체의 압축강도는 $150 \times 300mm$ 원주형 공시체의 압축강도의 1.25배이다(강도보정계수=0.80).

콘크리트의 압축강도 시험

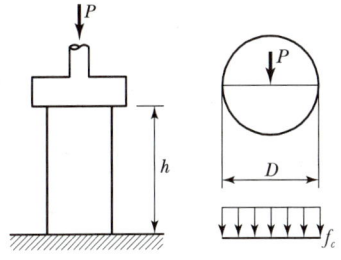

f_c
콘크리트의 압축강도

f_{28}
콘크리트의 재령28일 압축강도

f_{ck}
콘크리트의 설계기준강도

공시체 형상에 따른 콘크리트 압축강도
정육면체 공시체의 강도가 원주형 공시체의 강도보다 크다.

공시체 치수에 따른 콘크리트 압축강도
공시체의 치수가 작을수록 강도가 크다.

01 철근콘크리트 개론

(2) 콘크리트의 쪼갬인장강도

1) 콘크리트의 쪼갬인장강도 시험

① 시편치수

$\phi 150 \times 300\text{mm} (D=150\text{mm},\ L=300\text{mm})$

② 시험강도

$$f_{sp} = \frac{2P}{\pi DL}$$

2) 콘크리트의 쪼갬인장강도

콘크리트의 설계기준강도와 쪼갬인장강도의 관계

$$f_{sp} = 0.56\lambda \sqrt{f_{ck}}\ (\text{MPa})$$

(3) 콘크리트의 휨인장강도

1) 콘크리트의 휨인장강도 시험

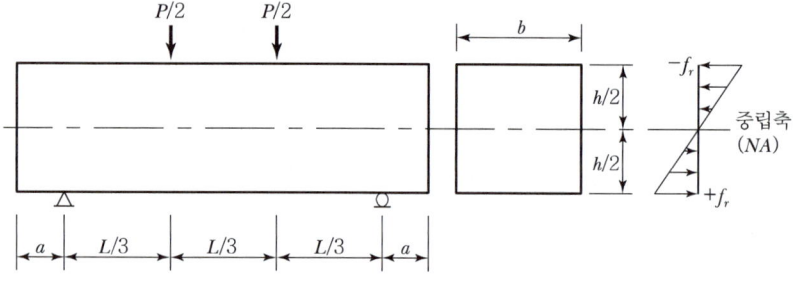

① 시편치수

$150 \times 150 \times 530\text{mm}$

$(b=150\text{mm},\ h=150\text{mm},\ L=450\text{mm},\ a=40\text{mm})$

② 시험강도

$$f_r = \frac{PL}{bh^2}$$

2) 콘크리트의 휨인장강도

콘크리트의 설계기준강도와 휨인장강도의 관계

$$f_r = 0.63\lambda \sqrt{f_{ck}}\ (\text{MPa})$$

➕ 콘크리트의 쪼갬인장강도 시험

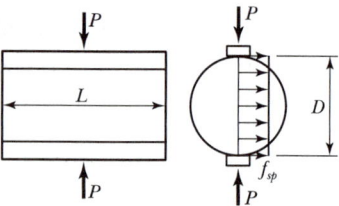

f_{sp}
콘크리트의 쪼갬인장강도

➕ f_r
콘크리트의 휨인장강도
(파괴계수)

(4) 콘크리트의 전단강도

1) 콘크리트의 전단강도 시험
   콘크리트의 전단강도는 다른 강도와 분리하여 시험하기 어렵다.

2) 콘크리트의 전단강도
   콘크리트의 설계기준강도와 공칭전단강도의 관계

   $$v_c = \frac{1}{6} \lambda \sqrt{f_{ck}} \text{ (MPa)}$$

➕ v_c
콘크리트의 전단강도

(5) 콘크리트의 피로강도

1) 콘크리트는 피로한도를 갖지 않기 때문에 100만 회의 반복하중에 대하여 견딜 수 있는 최대 강도를 콘크리트의 피로강도로 한다.

2) 콘크리트의 피로강도
   ① 콘크리트의 압축에 대한 피로강도 = 정적강도의 50~55%
   ② 콘크리트의 휨에 대한 피로강도 = 정적 강도의 30~60%

➕ S-N Curve

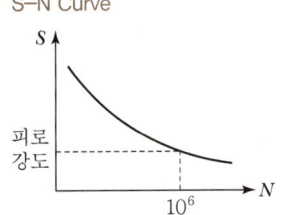

개념이해

01 아래 그림과 같은 보통 중량 콘크리트 직사각형 단면의 보에서 균열모멘트(M_{cr})는?(단, $f_{ck} = 24$MPa이다.)

① 46.7kN·m
② 52.3kN·m
③ 56.4kN·m
④ 62.1kN·m

$\lambda = 1$ (보통 중량의 콘크리트인 경우)
$f_r = 0.63\lambda\sqrt{f_{ck}} = 0.63 \times 1 \times \sqrt{24}$
$\quad = 3.09\text{MPa}$
$Z = \dfrac{bh^2}{6} = \dfrac{300 \times 550^2}{6}$
$\quad = 15.125 \times 10^6 \text{mm}^3$
$M_{cr} = f_r \cdot Z = 3.09 \times (15.125 \times 10^6)$
$\quad = 46.7 \times 10^6 \text{N} \cdot \text{mm} = 46.7 \text{kN} \cdot \text{m}$

🔲 ①

02 단면이 300×300mm인 철근콘크리트보의 인장부에 균열이 발생할 때의 모멘트(M_{cr})가 13.9kN·m이다. 이 콘크리트의 설계기준강도 f_{ck}는 약 얼마인가?

① 18MPa
② 21MPa
③ 24MPa
④ 27MPa

$f_r = \dfrac{M_{cr}}{Z}$

$0.63\lambda\sqrt{f_{ck}} = \dfrac{6M_{cr}}{bh^2}$

$f_{ck} = \left[\dfrac{6M_{cr}}{0.63\lambda bh^2}\right]^2$

$\quad = \left[\dfrac{6 \times (13.9 \times 10^6)}{0.63 \times 1 \times 300 \times 300^2}\right]^2$

$\quad = 24\text{N/mm}^2 = 24\text{MPa}$

🔲 ③

01 철근콘크리트 개론

3. 콘크리트의 설계기준강도와 배합강도

(1) 콘크리트의 설계기준강도
① 콘크리트 구조물의 설계에 있어서 기준으로 하는 압축강도이다.
② 일반적으로 보통의 콘크리트 구조물의 설계는 재령 28일의 압축강도를 기준으로 한다.

(2) 콘크리트의 배합강도
① 콘크리트의 배합을 정할 경우에 목표로 하는 압축강도이다.
② 콘크리트의 설계기준강도를 확보하기 위해서 미리 콘크리트의 압축강도의 변동을 고려하여 적절한 수준으로 콘크리트의 설계기준강도를 웃도는 강도를 얻도록 배합을 할 때 목표로 정한 압축강도이다.

(3) 콘크리트의 설계기준강도와 배합강도의 관계

1) 30회 이상의 시험기록이 있는 경우

① $f_{ck} \leq 35\text{MPa}$인 경우

콘크리트의 배합강도는 다음의 두 식에 의한 값 중에서 큰 값으로 한다.
- $f_{cr} = f_{ck} + 1.34s \, (\text{MPa})$
- $f_{cr} = (f_{ck} - 3.5) + 2.33s \, (\text{MPa})$

② $f_{ck} > 35\text{MPa}$인 경우

콘크리트의 배합강도는 다음의 두 식에 의한 값 중에서 큰 값으로 한다.
- $f_{cr} = f_{ck} + 1.34s \, (\text{MPa})$
- $f_{cr} = 0.9f_{ck} + 2.33s \, (\text{MPa})$

2) 15회 이상 29회 이하의 시험기록이 있는 경우

15회 이상 29회 이하의 시험기록으로 계산한 표준편차에 다음 표의 보정계수를 곱한 값을 표준편차로 하여 콘크리트의 배합강도를 계산해도 좋다.

시험횟수	보정계수
15	1.16
20	1.08
25	1.03
30 이상	1.00

※ 표에 명시되어 있지 않은 시험횟수에 대해서는 직선보간법에 의한다.

콘크리트의 배합강도
f_{cr}

압축강도의 표준편차(s)
$$s = \sqrt{\frac{\sum_{i=1}^{n}(x_i - \bar{x})^2}{n-1}}$$

압축강도의 평균($\bar{x}$)
$$\bar{x} = \frac{\sum_{i=1}^{n} x_i}{n}$$

시편 개개의 압축강도
$x_i \, (i = 1, 2, 3 \cdots n)$

압축강도의 시험횟수
n

3) 시험횟수가 14회 이하이거나 시험기록이 없는 경우

콘크리트 압축강도의 표준편차를 계산하기 위한 현장강도 기록이 없거나 시험횟수가 14회 이하인 경우는 다음 표에 의하여 배합강도를 결정하여야 한다.

설계기준강도, f_{ck}(MPa)	배합강도, f_{cr}(MPa)
21 미만	$f_{ck}+7$
21 이상 35 이하	$f_{ck}+8.5$
35 초과	$1.1f_{ck}+5$

4. 콘크리트의 강도에 영향을 주는 요인

(1) 시멘트와 물
① 시멘트량이 증가할수록 콘크리트의 강도는 증가한다.
② 물-시멘트 비가 낮을수록 콘크리트의 강도는 증가한다.

(2) 골재
① 골재의 입도가 좋을수록 콘크리트의 강도는 증가한다.
② 골재의 표면이 거칠수록 콘크리트의 강도는 증가한다.

(3) 재령
① 재령이 클수록 콘크리트의 강도는 증가한다.
② 재령에 따른 콘크리트의 강도
- 콘크리트 타설 후 1주일 경과 : $0.7f_{ck}$
- 콘크리트 타설 후 2주일 경과 : $(0.85\sim0.90)f_{ck}$

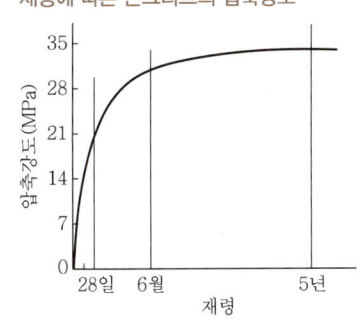

➕ 재령에 따른 콘크리트의 압축강도

(4) 하중재하 기간
하중재하 기간이 길수록 콘크리트의 강도는 감소하게 되는데 이러한 현상의 주된 요인은 콘크리트의 크리프 때문이다.

(5) 양생조건
① 콘크리트의 최종적인 강도는 초기재령에서 양생조건에 크게 영향을 받는다.
② 양생조건에 따른 콘크리트의 강도
- 조기건조 : 30% 이상의 강도 감소
- 동결 : 50% 정도의 강도 감소

01 철근콘크리트 개론

(6) 기타
콘크리트의 운반, 타설, 다짐 등의 방법에 의해서 콘크리트의 강도는 영향을 받는다.

5. 콘크리트의 응력-변형률 곡선과 탄성상수

(1) 콘크리트의 응력-변형률 곡선의 특성
① 고강도 콘크리트는 취성이 크고, 저강도 콘크리트는 취성이 작다.
② 최대 응력 근처의 변형률은 0.002~0.003의 범위에 존재한다.
③ 파괴 시의 변형률은 0.003~0.004의 범위에 존재한다.
④ 콘크리트의 강도에 관계없이 콘크리트 압축강도의 30~50% 정도의 낮은 응력 범위에서 콘크리트의 응력-변형률 곡선은 거의 직선으로 거동한다.

+ **콘크리트의 응력-변형률 곡선**

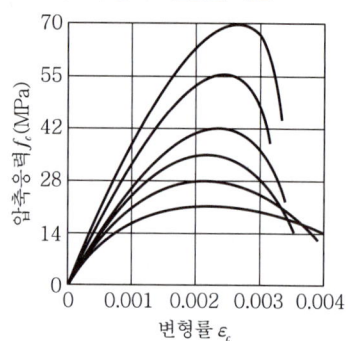

(2) 콘크리트의 탄성계수

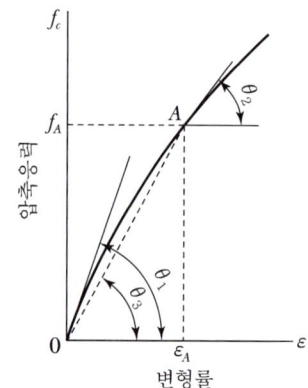

1) 탄성계수의 종류
① 초기접선 탄성계수 : $E_{ci} = \left(\dfrac{df_c}{d\varepsilon}\right)_{\varepsilon=0} = \tan\theta_1$

② 접선 탄성계수 : $E_{ct} = \left(\dfrac{df_c}{d\varepsilon}\right)_{\varepsilon=\varepsilon_A} = \tan\theta_2$

③ 할선 탄성계수 : $E_c = \dfrac{f_A}{\varepsilon_A} = \tan\theta_3$

+ **할선 탄성계수**
- 콘크리트 압축강도의 30~50% 정도의 압축응력에 해당하는 A점과 원점 0를 연결하는 직선의 기울기를 의미한다.
- 일반적으로 콘크리트의 탄성계수는 할선 탄성계수를 의미한다.

2) 콘크리트 구조 설계기준에 따른 콘크리트의 탄성계수

① $1,450 \text{kg/m}^3 \leq m_c \leq 2,500 \text{kg/m}^3$인 경우

$$E_c = 0.077 m_c^{1.5} \sqrt[3]{f_{cm}} \text{ (MPa)}$$

$$f_{cm} = f_{ck} + \Delta f \text{ (MPa)}$$

여기서, m_c : 콘크리트의 단위질량
f_{cm} : 콘크리트의 평균 압축강도
f_{ck} : 콘크리트의 설계기준 압축강도

Δf 값
- $f_{ck} \leq 40\text{MPa} \rightarrow \Delta f = 4\text{MPa}$
- $f_{ck} \geq 60\text{MPa} \rightarrow \Delta f = 6\text{MPa}$
- $40\text{MPa} < f_{ck} < 60\text{MPa} \rightarrow \Delta f = 0.1 f_{ck}$

② $m_c = 2,300 \text{kg/m}^3$ 보통 골재를 사용한 콘크리트의 경우

$$E_c = 8,500 \sqrt[3]{f_{cm}} \text{ (MPa)}$$

③ 콘크리트의 크리프변형을 계산할 경우 사용하는 초기접선 탄성계수

$$E_{ci} = 10,000 \sqrt[3]{f_{cm}}$$

(3) 콘크리트의 전단 탄성계수

$$G_c = \frac{E_c}{2(1+\nu_c)}$$

(4) 콘크리트의 포아송비

콘크리트의 포아송비는 $0.7 f_{ck}$ 이하의 응력에서 $\nu_c = 0.15 \sim 0.20$의 범위에 있으며, 일반적으로 $\nu_c = 0.18$로 한다.

개념이해

01 콘크리트의 설계기준압축강도(f_{ck})가 50MPa인 경우 콘크리트 탄성계수 및 크리프 계산에 적용되는 콘크리트의 평균압축강도(f_{cm})는?

① 54MPa
② 55MPa
③ 56MPa
④ 57MPa

- Δf 값
  $f_{ck} \leq 40\text{Mpa}, \Delta f = 4\text{Mpa}$
  $f_{ck} \geq 60\text{Mpa}, \Delta f = 6\text{Mpa}$
  $40\text{MPa} < f_{ck} < 60\text{MPa}, \Delta f = 0.1 f_{ck}$

- f_{cm} 값
  $f_{cm} = f_{ck} + \Delta f$

따라서, $f_{ck} = 50\text{MPa}$인 경우 f_{cm} 값은 다음과 같다.
$\Delta f = 0.1 f_{ck} = 0.1 \times 50 = 5\text{MPa}$
$f_{cm} = f_{ck} + \Delta f = 50 + 5 = 55\text{MPa}$

답 ②

01 철근콘크리트 개론

6. 콘크리트의 크리프

(1) 크리프의 정의

일정한 응력이 콘크리트에 장시간 계속하여 작용할 때 시간의 경과와 더불어 변형이 계속 진행되는 현상을 크리프라 하고, 크리프로 인한 변형률을 크리프변형률이라 한다.

(2) 크리프변형의 진행

1) 하중재하 기간이 경과함에 따라 크리프변형의 진행은 감소한다.

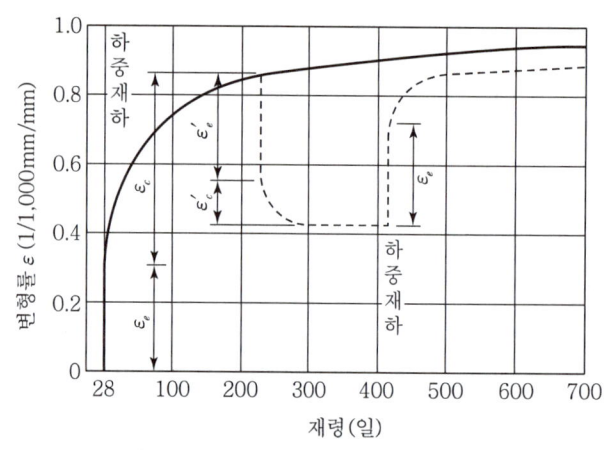

콘크리트의 크리프변형

2) 하중재하 후 시간 경과에 따른 크리프변형의 진행
   ① 하중재하 후 28일 경과 : 총 크리프변형의 1/2 정도 진행
   ② 하중재하 후 3~4개월 경과 : 총 크리프변형의 3/4 정도 진행
   ③ 하중재하 후 2~5년 경과 : 크리프변형 완료

(3) Davis Glanville의 법칙

1) 정의

크리프변형률은 탄성변형률에 비례한다.

$$\varepsilon_c = c_u \cdot \varepsilon_e$$

여기서, ε_c : 크리프변형률
　　　　ε_e : 탄성변형률
　　　　c_u : 크리프계수

＋ 탄성변형률

하중이 실리자마자 발생하는 변형률로서 즉시변형률이라고도 한다.

$$\varepsilon_e = \frac{f_c}{E_c}$$

2) 크리프계수
   ① 옥내구조물 : $c_u = 3.0$
   ② 옥외구조물 : $c_u = 2.0$
   ③ 수중콘크리트 : $c_u \leq 1.0$

3) Davis Glanville의 법칙은 콘크리트에 작용하는 응력이 원주형 공시체 강도의 50% 이하인 경우에 성립한다.

Davis Glanville의 법칙
$f_c \leq \dfrac{1}{2} f_{ck}$ 인 경우에 성립한다.

(4) 크리프에 영향을 주는 요인
① 콘크리트의 W/C비가 작을수록 크리프변형은 감소한다.
② 콘크리트의 강도가 클수록 크리프변형은 감소한다.
③ 하중재하 시 콘크리트의 재령이 클수록 크리프변형은 감소한다.
④ 콘크리트가 배치될 주위의 온도가 낮고, 습도가 높을수록 크리프변형은 감소한다.

개념이해

01 콘크리트의 크리프에 대한 설명으로 틀린 것은?

① 일정한 응력이 장시간 계속하여 작용하고 있을 때 변형이 계속 진행되는 현상을 말한다.
② 물–시멘트 비가 큰 콘크리트는 물–시멘트비가 작은 콘크리트보다 크리프가 크게 일어난다.
③ 고강도 콘크리트는 저강도 콘크리트보다 크리프가 크게 일어난다.
④ 콘크리트가 놓이는 주위의 온도가 높을수록 크리프변형은 크게 일어난다.

콘크리트의 크리프에 영향을 주는 요인
- w/c가 작은 콘크리트일수록 크리프변형은 감소한다.
- 하중재하 시 콘크리트의 재령이 클수록 크리프변형은 감소한다.
- 고강도 콘크리트일수록 크리프변형은 감소한다.
- 콘크리트가 놓인 주위의 온도가 낮을수록, 습도가 높을수록 크리프변형은 감소한다.

답 ③

01 철근콘크리트 개론

7. 콘크리트의 건조수축

(1) 건조수축의 정의
콘크리트가 대기 중에 방치될 때 콘크리트 속에 있던 자유수가 증발하면서 콘크리트가 수축되는 현상이다.

자유수
콘크리트를 배합할 때 유동성을 확보하기 위해서 시멘트의 수화작용에 필요한 물보다 더 많은 물을 사용하게 되는데 이때 수화작용에 사용되고 남은 물

(2) 건조수축에 영향을 주는 요인
① 단위수량 및 단위시멘트량이 적을수록 건조수축량은 감소한다.
② 부재의 단면치수 및 굵은골재 최대 치수가 클수록 건조수축량은 감소한다.
③ 콘크리트 타설 시 다지기를 잘하면 건조수축량은 감소한다.
④ 습윤양생시키면 건조수축량은 감소한다.

(3) 기타 사항
① 건조수축의 진행속도는 초기에 빠르게 진행되지만 시간이 경과함에 따라 그 진행속도가 점차 감소한다.
② 보통 콘크리트의 최종 건조수축량은 일반적으로 0.0002~0.0007의 범위에 있다.
③ 부정정구조물 설계 시 고려되는 건조수축 변형률은 일반적으로 다음 표의 값을 표준으로 한다.

구조물의 종류		건조수축변형률
라멘		0.00015
아치	철근량 0.5% 이상	0.00015
	철근량 0.1~0.5%	0.00020

8. 콘크리트의 온도변화

① 콘크리트는 온도가 올라가면 팽창하고, 온도가 내려가면 수축한다.
② 일반적으로 온도변화에 의한 영향은 부정정 구조물의 설계에 있어서 고려되지만, 정정구조물에 대해서는 그 영향을 무시해도 좋다.
③ 콘크리트 구조물의 설계에서 온도의 승강을 보통의 경우는 20℃, 부재의 단면치수가 70cm 이상인 경우는 15℃를 표준으로 한다.
④ 콘크리트 구조물의 설계에서 온도변화의 영향을 고려할 경우에는 콘크리트 및 철근의 열팽창 계수를 $\alpha = 1.0 \times 10^{-5}$(/℃)로 본다.

과년도 기출문제

토목 / 기사 / 필기

01 콘크리트의 건조수축에 대한 설명으로 틀린 것은?

① 단위수량 및 단위시멘트량이 적을수록 건조수축량은 감소한다.
② 부재의 단면치수 및 굵은골재 최대 치수가 클수록 건조수축량은 증가한다.
③ 콘크리트 타설 시 다지기를 잘하면 건조수축량은 감소한다.
④ 습윤양생시키면 건조수축량은 감소한다.

[해설]

콘크리트의 건조수축에 영향을 주는 요인
- 단위수량 및 단위시멘트량이 적을수록 건조수축량은 감소한다.
- 부재의 단면치수 및 굵은골재 최대 치수가 클수록 건조수축량은 감소한다.
- 콘크리트 타설 시 다지기를 잘하면 건조수축량은 감소한다.
- 습윤양생시키면 건조수축량은 감소한다.

02 단면이 400mm×500mm인 직사각형이고, 길이가 6m인 철근콘크리트 부재가 있다. 철근은 단면 도심에 대하여 대칭으로 배치하였으며, 단면적은 $A_s = 2,000 \text{mm}^2$이다. 콘크리트의 건조수축으로 인한 콘크리트의 수축응력은?(단, 콘크리트의 건조 수축률은 0.00015이고, 콘크리트 및 철근의 탄성계수는 각각 $E_c = 2.85 \times 10^4 \text{MPa}$, $E_s = 2.0 \times 10^5 \text{MPa}$이며, 이 부재의 변형은 구속되어 있지 않다.)

① 0.14MPa
② 0.28MPa
③ 14MPa
④ 28MPa

[해설]

$$n = \frac{E_s}{E_c} = \frac{2.0 \times 10^5}{2.85 \times 10^4} = 7$$

$$f_c = \frac{\varepsilon_{sh} \cdot E_s}{\left(\dfrac{A_c}{A_s}\right) + n} = \frac{0.00015 \times (2.0 \times 10^5)}{\left(\dfrac{400 \times 500}{2,000}\right) + 7} = 0.28\text{MPa}(인장)$$

[참고] $f_s = f_c \left(\dfrac{A_c}{A_s}\right) = 0.28 \times \left(\dfrac{400 \times 500}{2,000}\right) = 28\text{MPa}(압축)$

정답 01 ② 02 ②

01 철근콘크리트 개론

3 철근

1. 철근의 종류

(1) 이형철근과 원형철근

1) 이형철근

 콘크리트와 철근의 부착력을 높이기 위해서 철근의 표면에 리브(Rib)와 마디 등의 돌기를 만들어 준 철근으로서 주로 주철근으로 사용된다.

2) 원형철근

 철근의 표면에 리브와 마디 등의 돌기가 없는 철근으로서 보조철근, 나선철근, 띠철근 등으로 사용된다.

3) 철근의 종류와 항복점 및 인장강도는 KS D3504에서 다음의 표와 같이 규정하고 있다.

종류	기호	용도	항복점 또는 0.2% 항복강도(MPa)	인장강도(MPa)
원형철근	SR240		240 이상	380 이상
	SR300		300 이상	440 이상
이형철근	SD300	일반용	300 이상	440 이상
	SD350		350 이상	490 이상
	SD400		400 이상	560 이상
	SD500		500 이상	620 이상
	SD400W	용접용	400 이상	560 이상
	SD500W		500 이상	620 이상

(2) 용도에 따른 철근의 분류

1) 주철근 : 설계하중에 대한 계산에 의하여 그 단면적이 정해지는 철근

 ① 정철근 : 보 또는 슬래브에서 정(+)모멘트에 의한 휨인장력에 저항하도록 부재의 하단에 배치된 철근

 ② 부철근 : 보 또는 슬래브에서 부(−)모멘트에 의한 휨인장력에 저항하도록 부재의 상단에 배치된 철근

 ③ 전단철근 : 전단력에 저항하도록 부재의 복부에 배치된 철근(사인장철근 또는 복부철근이라고도 함)

 • 스터럽 : 정철근 또는 부철근을 둘러싸고 이에 직각 또는 45° 이상의 경사로 배치된 철근

 • 굽힘철근 : 휨모멘트에 대하여 필요없는 부분의 휨인장철근을 30° 이상의 경사로 구부려 올리거나 또는 구부려 내린 복부철근(절곡철근이라고도 함)

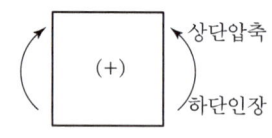

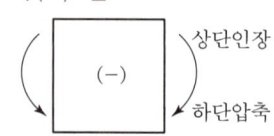

④ 옵셋굽힘철근 : 기둥의 연결부에서 단면치수가 변하는 경우에 배치되는 구부린 주철근

2) 보조철근 : 설계하중에 대한 계산에 의하여 그 단면적이 정해지지 않는 철근
   ① 조립용 철근 : 철근을 조립할 경우에 철근의 위치를 확보하기 위해서 사용되는 철근
   ② 가외철근 : 콘크리트의 건조수축 또는 온도변화 등의 원인에 의해서 콘크리트에 발생하는 인장력에 대비하여 추가로 더 넣어주는 철근
   ③ 표피철근 : 보의 전체높이(h)가 900mm를 초과하는 경우에 보의 복부 양 측면에 부재 축방향으로 배치되는 철근
   ④ 띠철근 : 축방향철근의 위치를 확보하기 위해서 정해진 간격마다 축방향철근을 횡방향으로 결속하는 철근
   ⑤ 나선철근 : 축방향철근을 정해진 간격으로 나선형으로 둘러싼 철근
   ⑥ 배력철근 : 콘크리트의 균열폭과 수축 등을 제어하기 위해서 정철근 또는 부철근에 직각에 가까운 방향으로 배치된 철근

배력철근의 기능
- 응력을 고루 분산시켜 콘크리트의 균열폭을 최소화
- 건조수축 또는 온도변화에 따른 콘크리트의 수축 억제
- 주철근의 위치 확보

개념이해

01 다음 중 표피철근(Skin Reinforcement)에 대한 설명 중 맞는 것은?
① 전체 깊이가 900mm를 초과하는 휨부재 복부의 양 측면에 부재 축방향으로 배치하는 철근
② 기둥연결부에서 단면치수가 변하는 경우에 배치되는 구부린 주철근
③ 건조수축 또는 온도변화에 의하여 콘크리트에 발생되는 균열을 방지하기 위한 목적으로 배치되는 철근
④ 비틀림 응력이 크게 일어나는 부재에서 이에 저항하도록 배치되는 철근

○ 보의 전체높이(h)가 900mm를 초과하는 경우에 보의 복부 양 측면에 부재 축방향으로 배치하는 철근을 표피철근이라 한다.
답 ①

02 철근콘크리트 기둥의 연결부에 단면치수가 변하는 경우 옵셋굽힘철근을 배근하여야 하는데 이 옵셋굽힘철근 사용에 대한 다음 설명 중 틀린 것은?
① 옵셋굽힘철근의 굽힘부에서 기울기는 1/6을 초과하지 않아야 한다.
② 옵셋굽힘철근의 굽힘부를 벗어난 상·하부 철근은 기둥 축에 평행하여야 한다.
③ 옵셋굽힘철근의 굽힘부에는 띠철근 등으로 수평지지를 하여야 하는데 이때 수평지지는 굽힘부에서 계산된 수평분력의 2.0배를 지지할 수 있도록 설계되어야 한다.
④ 기둥연결부에서 상·하부의 기둥면이 75mm 이상 차이가 나는 경우는 축방향 철근을 구부려서 옵셋굽힘철근으로 사용하여서는 안 된다.

○ 옵셋굽힘철근의 굽힘부에는 띠철근, 나선철근 또는 바닥구조에 의해 수평지지가 이루어져야 한다. 이때 수평지지는 굽힘부에서 계산된 수평분력의 1.5배를 지지하도록 설계되어야 한다.
답 ③

01 철근콘크리트 개론

2. 철근의 응력 – 변형률 곡선과 탄성상수

(1) 철근의 응력 – 변형률 곡선

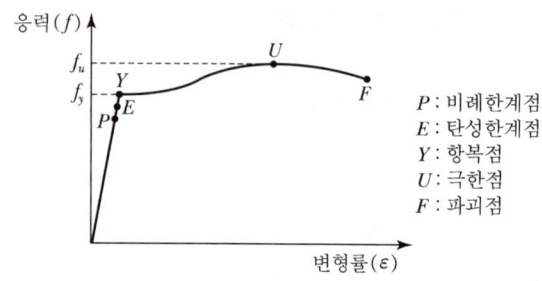

P : 비례한계점
E : 탄성한계점
Y : 항복점
U : 극한점
F : 파괴점

(2) 철근의 탄성계수

1) 일반적인 철근의 탄성계수

$$E_S = (2.0 \sim 2.1) \times 10^5 \text{MPa}$$

2) 콘크리트 설계기준에 따른 철근의 탄성계수

$$E_S = 2.0 \times 10^5 \text{MPa}$$

(3) 철근의 설계강도

① 철근, 철선 및 용접철망의 응력 – 변형률 곡선에서 항복점이 뚜렷하게 나타나는 경우에는 항복점에서의 응력을 설계기준 항복강도(f_y)로 결정하고, 항복점이 뚜렷하게 나타나지 않는 경우에는 0.002의 변형률에서 강재의 탄성계수와 같은 기울기로 직선을 그은 후 응력 – 변형률 곡선과 만나는 점의 응력을 항복강도(f_y)로 결정한다.
② 휨철근의 설계기준 항복강도(f_y)는 600MPa을 초과하지 않아야 한다.
③ 전단철근의 설계기준 항복강도(f_y)는 500MPa을 초과하여 취할 수 없다. 다만, 용접이형철망을 사용할 경우는 600MPa을 초과하여 취할 수 없다.

3. 철근의 간격

(1) 보에서 휨철근의 순간격

1) 수평 순간격
   ① 25mm 이상
   ② 철근의 공칭지름 이상
   ③ 굵은골재 최대 치수의 4/3배 이상

➕ 철근의 간격

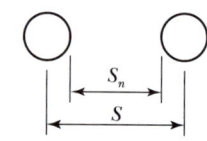

S_n : 철근의 순간격
S : 철근의 중심간격

2) 연직 순간격
   ① 25mm 이상
   ② 상하철근은 동일 연직면 내에 배치되어야 함

(2) 기둥에서 축방향철근의 순간격
   ① 40mm 이상
   ② 철근 공칭지름의 3/2배 이상
   ③ 굵은골재 최대 치수의 4/3배 이상

(3) 벽체 또는 슬래브에서 휨철근의 중심간격
   1) 최대 휨모멘트가 일어나는 단면에서 휨철근의 중심간격
      ① 벽체 또는 슬래브두께의 2배 이하
      ② 300mm 이하
   2) 그 밖의 단면에서 휨철근의 중심간격
      ① 벽체 또는 슬래브두께의 3배 이하
      ② 450mm 이하

개념이해

01 철근콘크리트 구조물 설계 시 철근 간격에 대한 설명 중 옳지 않은 것은?(단, 굵은 골재의 최대 치수에 관련된 규정은 만족하는 것으로 가정한다.)

① 동일 평면에서 평행한 철근 사이의 수평 순간격은 25mm 이상, 또한 철근의 공칭지름 이상으로 하여야 한다.
② 나선철근과 띠철근이 배근된 압축부재에서 축 방향 철근의 순간격은 40mm 이상, 또한 철근 공칭지름의 1.5배 이상으로 하여야 한다.
③ 상단과 하단에 2단 이상으로 배치된 경우 상하철근은 동일 연직면 내에 배치되어야 하고, 이때 상하철근의 순간격은 40mm 이상으로 하여야 한다.
④ 벽체 또는 슬래브에서 휨 주철근의 간격은 벽체나 슬래브 두께의 3배 이하로 하여야 하고, 또한 450mm 이하로 하여야 한다.

> 상단과 하단에 2단 이상으로 배치된 경우 상하철근은 동일 연직면 내에 배치되어야 하고, 이때 상하철근의 순간격은 25mm 이상으로 하여야 한다.
>
> **답** ③

02 철근콘크리트 보에 배치되는 철근의 순간격에 대한 설명으로 틀린 것은?

① 동일 평면에서 평행한 철근 사이의 수평 순간격은 25mm 이상이어야 한다.
② 상단과 하단에 2단 이상으로 배치된 경우 상하 철근의 순간격은 25mm 이상으로 하여야 한다.
③ 철근의 순간격에 대한 규정은 서로 접촉된 겹침이음 철근과 인접된 이음철근 또는 연속철근 사이의 순간격에도 적용하여야 한다.
④ 벽체 또는 슬래브에서 휨 주철근의 간격은 벽체나 슬래브 두께의 2배 이하로 하여야 한다.

> 벽체 또는 슬래브에서 휨 주철근의 중심간격은 위험단면을 제외한 단면에서는 벽체 또는 슬래브 두께의 3배 이하이어야 하고, 또한 450mm 이하로 하여야 한다.
>
> **답** ④

01 철근콘크리트 개론

4. 철근의 피복두께

(1) 정의

최외단에 배근된 주철근 또는 보조철근의 표면으로부터 콘크리트의 표면까지의 최단거리이다.

(2) 철근의 최소 피복두께를 두는 이유

① 철근의 부식방지
② 단열작용으로 철근 보호
③ 철근과 콘크리트 사이의 부착력 확보

(3) 철근의 최소 피복두께(프리스트레스하지 않는 부재의 현장치기콘크리트)는 콘크리트구조 설계기준[KDS 14 20 50(4.3)]에서 제시된 값 이상으로 하도록 규정하고 있다.

환경 조건과 부재의 종류		최소 피복두께(mm)
수중에서 치는 콘크리트		100
흙에 접하여 콘크리트를 친 후 영구히 흙에 묻혀 있는 콘크리트		75
흙에 접하거나 옥외의 공기에 직접 노출되는 콘크리트	D19 이상의 철근	50
	D16 이하의 철근, 지름 16mm 이하의 철선	40
옥외의 공기나 흙에 직접 접하지 않는 콘크리트	슬래브, 벽체, 장선 D35 초과하는 철근	40
	슬래브, 벽체, 장선 D35 이하의 철근	20
	보, 기둥(콘크리트의 설계기준 압축강도 f_{ck}가 40MPa 이상인 경우 규정된 값에서 10mm 저감시킬 수 있다)	40
	쉘, 절판	20

개념이해

01 다음 중 철근의 피복두께를 필요로 하는 이유로 옳지 않은 것은?

① 철근이 산화되지 않도록 한다.
② 화재에 의한 직접적인 피해를 받지 않도록 한다.
③ 부착응력을 확보한다.
④ 인장강도를 보강한다.

▶ 피복두께를 두는 이유
• 철근의 부식 방지
• 단열작용으로 철근 보호
• 철근과 콘크리트 사이의 부착력 확보

답 ④

과년도 기출문제

01 철근콘크리트 부재의 최소 피복두께에 관한 설명 중 틀린 것은?

① 흙에 접하거나 옥외의 공기에 직접 노출되는 현장치기 콘크리트로 D19 이상의 철근을 사용하는 경우 최소 피복두께는 50mm이다.
② 옥외의 공기나 흙에 직접 접하지 않는 현장치기 콘크리트로 슬래브에 D35 이하의 철근을 사용하는 경우 최소 피복두께는 40mm이다.
③ 흙에 접하거나 옥외의 공기에 직접 노출되는 프리캐스트 콘크리트로 벽체에 D35 이하의 철근을 사용하는 경우 최소 피복두께는 20mm이다.
④ 흙에 접하거나 옥외의 공기에 직접 노출되는 프리스트레스트 콘크리트로 벽체인 경우 최소 피복두께는 30mm이다.

[해설]
옥외의 공기나 흙에 직접 접하지 않는 현장치기 콘크리트로 슬래브에 D35 이하의 철근을 사용하는 경우 최소 피복두께는 20mm이다.

02 철근콘크리트 부재의 피복두께에 관한 설명으로 틀린 것은?

① 최소 피복두께를 제한하는 이유는 철근의 부식방지, 부착력의 증대, 내화성을 갖도록 하기 위해서이다.
② 현장치기 콘크리트로서, 흙에 접하거나 옥외의 공기에 직접 노출되는 콘크리트의 최소 피복두께는 D19 이상의 철근의 경우 40mm이다.
③ 현장치기 콘크리트로서, 흙에 접하여 콘크리트를 친 후 영구히 흙에 묻혀 있는 콘크리트의 최소 피복두께는 75mm이다.
④ 콘크리트 표면과 그와 가장 가까이 배치된 철근 표면 사이의 콘크리트 두께를 피복두께라 한다.

[해설]
현장치기 콘크리트로서 흙에 접하거나 공기에 직접 노출되는 콘크리트의 최소 피복두께는 D19 이상의 철근의 경우 50mm이다.

03 프리스트레스트 콘크리트의 경우 흙에 접하여 콘크리트를 친 후 영구히 흙에 묻혀 있는 콘크리트의 최소 피복두께는?

① 40mm ② 60mm
③ 75mm ④ 100mm

[해설]
프리스트레스트 콘크리트의 경우 흙에 접하여 콘크리트를 친 후 영구히 흙에 묻혀 있는 콘크리트의 최소 피복두께는 75mm이다.

04 철근콘크리트 부재의 최소 피복두께에 관한 설명 중 틀린 것은?

① 흙에 접하거나 옥외의 공기에 직접 노출되는 현장치기 콘크리트로 D16 이하의 철근을 사용하는 경우 최소 피복두께는 40mm이다.
② 옥외의 공기나 흙에 직접 접하지 않는 현장치기 콘크리트로 슬래브에 D35 이하의 철근을 사용하는 경우 최소 피복두께는 20mm이다.
③ 흙에 접하거나 옥외의 공기에 직접 노출되는 프리캐스트 콘크리트로 벽체에 D35 이하의 철근을 사용하는 경우 최소 피복두께는 40mm이다.
④ 흙에 접하거나 옥외의 공기에 직접 노출되는 프리스트레스트 콘크리트로 벽체인 경우 최소 피복두께는 30mm이다.

[해설]
흙에 접하거나 옥외의 공기에 직접 노출되는 프리캐스트 콘크리트로 벽체에 D35 이하의 철근을 사용하는 경우 최소 피복두께는 20mm이다.

정답 01 ② 02 ② 03 ③ 04 ③

02 설계방법

1 구조물 설계의 기본개념

1. 안전성
① 구조물은 사용기간 동안 작용할 모든 하중에 대하여 파괴 또는 다른 결함 없이 충분히 저항할 수 있도록 안전성이 확보되어야 한다.
② 구조물의 안전성 확보에 대한 검토는 강도, 좌굴 등에 대해서 이루어진다.
③ 강도설계법은 구조물의 안전성 확보에 중점을 둔 설계방법이다.

2. 사용성
① 구조물은 사용기간 동안 사용자로 하여금 구조물에 대한 불안감, 불신감, 그리고 불편함을 느끼지 않도록 사용성이 확보되어야 한다.
② 구조물의 사용성 확보에 대한 검토는 처짐, 균열, 진동 등에 대해서 이루어진다.
③ 허용응력설계법은 구조물의 사용성 확보에 중점을 둔 설계방법이다.

2 강도설계법

1. 기본개념
① 강도설계법은 부재의 파괴상태 또는 파괴에 가까운 상태에 기초한 설계방법이다.
② 강도설계법은 부재의 공칭강도(S_n)에 강도감소계수(ϕ)를 곱한 설계강도(S_d)가 사용하중(L_i)에 하중계수(r_i)를 곱한 계수하중(또는 소요강도, U)보다 작지 않도록 설계하는 방법이다.

$$\sum r_i L_i = U \leq S_d = \phi S_n$$

2. 강도감소계수

(1) 강도감소계수를 사용하는 이유
① 부재의 공칭강도와 실제강도의 차이
② 부재의 제작 또는 시공에 있어서 설계도와의 차이
③ 부재강도의 추정과 해석에 관련된 불확실성

(2) 콘크리트 설계기준에 제시된 강도감소계수 ϕ의 값

부재, 단면 또는 하중(단면력)의 종류			ϕ
인장지배단면			0.85
압축지배 단면	나선철근부재		0.70
	그 이외의 부재		0.65
	공칭강도에서 최외단 인장철근의 순인장변형률 ε_t가 압축지배와 인장지배 단면 사이에 있을 경우		ε_t가 압축지배 변형률 한계에서 인장지배 변형률 한계로 증가함에 따라 ϕ값을 압축지배단면에 대한 값에서 0.85까지 증가시킨다.
전단력과 비틀림모멘트			0.75
콘크리트의 지압력 (포스트텐션 정착부나 스트럿-타이 모델은 제외)			0.65
포스트텐션 정착구역			0.85
스트럿-타이 모델	타이		0.85
	스트럿, 절점부 및 지압부		0.75
긴장재 묻힘길이가 정착길이보다 작은 프리텐션부재의 휨단면	부재의 단부에서 전달길이 단부까지		0.75
	전달길이 단부에서 정착길이 단부 사이		0.75~0.85까지 선형적으로 증가시킨다.
무근콘크리트의 휨모멘트, 압축력, 전단력, 지압력			0.55

개념이해

01 강도설계법에서 강도감소계수를 사용하는 이유에 대한 설명으로 틀린 것은?

① 재료의 공칭강도와 실제강도와의 차이를 고려하기 위해
② 부재를 제작 또는 시공할 때 설계도와의 차이를 고려하기 위해
③ 하중의 공칭값과 실제하중 사이의 불가피한 차이를 고려하기 위해
④ 부재 강도의 추정과 해석에 관련된 불확실성을 고려하기 위해

> 하중의 공칭값과 실제하중 사이의 불가피한 차이를 고려하기 위하여 사용하는 것은 하중계수이다.
>
> 답 ③

02 구조물의 부재, 부재 간의 연결부 및 각 부재 단면의 휨모멘트, 축력, 전단력, 비틀림모멘트에 대한 설계강도는 공칭강도에 강도감소계수 ϕ를 곱한 값으로 한다. 포스트텐션 정착구역에서의 강도감소계수는?

① 0.65
② 0.7
③ 0.75
④ 0.85

> 포스트텐션 정착구역에서의 강도감소계수는 0.85이다.
>
> 답 ④

과년도 기출문제

01 강도설계법에서 강도감소계수(ϕ)를 규정하는 목적이 아닌 것은?

① 재료 강도와 치수가 변동할 수 있으므로 부재의 강도 저하 확률에 대비한 여유를 반영하기 위해
② 부정확한 설계방정식에 대비한 여유를 반영하기 위해
③ 구조물에서 차지하는 부재의 중요도 등을 반영하기 위해
④ 하중의 변경, 구조해석할 때의 가정 및 계산의 단순화로 인해 야기될지 모르는 초과하중에 대비한 여유를 반영하기 위해

[해설]
하중의 변경, 구조해석 시 초과하중에 대비하기 위하여 고려되는 것은 하중계수이다.

02 강도감소계수 ϕ를 규정하는 목적으로 적당하지 않은 것은?

① 재료 강도와 치수가 변동할 수 있으므로 부재의 강도 저하 확률에 대비한 여유
② 구조물에서 차지하는 부재의 중요도를 반영
③ 계산의 단순화로 인해 야기될지 모르는 초과하중의 영향에 대비한 여유
④ 부정확한 설계방정식에 대비한 여유

[해설]
초과하중의 영향에 대비하여 고려되는 것은 하중계수이다.

03 콘크리트 구조물의 강도설계법에서 사용되는 강도감소계수에 대한 다음 설명 중 잘못된 것은?

① 인장지배단면의 강도감소계수는 보통 철근콘크리트 부재와 프리스트레스트 콘크리트 부재의 구분 없이 모두 0.85이다.
② 압축지배단면의 강도감소계수는 띠철근으로 보강된 철근콘크리트 부재에서는 0.75이지만 그 밖의 경우에는 0.7이다.
③ 전단력에 대한 강도감소계수는 0.75이다.
④ 무근콘크리트의 휨모멘트, 압축력, 전단력, 지압력에 대한 강도감소계수는 0.55이다.

[해설]
압축지배단면의 강도감소계수는 나선철근으로 보강된 철근콘크리트 부재의 경우는 0.70이지만 그 외의 경우는 0.65이다.

04 철근콘크리트 강도설계에 있어서 안전을 위한 강도감소계수 ϕ의 규정값으로 틀린 것은?

① 인장지배단면 : 0.85
② 전단력과 비틀림모멘트 : 0.75
③ 콘크리트의 지압력 : 0.65
④ 압축지배단면 중 나선철근으로 보강된 부재 : 0.80

[해설]
압축지배단면의 강도감소계수
• 나선철근으로 보강된 부재 : $\phi = 0.70$
• 그 이외의 부재 : $\phi = 0.65$

05 강도 설계에 있어서 안전율을 위한 강도 감소계수 ϕ의 값으로 틀린 것은?

① 인장지배 단면 : 0.85
② 전단 : 0.75
③ 비틀림모멘트 : 0.75
④ 나선철근으로 보강된 압축지배 단면 : 0.65

[해설]
나선철근으로 보강된 압축지배 단면 부재의 강도감소계수(ϕ)는 0.70이다.

정답 01 ④ 02 ③ 03 ② 04 ④ 05 ④

과년도 기출문제

06 콘크리트 구조 설계기준(2007)에서 규정한 강도 감소계수(ϕ)를 잘못 기술한 것은?

① 무근콘크리트의 휨모멘트 : $\phi=0.55$
② 전단력과 비틀림모멘트 : $\phi=0.70$
③ 콘크리트의 지압력(포스트텐션 정착부나 스트럿 −타이 모델은 제외) : $\phi=0.65$
④ 인장지배단면 : $\phi=0.85$

[해설]
전단력과 비틀림모멘트에 대한 강도 감소계수(ϕ)는 $\phi=0.75$이다.

07 강도설계법에서 구조의 안전을 확보하기 위해 사용되는 강도감소계수 ϕ에 대한 설명으로 틀린 것은?

① 인장지배단면 $\phi=0.85$
② 압축지배단면에서 띠철근콘크리트 부재 $\phi=0.65$
③ 전단과 비틀림모멘트 $\phi=0.70$
④ 콘크리트의 지압력(포스트텐션 정착부나 스트럿 −타이 모델은 제외) $\phi=0.65$

[해설]
전단과 비틀림모멘트에 대한 강도감소계수 $\phi=0.75$이다.

08 부재의 설계 시 적용되는 강도감소계수(ϕ)에 대한 설명 중 옳지 않은 것은?

① 압축지배단면에서 나선철근으로 보강된 철근콘크리트부재의 강도감소계수는 0.70이다.
② 인장지배 단면에서의 강도감소계수는 0.85이다.
③ 공칭강도에 최외단 인장철근의 순인장 변형율(ε_t)이 압축지배와 인장지배단면 사이일 경우에는, ε_t가 압축지배변형율 한계에서 인장지배변형율 한계로 증가함에 따라 ϕ값을 압축지배단면에 대한 값에서 0.85까지 증가시킨다.
④ 포스트텐션 정착구역에서 강도감소계수는 0.80이다.

[해설]
포스트텐션 정착구역에서 강도감소계수는 0.85이다.

정답 06 ② 07 ③ 08 ④

02 설계방법

3. 하중계수

(1) 하중계수를 사용하는 이유
① 하중의 공칭값과 실제하중 사이의 불가피한 차이
② 하중을 작용외력으로 변환시키는 해석상의 불확실성
③ 환경작용 등의 변동

(2) 콘크리트 설계기준에 제시된 하중계수 및 하중조합

하중조건	하중계수 및 하중조합	
고정하중 D, 액체하중 F, 연직토압 H_v	$U = 1.4(D+F)$	(a)
온도 등의 영향 T, 적설하중 S, 강우하중 R, 풍하중 W	$U = 1.2(D+F+T)+1.6(L+\alpha_H H_v + H_h)+0.5$ $(L_r$ 또는 S 또는 $R)$	(b)
	$U = 1.2D + 1.6(L_r$ 또는 S 또는 $R) + (1.0L$ 또는 $0.65W)$	(c)
	$U = 1.2D + 1.3W + 1.0L + 0.5(L_r$ 또는 S 또는 $R)$	(d)
	$U = 1.2(D+F+T)+1.6(L+\alpha_H H_v)+0.8H_h$ $+0.5+0.5(L_r$ 또는 S 또는 $R)$	(e)
	$U = 0.9(D+H_v)+1.3W+(1.6H_h+0.8H_v)$	(f)
지진하중 E	$U = 1.2(D+H_v)+1.0E+1.0L+0.2S+(1.0H_h$ 또는 $0.5H_h)$	(g)
	$U = 0.9(D+H_v)+1.0E+(1.0H_h$ 또는 $0.5H_h)$	(h)

여기서, U : 소요강도
D : 고정하중(사하중) 또는 이에 의해 일어나는 단면력
F : 유체의 중량 및 압력 또는 이에 의해 일어나는 단면력
T : 온도, 크리프, 건조수축 및 부등침하의 영향 등에 의해 일어나는 단면력
L : 활하중 또는 이에 의해 일어나는 단면력
H_v : 흙, 지하수 또는 기타 재료의 자중에 의한 연직방향 하중 또는 이에 의해 일어나는 단면력
H_h : 흙, 지하수 또는 기타 재료의 횡압력에 의한 수평방향 하중 또는 이에 의해 일어나는 단면력
L_r : 지붕 활하중 또는 이에 의해 일어나는 단면력
S : 적설하중 또는 이에 의해 일어나는 단면력
R : 강우하중 또는 이에 의해 일어나는 단면력
W : 풍하중 또는 이에 의해 일어나는 단면력
E : 지진하중 또는 이에 의해 일어나는 단면력
a_H : 토피의 두께 h에 따른 연직방향 하중 H_v에 대한 보정계수
$h \leq 2mm$에 대하여 $\alpha_H = 1.0$
$h > 2mm$에 대하여 $\alpha_H = 1.05 - 0.025h > 0.875$

한편 설계기준에서는 앞의 표의 하중조합을 적용함에 있어서 고려해야 할 사항들을 아래와 같이 알려주고 있다.
① 차고, 공공의 집회장소 및 L이 5.0kN/m² 이상인 모든 장소 이외에는 식(c), 식(d) 및 식(g)에서 활하중 L에 대한 하중계수를 0.5로 감소시킬 수 있다.
② 구조물에 충격의 영향이 가해지는 경우에는 활하중 L을 충격효과 I가 포함된 $(L+I)$로 대체해야 한다.
③ 부등침하, 크리프, 건조수축, 팽창 콘크리트의 팽창량 및 온도변화는 사용구조물의 실제적 상황을 고려하여 계산하여야 한다.
④ 포스트텐션 정착부의 설계에 있어서는 최대 프리스트레싱 강재 긴장력에 하중계수 1.2를 적용해야 한다.

4. 강도설계법의 장점과 단점

(1) 강도설계법의 장점
① 파괴에 대한 안전확보가 확실하다.
② 하중계수를 사용하여 하중의 특성을 설계에 반영할 수 있다.

(2) 강도설계법의 단점
① 서로 다른 재료의 특성을 설계에 합리적으로 반영하기 어렵다.
② 사용성 확보를 위해서 별도의 검토가 필요하다.

개념이해

01 계수하중 U를 구하기 위해 사용하중에 곱해주는 하중계수가 잘못 기술된 것은?(단, D : 사하중, L : 활하중, W : 풍하중, E : 지진하중, S : 적설하중)

① $U = 1.2D + 1.6L$
② $U = 0.9D + 1.3W$
③ $U = 1.2D + 1.0W + 1.0L + 0.5S$
④ $U = 1.2D + 1.0E + 1.0L + 0.2S$

○ 고정하중(D), 풍하중(W), 활하중(L) 그리고 적설하중(S)이 작용하는 경우
$U = 1.2D + 1.3W + 1.0L + 0.5S$

답 ③

과년도 기출문제

01 철근콘크리트 구조물을 설계할 때는 하중계수와 하중조합 등을 충분히 고려하여 구조물에 작용하는 최대 소요강도(U)에 만족하도록 안전하게 설계해야 한다. 그 이유로 적합치 않은 것은?

① 예상하지 못한 초과하중에 대비하기 위해
② 구조물 설계 시에 사용하는 가정과 실제와의 차이에 대비하려고
③ 재료의 강도나 시공시의 오차 등에 따른 위험에 대비하려고
④ 고정이나 활하중과 같은 주요하중의 변화에 대비하기 위해

[해설]
재료의 강도나 시공시의 오차 등에 따른 위험에 대비하여 고려되어 지는 것은 강도감소계수이다.

02 구조물을 해석하여 설계하고자 할 때 계수고정하중은 항상 작용하고 있으므로 모든 경간에 재하시키면 되지만, 계수활하중은 그렇지 않을 수도 있다. 계수활하중을 배치하는 방법 중에서 적절하지 않은 방법은?

① 해당 바닥판에만 재하된 것으로 보아 해석한다.
② 고정하중과 활하중의 하중조합은 모든 경간에 재하된 계수고정하중과 두 인접 경간에 만재된 계수활하중의 조합하중으로 해석한다.
③ 고정하중과 활하중의 하중조합은 모든 경간에 재하된 계수고정하중과 한 경간씩 건너서 만재된 계수활하중과의 조합하중으로 해석한다.
④ 고정하중과 활하중의 하중조합은 모든 경간에 재하된 계수고정하중과 모든 경간에 만재된 계수활하중의 조합하중으로 해석한다.

[해설]
고정하중과 활하중의 하중조합은 모든 경간에 재하된 계수고정하중과 두 인접 경간에 만재된 계수활하중의 조합하중으로 해석하거나, 또는 한 경간씩 건너서 만재된 계수활하중과의 조합하중으로 해석한다.

03 지간(L)이 6m인 단철근 직사각형 단순보에 고정하중(자중포함)이 15.5kN/m, 활하중이 35kN/m가 작용할 경우 최대 모멘트가 발생하는 단면의 계수 모멘트(M_u)는 얼마인가?(단, 하중조합을 고려할 것)

① 227.3kN · m
② 300.6kN · m
③ 335.7kN · m
④ 373.2kN · m

[해설]
$$W_u = 1.2W_D \times 1.6W_L$$
$$= 1.2 \times 15.5 + 1.6 \times 35$$
$$= 74.6 \text{kN/m}$$

$$M_u = \frac{W_u \cdot l^2}{8}$$
$$= \frac{74.6 \times 6^2}{8} = 335.7 \text{kN} \cdot \text{m}$$

04 고정하중 50kN/m, 활하중 100kN/m를 지지해야 할 지간 8m의 단순보에서 계수모멘트 M_u는?

① 1,630kN · m
② 1,760kN · m
③ 1,870kN · m
④ 1,960kN · m

[해설]
$$W_u = 1.2W_D \times 1.6W_L$$
$$= 1.2 \times 50 + 1.6 \times 100$$
$$= 220 \text{kN/m}$$

$$M_u = \frac{W_u \cdot l^2}{8}$$
$$= \frac{220 \times 8^2}{8} = 1,760 \text{kN} \cdot \text{m}$$

정답 01 ③ 02 ④ 03 ③ 04 ②

과년도 기출문제

05 사용 고정하중(D)과 활하중(L)을 작용시켜서 단면에서 구한 휨모멘트는 각각 $M_D = 30\text{kN}\cdot\text{m}$, $M_L = 3\text{kN}\cdot\text{m}$이었다. 주어진 단면에 대해서 현행 콘크리트 구조설계기준에 따라 최대 소요강도를 구하면?

① 30kN·m
② 40.8kN·m
③ 42kN·m
④ 48.2kN·m

[해설]

$M_{u1} = 1.2M_D + 1.6M_L$
$\quad = 1.2 \times 30 + 1.6 \times 3$
$\quad = 40.8\text{kN}\cdot\text{m}$

$M_{u2} = 1.4M_D = 1.4 \times 30$
$\quad = 42\text{kN}\cdot\text{m}$

$M_u = [M_{u1},\ M_{u2}]_{\max}$
$\quad = [40.8\text{kN}\cdot\text{m},\ 42\text{kN}\cdot\text{m}]_{\max}$
$\quad = 42\text{kN}\cdot\text{m}$

06 폭(b) = 600mm, 전체 높이(h) = 1,000mm인 직사각형 단면을 가지는 철근콘크리트 부재에 자중만 작용한다면 계수휨모멘트 M_u는?(단, 지간 6.8m인 단순보이고, 철근콘크리트의 단위무게는 25kN/m³을 적용한다.)

① 104.1kN·m
② 121.4kN·m
③ 142.8kN·m
④ 158.5kN·m

[해설]

$W_D = \gamma A = \gamma(bh)$
$\quad = 25 \times (0.6 \times 1) = 15\text{kN/m}$

$W_{u1} = 1.2W_D + 1.6W_L$
$\quad = 1.2 \times 15 + 1.6 \times 0$
$\quad = 18\text{kN/m}$

$W_{u2} = 1.4W_D$
$\quad = 1.4 \times 15 = 21\text{kN/m}$

$W_u = [W_{u1},\ W_{u2}]_{\max}$
$\quad = [18\text{kN/m},\ 21\text{kN/m}]_{\max}$
$\quad = 21\text{kN}\cdot\text{m}$

$M_u = \dfrac{W_u l^2}{8}$

$\quad = \dfrac{21 \times 6.8^2}{8} = 121.38\text{kN}\cdot\text{m}$

정답 05 ③ 06 ②

03 보의 휨해석과 설계

1 강도설계법의 기본개념

1. 설계 기본원칙

$$M_u \leq M_d = \phi M_n \quad \cdots\cdots\cdots\cdots\cdots\cdots\cdots\cdots\cdots\cdots\cdots\cdots\cdots (3.1)$$

여기서, M_u : 계수휨하중
M_d : 설계휨강도
M_n : 공칭휨강도
ϕ : 강도감소계수

2. 설계 가정

① 휨모멘트와 축력을 받는 부재의 강도설계는 다음 ②부터 ⑦까지에 규정된 가정에 따라야 하며, 힘의 평형조건과 변형률 적합조건을 만족시켜야 한다.

② 철근과 콘크리트의 변형률은 중립축부터 거리에 비례하는 것으로 가정할 수 있다. 그러나 깊은보는 비선형 변형률 분포를 고려하여야 한다. 깊은보의 설계에서 비선형 변형률 분포를 고려하는 대신 스트럿-타이 모델을 적용할 수도 있다.

③ 휨모멘트 또는 휨모멘트와 축력을 동시에 받는 부재의 콘크리트 압축연단의 극한변형률(ε_{cu})은 콘크리트의 설계기준압축강도가 40MPa 이하인 경우에는 0.0033으로 가정하며, 40MPa을 초과할 경우에는 매 10MPa의 강도 증가에 대하여 0.0001씩 감소시킨다. 콘크리트의 설계기준압축강도가 90MPa을 초과하는 경우에는 성능실험을 통한 조사연구에 의하여 콘크리트 압축연단의 극한변형률을 선정하고 근거를 명시하여야 한다.

④ 철근의 응력이 설계기준항복강도 f_y 이하일 때 철근의 응력은 그 변형률에 E_s를 곱한 값으로 하고, 철근의 변형률이 f_y에 대응하는 변형률보다 큰 경우 철근의 응력은 변형률에 관계없이 f_y로 하여야 한다.

⑤ 콘크리트의 인장강도는 철근콘크리트 부재 단면의 축강도와 휨강도 계산에서 무시할 수 있다.

⑥ 콘크리트 압축응력의 분포와 콘크리트변형률 사이의 관계는 직사각형, 사다리꼴, 포물선형 또는 강도의 예측에서 광범위한 실험의 결과와 실질적으로 일치하는 어떤 형상으로도 가정할 수 있다.

⑦ 상기 ⑥의 규정은 다음에 정의되는 포물선 – 직선 형상의 응력 – 변형률 관계로 나타낼 수 있다.

- 원점에서 최대 응력에 처음 도달할 때까지의 상승 곡선부는 식 (3.2)에 의해 계산하고, 이후 극한변형률 ε_{cu} 까지는 식 (3.3)에 의해 계산한다.

$$f_c = 0.85 f_{ck} \left[1 - \left(1 - \frac{\varepsilon_c}{\varepsilon_{co}} \right)^n \right] \quad \cdots\cdots\cdots (3.2)$$

$$f_c = 0.85 f_{ck} \quad \cdots\cdots\cdots (3.3)$$

여기서, n : 상승 곡선부의 형상을 나타내는 지수
ε_c : 콘크리트의 압축변형률
ε_{co} : 최대 응력에 처음 도달할 때의 변형률

- 콘크리트 압축강도가 40MPa 이하인 경우 n, ε_{co}, ε_{cu} 는 각각 2.0, 0.002, 0.0033으로 한다. 콘크리트 압축강도가 40MPa을 초과하는 경우, n은 식 (3.4)에 따라 결정하며 매 10MPa의 강도 증가에 대하여 식 (3.5)와 같이 ε_{co}의 값을 0.0001씩 증가시키고 식 (3.6)과 같이 ε_{cu}의 값을 0.0001씩 감소시킨다.

$$n = 1.2 + 1.5 \left(\frac{100 - f_{ck}}{60} \right)^4 \leq 2.0 \quad \cdots\cdots\cdots (3.4)$$

$$\varepsilon_{co} = 0.002 + \left(\frac{f_{ck} - 40}{100,000} \right) \geq 0.002 \quad \cdots\cdots\cdots (3.5)$$

$$\varepsilon_{cu} = 0.0033 - \left(\frac{f_{ck} - 40}{100,000} \right) \leq 0.0033 \quad \cdots\cdots\cdots (3.6)$$

단, 콘크리트의 압축강도가 90MPa을 초과하는 경우에는 성능실험을 통한 조사연구에 의하여 이 값들을 선정하고 근거를 명시하여야 한다.

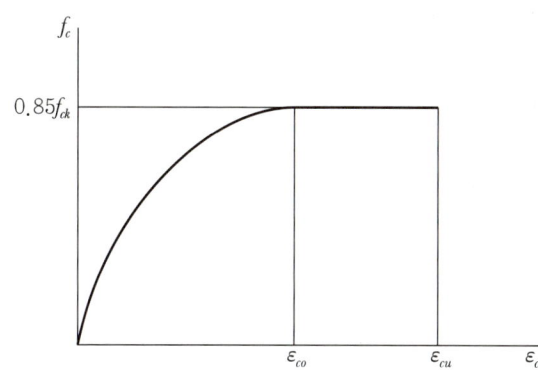

포물선 – 사각형 응력 – 변형률 곡선

03 보의 휨해석과 설계

- 포물선–직선 형상의 응력–변형률 관계에 의하여 콘크리트에 작용하는 압축응력의 평균값은 $\alpha(0.85f_{ck})$로, 압축연단으로부터 합력의 작용위치는 중립축 깊이 c에 대한 β의 비율로 나타내며, 응력분포의 각 변수 및 계수는 다음 표의 값을 적용한다.

f_{ck}(MPa)	≤40	50	60	70	80	90
n	2.0	1.92	1.50	1.29	1.22	1.20
ε_{co}	0.002	0.0021	0.0022	0.0023	0.0024	0.0025
ε_{cu}	0.0033	0.0032	0.0031	0.003	0.0029	0.0028
α	0.80	0.78	0.72	0.67	0.63	0.59
β	0.40	0.40	0.38	0.37	0.36	0.35

α, β의 값들은 부재단면의 압축영역이 사각형인 경우에 적용하는 값이며, 원형 또는 삼각형 단면 등과 같이 사각형이 아닌 단면에는 적용되지 않는다.

⑧ 상기 ⑥의 규정은 상기 ⑦에 규정된 포물선–직선 형상의 응력–변형률 관계 대신 다음에 정의되는 등가 직사각형 압축응력블록으로 나타낼 수 있다.

- 단면의 가장자리와 최대 압축변형률이 일어나는 연단부터 $a = \beta_1 c$ 거리에 있고 중립축과 평행한 직선에 의해 이루어지는 등가 압축영역에 $\eta(0.85f_{ck})$인 콘크리트 응력이 등분포하는 것으로 가정한다.
- 최대 변형률이 발생하는 압축연단에서 중립축까지 거리 c는 중립축에 대해 직각방향으로 측정한 것으로 한다.
- 등가 직사각형 응력분포에서 계수 η와 β_1은 다음 표의 값을 적용한다.

f_{ck}(MPa)	≤40	50	60	70	80	90
ε_{cu}	0.0033	0.0032	0.0031	0.003	0.0029	0.0028
η	1.00	0.97	0.95	0.91	0.87	0.84
β_1	0.80	0.80	0.76	0.74	0.72	0.70

또한, 등가 직사각형 응력블록계수 η와 β_1은 다음과 같이 나타낼 수 있다.

$$\eta = \frac{\alpha}{2\beta}, \ \beta_1 = 2\beta$$

과년도 기출문제

01 콘크리트 강도설계법의 기본 가정에 관한 사항 중 옳지 않은 것은?

① 콘크리트 압축연단의 극한 변형률은 콘크리트의 설계기준압축강도가 40MPa 이하인 경우에는 0.0033으로 가정한다.
② 철근 및 콘크리트의 변형률은 중립축으로부터 의 거리에 비례한다.
③ 설계기준항복강도 f_y는 450MPa을 초과하여 적용할 수 없다.
④ 콘크리트 압축 응력 분포는 등가 직사각형 분포로 생각해도 좋다.

[해설]

강도설계법에 대한 기본가정 사항
- 휨모멘트와 축력을 받는 부재의 강도설계는 힘의 평형조건과 변형률 적합조건을 만족시켜야 한다.
- 철근 및 콘크리트의 변형률은 중립축으로부터의 거리에 비례한다.
- 콘크리트 압축연단의 극한 변형률은 콘크리트의 설계기준압축강도가 40MPa 이하인 경우에는 0.0033으로 가정한다.
- f_y 이하의 철근응력은 그 변형률의 E_s 배로 취한다. f_y에 해당하는 변형률보다 더 큰 변형률에 대한 철근의 응력은 변형률에 관계없이 f_y와 같다고 가정한다.
- 콘크리트의 인장응력은 무시한다.
- 콘크리트 압축응력의 분포와 콘크리트 변형률 사이의 관계는 직사각형, 사다리꼴, 포물선형 어떤 형상으로도 가정할 수 있다.

02 강도설계법의 설계 기본가정 중에서 옳지 않은 것은?

① 철근 및 콘크리트의 변형률은 중립축으로부터 의 거리에 비례한다.
② 인장측 연단에서 콘크리트의 극한변형률은 0.0033으로 가정한다.
③ 콘크리트의 인장강도는 철근콘크리트 휨 계산에서 무시한다.
④ 철근의 변형률이 f_y에 대응하는 변형률보다 큰 경우 철근의 응력은 변형률에 관계없이 f_y로 한다.

[해설]

콘크리트 압축연단의 극한 변형률은 콘크리트의 설계기준압축강도가 40MPa 이하인 경우에는 0.0033으로 가정한다.

03 철근콘크리트 보에서 강도설계법의 기본가정에 관한 설명 중 옳지 않은 것은?

① 콘크리트와 철근이 모두 후크(Hooke)의 법칙을 따른다고 가정한다.
② 콘크리트 압축연단의 극한 변형률은 콘크리트의 설계기준압축강도가 40MPa 이하인 경우에는 0.0033으로 가정한다.
③ 휨응력 계산에서 콘크리트의 인장강도는 무시한다.
④ 변형률은 중립축으로부터 떨어진 거리에 비례한다.

[해설]

극한강도상태에서 콘크리트의 응력은 변형률에 비례하지 않는다.

04 강도설계법에서 휨 부재의 등가사각형 압축응력 분포의 깊이가 $a = \beta_1 c$인데, 이 중 f_{ck}가 40MPa일 때 β_1의 값은?

① 0.77
② 0.80
③ 0.83
④ 0.85

[해설]

$f_{ck} \leq 40$MPa인 경우, $\beta_1 = 0.80$

정답 01 ③ 02 ② 03 ① 04 ②

03 보의 휨해석과 설계

2 단철근 직사각형 단면보

1. 균형보

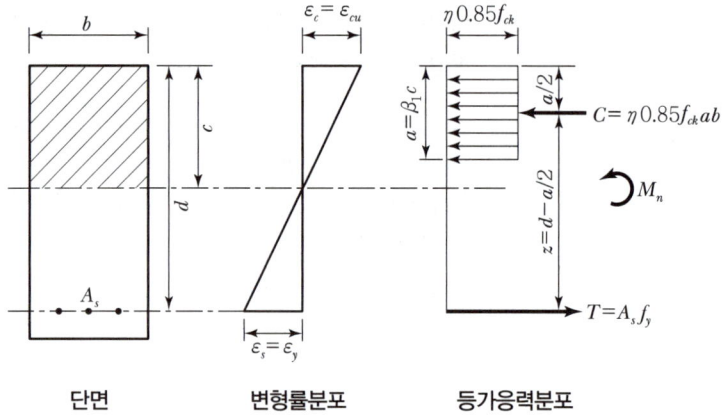

단면   변형률분포   등가응력분포

(1) 균형보의 정의

콘크리트 압축 측 연단의 변형률(ε_c)이 극한변형률(ε_{cu})에 도달함과 동시에 인장철근이 항복하여 그 변형률(ε_s)이 항복변형률(ε_y)에 도달하는 상태를 균형상태라 하고, 이러한 보를 균형보라 한다.

➕ 균형상태
$$\begin{bmatrix} \varepsilon_c = \varepsilon_{cu} \\ \varepsilon_s = \varepsilon_y \end{bmatrix}$$

(2) 균형상태의 중립축위치(c_b)와 균형철근비(ρ_b)

  1) 인장철근의 변형률(ε_s)과 철근비(ρ)의 관계

    ① 변형률분포에서 비례식을 사용하면 중립축위치(c)를 다음과 같이 구할 수 있다.

$$c = \frac{\varepsilon_c}{\varepsilon_c + \varepsilon_s} d \quad \cdots \cdots (3.7)$$

    ② 등가응력분포에서 평형방정식을 사용하면 중립축위치(c)를 다음과 같이 구할 수 있다.

$$c = \frac{A_s f_y}{\eta\, 0.85 \beta_1 f_{ck} b} \quad \cdots \cdots (3.8)$$

    ③ 인장철근의 변형률(ε_s)과 철근비(ρ)의 관계는 중립축위치를 나타내는 두 식 (3.7)과 (3.8)로부터 다음과 같이 나타낼 수 있다.

$$\rho = \eta\, 0.85\beta_1 \frac{f_{ck}}{f_y} \frac{\varepsilon_c}{\varepsilon_c + \varepsilon_s} \quad \cdots\cdots\cdots\cdots\cdots\cdots\cdots\cdots\cdots\cdots\cdots\cdots\cdots (3.9)$$

여기서, $\rho = \dfrac{A_s}{bd}$

2) 균형상태의 중립축위치(c_b)

균형상태의 중립축위치(c_b)는 중립축위치(c)를 나타내는 식 (3.7)에 $\varepsilon_c = \varepsilon_{cu},\ \varepsilon_s = \varepsilon_y$를 대입함으로써 구할 수 있다.

$$c_b = \frac{\varepsilon_{cu}}{\varepsilon_{cu} + \varepsilon_y} d \quad \cdots\cdots\cdots\cdots\cdots\cdots\cdots\cdots\cdots\cdots\cdots\cdots\cdots (3.10)$$

또한, $f_{ck} \leq 40\mathrm{MPa}$인 경우 균형상태의 중립축의 위치($c_b$)는 식 (3.10)에 $\varepsilon_{cu} = 0.0033$을 대입하여 다음과 같이 나타낼 수 있다.

$$c_b = \frac{660}{660 + f_y} d \quad \cdots\cdots\cdots\cdots\cdots\cdots\cdots\cdots\cdots\cdots\cdots\cdots\cdots (3.11)$$

3) 균형철근비(ρ_b)

균형철근비(ρ_b)는 인장철근의 변형률(ε_s)과 철근비(ρ)의 관계를 나타내는 식 (3.9)에 $\varepsilon_c = \varepsilon_{cu},\ \varepsilon_s = \varepsilon_y$를 대입함으로써 구할 수 있다.

$$\rho_b = \eta\, 0.85\beta_1 \frac{f_{ck}}{f_y} \frac{\varepsilon_{cu}}{\varepsilon_{cu} + \varepsilon_y} \quad \cdots\cdots\cdots\cdots\cdots\cdots\cdots\cdots\cdots\cdots (3.12)$$

$f_{ck} \leq 40\mathrm{MPa}$인 경우 균형철근비($\rho_b$)는 식 (3.12)에 $\varepsilon_{cu} = 0.0033$, $\eta = 1$, $\beta_1 = 0.8$을 대입하여 다음과 같이 표현할 수 있다.

$$\rho_b = 0.68 \frac{f_{ck}}{f_y} \frac{660}{660 + f_y} \quad \cdots\cdots\cdots\cdots\cdots\cdots\cdots\cdots\cdots\cdots\cdots (3.13)$$

과년도 기출문제

01 강도설계법에 의할 때 단철근 직사각형 보가 균형단면이 되기 위한 중립축의 위치 c는? (단, $f_y = 300$MPa, $f_{ck} = 30$MPa, $d = 600$mm)

① $c = 412.5$mm   ② $c = 312.5$mm
③ $c = 507.5$mm   ④ $c = 403.5$mm

[해설]

$f_{ck} = 30$MPa ≤ 40MPa인 경우

$c_b = \dfrac{660}{660 + f_y} d = \dfrac{660}{660 + 300} \times 600$
$\quad = 412.5$mm

02 단철근 직사각형 보에서 균형단면이 되기 위한 중립축의 위치 c와 유효깊이 d의 비는 얼마인가? (단, $f_{ck} = 21$MPa, $f_y = 350$MPa, $b = 360$mm, $d = 700$mm이다.)

① $\dfrac{c}{d} = 0.5321$ ② $\dfrac{c}{d} = 0.6535$
③ $\dfrac{c}{d} = 0.4569$ ④ $\dfrac{c}{d} = 0.7578$

[해설]

$f_{ck} = 21$MPa ≤ 40MPa인 경우

$c_b = \dfrac{660}{660 + f_y} d = \dfrac{660}{660 + 350} d = 0.6535 d$

$\dfrac{c_b}{d} = 0.6535$

03 강도설계법에서 $f_{ck} = 30$MPa, $f_y = 350$MPa일 때 단철근 직사각형 보의 균형철근비는?

① 0.0347   ② 0.0365
③ 0.0381   ④ 0.0386

[해설]

$f_{ck} = 30$MPa ≤ 40MPa인 경우

$\rho_b = 0.68 \dfrac{f_{ck}}{f_y} \dfrac{660}{660 + f_y}$
$\quad = 0.68 \times \dfrac{30}{350} \times \dfrac{660}{660 + 350} = 0.0381$

04 $b_w = 300$mm, $d = 450$mm인 단철근 직사각형 보의 균형철근량은 약 얼마인가? (단, $f_{ck} = 35$MPa, $f_y = 350$MPa이다.)

① 5,485mm²   ② 6,120mm²
③ 5,994mm²   ④ 5,810mm²

[해설]

$f_{ck} = 35$MPa ≤ 40MPa인 경우

$\rho_b = 0.68 \dfrac{f_{ck}}{f_y} \dfrac{660}{660 + f_y}$
$\quad = 0.68 \times \dfrac{35}{350} \times \dfrac{660}{660 + 350} = 0.0444$

$A_{s,b} = \rho_b \cdot b \cdot d$
$\quad = 0.0444 \times 300 \times 450 = 5{,}994$mm²

정답 01 ① 02 ② 03 ③ 04 ③

MEMO

03 보의 휨해석과 설계

2. 보의 휨파괴 유형

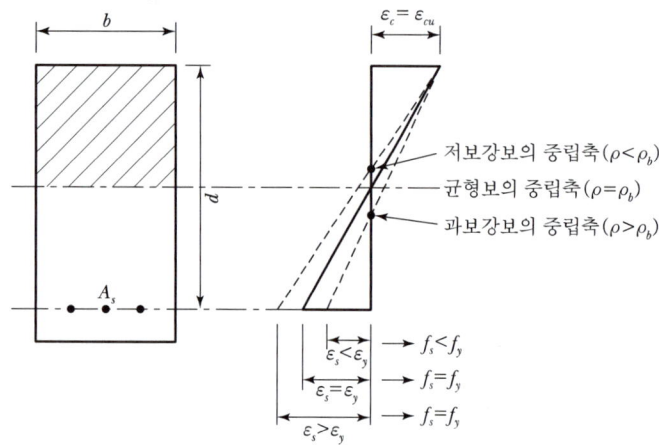

철근비에 따른 중립축의 위치

> **철근비에 따른 파괴유형**
> - $\rho < \rho_b$ 연성파괴
> - $\rho > \rho_b$ 취성파괴

(1) 연성파괴
① 연성파괴는 균형철근비보다 적은 철근비를 사용한 저보강보(과소철근보)의 파괴유형이다.
② 연성파괴는 콘크리트 압축 측 연단의 변형률이 ε_{cu}에 도달하기 전에 인장철근이 먼저 항복하여 일어난다.
③ 연성파괴는 철근이 먼저 항복하여 일어남으로 파괴가 점진적으로 진행되며 중립축의 위치가 압축 측으로 이동한다.
④ 연성파괴는 철근콘크리트 보의 바람직한 파괴유형이다.

(2) 취성파괴
① 취성파괴는 균형철근비보다 많은 철근비를 사용한 과보강보(과다철근보)의 파괴유형이다.
② 취성파괴는 인장철근이 항복하기 전에 콘크리트 압축 측 연단의 변형률이 ε_{cu}에 먼저 도달하여 일어난다.
③ 취성파괴는 콘크리트의 파쇄에 의하여 일어남으로 파괴가 갑작스럽게 진행되며 중립축의 위치가 인장측으로 이동한다.
④ 취성파괴는 인장철근량이 너무 적어도 일어난다.

과년도 기출문제

01 균형철근량보다 작은 인장철근을 가진 과소철근 보가 휨에 의해 파괴될 때의 설명 중 옳은 것은?

① 중립축이 인장 측으로 내려오면서 철근이 먼저 파괴된다.
② 압축 측 콘크리트와 인장 측 철근이 동시에 항복한다.
③ 인장 측 철근이 먼저 항복한다.
④ 압축 측 콘크리트가 먼저 파괴된다.

[해설]
과소철근보는 콘크리트 압축 측 연단의 변형률이 극한변형률에 도달하기 전에 인장 측 철근이 먼저 항복상태에 도달하여 연성파괴가 일어나는 보이다. 또한, 과소철근보가 휨에 의해 파괴될 때 중립축이 압축 측으로 올라간다.

02 강도설계법에서 보의 휨파괴에 대한 설명으로 잘못된 것은?

① 보는 취성파괴보다는 연성파괴가 일어나도록 설계되어야 한다.
② 과소철근보는 인장철근이 항복하기 전에 압축 측 콘크리트의 변형률이 극한변형률에 도달하는 보이다.
③ 균형철근보는 압축 측 콘크리트의 변형률이 극한변형률에 도달함과 동시에 인장철근이 항복하는 보이다.
④ 과다철근보는 인장철근량이 많아서 갑작스런 압축파괴가 발생하는 보이다.

[해설]
과소철근보는 압축 측 콘크리트의 변형률이 극한변형률에 도달하기 전에 인장 측 철근이 먼저 항복하는 보이다.

03 콘크리트 보에서 균열이 발생하면 중립축의 위치가 갑자기 압축부 위측으로 올라가는데 그 이유는?

① 응력과 변형률의 비례 관계가 성립하기 때문에
② 인장 균열이 발생한 깊이의 콘크리트 인장응력이 무시되기 때문에
③ 균열 부위의 전단 저항력이 상실되기 때문에
④ 인장 철근의 환산 단면적이 달라지기 때문에

[해설]
인장 균열이 발생한 길이의 콘크리트 인장응력이 무시되기 때문이다.

04 철근콘크리트 보의 파괴거동 내용 중 잘못된 것은?

① 규정에 의한 최소 철근량($A_{s,\min}$)보다 매우 적은 철근량이 배근된 경우 인장부 콘크리트응력이 파괴계수에 도달하면 균열과 동시에 취성파괴를 일으킨다.
② 과소철근으로 배근된 단면에서는 최종 붕괴가 생길 때까지 큰 처짐이 생긴다.
③ 과다철근으로 배근된 단면에서는 압축 측 콘크리트의 변형률이 극한변형률에 도달할 때 인장철근의 응력은 항복응력보다 작다.
④ 인장철근이 항복응력 f_y에 도달함과 동시에 콘크리트 압축변형률이 극한변형률에 도달하도록 설계하는 것이 경제적이고 바람직한 설계이다.

[해설]
콘크리트 압축변형률이 극한변형률에 도달하기 전에 인장철근이 먼저 항복응력(f_y)에 도달하는 연성파괴가 이루어지도록 설계하는 것이 바람직하다.

정답 01 ③ 02 ② 03 ② 04 ④

03 보의 휨해석과 설계

3. 최소 허용인장변형률에 해당하는 철근비와 최소 철근비

(1) 최소 허용인장변형률($\varepsilon_{t,\min}$)

1) 최소 허용인장변형률에 대한 규정을 두는 이유

철근콘크리트 휨부재의 연성파괴를 확보하기 위한 것으로 프리스트레스를 가하지 않은 휨부재 즉, 철근콘크리트 휨부재와 $0.10 f_{ck} A_g$보다 작은 계수축하중을 받는 철근콘크리트 휨부재의 최외단에 배치된 인장철근의 순인장변형률(ε_t)은 최소 허용인장변형률($\varepsilon_{t,\min}$) 이상이어야 한다.

2) 최소 허용인장변형률($\varepsilon_{t,\min}$)의 값

① $f_y \leq 400\text{MPa}$인 철근의 경우, $\varepsilon_{t,\min} = 0.004$
② $f_y > 400\text{MPa}$인 철근의 경우, $\varepsilon_{t,\min} = 2.0\varepsilon_y$

＋ 최소 허용인장변형률에 대한 규정

$\varepsilon_t \geq \varepsilon_{t,\min} \rightarrow (\rho \leq \rho_{\max})$

(2) 최소 허용인장변형률에 해당하는 철근비($\rho_{\max}$, 인장철근비의 상한)

1) 인장철근비의 상한($\rho_{\max}$)

인장철근비의 상한($\rho_{\max}$)은 인장철근의 변형률(ε_s)과 철근비(ρ)의 관계를 나타내는 식 (3.9)에 $\varepsilon_c = \varepsilon_{cu}$, $\varepsilon_s = \varepsilon_{t,\min}$을 대입함으로써 구할 수 있다.

$$\rho_{\max} = \eta\, 0.85\beta_1 \frac{f_{ck}}{f_y} \frac{\varepsilon_{cu}}{\varepsilon_{cu} + \varepsilon_{t,\min}} \quad \cdots\cdots (3.14)$$

$f_{ck} \leq 40\text{MPa}$인 경우 인장철근비의 상한($\rho_{\max}$)은 식 (3.14)에 $\varepsilon_{cu} = 0.0033$, $\eta = 1$, $\beta_1 = 0.8$을 대입하여 다음과 같이 나타낼 수 있다.

$$\rho_{\max} = 0.68 \frac{f_{ck}}{f_y} \frac{0.0033}{0.0033 + \varepsilon_{t,\min}} \quad \cdots\cdots (3.15)$$

2) 인장철근비의 상한($\rho_{\max}$)과 균형철근비(ρ_b)의 관계

인장철근비의 상한($\rho_{\max}$)과 균형철근비(ρ_b)의 관계는 식 (3.12)와 (3.14)로부터 다음과 같이 나타낼 수 있다.

$$\rho_{\max} = \frac{\varepsilon_{cu} + \varepsilon_y}{\varepsilon_{cu} + \varepsilon_{t,\min}} \rho_b \quad \cdots\cdots (3.16)$$

$f_{ck} \leq 40\text{MPa}$인 경우 식 (3.16)은 다음과 같이 나타낼 수 있다.

$$\rho_{\max} = \frac{0.0033 + \varepsilon_y}{0.0033 + \varepsilon_{t,\min}} \rho_b \quad \cdots\cdots (3.17)$$

＋ 예제

$f_{ck} \leq 40\text{MPa}$인 경우 $f_y = 400\text{MPa}$인 철근의 $\dfrac{\rho_{\max}}{\rho_b}$는 얼마인가?

[해설]
- $\varepsilon_{cu} = 0.0033$
  ($f_{ck} \leq 40\text{MPa}$인 경우)
- $\varepsilon_{t,\min} = 0.004$
  ($f_y \leq 400\text{MPa}$인 경우)
- $\varepsilon_y = \dfrac{f_y}{E_s} = \dfrac{400}{2\times 10^5} = 0.002$
- $\dfrac{\rho_{\max}}{\rho_b} = \dfrac{0.0033 + 0.002}{0.0033 + 0.004}$

  $= \dfrac{53}{73} = 0.726$

(3) 휨부재의 최소 철근량($A_{s,\min}$)

1) 최소 철근비에 대한 규정을 두는 이유

인장철근을 너무 적게 배치하면 인장균열의 발생과 동시에 콘크리트가 갑작스럽게 파괴되는 취성파괴가 일어나게 된다. 이러한 파괴를 피하고 연성파괴를 확보하기 위해선 인장철근량이 최소 철근량($A_{s,\min}$) 이상 이어야 한다.

2) 최소 철근비에 대한 규정

① 해석에 의하여 인장철근 보강이 요구되는 휨부재의 모든 단면에 대하여 ②와 ③에 규정된 경우를 제외하고는 설계휨강도가 식 (3.18)의 조건을 만족하도록 인장철근을 배치하여야 한다.

$$\phi M_n \geq 1.2 M_{cr} \quad \cdots\cdots\cdots\cdots\cdots\cdots\cdots\cdots\cdots\cdots (3.18)$$

여기서, M_{cr} : 휨부재의 균열 휨모멘트

② 부재의 모든 단면에서 해석에 의해 필요한 철근량보다 1/3 이상 인장철근이 더 배치되어 식 (3.19)의 조건을 만족하는 경우는 상기 ①의 규정을 적용하지 않을 수 있다.

$$\phi M_n \geq \frac{4}{3} M_u \quad \cdots\cdots\cdots\cdots\cdots\cdots\cdots\cdots\cdots\cdots (3.19)$$

③ 두께가 균일한 구조용 슬래브와 기초판에 대하여 경간방향으로 보강되는 휨철근의 단면적은 수축 · 온도철근량[KDS 14 20 50 (4.6)] 이상이어야 한다.

최소 철근비에 대한 규정

$A_s \geq A_{s,\min} \rightarrow (\rho \geq \rho_{\min})$

과년도 기출문제

01 강도설계법에 의한 철근콘크리트 보의 설계에서 최외단 인장철근의 순인장변형률(ε_t)이 최소 허용인장변형률($\varepsilon_{t,\min}$) 이상 되도록 규제하는 가장 중요한 이유는?

① 인장쪽부터 먼저 연성파괴를 유도하기 위해
② 최소철근보가 더 경제적이기 때문에
③ 압축쪽부터 먼저 취성파괴를 유도하기 위해
④ 인장쪽부터의 급격한 취성파괴를 피하기 위해

[해설]

$\varepsilon_{t,\min} \leq \varepsilon_t$

최외단 인장철근의 순인장변형률(ε_t)이 최소 허용인장변형률($\varepsilon_{t,\min}$) 이상 되도록 하는 이유는 압축 측의 콘크리트가 먼저 파괴되는 취성파괴를 피하고, 인장 측의 철근이 먼저 항복되는 연성파괴를 유도하기 위한 것이다.

02 단철근 직사각형 보를 강도설계법으로 설계할 경우 최외단 인장철근의 순인장변형률(ε_t)이 최소 허용인장변형률($\varepsilon_{t,\min}$) 이상 되도록 하는 이유는?

① 철근을 절약하기 위해서
② 처짐을 감소시키기 위해서
③ 철근이 항복하는 것을 막기 위해서
④ 콘크리트의 압축파괴, 즉 취성파괴를 피하기 위해서

[해설]

단철근 직사각형 보를 강도설계법으로 설계할 경우 최외단 인장철근의 순인장변형률(ε_t)이 최소 허용인장변형률($\varepsilon_{t,\min}$) 이상 되도록 하는 이유는 콘크리트의 취성파괴를 피하고 연성파괴를 확보하기 위해서이다.

03 강도설계에서 $f_{ck}=35\text{MPa}$, $f_y=350\text{MPa}$를 사용하는 단철근보의 최소 허용인장변형률에 해당하는 철근비(인장철근비의 상한)는?

① 0.0212
② 0.0248
③ 0.0279
④ 0.0307

[해설]

$\varepsilon_{t,\min}=0.004(f_y \leq 400\text{MPa}$인 경우)
$f_{ck} \leq 40\text{MPa}$인 경우

$$\rho_{\max}=0.68\frac{f_{ck}}{f_y}\frac{0.0033}{0.0033+\varepsilon_{t,\min}}$$

$$=0.68 \times \frac{35}{350} \times \frac{0.0033}{0.0033+0.004}=0.0307$$

04 철근콘크리트 휨부재의 최소 철근량에 대한 설명 중 틀린 것은?

① 보에서 철근량 A_s는 $\phi M_n \geq 1.3 M_{cr}$의 조건을 만족하도록 배치하여야 한다.
② 부재의 모든 단면에서 해석에 의해 필요한 철근량보다 1/3 이상 인장철근이 더 배치되어 $\phi M_n \geq \dfrac{4}{3}M_u$의 조건을 만족하는 최소 철근량 요건을 적용하지 않아도 된다.
③ 휨부재의 급작스러운 파괴를 방지하기 위해서 최소 철근량 규정이 제시되었다.
④ 두께가 균일한 구조용 슬래브의 경간방향으로 보강되는 인장철근의 최소 단면적은 수축·온도 철근의 규정에 따라야 한다.

[해설]

휨부재의 최소 철근량은 $\phi M_n \geq 1.2 M_{cr}$의 조건을 만족하도록 배치하여야 한다.

정답 01 ① 02 ④ 03 ④ 04 ①

과년도 기출문제

05 철근의 항복강도 $f_y = 400$MPa을 사용하고, 유효깊이 $d = 550$mm, 등가직사각형의 깊이 $a = 100$mm인 직사각형 단면에 요구되는 최소 철근량은 얼마인가?(단, 부재의 균열 휨모멘트 $M_{cr} = 340$kN·m이고, 인장지배단면이다.)

① 1,200mm² ② 2,400mm²
③ 3,600mm² ④ 4,800mm²

[해설]

$\phi M_{cr} \geq 1.2 M_{cr}$

$\phi f_y A_s \left(d - \dfrac{a}{2} \right) \geq 1.2 M_{cr}$

$A_s \geq \dfrac{1.2 M_{cr}}{\phi f_y \left(d - \dfrac{a}{2} \right)} = \dfrac{1.2 \times (340 \times 10^6)}{0.85 \times 400 \times \left(550 - \dfrac{100}{2} \right)}$

$\qquad = 2,400\text{m}^2$

정답 05 ②

03 보의 휨해석과 설계

4. 지배단면의 구분과 강도감소계수(ϕ)

(1) 최외단 인장철근의 순인장변형률(ε_t)

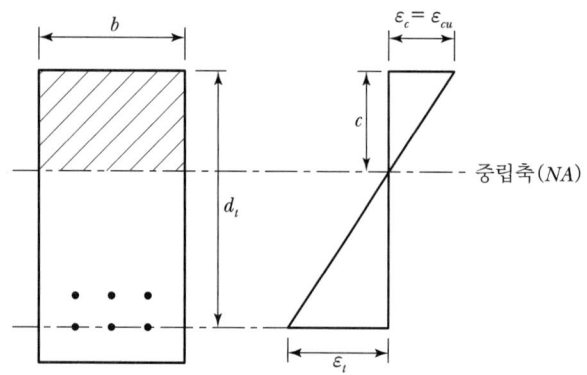

① 최외단 인장철근의 순인장변형률은 최외단 인장철근의 인장변형률에서 크리프, 건조수축, 온도변화, 그리고 프리스트레스 등에 의한 변형률을 제외한 변형률을 의미한다.

② 최외단 인장철근의 순인장변형률의 크기에 따라 철근콘크리트 부재의 단면을 압축지배단면, 인장지배단면, 그리고 변화구간단면으로 구분하고, 지배단면에 따라 강도감소계수(ϕ)를 각각 달리 적용한다.

③ 변형률분포에서 비례식을 사용하면 최외단 인장철근의 순인장변형률(ε_t)을 다음과 같이 구할 수 있다.

$$\varepsilon_t = \frac{d_t - c}{c}\varepsilon_c \quad \cdots\cdots\cdots (3.20\text{ⓐ})$$

$$\varepsilon_t = \frac{\beta_1 d_t - a}{a}\varepsilon_c \quad \cdots\cdots\cdots (3.20\text{ⓑ})$$

여기서, d_t : 콘크리트의 압축측 연단에서 최외단 인장철근의 도심까지 거리
a : 등가직사각형 응력분포의 깊이($=\beta_1 c$)

(2) 지배단면의 구분

1) 압축지배단면

① 콘크리트 압축 측 연단의 변형률(ε_c)이 극한변형률(ε_{cu})에 도달할 때, 최외단 인장철근의 순인장변형률(ε_t)이 압축지배 한계변형률인 인장철근의 항복변형률(ε_y) 이하인 단면을 압축지배단면이라 한다.

② 압축지배단면의 판별식

$\varepsilon_c = \varepsilon_{cu}$일 때, 다음 판별식을 만족하는 단면이 압축지배단면이다.

$$\varepsilon_t \leq \varepsilon_y \quad \cdots\cdots\cdots\cdots\cdots\cdots\cdots\cdots\cdots\cdots\cdots\cdots\cdots (3.21)$$

2) 인장지배단면

① 콘크리트 압축 측 연단의 변형률(ε_c)이 극한변형률(ε_{cu})에 도달할 때, 최외단 인장철근의 순인장변형률(ε_t)이 인장지배 한계변형률($\varepsilon_{t,l}$) 이상인 단면을 인장지배단면이라 한다.

② 인장지배 한계변형률($\varepsilon_{t,l}$)의 값
- $f_y \leq 400$MPa인 철근의 경우, $\varepsilon_{t,l} = 0.005$
- $f_y > 400$MPa인 철근의 경우, $\varepsilon_{t,l} = 2.5\varepsilon_y$

③ 인장지배단면의 판별식

$\varepsilon_c = \varepsilon_{cu}$일 때 다음 판별식을 만족하는 단면이 인장지배단면이다.

$$\varepsilon_t \geq \varepsilon_{t,l} \quad \cdots\cdots\cdots\cdots\cdots\cdots\cdots\cdots\cdots\cdots\cdots\cdots\cdots (3.22)$$

3) 변화구간단면

① 콘크리트 압축 측 연단의 변형률(ε_c)이 극한변형률(ε_{cu})에 도달할 때, 최외단 인장철근의 순인장변형률(ε_t)이 인장철근의 항복변형률(ε_y)과 인장지배 한계변형률($\varepsilon_{t,l}$) 사이에 있는 단면을 변화구간단면이라 한다.

② 변화구간단면의 판별식

$\varepsilon_c = \varepsilon_{cu}$일 때, 다음 판별식을 만족하는 단면이 변화구간단면이다.

$$\varepsilon_y < \varepsilon_t < \varepsilon_{t,l} \quad \cdots\cdots\cdots\cdots\cdots\cdots\cdots\cdots\cdots\cdots\cdots (3.23)$$

03 보의 휨해석과 설계

4) 최외단 인장철근의 순인장변형률에 따른 지배단면의 구분

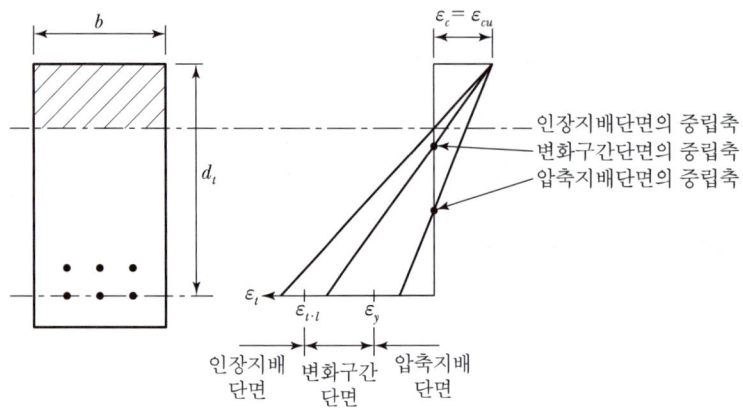

(3) 지배단면에 따른 강도감소계수(ϕ)

1) 압축지배단면에 대한 강도감소계수

$$\phi = \phi_c$$

여기서, ϕ_c의 값
- 나선철근으로 보강된 부재의 경우, $\phi_c = 0.70$
- 그 외의 기타 부재의 경우, $\phi_c = 0.65$

2) 인장지배단면에 대한 강도감소계수

$$\phi = 0.85$$

3) 변화구간단면에 대한 강도감소계수

$$\phi = 0.85 - \frac{\varepsilon_{t,l} - \varepsilon_t}{\varepsilon_{t,l} - \varepsilon_y}(0.85 - \phi_c) \quad \cdots\cdots\cdots (3.24)$$

과년도 기출문제

01 그림과 같은 철근콘크리트보 단면이 파괴 시 인장철근의 변형률은?(단, $f_{ck}=28\text{MPa}$, $f_y=350\text{MPa}$, $A_s=1{,}520\text{mm}^2$)

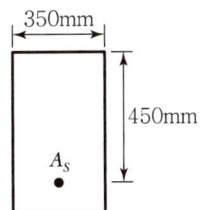

① 0.0043 ② 0.0089
③ 0.0117 ④ 0.0153

[해설]

$f_{ck}=28\text{MPa} \leq 40\text{MPa}$인 경우
$\varepsilon_{cu}=0.0033$, $\eta=1$, $\beta_1=0.8$
$a=\dfrac{A_s f_y}{\eta \, 0.85 f_{ck} b}=\dfrac{1{,}520 \times 350}{1 \times 0.85 \times 28 \times 350}=63.9\text{mm}$
$\varepsilon_t=\dfrac{d_t \beta_1 - a}{a}\varepsilon_{cu}$
$=\dfrac{450 \times 0.8 - 63.9}{63.9} \times 0.0033 = 0.0153$

02 그림에 나타난 단철근 직사각형보에서 공칭 휨강도(M_n)에 도달할 때 인장철근의 변형률(ε_t)은 얼마인가?(단, 철근 D22 4개의 단면적 $1{,}548 \text{ mm}^2$, $f_{ck}=35\text{MPa}$, $f_y=400\text{MPa}$)

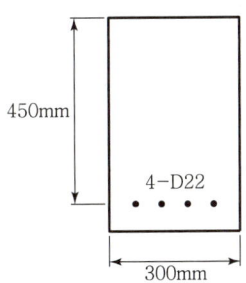

① 0.0052 ② 0.0094
③ 0.0138 ④ 0.0196

[해설]

$f_{ck}=35\text{MPa} \leq 40\text{MPa}$인 경우
$\varepsilon_{cu}=0.0033$, $\eta=1$, $\beta_1=0.8$

$c=\dfrac{f_y A_s}{\eta \, 0.85 f_{ck} b \beta_1}$
$=\dfrac{400 \times 1{,}548}{1 \times 0.85 \times 35 \times 300 \times 0.8}$
$=86.7\text{mm}$

$\varepsilon_t=\dfrac{d_t - c}{c}\varepsilon_{cu}=\dfrac{450 - 86.7}{86.7} \times 0.0033$
$=0.0138$

03 보강철근의 $f_y=350\text{MPa}$일 때 공칭강도에서 최외단 인장철근의 순인장변형률 $\varepsilon_t < 0.00175$이고 나선철근으로 보강된 단면의 강도감소계수는 얼마인가?

① 0.85 ② 0.75
③ 0.70 ④ 0.65

[해설]

$\varepsilon_y=\dfrac{f_y}{E_s}=\dfrac{350}{2 \times 10^5}=0.00175$

$\varepsilon_t(=0.00175) \leq \varepsilon_y(=0.00175)$
이므로 이 부재는 압축지배단면 부재이다.

- 압축지배단면 부재의 강도감소계수
  - 나선 철근으로 보강된 부재의 경우, $\phi=0.70$
  - 그 외의 기타 부재의 경우, $\phi=0.65$

04 다음 중 인장지배단면의 정의로 가장 적합한 것은?

① 공칭강도에서 인장철근군의 인장변형률이 인장지배 변형률한계 이상인 단면
② 공칭강도에서 인장철근군의 순인장변형률이 인장지배 변형률한계 이상인 단면
③ 공칭강도에서 최내단 인장철근의 인장변형률이 인장지배 변형률한계 이상인 단면
④ 공칭강도에서 최외단 인장철근의 순인장변형률이 인장지배 변형률한계 이상인 단면

정답 01 ④ 02 ③ 03 ③ 04 ④

[해설]

인장지배단면의 정의

콘크리트 압축측 연단의 변형률(ε_c)이 극한변형률에 도달할 때, 최외단 인장철근의 순인장변형률(ε_t)이 인장지배 한계변형률($\varepsilon_{t,l}$) 이상인 단면, 즉 $\varepsilon_t \geq \varepsilon_{t,l}$인 단면

인장지배 한계변형률($\varepsilon_{t,l}$)의 값
- $f_y \leq 400\text{MPa}$인 철근의 경우 : $\varepsilon_{t,l} = 0.005$
- $f_y > 400\text{MPa}$인 철근의 경우 : $\varepsilon_{t,l} = 2.5\varepsilon_y$

05 철근콘크리트 휨 부재설계에 대한 일반원칙을 설명한 것으로 틀린 것은?

① 인장철근이 설계기준항복강도에 대응하는 변형률에 도달하고 동시에 압축 콘크리트가 가정된 극한 변형률에 도달할 때, 그 단면이 균형변형률 상태에 있다고 본다.
② 철근의 항복강도가 400MPa 이하인 경우, 압축 연단 콘크리트가 가정된 극한 변형률에 도달할 때 최외단 인장철근의 순인장변형률이 0.005의 인장지배변형률 한계 이상인 단면을 인장지배단면이라고 한다.
③ 철근의 항복강도가 400MPa을 초과하는 경우, 인장지배 변형률 한계를 철근 항복변형률의 1.5배로 한다.
④ 순인장변형률이 압축지배변형률 한계와 인장지배변형률 한계 사이인 단면은 변화구간단면이라고 한다.

[해설]

인장지배단면의 정의

콘크리트 압축 측 연단의 변형률(ε_c)이 극한변형률에 도달할 때, 최외단 인장철근의 순인장변형률(ε_t)이 인장지배 한계변형률($\varepsilon_{t,l}$) 이상인 단면, 즉 $\varepsilon_t \geq \varepsilon_{t,l}$인 단면

인장지배 한계변형률($\varepsilon_{t,l}$)의 값
- $f_y \leq 400\text{MPa}$인 철근의 경우 : $\varepsilon_{t,l} = 0.005$
- $f_y > 400\text{MPa}$인 철근의 경우 : $\varepsilon_{t,l} = 2.5\varepsilon_y$

06 그림과 같이 철근콘크리트 휨 부재의 최외단 인장철근의 순인장 변형률(ϵ_t)이 0.0045일 경우 강도감소계수 ϕ는 얼마인가?[단, 나선철근으로 보강되지 않은 경우이고, 사용 철근은 $f_y = 400\text{MPa}$, ε_y(압축지배 변형률 한계) = 0.002이다.]

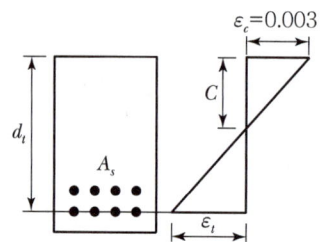

① 0.813
② 0.817
③ 0.821
④ 0.825

[해설]

- $f_y = 400\text{MPa}$인 경우, $\varepsilon_{t,l}$(인장지배 한계변형률)과 ε_y(압축지배 한계변형률)의 값
  $\varepsilon_{t,l} = 0.05 (f_y \leq 400\text{MPa}$인 경우$)$
  $\varepsilon_y = \dfrac{f_y}{E_s} = \dfrac{400}{2 \times 10^5} = 0.002$

- $\varepsilon_y(=0.002) \leq \varepsilon_t(=0.0045) \leq \varepsilon_{t,0}(=0.005)$
  이므로 변화구간 단면 부재이다.

- ϕ_c(압축지배 단면의 강도감소계수)의 값
  나선철근으로 보강된 부재, $\phi_C = 0.70$
  그 외의 기타 부재, $\phi_c = 0.65$

- 변화구간 단면 부재의 ϕ(강도감소계수)값 결정
  $\phi = 0.85 - \dfrac{\varepsilon_{t,l} - \varepsilon_t}{\varepsilon_{t,l} - \varepsilon_y}(0.85 - \phi_c)$
  $= 0.85 - \dfrac{0.005 - 0.0045}{0.005 - 0.002}(0.85 - 0.65) = 0.817$

과년도 기출문제

07 유효깊이(d)가 450mm인 직사각형 단면보에 f_y = 400MPa인 인장철근이 1열로 배치되어 있다. 중립축(c)의 위치가 압축연단에서 180mm인 경우 강도감소계수(ϕ)는?(단, f_{ck} = 20MPa이다.)

① 0.847
② 0.836
③ 0.825
④ 0.815

[해설]
ε_t(최외단 인장철근의 순인장 변형율) 결정
$\varepsilon_{cu} = 0.0033$($f_{ck} \leq 40$MPa인 경우)

- $\varepsilon_t = \dfrac{d_t - c}{c}\varepsilon_{cu} = \dfrac{450-180}{180} \times 0.0033 = 0.00495$

단면 구분
- $f_y = 400$MPa인 경우, ε_y(압축지배 한계 변형)와 $\varepsilon_{t,l}$(인장지배 한계 변형율) 값

$\varepsilon_y = \dfrac{f_y}{E_s} = \dfrac{400}{(2\times 10^5)} = 0.002$

$\varepsilon_{t,l} = 0.005$

- $\varepsilon_y(=0.002) < \varepsilon_t(=0.00495) < \varepsilon_{t,l}(=0.005)$이므로 변화구간단면

ϕ 결정
- $\phi_c = 0.65$(나선철근으로 보강되지 않은 경우)
- $\phi = 0.85 - \dfrac{\varepsilon_{t,l} - \varepsilon_t}{\varepsilon_{t,l} - \varepsilon_y}(0.85 - \phi_c)$

$= 0.85 - \dfrac{0.005 - 0.00495}{0.005 - 0.002}(0.85 - 0.65) = 0.847$

08 아래 그림과 같은 단면을 가지는 직사각형 단철근 보의 설계휨강도를 구할 때 사용되는 강도감소계수 ϕ값은 약 얼마인가?(단, A_s는 3,176mm², f_{ck} = 38MPa, f_y = 400MPa)

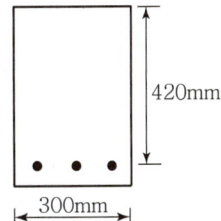

① 0.76
② 0.82
③ 0.83
④ 0.85

[해설]
최외단 인장철근의 순인장 변형율(ε_t)
$f_{ck} = 38$MPa ≤ 40MPa인 경우
$\varepsilon_{cu} = 0.0033$, $\eta = 1$, $\beta_1 = 0.8$

- $a = \dfrac{f_y A_s}{\eta 0.85 f_{ck}' b} = \dfrac{400 \times 3,176}{1 \times 0.85 \times 38 \times 300} = 131.1$mm

- $\varepsilon_t = \dfrac{d_t \beta_1 - a}{a}\varepsilon_{cu} = \dfrac{420 \times 0.8 - 131.1}{131.1} \times 0.0033 = 0.00516$

단면구분
- $f_y = 400$MPa인 경우, ε_y와 $\varepsilon_{t,l}$값

$\varepsilon_y = \dfrac{f_y}{E_s} = \dfrac{400}{2 \times 10^5} = 0.002$

$\varepsilon_{t,l} = 0.005$

- $\varepsilon_t \geq \varepsilon_{t,l}$ → 인장 지배 단면

ϕ결정
$\phi_c = 0.85$

정답 07 ① 08 ④

03 보의 휨해석과 설계

5. 설계휨강도(M_d)

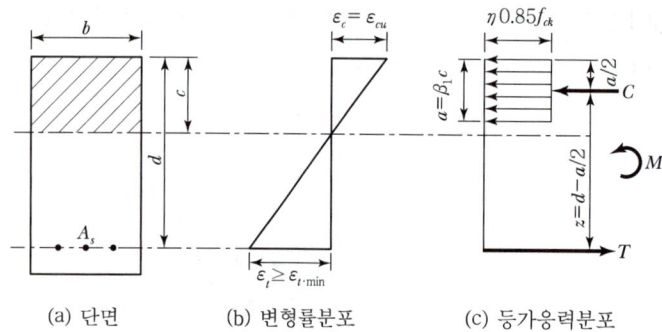

단철근 직사각형 단면보

(1) 등가직사각형 응력의 깊이(a)와 중립축의 위치(c)

1) 등가직사각형 응력의 깊이(a)

등가응력분포에서 평형방정식을 사용하면 다음과 같이 구할 수 있다.

$$a = \frac{A_s f_y}{\eta \, 0.85 f_{ck} b} \quad \cdots \cdots (3.25)$$

2) 중립축의 위치(c)

$$c = \frac{a}{\beta_1} \quad \cdots \cdots (3.26)$$

(2) 공칭휨강도(M_n)와 설계휨강도(M_d)

1) 공칭휨강도(M_n)

등가응력분포로부터 단철근 직사각형 단면보의 공칭휨강도(M_n)를 다음과 같이 구할 수 있다.

$$M_n = T \cdot Z = A_s f_y \left(d - \frac{a}{2}\right) \quad \cdots \cdots (3.27)$$

또한, $A_s = \rho b d$라 두고, 식 (3.27)을 다시 쓰면 다음과 같다.

$$M_n = \rho f_y b d^2 \left(1 - 0.59 \frac{\rho}{\eta} \frac{f_y}{f_{ck}}\right) \quad \cdots \cdots (3.28)$$

2) 설계휨강도(M_d)

$$M_d = \phi M_n = \phi A_s f_y \left(d - \frac{a}{2}\right) \quad \cdots \cdots (3.29)$$

또는

$$M_d = \phi M_n = \phi \rho f_y b d^2 \left(1 - 0.59 \frac{\rho}{\eta} \frac{f_y}{f_{ck}}\right) \quad \cdots \cdots (3.30)$$

과년도 기출문제

01 그림과 같은 복철근 보의 유효깊이는?(단, 철근 1개의 단면적은 250mm²이다.)

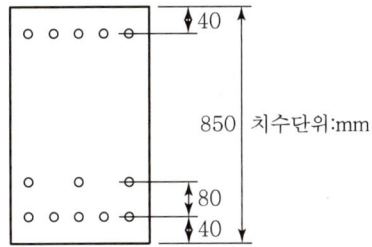

① 810mm ② 780mm
③ 770mm ④ 730mm

[해설]

$d_1 = 850 - 40 - 80 = 730\text{mm}$

$d_2 = 850 - 40 = 810\text{mm}$

$d = \dfrac{A_{s1}d_1 + A_{s2}d_2}{A_{st}} = \dfrac{3 \times 730 + 5 \times 810}{8} = 780\text{mm}$

02 그림과 같은 단철근 직사각형 보를 강도설계법으로 해석할 때 콘크리트의 등가직사각형의 깊이 a는?(단, $f_{ck}=21\text{MPa}$, $f_y=300\text{MPa}$)

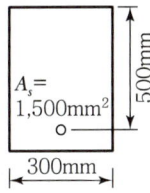

① a=104mm ② a=94mm
③ a=84mm   ④ a=74mm

[해설]

$\eta = 1\,(f_{ck} \leq 400\text{MPa인 경우})$

$a = \dfrac{A_s f_y}{\eta\,0.85 f_{ck} b} = \dfrac{1{,}500 \times 300}{1 \times 0.85 \times 21 \times 300}$

$\quad = 84\text{mm}$

03 $b_w=200\text{mm}$, $d=500\text{mm}$, $A_s=1{,}000\text{mm}^2$인 단철근 직사각형보를 강도설계법으로 해석할 때 압축연단에서 중립축까지의 거리(c)는?(단, $f_{ck}=35\text{MPa}$, $f_y=300\text{MPa}$이다.)

① 63mm ② 67mm
③ 72mm ④ 78mm

[해설]

- $f_{ck} \leq 40\text{MPa인 경우}$
  $\eta = 1$, $\beta_1 = 0.8$
- $c = \dfrac{f_y A_s}{\eta\,0.85 f_{ck} b \beta_1} = \dfrac{300 \times 1{,}000}{1 \times 0.85 \times 35 \times 200 \times 0.8} = 63\text{mm}$

04 다음 주어진 단철근 직사각형 단면이 연성파괴를 한다면 이 단면의 공칭휨강도는 얼마인가?(단, $f_{ck}=21\text{MPa}$, $f_y=300\text{MPa}$)

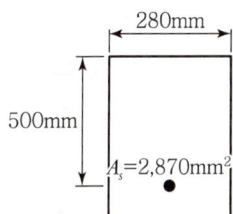

① 252.4kN·m
② 296.9kN·m
③ 356.3kN·m
④ 396.9kN·m

[해설]

$\eta = 1\,(f_{ck} \leq 40\text{MPa인 경우})$

$a = \dfrac{A_s f_y}{\eta\,0.85 f_{ck} b} = \dfrac{2{,}870 \times 300}{1 \times 0.85 \times 21 \times 280}$

$\quad = 172.3\text{mm}$

$M_n = A_s f_y \left(d - \dfrac{a}{2}\right)$

$\quad = 2{,}870 \times 300 \times \left(500 - \dfrac{172.3}{2}\right)$

$\quad = 356.3 \times 10^6 \text{N} \cdot \text{mm}$

$\quad = 356.3\text{kN} \cdot \text{m}$

정답 01 ② 02 ③ 03 ① 04 ③

과년도 기출문제

05 $b_n=450\text{mm}$, $d=700\text{mm}$인 직사각형 단면의 공칭 휨모멘트강도(M_n)는 얼마인가?(단, $f_{ck}=21\text{MPa}$, $f_y=350\text{MPa}$, $A_s=5{,}000\text{mm}^2$이고, 과소철근보이다.)

① $904.3\text{kN}\cdot\text{m}$
② $1{,}034.3\text{kN}\cdot\text{m}$
③ $1{,}134.3\text{kN}\cdot\text{m}$
④ $1{,}234.3\text{kN}\cdot\text{m}$

[해설]

$\eta=1(f_{ck}\le 40\text{MPa}$인 경우$)$

$a=\dfrac{f_y A_s}{\eta 0.85 f_{ck} b}=\dfrac{350\times 5{,}000}{1\times 0.85\times 21\times 450}=217.9\text{mm}$

$M_n=f_y A_s\left(d-\dfrac{a}{2}\right)=350\times 5{,}000\times\left(700-\dfrac{217.9}{2}\right)$
$\quad =1{,}034.3\times 10^6\text{N}\cdot\text{mm}=1{,}034.3\text{kN}\cdot\text{m}$

06 그림과 같은 임의 단면에서 등가 직사각형 응력분포가 빗금친 부분으로 나타났다면 철근량 A_s는 얼마인가?(단, $f_{ck}=21\text{MPa}$, $f_y=400\text{MPa}$)

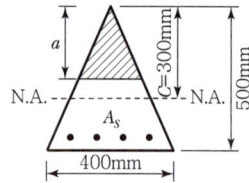

① 874mm^2
② $1{,}028\text{mm}^2$
③ $1{,}543\text{mm}^2$
④ $2{,}109\text{mm}^2$

[해설]

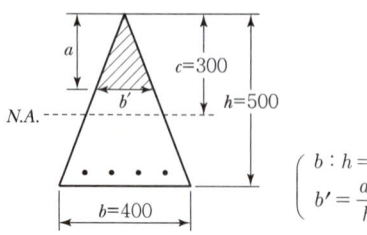

$\begin{cases} b:h=b':a \\ b'=\dfrac{ab}{h} \end{cases}$

$f_{ck}\le 40\text{MPa}$인 경우
$\eta=1$, $\beta_1=0.8$
$a=\beta_1 c=0.8\times 300=240\text{mm}$

$b'=\dfrac{ab}{h}=\dfrac{240\times 400}{500}=192\text{mm}$

$A_c=\dfrac{1}{2}ab'=\dfrac{1}{2}\times 240\times 192=23{,}040\text{mm}^2$

$C=T$
$\eta 0.85 f_{ck} A_c=f_y A_s$
$A_s=\dfrac{\eta 0.85 f_{ck} A_c}{f_y}$
$\quad =\dfrac{1\times 0.85\times 21\times 23{,}040}{400}$
$\quad =1{,}028\text{mm}^2$

07 그림에 나타난 이등변삼각형 단철근보의 공칭 휨강도 M_n를 계산하면?(단, 철근 D19 3본의 단면적은 860mm^2, $f_{ck}=28\text{MPa}$, $f_y=350\text{MPa}$이다.)

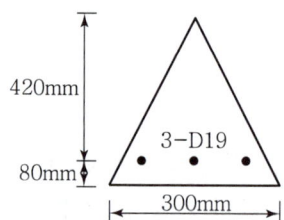

① $75.3\text{kN}\cdot\text{m}$ ② $85.2\text{kN}\cdot\text{m}$
③ $95.3\text{kN}\cdot\text{m}$ ④ $105.3\text{kN}\cdot\text{m}$

[해설]

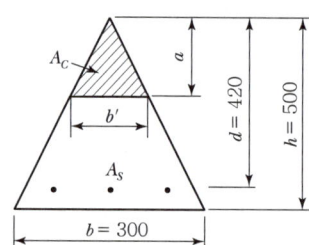

$\begin{cases} b:h=b':a \\ b'=\dfrac{b}{h}a=\dfrac{300}{500}a=0.6a \end{cases}$

$A_c=\dfrac{1}{2}ab'=\dfrac{1}{2}a(0.6a)=0.3a^2$

$\eta=1(f_{ck}\le 40\text{MPa}$인 경우$)$
$C=T$
$\eta 0.85 f_{ck} A_c=f_y A_s$
$\eta 0.85 f_{ck}(0.3a^2)=f_y\cdot A_s$

정답 05 ② 06 ② 07 ②

$$a = \sqrt{\frac{f_y \cdot A_s}{\eta 0.85 f_{ck}(0.3)}}$$
$$= \sqrt{\frac{350 \times 860}{1 \times 0.85 \times 28 \times 0.3}} = 205.3 \text{mm}$$
$$M_n = A_s f_y \left(d - \frac{2a}{3}\right)$$
$$= 860 \times 350 \times \left(420 - \frac{2 \times 205.3}{3}\right)$$
$$= 85.2 \times 10^6 \text{N} \cdot \text{mm} = 85.2 \text{kN} \cdot \text{m}$$

08 그림에 나타난 단철근 직사각형 보의 압축 측에 지름 50mm인 원형관(Duct)이 있을 경우 공칭휨강도 M_n을 구하면?[단, 철근 D25 4본의 단면적은 2,027mm², f_{ck}=28MPa, f_y=400MPa이고, 중립축은 원형관(Duct) 밑에 있다.]

① 285kN · m
② 317kN · m
③ 341kN · m
④ 352kN · m

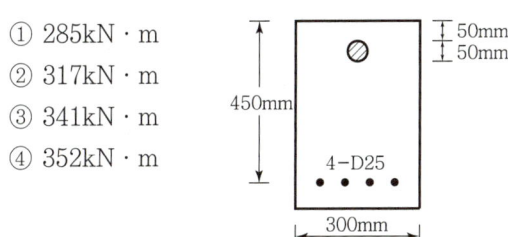

[해설]
$\eta = 1 (f_{ck} \leq 40 \text{MPa인 경우})$
$C = T$
$$\eta 0.85 \times f_{ck} \times \left\{ab - \frac{\pi d_u^2}{4}\right\} = f_y \cdot A_s$$
$$a = \frac{A_s f_y}{\eta 0.85 f_{ck} b} + \frac{\pi d_u^2}{4b}$$
$$= \frac{2,027 \times 400}{1 \times 0.85 \times 28 \times 300} + \frac{\pi \times 50^2}{4 \times 300} = 120.1 \text{mm}$$

압축 측 연단에서 압축력 C의 작용점까지의 거리 x_o 계산
$$x_o = \frac{(ab)\frac{a}{2} - \left(\frac{\pi d_u^2}{4}\right)\left(50 + \frac{d_u}{2}\right)}{ab - \frac{\pi d_u^2}{4}}$$
$$= \frac{(120.1 \times 300) \times \frac{120.1}{2} - \left(\frac{\pi \times 50^2}{4}\right)\left(50 + \frac{50}{2}\right)}{120.1 \times 300 - \frac{\pi \times 50^2}{4}}$$
$$= 59.2 \text{mm}$$

$M_n = A_s f_y (d - x_o)$
$= 2,027 \times 400 \times (450 - 59.2)$
$= 316,860,640 \text{N} \cdot \text{mm} ≒ 317 \text{kN} \cdot \text{m}$

09 b=300mm, d=500mm, A_s=3−D25=1,520 mm²가 1열로 배치된 단철근 직사각형 보의 설계 휨강도 ϕM_n은 얼마인가?(단, f_{ck}=28MPa, f_y=400MPa이고, 과소철근보이다.)

① 132.5kN · m
② 183.3kN · m
③ 236.4kN · m
④ 307.7kN · m

[해설]
$f_{ck} = 28 \text{MPa} \leq 40 \text{MPa인 경우}$
$\varepsilon_{cu} = 0.003, \eta = 1, \beta_1 = 0.8$
$$a = \frac{A_s f_y}{\eta 0.85 f_{ck} b} = \frac{1,520 \times 400}{1 \times 0.85 \times 28 \times 300} = 85.15 \text{mm}$$
$$\varepsilon_t = \frac{d_t \beta_1 - a}{a} \varepsilon_{cu} = \frac{500 \times 0.8 - 85.15}{85.15} \times 0.0033 = 0.0122$$
$\varepsilon_{t.l} = 0.005 (f_y \leq 400 \text{MPa인 경우})$
$\varepsilon_{t.l} < \varepsilon_t$ 이므로 인장지배단면 $- \phi = 0.85$
$$\phi M_n = \phi A_s f_y \left(d - \frac{a}{2}\right) = 0.85 \times 1,520 \times 400 \times \left(500 - \frac{85.15}{2}\right)$$
$$= 236.4 \times 10^6 \text{N} \cdot \text{mm}$$
$$= 236.4 \text{kN} \cdot \text{m}$$

10 b=200mm, d=380mm, A_s=3−D25(1,520 mm²), f_{ck}=21MPa, f_y=300MPa인 저보강 단철근 직사각형 보의 설계휨모멘트강도(ϕM_n)는?

① 103kN · m
② 119kN · m
③ 154kN · m
④ 204kN · m

[해설]
$f_{ck} = 21 \text{MPa} \leq 40 \text{MPa인 경우}$
$\varepsilon_{cu} = 0.0033, \eta = 1, \beta_1 = 0.8$
- $a = \dfrac{A_s f_y}{\eta 0.85 f_{ck} b} = \dfrac{1,520 \times 300}{1 \times 0.85 \times 21 \times 200} = 127.7 \text{mm}$
- $\varepsilon_t = \dfrac{d_t \beta_1 - a}{a} \times \varepsilon_{cu} = \dfrac{380 \times 0.8 - 127.7}{127.7} \times 0.0033$
  $= 0.004556$

정답 08 ② 09 ③ 10 ②

과년도 기출문제

- $\varepsilon_{t,l} = 0.005 (f_y \leq 400\text{MPa}$인 경우$)$
- $\varepsilon_{t,\min} = 0.004 (f_y \leq 400\text{MPa}$인 경우$)$
- $\varepsilon_{t,\min} (=0.004) < \varepsilon_t (=0.004556) < \varepsilon_{t,l} (=0.005)$
  따라서 이 보는 변화구간단면 부재이다.
- 변화구간단면에서 ϕ의 결정

$$\varepsilon_y = \frac{f_y}{E_s} = \frac{300}{2 \times 10^5} = 0.0015$$

$\phi_c = 0.65$ (나선철근으로 보강되지 않은 경우)

$$\phi = 0.85 - \frac{\varepsilon_{t,l} - \varepsilon_t}{\varepsilon_{t,l} - \varepsilon_y}(0.85 - \phi_c)$$

$$= 0.85 - \frac{0.005 - 0.004556}{0.005 - 0.0015}(0.85 - 0.65) = 0.8246$$

- $\phi M_n = \phi A_s f_y \left(d - \frac{a}{2}\right)$

$$= 0.8246 \times 300 \times 1{,}520 \times \left(380 - \frac{127.7}{2}\right)$$

$$= 118{,}877{,}964\text{N} \cdot \text{mm} = 118.9\text{kN} \cdot \text{m}$$

11 설계휨강도가 $\phi M_n = 350\text{kN} \cdot \text{m}$인 단철근 직사각형 보의 유효깊이 d는?(단, 철근비 $\rho = 0.014$, $b = 350\text{mm}$, $f_{ck} = 21\text{MPa}$, $f_y = 350\text{MPa}$이고, $\phi = 0.85$이다.)

① 462mm ② 528mm
③ 574mm ④ 651mm

[해설]

$\eta = 1 (f_{ck} \leq 40\text{MPa}$인 경우$)$

$$q = \frac{\rho}{\eta}\frac{f_y}{f_{ck}} = \frac{0.014}{1} \times \frac{350}{21} = 0.233$$

$$\phi M_n = \phi \rho f_y b d^2 \left(1 - 0.59\frac{\rho}{\eta}\frac{f_y}{f_{ck}}\right) = \phi q \eta f_{ck} b d^2 (1 - 0.59q)$$

$$d = \sqrt{\frac{\phi M_n}{\phi q \eta f_{ck} b (1 - 0.59q)}}$$

$$= \sqrt{\frac{350 \times 10^6}{0.85 \times 0.233 \times 1 \times 21 \times 350 \times (1 - 0.59 \times 0.233)}}$$

$$= 528\text{mm}$$

12 계수하중에 의한 모멘트가 $M_u = 400\text{kN} \cdot \text{m}$인 단철근 직사각형 보의 소요 유효깊이 d의 최소값은?(단, $\rho = 0.015$, $b = 400\text{mm}$, $f_{ck} = 24\text{MPa}$, $f_y = 400\text{MPa}$)

① 420mm
② 480mm
③ 540mm
④ 580mm

[해설]

- ϕ의 결정
  $f_{ck} = 28\text{MPa} \leq 40\text{MPa}$인 경우
  $\varepsilon_{cu} = 0.0033$, $\eta = 1$, $\beta_1 = 0.8$

$$\varepsilon_t = \left(0.85\beta_1 \frac{\eta}{\rho}\frac{f_{ck}}{f_y} - 1\right)\varepsilon_{cu}$$

$$= \left(0.85 \times 0.8 \times \frac{1}{0.015} \times \frac{24}{400} - 1\right) \times 0.0033 = 0.005676$$

$\varepsilon_{t,l}$ (인장지배 한계변형률) $= 0.005$
$\varepsilon_{t,l} < \varepsilon_t$ 이므로 인장지배단면 $- \phi = 0.85$

- $M_u \leq \phi M_n = \phi \rho f_y b d^2 \left(1 - 0.59\frac{\rho}{\eta}\frac{f_y}{f_{ck}}\right)$

$$d \geq \sqrt{\frac{M_u}{\phi \rho f_y b \left(1 - 0.59\frac{\rho}{\eta}\frac{f_y}{f_{ck}}\right)}}$$

$$= \sqrt{\frac{400 \times 10^6}{0.85 \times 0.015 \times 400 \times 400 \left(1 - 0.59 \times \frac{0.015}{1} \times \frac{400}{24}\right)}}$$

$$= 480\text{mm}$$

13 $M_u = 200\text{kN} \cdot \text{m}$의 계수모멘트가 작용하는 단철근 직사각형보에서 필요한 최소 철근량(A_s)은 약 얼마인가?(단, $b_w = 300\text{mm}$, $d = 500\text{mm}$, $f_{ck} = 28\text{MPa}$, $f_y = 400\text{MPa}$, $\phi = 0.85$이다.)

① 1,072.7mm²
② 1,266.3mm²
③ 1,524.6mm²
④ 1,785.4mm²

정답 11 ② 12 ② 13 ②

과년도 기출문제

[해설]

$\eta = 1 (f_{ck} \leq 40\text{MPa}$ 인 경우$)$

$M_u \leq M_d = \phi \rho f_y bd^2 \left(1 - 0.59 \dfrac{\rho}{\eta} \dfrac{f_y}{f_{ck}}\right)$

$\left(\dfrac{0.59}{\eta} \phi \dfrac{f_y^2}{f_{ck}} bd^2\right) \rho^2 - (\phi f_y bd^2)\rho + M_u \leq 0$

$\left(\dfrac{0.59}{1} \times 0.85 \times \dfrac{400^2}{28} \times 300 \times 500^2\right) \rho^2$
$- (0.85 \times 400 \times 300 \times 500^2)\rho + (200 \times 10^6) \leq 0$

$\rho^2 - 0.1186441\rho + 0.0009305 \leq 0$

$0.0084437 \leq \rho \leq 0.1102004$

또한, 강도감소계수(ϕ)가 $\phi = 0.85$이기 위해서는 인장지배단면이 되어야 하므로

$\varepsilon_t \geq \varepsilon_{t,l}$, 즉 $\rho \leq \rho_{t,l}$이어야 한다.

$\varepsilon_{t,l} = 0.005 (f_y \leq 400\text{MPa}$인 경우$)$

$f_{ck} \leq 40\text{MPa}$인 경우

$\rho_{t,l} = 0.68 \dfrac{f_{ck}}{f_y} \dfrac{0.0033}{0.0033 + \varepsilon_{t,l}} = 0.68 \times \dfrac{28}{400} \times \dfrac{0.0033}{0.0033 + 0.005}$

$\quad = 0.0189253$

$\rho \leq 0.0189253$

$\therefore 0.0084437 \leq \rho \left(= \dfrac{A_s}{bd}\right) \leq 0.0189253$

$1,266\text{mm}^2 \leq A_s \leq 2,839\text{mm}^2$

$\rho^2 - 0.135559\rho + 0.001275 \leq 0$

$0.010169 \leq \rho \leq 0.125391$

또한, $\phi = 0.85$를 사용하기 위해서는 $\varepsilon_t \geq \varepsilon_{t,l}$ 이어야 한다.
따라서, $\varepsilon_t \geq \varepsilon_{t,l}$일 경우의 철근비를 $\rho_{t,l}$이라 두면 다음 조건식을 만족해야 한다.

$\rho \leq \rho_{t,l}$(즉, $\varepsilon_t \geq \varepsilon_{t,l}$을 만족하기 위한 조건식)

$\varepsilon_{t,l} = 0.005 (f_y \leq 400\text{MPa}$인 경우$)$

$f_{ck} \leq 40\text{MPa}$인 경우

$\rho_{t,l} = 0.68 \dfrac{f_{ck}}{f_y} \dfrac{0.0033}{0.0033 + \varepsilon_{t,l}} = 0.68 \times \dfrac{28}{350} \times \dfrac{0.0033}{0.0033 + 0.005}$

$\quad = 0.021629$

$\rho \leq 0.021629$

$\therefore 0.010169 \leq \rho \left(= \dfrac{A_s}{bd}\right) \leq 0.021629$

$1,373\text{mm}^2 \leq A_s \leq 2,920\text{mm}^2$

14 $M_u = 170\text{kN} \cdot \text{m}$의 계수모멘트하중에 대한 단철근 직사각형 보의 필요한 철근량 A_s를 구하면?(단, 보의 폭 $b = 300\text{mm}$, 보의 유효깊이 $d = 450\text{mm}$, $f_{ck} = 28\text{MPa}$, $f_y = 350\text{MPa}$, $\phi = 0.85$이다.)

① $1,070\text{mm}^2$ ② $1,175\text{mm}^2$
③ $1,280\text{mm}^2$ ④ $1,375\text{mm}^2$

[해설]

$\eta = 1 (f_{ck} \leq 40\text{MPa}$ 인 경우$)$

$M_u \leq M_d = \phi \rho f_y bd^2 \left(1 - 0.59 \dfrac{\rho}{\eta} \dfrac{f_y}{f_{ck}}\right)$

$\left(\dfrac{0.59}{\eta} \phi \dfrac{f_y^2}{f_{ck}} bd^2\right) \rho^2 - (\phi f_y bd^2)\rho + M_u \leq 0$

$\left(\dfrac{0.59}{1} \times 0.85 \times \dfrac{350^2}{28} \times 300 \times 450^2\right) \rho^2$
$- (0.85 \times 350 \times 300 \times 450^2)\rho + (170 \times 10^6) \leq 0$

정답 14 ④

03 보의 휨해석과 설계

3 복철근 직사각형 단면보

1. 복철근 직사각형 단면보를 사용하는 경우

① 크리프, 건조수축 등으로 인하여 발생되는 장기처짐을 최소화하기 위한 경우
② 파괴 시 압축응력의 깊이를 감소시켜 연성을 증대시키기 위한 경우
③ 철근의 조립을 쉽게 하기 위한 경우
④ 정(+), 부(−) 모멘트를 번갈아 받는 경우
⑤ 보의 단면높이가 제한되어 단철근 직사각형 단면보의 설계휨강도가 계수 휨하중보다 작은 경우

직사각형 단면보에 있어서 단철근보와 복철근보의 비교

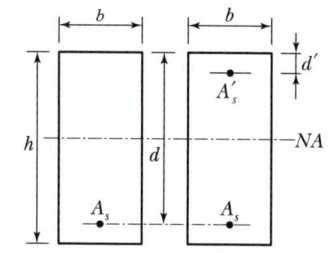

- 단철근보 : 인장철근만 배근된 보
- 복철근보 : 인장철근뿐만 아니라 압축철근도 배근된 보

개념이해

01 복철근보에서 압축철근 배치로 얻어지는 효과로 적당하지 않은 것은?

① 연성을 증가시킨다.
② 강성을 증가시킨다.
③ 지속하중에 의한 처짐을 감소시킨다.
④ 철근의 조립을 쉽게 한다.

압축철근의 사용효과
- 크리프, 건조수축 등으로 인하여 발생되는 장기처짐을 최소화하기 위한 경우
- 파괴 시 압축응력의 깊이를 감소시켜 연성을 증대시키기 위한 경우
- 철근의 조립을 쉽게 하기 위한 경우
- 정(+), 부(−) 모멘트를 번갈아 받는 경우
- 보의 단면 높이가 제한되어 단철근 단면보의 설계 휨강도가 계수 휨하중보다 작은 경우

답 ②

02 복철근보에서 압축철근에 대한 효과를 설명한 것으로 적절하지 못한 것은?

① 단면 저항 모멘트를 크게 증대시킨다.
② 지속하중에 의한 처짐을 감소시킨다.
③ 파괴 시 압축 응력의 깊이를 감소시켜 연성을 증대시킨다.
④ 철근의 조립을 쉽게 한다.

1번 해설 참고

답 ①

03 복철근으로 설계해야 할 경우를 설명한 것으로 잘못된 것은?

① 단면이 넓어서 철근을 고루 분산시키기 위해
② 정, 부 모멘트를 교대로 받는 경우
③ 크리프에 의해 발생하는 장기처짐을 최소화하기 위해
④ 보의 높이가 제한되어 철근의 증가로 휨강도를 증가시키기 위해

1번 해설 참고

답 ①

2. 휨해석

(1) 압축철근이 항복할 경우

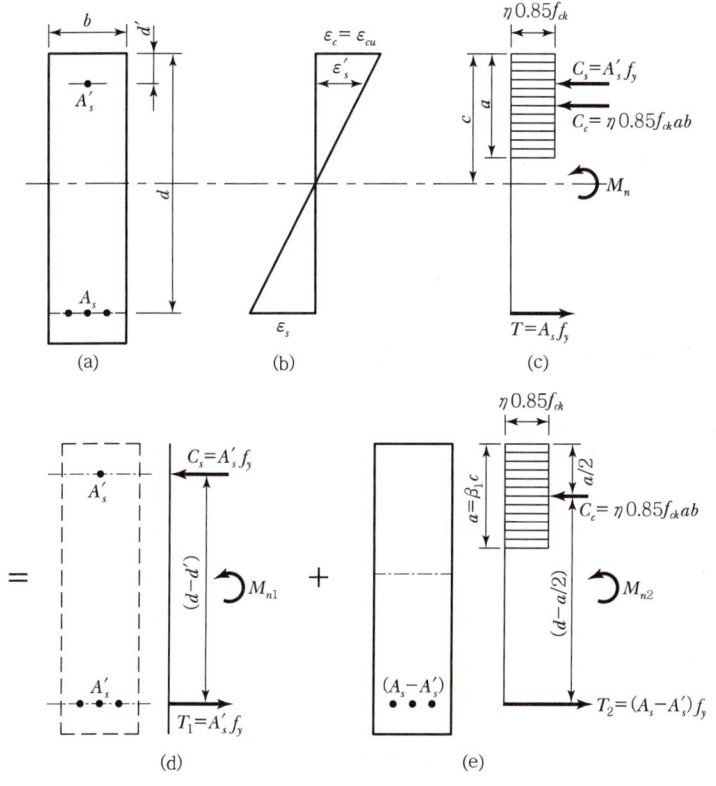

복철근 직사각형 단면보

1) 균형철근비($\overline{\rho_b}$), 인장철근비의 상한($\overline{\rho_{\max}}$), 그리고 인장철근비의 하한($\overline{\rho_{\min}}$)

① 균형철근비($\overline{\rho_b}$)

[그림 (c)]에서 평형방정식을 사용하면 균형철근비($\overline{\rho_b}$)를 다음과 같이 구할 수 있다.

$$\overline{\rho_b} = \eta\, 0.85\beta_1 \frac{f_{ck}}{f_y} \frac{c}{d} + \rho' \quad\quad\quad\quad\quad\quad\quad\quad (3.31)$$

여기서, $\overline{\rho_b} = \dfrac{A_s}{bd}$, $\rho' = \dfrac{A_s'}{bd}$

균형상태가 되면 식 (3.31)에서 우변 제1항의 c는 균형상태의 중립축위치를 나타내는 식 (3.10)과 같아진다. 따라서, 식 (3.31)의 우변 제1항은 앞의 식 (3.12)의 ρ_b와 같아지므로 복철근 직사각형 단면보의 균형철근비($\overline{\rho_b}$)를 나타내는 식 (3.31)을 다시 표현하면 다음과 같다.

03 보의 휨해석과 설계

$$\overline{\rho_b} = \rho_b + \rho' \quad \cdots\cdots\cdots\cdots\cdots\cdots\cdots\cdots\cdots\cdots\cdots\cdots\cdots\cdots (3.32)$$

여기서, $\overline{\rho_b}$: 복철근 직사각형 단면보의 균형철근비
ρ_b : 단철근 직사각형 단면보의 균형철근비
ρ' : 압축철근비

② 인장철근비의 상한($\overline{\rho_{\max}}$)

콘크리트 구조 설계기준에서는 철근콘크리트 휨부재의 연성파괴를 확보하기 위하여 최외단 인장철근의 순인장변형률을 제한하고 있다. 따라서, 복철근보의 연성파괴를 확보하기 위해서는 단철근보와 동일한 여유를 갖도록 인장철근비의 상한을 다음 식의 $\overline{\rho_{\max}}$로 제한해야 한다.

$$\overline{\rho_{\max}} = \rho_{\max} + \rho' \quad \cdots\cdots\cdots\cdots\cdots\cdots\cdots\cdots\cdots\cdots\cdots (3.33)$$

여기서, $\overline{\rho_{\max}}$: 복철근 직사각형 단면보의 인장철근비의 상한
$\rho_{\max}$: 단철근 직사각형 단면보의 인장철근비의 상한

③ 인장철근비의 하한($\overline{\rho_{\min}}$)

인장철근이 항복함과 동시에 압축철근이 항복하기 위한 인장철근비의 하한($\overline{\rho_{\min}}$)은 다음과 같이 나타낼 수 있다.

$$\overline{\rho_{\min}} = \eta\, 0.85\beta_1 \frac{f_{ck}}{f_y} \frac{\varepsilon_{cu}}{\varepsilon_{cu} - \varepsilon_y} \frac{d'}{d} + \rho' \quad \cdots\cdots\cdots\cdots\cdots\cdots (3.34)$$

$f_{ck} \leq 40\text{MPa}$인 경우 인장철근과 압축철근이 동시에 항복하기 위한 복철근 직사각형 단면보의 인장철근비의 하한($\overline{\rho_{\min}}$)은 식 (3.34)에 $\varepsilon_{cu} = 0.0033$, $\eta = 1$, $\beta_1 = 0.8$을 대입하여 나타내면 다음과 같다.

$$\overline{\rho_{\min}} = 0.68 \frac{f_{ck}}{f_y} \frac{660}{660 - f_y} \frac{d'}{d} + \rho' \quad \cdots\cdots\cdots\cdots\cdots\cdots (3.35)$$

2) 설계휨강도(M_d)

① 등가직사각형 응력의 깊이(a)

[그림 (c)]에서 평형방정식을 사용하면 등가직사각형 응력의 깊이(a)를 다음과 같이 구할 수 있다.

$$a = \frac{(A_s - A_s')f_y}{\eta\, 0.85 f_{ck} b} \quad \cdots\cdots\cdots\cdots\cdots\cdots\cdots\cdots\cdots\cdots (3.36)$$

② 공칭휨강도(M_n)

[그림 (c), (d), (e)]로부터 복철근 직사각형 단면보의 공칭휨강도(M_n)를 다음과 같이 구할 수 있다.

$$M_n = M_{n1} + M_{n2}$$
$$= A_s' f_y (d-d') + (A_s - A_s') f_y \left(d - \frac{a}{2}\right) \quad \cdots\cdots (3.37)$$

③ 설계휨강도(M_d)

$$M_d = \phi M_n = \phi \left[A_s' f_y (d-d') + (A_s - A_s') f_y \left(d - \frac{a}{2}\right) \right] (3.38)$$

(2) 압축철근이 항복하지 않을 경우

1) 균형철근비($\overline{\rho_b}$), 인장철근비의 상한($\overline{\rho_{\max}}$)

① 균형철근비($\overline{\rho_b}$)

[그림 (c)]에서 압축철근의 응력을 f_s'라 두고 평형방정식을 사용하면 압축철근이 항복하지 않을 경우의 균형철근비($\overline{\rho_b}$)를 다음과 같이 구할 수 있다.

$$\overline{\rho_b} = \eta \, 0.85 \beta_1 \frac{f_{ck}}{f_y} \frac{c}{d} + \rho' \frac{f_s'}{f_y} \quad \cdots\cdots (3.39)$$

균형상태가 되면 식 (3.39)의 우변 제1항은 단철근 직사각형 단면보의 균형철근비(ρ_b)와 같아지므로 식 (3.39)는 다음과 같이 표현할 수 있다.

$$\overline{\rho_b} = \rho_b + \rho' \frac{f_s'}{f_y} \quad \cdots\cdots (3.40)$$

여기서, $f_s' = E_s \varepsilon_s' = E_s \left[\varepsilon_c - \frac{d'}{d}(\varepsilon_c + \varepsilon_y) \right] \leq f_y$

② 인장철근비의 상한($\overline{\rho_{\max}}$)

$$\overline{\rho_{\max}} = \rho_{\max} + \rho' \frac{f_s'}{f_y} \quad \cdots\cdots (3.41)$$

여기서, $f_s' = E_s \varepsilon_s' = E_s \left[\varepsilon_c - \frac{d'}{d}(\varepsilon_c + \varepsilon_{t,\min}) \right] \leq f_y$

2) 설계휨강도(M_d)

[그림 (b)]에서 압축철근의 변형률(ε_s')을 구하면 압축철근의 응력(f_s')을 다음과 같이 나타낼 수 있다.

$$f_s' = E_s \varepsilon_s' = E_s \varepsilon_c \frac{c-d'}{c} \quad \cdots\cdots (3.42)$$

03 보의 휨해석과 설계

[그림 (c)]에서 압축철근의 응력을 $f_s' = E_s\varepsilon_c \dfrac{c-d'}{c}$, 등가직사각형의 깊이를 $a = \beta_1 c$라 두고 평형방정식을 사용하면 중립축위치(c)만을 미지수로 갖는 다음 식을 얻을 수 있다.

$$A_s f_y = \eta\, 0.85 f_{ck} \beta_1 bc + A_s' E_s \varepsilon_c \dfrac{c-d'}{c} \quad \cdots\cdots (3.43)$$

식 (3.43)을 c에 관하여 풀면 중립축위치(c)를 얻게 되고, 등가사각형 깊이(a)와 압축철근의 응력(f_s')은 앞서 언급된 식들로부터 구할 수 있다. 따라서, 압축철근이 항복하지 않을 경우의 공칭휨모멘트(M_n)와 설계휨강도(M_d)는 각각 다음과 같다.

$$M_n = A_s' f_s'(d-d') + \eta\, 0.85 f_{ck} ab\left(d - \dfrac{a}{2}\right) \quad \cdots\cdots (3.44)$$

$$M_d = \phi M_n = \phi\left[A_s' f_s'(d-d') + \eta\, 0.85 f_{ck} ab\left(d - \dfrac{a}{2}\right)\right] \quad \cdots\cdots (3.45)$$

개념이해

01 복철근 직사각형 보의 $A_s' = 1{,}916\text{mm}^2$, $A_s = 4{,}790\text{mm}^2$, $b = 300\text{mm}$이다. 등가직사각형 블록의 응력깊이(a)는? (단, $f_{ck} = 21\text{MPa}$, $f_y = 300\text{MPa}$)

① 153mm
② 161mm
③ 176mm
④ 185mm

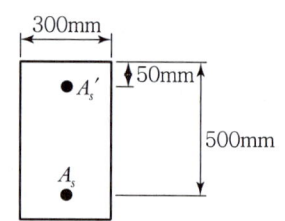

$\eta = 1\,(f_{ck} \leq 40\text{MPa}$인 경우)
$$a = \dfrac{(A_s - A_s')f_y}{\eta\, 0.85 f_{ck} b}$$
$$= \dfrac{(4{,}790 - 1{,}916) \times 300}{1 \times 0.85 \times 21 \times 300} = 161\text{mm}$$

답 ②

02 그림과 같이 설계된 복철근 직사각형 보의 경우 공칭 휨모멘트 강도 M_n은? (단, $f_{ck} = 28\text{MPa}$, $f_y = 350\text{MPa}$, $A_s = 4{,}500\text{mm}^2$, $A_s' = 1{,}800\text{mm}^2$이며, 압축·인장 철근 모두 항복한다고 가정)

① 665.14kN·m
② 687.16kN·m
③ 690.27kN·m
④ 695.35kN·m

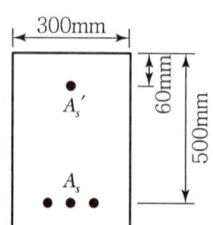

$\eta = 1\,(f_{ck} \leq 40\text{MPa}$인 경우)
$$a = \dfrac{(A_s - A_s')f_y}{\eta\, 0.85 f_{ck} b}$$
$$= \dfrac{(4{,}500 - 1{,}800) \times 350}{1 \times 0.85 \times 28 \times 300}$$
$$= 132.35\text{mm}$$
$$M_n = A_s' f_y (d - d')$$
$$\quad + (A_s - A_s') f_y \left(d - \dfrac{a}{2}\right)$$
$$= 1{,}800 \times 350 \times (500 - 60)$$
$$\quad + (4{,}500 - 1{,}800)$$
$$\quad \times 350 \times \left(500 - \dfrac{132.35}{2}\right)$$
$$= 687.16 \times 10^6 \text{N·mm}$$
$$= 687.16 \text{kN·m}$$

답 ②

과년도 기출문제

01 $b=300mm$, $d=460mm$, $A_s=6-D32(4,765mm^2)$, $A_s'=2-D29(1,284mm^2)$, $d'=60mm$인 복철근 직사각형 단면에서 파괴 시 압축철근이 항복하는 경우 최소 허용인장변형률에 해당하는 철근비(인장철근비의 상한)는?(단, $f_{ck}=35MPa$, $f_y=350MPa$)

① 0.03204
② 0.03674
③ 0.04004
④ 0.04524

[해설]

- $\varepsilon_{t,min}=0.004(f_y \leq 400MPa$인 경우)
- 단철근보로서 인장철근비의 상한(ρ_{max})
  $f_{ck} \leq 40MPa$인 경우
  $$\rho_{max}=0.68\frac{f_{ck}}{f_y}\frac{0.0033}{0.0033+\varepsilon_{t,min}}$$
  $$=0.68\times\frac{35}{350}\times\frac{0.0033}{0.0033\times 0.004}$$
  $$=0.03074$$
- $\rho'=\dfrac{A_s'}{bd}=\dfrac{1,284}{300\times 460}=0.00930$
- 복철근보의 인장철근비의 상한$(\overline{\rho_{max}})$
  $\overline{\rho_{max}}=\rho_{max}+\rho'$
  $=0.03074+0.00930=0.04004$

02 다음 그림과 같은 복철근 직사각형 보 인장철근의 최소 허용인장변형률에 해당하는 철근비(인장철근비의 상한)를 구하면?(단, 콘크리트의 변형률이 극한 변형률에 도달할 때 인장철근은 항복응력에 도달하였으나, 압축철근의 응력은 $f_s'=200MPa$이었으며, $f_{ck}=21MPa$, $f_y=300MPa$, $\rho'=0.005$이다.)

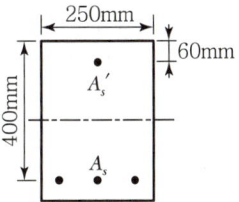

① 0.0186
② 0.0248
③ 0.0586
④ 0.0686

[해설]

- $\varepsilon_{t,min}=0.004(f_y \leq 400$인 경우)
- $f_{ck} \leq 40MPa$인 경우
  ρ_{max}(단철근보의 인장철근비의 상한)
  $$=0.68\frac{f_{ck}}{f_y}\frac{0.0033}{0.0033+\varepsilon_{t,min}}$$
  $$=0.68\times\frac{21}{300}\times\frac{0.0033}{0.0033+0.004}$$
  $$=0.0215$$
- $\overline{\rho_{max}}$(복철근보의 인장철근비의 상한)
  $$=\rho_{max}+\rho'\frac{f_s'}{f_y}$$
  $$=0.0215+0.005\times\frac{200}{300}=0.0248$$

정답 01 ③ 02 ②

과년도 기출문제

03 그림은 복철근 직사각형 단면의 변형율이다. 다음 중 압축철근이 항복하기 위한 조건으로 옳은 것은?

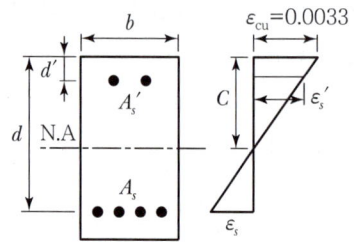

① $\dfrac{0.0033(c-d')}{c} \geq \dfrac{f_y}{E_s}$

② $\dfrac{660(c-d')}{c} \leq f_y$

③ $\dfrac{660d'}{660-f_y} > c$

④ $\dfrac{660d'}{660+f_y} > c$

[해설]

$\varepsilon_s' \geq \varepsilon_y$

$\dfrac{\varepsilon_{cu}(c-d')}{c} \geq \dfrac{f_y}{E_s}$

$\dfrac{0.0033(c-d')}{c} \geq \dfrac{f_y}{E_s}$

04 그림과 같은 복철근 직사각형 단면에서 응력 사각형의 깊이 a의 값은 얼마인가?(단, $f_{ck}=24$MPa, $f_y=350$MPa, $A_s=5,730$mm², $A_s'=1,980$mm²)

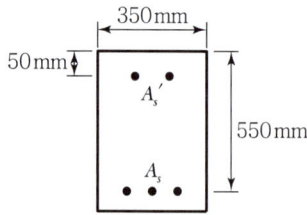

① 227.2mm ② 199.6mm
③ 217.4mm ④ 183.8mm

[해설]

$\eta = 1(f_{ck} \leq 40\text{MPa}$인 경우)

$a = \dfrac{(A_s - A_s')f_y}{\eta 0.85 f_{ck} b}$

$= \dfrac{(5,730-1,980) \times 350}{1 \times 0.85 \times 24 \times 350} = 183.8$mm

05 $b=300$mm, $d=550$mm, $d'=50$mm, $A_s=4,500$mm², $A_s'=2,200$mm²인 복철근 직사각형보가 연성파괴를 한다면 설계 휨모멘트 강도(ϕM_n)는 얼마인가?(단, $f_{ck}=21$MPa, $f_y=300$MPa)

① 516.3kN·m
② 565.3kN·m
③ 599.3kN·m
④ 612.9kN·m

[해설]

$f_{ck} \leq 40$MPa인 경우

$\varepsilon_{cu} = 0.0033$, $\eta = 1$, $\beta_1 = 0.8$

$a = \dfrac{(A_s - A_s')f_y}{\eta 0.85 f_{ck} b}$

$= \dfrac{(4,500-2,200) \times 300}{1 \times 0.85 \times 21 \times 300} = 128.85$mm

$\varepsilon_t = \dfrac{d_t \beta_1 - a}{a} \varepsilon_{cu}$

$= \dfrac{550 \times 0.8 - 128.85}{128.85} \times 0.0033 = 0.00797$

$\varepsilon_{t,l} = 0.005 (f_y \leq 400$MPa인 경우)

$\varepsilon_{t,l} < \varepsilon_t$ 이므로
인장지배 단면이다. 따라서 $\phi = 0.85$를 사용한다.

$\phi M_n = \phi \left\{ A_s' f_y (d-d') + (A_s - A_s') f_y \left(d - \dfrac{a}{2} \right) \right\}$

$= 0.85 \Big\{ 2,200 \times 300 \times (550-50)$

$+ (4,500-2,200) \times 300 \times \left(550 - \dfrac{128.85}{2}\right) \Big\}$

$= 565.3 \times 10^6$N·mm $= 565.3$kN·m

정답 03 ① 04 ④ 05 ②

과년도 기출문제

06 아래 그림과 같은 복철근 직사각형보에 대한 설명으로 옳은 것은?(단, $f_{ck}=21\text{MPa}$, $f_y=300\text{MPa}$, 압축부 콘크리트의 최대변형률은 0.0033이고 인장철근의 응력은 f_y에 도달한다.)

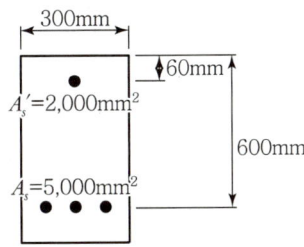

① 압축철근은 항복응력에 도달하지 못한다.
② 등가직사각형 응력블록의 깊이(a)는 280.1mm이다.
③ 이 단면은 변화구간에 속한다.
④ 이 단면의 공칭휨강도(M_n)는 788.4kN · m이다.

[해설]

- $\rho = \dfrac{A_s}{bd} = \dfrac{5{,}000}{300 \times 600} = 0.0278$

  $\rho' = \dfrac{A_s{'}}{bd} = \dfrac{2{,}000}{300 \times 600} = 0.0111$

  $f_{ck} \leq 40\text{MPa}$인 경우

  $\overline{\rho_{\min}} = 0.68 \dfrac{f_{ck}}{f_y} \dfrac{660}{660-f_y} \dfrac{d'}{d} + \rho'$

  $= 0.68 \times \dfrac{21}{300} \times \dfrac{660}{660-300} \times \dfrac{60}{600} + 0.0111$

  $= 0.0198$

  $\rho(=0.0278) > \overline{\rho_{\min}}(=0.0198)$이므로 인장철근 항복 시 압축철근도 항복한다.

- $\eta = 1(f_{ck} \leq 40\text{MPa}$인 경우)

  $a = \dfrac{(A_s - A_s{'})f_y}{\eta 0.85 f_{ck} b}$

  $= \dfrac{(5{,}000-2{,}000) \times 300}{1 \times 0.85 \times 21 \times 300} = 168.1\text{mm}$

- $\varepsilon_{t,l} = 0.005(f_y \leq 400\text{MPa}$인 경우)

  $f_{ck} \leq 40\text{MPa}$인 경우

  $\varepsilon_{cu} = 0.0033$, $\beta_1 = 0.8$

  $\varepsilon_t = \dfrac{d_t \beta_1 - a}{a} \varepsilon_{cu} = \dfrac{600 \times 0.8 - 168.1}{168.1} \times 0.0033 = 0.0061$

  $\varepsilon_t(=0.0061) > \varepsilon_{t,l}(=0.0050)$이므로 인장지배단면 부재이다.

- $M_n = A_s{'} f_y (d-d') + (A_s - A_s{'}) f_y \left(d - \dfrac{a}{2}\right)$

  $= 2{,}000 \times 300 \times (600-60) + (5{,}000-2{,}000)$

  $\times 300 \times \left(600 - \dfrac{168.1}{2}\right)$

  $= 788.36 \times 10^6 \text{N} \cdot \text{mm} = 788.36\text{kN} \cdot \text{m}$

정답 06 ④

03 보의 휨해석과 설계

4 T형 단면보

1. 플랜지의 유효폭

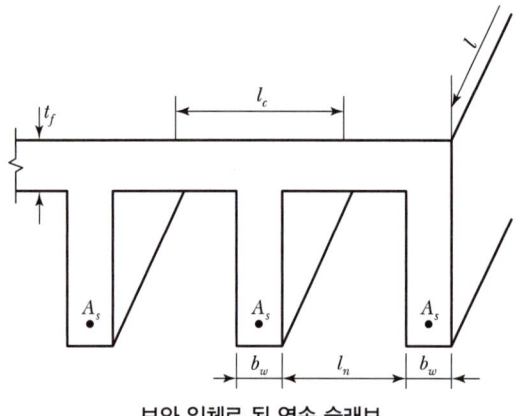

보와 일체로 된 연속 슬래브

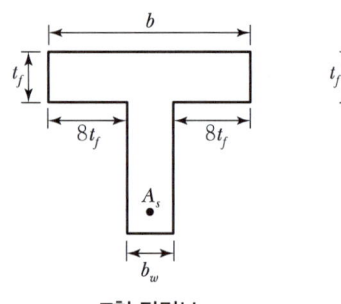

T형 단면보

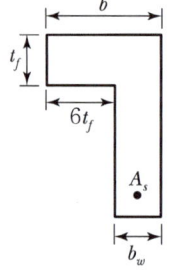

반T형 단면보

(1) T형 단면보(대칭 T형 단면보)와 반T형 단면보(비대칭 T형 단면보)의 플랜지의 유효폭

플랜지의 유효폭은 다음 값 중에서 최소값으로 한다.

T형 단면보(대칭 T형 단면보)	반T형 단면보(비대칭 T형 단면보)
• $16t_f + b_w$ • 양쪽 슬래브의 중심 간 거리, (l_c) • 보의 지간의 $\dfrac{1}{4}$, $\left(\dfrac{l}{4}\right)$	• $6t_f + b_w$ • 인접보와의 내측 간 거리의 $\dfrac{1}{2} + b_w$, $\left(\dfrac{l_n}{2} + b_w\right)$ • 보의 지간의 $\dfrac{1}{12} + b_w$, $\left(\dfrac{l}{12} + b_w\right)$

과년도 기출문제

01 경간이 12m인 대칭 T형 보에서 슬래브 중심간격이 2.0m, 플랜지의 두께가 300mm, 복부의 폭이 400mm일 때 플랜지의 유효폭은?

① 3,000mm
② 2,000mm
③ 2,500mm
④ 5,200mm

[해설]

T형 보(대칭 T형 보)에서 플랜지의 유효폭(b_e)
- $16t_f + b_w = (16 \times 300) + 400 = 5,200$mm
- 양쪽 슬래브의 중심간 거리 = $2 \times 10^3 = 2,000$mm
- 보 경간의 $\frac{1}{4} = \frac{12 \times 10^3}{4} = 3,000$mm

위 값 중에서 최소값을 취하면 $b_e = 2,000$mm이다.

02 그림과 같은 경간 15m의 콘크리트 T형 보의 대칭부의 플랜지 유효폭 b는 얼마인가?

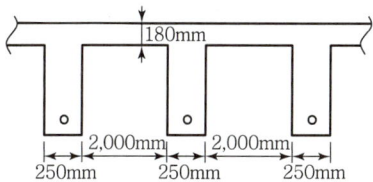

① 3,130mm
② 2,500mm
③ 2,250mm
④ 2,000mm

[해설]

T형 보(대칭 T형 보)에서 플랜지의 유효폭(b_e)
- $16t_f + b_w = (16 \times 180) + 250 = 3,130$mm
- 양쪽 슬래브의 중심간 거리 = $2,000 + 250 = 2,250$mm
- 보 경간의 $\frac{1}{4} = (15 \times 10^3) \times \frac{1}{4} = 3,750$mm

위 값 중 최소값 2,250mm를 취한다.

03 슬래브와 보가 일체로 타설된 비대칭 T형 보(반 T형 보)의 유효폭은 얼마인가?(단, 플랜지 두께=100mm, 복부폭=300mm, 인접보와의 내측거리=1,600mm, 보의 경간=6.0m)

① 800mm
② 900mm
③ 1,000mm
④ 1,100mm

[해설]

반 T형 보(비대칭 T형 보)의 플랜지 유효폭(b_e)
- $6t_f + b_w = (6 \times 100) + 300 = 900$mm
- $\left(\text{보 지간의 } \frac{1}{12}\right) + b_w = \frac{6,000}{12} + 300 = 800$mm
- $\left(\text{인접보와의 내측거리의 } \frac{1}{2}\right) + b_w$
  $= \frac{1,600}{2} + 300 = 1,100$mm

위 값 중에서 최소값을 취하면 $b_e = 800$mm이다.

04 그림과 같이 경간 $L = 9$m인 연속 슬래브에서 반 T형 단면의 유효폭(b)은 얼마인가?

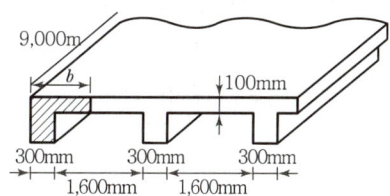

① 1,100mm
② 1,050mm
③ 900mm
④ 850mm

[해설]

반 T형 보(비대칭 T형 보)에서 플랜지의 유효 폭(b_e)
- $6t_f + b_w = (6 \times 100) + 300 = 900$mm
- 인접보와의 내측 간 거리의 $\frac{1}{2} + b_w$
  $= \frac{1,600}{2} + 300 = 1,100$mm
- 보경간의 $\frac{1}{12} + b_w = \frac{9,000}{12} + 300 = 1,050$mm

위 값 중에서 최소값을 취하면 $b_e = 900$mm이다.

정답 01 ② 02 ③ 03 ① 04 ③

03 보의 휨해석과 설계

2. T형 단면보의 판별

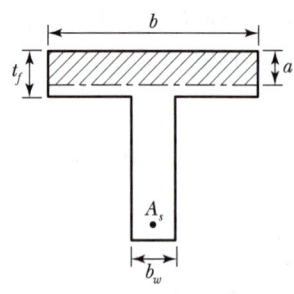
폭이 b인 직사각형 단면보

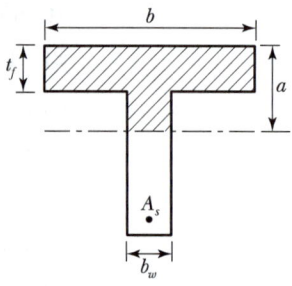
T형 단면보

① 철근콘크리트 휨부재에 있어서 T형 단면보와 직사각형 단면보의 판별은 압축에 저항하는 콘크리트 단면의 모양에 따른다.

② 폭이 b인 직사각형 단면보의 등가직사각형 응력의 깊이(a)와 플랜지의 두께(t_f)를 서로 비교함으로써 T형 단면보의 판별을 할 수 있다.

$$a = \frac{A_s f_y}{\eta\, 0.85 f_{ck} b}$$

- $a \leq t_f$(또는 $A_s f_y \leq \eta\, 0.85 f_{ck} b t_f$)인 경우 폭이 b인 직사각형 단면보로 해석한다.
- $a > t_f$(또는 $A_s f_y > \eta\, 0.85 f_{ck} b t_f$)인 경우 T형 단면보로 해석한다.

개념이해

01 플랜지 유효폭이 b이고, 복부폭이 b_w인 복철근 T형 보의 중립축이 복부에 있고 (−)휨 모멘트가 작용할 때의 응력계산법이 옳은 것은?

① 폭이 b인 직사각형 보로 계산
② 폭이 b_w인 직사각형 보로 계산
③ T형 보로 계산
④ 어느 방법으로 계산해도 된다.

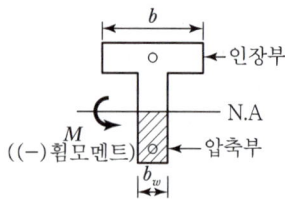

콘크리트 단면에 (−) 휨모멘트가 작용하면 중립축 하단이 압축부가 된다. 따라서, 그림에서와 같이 콘크리트의 압축을 받는 단면이 직사각형 단면이므로 폭이 b_w인 복철근 직사각형 단면보로 고려한다.

답 ②

3. 휨해석

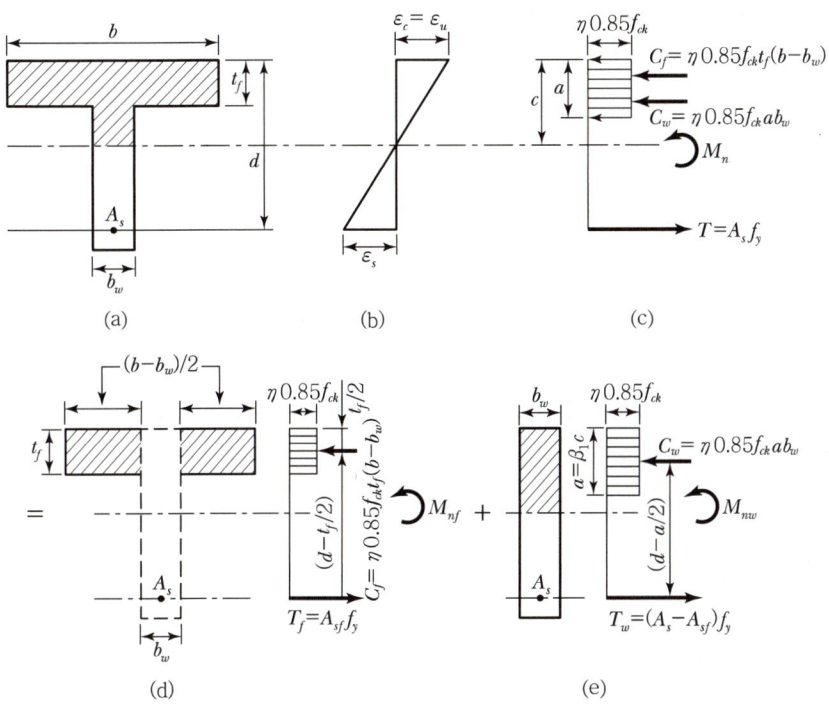

T형 단면보

(1) 균형철근비($\rho_{w,b}$), 인장철근비의 상한($\rho_{w,\max}$), 인장철근비의 하한($\rho_{w,\min}$)

1) 균형철근비($\rho_{w,b}$)

① 플랜지의 내민부분의 압축력에 상응하는 인장철근량(A_{sf})

[그림 (d)]에서 평형방정식을 사용하면 플랜지의 내민부분의 압축력에 상응하는 인장철근량(A_{sf})을 다음과 같이 구할 수 있다.

$$A_{sf} = \frac{\eta\, 0.85 f_{ck} t_f (b - b_w)}{f_y} \quad \cdots\cdots\cdots\cdots (3.46)$$

② 균형철근비($\rho_{w,b}$)

[그림 (c)]에서 평형방정식을 사용하면 균형철근비($\rho_{w,b}$)를 다음과 같이 구할 수 있다.

$$\rho_{w,b} = \eta\, 0.85 \beta_1 \frac{f_{ck}}{f_y} \frac{c}{d} + \rho_f \quad \cdots\cdots\cdots\cdots (3.47)$$

여기서, $\rho_{w,b} = \dfrac{A_s}{b_w d}$, $\rho_f = \dfrac{A_{sf}}{b_w d}$

03 보의 휨해석과 설계

균형상태가 되면 식 (3.47)에서 우변 제1항의 c는 균형상태의 중립축위치를 나타내는 식 (3.10)과 같아진다. 따라서 식 (3.47)의 우변 제1항은 앞의 식 (3.12)의 ρ_b와 같아지므로 T형 단면보의 균형철근비($\rho_{w,b}$)를 나타내는 식 (3.47)을 다시 표현하면 다음과 같다.

$$\rho_{w,b} = \rho_b + \rho_f \quad \cdots\cdots\cdots (3.48)$$

여기서, $\rho_{w,b}$: T형 단면보의 균형철근비
ρ_b : 단철근 직사각형 단면보의 균형철근비
ρ_f : A_{sf}에 대한 철근비

2) 인장철근비의 상한($\rho_{w,\max}$)

앞서 복철근 직사각형 단면보에서 언급한 바와 같이 T형 단면보에 있어서도 연성파괴를 확보하기 위해서는 단철근보와 동일한 여유를 갖도록 인장철근비의 상한을 다음 식의 $\rho_{w,\max}$로 제한해야 한다.

$$\rho_{w,\max} = \rho_{\max} + \rho_f \quad \cdots\cdots\cdots (3.49)$$

여기서, $\rho_{w,\max}$: T형 단면보의 인장철근비의 상한
$\rho_{\max}$: 단철근 직사각형 단면보의 인장철근비의 상한

3) 인장철근비의 하한($\rho_{w,\min}$)

T형 단면보의 인장철근비의 하한($\rho_{w,\min}$)은 단철근 직사각형 단면보의 경우와 동일하다.

(2) 설계휨강도(M_d)

1) 등가직사각형 응력의 깊이(a)

[그림 (c)]에서 평형방정식을 사용하면 등가직사각형 응력의 깊이(a)를 다음과 같이 구할 수 있다.

$$a = \frac{(A_s - A_{sf})f_y}{\eta\, 0.85 f_{ck}\, b_w} \quad \cdots\cdots\cdots (3.50)$$

2) 공칭휨강도(M_n)

[그림 (c), (d), (e)]로부터 T형 단면보의 공칭휨강도(M_n)를 다음과 같이 구할 수 있다.

$$\begin{aligned}M_n &= M_{nf} + M_{nw} \\ &= A_{sf}f_y\left(d - \frac{t_f}{2}\right) + (A_s - A_{sf})f_y\left(d - \frac{a}{2}\right)\end{aligned} \quad \cdots\cdots (3.51)$$

➕ T형 단면보에서 인장철근비(ρ_w)

$$\rho_w = \frac{A_s}{b_w d}$$

➕ 인장철근비의 범위

T형 단면보에서 연성파괴를 확보하기 위한 인장철근비의 범위

$$\rho_{w,\min} \leq \rho_w \leq \rho_{w,\max}$$

3) 설계휨강도(M_d)

$$M_d = \phi M_n = \phi\left[A_{sf}f_y\left(d - \frac{t_f}{2}\right) + (A_s - A_{sf})f_y\left(d - \frac{a}{2}\right)\right] \cdots (3.52)$$

개념이해

01 다음 그림의 단철근 T형 보의 설계모멘트강도를 계산할 때 플랜지 돌출부에 작용하는 압축력과 균형되는 가상 압축철근 단면적 A_{sf}는 얼마인가?(여기서, $f_{ck}=24$MPa, $f_y=300$MPa)

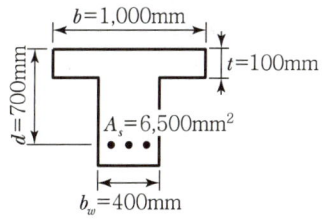

① 3,208mm²   ② 4,080mm²
③ 5,126mm²   ④ 6,050mm²

$\eta = 1(f_{ck} \leq 40\text{MPa}$인 경우$)$

$A_{sf} = \dfrac{\eta 0.85 f_{ck}(b-b_w)t}{f_y}$

$= \dfrac{1 \times 0.85 \times 24 \times (1,000-400) \times 100}{300}$

$= 4,080\text{mm}^2$

답 ②

02 강도설계 시 T형 보에서 $t_f=100$mm, $d=300$mm, $b_w=200$mm, $b=800$mm, $f_{ck}=20$MPa, $f_y=420$MPa, $A_s=2,000$mm²일 때 등가응력 사각형의 깊이는?

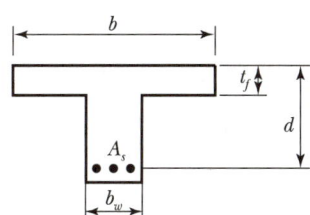

① 51.8mm   ② 61.8mm
③ 71.8mm   ④ 81.8mm

폭이 $b=800$mm인 직사각형 단면보에 대한 등가사각형 깊이(a)

$\eta = 1(f_{ck} \leq 40\text{MPa}$인 경우$)$

$a = \dfrac{A_s f_y}{\eta 0.85 f_{ck} b} = \dfrac{2,000 \times 420}{1 \times 0.85 \times 20 \times 800}$

$= 61.76\text{mm}$

$a(=61.76\text{mm}) < t_f(=100\text{mm})$이므로 폭이 $b=800$mm인 직사각형 단면보로 해석한다.
따라서 등가사각형 깊이는 $a=61.76$mm이다.

답 ②

과년도 기출문제

01 아래 그림과 같은 T형 보에서 등가 직사각형 응력 블록의 깊이(a)는?(단, $f_{ck}=21$MPa, $f_y=350$MPa, $A_s=7,652$mm²)

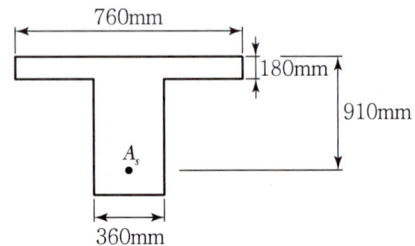

① 178mm ② 187mm
③ 194mm ④ 217mm

[해설]

- T형 보의 판별
 폭이 $b=760$mm인 직사각형 단면보에 대한 등가사각형 깊이
 $\eta=1(f_{ck}\leq 40$MPa인 경우$)$
 $a=\dfrac{A_s f_y}{\eta 0.85 f_{ck} b}=\dfrac{7,652\times 350}{1\times 0.85\times 21\times 760}=197.4$mm
 $a(=197.4$mm$)>t_f(=180$mm$)$이므로 T형보로 해석

- T형 보의 등가사각형 깊이(a)
 $A_{sf}=\dfrac{\eta 0.85 f_{ck}(b-b_w)t_f}{f_y}$
 $=\dfrac{1\times 0.85\times 21\times (760-360)\times 180}{350}=3,672$mm
 $a=\dfrac{(A_s-A_{sf})f_y}{\eta 0.85 f_{ck} b_w}=\dfrac{(7,652-3,672)\times 350}{1\times 0.85\times 21\times 360}=216.8$mm

02 강도설계법에서 그림과 같은 T형 보에 압축연단에서 중립축까지의 거리(c)는 약 얼마인가?(단, $A_s=14-D25=7,094$mm², $f_{ck}=35$MPa, $f_y=400$MPa)

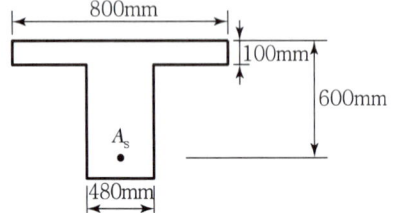

① 132mm ② 155mm
③ 165mm ④ 186mm

[해설]

- T형 보의 판별
 $b=800$mm인 직사각형 단면보에 대한 등가사각형 깊이
 $\eta=1(f_{ck}\leq 40$MPa인 경우$)$
 $a=\dfrac{A_s f_y}{\eta 0.85 f_{ck} b}=\dfrac{7,094\times 400}{1\times 0.85\times 35\times 800}=119.2$mm
 $a(=119.2$mm$)>t_f(=100$mm$)$이므로 T형보로 해석

- T형 보의 등각사각형 깊이(a)
 $A_{sf}=\dfrac{\eta 0.85 f_{ck}(b-b_w)t_f}{f_y}$
 $=\dfrac{1\times .85\times 35\times (800-480)\times 100}{480}$
 $=2380$mm²
 $a=\dfrac{(A_s-A_{sf})f_y}{\eta 0.85 f_{ck} b_w}$
 $=\dfrac{(7,094-2,380)\times 400}{1\times 0.85\times 35\times 480}=132$mm

- T형 보의 중립축 위치(c)
 $\beta_1=0.8(f_{ck}\leq 40$MPa인 경우$)$
 $c=\dfrac{a}{\beta_1}=\dfrac{132}{0.8}=165$mm

03 보의 유효깊이(d) 600mm, 복부의 폭(b_w) 320mm, 플랜지의 두께 130mm, 인장철근량 7,650mm², 양쪽 슬래브의 중심간 거리 2.5m, 경간 10.4m $f_{ck}=25$MPa, $f_y=400$MPa로 설계된 대칭 T형 보가 있다. 이 보의 등가 직사각형 응력 블록의 깊이(a)는?

① 51.2mm ② 60mm
③ 137.5mm ④ 145mm

[해설]

㉠ T형 보(대칭 T형 보)의 플랜지 유효폭(b_e)
 - $16t_f+b_w=(16\times 130)+320=2,400$mm
 - 양쪽 슬래브의 중심간 거리 $=2.5\times 10^3=2,500$mm
 - 보 경간의 $\dfrac{1}{4}=(10.4\times 10^3)\times \dfrac{1}{4}=2,600$mm
 위 값 중에서 최소값을 취하면 $b_e=2,400$mm이다.

정답 01 ④ 02 ③ 03 ②

과년도 기출문제

ⓒ T형 보의 판별
 $b=2,400\text{mm}$인 직사각형 단면보에 대한 등가사각형 깊이
 $\eta=1(f_{ck} \leq 40\text{MPa}$인 경우$)$
 $a=\dfrac{f_y A_s}{\eta 0.85 f_{ck} b}=\dfrac{400\times 7,650}{1\times 0.85\times 25\times 2,400}=60\text{mm}$
 $t_f=130\text{mm}$
 $a<t_f$이므로 $b=2,400\text{mm}$인 직사각형 단면 보로 해석한다.
 따라서, 등가사각형 깊이 $a=60\text{mm}$이다.

04 아래 그림의 빗금친 부분과 같은 단철근 T형보의 등가응력의 깊이 a는 얼마인가?(단, $A_s=6,345\text{mm}^2$, $f_{ck}=24\text{MPa}$, $f_y=400\text{MPa}$)

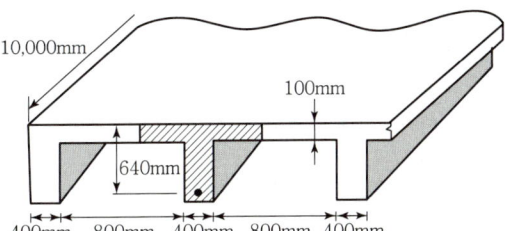

① 96.7mm   ② 111.5mm
③ 121.3mm   ④ 128.6mm

[해설]
㉠ T형보(대칭 T형보)에서 플랜지의 유효폭(b_e)
 • $16t_f+b_w=(16\times 100)+400=2,000\text{mm}$
 • 양쪽 슬래브의 중심간 거리 $=800+400=1,200\text{mm}$
 • 보 경간의 $\dfrac{1}{4}=10,000\times\dfrac{1}{4}=2,500\text{mm}$
 위 값 중에서 최솟값을 취하면 $b_e=1,200\text{mm}$이다.
ⓒ T형 보의 판별
 $b=1,200\text{mm}$인 직사각형 단면보에 대한 등가사각형 깊이
 $\eta=1(f_{ck} \leq 40\text{MPa}$인 경우$)$
 $a=\dfrac{f_y A_s}{\eta 0.85 f_{ck} b}=\dfrac{400\times 6,354}{1\times 0.85\times 24\times 1,200}=103.8\text{mm}$
 $a(=103.8\text{mm})>t_f(=100\text{mm})$이므로
 T형 보로 해석한다.
ⓒ T형 보의 등가사각형 깊이(a)
 $A_{Sf}=\dfrac{\eta 0.85 f_{ck}(b-b_w)t_f}{f_y}$
  $=\dfrac{1\times 0.85\times 24\times (1,200-400)\times 100}{400}=4,080\text{mm}^2$

$a=\dfrac{(A_s-A_{sf})f_y}{\eta 0.85 f_{ck} b_w}$
 $=\dfrac{(6,354-4,080)\times 400}{1\times 0.85\times 24\times 400}=111.5\text{mm}$

05 경간 $l=20\text{m}$이고, 그림의 빗금친 부분과 같은 반 T형 보(b)의 등가응력사각형의 깊이 a는?(단, $f_{ck}=28\text{MPa}$, $f_y=400\text{MPa}$)

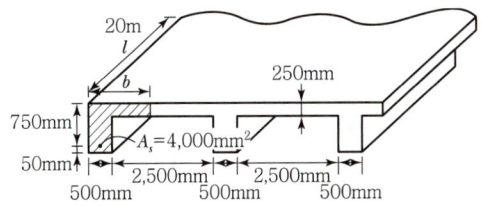

① 33.61mm   ② 38.42mm
③ 134.45mm   ④ 262.34mm

[해설]
㉠ 반T형보(비대칭 T형보)에서 플랜지의 유효폭(b_e)
 • $6t_f+b_w=(6\times 250)+500=2,000\text{mm}$
 • 인접보와의 내측 간 거리의 $\dfrac{1}{2}+b_w$
  $=\dfrac{2,500}{2}+500=1,750\text{mm}$
 • 보경간의 $\dfrac{1}{12}+b_w=\dfrac{(20\times 10^3)}{12}+500=2166.7\text{mm}$
 위 값 중에서 최솟값을 취하면 $b_e=1,750\text{mm}$
ⓒ 반 T형 보의 판별
 폭이 $b=1,750\text{mm}$인 직사각형 단면보에 대한 등가사각형 깊이(a)
 $\eta=1(f_{ck} \leq 40\text{MPa}$인 경우$)$
 $a=\dfrac{A_s f_y}{\eta 0.85 f_{ck} b}=\dfrac{4,000\times 400}{1\times 0.85\times 28\times 1,750}=38.42\text{mm}$
 $t_f=250\text{mm}$
 $a<t_f$이므로 $b=1,750\text{mm}$인 직사각형 단면보로 해석한다.
 따라서, 등가사각형 깊이(a)는 $a=38.42\text{mm}$이다.

정답 04 ② 05 ②

과년도 기출문제

06 아래 그림과 같은 단철근 T형 보의 공칭휨모멘트 강도(M_n)는 얼마인가?(단, $f_{ck}=24$MPa, $f_y=400$MPa이고, $A_s=4,500$mm²)

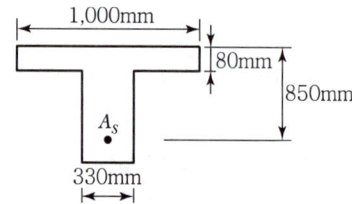

① 1,123.13kN·m
② 1,289.15kN·m
③ 1,449.18kN·m
④ 1,590.32kN·m

[해설]

- T형 보의 판별
  폭이 $b=1,000$mm인 직사각형 단면보에 대한 등가사각형 깊이
  $\eta=1(f_{ck} \leq 40$MPa인 경우$)$
  $a = \dfrac{A_s f_y}{\eta 0.85 f_{ck} b} = \dfrac{4,500 \times 400}{1 \times 0.85 \times 24 \times 1,000} = 88.2$mm
  $t_f = 80$mm
  $a > t_f$이므로 T형 보로 해석

- T형 보의 공칭 휨강도(M_n)
  $A_{sf} = \dfrac{\eta 0.85 f_{ck}(b-b_w)t_f}{f_y}$
  $= \dfrac{1 \times 0.85 \times 24 \times (1,000-330) \times 80}{400} = 2,734$mm²
  $a = \dfrac{(A_s - A_{sf})f_y}{\eta 0.85 f_{ck} b_w}$
  $= \dfrac{(4,500 - 2,734) \times 400}{1 \times 0.85 \times 24 \times 330} = 105$mm
  $M_n = A_{sf} f_y \left(d - \dfrac{t_f}{2}\right) + (A_s - A_{sf})f_y \left(d - \dfrac{a}{2}\right)$
  $= 2,734 \times 400 \times \left(850 - \dfrac{80}{2}\right) + (4,500 - 2,734)$
  $\times 400 \times \left(850 - \dfrac{105}{2}\right)$
  $= 1,449.17 \times 10^6$N·mm $= 1,449.17$kN·m

07 그림과 같은 T형 단면의 보에서 설계 휨모멘트강도(ϕM_n)를 구하면?(단, 과소 철근보이고, $f_{ck}=21$MPa, $f_y=400$MPa, $A_s=1,926$mm²이고, 인장지배단면이다.)

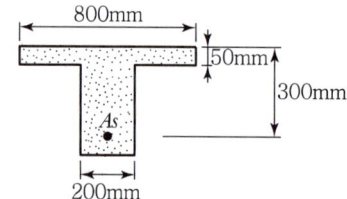

① 152.3kN·m   ② 178.6kN·m
③ 197.8kN·m   ④ 215.2kN·m

[해설]

- T형보의 판별
  폭이 $b=800$mm인 직사각형 단면보에 대한 등가사각형 깊이
  $\eta=1(f_{ck} \leq 40$MPa인 경우$)$
  $a = \dfrac{f_y A_s}{\eta 0.85 f_{ck} b} = \dfrac{400 \times 1,926}{1 \times 0.85 \times 21 \times 800} = 53.95$mm
  $a(=53.95$mm$) > t_f(=50$mm$)$이므로 T형보로 해석

- T형 보의 등가 사각형 깊이(a)
  $A_{sf} = \dfrac{\eta 0.85 f_{ck}(b-b_w)t_f}{f_y}$
  $= \dfrac{1 \times 0.85 \times 21 \times (800-200) \times 50}{400} = 1388.75$mm²
  $a = \dfrac{(A_s - A_{sf})f_y}{\eta 0.85 f_{ck} b_w}$
  $= \dfrac{(1,926 - 1388.75) \times 400}{1 \times 0.85 \times 21 \times 200} = 65.8$mm

- 설계 휨모멘트 강도(M_d)
  $\phi = 0.85$(인장지배 단면인 경우)
  $M_d = \phi M_n$
  $= \phi \left\{ A_{sf} f_y \left(d - \dfrac{t_f}{2}\right) + (A_s - A_{sf})f_y \left(d - \dfrac{a}{2}\right) \right\}$
  $= 0.85 \left\{ 1388.75 \times 400 \times \left(300 - \dfrac{50}{2}\right) \right.$
  $\left. + (1,926 - 1388.75) \times 400 \times \left(300 - \dfrac{65.8}{2}\right) \right\}$
  $= 178.6 \times 10^6$N·mm $= 178.6$kN·m

정답 06 ③ 07 ②

과년도 기출문제

08 그림과 같은 T형 보에서 $f_{ck}=21$MPa, $f_y=300$MPa일 때 설계휨강도 ϕM_n를 구하면?(단, 과소철근보이고 $A_s=5,000$mm²)

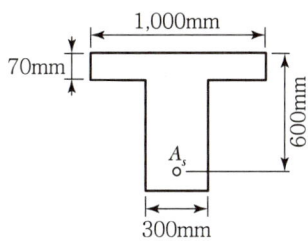

① 613.13kN·m ② 631.38kN·m
③ 690.55kN·m ④ 707.94kN·m

[해설]

- T형 보의 판별
  $b=1,000$mm인 직사각형 단면의 등가사각형 깊이
  $\eta=1(f_{ck}\leq 40$MPa인 경우)
  $$a=\frac{A_s f_y}{\eta 0.85 f_{ck} b}=\frac{5,000\times 300}{1\times 0.85\times 21\times 1,000}$$
  $=84.03$mm
  $a(=84.03$mm$)>t_f(=70$mm$)$이므로 T형 보로 해석

- T형 보의 등가 사각형 깊이(a)
  $$A_{sf}=\frac{\eta 0.85 f_{ck}(b-b_w)t}{f_y}$$
  $$=\frac{1\times 0.85\times 21\times (1,000-300)\times 70}{300}$$
  $=2,915.5$mm²
  $$a=\frac{(A_s-A_{sf})f_y}{\eta 0.85 f_{ck} b_w}$$
  $$=\frac{(5,000-2,915.5)\times 300}{1\times 0.85\times 21\times 300}=116.78$$mm

- ϕ의 결정
  $f_{ck}=21$MPa≤ 40MPa인 경우
  $\varepsilon_{cu}=0.0033$, $\beta_1=0.8$
  $$\varepsilon_t=\frac{d_t\beta_1-a}{a}\varepsilon_{cu}$$
  $$=\frac{600\times 0.8-116.78}{116.78}\times 0.0033=0.010$$
  $\varepsilon_{t,l}=0.005(f_y\leq 400$MPa인 경우)
  $\varepsilon_t > \varepsilon_{t,l}$이므로 인장지배단면 - $\phi=0.85$

- 설계 휨모멘트 강도(M_d)
  $M_d=\phi M_n$
  $$=\phi\left\{A_{sf}f_y\left(d-\frac{t_f}{2}\right)+(A_s-A_{sf})f_y\left(d-\frac{a}{2}\right)\right\}$$
  $$=0.85\left\{2915.5\times 300\times\left(600-\frac{70}{2}\right)\right.$$
  $$\left.+(5,000-2915.5)\times 300\times\left(600-\frac{116.78}{2}\right)\right\}$$
  $=707.94\times 10^6$N·mm$=707.94$kN·m

정답 08 ④

04 보의 전단과 비틀림

1 전단응력

1. 균질보의 전단응력

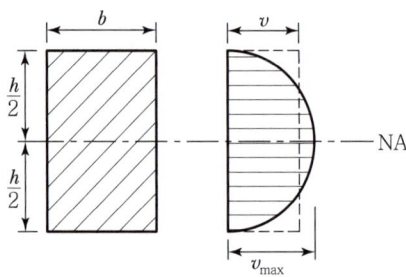

(1) 균질보의 최대 전단응력($v_{\max}$)

$$v_{\max} = \alpha \frac{V}{bh} \quad \cdots \cdots (4.1)$$

여기서, V : 전단력
 α : 형상계수(직사각형 단면일 경우, $\alpha = 1.5$)

(2) 균질보의 평균 전단응력(v)

$$v = \frac{V}{bh} \quad \cdots \cdots (4.2)$$

(3) 균질보에서 최대 전단응력과 평균 전단응력의 비

$$\frac{v_{\max}}{v} = 1.5$$

2. 철근콘크리트 보의 전단응력

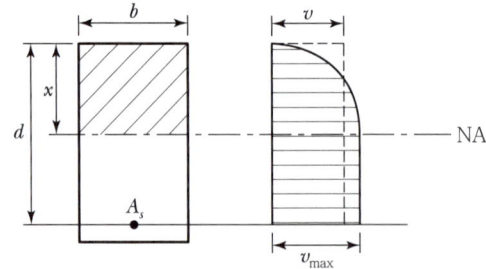

➕ 철근콘크리트 보의 최대 전단응력
중립축에서부터 인장 측까지 일정한 값으로 존재한다.

(1) 철근콘크리트 보의 최대 전단응력($v_{\max}$)

$$v_{\max} = \frac{V}{bdj} \quad\cdots\cdots\cdots\cdots\cdots\cdots\cdots\cdots\cdots\cdots\cdots\cdots (4.3)$$

여기서, $j = \frac{7}{8} \sim \frac{8}{9}$

(2) 철근콘크리트 보의 평균 전단응력(v)

$$v = \frac{V}{bd} \quad\cdots\cdots\cdots\cdots\cdots\cdots\cdots\cdots\cdots\cdots\cdots\cdots (4.4)$$

(3) 철근콘크리트 보에서 최대 전단응력과 평균 전단응력의 비

$$\frac{v_{\max}}{v} \fallingdotseq 1.1$$

(4) 철근콘크리트 보의 전단거동은 다양한 요인들에 의하여 그 거동이 매우 복잡하다. 또한 최대 전단응력과 평균 전단응력의 값이 거의 비슷하므로 전단에 대한 해석과 설계에서는 평균 전단응력을 사용한다.

2 사인장응력과 균열

1. 사인장응력

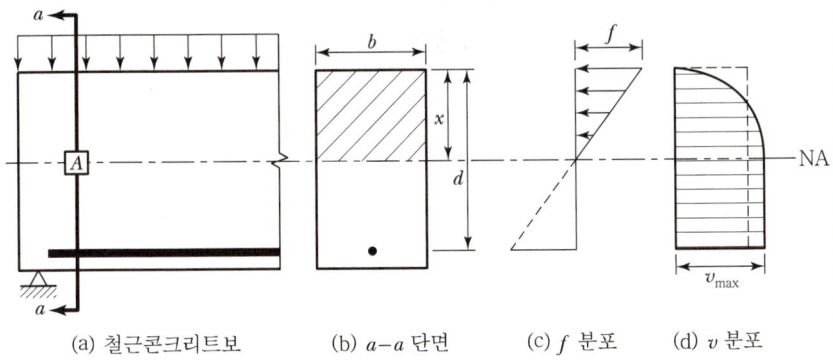

(a) 철근콘크리트보　　(b) $a-a$ 단면　　(c) f 분포　　(d) v 분포

04 보의 전단과 비틀림

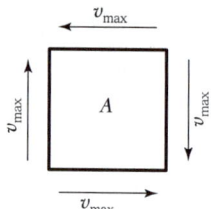 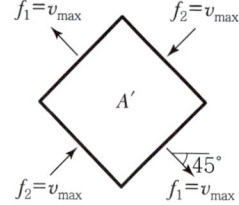

(e) 중립축에 위치한 요소 A

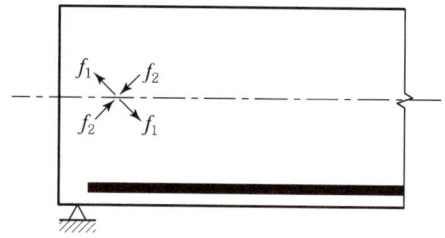

(f) 요소 A의 주응력

철근콘크리트 보의 중립축에 위치한 요소의 주응력

(1) 철근콘크리트 보의 주응력

1) 철근콘크리트 보의 주응력 식

$$f_{1,2} = \frac{f}{2} \pm \sqrt{\left(\frac{f}{2}\right)^2 + v^2} \quad \cdots\cdots\cdots (4.6)$$

2) 중립축에 위치한 요소 A의 주응력

중립축에 위치한 요소 A의 응력은 [그림 (c)]와 [그림 (d)]에서 보여주는 것과 같이 $f=0$, $v=v_{\max}$ 이므로 식 (4.6)에 의하여 요소 A의 주응력은 다음과 같이 된다.

$$f_1 = v_{\max},\ f_2 = -v_{\max}$$

(2) 철근콘크리트 보의 주응력면

1) 철근콘크리트 보의 주응력면 식

$$\tan 2\theta = -\frac{2v}{f} \quad \cdots\cdots\cdots (4.7)$$

2) 중립축에 위치한 요소 A의 주응력면

중립축에 위치한 요소 A의 응력은 $f=0$, $v=v_{\max}$ 이므로 식 (4.7)에 의하여 요소 A의 주응력면은 다음과 같이 된다.

$$\tan 2\theta = -\frac{2v}{f} = -\frac{2v_{\max}}{0} = \infty$$

$$\theta_P = 45° \text{ 또는 } 135°$$

(3) 사인장응력

① [그림 (e)]와 [그림 (f)]에서 알 수 있는 것과 같이 주압축응력 $f_2(=-v_{\max})$은 콘크리트가 충분히 견딜 수 있지만, 이것에 직각으로 작용하는 주인장응력 $f_1(=v_{\max})$은 철근콘크리트 보의 지점 부근에서 사인장균열을 일으키는 원인이 된다.

② 주인장응력은 그 크기가 전단응력과 같기 때문에 전단응력이라고도 하며, 또 보의 축에 대하여 45° 경사로 작용하기 때문에 사인장응력이라고도 한다.

2. 사인장균열

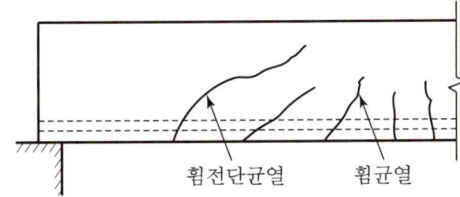

휨전단균열

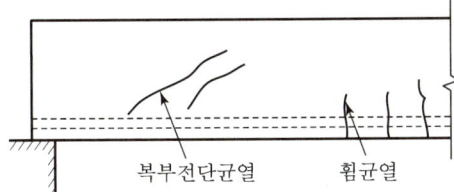

복부전단균열

04 보의 전단과 비틀림

(1) 휨전단균열
① 휨모멘트에 의하여 철근콘크리트 보에 수직균열이 먼저 발생
② 전단에 유효한 비균열 단면의 감소
③ 전단응력의 증가
④ 수직균열의 끝에 경사균열(사인장 균열) 발생
⑤ 휨모멘트가 크고 전단력도 큰 단면에서 발생

(2) 복부전단균열
① 휨모멘트는 작고 전단력은 큰 지점부 가까이의 중립축 근처에서 발생하는 경사균열
② I형 단면과 같이 얇은 복부에서 발생

3 전단철근의 종류

1. 전단철근의 종류

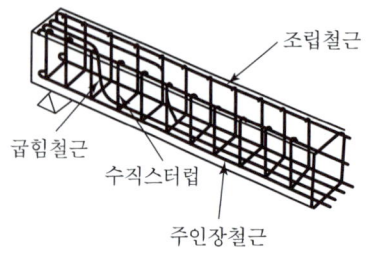

전단철근의 배근도

① 주인장철근에 수직으로 배치한 스터럽
② 주인장철근에 45° 이상의 경사로 배치한 스터럽
③ 주인장철근에 30° 이상의 경사로 구부린 굽힘철근(절곡 철근)
④ 스터럽과 굽힘철근의 병용(①과 ③의 병용 또는 ②와 ③의 병용)
⑤ 나선철근 또는 용접 철망

+ 전단철근
전단철근은 전단보강철근 또는 사인장철근이라고도 하며, 전단력으로 인해 발생되는 경사균열을 제어하기 위하여 배치한다.

2. 스터럽의 종류

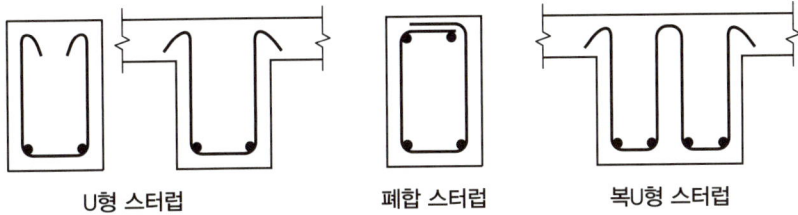

U형 스터럽   폐합 스터럽   복U형 스터럽

① U형 스터럽
② 폐합 스터럽
③ 복U형 스터럽(W형 스터럽)

개념이해

01 다음 중 전단철근으로 사용할 수 없는 것은?

① 부재축에 직각으로 배치한 용접철망
② 주인장철근에 30°의 각도로 설치되는 스터럽
③ 나선철근, 원형 띠철근 또는 후프철근
④ 스터럽과 굽힘철근의 조합

➡ 전단철근의 종류
① 인장철근에 수직으로 배치한 스터럽
② 주인장철근에 45° 이상의 경사로 배치한 스터럽
③ 주인장철근에 30° 이상의 경사로 구부린 굽힘철근
④ 스터럽과 굽힘철근의 병용(①과 ③ 또는 ②와 ③의 병용)
⑤ 나선철근 또는 용접철망

답 ②

02 철근콘크리트 보에서 스터럽(Stirrup)을 배근하는 주된 이유는?

① 주철근 상호 간의 위치를 확보하기 위하여
② 보에 작용하는 사인장응력에 의한 균열을 제어하기 위하여
③ 철근과 콘크리트의 부착강도를 높이기 위하여
④ 압축측 콘크리트의 좌굴을 방지하기 위하여

➡ 철근콘크리트 보에서 스터럽은 보에 작용하는 사인장응력(전단응력)에 의한 균열을 제어하기 위하여 배근된다.

답 ②

03 철근콘크리트 보에서 스터럽을 배근하는 주목적은?

① 철근의 인장강도가 부족하기 때문에
② 콘크리트의 사인장강도가 부족하기 때문에
③ 콘크리트의 탄성이 부족하기 때문에
④ 철근과 콘크리트의 부착강도가 부족하기 때문

➡ 철근콘크리트 보에서 스터럽을 배근하는 이유는 사인장균열로 인한 콘크리트의 사인장강도가 부족하기 때문이다.

답 ②

04 보의 전단과 비틀림

4 전단해석과 설계

1. 설계의 기본원칙

$$V_u \leq V_d = \phi V_n \quad \cdots \quad (4.8)$$

여기서, V_u : 계수전단력
V_d : 설계전단강도
V_n : 공칭전단강도
ϕ : 강도감소계수($=0.75$)

계수전단력(V_u)

계수전단력(V_u)은 전단에 대한 위험단면의 위치에서 취한다.

전단에 대한 위험단면의 위치
- 보 또는 1방향 슬래브 : 지점으로부터 d만큼 떨어진 곳
- 2방향 슬래브 : 지점으로부터 $\dfrac{d}{2}$만큼 떨어진 곳

2. 공칭전단강도(V_n)

(1) 공칭전단강도(V_n)

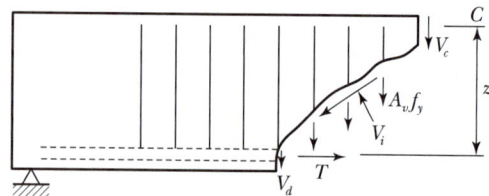

스터럽이 배치된 보의 균열면의 힘

① 스터럽이 배치된 보의 지점 부근에서 사인장 균열이 발생하면 균열면에는 위의 그림에 나타낸 것과 같은 힘들이 발생되며, 이 힘들에 대하여 평형방정식을 적용하면 스터럽이 배치된 보의 공칭전단강도를 다음과 같이 구할 수 있다.

$$V_n = V_c + V_d + V_{iy} + V_s \quad \cdots \quad (4.9)$$

여기서, V_c : 균열이 발생하지 않은 부분의 콘크리트가 부담하는 전단력
V_d : 인장철근의 도웰작용(Dowel Action)에 의한 수직내력
V_{iy} : 거치른 균열면의 맞물림(Interlocking)에 의한 내력 V_i의 수직분력
V_s : 균열면과 교차된 전단철근(스터럽)이 부담하는 전단력

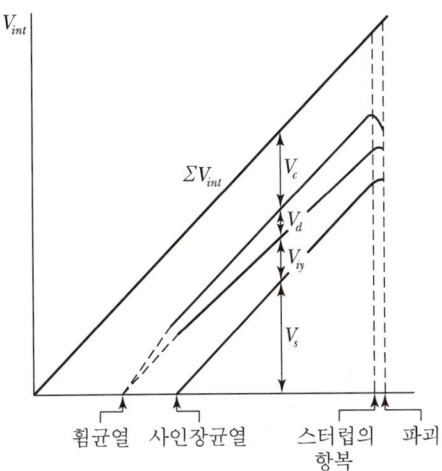

스터럽이 배치된 보의 내적 전단력의 변화

② 위의 그림에서 보여 주듯이 스터럽이 항복하여 균열이 보의 전 높이에 이르게 되면 $V_d = 0$, $V_{iy} = 0$으로 간주할 수 있다. 그러므로 스터럽이 항복하는 단계에서 식 (4.9)는 다음과 같이 된다.

$$V_n = V_c + V_s \quad \cdots\cdots\cdots\cdots\cdots\cdots\cdots\cdots\cdots\cdots\cdots\cdots (4.10)$$

(2) 콘크리트가 부담하는 전단강도(V_c)

1) 간이식

$$V_c = \frac{1}{6} \lambda \sqrt{f_{ck}} b_w d \quad \cdots\cdots\cdots\cdots\cdots\cdots\cdots\cdots (4.11)$$

2) 엄밀식

$$V_c = \left(0.16 \lambda \sqrt{f_{ck}} + 17.6 \rho_w \frac{V_u d}{M_u}\right) b_w d \leq 0.29 \lambda \sqrt{f_{ck}} b_w d$$
$$\cdots\cdots\cdots\cdots\cdots\cdots\cdots\cdots\cdots\cdots\cdots\cdots\cdots\cdots\cdots\cdots (4.12)$$

여기서, $\rho_w = \dfrac{A_s}{b_w d}$, $\dfrac{V_u d}{M_u} \leq 1$

＋ 콘크리트의 설계기준강도(f_{ck})

전단강도의 계산에 있어서 $\sqrt{f_{ck}}$를 8.4MPa보다 크게 취해서는 안 된다.
즉, $\sqrt{f_{ck}} \leq 8.4\text{MPa}$

04 보의 전단과 비틀림

(3) 전단철근이 부담하는 전단강도(V_s)

전단철근이 부담하는 전단강도는 식 (4.8)과 (4.10)으로부터 다음과 같이 나타낼 수 있다.

$$V_s \geq \frac{V_u - \phi V_c}{\phi} \quad \cdots\cdots\cdots\cdots\cdots\cdots\cdots\cdots\cdots\cdots (4.13)$$

개념이해

01 전단설계의 원칙에 대한 설명으로 틀린 것은?

① 공칭전단강도에 강도감소계수를 곱한 값이 계수전단력보다 작게 설계하여야 한다.
② 공칭전단강도는 콘크리트에 의한 공칭전단강도에 전단철근에 의한 공칭전단강도를 더한 값이다.
③ 콘크리트에 의한 공칭전단강도를 결정할 때, 구속된 부재에서 크리프와 건조수축으로 인한 축방향 인장력의 영향을 고려하여야 한다.
④ 콘크리트에 의한 전단강도를 결정할 때, 깊이가 일정하지 않은 부재의 경사진 휨압축력의 영향도 고려하여야 한다.

$V_u \leq V_d = \phi V_n$

답 ①

02 직사각형($b_w = 300\text{mm}$, $d = 550\text{mm}$) 보에서 콘크리트가 부담할 수 있는 공칭전단강도는?(단, $f_{ck} = 24\text{MPa}$)

① 639.2kN ② 741.5kN
③ 968.3kN ④ 134.7kN

$V_c = \frac{1}{6}\sqrt{f_{ck}}\, b_w d$
$= \frac{1}{6} \times \sqrt{24} \times 300 \times 550$
$= 134,721\text{N} \fallingdotseq 134.7\text{kN}$

답 ④

03 단면의 폭 400mm, 보의 유효깊이 600mm, 콘크리트의 설계기준압축강도 25MPa로 설계된 전단철근이 있는 보가 있다. 이 보에 계수전단력 $V_u = 300\text{kN}$이 작용할 경우, 전단철근이 부담하여야 할 전단력 V_s는?

① 75kN ② 100kN
③ 150kN ④ 200kN

$V_c = \frac{1}{6}\sqrt{f_{ck}}\, b_w d$
$= \frac{1}{6} \times \sqrt{25} \times 400 \times 600$
$= 200 \times 10^3 \text{N} = 200\text{kN}$
$V_s = \frac{V_u - \phi V_c}{\phi} = \frac{300 - 0.75 \times 200}{0.75}$
$= 200\text{kN}$

답 ④

과년도 기출문제

01 $b_w = 350$mm, $d = 600$mm인 단철근 직사각형보에서 콘크리트가 부담할 수 있는 공칭전단강도를 정밀식으로 구하면 약 얼마인가?(단, $V_u = 100$kN, $M_u = 300$kN·m, $\rho_w = 0.016$, $f_{ck} = 24$MPa)

① 164.2kN ② 171.5kN
③ 176.4kN ④ 182.7kN

[해설]

$\dfrac{V_u d}{M_u} = \dfrac{100 \times (600 \times 10^{-3})}{300} = 0.2 < 1$ — O.K.

$V_c = \left(0.16\sqrt{f_{ck}} + 17.6\,\rho_w \dfrac{V_u d}{M_u}\right) b_w d$

$= (0.16 \times \sqrt{24} + 17.6 \times 0.016 \times 0.2) \times 350 \times 600$

$= 176.4 \times 10^3 \text{N} = 176.4 \text{kN}$

02 $b_w = 250$mm, $d = 500$mm, $f_{ck} = 21$MPa, $f_y = 400$MPa인 직사각형 보에서 콘크리트가 부담하는 설계전단강도(ϕV_c)는?

① 71.6kN ② 76.4kN
③ 82.2kN ④ 91.5kN

[해설]

$\phi V_c = \phi \left(\dfrac{1}{6}\sqrt{f_{ck}}\, b_w d\right)$

$= 0.75 \times \left(\dfrac{1}{6} \times \sqrt{21} \times 250 \times 500\right)$

$= 71.6 \times 10^3 \text{N} = 71.6 \text{kN}$

03 길이가 3m인 캔틸레버보의 자중을 포함한 계수등분포하중이 100kN/m일 때 위험단면에서 전단철근이 부담해야 할 전단력은 약 얼마인가?(단, $f_{ck} = 24$Mpa, $f_y = 300$MPa, $b = 300$mm, $d = 500$mm)

① 185kN ② 211kN
③ 227kN ④ 239kN

[해설]

$V_u = \omega_u(l-d) = 100 \times (3-0.5) = 250$kN

$V_c = \dfrac{1}{6}\sqrt{f_{ck}}\, bd = \dfrac{1}{6} \times \sqrt{24} \times 300 \times 500$

$= 122,474\text{N} = 122.5\text{kN}$

$V_s = \dfrac{V_u - \phi V_c}{\phi} = \dfrac{250 - 0.75 \times 122.5}{0.75} = 210.8$kN

04 그림과 같이 활하중(w_L)은 30kN/m, 고정하중(w_D)은 콘크리트의 자중(단위무게 23kN/m³)만 작용하고 있는 캔틸레버보가 있다. 이 보의 위험단면에서 전단철근이 부담해야 할 전단력은?(단, 하중은 하중조합을 고려한 소요강도(U)를 적용하고, $f_{ck} = 24$MPa, $f_y = 300$MPa이다.)

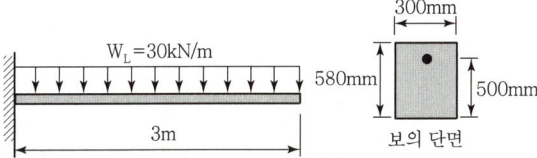

① 88.7kN ② 53.5kN
③ 21.3kN ④ 9.5kN

[해설]

$W_D = \gamma_c \cdot A_c = 23 \times (0.3 \times 0.58) = 4$kN/m

$W_u = 1.2 W_D + 1.6 W_L = 1.2 \times 4 + 1.6 \times 30$

$= 52.8$kN/m

$V_u = W_u(l-d) = 52.8 \times (3-0.5) = 132$kN

$\phi V_c = \phi \dfrac{1}{6}\sqrt{f_{ck}}\, b_w\, d = 0.75 \times \dfrac{1}{6} \times \sqrt{24} \times 300 \times 500$

$= 91.9 \times 10^3 \text{N} = 91.9$kN

$V_u(=132\text{kN}) > \phi V_c(=91.9\text{kN})$이므로 전단보강이 필요하다.

$V_s \geq \dfrac{V_u - \phi V_c}{\phi} = \dfrac{132 - 91.9}{0.75} = 53.5$kN

정답 01 ③ 02 ① 03 ② 04 ②

04 보의 전단과 비틀림

3. 전단철근의 설계

(1) 전단철근량(A_v)

1) $V_u \leq \dfrac{1}{2}\phi V_c$인 경우

   이 경우는 전단철근이 필요없다.
   $$A_v = 0$$

2) $\dfrac{1}{2}\phi V_c < V_u \leq \phi V_c$인 경우

   이 경우는 이론상 전단철근이 필요 없지만 콘크리트 구조 설계기준에서는 최소 전단철근량($A_{v,\min}$)을 배치하도록 요구하고 있다.

   ① 최소 전단철근량($A_{v,\min}$)

   $$A_{v,\min} = 0.0625\sqrt{f_{ck}}\,\dfrac{b_w s}{f_y} \geq 0.35\dfrac{b_w s}{f_y} \quad \cdots\cdots (4.14)$$

   여기서, s : 전단철근의 간격

   ② 최소 전단철근량 규정이 적용되지 않는 경우
   - 보의 높이(h)가 250mm 이하인 경우
   - I형 보 또는 T형 보에서 그 높이(h)가 플랜지두께(t_f)의 2.5배와 복부폭(b_w)의 $\dfrac{1}{2}$ 중, 큰 값보다 크지 않을 경우
   - 슬래브와 확대기초
   - 교대 벽체 및 날개벽, 옹벽의 벽체, 암거 등과 같이 휨이 주거동인 판 부재
   - 콘크리트 장선구조

3) $\phi V_c < V_u$인 경우

   ① 수직스터럽을 사용할 경우

   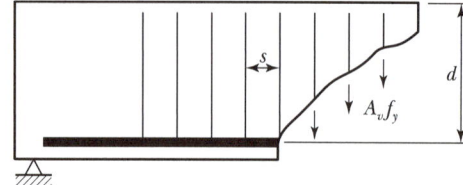

   수직스터럽이 배치된 보

수직스터럽을 전단보강철근으로 사용할 경우에 필요로 하는 전단철근량(A_v)은 위의 그림으로부터 다음과 같이 구할 수 있다.

$$A_v = \frac{V_s s}{f_y d} \geq \frac{(V_u - \phi V_c)s}{\phi f_y d} \quad \cdots\cdots (4.15)$$

+ 전단철근량
전단철근량 A_v은 스터럽 1개의 단면적이다.

② 경사스터럽을 사용할 경우

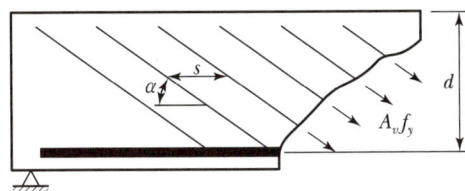

경사스터럽이 배치된 보

경사스터럽 또는 종방향철근을 구부려 올린 굽힘철근을 전단보강철근으로 사용할 경우에 필요로 하는 전단철근량(A_v)은 위의 그림으로부터 다음과 같이 구할 수 있다.

$$A_v = \frac{V_s s}{f_y d (\sin\alpha + \cos\alpha)} \geq \frac{(V_u - \phi V_c)s}{\phi f_y d (\sin\alpha + \cos\alpha)} \quad \cdots (4.16)$$

여기서, α : 경사스터럽 또는 굽힘철근이 부재축과 이루는 경사각도

(2) 전단철근의 상세

① 콘크리트 구조 설계기준에서 전단철근의 간격(s)
- 수직스터럽의 간격은 철근콘크리트 부재의 경우 $0.5d$ 이하, 프리스트레스 콘크리트 부재의 경우 $0.75h$ 이하, 또 어느 경우이든 600mm 이하로 한다.
- 경사스터럽과 굽힘철근은 부재의 중간 높이 $0.5d$에서 반력점 방향으로 주인장 철근까지 연장된 45°선과 한 번 이상 교차되도록 배치하여야 한다.
- $V_s > \frac{1}{3}\sqrt{f_{ck}}\,b_w d$인 경우는 전단철근의 간격을 위 두 항에 규정된 값의 1/2 이하로 해야 한다.

② 전단철근이 부담하는 전단강도(V_s)는 $0.2\left(1 - \dfrac{f_{ck}}{250}\right)f_{ck} b_w d$ 이하이어야 한다.

③ 전단철근의 설계기준 항복강도(f_y)는 500MPa 이하이어야 한다. 다만, 용접이형철망을 사용한 경우는 600MPa 이하이어야 한다.

+ 전단철근의 간격(s)
① 수직스터럽
  $s \leq 0.5d,\ s \leq 600\text{mm}$
  (PSC의 경우, $s \leq 0.75h$)
② 경사스터럽
  $s \leq \dfrac{3}{4}d$
③ $V_s > \dfrac{1}{3}\sqrt{f_{ck}}\,b_w d$인 경우
  ①, ②항의 $\dfrac{1}{2}$ 이하로 감소

04 보의 전단과 비틀림

④ 전단철근으로 사용된 스터럽 기타 철근 또는 철선은 압축연단에서 d거리까지 직접 연장되거나 겹침이음 길이가 $1.3l_d$ 이상으로 연장되어야 하며, 철근의 설계기준 항복강도를 발휘할 수 있도록 정착되어야 한다.

개념이해

01 다음과 같은 철근콘크리트 단면에서 전단철근의 보강 없이 저항할 수 있는 최대 계수전단력(V_u)은?(단, $f_{ck}=21\text{MPa}$, $f_y=400\text{MPa}$)

① 73.7kN
② 64.5kN
③ 46.1kN
④ 34.4kN

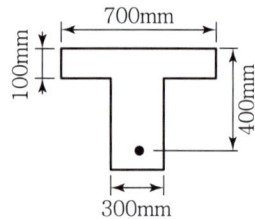

$V_u \leq \dfrac{1}{2}\phi V_c$를 만족시키면 최소 전단철근을 배치하지 않아도 된다.

$$V_u \leq \dfrac{1}{2}\phi\left(\dfrac{1}{6}\sqrt{f_{ck}}\,b_w\,d\right)$$
$$= \dfrac{1}{2}\times 0.75 \times \left(\dfrac{1}{6}\times\sqrt{21}\times 300\times 400\right)$$
$$= 34.363\times 10^3\text{N} = 34.4\text{kN}$$

답 ④

02 계수전단력 V_u가 ϕV_c의 1/2을 초과하고 ϕV_c 이하인 경우에는 최소의 전단철근량을 배치하도록 규정하고 있다. 이 최소의 전단철근량이 옳게 된 것은?(단, s는 전단철근의 간격)

① $A_{v,\min} = 0.0625\sqrt{f_{ck}}\,\dfrac{b_w s}{f_y} \geq 0.35\dfrac{sf_y}{b_w}$

② $A_{v,\min} = 0.0625\sqrt{f_{ck}}\,\dfrac{b_w s}{f_y} \geq 0.35\dfrac{b_w s}{f_y}$

③ $A_{v,\min} = 0.0625\sqrt{f_{ck}}\,\dfrac{b_w s}{f_y} \geq 0.35\dfrac{b_w f_y}{f_y}$

④ $A_{v,\min} = 0.0625\sqrt{f_{ck}}\,\dfrac{b_w s}{f_y} \geq 0.35\dfrac{ds}{f_y}$

최소 전단철근량 규정

$\dfrac{1}{2}\phi V_c < V_u \leq \phi V_c$인 경우

$$A_{v,\min} = 0.0625\sqrt{f_{ck}}\,\dfrac{b_w s}{f_y} \geq 0.35\dfrac{b_w s}{f_y}$$

답 ②

과년도 기출문제

01 직사각형 보에서 계수전단력 $V_u = 70$kN을 전단철근 없이 지지하고자 할 경우 필요한 최소 유효깊이 d는 약 얼마인가?(단, $b_w = 400$mm, $f_{ck} = 21$MPa, $f_y = 350$MPa)

① $d = 426$mm   ② $d = 556$mm
③ $d = 611$mm   ④ $d = 751$mm

[해설]
$$\frac{1}{2}\phi V_c \geq V_u$$
$$\frac{1}{2}\phi\left(\frac{1}{6}\sqrt{f_{ck}}b_w d\right) \geq V_u$$
$$d \geq \frac{12 V_u}{\phi\sqrt{f_{ck}}b_w} = \frac{12 \times (70 \times 10^3)}{0.75 \times \sqrt{21} \times 400} = 611\text{mm}$$

02 강도설계법에 의해서 전단철근을 사용하지 않고 계수하중에 의한 전단력 $V_u = 50$kN을 지지하려면 직사각형 단면보의 최소 면적($b_w d$)은 약 얼마인가?(단, $f_{ck} = 28$MPa, 최소 전단철근도 사용하지 않는 경우)

① $151,190$mm^2 ② $123,530$mm^2
③ $97,840$mm^2 ④ $49,320$mm^2

[해설]
$$\frac{1}{2}\phi V_c \geq V_u$$
$$\frac{1}{2}\phi\left(\frac{1}{6}\sqrt{f_{ck}}b_w d\right) \geq V_u$$
$$b_w d \geq \frac{12 V_u}{\phi\sqrt{f_{ck}}} = \frac{12 \times (50 \times 10^3)}{0.75 \times \sqrt{28}} = 151,186\text{mm}^2$$

03 계수전단력 $V_u = 75$kN에 대하여 규정에 의한 최소전단철근을 배근하여야 하는 직사각형 철근콘크리트보가 있다. 이 보의 폭이 300mm일 경우 유효깊이(d)의 최소값은?(단, $f_{ck} = 24$MPa, $f_y = 350$MPa)

① 375mm   ② 387mm
③ 394mm   ④ 409mm

[해설]
$$\phi V_c \geq V_u$$
$$\phi\left(\frac{1}{6}\sqrt{f_{ck}}b_w d\right) \geq V_u$$
$$d \geq \frac{6 V_u}{\phi\sqrt{f_{ck}}b_w} = \frac{6 \times (75 \times 10^3)}{0.75 \times \sqrt{24} \times 300} = 408.2\text{mm}$$

04 계수하중에 의한 전단력 $V_u = 75$kN을 받을 수 있는 직사각형 단면을 설계하려고 한다. 규정에 의한 최소 전단철근을 사용할 경우 필요한 콘크리트의 최소단면적 $b_w d$는 얼마인가?(단, $f_{ck} = 28$MPa, $f_y = 300$MPa)

① $101,090$mm^2 ② $103,073$mm^2
③ $106,303$mm^2 ④ $113,390$mm^2

[해설]
$$\phi V_c \geq V_u$$
$$\phi\left(\frac{1}{6}\sqrt{f_{ck}}b_w d\right) \geq V_u$$
$$b_w d \geq \frac{6 V_u}{\phi\sqrt{f_{ck}}} = \frac{6 \times (75 \times 10^3)}{0.75 \times \sqrt{28}} = 113,389.3\text{mm}^2$$

05 그림에 나타난 직사각형 단철근보의 공칭전단강도 V_n을 계산하면?[단, 철근 D13을 스터럽(Stirrup)으로 사용하며, 스터럽 간격은 150mm이다. 철근 D13 1본의 단면적은 126.7mm^2, $f_{ck} = 28$MPa, $f_y = 350$MPa이다.]

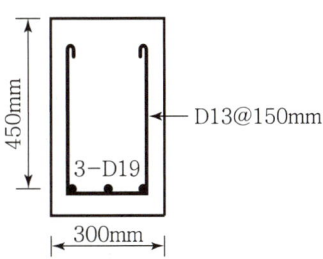

① 120kN   ② 133kN
③ 253kN   ④ 385kN

정답 01 ③ 02 ① 03 ④ 04 ④ 05 ④

과년도 기출문제

[해설]

$$V_n = V_c + V_s = \frac{1}{6}\lambda\sqrt{f_{ck}}b_w d + \frac{A_v f_y d}{s}$$
$$= \frac{1}{6}\times 1\times\sqrt{28}\times 300\times 450 + \frac{(2\times 126.7)\times 350\times 450}{150}$$
$$= 385,128\text{N} = 385\text{kN}$$

06 $b_w = 400\text{mm}$, $d = 700\text{mm}$인 보에 $f_y = 400\text{MPa}$인 D16 철근을 인장 주철근에 대한 경사각 $\alpha = 60°$인 U형 경사 스트럽으로 설치했을 때 전단보강철근의 공칭강도는(V_s)는?(단, 스트럽 간격 $s = 300\text{mm}$, D16 철근 1본의 단면적은 199mm^2이다.)

① 253.7kN ② 321.7kN
③ 371.5kN ④ 507.4kN

[해설]

$$V_s = \frac{A_v f_y d(\sin\alpha + \cos\alpha)}{s}$$
$$= \frac{(2\times 199)\times 400\times 700\times(\sin 60° + \cos 60°)}{300}$$
$$= 507,433\text{N} = 507.4\text{kN}$$

07 전단철근이 부담하는 전단력 $V_s = 150\text{kN}$일 때, 수직스터럽으로 전단보강을 하는 경우 최대 배치 간격은 얼마 이하인가?(단, $f_{ck} = 28\text{MPa}$, 전단철근 1개 단면적 $= 125\text{mm}^2$, 횡방향 철근의 설계기준항복강도(f_{yt}) $= 400\text{MPa}$, $b_w = 300\text{mm}$, $d = 500\text{mm}$)

① 600mm ② 333mm
③ 250mm ④ 167mm

[해설]

$V_s = 150\text{kN}$

$$\frac{1}{3}\sqrt{f_{ck}}b_w d = \frac{1}{3}\times\sqrt{28}\times 300\times 500$$
$$= 264.6\times 10^3\text{N} = 264.6\text{kN}$$

$V_s \leq \frac{1}{3}\sqrt{f_{ck}}b_w d$이므로 전단철근 간격 s는 다음 값 이어야 한다.

- $s \leq \frac{d}{2} = \frac{500}{2} = 250\text{mm}$
- $s \leq 600\text{mm}$
- $s \leq \frac{A_v f_{yt} d}{V_s} = \frac{(2\times 125)\times 400\times 500}{(150\times 10^3)} = 333.3\text{mm}$

따라서, 전단철근 간격 s는 최소값인 250mm 이하이어야 한다.

08 아래 그림과 같은 보에서 계수전단력 $V_u = 225\text{kN}$에 대한 가장 적당한 스터럽 간격은?(단, 사용된 스터럽은 철근 D13이다. 철근 D13의 단면적은 127mm^2, $f_{ck} = 24\text{MPa}$, $f_y = 350\text{MPa}$이다.)

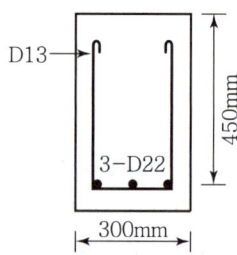

① 110mm ② 150mm
③ 210mm ④ 225mm

[해설]

$V_u = 225\text{kN}$

$$V_c = \frac{1}{6}\sqrt{f_{ck}}b_w d = \frac{1}{6}\times\sqrt{24}\times 300\times 450$$
$$= 110,227\times 10^3\text{N} = 110.23\text{kN}$$

$\phi V_c = 0.75\times 110.23 = 82.67\text{kN}$

$V_u > \phi V_c$이므로 전단보강이 필요

$$V_s = \frac{V_u}{\phi} - V_c = \frac{225}{0.75} - 110.23 = 190\text{kN}$$

$$\frac{1}{3}\lambda\sqrt{f_{ck}}b_w d = 2V_c = 2\times 110.23 = 220.46\text{kN}$$

$V_s < \frac{1}{3}\sqrt{f_{ck}}b_w d$이므로 전단철근 간격 s는 다음 값이어야 한다.

- $s \leq \frac{d}{2} = \frac{450}{2} = 225\text{mm}$
- $s \leq 600\text{mm}$
- $s \leq \frac{A_v f_y d}{V_s} = \frac{(2\times 127)\times 350\times 450}{190\times 10^3} = 210.6\text{mm}$

따라서 전단철근 간격 s는 위 값 중에서 최소값인 210.6mm 이하이어야 한다.

정답 06 ④ 07 ③ 08 ③

과년도 기출문제

09 강도설계에서 전단철근의 공칭전단강도가 ($\sqrt{f_{ck}}$/3)$b_w d$를 초과하는 경우 전단철근의 최대 간격은?(단, b_w는 복부의 폭이고, d는 유효깊이이다.)

① $\frac{d}{2}$ 이하, 600mm 이하
② $\frac{d}{2}$ 이하, 300mm 이하
③ $\frac{d}{4}$ 이하, 600mm 이하
④ $\frac{d}{4}$ 이하, 300mm 이하

[해설]

- $V_s \leq \frac{1}{3}\sqrt{f_{ck}}\,b_w d$일 경우

  전단철근 간격(s)은 $\frac{d}{2}$ 이하, 600mm 이하

- $V_s > \frac{1}{3}\sqrt{f_{ck}}\,b_w d$일 경우

  전단철근 간격(s)은 $\frac{d}{4}$ 이하, 300mm 이하

10 철근콘크리트 부재에서 전단철근이 부담해야 할 전단력이 400kN일 때 부재축에 직각으로 배치된 전단철근의 최대 간격은?(단, $A_v = 700\text{mm}^2$, $f_{yt} = 350\text{MPa}$, $f_{ck} = 21\text{MPa}$, $b_w = 400\text{mm}$, $d = 560\text{mm}$)

① 140mm
② 200mm
③ 300mm
④ 343mm

[해설]

$V_s = 400\text{kN}$

$\frac{1}{3}\sqrt{f_{ck}}\,b_w d = \frac{1}{3} \times \sqrt{21} \times 400 \times 560 = 342.2 \times 10^3 \text{N} = 342.2\text{kN}$

$V_s > \frac{1}{3}\sqrt{f_{ck}}\,b_w d$이므로 전단철근 간격 s는 다음 값이어야 한다.

- $s \leq \frac{d}{4} = \frac{560}{4} = 140\text{mm}$
- $s \leq 300\text{mm}$
- $s \leq \frac{A_v f_{yt} d}{V_s} = \frac{700 \times 350 \times 560}{(400 \times 10^3)} = 343\text{mm}$

위 값 중에서 최솟값을 취하면 $s \leq 140\text{mm}$이어야 한다.

11 아래 그림과 같은 보에서 계수전단력 $V_u = 300\text{kN}$에 대한 가장 적당한 스터럽 간격은?(단, 사용된 스터럽은 철근 D13이다. 철근 D13의 단면적은 127mm², $f_{ck} = 24\text{MPa}$, $f_y = 350\text{MPa}$이다.)

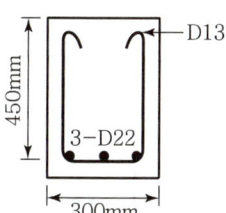

① 100mm
② 150mm
③ 250mm
④ 300mm

[해설]

$V_u = 300\text{kN}$

$V_c = \frac{1}{6}\sqrt{f_{ck}}\,b_w d = \frac{1}{6} \times \sqrt{24} \times 300 \times 450$
$= 110,227\text{N} = 110.23\text{kN}$

$\phi V_c = 0.75 \times 110.23 = 82.6\text{kN}$

$V_u > \phi V_c$이므로 전단보강이 필요

$V_u = \phi V_n = \phi(V_c + V_s)$

$V_s = \frac{V_u}{\phi} - V_c = \frac{300}{0.75} - 110.23 = 289.77\text{kN}$

$\frac{1}{3}\sqrt{f_{ck}}\,b_w d = 2V_c = 2 \times 110.23 = 220.46\text{kN}$

$V_s > \frac{1}{3}\sqrt{f_{ck}}\,b_w d$이므로 전단철근 간격 s는 다음 값이어야 한다.

- $s \leq \frac{d}{4} = \frac{450}{4} = 112.5\text{mm}$
- $s \leq 300\text{mm}$
- $s \leq \frac{A_v f_y d}{V_s} = \frac{(2 \times 127) \times 350 \times 450}{(289.77 \times 10^3)} = 138\text{mm}$

따라서, 전단철근 간격 s는 위 값 중에서 최솟값인 112.5mm 이하여야 한다.

정답 09 ④ 10 ① 11 ①

과년도 기출문제

12 자중을 포함한 계수하중 80kN/m를 지지하는 그림과 같은 단순보가 있다. 경간은 7m이고, f_{ck} = 21MPa, f_y = 300MPa일 때 다음 설명 중 옳지 않은 것은?

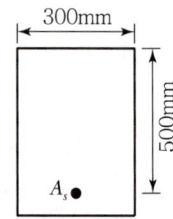

① 위험 단면에서의 계수전단력은 240kN이다.
② 콘크리트가 부담할 수 있는 전단강도는 114.6kN이다.
③ 전단철근(수직 스터럽)의 최대간격은 250mm이다.
④ 이론적으로 전단철근이 필요한 구간은 지점으로부터 1.73m까지 구간이다.

[해설]

- $V_u = W_u\left(\dfrac{l}{2}-d\right) = 80 \times \left(\dfrac{7}{2}-0.5\right) = 240\text{kN}$
- $V_c = \dfrac{1}{6}\sqrt{f_{ck}}\,b_w d = \dfrac{1}{6} \times \sqrt{21} \times 300 \times 500$
  $= 114.56 \times 10^3 \text{N} = 114.56\text{kN}$
- $V_s = \dfrac{V_u}{\phi} - V_c = \dfrac{240}{0.75} - 114.56 = 205.44\text{kN}$

$\dfrac{1}{3}\sqrt{f_{ck}}\,b_w d = \dfrac{1}{3} \times \sqrt{21} \times 300 \times 500$
$= 229.1 \times 10^3 \text{N} = 229.1\text{kN}$

$V_s < \dfrac{1}{3}\sqrt{f_{ck}}\,b_w d$이므로 전단철근 간격 s는 다음과 같다.

$s = \dfrac{d}{2} = \dfrac{500}{2} = 250\text{mm}$ 이하
$s = 600\text{mm}$ 이하
따라서, 전단철근 간격은 최소값인 250mm 이하이어야 한다.

- 전단철근이 필요한 구간

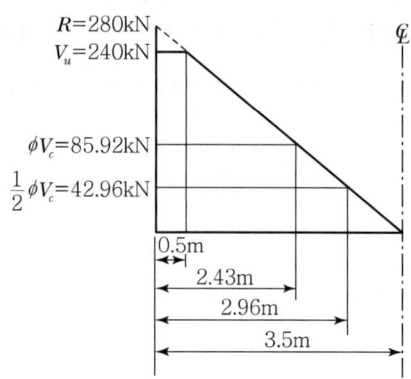

$\phi V_c = 0.75 \times 114.56 = 85.92\text{kN}$
$\phi V_c = W_u\left(\dfrac{l}{2}-x\right)$
$x = \dfrac{l}{2} - \dfrac{\phi V_c}{W_c} = \dfrac{7}{2} - \dfrac{85.92}{80} = 2.43\text{m}$

최소 전단철근이 필요한 구간
$\dfrac{1}{2}\phi V_c = \dfrac{1}{2} \times 85.92 = 42.96\text{kN}$
$\dfrac{1}{2}\phi V_c = W_u\left(\dfrac{l}{2}-x\right)$
$x = \dfrac{1}{2}\left(l - \dfrac{\phi V_c}{W_u}\right) = \dfrac{1}{2}\left(7 - \dfrac{85.92}{80}\right) = 2.96\text{m}$

따라서, 이론적으로 전단철근이 필요한 구간은 지점으로부터 2.43m까지의 구간이고, 설계규준에 따라 전단철근이 배근되어야 할 구간은 지점으로부터 2.96m까지의 구간이다.

13 전단철근이 받을 수 있는 최대 전단강도는?(단, f_{ck}는 콘크리트의 압축강도, b_w는 보의 복부폭, d는 보의 유효깊이이다.)

① $0.2\left(1 - \dfrac{f_{ck}}{250}\right)f_{ck}b_w d$

② $0.3\left(1 - \dfrac{f_{ck}}{250}\right)f_{ck}b_w d$

③ $0.2\left(1 - \dfrac{f_{ck}}{280}\right)f_{ck}b_w d$

④ $0.3\left(1 - \dfrac{f_{ck}}{280}\right)f_{ck}b_w d$

정답 12 ④ 13 ①

과년도 기출문제

[해설]

전단철근이 받을 수 있는 최대 전단강도(V_s)는 $0.2\left(1-\dfrac{f_{ck}}{250}\right)f_{ck}b_w d$ 이다.

14 철근콘크리트 구조물의 전단철근 상세기준에 대한 다음 설명 중 잘못된 것은?

① 이형철근을 전단철근으로 사용하는 경우 설계 기준 항복강도 f_y는 550MPa을 초과하여 취할 수 없다.
② 전단철근으로서 스터럽과 굽힘철근을 조합하여 사용할 수 있다.
③ 주철근에 45° 이상의 각도로 설치되는 스터럽은 전단철근으로 사용할 수 있다.
④ 경사스터럽과 굽힘철근은 부재 중간높이인 $0.5d$에서 반력점방향으로 주인장철근까지 연장된 45° 선과 한 번 이상 교차되도록 배치하여야 한다.

[해설]

전단철근의 설계기준 항복강도(f_y)는 500MPa을 초과하여 취할 수 없다. 다만, 용접이형철망을 사용할 경우는 600MPa을 초과하여 취할 수 없다.

15 전단철근에 대한 설명으로 틀린 것은?

① 철근콘크리트 부재의 경우 주인장 철근에 45° 이상의 각도로 설치되는 스터럽을 전단철근으로 사용할 수 있다.
② 철근콘크리트 부재의 경우 주인장 철근에 30° 이상의 각도로 구부린 굽힘철근을 전단철근으로 사용할 수 있다.
③ 전단철근으로 사용하는 스터럽과 기타 철근 또는 철선은 콘크리트 압축연단부터 거리 d만큼 연장하여야 한다.
④ 용접 이형철망을 사용할 경우 전단철근의 설계기준항복강도는 500MPa를 초과할 수 없다.

[해설]

용접 이형철망을 사용할 경우 전단철근의 설계기준항복 강도는 600MPa를 초과할 수 없다.

16 콘크리트 구조 설계기준에서 규정하고 있는 최소 전단철근 및 전단철근의 강도에 대한 설명으로 옳은 것은?(단, b_w는 복부폭, s는 전단철근 간격이다.)

① 최소 전단철근은 경사균열폭이 확대되는 것을 억제함으로써 사인장응력에 의한 콘크리트의 취성파괴를 방지하기 위한 것이다.
② 전단철근의 최대 전단강도(V_s)는 $\dfrac{1}{3}\sqrt{f_{ck}}\,b_w d$ 이하로 하여야 한다.
③ 최소 전단철근은 모든 철근콘크리트 휨부재에 배치하여야 한다.
④ 전단철근의 설계기준 항복강도는 300MPa를 초과할 수 없다.

[해설]

② $V_s \leq 0.2\left(1-\dfrac{f_{ck}}{250}\right)f_{ck}b_w d$
③ 최소 전단철근 규정이 적용되지 않는 경우
  • 슬래브의 확대 기초관
  • 교대 벽체 및 날개벽, 옹벽의 벽체, 암거 등과 같이 휨이 주거동인 판부재
  • 콘크리트의 장선구조
  • h(전체높이) $\leq 250\mathrm{mm}$
  • $h \leq \left[2.5t_f,\ \dfrac{1}{2}b_w\right]_{\max}$
④ 전단철근의 설계기준 항복강도는 500MPa 이하이어야 한다.

정답 14 ① 15 ④ 16 ①

04 보의 전단과 비틀림

5 특수한 경우의 전단설계

1. 깊은 보

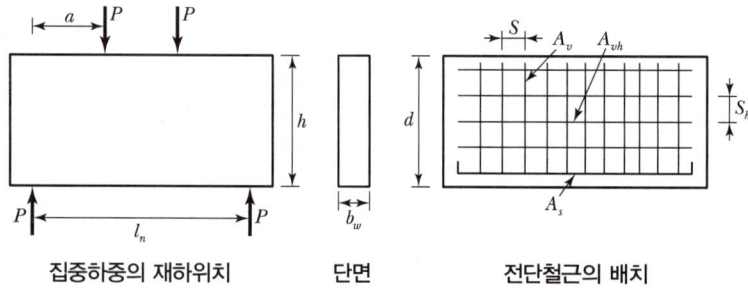

집중하중의 재하위치   단면   전단철근의 배치

(1) 깊은 보의 정의

① 보의 높이가 지간에 비하여 보통의 경우보다 높고, 보의 폭이 지간이나 높이보다 매우 작은 보를 깊은 보(Deep Beam) 또는 높이가 큰 보라 한다.
② 콘크리트 구조 설계기준에서 깊은 보를 다음과 같이 정의하고 있다.
  - 받침부 내면 사이의 순경간(l_n)이 부재깊이(h)의 4배 이하인 부재
  - 집중하중이 받침점으로부터 부재깊이(h)의 2배 이내의 거리에 작용하는 부재

➕ 깊은 보

$\dfrac{l_n}{h} \leq 4$ 또는 $\dfrac{a}{h} \leq 2$인 부재

(2) 깊은 보의 공칭전단강도

깊은 보의 공칭전단강도는 다음과 같다.

$$V_n \leq \frac{5}{6}\sqrt{f_{ck}}\,b_w d \quad \cdots\cdots\cdots (4.17)$$

(3) 깊은 보의 전단철근

	수직전단철근	수평전단철근
최소 전단철근량	$A_v \geq 0.0025 b_w s$ 여기서, A_v : 수직전단철근의 단면적 s : 수직전단철근의 간격	$A_{vh} \geq 0.0015 b_w s_h$ 여기서, A_{vh} : 수평전단철근의 단면적 s_h : 수평전단철근의 간격
전단철근의 간격	$s \leq \dfrac{d}{5}$ 또는 $s \leq 300\text{mm}$	$s_h \leq \dfrac{d}{5}$ 또는 $s_h \leq 300\text{mm}$

2. 전단마찰

(1) 전단마찰을 고려하여 설계해야 하는 경우

① 굳은 콘크리트와 이에 이어친 콘크리트의 접합면
② 기둥과 브래킷(Bracket) 또는 내민받침(Corbel)의 접합면

③ 프리캐스트 구조에서 부재요소의 접합면
④ 콘크리트와 강재의 접합면

(2) 전단마찰설계

1) 전단마찰철근이 전단 면에 수직 배치된 경우

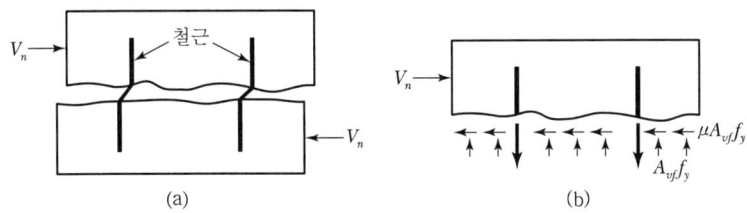

공칭전단강도(V_n)	$V_n = \mu A_{vf} f_y$ ·· (4.18) 여기서, μ : 균열면의 마찰계수 A_{vf} : 균열면(전단 면)에 수직 배치된 전단마찰철근량
전단마찰철근량(A_{vf})	$A_{vf} = \dfrac{V_n}{\mu f_y} \geq \dfrac{V_u}{\phi \mu f_y}$ ················ (4.19)

2) 전단마찰철근이 전단 면에 경사 배치된 경우

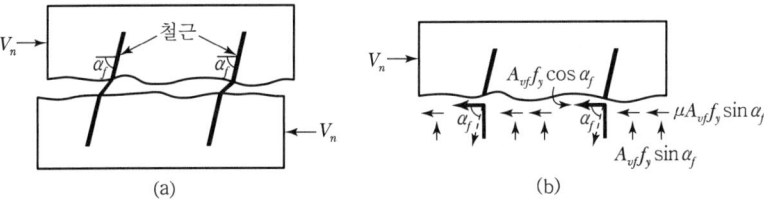

공칭전단강도(V_n)	$V_n = A_{vf} f_y (\mu \sin\alpha_f + \cos\alpha_f)$ ······················· (4.20) 여기서, α_f : 전단마찰철근이 균열면과 이루는 각도
전단마찰철근량(A_{vf})	$A_{vf} = \dfrac{V_n}{f_y(\mu\sin\alpha_f + \cos\alpha_f)} \geq \dfrac{V_u}{\phi f_y(\mu\sin\alpha_f + \cos\alpha_f)}$ (4.21)

3) 일반콘크리트의 마찰계수 값

① 일체로 친 콘크리트 $\mu = 1.4\lambda$
② 표면을 거칠게 처리한 굳은 콘크리트에 이어친 콘크리트 $\mu = 1.0\lambda$
③ 표면을 거칠게 처리하지 않은 굳은 콘크리트에 이어친 콘크리트 $\mu = 0.6\lambda$
④ 구조용 강재에 정착된 콘크리트 $\mu = 0.7\lambda$

04 보의 전단과 비틀림

4) 전단마찰설계에 관한 기타 사항
① 전단마찰에서 전단강도(V_n) 제한
- 일체로 친 콘크리트나 표면을 거칠게 만든 굳은 콘크리트에 새로 친 콘크리트 : $0.2f_{ck}A_c$, $(0.03+0.08f_{ck})A_c$ 및 $11A_c$(단위는 N) 중 가장 작은 값 이하
- 그 밖의 경우 : $0.2f_{ck}A_c$ 또한 $5.5A_c$ 이하
- 강도가 다른 콘크리트는 낮은 강도 사용

② 전단면을 가로지르는 순인장력에 대해서도 철근을 추가로 배치해야 한다. 이 경우 전단면을 가로지르는 영구적인 순압축력은 전단마찰 철근의 힘 $A_v f_y$에 추가되는 힘으로 고려할 수 있다.

3. 비틀림

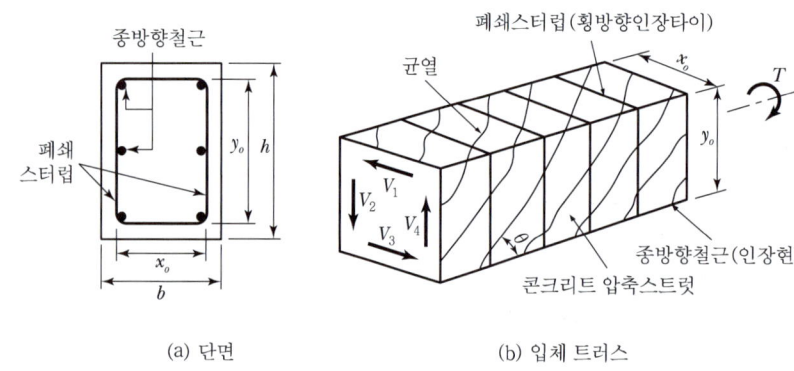

비틀림해석과 설계

(1) 균열 비틀림모멘트

사인장균열을 일으키는 비틀림모멘트를 균열 비틀림모멘트(T_{cr})라 한다.

$$T_{cr} = \frac{1}{3}\lambda\sqrt{f_{ck}}\frac{A_{cp}^2}{p_{cp}} \quad \cdots\cdots\cdots (4.22)$$

여기서, A_{cp} : 콘크리트 단면의 외부 둘레로 둘러싸인 면적($=bh$)
속빈 단면의 경우 속빈 부분의 면적 포함
p_{cp} : 콘크리트 단면의 외부 둘레의 길이($=2b+2h$)

(2) 비틀림철근의 종류

비틀림철근은 종방향철근 또는 종방향긴장재와 다음의 보강철근으로 구성될 수 있다.
① 부재축에 수직인 폐쇄스터럽 또는 폐쇄띠철근
② 부재축에 수직인 횡방향강선으로 구성된 폐쇄용접철망

③ 프리스트레싱 되지 않은 부재에서 나선철근

(3) 비틀림철근의 설계

1) 설계의 기본원칙

$$T_u \leq T_d = \phi T_n \quad \cdots\cdots\cdots\cdots\cdots\cdots\cdots\cdots\cdots\cdots\cdots\cdots (4.23)$$

여기서, T_u : 계수비틀림하중
T_d : 설계비틀림강도
T_n : 공칭비틀림강도
ϕ : 강도감소계수(=0.75)

2) 공칭비틀림강도(T_n)

$$T_n = \frac{2A_o A_t f_{yt}}{s} \cot\theta \quad \cdots\cdots\cdots\cdots\cdots\cdots\cdots\cdots (4.24)$$

※ 공칭비틀림강도를 계산할 경우의 가정사항
① 공칭비틀림강도(T_n)를 계산할 경우 모든 비틀림하중이 스터럽과 주철근에 의해 저항되고 $T_c = 0$이라 가정한다.
② 전단과 비틀림이 동시에 작용할 경우 비틀림은 콘크리트의 전단강도(V_c)에 영향을 미치지 않는다고 가정한다.

3) 비틀림의 영향을 고려하지 않아도 되는 최소의 비틀림 하중

$$T_u \leq \phi \left(\frac{1}{12} \lambda \sqrt{f_{ck}} \right) \frac{A_{cp}^2}{p_{cp}} \quad \cdots\cdots\cdots\cdots\cdots\cdots (4.25)$$

4) 비틀림철근량

① 폐쇄스터럽

$$A_t = \frac{T_n \cdot s}{2A_o f_{yt} \cot\theta} \geq \frac{T_u \cdot s}{\phi 2 A_o f_{yt} \cot\theta} \quad \cdots\cdots\cdots\cdots (4.26)$$

② 종방향 비틀림철근

$$A_l = \frac{A_t}{s} p_h \frac{f_{yt}}{f_y} \cot^2\theta \quad \cdots\cdots\cdots\cdots\cdots\cdots\cdots (4.27)$$

여기서, A_l : 비틀림에 저항하기 위한 종방향철근의 면적
p_h : 폐쇄스터럽의 중심선 둘레의 길이
(A_{oh}의 둘레길이)
f_y : 종방향 비틀림철근의 설계기준 항복강도

A_o : 전단흐름 경로에 의해서 둘러싸인 면적, $A_o = 0.85 A_{oh}$로 보아도 좋으며, A_{oh}는 폐쇄스터럽의 중심선으로 둘러싸인 면적이다($A_{oh} = x_o y_o$).
A_t : 폐쇄스터럽의 다리 1개의 면적
f_{yt} : 폐쇄스터럽의 설계기준 항복강도
s : 스터럽의 간격
θ : 압축 경사각(θ는 30° 이상 60° 이하의 값으로서 프리스트레싱되지 않은 부재나 프리스트레스 힘이 주철근 인장강도의 40% 미만인 경우는 45°로 취할 수 있고, 프리스트레스 힘이 주철근 인장강도의 40% 이상인 경우는 37.5°로 취할 수 있다)

04 보의 전단과 비틀림

5) 비틀림철근의 상세

① 폐쇄스터럽(횡방향 비틀림철근)의 간격은 $p_h/8$ 이하이어야 하고, 또한 300mm 이하이어야 한다.
② 종방향 비틀림철근의 간격은 폐쇄스터럽의 둘레를 따라 300mm 이하의 간격으로 분포시켜야 한다.
③ 종방향 비틀림철근은 스터럽의 내부에 배치되어야 하며, 스터럽의 각 모서리에 적어도 한 개의 종방향 비틀림철근을 두어야 한다.
④ 종방향 비틀림철근의 직경은 폐쇄 스터럽 간격의 1/24 이상이어야 하며, D10 이상이어야 한다.
⑤ 폐쇄스터럽은 종방향 비틀림철근 주위로 135° 표준 갈고리에 의해 정착되어야 한다.
⑥ 종방향 비틀림철근은 양단에 정착되어야 한다.
⑦ 비틀림하중을 받는 속빈 단면에서 폐쇄스터럽의 중심선에서 단면 내벽까지의 거리가 $0.5A_{oh}/p_h$ 이상이 되어야 한다.
⑧ 비틀림철근은 계산상으로 필요한 위치에서 $(b_t + d)$ 이상의 거리까지 연장시켜 배치되어야 한다.

개념이해

01 전단설계 시에 깊은 보(Deep Beam)란 하중이 받침부로부터 부재깊이의 2배 거리 이내에 작용하는 부재로 l_n/h이 얼마 이하인 경우인가?(단, l_n : 받침부 내면 사이의 순경간, h : 부재깊이)

① 2
② 3
③ 4
④ 5

> 깊은 보 : $\dfrac{l_n}{h} \leq 4$인 보
>
> 답 ③

02 현행 콘크리트 구조 설계기준(2007)에 의거 철근콘크리트 부재를 설계할 때 비틀림에 대한 영향을 무시할 수 있는 기준이 되는 것은?[단, 식에서 p_{cp}는 콘크리트 단면의 외부 둘레 길이(mm)이며, A_{cp}는 콘크리트 단면에서 외부 둘레로 둘러싸인 면적(mm²)이다.]

① $T_u < \phi(\sqrt{f_{ck}}/24)\dfrac{A_{cp}}{p_{cp}}$
② $T_u < \phi(\sqrt{f_{ck}}/12)\dfrac{{A_{cp}}^2}{p_{cp}}$
③ $T_u < \phi(\sqrt{f_{ck}}/3)\dfrac{{A_{cp}}^2}{p_{cp}}$
④ $T_u < \phi(\sqrt{f_{ck}}/6)\dfrac{A_{cp}}{p_{cp}}$

> 철근콘크리트 부재를 설계할 때 비틀림에 대한 영향을 무시할 수 있는 경우
> $T_u < \phi\left(\dfrac{1}{12}\sqrt{f_{ck}}\right)\dfrac{{A_{cp}}^2}{p_{cp}}$
>
> 답 ②

과년도 기출문제

01 다음에서 깊은 보로 설계할 수 있는 것은?

① 한쪽 면이 하중을 받고 반대쪽 면이 지지되어 하중과 받침부 사이에 압축대가 형성되는 구조요소로서, 순경간(l_n)이 부재 깊이의 4배 이하인 부재
② 한쪽 면이 하중을 받고 반대쪽 면이 지지되어 하중과 받침부 사이에 압축대가 형성되는 구조요소로서, 순경간(l_n)이 부재 깊이의 5배 이하인 부재
③ 받침부 내면에서 부재 깊이의 2.5배 이하인 위치에 등분포하중이 작용하는 경우 경간 중앙부의 최대 휨모멘트가 작용하는 구간
④ 받침부 내면에서 부재 깊이의 2.5배 이하인 위치에 등분포하중이 작용하는 경우 등분포하중과 받침부 사이의 구간

[해설]

깊은보(Deep Beam)
- 순경간 l_n이 부재깊이 h의 4배 이하인 부재
- 하중이 받침부로부터 부재 깊이의 2배 거리 이내에 작용하고 하중의 작용점과 받침부 가서로 반대면에 있어서 하중 작용점과 받침부 사이에 압축대가 형성될 수 있는 부재

02 깊은 보(Deep Beam)의 강도는 다음 중 무엇에 의해 지배되는가?

① 압축   ② 인장
③ 휨   ④ 전단

[해설]

깊은 보(Deep Beam)의 강도는 전단에 의하여 지배된다.

03 철근콘크리트 깊은 보에 대한 전단설계 방법 중 잘못된 것은?

① 깊은 보는 비선형 변형률분포를 고려하여 설계하거나 스트럿-타이 모델에 의하여 설계하여야 한다.
② 수직전단철근의 간격은 $d/5$ 이하 또는 300mm 이하로 하여야 한다.
③ 깊은 보의 V_n은 $(2\sqrt{f_{ck}}/3)b_w d$ 이하이어야 한다.
④ 깊은 보에서 수직전단철근이 수평전단철근보다 전단보강 효과가 더 크다.

[해설]

깊은 보의 공칭전단강도(V_n)는 $\left(\dfrac{5\sqrt{f_{ck}}}{6}\right)b_w d$ 이하하여야 한다.

04 철근콘크리트 깊은 보에 대한 다음 전단설계 방법 중 잘못된 것은?

① 휨인장철근과 직각인 수직전단철근의 단면적(A_v)은 $0.0015 b_w s$ 이상으로 하여야 한다.
② 수직전단철근의 간격(s)은 $\dfrac{d}{5}$ 이하 또한 300mm 이하로 하여야 한다.
③ 휨인장철근과 평행한 수평전단철근의 단면적(A_{vh})은 $0.0015 b_w s_h$ 이상으로 하여야 한다.
④ 수평전단철근의 간격(s_h)은 $\dfrac{d}{5}$ 이하 또한 300mm 이하로 하여야 한다.

[해설]

휨인장철근과 직각인 수직전단철근의 단면적(A_v)은 $0.0025 b_w s$ 이상으로 하여야 한다.

05 전단마찰에 의한 최대 전단강도(V_n, 단위는 N)를 구하는 방법으로 옳은 것은?(단, f_{ck}는 콘크리트의 압축강도이며, A_c는 전단전달을 저항하는 콘크리트 단면의 면적이다.)

① $0.2 f_{ck} A_c$ 또는 $5.5 A_c$ 중 작은 값
② $0.2 f_{ck} A_c$ 또는 $8.0 A_c$ 중 작은 값
③ $0.25 f_{ck} A_c$ 또는 $5.5 A_c$ 중 작은 값
④ $0.25 f_{ck} A_c$ 또는 $8.0 A_c$ 중 작은 값

정답 01 ① 02 ④ 03 ③ 04 ① 05 ①

과년도 기출문제

[해설]
- 일체로 친 콘크리트나 표면을 거칠게 만든 굳은 콘크리트에 새로 친 콘크리트의 경우 : 전단마찰에 의한 전단강도 V_n은 $0.2f_{ck}A_c$, $(3.3+0.08f_{ck})A_c$ 및 $11A_c$ 중 가장 작은 값 이하로 하여야 한다.
- 그 밖의 경우 : 전단마찰에 의한 전단강도 V_n은 $0.2f_{ck}A_c$ 또한 $5.5A_c$ 이하로 하여야 한다.
- 강도가 다른 콘크리트는 낮은 강도를 사용한다.

06 $b_w=250\text{mm}$이고, $h=500\text{mm}$인 직사각형 철근콘크리트 보의 단면에 균열을 일으키는 비틀림모멘트 T_{cr}은 얼마인가?(단, $f_{ck}=28\text{MPa}$이다.)

① $9.8\text{kN}\cdot\text{m}$ ② $11.3\text{kN}\cdot\text{m}$
③ $12.5\text{kN}\cdot\text{m}$ ④ $18.4\text{kN}\cdot\text{m}$

[해설]
A_{cp}(콘크리트 단면의 면적)
$\quad = b_w h = 250\times 500 = 125,000\text{mm}^2$
p_{cp}(콘크리트 단면의 둘레)
$\quad = 2(b_w+h) = 2\times(250+500) = 1,500\text{mm}$
$T_{cr} = \frac{1}{3}\sqrt{f_{ck}}\frac{A_{cp}^{\,2}}{p_{cp}}$
$\quad = \frac{1}{3}\times\sqrt{28}\times\frac{(125,000)^2}{1,500}$
$\quad = 18.4\times 10^6 \text{N}\cdot\text{mm} = 18.4\text{kN}\cdot\text{mm}$

07 현행 콘크리트구조 설계기준(2021)에 의거 비틀림에 대한 규정으로 틀린 것은?(단, 여기에서 T_u는 계수비틀림모멘트이고, T_n은 공칭비틀림강도, T_c는 콘크리트에 의한 공칭비틀림강도이다.)

① $T_u \leq \phi T_n$, 여기에서 T_n을 계산할 때 모든 비틀림모멘트가 스터럽과 주철근에 의해 저항되는 것으로 $T_c = 0$으로 가정한다.
② 비틀림모멘트에 의해 요구되는 철근은 비틀림모멘트와 조합하여 작용하는 전단력과 휨모멘트 및 축력에 대해서 요구되는 철근에 추가하여야 한다.

③ 전단과 비틀림이 동시에 작용할 때 비틀림은 콘크리트의 공칭전단강도 V_c에 영향을 미친다고 가정한다.
④ 비틀림응력은 보가 속이 비고 두께가 얇은 박벽관(Thin-walled Tube)으로 가정하여 구한다.

[해설]
콘크리트 공칭전단강도 V_c는 비틀림에 의해서 변하지 않는다고 가정한다.

08 주어진 철근 콘크리트보의 단면에서 비틀림철근 없이 저항할 수 있는 설계 비틀림 강도(ϕT_n)의 최소값을 구하면?(단, $f_{ck}=28\text{MPa}$, $f_y=400\text{MPa}$)

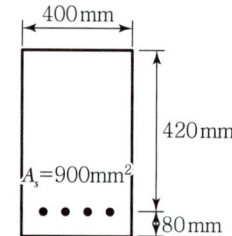

① $7.35\text{kN}\cdot\text{m}$ ② $7.42\text{kN}\cdot\text{m}$
③ $7.65\text{kN}\cdot\text{m}$ ④ $7.73\text{kN}\cdot\text{m}$

[해설]
A_{cp}(콘크리트 단면의 바깥 둘레로 둘러싸인 단면적)
$\quad = b_w h = 400\times 500 = 2\times 10^5\text{mm}^2$
p_{cp}(콘크리트 단면의 바깥둘레)
$\quad = 2(b_w+h) = 2(400+500) = 1,800\text{mm}$
비틀림철근 없이 저항할 수 있는 설계 비틀림강도(ϕT_n)의 최소값
$T_u \leq \phi T_n = \phi\left(\frac{1}{12}\lambda\sqrt{f_{ck}}\right)\frac{A_{cp}^{\,2}}{p_{cp}}$
$\quad = 0.75\left(\frac{1}{12}\times 1\times\sqrt{28}\right)\frac{(2\times 10^5)^2}{1,800}$
$\quad = 7.349\times 10^6 \text{N}\cdot\text{mm}$
$\quad = 7.349\text{kN}\cdot\text{m}$

정답 06 ④ 07 ③ 08 ①

과년도 기출문제

09 비틀림에 저항하는 유효단면의 보가 슬래브와 일체로 되거나 완전한 합성구조로 되어 있을 때 '비틀림 단면'에 대한 설명으로 옳은 것은?

① 슬래브의 위 또는 아래로 내민 깊이 중 큰 깊이만큼을 보의 양측으로 연장한 슬래브 부분을 포함한 단면으로서, 보의 한 측으로 연장되는 거리를 슬래브 두께의 8배 이하로 한 단면
② 슬래브의 위 또는 아래로 내민 깊이 중 큰 깊이만큼을 보의 양측으로 연장한 슬래브 부분을 포함한 단면으로서, 보의 한 측으로 연장되는 거리를 슬래브 두께의 4배 이하로 한 단면
③ 슬래브의 위 또는 아래로 내민 깊이 중 작은 깊이만큼을 보의 양측으로 연장한 슬래브 부분을 포함한 단면으로서, 보의 한 측으로 연장되는 거리를 슬래브 두께의 2배 이하로 한 단면
④ 슬래브의 위 또는 아래로 내민 깊이 중 작은 깊이만큼을 보의 양측으로 연장한 슬래브 부분을 포함한 단면으로서, 보의 한 측으로 연장되는 거리를 슬래브 두께 이하로 한 단면

[해설]

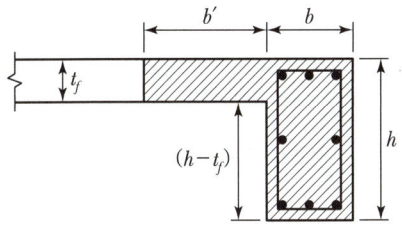

$b' = [(h-t_f), \ 4t_f]_{\min}$

10 슬래브와 일체로 시공된 그림의 직사각형 단면 테두리보에서 비틀림에 대하여 설계에서 고려하지 않아도 되는 계수비틀림모멘트 T_u의 최대 크기는 약 얼마인가?(단, $f_{ck}=24$MPa, $f_y=400$MPa, 비틀림에 대한 ϕ는 0.75)

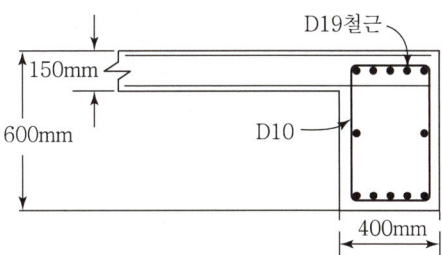

① 29.5kN·m ② 17.5kN·m
③ 9.9kN·m   ④ 3kN·m

[해설]

보가 슬래브와 일체로 되거나 완전한 합성구조로 되어 있을 때, 보의 단면은 보가 슬래브의 위 또는 아래로 내민 깊이 중 큰 깊이만큼을 보의 양측으로 연장한 슬래브 부분을 포함한 것으로서 보의 한 측으로 연장되는 거리는 슬래브 두께의 4배 이하로 하여야 한다.

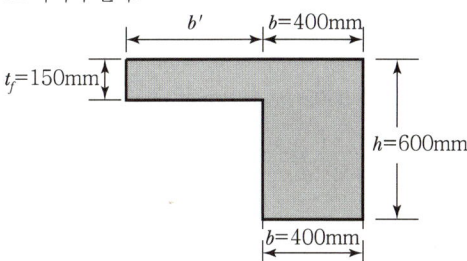

$b' = [(h-t_f), \ 4t_f]_{\min}$
$= [(600-150), \ 4 \times 150]_{\min} = (450, \ 600)_{\min} = 450$mm

A_{cp}(콘크리트 단면의 바깥둘레로 둘러싸인 단면적)
$= b't_f + bh$
$= (450 \times 150) + (400 \times 600) = 307,500$mm

p_{cp}(콘크리트 단면의 바깥둘레)
$= 2(b'+b+h)$
$= 2 \times (450+400+600) = 2,900$mm

$T_u \leq \phi \dfrac{1}{12} \sqrt{f_{ck}} \dfrac{A_{cp}^2}{p_{cp}}$
$= 0.75 \times \dfrac{1}{12} \times \sqrt{24} \times \dfrac{307,500^2}{2,900}$
$= 9.98 \times 10^6$N·mm $= 9.98$kN·m

정답 09 ② 10 ③

과년도 기출문제

11 그림의 단면에 계수비틀림모멘트 $T_u = 18\text{kN} \cdot \text{m}$가 작용하고 있다. 이 비틀림모멘트에 요구되는 스터럽의 요구단면적은?[단, $f_{ck} = 21\text{MPa}$이고, 횡방향 철근의 설계기준항복강도(f_{yt}) = 350MPa, s는 종방향 철근에 나란한 방향의 스터럽 간격, A_t는 간격 s 내의 비틀림에 저항하는 폐쇄스터럽 1가닥의 단면적이고, 비틀림에 대한 강도감소계수(ϕ)는 0.75를 사용한다.]

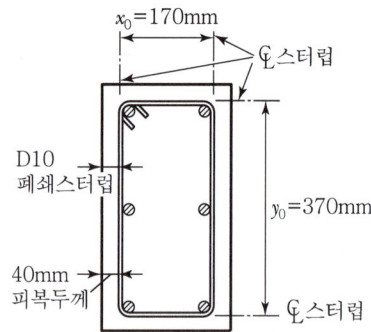

① $\dfrac{A_t}{s} = 0.0641 \text{mm}^2/\text{mm}$

② $\dfrac{A_t}{s} = 0.641 \text{mm}^2/\text{mm}$

③ $\dfrac{A_t}{s} = 0.0502 \text{mm}^2/\text{mm}$

④ $\dfrac{A_t}{s} = 0.502 \text{mm}^2/\text{mm}$

【해설】

$$\dfrac{A_t}{s} = \dfrac{T_u}{2\phi A_o f_{yt} \cot\theta}$$

$$= \dfrac{(18 \times 10^6)}{2 \times 0.75 \times (0.85 \times 170 \times 370) \times 350 \times \cot 45°}$$

$$= 0.641 \text{mm}^2/\text{mm}$$

여기서, $A_o : 0.85 A_{oh}$
　　　　A_{oh} : 폐쇄스터럽의 중심선으로 둘러싸인 면적
　　　　f_{yt} : 횡방향철근의 설계기준 항복강도
　　　　θ : 압축 경사각(θ는 30° 이상 60° 이하의 값으로 철근콘크리트 보에서는 일반적으로 $\theta = 45°$로 본다.)

12 그림의 단면에 비틀림에 대하여 횡철근을 설계한 결과 D10 폐쇄스터럽이 130mm 간격으로 배치되었다. 이 단면에 필요한 종방향철근의 단면적(A_l)으로 맞는 것은?(단, $f_{ck} = 21\text{MPa}$이고, $f_{yt} = f_y$ = 400MPa이다. f_{yt} : 횡방향 비틀림보강철근의 항복강도, f_y : 종방향 비틀림보강철근의 설계기준 항복강도)

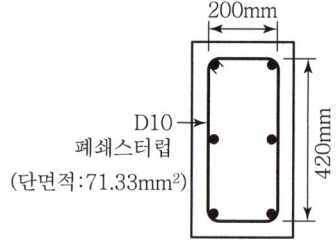

① A_l를 배치할 필요가 없다.

② $A_l = 932 \text{mm}^2$

③ $A_l = 678 \text{mm}^2$

④ $A_l = 344 \text{mm}^2$

【해설】

$$A_l = \dfrac{A_t}{s} p_h \dfrac{f_{yt}}{f_y} \cot^2\theta$$

$$= \dfrac{71.33}{130} \times 2(200 + 420) \times \dfrac{400}{400} \cot^2 45°$$

$$= 677.23 \text{mm}^2$$

여기서, A_l : 종방향철근단면적
　　　　A_t : 폐쇄스터럽 다리 하나의 단면적
　　　　s : 폐쇄스터럽 간격
　　　　p_h : 폐쇄스터럽의 둘레길이
　　　　θ : 압축경사각(θ는 30° 이상 60° 이하의 값으로서 프리스트레싱되지 않은 부재나 프리스트레스 힘이 주철근 인장강도의 40% 미만인 경우는 45°로 취할 수 있고, 프리스트레스 힘이 주철근 인장강도의 40% 이상인 경우는 37.5°로 취할 수 있다)

정답 11 ② 12 ③

과년도 기출문제

13 비틀림철근에 대한 설명 중 옳지 않은 것은?(단, P_h : 가장 바깥의 횡방향 폐쇄스터럽 중심선의 둘레 mm)

① 비틀림철근의 설계기준항복강도는 500MPa을 초과해서는 안된다.
② 횡방향 비틀림철근의 간격은 $P_h/8$보다 작아야 하고, 또한 300mm보다 작아야 한다.
③ 비틀림에 요구되는 종방향 철근은 폐쇄스터럽의 둘레를 따라 300mm 이하의 간격으로 분포시켜야 한다.
④ 스터럽의 각 모서리에 최소한 세 개 이상의 종방향철근을 두어야 한다.

[해설]
종방향 비틀림철근은 스터럽의 내부에 배치되어야 하며, 스터럽의 각 모서리에 적어도 한 개의 종방향 비틀림철근을 두어야 한다.

14 비틀림철근에 대한 설명으로 틀린 것은?(단, A_{oh}는 가장 바깥의 비틀림 보강철근의 중심으로 닫혀진 단면적이고, p_h는 가장 바깥의 횡방향 폐쇄스터럽 중심선의 둘레이다.)

① 횡방향 비틀림철근은 종방향 철근 주위로 135° 표준갈고리에 의해 정착하여야 한다.
② 비틀림모멘트를 받는 속빈 단면에서 횡방향 비틀림철근의 중심선으로부터 내부 벽면까지의 거리는 $0.5A_{oh}/p_h$ 이상이 되도록 설계하여야 한다.
③ 횡방향 비틀림철근의 간격은 $p_h/6$ 및 400mm보다 작아야 한다.
④ 종방향 비틀림철근은 양단에 정착하여야 한다.

[해설]
횡방향 비틀림철근의 간격은 $p_h/8$ 및 300mm보다 작아야 한다.

15 철근콘크리트 부재의 비틀림철근 상세에 대한 설명으로 틀린 것은?[단, p_h : 가장 바깥의 횡방향 폐쇄스터럽 중심선의 둘레(mm)]

① 종방향 비틀림철근은 양단에 정착하여야 한다.
② 횡방향 비틀림철근의 간격은 $p_h/4$보다 작아야 하고 또한 200mm보다 작아야 한다.
③ 비틀림에 요구되는 종방향 철근은 폐쇄스터럽의 둘레를 따라 300mm 이하의 간격으로 분포시켜야 한다.
④ 종방향 철근의 지름은 스터럽 간격의 1/24 이상이어야 하며, D10 이상의 철근이어야 한다.

[해설]
횡방향 비틀림철근의 간격은 $p_h/8$보다 작아야 하고, 또한 300mm보다 작아야 한다.

16 콘크리트구조물에서 비틀림에 대한 설계를 하려고 할 때 계수비틀림모멘트(T_u)를 계산하는 방법에 대한 다음 설명 중 틀린 것은?

① 균열에 의하여 내력의 재분배가 발생하여 비틀림모멘트가 감소할 수 있는 부정정구조물의 경우, 최대 계수비틀림모멘트를 감소시킬 수 있다.
② 철근콘크리트 부재에서, 받침으로부터 d 이내에 위치한 단면은 d에서 계산된 T_u보다 작지 않은 비틀림모멘트에 대하여 설계하여야 한다.
③ 프리스트레스트 부재에서, 받침부로부터 d 이내에 위치한 단면은 d에서 계산된 T_u보다 작지 않은 비틀림모멘트에 대하여 설계하여야 한다.
④ 정밀한 해석을 수행하지 않은 경우, 슬래브로부터 전달되는 비틀림하중은 전체 부재에 걸쳐 균등하게 분포하는 것으로 가정할 수 있다.

[해설]
프리스트레스 부재에서 받침부로부터 $\frac{h}{2}$ 이내에 위치한 단면은 $\frac{h}{2}$에서 계산된 T_u보다 작지 않은 비틀림모멘트에 대하여 설계하여야 한다. 만약 $\frac{h}{2}$ 이내에서 집중된 비틀림모멘트가 작용하면 위험 단면은 받침부의 내부 면으로 하여야 한다.

정답 13 ④ 14 ③ 15 ② 16 ③

05 철근의 정착과 이음

1 철근의 구조세목

1. 표준 갈고리

(1) 갈고리의 사용 목적
① 갈고리는 철근의 정착을 목적으로 사용된다.
② 원형철근에는 반드시 갈고리를 두어야 하며, 이형철근에도 중요 부재일 경우에는 갈고리를 두어야 한다.
③ 갈고리는 인장철근에만 두고, 압축 구역에서는 정착에 유효하지 않으므로 만들 필요가 없다.

(2) 표준 갈고리의 분류

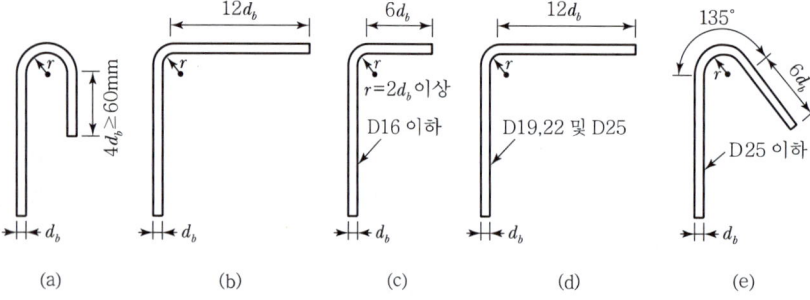

형상에 따른 분류	• 90° 갈고리(직각갈고리) : 그림 (b), (c), (d) • 135° 갈고리(예각갈고리) : 그림 (e) • 180° 갈고리(반원형 갈고리) : 그림 (a)
용도에 따른 분류	• 정 · 부 철근의 표준 갈고리 : 그림 (a), (b) • 스터럽 또는 띠철근의 표준 갈고리 : 그림 (c), (d), (e)

(3) 표준 갈고리의 최소 내면 반지름
① 철근의 재질을 손상시키지 않을 한도 내에서 정해진 표준 갈고리의 최소 내면 반지름을 나타낸 것은 다음의 표를 참고한다.
② 스터럽과 띠철근의 표준 갈고리의 최소 내면 반지름은 사용철근이 D16 이하이면 $2d_b$ 이상으로 하여야 하며, D19 이상이면 다음 표의 내용을 따라야 한다.

표준 갈고리의 최소 내면 반지름	
철근의 크기	최소 내면 반지름(r)
D10~D25	$3d_b$
D29~D35	$4d_b$
D38 이상	$5d_b$

(d_b : 철근의 공칭지름)

2. 철근 구부리기

표준 갈고리 이외의 부분에서 철근을 구부릴 경우 철근의 재질에 손상을 주지 않기 위해서 다음의 최소 내면 반지름 이상으로 철근을 구부려야 한다.

(1) 스터럽과 띠철근
철근지름 이상

(2) 굽힘철근(절곡철근)
철근지름의 5배 이상

(3) 라멘구조의 모서리 부분의 외측
철근지름의 10배 이상

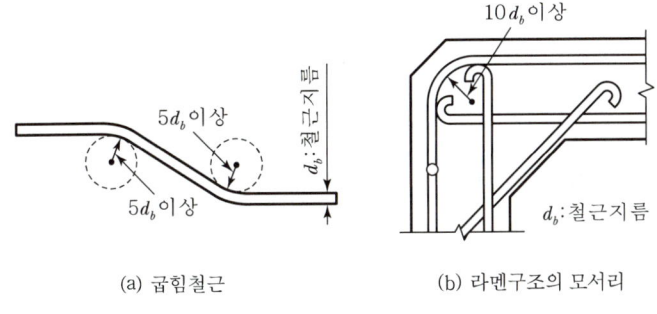

(a) 굽힘철근 (b) 라멘구조의 모서리

철근 구부리기

05 철근의 정착과 이음

❷ 부착과 정착

1. 서론

(1) 정의
　① 부착 : 철근과 콘크리트의 경계면에서 활동에 저항하는 것
　② 정착 : 철근의 끝부분이 콘크리트 속에서 빠져나오지 않도록 고정하는 것

(2) 철근과 콘크리트의 부착작용
　① 시멘트풀과 철근 표면의 교착작용
　② 콘크리트와 철근 표면의 마찰작용
　③ 이형철근 표면의 요철에 의한 기계적 작용

2. 부착에 영향을 주는 요인

(1) 철근의 표면상태
　원형철근보다 이형철근이 부착강도가 크며, 약간 녹이 슬어 거친 표면을 갖는 철근이 부착에 유리하다.

(2) 콘크리트의 강도
　콘크리트의 강도가 클수록 부착에 유리하다.

(3) 철근의 묻힌 위치 및 방향
　블리딩(Bleeding) 현상 때문에 수평철근보다 연직철근이 부착에 유리하며, 수평철근이라도 상부철근보다 하부철근이 부착에 유리하다.

(4) 철근의 피복두께
　철근의 피복두께가 충분히 확보되어야 부착강도가 제대로 발휘될 수 있으며, 피복두께가 부족하면 콘크리트의 할렬로 인한 부착파괴가 유발될 수 있다.

(5) 다지기
　콘크리트의 다지기가 불충분하면 부착강도가 저하된다.

(6) 철근의 지름
　동일한 철근량을 사용할 경우 지름이 작은 철근을 사용하는 것이 부착에 유리하다.

과년도 기출문제

01 철근의 부착강도에 영향을 주는 요인이 아닌 것은?

① 철근의 표면상태
② 철근의 인장강도
③ 콘크리트의 압축강도
④ 철근의 피복두께

[해설]
철근의 부착강도에 영향을 미치는 요인
- 철근의 표면상태
- 철근의 직경과 피복두께
- 철근의 묻힌 위치 및 방향
- 콘크리트의 압축강도
- 콘크리트의 다지기

02 철근의 부착응력에 영향을 주는 요소에 대한 설명으로 틀린 것은?

① 경사인장 균열이 발생하게 되면 철근이 균열에 저항하게 되고, 따라서 균열면 양쪽의 부착응력을 증가시키기 때문에 결국 인장철근의 응력을 감소시킨다.
② 거푸집 내에 타설된 콘크리트의 상부로 상승하는 물과 공기는 수평으로 놓인 철근에 의해 가로막히게 되며, 이로 인해 철근과 철근 하단에 형성될 수 있는 수막 등에 의해 부착력이 감소될 수 있다.
③ 전단에 의한 인장철근의 장부력(Dowel Force)은 부착에 의한 쪼갬응력을 증가시킨다.
④ 인장부 철근이 필요에 의해 절단되는 불연속 지점에서는 철근의 인장력 변화 정도가 매우 크며 부착응력 역시 증가한다.

[해설]
경사인장 균열이 발생하게 되면 철근이 균열에 저항하게 되고, 따라서 균열면 양쪽의 부착응력을 증가시키기 때문에 결국 인장철근의 응력을 증가시킨다.

정답 01 ② 02 ①

05 철근의 정착과 이음

③ 철근의 정착

1. 정착방법

(1) 묻힘길이에 의한 정착
① 철근을 직선인 채 그대로 콘크리트 속에 충분한 길이만큼 묻어서 콘크리트와 철근의 부착에 의하여 정착하는 방법이다. 이때 콘크리트 속에 묻어 넣는 철근의 묻힘길이를 정착길이라 한다.
② 인장철근 및 압축철근의 정착에 사용되는 방법이다.
③ 이형철근에 한하여 사용되는 방법이다.
④ 철근의 정착길이는 철근의 피복두께와 철근의 간격에 관계된다.

(2) 갈고리에 의한 정착
① 철근 끝부분에 표준 갈고리를 만들어서 갈고리의 기계적 작용과 직선부분의 부착의 조합작용으로 정착하는 방법이다.
② 원형철근의 정착에는 반드시 갈고리를 두어야 하며, 이형철근의 정착에도 중요부재일 경우는 갈고리를 둔다.
③ 압축철근의 정착에는 갈고리의 효과가 별로 없으므로 사용되지 않는다.

(3) 기타 방법에 의한 정착
① 철근의 가로방향에 따로 철근을 용접하는 방법
② 특별한 정착장치를 사용하는 방법

2. 묻힘길이에 의한 정착

(1) 인장철근의 정착길이

1) 기본 정착길이

$$l_{db} = \frac{0.6 d_b f_y}{\lambda \sqrt{f_{ck}}} \quad \cdots\cdots\cdots\cdots (5.1)$$

2) 정착길이

$$l_d = l_{db} \times 보정계수 \geq 300\,\text{mm} \quad \cdots\cdots\cdots\cdots (5.2)$$

➕ 콘크리트의 설계기준강도(f_{ck})
70MPa를 초과하면 f_{ck}는 정착길이에 영향을 주지 않는다.
$\sqrt{f_{ck}} \leq 8.4\text{MPa}$

보정계수(인장철근)			
조건		D19 이하의 철근	D22 이상의 철근
정착되거나 이어지는 철근의 순간격이 d_b 이상이고 피복두께도 d_b 이상이면서 l_d 전 구간에 설계기준에서 규정된 최소 철근량 이상의 스터럽 또는 띠철근을 배근한 경우 또는, 정착되거나 이어지는 철근의 순간격이 $2d_b$ 이상이고 피복두께가 d_b 이상인 경우		$0.8\alpha\beta\lambda$	$\alpha\beta\lambda$
기타		$1.2\alpha\beta\lambda$	$1.5\alpha\beta\lambda$
α 철근배치 위치계수	상부철근(정착길이 또는 이음부 아래 300mm를 초과되게 굳지 않은 콘크리트를 친 수평철근)		1.3
	기타 철근		1.0
β 도막계수	피복두께가 $3d_b$ 미만 또는 순간격이 $6d_b$ 미만인 에폭시 도막 혹은 아연 – 에폭시 이중 도막철근 또는 철선		1.5
	기타 에폭시 도막 혹은 아연 – 에폭시 이중 도막철근 또는 철선		1.2
	아연도금 혹은 도막되지 않은 철근 또는 철선		1.0
λ 경량 콘크리트계수	f_{sp} 값이 주어진 경우		$\dfrac{f_{sp}}{0.56\sqrt{f_{ck}}} \leq 1.0$
	f_{sp} 값이 규정되어 있지 않은 경우	보통중량콘크리트	1
		모래경량콘크리트	0.85
		전경량콘크리트	0.75
인장철근이 소요량 이상 배근된 경우			$\dfrac{\text{소요}A_s}{\text{배근}A_s}$

(에폭시 도막철근이 상부철근인 경우 $\alpha\beta \leq 1.7$)

(2) 압축철근의 정착길이

1) 기본 정착길이

$$l_{db} = \frac{0.25 d_b f_y}{\lambda \sqrt{f_{ck}}} \geq 0.043 d_b f_y \quad \cdots\cdots (5.3)$$

2) 정착길이

$$l_d = l_{db} \times \text{보정계수} \geq 200\text{mm} \quad \cdots\cdots (5.4)$$

05 철근의 정착과 이음

보정계수(압축철근)	
조건	보정계수
해석결과 요구되는 철근량을 초과하여 배치한 경우	$\dfrac{\text{소요}A_s}{\text{배근}A_s}$
지름이 6mm 이상이고 피치가 100mm 이하인 나선철근, 또는 중심간격이 100mm 이하로 콘크리트구조 설계기준[KDS 14 20 50(4.4.2(3))]의 요구조건에 따라 배치된 D13 띠철근으로 둘러싸인 압축 이형철근	0.75

개념이해

01 휨을 받는 인장철근으로 4−D25 철근이 배치되어 있을 경우 그림과 같은 직사각형 단면 보의 기본 정착길이 l_{db}는 얼마인가?(단, 철근의 직경 $d_b=25.4\text{mm}$, $f_{ck}=24\text{MPa}$, $f_y=400\text{MPa}$, D25 철근 1개의 단면적= 507mm^2)

① 905mm ② 1,150mm
③ 1,245mm ④ 1,400mm

$l_{db}=\dfrac{0.6d_b f_y}{\lambda\sqrt{f_{ck}}}=\dfrac{0.6\times 25.4\times 400}{1\times\sqrt{24}}$
$=1,244.3\text{mm}$

답 ③

02 인장이형철근의 정착길이 산정 시 필요한 보정계수(α, β)에 대한 설명으로 틀린 것은?

① 피복두께가 $3d_b$ 미만 또는 순간격이 $6d_b$ 미만인 에폭시 도막철근일 때 철근 도막계수(β)는 1.5를 적용한다.
② 상부철근(정착길이 또는 겹침이음부 아래 300mm를 초과되게 굳지 않은 콘크리트를 친 수평철근)인 경우 철근 배치 위치계수(α)는 1.3을 사용한다.
③ 아연도금 철근을 철근 도막계수(β)를 1.0으로 적용한다.
④ 에폭시 도막철근이 상부철근인 경우 상부철근의 위치계수(α)와 철근 도막계수(β)의 곱, $\alpha\beta$가 1.6보다 크지 않아야 한다.

에폭시 도막철근이 상부철근인 경우 상부철근의 위치계수(α)와 철근도막계수(β)의 곱, $\alpha\beta$가 1.7보다 크지 않아야 한다.

답 ④

03 $f_{ck}=28\text{MPa}$, $f_y=350\text{MPa}$로 만들어지는 보에서 압축이형철근으로 D29(공칭지름 28.6mm)를 사용한다면 기본정착길이는?(단, 보통 중량 콘크리트를 사용한 경우)

① 412mm ② 446mm
③ 473mm ④ 522mm

$\lambda=1$(보통 중량 콘크리트인 경우)
$l_{db}=\dfrac{0.25d_b f_y}{\lambda\sqrt{f_{ck}}}=\dfrac{0.25\times 28.6\times 350}{1\times\sqrt{28}}$
$=472.9\text{mm}$
$0.043d_b f_y=0.043\times 28.6\times 350$
$=430.43\text{mm}$
$l_{db}\geq 0.043d_b f_y - \text{O.K}$

답 ③

과년도 기출문제

01 인장이형철근의 정착길이 산정 시 필요한 보정계수에 대한 설명 중 틀린 것은?(단, f_{sp}는 콘크리트의 쪼갬인장강도)

① 상부철근(정착길이 또는 겹침이음부 아래 300mm를 초과되게 굳지 않은 콘크리트를 친 수평철근)인 경우, 철근배근 위치에 따른 보정계수 1.3을 사용한다.
② 에폭시 도막철근인 경우, 피복두께 및 순간격에 따라 1.2나 2.0의 보정계수를 사용한다.
③ f_{sp}가 주어지지 않은 모래경량 콘크리트인 경우 0.85의 보정계수를 사용한다.
④ 에폭시 도막철근이 상부철근인 경우, 보정계수끼리 곱한 값이 1.7보다 클 필요는 없다.

[해설]

도막계수, β

조건	보정계수
피복두께가 $3d_b$ 미만 또는 순간격이 $6d_b$ 미만인 에폭시 도막 혹은 아연-에폭시 이중 도막철근 또는 철선	1.5
기타 에폭시 도막 혹은 아연-에폭시 이중 도막철근 또는 철선	1.2
아연 도금 혹은 도막되지 않은 철근 또는 철선	1.0

02 인장이형철근의 정착에 대한 설명으로 옳은 것은?

① 인장이형철근의 정착길이는 기본 정착길이 l_{db}에 보정계수를 곱하여 구하며, 상부철근(정착길이 아래 300mm를 초과되게 굳지 않은 콘크리트를 친 수평철근)일 때 보정계수(α)는 1.2이다.
② 에폭시 도막 철근으로 피복 두께가 $3d_b$ 미만 또는 순간격이 $6d_b$ 미만인 경우 보정계수(β)는 1.5이다.
③ 동일한 철근량을 사용할 경우, 굵은 철근을 사용하는 것이 정착길이를 짧게 하며, 정착에 유리하다.
④ 콘크리트의 평균 쪼갬 인장강도(f_{sp})가 주어지지 않은 전경량 콘크리트의 보정계수(λ)는 0.85이다.

[해설]
① 인장이형철근의 정착길이는 기본 정착길이 l_{db}에 보정계수를 곱하여 구하며, 상부철근(정착길이 또는 이음부 아래 300mm 이상 콘크리트에 묻힌 수평철근)일 때 보정계수(α)는 1.3이다.
③ 동일한 철근량을 사용할 경우, 가는 철근을 사용하는 것이 정착길이를 짧게 하며, 정착에 유리하다. 즉, 정착길이는 사용철근의 직경에 비례한다.
④ 콘크리트의 평균 쪼갬인장강도(f_{sp})가 주어지지 않은 전경량 콘크리트의 보정계수(λ)는 0.75이다.

03 보통 중량콘크리트의 설계기준강도(f_{ck})가 35MPa이며 철근의 설계항복강도가 400MPa이면 직경이 25mm인 압축이형철근의 기본정착길이(l_{db})는 얼마인가?

① 237mm   ② 358mm
③ 423mm   ④ 430mm

[해설]
$\lambda = 1$(보통 중량의 콘크리트인 경우)
$l_{db} = \dfrac{0.25 d b f_y}{\lambda \sqrt{f_{ck}}}$
$= \dfrac{0.25 \times 25 \times 400}{1 \times \sqrt{35}} = 422.6\text{mm}$
$0.043 d b f_y = 0.043 \times 25 \times 400 = 430\text{mm}$
$l_{db} < 0.043_{bd} f_y$ 이므로,
$l_{db} = 0.043 d b f_y = 430\text{mm}$

05 철근의 정착과 이음

3. 표준 갈고리에 의한 정착

(1) 기본 정착길이

$$l_{hb} = \frac{0.24\,\beta\,d_b f_y}{\lambda\sqrt{f_{ck}}} \quad \cdots\cdots(5.5)$$

(2) 정착길이

$$l_{dh} = l_{hb} \times 보정계수 \geq 150\text{mm}, \ 또한\ \geq 8d_b \quad \cdots\cdots(5.6)$$

보정계수(표준 갈고리)	
조건	보정계수
D35 이하의 철근으로서 갈고리 평면에 수직방향인 측면의 피복두께가 70mm 이상이고, 또 90° 갈고리의 경우, 그 연장 끝에서 피복두께가 50mm 이상인 경우	0.7
① D35 이하의 철근의 90°갈고리에서 정착길이 l_{dh} 구간을 $3d_b$ 이하의 간격으로, 띠철근 또는 스터럽이 정착된 철근을 수직으로 둘러싼 경우 또는 갈고리 끝 연장부와 구부림의 전 구간을 $3d_b$ 이하의 간격으로, 띠철근 또는 스터럽이 정착된 철근을 평행하게 둘러싼 경우 ② D35 이하의 철근의 180° 갈고리에서 정착길이 l_{dh} 구간을 $3d_b$ 이하의 간격으로, 띠철근 또는 스터럽이 정착된 철근을 수직으로 둘러싼 경우	0.8
휨부재의 철근이 소요량 이상 사용된 경우	$\dfrac{소요A_s}{배근A_s}$

개념이해

01 아래의 표의 조건에서 표준갈고리가 있는 인장이형철근의 기본정착길이(l_{hb})는 약 얼마인가?

> 보통 중량골재를 사용한 콘크리트 구조물
> • 도막되지 않은 D35(공칭직경 34.9mm) 철근으로 단부에 90° 표준갈고리가 있음
> • f_{ck} = 28MPa, f_y = 400MPa

① 635mm ② 660mm
③ 1,130mm ④ 1,585mm

$\lambda = 1.0$(보통 중량 골재)
$\beta = 1.0$(표면처리 하지 않은 철근)
$$l_{hb} = \frac{0.24\,\beta\,d_b f_y}{\lambda\sqrt{f_{ck}}} = \frac{0.24 \times 1 \times 35 \times 400}{1 \times \sqrt{28}}$$
$= 634.98\text{mm}$

답 ①

과년도 기출문제

01 표준 갈고리를 갖는 인장이형철근의 정착에 대한 기술 중 잘못된 것은?(단, d_b는 철근의 공칭지름)

① 갈고리는 인장을 받는 구역에서 철근 정착에 유효하다.
② 기본 정착길이에 보정계수를 곱하여 정착길이를 계산하는데, 이렇게 구한 정착길이는 항상 $8d_b$ 이상, 또한 150mm 이상이어야 한다.
③ 모래경량 콘크리트에 대한 보정계수는 0.75이다.
④ 정착길이는 위험단면으로부터 갈고리 외부 끝까지의 거리로 나타낸다.

[해설]
인장철근의 정착에 있어서 f_{sp}가 주어지지 않은 모래경량 콘크리트에 대한 보정계수는 0.85이다.

02 표준 갈고리를 갖는 인장 이형철근의 정착길이에 대한 보정계수로 틀린 것은?

① 모래경량콘크리트 : 0.85
② 배치된 철근량이 소요철근량을 초과하는 경우 : $\left(\dfrac{\text{배근}A_s}{\text{소요}A_s}\right)$
③ 전경량콘크리트 : 0.75
④ 에폭시 도막된 갈고리 철근 : 1.2

[해설]
배치된 철근량이 소요 철근량을 초과하는 경우의 보정계수 : $\left(\dfrac{\text{소요}A_s}{\text{배근}A_s}\right)$

03 이형철근의 최소 정착길이를 나타낸 것으로 틀린 것은?(단, d_b = 철근의 공칭지름)

① 표준갈고리가 있는 인장 이형철근 : $10d_b$, 또한 200mm
② 인장 이형철근 : 300mm
③ 압축 이형철근 : 200mm
④ 확대머리 인장 이형철근 : $8d_b$, 또한 150mm

[해설]
이형철근의 최소 정착길이
• 인장 이형철근 : 300mm
• 압축 이형철근 : 200mm
• 표준갈고리가 있는 인장 이형철근 : $8d_b$ 또한 150mm

04 「KDS 14 20 52(2021)」에 따른 확대머리 이형철근의 인장에 대한 정착길이 계산식을 적용하기 위한 조건으로 옳지 않은 것은?(단, 최상층을 제외한 부재 접합부에 정착된 경우이다.)

① 보통중량콘크리트에만 사용한다.
② 철근의 순피복두께는 $1.35d_b$ 이상이어야 한다.
③ 철근 순간격은 $4d_b$ 이상이어야 한다.
④ 확대머리의 순지압면적은 철근 1개 단면적의 4배 이상이어야 한다.

[해설]
1) 인장을 받는 확대머리 이형철근의 정착길이(l_{dt})는 정착된 부위에 따라 다음 2) 또는 3)으로 구할 수 있다. 정착길이는 항상 $8d_b$ 또한 150mm 이상이어야 하며 다음 조건을 만족해야 한다.
  • 확대머리의 순지압면적(A_{brg})은 $4A_b$ 이상이어야 한다.
  • 확대머리 이형철근은 경량콘크리트에 적용할 수 없으며, 보통중량콘크리트에만 사용한다.

2) 최상층을 제외한 부재 접합부에 정착된 경우
$$l_{dt} = \dfrac{0.22\beta d_b f_y}{\psi \sqrt{f_{ck}}} \quad \cdots\cdots ⓐ$$
여기서, β : 에폭시 도막 혹은 아연-에폭시 이중 도막 철근의 경우 1.2, 아연도금 또는 도막되지 않은 철근의 경우 1.0
 ψ : 측면피복과 횡보강철근에 의한 영향계수($\psi \leq 1.375$)
식 ⓐ를 적용하기 위해서는 다음 조건을 만족해야 한다.
• 철근의 순피복두께는 $1.35d_b$ 이상
• 철근 순간격은 $2d_b$ 이상
• 확대머리의 뒷면이 횡보강철근 바깥 면부터 50mm 이내에 위치
• 확대머리 이형철근이 정착된 접합부는 지진력 저항 시스템별로 요구되는 전단강도를 가져야 한다.

3) 2) 외의 부위에 정착된 경우
$$l_{dt} = \dfrac{0.24\beta d_b f_y}{\sqrt{f_{ck}}} \quad \cdots\cdots ⓑ$$
식 ⓑ를 적용하기 위해서는 다음 조건을 만족해야 한다.
• K_{tr}(횡방향 철근지수) $\geq 1.2d_b$
• 순피복두께는 $2d_b$ 이상
• 철근 순간격은 $4d_b$ 이상

정답 01 ③ 02 ② 03 ① 04 ③

05 철근의 정착과 이음

4. 휨철근의 정착

(1) 정착의 일반 원칙

① 휨철근을 지간 내에서 끊어내고자 할 경우 휨을 저항하는 데 더 이상 필요로 하지 않는 단면을 지나서 유효높이(d) 이상, 또 철근지름(d_b)의 12배 이상 더 연장한다.

② 인장구역에서 절단된 철근 또는 절곡된 철근에 인접한 철근으로서 더 연장되는 철근은 휨을 저항하는 데 더 이상 필요로 하지 않는 단면을 지나서 정착길이(l_d) 이상의 묻힘길이를 가지도록 연장해야 한다.

③ 휨철근은 압축구역에서 절단하는 것을 원칙으로 한다. 단, 다음 조건 중의 하나를 만족할 경우 인장구역에서 끊어내도 좋다.

- 끊는 점의 계수전단력(V_u)이 설계전단강도(ϕV_n)의 $\frac{2}{3}$ 이하인 경우

  즉, $V_u \leq \frac{2}{3}\phi V_n$ 인 경우

- 전단과 비틀림에 필요로 하는 이상의 스터럽이 휨철근을 절단하는 점의 전후 $\frac{3}{4}d$ 구간에 촘촘하게 배치되어 있는 경우

  이때, 스터럽의 간격(s)과 스터럽의 단면적(A_v)은 다음과 같다.

  $$s \leq \frac{d}{8\beta_b}, \quad A_v \geq 0.42\frac{b_w \cdot ds}{f_y}$$

  여기서, β_b : 끊은 철근의 전체 철근에 대한 단면비

- D35 이하의 철근에 대해서는 연장되는 철근량이 끊는 점에서 휨에 필요한 철근량의 2배 이상이고, 또 $V_u \leq \frac{3}{4}\phi V_n$ 인 경우

철근정착의 위험단면
- 인장철근이 절단 또는 절곡된 점
- 최대응력점

(2) 정철근과 부철근의 정착

정철근	단순보에서는 정철근의 $\frac{1}{3}$ 이상, 연속보에서는 $\frac{1}{4}$ 이상의 지점을 넘어 150mm 이상 연장한다.
부철근	• 부철근의 정착에서도 휨철근의 정착에 대한 일반사항을 따른다. • 받침부에서 부철근의 $\frac{1}{3}$ 이상을 부재의 유효깊이(d) 이상, 철근지름(d_b)의 12배 이상, 그리고 순경간(l_n)의 $\frac{1}{16}$ 이상을 반곡점을 넘어서 더 연장해야 한다.

5. 복부철근의 정착

① 스터럽은 될 수 있는 대로 압축면 가까이까지 연장하는 것이 효과적임

② D16 이하인 철근 및 철근의 설계기준 항복강도(f_y)가 300MPa 미만인 D19, D22, D25인 스터럽의 경우 종방향철근을 둘러싸는 표준 갈고리로 정착

③ f_y가 300MPa 이상인 D19, D22, D25인 스터럽의 경우 종방향철근을 둘러싸는 표준 갈고리 외에 추가로 보의 중간 높이에서 갈고리의 바깥면까지 $\dfrac{0.17d_b f_y}{\sqrt{f_{ck}}}$ 이상의 묻힘길이를 두어야 함

④ U형 스터럽으로 폐쇄스터럽을 만들 경우 겹이음 길이는 $1.3l_d$ 이상

⑤ 높이가 450mm 이상인 부재에서 스터럽의 다리를 부재의 전 높이까지 연장한다면 폐쇄스터럽의 이음이 적절한 것으로 봄. 이때, 스터럽의 다리 한 개당 인장력($A_b f_y$)은 40kN을 넘지 않아야 함

개념이해

01 철근의 정착에 대한 다음 설명 중 옳지 않은 것은?

① 휨철근을 정착할 때 절단점에서 V_u가 $(3/4)V_n$을 초과하지 않을 경우 휨철근을 인장구역에서 절단해도 좋다.
② 갈고리는 압축을 받는 구역에서 철근정착에 유효하지 않은 것으로 보아야 한다.
③ 철근의 인장력을 부착만으로 전달할 수 없는 경우에는 표준갈고리를 병용한다.
④ 단순부재에서는 정모멘트 철근의 1/3 이상, 연속부재에서는 정모멘트 철근의 1/4 이상을 부재의 같은 면을 따라 받침부까지 연장하여야 한다.

○ 휨철근의 정착에 있어서 휨철근을 인장구역에서 절단할 수 있는 경우
• 절단점의 계수전단력(V_u)이 설계전단강도(ϕV_n)의 $\dfrac{2}{3}$ 이하인 경우.
즉, $V_u \leq \dfrac{2}{3}\phi V_n$인 경우
• D35 이하의 철근에 대해서는 연장되는 철근량이 절단점에서 휨에 필요한 철근량의 2배 이상이고, $V_u \leq \dfrac{3}{4}\phi V_n$인 경우
• 전단과 비틀림에 필요로 하는 이상의 스터럽이 휨철근을 절단하는 점의 전후 $\dfrac{3}{4}d$ 구간에 촘촘하게 배치되어 있는 경우 이때, 스터럽의 간격(s)과 스터럽의 단면적(A_v)은 다음과 같다.
$s \leq \dfrac{d}{8\beta_b}$, $A_v \geq 0.42\dfrac{b_w s}{f_y}$
여기서, β_b는 절단철근의 전체철근에 대한 단면비이다.

답 ①

02 U형 스터럽의 정착 방법 중 종방향 철근을 둘러싸는 표준갈고리만으로 정착이 가능한 철근의 범위는?

① D16 이하의 철근
② D19 이하의 철근
③ D22 이하의 철근
④ D25 이하의 철근

○ 복부철근의 정착
• D16 이하인 철근 및 철근의 설계기준항복강도(f_y)가 300MPa 미만인 D19, D22, D25인 스터럽의 경우 종방향철근을 둘러싸는 표준갈고리로 정착한다.
• f_y가 300MPa이상인 D19, D22, D25인 스터럽의 경우 종방향철근을 둘러싸는 표준갈고리 외에 추가로 보의 중간 높이에서 갈고리의 바깥면까지 $\dfrac{0.17d_b f_y}{\sqrt{f_{ck}}}$ 이상의 묻힘길이를 두어야 한다.

답 ①

05 철근의 정착과 이음

❹ 철근의 이음

1. 철근이음의 일반사항

① 철근은 설계도 또는 시방서에서 요구하거나 허용한 경우 또는 책임구조기술자가 승인하는 경우에만 이음을 할 수 있다.
② 최대 인장응력이 작용하는 곳에서는 이음을 하지 않는 것이 좋다.
③ 이음부는 한 곳에 집중시키지 말고, 엇갈리게 두는 것이 좋다.
④ D35를 초과하는 철근은 겹침이음을 할 수 없다(다만, D41과 D51 철근은 D35 이하 철근과의 겹침이음을 할 수 있다).
⑤ 철근다발의 겹침이음은 다발 내의 각 철근에 요구되는 겹침이음 길이에 따라 결정하고, 다발 내 각 철근의 겹침이음 길이는 서로 중첩되어서는 안 된다. 규정된 겹침이음 길이의 증가량은 3개의 철근다발의 경우 20%, 4개의 철근다발의 경우 33%이다.
⑥ 겹침이음으로 이어진 철근의 순간격은 겹침이음 길이의 1/5 이하, 150mm 이하라야 한다.
⑦ 용접이음과 기계적 이음은 철근의 설계기준 항복강도 f_y의 125% 이상을 발휘할 수 있는 이음이어야 한다.

2. 인장철근의 겹침이음

(1) 철근의 겹침이음 길이는 부재의 종류, 철근이 부담하는 응력, 그리고 해당 단면에서 겹침이음할 철근량의 전체 철근량에 대한 비에 따라 달라진다.

(2) 이형인장철근의 최소 겹침이음 길이

① A급 이음 : $10l_d \left(\dfrac{\text{배근}A_s}{\text{소요}A_s} \geq 2 \text{이고}, \dfrac{\text{겹침이음}A_s}{\text{전체}A_s} \leq \dfrac{1}{2} \text{인 경우} \right)$

② B급 이음 : $1.3l_d$ (A급 이음 이외의 경우)

③ 최소 겹침이음 길이는 300mm 이상이어야 하며, l_d는 정착길이로서 $\dfrac{\text{소요}A_s}{\text{배근}A_s}$의 보정계수는 적용되지 않는다.

3. 압축철근의 겹침이음

① 압축철근의 겹침이음 길이는 콘크리트구조 설계기준에서 다음과 같이 제시하고 있다.

$$l_s = \left(\frac{1.4f_y}{\lambda\sqrt{f_{ck}}} - 52\right)d_b \quad \cdots\cdots\cdots\cdots\cdots\cdots\cdots\cdots\cdots\cdots (5.9)$$

여기서, 식 (5.9)로 산정된 이음길이가 식 (5.10ⓐ), 식 (5.10ⓑ)보다 긴 경우 압축철근의 겹침이음 길이는 식 (5.10ⓐ), 식 (5.10ⓑ)로 구할 수 있다.

- $f_y \leq 400\text{MPa}$이면 $l_s = 0.072 f_y d_b$ ·············(5.10ⓐ)
- $f_y > 400\text{MPa}$이면 $l_s = (0.13 f_y - 24) d_b$ ·········(5.10ⓑ)

② 어느 경우라도 겹침이음 길이는 300mm 이상이어야 하며, 인장철근의 겹침이음 길이보다 더 길 필요는 없다.

③ 콘크리트 설계기준강도(f_{ck})가 21MPa 이하이면 겹침이음 길이를 앞의 값의 $\frac{1}{3}$만큼 더 증가시켜야 한다.

④ 압축구역에서 지름이 서로 다른 철근을 겹침이음할 경우, 이음 길이는 지름이 큰 철근의 정착길이와 지름이 작은 철근의 겹침이음 길이 중에서 큰 값 이상이어야 한다.

05 철근의 정착과 이음

> **개념이해**

01 철근의 겹침이음에서 A급 이음의 조건에 대한 설명으로 옳은 것은?

① 배근된 철근량이 이음부 전체 구간에서 해석 결과 요구되는 소요철근량의 2배 이상이고 소요 겹침이음 길이 내 겹침이음된 철근량이 전체 철근량의 1/2 이하인 경우
② 배근된 철근량이 이음부 전체 구간에서 해석 결과 요구되는 소요철근량의 1.5배 이상이고 소요 겹침이음 길이 내 겹침이음된 철근량이 전체 철근량의 1/2 이상인 경우
③ 배근된 철근량이 이음부 전체 구간에서 해석 결과 요구되는 소요철근량의 2배 이상이고 소요 겹침이음 길이 내 겹침이음된 철근량이 전체 철근량의 1/3 이하인 경우
④ 배근된 철근량이 이음부 전체 구간에서 해석 결과 요구되는 소요철근량의 1.5배 이상이고 소요 겹침이음 길이 내 겹침이음된 철근량이 전체 철근량의 1/3 이상인 경우

> 이형 인장철근의 최소 겹침이음 길이
> - A급 이음 : $1.0l_d$
> $\left(\dfrac{\text{배근}A_s}{\text{소요}A_s} \geq 2\text{이고,}\right.$
> $\left.\dfrac{\text{겹침이음}A_s}{\text{전체}A_s} \leq \dfrac{1}{2}\text{인 경우}\right)$
> - B급 이음 :
> $1.3l_d$(A급 이음 이외의 경우)
> - 최소 겹침이음 길이는 300mm 이상이어야 하며, l_d는 정착길이로서 $\dfrac{\text{소요}A_s}{\text{배근}A_s}$의 보정계수는 적용되지 않는다.
>
> **정답** ①

02 압축이형철근의 겹침이음 길이에 대한 설명으로 옳은 것은?(단, d_b는 철근의 공칭 직경)

① 압축이형철근의 기본 정착길이(l_{db}) 이상, 또한 200mm 이상으로 하여야 한다.
② f_y가 500MPa 이하인 경우는 $0.72f_y d_b$ 이상, f_y가 500MPa를 초과할 경우는 $(1.3f_y - 24)d_b$ 이상이어야 한다.
③ f_y가 28MPa 미만인 경우는 규정된 겹침이음 길이를 1/5 증가시켜야 한다.
④ 서로 다른 크기의 철근을 압축부에서 겹침이음하는 경우, 이음 길이는 크기가 큰 철근의 정착 길이와 크기가 작은 철근의 겹침이음 길이 중 큰 값 이상이어야 한다.

> 압축이형철근의 겹침이음 길이
> - $f_y \leq 400\text{MPa}$이면, $0.072f_y d_b (\text{mm})$보다 길 필요가 없다.
> $f_y > 400\text{MPa}$이면, $(0.13f_y - 24)d_b$ (mm)보다 길 필요가 없다.
> - 어느 경우라도 300mm 이상
> - $f_{ck} < 21\text{MPa}$이면 그 겹침이음 길이를 위의 값의 $\dfrac{1}{3}$만큼 더 증가시켜야 한다.
> - 서로 다른 지름의 철근을 압축부에서 겹침이음할 경우, 이음 길이는 지름이 큰 철근의 정착길이와 지름이 작은 철근의 겹침이음 길이 중 큰 값 이상이라야 한다.
>
> **정답** ④

과년도 기출문제

01 철근의 이음방법에 대한 설명 중 옳지 않은 것은?(단, l_d는 정착길이)

① 인장을 받는 이형철근의 겹침이음 길이는 A급 이음과 B급 이음으로 분류하며, A급 이음은 $1.0l_d$ 이상, B급 이음은 $1.3l_d$ 이상이며, 두 가지 경우 모두 300mm 이상이어야 한다.
② 인장 이형철근의 겹침이음에서 A급 이음은 배치된 철근량이 이음부 전체 구간에서 해석결과 요구되는 소요 철근량의 2배 이상이고, 소요 겹침이음 길이 내 겹침이음된 철근량이 전체 철근량의 1/2 이하인 경우이다.
③ 서로 다른 크기의 철근을 압축부에서 겹침이음하는 경우, D41과 D51 철근은 D35 이하 철근과의 겹침이음은 허용할 수 있다.
④ 휨부재에서 서로 직접 접촉되지 않게 겹침이음된 철근은 횡방향으로 소요 겹침이음길이의 1/3 또는 200mm 중 작은 값 이상 떨어지지 않아야 한다.

[해설]
휨부재에서 서로 직접 접촉되지 않게 겹침이음된 철근은 횡방향으로 소요 겹침이음 길이의 $\frac{1}{5}$ 또는 150mm 중 작은 값 이상 떨어지지 않아야 한다.

02 철근콘크리트 부재의 철근이음에 관한 설명 중 옳지 않은 것은?

① D35를 초과하는 철근은 겹침이음을 하지 않아야 한다.
② 인장이형철근의 겹침이음에서 A급 이음은 $1.3l_d$ 이상, B급 이음은 $1.0l_d$ 이상 겹쳐야 한다.(단, l_d는 규정에 의해 계산된 인장이형철근의 정착길이이다.)
③ 압축이형철근의 이음에서 콘크리트 설계기준 압축강도가 21MPa 미만인 경우에는 겹침이음 길이를 1/3 증가시켜야 한다.
④ 용접이음과 기계적 연결은 철근의 항복강도의 125% 이상을 발휘할 수 있어야 한다.

[해설]
이형철근의 최소 겹침이음 길이
- A급 이음 : $1.0l_d$ 이상(배근된 철근량이 소요 철근량의 2배 이상이고, 겹침이음된 철근량이 총 철근량의 $\frac{1}{2}$ 이하인 경우)
- B급 이음 : $1.3l_d$ 이상(A급 이외의 이음)

정답 01 ④ 02 ②

06 사용성

1 서론

1. 사용성 검토의 필요성
① 구조물은 작용하는 외력에 대하여 안전성에 대한 문제는 없지만 사용성에 대한 문제가 발생될 수 있다.
② 구조물에 발생되는 과대한 처짐, 균열, 그리고 피로 등은 구조물의 기능을 저하시키고, 미관을 해치며, 사용자에게 불안감을 주게 된다.
③ 구조물은 작용하는 외력에 대하여 안전성뿐만 아니라 사용성도 동시에 확보되어야 한다.

2. 사용성에 대한 검토사항
① 구조물의 사용성 검토는 처짐, 균열, 그리고 피로 등에 대하여 수행된다.
② 구조물의 안전성 검토는 계수하중에 의하여 이루어지지만 사용성 검토는 사용하중에 의하여 이루어진다.

2 처짐

1. 즉시처짐

(1) 즉시처짐의 정의
구조물에 하중이 실리자마자 발생하는 처짐을 즉시처짐 또는 탄성처짐이라 한다.

(2) 즉시처짐의 계산
즉시처짐은 철근콘크리트 부재가 선형탄성거동을 하는 것으로 간주하여 역학에서 배운 보통의 방법으로 계산한다.

(3) 유효 단면 2차 모멘트(I_e)

$$I_e = \left(\frac{M_{cr}}{M_a}\right)^3 I_g + \left\{1 - \left(\frac{M_{cr}}{M_a}\right)^3\right\} I_{cr} \leq I_g \quad \cdots\cdots (6.1)$$

여기서, M_{cr} : 균열 휨모멘트
M_a : 부재의 최대 휨모멘트
I_g : 철근을 무시한 콘크리트 총 단면에 대한 단면 2차 모멘트
I_{cr} : 균열 환산 단면 2차 모멘트

＋ 철근콘크리트 부재의 I_g와 I_{cr}

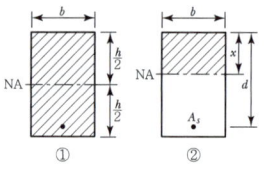

- 균열 발생 전의 단면
$$I_g = \frac{bh^3}{12}$$

- 균열 발생 후의 단면
$$I_{cr} = \frac{1}{3}bx^3 + nA_s(d-x)^2$$

철근콘크리트 부재의 처짐 계산 시 I의 적용

- $\dfrac{M_{cr}}{M_a} \geq 1.0$이면 I_g 적용

- $\dfrac{M_{cr}}{M_a} < 1.0$이면 I_e 적용

I_e 범위

$I_{cr} < I_e < I_g$

과년도 기출문제

01 강도 설계법에서 사용성 검토에 해당하지 않는 사항은?

① 철근의 피로
② 처짐
③ 균열
④ 투수성

[해설]

철근콘크리트 구조물의 사용성 검토는 처짐, 균열, 그리고 철근의 피로에 대하여 수행된다.

02 부재의 최대모멘트 M_a와 균열모멘트 M_{cr}의 비(M_a/M_{cr})가 0.95인 단순보의 순간처짐을 구하려고 할 때 사용되는 유효 단면 2차 모멘트(I_e)의 값은?(단, 철근을 무시한 중립축에 대한 총단면의 단면 2차모멘트는 $I_g = 540,000\text{cm}^4$이고, 균열 단면의 단면2차모멘트 $I_{cr} = 345,080\text{cm}^4$이다.)

① $200,738\text{cm}^4$
② $345,080\text{cm}^4$
③ $540,000\text{cm}^4$
④ $570,724\text{cm}^4$

[해설]

철근콘크리트 부재의 처짐 계산 시 I의 적용

- $\dfrac{M_{cr}}{M_a} \geq 1.0$이면 I_g 적용
- $\dfrac{M_{cr}}{M_a} < 1.0$이면 I_e 적용

따라서,

$\dfrac{M_{cr}}{M_a} = \dfrac{1}{0.95} = 1.05$

$\dfrac{M_{cr}}{M_a} \geq 1.0$이므로

$I_e = I_g = 540,000\text{cm}^4$이다.

03 그림과 같은 지간 10m인 직사각형 단면의 철근콘크리트 보에 10kN/m의 등분포하중과 100kN의 집중하중이 작용할 때 최대 처짐을 구하기 위한 유효 단면 2차 모멘트는?[단, 철근을 무시한 콘크리트 전체 단면의 중심축에 대한 단면 2차 모멘트(I_g) : $6.5 \times 10^9 \text{mm}^4$, 균열 단면의 단면 2차모멘트($I_{cr}$) : $5.65 \times 10^9 \text{mm}^4$, 외력에 의해 단면에서 휨균열을 일으키는 휨모멘트(M_{cr}) : 140kN · m]

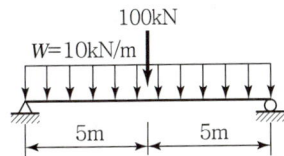

① $4.563 \times 10^9 \text{mm}^4$
② $5.694 \times 10^9 \text{mm}^4$
③ $6.838 \times 10^9 \text{mm}^4$
④ $7.284 \times 10^9 \text{mm}^4$

[해설]

$M_a = \dfrac{w \cdot l^2}{8} + \dfrac{P \cdot l}{4}$

$= \dfrac{10 \times 10^2}{8} + \dfrac{100 \times 10}{4} = 375\text{kN} \cdot \text{m}$

$\left(\dfrac{M_{cr}}{M_a}\right)^3 = \left(\dfrac{140}{375}\right)^3 = 0.0520$

$I_e = \left(\dfrac{M_{cr}}{M_a}\right)^3 I_g + \left[1 - \left(\dfrac{M_{cr}}{M_a}\right)^3\right] I_{cr}$

$= [0.0520 \times (6.5 \times 10^9)] + [(1 - 0.0520) \times (5.65 \times 10^9)]$

$= 5.694 \times 10^9 \text{mm}^4$

06 사용성

2. 장기처짐

(1) 장기처짐의 정의

① 즉시처짐 외에 콘크리트의 건조수축과 크리프로 인하여 추가적으로 발생하는 처짐을 장기처짐이라 한다.
② 콘크리트의 건조수축과 크리프는 지속하중(장기하중)에 의하여 시간의 경과와 더불어 발생하는 변형이므로 장기처짐은 지속하중에 의하여 발생하는 처짐이다.
③ 장기처짐은 콘크리트가 받는 온도와 습도, 양생조건, 하중 재하 시의 콘크리트의 재령과 함수량, 압축철근량 등의 영향을 받는다.

(2) 장기처짐의 계산

1) 장기처짐에 대한 계수(λ_Δ)

$$\lambda_\Delta = \frac{\xi}{1+50\rho'} \cdots\cdots\cdots\cdots\cdots\cdots\cdots\cdots\cdots (6.2)$$

여기서, ρ' : 압축철근비 $\left(=\dfrac{A_s}{bd}\right)$

ξ : 지속하중에 대한 시간경과 계수

지속하중의 재하기간에 따른 계수							
시간	1개월	3개월	6개월	1년	2년	3년	5년 이상
ξ	0.5	1.0	1.2	1.4	1.7	1.8	2.0

2) 장기처짐량(δ_L)과 총처짐량(δ_T)

① 장기처짐량(δ_L)

$$\delta_L = \lambda_\Delta \delta_i \cdots\cdots\cdots\cdots\cdots\cdots\cdots\cdots\cdots (6.3)$$

여기서, δ_i : 지속하중에 의한 즉시처짐량

② 총처짐량(δ_T)

$$\delta_T = \delta_i + \delta_L \cdots\cdots\cdots\cdots\cdots\cdots\cdots\cdots\cdots (6.4)$$

과년도 기출문제

01 압축철근비가 0.01이고, 인장철근비가 0.003인 철근콘크리트 보에서 장기 추가처짐에 대한 계수(λ_Δ)의 값은?(단, 하중재하 기간은 5년 6개월이다.)

① 0.80　　② 0.933
③ 2.80　　④ 1.333

[해설]
- 5년 이상 : $\xi = 2.0$
- 12개월 이상 : $\xi = 1.4$
- 6개월 이상 : $\xi = 1.2$
- 3개월 이상 : $\xi = 1.0$

$\lambda_\Delta = \dfrac{\xi}{1+50\rho'} = \dfrac{2.0}{1+(50\times 0.01)} = 1.333$

02 휨부재의 처짐에 관한 다음 설명 중 맞지 않는 것은?

① 복철근으로 설계하면 장기처짐량이 감소한다.
② 균열이 발생하지 않은 단면의 처짐 계산에서 사용되는 단면 2차 모멘트는 철근을 무시한 콘크리트 전체 단면의 중심축에 대한 단면 2차 모멘트(I_g)를 사용한다.
③ 휨부재의 처짐은 사용하중에 대하여 검토한다.
④ 장기처짐량은 단기처짐량에 반비례한다.

[해설]
δ_L(장기처짐) $= \lambda_\Delta \cdot \delta_i$(단기처짐)
장기처짐량은 단기처짐량에 비례한다.

03 $A_s = 4,000\text{mm}^2$, $A_s' = 1,500\text{mm}^2$로 배근된 그림과 같은 복철근 보의 탄성처짐이 15mm이다. 5년 이상의 지속하중에 의해 유발되는 장기처짐은 얼마인가?

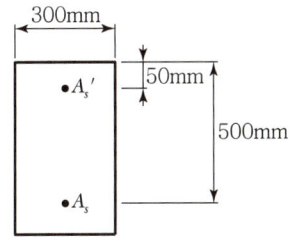

① 15mm　　② 20mm
③ 25mm　　④ 30mm

[해설]
$\xi = 2.0$(하중 재하기간이 5년 이상인 경우)
$\rho' = \dfrac{A_s'}{bd} = \dfrac{1,500}{300\times 500} = 0.01$
$\lambda_\Delta = \dfrac{\xi}{1+50\rho'} = \dfrac{2}{1+(50\times 0.01)} = 1.33$
$\delta_L = \lambda_\Delta \cdot \delta_i = 1.33 \times 15 = 20\text{mm}$

04 복철근 콘크리트 단면에 압축철근비 $\rho' = 0.01$이 배근된 경우 순간처짐이 20mm일 때 1년이 지난 후 처짐량은?(단, 작용하는 모든 하중은 지속하중으로 보며 지속하중의 1년 재하기간에 따르는 계수 ξ는 1.4이다.)

① 42.2mm　　② 40.0mm
③ 38.7mm　　④ 39.9mm

[해설]
$\lambda_\Delta = \dfrac{\xi}{1+50\rho'} = \dfrac{1.4}{1+(50\times 0.01)} = 0.933$
$\delta_L = \lambda_\Delta \cdot \delta_i = 0.933 \times 20 = 18.66\text{mm}$
$\delta_T = \delta_i + \delta_L = 20 + 18.66 = 38.66\text{mm}$

05 $b_w = 400\text{mm}$, $d = 600\text{mm}$, $A_s = 4,800\text{mm}^2$, $A_s' = 2,400\text{mm}^2$인 복철근 직사각형 단면의 보에서 하중이 작용할 경우 탄성처짐량이 2.5mm였다. 6개월 후 총 처짐량은?[단, 시간경과계수(ξ)는 1.2]

① 4.0mm　　② 4.5mm
③ 5.0mm　　④ 6.0mm

[해설]
$\rho' = \dfrac{A_s'}{bd} = \dfrac{2,400}{400\times 600} = 0.01$
$\lambda_\Delta = \dfrac{\xi}{1+50\rho'} = \dfrac{1.2}{1+(50\times 0.01)} = 0.8$
$\delta_L = \lambda_\Delta \cdot \delta_i = 0.8 \times 2.5 = 2\text{mm}$
$\delta_T = \delta_i + \delta_L = 2.5 + 2 = 4.5\text{mm}$

정답 01 ④　02 ④　03 ②　04 ③　05 ②

06 사용성

3. 허용처짐량

① 보행자 및 차량하중 등 동하중(충격을 포함한 사용활하중)을 주로 받는 구조물의 처짐량은 별단 표의 허용처짐량(δ_a) 이하이어야 한다.

② 장기처짐 효과를 고려한 구조물의 처짐량은 다음 표의 허용처짐량 (δ_a) 이하이어야 한다.

부재의 형태	고려하여야 할 처짐	허용처짐량
과도한 처짐에 의해 손상되기 쉬운 비구조 요소를 지지 또는 부착하지 않은 평지붕구조	활하중 L에 의한 순간처짐	$\dfrac{l}{180}$
과도한 처짐에 의해 손상되기 쉬운 비구조 요소를 지지 또는 부착하지 않은 바닥구조	활하중 L에 의한 순간처짐	$\dfrac{l}{360}$
과도한 처짐에 의해 손상되기 쉬운 비구조 요소를 지지 또는 부착한 지붕 또는 바닥구조	전체 처짐 중에서 비구조 요소가 부착된 후에 발생하는 처짐 부분(모든 지속하중에 의한 장기처짐과 추가적인 활하중에 의한 순간처짐의 합)	$\dfrac{l}{480}$
과도한 처짐에 의해 손상될 염려가 없는 비구조 요소를 짖 또는 부착한 지붕 또는 바닥구조		$\dfrac{l}{240}$

동하중을 주로 받는 구조물의 허용처짐량

조건	허용처짐량
캔틸레버의 경우	$l/300$
캔틸레버에 있어서 보행자도 이용할 경우	$l/375$
단순교 및 연속교의 경우	$l/800$
단순교 및 연속교에 있어서 보행자도 이용하는 시가지 교량의 경우	$l/1000$

(l : 지간 길이)

4. 휨부재의 최소 두께

① 휨부재의 최소 두께에 대한 규정은 철근콘크리트 부재의 처짐을 정확하게 계산할 수 없기 때문에 처짐을 간접 규제하기 위한 것이다.

② 철근콘크리트 휨부재의 두께가 다음 표의 값 이상이면 처짐의 영향을 고려하지 않아도 좋다.

부재	최소 두께 또는 높이			
	캔틸레버	단순지지	일단연속	양단연속
보	$\dfrac{l}{8}$	$\dfrac{l}{16}$	$\dfrac{l}{18.5}$	$\dfrac{l}{21}$
1방향 슬래브	$\dfrac{l}{10}$	$\dfrac{l}{20}$	$\dfrac{l}{24}$	$\dfrac{l}{28}$

이 표의 값은 보통중량콘크리트($m_c = 2,300 \text{kg/m}^3$)와 설계기준항복강도 400MPa 철근을 사용한 부재에 대한 값이며, 다른 조건에 대해서는 이 값을 다음과 같이 보정하여야 한다.

- 1,500~2,000kg/m³ 범위의 단위질량을 갖는 구조용 경량콘크리트에 대해서는 계산된 h 값에 $(1.65 - 0.00031 m_c)$를 곱하여야 하나, 1.09 이상이어야 한다.

- f_y가 400MPa 이외인 경우는 계산된 h 값에 $(0.43 + \dfrac{f_y}{700})$를 곱하여야 한다.

과년도 기출문제

토목 / 기사 / 필기

01 과도한 처짐에 의해 손상되기 쉬운 비구조 요소를 지지 또는 부착한 지붕 또는 바닥구조의 최대 허용 처짐은?(단, l은 부재의 길이이고, 콘크리트구조 기준 규정을 따른다.)

① $\dfrac{l}{180}$ ② $\dfrac{l}{240}$

③ $\dfrac{l}{360}$ ④ $\dfrac{l}{480}$

[해설]

과도한 처짐에 의해 손상되기 쉬운 비구조 요소를 지지하거나 또는 이들에 부착된 지붕 또는 바닥구조에 대한 허용처짐량 (δ_a)은 $\delta_a = \dfrac{l}{480}$이다.

02 철근콘크리트 부재에서 처짐을 방지하기 위해서는 부재의 두께를 크게 하는 것이 효과적인데, 구조상 가장 두꺼워야 될 순서대로 나열된 것은?

① 단순지지 > 캔틸레버 > 일단연속 > 양단연속
② 캔틸레버 > 단순지지 > 일단연속 > 양단연속
③ 일단연속 > 양단연속 > 단순지지 > 캔틸레버
④ 양단연속 > 일단연속 > 단순지지 > 캔틸레버

[해설]

처짐을 계산하지 않아도 되는 휨부재의 최소두께

부재	최소 두께 또는 높이			
	캔틸레버	단순지지	일단연속	양단연속
보	$\dfrac{l}{8}$	$\dfrac{l}{16}$	$\dfrac{l}{18.5}$	$\dfrac{l}{21}$
1방향 슬래브	$\dfrac{l}{10}$	$\dfrac{l}{20}$	$\dfrac{l}{24}$	$\dfrac{l}{28}$

이 표의 값은 보통중량콘크리트(m_c=2,300kg/m³)와 설계기준항복강도 400MPa 철근을 사용한 부재에 대한 값이며, 다른 조건에 대해서는 이 값을 다음과 같이 보정하여야 한다.

- 1,500~2,000kg/m³ 범위의 단위질량을 갖는 구조용 경량 콘크리트에 대해서는 계산된 h 값에 $(1.65 - 0.00031 m_c)$를 곱하여야 하나, 1.09 이상이어야 한다.
- f_y가 400MPa 이외인 경우는 계산된 h 값에 $\left(0.43 + \dfrac{f_y}{700}\right)$를 곱하여야 한다.

03 길이 6m인 철근콘크리트 캔틸레버보의 처짐을 계산하지 않는 경우 보의 최소 두께는?(단, f_{ck}=28MPa, f_y=350MPa)

① 279mm   ② 349mm
③ 558mm   ④ 698mm

[해설]

캔틸레버보에서 처짐을 계산하지 않아도 되는 최소두께(h_{min})

- f_y=400MPa인 경우 : $h_{min} = \dfrac{l}{8}$
- $f_y \neq$ 400MPa인 경우 : $h_{min} = \dfrac{l}{8}\left(0.43 + \dfrac{f_y}{700}\right)$

따라서, f_y=350MPa인 경우 캔틸레버보의 최소두께(h_{min})는 다음과 같다.

$$h_{min} = \dfrac{l}{8}\left(0.43 + \dfrac{f_y}{700}\right)$$
$$= \dfrac{(6 \times 10^3)}{8}\left(0.43 + \dfrac{350}{700}\right) = 697.5\text{mm}$$

04 처짐을 계산하지 않는 경우 단순지지된 보의 최소 두께(h_{min})로 옳은 것은?[단, 보통콘크리트(m_c=2,300kg/m²) 및 f_y=300MPa인 철근을 사용한 부재의 길이가 10m인 보]

① 429mm   ② 500mm
③ 537mm   ④ 625mm

[해설]

단순지지 보의 처짐을 계산하지 않아도 되는 최소 두께(h_{min})

- f_y=400MPa인 경우 : $h_{min} = \dfrac{l}{16}$
- $f_y \neq$ 400MPa인 경우 : $h_{min} = \dfrac{l}{16}\left(0.43 + \dfrac{f_y}{700}\right)$

f_y=300MPa이므로 최소 두께(h_{min})는 다음과 같다.

$$h_{min} = \dfrac{l}{16}\left(0.43 + \dfrac{f_y}{700}\right)$$
$$= \dfrac{10 \times 10^3}{16}\left(0.43 + \dfrac{300}{700}\right) = 536.6\text{mm}$$

정답 01 ④   02 ②   03 ④   04 ③

06 사용성

③ 균열

1. 균열에 관한 일반사항

(1) 균열 발생의 원인

1) 재료적인 원인

반응성 골재, 수화열, 큰 물-시멘트 비로 인한 건조수축 등

2) 시공상의 원인

부적절한 양생, 재료분리 현상, 콜드조인트(Cold Joint)의 형성 등

3) 설계상의 원인

철근 피복두께의 부족, 철근 정착길이의 부족, 응력집중 현상, 기초의 부등침하 등

4) 사용환경에 따른 원인

온도의 변화, 건습의 반복, 동결·융해 등

(2) 균열폭 제어의 중요성

① 폭이 큰 균열은 외관상 좋지 않다.
② 폭이 큰 균열은 사용자에게 불안감을 준다.
③ 폭이 큰 균열은 철근을 부식시켜 구조물의 내구성을 저하시킨다.

(3) 균열폭에 영향을 미치는 요인

① 균열폭은 철근의 응력에 비례한다.
② 균열폭은 철근의 피복두께에 비례한다.
③ 균열폭은 철근의 지름에 비례하지만 철근비에 반비례한다(동일한 철근량을 사용할 경우 큰 지름의 철근을 적게 사용하는 것보다 작은 지름의 철근을 많이 사용하는 것이 균열 폭을 제어하는 데 유리하다).
④ 콘크리트의 인장구역에 이형철근을 고르게 분포시켜 배치하면 균열폭을 제어하는 데 효과적이다.

2. 휨균열 제어를 위한 설계기준의 규정

① 보 및 1방향 슬래브에 있어서 휨균열을 제어하기 위하여 다음에 따라 휨철근을 배치하여야 한다. 콘크리트 인장연단에 가장 가까이에 배치되는 철근의 중심간격 s는 다음 두 식에 의해 계산된 값 이하로 하여야 한다.

$$s = 375\left(\frac{\kappa_{cr}}{f_s}\right) - 2.5\,C_c \quad \cdots\cdots\cdots\cdots\cdots\cdots\cdots\cdots\cdots\cdots\cdots\cdots\cdots (6.5)$$

$$s = 300\left(\frac{\kappa_{cr}}{f_s}\right) \quad \cdots\cdots\cdots\cdots\cdots\cdots\cdots\cdots\cdots\cdots\cdots\cdots\cdots\cdots\cdots\cdots\cdots (6.6)$$

여기서, κ_{cr} : 철근의 노출 조건을 고려한 계수(건조 환경 : 280, 그 외의 환경 : 210)

C_c : 인장철근 표면과 콘크리트 표면 사이의 최소 두께

f_s : 사용하중 휨모멘트에 의한 인장연단에 가장 가까이에 배치된 철근의 응력(근사값으로 $f_s = \frac{2}{3}f_y$를 사용해도 좋다)

② T형 보 구조의 플랜지가 인장을 받는 경우에는 휨인장철근을 유효 플랜지폭과 경간의 1/10에 해당하는 폭 중에서 작은 폭에 걸쳐서 분포시켜야 한다. 만일 유효 플랜지폭이 경간의 1/10을 넘는 경우에는 종방향철근을 플랜지 바깥부분에 추가로 배치해야 한다.

③ 보나 장선의 높이 h가 900mm를 초과하면, 종방향 표피철근을 인장연단으로부터 $h/2$지점까지 부재 양쪽 측면을 따라 균일하게 배치하여야 한다. 이때 표피철근의 간격 s는 앞의 (1)에 따라야 하고, C_c는 표피철근 표면에서 부재 측면까지 최단거리이다.

3. 허용 균열폭

① 사용하중에 의한 구조물의 설계균열폭은 허용균열폭(ω_a) 이하이어야 한다.

② 내구성 확보를 위한 허용균열폭은 다음의 표와 같다.

강재의 종류	강재의 부식에 대한 환경 조건			
	건조환경	습윤환경	부식성환경	고부식성환경
철근	0.4mm와 0.006 C_c 중 큰 값	0.3mm와 0.005 C_c 중 큰 값	0.3mm와 0.004 C_c 중 큰 값	0.3mm와 0.0035 C_c 중 큰 값
긴장재	0.2mm와 0.005 C_c 중 큰 값	0.2mm와 0.004 C_c 중 큰 값	—	—

※ 이 표에서 C_c는 최외단 주철근의 표면과 콘크리트 표면 사이의 최소 피복두께(mm)

06 사용성

③ 수처리 구조물의 내구성과 누수 방지를 위한 허용균열폭은 다음의 표와 같다.

	휨인장균열	전단면인장균열
오염되지 않은 물[1]	0.25mm	0.20mm
오염된 액체[2]	0.20mm	0.15mm

[1] 음용수(상수도) 시설물
[2] 오염이 매우 심한 경우 발주처 또는 건축주와 협의하여 결정

4 피로

① 교량은 사용기간 동안 수백만 회의 반복하중을 받게 된다. 이러한 교량은 과재하중으로 인한 파괴 위험보다 계속되는 반복하중으로 인한 파괴 위험이 더 크기 때문에 피로에 대한 검토가 필요하다.
② 보와 슬래브의 피로는 휨과 전단에 대하여 검토하고, 기둥의 피로는 검토하지 않아도 좋다.
③ 휨부재는 과소철근보로 설계하므로 휨부재의 피로는 반복 인장응력을 받는 철근의 피로에 대하여 검토하는 것이 바람직하다.
④ 충격을 포함한 사용활하중에 의한 철근의 응력범위가 다음 표의 값 이하이면 피로에 대하여 검토하지 않아도 좋다.

철근의 종류	인장응력 및 압축응력의 범위
SD 300(f_y=300MPa)	130MPa
SD 350(f_y=350MPa)	140MPa
$f_y \geq$ 400MPa	150MPa

철근의 응력범위
충격을 포함한 사용 활하중에 의한 철근의 최대 응력에서 최소 응력을 뺀 값이다.

과년도 기출문제

01 처짐과 균열에 대한 다음 설명 중 틀린 것은?

① 크리프, 건조수축 등으로 인하여 시간의 경과와 더불어 진행되는 처짐이 탄성처짐이다.
② 처짐에 영향을 미치는 인자로는 하중, 온도, 습도, 재령, 함수량, 압축철근의 단면적이다.
③ 균열폭을 최소화하기 위해서는 적은 수의 굵은 철근보다는 많은 수의 가는 철근을 인장측에 잘 분포시켜야 한다.
④ 콘크리트 표면의 균열폭은 피복두께의 영향을 받는다.

[해설]
- 탄성처짐 : 하중이 실리자마자 발생하는 처짐
- 장기처짐 : 콘크리트의 건조수축과 크리프로 인하여 시간의 경과와 더불어 발생하는 처짐

02 다음은 철근콘크리트 구조물의 균열에 관한 설명이다. 옳지 않은 것은?

① 하중으로 인한 균열의 최대 폭은 철근응력에 비례한다.
② 콘크리트 표면의 균열폭은 철근에 대한 피복두께에 반비례한다.
③ 많은 수의 미세한 균열보다는 폭이 큰 몇 개의 균열이 내구성에 불리하다.
④ 인장측에 철근을 잘 분배하면 균열폭을 최소로 할 수 있다.

[해설]
콘크리트 균열에 대한 특징
- 이형철근을 콘크리트 인장 측에 잘 분배하면 균열폭을 최소화시킬 수 있다.
- 균열폭은 철근응력, 철근지름에 비례하고 철근비에 반비례한다.
- 콘크리트 표면의 균열폭은 피복두께에 비례한다.

03 아래 그림과 같은 보의 단면에서 표피철근의 간격 S는 약 얼마인가?[단, 습윤환경에 노출되는 경우로서, 표피철근의 표면에서 부재 측면까지 최단거리(c_c)는 50mm, $f_{ck}=28$MPa, $f_y=400$MPa이다.]

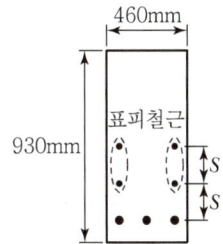

① 170mm
② 190mm
③ 220mm
④ 240mm

[해설]
$k_{cr}=210$(건조환경 : 280, 그 외의 환경 : 210)

$f_s = \dfrac{2}{3}f_y = \dfrac{2}{3} \times 400 = 266.7\text{MPa}$

$S_1 = 375\left(\dfrac{k_{cr}}{f_s}\right) - 2.5C_c$

$ = 375 \times \left(\dfrac{210}{266.7}\right) - 2.5 \times 50 = 170.3\text{mm}$

$S_2 = 300\left(\dfrac{k_{cr}}{f_s}\right) = 300 \times \left(\dfrac{210}{266.7}\right) = 236.2\text{mm}$

$S = [S_1, \, S_2]_{\min} = 170.3\text{mm}$

정답 01 ① 02 ② 03 ①

과년도 기출문제

04 강재의 부식에 대한 환경조건이 건조한 환경이며 이형 철근을 사용한 건물 이외의 구조물인 경우 허용균열폭은?(단, 콘크리트의 최소 피복두께는 60mm이다.)

① 0.40mm　② 0.36mm
③ 0.32mm　④ 0.28mm

[해설]

철근콘크리트 구조물의 허용균열폭 w_a(mm)

강재의 종류	강재의 부식에 대한 환경조건			
	건조환경	습윤환경	부식성 환경	고부식성 환경
철근	0.4mm와 0.006C_c 중 큰 값	0.3mm와 0.005C_c 중 큰 값	0.3mm와 0.004C_c 중 큰 값	0.3mm와 0.0035C_c 중 큰 값
프리스트레싱 긴장재	0.2mm와 0.005C_c 중 큰 값	0.2mm와 0.004C_c 중 큰 값	−	−

여기서 C_c는 최외단 주철근의 표면과 콘크리트 표면 사이의 콘크리트 최소 피복두께(mm)

- 건조환경에서 이형철근을 사용한 구조물의 허용균열폭
$w_a = [0.4,\ 0.006 C_c]_{max} = [0.4,\ 0.006 \times 60]_{max}$
$= [0.4,\ 0.36]_{max} = 0.4\text{mm}$

05 음용수(상수도) 시설물의 전단면인장균열에 대한 허용균열폭은 얼마인가?

① 0.2mm　② 0.4mm
③ 0.6mm　④ 0.8mm

[해설]

수처리 구조물의 허용균열폭 w_a(mm)

측점	휨인장균열	전단면인장균열
오염되지 않은 물[1]	0.25	0.20
오염된 물[2]	0.20	0.15

[1] 음용수(상수도) 시설물
[2] 오염이 매우 심한 경우 발주자와 협의하여 결정

06 다음은 철근콘크리트 구조물의 피로에 대한 안정성 검토에 관한 설명이다. 옳지 않은 것은?

① 하중 중에서 변동하중이 차지하는 비율이 큰 부재는 피로에 대한 안정성 검토를 하여야 한다.
② 보나 슬래브의 휨 및 전단에 대하여 검토하여야 한다.
③ 일반적으로 기둥의 피로는 검토하지 않아도 좋다.
④ 피로에 대한 안정성 검토 시에는 활하중의 충격은 고려하지 않는다.

[해설]

충격을 포함한 사용활하중에 의한 철근 응력이 다음 값 이내이면 피로를 검토하지 않아도 좋다.

피로를 고려하지 않아도 되는 철근의 응력범위

철근의 종류	인장응력 및 압축응력의 범위
SD300($f_y=300$MPa)	130MPa
SD350($f_y=350$MPa)	140MPa
SD400($f_y=400$MPa)	150MPa
$f_y \geq 400$MPa	150MPa

정답　04 ①　05 ①　06 ④

MEMO

07 기둥

1 서론

1. 기둥의 정의

① 축방향압축을 받는 부재를 기둥 또는 압축부재라고 하며 특히 높이가 단면의 최소 치수의 3배 이상인 것을 기둥이라고 한다.
② 대부분의 기둥은 순수한 축방향압축력만 받는 경우보다 여러 가지 원인에 의하여 발생되는 휨모멘트를 동시에 받는 것이 보통이다.
③ 기둥의 강도는 길이의 영향과 양단의 지지조건에 따라 달라진다.

2. 기둥의 종류

(1) 부재에 따른 종류

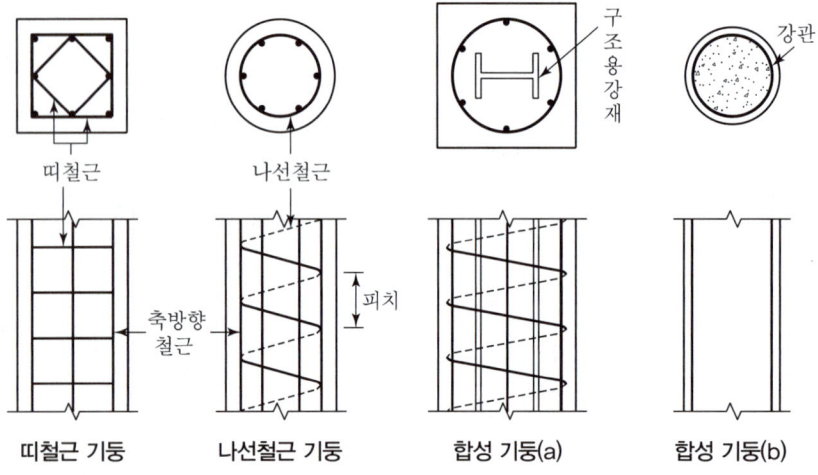

띠철근 기둥	축방향철근을 띠철근으로 적당한 간격으로 둘러 감은 압축부재
나선철근 기둥	축방향철근을 나선철근으로 나선형으로 둘러 감은 압축부재
합성 기둥	구조용 강재나 강관을 축방향으로 보강한 압축부재이다. 이때 축방향 철근을 사용해도 좋고 또는 사용하지 않아도 좋음

(2) 거동에 따른 종류

1) 단주와 장주

단주	세장비가 특정 한계값 미만인 기둥으로서 파괴거동이 콘크리트의 파쇄 또는 철근의 항복에 의하여 지배되는 기둥
장주	세장비가 특정 한계값 이상인 기둥으로서 파괴거동이 좌굴에 의하여 지배되는 기둥

2) 단주와 장주의 구별

① 세장비(λ)

$$\lambda = \frac{kl_u}{r} \quad \cdots\cdots\cdots (7.1)$$

여기서, l_u : 기둥의 비지지 길이

r : 기둥 단면의 최소 회전반경$\left(=\sqrt{\dfrac{I_{\min}}{A}}\right)$

k : 유효길이 계수

경계조건	유효길이 계수 k(이론 값)
고정 – 고정	0.5
고정 – 단순	0.7
단순 – 단순	1.0
고정 – 자유	2.0

➕ 기둥 단면의 최소 회전반경(r)은 근사적으로 다음 값을 사용해도 좋음
- 원형 단면인 경우
  $r = 0.25d$ (d는 지름)
- 직사각형 단면인 경우
  $r = 0.30h$ (h는 좌굴이 고려되는 방향의 단면치수)

② 단주와 장주의 구별

다음 각 경우에 대하여 세장비(λ)가 주어진 조건을 만족하면 단주로서 고려하고, 조건을 만족하지 않으면 장주로서 고려한다.

• 횡방향 상대변위가 구속된 경우

$$\lambda < 34 - 12\left(\frac{M_1}{M_2}\right) \leq 40 \quad \cdots\cdots\cdots (7.2)$$

여기서, M_1 : 라멘 해석에 의해 구한 기둥의 계수 단 모멘트 중에서 작은 값

M_2 : 라멘 해석에 의해 구한 기둥의 계수 단 모멘트 중에서 큰 값

$\left(\dfrac{M_1}{M_2}\right)$의 부호 : 단굴곡인 경우(+), 복굴곡인 경우(−)

• 횡방향 상대변위가 구속되지 않은 경우

$$\lambda < 22 \quad \cdots\cdots\cdots (7.3)$$

07 기둥

② 기둥의 구조세목

1. 띠철근 기둥

(1) 축방향철근

① 띠철근 기둥에서 축방향철근의 최소 개수는 삼각형 단면인 경우는 3개로 하여야 하고, 사각형 또는 원형 단면인 경우는 4개로 하여야 한다.

② 축방향철근의 철근비(ρ_g)는 $0.01 \leq \rho_g \leq 0.08$이어야 한다.
또한, 축방향철근이 겹침이음 되는 경우는 $\rho_g \leq 0.04$이어야 한다.

여기서, $\rho_g = \dfrac{A_{st}}{A_g}$이며, A_{st}는 축방향철근의 단면적이고, A_g는 기둥의 총 단면적이다.

③ 축방향철근비의 한계를 두는 이유
- 최소 한계를 두는 이유($0.01 \leq \rho_g$)
  - 예상하지 못한 편심 등으로 인하여 발생되는 휨에 저항한다.
  - 시공 시 재료분리 현상 등으로 인한 콘크리트의 부분적 결함을 보완한다.
  - 콘크리트의 크리프 및 건조수축의 영향을 감소시킨다.
  - 너무 적게 배치하면 효과가 없다.
- 최대 한계를 두는 이유($\rho_g \leq 0.08$)
  - 콘크리트 타설시 지장을 초래한다.
  - 비경제적이다.

(2) 띠철근

① 띠철근의 배치목적은 축방향철근을 횡방향으로 결속하여 축방향철근의 위치확보 및 좌굴방지를 위한 것이다.

② 띠철근의 지름은 D32 이하의 철근을 축방향철근으로 사용하는 경우 D10 이상이어야 하고, D35 이상의 철근을 축방향철근으로 사용하는 경우는 D13 이상이어야 한다.

③ 띠철근의 간격은 축방향철근지름의 16배 이하, 띠철근지름의 48배 이하, 기둥단면의 최소 치수 이하이어야 한다.

④ 확대기초의 상면 또는 건물의 바닥 상하면과 같이 기둥이 바닥층이나 보와 접합되는 부분의 띠철근 간격은 다른 부분의 띠철근 간격의 $\dfrac{1}{2}$ 이하의 간격으로 배치하여야 한다.

⑤ 모서리의 축방향철근과 하나 건너 위치하고 있는 축방향철근들은 135° 이하로 구부린 띠철근의 모서리에 의해 횡지지되어야 한다.

2. 나선철근 기둥

(1) 축방향철근

① 나선철근 기둥에서 축방향철근의 최소 개수는 원형 단면인 경우 6개로 하여야 한다.

② 축방향철근의 철근비(ρ_g)는 $0.01 \leq \rho_g \leq 0.08$이어야 한다.

③ 축방향철근비의 한계를 두는 이유는 띠철근 기둥의 경우와 같다.

(2) 나선철근

① 나선철근의 배치목적은 콘크리트의 횡방향 변형을 방지하여 보다 큰 하중을 받을 수 있도록 한 것이다.

② 나선철근의 지름은 나선철근 기둥을 현장에서 콘크리트를 쳐서 만들 경우 10mm 이상이어야 한다.

③ 나선철근의 순간격은 25mm 이상 75mm 이하이어야 한다.

④ 나선철근의 정착을 위하여 나선철근 끝에서 1.5회전만큼 더 연장하여야 한다.

⑤ 나선철근의 겹침이음 길이는 이형철근 또는 철선인 경우 지름의 48배 이상이어야 하고, 원형철근 또는 철선인 경우 지름의 72배 이상 그리고 300mm 이상이어야 한다.

⑥ 나선철근 기둥의 콘크리트 설계기준강도(f_{ck})는 21MPa 이상이어야 하고, 나선철근의 설계기준 항복강도(f_{yt})는 700MPa 이하이어야 하며, 400MPa을 초과하는 경우는 겹침이음을 할 수 없다.

⑦ 나선철근의 철근비(ρ_s)는 다음 조건을 만족해야 한다.

$$\rho_s \geq 0.45 \left(\frac{A_g}{A_{ch}} - 1 \right) \frac{f_{ck}}{f_{yt}} \quad \cdots \cdots \cdots (7.4)$$

여기서, ρ_s : 나선철근비 $\left(= \dfrac{\text{나선철근의 체적}}{\text{심부의 체적}} \right)$

A_g : 기둥의 총 단면적

A_{ch} : 심부의 단면적

f_{ck} : 콘크리트의 설계기준강도

f_{yt} : 나선철근의 설계기준 항복강도

✚ 심부(Core)
나선철근의 중심선으로 둘러싸인 부분

07 기둥

3 설계의 기본개념

1. 설계의 기본원칙

$$P_u \leq P_d = \phi P_n$$

여기서, P_u : 계수축방향압축하중
P_d : 설계축방향압축강도
P_n : 공칭축방향압축강도
ϕ : 강도감소계수

2. 압축지배단면에 대한 강도감소계수

(1) 압축지배단면에 대한 강도감소계수(ϕ)의 값
① 나선철근 부재로 보강된 경우 : $\phi = 0.70$
② 그 이외의 부재에 대한 경우 : $\phi = 0.65$

(2) 압축지배단면 부재에 대한 강도감소계수를 휨부재에 대한 강도감소계수 보다 작게 취하는 이유
① 휨부재의 강도는 철근의 인장강도에 의하여 지배되지만, 압축지배단면 부재(축방향압축부재)의 강도는 주로 콘크리트의 강도에 의하여 지배된다.
② 콘크리트는 철근에 비하여 품질의 변동이 심하다.
③ 축방향압축부재의 콘크리트 타설은 콘크리트를 높은 곳에서 쏟아붓는 경우가 많으므로 콘크리트에 결함이 발생하기 쉽다.

3. 수정계수

(1) 수정계수(α)의 값
① 나선철근 기둥 : $\alpha = 0.85$
② 띠철근 기둥 : $\alpha = 0.80$

(2) 강도감소계수 외에 수정계수를 두는 이유
① 시공상의 오차
② 예상하지 못한 편심하중
③ 하중의 장기 재하에 따른 부재의 강도저하

과년도 기출문제

01 횡구속골조구조물에서 세장비 $\left(\dfrac{kl_u}{r}\right)$가 얼마를 초과할 때 장주로 취급하는가?(단, M_1 : 압축부재의 단부 계수 휨모멘트 중 작은 값, M_2 : 압축부재의 단부 계수 휨모멘트 중 큰 값)

① $22 - 12\dfrac{M_1}{M_2}$ ② $34 - 12\dfrac{M_1}{M_2}$

③ $34 + 12\dfrac{M_1}{M_2}$ ④ $22 + 12\dfrac{M_1}{M_2}$

[해설]

장주와 단주의 구별

다음 각 경우에 대하여 세장비 $\left(\lambda = \dfrac{kl_u}{r}\right)$가 주어진 조건을 만족하면 단주로서 고려하고, 조건을 만족하지 않으면 장주로서 고려한다.

• 횡방향 상대변위가 구속된 경우

$\lambda < 34 - 12\left(\dfrac{M_1}{M_2}\right) \leq 40$

(여기서, $-0.5 \leq \left(\dfrac{M_1}{M_2}\right) \leq 1.0$)

• 횡방향 상대변위가 구속되지 않은 경우

$\lambda < 22$

02 나선철근으로 둘러싸인 압축부재의 축방향 주철근의 최소 개수는?

① 3개 ② 4개
③ 5개 ④ 6개

[해설]

철근콘크리트 기둥에서 축방향철근의 최소 개수

기둥 종류	단면 모양	축방향철근의 최소 개수
띠철근 기둥	삼각형	3개
	사각형, 원형	4개
나선철근 기둥	원형	6개

03 그림과 같은 띠철근 기둥에서 띠철근의 최대 간격으로 적당한 것은?(단, D10의 공칭직경은 9.5mm, D32의 공칭직경은 31.8mm)

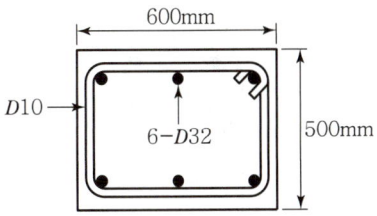

① 509mm ② 500mm
③ 472mm ④ 456mm

[해설]

띠철근 기둥에서 띠철근의 간격
• 축방향 철근 지름의 16배 이하
  $= 31.8 \times 16 = 508.8$mm 이하
• 띠철근 지름의 48배 이하
  $= 9.5 \times 48 = 456$mm 이하
• 기둥단면의 최소 치수 이하 = 500mm 이하
따라서, 띠철근의 간격은 최소값인 456mm 이하이어야 한다.

04 나선철근 기둥의 설계에 있어서 나선철근비를 구하는 식으로 옳은 것은?(단, A_g : 기둥의 총 단면적, A_{ch} : 나선철근 기둥의 심부 단면적, f_{yt} : 나선철근의 설계기준 항복강도, f_{ck} : 콘크리트의 설계기준강도)

① $0.45\left(\dfrac{A_g}{A_{ch}} - 1\right)\dfrac{f_{yt}}{f_{ck}}$

② $0.45\left(\dfrac{A_g}{A_{ch}} - 1\right)\dfrac{f_{ck}}{f_{yt}}$

③ $0.45\left(1 - \dfrac{A_g}{A_{ch}}\right)\dfrac{f_{ck}}{f_{yt}}$

④ $0.45\left(\dfrac{A_{ch}}{A_g} - 1\right)\dfrac{f_{ck}}{f_{yt}}$

[해설]

$\rho_s \left(= \dfrac{\text{나선철근의 체적}}{\text{심부의 체적}}\right) \geq 0.45\left(\dfrac{A_g}{A_{ch}} - 1\right)\dfrac{f_{ck}}{f_{yt}}$

정답 01 ② 02 ④ 03 ④ 04 ②

과년도 기출문제

05 그림과 같은 나선철근 기둥에서 나선철근의 간격(Pitch)으로 적당한 것은?(단, 소요나선철근비 ρ_s = 0.018, 나선철근의 지름은 12mm이다.)

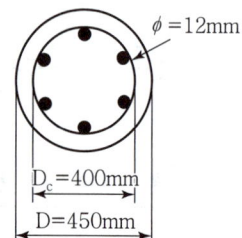

① 61mm
② 85mm
③ 93mm
④ 105mm

[해설]

$\rho_s = \dfrac{\text{나선철근의 체적}}{\text{심부의 체적}}$

$0.018 = \dfrac{\dfrac{\pi \times 12^2}{4} \times \pi \times 400}{\dfrac{\pi \times 400^2}{4} \times s}$

$s = 62.8\text{mm}$

06 나선철근 압축부재 단면의 심부지름이 400mm, 기둥단면 지름이 500mm인 나선철근 기둥의 나선철근비는 최소 얼마 이상이어야 하는가?(단, f_{ck} = 21MPa, f_y = 400MPa)

① 0.0133
② 0.0201
③ 0.0248
④ 0.0304

[해설]

$\rho_s \geq 0.45\left(\dfrac{A_g}{A_{ch}} - 1\right)\dfrac{f_{ck}}{f_{yt}}$

$= 0.45\left(\dfrac{\dfrac{\pi \times 500^2}{4}}{\dfrac{\pi \times 400^2}{4}} - 1\right) \times \dfrac{21}{400} = 0.0133$

07 그림과 같은 원형철근기둥에서 콘크리트구조설계기준에서 요구하는 최대 나선철근의 간격은 약 얼마인가?(단, f_{ck} = 28MPa, f_{yt} = 400MPa, D10철근의 공칭단면적은 71.3mm²)

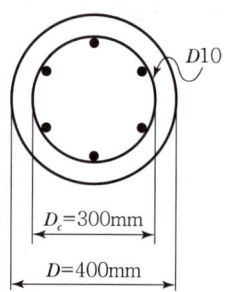

① 38mm
② 42mm
③ 45mm
④ 56mm

[해설]

$\rho_s \geq 0.45\left(\dfrac{A_g}{A_{ch}} - 1\right)\dfrac{f_{ck}}{f_{yt}} = 0.45\left(\dfrac{\dfrac{\pi \times 400^2}{4}}{\dfrac{\pi \times 300^2}{4}} - 1\right)\dfrac{28}{400}$

$= 0.0245$

$\rho_s = \dfrac{71.3 \times \pi \times 300}{\left(\dfrac{\pi \times 300^2}{4}\right) \times s} \geq 0.0245$

$s \leq 38.8\text{mm}$

08 철근콘크리트의 기둥에 관한 구조세목으로 틀린 것은?

① 비합성 압축부재의 축방향 주철근 단면적은 전체 단면적의 0.01배 이상, 0.08배 이하로 하여야 한다.
② 압축부재의 축방향 주철근의 최소 개수는 나선철근으로 둘러싸인 경우 6개로 하여야 한다.
③ 압축부재의 축방향 주철근의 최소 개수는 삼각형 띠철근으로 둘러싸인 경우 3개로 하여야 한다.
④ 띠철근의 수직간격은 축방향철근 지름의 48배 이하, 띠철근이나 철선 지름의 16배 이하, 또한 기둥 단면의 최대 치수 이하로 하여야 한다.

정답 05 ① 06 ① 07 ① 08 ④

과년도 기출문제

[해설]
띠철근의 수직간격은 축방향철근 지름의 16배 이하, 띠철근이나 철선 지름의 48배 이하, 또한 기둥 단면의 최소 치수 이하로 하여야 한다.

09 기둥에 관한 구조세목 중 틀린 것은?

① 축방향철근의 순간격은 40mm 이상, 또 그 직경의 1.5배 이상이어야 한다.
② 나선철근 기둥에서 콘크리트 설계기준강도는 18MPa 이상이어야 한다.
③ 압축부재의 축방향주철근의 최소 개수는 직사각형이나 원형 띠철근 내부의 철근의 경우는 4개로 하여야 한다.
④ 압축부재의 축방향주철근의 최소 개수는 삼각형 띠철근 내부의 철근의 경우는 3개로 하여야 한다.

[해설]
나선철근 기둥의 콘크리트 설계기준강도
$f_{ck} \geq 21\text{MPa}$

10 콘크리트 구조 설계기준에서는 띠철근으로 보강된 기둥에 대해서는 감소계수 $\phi=0.65$, 나선철근으로 보강된 기둥에 대해서는 $\phi=0.70$을 적용한다. 그 이유에 대한 설명으로 가장 적당한 것은?

① 콘크리트의 압축강도 측정 시 공시체의 형태가 원형이기 때문이다.
② 나선철근으로 보강된 기둥이 띠철근으로 보강된 기둥보다 연성이나 인성이 크기 때문이다.
③ 나선철근으로 보강된 기둥은 띠철근으로 보강된 기둥보다 골재분리현상이 적기 때문이다.
④ 같은 조건(콘크리트 단면적, 철근 단면적)에서 사각형(띠철근) 기둥이 원형(나선철근) 기둥보다 큰 하중을 견딜 수 있기 때문이다.

정답 09 ② 10 ②

07 기둥

4 단주

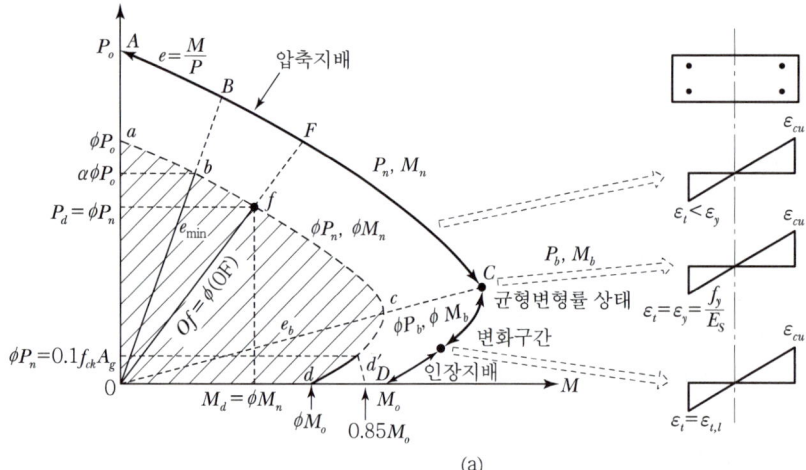

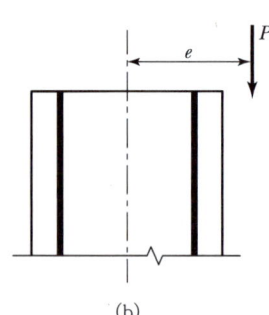
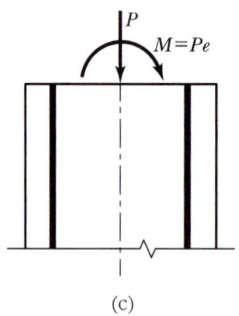

P-M 상관도

1. 중심축하중을 받는 경우($e = 0$)

중심축하중을 받는 기둥의 설계축방향압축강도(P_d)는 다음과 같다.

$$P_d = \phi P_n = \phi \alpha [0.85 f_{ck}(A_g - A_{st}) + f_y A_{st}] \quad \cdots\cdots (7.5)$$

여기서, A_g : 기둥의 총 단면적
A_{st} : 축방향철근의 총 단면적

2. 편심하중을 받는 경우($e \neq 0$)

(1) P-M 상관도

1) 최소 편심거리($e_{\min}$)

편심이 너무 작아서 축방향압축하중만 작용하는 것으로 간주할 수 있는 편심거리를 최소 편심거리라고 한다. P-M 상관도에서 b점에 해당하는 편심거리이다.
① 나선철근 기둥 : $e_{\min} = 0.05h$
② 띠철근 기둥 : $e_{\min} = 0.10h$
여기서, h : 편심방향의 부재치수

2) 균형 편심거리(e_b)

   콘크리트 압축 측 연단의 변형률(ε_c)이 극한변형률(ε_{cu})에 도달함과 동시에 철근이 항복하여 그 변형률(ε_s)이 항복변형률(ε_y)에 도달하는 상태의 편심거리를 균형 편심거리라고 한다. P-M 상관도에서 c점에 해당하는 편심거리이다.

3) 편심거리에 따른 기둥의 파괴유형
   ① $e = e_b (P = P_b)$: 균형파괴
   ② $e > e_b (P < P_b)$: 인장파괴
   ③ $e < e_b (P > P_b)$: 압축파괴

(2) 편심하중을 받는 기둥의 설계축방향압축강도

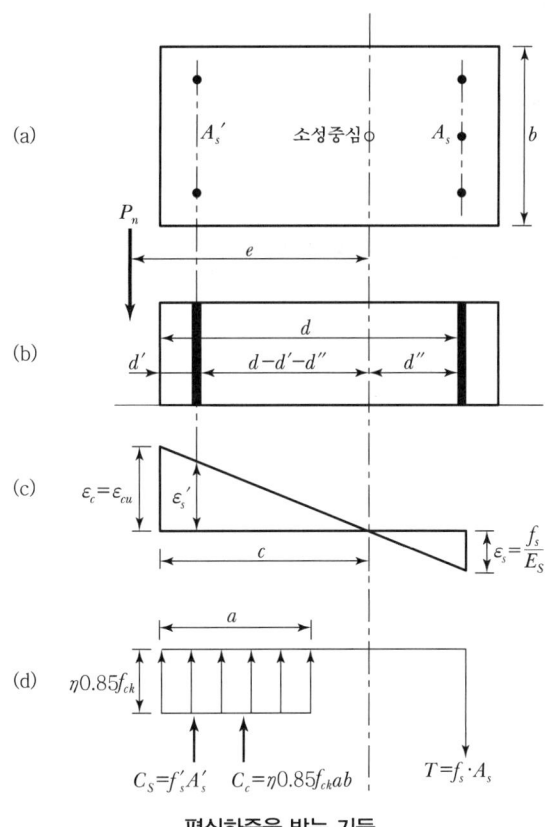

편심하중을 받는 기둥

07 기둥

편심하중을 받는 기둥의 설계축방향압축강도(P_d)는 다음과 같다.

$$P_d = \phi P_n = \phi(\eta 0.85 f_{ck}ab + f_s{}'A_s{}' - f_s A_s) \quad \cdots\cdots (7.6)$$

1) 균형상태의 설계축방향압축강도(P_d)

균형상태의 설계축방향압축강도는 [그림 (d)]에서 $f_s = f_y$라 두고 평형방정식을 사용하면 다음과 같이 구할 수 있다.

$$P_d = \phi P_n = \phi(\eta 0.85 f_{ck}a_b b + f_s{}'A_s{}' - f_y A_s) \quad \cdots\cdots (7.7)$$

여기서, $f_s{}' = E_s \varepsilon_s' = E_s \left[\varepsilon_c - \dfrac{d'}{d}(\varepsilon_c + \varepsilon_y) \right] \le f_y$

2) 기둥의 강도가 인장에 의하여 지배되는 경우

기둥의 강도가 인장에 의하여 지배되는 경우의 설계축방향압축강도는 다음과 같다.

$$P_d = \phi P_n = \phi \left[\eta 0.85 f_{ck} bd \left\{ \rho' m - \rho m + \left(1 + \dfrac{e'}{d}\right) \right. \right.$$
$$\left. \left. + \sqrt{\left(1 - \dfrac{e'}{d}\right)^2 + \dfrac{2e'}{d}(\rho m - \rho' m) + 2\rho' m\left(\dfrac{1-d'}{d}\right)} \right\} \right] (7.8)$$

여기서, $\rho = \dfrac{A_s}{bd}$, $\rho' = \dfrac{A_s{}'}{bd}$, $m = \dfrac{f_y}{\eta 0.85 f_{ck}}$

3) 기둥의 강도가 압축에 의하여 지배되는 경우

기둥의 강도가 압축에 의하여 지배되는 경우의 설계축방향압축강도는 P-M 상관도에서 afc구간(압축지배구간)이 직선적으로 변하는 것으로 간주하여 다음과 같이 나타낼 수 있다.

$$P_d = \phi P_n = \phi \left[\dfrac{P_o}{1 + \dfrac{e}{e_b}\left(\dfrac{P_o}{P_b} - 1\right)} \right] \quad \cdots\cdots (7.9)$$

여기서, $P_0 = 0.85 f_{ck}(A_g - A_{st}) + f_y A_{st}$

과년도 기출문제

01 직사각형 기둥(300mm×450mm)인 띠철근 단주의 공칭축강도(P_n)는 얼마인가?(단, $f_{ck}=28$MPa, $f_y=400$MPa, $A_{st}=3,854$mm^2)

① 2,611.2kN
② 3,263.2kN
③ 3,730.3kN
④ 3,963.4kN

[해설]

$P_n = \alpha P_0 = 0.8\{0.85f_{ck}(A_g - A_{st}) + f_y A_{st}\}$
$= 0.8 \times \{0.85 \times 28 \times (300 \times 450 - 3,854) + 400 \times 3,854\}$
$= 3,730.3 \times 10^3 \text{N} = 3,730.3\text{kN}$

02 다음 띠철근 기둥이 최소 편심하에서 받을 수 있는 설계 축하중강도($\phi P_{n(\max)}$)는 얼마인가?(단, 축방향 철근의 단면적 $A_{st}=1,865$mm^2, $f_{ck}=28$MPa, $f_y=300$MPa이고 기둥은 단주이다.)

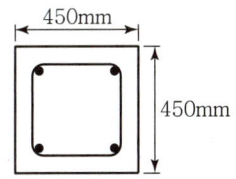

① 2,490kN/m
② 2,774kN
③ 3,075kN
④ 1,998kN

[해설]

$\phi P_n = \phi \alpha \{0.85 f_{ck}(A_g - A_{st}) + f_y A_{st}\}$
$= 0.65 \times 0.8 \times \{0.85 \times 28 \times (450^2 - 1,865) + 300 \times 1,865\}$
$= 2,774 \times 10^3 \text{N} = 2,774 \text{kN}$

03 $A_g = 180,000$mm^2, $f_{ck} = 24$MPa, $f_y = 350$MPa이고, 종방향 철근의 전체 단면적(A_{st}) = 4,500mm^{2}인 나선철근기둥(단주)의 공칭축강도(P_n)는?

① 2,987.7kN
② 3,067.4kN
③ 3,873.2kN
④ 4,381.9kN

[해설]

$P_n = \alpha\{0.85f_{ck}(A_g - A_{st}) + f_y A_{st}\}$
$= 0.85\{0.85 \times 24 \times (180,000 - 4,500) + 350 \times 4,500\}$
$= 4,381,920 \text{N} = 4,381.9 \text{kN}$

04 지름 450mm인 원형 단면을 갖는 중심축하중을 받는 나선철근 기둥에 있어서 강도설계법에 의한 축방향설계강도(ϕP_n)는 얼마인가?(단, 이 기둥은 단주이고, $f_{ck}=27$MPa, $f_y=350$MPa, $A_{st}=8-D22=3,096$mm^{2}이다.)

① 1,166kN
② 1,299kN
③ 2,425kN
④ 2,774kN

[해설]

$P_d = \phi \cdot P_n$
$= \phi \times \alpha \times \{0.85 f_{ck}(A_g - A_{st}) + f_y A_{st}\}$
$= 0.70 \times 0.85 \times \left\{0.85 \times 27 \times \left(\frac{\pi \times 450^2}{4} - 3,096\right)\right.$
$\left. + 350 \times 3,096\right\}$
$= 2,774,239 \text{N} ≒ 2,774 \text{kN}$

정답 01 ③ 02 ② 03 ④ 04 ④

과년도 기출문제

05 단면 400mm×400mm인 중심축하중을 받는 기둥(단주)에 4-D25($A_{st}=2,027\text{mm}^2$)의 축방향 철근이 배근되어 있다. 이 기둥의 변형률이 $\varepsilon=0.001$에 도달하게 될 때, 축방향 하중의 크기는 약 얼마인가?(단, 콘크리트의 응력 $f_c=15\text{MPa}$, $f_{ck}=24\text{MPa}$, $f_y=300\text{MPa}$이다.)

① 1,782kN
② 2,775kN
③ 3,787kN
④ 4,783kN

[해설]

- 축방향 철근의 압축력(P_s)

$$\varepsilon_y = \frac{f_y}{E_s} = \frac{300}{2\times 10^5} = 0.0015$$

$\varepsilon = \varepsilon_c = \varepsilon_s' = 0.001 < \varepsilon_y$

$f_s' = E_s \varepsilon_s' = (2\times 10^5)\times 0.001 = 200\text{MPa}$

$P_s = f_s' A_{st} = 200\times 2,027$
$\quad = 405.4\times 10^3\text{N}$
$\quad = 405.4\text{kN}$

- 콘크리트의 압축력(P_c)

$P_c = f_c A_c = f_c(A_g - A_{st})$
$\quad = 15\times(400^2 - 2,027)$
$\quad = 2,369.6\times 10^3\text{N}$
$\quad = 2,369.6\text{kN}$

- 축방향 하중(P)

$P = P_s + P_c$
$\quad = 405.4 + 2,369.6$
$\quad = 2,775\text{kN}$

06 그림과 같은 띠철근 단주의 균형상태에서 축방향 공칭하중(P_b)은 얼마인가?(단, $f_{ck}=27\text{MPa}$, $f_y=400\text{MPa}$, $A_{st}=4\text{-D35}=3,800\text{mm}^2$)

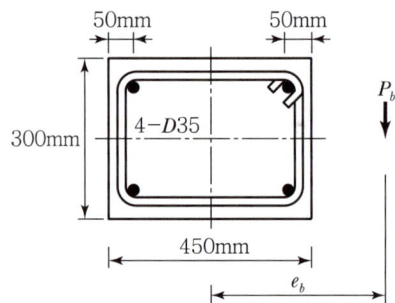

① 1,327.9kN
② 1,520.0kN
③ 3,645.2kN
④ 5,165.3kN

[해설]

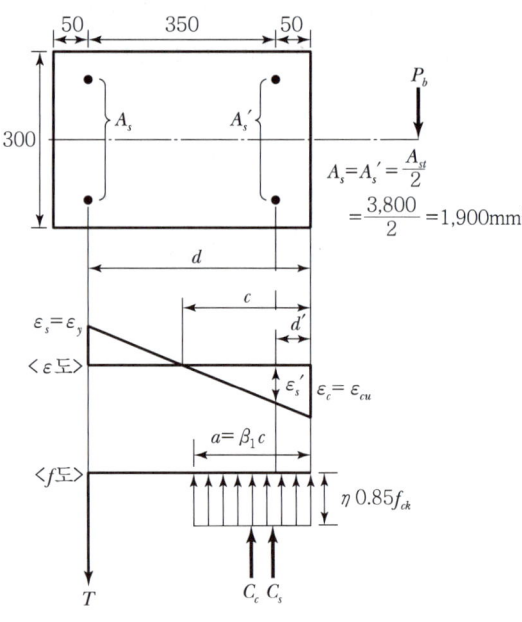

$A_s = A_s' = \dfrac{A_{st}}{2} = \dfrac{3,800}{2} = 1,900\text{mm}^2$

- ε_{cu}, η, β_1의 값
  $f_{ck} = 27\text{MPa} \leq 40\text{MPa}$인 경우
  $\varepsilon_{cu} = 0.0033$, $\eta = 1$, $\beta_1 = 0.8$

과년도 기출문제

- 콘크리트의 압축력(C_c)

$$c_b = \frac{660}{660+f_y}d = \frac{660}{660+400} \times 400 = 249\text{mm}$$

$$a_b = \beta_1 c_b = 0.8 \times 249 = 199.2\text{mm}$$

$$C_c = \eta 0.85 f_{ck}(a_b b - A_s')$$
$$= 1 \times 0.85 \times 27 \times (199.2 \times 300 - 1,900)$$
$$= 1,327.9 \times 10^3 \text{N} = 1,327.9\text{kN}$$

- 압축철근의 압축력(C_s)

$$\varepsilon_y = \frac{f_y}{E_s} = \frac{400}{2 \times 10^5} = 0.002$$

$$\varepsilon_s' = \frac{c_b - d'}{c_b}\varepsilon_{cu} = \frac{249-50}{249} \times 0.0033 = 0.00264$$

$$\varepsilon_s' > \varepsilon_y \rightarrow f_s' = f_y = 400\text{MPa}$$

$$C_s = A_s' f_s' = A_s' f_y$$
$$= 1,900 \times 400$$
$$= 760 \times 10^3 \text{N} = 760\text{kN}$$

- 인장철근의 인장력(T)

$$\varepsilon_s = \varepsilon_y \rightarrow f_s = f_y = 400\text{MPa}$$

$$T = A_s f_y = 1,900 \times 400$$
$$= 760 \times 10^3 \text{N} = 760\text{kN}$$

- 균형상태에서 축방향 공칭하중(P_b)

$$P_b = C_c + C_s - T$$
$$= 1,327.9 + 760 - 760 = 1,327.9\text{kN}$$

07 기둥

5 장주

1. 좌굴강도(P_{cr})

중심축하중을 받는 기둥의 좌굴강도(임계강도)는 다음과 같다(Euler 좌굴식).

$$P_{cr} = \frac{\pi^2 EI}{(kl_u)^2} \quad \cdots\cdots (7.10)$$

여기서, EI : 철근콘크리트 부재의 휨강성

2. 철근콘크리트 부재의 휨강성(EI)

설계기준에 제시된 철근콘크리트 부재의 휨강성은 다음과 같다.

(1) 일반화된 휨강성

$$EI = \frac{0.2 E_c I_g + E_s I_{se}}{1 + \beta_{dns}} \quad \cdots\cdots (7.11)$$

여기서, E_c : 콘크리트의 탄성계수
I_g : 철근을 무시한 콘크리트 전체 단면의 중심축에 대한 단면 2차 모멘트
E_s : 철근의 탄성계수
I_{se} : 부재 단면의 중심축에 대한 철근의 단면 2차 모멘트
$\beta_{dns} = \dfrac{\text{축방향 계수지속하중}}{\text{최대 축방향 계수하중}}$

(2) 단순화된 휨강성

$$EI = \frac{0.4 E_c I_g}{1 + \beta_{dns}} \quad \cdots\cdots (7.12)$$

과년도 기출문제

01 철골 압축재의 좌굴안정성에 대한 설명 중 틀린 것은?

① 좌굴길이가 길수록 유리하다.
② 힌지지지보다 고정지지가 유리하다.
③ 단면 2차모멘트 값이 클수록 유리하다.
④ 단면 2차반지름이 클수록 유리하다.

[해설]

$$P_{cr} = \frac{\pi^2 EI}{(kl)^2}$$

압축재의 좌굴강도는 $(kl)^2$에 반비례하므로 압축재는 좌굴길이가 길수록 좌굴에 불리하다.

02 양단이 힌지로 지지된 그림과 같은 단면을 갖는 기둥의 오일러 좌굴하중은 얼마인가?(단, 기둥의 길이 $L=6$m이며, 탄성계수 $E=200,000$MPa)

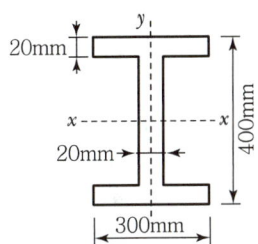

① 3,564kN ② 4,541kN
③ 4,948kN ④ 5,410kN

[해설]

$k=1$(양단 힌지)

$I_x = \dfrac{300 \times 400^3}{12} - \dfrac{280 \times 360^3}{12} = 511.36 \times 10^6 \text{mm}^4$

$I_y = 2 \times \dfrac{20 \times 300^3}{12} + \dfrac{360 \times 20^3}{12} = 90.24 \times 10^6 \text{mm}^4$

$I_{\min} = [I_x,\ I_y]_{\min} = 90.24 \times 10^6 \text{mm}^4$

$P_{cr} = \dfrac{\pi^2 E I_{\min}}{(kl)^2} = \dfrac{\pi^2 \times (2 \times 10^5) \times (90.24 \times 10^6)}{(1 \times 6,000)^2}$

$= 4,947.96 \times 10^3 \text{N} = 4,948\text{kN}$

정답 01 ① 02 ③

08 슬래브

1 서론

1. 슬래브의 정의

콘크리트 구조물의 바닥이나 천장처럼 두께에 비하여 폭이 넓은 판모양의 구조물을 슬래브라고 한다.

2. 슬래브의 종류

1방향 슬래브 (One-way Slab)	① 긴 변 길이(L)가 짧은 변 길이(S)의 2배 초과하는 슬래브 $\left(\dfrac{L}{S} > 2\right)$ ② 주철근을 짧은 변 방향으로만 배치하여 마주보는 두 변에 의하여 지지되는 슬래브
2방향 슬래브 (Two-way Slab)	① 긴 변 길이(L)가 짧은 변 길이(S)의 2배 이하인 슬래브 $\left(\dfrac{L}{S} \leq 2\right)$ ② 주철근을 짧은 변과 긴 변 방향으로 모두 배치하여 네 변에 의하여 지지되는 슬래브
플랫 슬래브 (Flat Slab)	① 보 없이 기둥만으로 지지된 슬래브 ② 기둥 둘레의 전단력과 부모멘트를 감소시키기 위하여 드롭패널 (Drop Pannel)과 기둥머리(Column Capital)를 둔다.
평판 슬래브 (Flat Plate Slab)	① 드롭패널과 기둥머리 없이 순수하게 기둥만으로 지지된 슬래브 ② 하중이 크지 않거나 지간이 짧은 경우에 사용된다.

+ 1방향 슬래브

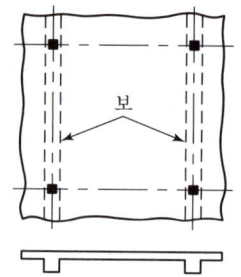

2방향 슬래브

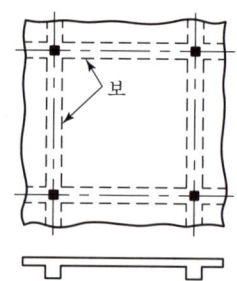

플랫 슬래브

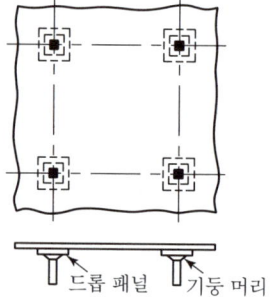

3. 슬래브의 설계방법과 설계경간

(1) 슬래브의 설계

슬래브의 설계는 판이론에 의하여 설계하는 것이 원칙이지만, 너무 복잡하기 때문에 근사해법에 의하여 설계하는 것이 보통이다.

(2) 1방향 슬래브

짧은 변의 길이를 설계 경간으로 간주하고, 긴 변은 단위폭을 취하여 폭이 1m인 직사각형 단면보로 설계한다.

(3) 2방향 슬래브

강도설계법에서는 직접설계법 또는 등가뼈대법으로 설계하도록 하고 있다.

과년도 기출문제

01 다음 중 플랫 슬래브(Flat Slab)에 대한 설명으로 옳은 것은?

① 보 없이 지판에 의해 하중이 기둥으로 전달되며, 2방향으로 철근이 배치된 콘크리트 슬래브
② 보나 지판이 없이 기둥으로 하중을 전달하는 2방향으로 철근이 배치된 콘크리트 슬래브
③ 상부 수직하중을 하부 지반에 분산시키기 위해 저면을 확대시킨 철근콘크리트 판
④ 기초 위에 돌출된 압축부재로서 단면의 평균 최소 치수에 대한 높이의 비율이 3 이하인 부재

[해설]

플랫 슬래브(Flat Slab)
- 보 없이 기둥만으로 지지된 슬래브를 플랫 슬래브라고 한다.
- 기둥 둘레의 전단력과 부모멘트를 감소시키기 위하여 지판(Drop Pannel)과 기둥머리(Column Capital)를 둔다.

평판 슬래브(Flat Plate Slab)
- 지판과 기둥머리 없이 순수하게 기둥만으로 지지된 슬래브를 평판 슬래브라고 한다.
- 하중이 크지 않거나 지간이 짧은 경우에 사용한다.

02 아래의 표에서 설명하는 것은?

> 보나 지판이 없이 기둥으로 하중을 전달하는 2방향으로 철근이 배치된 콘크리트 슬래브

① 플랫 슬래브
② 플랫 플레이트
③ 주열대
④ 리브 셸

03 4변에 의해 지지되는 2방향 슬래브 중에서 1방향 슬래브로 보고 계산할 수 있는 경우에 대한 기준으로 옳은 것은?(단, L : 2방향 슬래브의 장경간, S : 2방향 슬래브의 단경간)

① $\frac{L}{S}$이 2보다 클 때
② $\frac{L}{S}$이 1일 때
③ $\frac{L}{S}$이 $\frac{3}{2}$ 이상일 때
④ $\frac{L}{S}$이 3보다 작을 때

[해설]

- 1방향 슬래브 : $\frac{L}{S} > 2$
- 2방향 슬래브 : $\frac{L}{S} \leq 2$

정답 01 ① 02 ② 03 ①

08 슬래브

❷ 1방향 슬래브

1. 1방향 연속 슬래브에서 근사해법을 적용할 수 있는 경우

① 활하중이 고정하중의 3배를 초과하지 않는 경우
② 등분포하중이 작용하는 경우
③ 2경간 이상인 경우
④ 인접 2경간의 차이가 짧은 경간의 20% 이하인 경우
⑤ 부재의 단면 크기가 일정한 경우

2. 휨모멘트

(1) 모멘트계수

$$M_u = C \cdot w_u \cdot l_n^{\,2}$$

모멘트를 구하는 위치 및 조건			C
경간내부 (정모멘트)	최외측 경간	불연속 단부가 구속되어 있지 않은 경우	1/11
		불연속 단부가 받침부와 일체로 된 경우	1/14
	내부 경간		1/16
지점부 (부모멘트)	최외측 지점	받침부가 테두리보나 구형인 경우	$-1/24$
		받침부가 기둥인 경우	$-1/16$
	첫 번째 내부 지 점 외측 경간부	2개의 경간일 때	$-1/9$
		3개 이상의 경간일 때	$-1/10$
	내측 지점(첫 번째 내부 지점 내측 경간부 포함)		$-1/11$
	경간이 3m 이하인 슬래브의 내측 지점		$-1/12$

(l_n : 부재의 순경간)

(2) 계산된 모멘트 값의 수정

① 활하중에 의한 경간 중앙의 부모멘트는 산정된 값의 1/2만 취함
② 경간 중앙의 정모멘트는 양단고정으로 보고 계산한 값 이상으로 취함
③ 순경간이 3.0m를 초과하는 경우의 순경간 내면의 모멘트는 순경간을 경간으로 하여 계산한 고정단 휨모멘트 이상으로 적용함

(3) 연속 휨부재의 모멘트 재분배

① 근사해법에 의해 휨모멘트를 계산한 경우를 제외하고, 어떠한 가정의 하중을 적용하여 탄성이론에 의하여 산정한 연속 휨부재 받침부의 부모멘트는 20% 이내에서 $1,000\varepsilon_t$%만큼 증가 또는 감소시킬 수 있다.
② 경간 내의 단면에 대한 휨모멘트의 계산은 수정된 부모멘트를 사용하여야 하며, 휨모멘트 재분배 이후에도 정적 평형은 유지되어야 한다.
③ 휨모멘트의 재분배는 휨모멘트를 감소시킬 단면에서 최외단 이장철근의 순인장변형률 ε_t가 0.0075 이상인 경우에만 가능하다.

과년도 기출문제

01 철근콘크리트 구조에서 연속보 또는 1방향 슬래브는 다음 조건을 만족하는 경우에만 콘크리트 구조설계기준에서 제안된 근사해법을 적용할 수 있다. 그 조건에 대한 설명으로 잘못된 것은?

① 2경간 이상이어야 하며, 인접 2경간의 차이가 짧은 경간의 20% 이하인 경우
② 등분포하중이 작용하는 경우
③ 활하중이 고정하중의 3배를 초과하는 경우
④ 부재의 단면 크기가 일정한 경우

[해설]
1방향 슬래브 또는 연속보에서 근사해법을 적용할 경우 활하중은 고정하중의 3배 이하이어야 한다.

02 연속 휨부재에 대한 해석 중에서 현행 콘크리트 구조설계 기준에 따라 부모멘트를 증가 또는 감소시키면서 재분배할 수 있는 경우는?

① 근사해법에 의해 휨모멘트를 계산한 경우
② 하중을 적용하여 탄성이론에 의하여 산정한 경우
③ 2방향 슬래브 시스템의 직접설계법을 적용하여 계산한 경우
④ 2방향 슬래브 시스템을 등가골조법으로 해석한 경우

[해설]
연속 휨부재의 부모멘트 재분배
- 근사해법에 의해 휨모멘트를 계산할 경우를 제외하고, 어떠한 가정의 하중을 적용하여 탄성이론에 의하여 산정한 연속 휨부재 받침부의 부모멘트는 20퍼센트 이내에서 $1,000\varepsilon_t$ 퍼센트만큼 증가 또는 감소시킬 수 있다.
- 경간 내의 단면에 대한 휨모멘트의 계산은 수정된 부모멘트를 사용하여야 한다.
- 부모멘트의 재분배는 휨모멘트를 감소시킬 단면에서 최외단 인장철근의 순인장 변형률 ε_t가 0.0075 이상인 경우에만 가능하다.

03 연속 휨부재의 부모멘트를 재분배하고자 할 경우 휨모멘트를 감소시킬 단면에서 최외단 인장철근의 순인장변형률(ε_t)이 얼마 이상인 경우에만 가능한가?

① 0.0045   ② 0.005
③ 0.0075   ④ ε_y

[해설]
연속 휨부재에서 부모멘트의 재분배는 휨모멘트를 감소시킬 단면에서 최외단 인장철근의 순인장 변형률 ε_t가 0.0075 이상인 경우에만 가능하다.

04 근사해법에 의해 휨모멘트를 계산한 경우를 제외하고, 어떠한 가정의 하중을 적용하여 탄성이론에 의하여 산정한 연속 휨부재 받침부의 부모멘트 재분배에 대한 설명으로 옳은 것은?[단, 최외단 인장철근의 순인장변형률(ε_t)이 0.0075 이상인 경우]

① 20% 이내에서 $100\varepsilon_t$ %만큼 증가 또는 감소시킬 수 있다.
② 20% 이내에서 $500\varepsilon_t$ %만큼 증가 또는 감소시킬 수 있다.
③ 20% 이내에서 $750\varepsilon_t$ %만큼 증가 또는 감소시킬 수 있다.
④ 20% 이내에서 $1,000\varepsilon_t$ %만큼 증가 또는 감소시킬 수 있다.

[해설]
연속 휨부재의 부모멘트 재분배에 있어서, 근사해법에 의해 휨모멘트를 계산할 경우를 제외하고, 어떠한 가정의 하중을 적용하여 탄성이론에 의하여 산정한 연속 휨부재 받침부의 부 모멘트는 20퍼센트 이내에서 $1,000\varepsilon_t$ 퍼센트만큼 증가 또는 감소시킬 수 있다.

정답 01 ③ 02 ② 03 ③ 04 ④

08 슬래브

3. 전단력

(1) 전단력 계수
① 첫 번째 내부 받침부 외측면의 전단력 $1.15\dfrac{w_u l_n}{2}$

② 그 밖의 받침부의 전단력 $\dfrac{w_u l_n}{2}$

(2) 전단에 대한 위험단면
1방향 슬래브와 보의 전단에 대한 위험단면의 위치는 지점으로부터 유효깊이 d 만큼 떨어진 곳이다.

4. 1방향 슬래브의 구조 세목

(1) 슬래브의 두께
① 슬래브의 두께는 100mm 이상이어야 한다.
② 1방향 슬래브의 최소 두께 규정은 휨부재의 최소 두께와 같다.

(2) 정철근 및 부철근의 중심간격
① 최대 휨모멘트가 발생하는 단면 : 슬래브두께의 2배 이하, 300mm 이하
② 그 밖의 단면 : 슬래브두께의 3배 이하, 450mm 이하

(3) 수축 및 온도철근
① 슬래브에서 휨철근이 1방향으로만 배치되는 경우, 이 철근에 직각 방향으로 수축, 온도 철근을 배치하여야 함
② 수축 및 온도철근의 간격 : 슬래브두께의 5배 이하, 450mm 이하
③ 수축 및 온도철근의 콘크리트 총 단면적에 대한 철근비는 다음 값 이상이어야 하며, 어느 경우에도 그 값이 0.0014보다 작아서는 안 됨

$f_y \leq 400\text{MPa}$인 이형철근을 사용한 슬래브	0.002
$f_y > 400\text{MPa}$인 이형철근 또는 용접철망을 사용한 슬래브	$0.002 \times \dfrac{400}{f_y}$

그러나 위의 철근비에 콘크리트의 총 단면적을 곱하여 계산한 수축 및 온도 철근의 단면적을 단위 폭 m당 1,800mm²보다 크게 취할 필요는 없다.

개념이해

01 1방향 슬래브의 전단력에 대한 위험단면은 다음 중 어느 곳인가?(단, d는 유효 깊이)

① 지점
② 지점에서 $d/2$인 곳
③ 지점에서 d 만큼 떨어진 곳
④ 슬래브의 중간인 곳

> 전단력에 대한 위험단면의 위치
> • 1방향 슬래브 또는 보 : 지점으로부터 d만큼 떨어진 곳
> • 2 방향 슬래브 : 지점으로부터 $d/2$만큼 떨어진 곳
>
> 답 ③

과년도 기출문제

01 1방향 슬래브에 대한 설명으로 틀린 것은?

① 4변에 의해 지지되는 2방향 슬래브 중에서 단변에 대한 장변의 비가 2배를 넘으면 1방향 슬래브로서 해석한다.
② 1방향 슬래브의 두께는 최소 80mm 이상으로 하여야 한다.
③ 슬래브의 정모멘트 철근 및 부모멘트 철근의 중심간격은 위험단면에서는 슬래브 두께의 2배 이하이어야 하고, 또한 300mm 이하로 하여야 한다.
④ 슬래브의 정모멘트 철근 및 부모멘트 철근의 중심간격은 위험단면을 제외한 단면에서는 슬래브 두께의 3배 이하이어야 하고, 또한 450mm 이하로 하여야 한다.

[해설]
1방향 슬래브의 두께는 최소 100mm 이상이어야 한다.

02 1방향 슬래브의 구조 상세에 대한 설명으로 틀린 것은?

① 1방향 슬래브의 두께는 최소 100mm 이상으로 하여야 한다.
② 슬래브의 정모멘트 철근 및 부모멘트 철근의 중심간격은 위험단면에서는 슬래브 두께의 3배 이하, 또한 450mm 이하로 하여야 한다.
③ 1방향 슬래브에서 수축·온도철근은 배치할 경우, 정모멘트 철근 및 부모멘트 철근에 직각방향으로 배치한다.
④ 슬래브 끝의 단순받침부에서도 내면슬래브에 의하여 부모멘트가 일어나는 경우에는 이에 상응하는 철근을 배치하여야 한다.

[해설]
1방향 슬래브에서 정철근 및 부철근의 중심간격
① 최대 휨모멘트가 생기는 단면의 경우 :
   슬래브 두께의 2배 이하, 300mm 이하
② 기타 단면의 경우 :
   슬래브 두께의 3배 이하, 450mm 이하

03 슬래브의 구조세목을 기술한 것 중 잘못된 것은?

① 1방향 슬래브의 두께는 최소 100mm 이상이어야 한다.
② 1방향 슬래브의 정철근 및 부철근의 중심간격은 최대 휨모멘트가 일어나는 단면에서는 슬래브 두께의 2배 이하이어야 하고, 또한 300mm 이하로 하여야 한다.
③ 1방향 슬래브의 수축·온도철근 간격은 슬래브 두께의 3배 이하, 또한 400mm 이하로 하여야 한다.
④ 2방향 슬래브의 위험단면에서 철근간격은 슬래브 두께의 2배 이하, 또한 300mm 이하로 하여야 한다.

[해설]
1방향 슬래브의 수축·온도철근 간격은 슬래브 두께의 5배 이하, 또한 450mm 이하로 하여야 한다.

04 1방향 철근콘크리트 슬래브에서 $f_y = 450$MPa인 이형철근을 사용한 경우 수축·온도철근비는?

① 0.0016 ② 0.0018
③ 0.0020 ④ 0.0022

[해설]
1방향 슬래브에서 수축 및 온도 철근비
• $f_y \leq 400$MPa인 경우
  $\rho \geq 0.002$
• $f_y > 400$MPa인 경우
  $\rho \geq \left[0.0014, \ 0.002 \times \dfrac{400}{f_y}\right]_{\max}$

$f_y = 450$MPa > 400MPa인 경우이므로 수축 및 온도 철근비는 다음과 같다.
$\rho \geq \left[0.0014, \ 0.002 \times \dfrac{400}{f_y}\right]_{\max}$
$= \left[0.0014, \ 0.002 \times \dfrac{400}{450}\right]_{\max}$
$= [0.0014, \ 0.0018]_{\max} = 0.0018$

정답 01 ② 02 ② 03 ③ 04 ②

08 슬래브

③ 2방향 슬래브

1. 2방향 슬래브에서 직접설계법을 적용할 수 있는 제한 조건

① 슬래브 판들은 단변 경간에 대한 장변 경간의 비가 2 이하인 직사각형이어야 한다.
② 활하중은 고정하중의 2배 이하이어야 한다.
③ 모든 하중은 연직하중으로서 슬래브판 전체에 등분포되는 것으로 간주한다.
④ 각 방향으로 3경간 이상이 연속되어야 한다.
⑤ 각 방향으로 연속한 받침부 중심 간 경간 길이의 차이는 긴 경간의 $\frac{1}{3}$ 이하이어야 한다.
⑥ 연속한 기둥 중심선으로부터 기둥의 이탈은 이탈 방향 경간의 최대 10%까지 허용한다.
⑦ 모든 변에서 보가 슬래브를 지지할 경우 직교하는 두 방향에서 보의 상대강성은 0.2 이상 5.0 이하이어야 한다.

개념이해

01 2방향 슬래브의 설계에서 직접설계법을 적용할 수 있는 제한 조건으로 틀린 것은?

① 슬래브판들은 단변 경간에 대한 장변 경간의 비가 2 이하인 직사각형이어야 한다.
② 각 방향으로 3경간 이상이 연속되어야 한다.
③ 각 방향으로 연속한 받침부 중심 간 경간 길이의 차이는 긴 경간의 1/3 이하이어야 한다.
④ 모든 하중은 연직하중으로 슬래브판 전체에 등분포이고, 활하중은 고정하중의 2배 이상이어야 한다.

◆ 2방향 슬래브의 설계에서 직접설계법을 적용할 경우, 모든 하중은 슬래브판 전체에 등분포되는 것으로 간주하고, 활하중의 크기는 고정하중의 2배 이하이어야 한다.

답 ④

과년도 기출문제

01 2방향 슬래브 설계 시 직접설계법을 적용할 수 있는 제한사항을 설명한 것으로 잘못된 것은?

① 각 방향으로 3경간 이상이 연속되어야 한다.
② 슬래브판들은 단변 경간에 대한 장변 경간의 비가 2 이하인 직사각형이어야 한다.
③ 연속한 기둥 중심선으로부터 기둥의 이탈은 이탈 방향 경간의 최대 10%까지 허용할 수 있다.
④ 활하중은 고정하중의 4배 이하이어야 한다.

[해설]
2방향 슬래브의 설계에서 직접설계법을 적용할 경우, 활하중은 고정하중의 2배 이하이어야 한다.

02 2방향 슬래브 직접설계법의 제한사항에 대한 설명으로 틀린 것은?

① 각 방향으로 3경간 이상 연속되어야 한다.
② 슬래브 판들은 단변 경간에 대한 장변 경간의 비가 2 이하인 직사각형이어야 한다.
③ 각 방향으로 연속한 받침부 중심 간 경간 차이는 긴 경간의 1/3 이하이어야 한다.
④ 연속한 기둥 중심선을 기준으로 기둥의 어긋남은 그 방향 경간의 20% 이하이어야 한다.

[해설]
2방향 슬래브의 설계에서 직접설계법을 적용할 경우, 연속한 기둥 중심선으로부터 기둥의 이탈은 이탈방향 경간의 최대 10%까지 허용한다.

정답 01 ④ 02 ④

08 슬래브

2. 하중분배

(1) 집중하중(P)이 작용하는 경우

짧은 변(ab대)이 부담하는 하중(P_s)	$P_S = \dfrac{L^3}{L^3+S^3}P$ ································(8.1)
긴 변(cd대)이 부담하는 하중(P_L)	$P_L = \dfrac{S^3}{L^3+S^3}P$ ································(8.2)

(2) 등분포하중(ω)이 작용하는 경우

짧은 변(ab대)이 부담하는 하중(ω_S)	$\omega_S = \dfrac{L^4}{L^4+S^4}\omega$ ································(8.3)
긴 변(cd대)이 부담하는 하중(ω_L)	$\omega_L = \dfrac{S^4}{L^4+S^4}\omega$ ································(8.4)

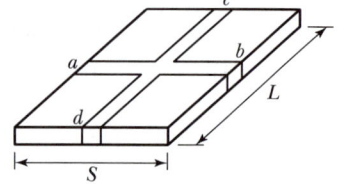

2방향 슬래브

3. 2방향 슬래브의 설계에 관한 기타 사항

(1) 정적 계수모멘트의 분배
① 정계수모멘트 : $0.35M_0$ (35% 분배)
② 부계수모멘트 : $0.65M_0$ (65% 분배)

　　　여기서, M_0 : 정적 계수모멘트

(2) 전단에 대한 위험단면
① 2방향 슬래브 또는 확대기초의 전단파괴 유형은 펀칭(Punching) 전단파괴이다.
② 2방향 슬래브의 전단에 대한 위험단면의 위치와 2방향 확대기초의 전단에 대한 위험단면의 위치는 지점으로부터 $\dfrac{d}{2}$ 만큼 떨어진 곳이다.

4. 2방향 슬래브의 구조세목
① 주철근의 배치는 단경간 방향의 철근을 장경간 방향의 철근보다 슬래브 표면에 가깝게 배치한다.
② 주철근의 간격 : 위험단면에서 슬래브두께의 2배 이하, 300mm 이하
③ 슬래브의 모서리 부분을 보강하기 위하여 장경간의 $\dfrac{1}{5}$ 되는 모서리 부분을 상면에는 대각선 방향으로, 하면에는 대각선에 직각방향으로 철근을 배치하거나 양변에 평행한 2방향 철근을 상하면에 배치한다.

과년도 기출문제

01 단순 지지된 2방향 슬래브의 중앙점에 집중하중 P가 작용할 때 경간비가 1:2라면 단변과 장변이 부담하는 하중비($P_S : P_L$)는?(단, P_S : 단변이 부담하는 하중, P_L : 장변이 부담하는 하중)

① 1 : 8　　　② 8 : 1
③ 1 : 16　　 ④ 16 : 1

[해설]

$S : L = 1 : 2$

$P_S = \dfrac{L^3}{S^3 + L^3} P = \dfrac{2^3}{1^3 + 2^3} P = \dfrac{8}{9} P$

$P_L = \dfrac{S^3}{S^3 + L^3} P = \dfrac{1^3}{1^3 + 2^3} P = \dfrac{1}{9} P$

$P_S : P_L = 8 : 1$

02 슬래브의 단경간 $S = 4$m, 장경간 $L = 5$m에 집중하중 $P = 150$kN이 슬래브의 중앙에 작용할 경우 장경간 L이 부담하는 하중은 얼마인가?

① 50.8kN　　② 56.5kN
③ 91.5kN　　④ 99.2kN

[해설]

$P_L = \dfrac{S^3}{L^3 + S^3} P = \left(\dfrac{4^3}{5^3 + 4^3} \right) \times 150 = 50.8$kN

03 그림과 같이 단순지지된 2방향 슬래브에 등분포하중 w가 작용할 때, ab 방향에 분배되는 하중은?

① $0.941w$
② $0.059w$
③ $0.889w$
④ $0.111w$

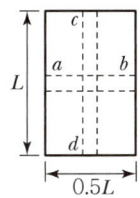

[해설]

$w_{ab} = \dfrac{L^4}{L^4 + S^4} w = \dfrac{L^4}{L^4 + (0.5L)^4} w = 0.941w$

04 2방향 슬래브에서 사인장균열이 집중하중 또는 집중반력 주위에서 펀칭전단(원뿔대 혹은 각뿔대 모양)이 일어나는 것으로 판단될 때의 위험단면은 어느 것인가?

① 집중하중이나 집중반력을 받는 면의 주변에서 $d/4$만큼 떨어진 주변단면
② 집중하중이나 집중반력을 받는 면의 주변에서 $d/2$만큼 떨어진 주변단면
③ 집중하중이나 집중반력을 받는 면의 주변에서 d만큼 떨어진 주변단면
④ 집중하중이나 집중반력을 받는 면의 주변단면

[해설]

슬래브의 전단에 대한 위험단면의 위치
- 1방향 슬래브 : 지점에서 d 만큼 떨어진 곳
- 2방향 슬래브 : 지점에서 $\dfrac{d}{2}$ 만큼 떨어진 곳

정답　01 ②　02 ①　03 ①　04 ②

09 확대기초

1 서론

1. 확대기초의 정의

상부구조물의 하중을 지반에 안전하게 분포시킬 목적으로 그 바닥 면적을 확대시킨 구조물을 확대기초라고 한다.

2. 확대기초의 종류

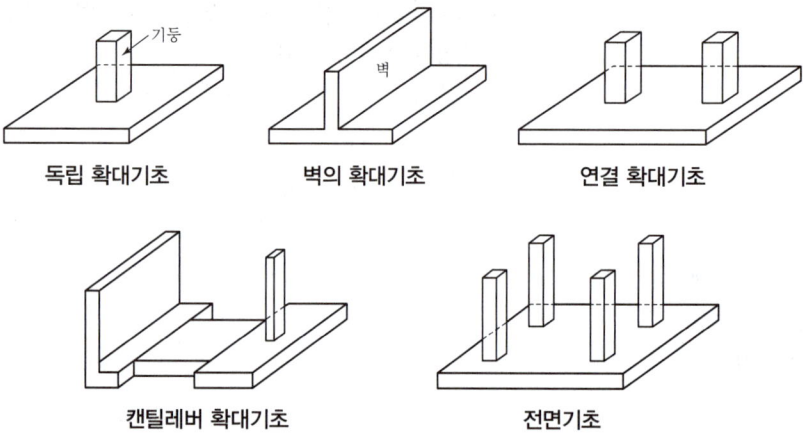

독립 확대기초	하나의 기둥을 지지하는 확대기초
벽의 확대기초	벽체를 지지하는 확대기초
연결 확대기초	하나의 확대기초로 2개 이상의 기둥을 지지하는 확대기초
캔틸레버 확대기초	2개의 독립 확대기초를 하나의 보로 연결한 연결 확대기초
전면기초	모든 기둥을 하나의 연속된 확대기초로 지지하도록 만든 기초를 전면기초(Raft Footing) 또는 매트기초(Mat Foundation)라고 한다.

3. 설계를 위한 기본가정

① 확대기초 저면의 압력분포를 직선으로 가정함
② 확대기초 저면과 기초 지반 사이에는 압축력만 작용하는 것으로 가정함
③ 연결 확대기초에서는 하중을 기초 저면에 등분포시키는 것을 원칙으로 함
④ 캔틸레버 확대기초에서는 휨모멘트의 일부 또는 전부를 연결보에 부담시키고 확대기초는 연직하중만 받는 것으로 가정함

2 독립 확대기초

1. 확대기초의 넓이

① 확대기초를 강도설계법으로 설계할 경우라도 확대기초의 넓이를 계산하기 위한 기둥하중(P)은 사용하중을 사용한다.
② 독립 확대기초에서 기둥하중(P)에 의하여 기초 저면에 발생되는 압력(q)은 기초 지반의 허용지지력(q_a) 이하이어야 한다. 따라서 필요로 하는 확대기초의 넓이(A)는 다음과 같다.

$$A \geq \frac{P}{q_a} \quad \cdots\cdots\cdots\cdots\cdots\cdots\cdots\cdots\cdots\cdots\cdots\cdots\cdots (9.1)$$

2. 휨모멘트

(1) 휨모멘트에 대한 위험단면

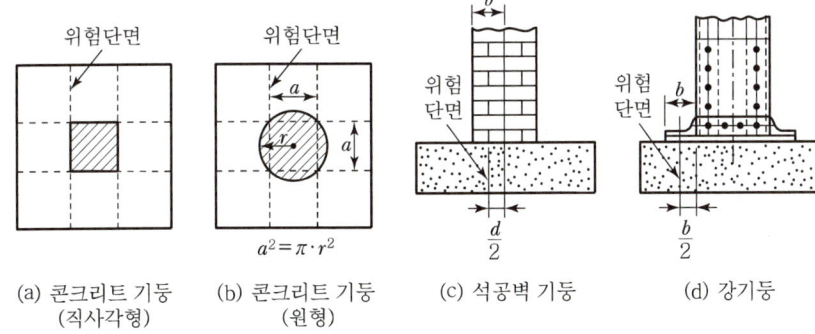

(a) 콘크리트 기둥 (직사각형)
(b) 콘크리트 기둥 (원형)
(c) 석공벽 기둥
(d) 강기둥

확대기초의 휨에 대한 위험단면

1) 철근콘크리트로 된 기둥, 받침대 또는 벽체를 지지하는 확대기초의 경우 기둥, 받침대 또는 벽체의 전면을 휨에 대한 위험단면으로 고려함([그림 (a)] 참고)

09 확대기초

2) 철근콘크리트로 된 기둥 또는 받침대의 단면이 원형 또는 다각형인 경우
   동일한 단면적을 갖는 정사각형 단면의 전면을 휨에 대한 위험단면으로 고려함([그림 (b)] 참고)

3) 석공벽을 지지하는 확대기초의 경우
   벽 전면과 벽 중심선의 중간선을 휨에 대한 위험단면으로 고려함([그림 (c)] 참고)

4) 강저판을 통하여 강기둥을 지지하는 확대기초의 경우
   강저판 연단과 강기둥 전면의 중간선을 휨에 대한 위험단면으로 고려함([그림 (d)] 참고)

(2) 휨에 대한 위험단면의 휨모멘트

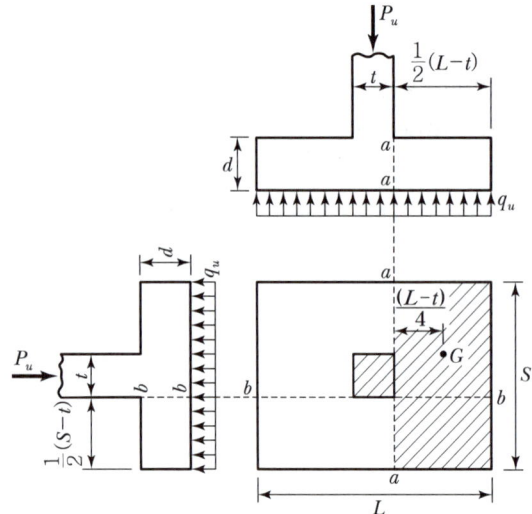

1) 위험단면 $a-a$의 휨모멘트

$$M_{(a-a)} = q_u \times \frac{1}{2}(L-t) \times S \times \frac{1}{4}(L-t) = \frac{1}{8}q_u S(L-t)^2 \cdots (9.2)$$

2) 위험단면 $b-b$의 휨모멘트

$$M_{(b-b)} = q_u \times \frac{1}{2}(S-t) \times L \times \frac{1}{4}(S-t) = \frac{1}{8}q_u L(S-t)^2 \cdots (9.3)$$

과년도 기출문제

01 그림과 같은 정사각형 독립 확대기초 저면에 작용하는 지압력이 $q=100\text{kPa}$일 때 휨에 대한 위험단면의 휨 모멘트는 얼마인가?

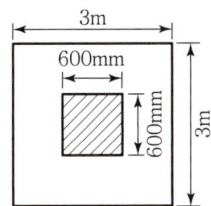

① 216kN·m
② 360kN·m
③ 260kN·m
④ 316kN·m

[해설]

$$M = \frac{1}{8}qS(L-t)^2 = \frac{1}{8} \times (100 \times 10^3) \times 3 \times (3-0.6)^2$$
$$= 216,000\text{N·m}$$
$$= 216\text{kN·m}$$

02 450kN의 계수하중(P_u)을 원형 기둥(직경 300mm)으로 지지하는 그림과 같은 정사각형 확대기초판이 있다. 위험단면에서의 휨 모멘트는?

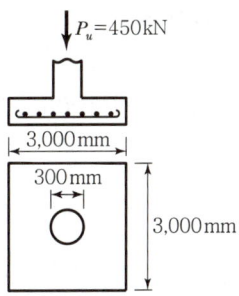

① 135.7kN·m ② 140.2kN·m
③ 145.4kN·m ④ 150.3kN·m

[해설]

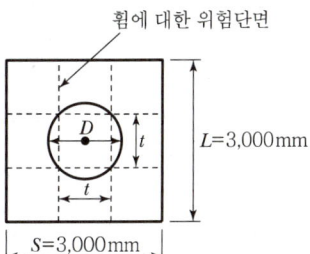

휨에 대한 위험단면

$$t^2 = \frac{\pi D^2}{4}$$
$$t = \frac{D\sqrt{\pi}}{2}$$
$$= \frac{300\sqrt{\pi}}{2} = 265.87\text{mm}$$
$$q = \frac{P_u}{A} = \frac{P_u}{SL} = \frac{450 \times 10^3}{3,000^2} = 0.05\text{N/mm}^2 = 0.05\text{MPa}$$
$$M = \frac{1}{8}qL(s-t)^2$$
$$= \frac{1}{8} \times 0.05 \times 3,000 \times (3,000-265.87)^2$$
$$= 140.16 \times 10^6 \text{N·mm} = 140.16\text{kN·m}$$

정답 01 ① 02 ②

09 확대기초

3. 전단력

(1) 전단에 대한 위험단면

1) 1방향 작용의 경우
1방향 작용을 하는 확대기초의 전단에 대한 위험단면의 위치는 기둥 전면으로부터 유효깊이 d만큼 떨어진 곳이다.

2) 2방향 작용의 경우
2방향 작용을 하는 확대기초의 전단에 대한 위험단면의 위치는 기둥 전면으로부터 $\dfrac{d}{2}$만큼 떨어진 곳이다.

(2) 전단에 대한 위험단면의 전단력

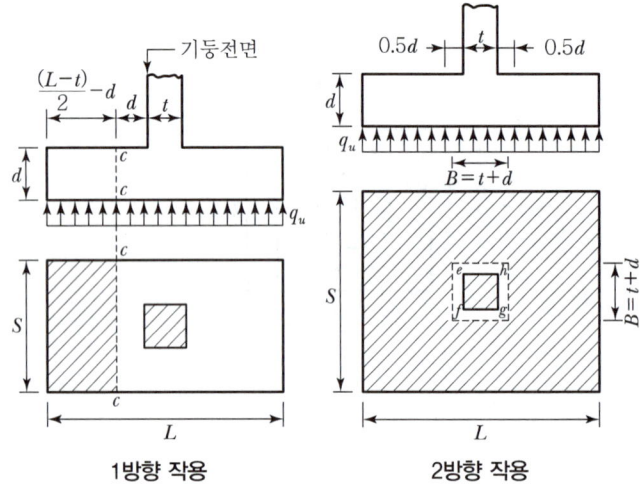

1방향 작용   2방향 작용

1) 1방향 작용의 경우

$$V_{(c-c)} = q_u\left(\dfrac{L-t}{2} - d\right)S \quad \cdots\cdots (9.4)$$

2) 2방향 작용의 경우

$$V_{\left(\substack{e\ h \\ f\ g}\right)} = q_u(SL - B^2) \quad \cdots\cdots (9.5)$$

여기서, $B = t + d$

과년도 기출문제

01 아래 그림과 같은 독립확대기초에서 1방향 전단에 대해 고려할 경우 위험단면의 계수전단력(V_u)은?(단, 계수하중 $P_u=1,500$kN이다.)

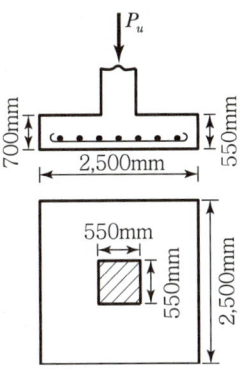

① 255kN ② 387kN
③ 897kN ④ 1,210kN

[해설]

$q = \dfrac{P}{A} = \dfrac{1,500 \times 10^3}{2,500 \times 2,500} = 0.24\text{N/mm}^2$

$V_u = q\left(\dfrac{L-t}{2} - d\right)s = 0.24\left(\dfrac{2,500-550}{2} - 550\right)2,500$

$= 255 \times 10^3\text{N} = 255\text{kN}$

02 그림과 같은 정사각형 확대 기초에서 2방향 작용의 전단을 고려할 때 위험단면에서의 최대 전단력은?(단, 지반의 허용지지력은 171kN/m² 기초판의 유효높이 $d=520$mm, 그림에서 치수의 단위는 mm이고, 기초의 자중은 무시한다.)

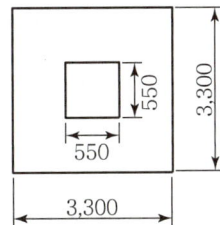

① 482.5kN ② 775.9kN
③ 1,666.4kN ④ 1,862.2kN

[해설]

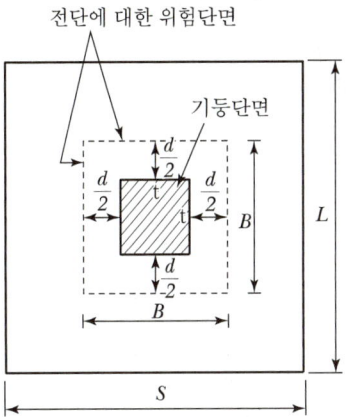

$q = q_a = 171\text{kN/m}^2$

$B = t + d = 0.55 + 0.52 = 1.07\text{m}$

$V_u = q(SL - B^2) = 171 \times (3.3^2 - 1.07^2)$

$= 1,666.4\text{kN}$

03 그림과 같은 2방향 확대기초에서 하중계수가 고려된 계수하중 P_u(자중 포함)가 그림과 같이 작용할 때 위험단면의 계수전단력(V_u)은 얼마인가?

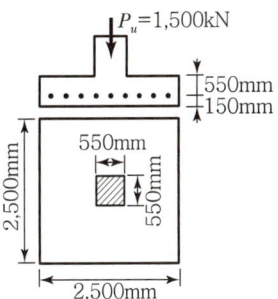

① $V_u = 1,009.3$kN ② $V_u = 1,111.2$kN
③ $V_u = 1,209.6$kN ④ $V_u = 1,372.9$kN

[해설]

$q = \dfrac{P}{A} = \dfrac{1,500 \times 10^3}{2,500 \times 2,500} = 0.24\text{N/mm}^2$

$B = t + d = 550 + 550 = 1,100\text{mm}$

$V_u = q(SL - B^2) = 0.24 \times (2,500 \times 2,500 - 1,100^2)$

$= 1,209.6 \times 10^3\text{N} = 1,209.6\text{kN}$

정답 01 ① 02 ③ 03 ③

10 옹벽

1 서론

1. 옹벽의 정의

비탈진 경사면의 토사 붕괴를 방지할 목적으로 만들어진 구조물을 옹벽이라고 한다.

2. 옹벽의 종류

중력식 옹벽	무근콘크리트로 만들어지며 자중에 의하여 안정을 유지하는 옹벽
캔틸레버 옹벽	• 철근콘크리트로 만들어진 옹벽을 캔틸레버 옹벽이라고 하며 역T형 옹벽이라고도 함 • 가장 보편적으로 사용되는 옹벽으로서 옹벽의 벽체(Stem), 뒷판(Heel) 및 앞판(Toe)은 각각 캔틸레버로 작용함
뒷부벽식 옹벽	캔틸레버 옹벽의 후면에 일정한 간격의 부벽을 설치하여 보강한 옹벽
앞부벽식 옹벽	캔틸레버 옹벽의 전면에 일정한 간격의 부벽을 설치하여 보강한 옹벽

➕ 중력식 옹벽

캔틸레버 옹벽

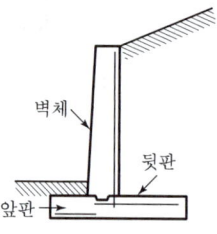

2 옹벽의 설계

1. 옹벽의 종류에 따른 위치별 설계방법

옹벽의 종류	설계위치	설계방법(설계모델)
캔틸레버 옹벽	전면벽 저판	캔틸레버
뒷부벽식 옹벽	전면벽 저판 뒷부벽	2방향 슬래브 연속보 T형보
앞부벽식 옹벽	전면벽 저판 앞부벽	2방향 슬래브 연속보 직사각형보

뒷부벽식 옹벽

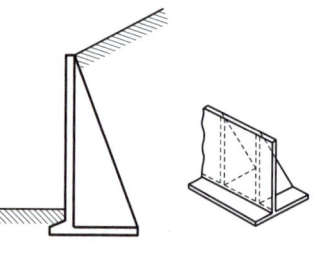

앞부벽식 옹벽

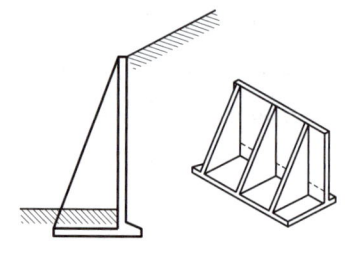

개념이해

01 옹벽에서 T형 보로 설계하여야 하는 부분은?

① 앞부벽식 옹벽의 앞부벽 ② 뒷부벽식 옹벽의 전면벽
③ 앞부벽식 옹벽의 저판   ④ 뒷부벽식 옹벽의 뒷부벽

○ 옹벽의 종류에 따른 위치별 설계방법
• 앞부벽식 옹벽의 앞부벽 – 직사각형 보
• 뒷부벽식 옹벽의 전면벽 – 2방향 슬래브
• 앞부벽식 옹벽의 저판 – 연속보
• 뒷부벽식 옹벽의 뒷부벽 – T형 보

달 ④

과년도 기출문제

01 옹벽의 구조해석에 대한 설명으로 잘못된 것은?

① 뒷부벽식 옹벽의 저판은 정확한 방법이 사용되지 않는 한, 뒷부벽 간의 거리를 경간으로 가정하여 고정보 또는 연속보로 설계할 수 있다.
② 저판의 뒷굽판은 정확한 방법이 사용되지 않는 한, 뒷굽판 상부에 재하되는 모든 하중을 지지하도록 설계되어야 한다.
③ 캔틸레버 옹벽의 전벽면은 저판에 지지된 캔틸레버로 설계할 수 있다.
④ 뒷부벽식 옹벽의 뒷부벽은 직사각형 보로 설계하여야 한다.

[해설]
뒷부벽식 옹벽의 뒷부벽은 T형 보로 설계하여야 하며, 앞부벽식 옹벽의 앞부벽은 직사각형 보로 설계하여야 한다.

02 옹벽의 구조해석에 대한 설명으로 틀린 것은?

① 뒷부벽은 직사각형 보로 설계하여야 하며, 앞부벽은 T형 보로 설계하여야 한다.
② 저판의 뒷굽판은 정확한 방법이 사용되지 않는 한, 뒷굽판 상부에 재하되는 모든 하중을 지지하도록 설계하여야 한다.
③ 캔틸레버식 옹벽의 저판은 전면벽과의 접합부를 고정단으로 간주한 캔틸레버로 가정하여 단면을 설계할 수 있다.
④ 부벽식 옹벽의 저판은 정밀한 해석이 사용되지 않는 한, 부벽 간의 거리를 경간으로 가정한 고정보 또는 연속보로 설계할 수 있다.

[해설]
부벽식 옹벽에서 부벽의 설계
• 앞부벽 : 직사각형 보로 설계
• 뒷부벽 : T형 보로 설계

03 다음의 뒷부벽식 옹벽에 표시된 철근은?

① 인장철근
② 배력근
③ 보조철근
④ 복철근

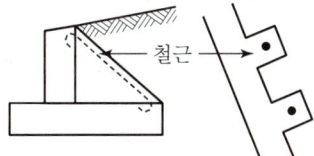

04 옹벽의 구조해석에 대한 사항 중 틀린 것은?

① 부벽식 옹벽의 저판은 정밀한 해석이 사용되지 않는 한, 부벽의 높이를 경간으로 가정한 고정보 또는 연속보로 설계할 수 있다.
② 캔틸레버식 옹벽의 전면벽은 저판에 지지된 캔틸레버로 설계할 수 있다.
③ 부벽식 옹벽의 전면벽은 3변 지지된 2방향 슬래브로 설계할 수 있다.
④ 뒷부벽은 T형 보로 설계하여야 하며, 앞부벽은 직사각형 보로 설계하여야 한다.

[해설]
부벽식 옹벽의 저판은 정밀한 해석이 사용되지 않는 한 부벽 간의 거리를 경간으로 가정한 고정보 또는 연속보로 설계할 수 있다.

05 옹벽의 구조해석에 대한 설명으로 틀린 것은?

① 저판의 뒷굽판은 정확한 방법이 사용되지 않는 한, 뒷굽판 상부에 재하되는 모든 하중을 지지하도록 설계하여야 한다.
② 부벽식 옹벽의 전면벽은 2변 지지된 1방향 슬래브로 설계하여야 한다.
③ 캔틸레버식 옹벽의 저판은 전면벽과의 접합부를 고정단으로 간주한 캔틸레버로 가정하여 단면을 설계할 수 있다.
④ 뒷부벽은 T형 보로 설계하여야 하며, 앞부벽은 직사각형 보로 설계하여야 한다.

[해설]
부벽식 옹벽의 전면벽은 3변 지지된 2방향 슬래브로 설계하여야 한다.

정답 01 ④ 02 ① 03 ① 04 ① 05 ②

10 옹벽

2. 옹벽의 안정

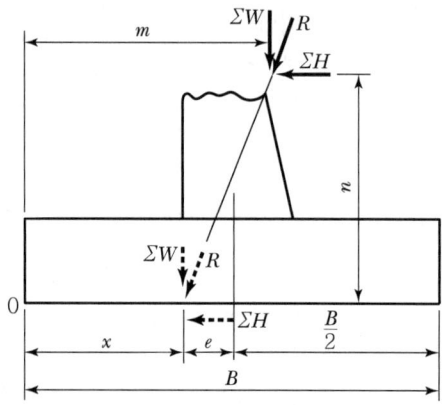

(1) 전도에 대한 안정

1) 전도에 대한 안전율

$$\frac{M_r}{M_a} = \frac{m(\sum W)}{n(\sum H)} \geq 2.0 \quad \cdots\cdots\cdots\cdots\cdots\cdots\cdots\cdots\cdots (10.1)$$

여기서, M_r : 저항모멘트
M_a : 전도모멘트
$\sum W$: 옹벽의 자중을 포함한 연직하중의 합계
$\sum H$: 토압을 포함한 수평하중의 합계

2) 전도에 대한 기타 사항

옹벽에 작용하는 모든 하중의 합력(R)의 작용선은 기초 저판의 중앙 1/3 안에 있어야 한다.

(2) 활동에 대한 안정

1) 활동에 대한 안전율

$$\frac{f(\sum W)}{\sum H} \geq 1.5 \quad \cdots\cdots\cdots\cdots\cdots\cdots\cdots\cdots\cdots (10.2)$$

여기서, f : 기초 지반과 옹벽의 기초 저면 사이의 마찰계수

2) 활동에 대한 기타 사항

활동에 대한 저항력을 증가시키기 위하여 옹벽의 폭을 증가시키거나 또는 활동방지벽(Base Shear Key)을 설치하기도 한다.

(3) 침하에 대한 안정

1) 침하에 대한 안전율

$$\frac{q_a}{q_{\max}} \geq 1.0 \quad \cdots\cdots\cdots\cdots\cdots\cdots\cdots\cdots\cdots\cdots\cdots\cdots\cdots\cdots (10.3)$$

여기서, q_a : 지반의 허용지지력
$q_{\max}$: 최대 지지반력

$$q_{\binom{\max}{\min}} = \frac{\sum W}{B}\left(1 \pm \frac{6e}{B}\right) \quad \cdots\cdots\cdots\cdots\cdots\cdots\cdots\cdots (10.4)$$

2) 침하에 대한 기타 사항

지반의 허용지지력(q_a)은 지반의 극한지지력(q_u)의 $\frac{1}{3}$ 이어야 한다.

개념이해

01 옹벽의 안정조건 중 전도에 대한 저항모멘트는 횡토압에 의한 전도모멘트의 최소 몇 배 이상이어야 하는가?

① 1.5배　　② 2.0배
③ 2.5배　　④ 3.0배

▶ 옹벽의 안정조건
- 전도 : $\dfrac{\sum M_r (\text{저항모멘트})}{\sum M_a (\text{전도모멘트})} \geq 2.0$
- 활동 : $\dfrac{f(\sum W)(\text{활동에 대한 저항력})}{\sum H (\text{옹벽에 작용하는 수평력})} \geq 1.5$
- 침하 : $\dfrac{q_a (\text{지반의 허용지지력})}{q_{\max}(\text{지반에 작용하는 최대 압력})} \geq 1.0$

답 ②

과년도 기출문제

01 다음은 옹벽의 안정에 대한 규정이다. 옳지 않은 것은?

① 옹벽의 활동에 대한 저항력은 옹벽에 작용하는 수평력의 1.5배 이상이어야 한다.
② 전도 및 지반지지력에 대한 안정조건을 만족하며, 활동에 대한 안정조건만을 만족하지 못할 경우 활동방지벽을 설치하여 활동저항력을 증대시킬 수 있다.
③ 전도에 대한 저항모멘트는 횡토압에 의한 전도모멘트의 1.5배 이상이어야 한다.
④ 지지 지반에 작용되는 최대 압력이 지반의 허용지지력을 초과하지 않아야 한다.

[해설]
옹벽의 안정과 안전율
- 전도 : 2.0
- 활동 : 1.5
- 지반침하 : 1.0

02 옹벽의 설계 일반에 대한 설명으로 틀린 것은?

① 전도 및 지반지지력에 대한 안정조건은 만족하지만, 활동에 대한 안정조건만을 만족하지 못할 경우 활동방지벽 혹은 횡방향 앵커 등을 설치하여 활동저항력을 증대시킬 수 있다.
② 활동에 의한 저항력은 옹벽에 작용하는 수평력의 1.5배 이상이어야 한다.
③ 전도에 대한 저항휨모멘트는 횡토압에 의한 전도모멘트의 2.0배 이상이어야 한다.
④ 지반에 유발되는 최대 지반반력은 지반의 허용지지력 이상이어야 한다.

[해설]
지반에 유발되는 최대 지반반력은 지반의 허용지지력 이하이어야 한다.

03 옹벽의 설계 및 해석에 대한 설명으로 틀린 것은?

① 활동에 대한 저항력은 옹벽에 작용하는 수평력의 1.5배 이상이어야 한다.
② 전도에 대한 저항휨모멘트는 횡토압에 의한 전도모멘트의 2.0배 이상이어야 한다.
③ 저판의 뒷굽판은 정확한 방법이 사용되지 않는 한, 뒷굽판 상부에 재하되는 모든 하중을 지지하도록 설계하여야 한다.
④ 부벽식 옹벽의 뒷부벽은 3변 지지된 2방향 슬래브로 설계하여야 한다.

[해설]
부벽식 옹벽의 뒷부벽은 T형 보로 설계하여야 한다.

04 옹벽의 설계 및 구조해석에 대한 설명으로 틀린 것은?

① 활동에 대한 저항력은 옹벽에 작용하는 수평력의 1.5배 이상이어야 한다.
② 부벽식 옹벽의 전면벽은 저판에 지지된 캔틸레버로 설계하여야 한다.
③ 저판의 뒷굽판은 정확한 방법이 사용되지 않는 한, 뒷굽판 상부에 재하되는 모든 하중을 지지하도록 설계하여야 한다.
④ 캔틸레버식 옹벽의 저판은 추가철근과의 접합부를 고정단으로 간주한 캔틸레버로 가정하여 단면을 설계할 수 있다.

[해설]
부벽식 옹벽의 위치별 설계방법(설계모델)

옹벽의 종류	설계위치	설계방법(설계모델)
뒷부벽식 옹벽	전면벽 저판 뒷부벽	2방향 슬래브 연속보 T형 보
앞부벽식 옹벽	전면벽 저판 앞부벽	2방향 슬래브 연속보 직사각형 보

정답 01 ③ 02 ④ 03 ④ 04 ②

과년도 기출문제

05 옹벽의 설계에 대한 설명으로 틀린 것은?

① 부벽식 옹벽의 저판은 정밀한 해석이 사용되지 않는 한, 부벽 사이의 거리를 경간으로 가정한 고정보 또는 연속보로 설계할 수 있다.
② 활동에 대한 저항력은 옹벽에 작용하는 수평력의 1.5배 이상이어야 한다.
③ 저판의 뒷굽판은 정확한 방법이 사용되지 않는 한, 뒷굽판 상부에 재하되는 모든 하중을 지지하도록 설계하여야 한다.
④ 무근콘크리트 옹벽은 부벽식 옹벽의 형태로 설계하여야 한다.

[해설]
무근콘크리트 옹벽은 중력식 옹벽의 형태로 설계하여야 한다.

정답 05 ④

11 프리스트레스트 콘크리트(PSC)

1 서론

1. 프리스트레스트 콘크리트(PSC, Prestressed Concrete)의 정의

철근콘크리트의 결함인 균열을 방지하여 전 단면을 유효하게 이용할 수 있도록 사용 하중 작용 시 발생하는 인장응력을 소정의 한도까지 상쇄할 수 있도록 미리 인위적으로 그 응력의 크기와 분포를 정하여 내력을 준 콘크리트

2. 프리스트레스트 콘크리트의 장점과 단점

(1) 프리스트레스트 콘크리트의 장점

① 균열이 발생하지 않도록 설계하기 때문에 강재의 부식이 방지되며 내구성이 좋다.
② 고강도 재료를 사용함으로써 강성이 증가하고, 단면을 감소시킬 수 있어 RC부재보다 지간을 길게 할 수 있다.
③ 강재를 곡선 배치한 경우에는 전단력이 감소되어 복부를 얇게 할 수 있다.
④ PSC부재는 보통 풀 프리스트레싱 상태로 설계하므로 전 단면을 유효하게 이용할 수 있다.
⑤ 과다한 하중으로 인해 일시적인 균열이 발생하더라도 하중이 제거되면 균열은 다시 복원된다. 즉 탄력성과 복원성이 우수하다.
⑥ 프리캐스트 PSC를 사용할 경우 거푸집, 동바리가 필요 없으며, 현장치기 PSC일 경우는 이어대기시공이나 분할시공이 가능하다.
⑦ 건조수축, 크리프의 영향이 적다.
⑧ 안정성이 높다.

(2) 프리스트테스트 콘크리트의 단점

① RC에 비하여 단가가 비싸고 보조재료(쉬스, 정착장치, 그라우팅 등)가 많이 사용되므로 공사비가 비싸다.
② 시공 단계에서 응력이나 안정성 검토 단계가 많고 하중의 크기나 방향에 민감하므로 설계, 제조, 운반, 가설에 있어 세심한 주의가 필요하는 등 시공이 어렵다.
③ 고온에서는 고강도 강재의 강도가 저하되므로 내화성이 떨어진다.
④ 고강도 재료를 사용하여 같은 하중을 지지할 경우 RC에 비하여 단면이 작기 때문에 변형이 크고 진동하기 쉽다.

3. 프리스트레스트 콘크리트의 분류

(1) 긴장 시기

1) 프리텐션방식(Pre-tensioning System)
   긴장재를 먼저 긴장시킨 후 콘크리트를 타설하는 방식

2) 포스트텐션방식(Post-tensioning System)
   콘크리트 경화 후 긴장재를 긴장하는 방식

(2) 프리스트레싱의 도입 정도

1) 완전 프리스트레싱(Full Prestressing)
   콘크리트의 전 단면에 인장응력이 발생하지 않도록 프리스트레스를 가하는 방법

2) 부분 프리스트레싱(Partial Prestressing)
   콘크리트 단면의 일부에 어느 정도의 인장응력이 발생하는 것을 허용하는 방법

(3) 긴장재의 부착 여부

1) 부착된 긴장재(Bonded Tendon)
   프리텐션방식 또는 포스트텐션방식에서 그라우팅된 긴장재

2) 부착되지 않은 긴장재(Unbonded Tendon)
   포스트텐션방식에서 그라우팅이 되지 않은 긴장재

> **그라우팅(Grouting)**
> 강재의 부식을 방지하고, 동시에 PS강재와 콘크리트를 부착시키기 위하여 쉬스(Sheath) 속에 시멘트풀 또는 모르터를 주입하는 작업

2 재료

1. 콘크리트

(1) 콘크리트의 품질

1) 압축강도가 높아야 한다.
2) 건조수축 및 크리프가 작아야 한다.
   ① 일반적인 경우의 W/C : 45% 이하
   ② 현장타설인 경우의 W/C : 35~40%
   ③ 공장제작인 경우의 W/C : 33~35%

11 프리스트레스트콘크리트(PSC)

(2) 콘크리트의 설계기준강도
프리스트레스트 콘크리트에 사용되는 강재는 고강도이므로 콘크리트 또한 일반 RC에 비하여 고강도 콘크리트를 사용한다.

1) 프리텐션방식

$$f_{ck} \geq 35\text{MPa}$$

2) 포스트텐션방식

$$f_{ck} \geq 30\text{MPa}$$

(3) 콘크리트의 탄성계수
프리스트레스트 콘크리트의 탄성계수는 일반 RC의 탄성계수와 동일하다.

1) $1,450\text{kg/m}^3 \leq m_c \leq 2,500\text{kg/m}^3$인 경우

$$E_c = 0.077 m_c^{1.5} \sqrt[3]{f_{cm}} \, (\text{MPa})$$
$$f_{cm} = f_{ck} + \Delta f \, (\text{MPa})$$

2) $m_c = 2,300\text{kg/m}^3$, 보통 골재를 사용한 경우

$$E_C = 8,500 \sqrt[3]{f_{cm}} \, (\text{MPa})$$

(4) PS강재와 직접 부착되는 콘크리트나 그라우트에는 PS강재를 부식시킬 수 있는 염화칼슘이 사용되어서는 안 된다.

2. PS강재

(1) PS강재의 품질
① 인장강도가 높아야 한다(고강도일수록 긴장력의 손실률이 적다).
② 항복비$\left(=\dfrac{\text{항복강도}}{\text{인장강도}} \times 100\%\right)$가 커야 한다.
③ 릴랙세이션이 작아야 한다.
④ 적당한 연성과 인성이 있어야 한다.
⑤ 응력부식에 대한 저항성이 커야 한다.
⑥ 부착시켜 사용하는 PS강재는 콘크리트와의 부착 강도가 커야 한다.
⑦ 어느 정도의 피로강도를 가져야 한다.
⑧ 곧게 잘 펴지는 직선성(신직성)이 좋아야 한다.

(2) PS강재의 종류
① PS강선
② PS강봉
③ PS강연선

(3) PS강재의 탄성계수
강도에 비하여 비교적 작은 값으로 $(1.9 \sim 2.1) \times 10^5$MPa 정도이다. 시험에 의하여 정하는 것을 원칙으로 하지만, 시험에 의하지 않을 경우는 다음 값으로 해석해도 된다.

$$E_P = 2.0 \times 10^5 \text{MPa}$$

(4) PS강재의 릴랙세이션

1) 릴랙세이션의 정의
PS강재를 긴장한 채 일정한 길이로 유지해 두면 시간의 경과와 더불어 인장응력이 감소하는 현상. 즉, 긴장력이 느슨해지는 현상

2) 릴랙세이션의 종류
① 순릴랙세이션 : 인장응력의 감소량을 PS강재의 초기 인장응력에 대한 백분율로 나타낸 것
② 겉보기릴랙세이션 : 콘크리트의 건조수축이나 크리프에 의한 PS강재의 인장변형 감소를 고려하여 구한 PS강재의 릴랙세이션 값

$$\gamma = \gamma_0 \left(1 - \frac{2\Delta f_{p(C+S)}}{f_{pi}} \right) \quad \cdots\cdots\cdots (11.1)$$

여기서, γ : 겉보기릴랙세이션
γ_0 : 순릴랙세이션
$\Delta f_{p(C+S)}$: 콘크리트의 크리프 및 건조수축에 의한 긴장재 인장응력의 감소량
f_{pi} : 프리스트레싱 직후의 긴장재의 인장응력

＋ PS강재의 릴랙세이션
온도에 따라 변하며 높은 온도에서 매우 커진다.

11 프리스트레스트콘크리트(PSC)

3. 기타 보조 재료

(1) 쉬스(Sheath)
포스트텐션방식에서 덕트를 형성하기 위해 쓰이는 파상모양의 얇은 강관

> **덕트(Duct)**
> 콘크리트 부재 속에 긴장재를 배치하기 위하여 미리 확보해둔 구멍

(2) 정착장치와 접속장치

1) 정착장치
포스트텐션방식에서 긴장재를 긴장한 후 그 끝을 콘크리트에 정착시키는 기구

2) 접속장치
PS강재와 PS강재를 접속하는 기구로 주로 나사를 많이 사용한다.

개념이해

01 프리스트레스트 콘크리트 구조물의 특징에 대한 설명으로 틀린 것은?

① 철근콘크리트의 구조물에 비해 진동에 대한 저항성이 우수하다.
② 설계하중하에서 균열이 생기지 않으므로 내구성이 크다.
③ 철근콘크리트 구조물에 비하여 복원성이 우수하다.
④ 공사가 복잡하여 고도의 기술을 요한다.

> 프리스트레스트 콘크리트 구조물은 철근 콘크리트 구조물에 비하여 단면이 작기 때문에 변형이 크게 일어나고 진동하기 쉽다.
>
> 답 ①

02 부분 프리스트레싱(Partial Prestressing)에 대한 설명으로 옳은 것은?

① 구조물에 부분적으로 PSC부재를 사용하는 방법
② 부재단면의 일부에만 프리스트레스를 도입하는 방법
③ 사용하중 작용 시 PSC부재 단면의 일부에 인장응력이 생기는 것을 허용하는 방법
④ PSC부재 설계 시 부재 하단에만 프리스트레스를 주고 부재 상단에는 프리스트레스 하지 않는 방법

> • 완전 프리스트레싱(Full Prestressing) : 부재 단면에 인장응력이 발생하지 않는다.
> • 부분 프리스트레싱(Partial Prestress-ing) : 부재 단면의 일부에 인장응력이 발생한다.
>
> 답 ③

과년도 기출문제

01 다음은 프리스트레스트 콘크리트에 관한 설명이다. 옳지 않은 것은?

① 탄성력과 복원성이 강한 구조 부재이다.
② RC부재보다 경간을 길게 할 수 있고 단면을 작게 할 수 있어 구조물이 날렵하다.
③ RC에 비해 강성이 작아서 변형이 크고 진동하기 쉽다.
④ RC보다 내화성에 있어서 유리하다.

[해설]
프리스트레스트 콘크리트는 RC보다 내화성이 떨어진다.

02 프리스트레스트 콘크리트를 사용하는 가장 큰 이점은 다음 중 무엇인가?

① 고강도 콘크리트의 이용
② 고강도 강재의 이용
③ 콘크리트의 균열 감소
④ 변형의 감소

[해설]
프리스트레스트 콘크리트는 균열이 발생하지 않도록 설계하기 때문에 강재의 부식이 방지되며 내구성이 좋다.

정답 01 ④ 02 ③

11 프리스트레스트콘크리트(PSC)

3 프리스트레스트 콘크리트의 기본개념

1. 응력개념(균등질보의 개념)

(1) 응력개념의 정의

콘크리트에 프리스트레스가 도입되면 콘크리트가 탄성체로 전환되어 탄성이론에 의한 해석이 가능하다는 개념을 응력개념 또는 균등질보의 개념이라고 한다.

(2) 응력개념에 의한 PSC부재의 해석

1) 긴장재가 직선으로 배치된 경우

긴장재가 직선으로 배치된 경우의 단면응력은 다음과 같다.

$$f_{c(\frac{상}{하})} = f_{c1}(\mp)f_{c2}(\pm)f_{c3} = \frac{P}{A}(\mp)\frac{Pe}{I}y(\pm)\frac{M_x}{I}y \cdots (11.2)$$

2) 긴장재가 절곡 또는 곡선 배치된 경우

① 휨모멘트

긴장재가 절곡 배치된 경우의 단면응력은 다음과 같다.

$$f_{c(\frac{상}{하})} = f_{c1}(\mp)f_{c2}(\pm)f_{c3} = \frac{P}{A}(\mp)\frac{Pe_x}{I}y(\pm)\frac{M_x}{I}y \cdots (11.3)$$

② 전단력

긴장재가 절곡 배치된 경우의 전단력은 다음과 같다.

$$V_x' = V_x - P\sin\theta = R - wx - P\sin\theta \cdots (11.4)$$

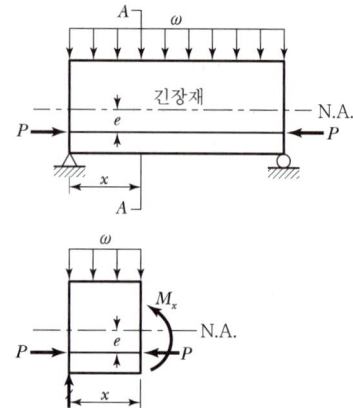

긴장재가 직선으로 배치된 경우

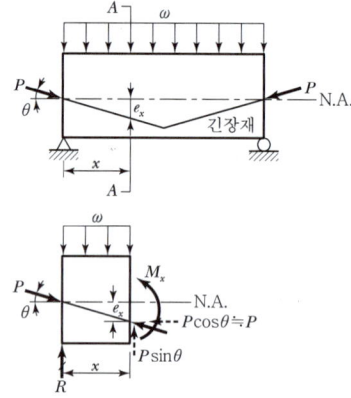

긴장재가 절곡 배치된 경우

개념이해

01 PS콘크리트의 균등질보의 개념(Homogeneous Beam Concept)을 설명한 것으로 가장 적당한 것은?

① 콘크리트에 프리스트레스가 가해지면 PSC부재는 탄성재료로 전환되고 이의 해석은 탄성이론으로 가능하다는 개념
② PSC보를 RC보처럼 생각하여, 콘크리트는 압축력을 받고 긴장재는 인장력을 받게 하여 두 힘의 우력 모멘트로 외력에 의한 휨모멘트에 저항시킨다는 개념
③ PS콘크리트는 결국 부재에 작용하는 하중의 일부 또는 전부를 미리 가해진 프리스트레스와 평형이 되도록 하는 개념
④ PS콘크리트는 강도가 크기 때문에 보의 단면을 강재의 단면으로 가정하여 압축 및 인장을 단면 전체가 부담할 수 있다는 개념

→ 응력개념(균등질보의 개념)
콘크리트에 프리스트레스가 가해지면 PSC 부재는 탄성재료로 전환되고 이의 해석은 탄성이론으로 가능하다는 개념

답 ①

과년도 기출문제

01 경간 6m인 단순 직사각형 단면($b=300$mm, $h=400$mm) 보에 등분포하중 30kN/m가 작용할 때 PS강재가 단면도심에서 긴장되며 경간 중앙에서 콘크리트 단면의 하연 응력이 0이 되려면 PS강재에 얼마의 긴장력이 작용되어야 하는가?

① 1,805kN ② 2,025kN
③ 3,054kN ④ 3,557kN

[해설]
$$f_b = \frac{P}{A} - \frac{M}{Z} = \frac{P}{bh} - \frac{3wl^2}{4bh^2} = 0$$
$$P = \frac{3wl^2}{4h} = \frac{3 \times 30 \times 6^2}{4 \times 0.4} = 2,025\text{kN}$$

02 그림과 같은 단면의 중간 높이에 초기 프리스트레스 900kN을 작용시켰다. 20%의 손실을 가정하여 하단 또는 상단의 응력이 영(零)이 되도록 이 단면에 가할 수 있는 모멘트의 크기는?

① 90kN·m
② 84kN·m
③ 72kN·m
④ 65kN·m

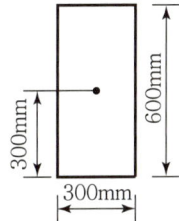

[해설]
$$f_b = \frac{P_e}{A} - \frac{M}{Z} = \frac{(0.8P_i)}{bh} - \frac{6M}{bh^2} = 0$$
$$M = \frac{(0.8P_i)h}{6} = \frac{(0.8 \times 900) \times 0.6}{6} = 72\text{kN·m}$$

03 그림과 같은 단면을 갖는 지간 20m의 PSC보에 PS 강재가 200mm의 편심거리를 가지고 직선배치되어 있다. 자중을 포함한 계수등분포하중 16kN/m가 보에 작용할 때, 보 중앙단면 콘크리트 상연응력은 얼마인가?(단, 유효 프리스트레스 힘 $P_e = 2,400$kN)

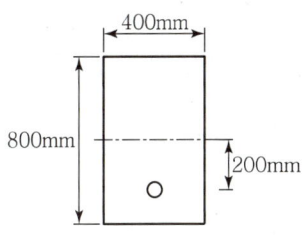

① 12MPa ② 13MPa
③ 14MPa ④ 15MPa

[해설]
$$f_t = \frac{P_e}{A} - \frac{P_e \cdot e}{I}y + \frac{M}{I}y = \frac{P_e}{bh}\left(1 - \frac{6e}{h}\right) + \frac{3wl^2}{4bh^2}$$
$$= \frac{2,400 \times 10^3}{400 \times 800}\left(1 - \frac{6 \times 200}{800}\right) + \frac{3 \times 16 \times (20 \times 10^3)^2}{4 \times 400 \times 800^2}$$
$$= 15\text{N/mm}^2 = 15\text{MPa}$$

04 아래 그림과 같은 PSC보에 활하중(W_L) 18kN/m이 작용하고 있을 때 보의 중앙단면 상연에서 콘크리트 응력은?[단, 프리스트레스 힘(P)은 3,375kN이고, 콘크리트의 단위중량은 25kN/m³을 적용하여 자중을 산정하며, 하중계수와 하중조합은 고려하지 않는다.]

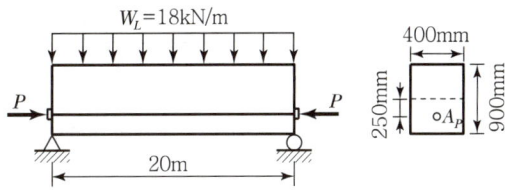

① 18.75MPa ② 23.63MPa
③ 27.25MPa ④ 32.42MPa

[해설]
$W_D = $ (콘크리트의 단위 중량) $\times (bh)$
$= 25 \times (0.4 \times 0.9) = 9$kN/m
$W = W_D + W_L = 9 + 18 = 27$kN/m $= 27$N/mm
$$f_t = \frac{P}{A} - \frac{P \cdot e}{I}y_t + \frac{M}{I}y_t = \frac{P}{bh}\left(1 - \frac{6e}{h}\right) + \frac{3Wl^2}{4bh^2}$$
$$= \frac{3,375 \times 10^3}{400 \times 900}\left(1 - \frac{6 \times 250}{900}\right) + \frac{3 \times 27 \times (20 \times 10^3)^2}{4 \times 400 \times 900^2}$$
$$= 18.75\text{N/mm}^2 = 18.75\text{MPa}$$

정답 01 ② 02 ③ 03 ④ 04 ①

11 프리스트레스트콘크리트(PSC)

2. 강도개념(내력모멘트 개념)

(1) 강도개념의 정의

RC보와 같이 압축력은 콘크리트가 받고 인장력은 긴장재가 받게 하여 두 힘에 의한 우력이 외력모멘트에 저항한다는 개념을 강도개념 또는 내력모멘트개념이라고 한다.

(2) 강도개념에 의한 PSC 부재의 해석

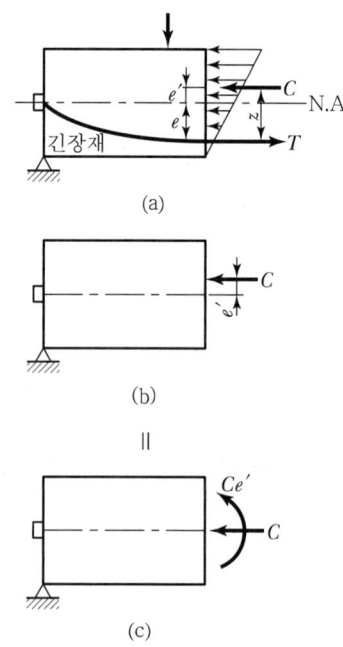

강도개념에 의한 PSC부재의 해석

1) 휨모멘트

$$C = T = P$$
$$M = C \cdot Z = T \cdot Z = P \cdot Z \quad \cdots\cdots (11.5)$$

여기서, P : PS강재에 작용시킨 프리스트레스 힘
M : 외력에 의한 휨모멘트

2) 단면응력

$$f_{c(\frac{상}{하})} = \frac{C}{A}(\pm)\frac{Ce'}{I}y = \frac{P}{A}(\pm)\frac{Pe'}{I}y \quad \cdots\cdots (11.6)$$

3. 하중평형개념(등가하중개념)

(1) 하중평형개념의 정의

프리스트레싱에 의하여 부재에 작용하는 힘과 부재에 작용하는 외력이 평형되게 한다는 개념을 하중평형개념 또는 등가하중개념이라고 한다.

(2) 프리스트레싱에 의한 상향력

1) 긴장재가 포물선으로 배치된 경우

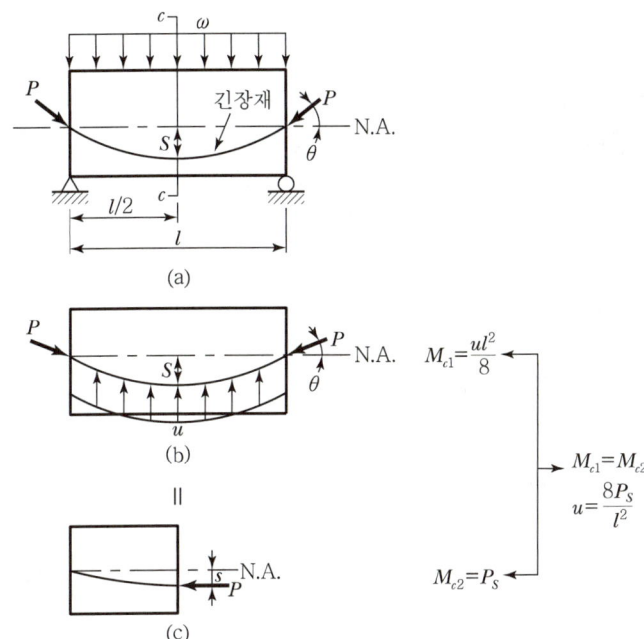

긴장재가 포물선으로 배치된 경우의 상향력

긴장재가 포물선으로 배치된 경우의 상향력은 [그림 (b)]와 [그림 (c)]로부터 다음과 같이 나타낼 수 있다.

$$u = \frac{8Ps}{l^2} \quad \cdots\cdots\cdots (11.7)$$

11 프리스트레스트콘크리트(PSC)

2) 긴장재가 절곡 배치된 경우

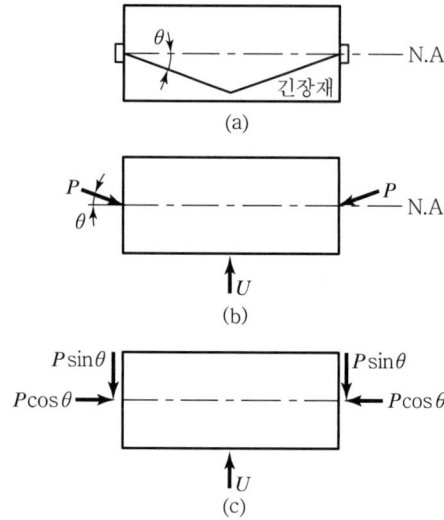

긴장재가 절곡 배치된 경우의 상향력

긴장재가 절곡 배치된 경우의 상향력은 [그림 (c)]로부터 다음과 같이 나타낼 수 있다.

$$u = 2P\sin\theta \quad \cdots\cdots\cdots\cdots\cdots\cdots\cdots\cdots\cdots\cdots\cdots\cdots (11.8)$$

과년도 기출문제

01 PS콘크리트의 강도개념(Strength Concept)을 설명한 것으로 가장 적당한 것은?

① 콘크리트에 프리스트레스가 가해지면 PSC부재는 탄성재료로 전환되고 이의 해석은 탄성이론으로 가능하다는 개념
② PSC보를 RC보처럼 생각하여, 콘크리트는 압축력을 받고 긴장재는 인장력을 받게 하여 두 힘의 우력모멘트로 외력에 의한 휨모멘트에 저항시킨다는 개념
③ PS콘크리트는 결국 부재에 작용하는 하중의 일부 또는 전부를 미리 가해진 프리스트레스와 평형이 되도록 하는 개념
④ PS콘크리트는 강도가 크기 때문에 보의 단면을 강재의 단면으로 가정하여 압축 및 인장을 단면 전체가 부담할 수 있다는 개념

[해설]
강도개념(내력모멘트 개념)
PSC보를 RC보와 같이 생각하여, 콘크리트는 압축력을 받고 긴장재는 인장력을 받게 하여 두 힘의 우력이 외력에 의한 휨모멘트에 저항시킨다는 개념

02 다음 중 PSC구조물의 해석개념과 직접적인 관련이 없는 것은?

① 균등질보의 개념(Homogeneous Beam Concept)
② 공액보의 개념(Conjugate Beam Concept)
③ 내력모멘트의 개념(Internal Force Concept)
④ 하중평형의 개념(Load Balancing Concept)

[해설]
PSC구조물의 해석개념
- 균등질보의 개념(응력개념)
- 내력모멘트의 개념(강도개념)
- 하중평형의 개념(등가하중개념)

03 아래 PC보에서 PS강재를 포물선으로 배치하여 프리스트레스 힘 $P=2,000$kN이 주어질 때 프리스트레스에 의한 상향력 u는?(단, $b=400$mm, $h=600$mm, $s=200$mm)

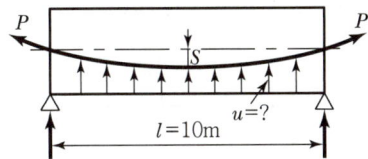

① 63kN/m   ② 52kN/m
③ 43kN/m   ④ 32kN/m

[해설]
$$u=\frac{8Ps}{l^2}=\frac{8\times 2,000\times 0.2}{10^2}=32\text{kN/m}$$

04 그림과 같은 단순 PSC보에서 등분포하중(자중 포함) $W=30$kN/m가 작용하고 있다. 프리스트레스에 의한 상향력과 이 등분포하중이 비기기 위해서는 프리스트레스 힘 P를 얼마로 도입해야 하는가?

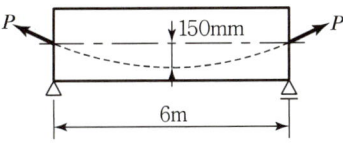

① 900kN   ② 1,200kN
③ 1,500kN   ④ 1,800kN

[해설]
$$u=\frac{8Ps}{l^2}=W$$
$$P=\frac{Wl^2}{8s}=\frac{30\times 6^2}{8\times 0.15}=900\text{kN}$$

정답 01 ② 02 ② 03 ④ 04 ①

과년도 기출문제

05 경간 25m인 PS콘크리트 보에 계수하중 40kN/m이 작용하고, $P=2,500$kN의 프리스트레스가 주어질 때 등분포 상향력 u를 하중평형(Balanced Load) 개념에 의해 계산하여 이 보에 작용하는 순수하향 분포하중을 구하면?

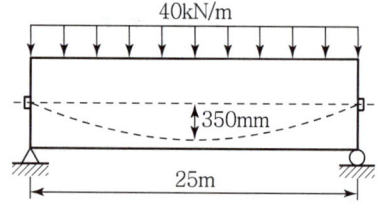

① 26.5kN/m
② 27.3kN/m
③ 28.8kN/m
④ 29.6kN/m

[해설]

$u = \dfrac{8Ps}{l^2} = \dfrac{8 \times 2,500 \times 0.35}{25^2} = 11.2$kN/m

순하향력 $= \omega - u = 40 - 11.2 = 28.8$kN/m

06 그림의 단순지지 보에서 긴장재는 C점에 150mm의 편차에 직선으로 배치되고, 1,000kN으로 긴장되었다. 보의 고정하중은 무시할 때 C점에서의 휨모멘트는 얼마인가?(단, 긴장재의 경사가 수평압축력에 미치는 영향 및 자중은 무시한다.)

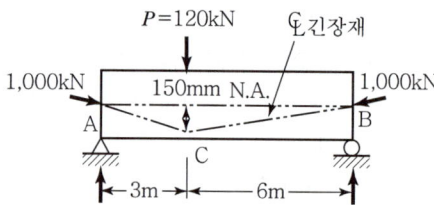

① $M_c = 90$kN·m
② $M_c = -150$kN·m
③ $M_c = 240$kN·m
④ $M_c = 390$kN·m

[해설]

$\sum M_{\circledB} = 0$
$V_A \times 9 - 120 \times 6 = 0$
$V_A = 80$kN(↑)

㉠ 외력($P=120$kN)에 의한 C점의 단면력

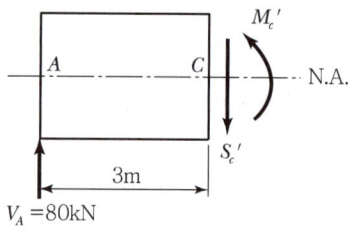

$\sum F_y = 0(↑ \oplus)$
$80 - S_C' = 0$
$S_C' = 80$kN

$\sum M_{\circledC} = 0(\curvearrowright \oplus)$
$80 \times 3 - M_C' = 0$
$M_C' = 240$kN·m

정답 05 ③ 06 ①

과년도 기출문제

ⓒ 프리스트레싱력($P_i = 1,000$kN)에 의한 C점의 단면력

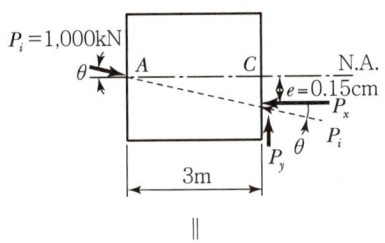

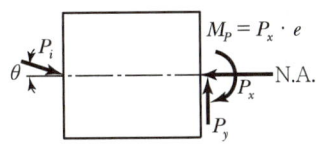

- $P_x = P \cdot \cos\theta ≒ P_i = 1,000$kN
- $P_y = P \cdot \sin\theta = 1,000 \times \dfrac{0.15}{\sqrt{3^2 + 0.15^2}} = 50$kN
- $M_P = P_x \cdot e = 1,000 \times 0.15 = 150$kN·m

ⓒ 외력과 프리스트레싱력에 의한 C점의 단면력

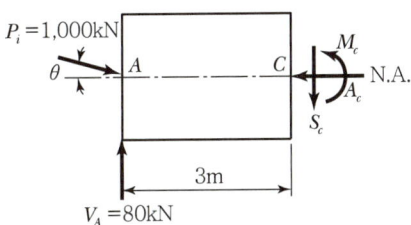

- $A_C = P_x = 1,000$kN
- $S_C = S_C' - P_y = 80 - 50 = 30$kN
- $M_C = M_C' - M_P = 240 - 150 = 90$kN·m

07 그림의 단순지지 보에서 긴장재는 C점에 100mm 의 편차에 직선으로 배치되고, 1,100kN으로 긴장 되었다. 보에는 120kN의 집중하중이 C점에 작용 한다. 보의 고정하중을 무시할 때 A-C 구간에서 의 전단력은 약 얼마인가?

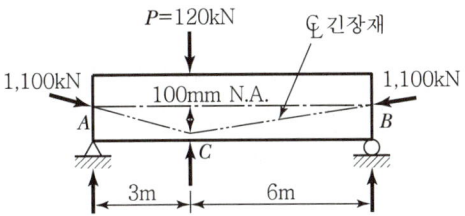

① 36.7kN(↓) ② 120kN(↓)
③ 80kN(↑)   ④ 43.3kN(↑)

[해설]

$\sum M_\text{Ⓑ} = 0 (\curvearrowright \oplus)$
$V_A \times 9 - 120 \times 6 = 0$
$V_A = 80$kN(↑)

- AC 구간에서 프리스트레싱력에 의한 상향력(U)

$U = P \cdot \sin\theta = 1,100 \times \dfrac{0.1}{\sqrt{3^2 + 0.1^2}} = 36.64$kN

- AC 구간에서의 전단력(V)

$V = V_A - U = 80 - 36.64 = 43.36$kN

정답 07 ④

11 프리스트레스트콘크리트(PSC)

❹ 프리스트레싱 방법 및 정착공법

1. 프리스트레싱 방법

(1) 프리텐션방식

1) 정의

PS강재에 인장력을 주어 긴장해 놓은 후 콘크리트를 타설하고, 콘크리트가 경화한 후 PS강재의 인장력을 서서히 풀어서 콘크리트에 프리스트레스를 주는 방식

2) 분류
① 단일몰드방식(Individual Mold Method)
② 롱라인방식(Long Line Method)

3) 장점과 단점
① 장점
- 동일한 형상과 치수의 부재를 대량으로 제작할 수 있다.
- 쉬스, 정착장치 등이 필요하지 않다.

② 단점
- 긴장재를 곡선으로 배치하기 어렵다.
- 부재의 단부(정착구역)에 프리스트레스가 도입되지 않는다.

4) 작업 순서

지주 설치 → 강재 배치 및 긴장 → 거푸집 설치 → 콘크리트 타설 → 콘크리트 양생 → 콘크리트 경화 후 긴장재 절단

(2) 포스트텐션방식

1) 정의

콘크리트가 경화한 후 PS강재를 긴장하여 그 끝을 콘크리트에 정착함으로써 콘크리트에 프리스트레스를 주는 방식

2) 분류
① 긴장재가 부착된 포스트텐션부재(Post-tensioned Bonded Member)
② 긴장재가 부착되지 않은 포스트텐션부재(Post-tensioned Unbonded Member)

3) 장점과 단점
① 장점
- PS강재를 곡선으로 배치할 수 있으므로 대형 구조물에 적합하다.

- 구조물 자체를 지지대로 사용하기 때문에 인장대를 필요로 하지 않는다.
- 공사현장에서 긴장작업이 가능하다.
- 부착시키지 않은 포스트텐션부재는 PS강재의 재긴장이 가능하다.

② 단점
- 부착시키지 않은 PSC부재는 파괴 강도가 낮고 균열 폭이 커진다.
- 특수한 긴장방법과 정착장치가 필요하다.

4) 작업 순서

철근 배근, 쉬스 설치 및 거푸집 제작 → 콘크리트 타설 및 양생 → 콘크리트 경화 후 쉬스 속에 PS강재 삽입 → PS강재 긴장 및 정착 → 쉬스 속 그라우팅

2. 정착공법

(1) 쐐기식공법의 종류
① 프레시네공법(Freyssinet공법, 프랑스)
② VSL공법(Vorspann System Losiger공법, 독일)
③ CCL공법(영국)
④ Magnel공법(벨기에)

(2) 지압식공법의 종류
① 리벳머리식 – BBRV공법(스위스)
② 너트식 – Dywidag공법(독일)

(3) 루프식공법의 종류
① Leoba공법
② Baur – Leonhardt공법

개념이해

01 프리스트레스트 콘크리트 중 포스트텐션 방식의 특징에 대한 설명으로 틀린 것은?

① 부착시키지 않은 PSC 부재는 부착시킨 PSC 부재에 비하여 파괴강도가 높고, 균열 폭이 작아지는 등 역학적 성능이 우수하다.
② PS 강재를 곡선상으로 배치할 수 있어서 대형구조물에 적합하다.
③ 프리캐스트 PSC 부재의 결합과 조립에 편리하게 이용된다.
④ 부착시키지 않은 PSC 부재는 그라우팅이 필요하지 않으며, PS 강재의 재긴장도 가능하다.

▶ 부착시킨 PSC 부재는 부착시키지 않은 PSC 부재에 비하여 파괴강도가 높고, 균열 폭이 작아지는 등 역학적 성질이 우수하다.

답 ①

11 프리스트레스트콘크리트(PSC)

5 프리스트레스의 도입과 손실

1. 프리스트레스의 도입

(1) 프리스트레스 도입 시 콘크리트에 요구되는 강도

$$f_{ci} \geq 1.7 f_{c,\max}$$

여기서, f_{ci} : 프리스트레스를 도입할 때 콘크리트의 압축강도
$f_{c,\max}$: 프리스트레스 도입 직후 콘크리트에 발생하는 최대 압축응력

(2) 프리스트레스 도입 시 콘크리트의 압축강도

1) 프리텐션방식

$$f_{ci} \geq 30\,\mathrm{MPa}$$

2) 포스트텐션방식

$$f_{ci} \geq 28\,\mathrm{MPa}$$

> ➕ 짧은 부재 또는 부재 단부 근처에서 큰 휨모멘트나 전단력을 받는 프리텐션 부재의 경우
> $f_{ci} \geq 35\mathrm{MPa}$

2. 프리스트레스의 손실

PS강재에 준 인장응력은 여러 가지 원인에 의하여 감소한다. PS강재의 인장응력이 감소함에 따라 콘크리트에 도입된 프리스트레스가 감소하는 현상을 프리스트레스의 감소 또는 프리스트레스의 손실이라 한다.

(1) 프리스트레스의 손실 원인

1) 프리스트레스를 도입할 때 발생하는 손실
   (도입 시 손실, 즉시손실, 즉시감소)
   ① 정착장치의 활동(Anchorage Slip, Anchorage Set)
   ② PS강재와 쉬스 사이의 마찰(포스트텐션방식에만 해당)
   ③ 콘크리트의 탄성변형(탄성수축, Elastic Shortening)

2) 프리스트레스 도입 후에 발생하는 손실
   (도입 후 손실, 시간적 손실, 시간적 감소)
   ① 콘크리트의 크리프
   ② 콘크리트의 건조 수축(프리텐션방식 > 포스트텐션방식)
   ③ PS강재의 릴랙세이션(Relaxation)

(2) 유효율

1) 유효율(R)

$$R = \frac{P_e}{P_i} \times 100\,(\%) \quad \cdots\cdots\cdots (11.9)$$

여기서, P_i : 즉시손실 발생 후의 인장력(초기 프리스트레스 힘)
P_e : 시간손실 발생 후의 인장력(유효 프리스트레스 힘)

➕ 유효율(R)의 대략 값
- 프리텐션방식 : $R = 80\%$
- 포스트텐션방식 : $R = 85\%$

2) 감소율

$$감소율 = \frac{\Delta P}{P_i} \times 100\,(\%) = \frac{P_i - P_e}{P_i} \times 100\,(\%) \quad \cdots (11.10)$$

➕ 감소율
일반적으로 감소율은 P_i의 20~35% 범위

(3) 프리스트레스의 손실량

1) 정착장치의 활동에 의한 손실량

① 프리텐션방식 : 고정지주의 정착장치 활동에 의하여 긴장력이 손실된다.

② 포스트텐션방식(1단 정착일 경우)

$$\Delta f_{pa} = E_p \varepsilon_p = E_p \frac{\Delta l}{l} \quad \cdots\cdots\cdots (11.11)$$

여기서, Δf_{pa} : 정착장치의 활동에 의한 긴장응력의 손실량
E_p : 긴장재의 탄성계수
ε_p : 긴장재의 변형률
Δl : 정착장치의 활동량(긴장재의 활동량)
l : 긴장재의 길이

2) PS강재와 쉬스 사이의 마찰에 의한 손실량

① 엄밀식

$$P_{px} = P_{pj} e^{-(kl_{px} + \mu_p \alpha_{px})} \quad \cdots\cdots\cdots (11.12)$$

$$\Delta P_f = P_{pj} - P_{px} = P_{pj}[1 - e^{-(kl_{px} + \mu_p \alpha_{px})}] \quad \cdots\cdots (11.13)$$

여기서, P_{px} : 긴장단으로부터 거리 x만큼 떨어진 곳의 긴장력
P_{pj} : 긴장단의 초기 긴장력
ΔP_f : PS강재와 쉬스 사이의 마찰에 의한 긴장력의 손실량
k : 파상마찰계수
l_{px} : 긴장단으로부터 고려하는 곳까지의 긴장재 길이
μ_p : 곡률마찰계수
α_{px} : 긴장단으로부터 고려하는 곳까지의 각변화량 (Radian)

11 프리스트레스트콘크리트(PSC)

② 근사식

$kl_{px} + \mu_p \alpha_{px} \leq 0.3$인 경우는 근사식을 사용할 수 있다.

$$P_{px} = \frac{P_{pj}}{(1 + kl_{px} + \mu_p \alpha_{px})} \quad \cdots\cdots (11.14)$$

$$\Delta P_f = P_{pj} - P_{px} = P_{pj}\left[\frac{(kl_{px} + \mu_p \alpha_{px})}{1 + (kl_{px} + \mu_p \alpha_{px})}\right] \quad \cdots\cdots (11.15)$$

3) 콘크리트의 탄성변형에 의한 손실량

① 프리텐션방식

$$\Delta f_{pe} = E_p \varepsilon_p = E_p \varepsilon_e = E_p \frac{f_{cs}}{E_c} = n f_{cs} \quad \cdots\cdots (11.16)$$

여기서, Δf_{pe} : 콘크리트의 탄성변형에 의한 긴장응력의 손실량
ε_e : 콘크리트의 탄성변형률
n : 탄성계수비 $\left(= \dfrac{E_p}{E_c}\right)$
f_{cs} : 프리스트레스 도입 직후 PS강재의 도심위치에서 발생하는 콘크리트의 압축응력

② 포스트텐션방식

- 1회의 긴장작업으로 프리스트레스를 도입할 경우 :
  콘크리트의 탄성변형에 의한 긴장응력의 손실량은 발생하지 않는다.
- 여러 개의 긴장재를 순차적으로 긴장할 경우

$$\Delta f_{pe} = \frac{1}{2} n f_{cs} \frac{N-1}{N} \quad \cdots\cdots (11.17)$$

여기서, N : 긴장재의 긴장횟수

4) 콘크리트의 크리프에 의한 손실량

$$\Delta f_{pc} = E_p(C_u \varepsilon_e) = C_u n f_{cs} \quad \cdots\cdots (11.18)$$

여기서, Δf_{pc} : 콘크리트의 크리프에 의한 긴장응력의 손실량
C_u : 크리프 계수

5) 콘크리트의 건조수축에 의한 손실량

$$\Delta f_{ps} = E_p \varepsilon_{sh} \quad \cdots\cdots (11.19)$$

여기서, ε_{sh} : 콘크리트의 건조수축 변형률

6) PS강재의 릴랙세이션에 의한 손실량

$$\Delta f_{pr} = \gamma f_{pi} \quad \cdots\cdots\cdots\cdots\cdots\cdots\cdots\cdots\cdots\cdots (11.20)$$

여기서, γ : PS강재의 겉보기릴랙세이션 값
- PS강봉 : $\gamma = 3\%$
- PS강선 및 PS스트랜드 : $\gamma = 5\%$

개념이해

01 프리스트레스트 콘크리트에 대한 설명으로 틀린 것은?

① PSC그라우트의 물 – 시멘트 비는 45% 이하로 하여야 한다.
② 팽창성 그라우트의 팽창률은 0~10%를 표준으로 한다.
③ 프리스트레싱할 때의 콘크리트 압축강도는 프리텐션방식에 있어서는 24MPa 이상이어야 한다.
④ 프리스트레싱을 할 때 콘크리트의 압축강도는 프리스트레스를 준 직후, 콘크리트에 일어나는 최대 압축응력의 1.7배 이상이어야 한다.

▶ 프리스트레스 도입 시 콘크리트의 압축강도(f_{ci})
- 프리텐션방식 : $f_{ci} \geq 30$MPa
- 포스트텐션방식 : $f_{ci} \geq 28$MPa

답 ③

02 프리스트레스의 손실 원인 중 프리스트레스 도입 후 시간이 경과함에 따라서 생기는 것은 어느 것인가?

① 콘크리트의 탄성수축
② 콘크리트의 크리프
③ PS 강재와 쉬스의 마찰
④ 정착단의 활동

▶ 프리스트레스의 손실 원인

Jacking Force
↓ (즉시손실)
초기 프리스트레싱력
↓ (시간손실)
유효 프리스트레싱력

㉠ 프리스트레스 도입 시 손실(즉시손실)
- 정착 장치의 활동에 의한 손실
- PS강재와 쉬스 사이의 마찰에 의한 손실
- 콘크리트의 탄성변형에 의한 손실

㉡ 프리스트레스 도입 후 손실(시간손실)
- 콘크리트의 크리프에 의한 손실
- 콘크리트의 건조수축에 의한 손실
- PS강재의 릴랙세이션에 의한 손실

답 ②

과년도 기출문제

01 T형 PSC보에 설계하중을 작용시킨 결과 보의 처짐은 0이었으며, 프리스트레스 도입단계부터 부착된 계측장치로부터 상부 탄성변형률 $\varepsilon = 3.5 \times 10^{-4}$을 얻었다. 콘크리트 탄성계수 $E_c = 26,000$MPa, T형 보의 단면적 $A_g = 150,000$mm², 유효율 $R = 0.85$일 때, 강재의 초기 긴장력 P_i를 구하면?

① 1,606kN ② 1,365kN
③ 1,160kN ④ 2,269kN

[해설]
$P_e = E_c \varepsilon A = 26,000 \times (3.5 \times 10^{-4}) \times 150,000$
$= 1,365,000\text{N} = 1,365\text{kN}$
$P_i = \dfrac{P_e}{R} = \dfrac{1,365}{0.85} = 1,605.9\text{kN} ≒ 1,606\text{kN}$

02 프리스트레스의 손실 원인은 그 시기에 따라 즉시 손실과 도입 후에 시간적인 경과 후에 일어나는 손실로 나눌 수 있다. 다음 중 손실 원인의 시기가 나머지와 다른 하나는?

① 콘크리트 Creep
② 포스트텐션 긴장재와 쉬스 사이의 마찰
③ 콘크리트 건조수축
④ PS 강재의 Relaxation

03 다음 중 프리스트레스트 콘크리트 부재에서 프리스트레스 손실의 원인이 아닌 것은?

① 정착장치에서의 활동
② 콘크리트의 건조수축
③ PS강재의 항복
④ 콘크리트의 크리프

04 유효프리스트레스응력을 결정하기 위하여 고려하여야 하는 프리스트레스의 손실 원인이 아닌 것은?

① 정착장치의 활동
② 콘크리트의 탄성수축
③ 포스트텐션의 긴장재와 덕트 사이의 마찰
④ 긴장재의 건조수축

05 보의 길이 $l = 20$m, 활동량 $\Delta l = 4$mm, $E_p = 200,000$ MPa일 때 프리스트레스 감소량 Δf_p는?
(단, 일단 정착임)

① 40MPa
② 30MPa
③ 20MPa
④ 15MPa

[해설]
$\Delta f_p = E_p \varepsilon_p = E_p \dfrac{\Delta l}{l}$
$= 200,000 \times \dfrac{4}{(200 \times 10^3)} = 40\text{MPa}$

06 포스트텐션 방법에는 발생하나 프리텐션 방법에서는 발생하지 않는 손실은?

① 긴장재의 마찰
② 정착장치의 활동
③ 콘크리트의 탄성수축
④ 긴장재 응력의 릴랙세이션

[해설]
PS강재와 쉬스의 마찰에 의한 손실은 포스트텐션 방법에서는 발생하지만 프리텐션 방법에서는 발생하지 않는다.

정답 01 ① 02 ② 03 ③ 04 ④ 05 ① 06 ①

과년도 기출문제

07 포스트텐션 긴장재의 마찰손실을 구하기 위해 아래의 표와 같은 근사식을 사용하고자 한다. 이때 근사식을 사용할 수 있는 조건으로 옳은 것은?

$$P_x = \frac{P_o}{1+Kl+\mu\alpha}$$

① P_o의 값이 5,000kN 이하인 경우
② P_o의 값이 5,000kN을 초과하는 경우
③ $(Kl+\mu\alpha)$의 값이 0.3 이하인 경우
④ $(Kl+\mu\alpha)$의 값이 0.3을 초과하는 경우

[해설]

PS강재와 쉬스 사이의 마찰에 의한 손실량
- 엄밀식
  $P_x = P_o e^{-(kl+\mu\alpha)}$
  $\Delta P_f = P_o[1-e^{-(kl+\mu\alpha)}]$
- 근사식
  $kl+\mu\alpha \leq 0.3$인 경우 근사식 사용 가능
  $P_x = \dfrac{P_o}{1+(kl+\mu\alpha)}$
  $\Delta P_f = P_o\left[\dfrac{(kl+\mu\alpha)}{1+(kl+\mu\alpha)}\right]$

08 포스트텐션된 포물선 긴장재가 배치되었다. A단에서 잭킹(Jacking)할 때의 인장력은 900kN이었다. 강재와 쉬스의 마찰손실을 고려할 때 상대편 지지점 B단에서의 긴장력 P_x는 얼마인가?[단, 파상마찰계수 $k=0.0066$/m, 곡률마찰계수 $\mu=0.30$/radian이고, $\theta=0.3\times 2/9=1/15$(Radian)이며, 근사식을 사용하여 계산한다.]

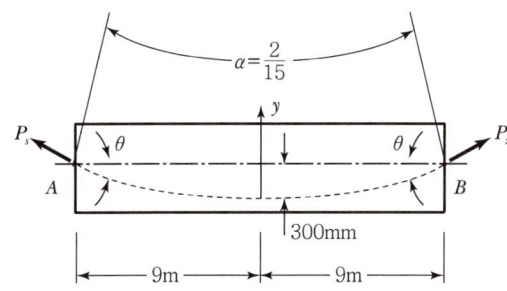

① 777kN ② 829kN
③ 900kN ④ 1,043kN

[해설]

$(kl_{px}+\mu_p\alpha_{px}) = 0.0066\times 18+0.3\times\dfrac{2}{15} = 0.1588$

$(kl_{px}+\mu_p\alpha_{px}) \leq 0.3 -$ 근사식 적용

$P_{px} = \dfrac{P_{pj}}{[1+(kl_{px}+\mu_p\alpha_{px})]} = \dfrac{900}{[1+(0.1588)]} = 777\text{kN}$

09 아래 그림의 PSC 부재에서 A단에서 강재를 긴장할 경우 B단까지의 마찰에 의한 감소율(%)은 얼마인가?[단, $\theta_1=0.10$, $\theta_2=0.08$, $\theta_3=0.10$(Radian), μ_p(곡률마찰계수)$=0.20$, K(파상마찰계수)$=0.001$이며, 근사법으로 구할 것]

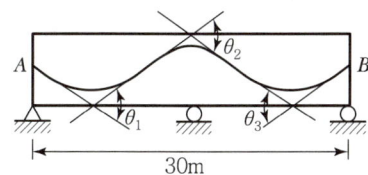

① 4.3% ② 6.4%
③ 7.9% ④ 9.2%

[해설]

$l_{px} = 30$m
$\alpha_{px} = \theta_1+\theta_2+\theta_3 = 0.1+0.08+0.1 = 0.28$
$(Kl_{px}+\mu_p\alpha_{px}) = 0.001\times 30+0.2\times 0.28$
$\qquad\qquad\qquad = 0.086 \leq 0.3$(근사식 적용)

$\Delta P_f = P_{pj}\left[\dfrac{(Kl_{px}+\mu_p\alpha_{px})}{1+(Kl_{px}+\mu_p\alpha_{px})}\right]$

$\qquad = P_{pj}\left[\dfrac{0.086}{1+0.086}\right] = 0.079P_{pj}$

감소율$=\dfrac{\Delta P_f}{P_{pj}}\times 100 = \dfrac{0.079P_{pj}}{P_{pj}}\times 100 = 7.9\%$

정답 07 ③ 08 ① 09 ③

10 그림과 같은 2경간 연속보의 양단에서 PS강재를 긴장할 때 단(端) A에서 중간 B까지의 마찰에 의한 프리스트레스의(근사적인) 감소율은?(단, 곡률마찰계수 $\mu_p = 0.4$, 파상마찰계수 $K = 0.0027$)

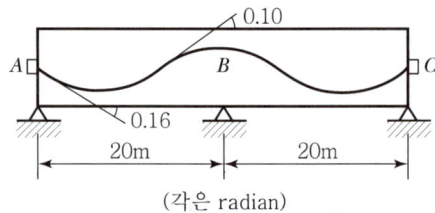

(각은 radian)

① 13.6% ② 18.2%
③ 10.4% ④ 15.8%

[해설]

$l_{px} = 20\text{m}$
$\alpha_{px} = \theta_1 + \theta_2 = 0.16 + 0.10 = 0.26$
$(Kl_{px} + \mu_p \alpha_{px}) = 0.0027 \times 20 + 0.4 \times 0.26$
$\quad\quad\quad\quad\quad\quad = 0.158 \leq 0.3 \text{(근사식 적용)}$
$\Delta P_f = P_{pj} \left[\dfrac{(kl_{px} + \mu_p \alpha_{px})}{1 + (kl_{px} + \mu_p \alpha_{px})} \right]$
$\quad\quad = P_{pj} \left[\dfrac{0.158}{1 + 0.158} \right] = 0.136 P_{pj}$
감소율 $= \dfrac{\Delta P_f}{P_{pj}} \times 100 = \dfrac{0.136 P_{pj}}{P_{pj}} \times 100 = 13.6\%$

11 프리텐션방식으로 제작한 부재에서 프리스트레스에 의한 콘크리트의 압축응력이 7MPa이고, $n = 6$일 때 콘크리트의 탄성변형에 의한 PS강재의 프리스트레스의 감소량은 얼마인가?

① 24MPa ② 42MPa
③ 48MPa ④ 52MPa

[해설]

$\Delta f_{pe} = n f_{cs} = 6 \times 7 = 42\text{MPa}$

12 단면이 400mm×500mm이고 150mm²의 PSC 강선 4개를 단면 도심축에 배치한 프리텐션 PSC 부재가 있다. 초기 프리스트레스가 1,000MPa일 때 콘크리트의 탄성변형에 의한 프리스트레스 감소량의 값은?(단, $n = 6$)

① 22MPa ② 20MPa
③ 18MPa ④ 16MPa

[해설]

$\Delta f_{pe} = n f_{cs} = n \dfrac{P_i}{A_g} = n \dfrac{A_p f_{pi}}{bh}$
$\quad\quad = 6 \times \dfrac{(4 \times 150) \times 1,000}{400 \times 500} = 18\text{MPa}$

13 그림과 같은 직사각형 단면의 프리텐션 부재의 편심 배치한 직선 PS강재를 820kN으로 긴장했을 때 탄성변형으로 인한 프리스트레스의 감소량은?(단, $I = 3.125 \times 10^9 \text{mm}^4$, $n = 6$이고, 자중에 의한 영향은 무시한다.)

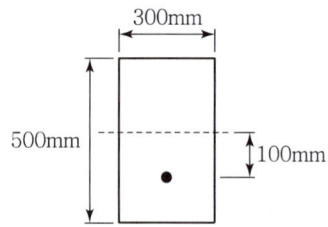

① 44.5MPa ② 46.5MPa
③ 48.5MPa ④ 50.5MPa

[해설]

$\Delta f_{pe} = n f_{cs} = n \left(\dfrac{P_i}{A_c} + \dfrac{P_i e_p}{I_c} e_p \right)$
$\quad\quad = 6 \left[\dfrac{(820 \times 10^3)}{(300 \times 500)} + \dfrac{(820 \times 10^3) \times 100}{(3.125 \times 10^9)} \times 100 \right]$
$\quad\quad = 48.544\text{MPa}$

과년도 기출문제

14 직사각형 단면$(300 \times 400)\text{mm}^2$인 프리텐션 부재에 550mm^2의 단면적을 가진 PS강선을 콘크리트 단면 도심에 일치하도록 배치하였다. 이때 1,350 MPa의 인장응력이 되도록 긴장한 후 콘크리트에 프리스트레스를 도입한 경우 도입 직후 생기는 PS강선의 응력은?(단, $n=6$, 단면적은 총 단면적 사용)

① 371MPa ② 398MPa
③ 1,313MPa ④ 1,321MPa

[해설]

$$\Delta f_{pe} = nf_{cs} = n\frac{P_i}{A_g} = n\frac{A_\rho f_{pi}}{bh}$$
$$= 6 \times \frac{550 \times 1,350}{300 \times 400} = 37.125\text{MPa}$$
$$f_{ps} = f_{pi} - \Delta f_{pe} = 1,350 - 37.125 = 1,312.875\text{MPa}$$

15 포스트텐션부재에 강선을 단면($200\text{mm} \times 300$ mm)의 중심에 배치하여 1,500MPa로 긴장하였다. 콘크리트의 크리프로 인한 강선의 프리스트레스 손실률은 약 얼마인가?(단, 강선의 단면적 $A_p = 800\text{mm}^2$, $n=6$, 크리프 계수는 2.0)

① 9% ② 16%
③ 22% ④ 27%

[해설]

$$\Delta f_{pc} = C_u \cdot n \cdot f_{cs} = C_u \cdot n \cdot \frac{P_i}{A_g}$$
$$= C_u \cdot n \cdot \frac{A_p \cdot f_{pi}}{bh}$$
$$= 2 \times 6 \times \frac{800 \times 1,500}{200 \times 300} = 240\text{MPa}$$

손실률 $= \frac{\Delta f_{pc}}{f_{pi}} \times 100(\%) = \frac{240}{1,500} \times 100(\%) = 16\%$

16 초기 프리스트레스가 1,200MPa이고, 콘크리트의 건조수축 변형률 $\varepsilon_{sh} = 1.8 \times 10^{-4}$일 때 긴장재의 인장응력의 감소는?(단, PS강재의 탄성계수 $E_P = 2.0 \times 10^5 \text{MPa}$)

① 12MPa ② 24MPa
③ 36MPa ④ 48MPa

[해설]

$\Delta f_{ps} = E_p \varepsilon_{sh} = (2.0 \times 10^5) \times (1.8 \times 10^{-4}) = 36\text{MPa}$

정답 14 ③ 15 ② 16 ③

11 프리스트레스트콘크리트(PSC)

6 프리스트레스트 콘크리트 보의 해석과 설계

1. 콘크리트와 PS강재의 허용응력

(1) 콘크리트의 허용응력

① 프리스트레스 도입 직후 시간에 따른 프리스트레스 손실이 일어나기 전의 응력은 다음 값 이하로 하여야 한다.
- 휨압축응력 : $0.60 f_{ci}$
- 단순지지 부재 단부의 휨압축응력 : $0.7 f_{ci}$
- 휨인장응력 : $0.25 \sqrt{f_{ci}}$
- 단순지지 부재 단부의 휨인장응력 : $0.50 \sqrt{f_{ci}}$

② 비균열등급 또는 부분균열등급 프리스트레스 콘크리트 휨부재에서 모든 프리스트레스의 손실이 일어난 후 사용하중에 의한 콘크리트의 휨응력은 다음 값 이하로 하여야 한다.
- 압축연단응력(유효프리스트레스 + 지속하중) : $0.45 f_{ck}$
- 압축연단응력(유효프리스트레스 + 전체하중) : $0.60 f_{ck}$

(2) PS강재의 허용응력

1) 긴장을 할 때 긴장재의 인장응력

   $0.80 f_{pu}$ 또는 $0.94 f_{py}$ 중 작은 값 이하

2) 프리스트레스 도입 직후 긴장재의 인장응력

   $0.74 f_{pu}$ 와 $0.82 f_{py}$ 중 작은 값 이하

3) 정착구와 커플러의 위치에서 프리스트레스 도입 직후 포스트텐션 긴장재의 응력

   $0.70 f_{pu}$ 이하

   여기서, f_{pu} : 긴장재의 설계기준인장강도
   f_{py} : 긴장재의 설계기준항복강도

2. 균열 휨모멘트

(1) 균열 휨모멘트의 정의

콘크리트 단면의 인장 측 연단의 응력이 콘크리트의 파괴계수에 도달할 때의 모멘트

(2) 콘크리트 단면의 인장 측 연단의 응력

$$f_{c(하)} = \frac{P_i}{A} + \frac{P_i e_p}{I} y_b - \frac{M_x}{I} y_b \quad \cdots\cdots\cdots\cdots\cdots (11.21)$$

(3) 균열 휨모멘트

균열 휨모멘트(M_{cr})는 식 (11.21)에 $f_{c(하)} = -f_r$, $M_x = M_{cr}$을 대입함으로써 구할 수 있다.

$$M_{cr} = f_r Z_b + P_e \left(\frac{r_c^{\,2}}{y_b} + e_p \right) \quad \cdots\cdots\cdots\cdots\cdots (11.22)$$

여기서, f_r : 콘크리트의 파괴계수($= 0.63\lambda\sqrt{f_{ck}}$)
Z_b : 콘크리트의 단면계수
r_c : 콘크리트의 단면 2차 회전반경
y_b : 중립축으로부터 인장측 연단까지의 거리
e_p : PS강재의 편심거리

3. 공칭휨강도

(1) PS강재의 응력(f_{ps})[$f_{pe} \geq 0.5 f_{pu}$]

1) PS강재가 부착된 부재

① 인장철근과 압축철근의 영향을 고려할 경우

$$f_{ps} = f_{pu} \left[1 - \frac{\gamma_p}{\beta_1} \left(\rho_p \frac{f_{pu}}{f_{ck}} + \frac{d}{d_p}(w - w') \right) \right] \quad \cdots\cdots\cdots (11.23)$$

여기서, γ_p : PS강재의 종류에 따른 계수
$\beta_1 : \dfrac{a}{c}$
ρ_p : 강재비$\left(= \dfrac{A_p}{bd_p} \right)$
d : 인장철근의 유효깊이
d_p : PS강재의 유효깊이
w : 인장철근의 강재지수$\left(= \rho\dfrac{f_y}{f_{ck}},\ \rho = \dfrac{A_s}{bd} \right)$
w' : 압축철근의 강재지수$\left(= \rho'\dfrac{f_y}{f_{ck}},\ \rho' = \dfrac{A_s{'}}{bd} \right)$

11 프리스트레스트콘크리트(PSC)

② 인장철근과 압축철근의 영향을 무시할 경우

$$f_{ps} = f_{pu}\left(1 - \frac{\gamma_p}{\beta_1}\rho_p\frac{f_{pu}}{f_{ck}}\right) \quad \cdots\cdots (11.24)$$

2) PS강재가 부착되지 않은 부재

① $\frac{l}{h} \leq 35$인 경우

$$f_{ps} = f_{pe} + 70 + \frac{f_{ck}}{100\rho_p} \quad \cdots\cdots (11.25)$$

여기서, f_{ps}는 f_{py}와 $(f_{pu}+420)\mathrm{MPa}$ 이하로 하여야 한다.
f_{pe} : PS강재의 유효 인장응력

② $\frac{l}{h} > 35$인 경우

$$f_{ps} = f_{pe} + 70 + \frac{f_{ck}}{300\rho_p} \quad \cdots\cdots (11.26)$$

여기서, f_{ps}는 f_{py}와 $(f_{pe}+210)\mathrm{MPa}$ 이하로 하여야 한다.

(2) 공칭휨강도

1) PS강재만을 고려할 경우

$$M_n = A_p f_{ps}\left(d_p - \frac{a}{2}\right) \quad \cdots\cdots (11.27)$$

여기서, $a = \dfrac{A_p f_{ps}}{\eta\, 0.85 f_{ck} b} \quad \cdots\cdots (11.28)$

2) 인장철근의 영향을 고려할 경우

$$M_n = A_p f_{ps}\left(d_p - \frac{a}{2}\right) + A_s f_y\left(d - \frac{a}{2}\right) \quad \cdots\cdots (11.29)$$

여기서, $a = \dfrac{A_p f_{ps} + A_s f_y}{\eta\, 0.85 f_{ck} b} \quad \cdots\cdots (11.30)$

4. 공칭전단강도

(1) 공칭전단강도(V_n)

$$V_n = V_c + V_s$$

여기서, V_c : 콘크리트가 부담하는 전단강도
V_s : 전단철근이 부담하는 전단강도

(2) 콘크리트가 부담하는 전단강도(V_c)

휨 철근 또는 긴장재 인장강도의 40% 이상의 유효 프레스트레스 힘이 작용하는 부재의 경우는 실용식으로 콘크리트의 공칭전단강도(V_c)를 계산해도 좋다.

$$V_c = \left(0.05\lambda\sqrt{f_{ck}} + 4.9\frac{V_u d}{M_u}\right)b_w d \quad \cdots\cdots (11.31)$$

여기서, $\dfrac{1}{6}\lambda\sqrt{f_{ck}}\,b_w d \leq V_c \leq \left(\dfrac{5\lambda\sqrt{f_{ck}}}{12}\right)b_w d$

$\dfrac{V_u d}{M_u} \leq 1.0$

(3) 전단철근이 부담하는 전단강도

$$V_s = \frac{A_v f_y d}{s} \geq \frac{V_u - \phi V_c}{\phi}$$

과년도 기출문제

01 정착구와 커플러의 위치에서 프리스트레싱 도입 직후 포스트텐션 긴장재의 응력은 얼마 이하로 하여야 하는가?(단, f_{pu}는 긴장재의 설계기준인장강도)

① $0.6f_{pu}$ ② $0.74f_{pu}$
③ $0.70f_{pu}$ ④ $0.85f_{pu}$

[해설]
긴장재(PS강재)의 허용응력

적용범위	허용응력
긴장할 때 긴장재의 인장응력	$0.8f_{pu}$와 $0.94f_{py}$ 중 작은 값 이하
프리스트레스 도입 직후 긴장재의 인장응력	$0.74f_{pu}$와 $0.82f_{py}$ 중 작은 값 이하
정착구와 커플러(Coupler)의 위치에서 프리스트레스 도입 직후 포스트텐션 긴장재의 인장응력	$0.7f_{pu}$ 이하

02 다음 그림과 같은 프리스트레스트 콘크리트에서 직선으로 배치된 긴장재는 유효 프리스트레스 힘 1,050kN으로 긴장되었다. $f_{ck}=30$MPa일 때 보의 균열 모멘트(M_{cr})는 약 얼마인가?

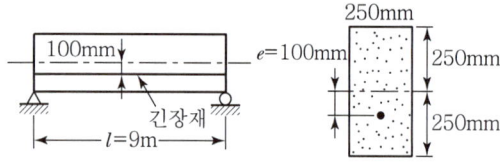

① 327kN·m   ② 228kN·m
③ 147kN·m   ④ 97kN·m

[해설]
$A_c = 250 \times 500 = 125,000\text{mm}^2$

$I_c = \dfrac{250 \times 500^3}{12} \fallingdotseq 2.6 \times 10^9 \text{mm}^4$

$Z_b = \dfrac{I_c}{y_b} = \dfrac{2.6 \times 10^9}{250} \fallingdotseq 10,416,667 \text{mm}^3$

$r_c^2 = \dfrac{I_c}{A_c} = \dfrac{2.6 \times 10^9}{125,000} = 20,800 \text{mm}^3$

$f_r = 0.63\sqrt{f_{ck}} \fallingdotseq 3.45\text{MPa}$

$M_{cr} = f_r Z_b + P_e \left(\dfrac{r_c^2}{y_b} + e_p \right)$

$= 3.45 \times 10,416,667 + (1,050 \times 10^3) \times \left(\dfrac{20,800}{250} + 100 \right)$

$= 228,297,501 \text{N} \cdot \text{mm} \fallingdotseq 228 \text{kN} \cdot \text{m}$

03 PSC보의 휨강도 계산 시 긴장재의 응력 f_{ps}의 계산은 강재 및 콘크리트의 응력-변형률 관계로부터 정확히 계산할 수도 있으나 콘크리트 구조 설계기준에서는 f_{ps}를 계산하기 위한 근사적 방법을 제시하고 있다. 그 이유는 무엇인가?

① PSC구조물은 강재가 항복한 이후 파괴까지 도달함에 있어 강도의 증가량이 거의 없기 때문이다.
② PS강재의 응력은 항복응력 도달 이후에도 파괴 시까지 점진적으로 증가하기 때문이다.
③ PSC보를 과보강 PSC보로부터 저보강 PSC보의 파괴상태로 유도하기 위함이다.
④ PSC구조물은 균열에 취약하므로 균열을 방지하기 위함이다.

04 주어진 T형 단면에서 부착된 프리스트레스트 보강재의 인장응력 f_{ps}는 얼마인가?(단, 긴장재의 단면적은 $A_{ps}=1,290\text{mm}^2$이고, 프리스트레싱 긴장재의 종류에 따른 계수(γ_p)=0.4, $f_{pu}=1,900$MPa, $f_{ck}=35$MPa이다.)

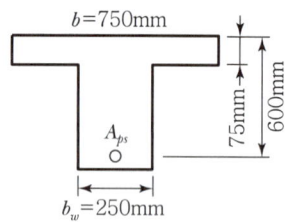

① $f_{ps}=1,900$MPa   ② $f_{ps}=1,761$MPa
③ $f_{ps}=1,752$MPa   ④ $f_{ps}=1,651$MPa

정답 01 ③   02 ②   03 ②   04 ③

[해설]
$\beta_1 = 0.8 \, (f_{ck} \leq 40\text{MPa}$인 경우$)$
$\rho_p = \dfrac{A_{ps}}{bd_p} = \dfrac{1,290}{750 \times 600} = 0.00287$
$f_{ps} = f_{pu}\left(1 - \dfrac{\gamma_p}{\beta_1}\rho_p\dfrac{f_{pu}}{f_{ck}}\right)$
$\quad = 1,900 \times \left(1 - \dfrac{0.4}{0.8} \times 0.00287 \times \dfrac{1,900}{35}\right)$
$\quad = 1,752\text{MPa}$

05 프리스트레스트 콘크리트 중 비부착긴장재를 가진 부재에서 깊이에 대한 경간의 비가 35 이하인 경우 공칭강도를 발휘할 때 긴장재의 인장응력(f_{ps})을 구하는 식으로 옳은 것은?(단, f_{pe} : 긴장재의 유효프리스트레스, ρ_p : 긴장재의 비)

① $f_{ps} = f_{pe} + 70 + \dfrac{f_{ck}}{100\rho_p}$

② $f_{ps} = f_{pe} + 70 + \dfrac{f_{ck}}{200\rho_p}$

③ $f_{ps} = f_{pe} + 70 + \dfrac{f_{ck}}{300\rho_p}$

④ $f_{ps} = f_{pe} + 70 + \dfrac{f_{ck}}{400\rho_p}$

[해설]
PS강재의 응력(f_{ps}) [$f_{pe} \geq 0.5f_{pu}$]
㉠ PS강재가 부착된 부재
 • 인장철근과 압축철근의 영향을 고려할 경우
  $f_{ps} = f_{pu}\left[1 - \dfrac{\gamma_p}{\beta_1}\left(\rho_p\dfrac{f_{pu}}{f_{ck}} + \dfrac{d}{d_p}(W - W')\right)\right]$
 • 인장철근과 압축철근의 영향을 무시할 경우
  $f_{ps} = f_{pu}\left(1 - \dfrac{\gamma_p}{\beta_1}\rho_p\dfrac{f_{pu}}{f_{ck}}\right)$
㉡ PS강재가 부착되지 않은 부재
 • $\dfrac{l}{h} \leq 35$인 경우
  $f_{ps} = f_{pe} + 70 + \dfrac{f_{ck}}{100\rho_p}$

 • $\dfrac{l}{h} > 35$인 경우
  $f_{ps} = f_{pe} + 70 + \dfrac{f_{ck}}{300\rho_p}$

단, f_{ps}를 f_{py} 또는 ($f_{pe} + 200$)MPa보다 크게 취해선 안 된다.

06 그림의 단면을 갖는 저보강 PSC보의 설계휨강도(ϕM_n)는 얼마인가?(단, 긴장재 단면적 $A_p = 600\text{mm}^2$, 긴장재 인장응력 $f_{ps} = 1,500\text{MPa}$, 콘크리트 설계기준강도 $f_{ck} = 35\text{MPa}$)

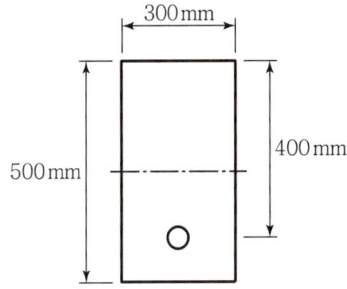

① 187.5kN·m ② 225.3kN·m
③ 267.4kN·m ④ 293.1kN·m

[해설]
$f_{ck} = 35\text{MPa} \leq 40\text{MPa}$인 경우
$\varepsilon_{cu} = 0.0033,\ \eta = 1,\ \beta_1 = 0.8$
$a = \dfrac{A_p f_{ps}}{\eta\,0.85 f_{ck} b} = \dfrac{600 \times 1,500}{1 \times 0.85 \times 35 \times 300} = 100.84\text{mm}$
$\varepsilon_t = \dfrac{d_t \cdot \beta_1 - a}{a} \times \varepsilon_{cu}$
$\quad = \dfrac{400 \times 0.8 - 100.84}{100.84} \times 0.0033 = 0.007$
$\varepsilon_{t,l}$(인장지배단면의 한계변형률)
$\quad = 0.005$(프리스트레스 강재의 경우)
$\varepsilon_{t,l} \leq \varepsilon_t$ 이므로 인장지배단면 - $\phi = 0.85$
$M_d = \phi M_n = \phi\left[A_p f_{ps}\left(d_p - \dfrac{a}{2}\right)\right]$
$\quad = 0.85 \times \left[600 \times 1,500\left(400 - \dfrac{100.84}{2}\right)\right]$
$\quad = 267,428,700\text{N}\cdot\text{mm} = 267.4\text{kN}\cdot\text{m}$

정답 05 ① 06 ③

07 주어진 T형 단면에서 전단에 대해 위험단면에서 $V_u d / M_u = 0.28$이었다. 휨철근 인장강도의 40% 이상의 유효 프리스트레스트 힘이 작용할 때 콘크리트의 공칭전단강도(V_c)는 얼마인가?(단, $f_{ck} =$ 45MPa, V_u : 계수전단력, M_u : 계수휨모멘트, d : 압축 측 표면에서 긴장재 도심까지의 거리)

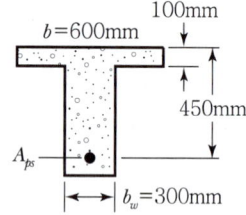

① 185.7kN
② 230.5kN
③ 321.7kN
④ 462.7kN

[해설]

$$V_c = \left(0.05\sqrt{f_{ck}} + 4.9\frac{V_u d}{M_u}\right) b_w d$$
$$= (0.05 \times \sqrt{45} + 4.9 \times 0.28) \times 300 \times 450$$
$$= 230,500\text{N} = 230.5\text{kN}$$

08 프리스트레스트 콘크리트 휨부재에서 부분균열등급의 설계법에 대한 설명으로 옳은 것은?

① 사용하중에서의 응력을 계산할 때는 비균열 전단면을 사용한다.
② 처짐을 계산할 때는 비균열 전단면을 사용한다.
③ 균열제어를 위해서 표피철근을 배치하여야 한다.
④ 사용하중에 의한 인장연단응력을 $0.63\sqrt{f_{ck}}$ 이하로 제한하여야 한다.

[해설]

PSC 휨부재의 균열에 따른 구분
㉠ 비균열 등급
- $f_t \leq 0.63\sqrt{f_{ck}}$ 인 경우
 여기서, f_t : 사용하중하에서 총단면으로 계산한, 미리 압축을 가한 인장구역에서의 인장 연단응력
- 사용하중이 작용할 때의 응력 계산 시 비균열 단면, 즉 총단면 사용
- 처짐 계산 시 I_g(총단면에 대한 단면 2차 모멘트) 사용

㉡ 부분균열 등급
- $0.63\sqrt{f_{ck}} < f_t \leq 1.0\sqrt{f_{ck}}$
- 사용하중이 작용할 때의 응력 계산 시 총단면 사용
- 처짐계산 시 균열 환산 단면에 기초한 모멘트 – 처짐 관계를 사용하거나 I_e(유효단면 2차모멘트) 사용

㉢ 균열 등급
- $1.0\sqrt{f_{ck}} < f_t$
- 사용하중이 작용할 때의 응력 계산 시 균열환산 단면 사용
- 처짐 계산 시 균열 환산 단면에 기초한 모멘트 – 처짐 관계를 사용하거나 I_e(유효 단면 2차 모멘트) 사용

09 PSC슬래브의 강재배치에 대한 기술 중 잘못된 것은?

① 1방향으로 배치된 프리스트레싱 긴장재의 간격은 슬래브 두께의 8배 이하이어야 하고, 또한 1.5m 이하로 하여야 한다.
② 2개 이상의 프리스트레싱 긴장재를 기둥의 전단에 대한 위험단면 구간에 각 방향으로 배치하여야 한다.
③ 유효 프리스트레스 힘에 의한 콘크리트의 평균 압축응력이 0.7MPa 이상 되도록 프리스트레싱 긴장재의 간격을 정하여야 한다.
④ 집중하중을 받는 경우 프리스트레싱 긴장재의 간격에 특별한 고려를 해야 한다.

[해설]

유효 프리스트레스 힘에 의한 콘크리트의 평균 압축응력이 1.6MPa 이상 되도록 프리스트레싱 긴장재의 간격을 정하여야 한다.

과년도 기출문제

10 프리스트레스트 콘크리트 설계원칙 중 틀린 것은?

① 긴장재가 부착되기 전의 단면 특성을 계산할 경우 덕트로 인한 단면적의 손실을 고려하지 않는다.
② 구조물의 수명기간 동안 발생하는 모든 재하단계에 따라 작용하는 하중에 대한 구조부재의 강도와 구조거동을 기초로 이루어져야 한다.
③ 프리스트레싱에 의한 응력집중은 설계를 할 때 검토되어야 한다.
④ 프리스트레싱에 의해 발생되는 부재의 탄소성변형, 처짐, 길이변화 및 비틀림 등에 의해 인접한 구조물에 미치는 영향을 고려하여야 한다.

[해설]
긴장재가 부착되기 전의 단면 특성을 계산할 경우 덕트로 인한 단면적의 손실을 고려하여야 한다.

정답 10 ①

12 강구조 및 교량

1 서론

1. 강구조의 정의

강재로 제작된 구조물을 강구조라 하며 특히, 교량, 철탑, 탱크, 수문 등의 부재로 많이 사용되고 있다.

2. 강재의 연결

(1) 강재연결의 정의

서로 다른 부재를 접합하거나 또는 같은 부재를 연장시켜 이음하는 것을 연결이라 하며, 부재 사이의 힘을 전달하도록 연결한다.

(2) 강재연결의 종류

1) 기계적 방법
　① 리벳이음
　② 고장력 볼트이음
　③ 핀이음

2) 용접
　① 홈용접(맞대기이음)
　② 필렛용접(겹대기이음)

(3) 강재연결의 일반사항

1) 부재의 연결은 연결부에서 계산된 응력보다 큰 응력에 저항하도록 설계하는 것이 원칙이며 또한 연결부의 강도가 모재 전체강도의 75% 이상을 갖도록 설계하여야 한다.

2) 부재 연결부의 요구사항
　① 부재 사이의 응력전달이 확실해야 한다.
　② 가급적 편심이 발생하지 않도록 연결한다.
　③ 연결부에서 응력집중이 없어야 한다.
　④ 부재의 변형에 따른 영향을 고려하여야 한다.
　⑤ 잔류응력이나 2차응력을 일으키지 않아야 한다.

(4) 강재의 연결방법을 병용할 경우

1) 용접과 리벳의 병용

한 이음부에 용접과 리벳을 병용하는 경우에는 용접이 모든 응력을 부담하는 것으로 고려한다.

2) 용접과 고장력 볼트이음을 병용하는 경우

한 이음부에 용접과 고장력 볼트이음을 병용하는 경우에는 다음 항에 따라야 한다.

① 홈용접을 사용한 맞대기이음과 고장력 볼트 마찰이음 또는 응력 방향에 나란한 필렛용접과 고장력 볼트의 마찰이음을 병용하는 경우에는 각 이음이 응력을 부담하는 것으로 고려한다. 단, 각 이음의 응력 부담 상태에 대해서는 충분한 검토를 하여야 한다.

② 응력과 직각을 이루는 필렛용접과 고장력 볼트 마찰이음을 병용해서는 안 된다.

③ 용접과 고장력 볼트 지압이음을 병용해서는 안 된다.

2 리벳이음

1. 리벳이음의 종류

(1) 겹대기이음과 맞대기이음

1) 겹대기이음

강판을 겹쳐서 접합하는 방법

2) 맞대기이음

강판의 끝부분을 서로 맞대고 한쪽 또는 양쪽에 이음판을 붙여서 접합하는 방법

(2) 직접이음과 간접이음

1) 직접이음

모재와 모재를 직접 접합하는 방법

2) 간접이음

모재 사이에 채움판을 넣어서 접합하는 방법

12 강구조 및 교량

2. 리벳이음의 설계

(1) 리벳의 강도

1) 전단강도(P_{Rs})

① 1면 전단의 경우

$$P_{Rs} = v_a \frac{\pi \phi^2}{4} \quad \cdots\cdots (12.1)$$

여기서, v_a : 리벳의 허용전단응력
ϕ : 리벳(또는 볼트)의 지름

② 2면 전단의 경우

$$P_{Rs} = v_a \frac{\pi \phi^2}{2} \quad \cdots\cdots (12.2)$$

2) 지압강도(P_{Rb})

① 강판의 두께가 동일한 경우

$$P_{Rb} = f_{ba} \cdot \phi t \quad \cdots\cdots (12.3)$$

여기서, f_{ba} : 리벳의 허용지압응력
t : 강판의 두께

② 강판의 두께가 서로 다른 경우

$$P_{Rb1} = f_{ba} \phi t_1 \quad \cdots\cdots (12.4)$$
$$P_{Rb2} = f_{ba} \phi t_2 \quad \cdots\cdots (12.5)$$
$$P_{Rb} = (R_{Rb1}, P_{Rb2})_{\min} \quad \cdots\cdots (12.6)$$

3) 리벳의 강도(리벳 값, P_R)

$$P_R = (P_{Rs}, P_{Rb})_{\min} \quad \cdots\cdots (12.7)$$

(2) 강판의 강도

1) 강판의 강도

① 압축부재의 경우

$$P_{ca} = f_{ca} \cdot A_g \quad \cdots\cdots (12.8)$$

여기서, P_{ca} : 강판의 압축강도
f_{ca} : 강판의 허용압축응력
A_g : 강판의 총단면적

+ 압축을 받는 강판의 경우는 이음부에 배치한 리벳(또는 볼트)의 단면적도 저항단면적에 포함되지만 인장을 받는 경우는 리벳(또는 볼트)의 단면적은 제외된다.

② 인장부재의 경우

$$P_{ta} = f_{ta} \cdot A_n \quad \cdots\cdots\cdots\cdots\cdots\cdots\cdots\cdots\cdots\cdots\cdots\cdots\cdots\cdots (12.9)$$

여기서, P_{ta} : 강판의 인장강도
f_{ta} : 강판의 허용인장응력
A_n : 강판의 순단면적

2) 강판의 순단면적
① 일렬 배열의 판형

$$d_h = \phi + 3 \text{(mm)} \quad \cdots\cdots\cdots\cdots\cdots\cdots\cdots\cdots\cdots\cdots\cdots (12.10)$$
$$b_n = b_g - n \cdot d_h \quad \cdots\cdots\cdots\cdots\cdots\cdots\cdots\cdots\cdots\cdots\cdots (12.11)$$
$$A_n = b_n \cdot t \quad \cdots\cdots\cdots\cdots\cdots\cdots\cdots\cdots\cdots\cdots\cdots\cdots\cdots (12.12)$$

여기서, d_h : 리벳구멍의 지름
ϕ : 리벳(또는 볼트)의 지름
b_n : 강판의 순폭
b_g : 강판의 총폭
n : 강판의 폭방향으로 동일 선상에 존재하는 리벳구멍의 개수
A_n : 강판의 순단면적
t : 강판의 두께

② 지그재그 배열의 판형

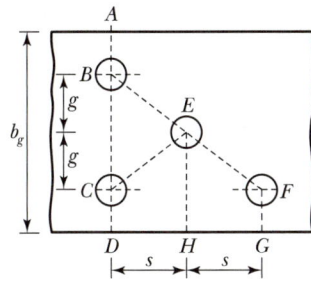

강판의 폭을 절단하는 모든 경로에 대한 길이를 계산하여 그중 최소값을 강판의 순폭으로 결정한다.

$$\left[\begin{array}{l} \text{ABCD 경로 : } b_{n1} = b_g - 2d_h \\ \text{ABEH 경로 : } b_{n2} = b_g - d_h - w \\ \text{ABECD 경로 : } b_{n3} = b_g - d_h - 2w \\ \text{ABEFG 경로 : } b_{n4} = b_g - d_h - 2w \end{array}\right] \cdots\cdots\cdots\cdots (12.13)$$

12 강구조 및 교량

$$b_n = (b_{n1},\ b_{n2},\ b_{n3},\ b_{n4})_{\min} \quad \cdots\cdots (12.14)$$
$$A_n = b_n \cdot t$$

여기서, $w = d_h - \dfrac{s^2}{4g}$ $\quad \cdots\cdots (12.15)$

g : 리벳의 응력에 직각 방향인 리벳선 간의 거리
s : 리벳(또는 볼트)의 피치

③ L형강

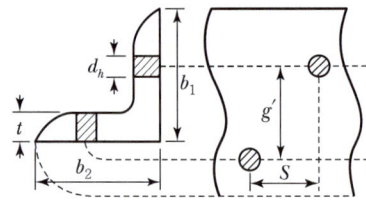

$$b_{n1} = b_g - d_h$$
$$b_{n2} = b_g - 2d_h + \dfrac{s^2}{4g}$$
$$b_n = (b_{n1},\ b_{n2})_{\min}$$
$$A_n = b_n \cdot t$$

여기서, $b_g = b_1 + b_2 - t$ $\quad \cdots\cdots (12.16)$
$g = g' - t$ $\quad \cdots\cdots (12.17)$

(3) 리벳의 개수

$$n = \dfrac{P_a}{P_R} \quad \cdots\cdots (12.18)$$

여기서, n : 필요로 하는 리벳의 개수
   (올림에 의하여 결정)
P_a : 강판의 강도
P_R : 리벳의 강도

과년도 기출문제

01 그림과 같은 리벳 연결에서 리벳의 허용력은?(단, 리벳 지름은 12mm이며, 리벳의 허용 전단응력은 200MPa, 허용 지압응력은 400MPa이다.)

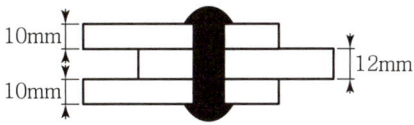

① 60.2kN　　② 55.2kN
③ 45.2kN　　④ 40.2kN

[해설]

- 허용 전단력
$$P_{Rs} = v_a \cdot \left(2 \times \frac{\pi\phi^2}{4}\right) = 200\left(2 \times \frac{\pi \times 12^2}{4}\right)$$
$$= 45,239\text{N} = 45.2\text{kN}$$

- 허용 지압력
$$P_{Rb} = f_{ba} \cdot (\phi t_{\min}) = 400(12 \times 12)$$
$$= 57,600\text{N} = 57.6\text{kN}$$

- 허용력
$$P_R = [P_{Rs}, P_{Rb}]_{\min} = [45.2, \ 57.6]_{\min} = 45.2\text{kN}$$

02 $P=300$kN의 인장응력이 작용하는 판두께 10mm인 철판에 $\phi19$mm인 리벳을 사용하여 접합할 때의 소요리벳 수는?(단, 허용전단응력=110MPa, 허용지압응력=220MPa)

① 8개　　② 10개
③ 12개　　④ 14개

[해설]

- 리벳의 전단강도
$$P_{Rs} = v_a \cdot \left(\frac{\pi\phi^2}{4}\right) = 110 \times \left(\frac{\pi \times 19^2}{4}\right) = 31,188\text{N}$$

- 리벳의 지압강도
$$P_{Rb} = f_{ba}(\phi t) = 220 \times (19 \times 10) = 41,800\text{N}$$

- 리벳강도
$$P_R = [P_{Rs}, \ P_{Rb}]_{\min} = 31,188\text{N}$$

- 소요 리벳수
$$n = \frac{P}{P_R} = \frac{300 \times 10^3}{31,188} = 9.6개$$
$$≒ 10개(올림에 의하여)$$

03 아래 그림과 같은 리벳이음에서 필요한 최소 리벳 수를 구하면?(단, 리벳의 허용전단응력은 100MPa, 허용지압응력은 200MPa이고, $\phi22$mm이다.)

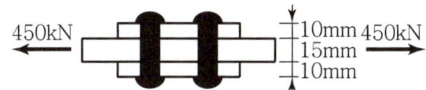

① 4개　　② 5개
③ 6개　　④ 7개

[해설]

- 리벳의 전단강도
$$P_{Rs} = v_a \cdot \left(\frac{\pi\phi^2}{4}\right) \cdot 2 = 100 \times \left(\frac{\pi \times 22^2}{4}\right) \times 2 = 76,026.5\text{N}$$

- 리벳의 지압강도
$$P_{Rb} = f_{ba} \cdot (\phi t) = 200 \times (22 \times 15) = 66,000\text{N}$$

- 리벳의 강도
$$P_R = [P_{Rs}, P_{Rb}]_{\min} = 66,000\text{N}$$

- 소요 리벳 수
$$n = \frac{P}{P_R} = \frac{(450 \times 10^3)}{66,000} = 6.82개 ≒ 7개(올림에 의하여)$$

04 다음 그림의 지그재그로 구멍이 있는 판에서 순폭을 구하면?(단, 리벳구멍 직경=25mm)

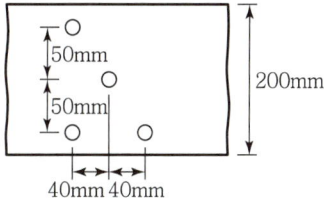

① $b_n = 187$mm　　② $b_n = 150$mm
③ $b_n = 141$mm　　④ $b_n = 125$mm

[해설]

$$d_h = \phi + 3 = 25\text{mm}$$
$$b_{n2} = b - 2d_h = 200 - 2 \times 25 = 150\text{mm}$$
$$b_{n3} = b - 3d_h + 2 \times \frac{s^2}{4g}$$
$$= 200 - (3 \times 52) + \left(2 \times \frac{40^2}{4 \times 50}\right) = 141\text{mm}$$
$$b_n = [b_{n2}, \ b_{n3}]_{\min} = 141\text{mm}$$

정답 01 ③　02 ②　03 ④　04 ③

과년도 기출문제

05 그림과 같은 두께 13mm의 플레이트에 4개의 볼트구멍이 배치되어 있을 때 부재의 순단면적을 구하면?(단, 볼트구멍의 직경은 24mm이다.)

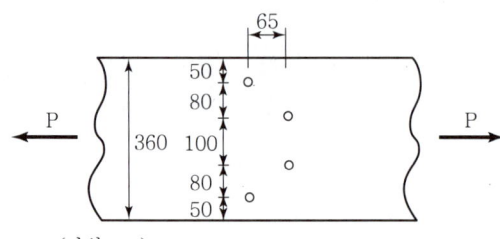
(단위:mm)

① $4,056\text{mm}^2$ ② $3,916\text{mm}^2$
③ $3,775\text{mm}^2$ ④ $3,524\text{mm}^2$

[해설]

$d_h = \phi + 3 = 24\text{mm}$
$b_{n2} = b_g - 2d_h = 360 - (2 \times 24) = 312\text{mm}$
$b_{n3} = b_g - 3d_h + \dfrac{s^2}{4g}$
$\quad = 360 - (3 \times 24) + \left(\dfrac{65^2}{4 \times 80}\right) = 301.2\text{mm}$
$b_{n4} = b_g - 4d_h + 2 \times \dfrac{s^2}{4g}$
$\quad = 360 - (4 \times 24) + \left(2 \times \dfrac{65^2}{4 \times 80}\right) = 290.4\text{mm}$
$b_n = [b_{n2}, b_{n3}, b_{n4}]\min = 290.4\text{mm}$
$A_n = b_n t = 290.4 \times 13 = 3,775.2\text{mm}^2$

06 아래 그림과 같은 두께 19mm 평판의 순단면적을 구하면?(단, 볼트구멍의 직경은 25mm이다.)

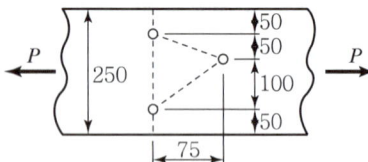

① $3,270\text{mm}^2$ ② $3,800\text{mm}^2$
③ $3,920\text{mm}^2$ ④ $4,530\text{mm}^2$

[해설]

$d_h = \phi + 3 = 25\text{mm}$
$b_{n2} = b_g - 2d_h = 250 - (2 \times 25) = 200\text{mm}$
$b_{n3} = b_g - 3d_h + \dfrac{s_1^2}{4g_1} + \dfrac{s_2^2}{4g_2}$
$\quad = 250 - (3 \times 25) + \dfrac{75^2}{4 \times 50} + \dfrac{75^2}{4 \times 100} = 217\text{mm}$
$b_n = [b_{n2}, b_{n3}]_{\min} = 200\text{mm}$
$A_n = b_n \cdot t = 200 \times 19 = 3,800\text{mm}^2$

07 순단면이 볼트의 구멍 하나를 제외한 단면(즉, $A-B-C$ 단면)과 같도록 피치(s)를 결정하면?(단, 구멍의 직경은 22mm이다.)

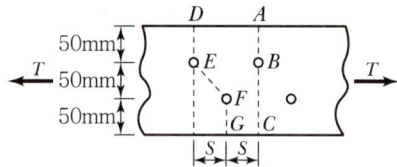

① $s = 114.9\text{mm}$ ② $s = 90.6\text{mm}$
③ $s = 66.3\text{mm}$ ④ $s = 50\text{mm}$

[해설]

$d_h = \phi + 3 = 19 + 3 = 22\text{mm}$
$b_{n1} = b - d_h$
$b_{n2} = b - 2d_h + \dfrac{s^2}{4g}$
$b_{n1} = b_{n2}$
$(b - d_h) = \left(b - 2d_h + \dfrac{s^2}{4g}\right)$
$s = \sqrt{4gd_h} = \sqrt{4 \times 50 \times 22} = 66.3\text{mm}$

08 인장응력 검토를 위한 L-150×90×12인 형강(Angle)의 전개 총폭 b_g는 얼마인가?

① 228mm ② 232mm
③ 240mm ④ 252mm

[해설]

$b_g = b_1 + b_2 - t = 150 + 90 - 12 = 228\text{mm}$

정답 05 ③ 06 ② 07 ③ 08 ①

09 다음은 L형강에서 인장력 검토를 위한 순폭 계산에 대한 설명이다. 틀린 것은?

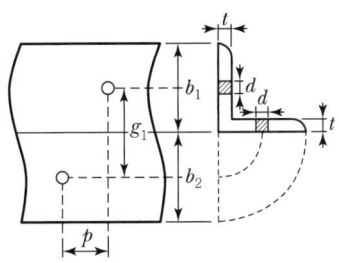

① 전개 총폭$(b) = b_1 + b_2 - t$ 이다.

② $\dfrac{p^2}{4g} \geqq d$인 경우 순폭$(b_n) = b - d$ 이다.

③ 리벳 선간거리$(g) = g_1 - t$ 이다.

④ $\dfrac{p^2}{4g} < d$인 경우 순폭$(b_n) = b - d - \dfrac{p^2}{4g}$ 이다.

[해설]

L형강에서 순폭(b_n)의 계산

- $\dfrac{p^2}{4g} \geqq d$인 경우 : $b_n = b - d$
- $\dfrac{p^2}{4g} < d$인 경우 : $b_n = b - d - \left(d - \dfrac{p^2}{4g}\right)$

정답 09 ④

12 강구조 및 교량

③ 고장력 볼트이음

1. 고장력 볼트이음의 일반사항

① 고장력 볼트이음은 마찰이음, 지압이음, 인장이음이 있으며, 마찰이음을 기본으로 한다.
② 볼트의 최소 중심간격, 최대 중심간격 및 연단거리는 리벳의 경우와 같다.
③ 한 이음에서 2개 이상의 고장력 볼트를 사용해야 한다.
④ 볼트길이는 부재를 충분히 체결할 수 있도록 선택하여야 한다. 그러나 지압이음의 경우 나사부가 전단면에 걸려서는 안 된다.

➕ 고장력 볼트 체결 시 임팩트렌치(Impact Wrench)를 사용한다.

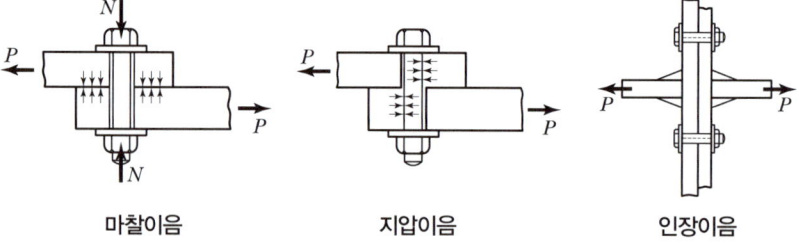

마찰이음　　　　지압이음　　　　인장이음

2. 고장력 볼트이음의 장점

① 내화력이 리벳이음이나 용접이음보다 크다.
② 소음이 적다.
③ 불량한 부분의 교체가 쉽다.
④ 이음매의 강도가 크다.
⑤ 현장 시공 설비가 간편하다.
⑥ 노동력의 절약과 공사시간을 단축할 수 있으므로 경제적이다.

과년도 기출문제

01 강교의 부재에 사용되는 고장력 볼트의 이음은 어떤 이음을 원칙으로 하는가?

① 마찰이음　② 지압이음
③ 인장이음　④ 압축이음

[해설]

강교의 부재에 사용되는 고장력 볼트 이음은 마찰이음, 지압이음, 인장이음이 있으며, 마찰이음을 원칙으로 한다.

02 다음 그림의 고장력 볼트 마찰이음에서 필요한 볼트 수는 최소 몇 개인가?[단, 볼트는 M22($=\phi$ 22mm), F10T를 사용하며, 마찰이음의 허용력은 48kN이다.]

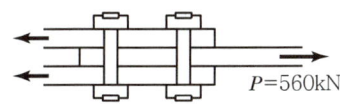

① 3개　② 5개
③ 6개　④ 8개

[해설]

$P_s = 2 \times P_{sa} = 2 \times 48 = 96\text{kN}$

$n = \dfrac{P}{P_s} = \dfrac{560}{96} = 5.83 ≒ 6\text{개}$ (올림에 의하여)

03 복전단 고장력 볼트(Bolt)의 마찰이음에서 강판에 $P=350$kN이 작용할 때 볼트의 수는 최소 몇 개가 필요한가?(단, 볼트 지름 $d=20$mm이고, 허용전단응력 $v_a=120$MPa)

① 3개　② 5개
③ 8개　④ 10개

[해설]

$P = 350\text{kN}$

$P_{Rs} = 2 \times \left(v_a \times \dfrac{\pi d^2}{4}\right) = 2 \times \left(120 \times \dfrac{\pi \times 20^2}{4}\right)$

$\quad\quad = 75,387\text{N}$

$n = \dfrac{P}{P_{Rs}} = \dfrac{350 \times 10^3}{75,398} = 4.6 = 5\text{개}$ (올림)

정답 01 ①　02 ③　03 ②

12 강구조 및 교량

4 용접이음

1. 용접이음의 장점과 단점

(1) 장점
① 이음부에서 이음판이나 L형강과 같은 강재가 필요 없고 부재를 직접 이을 수 있으므로 재료가 절약되는 동시에 단면이 간단해진다.
② 리벳구멍으로 인한 인장재 단면이 감소되지 않기 때문에 강도의 저하가 없다.
③ 작업의 소음이 적고 경비와 시간이 절약된다.

(2) 단점
① 부분적으로 가열되므로 잔류응력 및 변형이 남게 된다.
② 용접부위의 내부 검사가 간단하지 않다(X선 검사).
③ 용접부에 응력집중 현상이 발생하기 쉽다.

2. 용접이음의 종류

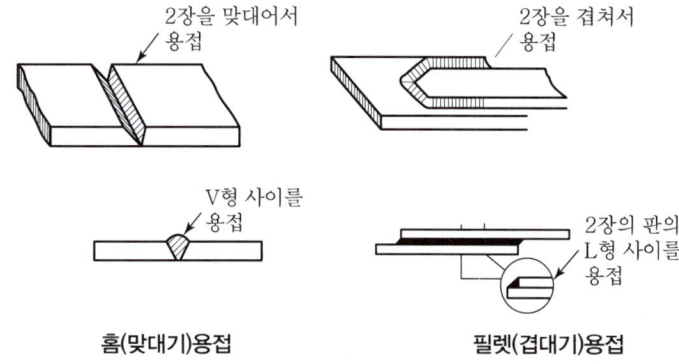

+ 용접의 종류
- 아크용접
- 가스용접
- 전기저항용접

(1) 홈용접

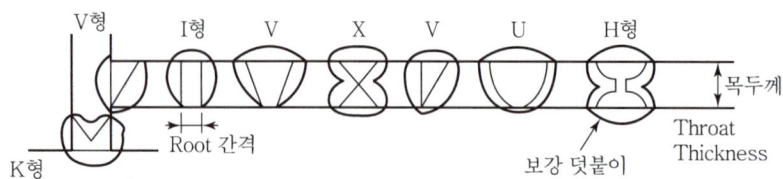

① I형 홈용접 : 강판이 얇은 경우 사용되는 용접
② V형 홈용접 : 가장 보편적으로 사용되는 용접
③ X형 홈용접 : 강판이 두꺼운 경우(19mm 이상) 사용되는 용접

(2) 필렛용접
목두께의 방향이 모재의 면과 45° 되게 하는 용접

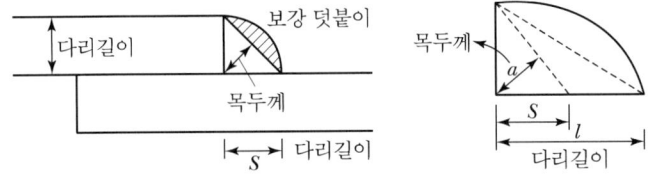

3. 용접이음의 결함 종류

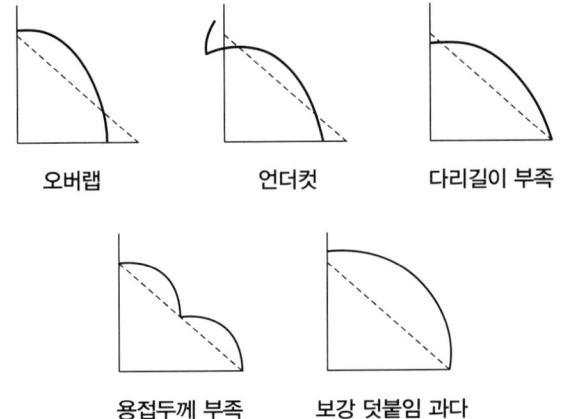

① 오버랩(Over Lap)
② 언더컷(Under Cut)
③ 다리길이 부족
④ 용접두께 부족
⑤ 보강 덧붙임 과다

12 강구조 및 교량

4. 용접이음의 주의사항

① 용접은 되도록 아래보기 자세로 한다.
② 단면이 서로 다른 중요부재의 홈용접에서 두께 및 폭을 서서히 변화시킬 길이방향의 경사는 1/5 이하로 한다.
③ 응력을 전달하는 겹이음에는 2줄 이상의 필렛용접을 사용하고 얇은 쪽 강판두께의 5배 이상 겹치게 한다.
④ 용접은 열을 될 수 있는 대로 균등하게 분포시킨다.
⑤ 용접은 중심에서 주변을 향해 대칭으로 해나가는 것이 변형을 적게 한다.

5. 용접이음부의 응력

(1) 목두께(a)

응력을 전달하는 용접이음부의 유효두께

1) 홈용접의 목두께(a)

a = 모재의 두께(t)

(두께가 다른 경우 얇은 부재의 두께)

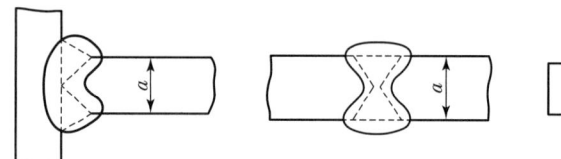

2) 필렛용접의 목두께(a)

$$a = \frac{\sqrt{2}}{2}s = 0.707s \quad \cdots\cdots\cdots\cdots\cdots\cdots\cdots\cdots (12.19)$$

여기서, s : 모재의 다리길이(필렛용접 그림 참고)

(2) 유효길이(l_e)

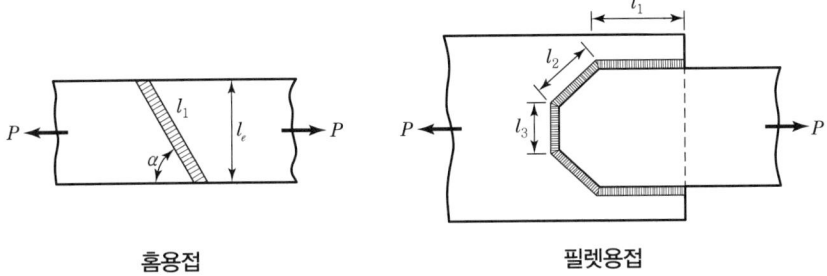

홈용접   필렛용접

이론상의 목두께를 갖는 용접이음부의 길이를 유효길이(l_e)라 하며 전단면이 용입 홈용접이고 용접선이 응력방향에 직각이 아닌 경우는 응력 방향에 직각으로 투영시킨 길이를 실제 유효길이로 한다.

1) 홈용접의 경우

$$l_e = l_1 \sin\alpha \quad\cdots\cdots\cdots (12.20)$$

2) 필렛용접의 경우

$$l_e = 2l_1 + 2l_2 + l_3 \quad\cdots\cdots\cdots (12.21)$$

(3) 용접이음부의 응력

1) 인장 또는 압축응력

$$f = \frac{P}{\sum al_e} \quad\cdots\cdots\cdots (12.22)$$

여기서, f : 용접이음부에 발생하는 인장 또는 압축응력
P : 용접이음부에 작용하는 힘
$\sum al_e$: 용접이음의 유효단면적의 합

2) 전단응력

$$v = \frac{P}{\sum al_e} \quad\cdots\cdots\cdots (12.23)$$

여기서, v : 용접이음부에 발생하는 전단응력

12 강구조 및 교량

개념이해

01 다음 중 용접부의 결함이 아닌 것은?

① 오버랩(Overlap)   ② 언더컷(Undercut)
③ 스터드(Stud)   ④ 균열(Crack)

> 스터드(Stud)는 강재와 콘크리트가 일체가 될 수 있도록 강재보의 상부 플랜지에 용접한 볼트 모양의 전단연결재이다.
> 답 ③

02 용접 시의 주의사항에 관한 설명 중 틀린 것은?

① 용접의 열을 될 수 있는 대로 균등하게 분포시킨다.
② 용접부의 구속을 될 수 있는 대로 적게 하여 수축변형을 일으키더라도 해로운 변형이 남지 않도록 한다.
③ 평행한 용접은 같은 방향으로 동시에 용접하는 것이 좋다.
④ 주변에서 중심으로 향하여 대칭으로 용접해 나간다.

> 용접은 중심에서 주변을 향해 대칭으로 해나가는 것이 변형을 적게 한다.
> 답 ④

03 그림과 같은 맞대기 용접의 용접부에 생기는 인장응력은 얼마인가?

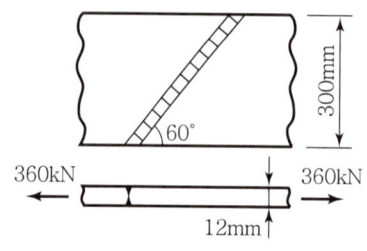

① 115MPa   ② 110MPa
③ 100MPa   ④ 94MPa

> $f = \dfrac{P}{A} = \dfrac{360 \times 10^3}{300 \times 12}$
> $= 100\text{N/mm}^2 = 100\text{MPa}$
>
> 홈용접부의 인장응력은 용접부의 경사각도와 관계없고, 다만 하중과 하중이 재하된 수직단면과 관계있다.
> 답 ③

과년도 기출문제

01 다음 그림과 같은 맞대기 용접 이음에서 이음의 응력을 구하면?

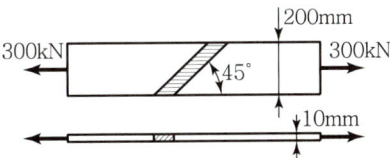

① 150.0MPa ② 106.1MPa
③ 200.0MPa ④ 212.1MPa

[해설]
$$f = \frac{P}{A} = \frac{300 \times 10^3}{10 \times 200} = 150 \text{N/mm}^2 = 150 \text{MPa}$$

02 그림과 같은 필렛 용접에서 목 두께가 옳게 표시된 것은?

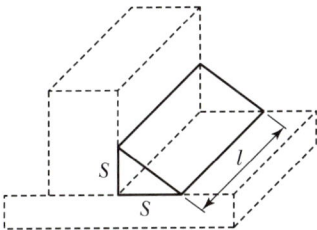

① S ② $\frac{\sqrt{3}}{2}S$
③ $\frac{\sqrt{2}}{2}S$ ④ $\frac{1}{2}l$

[해설]
$a = \frac{\sqrt{2}}{2}S$

03 아래 그림과 같은 필렛용접의 형상에서 $S=9\text{mm}$일 때 목두께 a의 값으로 적당한 것은?

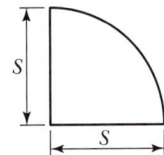

① 5.46mm ② 6.36mm
③ 7.26mm ④ 8.16mm

[해설]
$a = 0.707 = 0.707 \times 9 = 6.363\text{mm}$

04 그림과 같은 필렛용접에서 일어나는 응력이 옳게 된 것은?

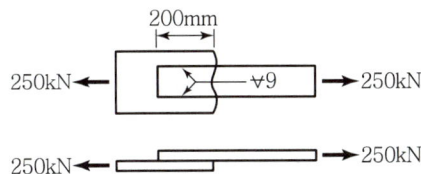

① 97.3MPa ② 98.2MPa
③ 99.2MPa ④ 100.0MPa

[해설]
$$v = \frac{P}{\Sigma al} = \frac{250 \times 10^3}{(0.707 \times 9) \times (2 \times 200)}$$
$$= 98.2 \text{N/mm}^2 = 98.2 \text{MPa}$$

05 다음 필렛용접의 전단응력은 얼마인가?

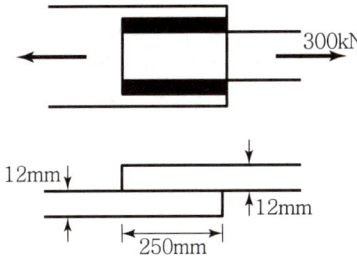

① 67.72MPa ② 70.72MPa
③ 72.72MPa ④ 75.72MPa

[해설]
$$v = \frac{P}{\Sigma al} = \frac{300 \times 10^3}{(0.707 \times 12) \times (2 \times 250)}$$
$$= 70.72 \text{N/mm}^2 = 70.72 \text{MPa}$$

정답 01 ① 02 ③ 03 ② 04 ② 05 ②

12 강구조 및 교량

5 교량을 구성하는 부재

주형	주형의 높이(h)	$h = 1.1\sqrt{\dfrac{M}{f_a \cdot t}}$ .... (12.24) 여기서, h : 주형의 높이 M : 설계 휨모멘트 f_a : 허용휨응력 t : 복부의 두께
	경제적인 높이	① 도로교 : $\left(\dfrac{1}{15} \sim \dfrac{1}{20}\right)L$ ② 철도교 : $\left(\dfrac{1}{10} \sim \dfrac{1}{15}\right)L$
	플랜지의 단면적(A_f)	$A_f = \dfrac{M}{f \cdot h} - \dfrac{A_{wg}}{6}$ .... (12.25) 여기서, h : 상하 플랜지중심 간의 거리 A_{wg} : 복부판의 총단면적
	판형의 휨응력(f)	$f = \dfrac{M}{I}y$ .... (12.26)
	판형의 전단응력(v)	$v = \dfrac{V}{A_{wn}(\text{복부판의 순단면적})}$ .... (12.27) $\left[\text{압면보의 전단응력, } v = \dfrac{V}{A_{wg}(\text{복부판의 총단면적})}\right]$ ·· (12.28) 여기서, V : 하중에 의해 단면에 발생하는 전단력
보강재 (Stiffner)		복부의 좌굴방지를 위한 보강재 ① 수직 보강재 ② 수평 보강재
브레이싱 (Bracing)		① 수직 브레이싱 : 과대하중의 집중을 완화시키고, 처짐을 억제시킨다. ② 수평 브레이싱 : 횡하중 및 비틀림에 저항한다.
전단 연결 재(Stud)		강합성 교량에서 콘크리트 슬래브를 강(鋼)주형 상부플랜지를 구조적으로 일체가 되도록 결합시키는 요소

과년도 기출문제

01 강판형(Plate Girder)의 경제적인 높이는 다음 중 어느 것에 의해 구해지는가?

① 전단력
② 휨모멘트
③ 비틀림모멘트
④ 지압력

[해설]
강판형(Plate Girder)의 경제적인 높이는 휨모멘트에 의하여 결정된다.

02 강판형(Plate Girder) 복부(Web) 두께의 제한이 규정되어 있는 가장 큰 이유는?

① 시공상의 난이
② 공비의 절약
③ 자중의 경감
④ 좌굴의 방지

[해설]
강판형(Plate Girder) 복부(Web) 두께의 제한이 규정되어 있는 가장 큰 이유는 복부의 좌굴을 방지하기 위함이다.

03 강합성 교량에서 콘크리트 슬래브와 강(鋼)주형 상부플랜지를 구조적으로 일체가 되도록 결합시키는 요소는?

① 전단연결재
② 볼트
③ 합성철근
④ 접착제

[해설]
강합성 교량에서 콘크리트 슬래브와 강(鋼)주형 상부플랜지를 구조적으로 일체가 되도록 결합시키는 요소는 스터드(Stud)이다.

정답 01 ② 02 ④ 03 ①

CHAPTER 05

토질 및 기초

ENGINEER CIVIL ENGINEERING

01 흙의 기본적 성질
02 흙의 분류
03 지반 내 물의 흐름
04 동해
05 유효응력
06 지중응력
07 압밀
08 전단강도
09 수평토압
10 흙의 다짐
11 사면의 안정
12 지반조사
13 직접기초
14 깊은 기초
15 지반개량공법

01 흙의 기본적 성질

1 비점성토의 입자구조

단립구조(사질토)	봉소(벌집)구조
① 입경이 0.02mm 이상인 큰 입자(안정성이 크다) ② 입자 사이에 인력이나 점착력이 없이 입자 간 마찰력으로 구성되는 구조	① 미세한 모래와 실트가 작은 아치를 형성한 고리모양의 구조 ② 단립구조보다 간극(간극비)이 크고 충격에 약함(충격하중을 받으면 흙 구조가 부서짐)

비점성토(사질토)
모래나 자갈과 같이 찰진 느낌이 없는 흙 (중력에 의존)

점성토
점토와 같이 찰진 느낌을 나타내는 흙(전기력에 의존)

투수성
모래 > 점토

간극
모래 > 점토

2 흙의 3상(주상도)

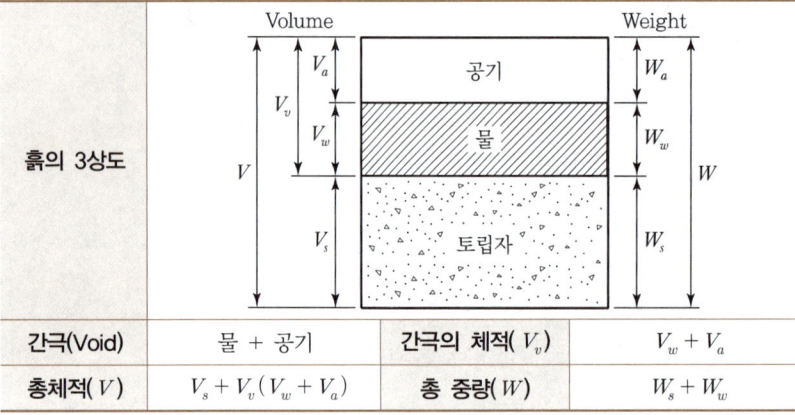

간극(Void)	물 + 공기	간극의 체적(V_v)	$V_w + V_a$
총체적(V)	$V_s + V_v(V_w + V_a)$	총 중량(W)	$W_s + W_w$

흙의 3상
흙을 구성하고 있는 세 가지 성분(흙입자, 물, 공기)의 체적 및 무게 사이의 관계를 나타낸 그림

포화도에 따른 흙의 상태

$S = 0$	건조토
$0 < S < 100(\%)$	습윤토
$S = 100(\%)$	포화토

3 흙의 상대정수

부피와 관계된 상대정수		중량과 관계된 상대정수	
간극비(e)	$e = \dfrac{V_v}{V_s}$	함수비(ω)	$\omega = \dfrac{W_w}{W_s} \times 100$
간극률(n)	$n = \dfrac{V_v}{V} \times 100$	함수율(ω')	$\omega' = \dfrac{W_w}{W} \times 100$
포화도(S)	$S = \dfrac{V_w}{V_v} \times 100$	비중(G_s)	$G_s = \dfrac{W_s}{W_w}$
체적과 중량의 상호관계		$G_s \cdot \omega = S \cdot e$	

포화도(S)가 100%이면
$V_w = V_v = W_w$

물의 단위중량(밀도, 4°C)
$\gamma_w = \dfrac{W_w}{V_w} = 1\text{g/cm}^3 = 1\text{t/m}^3$
$\qquad = 9.8\text{kN/m}^3$

과년도 기출문제

01 비교적 가는 모래와 실트가 물속에서 침강하여 고리모양을 이루며 작은 아치를 형성한 구조로, 단립구조보다 간극비가 크고 충격과 진동에 약한 흙의 구조는? [22년 1회]

① 봉소구조　② 낱알구조
③ 분산구조　④ 면모구조

02 아래의 그림과 같은 흙의 구성도에서 체적 V를 1로 했을 때의 간극의 체적은?(단, 간극률은 n, 함수비는 w, 흙입자의 비중은 G_s, 물의 단위중량은 γ_w이다.) [22년 1회]

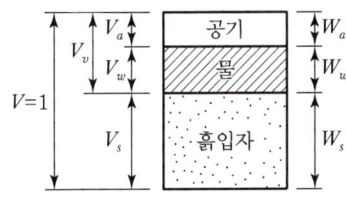

① n　② wG_s
③ $\gamma_w(1-n)$　④ $[G_s - n(G_s-1)]\gamma_w$

[해설]
- $V = V_v + V_s$
- $\dfrac{V}{V} = \dfrac{V_v}{V} + \dfrac{V_s}{V}$
- $1 = n + (1-n)$

∴ 간극의 체적은 $\dfrac{V_v}{V} = n$

03 흙의 비중이 2.60, 함수비 30%, 간극비 0.80일 때 포화도는? [16년 1회]

① 24.0%　② 62.0%
③ 78.0%　④ 97.5%

[해설]
$G_s w = Se$
$S = \dfrac{G_s w}{e} = \dfrac{2.60 \times 30}{0.8} = 97.5\%$

04 포화상태에 있는 흙의 함수비가 40%이고, 비중이 2.60이다. 이 흙의 간극비는? [21년 3회]

① 0.65　② 0.065
③ 1.04　④ 1.40

[해설]
$Gw = Se$, $e = \dfrac{Gw}{s} = \dfrac{2.6 \times 0.4}{1} = 1.04$

05 100% 포화된 흐트러지지 않은 시료의 부피가 20.5cm³이고 무게는 34.2g이었다. 이 시료를 오븐(Oven)건조시킨 후의 무게는 22.6g이었다. 간극비는? [19년 1회]

① 1.3　② 1.5
③ 2.1　④ 2.6

[해설]
$e = \dfrac{V_v}{V_s} = \dfrac{V_v}{V - V_v} = \dfrac{34.2 - 22.6}{20.5 - (34.2 - 22.6)} = 1.3$
($S = 1$ 일 때 $V_v = V_w = W_w$)

06 100% 포화된 흐트러지지 않은 시료의 부피가 20cm³이고 질량이 36g이었다. 이 시료를 건조로에서 건조시킨 후의 질량이 24g일 때 간극비는 얼마인가? [20년 1회]

① 1.36　② 1.50
③ 1.62　④ 1.70

[해설]
$e = \dfrac{V_v}{V_s} = \dfrac{V_v}{V - V_v}$
$V_v : S = \dfrac{V_w}{V_v} = 1$
$V_w = V_v = W_w = W - W_s = 36 - 24 = 12$
∴ $e = \dfrac{12}{20 - 12} = 1.5$

정답 01 ①　02 ①　03 ④　04 ③　05 ①　06 ②

01 흙의 기본적 성질

❹ 간극비, 간극률

부피와 관계된 상대정수		식	e와 n의 관계식
간극비(e)	흙 속의 토립자와 공극의 부피비율	$e = \dfrac{V_v}{V_s}$ $V_v = e \times V_s = e \times 1 = e$	$e = \dfrac{n}{1-n}$
간극률(n)	흙 전체와 공극의 부피비율 ($0 \leq n \leq 100\%$)	$n = \dfrac{V_v}{V} \times 100$	$n = \dfrac{e}{1+e} \times 100$
포화도(S)	공극 중에 물이 차 있는 비율	$S = \dfrac{V_w}{V_v} \times 100$, $V_w = S \times V_v = S \cdot e$	
만약 $S = 1(100\%)$		$V_w = V_v = W_w$	

➕ **투수성**
모래 > 점토

➕ **간극**
모래 > 점토

➕ **간극비(e)**
모래 < 점토
(입경이 작을수록 일정한 부피의 흙속에 빈 공간이 많다.)

❺ 무게

흙 입자 만의 무게(W_s)	물 만의 무게(W_w)
함수비(ω) $= \dfrac{W_w}{W_s} = \dfrac{W - W_s}{W_s} \times 100$ $\therefore W_s = \dfrac{W}{1 + \dfrac{\omega}{100}}$	함수비(ω) $= \dfrac{W_w}{W_s} = \dfrac{W_w}{W - W_w} \times 100$ $\therefore W_w = \dfrac{\omega W}{100 + \omega}$

➕ **포화도(S)=100%**
$V_v = V_w = W_w = W - W_s$

$S = 100\%$일 때 간극비는?
$e = G_s \cdot \omega$
($G_s \cdot \omega = S \cdot e$)

❻ 흙입자의 비중(G_s)

식
$G_s = \dfrac{W_s}{W_w} = \dfrac{W_s}{V_s \gamma_w} = \dfrac{\gamma_s}{\gamma_w}$
W_s : 토립자만의 무게 V_s : 토립자만의 체적 γ_s : 토립자의 단위중량

➕ $\gamma_s = \dfrac{W_s}{V_s}$

❼ 정리

$G_s \omega = Se$	① $G_s = \dfrac{\gamma_s}{\gamma_w} = \dfrac{W_s}{V_s \gamma_w}$	② $\omega = \dfrac{W_w}{W_s} = \dfrac{W - W_s}{W - W_w}$
	③ $S = \dfrac{V_w}{V_v}$	④ $e = \dfrac{V_v}{V_s} = \dfrac{n}{1-n}$

➕
- $Se = V_w$
- $V_s = V - V_v$

과년도 기출문제

01 간극비(e)와 간극률(n, %)의 관계를 옳게 나타낸 것은? [17년 4회]

① $e = \dfrac{1-n/100}{n/100}$ ② $e = \dfrac{n/100}{1-n/100}$

③ $e = \dfrac{1+n/100}{n/100}$ ④ $e = \dfrac{1+n/100}{1-n/100}$

[해설]

$n = \dfrac{e}{1+e}$, $\therefore e = \dfrac{n}{1-n} = \dfrac{n/100}{1-n/100}$

02 어떤 흙의 중량이 450g이고 함수비가 20%인 경우 이 흙을 완전히 건조시켰을 때의 중량은 얼마인가?

① 360g ② 425g
③ 400g ④ 375g

[해설]

- 함수비(ω) = $\dfrac{W_w}{W_s} = \dfrac{W - W_s}{W_s}$
- $0.2 = \dfrac{450 - W_s}{W_s}$

$\therefore W_s = 375g$

03 포화도 75%, 함수비 25%, 비중 2.70일 때 간극비는 얼마인가?

① 0.9 ② 8.1
③ 0.08 ④ 1.8

[해설]

$G_s \cdot \omega = S \cdot e$

$\therefore e = \dfrac{G \cdot \omega}{S} = \dfrac{2.7 \times 0.25}{0.75}$

$\therefore e = 0.9$

04 함수비 18%의 흙 500kg을 함수비 24%로 만들려고 한다. 추가해야 하는 물의 양은? [19년 3회]

① 80.41kg ② 54.52kg
③ 38.92kg ④ 25.43kg

[해설]

- 함수비 18%일 때 물의 양

$\omega = \dfrac{W_w}{W_s} \times 100 = \dfrac{W_w}{W - W_w} \times 100$

$0.18 = \dfrac{W_w}{500 - W_w} \times 100$

$\therefore W_w = 76.27 kg$

- 함수비 24%일 때 물의 양
  $18\% : 76.27kg = 24\% : W_w$

$\therefore W_w = 101.69 kg$

- 추가해야 하는 물
  $101.69 - 76.27 = 25.43 kg$

05 그림과 같이 흙입자가 크기가 균일한 구(직경: d)로 배열되어 있을 때 간극비는? [16년 2회]

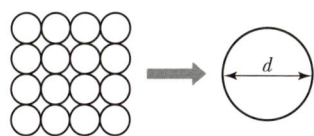

① 0.91 ② 0.71
③ 0.51 ④ 0.35

[해설]

간극비(e) = $\dfrac{V_v}{V_s} = \dfrac{V - V_s}{V_s}$

- V(흙 전체의 체적) = $4d \times 4d \times d = 16d^3$
- V_s(흙 입자의 체적) = $\dfrac{4}{3}\pi r^3 \times$ 토립자의 개수

$= \dfrac{4}{3}\pi \times \left(\dfrac{d}{2}\right)^3 \times 16 = \dfrac{8}{3}\pi d^3$

$\therefore e = \dfrac{V - V_s}{V_s} = \dfrac{16d^3 - \dfrac{8}{3}\pi d^3}{\dfrac{8}{3}\pi d^3} = 0.91$

정답 01 ② 02 ④ 03 ① 04 ④ 05 ①

01 흙의 기본적 성질

8 흙의 단위중량(밀도)

단위중량, 밀도(t/m³)	내용	식
습윤단위중량(γ_t) $0 < S < 100$ (습윤밀도)	① 어떤 함수상태에 있는 흙의 단위중량을 의미함 ② 시험에 의해 직접 얻음	$\gamma_t = \dfrac{W}{V}$ $= \dfrac{G_s + Se}{1+e}\gamma_w$
건조단위중량(γ_d) $S=0$ (건조밀도)	① 흙의 전 체적에 대한 흙 입자만의 중량비 ② 흙 입자가 얼마나 촘촘하게 들어 있는지 나타내는 값(다짐정도 기준)	• $\gamma_d = \dfrac{W_s}{V}$ $= \dfrac{G_s \gamma_w}{1+e}$ • $\gamma_d = \dfrac{\gamma_t}{1+\omega}$
포화단위중량(γ_{sat}) $S=100\%$ (포화밀도)	① 체적의 변화가 없이 간극 속이 물로 가득 채워졌을 때 단위중량 ② 포화도(S)는 100%이므로 $S=1$	• $\gamma_{sat} = \dfrac{W_{sat}}{V}$ • $\gamma_{sat} = \dfrac{G_s + e}{1+e}\gamma_w$
수중단위중량(γ_{sub}) $\gamma_{sub} = \gamma_{sat} - \gamma_w$ (수중밀도)	① 흙이 물 속에 잠겨 있을 때 흙 입자의 중량(부력을 고려)을 수중단위중량이라 함 ② 부력의 크기는 흙입자의 체적 만큼의 물의 중량과 같음	$\gamma_{sub} = \dfrac{G_s - 1}{1+e}\gamma_w$

단위중량, 밀도
흙의 단위중량은 단위체적중량이라고도 하며 중량 대신 질량을 사용하면 밀도가 된다.

습윤단위중량
습윤밀도

흙의 단위중량의 대소관계
$\gamma_{sat} > \gamma_t > \gamma_d > \gamma_{sub}$

수중단위중량
물속에 잠겨 있는 무게이므로 부력만큼 가벼워진다.

9 간극비(e)를 구하는 방법

간극비(e)와 간극률(n)의 관계	$e = \dfrac{V_v}{V_s} = \dfrac{n}{1-n}$
체적과 중량의 상호관계	$G_s \cdot w = S \cdot e, \quad \therefore e = \dfrac{G_s \cdot \omega}{S}$
건조단위중량(γ_d)을 이용	$\gamma_d = \dfrac{W_s}{V} = \dfrac{G_s}{1+e}\gamma_w, \quad \therefore e = \dfrac{G_s}{\gamma_d}\gamma_w - 1$
습윤단위중량(γ_t)을 이용	$\gamma_t = \dfrac{W}{V} = \dfrac{G_s + Se}{1+e}\gamma_w = \dfrac{G_s + G_s\omega}{1+e}\gamma_w,$ $\therefore e = \dfrac{G_s + G_s\omega}{\gamma_t}\gamma_w - 1$

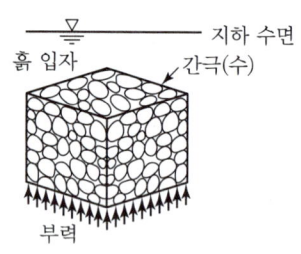

과년도 기출문제

01 습윤단위중량이 19kN/m³, 함수비 25%, 비중이 2.7인 경우 건조단위중량과 포화도는?(단, 물의 단위중량은 9.81kN/m³이다.) [20년 4회]

① 17.3kN/m³, 97.8%
② 17.3kN/m³, 90.9%
③ 15.2kN/m³, 97.8%
④ 15.2kN/m³, 90.9%

[해설]

- $\gamma_d = \dfrac{\gamma_t}{1+w} = \dfrac{19}{1+0.25} = 15.2\text{kN/m}^2$
- $\gamma_d = \dfrac{G}{1+e}\gamma_w$

  $e = \dfrac{G}{\gamma_d}\gamma_w - 1$

  $= \dfrac{2.7}{15.2} \times 9.81 - 1 = 0.74$

- $Gw = Se$, $S = \dfrac{Gw}{e} = \dfrac{2.7 \times 0.25}{0.74} = 91\%$

02 포화된 흙의 건조단위중량이 16.66kN/m³이고, 함수비가 20%일 때 비중은 얼마인가?(단, 물의 단위중량은 9.81kN/m³이다.)

① 2.58   ② 2.68
③ 2.78   ④ 2.88

[해설]

- $\gamma_d = \dfrac{G_s}{1+e}\gamma_w$, $16.66 = \dfrac{G_s}{1+e} \times 9.8$
- e

  $G_s \cdot \omega = S \cdot e$

  $G_s \times 0.2 = 1 \times e$ ∴ $e = 0.2G_s$

- $16.66 = \dfrac{G_s}{1+e} \times 9.8 = \dfrac{G_s}{1+0.2G_s} \times 9.8$ ∴ $G_s = 2.58$

03 노건조한 흙 시료의 부피가 1,000cm³, 무게가 1,700g, 비중이 2.65이라면 간극비는? [18년 2회]

① 0.71   ② 0.43
③ 0.65   ④ 0.56

[해설]

$\gamma_d = \dfrac{W_s}{V} = \dfrac{G_s}{1+e}\gamma_w$

$\dfrac{1,700}{1,000} = \dfrac{2.65}{1+e} \times 1$

∴ 간극비$(e) = 0.56$

04 흙 입자의 비중은 2.56, 함수비는 35%, 습윤단위중량은 1.75g/cm³일 때 간극률은 약 얼마인가? [19년 2회]

① 32%   ② 37%
③ 43%   ④ 49%

[해설]

$\gamma_t = \dfrac{G_s + S_e}{1+e} \cdot \gamma_w$

- $S_e = G_w = 2.56 \times 0.35 = 0.896$
- $e = \dfrac{G_s + S_e}{\gamma_t} - 1$

  $= \dfrac{2.56 + 0.896}{1.75} - 1 = 0.97$

∴ $n = \dfrac{e}{1+e} = \dfrac{0.97}{1+0.97} \times 100 = 49\%$

05 점토지반으로부터 불교란시료를 채취하였다. 이 시료의 지름이 50mm, 길이가 100mm, 습윤질량이 350g, 함수비가 40%일 때 이 시료의 건조밀도는? [22년 1회]

① 1.78g/cm³   ② 1.43g/cm³
③ 1.27g/cm³   ④ 1.14g/cm³

[해설]

- $\gamma_t = \dfrac{W}{V} = \dfrac{350}{A \times l} = \dfrac{350}{\dfrac{\pi \cdot 5^2}{4} \times 10} = 1.78$

- $\gamma_d = \dfrac{\gamma_t}{1+\omega} = \dfrac{1.78}{1+0.4} = 1.27\text{g/cm}^3$

정답 01 ④ 02 ① 03 ④ 04 ④ 05 ③

01 흙의 기본적 성질

⑩ 상대밀도(D_r)

상대밀도 식	① $D_r = \dfrac{e_{\max} - e}{e_{\max} - e_{\min}} \times 100(\%)$ ② $D_r = \left(\dfrac{\gamma_d - \gamma_{d\min}}{\gamma_{d\max} - \gamma_{d\min}}\right)\left(\dfrac{\gamma_{d\max}}{\gamma_d}\right) \times 100(\%)$

$e_{\max}$: 최대 간극비
$e_{\min}$: 최소 간극비
e : 자연상태 간극비
$\gamma_{d\max}$: 가장 조밀한 상태의 건조밀도
$\gamma_{d\min}$: 가장 느슨한 상태의 건조밀도

γ_d : 자연상태의 건조밀도
$\gamma_d = \dfrac{G_s \gamma_w}{1+e}, \quad \therefore e = \dfrac{G_s \gamma_w}{\gamma_d} - 1$
$\gamma_d \propto \dfrac{1}{e}, \quad \therefore \gamma_d$와 e는 반비례

- D_r : 상대밀도(%)
  D_r가 클수록 전단강도가 크다.

간극비 최대(가장 느슨한 상태, 불안정)
- $e_{\max} = \gamma_{d\min}$
- $D_r = 0(\%)$

간극비 최소(가장 조밀한 상태, 안정)
- $e_{\min} = \gamma_{d\max}$
- $D_r = 100(\%)$

⑪ 애터버그 한계(Atterberg Limits)

애터버그 한계(컨시스턴시 한계, 함수비가 변하는 경계)

① 액성한계(ω_L)
  액체상태를 나타내는 최소의 함수비

② 소성한계(ω_P)
  소성상태를 나타내는 최소의 함수비

③ 수축한계(ω_S)
  함수비를 감소시켜도 더 이상 체적이 감소되지 않는 한계의 함수비

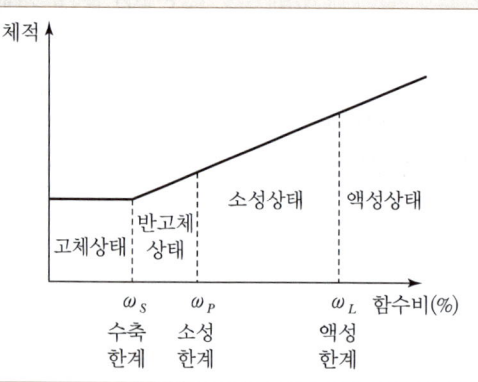

④ 비소성(N_P) : 액성한계나 소성한계를 구할 수 없을 경우

연경도(Consistency)
- 점성토에서 흙의 함수량이 차차 감소하면 액성, 소성, 반고체, 고체 상태로 변하는 성질
- 함수비가 증가할수록 체적이 팽창하면서 강도는 감소하는 관계의 그래프
- 터프니스 지수가 클수록 Colloid가 많은 흙임

소성지수(I_P, PI)
- $I_P = \omega_L - \omega_P \ (LL - PL)$
- 액성한계와 소성한계의 차이
  (I_P 범위가 좁을수록 안정)
- 흙이 소성상태에 존재할 수 있는 함수비의 범위
- 액성한계와 소성한계가 가깝다는 것은 소성지수가 작다는 의미(소성지수는 점성이 클수록 크다)

과년도 기출문제

토목 / 기사 / 필기

01 어떤 모래의 건조단위중량이 17kN/m^3이고, 이 모래의 $\gamma_{d\,\text{max}} = 18\text{kN/m}^3$, $\gamma_{d\,\text{min}} = 16\text{kN/m}^3$이라면, 상대밀도는?

① 47% ② 49%
③ 51% ④ 53%

[해설]

상대밀도(D_r)

$$D_r = \left(\frac{\gamma_d - \gamma_{d\,\text{min}}}{\gamma_{d\,\text{max}} - \gamma_{d\,\text{min}}}\right) \times \frac{\gamma_{d\,\text{max}}}{\gamma_d} \times 100$$

$$= \left(\frac{17-16}{18-16}\right) \times \frac{18}{17} \times 100 = 53\%$$

02 모래지반의 현장상태 습윤단위중량을 측정한 결과 18kN/m^3으로 얻어졌으며 동일한 모래를 채취하여 실내에서 가장 조밀한 상태의 간극비를 구한 결과 $e_{\text{min}} = 0.45$, 가장 느슨한 상태의 간극비를 구한 결과 $e_{\text{max}} = 0.92$를 얻었다. 현장상태의 상대밀도는 약 몇 %인가?(단, 모래의 비중 $G_s = 2.7$이고, 현장상태의 함수비 $\omega = 10\%$, $\gamma_w = 10\text{kN/m}^3$)

① 44% ② 57%
③ 64% ④ 80%

[해설]

- $\gamma_d = \dfrac{\gamma_t}{1+\omega} = \dfrac{18}{1+0.1} = 16.36\text{kN/m}^3$
- $e = \dfrac{G_s \cdot \gamma_w}{\gamma_d} - 1 = \dfrac{2.7 \times 10}{16.36} - 1 = 0.65$

$$\therefore D_r = \frac{e_{\text{max}} - e}{e_{\text{max}} - e_{\text{min}}} \times 100 = \frac{0.92 - 0.65}{0.92 - 0.45} \times 100 = 57\%$$

03 자연 상태의 모래지반을 다져 e_{min}에 이르도록 했다면 이 지반의 상대밀도는? [21년 3회]

① 0% ② 50%
③ 75% ④ 100%

[해설]

$$D_r = \frac{e_{\text{max}} - e}{e_{\text{max}} - e_{\text{min}}} \times 100 = \frac{e_{\text{max}} - e_{\text{min}}}{e_{\text{max}} - e_{\text{min}}} \times 100 = 100$$

04 현장 흙의 단위중량을 구하기 위해 부피 500cm^3의 구멍에서 파낸 젖은 흙의 무게가 900g이고, 건조시킨 후의 무게가 800g이다. 건조한 흙 400g을 몰드에 가장 느슨한 상태로 채운 부피가 280cm^3이고, 진동을 가하여 조밀하게 다진 후의 부피는 210cm^3이다. 흙의 비중이 2.7일 때 이 흙의 상대밀도는? [15년 2회]

① 33% ② 38%
③ 43% ④ 48%

[해설]

- $\gamma_d = \dfrac{W_s}{V} = \dfrac{800}{500} = 1.6$
- $\gamma_{d\,\text{min}} = \dfrac{400}{280} = 1.43$
- $\gamma_{d\,\text{max}} = \dfrac{400}{210} = 1.9$

$$\therefore D_r = \left(\frac{\gamma_{d\,\text{max}}}{\gamma_d} \times \frac{\gamma_d - \gamma_{d\,\text{min}}}{\gamma_{d\,\text{max}} - \gamma_{d\,\text{min}}}\right) \times 100(\%)$$

$$= \left(\frac{1.9}{1.6} \times \frac{1.6 - 1.43}{1.9 - 1.43}\right) \times 100$$

$$= 43\%$$

05 흙의 연경도(Consistency)에 관한 설명으로 틀린 것은? [16년 4회]

① 소성지수는 점성이 클수록 크다.
② 터프니스 지수는 Colloid가 많은 흙일수록 값이 작다.
③ 액성한계시험에서 얻어지는 유동곡선의 기울기를 유동지수라 한다.
④ 액성지수와 컨시스턴시 지수는 흙지반의 무르고 단단한 상태를 판정하는 데 이용된다.

[해설]

터프니스 지수가 클수록 점토 함유율, 활성도가 크고 콜로이드가 많은 흙이다.

정답 01 ④ 02 ② 03 ④ 04 ③ 05 ②

01 흙의 기본적 성질

12 활성도(Activity, A)

활성도	점토의 활성도
① I_P (소성지수)의 크기는 점토성분이 포함된 비율에 비례한다. ② 점토의 활성도가 클수록 물을 많이 흡수하여 팽창이 일어난다. ③ 흙 입자의 크기가 작을수록 비표면적이 커져 물을 많이 흡수하므로 흙의 활성은 점토에서 활발히 나타난다. ④ 활성도가 크면 공학적으로 불안하며 팽창, 수축의 가능성이 커진다.	Sodium montmorillonite ($A=7.2$) Kaolinite ($A=0.38$) Illite ($A=0.9$) 소성지수, I_P vs 0.002mm 이하의 점토분(%)

- 활성도는 점토광물의 종류에 따라 다르므로 활성도로부터 점토를 구성하는 광물을 추정
- 직선의 기울기를 활성도라 하고 직선의 기울기가 급할수록 소성지수(I_P)가 커서 활성도(A)가 큼
- 활성도가 클수록 소성지수(I_P)가 커지고 공학적으로 불안정함(비배수)

모래(비소성, NP)
$I_P = 0$

점토(소성)
$I_P \neq 0$

13 활성도(Activity, A) 식

활성도(A) 식	내용
$A = \dfrac{I_P(\%)}{2\mu \text{ 이하의 점토 함유율}(\%)}$	$I_P = \omega_L - \omega_P$ $2\mu = 0.002\text{mm}$

- 점토입자가 작을수록 활성도가 크다.
- ω_L : 액성한계
- ω_P : 소성한계

14 점토광물

점토광물	점토	층상구조	활성도(A)	공학적 안정성	팽창 수축성
Kaolinite (카올리나이트)	비활성 점토	2층	$A < 0.75$	안정	작다.
Illite (일라이트)	보통 점토	3층	$0.75 \leq A \leq 1.25$	보통	보통
Montmorillonite (몬모릴로나이트)	활성 점토	3층	$A > 1.25$	불안정	크다.

- 활성도가 가장 큰 점토광물은 몬모릴로나이트(Montmorillonite)이며 수축, 팽창이 크고 안정성도 제일 약하다.

Illite
3층 구조 사이에 칼륨이온(K^+)으로 결합

과년도 기출문제

01 흙의 물리적 성질 중 잘못된 것은?

① 점성토는 흙 구조 배열에 따라 면모구조와 이산구조로 대별하는데, 면모구조가 전단강도가 크고 투수성이 크다.
② 점토는 확산이중층까지 흡착되는 흡착수에 의해 점성을 띤다.
③ 소성지수가 클수록 비배수성이 된다.
④ 활성도가 클수록 안정해지며 소성지수가 작아진다.

[해설]

활성도가 클수록 소성지수가 커지며 공학적으로 불안정하다.

02 흙의 활성도에 대한 설명으로 틀린 것은? [20년 3회]

① 점토의 활성도가 클수록 물을 많이 흡수하여 팽창이 많이 일어난다.
② 활성도는 $2\mu m$ 이하의 점토함유율에 대한 액성지수의 비로 정의된다.
③ 활성도는 점토광물의 종류에 따라 다르므로 활성도로부터 점토를 구성하는 점토광물을 추정할 수 있다.
④ 흙 입자의 크기가 작을수록 비표면적이 커져 물을 많이 흡수하므로, 흙의 활성은 점토에서 뚜렷이 나타난다.

[해설]

$$활성도(A) = \frac{I_p(소성지수)}{2\mu m \ 이하의 \ 점토 \ 함유율}$$

03 어느 점토의 체가름 시험과 액·소성시험 결과 0.002mm($2\mu m$) 이하의 입경이 전 시료 중량의 90%, 액성한계 60%, 소성한계 20%였다. 이 점토 광물의 주성분은 어느 것으로 추정되는가? [15년 2회]

① Kaolinite
② Illite
③ Calcite
④ Montmorillonite

[해설]

$$활성도(A) = \frac{I_p(W_L - W_P)}{2\mu \ 이하의 \ 점토 \ 함유량} = \frac{60-20}{90} = 0.44$$

∴ A < 0.75 : Kaolinite(0.44)

04 두 개의 규소판 사이에 한 개의 알루미늄판이 결합된 3층 구조가 무수히 많이 연결되어 형성된 점토광물로서 각 3층 구조 사이에는 칼륨이온(K^+)으로 결합되어 있는 것은? [20년 4회]

① 일라이트(Illite)
② 카올리나이트(Kaolinite)
③ 할로이사이트(Halloysite)
④ 몬모릴로나이트(Montmorillonite)

[해설]

일라이트(Illite)
• 보통 점토로서 3층 구조[칼륨이온(K^+)으로 결합]
• 0.75 ≤ 활성도(A) ≤ 1.25

05 3층 구조로 구조결합 사이에 치환성 양이온이 있어서 활성이 크며, 시트(Sheet) 사이에 물이 들어가 팽창·수축이 크며, 공학적 안정성이 약한 점토광물은? [22년 2회]

① Sand
② Illite
③ Kaolinite
④ Montmorillonite

[해설]

Montmorillonite는 활성도가 크므로 팽창, 수축이 크고 공학적으로 불안정하다.

정답 01 ④ 02 ② 03 ① 04 ① 05 ④

02 흙의 분류

1 흙의 분류

분류	내용
조립토	자갈(G)
	모래(S)
세립토	실트(M)
	점토(C)
	유기질 소량의 흙(O)
유기질토	이탄(Pt)

- 자갈(Gravel)
- 모래(Sand)
- 실트(Mineral silt)
- 점토(Clay)

2 입경에 따른 분류

자갈		모래			실트	점토
큰자갈	작은자갈	굵은 모래	중간 모래	가는 모래		
76.2	19.0	4.75	2.00	0.42	0.075	0.002mm

	체분석	침강분석(비중계 시험)
내용	① 조립토(입경이 큰 흙) 입도분석 ② 0.075mm 이상의 입도를 분석 ③ No.200체에 잔류한 흙	① 세립토 입도분석 ② 0.075mm 미만의 입도를 분석 ③ No.200체를 통과한 가벼운 흙

흙의 입도
흙의 입자크기별 함유량의 분포

흙의 분류
- 입경에 따른 분류(입경은 토립자의 크기)
- 삼각좌표 분류법(점성토의 연경도에 대한 고려가 없기 때문에 농학적인 분류방법으로 이용)
- 체분석에서 분석되는 입경은 0.075mm(#200체)~2.0mm(#10체)

3 입도분포 곡선

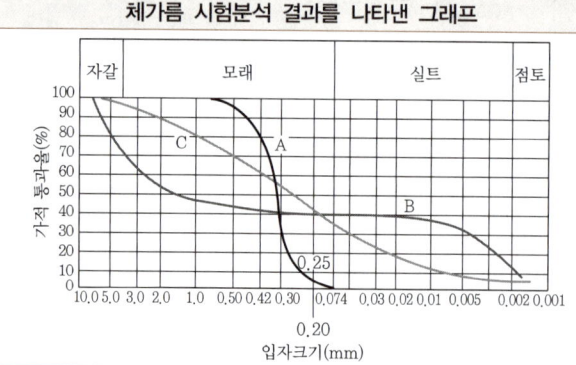

체가름 시험분석 결과를 나타낸 그래프

① 흙입자의 전체구성이 무게비로 볼 때 어느 정도의 입경으로 분포되어 있는지 판별
② 흙의 종류, 입도분포, 입도양부 판정
③ 입도곡선이 오른편에 있을수록 입경이 작음
④ 입도곡선의 중간에 요철부분이 있을 수 없음

가로축	입경(mm)	대수(log)눈금
세로축	가적 통과율, 통과중량 백분율(%)	산술눈금

입도분포가 좋은 양입도
- C곡선
- 입경 가적곡선의 기울기가 완만한 구배
- 입자가 비균질
- 투수계수가 작음
- 균등계수가 큼

입도분포가 나쁜 빈입도
- A곡선
- 입경 가적곡선의 기울기가 급한 구배
- 입자가 균질
- 투수계수가 큼
- 균등계수가 작음

결손분포(계단식 분포)
- B 곡선
- 2종류의 흙을 합친 경우

과년도 기출문제

01 흙의 분류 중에서 유기질이 가장 많은 흙은?

① CH ② CL
③ MH ④ Pt

[해설]

이탄(Pt)은 유기질이 가장 많다.

02 흙의 공학적 분류방법 중 통일 분류법과 관계없는 것은? [18년 2회]

① 소성도 ② 액성한계
③ No.200체 통과율 ④ 군지수

[해설]

군지수는 AASHTO 분류법과 관계있다.

03 시험의 종류와 시험으로부터 얻을 수 있는 값의 연결이 틀린 것은? [16년 1회]

① 비중계분석시험 – 흙의 비중(G_s)
② 삼축압축시험 – 강도정수(c, ϕ)
③ 일축압축시험 – 흙의 예민비(S_t)
④ 평판재하시험 – 지반반력계수(k_s)

[해설]

비중계분석시험 : NO. 200체를 통과한 시료의 입도 분석

04 어떤 흙의 입도분석 결과 입경 가적 곡선의 기울기가 급경사를 이룬 빈입도일 때 예측할 수 있는 사항으로 틀린 것은? [15년 1회]

① 균등계수는 작다.
② 간극비는 크다.
③ 흙을 다지기가 힘들 것이다.
④ 투수계수는 작다.

[해설]

빈입도
• 입도 분포가 불량하다. • 균등계수가 작다.
• 간극비가 크다. • 투수계수가 크다.

05 아래와 같은 흙의 입도분포곡선에 대한 설명으로 옳은 것은? [15년 2회]

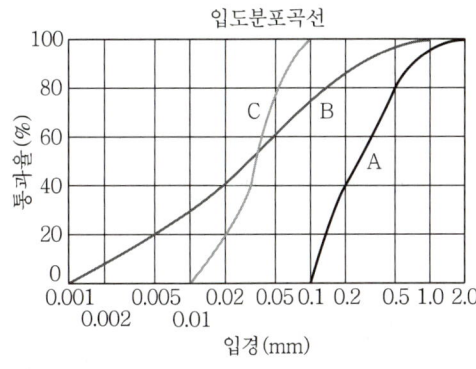

① A는 B보다 유효경이 작다.
② A는 B보다 균등계수가 작다.
③ C는 B보다 균등계수가 크다.
④ B는 C보다 유효경이 크다.

[해설]

B 곡선(경사 완만)
• 입도분포가 좋은 양입도
• 투수계수가 작다.
• 균등계수가 크다.

06 입경가적곡선에서 가적통과율 30%에 해당하는 입경이 $D_{30} = 1.2$mm일 때, 다음 설명 중 옳은 것은? [15년 4회]

① 균등계수를 계산하는 데 사용된다.
② 이 흙의 유효입경은 1.2mm이다.
③ 시료의 전체 무게 중에서 30%가 1.2mm보다 작은 입자이다.
④ 시료의 전체 무게 중에서 30%가 1.2mm보다 큰 입자이다.

[해설]

• D_{30} : 가적통과율 30%에 해당하는 입경(mm)
• $D_{30} = 1.2$mm
  시료의 30%가 1.2mm를 통과
  시료의 30%가 1.2mm보다 작은 입자

정답 01 ④ 02 ④ 03 ① 04 ④ 05 ② 06 ③

과년도 기출문제

07 세립토를 비중계법으로 입도분석을 할 때 반드시 분산제를 쓴다. 다음 설명 중 옳지 않은 것은?

[19년 1회]

① 입자의 면모화를 방지하기 위하여 사용한다.
② 분산제의 종류는 소성지수에 따라 달라진다.
③ 현탁액이 산성이면 알칼리성의 분산제를 쓴다.
④ 시험 도중 물의 변질을 방지하기 위하여 분산제를 사용한다.

[해설]

비중계(침강) 분석
- 수중에서 흙입자가 침강하는 원리인 스톡스의 법칙 이용
- 0.075mm 체를 통과하는 세립자의 양을 침강속도를 통해 분석하는 방법
- 흙 입자는 모두 구로 간주(실제와는 오차가 생김)
- #200 이하의 부분에 대한 입도분석을 위해 #10체 통과분 시료에 대하여 비중계 시험법 실시
- 시료의 면모화를 방지하기 위해 분산제를 사용

08 흙의 입경가적곡선에 대한 설명으로 틀린 것은?

① 입경가적곡선에서 균등한 입경의 흙은 완만한 구배를 나타낸다.
② 균등계수가 증가되면 입도분포도 넓어진다.
③ 입경가적곡선에서 통과백분율 10%에 대응하는 입경을 유효입경이라 한다.
④ 입도가 양호한 흙의 곡률계수는 1~3 사이에 있다.

[해설]

입경가적곡선의 기울기가 완만한 구배
- 양입도(입자는 비균질)
- 균등계수가 크다.
- 투수계수가 작다.

정답 07 ④ 08 ①

MEMO

02 흙의 분류

④ 균등계수(C_u)

균등계수(C_u)	식
① 입도곡선의 기울기가 완만한지 급한지를 나타내는 값(입자의 직경이 균등한 정도) ② 균등계수(C_u)가 클수록 기울기가 완만하여 입자가 골고루 분포되어 있다(입도 양호).	$C_u = \dfrac{D_{60}}{D_{10}}$

+ D_{60}
입도분포곡선에서 가적통과율 60%에 해당하는 입경의 크기(mm)

D_{10}
입도분포곡선에서 가적통과율 10%에 해당하는 입경의 크기(mm)

- 균등계수가 가장 큰 흙은 모래, 자갈, 실트, 점토가 골고루 섞인 흙이며 균등계수가 증가되면 입도분포도 넓어진다.

⑤ 곡률계수(C_g)

곡률계수(C_g)	식
① 곡률계수(C_g)는 입도곡선이 굽어 있는 정도, 평평한 정도를 나타내는 계수 ② 곡률계수(C_g)가 클수록 기울기가 급하고 빈입도를 의미	$C_g = \dfrac{(D_{30})^2}{D_{10} \times D_{60}}$ D_{30} : 입도분포곡선에서 가적통과율 30%에 해당하는 입경의 크기(mm)

⑥ 입도분포가 좋은 양입도

양입도	내용	구배
(그림)	① 입경가적곡선의 기울기가 완만한 구배 ② 조세립토가 적당히 혼합되어야 입도가 양호하다. ③ 균등계수가 크다. ④ 투수계수 및 간극비가 작다.	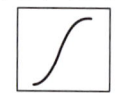

+ 입도분포가 나쁜 빈입도
- 입경 가적곡선의 기울기가 급한 구배

- 균등한 입경으로만 구성
- 균등계수가 작음
- 투수계수가 큼
- 간극비가 큼
- 공학적 성질 불량(흙을 다지기 힘듦)

⑦ 양입도(입도양호)의 판정

양입도 판정조건		
균등계수와 곡률계수의 양입도 조건을 동시에 만족할 때 양입도(Well-Graded)로 판정한다.	일반흙	$C_u > 10$, 그리고 $C_g = 1\sim3$
	모래	$C_u > 6$, 그리고 $C_g = 1\sim3$
	자갈	$C_u > 4$, 그리고 $C_g = 1\sim3$

과년도 기출문제

01 어떤 흙의 입경가적곡선에서 $D_{10}=0.05$mm, $D_{30}=0.09$mm, $D_{60}=0.15$mm이었다. 균등계수(C_u)와 곡률계수(C_g)의 값은? [20년 1회]

① 균등계수=1.7, 곡률계수=2.45
② 균등계수=2.4, 곡률계수=1.82
③ 균등계수=3.0, 곡률계수=1.08
④ 균등계수=3.5, 곡률계수=2.08

[해설]

$$C_u = \frac{D_{60}}{D_{10}} = \frac{0.15}{0.05} = 3$$

$$C_g = \frac{D_{30}^2}{D_{10} \cdot D_{60}} = \frac{0.09^2}{0.05 \times 0.15} = 1.08$$

02 유효입경이 0.1mm이고, 통과 백분율 80%에 대응하는 입경이 0.5mm, 60%에 대응하는 입경이 0.4mm, 40%에 대응하는 입경이 0.3mm, 20%에 대응하는 입경이 0.2mm일 때 이 흙의 균등계수는?

① 2 ② 3
③ 4 ④ 5

[해설]

$$균등계수(C_u) = \frac{D_{60}}{D_{10}} = \frac{0.4}{0.1} = 4$$

03 4.75mm체(4번 체) 통과율이 90%, 0.075mm체(200번 체) 통과율이 4%이고, $D_{10}=0.25$mm, $D_{30}=0.6$mm, $D_{60}=2$mm인 흙을 통일분류법으로 분류하면? [22년 2회]

① GP ② GW
③ SP ④ SW

[해설]

• #200체(0.075mm)통과율 4% → 조립토(G.S)
• #4체(4.75mm)통과율 90% → 모래(S)
• $C_u = \dfrac{D_{60}}{D_{10}} = \dfrac{2}{0.25} = 8$

• $C_g = \dfrac{D_{30}^2}{D_{10} \cdot D_{60}} = \dfrac{0.6^2}{0.25 \times 2} = 0.72$

∴ 입도불량(P)
따라서, SP(입도분포가 불량한 모래)

04 아래 표와 같은 흙을 통일 분류법에 따라 분류한 것으로 옳은 것은? [18년 3회]

- No.4번 체(4.75mm체) 통과율이 37.5%
- No.200번 체(0.075mm체) 통과율이 2.3%
- 균등계수는 7.9
- 곡률계수는 1.4

① GW ② GP
③ SW ④ SP

[해설]

흙의 분류
㉠ 조립토[#200체(0.075mm) 통과량≤50%]
   세립토[#200체(0.075mm) 통과량≥50%]
㉡ 자갈[#4체(4.75mm) 통과량≤50%]
   모래[#4체(4.75mm) 통과량≥50%]
㉢ 양입도
   • 일반흙 $C_u > 10$ 그리고 $1 < C_g < 3$
   • 모래 $C_u > 6$ 그리고 $1 < C_g < 3$
   • 자갈 $C_u > 4$ 그리고 $1 < C_g < 3$
∴ • #200체 통과율 2.3% → 조립토
   • #4체 통과율 37.5% → 자갈
   • 균등계수(C_u) 7.9 → 양입도 자갈
   • 곡률계수(C_g) 1.4 → 양입도 자갈
따라서 입도가 양호한 자갈(GW)

정답 01 ③ 02 ③ 03 ③ 04 ①

02 흙의 분류

8 통일 분류법

	제1문자(입경)		제2문자(입도 및 성질)	
	설명	기호	설명	기호
조립토	자갈(Gravel)	G	입도양호, 양립도	W
			입도불량, 빈립도	P
	모래(Sand)	S	실트질	M
			점토질	C
세립토	실트(M.Silt)	M	압축성이 낮음(Low), 저압축성	L
	점토(Clay)	C		
	유기질 점토 (Organic clay)	O	압축성이 높음(High), 고압축성	H
유기질토	이탄(Peat)	Pt	유기질토의 제2문자는 없음	

흙의 공학적 분류
- 통일 분류법(입도분포, 액성한계, 소성지수 등을 주요인자로 분류)
- AASHTO 분류법(군지수 사용)

GW
입도가 양호한 자갈(최적함수비가 가장 작은 흙, 도로노반으로 가장 좋은 재료)

SM
실트질의 모래

CH
압축성이 높은 점토

CL
압축성이 낮은 점토

9 양입도 판정

통일 분류법	조립토	#200체(0.075mm) 통과량 50% 이하인 흙
	세립토	#200체(0.075mm) 통과량 50% 이상인 흙
	자갈	#4체(4.75mm) 통과량 50% 이하인 흙
	모래	#4체(4.75mm) 통과량 50% 이상인 흙
양입도		① 일반흙 : $C_u > 10$, 그리고 $C_g = 1 \sim 3$ ② 모래 : $C_u > 6$, 그리고 $C_g = 1 \sim 3$ ③ 자갈 : $C_u > 4$, 그리고 $C_g = 1 \sim 3$

통일분류법 목적
비행기 활주로, 도로, 흙댐, 기초지반설계에 이용(Casagrande가 고안)

10 소성도표

소성도표(Cassagrande)	방정식
① 세립토에서 압축성의 높고 낮음을 분류하는 데 이용 ② 가로축 : ω_L (액성한계) ③ 세로축 : I_P (소성지수, PI)	① A선의 방정식 : $I_P = 0.73(\omega_L - 20)$ ② B선의 방정식 : $\omega_L = 50(\%)$

- A선 위의 흙은 점토(C)
  A선 아래의 흙은 실트(M)
  (색과 냄새 등으로 무기질 구분)

- U선은 액성한계와 소성지수의 상한선으로 U선 위쪽으로는 측점이 있을 수 없다.

B선의 방정식
- $\omega_L \leq 50\%$: 압축성이 낮음
- $\omega_L \geq 50\%$: 압축성이 높음

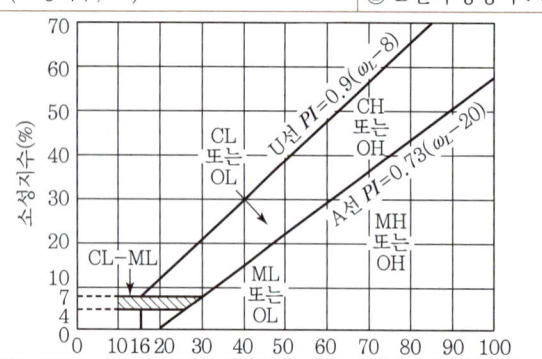

압축성이 낮은(L, 저소성)	$\omega_L \leq 50\%$ (액성한계가 50% 이하)
압축성이 높은(H, 고소성)	$\omega_L \geq 50\%$ (액성한계가 50% 이상)

과년도 기출문제

01 통일분류법에 의한 분류기호와 흙의 성질을 표현한 것으로 틀린 것은? [21년 2회]

① SM : 실트 섞인 모래
② GC : 점토 섞인 자갈
③ CL : 소성이 큰 무기질 점토
④ GP : 입도분포가 불량한 자갈

[해설]

CL : 압축성이 낮은 점토

02 어떤 시료를 입도분석한 결과, 0.075mm 체 통과율이 65%이었고, 애터버그한계 시험결과 액성한계가 40%이었으며 소성도표(Plasticity Chart)에서 A선 위의 구역에 위치한다면 이 시료의 통일분류법(USCS)상 기호로서 옳은 것은?(단, 시료는 무기질이다.) [20년 4회]

① CL   ② ML
③ CH   ④ MH

[해설]

- 0.075mm(No.200) 체 통과량 65% → 세립토
- 액성한계(w_L)=40% → 압축성이 낮은(L)
- A선 위에 위치 → 점토(C)
∴ 세립토인 저압축성 점토(CL)

03 통일분류법에 의해 흙의 MH로 분류되었다면, 이 흙의 공학적 성질로 가장 옳은 것은? [19년 3회]

① 액성한계가 50% 이하인 점토이다.
② 액성한계가 50% 이상인 실트이다.
③ 소성한계가 50% 이하인 실트이다.
④ 소성한계가 50% 이상인 점토이다.

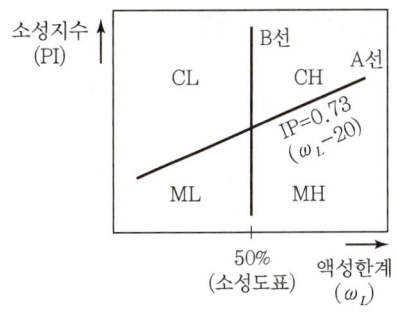

- 압축성이 높음(H) : $w_L \geq 50\%$
- 압축성이 낮음(L) : $w_L \leq 50\%$
- 점토(C) : A선 위쪽
- 실트(M) : A선 아래쪽

04 흙의 분류에 사용되는 Casagrande 소성도에 대한 설명으로 틀린 것은? [16년 2회]

① 세립토를 분류하는 데 이용된다.
② U선은 액성한계와 소성지수의 상한선으로 U선 위쪽으로는 측점이 있을 수 없다.
③ 액성한계 50%를 기준으로 저소성(L) 흙과 고소성(H) 흙으로 분류한다.
④ A선 위의 흙은 실트(M) 또는 유기질토(O)이며, A선 아래의 흙은 점토(C)이다.

[해설]

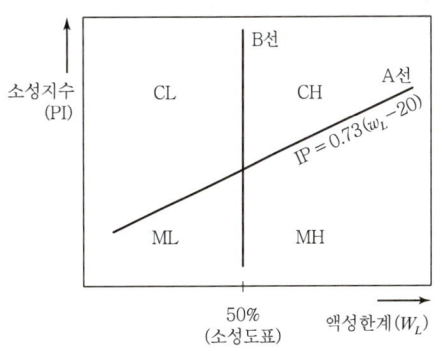

- 압축성이 높음(H) : $W_L \geq 50\%$
- 압축성이 낮음(L) : $W_L \leq 50\%$
- 점토(C) : A선 위쪽
- 실트(M) : A선 아래쪽
∴ A선 위의 흙은 점토(C)이며, A선 아래의 흙은 실트(M)

정답 01 ③ 02 ① 03 ② 04 ④

02 흙의 분류

11 AASHTO 분류법

AASHTO 분류법	군지수(GI)공식
입도분석, 액성한계, 소성지수로부터 군지수 (Group Index, GI)를 구하여 도로 노상토 재료로서의 양·부를 판정한다. (유기질토 분류 방법은 없다.)	$GI = 0.2a + 0.005ac + 0.01bd$ ① $a = P\#200 - 35\,(0 \leq a \leq 40)$ ② $b = P\#200 - 15\,(0 \leq b \leq 40)$ ③ $c = \omega_L - 40\,(0 \leq c \leq 20)$ ④ $d = I_P - 10\,(0 \leq d \leq 20)$

흙의 공학적 분류
- 통일 분류법(USCS)
- AASHTO 분류법(군지수 사용)

- $P\#200$: No.200번체 통과율
  ω_L : 액성한계
  I_P : 소성지수

군지수(GI)
- GI 값이 음(−)의 값을 가지면 0으로 한다.
- GI 값은 반올림하여 가장 가까운 정수로 반올림한다.
  ($3.4 \to 3,\ 5.5 \to 6$)
- GI 값이 클수록 공학적 성질이 불량하다.

12 AASHTO 분류법에 의한 흙의 분류

대분류	조립토($P\#200 \leq 35\%$)			세립토($P\#200 \geq 35\%$)			
소분류	A−1	A−3	A−2	A−4	A−5	A−6	A−7
GI	0	0	4 이하	8 이하	12 이하	16 이하	20 이하
주성분	자갈 모래	세사 (가는 모래)	실트질 자갈 점토질 자갈 실트질 모래 점토질 모래	실트질 흙		점토질 흙	
양·부	우수 또는 양호			가능 또는 불가능			

13 통일분류법과 AASHTO 분류법의 분류

구분	조립토	세립토
통일 분류법	#200체 통과량 50% 이하	#200체 통과량 50% 이상
AASHTO 분류법	#200체 통과량 35% 이하	#200체 통과량 35% 이상

세립토의 분류
- 통일분류법
  NO.200(0.075mm)체 통과율이 50% 이상
- AASHTO 분류
  NO.200(0.075mm)체 통과율이 35% 이상

과년도 기출문제

01 통일분류법으로 흙을 분류하는 데 직접 사용되지 않는 요소는?

① 200번체 통과율 ② 4번체 통과율
③ 군지수 ④ 액성 한계

[해설]

군지수는 AASHTO 분류법에 사용

02 아래와 같은 조건에서 AASHTO 분류법에 따른 군지수(GI)는? [21년 2회]

- 흙의 액성한계 : 45%
- 흙의 소성한계 : 25%
- 200번체 통과율 : 50%

① 7 ② 10
③ 13 ④ 16

[해설]

$GI = 0.2a + 0.005ac + 0.01db$
- $a = P\#200 - 35 = 50 - 35 = 15 \, (0 \leq a \leq 40)$
- $b = P\#200 - 15 = 50 - 15 = 35 \, (0 \leq a \leq 40)$
- $c = \omega_L - 40 = 45 - 40 = 5 \, (0 \leq c \leq 20)$
- $d = I_P - 10 = 20 - 10 = 10 \, (0 \leq c \leq 20)$
  $(I_P = \omega_L - \omega_P = 45 - 25 = 20)$

∴ $GI = 0.2 \times 15 + 0.005 \times 15 \times 5 + 0.01 \times 10 \times 35 = 6.9 ≒ 7$

03 아래의 표와 같은 조건에서 군지수는? [17년 1회]

- 흙의 액성한계 : 49%
- 흙의 소성지수 : 25%
- 10번 체 통과율 : 96%
- 40번 체 통과율 : 89%
- 200번 체 통과율 : 70%

① 9 ② 12
③ 15 ④ 18

[해설]

군지수(GI) $= 0.2a + 0.005ac + 0.01bd$
- $a = P_{\#200} - 35 = 70 - 35 = 35 \, (0 \leq a \leq 40)$
- $b = P_{\#200} - 15 = 70 - 15 = 55 = 40 \, (0 \leq b \leq 40)$
- $c = W_L - 40 = 49 - 40 = 9 \, (0 \leq c \leq 20)$
- $d = I_p - 10 = 25 - 10 = 15 \, (0 \leq d \leq 20)$

∴ $GI = (0.2 \times 35) + (0.005 \times 35 \times 9) + (0.01 \times 40 \times 15)$
$= 14.575 ≒ 15$

04 통일분류법으로 흙을 분류할 때 사용하는 인자가 아닌 것은? [15년 1회]

① 입도분포 ② 애터버그 한계
③ 색, 냄새 ④ 군지수

[해설]

흙의 공학적 성질
- 통일 분류법(입도분포, 액성한계, 소성지수)
- AASHTO 분류법(군지수)

05 시료가 점토인지 아닌지를 알아보고자 할 때 다음 중 가장 거리가 먼 사항은? [19년 1회]

① 소성지수
② 소성도 A선
③ 포화도
④ 200번(0.075mm) 체 통과량

[해설]

점토 시료 여부 판정 시 필요한 특성값
- 200번(0.075mm) 체 통과량(P200)
- 소성지수
- 소성도 A선

06 흙의 분류법인 AASHTO 분류법과 통일분류법을 비교·분석한 내용으로 틀린 것은? [21년 1회]

① 통일분류법은 0.075mm체 통과율 35%를 기준으로 조립토와 세립토로 분류하는데 이것은 AASHTO 분류법보다 적합하다.
② 통일분류법은 입도분포, 액성한계, 소성지수 등을 주요 분류인자로 한 분류법이다.
③ AASHTO 분류법은 입도분포, 군지수 등을 주요 분류인자로 한 분류법이다.
④ 통일분류법은 유기질토 분류방법이 있으나 AASHTO 분류법은 없다.

[해설]

통일분류법은 0.075mm체 통과율 50%를 기준으로 조립토와 세립토로 분류

정답 01 ③ 02 ① 03 ③ 04 ④ 05 ③ 06 ①

03 지반 내 물의 흐름

1. Darcy 법칙

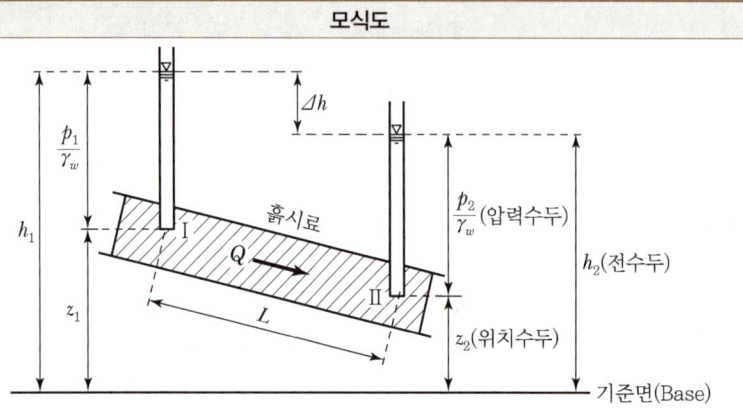

모식도

단위시간당 침투유량

$$Q = Av = Ak\frac{\Delta h}{L} = Aki$$

- v : 평균유출속도(cm/sec)
- k : 투수계수(cm/sec)
- A : 흐름에 대한 시료단면적(cm²)
- Q : 단위시간(1sec)당 유량(cm³/sec)
- i : 동수경사($i = \frac{\Delta h}{L}$, 무차원)
- L : 물이 통과한 시료의 길이(cm)
- Δh : 수두차($h_1 - h_2$)

Darcy법칙
모래로 가득 찬 통에 물을 통과시키는데 압력과 이동거리에 따라 얼마나 잘 통과하는지에 대한 관계식

Darcy법칙에 의한 평균침투속도
$v = ki = k \cdot \dfrac{\Delta h}{L}$

전수두
기준면에서 수면까지의 높이

압력수두
임의점에서 스탠드파이프 내로 상승한 물기둥 높이

위치수두
기준면에서 임의점까지의 높이

2. 실제 침투유속

실제 침투유속(v_s)	실제유속(v_s)과 평균유속(v)과의 관계
$Q = Av = A_v v_s$ ∴ $v_s = \dfrac{A}{A_v}v = \dfrac{v}{n}$	$v_s > v$
A_v : 공극 부분의 단면적 A : 흙 전체의 단면적 n : 간극률(공극률) v : 평균유속(가상유속)	실제침투유속(v_s)이 평균유속(v)보다 크다. ∴ $v_s = \dfrac{v}{n}$

- $v_s = \dfrac{A \times L}{A_v \times L} \cdot v$
  $= \dfrac{v \div v}{v_v \div v} \cdot v$
  $= \dfrac{v}{n}$

실제 침투유속(v_s)
온도가 높아지면 점성이 작아져서 투수계수가 커지고 유속은 빠르다.

간극률(n)
- $n = \dfrac{V_v}{V} \times 100$
- $n = \dfrac{e}{1+e}$

3. Darcy 법칙의 적용

적용
① 층류에서만 Darcy 법칙이 성립한다(특히 $R_e < 4$ 인 층류에서 잘 적용).
② 지하수는 레이놀즈(R_e) ≒ 1이므로 Darcy 법칙이 적용된다.
③ 흙 속의 유속은 매우 적어서 무시되며 층류라고 가정하고 Darcy 법칙을 적용한다.

과년도 기출문제

01 아래 그림에서 투수계수 $k = 4.8 \times 10^{-3}$ cm/s일 때 Darcy 유출속도(v)와 실제 물의 속도(침투속도, v_s)는? [21년 3회]

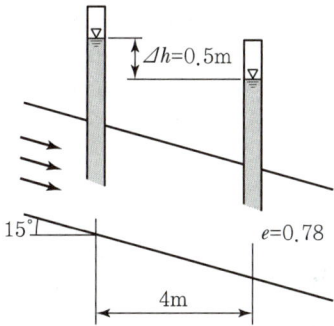

① $v = 3.4 \times 10^{-4}$ cm/s, $v_s = 5.6 \times 10^{-4}$ cm/s
② $v = 3.4 \times 10^{-4}$ cm/s, $v_s = 9.4 \times 10^{-4}$ cm/s
③ $v = 5.8 \times 10^{-4}$ cm/s, $v_s = 10.8 \times 10^{-4}$ cm/s
④ $v = 5.8 \times 10^{-4}$ cm/s, $v_s = 13.2 \times 10^{-4}$ cm/s

[해설]

• Darcy의 유출속도
$$V = K\frac{\Delta h}{l} = 4.8 \times 10^{-3} \times \frac{50}{\frac{400}{\cos 15°}} = 5.8 \times 10^{-4} \text{cm/sec}$$

• 침투속도
$$V_s = \frac{V}{n} = \frac{5.8 \times 10^{-4}}{0.44} = 13.2 \times 10^{-4} \text{cm/sec}$$
$$(\because n = \frac{e}{1+e} = \frac{0.78}{1+0.78} = 0.44)$$

02 단면적 20cm², 길이 10cm의 시료를 15cm의 수두차로 정수위 투수시험을 한 결과 2분 동안에 150cm³의 물이 유출되었다. 이 흙의 비중은 2.67이고, 건조중량이 420g이었다. 공극을 통하여 침투하는 실제 침투유속 V_s는 약 얼마인가? [17년 2회]

① 0.018cm/sec ② 0.296cm/sec
③ 0.437cm/sec ④ 0.628cm/sec

[해설]

실제침투유속$(V_s) = \frac{1}{n} \cdot V$

㉠ n
• $\gamma_d = \frac{W}{V_{(A \cdot l)}} = \frac{420}{20 \times 10} = 2.1 \text{g/cm}^3$
• $\gamma_d = \frac{G_s \gamma_w}{1+e} \rightarrow e = \frac{G_s \cdot \gamma_w}{\gamma_d} - 1 = \frac{2.67 \times 1}{2.1} - 1 = 0.271$
• $n = \frac{e}{1+e} = \frac{0.271}{1+0.271} = 0.213$

㉡ $V = k \cdot i = k \cdot \frac{h}{L}$
• $k = \frac{QL}{hAt} = \frac{150 \times 10}{15 \times 20 \times (2 \times 60)} = 0.042 \text{cm/sec}$
• $V = k \cdot \frac{h}{L} = 0.042 \times \frac{15}{10} = 0.063 \text{cm/sec}$

$\therefore V_s = \frac{1}{n} \cdot V = \frac{1}{0.213} \times 0.063 = 0.296 \text{cm/sec}$

03 그림에서 흙의 단면적이 40cm²이고 투수계수가 0.1cm/s일 때 흙 속을 통과하는 유량은? [20년 3회]

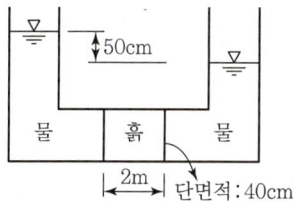

① 1m³/h ② 1cm³/s
③ 100m³/h ④ 100cm³/s

[해설]

$$Q = A \cdot V = A \cdot k \cdot \frac{\Delta h}{L} = 40 \times 0.1 \times \frac{50}{200} = 1 \text{cm}^3/\text{s}$$

04 흙의 투수성에서 사용되는 Darcy의 법칙 $\left(Q = k \cdot \frac{\Delta h}{L} \cdot A\right)$에 대한 설명으로 틀린 것은? [20년 1회]

① Δh는 수두차이다.
② 투수계수(k)의 차원은 속도의 차원(cm/s)과 같다.
③ A는 실제로 물이 통하는 공극부분의 단면적이다.
④ 물의 흐름이 난류인 경우에는 Darcy의 법칙이 성립하지 않는다.

[해설]

A는 흙 전체의 단면적이다.

정답 01 ④ 02 ② 03 ② 04 ③

03 지반내 물의 흐름

4 투수계수 공식

Taylor 공식	투수계수(k)와 관계
$k = D_s^2 \cdot \dfrac{\gamma_w}{\mu} \cdot \dfrac{e^3}{1+e} \cdot C$	① 간극비(e)가 클수록 k는 증가 ② 물의 밀도가 클수록 k는 증가 ③ 물의 점성이 클수록 k는 감소 ④ 투수계수(k)는 모래가 점토보다 큼 ⑤ k는 토립자 비중과 무관함 ⑥ 포화도가 클수록 k는 증가(공기가 있으면 물의 흐름을 방해) ⑦ 온도가 높으면 k는 증가(온도가 높으면 점성계수가 감소하여 k는 증가)
D_s : 흙의 입경 μ : 점성계수 e : 간극비 C : 합성형상계수	

+ **투수성**
흙의 투수능력(투수성)을 나타내는 중요한 토질정수 k값이 큰 흙일수록 물이 쉽게 흐르게 되므로 투수성이 높다고 말한다.

투수계수(k)
물이 흙의 간극을 통과하여 이동하는 속도(cm/sec)

5 투수계수와 간극비의 관계

식	내용
$k_1 : k_2 = \dfrac{e_1^3}{1+e_1} : \dfrac{e_2^3}{1+e_2}$	$k_2 = \dfrac{\dfrac{e_2^3}{1+e_2}}{\dfrac{e_1^3}{1+e_1}} k_1$

6 정수위 투수시험(조립토에 적용)

모식도	식
(그림: 시료길이 L, 수위차 h, 흙)	$k = \dfrac{QL}{hAt} = \dfrac{Q}{iAt}$ Q : 투수시간(t시간) 동안 투수량(cm³) L : 시료길이(cm) h : 수위차(cm) A : 시료 단면적(cm²) t : 투수시간(sec) i : 동수경사 $\left(\dfrac{h}{L}\right)$
	적용: 사질토에 적용 ($k > 10^{-3}$ cm/sec)

+ 투수시험은 불교란시료를 이용하여 시험한다.

실내 투수시험
- 정수위 투수시험법
- 변수위 투수시험법
- 압밀시험

정수위 투수시험
- 투수계수가 큰 조립토(사질토)에 적용
- 수두차를 일정하게 유지
- Darcy 법칙 적용
- 투수량 Q를 측정하여 투수계수(k)를 결정

변수위 투수시험
$k = 2.3 \dfrac{aL}{AT} \log_{10} \dfrac{h_1}{h_2}$

과년도 기출문제

01 흙속에서 물의 흐름에 대한 설명으로 틀린 것은?
[16년 1회]

① 투수계수는 온도에 비례하고 점성에 반비례한다.
② 불포화토는 포화토에 비해 유효응력이 작고, 투수계수가 크다.
③ 흙 속의 침투수량은 Darcy 법칙, 유선망, 침투해석 프로그램 등에 의해 구할 수 있다.
④ 흙 속에서 물이 흐를 때 수두차가 커져 한계동수 구배에 이르면 분사현상이 발생한다.

[해설]
불포화토는 투수계수(k)가 작다.

02 간극비 $e_1 = 0.80$인 어떤 모래의 투수계수가 $k_1 = 8.5 \times 10^{-2}$cm/s일 때, 이 모래를 다져서 간극비를 $e_2 = 0.57$로 하면 투수계수 k_2는?
[22년 2회]

① 4.1×10^{-1}cm/s
② 8.1×10^{-2}cm/s
③ 3.5×10^{-2}cm/s
④ 8.5×10^{-3}cm/s

[해설]
간극비와 투수계수의 관계

$k_1 : k_2 = \dfrac{e_1^3}{1+e_1} : \dfrac{e_2^3}{1+e_2}$

$8.5 \times 10^{-2} : k_2 = \dfrac{0.80^3}{1+0.80} : \dfrac{0.57^3}{1+0.57}$

$\therefore k_2 = 3.5 \times 10^{-2}$cm/sec

03 다음 중 투수계수를 좌우하는 요인이 아닌 것은?
[18년 1회]

① 토립자의 비중
② 토립자의 크기
③ 포화도
④ 간극의 형상과 배열

[해설]
$K \propto$ 직경 $\propto \gamma_w \propto$ 간극비 $\propto \dfrac{1}{\mu(점성계수)}$

04 흙의 투수계수에 영향을 미치는 요소들로만 구성된 것은?
[18년 3회]

㉮ 흙입자의 크기 ㉯ 간극비
㉰ 간극의 모양과 배열 ㉱ 활성도
㉲ 물의 점성계수 ㉳ 포화도
㉴ 흙의 비중

① ㉮, ㉯, ㉱, ㉳
② ㉮, ㉯, ㉰, ㉲, ㉳
③ ㉮, ㉯, ㉱, ㉲, ㉴
④ ㉯, ㉰, ㉲, ㉳

[해설]
• $K = D^2 \cdot \dfrac{\gamma_w}{\mu} \cdot \dfrac{e^3}{1+e} \cdot C$
• 투수계수(K)는 비중과 무관하다.

05 단면적이 100cm², 길이가 30cm인 모래 시료에 대하여 정수두 투수시험을 실시하였다. 이때 수두차가 50cm, 5분 동안 집수된 물이 350cm³이었다면 이 시료의 투수계수는?
[21년 2회]

① 0.001cm/s
② 0.007cm/s
③ 0.01cm/s
④ 0.07cm/s

[해설]
정수위 투수시험의 투수계수
$k = \dfrac{QL}{hAt} = \dfrac{350 \times 30}{50 \times 100 \times 5 \times 60} = 0.007$cm/s

06 어떤 흙의 변수위 투수시험을 한 결과 시료의 직경과 길이가 각각 5.0cm, 2.0cm이었으며, 유리관의 내경이 4.5mm, 1분 10초 동안에 수두가 40cm에서 20cm로 내려갔다. 이 시료의 투수계수는?
[15년 1회]

① 4.95×10^{-4}cm/s
② 5.45×10^{-4}cm/s
③ 1.60×10^{-4}cm/s
④ 7.39×10^{-4}cm/s

[해설]
$k = 2.3 \cdot \dfrac{aL}{At} \log \dfrac{h_1}{h_2} = 2.3 \times \dfrac{\left(\dfrac{\pi \times 0.45^2}{4} \times 2\right)}{\left(\dfrac{\pi \times 5^2}{4} \times 70\right)} \log \dfrac{40}{20}$

$= 1.6 \times 10^{-4}$cm/s

정답 01 ② 02 ③ 03 ① 04 ② 05 ② 06 ③

03 지반내 물의 흐름

7 수평방향 등가 투수계수(k_h)

모식도	지하수 흐름이 성토층에 평행한 수평투수계수
(그림: $H_1 \to k_1$, $H_2 \to k_2$, $H_3 \to k_3$, 전체높이 H)	$k_h = \dfrac{k_1 H_1 + k_2 H_2 + k_3 H_3}{H_1 + H_2 + H_3}$
	각 층에서 동수경사는 같아야 한다.
	전체층의 유량 = 각 층의 유량의 합

- 성토 지반의 투수계수는 토층에 수평방향 또는 수직방향으로 지하수가 흐를 때 투수계수가 동일하지 않다. 그래서 수평방향의 투수계수와 수직방향의 투수계수를 각각 구한다.

수평방향 수투계수(k_h)
- 흐름이 층에 평행한 경우
- 전층의 유량은 각 층의 유량의 합과 같다는 조건
- Darcy법칙을 적용하여 투수계수(k)를 구함

8 수직방향 등가 투수계수(k_v)

모식도	지하수 흐름이 성토층에 직각인 수직투수계수
(그림: H_1, k_1 / H_2, k_2 / H_3, k_3, k_h 수평방향, k_v 수직방향)	$k_v = \dfrac{H_1 + H_2 + H_3}{\dfrac{H_1}{k_1} + \dfrac{H_2}{k_2} + \dfrac{H_3}{k_3}}$
(단면도: K_1, K_2, K_3, H_1, H_2, H_3, h_1, h_2, h_3, h, H)	• 각 층에서의 유출속도가 같아야 한다. $v_z = K_z i_z = K_1 i_1 = K_2 i_2 = K_3 i_3$ $= constant$ • 전손실수두는 각 층에서의 손실수두의 합과 같다. $h = h_1 + h_2 + h_3$

수직방향 투수계수(k_v)
- 흐름이 층에 직각인 경우
- 전층을 흐르는 시간은 각 층을 흐르는 시간의 합과 같아진다는 조건으로 투수계수(k)를 구함

9 비등방성(이방성) 투수계수

비등방성(이방성) 투수계수	평균(등가) 투수계수
균질한 흙이라도 지층을 형성하는 정에서 수평방향과 연직방향의 투수계수가 다르면 이방성 또는 비등방성이라 한다.	$k = \sqrt{k_h \cdot k_v}$ k_h : 수평방향 투수계수 k_v : 수직방향 투수계수

이방성 투수계수(k_v)
- 균질한 흙이라도 수평, 수직의 투수계수는 다르다(이방성).
- 평균투수계수는 기하평균으로 구한다 (등방성으로 가정).

- $k_h > k_v$

과년도 기출문제

01 그림과 같이 3층으로 되어 있는 성토층의 수평방향 평균투수계수는? [15년 4회]

$H_1 = 2.5m \quad K_1 = 3.06 \times 10^{-4} cm/sec$
$H_2 = 3.0m \quad K_2 = 2.55 \times 10^{-4} cm/sec$
$H_3 = 2.0m \quad K_3 = 3.50 \times 10^{-4} cm/sec$

① 2.97×10^{-4}cm/sec ② 3.04×10^{-4}cm/sec
③ 6.97×10^{-4}cm/sec ④ 4.04×10^{-4}cm/sec

[해설]

$$K_h = \frac{K_1 H_1 + K_2 H_2 + K_3 H_3}{H_1 + H_2 + H_3}$$
$$= \frac{(3.06 \times 10^{-4} \times 250) + (2.55 \times 10^{-4} \times 300) + (3.5 \times 10^{-4} \times 200)}{250 + 300 + 200}$$
$$= 2.97 \times 10^{-4} cm/sec$$

02 그림과 같이 3개의 지층으로 이루어진 지반에서 토층에 수직한 방향의 평균 투수계수(k_v)는? [22년 1회]

6m $k_1 = 0.02$cm/s
1.5m $k_2 = 2.0 \times 10^{-5}$cm/s
3m $k_3 = 0.03$cm/s

① 2.516×10^{-6}cm/s ② 1.274×10^{-5}cm/s
③ 1.393×10^{-4}cm/s ④ 2.0×10^{-2}cm/s

[해설]

$$k_v = \frac{H_1 + H_2 + H_3}{\frac{H_1}{k_1} + \frac{H_2}{k_2} + \frac{H_3}{k_3}} = \frac{600 + 150 + 300}{\frac{600}{0.02} + \frac{150}{2 \times 10^{-5}} + \frac{300}{0.03}}$$
$$= 1.393 \times 10^{-4} cm/s$$

03 아래 그림에서 각 층의 손실수두 Δh_1, Δh_2, Δh_3를 각각 구한 값으로 옳은 것은?(단, k는 cm/s, H와 Δh는 m단위이다.) [20년 3회]

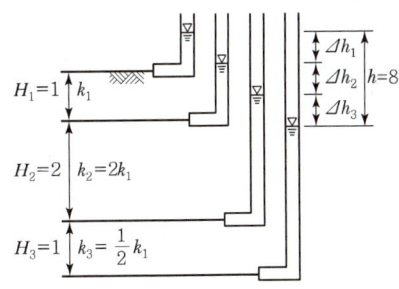

① $\Delta h_1 = 2, \Delta h_2 = 2, \Delta h_3 = 4$
② $\Delta h_1 = 2, \Delta h_2 = 3, \Delta h_3 = 3$
③ $\Delta h_1 = 2, \Delta h_2 = 4, \Delta h_3 = 2$
④ $\Delta h_1 = 2, \Delta h_2 = 5, \Delta h_3 = 1$

[해설]

$$V = k_1 i_1 = k_2 i_2 = k_3 i_3$$
$$= k_1\left(\frac{\Delta h_1}{H_1}\right) = k_2\left(\frac{\Delta h_2}{H_2}\right) = k_3\left(\frac{\Delta h_3}{H_3}\right)$$
$$= k_1\left(\frac{\Delta h_1}{1}\right) = 2k_1\left(\frac{\Delta h_2}{2}\right) = \frac{1}{2}k_1\left(\frac{\Delta h_3}{1}\right)$$
$$\therefore \Delta h_1 = \Delta h_2 = \frac{\Delta h_3}{2}$$

따라서 $h_{(8)} = \Delta h_1 + \Delta h_2 + \Delta h_3 = \Delta h_1 + \Delta h_1 + 2\Delta h_1$
$\Delta h_1 = 2 = \Delta h_2, \Delta h_3 = 4$

04 $\Delta h_1 = 5$이고, $k_{v2} = 10 k_{v1}$일 때, k_{v3}의 크기는? [19년 3회]

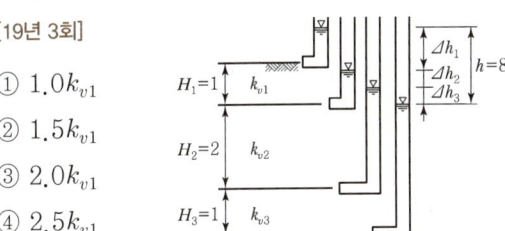

① $1.0 k_{v1}$
② $1.5 k_{v1}$
③ $2.0 k_{v1}$
④ $2.5 k_{v1}$

[해설]

수직방향 평균투수계수(동수경사 다름, 유량 일정)

$$v = K_{v1} i_1 = K_{v2} i_2 = K_{v3} i_3 = K_{v1} \frac{\Delta h_1}{1} = K_{v2} \frac{\Delta h_2}{2} = K_{v3} \frac{\Delta h_3}{1}$$
$$= 5 K_{v1} = \frac{10 K_{v1} \Delta h_2}{2} = K_{v3} \Delta h_3 = 5 K_{v1} = 5 K_{v1} \Delta h_2$$
$\therefore \Delta h_2 = 1$

전체 손실수두 $h = 8$, $\Delta h_1 = 5$이므로, $\Delta h_3 = 2$

$$v = K_{v3} \times \frac{\Delta h_3}{H_3} = K_{v3} \times \frac{2}{1} = 2 K_{v3} = 5 K_{v1}$$
$\therefore K_{v3} = 2.5 K_{v1}$

정답 01 ① 02 ③ 03 ① 04 ④

03 지반내 물의 흐름

10 유선망

유선망(물막이 구조)

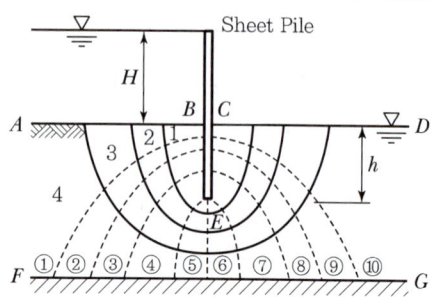

$\overline{AB}$, $\overline{CD}$: 등수두선
BEC, FG선 : 유선

유선	지하수의 흐름방향을 나타내는 선	유선=5
등수두선	전수두가 동일한 점을 연결하는 선	등수두선=11
유로(유면, N_f)	유선과 유선이 이루는 통로(유선 −1)	유로=4
등수두면 (N_d)	등수두선 사이의 공간(등수두선 −1)	등수두면=10

11 유선망의 특징

특징

① 각 유량의 침투 유량은 같다.
② 인접한 등수두선 사이에서 수두차(손실수두, 수두감소량)는 모두 같다.
③ 유선과 등수두선은 서로 직교한다(유선과 다른 유선은 교차하지 않는다).
④ 유선망을 이루는 사각형은 이론상 정사각형이다(폭=길이).
⑤ 침투속도 및 동수구배는 유선망의 폭(L)에 반비례한다.

침투속도 $(v) = ki = k\dfrac{\Delta h}{L}$

＋ 유선망의 작도목적
- 침투유량(수량) 결정
- 간극수압 결정
- 동수경사 결정

유선망의 구성
유선망은 유선과 등수두선으로 구성된다.

유로(유면)와 등수두면
- 유로(유면)는 2개의 유선 사이에 낀 공간
- 등수두면(등압면)은 2개의 등수두선 사이에 낀 공간

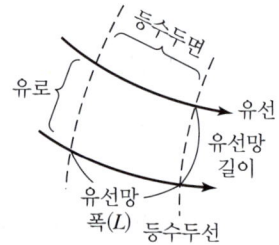

흙댐에서 유선망 경계조건

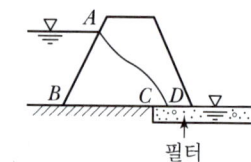

- 유선 : BC, AD(침윤선)
- 등수두선 : AB, CD

과년도 기출문제

01 유선망의 특징에 대한 설명으로 틀린 것은? [22년 1회]

① 각 유로의 침투수량은 같다.
② 동수경사는 유선망의 폭에 비례한다.
③ 인접한 두 등수두선 사이의 수두손실은 같다.
④ 유선망을 이루는 사변형은 이론상 정사각형이다.

[해설]
유선망의 특징
- 유선망은 이론상 정사각형
- 침투속도 및 동수경사는 유선망 폭에 반비례

02 유선망의 특징에 대한 설명으로 틀린 것은? [20년 4회]

① 각 유로의 침투유량은 같다.
② 유선과 등수두선은 서로 직교한다.
③ 인접한 유선 사이의 수두 감소량(Head Loss)은 동일하다.
④ 침투속도 및 동수경사는 유선망의 폭에 반비례 한다.

[해설]
인접한 등수두선 사이의 수두 감소량은 동일하다.

03 유선망은 이론상 정사각형으로 이루어진다. 동수경사가 가장 큰 곳은? [17년 1회]

① 어느 곳이나 동일함
② 땅속 가장 깊은 곳
③ 정사각형이 가장 큰 곳
④ 정사각형이 가장 작은 곳

[해설]
동수경사$(i) = \dfrac{\Delta h}{L}$, $i \propto \dfrac{1}{L(폭)}$
∴ 동수경사(i)는 L(폭)에 반비례

04 그림의 유선망에 대한 설명 중 틀린 것은?(단, 흙의 투수계수는 2.5×10^{-3}cm/sec) [15년 4회]

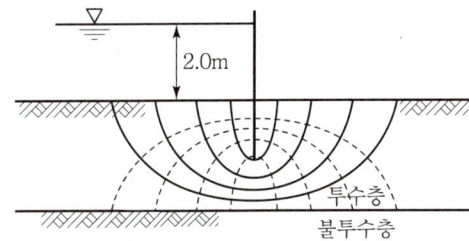

① 유선의 수 = 6
② 등수두선의 수 = 6
③ 유로의 수 = 5
④ 전 침투유량 $Q = 0.278$cm³/cec

[해설]
① 유선의 수 : 6개
② 등수두선의 수 : 10개
③ 유로의 수 : 6−1 = 5개
④ 침투유량$(Q) = KH\dfrac{N_f}{N_d} = 2.5 \times 10^{-3} \times 200 \times \dfrac{5}{9}$
   $= 0.278$cm³/sec

05 다음과 같이 널말뚝을 박은 지반의 유선망을 작도하는 데 있어서 경계조건에 대한 설명으로 틀린 것은? [19년 2회]

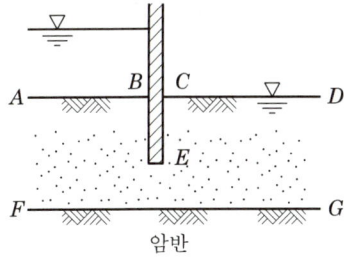

① $\overline{AB}$는 등수두선이다.
② $\overline{CD}$는 등수두선이다.
③ $\overline{FG}$는 유선이다.
④ $\overline{BEC}$는 등수두선이다.

[해설]
$\overline{BEC}$는 등수두선이 아니고 유선이다.

정답 01 ② 02 ③ 03 ④ 04 ② 05 ④

03 지반내 물의 흐름

12 침투유량(침투수량)

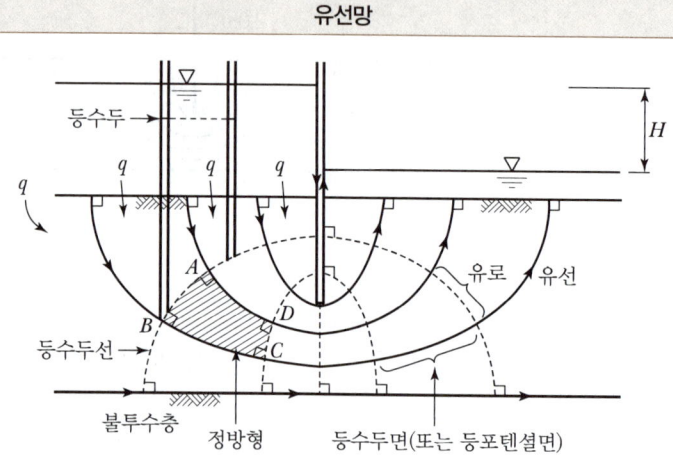

유선망

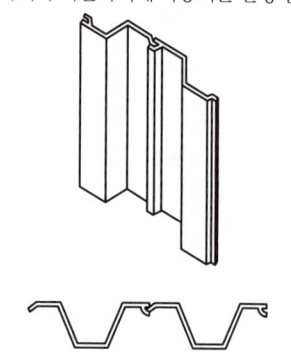

널말뚝(Sheet Pile)
흙막이나 가물막이에 사용되는 판형 말뚝

1개의 유로에 대한 단위시간당 침투유량(q)	$q = k \cdot \dfrac{H}{N_d}$
전체 유로(N_f)에 대한 전 침투유량(단위폭)	$Q = k \cdot H \cdot \dfrac{N_f}{N_d}$
널말뚝 전체 폭(B)에 대해서 전체 유로(N_f)에 대한 단위시간 동안의 침투유량(Q')	$Q' = k \cdot H \cdot \dfrac{N_f}{N_d} \cdot B$
유선망의 정밀도가 침투수량에 큰 영향을 끼치지 않는 이유	유선망은 유로의 수(N_f)와 등수두면의 수(N_d)의 비에 의해 좌우되기 때문이다.

- H : 수위차(m)
  N_d : 등수두면수
  N_f : 유로수

- $k = \sqrt{k_h \cdot k_v}$ (cm/sec)

- 침투유량을 구할 때 H(m)와 k(cm/sec)의 단위를 맞춰야 한다.

개념이해

01 어떤 유선망도에서 상하류면의 수두차가 4m, 등수두면의 수가 13개, 유로의 수가 7개일 때 단위폭 1m당 1일 침투수량은 얼마인가?(단, 투수층의 투수계수 $K = 2.0 \times 10^{-4}$ cm/sec이다.)

① 8.0×10^{-1} m³/day ② 9.62×10^{-1} m³/day
③ 3.72×10^{-1} m³/day ④ 1.83×10^{-1} m³/day

침투유량

$Q = k \cdot H \cdot \dfrac{N_f}{N_d}$

$= 2.0 \times 10^{-4} \times (10^{-2} \times 60 \times 60 \times 24)$

$\quad \times 4 \times \dfrac{7}{13}$

$= 3.72 \times 10^{-1}$ m³/day

답 ③

과년도 기출문제

01 투수계수가 2×10^{-5}cm/sec, 수위차 15m인 필댐의 단위폭 1cm에 대한 1일 침투유량은?(단, 등수두선으로 싸인 간격 수=15, 유선으로 싸인 간격수=5)

① 1×10^{-2}cm³/day ② 864cm³/day
③ 36cm³/day ④ 14.4cm³/day

[해설]

침투유량$(Q) = k \cdot H \cdot \dfrac{N_f}{N_d}$

$= 2 \times 10^{-5} \times 1500 \times \dfrac{5}{15} \times (60 \times 60 \times 24)$

$= 864$cm³/day

02 그림과 같은 지반 내의 유선망이 주어졌을 때 폭 10m에 대한 침투 유량은?[단, 투수계수(K)는 2.2×10^{-2}cm/s이다.] [21년 1회]

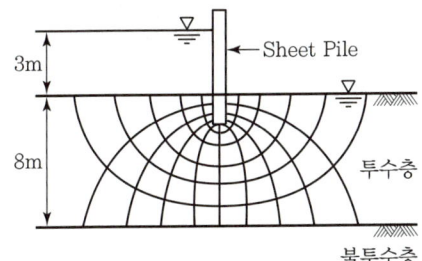

① 3.96cm³/s ② 39.6cm³/s
③ 396cm³/s ④ 3,960cm³/s

[해설]

침투수량$(Q) = k \cdot H \cdot \dfrac{N_f}{N_d}$

$= 2.2 \times 10^{-2} \times 300 \times \dfrac{6}{10} \times 1{,}000 = 3{,}960$cm³/sec

03 수평방향투수계수가 0.12cm/sec이고, 연직방향 투수계수가 0.03cm/sec일 때 1일 침투유량은? [16년 2회]

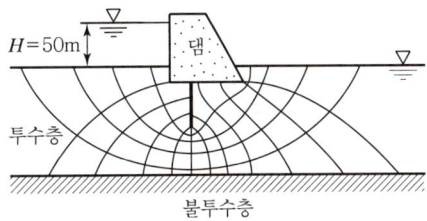

① 970m³/day/m ② 1,080m³/day/m
③ 1,220m³/day/m ④ 1,410m³/day/m

[해설]

1일 침투유량$(Q) = k \cdot H \cdot \dfrac{N_f}{N_d}$

$= \sqrt{k_H \times k_V} \times H \times \dfrac{N_f}{N_d}$

$= \sqrt{0.12 \times 0.03} \times 50 \times \dfrac{5}{12} = 1{,}080$m³/day

04 수직방향의 투수계수가 4.5×10^{-8}m/sec이고, 수평방향의 투수계수가 1.6×10^{-8}m/sec인 균질하고 비등방(非等方)인 흙댐의 유선망을 그린 결과 유로(流路) 수가 4개이고 등수두선의 간격 수가 18개였다. 단위길이(m)당 침투수량은?(단, 댐의 상하류의 수면의 차는 18m이다.)

① 1.1×10^{-7}m³/sec ② 2.3×10^{-7}m³/sec
③ 2.3×10^{-8}m³/sec ④ 1.5×10^{-8}m³/sec

[해설]

침투수량$(Q) = k \cdot H \cdot \dfrac{N_f}{N_d}$

$k = \sqrt{k_h \times k_v} = \sqrt{(1.6 \times 10^{-8}) \times (4.5 \times 10^{-8})}$

$= 2.68 \times 10^{-8}$

$\therefore Q = 2.68 \times 10^{-8} \times 18 \times \dfrac{4}{18}$

$= 1.1 \times 10^{-7}$m³/sec

정답 01 ② 02 ④ 03 ② 04 ①

04 동해

1 동상의 조건

모식도	동상의 조건
동결깊이(동결심도) — 아이스렌즈 / 동결선 / 지하수면	① 0℃ 이하의 온도가 지속될 때 ② 동상을 받기 쉬운 흙(Silt)이 존재할 때 ③ 지하수 공급이 충분(아이스렌즈가 형성)될 때 ④ 모관상승고(h_c), 투수성(k)이 클 때 ⑤ 동결심도 하단에서 지하수면까지의 거리가 모관상승고보다 작을 때

아이스렌즈
흙 속의 물(공극수)이 얼어서 생기는 빙층(Ice Lens)

모관상승고 순서
자갈 < 모래 < 실트 < 점토

모관상승고는 직경에 반비례
$h_c \propto \dfrac{1}{D}$

($h_c = \dfrac{4T\cos\alpha}{\gamma_w D}$)

2 동상현상의 방지대책

동상방지대책 공법	내용
치환공법	모관상승 억제를 위해 실트질 흙을 모래나 자갈로 치환 (동결깊이 상단의 흙을 동결하기 어려운 재료로 치환)
단열공법	0℃ 이하가 안 되도록 스티로폼을 깔아서 온도 차단 (지표면에 단열재 시공)
차단공법	배수구 설치하여 지하수위 저하 (모관수 상승을 방지하기 위해 지하수위보다 높은 곳에 조립토로 차단층을 설치)
안정처리공법	지표의 흙을 화학약품으로 처리하여 동결온도를 내림

동상현상의 방지
아이스 렌즈(Ice Lense)가 생성되지 않도록 지표면을 단열시키고 물의 공급을 줄이면 동상현상이 방지된다.

3 동결심도(동결깊이)

동결심도	공식	내용
지표면에서 동결선(0℃)까지 깊이	$Z = C\sqrt{F}$	Z : 동결심도(cm) C : 정수(3~5) F : 동결지수 [영하의 온도(℃)×지속일수(days)]

동결깊이
- 지표면 온도가 낮을수록 동결깊이는 커진다.
- 지속시간이 길수록 동결깊이는 커진다.

과년도 기출문제

01 동해(凍害)의 정도는 흙의 종류에 따라 다르다. 다음 중 우리나라에서 가장 동해가 심한 것은?

① Silt
② Colloid
③ 점토
④ 굵은모래

[해설]

동해가 심한 순서
실트 > 점토 > 모래 > 자갈

02 흙이 동상을 일으키기 위한 조건으로 가장 중요하지 않은 것은? [19년 1회]

① 아이스렌즈를 형성하기 위한 충분한 물의 공급
② 양(+)이온의 다량 함유
③ 0℃ 이하의 온도가 오랫동안 지속될 것
④ 동상이 일어나기 쉬운 토질

[해설]

동상은 음(-)이온이 많을수록 잘 일어난다.

03 흙의 동상에 영향을 미치는 요소가 아닌 것은? [20년 3회]

① 모관 상승고
② 흙의 투수계수
③ 흙의 전단강도
④ 동결온도의 계속시간

[해설]

흙의 동상에 가장 큰 영향을 미치는 요소는 물과 온도이다.

04 동상방지대책에 대한 설명 중 옳지 않은 것은? [20년 4회]

① 배수구 등을 설치해서 지하수위를 저하시킨다.
② 모관수의 상승을 차단하기 위해 조립의 차단층을 지하수위보다 높은 위치에 설치한다.
③ 동결 깊이보다 낮게 있는 흙을 동결하지 않는 흙으로 치환한다.
④ 지표의 흙을 화학약품으로 처리하여 동결온도를 내린다.

[해설]

치환공법
실트질 흙을 모래나 자갈로 치환(동결 깊이, 동결선보다 상부에 있는 흙을 동결되지 않는 흙으로 치환)

05 다음 중 동상에 대한 대책으로 틀린 것은? [21년 2회]

① 모관수의 상승을 차단한다.
② 지표 부근에 단열재료를 매립한다.
③ 배수구를 설치하여 지하수위를 낮춘다.
④ 동결심도 상부의 흙을 실트질 흙으로 치환한다.

[해설]

동결심도 상부의 흙을 모래, 자갈로 치환해야 한다.

06 동결 깊이를 구하는 데라다(寺田)의 공식에서 정수의 값을 4, 동결지수를 540℃ Days라 하면 동결 깊이는?

① 94.0cm
② 91.2cm
③ 93.0cm
④ 100.8cm

[해설]

$Z = C\sqrt{F} = 4 \times \sqrt{540} = 93\text{cm}$

07 월평균 기온이 다음 표와 같을 때 동결 깊이는 얼마인가?(단, $C=4$, 데라다 공식 사용)

월	12	1	2	3
일수	31	31	28	31
평균기온(℃)	-2	-8	-6	-1

① 100.2cm
② 90.2cm
③ 80.2cm
④ 70.2cm

[해설]

$Z = C\sqrt{F} = 4 \times \sqrt{(2 \times 31 + 8 \times 31 + 6 \times 28 + 1 \times 31)}$
$= 90.2\text{cm}$

정답 01 ① 02 ② 03 ③ 04 ③ 05 ④ 06 ③ 07 ②

05 유효응력

1 지중의 한 점에 작용하는 (수직)응력

모식도	용어	
(그림: 지하수위 아래 깊이 h는 γ_w, 깊이 z는 γ_{sat}, A점)	전응력 (σ)	흙덩이 전체에 의한 응력 전응력 = 전압력 ($\sigma = \sigma' + u$)
	유효응력 (σ')	① 토립자의 접촉면을 통해 전달되는 응력($\sigma' = \sigma - u$) ② 흙입자가 부담하는 작용하중의 크기
	간극수압 (u)	간극수가 부담하는 작용하중의 크기

A점의 간극수압(u_A)

$$u_A = \gamma_w(h+z)$$

A점의 유효응력(σ'_A)

$$\begin{aligned}\sigma'_A &= \sigma_A - u_A \\ &= \gamma_w h + \gamma_{sat} z - \gamma_w(h+z) \\ &= (\gamma_{sat} - \gamma_w)z \\ &= \gamma_{sub} z\end{aligned}$$

A점의 전응력(σ_A)

$$\begin{aligned}\sigma_A &= \sigma'_A + u_A \\ &= \gamma_w h + \gamma_{sat} z\end{aligned}$$

2 상재 하중이 작용할 때 유효응력

모식도	구분	내용
(그림: 상재하중 q, γ_{sat}, 깊이 z, 지하수위 h)	전응력	$\sigma = \gamma_{sat} z + q$
	간극수압	$u = \gamma_w(h+z)$
	유효응력	$\sigma' = \sigma - u = (\gamma_{sat} - \gamma_w)z + q - \gamma_w h$ $= (\gamma_{sub} z) + q - \gamma_w h$

수직응력(σ)
- 면에 수직으로 발생
- $\sigma = \dfrac{P}{A}(\text{t/m}^2)$

  $= \dfrac{W}{A} = \dfrac{A \cdot Z \cdot \gamma}{A} = \gamma \cdot Z$
- 단위면적당 작용하는 힘

전단응력(τ)
면에 수평으로 발생

전응력 = 유효응력 + 간극수압
$\sigma = \sigma' + u$

유효응력 = 전응력 − 간극수압
$\sigma' = \sigma - u$

A점의 압력수두
$h + z$

간극수압(공극수압, u)
물이 부담하는 응력(중립응력)
- 포화도(S) = 100%
  $u = \gamma_w h$
- $0 < S < 100\%$
  $u = \gamma_w h S$

- 상재 하중이 있을 때 유효응력은 지표면 위의 상재 하중(q)만큼 증가하고 간극수압($\gamma_w h$)만큼 감소한다.

- $\gamma_{sat} = \dfrac{G_s + e}{1+e}\gamma_w$

- $\gamma_{sub} = \dfrac{G_s - 1}{1+e}\gamma_w = \gamma_{sat} - 1$

과년도 기출문제

01 아래 그림과 같은 지반의 A점에서 전응력(σ), 간극수압(u), 유효응력(σ')을 구하면?(단, 물의 단위중량은 9.81kN/m³이다.) [20년 1회]

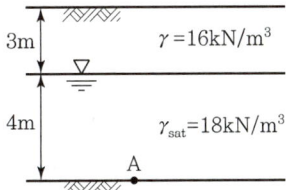

① $\sigma = 100$kN/m², $u = 9.8$kN/m², $\sigma' = 90.2$kN/m²
② $\sigma = 100$kN/m², $u = 29.4$kN/m², $\sigma' = 70.6$kN/m²
③ $\sigma = 120$kN/m², $u = 19.6$kN/m², $\sigma' = 100.4$kN/m²
④ $\sigma = 120$kN/m², $u = 39.2$kN/m², $\sigma' = 80.8$kN/m²

[해설]
- $\sigma' = 16 \times 3 + (18 - 9.81) \times 4 = 80.8$kN/m²
- $u = 9.81 \times 4 = 39.2$kN/m²
- $\sigma = \sigma' + u = 120$kN/m²

02 유효응력에 대한 설명으로 틀린 것은? [21년 3회]

① 항상 전응력보다는 작은 값이다.
② 점토지반의 압밀에 관계되는 응력이다.
③ 건조한 지반에서는 전응력과 같은 값으로 본다.
④ 포화된 흙인 경우 전응력에서 간극수압을 뺀 값이다.

[해설]
- $\sigma' = \sigma - u \; (\sigma' < \sigma)$
- 모관현상($-u$)일 때 $\sigma' = \sigma + u \; (\sigma' > \sigma)$

03 그림과 같은 지반에서 $x-x'$단면에 작용하는 유효응력은?(단, 물의 단위중량은 9.81kN/m³이다.) [21년 3회]

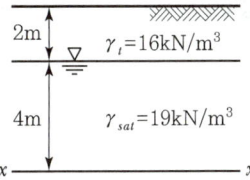

① 46.7kN/m² ② 68.8kN/m²
③ 90.5kN/m² ④ 108kN/m²

[해설]
$\sigma' = \gamma_t \cdot h_1 + \gamma_{sub} \cdot h_2$
$= 16 \times 2 + (19 - 9.81) \times 4$
$= 68.8$kN/m²

04 단위중량(γ_t) = 19kN/m³, 내부마찰각(ϕ) = 30°, 정지토압계수(K_o) = 0.5인 균질한 사질토 지반이 있다. 이 지반의 지표면 아래 2m 지점에 지하수위면이 있고 지하수위면 아래의 포화단위중량(γ_{sat}) = 20kN/m³이다. 이때 지표면 아래 4m 지점에서 지반 내 응력에 대한 설명으로 틀린 것은?(단, 물의 단위중량은 9.81kN/m³이다.) [20년 4회]

① 연직응력(σ_v)은 80kN/m²이다.
② 간극수압(u)은 19.62kN/m²이다.
③ 유효연직응력(σ_v')은 58.38kN/m²이다.
④ 유효수평응력(σ_h')은 29.19kN/m²이다.

[해설]
- $\sigma_v' = 19 \times 2 + (20 - 9.81) \times 2 = 58.38$kN/m²
- $u = \gamma_w \cdot h = (1\text{t/m}^3 \times 9.81) \times 2 = 19.62$kN/m²
- $\sigma_v = \sigma_v' - u = 53.38 + 19.62 = 73$kN/m²
- $\sigma_h' = k_o \cdot \sigma_v' = 0.5 \times 53.38 = 29.19$kN/m²

정답 01 ④ 02 ① 03 ② 04 ①

05 유효응력

③ 모관상승으로 완전 포화된 경우($S=100\%$)

전응력(σ)	간극수압(u)	유효응력($\sigma') = \sigma - u$
$\sigma_A = 0$	$u_A = 0$	$\sigma'_A = 0$
$\sigma_B = \gamma_t h_1$	$u_B = -\gamma_w h_2$	$\sigma'_B = \gamma_t h_1 + \gamma_w h_2$
$\sigma_C = \gamma_t h_1 + \gamma_{sat1} h_2$	$u_C = 0$	$\sigma'_C = \gamma_t h_1 + \gamma_{sat1} h_2$
$\sigma_D = \gamma_t h_1 + \gamma_{sat1} h_2 + \gamma_{sat2} z$	$u_D = \gamma_w z$	$\sigma'_D = \gamma_t h_1 + \gamma_{sat1} h_2 + \gamma_{sub} z$

모식도 (A, h_1, γ_t, B, h_2, γ_{sat1}, C, z, γ_{sat2}, D)

④ 모관상승으로 부분적으로 포화된 경우($0 < S < 100\%$)

전응력(σ)	간극수압(u)	유효응력($\sigma') = \sigma - u$
$\sigma_A = 0$	$u_A = 0$	$\sigma'_A = 0$
$\sigma_B = \gamma_t h_1$	$u_B = -\gamma_w h_2 S$	$\sigma'_B = \gamma_t h_1 + \gamma_w h_2 S$
$\sigma_C = \gamma_t h_1 + \gamma_{sat1} h_2$	$u_C = 0$	$\sigma'_C = \gamma_t h_1 + \gamma_{sat1} h_2$
$\sigma_D = \gamma_t h_1 + \gamma_{sat1} h_2 + \gamma_{sat2} z$	$u_D = \gamma_w z$	$\sigma'_D = \gamma_t h_1 + \gamma_{sat1} h_2 + \gamma_{sub} z$

※ 유효응력을 구할 때 지하수위 아래는 γ_{sub}로 계산

모식도 (A, h_1, γ_t, B, h_2, γ_{sat1}, C, z, γ_{sat2}, D)

- $S(포화도) = \dfrac{V_w}{V_v} \times 100$

개념이해

01 그림과 같이 지표면에서 2m 부분이 지하수위이고, $e=0.6$, $G_s=2.68$이며 지표면까지 모관현상에 의하여 100% 포화되었다고 가정하였을 때 A점에 작용하는 유효응력의 크기는 얼마인가?

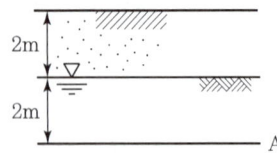

① 70.56kN/m^2 ② 65.66kN/m^2
③ 60.76kN/m^2 ④ 55.86kN/m^2

A점에 작용하는 유효응력의 크기
$\sigma'_A = \sigma_A - u_A$

- 전응력(σ_A)
$$\sigma = \gamma_{sat} \times H_1 = \left(\dfrac{G_s + e}{1+e}\gamma_w\right) \times H_1$$
$$= \left(\dfrac{2.68 + 0.6}{1+0.6} \times 1\right) \times 4 = 8.2 \text{t/m}^2$$
$$= 80.36 \text{kN/m}^2$$

- 간극수압(u_A)
$$u = \gamma_w \times H_2 = 1 \times 2 = 2 \text{t/m}^2$$
$$= 19.6 \text{kN/m}^2$$

∴ $\sigma'_A = \sigma - u = 8.2 - 2 = 6.2 \text{t/m}^2$
$= 60.76 \text{kN/m}^2$

[별해] $\sigma'_A = \gamma_{sat} \cdot h_1 + \gamma_{sub} \cdot h_2$
$= (2.05 \times 2) + (1.05 \times 2)$
$= 6.2 \text{t/m}^2 = 60.76 \text{kN/m}^2$

답 ③

과년도 기출문제

01 아래 그림과 같이 지표까지가 모관상승지역이라 할 때 지표면 바로 아래에서의 유효응력은?(단, 모관상승지역의 포화도는 90%이다.)

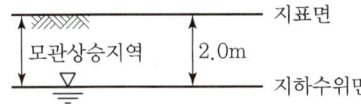

① 8.82kN/m² ② 9.8kN/m²
③ 17.64kN/m² ④ 19.6kN/m²

[해설]

지표면 아래에서 유효응력(σ') = $\sigma - u$
- 전응력(σ) = 0(지표면)
- 간극수압(u) = $-\gamma_w z S = -(9.8 \times 2 \times 0.9) = -17.64$kN/m²
∴ 유효응력(σ') = $\sigma - u = 0 - (-17.64) = 17.64$kN/m²

02 아래 그림에서 점토 중앙 단면에 작용하는 유효응력은 얼마인가?

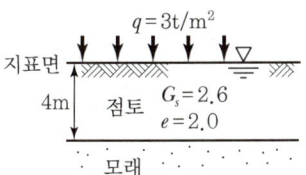

① 12.25kN/m² ② 23.23kN/m²
③ 31.85kN/m² ④ 39.79kN/m²

[해설]

점토중앙단면에서 유효응력(σ') = $\sigma - u$
- 전응력(σ) = $(\gamma_{sat} \times \frac{H}{2}) + q = (1.53 \times \frac{4}{2}) + 3 = 6.06$t/m²
  = 59.39kN/m²
  $\left[\gamma_{sat} = \frac{(G_s + e)\gamma_w}{1+e} = \frac{(2.6+2) \times 1}{1+2} = 1.53\right]$
- 간극수압(u) = $\gamma_w \times \frac{H}{2} = 1 \times \frac{4}{2} = 2$t/m² = 19.6kN/m²
∴ $\sigma' = \sigma - u = 59.39 - 19.6 = 39.79$kN/m²

03 그림에서 $a-a'$면 바로 아래의 유효응력은?(단, 흙의 간극비(e)는 0.4, 비중(G_s)은 2.65, 물의 단위중량은 9.81kN/m³이다.) [21년 1회]

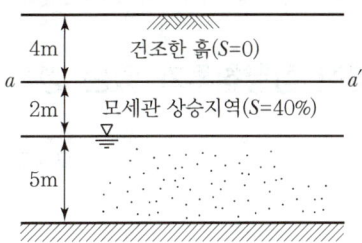

① 68.2kN/m² ② 82.1kN/m²
③ 97.4kN/m² ④ 102.1kN/m²

[해설]

$\sigma_A' = \sigma_A - u_A$
$= \gamma_d \times 4 - (-\gamma_w \cdot h \cdot s)$
$= 18.57 \times 4 - (-9.81 \times 2 \times 0.4)$
$= 82.1$kN/m²

$\left(\gamma_d = \frac{G \cdot \gamma_w}{1+e} = \frac{2.65 \times 9.81}{1+0.4} = 18.57\text{kN/m}^3\right)$

04 단위중량(γ_t) = 18.62kN/m³, 내부마찰각(ϕ) = 30°, 정지토압계수(K_o) = 0.5인 균질한 사질토 지반이 있다. 지하수위면이 지표면 아래 2m 지점에 있고 지하수위면 아래의 단위중량(γ_{sat}) = 19.6kN/m³이다. 지표면 아래 4m 지점에서 지반 내 응력에 대한 다음 설명 중 틀린 것은?

① 간극수압(u)은 19.6kN/m²이다.
② 연직응력(σ_v)은 78.4kN/m²이다.
③ 유효연직응력(σ_v')은 56.84kN/m²이다.
④ 유효수평응력(σ_h')은 28.42kN/m²이다.

[해설]

- 간극수압(u) = $\gamma_w \times H = 9.8 \times (4-2) = 19.6$kN/m²
- 연직응력(σ_v) = $(\gamma_t \times H_1) + (\gamma_{sat} \times H_2)$
  = $(18.62 \times 2) + (19.6 \times 2) = 76.44$kN/m²
- 유효연직응력(σ_v') = $(\gamma_t \times H_1) + (\gamma_{sub} \times H_2)$
  = $(18.62 \times 2) + [(19.6 - 9.8) \times 2]$
  = 56.84kN/m²
- 유효수평응력(σ_h')
  $\sigma_h' = \sigma_v' \cdot K_0 = 58.84 \times 0.5 = 28.42$kN/m²

정답 01 ③ 02 ④ 03 ② 04 ②

05 유효응력

5 연직 상향침투가 있는 경우 유효응력

모식도

A점 (침투수압 없음)	전응력(σ_A)	$\sigma_A = \gamma_w H_1$
	침투수압(F_A)	$F_A = i\gamma_w z = \dfrac{\Delta h}{H_2}\gamma_w \times 0 = 0$
	간극수압(u_A)	$u_A = \gamma_w H_1$
	유효응력(σ_A')	$\sigma_A' = \sigma_A - u_A = 0$
B점 (상향 침투수압 발생)	전응력(σ_B)	$\sigma_B = \gamma_w H_1 + \gamma_{sat} z$
	침투수압(F_B)	$F_B = i\gamma_w z = \dfrac{\Delta h}{H_2}\gamma_w z$
	간극수압(u_B)	$u_B = \gamma_w(H_1 + z) + F_B$
	유효응력(σ_B')	$\sigma_B' = (\sigma_B - u_B) - F_B = \gamma_{sub} z - i\gamma_w z$ $= \gamma_{sub} z - \left(\dfrac{\Delta h}{H_2}\gamma_w z\right)$
C점 (상향 침투수압 발생)	전응력(σ_C)	$\sigma_C = \gamma_w H_1 + \gamma_{sat} H_2$
	침투수압(F_C)	$F_C = i\gamma_w z = \dfrac{h}{H_2}\gamma_w H_2 = h\gamma_w$
	간극수압(u_C)	$u_C = \gamma_w(H_1 + H_2) + F_C$
	유효응력(σ_C')	$\sigma_C' = (\sigma_C - u_C) - F_C = \gamma_{sub} H_2 - i\gamma_w z$ $= \gamma_{sub} H_2 - \left(\dfrac{h}{H_2}\gamma_w H_2\right)$ $= \gamma_{sub} H_2 - h\gamma_w$

침투수압(F)
- 침투가 없는 포화토층에서의 간극수압은 정수압과 동일
- 외력의 영향으로 침투가 있으면 정수압 이외의 추가적인 간극수압이 발생
- 이를 과잉간극수압 또는 침투수압(F)이라 한다.

물이 상향으로 침투할 경우
- 간극수압은 침투수압($F = i\gamma_w z$)만큼 증가한다.
- 유효응력은 침투수압($F = i\gamma_w z$)만큼 감소한다.
  (z는 지면에서 구하는 점까지 길이)

단위면적당 침투수압(과잉간극수압)
$F(\text{kN/m}^2) = i\gamma_w z$

시료면적의 침투수압
$F = i\gamma_w ZA$

i(동수경사)
$i = \dfrac{\Delta h(\text{수두차})}{L(\text{시료길이})}$

z
지면에서 구하는 점까지의 거리

위치수두
기준면에서 임의점까지의 높이

압력수두
임의점에서 수면까지의 높이

전수두
- 기준면에서 수면까지의 높이
- 위치수두 + 압력수두

- 먼저 위치수두, 압력수두를 구하고 전수두를 구한다.

과년도 기출문제

01 다음 그림에서 C점의 압력수두 및 전수두 값은 얼마인가? [16년 2회]

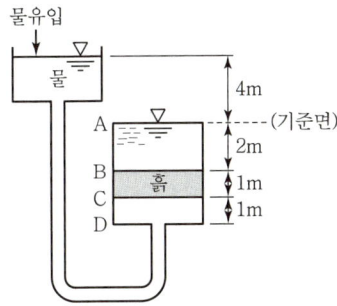

① 압력수두 3m, 전수두 2m
② 압력수두 7m, 전수두 0m
③ 압력수두 3m, 전수두 3m
④ 압력수두 7m, 전수두 4m

[해설]
- C점의 압력수두 = 4+2+1 = 7m
- C점의 위치수두 = -(2+1) = -3
- C점의 전수두 = 위치수두 + 압력수두 = 7-3 = 4m

02 다음 그림에서 흙의 저면에 작용하는 단위면적당 침투수압은? [16년 1회]

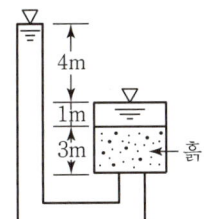

① 78.4kN/m²
② 49kN/m²
③ 39.2kN/m²
④ 29.4kN/m²

[해설]
침투수압(과잉간극수압, F)
$$F = i\gamma_w z$$
$$= \frac{h(\text{수두차})}{H(\text{시료길이})} \times \gamma_w \times z (\text{지면에서 구하는 점까지의 길이})$$
$$= \frac{4}{3} \times (1 \times 9.8) \times 3 = 39.2\text{kN/m}^2$$

03 그림에서 A-A면에 작용하는 유효수직응력은? (단, 흙의 포화단위중량은 0.0176N/cm³이다.)

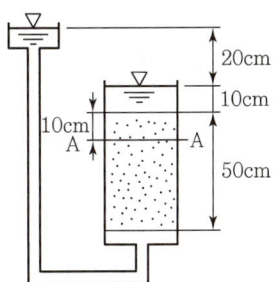

① 0.01N/cm²
② 0.03N/cm²
③ 0.08N/cm²
④ 0.10N/cm²

[해설]
침투압이 없을 때 A-A면에 작용하는 유효수직응력(σ')
= $\sigma - u$
- 전응력(σ) = $(\gamma_w H_1) + (\gamma_{sat} H_2)$
  = $(9.8 \times 10^{-3} \times 10) + (0.0176 \times 10) = 0.27\text{N/cm}^2$
- 간극수압(u) = $\gamma_w \times H_w = 9.8 \times 10^{-3} \times 20 = 0.20\text{N/cm}^2$
∴ 침수압이 발생된 이후 유효응력(σ')
$$\sigma' = \sigma - u - (i\gamma_w z)$$
$$= 0.27 - 0.20 - \left(\frac{20}{50} \times 9.8 \times 10^{-3} \times 10\right) = 0.03\text{N/cm}^2$$

04 다음 그림에서 A점의 유효응력은? (단, $e=0.8$, $G_s=2.7$)

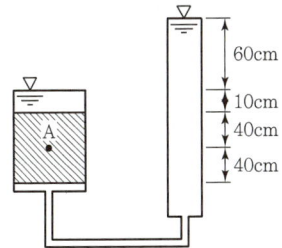

① 441kN/m²
② 568.4N/m²
③ 637kN/m²
④ 744.8N/m²

[해설]
- $\gamma_{sub} = \frac{G_s-1}{1+e}\gamma_w = \frac{2.7-1}{1+0.8} \times 1 = 0.94\text{g/cm}^3$
  = 92.12N/m³
- $\sigma_A' = \gamma_{sub} h - i\gamma_w z$
  $= 0.94 \times 40 - \frac{60}{80} \times 1 \times 40 = 7.6\text{g/cm}^2 = 744.8\text{N/m}^2$

정답 01 ④ 02 ③ 03 ② 04 ④

05 유효응력

6 널말뚝에서 침투에 의한 전수압(전수두) 및 유효응력

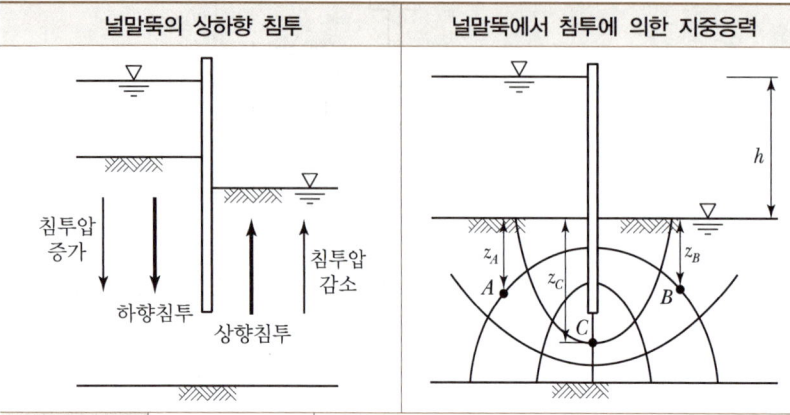

	구분	식
A점	전응력(σ_A)	$\sigma_A = \gamma_w h + \gamma_{sat} z_A$
	침투수압(F_A) (전수두, 과잉 간극수압)	$F_A = i\gamma_w z = \dfrac{\Delta h}{L}\gamma_w z$ $= \dfrac{h}{6}\gamma_w \times 5$
	간극수압(u_A) (중립응력)	$u_A = \gamma_w(h + z_A) - \dfrac{5}{6}\gamma_w h$
	유효응력(σ_A')	$\sigma_A' = \sigma_A - u_A = \gamma_{sub} z_A + \dfrac{5}{6}\gamma_w h$
B점	전응력(σ_B)	$\sigma_B = \gamma_{sat} z_B$
	침투수압(F_B) (전수두, 과잉 간극수압)	$F_B = i\gamma_w z = \dfrac{\Delta h}{L}\gamma_w z = \dfrac{h}{6}\gamma_w \times 1$
	간극수압(u_B) (중립응력)	$u_B = \gamma_w z_B + \dfrac{1}{6}\gamma_w h$
	유효응력(σ_B')	$\sigma_B' = \sigma_B - u_B = \gamma_{sub} z_B - \dfrac{1}{6}\gamma_w h$
	침투유량	$Q = kH \dfrac{N_f}{N_d}$

✚ 널말뚝은 유선이 단순한 상하향 침투와 달리 유선과 등수두선의 곡선이므로 침투압이나 유효응력등의 계산은 유선망을 이용한다.

✚ **침투수압(과잉간극수압)**
$F = i\gamma_w z$

z
지면에서 구하는 점까지의 거리

i (동수경사)
$i = \dfrac{\Delta h (수두차)}{L (시료길이)}$

✚ • H : 수위차
 N_d : 등수두면수
 N_f : 유로수
 $k = \sqrt{k_h k_v}$

과년도 기출문제

01 그림과 같은 지반에 널말뚝을 박고 기초굴착을 할 때 A점의 압력수두가 3m라면 A점의 유효응력은? [16년 1회]

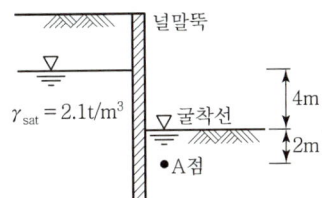

① $0.1t/m^2$　② $1.2t/m^2$
③ $4.2t/m^2$　④ $7.2t/m^2$

[해설]

$\sigma_A' = \sigma_A - u_A$
- $\sigma_A = \gamma_{sat} \times h_A = 2.1 \times 2 = 4.2 t/m^2$
- $u_A = \gamma_w \times h_p = 1 \times 3 = 3 t/m^2$

∴ $\sigma_A' = \sigma_A - u_A = 4.2 - 3 = 1.2 t/m^2$

02 침투유량(q) 및 B점에서의 간극수압(u_B)을 구한 값으로 옳은 것은?(단, 투수층의 투수계수는 3×10^{-1}cm/sec이다.) [17년 1회]

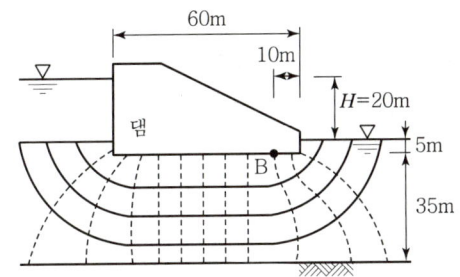

① $q=100cm^3/sec/cm$, $u_B=0.5kg/cm^2$
② $q=100cm^3/sec/cm$, $u_B=1.0kg/cm^2$
③ $q=200cm^3/sec/cm$, $u_B=0.5kg/cm^2$
④ $q=200cm^3/sec/cm$, $u_B=1.0kg/cm^2$

[해설]

- 침투유량(Q)
$= kH \dfrac{N_f}{N_d} = 3 \times 10^{-1} \times 2{,}000 \times \dfrac{4}{12} = 200 cm^3/sec/cm$

- $u_B = \gamma_w z_B + \left(\dfrac{\Delta h}{L} \gamma_w z\right) = (1 \times 5) + \left(\dfrac{20}{12} \times 1 \times 3\right)$
$= 10 t/m^2 = 1 kg/cm^2$

03 다음 그림에 보인 댐에 대하여 A점에 대한 간극수압은?

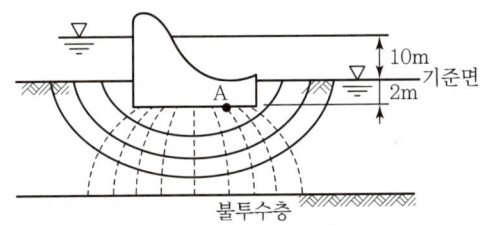

① $3t/m^2$　② $4t/m^2$
③ $5t/m^2$　④ $6t/m^2$

[해설]

A점의 간극수압
$u_A = \gamma_w z_A + i \gamma_w z$
$= (1 \times 2) + \left(\dfrac{10}{10} \times 1 \times 3\right)$
$= 5 t/m^2$

04 다음 그림에서 A점의 간극수압은? [17년 2회]

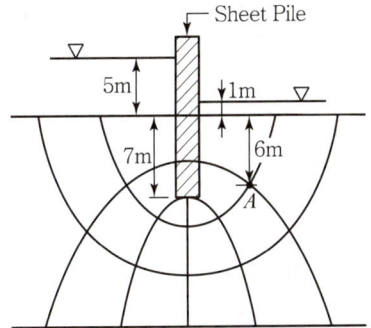

① $47.73 kN/m^2$　② $75.13 kN/m^2$
③ $120.64 kN/m^2$　④ $45.57 kN/m^2$

[해설]

A점의 간극수압
$u_A = \gamma_w \cdot z_A + \left(\dfrac{\Delta h}{L} \cdot \gamma_w \cdot z\right)$
$= 9.8 \times 7 + \left(\dfrac{4}{6} \times 9.8 \times 1\right) = 75.13 kN/m^2$

정답　01 ②　02 ④　03 ③　04 ②

05 유효응력

7 분사현상(Quick Sand)의 개념

개념
① 모래지반에서 상향침투가 있을 때, 모래 입자의 하향중량보다 상향침투압이 크면 모래 입자가 상향으로 떠올라서 지반이 파괴되는 현상 ② 분사현상이 일어날 때는 유효응력이 0이 되어 흙 입자 간의 유동이 발생 ③ 보일링(Boiling)은 분사현상이 발생하면서 흙이 보글보글 올라오는 현상

- 분사현상은 흙의 투수성과 무관

Boiling 현상
보일링 현상은 모래지반에서 발생되며 관입깊이를 길게 하면 보일링이 발생되지 않는다.

Heaving 현상
히빙현상은 연약한 점토질 지반에서 주로 발생되며 굴착 저면이 부푸는 현상이다.

Heaving 방지대책
- 흙막이 근입깊이를 깊게 함
- 표토를 제거(하중을 줄임)
- 굴착면의 하중을 증가
- 부분굴착(Trench cut)
- 지반 개량(양질의 재료)

8 분사현상의 조건

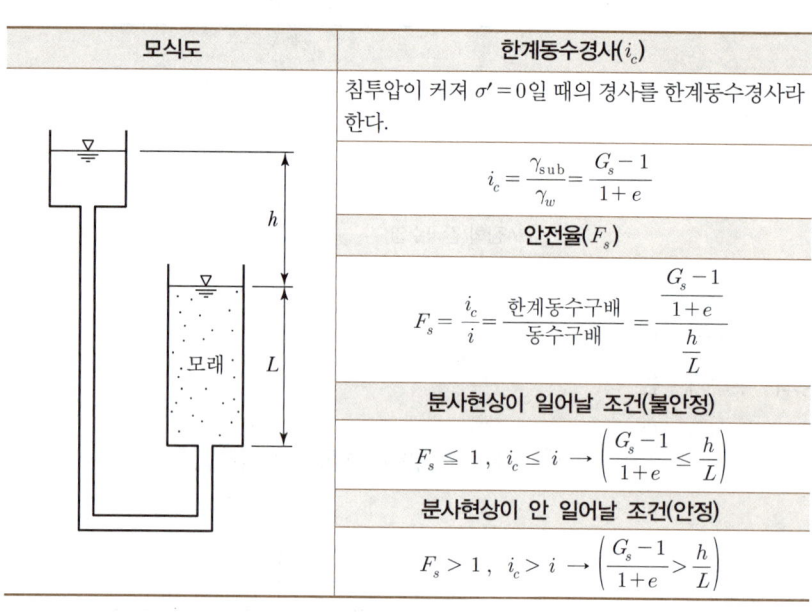

모식도	한계동수경사(i_c)
	침투압이 커져 $\sigma' = 0$일 때의 경사를 한계동수경사라 한다. $$i_c = \frac{\gamma_{sub}}{\gamma_w} = \frac{G_s - 1}{1 + e}$$
	안전율(F_s)
	$$F_s = \frac{i_c}{i} = \frac{\text{한계동수구배}}{\text{동수구배}} = \frac{\dfrac{G_s-1}{1+e}}{\dfrac{h}{L}}$$
	분사현상이 일어날 조건(불안정)
	$$F_s \leq 1,\ i_c \leq i \rightarrow \left(\frac{G_s-1}{1+e} \leq \frac{h}{L}\right)$$
	분사현상이 안 일어날 조건(안정)
	$$F_s > 1,\ i_c > i \rightarrow \left(\frac{G_s-1}{1+e} > \frac{h}{L}\right)$$

- $\gamma_{sat} = \dfrac{G_s + e}{1+e}\gamma_w$
- $\gamma_{sub} = \dfrac{G_s - 1}{1+e}\gamma_w$
- 동수구배(i)가 클수록 분사현상이 잘 일어난다.
- 동수구배(i)가 작을수록 분사현상은 발생하지 않는다.
- $G_s \cdot \omega = S \cdot e$
- $e = \dfrac{n}{100 - n}$

개념이해

01 포화단위중량이 18kN/m³인 흙에서의 한계동수경사는 얼마인가?
(단, 물의 단위중량은 10kN/m³) [18년 2회]

① 0.8 ② 1.0
③ 1.8 ④ 2.0

$i_c = \dfrac{\gamma_{sub}}{\gamma_w} = \dfrac{18-10}{10} = 0.8$

답 ①

02 Boiling 현상은 주로 어떤 지반에 많이 생기는가?

① 모래 지반 ② 사질점토 지반
③ 보통토   ④ 점토질 지반

Boiling	Heaving
모래 지반에서 주로 발생	연약한 점토질 지반에서 주로 발생

답 ①

과년도 기출문제

01 분사현상에 대한 안전율이 2.5 이상이 되기 위해서는 Δh를 최대 얼마 이하로 하여야 하는가?(단, 간극률(n) = 50%) [17년 4회]

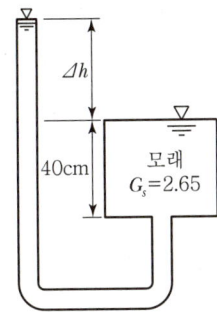

① 7.5cm ② 8.9cm
③ 13.2cm ④ 16.5cm

[해설]

- $F_s = \dfrac{i_{cr}}{i} = 2.5$

- $F_s = \dfrac{\dfrac{G_s - 1}{1+e}}{\dfrac{h}{L}} = \dfrac{\dfrac{2.65-1}{1+1}}{\dfrac{h}{40}} = 2.5$

  $\therefore h = 13.2\text{cm}$

  $\left(e = \dfrac{n}{1-n} = \dfrac{0.5}{1-0.5} = 1\right)$

02 수조에 상방향의 침투에 의한 수두를 측정한 결과, 그림과 같이 나타났다. 이때 수조 속에 있는 흙에 발생하는 침투력을 나타낸 식은?(단, 시료의 단면적은 A, 시료의 길이는 L, 시료의 포화단위중량은 γ_{sat}, 물의 단위중량은 γ_w이다.) [21년 3회]

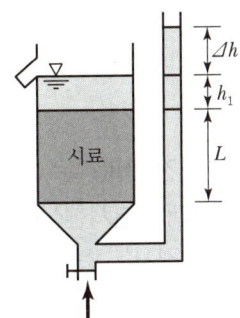

① $\Delta h \cdot \gamma_w \cdot A$
② $\Delta h \cdot \gamma_w \cdot \dfrac{A}{L}$
③ $\Delta h \cdot \gamma_{sat} \cdot A$
④ $\dfrac{\gamma_{sat}}{\gamma_w} \cdot A$

[해설]

- 단위면적당 침투수압
  $F = i\gamma_w Z = \dfrac{\Delta h}{L} \cdot \gamma_w \cdot L = \Delta h \cdot \gamma_w$

- 시료면적에 작용하는 침투수압
  $F = \Delta h \cdot \gamma_w \cdot A$

03 어떤 모래의 비중이 2.64이고, 간극비가 0.75일 때 이 모래의 한계동수경사는?

① 0.45 ② 0.64
③ 0.94 ④ 1.52

[해설]

한계동수경사
$i_c = \dfrac{h}{L} = \dfrac{\gamma_{sub}}{\gamma_w} = \dfrac{G_s - 1}{1+e} = \dfrac{2.64-1}{1+0.75} = 0.94$

04 그림에서 수두차 h를 최소 얼마 이상으로 하면 모래시료에 분사현상이 발생하겠는가?

① 16.5cm
② 17.0cm
③ 17.4cm
④ 18.0cm

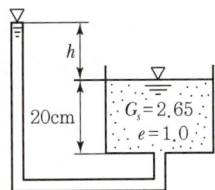

[해설]

분사현상 안전율
$F_s = \dfrac{i_c}{i} = \dfrac{\dfrac{G_s-1}{1+e}}{\dfrac{h}{L}} = \dfrac{\dfrac{2.65-1}{1+1}}{\dfrac{h}{20}} = \dfrac{0.825}{\dfrac{h}{20}} = 1$

$\therefore h = 16.5\text{cm}$

정답 01 ③ 02 ① 03 ③ 04 ①

과년도 기출문제

05 다음 그림과 같이 피압수압을 받고 있는 2m 두께의 모래층이 있다. 그 위의 포화된 점토층을 5m 깊이로 굴착하는 경우 분사현상이 발생하지 않기 위한 수심(h)은 최소 얼마를 초과하도록 하여야 하는가? [18년 2회]

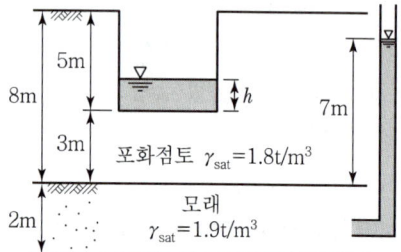

① 1.3m ② 1.6m
③ 1.9m ④ 2.4m

[해설]
분사현상은 유효응력이 0일 때 발생
- $\sigma = 1 \times h + 1.8 \times 3 = h + 5.4$
- $u = 1 \times 7 = 7$
- $\sigma' = \sigma - u = h + 5.4 - 7 = 0$ ∴ $h = 1.6$m

06 그림에서 안전율 3을 고려하는 경우, 수두차 h를 최소 얼마로 높일 때 모래시료에 분사현상이 발생하겠는가? [20년 4회]

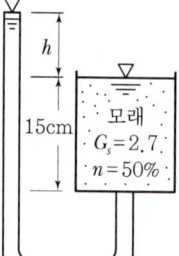

① 12.75cm
② 9.75cm
③ 4.25cm
④ 3.25cm

[해설]
분사현상 안전율
- $F_s = \dfrac{i_c}{i} = 3$
- $F_s = \dfrac{\dfrac{G-1}{1+e}}{\dfrac{h}{L}} = \dfrac{\dfrac{2.7-1}{1+1}}{\dfrac{h}{15}} = \dfrac{0.85}{\dfrac{h}{15}} = 3$

[간극비(e) = $\dfrac{n}{1-n} = \dfrac{0.5}{1-0.5} = 1$]

∴ $h = \dfrac{0.85}{3} \times 15 = 4.25$cm

07 포화된 지반의 간극비를 e, 함수비를 w, 간극률을 n, 비중을 G_s라 할 때 다음 중 한계 동수 경사를 나타내는 식으로 적절한 것은? [18년 1회]

① $\dfrac{G_s + 1}{1 + e}$ ② $\dfrac{e - w}{w(1 + e)}$

③ $(1+n)(G_s - 1)$ ④ $\dfrac{G_s(1 - w + e)}{(1 + G_s)(1 + e)}$

[해설]

i_c(한계동수경사) $= \dfrac{\gamma_{sub}}{\gamma_w} = \dfrac{G_s - 1}{1 + e} = \dfrac{\dfrac{Se}{w} - 1}{1 + e} = \dfrac{Se - w}{(1+e)w}$

($G_s w = Se$, $G_s = \dfrac{Se}{w}$)

∴ $S = 1$, $i_c = \dfrac{e - w}{(1+e)w}$

08 어느 모래층의 간극률이 35%, 비중이 2.66이다. 이 모래의 분사현상(Quick Sand)에 대한 한계동수경사는 얼마인가? [20년 1회]

① 0.99   ② 1.08
③ 1.16   ④ 1.32

[해설]

$i_c = \dfrac{\gamma_{sub}}{\gamma_w} = \dfrac{G_s - 1}{1 + e}$

- $G = 2.66$
- $e = \dfrac{n}{1-n} = \dfrac{0.35}{1 - 0.35} = 0.54$

∴ $i_c = \dfrac{2.66 - 1}{1 + 0.54} = 1.08$

09 어떤 모래층의 간극비(e)는 0.2, 비중(G_s)은 2.60이었다. 이 모래가 분사현상(Quick Sand)이 일어나는 한계동수경사(i_c)는? [21년 1회]

① 0.56   ② 0.95
③ 1.33   ④ 1.80

정답 05 ② 06 ③ 07 ② 08 ② 09 ③

과년도 기출문제

[해설]

$$F_s = \frac{i_c}{i} = \frac{\frac{G-1}{1+e}}{\frac{h}{L}} = \frac{\frac{2.6-1}{1+0.2}}{i} \leq 1$$

$$\therefore i = 1.33$$

10 어느 흙댐의 동수경사가 1.0, 흙의 비중이 2.65, 함수비가 40%인 포화토에 있어서 분사현상에 대한 안전율을 구하면? [15년 2회]

① 0.8
② 1.0
③ 1.2
④ 1.4

[해설]

$$F_s = \frac{i_c}{i} = \frac{\frac{G_s-1}{1+e}}{\frac{h}{L}} = \frac{\frac{2.65-1}{1+1.06}}{1.0} = 0.8$$

$$\left(G_s \cdot \omega = S \cdot e \quad \therefore e = \frac{G_s \cdot \omega}{S} = \frac{2.65 \times 0.4}{1} = 1.06\right)$$

11 널말뚝을 모래지반에 5m 깊이로 박았을 때 상류와 하류의 수두차가 4m이었다. 이때 모래지반의 포화단위중량이 19.62kN/m³이다. 현재 이 지반의 분사현상에 대한 안전율은?(단, 물의 단위중량은 9.81kN/m³이다.) [19년 3회]

① 0.85
② 1.25
③ 1.85
④ 2.25

[해설]

$$i_c = \frac{\gamma_{sub}}{\gamma_w} = \frac{2-1}{9.81\text{kN/m}^3 \div 9.8} = \frac{1\text{t/m}^3}{1\text{t/m}^3} = 1$$

$$(\gamma_{sat} = 19.62\text{kN/m}^3 \div 9.8 = 2\text{t/m}^3)$$

$$\therefore F_s = \frac{i_c}{i} = \frac{i_c}{h/L} = \frac{1}{4/5} = 1.25$$

12 간극률이 50%, 함수비가 40%인 포화토에 있어서 지반의 분사현상에 대한 안전율이 3.5라고 할 때 이 지반에 허용되는 최대 동수경사는? [18년 3회]

① 0.21
② 0.51
③ 0.61
④ 1.00

[해설]

$$F_s = \frac{i_c}{i} = \frac{\frac{G_s-1}{1+e}}{\frac{h}{L}}$$

• $G_s = \frac{Se}{\omega} = \frac{1 \times 1}{0.4} = 2.5$

• $e = \frac{n}{1-n} = \frac{0.5}{1-0.5} = 1$

$$\therefore F_s(3.5) = \frac{\frac{2.5-1}{1+1}}{i}$$

따라서 $i = 0.21$

13 점성토 지반굴착 시 발생할 수 있는 Heaving 방지 대책으로 틀린 것은? [19년 3회]

① 지반개량을 한다.
② 지하수위를 저하시킨다.
③ 널말뚝의 근입 깊이를 줄인다.
④ 표토를 제거하여 하중을 작게 한다.

[해설]

히빙 방지대책
• 흙막이의 근입장을 깊게 한다.
• 표토를 제거하여 하중을 줄인다.
• 부분 굴착한다.

정답 10 ① 11 ② 12 ① 13 ③

06 지중응력

1 흙의 자중에 의한 응력

모식도	연직응력(σ_v)
(그림: 깊이 z, 단위중량 γ_t, 점 A에서 $\sigma_h = K \cdot \sigma_v$, $\sigma_v = \gamma \cdot z$)	$\sigma_v = \gamma_t z$
	수평응력(σ_h)
	$\sigma_h = K\sigma_v = K\gamma_t z$

지중응력
지표면에 하중이 작용하는 경우 지반 내에 생기는 응력

토압계수(K)
$$K = \frac{\sigma_h{'}}{\sigma_v{'}} = \frac{\sigma_h}{\sigma_v}$$
만약 간극수압(u)이 0이면
$\sigma' = \sigma - u$ 에서
$\sigma' = \sigma$

- 연직응력 $= \sigma_v =$ 상재토압

2 집중하중 작용 시 유효응력을 고려하지 않은 지중응력

모식도	z 깊이에서 흙덩어리 응력을 고려하지 않을 때 연직응력의 증가량	
(그림: $Q(t)$, R, θ, z, A, r, $\Delta\sigma_{z_1}$, $\Delta\sigma_{z_2}$)	$\Delta\sigma_z = \dfrac{Q}{z^2} I$	
	σ_{z1} : 집중하중 작용점에서 r만큼 떨어진 점의 지중응력 σ_{z2} : 집중하중 작용점 바로 아래(직하)의 지중응력 I : 영향계수(Boussinesq 지수)	
	집중하중 점에서 r만큼 떨어질 경우 I	집중하중점 직하 시 I (바로 아래, $r=0$, $R=z$)
	$I = \dfrac{3}{2\pi}\left(\dfrac{z}{R}\right)^5$	$I = \dfrac{3}{2\pi}$
특징	① 지반을 반무한 탄성체로 가정(균질, 등방성)한다. ② 지중응력 증가량은 탄성계수(E)와 무관하다. ③ 측정치와 탄성이론치가 비교적 잘 맞는다.	

- $R = \sqrt{r^2 + z^2}$

집중하중의 작용점
직하($r=0$)에서 I(영향계수)는
$$I = \frac{3}{2\pi} = 0.4775$$

3 유효응력을 고려한 지중응력(유효연직응력)

유효연직응력($\sigma_z{'}$)	내용
$\sigma_z{'} = \sigma' + \Delta\sigma_z$	① $\sigma' = \sigma - u = (\gamma_t z) - (\gamma_w z)$ ② $\Delta\sigma_z = \dfrac{Q}{z^2} I$ ③ $I = \dfrac{3}{2\pi}\left(\dfrac{z}{R}\right)^5$

- $\sigma_v{'}$: 유효지중(연직)응력
  σ' : 유효응력
  $\Delta\sigma_z$: 연직응력의 증가량

과년도 기출문제

01 그림과 같은 지표면에 98kN의 집중하중이 작용했을 때 작용점의 직하 3m 지점에서 이 하중에 의한 연직응력은?

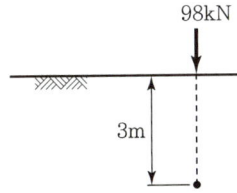

① $4.136kN/m^2$ ② $5.199kN/m^2$
③ $6.412kN/m^2$ ④ $6.938kN/m^2$

[해설]

작용점 직하 3m 지점에서 연직응력

$\Delta\sigma_z = \dfrac{Q}{z^2}I$

$I = \dfrac{3}{2\pi} = 0.4775$

$\therefore \Delta\sigma_z = \dfrac{Q}{z^2}I = \dfrac{98}{3^2} \times 0.4775 = 5.199kN/m^2$

02 그림과 같이 지표면에 집중하중이 작용할 때 A점에서 발생하는 연직응력의 증가량은? [22년 2회]

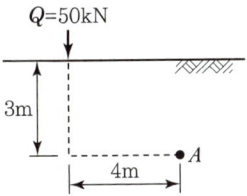

① $0.21kN/m^2$ ② $0.24kN/m^2$
③ $0.27kN/m^2$ ④ $0.30kN/m^2$

[해설]

$\Delta\sigma_z = \dfrac{Q}{z^2}I = \dfrac{Q}{z^2} \times \dfrac{3}{2\pi}\left(\dfrac{z}{R}\right)^5$

$= \dfrac{50}{3^2} \times \dfrac{3}{2\times\pi}\left(\dfrac{3}{5}\right)^5 = 0.21kN/m^2$

(여기서, $R = \sqrt{3^2+4^2} = 5$)

03 그림과 같은 지반에 980kN의 집중하중이 지표면에 작용하고 있다. 하중 작용점 바로 아래 5m 깊이에서의 유효연직응력은 얼마인가?

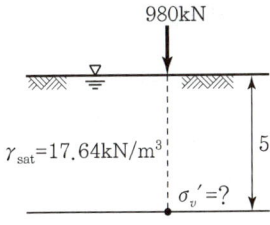

① $19.13kN/m^2$ ② $79.12kN/m^2$
③ $102.91kN/m^2$ ④ $57.92kN/m^2$

[해설]

작용점 직하 5m 깊이에서 유효연직응력(σ'_v) = $\sigma' + \Delta\sigma_z$

• $\sigma' = (\gamma_{sat} - \gamma_w) \times z = (17.64 - 9.8) \times 5 = 39.2kN/m^2$

• $\Delta\sigma_z = \dfrac{Q}{z^2}I = \dfrac{980}{5^2} \times \left(\dfrac{3}{2\pi}\right) = 18.72kN/m^2$

$\therefore \sigma'_v = \sigma' + \Delta\sigma_z = 39.2 + 18.72 = 57.92kN/m^2$

04 아래 그림과 같은 지표면에 2개의 집중하중이 작용하고 있다. 3t의 집중하중 작용점 하부 2m 지점 A에서의 연직하중의 증가량은 약 얼마인가?(단, 영향계수는 소수점 이하 넷째 자리까지 구하여 계산하시오.) [17년 4회]

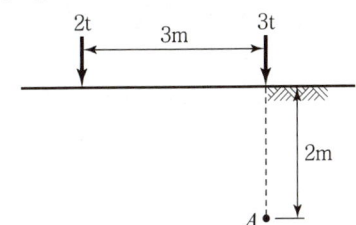

① $0.37t/m^2$ ② $0.89t/m^2$
③ $1.42t/m^2$ ④ $1.94t/m^2$

[해설]

연직응력의 증가량($\Delta\sigma_Z$) = $\dfrac{Q}{Z^2}I_\sigma$

• $\Delta\sigma_Z(3t) + \Delta\sigma_Z(2t)$

$= \left(\dfrac{Q}{Z^2} \times \dfrac{3}{2\pi}\right) + \left(\dfrac{Q}{Z^2} \times \dfrac{3}{2\pi} \cdot \dfrac{Z^5}{R^5}\right)$

$= \left(\dfrac{3}{2^2} \times \dfrac{3}{2\pi}\right) + \left(\dfrac{2}{2^2} \times \dfrac{3}{2\pi} \cdot \dfrac{2^5}{3.6^5}\right) = 0.37t/m^2$

(여기서, $R = \sqrt{r^2 + Z^2} = \sqrt{3^2 + 2^2} = 3.6$)

정답 01 ② 02 ① 03 ④ 04 ①

06 지중응력

④ 구형 등분포하중에 의한 지중응력(모서리점 아래)

모식도	연직응력 증가량(모서리점 아래)
	$\sigma_z = I \cdot q$
	① $I = f(m, n)$ ② $m = \dfrac{B}{z}$ ③ $n = \dfrac{L}{z}$ ④ $q = \dfrac{P}{A}$

- σ_z : 연직응력 증가량
- q : 구형 등분포하중의 크기(t/m^2)
- I : 영향계수
- (m, n을 계산한 후 도표를 이용하여 산정)

- B : 구형 등분포 하중의 폭
- L : 구형 등분포 하중의 길이
- z : 지표면으로부터 구하는 점까지의 연직깊이

⑤ 임의 점 A가 구형 안에 있는 경우

구하고자 하는 점의 위치가 직사각형 단면 안에 있을 때	지중응력(연직응력 증가량)
	$\sigma_z = \sigma_{z(ACBI)} + \sigma_{z(ACDE)}$ $\quad + \sigma_{z(AGHI)} + \sigma_{z(AEFG)}$ $= I \cdot q_{(1)} + I \cdot q_{(2)} + I \cdot q_{(3)}$ $\quad + I \cdot q_{(4)}$

- 모서리 아래가 아닌 점의 지중응력을 구할 때는 중첩의 원리를 이용

지중응력을 구할 점이 직사각형 단면 안에 있는 경우
- A점을 기준으로 직사각형의 모서리가 되도록 4부분으로 나눈다.
- 각 부분의 지중응력을 계산한다.

⑥ 임의 점 A가 구형 밖에 있는 경우

구하고자 하는 점의 위치가 직사각형 단면 밖에 있을 때	지중응력(연직응력 증가량)
	$\sigma_z = \sigma_{z(ACEG)} - \sigma_{z(ACDH)}$ $\quad - \sigma_{z(ABFG)} + \sigma_{z(ABIH)}$

지중응력을 구할 점이 직사각형 단면 밖에 있는 경우
- A점을 모서리로 하는 가상의 사각형을 작도한다.
- 각 부분의 지중응력을 계산한다.

Newmark 영향원법
임의 형태 기초에 작용하는 등분포 하중으로 인하여 발생하는 지중응력 계산에 사용되는 계산법

⑦ 중첩의 원리

$\sigma_A = 4\sigma_B$

과년도 기출문제

01 동일한 등분포하중이 작용하는 그림과 같은 (A)와 (B) 두 개의 구형 기초판에서 A와 B점의 수직 z 되는 깊이에서 증가되는 지중응력을 각각 σ_A, σ_B라 할 때 다음 중 옳은 것은?(단, 지반 흙의 성질은 동일함)   [16년 2회]

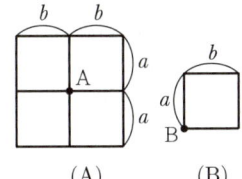

① $\sigma_A = \dfrac{1}{2}\sigma_B$ ② $\sigma_A = \dfrac{1}{4}\sigma_B$

③ $\sigma_A = 2\sigma_B$ ④ $\sigma_A = 4\sigma_B$

[해설]

중첩의 원리에 의해서 A점의 지중응력(σ_A)은 B점의 지중응력의 4배이다.
∴ $\sigma_A = 4\sigma_B$

02 다음 그림과 같이 2m×3m 크기의 기초에 100 kN/m²의 등분포하중이 작용할 때 A점 아래 4m 깊이에서의 연직응력 증가량은?(단, 아래 표의 영향계수 값을 활용하여 구하며, $m = \dfrac{B}{z}$, $n = \dfrac{L}{z}$ 이고 B는 직사각형 단면의 폭, L은 직사각형 단면의 길이, z는 토층의 깊이이다.)   [22년 1회]

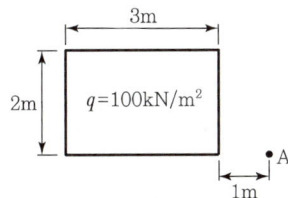

[영향계수(I) 값]

m	0.25	0.5	0.5	0.5
n	0.5	0.25	0.75	1.0
I	0.048	0.048	0.115	0.122

① 6.7kN/m²   ② 7.4kN/m²
③ 12.2kN/m²   ④ 17.0kN/m²

[해설]

구형 등분포하중에 의한 지중응력
$\sigma_z = \sigma_{z(1234)} - \sigma_{z(2546)}$

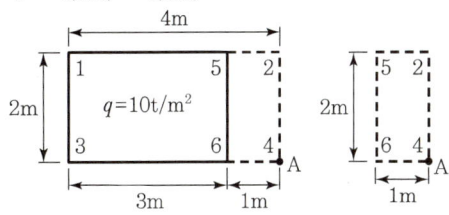

- $\sigma_{z(1234)} = I \cdot q$
 ($m = \dfrac{B}{z} = \dfrac{2}{4} = 0.5$, $n = \dfrac{L}{z} = \dfrac{4}{4} = 1$, $I = 0.1222$)
 ∴ $\sigma_{z(1234)} = I_\sigma q = 0.1222 \times 100 = 12.22$

- $\sigma_{z(2546)} = I \cdot q$
 ($m = \dfrac{B}{z} = \dfrac{1}{4} = 0.25$, $n = \dfrac{L}{z} = \dfrac{2}{4} = 0.5$, $I = 0.048$)
 ∴ $\sigma_{z(2546)} = I \cdot q = 0.048 \times 100 = 4.8$

따라서 $\sigma_z = \sigma_{z(1234)} - \sigma_{z(2546)} = 12.22 - 4.8 = 7.4\text{kN/m}^2$

정답 01 ④ 02 ②

06 지중응력

⑧ 간편법(2 : 1 분포법, $\tan\theta = \dfrac{1}{2}$ 법)

모식도	장방형 기초의 지중응력
	$q \times B \times L = \Delta\sigma_z \times (B+Z) \times (L+Z)$
	$\therefore \Delta\sigma_z = \dfrac{qBL}{(B+Z)(L+Z)}$
	정방형 기초의 지중응력
	$q \times B^2 = \Delta\sigma_z \times (B+Z)^2$
	$\therefore \Delta\sigma_z = \dfrac{qB^2}{(B+Z)^2}$
	연속 기초의 지중응력
	$q \times B \times 1 = \Delta\sigma_z \times (B+Z) \times 1$
	$\therefore \Delta\sigma_z = \dfrac{qB}{B+Z}$

- 지중응력(연직응력=수직응력)

2대1 분포법의 기본가정
지표면에 등분포하중이 재하될 때 하중이 전달되는 수직거리와 수평거리의 비를 2 : 1로 본다.
$\left(\tan\alpha = \dfrac{1}{2}\right)$

- $q(\mathrm{t/m^2})$
  $qBL = P(\mathrm{ton})$

- 장방형 기초 = 직사각형 기초
- 정방형 기초 = 정사각형 기초($B = L$)
- 연속기초 = ($L+Z$)를 단위길이(1)로 해석

⑨ 휨성(가요성) 기초의 접지압

점토지반	모래지반
연성기초 / 접지압	연성기초 / 접지압

휨성(가요성) 기초의 밑면 접지압 분포는 어느 부분이나 동일

- **접지압**
  하중에 의해 기초 저면에 접한 지반에 발생하는 지반 반력

⑩ 강성 기초의 접지압

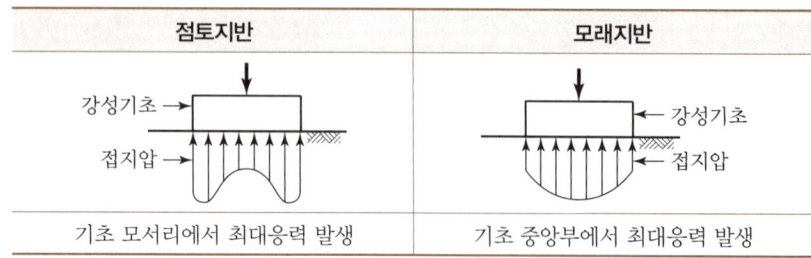

점토지반	모래지반
기초 모서리에서 최대응력 발생	기초 중앙부에서 최대응력 발생

- 점토지반에 강성기초가 놓인다면 접지압은 양단에서 최대이고 중심부로 갈수록 감소한다.

- 모래지반에 강성기초가 놓인다면 접지압은 중심에서 최대이고 양단으로 갈수록 감소한다.

과년도 기출문제

01 다음 중 임의 형태 기초에 작용하는 등분포하중으로 인하여 발생하는 지중응력계산에 사용하는 가장 적합한 계산법은? [18년 2회]

① Boussinesq법
② Osterberg법
③ Newmark 영향원법
④ 2 : 1 간편법

[해설]

Newmark 영향원법
- 등분포하중으로 인해 발생하는 지중응력 계산에 사용
- $\sigma_z = 0.005 nq$
  여기서, n : 면적요소 수, q : 등분포하중

02 5m×10m의 장방형 기초 위에 $q = 60 \text{kN/m}^2$의 등분포하중이 작용할 때, 지표면 아래 10m에서의 연직응력증가량($\Delta\sigma_v$)은?(단, 2 : 1 응력분포법을 사용한다.) [20년 3회]

① 10kN/m^2
② 20kN/m^2
③ 30kN/m^2
④ 40kN/m^2

[해설]

$$\Delta\sigma_v = \frac{qBL}{(B+Z)(L+Z)} = \frac{60 \times 5 \times 10}{(5+10)(10+10)} = 10 \text{kN/m}^2$$

03 점토지반에 있어서 강성 기초와 접지압 분포에 대한 설명으로 옳은 것은? [21년 2회]

① 접지압은 어느 부분이나 동일하다.
② 접지압은 토질에 관계없이 일정하다.
③ 기초의 모서리 부분에서 접지압이 최대가 된다.
④ 기초의 중앙 부분에서 접지압이 최대가 된다.

[해설]

강성기초의 접지압

점토	모래
기초 모서리에서 최대응력 발생	기초 중앙부에서 최대응력 발생

04 하중이 완전히 강성(剛性) 푸팅(Footing) 기초판을 통하여 지반에 전달되는 경우의 접지압(또는 지반반력) 분포로 옳은 것은? [21년 3회]

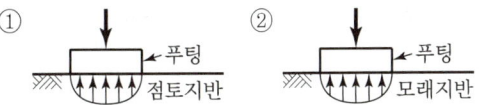

[해설]

강성 기초의 접지압

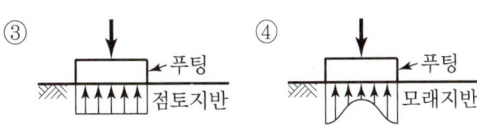

점토지반	모래지반
기초 모서리에서 최대응력 발생	기초 중앙부에서 최대응력 발생

05 접지압(또는 지반반력)이 그림과 같이 되는 경우는? [22년 2회]

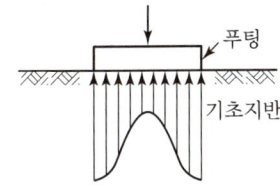

① 푸팅 : 강성, 기초지반 : 점토
② 푸팅 : 강성, 기초지반 : 모래
③ 푸팅 : 연성, 기초지반 : 점토
④ 푸팅 : 연성, 기초지반 : 모래

[해설]

강성기초의 접지압

점토	모래
기초 모서리에서 최대응력 발생	기초 중앙부에서 최대응력 발생

정답 01 ③ 02 ① 03 ③ 04 ② 05 ①

07 압밀

1 압밀의 과정(S = 100%)

	압밀순간($t=0$)	압밀 진행 중($0<t<\infty$)	압밀 후($t=\infty$)
과잉간극수압(u_e)	$u_e = u_i$(최대)	u_e	$u_e = 0$
유효응력(σ')	$\sigma' = 0$	σ'	σ'(최대)
전응력(σ)	$\sigma = u_i$	$\sigma = \sigma' + u_e$	$\sigma = \sigma'$

간극(공극)수압(u)
- 물이 받는 압력
- 중립응력

과잉 간극수압(u_e)
외부하중으로 인하여 간극수에 작용하는 간극수압

초기 과잉 간극수압(u_i)
- 시간 $t = 0$일 때 과잉간극수압
- 물이 배출되기 직전 과잉간극수압

압밀 후 과잉간극수압(간극수)
소산되면 유효응력은 증가

압밀속도
모래 > 점토
(투수계수가 큰 모래에서 압밀속도는 빠르다.)

2 1차 압밀이론의 기본가정(Terzaghi)

Terzaghi의 1차 압밀이론의 기본가정

① 흙은 균질하다.
② 흙은 완전 포화되어 있다.
③ 토립자와 물은 비압축성이다(압축성은 무시한다).
④ 투수와 압축은 수직적(1차원)이다.
⑤ Darcy 법칙이 타당(투수계수는 압력의 크기에 관계없이 일정)하다.
⑥ 압밀이 진행되면 투수계수는 일정하다.
⑦ 대단위 해안 매립지 등에 적용한다.
⑧ 압밀 시 압력 – 간극비 관계는 이상적으로 직선적 변화를 한다.

투수계수(k)
$k = C_v\, m_v\, \gamma_w$
투수계수는 압력의 크기에 관계 없이 일정하다.

3 압밀시험에 따른 성과표

시간 침하곡선(각 하중단계)	$e - \log P$ 곡선(전 하중단계)
① 압밀계수(C_v) ② 압축계수(a_v) ③ 체적변화계수(m_v) ④ 1차 압밀비 ⑤ 투수계수	① 압축지수(C_c) ② 선행 압밀하중

시간침하곡선
각 하중 단계마다 작성

간극비($e - \log P$)곡선
전 하중 단계에서 작성

과년도 기출문제

01 포화된 점토에 압밀 하중 $\sigma(\text{N/cm}^2)$를 작용시켰다. 압밀 하중이 재하된 순간의 응력 상태는?(단, σ'는 유효 응력, u는 공극 수압이다.)

① $\sigma = \sigma'$
② $\sigma = \sigma' + u$
③ $\sigma = u$
④ $\sigma = \sigma' - u$

[해설]

구분	경과 시간 (t)	공극 수압 (u)	유효 응력 (σ')	전응력 (σ)
압밀순간	$t=0$	u	0	$\sigma = u$
압밀진행 중	$0 < t < \infty$	u	σ'	$\sigma = \sigma' + u$
압밀 후	$t = \infty$	0	σ'	$\sigma = \sigma'$

- 포화된 점토에서 하중은 물에 의해서만 지지되므로 압밀 하중 σ와 공극 수압(u)은 같다.
- 압밀 순간의 전응력은 공극 수압과 같다.

02 점토의 압밀에 관한 다음 설명 중 틀린 것은?

① 재하된 순간($t=0$)에서의 과잉 공극 수압은 재하량과 같다.
② 과잉 공극 수압은 재하 시간이 경과함에 따라 감소해서 시간이 ∞가 될 때 0이 된다.
③ 과잉 공극 수압이 0이 될 때는 1차 압밀이 100% 진행되었다고 한다.
④ 유효 응력은 재하된 순간에 최대치가 된다.

[해설]

유효 응력 σ'는 재하된 순간($t=0$)에 0이다.

03 Terzaghi의 1차 압밀에 대한 설명으로 틀린 것은? [22년 2회]

① 압밀방정식은 점토 내에 발생하는 과잉간극수압의 변화를 시간과 배수거리에 따라 나타낸 것이다.
② 압밀방정식을 풀면 압밀도를 시간계수의 함수로 나타낼 수 있다.
③ 평균압밀도는 시간에 따른 압밀침하량을 최종압밀침하량으로 나누면 구할 수 있다.
④ 압밀도는 배수거리에 비례하고, 압밀계수에 반비례한다.

[해설]

- 압밀도(u) $\propto$ 시간계수 $\left(T_V = \dfrac{C_V \cdot t}{H^2}\right)$
- 압밀도는 배수거리(H)의 제곱에 반비례
- 압밀도는 압밀계수(C_V)에 비례

04 Terzaghi의 1차원 압밀이론에 대한 가정으로 틀린 것은? [20년 1회]

① 흙은 균질하다.
② 흙은 완전 포화되어 있다.
③ 압축과 흐름은 1차원적이다.
④ 압밀이 진행되면 투수계수는 감소한다.

[해설]

압밀이 진행되면 투수계수는 일정하다고 가정한다.

05 압밀시험결과 시간-침하량 곡선에서 구할 수 없는 값은? [20년 1회]

① 초기 압축비
② 압밀계수
③ 1차 압밀비
④ 선행압밀 압력

[해설]

시간침하곡선	e-log P 곡선
C_v	
a_v	C_c(압축지수)
m_v	P_o(선행압밀 하중)
K	

06 압밀시험에서 얻은 $e - \log P$ 곡선으로 구할 수 있는 것이 아닌 것은? [21년 1회]

① 선행압밀압력
② 팽창지수
③ 압축지수
④ 압밀계수

[해설]

압밀계수는 시간침하곡선으로 구할 수 있다.

정답 01 ③ 02 ④ 03 ④ 04 ④ 05 ④ 06 ④

07 압밀

④ 체적변화계수

모식도	체적변화계수(m_v, 용적변화율)
(흙 시료: ΔP, ΔH, H, 간극/흙 입자)	$m_v = \dfrac{\dfrac{\Delta V}{V}}{\Delta P} = \dfrac{1}{\Delta P} \cdot \dfrac{\Delta V_v}{V_s + V_v} = \dfrac{1}{\Delta P} \cdot \dfrac{\Delta e}{1+e_1}$ $\therefore m_v = \dfrac{a_v}{1+e_1}\,(\text{cm}^2/\text{g})$

+ 체적변화계수(m_v)

용적변화율로 표시하며 압력의 증가에 대한 시료 체적의 감소비율(시료의 높이 변화로 표시)

실내 투수시험

① 정수위 투수시험법
$$k = \dfrac{QL}{hAt}$$

② 변수위 투수시험법
$$k = 2.3\dfrac{aL}{AT}\log_{10}\dfrac{h_1}{h_2}$$

③ 압밀시험
$$k = C_v\, m_v\, \gamma_w$$

- 압축계수(a_v)와 압밀계수(C_v)는 반비례

⑤ 투수계수

식	내용
$k = C_v \cdot m_v \cdot \gamma_w$	C_v : 압밀계수 m_v : 체적변화계수 $m_v = \dfrac{a_v}{1+e_1}$ γ_w : 물의 단위중량 a_v : 압축계수 e_1 : 초기 간극비

⑥ 압밀계수(C_v)

압밀계수 식	
$C_v = \dfrac{k}{m_v\gamma_w} = \dfrac{k(1+e)}{a_v\,\gamma_w} = \dfrac{T_v \cdot H^2}{t}\,(\text{cm}^2/\text{sec})$	T_v : 시간계수 H : 배수거리(cm) t : 압밀(침하)시간(sec)

$\log t$ 법	$\sqrt{t}$ 법
압밀도 50%일 때 $T_v = 0.197$	압밀도 90%일 때 $T_v = 0.848$

+ 압밀계수(C_v)

지반의 압밀침하가 진행되는 데 소요되는 시간을 측정하기 위해 구한다.

① $\log t$ 법
- 압밀도 기준 50%
- $T_v = 0.197$

② $\sqrt{t}$ 법
- 압밀도 기준 90%
- $T_v = 0.848$

- 침하시간(t) $\propto H^2$

⑦ 배수거리

H : 배수거리(cm)	
일면(단면) 배수 : H	양면(이면) 배수 : $\dfrac{H}{2}$
투수층 / 점토층 / 불투수층, H	투수층 / 점토층($\dfrac{H}{2}$ 위, $\dfrac{H}{2}$ 아래) / 투수층, H
한쪽만 모래층	상하 모래층

+ 압밀시험의 배수거리

양면(이면) 배수로 해석

(배수거리 = $\dfrac{H}{2}$)

과년도 기출문제

01 어떤 점토의 압밀계수는 $1.92 \times 10^{-7} m^2/s$, 압축계수는 $2.86 \times 10^{-1} m^2/kN$이었다. 이 점토의 투수계수는?(단, 이 점토의 초기간극비는 0.80이고, 물의 단위중량은 $9.81 kN/m^3$이다.) [20년 4회]

① $0.99 \times 10^{-5} cm/s$
② $1.99 \times 10^{-5} cm/s$
③ $2.99 \times 10^{-5} cm/s$
④ $3.99 \times 10^{-5} cm/s$

[해설]

$K = C_v m_v \gamma_w$
$= 1.92 \times 10^{-7} \times \dfrac{2.86 \times 10^{-1}}{1+0.8} \times 9.81$
$= 0.000000299 m/s$
$= 2.99 \times 10^{-5} cm/s$

02 모래지층 사이에 두께 6m의 점토층이 있다. 이 점토의 토질시험 결과가 아래 표와 같을 때, 이 점토층의 90% 압밀을 요하는 시간은 약 얼마인가?(단, 1년은 365일로 하고, 물의 단위중량(γ_w)은 9.81 kN/m^3이다.) [20년 3회]

- 간극비(e) = 1.5
- 압축계수(a_v) = $4 \times 10^{-3} m^2/kN$
- 투수계수(k) = $3 \times 10^{-7} cm/s$

① 50.7년
② 12.7년
③ 5.07년
④ 1.27년

[해설]

$t = \dfrac{T_v \cdot H^2}{C_v} = \dfrac{0.848 \times 3^2}{1.911 \times 10^{-7}} = 1.27$년

- $T_v = 0.848$
- $H = \dfrac{6}{2} = 3$
- $C_v = \dfrac{k}{m_v \cdot \gamma_w} = \dfrac{3 \times 10^{-7} \times 0.01m}{\left(\dfrac{4 \times 10^{-3}}{1+1.5}\right) \times 9.81} = 1.911 \times 10^{-7} m^2/sec$

03 상·하층이 모래로 되어 있는 두께 2m의 점토층이 어떤 하중을 받고 있다. 이 점토층의 투수계수가 $5 \times 10^{-7} cm/s$, 체적변화계수(m_v)가 $5.0 cm^2/kN$일 때 90% 압밀에 요구되는 시간은?(단, 물의 단위중량은 $9.81 kN/m^3$이다.) [21년 1회]

① 약 5.6일
② 약 9.8일
③ 약 15.2일
④ 약 47.2일

[해설]

- $C_v = \dfrac{K}{m_v \cdot \gamma_w} = \dfrac{5 \times 10^{-7} cm/s}{5 \times 9.8 \times \dfrac{1}{100^3(cm^3)}} = 0.0102$

- $t_{90} = \dfrac{T_v \cdot H^2}{C_v} = \dfrac{0.848 \times \left(\dfrac{200}{2}\right)^2}{0.0102}$
$= 831,040$초 = 약 9.8일

04 두께 2cm의 점토시료에 대한 압밀시험 결과 50%의 압밀을 일으키는 데 6분이 걸렸다. 같은 조건하에서 두께 3.6m의 점토층 위에 축조한 구조물이 50%의 압밀에 도달하는 데 며칠이 걸리는가? [22년 1회]

① 1,350일
② 270일
③ 135일
④ 27일

[해설]

- $t \propto H^2$
- $6분 : \left(\dfrac{2}{2}\right)^2 = X분 : \left(\dfrac{360}{2}\right)^2$

$\therefore X일 = 194,400분 \times \dfrac{1}{60} \times \dfrac{1}{24} = 135$일

정답 01 ③ 02 ④ 03 ② 04 ③

07 압밀

⑧ 압축계수(a_v)

압축계수(a_v)	내용
$a_v = \dfrac{e_1 - e_2}{P_2 - P_1}$ $= \dfrac{\Delta e}{\Delta P}(\text{cm}^2/\text{kg})$	e_1 : 초기 간극비 e_2 : 압밀 종료 시 간극비 P_1 : 초기 유효연직응력(σ') P_2 : 압밀 종료 시 유효연직응력($P_1 + \Delta P$)

+ 압축계수(a_v)
압밀하중의 증가량에 대한 간극비의 감소율로 표기된다.

⑨ 압축지수(C_c)

압축지수(C_c)	내용
$C_c = \dfrac{e_1 - e_2}{\log P_2 - \log P_1}$ $= \dfrac{\Delta e}{\log \dfrac{P_2}{P_1}}$	① 압밀곡선(e-log P)에서 직선부분의 기울기이다 (무차원이며 처녀압축곡선의 기울기). ② 시료가 교란되면(압밀곡선의 기울기가 완만) 압축지수(C_c)와 침하량이 감소하고 압밀 진행속도가 느려진다. 따라서, 압밀시료는 불교란 시료를 이용한다.

+ 압축지수(C_c)
- 점토질 성분이 많을수록 압축지수가 크다.
- 압축지수가 크면 공극비의 변화와 압축성이 크다.

⑩ 압축지수(C_c)의 경험식(Terzaghi 경험식)

불교란시료(정규압밀점토)	교란시료
$C_c = 0.009(\omega_L - 10)$	$C_c = 0.007(\omega_L - 10)$

+ 소성도표(A선의 방정식)
$I_P = 0.73(\omega_L - 20)$

- ω_L : 액성한계

⑪ 선행압밀하중(P_c)

선행압밀하중(P_c)	과압밀비(OCR)
① 시료가 과거에 받았던 최대의 압밀하중 ② 하중($\log P$)과 간극비(e) 곡선(압밀곡선)으로 구한다. ③ 과압밀비(OCR) 산정에 이용된다.	$OCR = \dfrac{P_c}{P}$ P_c : 선행압밀하중(선행압밀응력, $\sigma_\text{과거}$) P : 현재 하중(유효연직응력, $\sigma'_\text{현재}$)

- 과압밀비(OCR)로 현재의 지반응력상태를 평가할 수 있다.

정규압밀 점토
$OCR = 1$

과압밀 점토
$OCR > 1$

과년도 기출문제

01 점토층으로부터 흙시료를 채취하여 압밀시험을 한 결과, 하중강도가 3.0N/cm²로부터 4.6N/cm²로 증가했을 때 공극비는 2.7로부터 1.9로 감소하였다. 압축계수(a_v)는 얼마인가?

① 0.5cm²/N ② 0.6cm²/N
③ 0.7cm²/N ④ 0.8cm²/N

[해설]
$$a_v = \frac{e_1 - e_2}{P_2 - P_1} = \frac{2.7 - 1.9}{4.6 - 3.0} = 0.5 \text{cm}^2/\text{N}$$

02 흐트러지지 않은 시료를 이용하여 액성한계 40%, 소성한계 22.3%를 얻었다. 정규압밀점토의 압축지수(C_c) 값을 Terzaghi와 Peck의 경험식에 의해 구하면? [20년 3회]

① 0.25 ② 0.27
③ 0.30 ④ 0.35

[해설]
C_c(불교란시료) $= 0.009(w_L - 10) = 0.009(40 - 10) = 0.27$

03 단위중량이 1.8t/m³인 점토지반의 지표면에서 5m 되는 곳의 시료를 채취하여 압밀시험을 실시한 결과 과압밀비(Over Consolidation Ratio)가 2임을 알았다. 선행압밀압력은? [17년 2회]

① 9t/m² ② 12t/m²
③ 15t/m² ④ 18t/m²

[해설]
과압밀비(OCR) $= \dfrac{P_c}{P(\sigma')}$

∴ 선행압밀압력(P_c) $= OCR \times P = 2 \times (1.8 \times 5) = 18$t/m²

04 지표면 아래 1m 되는 곳에 점 A가 있다. 본래 이 지층은 건조했으나 댐 건설로 현재는 지표면까지 지하수위가 도달하였다. 다른 요인을 무시할 때 A점의 과압밀비(OCR)는?(단, 흙의 건조 단위중량은 16kN/m³, 포화 단위중량은 20kN/m³, $\gamma_w = 10$kN/m³)

① 1.00 ② 1.25
③ 1.60 ④ 0.80

[해설]
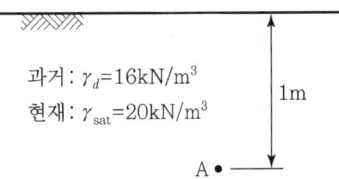

$OCR = \dfrac{P_c(\sigma)}{P(\sigma')} = \dfrac{\gamma_d \cdot z}{\gamma_{sub} \cdot z} = \dfrac{16 \times 1}{(20-10) \times 1} = \dfrac{16}{10} = 1.6$

05 다음 그림 중 A점에서 자연 시료를 채취하여 압밀시험한 결과 선행 압축력이 7.94N/cm²이었다. 이 흙은 무슨 점토인가?(단, $\gamma_w = 9.8$kN/m³이다.)

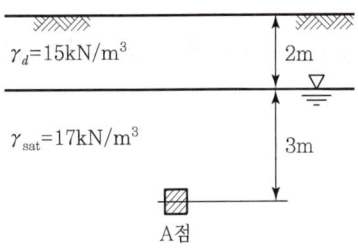

① 압밀 진행 중인 점토 ② 정규 압밀 점토
③ 과압밀 점토 ④ 이것으로는 알 수 없다.

[해설]
- 유효 상재 하중(P) $= \gamma_d \cdot h_1 + \gamma_{sub} \cdot h_2$
  $= (15 \times 2) + (17 - 9.8) \times 3 = 51.6$kN/m²
- OCR(과압밀비) $= \dfrac{P_c}{P} = \dfrac{79.4}{51.6} = 1.54$

  $OCR(1.54) > 1$

∴ 과압밀 점토

※ 7.94N/cm² $=$ 79.4kN/m²

정답 01 ① 02 ② 03 ④ 04 ③ 05 ③

07 압밀

12 압밀도

압밀도	특징
① 압밀의 진행 정도 ② U로 표현	① 초기과잉간극수압이 가장 크면 압밀현상이 가장 늦게 일어난다. ② 압밀도는 배수층(투수층)에 근접할수록 증가한다.

압밀도(U)
임의시간 t가 경과한 후 지층 내에서의 압밀의 정도

평균압밀도($\overline{U}$)
점토층 전체의 압밀도(압밀도 U_z는 지층의 깊이에 따라 다르다.)

- 과잉간극수압은 외부하중으로 인해 발생하는 수압

압밀순간
$\sigma(P) = u_i$

13 Z 지점에서 압밀도(U_z)와 평균압밀도($\overline{U}$)

깊이 z 되는 지점에서 압밀도(U_z)	전체 점토층의 평균압밀도($\overline{U}$)
$U_z = \dfrac{\text{소산된 과잉간극수압}}{\text{초기 과잉간극수압}}$ $= \dfrac{u_i - u_t}{u_i} \times 100$ $= \dfrac{P - u_t}{P} \times 100$	$\overline{U} = \dfrac{\Delta H_t}{\Delta H} \times 100(\%)$
u_i : 초기 과잉간극수압(kg/cm²), $u_i = \gamma_w h$ u_t : t시간 이후의 과잉간극수압 P : 점토층에 가해진 압력(kg/cm²) u(전체 간극수압) $= u_i + u_t$	ΔH_t : t시간 후의 압밀침하량 ΔH : 전체 압밀침하량

14 압밀도(U)에 영향을 주는 요소

압밀도(U)는 시간계수에 비례한다.	특징
① $U_z = f(T_v)$ ② $T_v = \dfrac{C_v t}{H^2}$	① 시간계수(T_v), 압밀계수(C_v), 소요시간(t)에 비례 ② 배수거리(H)의 제곱에 반비례

압밀도와 시간계수

압밀도	시간계수(T_v)
$U_z = 50\%$	0.197
$U_z = 90\%$	0.848

- 하중의 증가량과 압밀도와는 관계가 없다.

과년도 기출문제

01 연약지반에 구조물을 축조할 때 피에조미터를 설치하여 과잉간극수압의 변화를 측정한 결과 어떤 점에서 구조물 축조 직후 과잉간극수압이 100kN/m²이었고, 4년 후에 20kN/m²이었다. 이때의 압밀도는? [22년 2회]

① 20% ② 40%
③ 60% ④ 80%

[해설]

$$압밀도(U_z) = \frac{u_i - u_t}{u_i} \times 100$$
$$= \frac{100 - 20}{100} \times 100$$
$$= 80\%$$

02 지표면에 40kN/m²의 성토를 시행하였다. 압밀이 70% 진행되었다고 할 때 현재의 과잉 간극수압은? [15년 1회]

① 0.8t/m² ② 1.2t/m²
③ 2.2t/m² ④ 2.8t/m²

[해설]

$$u = \frac{u_i - u_t}{u_i} \times 100$$
$$70 = \frac{40 - u_t}{40} \times 100$$
$$\therefore u_t = 1.2 t/m^2$$

03 그림과 같은 지반에서 재하순간 수주(水柱)가 지표면(지하수위)으로부터 5m이었다. 40% 압밀이 일어난 후 A점에서의 전체 간극수압은?(단, 물의 단위중량은 9.81kN/m³이다.) [21년 3회]

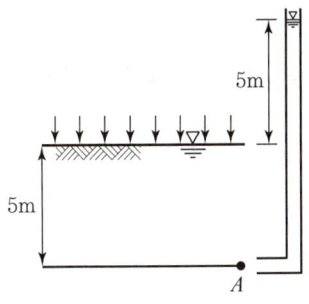

① 19.62kN/m² ② 29.43kN/m²
③ 49.05kN/m² ④ 78.48kN/m²

[해설]

- $u(압밀도) = \dfrac{u_i - u_t}{u_i}$, $0.4 = \dfrac{49.05 - u_t}{49.05}$

  $\therefore u_t = 29.43 kN$

  $(u_i = \gamma_w \cdot h = 9.81 \times 5 = 49.05 kN/m^2)$

- A점 간극수압 = 정수압(u_i) + 과잉간극수압(u_t)
  $= 49.05 + 29.43 = 78.48 kN/m^2$

04 그림과 같은 지반에 재하순간 수주(水柱)가 지표면으로부터 5m이었다. 20% 압밀이 일어난 후 지표면으로부터 수주의 높이는?(단, 물의 단위중량은 9.81kN/m³이다.) [21년 2회]

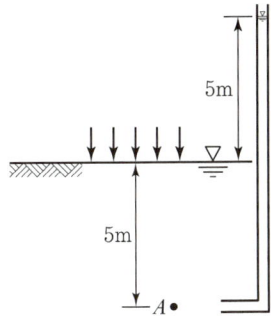

① 1m ② 2m
③ 3m ④ 4m

[해설]

$$U_z = \frac{u_i - u_t}{u_i}$$
$$0.2 = \frac{5 - u_t}{5}$$
$$\therefore u_t = 4$$

정답 01 ④ 02 ② 03 ④ 04 ④

07 압밀

15 압밀침하량(정규압밀점토, ΔH)

ΔH(압밀침하량)	내용
$\Delta H = m_v \Delta PH$ $= \dfrac{a_v}{1+e_1}\Delta PH$ $= \dfrac{e_1-e_2}{1+e_1}H$ $= \dfrac{C_c}{1+e_1}\log\dfrac{P_2}{P_1}H$	① $m_v = \dfrac{a_v}{1+e_1}$ ② $a_v = \dfrac{e_1-e_2}{P_2-P_1} = \dfrac{e_1-e_2}{\Delta P}$ ③ $C_c = \dfrac{e_1-e_2}{\log P_2 - \log P_1} = \dfrac{e_1-e_2}{\log\dfrac{P_2}{P_1}}$ e_1 : 초기 간극비(최초 간극비) C_c : 압축지수 P_1 : 자중에 의한 유효응력(초기 유효연직응력) P_2 : 상재하중에 의해 증가된 유효응력($P_2 = P_1 + \Delta P$) H : 점토층(압밀층) 두께

➕
- m_v : 체적변화계수
- a_v : 압축계수
- C_c : 압축지수

압밀침하량과 압밀계수(C_v)와는 무관

압축지수(C_c) 경험식
- 불교란 시료
  $C_c = 0.009(\omega_L - 10)$
- 교란 시료
  $C_c = 0.007(\omega_L - 10)$

개념이해

01 두께 9m의 점토층에서 하중강도 P_1일 때 간극비는 2.0이고 하중강도를 P_2로 증가시키면 간극비는 1.8로 감소되었다. 이 점토층의 최종압밀침하량은?

[22년 1회]

① 20cm ② 30cm
③ 50cm ④ 60cm

$\Delta H = \dfrac{e_1-e_2}{1+e_1}H = \dfrac{2-1.8}{1+2}\times 900$
$= 60\text{cm}$

답 ④

02 두께 6m의 점토층이 있다. 이 점토의 간극비는 $e = 2.0$이고 액성한계는 $W_L = 70\%$이다. 지금 압밀하중을 20N/cm²에서 40N/cm²로 증가시키려고 한다. 예상되는 압밀침하량은?(단, 압축지수 C_c는 Skempton의 식 $C_c = 0.009(W_L-10)$을 이용할 것)

① 0.27m ② 0.33m
③ 0.49m ④ 0.65m

ΔH(압밀침하량)
$= \dfrac{C_c}{1+e}\log\dfrac{P_2}{P_1}H$
$= \dfrac{0.54}{1+2}\times\log\dfrac{40}{20}\times 6 = 0.33\text{m}$

※ $C_c = 0.009(\omega_L - 10)$
  $= 0.009(70-10) = 0.54$

답 ②

과년도 기출문제

01 표준압밀실험을 하였더니 하중 강도가 2.4kg/cm² 에서 3.6kg/cm²로 증가할 때 간극비는 1.8에서 1.2로 감소하였다. 이 흙의 최종침하량은 약 얼마 인가?(단, 압밀층의 두께는 20m이다.) [19년 2회]

① 428.64cm   ② 214.29cm
③ 642.86cm   ④ 285.71cm

[해설]

$$\Delta H = \frac{e_1 - e_2}{1 + e_1} \cdot H = \frac{1.8 - 1.2}{1 + 1.8} \times 2,000 = 428.6\text{cm}$$

02 다짐되지 않은 두께 2m, 상대밀도 40%의 느슨한 사질토 지반이 있다. 실내시험 결과 최대 및 최소 간극비가 0.80, 0.40으로 각각 산출되었다. 이 사질토를 상대밀도 70%까지 다짐할 때 두께는 얼마나 감소되겠는가? [20년 3회]

① 12.41cm   ② 14.63cm
③ 22.71cm   ④ 25.83cm

[해설]

$$\Delta H = \frac{e_1 - e_2}{1 + e_1} H$$

• 상대밀도 40% → e_1
  $D_r = \frac{e_{max} - e_1}{e_{max} - e_{min}}$, $e_1 = 0.64$
• 상대밀도 70% → e_2
  $D_r = \frac{e_{max} - e_2}{e_{max} - e_{min}}$, $e_2 = 0.52$

∴ $\Delta H = \left(\frac{0.64 - 0.52}{1 + 0.64}\right) 200 = 14.63\text{cm}$

03 비중이 2.67, 함수비가 35%이며, 두께 10m인 포화점토층이 압밀 후에 함수비가 25%로 되었다면, 이 토층 높이의 변화량은 얼마인가? [19년 1회]

① 113cm   ② 128cm
③ 135cm   ④ 155cm

[해설]

$$\Delta H = \frac{e_1 - e_2}{1 + e_1} \cdot H = \frac{0.93 - 0.67}{1 + 0.93} \times 1,000 = 135\text{cm}$$

• e_1 (초기 간극비)
  $G_w = S_{e1}$, $2.67 \times 0.35 = 1.0 \times e_1$
  ∴ $e_1 = 0.93$
• e_2 (압밀 후 간극비)
  $G_w = S_{e2}$, $2.67 \times 0.25 = 1.0 \times e_2$
  ∴ $e_2 = 0.67$

04 현장에서 채취한 흙 시료에 대하여 아래 조건과 같이 압밀시험을 실시하였다. 이 시료에 320kPa의 압밀압력을 가했을 때, 0.2cm의 최종 압밀침하가 발생되었다면 압밀이 완료된 후 시료의 간극비는? (단, 물의 단위중량은 9.81kN/m³이다.) [21년 2회]

• 시료의 단면적(A) = 30cm²
• 시료의 초기 높이(H) = 2.6cm
• 시료의 비중(G_s) = 2.5
• 시료의 건조중량(W_s) = 1.18N

① 0.125   ② 0.385
③ 0.500   ④ 0.625

[해설]

• 초기 간극비(e_1)
  $V = A \cdot H = 30 \times 2.6 = 78\text{cm}^3$
  $\gamma_d = \frac{W}{V} = \frac{120}{78} = 1.54\text{g/cm}^3$
  $\gamma_d = \frac{G_s}{1 + e_1}\gamma_w$ 에서 $1.54 = \frac{2.5}{1 + e_1} \times 1$
  ∴ $e_1 = 0.62$
• 압밀침하량(ΔH) = $\frac{e_1 - e_2}{1 + e_1} \cdot H$ 에서
  $0.2 = \frac{0.62 - e_2}{1 + 0.62} \times 2.6$
  ∴ 압밀이 완료된 후 시료의 간극비(e_2) = 0.5

정답 01 ① 02 ② 03 ③ 04 ③

과년도 기출문제

05 다짐되지 않은 두께 2m, 상대 밀도 40%의 느슨한 사질토 지반이 있다. 실내시험결과 최대 및 최소 간극비가 0.80, 0.40으로 각각 산출되었다. 이 사질토를 상대 밀도 70%까지 다짐할 때 두께의 감소는 약 얼마나 되겠는가? [17년 2회]

① 12.4cm ② 14.6cm
③ 22.7cm ④ 25.8cm

[해설]

압밀침하량$(\Delta H) = \dfrac{e_1 - e_2}{1 + e_1} \cdot H$

- $D_r = \dfrac{e_{max} - e_1}{e_{max} - e_{min}}$, $e_1 = e_{max} - D_r(e_{max} - e_{min})$

  $\therefore e_1 = 0.8 - 0.4(0.8 - 0.4) = 0.64$

- $D_r = \dfrac{e_{max} - e_2}{e_{max} - e_{min}}$, $e_2 = e_{max} - D_r(e_{max} - e_{min})$

  $\therefore e_2 = 0.8 - 0.7(0.8 - 0.4) = 0.52$

$\therefore \Delta H = \dfrac{e_1 - e_2}{1 + e_1} H = \dfrac{0.64 - 0.52}{1 + 0.64} \times 200 = 14.6$cm

06 흙의 비중이 2.60, 함수비 30%, 간극비 0.80일 때 포화도는?

① 24.0% ② 62.0%
③ 78.0% ④ 97.5%

[해설]

$G_s \cdot \omega = S \cdot e$

$S = \dfrac{G_s \cdot \omega}{e} = \dfrac{2.60 \times 30}{0.8} = 97.5\%$

07 어떤 흙의 습윤단위중량이 2.0t/m³, 함수비 20%, 비중 $G_s = 2.7$인 경우 포화도는 얼마인가? [17년 1회]

① 86.1% ② 87.1%
③ 95.6% ④ 100%

[해설]

- 습윤단위중량$(\gamma_t) = \dfrac{G_s + S \cdot e}{1 + e}\gamma_w$

  (여기서 $G_s \cdot \omega = S \cdot e$)

  $\gamma_t = \dfrac{G_s + G_s \omega}{1 + e}\gamma_w$ 에서

  $2.0 = \dfrac{2.7 + (2.7 \times 0.2)}{1 + e} \times 1$

  $\therefore e = 0.62$

- $G_s \cdot \omega = S \cdot e$

  $2.7 \times 0.2 = S \times 0.62$

  $\therefore S = 0.871 = 87.1\%$

08 점토지반으로부터 불교란 시료를 채취하였다. 이 시료는 직경 5cm, 길이 10cm이고, 습윤무게는 350g이며, 함수비가 40%일 때 이 시료의 건조단위 무게는? [17년 2회]

① 1.78g/cm³ ② 1.43g/cm³
③ 1.27g/cm³ ④ 1.14g/cm³

[해설]

$\gamma_d = \dfrac{\gamma_t}{1 + \omega} = \dfrac{1.78}{1 + 0.4} = 1.27$g/cm³

$\left[\gamma_t = \dfrac{W}{V} = \dfrac{350}{\left(\dfrac{\pi \times 5^2}{4}\right) \times 10} = 1.78\text{g/cm}^3\right]$

09 자연상태의 모래지반을 다져 e_{min}에 이르도록 했다면 이 지반의 상대밀도는? [17년 4회]

① 0% ② 50%
③ 75% ④ 100%

[해설]

상대밀도$(D_r) = \dfrac{e_{max} - e}{e_{max} - e_{min}} \times 100$ (여기서, $e \to e_{min}$)

$= \left(\dfrac{e_{max} - e_{min}}{e_{max} - e_{min}}\right) \times 100 = 100\%$

정답 05 ② 06 ④ 07 ② 08 ③ 09 ④

과년도 기출문제

10 4.75mm체(4번 체) 통과율이 90%이고, 0.075mm체(200번 체) 통과율이 4%, $D_{10}=0.25$mm, $D_{30}=0.6$mm, $D_{60}=2$mm인 흙을 통일분류법으로 분류하면? [18년 1회]

① GW　　② GP
③ SW　　④ SP

[해설]

- 0.075mm(No.200체) 통과율 4% → 조립토
- 4.75mm(No.4체) 통과율 90% → S
- $C_u = \dfrac{D_{60}}{D_{10}} = \dfrac{2}{0.25} = 8$

  $C_g = \dfrac{D_{30}^{\,2}}{D_{10} \cdot D_{60}} = \dfrac{0.6^2}{0.25 \times 2} = 0.72$

- W(양입도) 조건
  모래 : $C_u > 6$ and $1 < C_g < 3$

따라서, 통일분류법으로 분류하면 SP이다.

정답　10 ④

08 전단강도

1 전단강도(전단응력)

모아-쿨롱의 파괴규준	흙의 전단강도 식
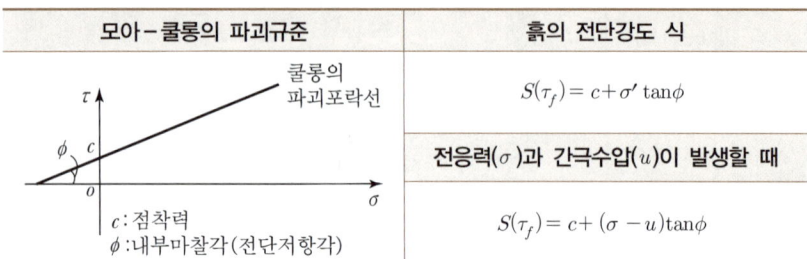 c : 점착력 ϕ : 내부마찰각(전단저항각)	$S(\tau_f) = c + \sigma' \tan\phi$
	전응력(σ)과 간극수압(u)이 발생할 때
	$S(\tau_f) = c + (\sigma - u) \tan\phi$

S : 흙의 전단강도(kg/cm^2)　　c : 점착력(kg/cm^2)　　σ : 수직(전)응력
u : 간극수압　　　　　　　　　ϕ : 전단저항각(내부마찰각)
σ' : 파괴면에 작용하는 유효수직응력(kg/cm^2)

쿨롱의 파괴규준은 전단응력(τ)이 전단강도(s)와 같아질 때 파괴된다는 것

모아-쿨롱 파괴이론
① $\tau_f = S$
② 파괴 시 전단응력 = 전단강도

유효응력(σ')
$\sigma' = \sigma - u$

전단응력
흙 속의 임의의 파괴면에 작용하는 응력

S(흙의 전단강도)
- 흙의 전단저항
- 파괴 시 응력(최대전단응력)
- $S = \tau_f$ (Failure, 파괴면에 작용하는 전단응력)
- $10 t/m^2 = 1 kg/cm^2$

2 흙의 종류에 따른 전단강도

일반 흙 및 실트 ($c \neq 0$, $\phi \neq 0$)	모래(사질토) ($c = 0$, $\phi \neq 0$)	점토(점성토) ($c \neq 0$, $\phi = 0$)
$S = c + \sigma' \tan\phi$	$S = \sigma' \tan\phi$	$S = c$

모래
점착력(c) = 0

점토
내부마찰력(ϕ) = 0

3 강도정수(c, ϕ)를 구하기 위한 실내 전단강도시험

종류	시험방법	모식도	토질
직접 전단시험	축하중(P)과 전단력(S)을 가함		모든 토질
일축 압축시험	축하중(P)만 가함		점성토
3축 압축시험	횡방향 구속 후 측압 가함		모든 토질

전단시험
전단시험은 흙의 강도 정수인 내부마찰각(ϕ)과 점착력(c)을 구하는 데 목적이 있다.

전단강도시험의 종류
① 실내 전단시험
② 현장 전단시험
  - 베인 전단시험(연약지반 점착력을 구하기 위해)
  - 원추 관입시험
  - 표준 관입시험

과년도 기출문제

01 그림에서 A점 흙의 강도정수가 $c' = 30\text{kN/m}^2$, $\phi' = 30°$일 때, A점에서의 전단강도는?(단, 물의 단위중량은 9.81kN/m³이다.) [20년 1회]

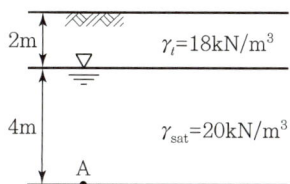

① 69.31kN/m² ② 74.32kN/m²
③ 96.97kN/m² ④ 103.92kN/m²

[해설]

$S(\tau_f) = C + \sigma' \tan\phi$
$\sigma_A' = 18 \times 2 + (20 - 9.81) \times 4 = 76.76$
∴ $S = 30 + 76.76 \tan 30° = 74.32 \text{kN/m}^2$

02 흙의 강도에 대한 설명으로 틀린 것은? [19년 1회]

① 점성토에서는 내부마찰각이 작고 사질토에서는 점착력이 작다.
② 일축압축 시험은 주로 점성토에 많이 사용한다.
③ 이론상 모래의 내부마찰각은 0이다.
④ 흙의 전단응력은 내부마찰각과 점착력의 두 성분으로 이루어진다.

[해설]
점토의 내부마찰각은 0이다.

03 토질시험 결과 내부마찰각이 30°, 점착력이 50kN/m², 간극수압이 800kN/m², 파괴면에 작용하는 수직응력이 3,000kN/m²일 때 이 흙의 전단응력은? [21년 2회]

① 1,270kN/m² ② 1,320kN/m²
③ 1,580kN/m² ④ 1,950kN/m²

[해설]

$S(\tau_f) = C + \sigma' \tan\phi = 50 + (3,000 - 800) \tan 30°$
$= 1,320 \text{kN/m}^2$

04 그림과 같은 지반에서 유효응력에 대한 점착력 및 마찰각이 각각 $c' = 10\text{kN/m}^2$, $\phi' = 20°$일 때, A점에서의 전단강도는?(단, 물의 단위중량은 9.81 kN/m³이다.) [20년 3회]

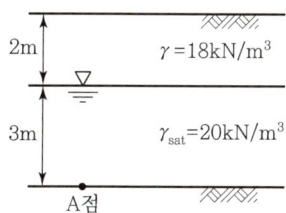

① 34.23kN/m² ② 44.94kN/m²
③ 54.25kN/m² ④ 66.17kN/m²

[해설]

$S(I_p) = C + \sigma' \tan\phi$
$= 10 + (18 \times 2) + (20 - 9.81) \times 3$
$= 34.23 \text{kN/m}^2$

05 어떤 흙에 대해서 직접 전단시험을 한 결과 수직응력이 1.0MPa일 때 전단저항이 0.5MPa이었고, 수직응력이 2.0MPa일 때에는 전단저항이 0.8MPa이었다. 이 흙의 점착력은? [19년 3회]

① 0.2MPa ② 0.3MPa
③ 0.8MPa ④ 1.0MPa

[해설]

전단저항(전단강도)
$\tau = c + \sigma' \tan\phi$
$5 = c + 10 \tan\phi$ ⋯⋯ ⓐ
$8 = c + 20 \tan\phi$ ⋯⋯ ⓑ
ⓐ, ⓑ식을 연립방정식으로 정리

$\begin{array}{r} 10 = 2c + 20\tan\phi \\ \ominus \quad 8 = c + 20\tan\phi \\ \hline 2 = c \end{array}$

∴ 점착력(c) = 2kg/cm²

08 전단강도

④ 주응력

모식도	주응력
(그림: 주응력 요소, σ_1, σ_3, τ, θ, 파괴면, 최대주응력면)	전단응력이 0인 면(주응력면)에 수직으로 작용하는 응력 ① 최대 주응력 : σ_1(수직응력) ② 최소 주응력 : σ_3(수평응력)
	주응력면
	① 주응력이 작용하는 면 ② 전단응력(접선응력)이 0인 면

전단응력이 존재하지 않을 조건
$\sigma_1 = \sigma_3$

축차응력
- 최대 주응력 − 최소 주응력
- $\sigma_1 - \sigma_3$

⑤ Mohr 응력원(해석적으로 수직응력, 전단응력 구함)

Mohr원과 파괴포락선	Mohr의 응력원
(그림: 파괴포락선, $\theta = 45° + \dfrac{\phi}{2}$)	(그림: Mohr의 응력원, $P(\sigma, \tau)$)

파괴면에 작용하는 (파괴 시) 수직응력	$\sigma = \dfrac{\sigma_1 + \sigma_3}{2} + \dfrac{\sigma_1 - \sigma_3}{2}\cos 2\theta$
파괴면에 작용하는 (파괴 시) 전단응력	$\tau = \dfrac{\sigma_1 - \sigma_3}{2}\sin 2\theta$

Mohr 응력원
- σ_1과 σ_3의 차를 직경으로 그린 원
- 흙 속 임의면에 작용하는 전단력과 수직응력을 2차원 평면으로 표시

Mohr 원의 중심좌표
$\left(\dfrac{\sigma_1 + \sigma_3}{2},\ 0\right)$

Mohr 원의 반경
$\left(\dfrac{\sigma_1 - \sigma_3}{2}\right)$

- 최대주응력면과 최소주응력면은 직교한다.
- $\theta + \theta' = 90°$
- 삼축압축시험결과 모래시료의 내부마찰각(ϕ)
$\phi = \sin^{-1}\left(\dfrac{\sigma_1 - \sigma_3}{\sigma_1 + \sigma_3}\right)$

⑥ 주응력면과 파괴면이 이루는 각

모식도	파괴면과 최대 주응력(수평축)이 이루는 각도	파괴면과 최소 주응력(연직축)이 이루는 각도
(그림: 최소 주응력면(연직축), 파괴면, 최대 주응력면(수평축), $45 - \dfrac{\phi}{2}$, $45 + \dfrac{\phi}{2}$)	$\theta = 45° + \dfrac{\phi}{2}$	$\theta' = 45° - \dfrac{\phi}{2}$

과년도 기출문제

01 Mohr 응력원에 대한 설명 중 옳지 않은 것은?
[16년 2회]

① 임의 평면의 응력상태를 나타내는 데 매우 편리하다.
② 평면기점(Origin of Plane, O_p)은 최소주응력을 나타내는 원호 상에서 최소주응력면과 평행선이 만나는 점을 말한다.
③ σ_1과 σ_3의 차의 벡터를 반지름으로 해서 그린 원이다.
④ 한 면에 응력이 작용하는 경우 전단력이 0이면, 그 연직응력을 주응력으로 가정한다.

[해설]
Mohr 응력원은 σ_1과 σ_3의 차의 벡터를 지름으로 해서 그린 원

02 흙 속에 있는 한 점의 최대 및 최소 주응력이 각각 200kN/m² 및 100kN/m²일 때 최대 주응력과 30°를 이루는 평면상의 전단응력을 구한 값은?
[21년 2회]

① 10.5kN/m² ② 21.5kN/m²
③ 32.3kN/m² ④ 43.3kN/m²

[해설]
전단응력 $(\tau) = \dfrac{\sigma_1 - \sigma_2}{2}\sin 2\theta$
$= \dfrac{200-100}{2}\sin(2\times 30°) = 43.3 \text{kN/m}^2$

03 어떤 점토시료를 일축압축시험한 결과 수평면과 파괴면이 이루는 각이 48°였다. 점토시료의 내부마찰각은?

① 3° ② 6°
③ 18° ④ 30°

[해설]
• 파괴면과 수평면이 이루는 각 $(\theta) = 45° + \dfrac{\phi}{2}$

• 여기서 내부마찰각(ϕ)을 구하면
$48° = 45° + \dfrac{\phi}{2}$
$\therefore \phi = 6°$

04 모래시료에 대해서 압밀배수 삼축압축시험을 실시하였다. 초기단계에서 구속응력(σ_3)은 100kN/m²이고, 전단파괴 시에 작용된 축차응력(σ_{df})은 200kN/m²이었다. 이와 같은 모래시료의 내부마찰각(ϕ) 및 파괴면에 작용하는 전단응력(τ_f)의 크기는?
[22년 1회]

① $\phi = 30°$, $\tau_f = 115.47 \text{kN/m}^2$
② $\phi = 40°$, $\tau_f = 115.47 \text{kN/m}^2$
③ $\phi = 30°$, $\tau_f = 86.60 \text{kN/m}^2$
④ $\phi = 40°$, $\tau_f = 86.60 \text{kN/m}^2$

[해설]
• $\phi = \sin^{-1}\left(\dfrac{\sigma_1-\sigma_3}{\sigma_1+\sigma_3}\right) = \sin^{-1}\left(\dfrac{300-100}{300+100}\right) = 30°$
• $\tau_f = \dfrac{\sigma_1-\sigma_3}{2}\sin 2\theta = \dfrac{300-100}{2}\sin(2\times 30)$
$= 86.60 \text{kN/m}^2$

05 다음은 정규압밀점토의 삼축압축시험 결과를 나타낸 것이다. 파괴 시의 전단응력 τ와 수직응력 σ를 구하면?
[16년 4회]

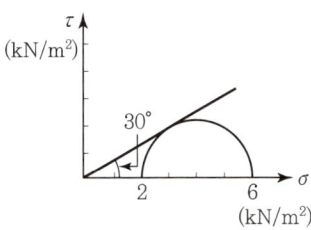

① $\tau = 1.73 \text{kN/m}^2$, $\sigma = 2.50 \text{kN/m}^2$
② $\tau = 1.41 \text{kN/m}^2$, $\sigma = 3.00 \text{kN/m}^2$
③ $\tau = 1.41 \text{kN/m}^2$, $\sigma = 2.50 \text{kN/m}^2$
④ $\tau = 1.73 \text{kN/m}^2$, $\sigma = 3.00 \text{kN/m}^2$

정답 01 ③ 02 ④ 03 ② 04 ③ 05 ④

과년도 기출문제

[해설]

- 최대주응력(σ_1) = 6kN/m²
- 최소주응력(σ_3) = 2kN/m²
- 파괴면과 주응력이 이루는 각(θ)

  $= 45° + \dfrac{\phi}{2} = 45° + \dfrac{30°}{2} = 60°$

∴ 수직응력(σ) $= \dfrac{\sigma_1 + \sigma_3}{2} + \dfrac{\sigma_1 - \sigma_3}{2}\cos 2\theta$

$= \dfrac{6+2}{2} + \dfrac{6-2}{2}\cos(2 \times 60°)$

$= 3\text{kN/m}^2$

∴ 전단응력(τ) $= \dfrac{\sigma_1 - \sigma_3}{2}\sin 2\theta$

$= \dfrac{6-2}{2}\sin(2 \times 60°)$

$= 1.73\text{kN/m}^2$

06 어떤 흙의 체분석 시험결과가 4.75mm(4번체) 통과율이 37.5%, #200체 통과율이 2.3%였으며, 균등계수는 7.9, 곡률계수는 1.4이었다. 통일분류법에 따라 이 흙을 분류하면?

① GW ② GP
③ SW ④ SP

[해설]

흙의 분류

- 조립토 [#200체(0.075mm) 통과량≤50%]
  세립토 [#200체(0.075mm) 통과량≥50%]
- 자갈 [#4체(4.75mm) 통과량≤50%]
  모래 [#4체(4.75mm) 통과량≥50%]
- 양입도
  ㉠ 일반흙 $C_u > 10$ 그리고 $1 < C_g < 3$
  ㉡ 모래 $C_u > 6$ 그리고 $1 < C_g < 3$
  ㉢ 자갈 $C_u > 4$ 그리고 $1 < C_g < 3$

∴ ① #200체 통과율 2.3% → 조립토
 ② #4체 통과율 37.5% → 자갈
 ③ 균등계수(C_u) 7.9 → 양입도 자갈
 ④ 곡률계수(C_g) 1.4 → 양입도 자갈

따라서 입도가 양호한 자갈(GW)

07 수직방향의 투수계수가 4.5×10^{-8}m/sec이고, 수평방향의 투수계수가 1.6×10^{-8}m/sec인 균질하고 비등방(非等方)인 흙댐의 유선망을 그린 결과 유로(流路) 수가 4개이고 등수두선의 간격 수가 18개이었다. 단위길이(m)당 침투수량은?(단, 댐 상하류의 수면의 차는 18m이다.) [17년 4회]

① 1.1×10^{-7}m³/sec ② 2.3×10^{-7}m³/sec
③ 2.3×10^{-8}m³/sec ④ 1.5×10^{-8}m³/sec

[해설]

침투수량(Q) $= k \cdot H \cdot \dfrac{N_f}{N_d}$

$= (\sqrt{k_H \cdot k_V}) \times H \times \dfrac{N_f}{N_d}$

$= \sqrt{(4.5 \times 10^{-8}) \times (1.6 \times 10^{-8})} \times 18 \times \dfrac{4}{18}$

$= 1.1 \times 10^{-7}\text{m}^3/\text{sec}$

08 두께 2m인 투수성 모래층에서 동수경사가 $\dfrac{1}{10}$이고, 모래의 투수계수가 5×10^{-2}cm/sec라면 이 모래층의 폭 1m에 대하여 흐르는 수량은 매분당 얼마나 되는가? [17년 2회]

① 6,000cm³/min ② 600cm³/min
② 60cm³/min ④ 6cm³/min

[해설]

$Q = k \cdot i \cdot A$

$= 5 \times 10^{-2} \times \dfrac{1}{10} \times (200 \times 100) \times 60 = 6,000\text{cm}^3/\text{min}$

09 흙의 투수계수(k)에 관한 설명으로 옳은 것은? [19년 3회]

① 투수계수(k)는 물의 단위중량에 반비례한다.
② 투수계수(k)는 입경의 제곱에 반비례한다.
③ 투수계수(k)는 형상계수에 반비례한다.
④ 투수계수(k)는 점성계수에 반비례한다.

정답 06 ① 07 ① 08 ① 09 ④

과년도 기출문제

[해설]

투수계수에 영향을 주는 인자

$$k = D_s^2 \cdot \frac{\gamma_w}{\eta} \cdot \frac{e^3}{1+e} \cdot C$$

∴ 투수계수 k는 점성계수(η)에 반비례한다.

10 흙의 투수계수에 관한 설명으로 틀린 것은? [19년 1회]

① 흙의 투수계수는 흙 유효입경의 제곱에 비례한다.
② 흙의 투수계수는 물의 점성계수에 비례한다.
③ 흙의 투수계수는 물의 단위중량에 비례한다.
④ 흙의 투수계수는 형상계수에 따라 변화한다.

[해설]

$$K = D_s^2 \cdot \frac{\gamma_w}{\mu} \cdot \frac{e^3}{1+e} \cdot C$$

흙의 투수계수(K)는 물의 점성계수(μ)에 반비례한다.

11 어떤 퇴적층에서 수평방향의 투수계수는 4.0×10^{-4}cm/sec이고, 수직방향의 투수계수는 3.0×10^{-4}cm/sec이다. 이 흙을 등방성으로 생각할 때, 등가의 평균투수계수는 얼마인가? [16년 4회]

① 3.46×10^{-4}cm/sec ② 5.0×10^{-4}cm/sec
③ 6.0×10^{-4}cm/sec ④ 6.93×10^{-4}cm/sec

[해설]

$$k = \sqrt{k_h \cdot k_v} = \sqrt{(4 \times 10^{-4}) \times (3 \times 10^{-4})}$$
$$= 3.46 \times 10^{-4} \text{cm/sec}$$

정답 10 ② 11 ①

08 전단강도

7 일축압축시험

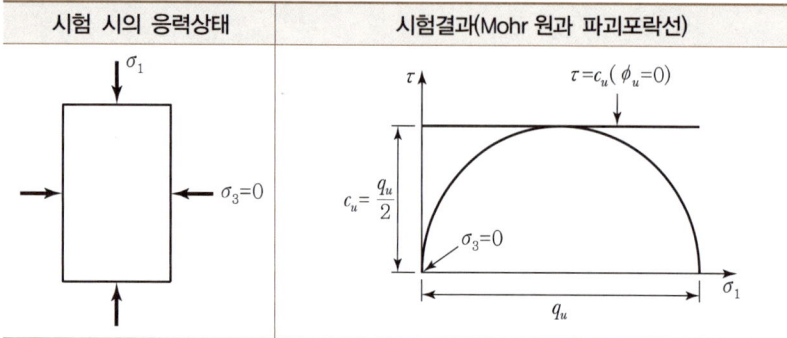

① 시료에 수직압력만을 가하여 파괴 시 시료의 하중과 변형량을 측정하여 점착력(c)과 내부마찰력(ϕ)을 구하는 시험
② 측면은 구속하지 않는다(측압을 받지 않는 공시체의 최대 압축응력).
③ 시료의 자립이 가능해야 하므로 내부마찰력(ϕ)이 0인 점성토 지반에서만 이용
④ 전단 시 배수조건을 조절할 수 없으므로 항상 비압밀, 비배수 조건에서만 적용 가능
⑤ Mohr 응력원은 1개만 얻을 수 있고 점성토의 일축압축강도와 예민비 파악 가능

일축압축시험

축방향으로만 압축하여 흙을 파괴시키는 것이므로 $\sigma_3=0$일 때의 삼축 압축시험과 같다.

8 일축압축강도(q_u)

일축압축시험 결과의 정리

일축압축강도(q_u) 산정식

$$\sigma_1 = q_u = 2c \cdot \tan\left(45° + \frac{\phi}{2}\right)$$

완전 포화된 점토일 경우

① $\phi = 0$
② $c = \dfrac{q_u}{2}$
③ $q_u = 2c$

일축압축시험 특징

- Mohr 응력원을 1개밖에 그릴 수 없다.
- 파괴면이 최대 주응력면(수평축)과 이루는 파괴각(θ)
  $\theta = 45° + \dfrac{\phi}{2}$
- 최소주응력(σ_3)이 0일 때 삼축 압축시험과 같다.
- UU(비압밀 비배수) test

모래
점착력(c) = 0

점토
내부마찰각(ϕ) = 0

일축압축강도(q_u) 단위
kN/m^2

과년도 기출문제

01 흙의 일축압축시험에 관한 설명 중 틀린 것은?

① 내부 마찰각이 적은 점토질의 흙에 주로 적용된다.
② 축방향으로만 압축하여 흙을 파괴시키는 것이므로 $\sigma_3 = 0$일 때의 삼축 압축시험이라고 할 수 있다.
③ 압밀비배수(CU)시험 조건이므로 시험이 비교적 간단하다.
④ 흙의 내부마찰각 ϕ는 공시체 파괴면과 최대 주응력면 사이에 이루는 각 θ를 측정하여 구한다.

[해설]

일축압축시험은 배수조건을 조절할 수 없으므로 비압밀 비배수 조건에서의 시험결과밖에 얻지 못한다(UU-test).

02 현장에서 채취한 흐트러지지 않은 포화 점토시료에 대해 일축압축강도 $q_u = 80\text{kN/m}^2$의 값을 얻었다. 이 흙의 점착력은? [19년 3회]

① 20kN/m^2　② 25kN/m^2
③ 30kN/m^2　④ 40kN/m^2

[해설]

점토는 내부마찰각$(\phi) = 0°$, 일축압축강도$(q_u) = 2c$

∴ 점착력$(c) = \dfrac{q_u}{2} = \dfrac{80}{2} = 40\text{kN/m}^2$

03 일축압축시험에서 파괴면과 수평면이 이루는 각은 52°이었다. 이 흙의 내부마찰각(ϕ)은 얼마이고 일축압축강도가 76N/cm²일 때 점착력(c)은 얼마인가?

① $\phi = 7°$, $c = 0.38\text{N/cm}^2$
② $\phi = 14°$, $c = 0.30\text{N/cm}^2$
③ $\phi = 14°$, $c = 0.38\text{N/cm}^2$
④ $\phi = 7°$, $c = 0.30\text{N/cm}^2$

[해설]

내부마찰각과 점착력

• 파괴면과 수평면이 이루는 각$(\theta) = 45° + \dfrac{\phi}{2} = 52°$

∴ 내부마찰각$(\phi) = 14°$

• 일축압축강도$(q_u) = 2c \cdot \tan\left(45° + \dfrac{\phi}{2}\right)$

$76 = 2 \times c \times \tan\left(45° + \dfrac{14°}{2}\right)$

∴ $c = 30\text{N/cm}^2$

04 어떤 흙의 시료에 대하여 일축압축시험을 실시하여 구한 파괴강도는 360kN/m²이었다. 이 공시체의 파괴각이 52°이면, 이 흙의 점착력(c)과 내부마찰각(ϕ)은? [18년 1회]

① $c = 141\text{kN/m}^2$, $\phi = 14°$
② $c = 180\text{kN/m}^2$, $\phi = 14°$
③ $c = 141\text{kN/m}^2$, $\phi = 0°$
④ $c = 180\text{kN/m}^2$, $\phi = 0°$

[해설]

내부마찰각과 점착력

• 파괴각$(\theta) = 45° + \dfrac{\phi}{2} = 52°$

∴ 내부마찰각$(\phi) = 14°$

• 일축압축강도$(q_u) = 2c \cdot \tan\left(45° + \dfrac{\phi}{2}\right)$

$360 = 2 \times c \times \tan\left(45° + \dfrac{14°}{2}\right)$

∴ $c = 141\text{kN/m}^2$

05 사질토에 대한 직접 전단시험을 실시하여 다음과 같은 결과를 얻었다 내부마찰각은 약 얼마인가? [20년 4회]

수직응력(kN/m²)	30	60	90
최대전단응력(kN/m²)	17.3	34.6	51.9

① 25°　② 30°
③ 35°　④ 40°

[해설]

$17.3 = 30\tan\phi$

∴ $\phi = 30°$

정답　01 ③　02 ④　03 ②　04 ①　05 ②

08 전단강도

⑨ 일축압축시험 시 전단강도(실험식)

시료의 단면 모식도	점토의 일축압축강도 시험식과 전단강도
(그림: P, ΔL, L, A, A_o)	① 일축압축강도 $\sigma(q_u) = \dfrac{P}{A_o} = \dfrac{P}{\dfrac{A}{1-\varepsilon}} = \dfrac{P}{\dfrac{A}{1-\dfrac{\Delta L}{L}}}$ ② 일축압축강도(q_u)와 N값의 관계 $q_u = 2c = \dfrac{N}{8} \; (\phi = 0)$ ③ 전단강도(S, τ_f) $S(\tau_f) = c = \dfrac{q_u}{2} \; (\phi = 0)$

P : 최대 수직응력
A : 시료의 평균 단면적
A_o : 파괴 시 환산 단면적
ε : 파괴 시 세로방향 변형률
L : 처음 시료의 높이
ΔL : 시료의 압축된 높이

일축압축강도

$q_u = 2c \cdot \tan\left(45° + \dfrac{\phi}{2}\right)$

N치

표준관입시험에서 타격횟수

- $S(\tau_f) = c + \sigma' \tan\phi$

⑩ 예민비

예민비
① 예민성은 일축압축시험을 실시하면 강도가 감소되는 성질이다. ② 예민비는 교란에 의해 감소되는 강도의 예민성을 나타내는 지표이다.   (일축압축시험 결과 얻어지는 일축압축강도를 이용하여 예민비를 구한다) ③ 예민비가 크면 진동이나 교란 등에 민감하여 강도가 크게 저하되므로 공학적 성질이 불량하다(안전율을 크게 한다). $S_t = \dfrac{q_u}{q_{ur}} = \dfrac{\text{불교란 시료의 일축압축강도(자연 상태)}}{\text{교란 시료의 일축압축강도(흐트러진 상태)}}$

- 예민비가 큰 점토는 교란시켰을 때(다시 반죽했을 때) 강도가 많이 감소된다.

q_{ur}

교란시료의 일축압축강도
(되비비기한 시료의 일축압축강도)

⑪ Thixotropy

Thixotropy(틱소트로피) 현상	Dilatancy(다일러탠시) 현상
점토는 되이김(Remolding)하면 전단강도가 현저히 감소하는데 시간이 경과함에 따라 그 강도의 일부를 다시 찾게 되는 현상	조밀한 사질토에서 전단이 진행됨에 따라 부피가 증가되는 현상

점토의 예민성

예민비(S_t)	예민성
$S_t \leq 1$	비예민
$S_t = 1 \sim 8$	예민
$S_t = 8 \sim 64$	Quick Clay
$S_t > 64$	Extra Quick Clay

과년도 기출문제

01 흙 시료의 전단파괴면을 미리 정해놓고 흙의 강도를 구하는 시험은? [18년 1회]

① 직접전단시험 ② 평판재하시험
③ 일축압축시험 ④ 삼축압축시험

[해설]
- 직접전단시험(전단파괴면을 미리 정함)
- 수직응력$(\sigma) = \dfrac{P}{A}$, 전단응력$(\tau) = \dfrac{S}{A}$

02 흐트러지지 않은 연약한 점토시료를 채취하여 일축압축시험을 실시하였다. 공시체의 직경이 35mm, 높이가 80mm, 파괴 시의 하중계의 읽음값이 2kg, 축방향의 변형량이 12mm일 때, 이 시료의 전단강도는? [17년 1회]

① 0.04kg/cm^2 ② 0.06kg/cm^2
③ 0.08kg/cm^2 ④ 0.1kg/cm^2

[해설]

전단강도$(S, \tau_f) = c = \dfrac{q_u}{2}$

$q_u = \dfrac{P}{A_0} = \dfrac{P}{\dfrac{A}{1-\varepsilon}} = \dfrac{P}{\dfrac{A}{1-\dfrac{\Delta L}{L}}} = \dfrac{2}{\dfrac{\pi \times 3.5^2}{4}\Big/\left(1-\dfrac{1.2}{8}\right)} = 0.17\text{kg/cm}^2$

$\therefore S(\tau_f) = \dfrac{q_u}{2} = \dfrac{0.17}{2} = 0.08\text{kg/cm}^2$

03 점토의 예민비(Sensitivity Ratio)를 구하는 데 사용되는 시험방법은?

① 일축압축시험 ② 삼축압축시험
③ 직접 전단시험 ④ 베인전단시험

[해설]
일축압축시험으로 예민비를 구할 수 있다.

04 예민비가 큰 점토에 대한 설명으로 옳은 것은? [19년 2회]

① 입자의 모양이 둥근 점토
② 흙을 다시 이겼을 때 강도가 증가하는 점토
③ 입자가 가늘고 긴 형태의 점토
④ 흙을 다시 이겼을 때 강도가 감소하는 점토

[해설]
예민비가 큰 점토는 공학적으로 불량하며 흙을 다시 이겼을 때 강도가 감소한다.

05 점토($\phi = 0°$)의 자연시료에 대한 일축압축강도가 360kN/m^2이고, 이 흙을 되비볐을 때의 파괴압축응력이 120kN/m^2이었다. 이 흙의 점착력(c)과 예민비(S_t)는 얼마인가?

① $c = 180\text{kN/m}^2$, $S_t = 3$
② $c = 180\text{kN/m}^2$, $S_t = 0.33$
③ $c = 240\text{kN/m}^2$, $S_t = 3$
④ $c = 240\text{kN/m}^2$, $S_t = 0.33$

[해설]
점착력과 예민비
- 일축압축강도$(q_u) = 2c \cdot \tan\left(45° + \dfrac{\phi}{2}\right)$
  만약 점토라면, $(q_u) = 2 \cdot c$
- 점착력$(c) = \dfrac{q_u}{2} = \dfrac{360}{2} = 180\text{kN/m}^2$
- 예민비$(S_t) = \dfrac{q_u}{q_{ur}} = \dfrac{360}{120} = 3$

06 포화된 점토에 대한 일축압축시험에서 파괴 시 축응력이 0.2MPa일 때, 이 점토의 점착력은? [21년 3회]

① 0.1MPa ② 0.2MPa
③ 0.4MPa ④ 0.6MPa

[해설]
$q_u = 2c(\phi = 0)$
$c = \dfrac{q_u}{2} = \dfrac{0.2}{2} = 0.1\text{MPa}$

정답 01 ① 02 ③ 03 ① 04 ④ 05 ① 06 ①

08 전단강도

12 삼축압축시험

삼축압축시험의 모식도

① 압력실에 수압을 가하면 시료에는 등방압력(σ_3)이 작용함
② 이 상태로 축차응력(축하중, σ)을 가함($\sigma = \sigma_1 - \sigma_3$)
③ 두 응력차로 인해 전단파괴가 발생되도록 하는 시험
④ 실제 축방향으로 작용하는 하중은 σ_1이 되므로 삼축응력을 받게 됨

3축압축시험
- 현장조건을 가장 잘 재현할 수 있는 시험
- 직접 전단시험과 달리 미리 파괴면을 설정하지 않음

등방압력(σ_3)
- 액압(구속압력)
- 구속응력

13 삼축압축시험의 결과

시료의 단면적

축차응력(σ, 압축응력)

① $\sigma = \sigma_1 - \sigma_3$
② $\sigma = \dfrac{P}{A_o} = \dfrac{P}{\dfrac{A}{1-\varepsilon}} = \dfrac{P}{\dfrac{A}{1-\dfrac{\Delta L}{L}}}$

최대주응력(σ_1)	모래시료의 내부마찰각(ϕ)
$\sigma_1 = $ 최소주응력 + 축차응력 $= \sigma_3 + (\sigma_1 - \sigma_3)$	$\phi = \sin^{-1}\left(\dfrac{\sigma_1 - \sigma_3}{\sigma_1 + \sigma_3}\right)$

- A : 시료의 평균 단면적
- A_o : 파괴 시 환산 단면적
- ε : 파괴 시 세로방향 변형률
- L : 처음 시료의 높이
- ΔL : 시료의 압축된 높이

Mohr-Coulomb 파괴포락선

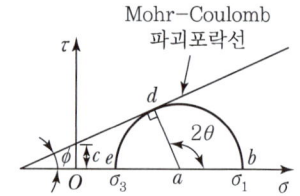

14 주응력면과 파괴면이 이루는 각

모식도	파괴면과 최대 주응력(수평축)이 이루는 각도	파괴면과 최소 주응력(연직축)이 이루는 각도
	$\theta = 45° + \dfrac{\phi}{2}$	$\theta' = 45° - \dfrac{\phi}{2}$

배압(Back Pressure)

실험실에서 흙시료를 100% 포화하기 위해 흙시료 속으로 가하는 수압(+간극수압)

- 부압(−간극수압)

과년도 기출문제

01 다음의 시험법 중 축압을 받는 지반의 전단강도를 구하는 데 가장 좋은 시험법은?

① 일축압축시험   ② 표준관입시험
③ 콘 관입시험   ④ 삼축압축시험

[해설]

삼축압축시험
현장 조건에 대한 재현 중 배수나 축압의 조건을 가장 용이하고 정확하게 할 수 있는 시험이다.

02 현장에서 완전히 포화되었던 시료라 할지라도 시료 채취 시 기포가 형성되어 포화도가 저하될 수 있다. 이 경우 생성된 기포를 원상태로 용해시키기 위해 작용시키는 압력을 무엇이라고 하는가? [22년 2회]

① 구속압력(Confined Pressure)
② 축차응력(Diviator Stress)
③ 배압(Back Pressure)
④ 선행압밀압력(Preconsolidation Pressure)

[해설]

배압(Back Pressure)
실험실에서 흙시료를 100% 포화하기 위해 흙시료 속으로 가하는 수압

03 모래시료에 대해서 압밀배수 삼축압축시험을 실시하였다. 초기 단계에서 구속응력(σ_3')은 100N/cm²이고 전단 파괴 시에 작용된 축차응력(σ)은 200N/cm²이었다. 이와 같은 모래시료의 내부 마찰각(ϕ)의 크기는?

① $\phi = 10°$ ② $\phi = 20°$
③ $\phi = 30°$ ④ $\phi = 40°$

[해설]

• $\sigma_1 = \sigma_3 + \sigma = 100 + 200 = 300 \text{N/cm}^2$
• 내부 마찰각(ϕ) = $\sin^{-1}\left(\dfrac{\sigma_1 - \sigma_3}{\sigma_1 + \sigma_3}\right)$

$= \sin^{-1}\left(\dfrac{300 - 100}{300 + 100}\right)$

$= 30°$

04 어떤 시료에 대해 액압 1.0kg/cm²를 가해 각 수직변위에 대응하는 수직하중을 측정한 결과가 아래 표와 같다. 파괴 시의 축차응력은?(단, 피스톤의 지름과 시료의 지름은 같다고 보며, 시료의 단면적 $A_o = 18\text{cm}^2$, 길이 $L = 14\text{cm}$이다.) [18년 2회]

ΔL (1/100 mm)	0	…	1,000	1,100	1,200	1,300	1,400
P(kg)	0	…	54.0	58.0	60.0	59.0	58.0

① 3.05kg/cm²   ② 2.55kg/cm²
③ 2.05kg/cm²   ④ 1.55kg/cm²

[해설]

• 최대수직하중 : 60kg

• $\sigma = \sigma_1 - \sigma_3 = \dfrac{P}{A_0} = \dfrac{P}{\dfrac{A}{1-\varepsilon}} = \dfrac{P}{\dfrac{A}{1-\dfrac{\Delta L}{L}}}$

$= \dfrac{60}{\dfrac{18}{1-\dfrac{1.2}{14}}} = 3.05 \text{kg/cm}^2$

05 정규압밀점토에 대하여 구속응력 1kg/cm²로 압밀배수시험한 결과 파괴 시 축차응력이 2kg/cm²이었다. 이 흙의 내부마찰각은? [17년 1회]

① 20°   ② 25°
③ 30°   ④ 40°

[해설]

$\sin\phi = \dfrac{\sigma_1 - \sigma_3}{\sigma_1 + \sigma_3}$,

$\phi = \sin^{-1}\left(\dfrac{\sigma_1 - \sigma_3}{\sigma_1 + \sigma_3}\right) = \sin^{-1}\left(\dfrac{3-1}{3+1}\right)$

$= \sin^{-1}\left(\dfrac{2}{4}\right) = 30°$

($\sigma_3 = 1$이고 $\sigma_1 - \sigma_3 = 2$이면 $\sigma_1 = 3$)

정답 01 ④ 02 ③ 03 ③ 04 ① 05 ③

08 전단강도

⑮ 3축 압축시험의 종류

3축 압축시험 모식도	배수조건에 따른 시험 종류
(Piston, 다공석판, 고무막, 시료, σ_3, 공극수압 측정장치, 압력계, 액압)	① 비압밀 비배수시험(UU시험) Unconsolidated Undrained test ② 압밀배수시험(CD시험) Consolidated Drained test ③ 압밀 비배수시험(CU시험) Consolidated Undrained test

3축 압축시험의 종류

	구속압력	축차응력
UU	비배수	비배수
CD	배수	배수
CU	배수	비배수

⑯ 비압밀 비배수시험(UU시험)

구분	내용
시험방법	① 구속압력단계에도 축차응력단계에도 배수시키지 않은 채로 실시하는 실험 ② 비교적 투수성이 낮은 포화점토 지반에 적용, 배수가 생기지 않을 정도로 급속한 파괴 예상 시 ③ 점토지반 위에 성토하면 성토 직후가 가장 위험하여 단기안정문제라고 함
특징	① 포화점토가 성토 직후 급속한 파괴가 예상될 때 (포화된 점토 지반 위에 급속하게 성토하는 제방의 안전성을 검토) ② 점토지반의 단기간 안정 검토 시(시공 직후 초기 안정성 검토) ③ 시공 중 압밀, 함수비와 체적의 변화가 없다고 예상 ④ 내부마찰각(ϕ) = 0 (불안전 영역에서 강도정수 결정) ⑤ 성토로 인한 재하속도가 과잉간극수압이 소산되는 속도보다 빠를 때
모식도	(전단응력 τ, 파괴포락선, $\phi_u = 0$, $\tau_f = c_u$, σ_3, σ_1) 비압밀 비배수(UU-test) 결과는 수직응력의 크기가 증가하더라도 축차응력은 일정하다.
내용	① 내부마찰각(ϕ_u) = 0 $S_u(\tau_{f_u}) = c_u + \sigma' \cdot \tan\phi_u$ $S_u = c_u$ [전단강도(응력)는 Mohr 원의 반지름과 같다] ② 점착력(c_u) = $\dfrac{\sigma_1 - \sigma_3}{2}$ ③ σ(축차응력) = $\sigma_1 - \sigma_3$ (σ_3 : 구속응력(액압), σ_1 : 파괴 시 응력)

- 구속압력을 증대시키면 공극수압은 증가하고 유효응력은 일정하므로 동일한 크기의 모어원이 그려진다.

- UU시험은 보통 구속압을 조정하며 3회 시험을 한다.

비압밀 비배수시험(UU시험)
- 파괴포락선이 수평
  ($\phi_u = 0$, $c_u \neq 0$)
- 축차응력($\sigma_1 - \sigma_3$)을 직경으로 하는 Mohr 응력원이 그려짐
- Mohr 파괴원은 직경이 같은 원이 하나만 얻어짐
- 축차응력($\sigma_1 - \sigma_3$)은 일정
  (σ_3에 관계 없이)
- 전단응력은 일정
- 일축압축시험의 조건

과년도 기출문제

01 포화된 점토에 대하여 비압밀비배수(UU) 삼축압축시험을 하였을 때의 결과에 대한 설명으로 옳은 것은?(단, ø는 마찰각이고 c는 점착력이다.)

[22년 1회]

① ø와 c가 나타나지 않는다.
② ø와 c가 모두 "0"이 아니다.
③ ø는 "0"이고, c는 "0"이 아니다.
④ ø는 "0"이 아니지만, c는 "0"이다.

[해설]

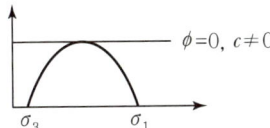

02 아래의 설명과 같은 경우 강도정수 결정에 적합한 3축 압축시험의 종류는? [21년 1회]

> 최근에 매립된 포화 점성토지반 위에 구조물을 시공한 직후의 초기 안정 검토에 필요한 지반 강도정수 결정

① 압밀 배수시험(CD)
② 압밀 비배수시험(CU)
③ 비압밀 비배수시험(UU)
④ 비압밀 배수시험(UD)

[해설]

비압밀 비배수시험(UU – Test)
- 단기 안정 검토 – 성토 직후 파괴
- 초기재하 시, 전단 시 간극수 배출 없음
- 기초지반을 구성하는 점토층이 시공 중 압밀이나 함수비의 변화가 없는 조건

03 성토나 기초지반에 있어 특히 점성토의 압밀완료 후 추가 성토 시 단기 안정문제를 검토하고자 하는 경우 적용되는 시험법은? [21년 2회]

① 비압밀 비배수시험
② 압밀 비배수시험
③ 압밀 배수시험
④ 일축압축시험

[해설]

- 압밀 완료 후 : 배수(c)
- 단기안정 : 비배수(u)

04 포화된 점토시료에 대해 비압밀 비배수 삼축압축시험을 실시하여 얻어진 비배수 전단강도는 180N/cm²이었다(이 시험에서 가한 구속응력은 240N/cm²). 만약 동일한 점토시료에 대해 또 한 번의 비압밀 비배수 3축 압축시험을 실시할 경우(단, 이번 시험에서 가해질 구속응력의 크기는 400N/cm²), 전단파괴 시에 예상되는 축차응력의 크기는?

① 90N/cm²
② 180N/cm²
③ 360N/cm²
④ 540N/cm²

[해설]

축차응력의 크기 = $\sigma_1 - \sigma_3$

- $S_u = c_u + \sigma' \tan\phi_u$, $S_u = c_u = \dfrac{\sigma_1 - \sigma_3}{2}$
- $S_u = c_u = \dfrac{\sigma_1 - \sigma_3}{2} = 180$ ∴ $\sigma = \sigma_1 - \sigma_3 = 360\text{N/cm}^2$

※ UU – Test는 σ_3에 관계없이 ($\sigma_1 - \sigma_3$)이 일정하다.

05 $\phi = 0$인 포화점토를 비압밀 비배수시험을 하였다. 이때 파괴 시 최대주응력이 200kN/m², 최소주응력이 100kN/m²이었다면, 이 포화점토의 비배수 점착력은? [18년 3회]

① 50kN/m²
② 100kN/m²
③ 150kN/m²
④ 200kN/m²

[해설]

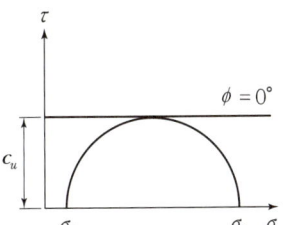

점착력(c_u) = $\dfrac{\sigma_1 - \sigma_3}{2} = \dfrac{200 - 100}{2} = 50\text{kN/m}^2$

정답 01 ③ 02 ③ 03 ② 04 ③ 05 ①

08 전단강도

17 압밀 배수시험(CD시험)

시험방법	① 시료에 구속압력(σ_3)을 가해 압밀한 후 축차응력($\sigma_1 - \sigma_3$)을 가해 공극수를 배출하는 시험법 ② 구속압력 시에도 축차응력 시에도 배수시키며 하는 실험
특징	① 점토지반의 장기간 안정 검토 시 ② 압밀이 서서히 진행되고 파괴도 완만하게 진행될 때 ③ 간극수압이 발생되지 않거나 측정이 곤란할 때 ④ 흙댐의 정상류에 의한 장기적인 공극수압 산정 시

CD시험
- 과잉 간극수압 소산
- 전응력 = 유효응력

정규압밀점토
$OCR = 1$

과압밀점토
$OCR > 1$

- 과압밀점토의 전단강도는 정규압밀점토보다 크다.

18 압밀 비배수시험(CU시험)

시험방법	① 시료에 구속압력을 가하고 간극수압이 0이 될 때까지 압밀시킨 다음 비배수 상태에서 축차응력($\sigma_1 - \sigma_3$)을 가해 전단하는 시험방법(압밀 후 파괴) ② 구속압력 시에는 배수조건, 축차응력 시에는 비배수조건에서 하는 실험
특징	① Pre-loading(압밀 진행) 후 갑자기 파괴 예상 시 ② 제방, 흙댐에서 수위가 급강하 시 안정 검토 ③ 점토 지반이 성토하중에 의해 압밀 후 급속히 파괴가 예상될 시 ④ 간극수압을 측정하면 압밀배수와 같은 전단강도 값을 얻을 수 있음 ⑤ 유효응력항으로 표시
CU 시험의 목적	① 압밀 후 급속전단에 의한 비배수 강도를 구함 ② 지반의 강도증가율을 구함

압밀 비배수시험(CU시험)
- 초기재하 시 : 간극수 배출, 등방압축
- 전단 시 : 간극수 배출하지 않음, 축차응력

점토지반의 단기간 안정검토
UU Test

점토지반의 압밀 완료 후 단기 안정해석
CU Test

19 점토의 강도증가율 산정방법

점토의 강도증가율(m)	점토의 강도증가율(m) 산정방법
연직유효응력에 따라 변화하는 비배수 강도를 지수 $\left(\dfrac{\text{비배수 점착력}}{\text{유효응력}}\right)$로 표현	① 소성지수에 의한 방법 ② 비배수 전단강도에 의한 방법 ③ 압밀 비배수 삼축압축시험에 의한 방법

- 직접전단시험은 점토의 강도증가율과 상관없다.
- 강도증가율을 사용하면 계산에 의해 깊이에 따른 비배수 강도를 쉽게 구할 수 있다.

20 Skempton 제안식(소성지수에 의한 방법)

점토의 강도증가율(m) 식	내용
$m = \dfrac{c_u}{\sigma_v'} = 0.11 + 0.0037 PI(\%)$	c_u : 비배수 점착력 σ_v' : 연직유효응력(P) PI : 소성지수(%), I_P

과년도 기출문제

01 성토나 기초지반에 있어 특히 점성토의 압밀 완료 후 추가 성토 시 단기 안정문제를 검토하고자 하는 경우 적용되는 시험법은? [17년 4회]

① 비압밀 비배수시험
② 압밀 비배수시험
③ 압밀 배수시험
④ 일축압축시험

[해설]
- 비압밀 및 비배수시험(UU) : 점토지반의 단기간 안정검토
- 압밀 배수시험(CD) : 점토지반의 장기간 안정검토
- 압밀 비배수시험(CU) : 압밀 완료 후 단기간 안정검토

02 연약점토지반에 성토제방을 시공하고자 한다. 성토로 인한 재하속도가 과잉간극수압이 소산되는 속도보다 빠를 경우, 지반의 강도정수를 구하는 가장 적합한 시험방법은? [19년 1회]

① 압밀 배수시험
② 압밀 비배수시험
③ 비압밀 비배수시험
④ 직접전단시험

[해설]
UU(비압밀 비배수) 시험
- 포화점토가 성토 직후 급속한 파괴가 예상될 때(포화된 점토지반 위에 급속하게 성토하는 제방의 안전성을 검토)
- 점토지반의 단기간 안정검토 시(시공 직후 초기 안정성 검토)
- 시공 중 압밀, 함수비와 체적의 변화가 없다고 예상
- 내부마찰각(ϕ)=0(불안전 영역에서 강도정수 결정)
- 성토로 인한 재하속도가 과잉간극수압이 소산되는 속도보다 빠를 때

03 포화된 점토지반 위에 급속하게 성토하는 제방의 안정성을 검토할 때 이용해야 할 강도정수를 구하는 시험은? [16년 1회]

① CU – Test
② UU – Test
③ $\overline{CU}$ – Test
④ CD – Test

[해설]
UU – Test 적용
- 포화된 점토 지반 위에 급속하게 성토하는 제방의 안전성을 검토

- 점토의 단기간 안정 검토 시
- 시공 중 압밀, 함수비의 변화가 없고 체적의 변화가 없다고 예상

04 포화된 점토지반에 성토하중으로 어느 정도 압밀된 후 급속한 파괴가 예상될 때, 이용해야 할 강도정수를 구하는 시험은? [21년 3회]

① CU-test
② UU-test
③ UC-test
④ CD-test

[해설]
CU시험의 특징
- Pre-loading(압밀 진행) 후 갑자기 파괴 예상 시
- 제방, 흙댐에서 수위가 급강하 시 안정 검토
- 점토 지반이 성토하중에 의해 압밀 후 급속히 파괴가 예상될 시
- 간극수압을 측정하면 압밀배수와 같은 전단강도 값을 얻을 수 있다.
- 유효응력항으로 표시

05 점토지반을 프리로딩(Pre-Loading)공법 등으로 미리 압밀시킨 후 급격히 재하할 때의 안정을 검토하는 경우에 가장 적당한 전단시험 방법은?

① 비압밀 비배수(UU) 시험
② 압밀 비배수(CU) 시험
③ 압밀 배수(CD) 시험
④ 압밀 완속(CS) 시험

[해설]
압밀 비배수시험(CU – Test)
- 압밀 후 파괴되는 경우
- 초기재하 시 – 간극수 배출
  전단 시 – 간극수 배출 없음
- 수위 급강하 시 흙댐의 안전문제
- 압밀 진행에 따른 전단강도 증가상태를 추정
- 유효응력항으로 표시

정답 01 ② 02 ③ 03 ② 04 ① 05 ②

과년도 기출문제

06 점토층 지반 위에 성토를 급속히 하려 한다. 성토 직후에 있어서 이 점토의 안정성을 검토하는 데 필요한 강도정수를 구하는 합리적인 시험은?

[21년 2회]

① 비압밀 비배수시험(UU-test)
② 압밀 비배수시험(CU-test)
③ 압밀 배수시험(CD-test)
④ 투수시험

[해설]

UU 시험의 특징
- 포화점토가 성토 직후 급속한 파괴가 예상될 때(포화된 점토지반 위에 급속하게 성토하는 제방의 안전성을 검토)
- 점토지반의 단기간 안정 검토 시(시공 직후 초기 안정성 검토)
- 시공 중 압밀, 함수비와 체적의 변화가 없다고 예상
- 내부마찰각(ϕ) = 0 (불안전 영역에서 강도정수 결정)
- 성토로 인한 재하속도가 과잉간극수압이 소산되는 속도보다 빠를 때

07 다음 그림의 파괴포락선 중에서 완전포화된 점토를 UU(비압밀 비배수) 시험했을 때 생기는 파괴포락선은?

[18년 3회]

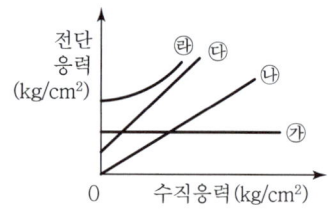

① 가　　② 나
③ 다　　④ 라

[해설]

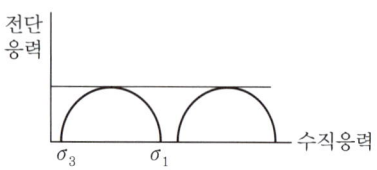

08 실내시험에 의한 점토의 강도 증가율(C_u/P)산정 방법이 아닌 것은?

[18년 3회]

① 소성지수에 의한 방법
② 비배수 전단강도에 의한 방법
③ 압밀비배수 삼축압축시험에 의한 방법
④ 직접전단시험에 의한 방법

[해설]

㉠ 강도증가율 = $\dfrac{C_u(\text{비배수 점착력})}{\sigma_v'(\text{유효응력})}$

㉡ 강도 증가율 산정방법
- 소성지수에 의한 방법
- 비배수 전단강도에 의한 방법
- 압밀비배수 삼축압축시험에 의한 방법

09 유선망(Flow Net)의 성질에 대한 설명으로 틀린 것은?

[18년 1회]

① 유선과 등수두선은 직교한다.
② 동수경사(i)는 등수두선의 폭에 비례한다.
③ 유선망으로 되는 사각형은 이론상 정사각형이다.
④ 인접한 두 유선 사이, 즉 유로를 흐르는 침투수량은 동일하다.

[해설]

$V = Ki = K \cdot \dfrac{\Delta L}{L} \quad \therefore i(\text{동수경사}) \propto \dfrac{1}{L(\text{폭})}$

10 유선망의 특징을 설명한 것으로 옳지 않은 것은?

[20년 4회]

① 각 유로의 침투유량은 같다.
② 유선과 등수두선은 서로 직교한다.
③ 유선망으로 이루어지는 사각형은 이론상 정사각형이다.
④ 침투속도 및 동수경사는 유선망의 폭에 비례한다.

[해설]

침투속도(V) 및 동수경사(i)는 유선망폭(L)에 반비례한다.

과년도 기출문제

$$V = Ki = K \cdot \frac{\Delta h}{L}$$
$$\therefore i \cdot V \propto \frac{1}{L}$$

11 유선망의 특징에 대한 설명으로 틀린 것은?

[15년 1회]

① 균질한 흙에서 유선과 등수두선은 상호 직교한다.
② 유선 사이에서 수두감소량(Head Loss)은 동일하다.
③ 유선은 다른 유선과 교차하지 않는다.
④ 유선망은 경계조건을 만족하여야 한다.

[해설]
등수두선 사이에서 수두감소량(손실수두)은 동일하다.

12 그림과 같은 유선망에서 단위폭당 1일의 침투 유량은 얼마인가?(단, $K = 2.4 \times 10^{-3}$ cm/sec)

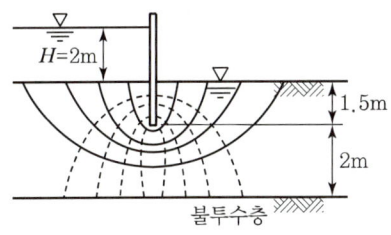

① 1.65m³/day ② 1.8m³/day
③ 2.07m³/day ④ 2.3m³/day

[해설]
$$Q = kH\frac{N_f}{N_d}$$
$$= (2.4 \times 10^{-3} \times \frac{1}{100} \times 60 \times 60 \times 24) \times 2 \times \frac{5}{9} \times 1$$
$$= 2.30 \text{m}^3/\text{day}$$

13 흙의 동상현상에 대하여 옳지 않은 것은?

① 점토는 동결이 장기간 계속될 때에만 동상을 일으키는 경향이 있다.
② 동상현상은 흙이 조립일수록 잘 일어나지 않는다.
③ 하층으로부터 물의 공급이 충분할 때 잘 일어나지 않는다.
④ 깨끗한 모래는 모관상승 높이가 작으므로 동상을 일으키지 않는다.

[해설]
하층으로부터 물의 공급이 충분할 때 동상현상은 잘 일어난다.

14 유효응력에 관한 설명 중 옳지 않은 것은?

[19년 1회]

① 포화된 흙인 경우 전응력에서 공극수압을 뺀 값이다.
② 항상 전응력보다는 작은 값이다.
③ 점토지반의 압밀에 관계되는 응력이다.
④ 건조한 지반에서는 전응력과 같은 값으로 본다.

[해설]
$\sigma = \sigma' + u$
$\therefore \sigma \geq \sigma'$

정답 11 ② 12 ④ 13 ③ 14 ②

08 전단강도

21 응력경로

응력경로 정의	Mohr원 정점의 좌표
① 지반 내의 임의의 한 점에 작용해온 하중의 변화과정을 응력평면 위에 나타낸 것 ② 응력경로(Stress Path)는 Mohr 응력원에서 각 원의 전단응력이 최대인 점을 연결한 선분	$p = \dfrac{\sigma_1 + \sigma_3}{2}$, $q = \dfrac{\sigma_1 - \sigma_3}{2}$
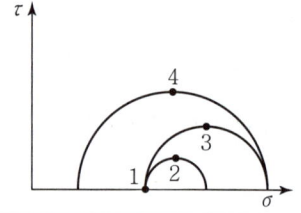	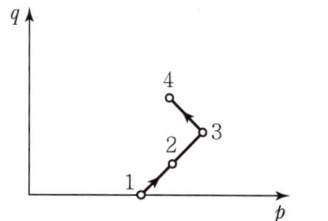

- 일반적으로 실제 유효응력 경로는 곡선이며 직선인 경우는 드물다.
- 응력경로는 시험 중의 연속적인 응력상태를 나타내며 전응력경로와 유효응력경로로 나눈다.

전응력(σ)

유효응력(σ') = $\sigma - u$

전응력경로
Total Stress Path

유효응력경로
Effective Stress Path

- 3축압축시험에서는 간극수압이 항상 0이므로 전응력경로와 유효응력경로는 동일하다.

22 응력경로의 종류

전응력(σ)경로	유효응력(σ')경로
$p = \dfrac{\sigma_v + \sigma_h}{2}$, $q = \dfrac{\sigma_v - \sigma_h}{2}$	$p' = \dfrac{(\sigma_v - u) + (\sigma_h - u)}{2}$, $q' = \dfrac{(\sigma_v - u) - (\sigma_h - u)}{2}$

23 CD 시험 시의 전응력경로 및 유효응력경로

유효응력경로(전응력경로)	응력경로
(그래프: 유효응력경로(=전응력경로), 45°, σ_3, σ_3', σ_1, σ_1')	① 최소주응력(σ_3)이 일정한 상태에서 최대주응력(σ_1)이 점차 증가하여 파괴되는 경우 ② 표준삼축압축시험에서의 응력경로 ③ 삼축압축시험 시 흙이 파괴될 때까지의 유효응력경로는 변하지 않음

24 응력경로

삼축압축시험	직접전단시험	압밀시험
(그래프: K_f-line, 응력경로)	(그래프: K_f-line, 응력경로)	(그래프: K_f-line, K_o)
① 액압을 일정하게 가해 주므로 초기에는 전단응력이 발생하지 않아 p선 위로 이동 ② 그러다가 전단 단계에 이르면 파괴포락선을 향함	① 하중재하 초기에는 전단응력이 수직응력에 비해 점점 커짐 ② 더 이상 하중을 견디지 못하면 파괴포락선을 향함	이 시험은 시료를 전단하는 것이 아니므로 K_o선을 따라 응력경로가 이동함

삼축압축시험의 전응력 경로

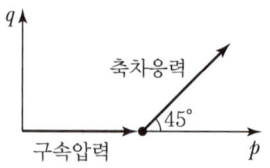

응력경로의 초기조건은 최대주응력(σ_v)과 최소주응력(σ_h)이 같은 상태이다 ($p = \sigma_v$, $q = 0$).

과년도 기출문제

01 응력경로(Stress Path)에 대한 설명으로 틀린 것은? [22년 1회]

① 응력경로는 특성상 전응력으로만 나타낼 수 있다.
② 응력경로란 시료가 받는 응력의 변화과정을 응력 공간에 궤적으로 나타낸 것이다.
③ 응력경로는 Mohr의 응력원에서 전단응력이 최대인 점을 연결하여 구한다.
④ 시료가 받는 응력상태에 대한 응력경로는 직선 또는 곡선으로 나타난다.

[해설]
- 응력경로 : Mohr의 응력원에서 각 원의 전단응력이 최대인 점(p, q)을 연결하여 그린 선분
- 응력경로는 전응력 경로와 유효응력 경로로 나눌 수 있다.

02 다음은 전단시험을 한 응력경로이다. 어느 경우인가? [19년 2회]

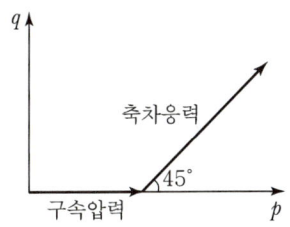

① 초기 단계의 최대 주응력과 최소 주응력이 같은 상태에서 시행한 삼축압축시험의 전응력 경로이다.
② 초기 단계의 최대 주응력과 최소 주응력이 같은 상태에서 시행한 일축압축시험의 전응력 경로이다.
③ 초기 단계의 최대 주응력과 최소 주응력이 같은 상태에서 $K_o=0.5$인 조건에서 시행한 삼축압축시험의 전응력 경로이다.
④ 초기 단계의 최대 주응력과 최소 주응력이 같은 상태에서 $K_o=0.7$인 조건에서 시행한 일축압축시험의 전응력 경로이다.

[해설]
초기 단계의 최대 주응력과 최소 주응력이 같은 상태에서 시행한 삼축압축시험의 전응력 경로이다($p=\sigma_v$, $q=0$).

03 다음의 Stress Path(응력경로)는 어떤 시험일 때인가?

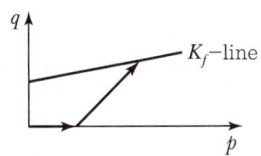

① 직접전단압축일 때　② 표준삼축압축일 때
③ 압밀시험일 때　　　④ 등방압축시험일 때

[해설]
삼축압축시험에서는 간극수압이 항상 0이므로 전응력경로와 유효응력경로는 동일하다.

정답 01 ①　02 ①　03 ②

08 전단강도

25 간극수압계수

정의	간극수압계수
• 점토에 압력을 가하면 과잉간극수압이 발생한다. • 전응력의 증가량에 대한 간극수압의 변화량의 비를 간극수압계수라 한다.	$\dfrac{\Delta u}{\Delta \sigma}$

26 등방압축 시 간극 수압계수(B계수)

등방압축	내용	B계수
$\Delta\sigma_3$ (사면에서 작용)	CU 시험 시(등방압축 때) σ_3 증가량에 대한 u의 변화량의 비 ① 완전 포화토 $B=1(\Delta\sigma_3 = \Delta u)$ ② 완전 건조토 $B=0$	$B = \dfrac{\Delta u}{\Delta \sigma_3}$

• $S=100\%$ 포화된 상태이면 $B=1$이고, 구속압력이 일정하면 $\Delta\sigma_3 = 0$이다.

포화점토지반
• 포화도 $S=100\%$
• 내부마찰각(ϕ)$=0°$
• 간극수압계수 $B=1$

27 1축 압축 시 간극수압계수(D계수)

1축 압축	내용	D계수
$\Delta\sigma_1 - \Delta\sigma_3$ (상하 작용)	1축 압축시험에서 $(\Delta\sigma_3 - \Delta\sigma_1)$의 증가량에 대한 u의 변화량의 비	$D = \dfrac{\Delta u}{\Delta\sigma_1 - \Delta\sigma_3}$

축차응력
$\Delta\sigma = (\Delta\sigma_1 - \Delta\sigma_3)$

3축 압축시험

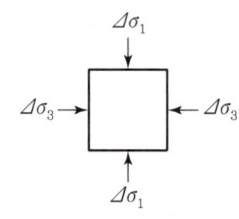

① $\Delta\sigma_1(\Delta\sigma_v)$
② $\Delta\sigma_3(\Delta\sigma_h) = \Delta\sigma_v \cdot k$

28 3축 압축 시(비배수 전단 시) 과잉공극수압 및 A계수

3축 압축 시 과잉공극수압(Δu)	A 계수	
$\Delta u = B[\Delta\sigma_3 + A(\Delta\sigma_1 - \Delta\sigma_3)]$ A, B : 간극수압계수 포화된 흙($B=1$) $\Delta\sigma_3$: 추가된 등방압밀 압력(비배수) $\Delta\sigma_1 - \Delta\sigma_3$: 추가된 축차응력(비배수)	포화된 흙($B=1$) $A = \dfrac{\Delta u - \Delta\sigma_3}{\Delta\sigma_1 - \Delta\sigma_3}$	구속응력은 일정 $(\Delta\sigma_3 = 0)$ $A = \dfrac{\Delta u}{\Delta\sigma_1}$

간극수압 A계수
• 3축 압축시험에서 구함
• 정규압밀점토에서는 A값이 1에 가까운 값을 나타낸다.
• A계수가 항상 (+)값을 갖는 것은 아니다[과압밀점토에서는 (−)값].
• $A = \dfrac{D}{B}$

과년도 기출문제

01 2.0kg/cm²의 구속응력을 가하여 시료를 완전히 압밀시킨 다음, 축차응력을 가하여 비배수 상태로 전단시켜 파괴할 때 축변형률 $\varepsilon_f = 10\%$, 축차응력 $\Delta\sigma_f = 2.8$kg/cm², 간극수압 $\Delta u_f = 2.1$ kg/cm²를 얻었다. 파괴 시 간극수압계수 A를 구하면?(단, 간극수압계수 B는 1.0으로 가정한다.)

[18년 2회]

① 0.44 ② 0.75
③ 1.33 ④ 2.27

[해설]
$\Delta u = B[\Delta\sigma_3 + A(\Delta\sigma_1 - \Delta\sigma_3)]$
$2.1 = 1[0 + (A \times 2.8)]$
(100% 포화된 상태면 $B=1$이고, 구속압력이 일정하면 $\Delta\sigma_3 = 0$)
∴ $A = 0.75$

[별해]
A계수 $= \dfrac{D계수}{B계수}$

• D계수
$D = \dfrac{\Delta u}{\Delta\sigma_1 - \Delta\sigma_3} = \dfrac{2.1}{2.8} = 0.75$

• B계수 $= 1$

∴ A계수 $= \dfrac{D계수}{B계수} = \dfrac{0.75}{1} = 0.75$

02 그림과 같은 지반에서 하중으로 인하여 수직응력($\Delta\sigma_1$)이 100kN/m² 증가되고 수평응력($\Delta\sigma_3$)이 50kN/m² 증가되었다면 간극수압은 얼마나 증가되었는가?(단, 간극수압계수 $A = 0.5$이고, $B = 1$이다.)

[22년 2회]

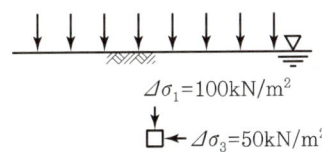

① 50kN/m² ② 75kN/m²
③ 100kN/m² ④ 125kN/m²

[해설]
$\Delta u = B \cdot \Delta\sigma_3 + D \cdot \Delta\sigma = B[\Delta\sigma_3 + A(\Delta\sigma_1 - \Delta\sigma_3)]$
$= [50 + 0.5(100 - 50)] = 75$kN/m²

03 아래 표의 공식은 흙시료에 삼축압력이 작용할 때 흙시료 내부에 발생하는 간극수압을 구하는 공식이다. 이 식에 대한 설명으로 틀린 것은?

[20년 4회]

$$\Delta u = B[\Delta\sigma_3 + A(\Delta\sigma_1 - \Delta\sigma_3)]$$

① 포화된 흙의 경우 $B=1$이다.
② 간극수압계수 A의 값은 삼축압축시험에서 구할 수 있다.
③ 포화된 점토에서 구속응력을 일정하게 두고 간극수압을 측정했다면, 축차응력과 간극수압으로부터 A값을 계산할 수 있다.
④ 간극수압계수 A값은 언제나 (+)값을 갖는다.

[해설]
간극수압계수의 A값이 언제나 (+)값을 갖는 것은 아니다. 과압밀 점토에서는 (−)값을 나타낸다.

정답 01 ② 02 ② 03 ④

08 전단강도

29 다일러탠시(Dilatancy)

다일러탠시	종류
흙이 전단을 받으면 체적이 변화되는 현상(팽창, 수축)	① 정(+)의 다일러탠시(Dilatancy) : 팽창 ② 부(−)의 다일러탠시(Dilatancy) : 수축

30 조밀한 모래(과압밀 점토)

정(+)의 다일러탠시	내용
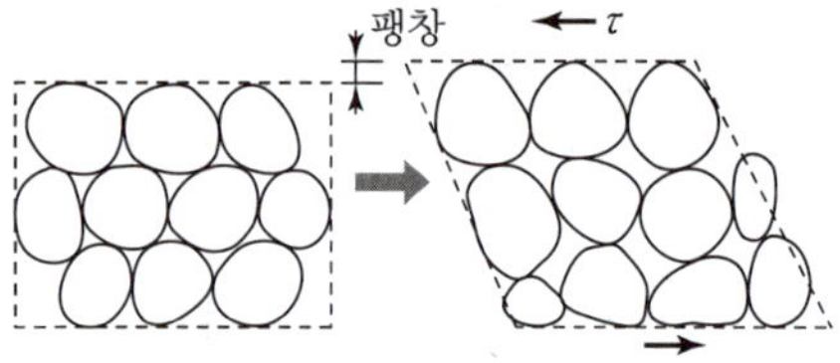 (팽창 그림)	① (+) Dilatarcy 발생(체적 증가) ② 비배수 전단 시 간극수압은 감소 (−) ③ 조밀한 모래와 과압밀 점토의 전단특성은 거의 비슷

31 느슨한 모래(정규압밀 점토)

부(−)의 다일러탠시	내용
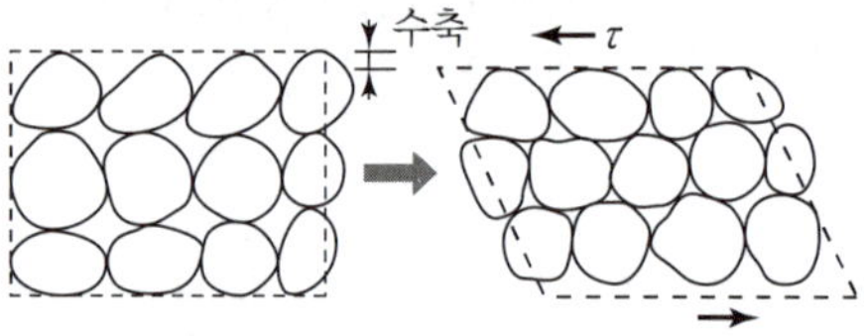 (수축 그림)	① (−) Dilatancy 발생(체적 감소) ② 비배수 전단 시 간극수압은 증가 (+) ③ 느슨한 모래와 정규압밀 점토의 전단특성은 거의 비슷

32 다일러탠시(Dilatancy) 현상

체적 변화	간극수압의 변화
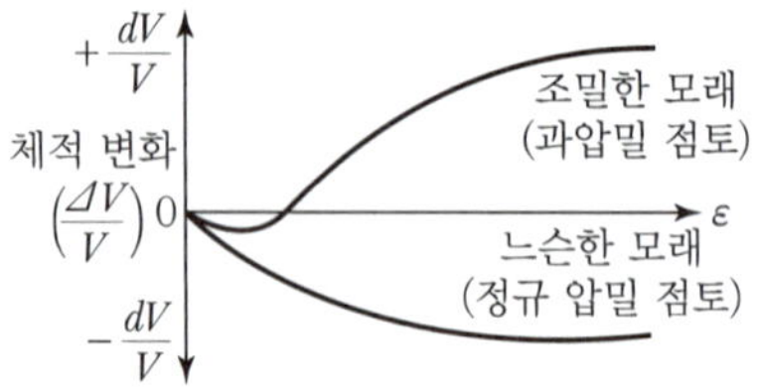 (그래프)	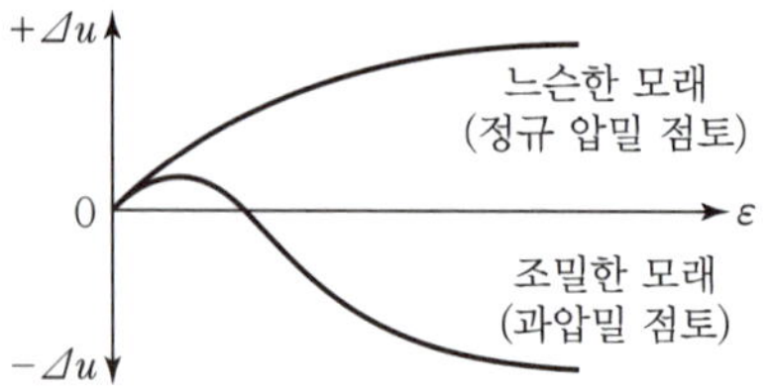 (그래프)
① 조밀한 모래는 간극비가 감소하다가 증가 (+Dilatancy) ② 느슨한 모래는 전단파괴 이전에 체적 감소 (−Dilatancy)	① 과압밀 점토는 (−) 간극수압이 생김 ② 정규 압밀 점토는 (+) 간극수압이 생김

사질토의 전단강도 영향인자
- 상대밀도
- 입도 분포
- 입자의 형상
- 입자의 크기

점성토의 공학적 영향인자
예민비(일축 압축강도시험)

틱소트로피(Thixotropy)
교란된 점토지반이 시간이 지남에 따라 강도의 일부를 회복하는 현상

액상화 현상(liguefaction)
진동이나 충격과 같은 동적외력의 작용으로 모래의 간극비가 감소하며 이로 인하여 간극수압이 상승하여 흙의 전단강도가 급격히 소실되어 현탁액과 같은 상태로 되는 현상

한계 간극비
초기 간극비 상태에 있는 모래는 전단 시 체적의 변화가 없게 되는데 이때의 간극비

과년도 기출문제

01 모래의 밀도에 따라 일어나는 전단 특성에 대한 다음 설명 중 옳지 않은 것은? [19년 2회]

① 다시 성형한 시료의 강도는 작아지지만 조밀한 모래에서는 시간이 경과됨에 따라 강도가 회복된다.
② 전단저항각[내부마찰각(ϕ)]은 조밀한 모래일수록 크다.
③ 직접전단시험에 있어서 전단응력과 수평변위곡선은 조밀한 모래에서는 Peak가 생긴다.
④ 조밀한 모래에서는 전단변형이 계속 진행되면 부피가 팽창한다.

[해설]
틱소트로피(Thixotrophy) 현상
Remolding한 시료(교란된 시료)를 함수비의 변화 없이 그대로 방치하면 시간이 경과되면서 강도가 일부 회복되는 현상으로 점토지반에서만 일어난다.

02 모래 등과 같은 점성이 없는 흙의 전단강도 특성에 대한 설명 중 잘못된 것은?

① 조밀한 모래의 전단과정에서는 전단응력의 피크(Peak)점이 나타난다.
② 느슨한 모래의 전단과정에서는 응력의 피크점이 없이 계속 응력이 증가하여 최대 전단응력에 도달한다.
③ 조밀한 모래는 변형의 증가에 따라 간극비가 계속 감소하는 경향을 나타낸다.
④ 느슨한 모래의 전단과정에서는 전단파괴될 때까지 체적이 계속 감소한다.

[해설]
조밀한 모래는 변형의 증가에 따라 간극비가 계속 감소하다가 증가하는 경향을 나타낸다.

03 흙에 대한 일반적인 설명으로 틀린 것은?

① 점성토가 교란되면 전단강도가 작아진다.
② 점성토가 교란되면 투수성이 커진다.
③ 불교란시료의 일축압축강도와 교란시료의 일축압축강도의 비를 예민비라 한다.
④ 교란된 흙이 시간 경과에 따라 강도가 회복되는 것을 딕소트로피(Thixotropy) 현상이라 한다.

[해설]
점성토가 교란되면 투수성이 작아진다.

04 다음 그림에서 느슨한 모래의 전단거동 특성으로 옳은 것은?

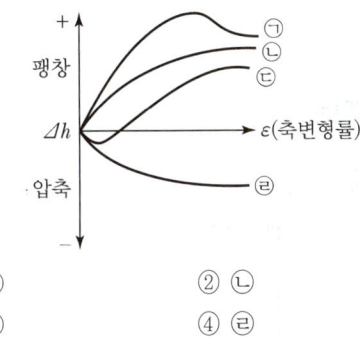

① ㉠   ② ㉡
③ ㉢   ④ ㉣

[해설]
느슨한 모래는 전단파괴에 도달하기 전에 체적이 감소하고, 조밀한 모래는 체적증가가 생긴다.

05 흙 시료의 전단시험 중 일어나는 다일러턴시(Dilatancy) 현상에 대한 설명으로 틀린 것은? [21년 1회]

① 흙이 전단될 때 전단면 부근의 흙입자가 재배열되면서 부피가 팽창하거나 수축하는 현상을 다일러턴시라 부른다.
② 사질토 시료는 전단 중 다일러턴시가 일어나지 않는 한계의 간극비가 존재한다.
③ 정규압밀 점토의 경우 정(+)의 다일러턴시가 일어난다.
④ 느슨한 모래는 보통 부(-)의 다일러턴시가 일어난다.

[해설]
정규압밀점토(느슨한 모래)일 때 부(-)의 다일러턴시가 일어난다.

정답 01 ① 02 ③ 03 ② 04 ④ 05 ③

09 수평토압

1 토압

모식도	정의
(그림: Z, σ_v, γ_t, σ_h)	① 토압은 지중의 어떤 점에 발생하는 압력 ② 보통 전도나 활동(미끄러짐)을 일으키는 횡방향 토압을 의미(토압=횡토압) ③ σ_v(연직토압) $= \gamma_t Z$ ④ σ_h(수평토압) $= K_o \sigma_v$

+ 토압의 종류
- 정지토압(P_o)
- 주동토압(P_a)
- 수동토압(P_p)

- K_o(정지토압계수)

2 정지토압

정지토압(P_o) 모식도	내용
(그림: γ_t, 배면토, Z)	① 탄성 평형상태의 토압(지하벽) ② 흙 입자가 수평방향으로 변형이 전혀 없을 때 ($\sigma_v = \gamma_t Z$, $\sigma_h = K_o \sigma_v$)

+ 토압의 크기
$P_p > P_o > P_a$

벽체의 변위

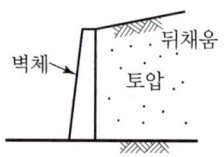

3 주동토압

주동토압(P_a) 모식도	내용
(그림: P_a, θ', $\theta = 45° + \dfrac{\phi}{2}$)	① 벽체가 벽면(배면)에 있는 흙으로부터 떨어지도록 작용하는 토압(굴토 후 옹벽 설치 시) ② θ'(연직면과 파괴면이 이루는 각) $\theta' = 45° - \dfrac{\phi}{2}$ ③ 지반상태는 팽창 ④ 수평응력은 최소주응력

+ 주동상태일 때 최대주응력면(수평면)과 파괴면은 $45° + \dfrac{\phi}{2}$ 의 각을 이루고 있다 (활동면이 급하다).

4 수동토압

수동토압(P_p) 모식도	내용
(그림: P_p, θ', $\theta = 45° - \dfrac{\phi}{2}$)	① 벽체가 흙 쪽으로(뒤채움 흙) 밀리도록 작용하는 토압 ② θ'(연직면과 파괴면이 이루는 각) $\theta' = 45° + \dfrac{\phi}{2}$ ③ 지반상태는 압축 ④ 수평응력은 최대주응력

+ 수동상태일 때 최소주응력면(수평면)과 파괴면은 $45° - \dfrac{\phi}{2}$ 의 각을 이루고 있다 (활동면이 완만하다).

과년도 기출문제

01 다음 중에서 정지토압 P_0, 주동토압 P_a, 수동토압 P_p의 크기 순서로 옳은 것은? [22년 1회]

① $P_p < P_o < P_a$　② $P_o < P_a < P_p$
③ $P_o < P_p < P_a$　④ $P_a < P_o < P_p$

[해설]

주동토압(P_a) < 정지토압(P_0) < 수동토압(P_p)

02 흙의 단위중량이 1.8N/m³이고, 정지토압계수가 0.5인 균질토층이 있다. 지표면 아래 10m 깊이에서의 연직응력과 수평응력은?

① $\sigma_v = 90\text{kN/m}^2$, $\sigma_h = 180\text{kN/m}^2$
② $\sigma_v = 180\text{kN/m}^2$, $\sigma_h = 90\text{kN/m}^2$
③ $\sigma_v = 80\text{kN/m}^2$, $\sigma_h = 40\text{kN/m}^2$
④ $\sigma_v = 40\text{kN/m}^2$, $\sigma_h = 80\text{kN/m}^2$

[해설]

- 수직응력 : $\sigma_v = \gamma_t \cdot Z = 18 \times 10 = 180\text{kN/m}^2$
- 수평응력 : $\sigma_h = K_o \cdot \sigma_v = 0.5 \times 180 = 90\text{kN/m}^2$

03 토압론에 관한 다음 설명 중 틀린 것은 어느 것인가?

① Coulomb의 토압론은 강체역학에 기초를 둔 흙쐐기 이론이다.
② Rankine의 토압론은 소성이론에 의한 것이다.
③ 벽체가 벽면에 있는 흙으로부터 떨어지도록 작용하는 토압을 수동토압이라 하고 벽체가 흙 쪽으로 밀리도록 작용하는 힘을 주동토압이라 한다.
④ 정지토압계수는 수동토압계수와 주동토압계수 사이에 속한다.

[해설]

- 주동토압(P_a) : 벽체가 벽면에 있는 흙으로부터 떨어지도록 작용하는 토압
- 수동토압(P_p) : 벽체가 흙쪽으로(뒤채운 흙) 밀리도록 작용하는 토압

04 다음 Rankine의 토압에 대한 설명 중 틀린 것은?

① 수동토압인 경우 파괴면은 수평면과 $\theta = 45° - \dfrac{\phi}{2}$의 각도를 이룬다.
② 옹벽 뒷면에 상재 하중이 없을 때는 토압의 합력은 벽 밑에서 1/3 높이 되는 점에 작용한다.
③ 흙은 비압축성의 균질한 분체이다.
④ 토압의 작용방향은 지표의 경사에 관계없이 벽 뒷면에 수직으로 작용한다.

[해설]

- 파괴면이 수평면과 이루는 경사각
  주동토압 $\theta = 45° + \dfrac{\phi}{2}$, 수동토압 $\theta = 45° - \dfrac{\phi}{2}$이다.
- 지표면이 경사진 경우의 주동토압이나 수동토압의 방향은 지표면과 평행한 것으로 가정한다.

05 그림에서 지표면으로부터 깊이 6m에서의 연직응력(σ_v)과 수평응력(σ_h)의 크기를 구하면?(단, 토압계수는 0.6이다.) [21년 1회]

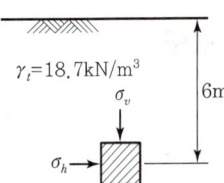

① $\sigma_v = 87.3\text{kN/m}^2$, $\sigma_h = 52.4\text{kN/m}^2$
② $\sigma_v = 95.2\text{kN/m}^2$, $\sigma_h = 57.1\text{kN/m}^2$
③ $\sigma_v = 112.2\text{kN/m}^2$, $\sigma_h = 67.3\text{kN/m}^2$
④ $\sigma_v = 123.4\text{kN/m}^2$, $\sigma_h = 74.0\text{kN/m}^2$

[해설]

- $\sigma_v = \gamma \cdot h = 18.7 \times 6 = 112.2\text{kN/m}^2$
- $\sigma_h = \sigma_v \cdot k = 112.2 \times 0.6 = 67.3\text{kN/m}^2$

정답 01 ④　02 ②　03 ③　04 ④　05 ③

09 수평토압

5 토압이론

Rankine의 토압론	Coulomb의 토압론
벽 마찰각 무시($\delta=0$) (소성론에 의한 토압산출)	벽 마찰각 고려($\delta \neq 0$) (강체역학에 기초를 둔 흙쐐기이론)
작은 입자에 작용하는 응력이 전체를 대표한다는 원리(소성론)	흙쐐기이론에 의한 이론
옹벽 저판의 길이가 긴 경우	옹벽의 저판 돌출부가 없거나 작은 경우

+ 토압의 크기는 벽체의 변형형태, 변형 방향 등에 따라 다르다.

+ 벽마찰각(δ)을 무시하면 Coulomb의 토압과 Rankine의 토압은 같다.

6 Rankine 토압론의 기본가정

Rankine 토압론의 기본가정
① 흙은 비압축성이고 균질하다(등방성). ② 중력만 작용하며 지반은 소성평형상태에 있다. ③ 지표면은 무한히 넓다. ④ 토압은 지표면에 평행하게 작용한다(벽마찰 무시). ⑤ 지표면에 작용하는 하중은 등분포하중이다. ⑥ 흙은 입자 간의 마찰력에 의해 평형을 유지한다.

+ 토압은 지표면에 평행하게 작용

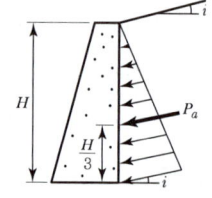

7 토압분포도

구분	토압분포도	내용
		① 연직한 옹벽 ② 연직옹벽의 토압분포 모양은 삼각형임
		① 버팀대로 받친 벽체 ② 버팀대로 받친 벽체의 토압분포 모양은 포물선임
		앵커 달린 널말뚝

과년도 기출문제

01 지표면이 수평이고 옹벽의 뒷면과 흙과의 마찰각이 0°인 연직옹벽에서 Coulomb 토압과 Rankine 토압은 어떤 관계가 있는가?(단, 점착력은 무시한다.) [22년 2회]

① Coulomb 토압은 항상 Rankine 토압보다 크다.
② Coulomb 토압과 Rankine 토압은 같다.
③ Coulomb 토압은 Rankine 토압보다 작다.
④ 옹벽의 형상과 흙의 상태에 따라 클 때도 있고 작을 때도 있다.

[해설]
Coulomb의 토압론은 벽마찰각을 고려하고 Rankine의 토압은 벽마찰각을 무시하는데 Coulomb의 토압론에서 벽마찰각을 고려하지 않으면 Rankine의 토압과 같아진다.

02 다음 중 Rankine 토압이론의 기본가정에 속하지 않는 것은? [19년 1회]

① 흙은 비압축성이고 균질의 입자이다.
② 지표면은 무한히 넓게 존재한다.
③ 옹벽과 흙과의 마찰을 고려한다.
④ 토압은 지표면에 평행하게 작용한다.

[해설]

Rankine의 토압론	Coulomb의 토압론
벽 마찰각 무시($\delta = 0$) (소성론에 의한 토압산출)	벽 마찰각 고려($\delta \neq 0$) (강체역학에 기초를 둔 흙쐐기이론)
작은 입자에 작용하는 응력이 전체를 대표한다는 원리(소성론)	흙쐐기이론에 의한 이론
옹벽 저판의 길이가 긴 경우	옹벽의 저판 돌출부가 없거나 작은 경우

03 토압에 대한 다음 설명 중 옳은 것은? [19년 2회]

① 일반적으로 정지토압 계수는 주동토압 계수보다 작다.
② Rankine 이론에 의한 주동토압의 크기는 Coulomb 이론에 의한 값보다 작다.
③ 옹벽, 흙막이벽체, 널말뚝 중 토압분포가 삼각형 분포에 가장 가까운 것은 옹벽이다.
④ 극한 주동상태는 수동상태보다 훨씬 더 큰 변위에서 발생한다.

[해설]

구분	토압분포도	내용
		• 연직한 옹벽 • 연직옹벽의 토압분포 모양은 삼각형이다.

04 Coulomb 토압에서 옹벽배면의 지표면 경사가 수평이고, 옹벽배면 벽체의 기울기가 연직인 벽체에서 옹벽과 뒤채움 흙 사이의 벽면마찰각(δ)을 무시할 경우, Coulomb 토압과 Rankine 토압의 크기를 비교할 때 옳은 것은? [21년 3회]

① Rankine 토압이 Coulomb 토압보다 크다.
② Coulomb 토압이 Rankine 토압보다 크다.
③ Rankine 토압과 Coulomb 토압의 크기는 항상 같다.
④ 주동토압은 Rankine 토압이 더 크고, 수동토압은 Coulomb 토압이 더 크다.

[해설]

Rankine의 토압론	Coulomb의 토압론
벽마찰각 무시($\delta = 0$) (소성론에 의한 토압산출)	벽마찰각 고려($\delta \neq 0$) (강체역학에 기초를 둔 흙쐐기이론)

만약 벽면 마찰각을 무시할 경우 Rankine의 토압과 Coulomb의 토압은 항상 같다.

정답 01 ② 02 ③ 03 ③ 04 ③

09 수평토압

⑧ 정지토압계수(K_o)

모식도	정지토압계수	특징
(모식도: σ_v, σ_h, Z)	$K_o = \dfrac{\sigma_h'}{\sigma_v'} = \dfrac{\sigma_h}{\sigma_v}$ $= 1 - \sin\phi'$ (모래)	① 삼축압축시험에서 수평방향의 변위가 없게 조절하여 측정 ② 수평력이 연직력보다 크게 작용하면 정지토압계수는 1보다 커질 수 있음 ③ ϕ' : 유효응력으로 구한 내부 마찰각

⑨ 주동토압계수(K_a)

주동토압계수(K_a)	수평면과 주동상태 파괴면의 각도(θ)
$K_a = \dfrac{1-\sin\phi}{1+\sin\phi} = \tan^2\left(45° - \dfrac{\phi}{2}\right)$	$\theta = 45° + \dfrac{\phi}{2}$

흙의 내부마찰각(ϕ)이 증가할수록 주동토압계수(K_a)는 감소하므로 주동토압은 감소한다.

⑩ 수동토압계수(K_p)

수동토압계수(K_p)	수평면과 수동상태 파괴면과의 각도(θ)
$K_p = \dfrac{1+\sin\phi}{1-\sin\phi} = \tan^2\left(45° + \dfrac{\phi}{2}\right)$	$\theta = 45° - \dfrac{\phi}{2}$

흙의 내부마찰각(ϕ)이 증가할수록 수동토압계수(K_p)는 증가하므로 수동토압은 증가한다.

⑪ 주동토압계수와 수동토압계수의 관계

주동토압계수(K_a)와 수동토압계수(K_p)의 관계
$K_p > K_o > K_a$

⑫ 정지토압계수 계산

사질토에서 정지토압계수(Jaky 경험식)	과압밀 점토일 때 정지토압계수
$K_o = 1 - \sin\phi'$ (ϕ' : 유효응력으로 구한 내부마찰각)	$K_0(\text{과압밀}) = K_o(\text{정규압밀}) \times \sqrt{OCR}$

정지토압계수(K_o)

- 정지토압은 벽체가 움직이지 않고 안정적인 평형상태에 있을 때의 토압
- 연직유효응력에 의해 발생하는 수평토압이 정지토압에 해당함
- 내부마찰각(ϕ)이 작을수록 K_o는 큼
- 정지토압계수(K_o)가 1보다 크면 과압밀 점토인 상태
- K_o는 K노트(Maught)로 발음
- $\sigma_h = K_o \sigma_v$

전단강도

$S(\tau_f) = c + \sigma' \cdot \tan\phi$

전단강도가 크면 내부마찰각(ϕ)이 증가하고 수동토압계수도 증가한다.

주동토압계수와 수동토압계수의 관계

- $K_a \times K_p = 1$
- K_a와 K_p의 비 : $\left(\dfrac{K_a}{K_p}\right) = (K_a : K_p)$

정규압밀점토

$K_o = 0.95 - \sin\phi'$

과압밀비(OCR)

$= \dfrac{P_c(\text{선행 압밀하중})}{P(\text{현재 유효상재하중})}$

- Jaky의 식은 사질토나 NC Clay의 경우에 적용

- 과압밀 시 정지 토압계수는 1보다 클 수도 있다.

과년도 기출문제

01 다음은 토압에 대한 설명이다. 이 중 가장 옳지 않은 것은?

① 주동토압은 뒤채움 흙의 전단강도가 크면 감소된다.
② 주동토압계수는 뒤채움 흙의 내부마찰각이 크면 증가된다.
③ 수동토압은 주동토압보다 크다.
④ 뒤채움 흙이 침수되면 전단강도가 약해지므로 토압은 증가되어 옹벽이 앞으로 넘어지게 된다.

[해설]
흙의 내부마찰각이 증가하면 주동토압계수와 주동토압은 감소한다.

02 강도정수가 $c=0$, $\phi=40°$인 사질토 지반에서 Rankine 이론에 의한 수동토압계수는 주동토압계수의 몇 배인가? [16년 4회]

① 4.6 ② 9.0
③ 12.3 ④ 21.1

[해설]
- 수동토압계수: $K_P = \dfrac{1+\sin\phi}{1-\sin\phi} = \dfrac{1+\sin40°}{1-\sin40°} = 4.599$
- 주동토압계수: $K_a = \dfrac{1-\sin\phi}{1+\sin\phi} = \dfrac{1-\sin40°}{1+\sin40°} = 0.217$

∴ $\dfrac{수동토압계수(K_p)}{주동토압계수(K_a)} = \dfrac{4.599}{0.217} = 21.1$

03 Jaky의 정지토압계수를 구하는 공식 $K_0 = 1-\sin\phi$가 가장 잘 성립하는 토질은?

① 과압밀점토 ② 정규압밀점토
③ 사질토 ④ 풍화토

[해설]
사질토에서 정지토압계수의 공식
사질토(Jaky의 경험식) : $K_o = 1-\sin\phi$

04 지반 내 응력에 대한 다음 설명 중 틀린 것은? [17년 1회]

① 전응력이 커지는 크기만큼 간극수압이 커지면 유효응력은 변화가 없다.
② 정지토압계수 K_0는 1보다 클 수 없다.
③ 지표면에 가해진 하중에 의해 지중에 발생하는 연직응력의 증가량은 깊이가 깊어지면서 감소한다.
④ 유효응력이 전응력보다 클 수도 있다.

[해설]
- $\sigma' = \sigma - u$
- $K_o(과압밀) = K_o(정규압밀) \times \sqrt{OCR}$
  ∴ 과압밀 시 정지토압계수는 1보다 클 수도 있다.
- $\Delta\sigma_Z = \dfrac{Q}{Z^2}I_\sigma$ $\left(\Delta\sigma \propto \dfrac{1}{Z^2}\right)$
- 모세관 현상 시 $\sigma' > \sigma$

05 전단마찰각이 25°인 점토의 현장에 작용하는 수직응력이 50kN/m²이다. 과거 작용했던 최대 하중이 100kN/m²이라고 할 때 대상지반의 정지토압계수를 추정하면? [18년 2회]

① 0.40 ② 0.57
③ 0.82 ④ 1.14

[해설]
정지토압계수 $K_o(과압밀) = K_o(정규압밀)\sqrt{OCR}$
$= (1-\sin\phi) \times \sqrt{\dfrac{P_c}{P_o}} = (1-\sin25°) \times \sqrt{\dfrac{100}{50}} = 0.82$

정답 01 ② 02 ④ 03 ③ 04 ② 05 ③

09 수평토압

13 연직옹벽에 작용하는 토압($i=0$, $c=0$)

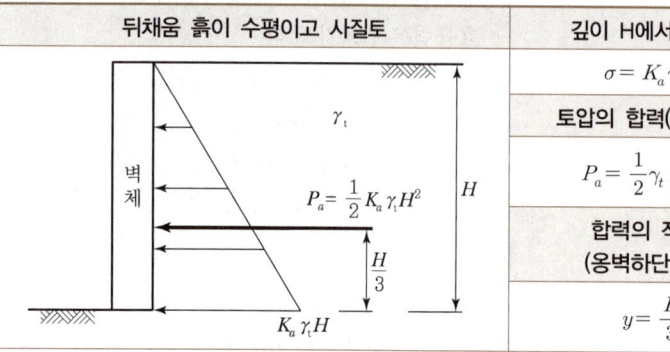

깊이 H에서의 토압	$\sigma = K_a \gamma_t H$
토압의 합력(주동토압)	$P_a = \dfrac{1}{2} \gamma_t H^2 K_a$
합력의 작용점 (옹벽하단 기준)	$y = \dfrac{H}{3}$

- 토압분포는 정수압과 같은 삼각분포
- γ_t : 흙의 단위중량

주동토압
$$P_a = \dfrac{1}{2} \gamma_t H^2 K_a \,(\text{kN/m})$$

수동토압
$$P_p = \dfrac{1}{2} \gamma_t H^2 K_p \,(\text{kN/m})$$

① 토압분포는 정수압과 같은 삼각분포이다.
② 전토압의 작용점은 옹벽하단에서 $\dfrac{H}{3}$ 되는 점에 있다.

14 등분포하중에 의한 토압($i=0$, $c=0$)

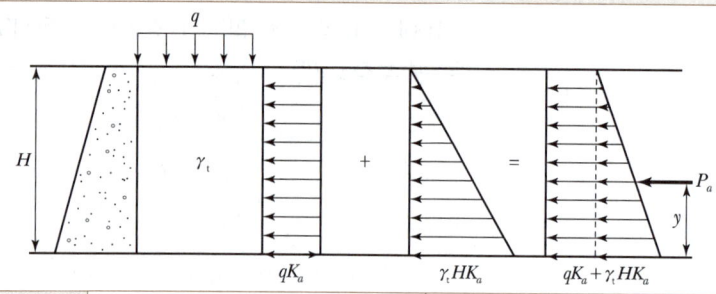

토압	등분포 하중 작용 시 주동토압(P_{a_1})	$P_{a_1} = qK_a H$
	균일 지반일 경우 주동토압(P_{a_2})	$P_{a_2} = \dfrac{1}{2} \gamma_t H^2 K_a$
	전주동토압(P_a)	$P_{a_1} + P_{a_2} = (qK_a H) + \left(\dfrac{1}{2} \gamma_t H^2 K_a\right)$
주동토압 (합력)의 작용점	$P_a \times y = P_{a_1} \times \dfrac{H}{2} + P_{a_2} \times \dfrac{H}{3}$ $\therefore y = \dfrac{P_{a_1} \times \dfrac{H}{2} + P_{a_2} \times \dfrac{H}{3}}{P_a}$	

- 등분포하중으로 인해 토압은 qK_a 만큼 증가
- 주동상태일 때 지표면과 평행한 토압의 크기는 최소
- 수동상태일 때 지표면과 평행한 토압의 크기는 최대

주동토압계수
$$K_a = \tan^2\left(45° - \dfrac{\phi}{2}\right) = \dfrac{1-\sin\phi}{1+\sin\phi}$$

수동토압계수
$$K_p = \tan^2\left(45° + \dfrac{\phi}{2}\right) = \dfrac{1+\sin\phi}{1-\sin\phi}$$

① 임의의 깊이 H에 있어서의 토압은 흙으로 인하여 발생된 토압(γHK)과 하중에 의한 토압(qK_a)을 합하여 구한다.
② 등분포하중으로 인하여 토압은 qK_a만큼 증가한다.

과년도 기출문제

01 그림과 같은 옹벽에 작용하는 전주동토압은?
[15년 4회]

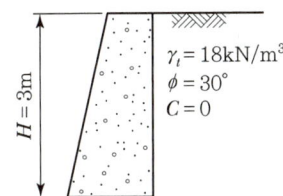

① 32.4kN/m ② 26.9kN/m
③ 17.3kN/m ④ 0.8kN/m

[해설]
- 주동토압계수
$$K_a = \tan^2\left(45° - \frac{\phi}{2}\right) = \tan^2\left(45° - \frac{30}{2}\right)$$
$$= 0.333$$
- 전주동토압
$$P_a = \frac{1}{2} K_a \gamma_t H^2$$
$$= \frac{1}{2} \times 0.333 \times 18 \times 3^2 = 26.9 \text{kN/m}$$

02 그림과 같이 수평지표면 위에 등분포하중 q가 작용할 때 연직옹벽에 작용하는 주동토압의 공식으로 옳은 것은?(단, 뒤채움 흙은 사질토이며, 이 사질토의 단위중량을 γ, 내부마찰각을 ϕ라 한다.)
[20년 3회]

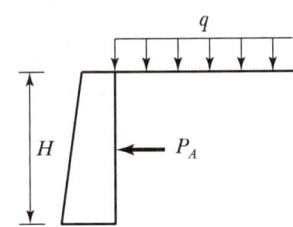

① $P_a = \left(\frac{1}{2}\gamma H^2 + qH\right)\tan^2\left(45° - \frac{\phi}{2}\right)$

② $P_a = \left(\frac{1}{2}\gamma H^2 + qH\right)\tan^2\left(45° + \frac{\phi}{2}\right)$

③ $P_a = \left(\frac{1}{2}\gamma H^2 + qH\right)\tan^2\phi$

④ $P_a = \left(\frac{1}{2}\gamma H^2 + q\right)\tan^2\phi$

[해설]
- $K_a = \frac{1-\sin\phi}{1+\sin\phi} = \tan\left(45 - \frac{\phi}{2}\right)$
- $P_a = \gamma H^2 K_a \times \frac{1}{2} + qK_a H$

03 그림과 같이 옹벽 배면의 지표면에 등분포하중이 작용할 때, 옹벽에 작용하는 전체 주동토압의 합력(P_a)과 옹벽 저면으로부터 합력의 작용점까지의 높이(h)는?
[18년 1회]

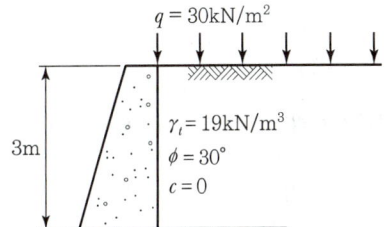

① $P_a = 28.5 \text{kN/m}$, $h = 1.26 \text{m}$
② $P_a = 28.5 \text{kN/m}$, $h = 1.38 \text{m}$
③ $P_a = 58.5 \text{kN/m}$, $h = 1.26 \text{m}$
④ $P_a = 58.5 \text{kN/m}$, $h = 1.38 \text{m}$

[해설]
옹벽 저면으로부터 합력의 작용점까지의 높이(h)
$$h = \frac{P_{a_1} \times \frac{H}{2} + P_{a_2} \times \frac{H}{3}}{P_a}$$

- $P_{a_1} = qK_a H = 30 \times 0.333 \times 3 = 29.97 \text{kN/m}$
- $P_{a_2} = \frac{1}{2}\gamma_t H^2 K_a = \frac{1}{2} \times 19 \times 3^2 \times 0.333$
$$= 28.47 \text{kN/m}$$
$$\left[K_a = \tan^2\left(45° - \frac{\phi}{2}\right) = \tan^2\left(45 - \frac{30°}{2}\right) = 0.333\right]$$

∴ 전 주동토압의 합력(P_a)은
$$P_a = P_{a_1} + P_{a_2} = 29.97 + 28.47 = 58.5 \text{kN/m}$$

따라서 합력의 작용점까지 높이(h)는
$$h = \frac{P_{a_1} \times \frac{H}{2} + P_{a_2} \times \frac{H}{3}}{P_a}$$
$$= \frac{\left(29.97 \times \frac{3}{2}\right) + \left(28.47 \times \frac{3}{3}\right)}{58.44} = 1.26 \text{m}$$

정답 01 ② 02 ① 03 ③

09 수평토압

15 지하수위가 있는 경우 토압(1)

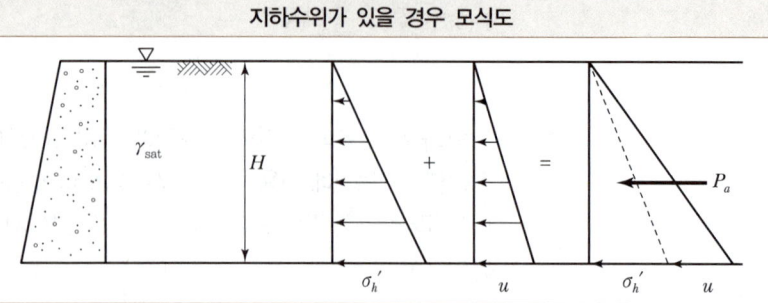

지하수위가 있을 경우 모식도

σ'(유효응력)	$\sigma' = \gamma_{sub} H K_a$
u(간극수압)	$u = \gamma_w H$
P_a(전주동토압)	$P_a = P_{a_1} + P_{a_2} = \gamma_{sub} H^2 K_a \dfrac{1}{2} + \gamma_w H^2 \dfrac{1}{2}$
P_p(전수동토압)	$P_p = P_{p_1} + P_{p_2} = \gamma_{sub} H^2 K_p \dfrac{1}{2} + \gamma_w H^2 \dfrac{1}{2}$

- 물의 단위중량(γ_w)=1t/m³
  =9.8kN/m³
- 수압에는 토압계수를 곱하지 않는다 (방향과 관계없이 일정).
- 지하수위면 아래 깊이에서 토압은 수중단위중량(γ_{sub})을 사용하여 유효응력을 계산한다.

지하수위가 있는 경우 토압(1)
하부 토층의 흙에 의한 토압+하부 토층의 수압

16 지하수위가 있는 경우 토압(2)

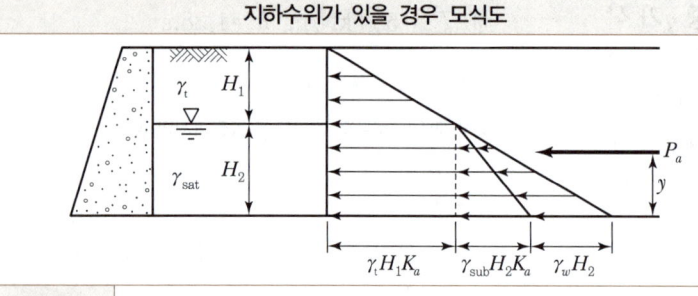

지하수위가 있을 경우 모식도

전주동 토압	$P_a = \dfrac{1}{2}\gamma_t H_1^2 K_a + \gamma_t H_1 H_2 K_a + \dfrac{1}{2}\gamma_{sub} H_2^2 K_a + \dfrac{1}{2}\gamma_w H_2^2$
전수동 토압	$P_p = \dfrac{1}{2}\gamma_t H_1^2 K_p + \gamma_t H_1 H_2 K_p + \dfrac{1}{2}\gamma_{sub} H_2^2 K_p + \dfrac{1}{2}\gamma_w H_2^2$
토압의 작용점	$P_a \times y = P_{a_1}\left(\dfrac{H_1}{3} + H_2\right) + \left(P_{a_2} \times \dfrac{H_2}{2}\right) + \left(P_{a_3} \times \dfrac{H_2}{3}\right) + \left(P_{a_4} \times \dfrac{H_2}{3}\right)$ $\therefore y = \dfrac{P_{a_1}\left(\dfrac{H_1}{3} + H_2\right) + \left(P_{a_2} \times \dfrac{H_2}{2}\right) + \left(P_{a_3} \times \dfrac{H_2}{3}\right) + \left(P_{a_4} \times \dfrac{H_2}{3}\right)}{P_a}$
뒤채움이 다층인 토압	가장 위층은 토압을 구하고 아래층은 그 위층에 있는 흙의 무게를 상재 하중(등분포 하중)으로 간주하고 토압을 구하여 합하면 된다.

지하수위가 있는 경우 토압(2)

지하수위 상부 토층의 흙에 의한 토압
+
지하수위 상부 토층의 흙을 상재하중으로 간주한 토압
+
하부 토층의 흙에 의한 토압
+
하부 토층의 수압

과년도 기출문제

01 다음 그림과 같은 조건에서 Rankine의 공식을 사용하여 토압을 구하려고 한다. 토압 분포도에서 Ⓐ부분의 토압 크기를 나타내는 것은?(단, K_a : 주동토압계수, γ_{sub} : 흙의 수중 단위중량, γ_{sat} : 흙의 포화 단위중량, γ_t : 흙의 전체 단위중량, γ_w : 물의 단위중량)

① $K_a \gamma_t H_1$
② $K_a \gamma_{sub} H_2$
③ $\gamma_w H_2$
④ $K_a \gamma_{sat} H_2$

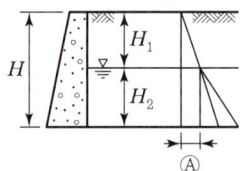

[해설]

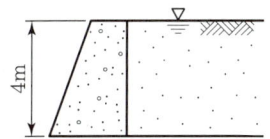

02 그림과 같은 옹벽에 작용하는 주동토압의 합력은? (단, $\gamma_{sat} = 18 \text{kN/m}^3$, $\phi = 30°$, 벽마찰각 무시)

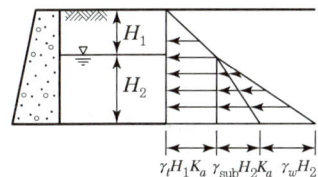

① 100kN/m   ② 60kN/m
③ 20kN/m   ④ 10kN/m

[해설]

• 주동토압계수
$K_a = \tan^2\left(45° - \frac{\phi}{2}\right) = \tan^2\left(45° - \frac{30}{2}\right) = 0.333$

• 전주동토압
$P_a = \frac{1}{2}K_a \gamma_{sub} H^2 + \frac{1}{2}\gamma_w H^2$
$= \frac{1}{2} \times 0.333 \times (18-9.8) \times 4^2 + \frac{1}{2} \times 1 \times 9.8 \times 4^2$
$= 100.24 \text{kN/m}$

03 높이 6m의 옹벽이 그림과 같이 수중에 있다. 이 옹벽에 작용하는 전주동토압은 얼마인가?(단, 물의 단위중량 $\gamma_w = 10\text{kN/m}^3$이다.)

① 47.95kN/m
② 22.81kN/m
③ 10.87kN/m
④ 28.83kN/m

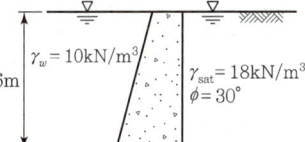

[해설]

전주동토압
$P_a = \frac{1}{2}K_a \gamma_{sub} H^2 = \frac{1}{2} \times 0.333 \times (18-10) \times 6^2 = 47.95 \text{kN/m}$
(같은 수두의 양쪽 수압은 서로 상쇄)

04 그림에서 옹벽이 받는 전체 주동토압은 얼마인가?(단, 벽면과 뒤채움 마찰각은 무시하고 흙의 내부마찰각 $\phi = 30°$로 본다. $\gamma_w = 10\text{kN/m}^3$)

① 68.1kN/m
② 44.1kN/m
③ 36.7kN/m
④ 73.3kN/m

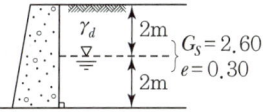

[해설]

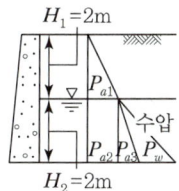

• $\gamma_d = \dfrac{G_s}{1+e}\gamma_w = \dfrac{2.60}{1+0.30} \times 10 = 20 \text{kN/m}^3$

• $\gamma_{sub} = \dfrac{G_s - 1}{1+e}\gamma_w = \dfrac{2.6-1}{1+0.3} \times 10 = 12.3 \text{kN/m}^3$

• $K_a = \tan^2\left(45 - \dfrac{\phi}{2}\right) = \tan^2\left(45 - \dfrac{30°}{2}\right) = 0.33$

• $P_{a_1} = \dfrac{1}{2}\gamma_d H_1^2 K_a = \dfrac{1}{2} \times 20 \times 2^2 \times 0.33 = 13.3 \text{kN/m}$

• $P_{a_2} = \gamma_d H_1 H_2 K_a = 20 \times 2 \times 2 \times 0.33 = 26.7 \text{kN/m}$

• $P_{a_3} = \dfrac{1}{2}\gamma_{sub} H_2^2 K_a = \dfrac{1}{2} \times 12.3 \times 2^2 \times 0.33 = 8.1 \text{kN/m}$

• $P_w = \dfrac{1}{2}\gamma_w H_2^2 = \dfrac{1}{2} \times 10 \times 2^2 = 20 \text{kN/m}$

∴ $P_a = P_{a_1} + P_{a_2} + P_{a_3} + P_w$
$= 13.3 + 26.7 + 8.1 + 20 = 68.1 \text{kN/m}$

정답 01 ① 02 ① 03 ① 04 ①

09 수평토압

17 점성이 있는 경우의 토압($c \neq 0$)

점성이 있는 경우의 모식도

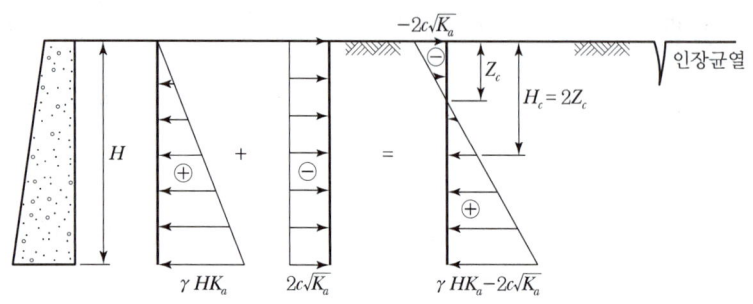

(전)주동토압	$P_a = \dfrac{1}{2}\gamma H^2 K_a - 2cH\sqrt{K_a}$
(전)수동토압	$P_p = \dfrac{1}{2}\gamma H^2 K_p + 2cH\sqrt{K_p}$
점착고 (Z_c, 인장 균열 깊이)	① 주동토압이 0인 지점까지의 깊이 ② 인장을 받아 균열이 발생하는 깊이(인장응력이 생기는 한계 깊이) ① 주동토압강도(σ_h)=0에서 $\gamma Z_c K_a - 2c\sqrt{k_a} = 0$ $\gamma Z_c \tan^2\left(45° - \dfrac{\phi}{2}\right) - 2c\tan\left(45° - \dfrac{\phi}{2}\right) = 0$ ② $Z_c = \dfrac{2c}{\gamma} \cdot \dfrac{1}{\tan\left(45° - \dfrac{\phi}{2}\right)}$ $= \dfrac{2c}{\gamma} \cdot \tan\left(45° + \dfrac{\phi}{2}\right)$
	만약 비배수 조건의 점토이면 (완전 포화토, $\phi=0$) $Z_c = \dfrac{2c_u}{\gamma}$
한계고 (H_c)	① 토압의 합력이 0이 되는 깊이(한계굴착 깊이) ② 점성토에 있어서 연직으로 굴착 가능한 깊이 ③ 흙막이 구조물을 설치하지 않고 굴착해도 사면이 유지되는 깊이 $H_c = 2Z_c = \dfrac{4c}{\gamma}\tan\left(45° + \dfrac{\phi}{2}\right)$
안전율 (F_s)	$F_s = \dfrac{H_c}{H} = 2 \cdot \dfrac{Z_c}{H}$

- 주동토압에서 배면토에 점착력이 있으면 토압은 작아진다.

- 수동토압에서 배면토에 점착력이 있으면 토압은 증가한다.

점착고, 인장균열 깊이

$Z_c = \dfrac{2c}{\gamma} \cdot \tan\left(45° + \dfrac{\phi}{2}\right)$

- 한계고(H_c)는 점착고(Z_c)의 2배이다.

보강토 공법

보강띠가 받는 최대 힘($T_{\max}$)

$T_{\max} = \sigma_h \times S_h \times S_v$
$\quad \sigma_h = \gamma \cdot H \cdot K_a$
$\quad S_h$: 보강띠의 수평방향 설치간격
$\quad S_v$: 보강띠의 연직방향 설치간격

- $10\text{t/m}^2 = 1\text{kg/cm}^2$

과년도 기출문제

01 그림과 같은 옹벽에 작용하는 전주동토압은?(단, 흙의 단위중량은 17kN/m³, 점착력은 1N/cm², 내부마찰각은 26°이다.)

① 44.4kN/m
② 75.5kN/m
③ 119.4kN/m
④ 194.5kN/mj

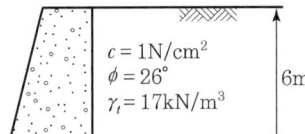

[해설]

• 주동토압계수
$$K_a = \tan^2\left(45° - \frac{\phi}{2}\right) = \tan^2\left(45 - \frac{26}{2}\right) = 0.39$$

• 전주동토압
$$P_a = \frac{1}{2}K_a\gamma H^2 - 2c\sqrt{K_a} \times H$$
$$= \frac{1}{2} \times 0.39 \times 17 \times 6^2 - 2 \times 10 \times \sqrt{0.39} \times 6 = 44.4\text{kN/m}$$

(점착력 $c = 1\text{N/cm}^2$를 10kN/m^2로 단위환산)

02 그림에서 인장균열의 깊이는?

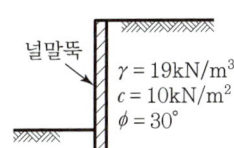

① 0.8m
② 1.2m
③ 1.8m
④ 3.6m

[해설]

$$Z_c = \frac{2c}{\gamma}\tan\left(45° + \frac{\phi}{2}\right) = \frac{2 \times 10}{19}\tan\left(45° + \frac{30°}{2}\right) = 1.82\text{m}$$

03 점착력이 14kN/m², 내부마찰각이 30°, 단위중량이 18.5kN/m³인 흙에서 점착고는 얼마인가?

① 1.74m
② 2.62m
③ 3.45m
④ 5.24m

[해설]

점착고(인장균열 깊이)
$$Z_c = \frac{2c}{\gamma}\tan\left(45° + \frac{\phi}{2}\right) = \frac{2 \times 14}{18.5}\tan\left(45° + \frac{30°}{2}\right) = 2.62\text{m}$$

04 내부마찰각이 30°, 단위중량이 18kN/m³인 흙의 인장균열 깊이가 3m일 때 점착력은? [16년 1회]

① 15.6kN/m²
② 16.7kN/m²
③ 17.5kN/m²
④ 18.1kN/m²

[해설]

점착고(인장균열 깊이)
$$Z_c = \frac{2c}{\gamma}\tan\left(45° + \frac{\phi}{2}\right)에서$$
$$3 = \frac{2 \times c}{18}\tan\left(45° + \frac{30°}{2}\right)$$
∴ 점착력 $c = 15.6\text{kN/m}^2$

05 어떤 점토의 토질실험 결과 일축압축강도는 4.8 N/cm², 단위중량은 17kN/m³이었다. 이 점토의 한계고는 얼마인가?

① 6.34m
② 4.87m
③ 9.24m
④ 5.65m

[해설]

• 한계고(연직절취 깊이)
$$H_c = \frac{4c}{\gamma}\tan\left(45° + \frac{\phi}{2}\right)$$

• $\phi = 0°$인 점토의 경우
$$H_c = \frac{4 \cdot c}{\gamma} = \frac{4 \times 24}{17} = 5.65\text{m}$$

(점착력 $c = \frac{q_u}{2} = \frac{4.8}{2} = 2.4\text{N/cm}^2 = 24\text{kN/m}^2$)

06 비교적 균질한 토층을 실험한 결과 $\gamma_t = 20\text{kN/m}^3$, $c = 25\text{kN/m}^2$, $\phi = 10°$인 경우에 연직으로 절취할 수 있는 깊이는 얼마인가?

① $H_c = 5.96\text{m}$
② $H_c = 5.00\text{m}$
③ $H_c = 6.48\text{m}$
④ $H_c = 4.71\text{m}$

[해설]

$$H_c = \frac{4c}{\gamma_t}\tan\left(45° + \frac{\phi}{2}\right) = \frac{4 \times 2.5}{2.0}\tan\left(45° + \frac{10°}{2}\right) = 5.96\text{m}$$
($H_c = 2Z_c$)

정답 01 ① 02 ③ 03 ② 04 ① 05 ④ 06 ①

10 흙의 다짐

1 다짐의 개선효과

다짐의 정의	흙의 다짐효과
흙에 에너지를 가해 간극 내의 공기를 제거하여 밀도를 높임으로써 투수계수를 감소시키고 전단강도를 증진시키는 작업(함수비를 크게 변화시키지 않고 공기를 배출)	① 투수성의 감소 ② 압축성의 감소 ③ 흡수성 감소 ④ 전단강도의 증가 및 지지력의 증가 ⑤ 부착력 및 밀도 증가

2 최적함수비(OMC)

다짐곡선	최적함수비(OMC)
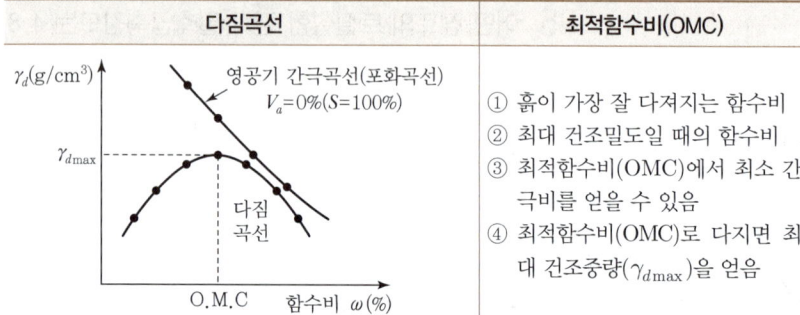	① 흙이 가장 잘 다져지는 함수비 ② 최대 건조밀도일 때의 함수비 ③ 최적함수비(OMC)에서 최소 간극비를 얻을 수 있음 ④ 최적함수비(OMC)로 다지면 최대 건조중량($\gamma_{d\max}$)을 얻음

최적함수비를 중심으로 함수비가 감소되는 쪽을 건조 측, 증가하는 쪽은 습윤 측

3 영공극 곡선(영공기 간극곡선, 포화곡선)

영공극 곡선(영공기 간극곡선, 포화곡선)
① 흙 속에 공기간극이 전혀 없는 경우($S=100\%$) 건조밀도와 함수비의 관계곡선 ② 영공기 간극곡선은 다짐곡선의 오른쪽에 놓임 ③ 다짐시험에서 얻어지며 최적함수비선이라 함 ④ $\gamma_d = \dfrac{G_s \gamma_w}{1+e} = \dfrac{G_s \gamma_w}{1+\dfrac{G_s \omega}{S}} = \dfrac{\gamma_w}{\dfrac{1}{G_s}+\dfrac{\omega}{S}}$

＋ 압밀
간극 내 공극수를 배출

다짐
간극 내 공기를 배출

다짐효과로 증가하는 값
- 지지력
- 상대밀도
- 전단강도
- 부착력
- 사면의 안전성

다짐곡선
- 가로축 : 함수비(ω)
- 세로축 : 건조밀도(γ_d)

- 최대건조단위중량은 최적함수비(OMC)에서 얻어진다.

- 최대건조단위중량인 $\gamma_{d\max}$는 다짐곡선의 최대점을 나타내는 건조단위중량

다짐시험의 종료
다짐곡선과 영공기 간극곡선이 만나면 다짐시험 종료

과년도 기출문제

01 흙의 다짐에 대한 설명으로 틀린 것은? [16년 2회]

① 다짐에너지가 증가할수록 최대 건조단위중량은 증가한다.
② 최적함수비는 최대 건조단위중량을 나타낼 때의 함수비이며, 이때 포화도는 100%이다.
③ 흙의 투수성 감소가 요구될 때에는 최적함수비의 습윤 측에서 다짐을 실시한다.
④ 다짐에너지가 증가할수록 최적함수비는 감소한다.

[해설]
- 다짐에너지가 증가할수록 $\gamma_{d\max}$ 증가, OMC는 작아진다.
- S(포화도)가 100%인 곡선은 영공극 곡선이다.

02 흙의 다짐 효과에 대한 설명 중 틀린 것은? [21년 2회]

① 흙의 단위중량 증가 ② 투수계수 감소
③ 전단강도 저하   ④ 지반의 지지력 증가

[해설]
흙의 다짐효과
- 투수성의 감소
- 압축성의 감소
- 흡수성 감소
- 전단강도의 증가 및 지지력의 증가
- 부착력 및 밀도 증가

03 흙의 다짐곡선은 흙의 종류나 입도 및 다짐에너지 등의 영향으로 변한다. 흙의 다짐 특성에 대한 설명으로 틀린 것은?

① 세립토가 많을수록 최적함수비는 증가한다.
② 점토질 흙은 최대건조단위중량이 작고 사질토는 크다.
③ 일반적으로 최대건조단위중량이 큰 흙일수록 최적함수비도 커진다.
④ 점성토는 건조 측에서 물을 많이 흡수하므로 팽창이 크고 습윤 측에서는 팽창이 작다.

[해설]
최대건조단위중량($\gamma_{d\max}$)이 큰 흙은 최적함수비(OMC)가 작아진다.

04 흙의 다짐에 대한 일반적인 설명으로 틀린 것은? [18년 3회]

① 다진 흙의 최대 건조밀도와 최적함수비는 어떻게 다짐하더라도 일정한 값이다.
② 사질토의 최대 건조밀도는 점성토의 최대 건조밀도보다 크다.
③ 점성토의 최적함수비는 사질토보다 크다.
④ 다짐에너지가 크면 일반적으로 밀도는 높아진다.

[해설]
다짐에너지가 증가하면 최대 건조밀도는 증가하고 최적함수비는 감소한다.

05 흙의 다짐시험에서 다짐에너지를 증가시킬 때 일어나는 결과는? [22년 1회]

① 최적함수비는 증가하고, 최대건조단위중량은 감소한다.
② 최적함수비는 감소하고, 최대건조단위중량은 증가한다.
③ 최적함수비와 최대건조단위중량이 모두 감소한다.
④ 최적함수비와 최대건조단위중량이 모두 증가한다.

[해설]
다짐에너지가 클수록 최대건조밀도($\gamma_{d\max}$)는 커지고 최적함수비(OMC)는 작아진다.

06 흙의 다짐에 있어 래머의 중량이 2.5kg, 낙하고 30cm, 3층으로 각 층 다짐횟수가 25회일 때 다짐에너지는?(단, 몰드의 체적은 1,000cm³이다.) [16년 2회]

① $5.63 \text{kg} \cdot \text{cm/cm}^3$ ② $5.96 \text{kg} \cdot \text{cm/cm}^3$
③ $10.45 \text{kg} \cdot \text{cm/cm}^3$ ④ $0.66 \text{kg} \cdot \text{cm/cm}^3$

[해설]
다짐에너지$(E_c) = \dfrac{W_R \cdot H \cdot N_B \cdot N_L}{V} = \dfrac{2.5 \times 30 \times 25 \times 3}{1,000}$
$= 5.63 \text{kg} \cdot \text{cm/cm}^3$

정답 01 ② 02 ③ 03 ③ 04 ① 05 ② 06 ①

10 흙의 다짐

④ (상대)다짐도와 다짐에너지

(상대) 다짐도	다짐의 정도를 말하며 도로교 시방서에서는 보통 90~95%의 다짐도가 요구된다. $$RC = \frac{\gamma_{d(현장)}}{\gamma_{d\max(실내\,실험실)}} \times 100(\%)$$	$\gamma_{d(현장)}$: 현장에서 얻은 건조 단위중량 $\gamma_{d\max(실내\,실험실)}$: 실내 다짐 시험에 의한 최대 건조단위중량
다짐 에너지	단위체적당 흙에 가해지는 에너지를 다짐에너지라 한다. $$E_c = \frac{W_R H N_B N_L}{V}$$	(E_c)단위 : $kg \cdot cm/cm^3$ W_R : 래머의 중량(kg) H : 낙하고(cm) N_B : 층당 타격횟수(회/층) N_L : 다짐 층수(층) V : 몰드의 체적(cm^3)

다짐에너지가 커지면 $\gamma_{d\max}$는 증가, OMC는 감소

현장다짐 기계
- 점성토 지반 : 탬핑롤러
- 사질토 지반 : 진동롤러

- 다짐에너지는 시료 용적에 반비례

현장 다짐도 95%라는 의미
실내다짐 최대 건조밀도에 대한 95% 밀도를 말한다(실내표준다짐 시험의 최대 건조밀도 95%의 현장시공밀도).

- 다짐시험 시 몰드 속에 있는 흙의 함수비는 다짐에너지에 거의 영향을 주지 않는다.

⑤ 다짐에너지(다짐횟수)에 따른 특징

다짐곡선 모식도	특징
(그래프: γ_d (g/cm³) vs 함수비 ω(%), 40회/30회/20회 곡선)	① 다짐에너지가 커지면 $\gamma_{d\max}$는 증가하고 OMC는 작아진다. ② 다짐횟수를 증가시키면 다짐곡선이 좌측 상향으로 이동한다. ③ 다짐에너지가 너무 크면 과전압(Over Compaction)이 발생되어 다짐상태가 나빠지게 된다.

다짐에너지가 클수록
- $\gamma_{d\max}$ 증가
- OMC(최적함수비)는 작아짐

다짐 함수비가 클수록
일축압축 강도는 감소

⑥ 다짐곡선에서 토질에 따른 특징

다짐곡선 모식도	특징
(그래프: γ_d (g/cm³) vs 함수비 ω(%), 0%/5%/10% 공기함유곡선, GW, SW, ML, CL 곡선)	① 조립토일수록 최적함수비는 작고 최대 건조단위중량은 크다. ② 입도분포가 양호할수록 최적함수비는 작고 최대 건조단위중량은 크다. ③ 점성토에서 소성이 증가할수록 최적함수비는 크고 최대건조 단위중량은 작다. ④ 점성토일수록 다짐곡선이 평탄하고 최적함수비가 높아서 함수비의 변화에 따른 다짐효과가 적다. ⑤ 최적함수비 곡선은 영공기 공극곡선과 거의 나란하다.

조립토(모래질)가 많을수록
최대건조밀도는 증가하고 최적함수비는 감소

점토분(세립토)이 많은 흙
최대건조밀도는 감소, 최적함수비(OMC)는 증가

과년도 기출문제

01 흙의 다짐에 대한 설명으로 틀린 것은? [19년 3회]

① 최적함수비는 흙의 종류와 다짐 에너지에 따라 다르다.
② 일반적으로 조립토일수록 다짐곡선의 기울기가 급하다.
③ 흙이 조립토에 가까울수록 최적함수비가 커지며 최대 건조단위중량은 작아진다.
④ 함수비의 변화에 따라 건조단위중량이 변하는데, 건조단위중량이 가장 클 때의 함수비를 최적함수비라 한다.

[해설]
세립토의 비율이 클수록 최대 건조단위중량($\gamma_{d\max}$)은 감소한다.

02 현장 도로 토공에서 모래치환법에 의한 흙의 밀도시험 결과 흙을 파낸 구멍의 체적과 파낸 흙의 질량은 각각 1,800cm³, 3,950g이었다. 이 흙의 함수비는 11.2%이고, 흙의 비중은 2.65이다. 실내시험으로부터 구한 최대건조밀도가 2.05g/cm³일 때 다짐도는? [21년 3회]

① 92% ② 94%
③ 96% ④ 98%

[해설]

$R_c(상대다짐도) = \dfrac{\gamma_d}{\gamma_{d\max}} \times 100 = \dfrac{1.973}{2.05} \times 100 = 96\%$

$\left(\gamma_d = \dfrac{\gamma_t}{1+\omega} = \dfrac{\frac{3,950}{1,800}}{1+0.112} = 1.973\right)$

03 현장 도로 토공에서 모래치환법에 의한 흙의 밀도시험을 하였다. 파낸 구멍의 체적 $V = 1,960\text{cm}^3$, 흙의 질량이 3,390g이고, 이 흙의 함수비는 10%였다. 실험실에서 구한 최대 건조 밀도 $\gamma_{d\max} = 1.65\text{g/cm}^3$일 때 다짐도는? [16년 1회]

① 85.6% ② 91.0%
③ 95.3% ④ 98.7%

[해설]

• 다짐도 = $\dfrac{\gamma_d}{\gamma_{d\max}} \times 100$

$\gamma_d = \dfrac{\gamma_t}{1+\omega} = \left(\dfrac{1.73}{1+0.1}\right) = 1.57\text{g/cm}^3$

$\left(\gamma_t = \dfrac{W}{V} = \dfrac{3390}{1960} = 1.73\text{g/cm}^3\right)$

∴ 다짐도 = $\dfrac{\gamma_d}{\gamma_{d\max}} \times 100 = \dfrac{1.57}{1.65} \times 100 = 95.3\%$

04 현장에서 다짐된 사질토의 상대다짐도가 95%이고 최대 및 최소 건조단위중량이 각각 17.6kN/m³, 15kN/m³라고 할 때 현장시료의 상대밀도는? [15년 4회]

① 74% ② 69%
③ 64% ④ 59%

[해설]

$상대밀도(D_r) = \left(\dfrac{\gamma_{d\max}}{\gamma_d} \times \dfrac{\gamma_d - \gamma_{d\min}}{\gamma_{d\max} - \gamma_{d\min}}\right) \times 100$

$= \left(\dfrac{17.6}{16.7} \times \dfrac{16.7-15}{17.6-15}\right) \times 100$

$= 69\%$

$\left(상대다짐도 = \dfrac{\gamma_d}{\gamma_{d\max}} \times 100,\ 95 = \dfrac{\gamma_d}{17.6} \times 100,\right.$

$\left.\therefore \gamma_d = 16.7\text{kN/m}^3\right)$

05 현장다짐도 90%란 무엇을 의미하는가?

① 실내다짐 최대건조밀도에 대한 90% 밀도를 말한다.
② 롤러로 다진 최대밀도에 대한 90% 밀도를 말한다.
③ 현장함수비의 90% 함수비에 대한 다짐밀도를 말한다.
④ 포화도가 90%인 때의 다짐밀도를 말한다.

[해설]

$RC = \dfrac{\gamma_{d(현장)}}{\gamma_{d\max(실험실)}} \times 100(\%)$

정답 01 ③ 02 ③ 03 ③ 04 ② 05 ①

10 흙의 다짐

7 동일한 에너지로 다지는 경우 토질의 특징

다짐곡선 모식도	다짐곡선 상향 (좌측으로 갈수록)	다짐곡선 하향 (우측으로 갈수록)
γ_d (g/cm³) GW, GP SW, SP, SC SM, ML, MH CL, CH ω (%)	① 조립토 ② 양입도 ③ 다짐에너지 증가 ④ $\gamma_{d\max}$ 증가 ⑤ OMC 감소 ⑥ 경사 급함	① 세립토 ② 빈입도 ③ 다짐에너지 감소 ④ $\gamma_{d\max}$ 감소 ⑤ OMC 증가 ⑥ 경사 완만함

＋ 조립토일수록
다짐곡선의 경사가 급함

개념이해

01 다짐에 관한 다음 사항 중 옳지 않은 것은?

① 최대 건조단위중량은 사질토에서 크고 점성토일수록 작다.
② 다짐에너지가 클수록 최적 함수비는 커진다.
③ 양입도에서는 빈입도보다 최대 건조단위중량이 크다.
④ 다짐에 영향을 주는 것은 토질, 함수비, 다짐방법 및 에너지 등이다.

▶ 다짐 특성
• 다짐에너지가 크면 : $\gamma_{d\max}$ 크고 OMC 작음, 양입도, 조립토, 급경사
• 다짐에너지가 작으면 : $\gamma_{d\max}$ 작고 OMC 큼, 빈입도, 세립토, 완경사
답 ②

02 다짐시험에서 동일한 다짐에너지(Compative Effort)를 가했을 때 건조밀도가 큰 것에서 작아지는 순서로 되어있는 것은?

① SW > ML > CH
② SW > CH > ML
③ CH > ML > SW
④ ML > CH > SW

▶ 다짐에너지가 크면 $\gamma_{d\max}$ 크고 OMC 작음, 양입도, 조립토, 급경사
∴ 자갈G > 모래S > 실트M > 점토C
답 ①

03 그림과 같은 다짐곡선에서 해당하는 흙의 종류로 옳은 것은?

① Ⓐ : ML, ⓒ : SM
② Ⓐ : SW, Ⓓ : CL
③ Ⓑ : MH, Ⓓ : GM
④ Ⓑ : GC, ⓒ : CH

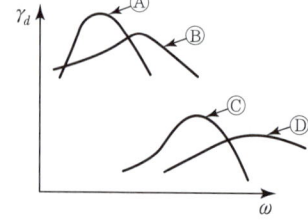

▶ 조립토가 많은 시료일수록 다짐곡선은 왼쪽 위로 이동한다.
• SW : 입도분포가 양호한 모래
• CL : 저압축성(저소성) 점토
답 ②

과년도 기출문제

01 다짐곡선에 대한 설명으로 틀린 것은? [21년 3회]

① 다짐에너지를 증가시키면 다짐곡선은 왼쪽 위로 이동하게 된다.
② 사질성분이 많은 시료일수록 다짐곡선은 오른쪽 위에 위치하게 된다.
③ 점성분이 많은 흙일수록 다짐곡선은 넓게 퍼지는 형태를 가지게 된다.
④ 점성분이 많은 흙일수록 오른쪽 아래에 위치하게 된다.

[해설]
사질성분이 많은 시료일수록 다짐곡선은 왼쪽 위로 이동한다.

02 다짐에 대한 다음 설명 중 옳지 않은 것은? [16년 4회]

① 세립토의 비율이 클수록 최적함수비는 증가한다.
② 세립토의 비율이 클수록 최대건조 단위중량은 증가한다.
③ 다짐에너지가 클수록 최적함수비는 감소한다.
④ 최대건조 단위중량은 사질토에서 크고 점성토에서 작다.

[해설]
세립토 비율이 크면 최대건조밀도는 감소하고 최적함수비(OMC)는 증가한다.

03 흙의 다짐에 대한 설명으로 틀린 것은? [20년 1회]

① 최적함수비로 다질 때 흙의 건조밀도는 최대가 된다.
② 최대건조밀도는 점성토에 비해 사질토일수록 크다.
③ 최적함수비는 점성토일수록 작다.
④ 점성토일수록 다짐곡선은 완만하다.

[해설]
최적함수비는 점성토일수록 크다.

04 다짐에 대한 설명으로 틀린 것은? [21년 1회]

① 다짐에너지는 래머(Rammer)의 중량에 비례한다.
② 입도배합이 양호한 흙에서는 최대건조단위중량이 높다.
③ 동일한 흙일지라도 다짐기계에 따라 다짐효과는 다르다.
④ 세립토가 많을수록 최적함수비가 감소한다.

[해설]
세립토가 많을수록 최적함수비는 증가한다.

05 흙의 다짐에 대한 설명 중 틀린 것은? [20년 3회]

① 일반적으로 흙의 건조밀도는 가하는 다짐에너지가 클수록 크다.
② 모래질 흙은 진동 또는 진동을 동반하는 다짐 방법이 유효하다.
③ 건조밀도-함수비 곡선에서 최적 함수비와 최대 건조밀도를 구할 수 있다.
④ 모래질을 많이 포함한 흙의 건조밀도-함수비 곡선의 경사는 완만하다.

[해설]
사질토(조립토)는 흙의 건조밀도-함수비 곡선의 경사가 급하다.

06 흙의 다짐에 관한 설명 중 옳지 않은 것은? [17년 1회]

① 조립토는 세립토보다 최적함수비가 작다.
② 최대 건조단위중량이 큰 흙일수록 최적 함수비는 작은 것이 보통이다.
③ 점성토 지반을 다질 때는 진동 롤러로 다지는 것이 유리하다.
④ 일반적으로 다짐 에너지를 크게 할수록 최대 건조단위중량은 커지고 최적함수비는 줄어든다.

[해설]
사질토 지반을 다질 때는 진동 롤러로 다지는 것이 유리하다.

정답 01 ② 02 ② 03 ③ 04 ④ 05 ④ 06 ③

과년도 기출문제

07 다음 표는 흙의 다짐에 대해 설명한 것이다. 옳게 설명한 것을 모두 고른 것은? [15년 1회]

> (1) 사질토에서 다짐에너지가 클수록 최대건조단위중량은 커지고 최적함수비는 줄어든다.
> (2) 입도분포가 좋은 사질토가 입도분포가 균등한 사질토보다 더 잘 다져진다.
> (3) 다짐곡선은 반드시 영공기간극곡선의 왼쪽에 그려진다.
> (4) 양족 롤러(Sheepsfoot Roller)는 점성토를 다지는 데 적합하다.
> (5) 점성토에서 흙은 최적함수비보다 큰 함수비로 다지면 면모구조를 보이고 작은 함수비로 다지면 이산구조를 보인다.

① (1), (2), (3), (4) ② (1), (2), (3), (5)
③ (1), (4), (5) ④ (2), (4), (5)

[해설]

점성토에서 OMC보다 큰 함수비(습윤 측)로 다지면 이산구조(분산구조), OMC보다 작은 함수비(건조 측)로 다지면 면모구조를 보인다.

08 아래 그림과 같은 수중지반에서 Z지점의 유효연직응력은?(단, 1t=10kN, $\gamma_w=9.8$kN/m³)

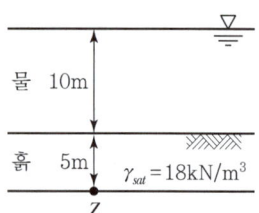

① 25kN/m² ② 41kN/m²
③ 53kN/m² ④ 79kN/m²

[해설]

$\sigma'_z = \sigma - u$
- σ(전응력)
  $\sigma = \gamma_w \times H_1 + \gamma_{sat} \times H_2$
  $= (9.8 \times 10) + (18 \times 5) = 188$kN/m²
- u(간극수압) $= \gamma_w \times H = 9.8 \times 15 = 147$kN/m²
∴ $\sigma'_z = \sigma - u = 188 - 147 = 41$kN/m²

[별해]
$\sigma' = \gamma_{sub} \times H_2 = (18-9.8) \times 5 = 41$kN/m²

09 그림과 같이 물이 위로 흐르는 경우 $Y-Y$ 단면에서의 유효응력은?

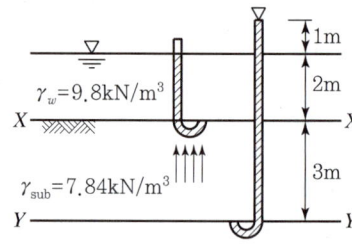

① 6.73kN/m² ② 13.72kN/m²
③ 19.25kN/m² ④ 25.92kN/m²

[해설]

유효응력(σ') $= \gamma_{sub} h_3 - \gamma_w \Delta h = 7.84 \times 3 - 9.8 \times 1$
$= 13.72$kN/m²
(∵ 물이 위로 흐르는 경우 상향 침투압만큼 유효응력은 감소한다.)

10 그림과 같은 유선망에서 점 A에서 공극 수압은?

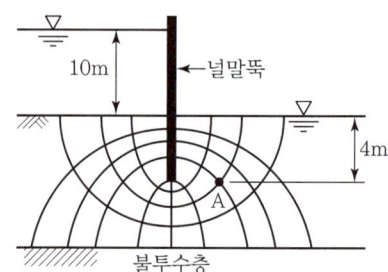

① 39.2kN/m² ② 58.8kN/m²
③ 68.6kN/m² ④ 98kN/m²

[해설]

A점의 간극(공극) 수압
$u_A = \gamma_w z_A + i \gamma_w z$
$= (9.8 \times 4) + \left(\frac{10}{10} \times 9.8 \times 3\right)$
$= 68.6$kN/m²

과년도 기출문제

11 그림에서 안전율 3을 고려하는 경우, 수두차 h를 최소 얼마로 높일 때 모래시료에 분사현상이 발생하겠는가? [16년 1회]

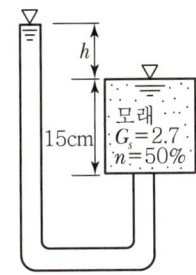

① 12.75cm ② 9.75cm
③ 4.25cm   ④ 3.25cm

[해설]

분사현상 시 안전율

- $F_s = \dfrac{i_c}{i} \leq 3$

- $F_s = \dfrac{\dfrac{G_s - 1}{1+e}}{\dfrac{h}{H}} = \dfrac{\dfrac{2.7-1}{1+1}}{\dfrac{h}{15}} = \dfrac{0.85}{\dfrac{h}{15}} = 3$

$\left(e = \dfrac{n}{1-n} = \dfrac{0.5}{1-0.5} = 1\right)$

∴ $h = \dfrac{0.85}{3} \times 15 = 4.25\text{cm}$

12 지표면에 집중하중이 작용할 때, 지중연직 응력 증가량($\Delta\sigma_z$)에 관한 설명 중 옳은 것은?(단, Boussinesq 이론을 사용한다.) [19년 3회]

① 탄성계수 E에 무관하다.
② 탄성계수 E에 정비례한다.
③ 탄성계수 E의 제곱에 정비례한다.
④ 탄성계수 E의 제곱에 반비례한다.

[해설]

지중응력(연직응력 증가량)

$\Delta\sigma_z = \dfrac{Q}{z^2} I$

∴ E(Young 계수, 탄성계수)와는 무관하다.

정답 11 ③ 12 ①

10 흙의 다짐

⑧ 다짐한 점성토의 공학적 특성

다짐곡선	다짐이 점토에 미치는 영향
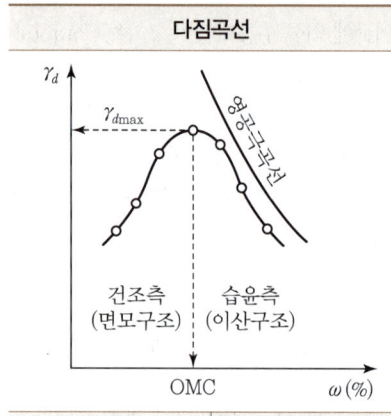	① 최적함수비에서 최소 간극비를 얻음 ② 강도 특성 : 건조 측에서 최대전단강도가 나옴 ③ 투수성 : 습윤 측에서 최소투수계수가 나옴 ④ 구조특성 　• 건조 측 : 면모구조 　• 습윤 측 : 이산구조(분산구조) ⑤ 압축성 　• 건조 측 : 압축성이 작다. 　• 습윤 측 : 압축성이 크다. ⑥ 다짐의 목적 　• 전단강도 확보 : 건조 측이 유리 　• 투수성 감소(차수, 댐의 심벽) : 습윤 측이 유리

건조 측	습윤 측
면모구조	이산구조
투수성 크다.	투수성 작다.
전단강도 크다.	전단강도 작다.
팽창성 크다. (압축성 작다)	팽창성 작다. (압축성 크다)
전단강도 확보	차수 목적

흙을 다짐하면
- 전단강도는 증가
- 압축성과 투수성은 감소

다짐 에너지가 증가할수록
- $\gamma_{d\max}$ 증가
- OMC는 감소

강도 증진 목적
건조 측 다짐

차수 목적
습윤 측 다짐

⑨ 모래치환법(들밀도시험)

표준모래의 단위중량	$\gamma = \dfrac{W'}{V} = \dfrac{\text{시험구멍에 채워진 표준모래의 중량}}{\text{시험 구멍의 체적}}$
현장 흙의 습윤단위중량	$\gamma_t = \dfrac{W}{V} = \dfrac{\text{시험구멍에서 파낸 흙의 중량}}{\text{시험 구멍의 체적}}$
현장 흙의 건조단위중량	$\gamma_d = \dfrac{W_s}{V} = \dfrac{\text{흙의 건조무게}}{\text{시험 구멍의 체적}} = \dfrac{\gamma_t}{1+\omega}$

모래(표준사)의 용도
시험 구멍의 체적을 구하기 위해 사용
(No.10체를 통과하고 No.200체에 남은 모래를 사용)

과년도 기출문제

01 흙의 다짐에 대한 설명으로 틀린 것은? [22년 2회]

① 다짐에 의하여 간극이 작아지고 부착력이 커져서 역학적 강도 및 지지력은 증대하고, 압축성, 흡수성 및 투수성은 감소한다.
② 점토를 최적함수비보다 약간 건조 측의 함수비로 다지면 면모구조를 가지게 된다.
③ 점토를 최적함수비보다 약간 습윤 측에서 다지면 투수계수가 감소하게 된다.
④ 면모구조를 파괴시키지 못할 정도의 작은 압력으로 점토시료를 압밀할 경우 건조 측 다짐을 한 시료가 습윤 측 다짐을 한 시료보다 압축성이 크게 된다.

[해설]
면모구조를 파괴시키지 못할 정도의 작은 압력으로 점토시료를 압밀할 경우 건조 측 다짐을 한 시료가 습윤 측 다짐을 한 시료보다 압축성이 작게 된다.

02 점토의 다짐에서 최적함수비보다 함수비가 적은 건조 측 및 함수비가 많은 습윤 측에 대한 설명으로 옳지 않은 것은? [18년 2회]

① 다짐의 목적에 따라 습윤 및 건조 측으로 구분하여 다짐계획을 세우는 것이 효과적이다.
② 흙의 강도 증가가 목적인 경우, 건조 측에서 다지는 것이 유리하다.
③ 습윤 측에서 다지는 경우, 투수계수 증가효과가 크다.
④ 다짐의 목적이 차수를 목적으로 하는 경우, 습윤 측에서 다지는 것이 유리하다.

[해설]
습윤 측에서 다지면 투수계수 감소효과가 크다.

03 점성토를 다지면 함수비의 증가에 따라 입자의 배열이 달라진다. 최적함수비의 습윤 측에서 다짐을 실시하면 흙은 어떤 구조로 되는가? [18년 3회]

① 단립구조 ② 봉소구조
③ 이산구조 ④ 면모구조

[해설]
습윤 측(차수목적) : 이산구조(분산구조), 면모구조보다 투수계수가 작다.

04 현장 흙의 밀도시험 중 모래치환법에서 모래는 무엇을 구하기 위하여 사용하는가? [20년 4회]

① 시험구멍에서 파낸 흙의 중량
② 시험구멍의 체적
③ 지반의 지지력
④ 흙의 함수비

[해설]
- $\gamma_d = \dfrac{\gamma_t}{1+w}$
- $\gamma_t = \dfrac{W}{V}$

   여기서, V : 시험구멍의 체적

05 흙의 다짐시험을 실시한 결과 다음과 같았다. 이 흙의 건조단위중량은 얼마인가? [19년 1회]

① 몰드+젖은 시료 무게 : 3,612g
② 몰드 무게 : 2,143g
③ 젖은 흙의 함수비 : 15.4%
④ 몰드의 체적 : 944cm³

① 1.35g/cm^3 ② 1.56g/cm^3
③ 1.31g/cm^3 ④ 1.42g/cm^3

[해설]
- $W = 3,612 - 2,143 = 1,469\text{g}$
- $\gamma_t = \dfrac{W}{V} = \dfrac{1,469}{944} = 1.556 \text{g/cm}^3$
- $\therefore \gamma_d = \dfrac{\gamma_t}{1+w} = \dfrac{1.556}{1+0.154} = 1.35 \text{g/cm}^3$

정답 01 ④ 02 ③ 03 ③ 04 ② 05 ①

11 사면의 안정

1 사면에 관한 용어

단순 사면 모식도	용어
(그림)	① 사면 경사각(β) 수평면과 경사면이 이루는 각 ② 심도계수 $N_d = \dfrac{H'}{H}$

- 심도계수(N_d)가 크면 안정하다.
- H' : 사면 어깨에서 지반(암반)까지의 깊이
  H : 사면의 높이(사면고)

2 사면파괴의 원인

사면파괴의 원인	상류 측 (댐) 사면이 가장 위험할 때	하류 측 사면이 가장 위험할 때
① 과잉간극수압의 상승 ② 자중의 증가 ③ 강도 저하 ④ 흙속의 수분 증가	① 시공 직후 ② 만수된 수위가 급강하 시	① 만수위일 때 ② 체제 내의 흐름이 정상 침투 시

수위가 급강하하면 공극 수압의 변화로 상류 측 사면이 붕괴되기 쉽다.

3 임계원

임계원 모식도	임계원 및 임계 활동면
(그림)	① 임계원은 안전율이 최소인 활동원이다. ② 임계활동면은 안전율이 최소인 활동면으로 가장 불안전한 활동면을 말한다.

사면의 안정계산에서 안전율이 최소인 원을 임계원(임계활동면)이라 한다.

개념이해

01 그림과 같은 사면을 이루고 있는 흙에서 점착력(c)=20kN/m², 단위중량(γ)=17kN/m³일 때 심도계수(n_d)와 사면의 한계 높이(H_c)는? [단, 안정 계수(N_s)= 6.2이다.]

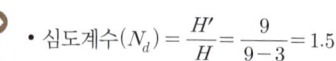

① $n_d = 1.5$, $H_c = 7.29\text{m}$
② $n_d = 1.33$, $H_c = 7.29\text{m}$
③ $n_d = 1.5$, $H_c = 5.27\text{m}$
④ $n_d = 3$, $H_c = 5.27\text{m}$

- 심도계수(N_d) = $\dfrac{H'}{H} = \dfrac{9}{9-3} = 1.5$
- 한계 높이(H_c) = $\dfrac{N_s \cdot c}{\gamma} = \dfrac{6.2 \times 20}{17}$
  $= 7.29\text{m}$

답 ①

과년도 기출문제

01 흙댐에서 상류면 사면의 활동에 대한 안전율이 가장 저하되는 경우는? [19년 1회]

① 만수된 물의 수위가 갑자기 저하할 때이다.
② 흙댐에 물을 담는 도중이다.
③ 흙댐이 만수되었을 때이다.
④ 만수된 물이 천천히 빠져나갈 때이다.

[해설]

상류 측(댐) 사면이 가장 위험할 때	하류 측 사면이 가장 위험할 때
• 시공 직후 • 만수된 수위가 급강하 시	• 만수위일 때 • 체제 내의 흐름이 정상 침투 시

02 다음 중 흙댐(Dam)의 사면안정 검토 시 가장 위험한 상태는? [20년 3회]

① 상류사면의 경우 시공 중과 만수위일 때
② 상류사면의 경우 시공 직후와 수위 급강하일 때
③ 하류사면의 경우 시공 직후와 수위 급강하일 때
④ 하류사면의 경우 시공 중과 만수위일 때

[해설]

• 상류 : 시공 직후, 수위 급강하 시   • 하류 : 만수위 시

03 사면의 안전에 관한 다음 설명 중 옳지 않은 것은? [19년 2회]

① 임계 활동면이란 안전율이 가장 크게 나타나는 활동면을 말한다.
② 안전율이 최소로 되는 활동면을 이루는 원을 임계원이라 한다.
③ 활동면에 발생하는 전단응력이 흙의 전단강도를 초과할 경우 활동이 일어난다.
④ 활동면은 일반적으로 원형활동면으로 가정한다.

[해설]

임계원 모식도	임계원 및 임계 활동면
	• 임계원은 안전율이 최소인 활동원이다. • 임계활동면은 안전율이 최소 활동면으로 가장 불안전한 활동면을 말한다.

04 다음 중 댐의 사면이 가장 불안정한 경우는 어느 때인가?

① 사면의 수위가 천천히 하강할 때
② 사면이 포화상태에 있을 때
③ 사면의 수위가 급격히 하강할 때
④ 사면이 습윤상태에 있을 때

[해설]

상류 측 댐 사면이 가장 위험할 때
• 시공 직후
• 수위 급강하 시

05 일반적으로 흙 댐의 사면 안정 검토 시 가장 위험한 경우는 다음 중 어느 것인가?

① 사면이 완전 포화상태일 경우
② 사면이 완전 건조되었을 경우
③ 사면의 수위가 급격히 상승할 경우
④ 사면의 수위가 급격히 내려갈 경우

[해설]

상류 측 (댐) 사면이 가장 위험할 때	하류 측 사면이 가장 위험할 때
• 시공 직후 • 만수된 수위가 급강하 시	• 만수위일 때 • 체제 내의 흐름이 정상 침투 시

06 일반적으로 댐 사면이 가장 위험한 때는 언제인가?

① 사면이 완전히 건조되었을 때
② 사면이 완전히 포화되었을 때
③ 수위가 점차로 상승하고 있을 때
④ 수위가 급강하하였을 때

[해설]

수위가 급강하할 때에 공극 수압의 변화로 사면이 가장 붕괴되기 쉽다.

정답 01 ① 02 ② 03 ① 04 ③ 05 ④ 06 ④

11 사면의 안정

4 유한사면의 활동에 대한 안전율

평면활동에 대한 안전율	원호활동에 대한 안전율
$F_s = \dfrac{\sum P_r}{\sum P_o}$	$F_s = \dfrac{\sum M_r}{\sum M_d}$
$\sum P_r$: 활동에 저항하는 저항력의 합 $\sum P_o$: 활동을 일으키려는 작용력의 합	$\sum M_r$: 활동에 저항하는 저항모멘트의 합 $\sum M_d$: 활동을 일으키는 작용모멘트의 합

＋ 안전율
- 안전율이 크다는 것은 안전율이 작은 상태보다는 더 안전하다는 의미
- 안전율의 크기만큼 파괴가능성이 적다는 의미는 아님
- 안전율이 1보다 크면 안정

5 평면 파괴면을 갖는 사면의 안정해석

유한사면의 해석	유한사면의 한계고 계산
	$H_c = \dfrac{4c}{\gamma_t}\left[\dfrac{\sin\beta \cdot \cos\phi}{1-\cos(\beta-\phi)}\right]$

직립사면의 한계고(H_c, $\beta=90°$) 계산
$H_c = 2Z_c = 2 \times \dfrac{2c}{\gamma_t}\tan\left(45°+\dfrac{\phi}{2}\right) = \dfrac{4c}{\gamma_t}\tan\left(45°+\dfrac{\phi}{2}\right) = \dfrac{2q_u}{\gamma_t}$

안정도표에 의한 한계고(H_c) 계산
$H_c = \dfrac{N_s c}{\gamma_t}$, N_s : 안정계수($\dfrac{1}{\text{안전수}}$), $N_s > 1$

＋ 한계고(H_c) 정의
지반을 흙막이 없이 붕괴가 일어나지 않게 굴착할 수 있는 깊이

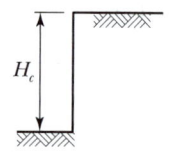

Z_c(점착고, 인장균열 깊이)
$\dfrac{2c}{\gamma_t}\tan\left(45°+\dfrac{\phi}{2}\right)$

- $q_u = 2c\tan\left(45°+\dfrac{\phi}{2}\right)$
- $c = \dfrac{q_u}{2}$

6 직각사면의 안전율

인장균열을 고려하지 않는 경우	인장균열을 고려하는 경우
$F_s = \dfrac{H_c}{H}$	$F_s = \dfrac{H_c'}{H}$
H_c : 한계고 H : 사면 높이(사면고)	H_c' : 인장응력을 고려한 한계고($\dfrac{2}{3}H_c$) H : 사면 높이(사면고)

＋ 안정도표에 의한 방법
안정수 도표에서 경사각(β)과 내부마찰력(ϕ)을 이용하여 N_s(안정계수)를 구한 뒤 한계고를 구하는 방법

사면의 안정해석에 필요한 사항
심도계수, 한계고, 안전율

- $10\text{t/m}^2 = 1\text{kg/cm}^2 = 0.1\text{MPa}$
- $10\text{kN/m}^2 = 0.1\text{N/cm}^2$

과년도 기출문제

01 흙막이 벽체의 지지 없이 굴착 가능한 한계굴착깊이에 대한 설명으로 옳지 않은 것은? [17년 1회]

① 흙의 내부마찰각이 증가할수록 한계굴착깊이는 증가한다.
② 흙의 단위중량이 증가할수록 한계굴착깊이는 증가한다.
③ 흙의 점착력이 증가할수록 한계굴착깊이는 증가한다.
④ 인장응력이 발생되는 깊이를 인장균열깊이라고 하며, 보통 한계굴착깊이는 인장균열깊이의 2배 정도이다.

[해설]

- 한계굴착깊이(H_c) = $2Z_c = \dfrac{4c}{\gamma}\tan\left(45+\dfrac{\phi}{2}\right)$
- $H_c \propto \dfrac{1}{\gamma}$

02 그림과 같은 점토지반에서 안전수(m)가 0.1인 경우 높이 5m의 사면에 있어서 안전율은? [20년 1회]

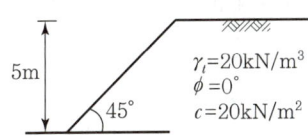

① 1.0　　② 1.25
③ 1.50　　④ 2.0

[해설]

$F_s = \dfrac{H_c}{H}$

$H_c = \dfrac{N_c \cdot C}{\gamma} = \dfrac{\frac{1}{0.1} \times 20}{20} = 10$

∴ $F_s = \dfrac{H_c}{H} = \dfrac{10}{5} = 2$

03 어떤 지반에 대한 토질시험 결과 점착력 $c=5$N/cm², 흙의 단위중량 $\gamma=20$kN/m³이었다. 그 지반에 연직으로 7m를 굴착했다면 안전율은 얼마인가?(단, $\phi=0$이다.) [18년 2회]

① 1.43　　② 1.51
③ 2.11　　④ 2.61

[해설]

안전율(F_s) = $\dfrac{H_c}{H}$

- 한계고(H_c) = $\dfrac{4c}{\gamma_t}\tan\left(45°+\dfrac{\phi}{2}\right) = \dfrac{4\times 50}{20}\tan\left(45°+\dfrac{0°}{2}\right)$
  = 10m
- $H = 7$m

∴ 연직사면의 안전율(F_s) = $\dfrac{H_c}{H} = \dfrac{10}{7} = 1.43$

04 내부마찰각이 30°, 단위중량이 18kN/m³인 흙의 인장균열 깊이가 3m일 때 점착력은? [21년 2회]

① 15.6kN/m²　　② 16.7kN/m²
③ 17.5kN/m²　　④ 18.1kN/m²

[해설]

$H_c = 2Z_c = 2 \cdot \dfrac{q_u}{\gamma} = 2 \cdot \dfrac{2C\tan\left(45°+\dfrac{\phi}{2}\right)}{\gamma}$

∴ $3 = \dfrac{2 \times C}{18}\tan\left(45°+\dfrac{30°}{2}\right)$

C(점착력) = 15.6kN/m²

05 흙의 내부 마찰각(ϕ)은 20°, 점착력(c)이 24kN/m²이고, 단위중량(γ_t)은 19.3kN/m³인 사면의 경사각이 45°일 때 임계높이는 약 얼마인가?(단, 안정수 $m=0.06$) [16년 4회]

① 15m　　② 18m
③ 21m　　④ 24m

정답 01 ②　02 ④　03 ①　04 ①　05 ③

[해설]

한계고, 임계높이 $(H_c) = \dfrac{N_s \, c}{\gamma_t} = \dfrac{16.67 \times 24}{19.3} \fallingdotseq 21\text{m}$

$\left(\text{안정계수}(N_s) = \dfrac{1}{\text{안정수}} = \dfrac{1}{0.06} = 16.67\right)$

06 점착력이 8kN/m², 내부 마찰각이 30°, 단위중량이 16kN/m³인 흙이 있다. 이 흙에 인장균열은 약 몇 m 깊이까지 발생할 것인가? [20년 1회]

① 6.92m ② 3.73m
③ 1.73m ④ 1.00m

[해설]

$Z_c = \dfrac{q_u}{\gamma} = \dfrac{2}{\gamma} C \tan\left(45 + \dfrac{\phi}{2}\right)$
$= \dfrac{2}{16} \times 8 \times \tan\left(45 + \dfrac{30}{2}\right)$
$= 1.73$

07 어떤 굳은 점토층을 깊이 7m까지 연직 절토하였다. 이 점토층의 일축압축강도가 1.4kg/cm², 흙의 단위중량이 2t/m³라 하면 파괴에 대한 안전율은?(단, 내부마찰각은 30°) [17년 4회]

① 0.5 ② 1.0
③ 1.5 ④ 2.0

[해설]

- 안전율$(F_s) = \dfrac{H_c}{H}$
- 한계고$(H_c) = 2Z_c = 2\,\dfrac{2c}{\gamma}\tan\left(45° + \dfrac{\phi}{2}\right) = \dfrac{2q_u}{\gamma_t} = \dfrac{2 \times 14}{2}$
  $= 14\text{m}$
  (여기서 $q_u = 1.4\text{kg/cm}^2 = 14\text{t/m}^2$)

∴ 안전율$(F_s) = \dfrac{14}{7} = 2$

08 5m×10m의 장방형 기초 위에 $q = 6\text{t/m}^2$의 등분포하중이 작용할 때 지표면 아래 5m에서의 증가 유효수직응력을 2 : 1 분포법으로 구한 값은?

① 1t/m²(9.8kN/m²)
② 2t/m²(19.6kN/m²)
③ 3t/m²(29.4kN/m²)
④ 4t/m²(39.2kN/m²)

[해설]

- 2 : 1 분포법에 의한 지중응력(연직응력, 수직응력)
- $\Delta\sigma_z = \dfrac{qBL}{(B+Z)(L+Z)} = \dfrac{6 \times 5 \times 10}{(5+5)(10+5)}$
  $= 2\text{t/m}^2 = 19.6\text{kN/m}^2$

09 지표에 설치된 3m×3m의 정사각형 기초에 80kN/m²의 등분포하중이 작용할 때, 지표면 아래 5m 깊이에서의 연직응력의 증가량은?(단, 2 : 1 분포법을 사용한다.)

① 7.15kN/m² ② 9.20kN/m²
③ 11.25kN/m² ③ 13.10kN/m²

[해설]

$\Delta\sigma_z = \dfrac{qBL}{(B+Z)(L+Z)} = \dfrac{80 \times 3 \times 3}{(3+5)(3+5)} = 11.25\text{kN/m}^2$

10 접지압(또는 지반반력)이 그림과 같이 되는 경우는?

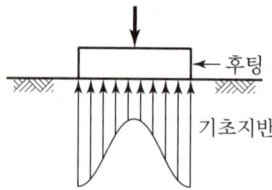

① 푸팅 : 강성, 기초지반 : 점토
② 푸팅 : 강성, 기초지반 : 모래
③ 푸팅 : 연성, 기초지반 : 점토
④ 푸팅 : 연성, 기초지반 : 모래

정답 06 ③ 07 ④ 08 ② 09 ③ 10 ①

과년도 기출문제

[해설]

강성기초의 접지압

점토	모래
기초 모서리에서 최대응력 발생	기초 중앙부에서 최대응력 발생

11 점성토 지반에 있어서 강성기초의 접지압 분포에 관한 다음 설명 중 옳은 것은?

① 기초의 모서리 부분에서 최대 응력이 발생한다.
② 기초의 중앙부에서 최대 응력이 발생한다.
③ 기초의 밑면 부분에서는 어느 부분이나 동일하다.
④ 기초의 모서리 및 중앙부에서 최대 응력이 발생한다.

[해설]

점토지반에서 강성기초의 접지압 분포는 기초모서리에서 최대응력 발생

12 접지압의 분포가 기초의 중앙부분에 최대응력이 발생하는 기초형식과 지반은 어느 것인가?

① 연성기초이고 점성지반
② 연성기초이고 사질지반
③ 강성기초이고 점성지반
④ 강성기초이고 사질지반

[해설]

모래지반에서 강성기초의 접지압 분포는 기초 중앙에서 최대 응력 발생

정답 11 ① 12 ④

11 사면의 안정

7 원호파괴면을 갖는 사면의 안정 해석법

질량법	절편법
① 사면이 동일 토층일 때 ② 지하수위가 없을 때(간극수압 무시) ③ $\phi=0$의 사면안정 해석(점토지반) ④ 마찰원법	① 사면이 이질토층일 때 ② 지하수위가 있을 때(간극수압 고려) ③ 흙의 강도가 동일하지 않은 경우 사용 ④ 분할법

+ 사면의 안정해석
① 질량법(마찰원법, 일체법)
② 절편법(분할법)
  · Fellenius법
  · Bishop법
  · Spencer법

· 절편법에서는 먼저 임의의 활동면을 가정하고 절편 경계면은 마찰, 전단면으로 가정한다.

· 사면안정해석은 가상파괴곡선을 원호로 가정한다.

8 질량법($\phi=0$)의 사면안정 해석

질량법($\phi=0$) 해석

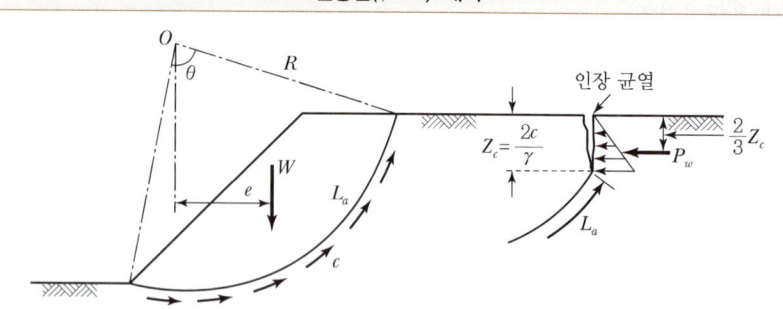

질량법 해석	① 포화점토의 비배수상태(급속재하)에서의 시공 직후 안정해석법 ② 전응력 해석방법(간극수압 무시)
전단강도	$S(\tau_f) = c + \sigma' \tan\phi = c$
원호의 길이	$L_a = \dfrac{\theta \cdot 2\pi \cdot R}{360°} \quad \left(\dfrac{\theta}{360°} = \dfrac{L_a}{2\pi R}\right)$
토체의 중량	$W(\text{t/m}) = $ 체적×밀도(단위중량) $= (A \times l) \times \gamma$
안전율	$F_s = \dfrac{\text{저항모멘트의 합}}{\text{작용모멘트의 합}} = \dfrac{\sum M_r}{\sum M_d} = \dfrac{SRL_a}{We}$ $= \dfrac{(c+\sigma'\tan\phi)RL_a}{We} = \dfrac{cRL_a}{We} = \dfrac{cRL_a}{A\gamma e}$

과년도 기출문제

01 다음 중 사면의 안정해석방법이 아닌 것은?

[21년 3회]

① 마찰원법
② 비숍(Bishop)의 방법
③ 펠레니우스(Fellenius) 방법
④ 테르자기(Terzaghi)의 방법

[해설]

사면의 안정해석

질량법	절편법(분할법)
마찰원법	• Fellenius 방법 • Bishop 방법

02 흙의 포화단위중량이 20kN/m³인 포화점토층을 45° 경사로 8m를 굴착하였다. 흙의 강도정수 $C_u=65\text{kN/m}^2$, $\phi=0°$이다. 그림과 같은 파괴면에 대하여 사면의 안전율은?(단, $ABCD$의 면적은 70m²이고 O점에서 $ABCD$의 무게중심까지의 수직거리는 4.5m이다.)

[21년 2회]

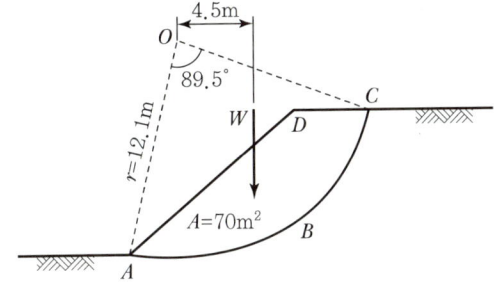

① 4.72
② 4.21
③ 2.67
④ 2.36

[해설]

$F_s = \dfrac{CRL}{We}$

• L 계산

$\dfrac{89.5}{360} = \dfrac{L}{2\pi R}$

∴ $L = 18.90$

• W 계산

$W = \gamma \cdot v = 20 \times (70 \times 1) = 1,400$

∴ $F_s = \dfrac{CRL}{We} = \dfrac{65 \times 12.1 \times 18.90}{1,400 \times 4.5} = 2.36$

03 그림과 같은 사면에서 활동에 대한 안전율은?

[19년 3회]

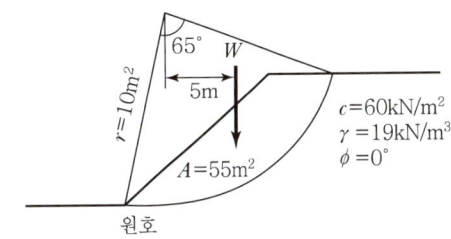

① 1.30
② 1.50
③ 1.70
④ 1.90

[해설]

$F_s = \dfrac{\text{저항}M}{\text{활동}M} = \dfrac{c \cdot r \cdot L}{W \cdot e}$

($W = A \times l \times \gamma = 55 \times 1 \times 1.9 = 104.5$)

$= \dfrac{6 \times 10 \times \left(2 \times \pi \times 10 \times \dfrac{65°}{360°}\right)}{104.5 \times 5}$

$= 1.30$

04 활동면 위의 흙을 몇 개의 연직 평행한 절편으로 나누어 사면의 안정을 해석하는 방법이 아닌 것은?

[15년 4회]

① Fellenius 방법
② 마찰원법
③ Spencer 방법
④ Bishop의 간편법

[해설]

사면의 안정해석
• 질량법(마찰원법)
• 절편법(분할법) : Fellenius법, Bishop법, Spencer법

정답 01 ④ 02 ④ 03 ① 04 ②

11 사면의 안정

⑨ 절편법(분할법)

절편법 모식도

Fellenius 방법의 기본 가정	Bishop 간편법의 기본 가정
절편의 양쪽에 작용하는 힘(수평, 연직)들의 합력은 0이다. • $X_1 - X_2 = 0$ • $E_1 - E_2 = 0$	절편의 양쪽에 작용하는 연직방향의 합력은 0이다. • $X_1 - X_2 = 0$
Fellenius 방법의 특징	**Bishop 간편법의 특징**
① 전응력 해석법(간극수압 고려하지 않음) ② 사면의 단기 안정문제 해석 ③ 계산은 간단 ④ 포화 점토 지반의 비배수 강도만 고려 ⑤ $\phi = 0$ 해석법 ⑥ 절편의 양 쪽에(수평, 연직) 작용하는 힘들의 합은 0이라고 가정	① 유효응력 해석법(간극수압 고려) ② 사면의 장기 안정문제 해석 ③ 계산이 복잡하여 전산기 이용(많이 적용) ④ $c - \phi$ 해석법 ⑤ 절편에 작용하는 연직방향의 힘의 합력은 0임

➕ 절편법(분할법)에 의한 사면안정 해석 시 제일 먼저 결정할 사항
- 가상 파괴활동면의 가정
- 여러 개의 가상 활동면으로부터 분할하여 해석

질량법(마찰원법, $\phi = 0$)
사면이 동일 토층일 때 적용

➕ Bishop 간편법은 안전율을 시행착오법으로 구한다.

개념이해

01 다음 중 사면의 안정해석방법이 아닌 것은? [16년 2회]

① 마찰원법 ② 비숍(Bishop)의 방법
③ 펠레니우스(Fellenius)의 방법 ④ 테르자기(Terzaghi)의 방법

➡ 사면 안정해석법
- 질량법
  - 마찰원법
- 절편법(분할법)
  - Fellenius의 방법
  - Bishop의 간편법

답 ④

과년도 기출문제

01 사면안정 해석방법에 대한 설명으로 틀린 것은?
[22년 2회]

① 일체법은 활동면 위에 있는 흙덩어리를 하나의 물체로 보고 해석하는 방법이다.
② 마찰원법은 점착력과 마찰각을 동시에 갖고 있는 균질한 지반에 적용된다.
③ 절편법은 활동면 위에 있는 흙을 여러 개의 절편으로 분할하여 해석하는 방법이다.
④ 절편법은 흙이 균질하지 않아도 적용이 가능하지만, 흙속에 간극수압이 있을 경우 적용이 불가능하다.

[해설]
④ 절편법은 흙이 균질하지 않아도 적용이 가능하지만, 흙속에 간극수압이 있을 경우 적용이 가능하다.

02 사면안정 계산에 있어서 Fellenius법과 간편 Bishop법의 비교 설명으로 틀린 것은? [16년 1회]

① Fellenius법은 간편 Bishop법보다 계산은 복잡하지만 계산결과는 더 안전 측이다.
② 간편 Bishop법은 절편의 양쪽에 작용하는 연직방향의 합력은 0(zero)이라고 가정한다.
③ Fellenius법은 절편의 양쪽에 작용하는 합력은 0(zero)이라고 가정한다.
④ 간편 Bishop법은 안전율을 시행착오법으로 구한다.

[해설]
절편법(분할법)

Fellenius 방법	Bishop 방법
• 전응력 해석법 (공극수압 고려하지 않음)	• 유효응력 해석법 (공극 수압 고려)
• 사면의 단기 안정 문제 해석	• 사면의 장기 안정 문제 해석
• 계산이 간단	• 계산이 복잡
• $\phi=0$ 해석법	• $c-\phi$ 해석법

03 절편법에 의한 사면의 안정해석이 가장 먼저 결정되어야 할 사항은?

① 가상활동면　　② 절편의 중량
③ 활동면상의 점착력　④ 활동면상의 내부마찰각

[해설]
사면 안정해석 시 가장 먼저 고려해야 할 사항은 가상활동면의 결정

04 사면 안정해석법에 대한 설명으로 틀린 것은?

① 해석법은 크게 마찰원법과 분할법으로 나눌 수 있다.
② Fellenius 방법은 주로 단기안정해석에 이용된다.
③ Bishop 방법은 주로 장기안정해석에 이용된다.
④ Bishop 방법은 절편의 양측에 작용하는 수평방향의 합력이 0이라고 가정하여 해석한다.

[해설]
Bishop 방법은 절편의 양측에 작용하는 연직방향의 합력이 0이라고 가정하여 해석한다.

05 사면안정계산에 있어서 Fellenius법과 간편 Bishop법의 비교 설명 중 틀리는 것은?

① Fellenius법은 절편의 양쪽에 작용하는 합력은 0(zero)이라고 가정한다.
② 간편 Bishop법은 절편의 양쪽에 작용하는 연직방향의 합력은 0(zero)이라고 가정한다.
③ Fellenius법은 간편 Bishop법보다 계산은 복잡하지만 계산 결과는 더 안전 측이다.
④ 간편 Bishop법은 안전율을 시행착오법으로 구한다.

[해설]
Bishop의 간편법
Fellenius 방법보다 계산이 훨씬 복잡하나 전산기 이용으로 근래 많이 적용하고 있다.

정답 01 ④　02 ①　03 ①　04 ④　05 ③

11 사면의 안정

10 파괴면 아래에 지하수위가 있는 경우

지하수위가 파괴면 아래에 있는 경우(침투류가 없는 경우)

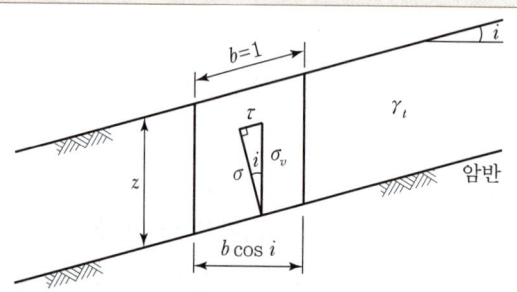

- $\sigma_v = \gamma_t z \cos i$
- $\sigma = \sigma_v \cos i$

수직응력	사면의 경사가 i인 지표면에 평행한 단위폭에 작용하는 수직응력 $\sigma = \gamma_t z \cos^2 i$
간극수압 (중립응력)	$u = \gamma_w z \cos^2 i = 0$
전단응력	사면의 경사가 i인 지표면에 평행한 단위폭에 작용하는 전단응력 $\tau = \gamma_t z \sin i \cos i$
전단강도	$S(\tau_f) = c + \sigma' \tan\phi$
점성토 지반 안전율 ($c \neq 0$)	$F_s = \dfrac{S}{\tau} = \dfrac{\text{전단강도}}{\text{전단응력}}$ $F_s = \dfrac{c + \sigma \tan\phi}{\gamma_t z \sin i \cos i} = \dfrac{c + \gamma_t z \cos^2 i \tan\phi}{\gamma_t z \sin i \cos i}$ $F_s = \dfrac{c}{\gamma_t z \sin i \cos i} + \dfrac{\gamma_t z \cos^2 i \tan\phi}{\gamma_t z \sin i \cos i}$ $\therefore F_s = \dfrac{c}{\gamma_t z \sin i \cos i} + \dfrac{\tan\phi}{\tan i}$
사질토 지반 안전율 ($c = 0$)	$F_s = \dfrac{S}{\tau} = \dfrac{\text{전단강도}}{\text{전단응력}}$ $F_s = \dfrac{c}{\gamma_t z \sin i \cos i} + \dfrac{\tan\phi}{\tan i}$ $c = 0$이면 $\therefore F_s = \dfrac{\tan\phi}{\tan i}$
사면이 안정되기 위한 조건	$F_s = \dfrac{S}{\tau} \geq 1$

- i : 사면 경사각
  z : 지표면으로부터 활동면까지의 연직깊이
  σ' : 활동면에 수직으로 작용하는 유효응력

- 사면의 안전율은 사면의 높이와 관계가 없다. 내부마찰각(ϕ)이 사면의 경사각(β)보다 크면 안정

과년도 기출문제

01 암반층 위에 5m 두께의 토층이 경사 15°의 자연사면으로 되어 있다. 이 토층의 강도정수 $c=15$ kN/m², $\phi=30°$이며, 포화단위중량(γ_{sat})은 18kN/m³이다. 지하수면의 토층의 지표면과 일치하고 침투는 경사면과 대략 평행이다. 이때 사면의 안전율은? (단, 물의 단위중량은 9.81kN/m³이다.) [22년 1회]

① 0.85　　② 1.15
③ 1.65　　④ 2.05

[해설]
반무한 사면의 안전율(점착력 $c≠0$이고, 지하수위가 지표면과 일치하는 경우)

$$F_s = \frac{c}{\gamma_{sat} \cdot z \cdot \sin i \cdot \cos i} + \frac{\gamma_{sub}}{\gamma_{sat}} \cdot \frac{\tan\phi}{\tan i}$$

$$= \frac{15}{18 \times 5 \times \sin 15° \times \cos 15°} + \frac{18-9.81}{18} \times \frac{\tan 30°}{\tan 15°} = 1.65$$

02 그림과 같이 $c=0$인 모래로 이루어진 무한사면이 안정을 유지(안전율≥1)하기 위한 경사각(β)의 크기로 옳은 것은?(단, 물의 단위중량은 9.81 kN/m³이다.) [20년 4회]

① $\beta \leq 7.94°$
② $\beta \leq 15.87°$
③ $\beta \leq 23.79°$
④ $\beta \leq 31.76°$

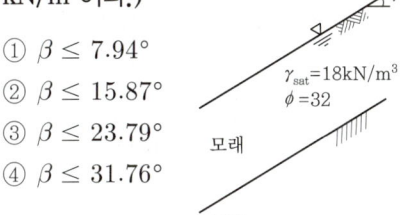

[해설]
$$F_s = \frac{\gamma_{sub}}{\gamma_{sat}} \cdot \frac{\tan\phi}{\tan\beta} \geq 1 = \frac{18-9.81}{18} \cdot \frac{\tan 32°}{\tan\beta} \geq 1$$
$$\therefore \beta \leq 15.87°$$

03 포화단위중량(γ_{sat})이 19.62kN/m³인 사질토로 된 무한사면이 20°로 경사져 있다. 지하수위가 지표면과 일치하는 경우 이 사면의 안전율이 1 이상이 되기 위해서 흙의 내부마찰각이 최소 몇 도 이상이어야 하는가?(단, 물의 단위중량은 9.81kN/m³이다.) [21년 1회]

① 18.21°　　② 20.52°
③ 36.06°　　④ 45.47°

[해설]
$$F_s = \frac{c}{\gamma_{sat} z \sin i \cos i} + \frac{\tan\phi}{\tan i} \cdot \frac{\gamma_{sub}}{\gamma_{sat}}$$
$$1 = \frac{\tan\phi}{\tan 20°} \cdot \frac{19.62-9.81}{19.62}$$
$$\therefore \phi = 36.06°$$

04 아래 그림과 같은 무한 사면이 있다. 흙과 암반의 경계면에서 흙의 강도정수 $c=1.8$t/m², $\phi=25°$이고, 흙의 단위중량 $\gamma=1.9$t/m³인 경우 경계면에서 활동에 대한 안전율을 구하면? [17년 1회]

① 1.55
② 1.60
③ 1.65
④ 1.70

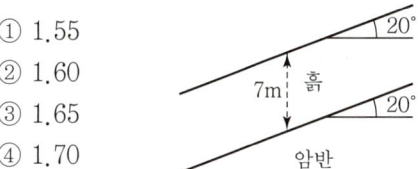

[해설]
$$F_s = \frac{c}{\gamma z \sin i \cos i} + \frac{\tan\phi}{\tan i}$$
$$= \frac{1.8}{1.9 \times 7 \times \sin 20° \times \cos 20°} + \frac{\tan 25°}{\tan 20°} = 1.7$$

05 $\gamma_t=18$kN/m³, $c_u=30$kN/m², $\phi=0$의 점토지반을 수평면과 50°의 기울기로 굴착하려고 한다. 안전율을 2.0으로 가정하여 평면활동 이론에 의한 굴토깊이를 결정하면? [15년 4회]

① 2.80m　　② 5.60m
③ 7.15m　　④ 9.84m

[해설]
- $H_c = \frac{4 \cdot c_u}{\gamma} \left[\frac{\sin\beta \cdot \cos\phi}{1-\cos(\beta-\phi)} \right]$
$= \frac{4 \times 30}{18} \left[\frac{\sin 50° \times \cos 0°}{1-\cos(50°-0°)} \right] = 14.297$m
- $H = \frac{H_c}{F_s} = \frac{14.297}{2.0} = 7.15$m

정답　01 ③　02 ②　03 ③　04 ④　05 ③

12 지반조사

1 보링(Boring)의 개요 및 목적

개요	목적
지반의 구성 및 지하수위의 상태를 파악하고 각종 토질시험을 하기 위한 시료를 채취하기 위해 지중에 구멍을 뚫는 것	① 지반조사 ② 지하수위 파악 ③ 불교란시료의 채취 ④ N치 측정(표준관입시험)

2 보링(Boring)의 분류

오거 보링 (Auger Boring)	회전식 보링 (Rotary Boring)	충격식 보링 (Percussion Boring)
① 나선 모양으로 된 오거를 현장에서 인력으로 작업 ② 교란된 시료 채취에 적합 ③ 깊이 10m 이내 점토층에 사용	① 시간, 공사비가 많이 듦 ② 확실한 시료(Core) 채취 ③ 작업이 능률적 ④ 대부분 지반에 적용 ⑤ 현재 가장 많이 사용	① 비용이 저렴 ② 굴진속도 빠름 ③ Core 채취가 불가능 ④ 분말상의 교란된 시료만 얻을 수 있음

3 면적비(A_R)

샘플러 모식도	면적비
(그림: D_w, D_s, D_e)	$A_R = \dfrac{D_w^2 - D_e^2}{D_e^2} \times 100(\%)$ ① D_w : Sampler의 외경 ② D_e : Sampler의 선단(날끝) 내경

4 면적비(A_R) 판정조건

$A_R \leq 10(\%)$	$A_R > 10(\%)$
불교란시료로 간주	교란시료로 간주

교란시료 채취기
- 분리형 원통 시료기 (Split Spoon Sampler)
- Auger Boring

회전식 보링

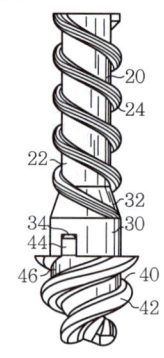

충격식 보링

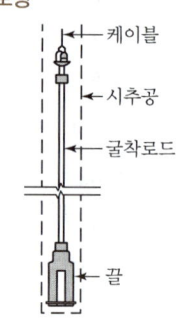

불교란시료로 실시하는 시험
- 압밀시험
- 전단시험

면적비를 10% 이하로 하는 이유
샘플러(Sampler) 내부로 잉여토의 혼입을 막기 위하여(불교란시료의 채취를 위해)

- 소성이 낮은 흙(투수성이 높고 점착성이 낮은 흙)은 교란효과가 적다(소성이 높은 흙보다).

불교란시료의 특징
- 전단강도와 압축강도가 큼
- 과잉 간극 수압은 부(-)

과년도 기출문제

01 다음 시료채취에 사용되는 시료기(Sampler) 중 불교란시료 채취에 사용되는 것만 고른 것으로 옳은 것은? [18년 2회]

> (1) 분리형 원통 시료기(Split Spoon Sampler)
> (2) 피스톤 튜브 시료기(Piston Tube Sampler)
> (3) 얇은 관 시료기(Thin Wall Tube Sampler)
> (4) Laval 시료기(Laval Sampler)

① (1), (2), (3)
② (1), (2), (4)
③ (1), (3), (4)
④ (2), (3), (4)

[해설]

교란시료 채취 : 분리형 원통 시료기(Split Spoon Sampler)

02 보링의 목적이 아닌 것은?

① 흐트러지지 않은 시료의 채취
② 지반의 토질 구성 파악
③ 지하수위 파악
④ 평판재하시험을 위한 재하면의 형성

[해설]

보링의 목적
• 지반조사
• 지하수위 파악
• 불교란시료의 채취
• N치 측정(표준관입시험)

03 다음 중 시료채취에 대한 설명으로 틀린 것은? [17년 4회]

① 오거보링(Auger Boring)은 흐트러지지 않은 시료를 채취하는 데 적합하다.
② 교란된 흙은 자연상태의 흙보다 전단강도가 작다.
③ 액성한계 및 소성한계 시험에서는 교란시료를 사용하여도 괜찮다.
④ 입도분석시험에서는 교란시료를 사용하여도 괜찮다.

[해설]

오거보링은 교란(흐트러진) 시료를 채취하는 데 적합하다.

04 보링(Boring)에 관한 설명으로 틀린 것은? [21년 3회]

① 보링(Boring)에는 회전식(Rotary Boring)과 충격식(Percussion Boring)이 있다.
② 충격식은 굴진속도가 빠르고 비용도 싸지만 분말상의 교란된 시료만 얻을 수 있다.
③ 회전식은 시간과 공사비가 많이 들 뿐만 아니라 확실한 코어(Core)도 얻을 수 없다.
④ 보링은 지반의 상황을 판단하기 위해 실시한다.

[해설]

회전식 보링은 확실한 코어(시료) 채취가 가능하며 충격식 보링은 교란된 시료만 얻을 수 있다.

05 다음 그림과 같은 샘플러(Sampler)에서 면적비는 얼마인가? [15년 4회]

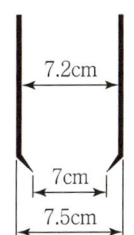

① 5.80%
② 5.97%
③ 14.62%
④ 14.80%

[해설]

$$A_r = \frac{D_w^2 - D_e^2}{D_e^2} \times 100 = \frac{7.5^2 - 7^2}{7^2} \times 100 = 14.80\%$$

06 시료채취 시 샘플러(Sampler)의 외경이 6cm, 내경이 5.5cm일 때 면적비는? [21년 1회]

① 8.3%
② 9.0%
③ 16%
④ 19%

[해설]

$$A_r = \frac{6^2 - 5.5^2}{5.5^2} \times 100 = 19\%$$

정답 01 ④ 02 ④ 03 ① 04 ③ 05 ④ 06 ④

12 지반조사

5 암석의 회수율(TCR)

암석의 회수율
회수율(TCR) = $\dfrac{채취된 시료의 길이}{관입 깊이} \times 100\%$

+ 암질의 평가항목
- 암질지수(RQD)
- 균열 간격
- 탄성파 속도
- 암석의 일축 압축강도
- 불연속면의 상태

6 사운딩(Sounding) 개요

개요	사운딩
로드(Rod) 끝에 설치한 저항체를 지중에 삽입하여 관입, 회전, 인발 등의 저항으로 토층의 물리적 성질과 상태를 탐사하는 것	① 정적 사운딩 ② 동적 사운딩

+ 동적 사운딩
주로 사질토에 적합

7 사운딩(Sounding) 분류

정적 사운딩	동적 사운딩
① 휴대용 콘(원추) 관입시험(연약한 점토) ② 화란식 콘(원추) 관입시험(일반적 흙) ③ 스웨덴식 관입시험(자갈 이외의 흙) ④ 이스키메타(연약한 점토, 인발) ⑤ 베인전단시험(연약한 점토, 회전)	① 동적 원추관시험 : 자갈 이외의 흙 ② 표준 관입시험(S.P.T) : 사질토 적합, 점성토 가능

+ 원추 관입시험(CPT, 콘관입시험)

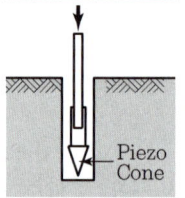

8 베인시험(Vane Test)

시험기 모식도	전단강도(S) = 점착력(c_u) 식	Vane Test 특징
M_{max}, H, D	$c_u(vane) = \dfrac{M_{max}}{\pi D^2 \left(\dfrac{H}{2}+\dfrac{D}{6}\right)}$ c_u : 점착력(kg/cm²) M_{max} : 회전저항 모멘트, 파괴 시 토크(kg·cm) H : 날개의 높이(cm) D : 날개의 폭(cm)	① 연약한 점토층에 실시하는 시험 ② 점착력 산정 가능 ③ 지반의 비배수 전단강도(c_u)를 측정 ④ 비배수조건($\phi=0$)에서 사면의 안정해석

+ 베인 시험

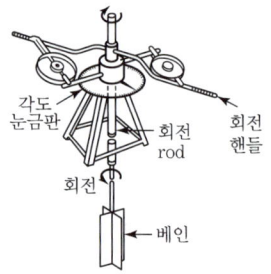

사운딩 시험
- 표준관입시험
- 콘관입시험
- 베인시험

과년도 기출문제

01 전체 시추코어 길이가 150cm이고 이중 회수된 코어 길이의 합이 80cm이었으며, 10m 이상인 코어 길이의 합이 70cm이었을 때 코어의 회수율(TCR)은? [20년 4회]

① 55.67% ② 53.33%
③ 46.67% ④ 43.33%

[해설]

$$TCR = \frac{채취길이}{관입깊이} \times 100$$
$$= \frac{80}{150} \times 100 = 53.33\%$$

02 사운딩에 대한 설명 중 틀린 것은? [20년 4회]

① 로드 선단에 지중저항체를 설치하고 지반 내 관입, 압입, 또는 회전하거나 인발하여 그 저항치로부터 지반의 특성을 파악하는 지반조사방법이다.
② 정적 사운딩과 동적 사운딩이 있다.
③ 압입식 사운딩의 대표적인 방법은 Standard Penet Ration Test(SPT)이다.
④ 특수사운딩 중 측압사운딩의 공내횡방향재하시험은 보링공을 기계적으로 수평으로 확장시키면서 측압과 수평변위를 측정한다.

[해설]
표준관입시험(SPT)은 동적 사운딩의 방법이다.

03 다음 중 사운딩 시험이 아닌 것은? [21년 2회]

① 표준관입시험 ② 평판재하시험
③ 콘관입시험   ④ 베인시험

[해설]

정적 사운딩	동적 사운딩
• 베인전단시험 • 콘관입시험	• 표준관입시험(SPT) • 동적 원추관시험

04 사운딩(Sounding)의 종류에서 사질토에 가장 적합하고 점성토에서도 쓰이는 시험법은? [20년 1회]

① 표준관입시험   ② 베인전단시험
③ 더치 콘관입시험 ④ 이스키미터(Iskymeter)

[해설]
동적 사운딩
• 동적 원추관시험(자갈 이외 흙)
• SPT(사질토, 점토)

05 Rod에 붙인 어떤 저항체를 지중에 넣어 관입, 인발 및 회전에 의해 흙의 전단강도를 측정하는 원위치 시험은? [19년 2회]

① 보링(Boring)   ② 사운딩(Sounding)
③ 시료채취(Sampling) ④ 비파괴 시험(NDT)

[해설]
사운딩
로드(Rod) 끝에 설치한 저항체를 지중에 삽입하여 관입, 회전, 인발 등의 저항으로 토층의 물리적 성질과 상태를 탐사하는 시험이다.

06 베인전단시험(Vane Shear Test)에 대한 설명으로 틀린 것은? [21년 1회]

① 베인전단시험으로부터 흙의 내부마찰각을 측정할 수 있다.
② 현장 원위치시험의 일종으로 점토의 비배수 전단강도를 구할 수 있다.
③ 연약하거나 중간 정도의 점성토 지반에 적용된다.
④ 십자형의 베인(Vane)을 땅 속에 압입한 후, 회전모멘트를 가해서 흙이 원통형으로 전단파괴될 때 저항모멘트를 구함으로써 비배수 전단강도를 측정하게 된다.

[해설]
베인전단시험은 연약점토 지반에서 점착력(c)을 구하는 시험이다.

정답 01 ② 02 ③ 03 ② 04 ① 05 ② 06 ①

07 예민비가 매우 큰 연약 점토지반에 대해서 현장의 비배수 전단강도를 측정하기 위한 시험방법으로 가장 적합한 것은? [19년 3회]

① 압밀비배수시험
② 표준관입시험
③ 직접전단시험
④ 현장베인시험

[해설]

Vane test의 특징
- 연약한 점토층에 실시하는 시험
- 점착력 산정 기능
- 지반의 비배수 전단강도(c_u)를 측정
- 비배수조건($\phi = 0$)에서 사면의 안정해석

08 어떤 점토지반에서 베인시험을 실시하였다. 베인의 지름이 50mm, 높이가 100mm, 파괴 시 토크가 59N·m일 때 이 점토의 점착력은? [22년 2회]

① 129kN/m²
② 157kN/m²
③ 213kN/m²
④ 276kN/m²

[해설]

$$C_u = \frac{M_{max}}{\pi D^2 \left(\frac{H}{2} + \frac{D}{6}\right)}$$

$$= \frac{59 \times 10^{-3} \text{kN} \cdot \text{m}}{\pi \times (50 \times 10^{-3}) \times \left(\frac{100 \times 10^{-3}}{2} + \frac{50 \times 10^{-3}}{6}\right)}$$

$$= 129 \text{kN/m}^2$$

09 하중이 완전히 강성(剛性)인 푸팅(Footing) 기초판을 통하여 지반에 전달되는 경우의 접지압(Contact Pressure) 분포로서 다음 중 적당한 것은?

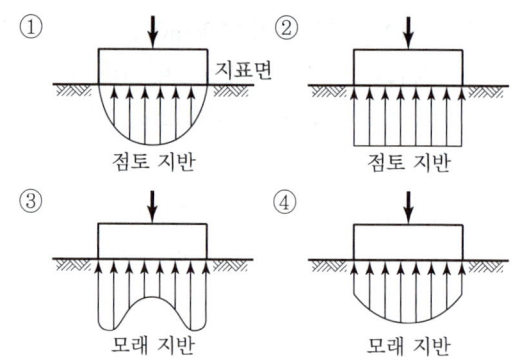

[해설]
- 강성기초 : 모래 지반
- 연성기초 : 점토 지반 및 모래 지반
- 강성기초 : 점토 지반
- 강성기초 : 모래 지반

10 지표면에 설치된 2m×2m의 정사각형 기초에 100kN/m²의 등분포 하중이 작용하고 있을 때 5m 깊이에 있어서의 연직응력 증가량을 2:1 분포법으로 계산한 값은? [20년 1회]

① 0.83kN/m²
② 8.16kN/m²
③ 19.75kN/m²
④ 28.57kN/m²

[해설]

$$\Delta \sigma_Z = \frac{q \cdot B \cdot L}{(B+Z)(L+Z)} = \frac{100 \times 2 \times 2}{(2+5)(2+5)} = 8.16 \text{kN/m}^2$$

11 점토지반의 강성기초의 접지압 분포에 대한 설명으로 옳은 것은? [18년 2회]

① 기초 모서리 부분에서 최대 응력이 발생한다.
② 기초 중앙 부분에서 최대 응력이 발생한다.
③ 기초 밑면의 응력은 어느 부분이나 동일하다.
④ 기초 밑면에서의 응력은 토질에 관계없이 일정하다.

정답 07 ④ 08 ① 09 ④ 10 ② 11 ①

과년도 기출문제

[해설]

강성기초의 접지압

점토지반	모래지반
강성기초 / 접지압	강성기초 / 접지압
기초 모서리에서 최대 응력 발생	기초 중앙부에서 최대 응력 발생

12 두께가 4m인 점토층이 모래층 사이에 끼어 있다. 점토층에 3t/m²의 유효응력이 작용하여 최종침하량이 10cm가 발생하였다. 실내압밀시험결과 측정된 압밀계수(C_v)=2×10^{-4}cm²/sec라고 할 때 평균압밀도 50%가 될 때까지 소요일수는?

[16년 2회]

① 288일 ② 312일
③ 388일 ④ 456일

[해설]

$$t_{50} = \frac{T_v \cdot H^2}{C_v} = \frac{0.197 \times \left(\frac{400}{2}\right)^2}{2 \times 10^{-4}} = 39,400,000 \text{sec}$$

$$\therefore \frac{39,400,000}{60 \times 60 \times 24} = 456일$$

13 두께 2cm의 점토시료의 압밀시험 결과 전압밀량의 90%에 도달하는 데 1시간이 걸렸다. 만일 같은 조건에서 같은 점토로 이루어진 2m의 토층 위에 구조물을 축조한 경우 최종 침하량의 90%에 도달하는 데 걸리는 시간은?

[21년 3회]

① 약 250일 ② 약 368일
③ 약 417일 ④ 약 525일

[해설]

- $C_v = \dfrac{T_v \cdot H^2}{t}$, $t \propto H^2$
- 1시간 : $0.02^2 = x : 2^2$
- $\therefore x = \dfrac{10,000\text{시간}}{24} = 417일$

14 압밀이론에서 선행(先行) 압밀하중이란?

① 현재 받고 있는 최소의 압밀하중
② 현재 지반 중에서 과거에 최대로 받았던 압밀하중
③ 앞으로 받을 수 있는 최대의 압밀하중
④ 현재 받고 있는 최대의 압밀하중

[해설]

선행압밀하중(P_c)

- 시료가 과거에 받았던 최대의 압밀하중
- 하중과 간극비 곡선으로 구한다.
- 과압밀비(OCR) 산정에 이용된다.

정답 12 ④ 13 ③ 14 ②

12 지반조사

9 노상토 지지력비(CBR) 시험의 적용범위

CBR(California Bearing Ratio) 시험	평판재하시험(Plate Bearing Test)
아스팔트 포장과 같은 연성포장(가요성 포장)의 포장 두께를 산정할 때 사용	콘크리트 포장과 같은 강성포장의 두께를 산정할 때 사용

➕ 노상토 지지력비 시험은 아스팔트 포장 도로를 설계할 때 가장 중요하다.

10 노상토 지지력비 결정방법

$CBR_{2.5} > CBR_{5.0}$	$CBR_{2.5} < CBR_{5.0}$	
	재시험 실시	
$CBR_{2.5}$를 설계에 이용	재시험 후 재시험 결과	
	$CBR_{2.5} > CBR_{5.0}$일 때 : $CBR_{2.5}$를 설계에 이용	
	$CBR_{2.5} < CBR_{5.0}$일 때 : $CBR_{5.0}$를 설계에 이용	

➕ $CBR_{2.5} < CBR_{5.0}$이면 재시험, 재시험 후에도 $CBR_{2.5} < CBR_{5.0}$이면 CBR값은 $CBR_{5.0}$이다.

11 설계 CBR 계산

설계 CBR
설계 CBR = 평균 $CBR - \dfrac{\text{최대}\,CBR - \text{최소}\,CBR}{d_2(\text{설계지수})}$

➕ 설계 CBR
포장설계에서 포장두께를 결정하기 위한 것으로 공식으로 구한다.

과년도 기출문제

01 노상토 지지력비(CBR)시험에서 피스톤 2.5mm 관입될 때와 5.0mm 관입될 때를 비교한 결과, 관입량 5.0mm에서 CBR이 더 큰 경우 CBR 값을 결정하는 방법으로 옳은 것은? [21년 2회]

① 그대로 관입량 5.0mm일 때의 CBR 값으로 한다.
② 2.5mm 값과 5.0mm 값의 평균을 CBR 값으로 한다.
③ 5.0mm 값을 무시하고 2.5mm 값을 표준으로 하여 CBR 값으로 한다.
④ 새로운 공시체로 재시험을 하며, 재시험 결과도 5.0mm 값이 크게 나오면 관입량 5.0mm일 때의 CBR 값으로 한다.

[해설]

$CBR_{5.0} > CBR_{2.5}$일 때 재시험한다.
- $CBR_{5.0} > CBR_{2.5}$이면 CBR 값은 $CBR_{5.0}$이다.
- $CBR_{5.0} < CBR_{2.5}$이면 CBR 값은 $CBR_{2.5}$이다.

02 도로 연장 3km 건설 구간에서 7개 지점의 시료를 채취하여 다음과 같은 CBR을 구하였다. 이때의 설계 CBR은 얼마인가? [17년 4회]

- 7개의 CBR : 5.3, 5.7, 7.6, 8.7, 7.4, 8.6, 7.2

[설계 CBR 계산용 계수]

개수 (n)	2	3	4	5	6	7	8	9	10 이상
d_2	1.41	1.91	2.24	2.48	2.67	2.83	2.96	3.08	3.18

① 4 ② 5
③ 6 ④ 7

[해설]

$$설계\ CBR = 평균\ CBR - \frac{최대\ CBR - 최소\ CBR}{d_2}$$
$$= 7.21 - \left(\frac{8.7-5.3}{2.83}\right) = 6$$

03 다음의 토질시험 중 불교란 시료를 사용해야 하는 시험은?

① 입도분석시험 ② 압밀시험
③ 액성·소성한계시험 ④ 흙입자의 비중시험

[해설]

압밀시험은 불교란 시료를 사용해야 한다. 교란시료는 압축지수와 침하량이 작아지고 압밀진행속도가 느려진다.

04 그림과 같은 지층 단면에서 지표면에 가해진 $5t/m^2$의 상재하중으로 인한 점토층(정규압밀점토)의 1차 압밀 최종침하량(S)을 구하고, 침하량이 5cm일 때 평균압밀도(U)를 구하면? [16년 2회]

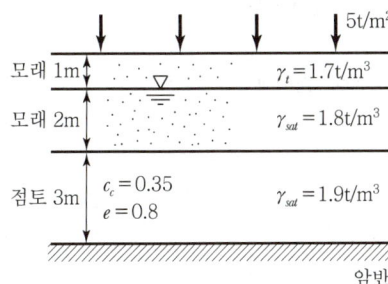

① $S=18.5cm$, $U=27\%$
② $S=14.7cm$, $U=22\%$
③ $S=18.5cm$, $U=22\%$
④ $S=14.7cm$, $U=27\%$

[해설]

평균압밀도
$$U = \frac{\Delta H_t}{\Delta H} \times 100 = \frac{t시간\ 후의\ 압밀침하량}{최종\ 1차\ 압밀\ 침하량} \times 100$$
$$\Delta H = \frac{C_c}{1+e_1}\log\frac{P_1+\Delta P}{P_1}H$$
$$= \frac{0.35}{1+0.8} \times \log\frac{4.65+5}{4.65} \times 300 = 18.5cm$$

점토층 중앙부의 유효응력(P_1)
$$= \gamma_t \times H + \gamma_{sub} \times H_2 + \gamma_{sub} \times \frac{H_3}{2}$$
$$= 1.7 \times 1 + (1.8-1) \times 2 + (1.9-1) \times \frac{3}{2} = 4.65$$
$$\therefore U = \frac{\Delta H_t}{\Delta H} \times 100 = \frac{5}{18.5} \times 100 = 27\%$$

정답 01 ④ 02 ③ 03 ② 04 ①

12 지반조사

12 표준관입시험 개요

표준관입시험 모식도	정의
(해머 64kg, 76cm, 로드, 샘플러, 30cm)	64kg 해머로 76cm 높이에서 30cm 관입될 때까지의 타격횟수 N치를 구하는 시험이다(교란시료를 채취하여 시험).
	표준관입시험은 동적인 사운딩으로 사질토, 점성토 모두 적용 가능하지만 주로 사질토 지반의 특성을 잘 반영한다.

표준관입시험용 샘플러
Split Spoon Sampler

표준관입시험의 목적
- N치 측정(주로 사질토)의 지반특성
- 교란시료 채취
- 토층변화 조사
- 모래의 상대밀도

- 보링구멍 밑면의 흙이 보링에 의해 흐트러져 15cm 관입 후부터 N값을 측정한다.

13 N치의 수정

Rod 길이에 대한 수정	토질상태에 대한 수정
$N_1 = N'\left(1 - \dfrac{x}{200}\right)$	$N_2 = 15 + \dfrac{1}{2}(N_1 - 15)$
심도가 깊어지면 실제보다 큰 N치가 측정되므로 보정해야 한다.	포화된 실트는 N값을 약 15라고 생각하여 15 이상일 때 N값은 수정해야 한다.

- N치의 수정값은 소수점 아래 첫째 자리에서 반올림하여 정수로 표기
- N' : 실측 N치
- x : 로드 길이(m)
- 로드(Rod) 길이가 길어질수록 타격에너지 손실로 실제보다 N치가 크게 나온다.

N값과 점토의 관계

연경도(consistency)	N치
대단히 연약	$N < 2$
연약	2~4
중간	4~8
견고	8~15
대단히 견고	15~30

N치와 일축압축강도와 관계
$q_u = \dfrac{N}{8}(\text{kg/cm}^2)$

14 N치와 내부 마찰력과의 관계

토립자 둥글고 입도 불량(입도 균등)	$\phi = \sqrt{12N} + 15$
토립자 둥글고 입도 양호 토립자 모나고 입도 불량(입도 균등)	$\phi = \sqrt{12N} + 20$
토립자 모나고 입도 양호	$\phi = \sqrt{12N} + 25$

15 N값으로 추정할 수 있는 사항

사질지반	점성지반
① 상대밀도 ② 내부마찰각 ③ 지지력계수	① 연경도(Consistency) ② 일축압축강도 ③ 허용지지력 및 비배수점착력

과년도 기출문제

01 표준관입시험에 대한 설명으로 틀린 것은?
[18년 3회]

① 질량 (63.5±0.5)kg인 해머를 사용한다.
② 해머의 낙하높이는 (760±10)mm이다.
③ 고정 Piston 샘플러를 사용한다.
④ 샘플러를 지반에 300mm 박아 넣는 데 필요한 타격 횟수를 N값이라고 한다.

[해설]
표준관입시험은 교란시료를 채취하기 위해 스플릿스푼 샘플러를 사용한다.

02 토질조사에 대한 설명 중 옳지 않은 것은?
[19년 3회]

① 표준관입시험은 정적인 사운딩이다.
② 보링의 깊이는 설계의 형태 및 크기에 따라 변한다.
③ 보링의 위치와 수는 지형조건 및 설계형태에 따라 변한다.
④ 보링 구멍은 사용 후에 흙이나 시멘트 그라우트로 메워야 한다.

[해설]
표준관입시험은 동적인 사운딩이다.

03 연약한 점성토의 지반 특성을 파악하기 위한 현장 조사 시험방법에 대한 설명 중 틀린 것은?
[16년 2회]

① 현장베인시험은 연약한 점토층에서 비배수 전단강도를 직접 산정할 수 있다.
② 정적 콘관입시험(CPT)은 콘지수를 이용하여 비배수전단강도 추정이 가능하다.
③ 표준관입시험에서의 N값은 연약한 점성토 지반 특성을 잘 반영해 준다.
④ 정적 콘관입시험(CPT)은 연속적인 지층 분류 및 전단강도 추정 등 연약점토 특성 분석에 매우 효과적이다.

[해설]
표준관입시험은 사질토의 지반 특성을 잘 반영해 준다.

04 표준관입시험(SPT)을 할 때 처음 150mm 관입에 요하는 N값은 제외하고, 그 후 300mm 관입에 요하는 타격수로 N값을 구한다. 그 이유로 옳은 것은?
[20년 3회]

① 흙은 보통 150mm 밑부터 그 흙의 성질을 가장 잘 나타낸다.
② 관입봉의 길이가 정확히 450mm이므로 이에 맞도록 관입시키기 위함이다.
③ 정확히 300mm를 관입시키기가 어려워서 150mm 관입에 요하는 N값을 제외한다.
④ 보링구멍 밑면 흙이 보링에 의하여 흐트러져 150mm 관입 후부터 N값을 측정한다.

[해설]
보링 시 보링구멍 밑면의 흙이 흐트러지기 때문에 15cm 관입 후 N값을 추정한다.

05 토질조사에 대한 설명 중 옳지 않은 것은?
[18년 2회]

① 사운딩(Sounding)이란 지중에 저항체를 삽입하여 토층의 성상을 파악하는 현장 시험이다.
② 불교란시료를 얻기 위해서 Foil Sampler, Thin Wall Tube Sampler 등이 사용된다.
③ 표준관입시험은 로드(Rod)의 길이가 길어질수록 N치가 작게 나온다.
④ 베인시험은 정적인 사운딩이다.

[해설]
표준관입시험은 로드(Rod) 길이가 길어지면 타격에너지가 손실되어 N치가 커진다.

정답   01 ③   02 ①   03 ③   04 ④   05 ③

과년도 기출문제

06 표준관입 시험에서 N치가 20으로 측정되는 모래지반에 대한 설명으로 옳은 것은? [18년 1회]

① 내부마찰각이 약 30°~40° 정도인 모래이다.
② 유효상재하중이 20t/m²인 모래이다.
③ 간극비가 1.2인 모래이다.
④ 매우 느슨한 상태이다.

[해설]
- 사질토에서 N치 중간 : 10~30
- $\phi = \sqrt{12N} + 25 = 40.5°$, $\phi = \sqrt{12N} + 15 = 30.5°$
∴ 내부마찰각이 약 30°~40° 정도인 모래이다.

07 표준관입시험에 대한 설명으로 틀린 것은? [21년 3회]

① 표준관입시험의 N값으로 모래지반의 상대밀도를 추정할 수 있다.
② 표준관입시험의 N값으로 점토지반의 연경도를 추정할 수 있다.
③ 지층의 변화를 판단할 수 있는 시료를 얻을 수 있다.
④ 모래지반에 대해서 흐트러지지 않은 시료를 얻을 수 있다.

[해설]
표준관입시험(SPT) 정의
64kg 해머로 76cm 높이에서 30cm 관입될 때까지의 타격횟수 N치를 구하는 시험(교란시료를 채취하여 시험)

08 어떤 점토지반의 표준관입실험 결과 N 값이 2~4였다. 이 점토의 Consistency는? [15년 2회]

① 대단히 견고
② 연약
③ 견고
④ 대단히 연약

[해설]

연경도(Consistency)	N치
대단히 연약	N < 2
연약	2~4
중간	4~8
견고	8~15
대단히 견고	15~30
고결	N > 30

09 표준관입시험(S.P.T) 결과 N값이 25이었고, 이때 채취한 교란시료로 입도시험을 한 결과 입자가 둥글고, 입도분포가 불량할 때 Dunham의 공식으로 구한 내부마찰각(ϕ)은? [22년 2회]

① 32.3°   ② 37.3°
③ 42.3°   ④ 48.3°

[해설]
$\phi = \sqrt{12N} + 15 = \sqrt{12 \times 25} + 15 = 32.3°$

10 토립자가 둥글고 입도분포가 나쁜 모래지반에서 표준관입시험을 한 결과 N값은 10이었다. 이 모래의 내부마찰각(ϕ)을 Dunham의 공식으로 구하면? [22년 1회]

① 21°   ② 26°
③ 31°   ④ 36°

[해설]
$\phi = \sqrt{12N} + 15$
$= \sqrt{12 \times 10} + 15 = 26°$

11 토립자가 둥글고 입도분포가 양호한 모래지반에서 N치를 측정한 결과 $N = 19$가 되었을 경우, Dunham의 공식에 의한 이 모래의 내부마찰각(ϕ)은? [21년 2회]

① 20°   ② 25°
③ 30°   ④ 35°

정답 06 ① 07 ④ 08 ② 09 ① 10 ② 11 ④

과년도 기출문제

[해설]
$\phi = \sqrt{12N} + 20 = \sqrt{12 \times 19} + 20 = 35°$

12 어떤 지반에 대한 흙의 입도분석 결과 곡률계수 (C_g)는 1.5, 균등계수(C_u)는 15이고 입자는 모난 형상이었다. 이때 Dunham의 공식에 의한 흙의 내부마찰각(ϕ)의 추정치는?(단, 표준관입시험 결과 N치는 10이었다.) [21년 1회]

① 25° ② 30°
③ 36° ④ 40°

[해설]
$\phi = \sqrt{12N} + 25 = \sqrt{12 \times 10} + 25 = 36°$

13 다짐되지 않은 두께 2m, 상대밀도 40%의 느슨한 사질토 지반이 있다. 실내시험 결과 최대 및 최소 간극비가 0.80, 0.40으로 각각 산출되었다. 이 사질토를 상대밀도 70%까지 다짐할 때 두께는 얼마나 감소되겠는가? [20년 3회]

① 12.41cm ② 14.63cm
③ 22.71cm ④ 25.83cm

[해설]
$\Delta H = \dfrac{e_1 - e_2}{1 + e_1} H$

- 상대밀도 40% → e_1
  $D_r = \dfrac{e_{\max} - e_1}{e_{\max} - e_{\min}}$, $e_1 = 0.64$
- 상대밀도 70% → e_2
  $D_r = \dfrac{e_{\max} - e_2}{e_{\max} - e_{\min}}$, $e_2 = 0.52$

∴ $\Delta H = \left(\dfrac{0.64 - 0.52}{1 + 0.64}\right) 200 = 14.63\text{cm}$

14 비중이 2.67, 함수비가 35%이며, 두께 10m인 포화점토층이 압밀 후에 함수비가 25%로 되었다면, 이 토층 높이의 변화량은 얼마인가? [19년 1회]

① 113cm ② 128cm
③ 135cm ④ 155cm

[해설]
$\Delta H = \dfrac{e_1 - e_2}{1 + e_1} \cdot H = \dfrac{0.93 - 0.67}{1 + 0.93} \times 1{,}000 = 135\text{cm}$

- e_1 (초기 간극비)
  $G_w = S_{e_1}$, $2.67 \times 0.35 = 1.0 \times e_1$
  ∴ $e_1 = 0.93$
- e_2 (압밀 후 간극비)
  $G_w = S_{e_2}$, $2.67 \times 0.25 = 1.0 \times e_2$
  ∴ $e_2 = 0.67$

정답 12 ③ 13 ② 14 ③

12 지반조사

16 평판재하시험

평판재하시험 모식도	지지력계수
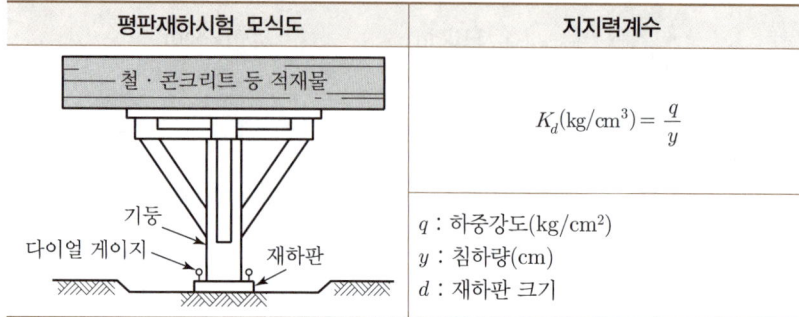	$K_d(\text{kg/cm}^3) = \dfrac{q}{y}$
	q : 하중강도(kg/cm²) y : 침하량(cm) d : 재하판 크기

평판재하시험
- 하중강도는 0.35kg/cm²씩 증가
- 침하량(y)은 보통 0.125cm를 표준으로 한다.

평판재하시험이 끝나는 조건
- 침하량이 15mm에 달할 때
- 하중강도(재하응력)가 예상되는 최대 접지 압력을 초과할 때
- 하중강도(재하응력)가 그 지반의 항복점을 넘을 때

평판재하시험에 의한 침하량 산정

$$S = q \cdot B \cdot \dfrac{1-\nu^2}{E} \cdot I_w$$

여기서, S : 기초침하량
q : 기초의 하중강도
B : 기초의 폭
ν : 포아송비
I_w : 영향계수
E : 탄성계수

17 재하판의 크기에 따른 지지력계수

지지력계수	$K_d(\text{kg/cm}^3)$
• $K_{30} = 2.2 K_{75}$ • $K_{30} = 1.3 K_{40}$	K_{30} : 지름 30cm 재하판의 지지력계수 K_{40} : 지름 40cm 재하판의 지지력계수 K_{75} : 지름 75cm 재하판의 지지력계수

18 평판재하시험에 의한 허용지지력 산정

장기 허용지지력	단기 허용지지력
$q_a = q_t + \dfrac{1}{3}\gamma_t D_f N_q$	$q_a = 2q_t + \dfrac{1}{3}\gamma_t D_f N_q$

q_a : 평판재하시험에 의한 허용지지력
q_t : 재하시험에서 구한 시험설계 허용지지력
D_f : 지반면에서 기초 하중면까지의 연직깊이
N_q : 지지력계수

19 재하시험에 의한 설계 허용지지력(q_t)

설계 허용지지력(q_t)		q_t 결정
① $q_t = \dfrac{q_y(\text{항복강도})}{2}$	② $q_t = \dfrac{q_u(\text{극한강도})}{3}$	①, ② 값 중 작은 값
q_u(항복강도)와 q_t(극한강도)의 단위는 t/m²		

과년도 기출문제

01 지지력계수를 구할 때 재하판의 침하량은 몇 cm일 때의 것을 표준으로 하여 사용하는가?

① 0.100cm ② 0.125cm
③ 0.150cm ④ 0.175cm

02 도로의 평판재하시험에서 1.25mm 침하량에 해당하는 하중강도가 250kN/m²일 때 지반반력계수는? [22년 2회]

① 100MN/m³ ② 200MN/m³
③ 1,000MN/m³ ④ 2,000MN/m³

[해설]

$K = \dfrac{q}{y} = \dfrac{250}{0.125} = 200{,}000\text{kN/m}^3$
$= 200\text{MN/m}^3$

$(1\text{MN} = 10^3\text{kN})$

03 어느 지반에 30cm×30cm 재하판을 이용하여 평판재하시험을 한 결과 항복하중이 50kN, 극한 하중이 90kN이었다. 이 지반의 허용지지력은 다음 중 어느 것인가?

① 566kN/m² ② 278kN/m²
③ 1,000kN/m² ④ 333kN/m²

[해설]

- $q_t = \dfrac{\text{항복강도}(q_y)}{2} = \dfrac{50}{2} \times \dfrac{1}{0.3 \times 0.3} = 277.8\text{kN/m}^2$
- $q_t = \dfrac{\text{극한강도}}{3} = \dfrac{90}{3} \times \dfrac{1}{0.3 \times 0.3} = 333.3\text{kN/m}^2$

중 작은 값

∴ 277.8kN/m²와 333.3kN/m²의 값 중 작은 값 277.8kN/m²가 허용지지력이 된다.

04 지름 30cm인 재하판으로 측정한 지지력계수 K_{30} = 6.6kg/cm³일 때 지름 75cm인 재하판의 지지력계수(K_{75})는?

① 3.0kg/cm³ ② 3.5kg/cm³
③ 4.0kg/cm³ ④ 4.5kg/cm³

[해설]

$K_{30} = 2.2 K_{75}$

∴ $K_{75} = \dfrac{6.6}{2.2} = 3.0\text{kg/cm}^3$

05 평판재하실험 결과로부터 지반의 허용지지력 값은 어떻게 결정하는가? [17년 2회]

① 항복강도의 $\dfrac{1}{2}$, 극한강도의 $\dfrac{1}{3}$ 중 작은 값
② 항복강도의 $\dfrac{1}{2}$, 극한강도의 $\dfrac{1}{3}$ 중 큰 값
③ 항복강도의 $\dfrac{1}{3}$, 극한강도의 $\dfrac{1}{2}$ 중 작은 값
④ 항복강도의 $\dfrac{1}{3}$, 극한강도의 $\dfrac{1}{2}$ 중 큰 값

[해설]

허용지지력(q_t)은 $\dfrac{q_y(\text{항복강도})}{2}$ 또는 $\dfrac{q_u(\text{극한강도})}{2}$ 중 작은 값

06 어떤 사질 기초 지반의 평판재하시험 결과 항복 강도가 60kN/m², 극한 강도가 100kN/m²이었다. 그리고 그 기초는 지표에서 1.5m 깊이에 설치될 것이고 그 기초 지반의 단위중량이 1.85kN/m³일 때 이때의 지지력계수 N_q = 5이었다. 이 기초의 장기 허용지지력은?

① 24.7kN/m² ② 26.9kN/m²
③ 30kN/m² ④ 34.5kN/m²

정답 01 ② 02 ② 03 ② 04 ① 05 ① 06 ④

과년도 기출문제

[해설]

- 재하시험에 의한 허용지지력

$$q_t = \frac{q_y}{2} = \frac{60}{2} = 30\text{kN/m}^2$$

$$q_t = \frac{q_u}{3} = \frac{100}{3} = 33.3\text{kN/m}^2$$

중 작은 값

$$\therefore q_t = 30\text{kN/m}^2$$

- 장기 허용지지력

$$q_a = q_t + \frac{1}{3}\gamma D_f N_q = 30 + \frac{1}{3} \times 1.8 \times 1.5 \times 5 = 34.5\text{kN/m}^2$$

07 도로의 평판재하시험방법(KS F 2310)에서 시험을 끝낼 수 있는 조건이 아닌 것은? [20년 3회]

① 재하 응력이 현장에서 예상할 수 있는 가장 큰 접지 압력의 크기를 넘으면 시험을 멈춘다.
② 재하 응력이 그 지반의 항복점을 넘을 때 시험을 멈춘다.
③ 침하가 더 이상 일어나지 않을 때 시험을 멈춘다.
④ 침하량이 15mm에 달할 때 시험을 멈춘다.

[해설]

평판재하시험 시 시험을 끝낼 수 있는 조건
- 침하량 15mm 도달
- 하중강도(재하응력) > 접지압력
- 하중강도(재하응력) > 항복점

08 도로의 평판재하시험에서 시험을 멈추는 조건으로 틀린 것은? [21년 1회]

① 완전히 침하가 멈출 때
② 침하량이 15mm에 달할 때
③ 재하응력이 지반의 항복점을 넘을 때
④ 재하응력이 현장에서 예상할 수 있는 기장 큰 접지 압력의 크기를 넘을 때

[해설]

평판재하시험이 끝나는 조건
- 침하량이 15mm에 달할 때
- 하중강도(재하응력)가 예상되는 최대 접지압력을 초과할 때
- 하중강도(재하응력)가 그 지반의 항복점을 넘을 때

09 점착력이 10kN/m², 내부마찰각이 30°인 흙에 수직응력 2,000kN/m²를 가할 경우 전단응력은? [18년 3회]

① 2,010kN/m² ② 675kN/m²
③ 116kN/m²   ④ 1,165kN/m²

[해설]

전단응력
$$S(\tau_f) = c + \sigma' \tan\phi = 10 + 2,000\tan 30°$$
$$= 1,165\text{kN/m}^2$$

10 토질시험 결과 내부마찰각(ϕ) = 30°, 점착력 c = 50kN/m², 간극수압이 800kN/m²이고 파괴면에 작용하는 수직응력이 3,000kN/m²일 때 이 흙의 전단응력은? [15년 4회]

① 1,273kN/m² ② 1,320kN/m²
③ 1,583kN/m² ④ 1,954kN/m²

[해설]

파괴 시 전단응력(S, τ_f)
$$= c + \sigma' \tan\phi = c + (\sigma - u)\tan\phi$$
$$= 50 + (3,000 - 800)\tan 30° = 1,320\text{kN/m}^2$$

11 사질토에 대한 직접 전단시험을 실시하여 다음과 같은 결과를 얻었다. 내부 마찰각은 약 얼마인가? [16년 1회]

수직응력(t/m²)	3	6	9
최대전단응력(t/m²)	1.73	3.46	5.19

① 25° ② 30°
③ 35° ④ 40°

[해설]

$$S(\tau_f) = c + \sigma'\tan\phi$$
$$1.73 = c + 3\tan\phi$$
$$- \quad 5.19 = c + 9\tan\phi$$
$$- \quad 3.46 = -6\tan\phi$$
$$\therefore \phi = \tan^{-1}\left(\frac{3.46}{6}\right) = 30°$$

정답 07 ③ 08 ① 09 ④ 10 ② 11 ②

과년도 기출문제

12 최대 주응력이 100kN/m², 최소 주응력이 40kN/m²일 때 최소 주응력면과 45°를 이루는 평면에 일어나는 수직응력은? [16년 2회]

① 70kN/m² ② 30kN/m²
③ 50kN/m² ④ 40kN/m²

[해설]

$$\sigma = \frac{\sigma_1 + \sigma_3}{2} + \frac{\sigma_1 - \sigma_3}{2}\cos 2\theta$$
$$= \frac{100+40}{2} + \frac{100-40}{2}\cos(2 \times 45°)$$
$$= 70\text{kN/m}^2$$

(θ : 최대주응력면과 파괴면이 이루는 각)

13 흙의 일축압축강도시험에 관한 설명 중 옳지 않은 것은?

① Mohr 원이 하나밖에 그려지지 않는다.
② 점성이 없는 사질토의 경우 시료 자립이 어렵고 배수상태를 파악할 수 없어 일반적으로 점성토에 주로 사용된다.
③ 배수조건에서의 시험결과밖에 얻지 못한다.
④ 일축압축강도시험으로 결정할 수 있는 시험값으로는 일축압축강도, 예민비, 변형계수 등이 있다.

[해설]

일축압축강도시험
- Mohr 원은 하나만 얻을 수 있다.
- 시료의 자립이 가능한 점성토에 주로 사용한다.
- 배수조절을 할 수 없어 비압밀 비배수 조건에서의 시험결과만 얻을 수 있다.

14 포화점토의 일축압축시험 결과 자연상태 점토의 일축압축강도와 흐트러진 상태의 일축압축강도가 각각 1.8kg/cm², 0.4kg/cm²였다. 이 점토의 예민비는?

① 0.72 ② 0.22
③ 4.5   ④ 6.4

[해설]

예민비(S_t) $= \dfrac{q_u}{q_{ur}} = \dfrac{1.8}{0.4} = 4.5$

정답 12 ① 13 ③ 14 ③

12 지반조사

20 평판재하시험(PBT) 결과에서 고려할 사항

시험결과의 영향깊이	평판재하시험 결과 이용 시 유의사항
지중응력의 분포 범위는 재하판 폭의 2배 정도 깊이로 영향을 미친다.	① 시험한 현장 지반의 토질 종단을 알아야 한다. ② 지하수위의 위치와 변동상황을 고려해야 한다. ③ Scale Effect를 고려해야 한다.

➕ **지하수위가 상승하면**
흙의 유효밀도는 약 50% 감소하므로 지반의 지지력이 약해진다.

21 재하판의 크기에 따른 영향(Scale Effect)

(극한) 지지력	점토지반은 재하판 폭에 무관	$q_{u(기초)} = q_{u(재하판)}$
	모래지반은 재하판 폭에 비례	$q_{u(기초)} = q_{u(재하판)} \cdot \dfrac{B_{(기초)}}{B_{(재하판)}}$
침하량	점토지반은 재하판 폭에 비례	$S_{(기초)} = S_{(재하판)} \cdot \dfrac{B_{(기초)}}{B_{(재하판)}}$
	모래지반은 재하판의 크기가 커지면 약간 커진다[폭(B)에 비례하지는 않음].	$S_{(기초)} = S_{(재하판)} \cdot \left[\dfrac{2B_{(기초)}}{B_{(기초)} + B_{(재하판)}}\right]^2$

➕ **재하판 크기에 의한 영향(Scale Effect)**
- 지지력은 모래에 비례
- 침하량은 점토에 비례
- 지지력은 점토와 무관
- 침하량은 모래에서 재하판 폭에서 약간 증가

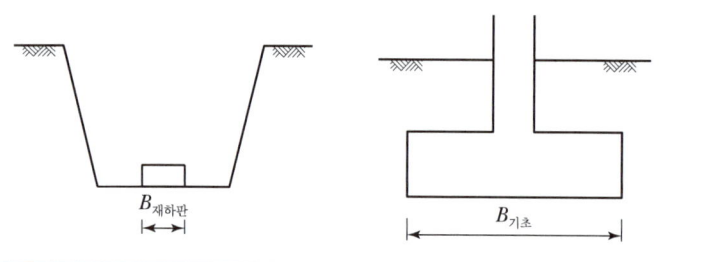

➕ $F_s(\text{안전율}) = \dfrac{Q_u(\text{극한하중})}{Q_a(\text{허용하중})}$

극한하중(Q_u)
$Q_u(\text{t}) = q_u(\text{t/m}^2) \times A(\text{m}^2)$

허용하중(Q_a)
$Q_a(\text{t}) = \dfrac{Q_u}{F_s}$

개념이해

01 평판재하시험에서 재하판의 크기에 의한 영향(Scale Effect)에 관한 설명으로 틀린 것은? [20년 1회]

① 사질토 지반의 지지력은 재하판의 폭에 비례한다.
② 점토지반의 지지력은 재하판의 폭에 무관하다.
③ 사질토 지반의 침하량은 재하판의 폭이 커지면 약간 커지기는 하지만 비례하는 정도는 아니다.
④ 점토지반의 침하량은 재하판의 폭에 무관하다.

➡ 점토지반의 침하량은 재하판 폭에 비례

답 ④

과년도 기출문제

01 점토 지반에서 직경 30cm의 평판재하시험 결과 30kN/m²의 압력이 작용할 때 침하량이 5mm라면, 직경 1.5m의 실제 기초에 30kN/m²의 하중이 작용할 때 침하량의 크기는? [17년 1회]

① 2mm
② 50mm
③ 14mm
④ 25mm

[해설]

점토지반의 침하량은 재하판의 폭에 비례한다.
$30 : 0.5 = 150 : S_{(기초)}$
∴ 침하량 $S_{(기초)} = \dfrac{0.5 \times 150}{30} = 2.5\text{cm} = 25\text{mm}$

02 모래질 지반에 30cm×30cm 크기로 재하시험을 한 결과 15kN/m²의 극한지지력을 얻었다. 2m×2m의 기초를 설치할 때 기대되는 극한지지력은? [19년 2회]

① 100kN/m²
② 50kN/m²
③ 30kN/m²
④ 2.5kN/m²

[해설]

사질토에서 지지력은 재하판 폭에 비례한다.
$0.3 : 15 = 2 : q_{u(기초)}$
∴ $q_{u(기초)} = \dfrac{2}{0.3} \times 15 = 100\text{kN/m}^2$

03 크기가 30cm×30cm의 평판을 이용하여 사질토 위에서 평판재하시험을 실시하고 극한지지력 20kN/m²를 얻었다. 크기가 1.8m×1.8m인 정사각형 기초의 총 허용하중은?(단, 안전율 3을 사용)

① 90kN
② 110kN
③ 130kN
④ 150kN

[해설]

• $0.3 : 20 = 1.8 : q_u$
∴ $q_u = \dfrac{1.8 \times 20}{0.3} = 120\text{kN/m}^2$
(∵ 모래질의 지지력은 재하판의 폭에 비례)

• 극한 하중(Q_u)
$Q_u = q_u \times A = 120 \times 1.8 \times 1.8 = 388.8\text{kN}$
∴ 허용하중(Q_a) $= \dfrac{Q_u}{F_s} = \dfrac{388.8}{3} = 129.6\text{kN}$

04 사질토 지반에서 직경 30cm의 평판재하시험 결과 30kN/m²의 압력이 작용할 때 침하량이 5mm라면, 직경 1.5m의 실제 기초에 30kN/m²의 하중이 작용할 때 침하량의 크기는? [15년 1회]

① 28mm
② 50mm
③ 14mm
④ 25mm

[해설]

사질토층의 재하시험에 의한 즉시침하
$S_{(기초)} = S_{(재하판)} \cdot \left\{ \dfrac{2 \cdot B_{(기초)}}{B_{(기초)} + B_{(재하판)}} \right\}^2$
$= 5 \times \left\{ \dfrac{2 \times 1.5}{1.5 + 0.3} \right\}^2$
$= 14\text{mm}$

05 평판재하시험에 대한 설명 중 옳지 않은 것은? [22년 1회]

① 순수한 점토의 지지력은 재하판의 크기와 관계없다.
② 순수한 모래 지반의 지지력은 재하판의 폭에 비례한다.
③ 순수한 점토의 침하량은 재하판의 폭에 비례한다.
④ 순수한 모래 지반의 침하량은 재하판의 폭에 비례한다.

[해설]

순수한 모래 지반의 침하량은 재하판의 폭에 비례하지 않고 약간 증가한다.

정답 01 ④ 02 ① 03 ③ 04 ③ 05 ④

13 직접기초

1 기초지반의 전단파괴

전반 전단파괴	국부 전단파괴
① 흙 전체가 전단파괴 발생 ② 조밀한 모래나 굳은 점토지반에서 발생	① 부분적으로 지반이 전단파괴 ② 느슨한 모래나 연약한 점토지반에서 발생

기초의 분류
① 얕은(직접) 기초
  - 확대(Footing) 기초
    - 독립확대 기초
    - 복합확대 기초
    - 연속확대 기초
  - 전면(Mat) 기초
② 깊은 기초
  - 말뚝기초
  - 피어(Pier) 기초
  - 케이슨 기초

• 국부 전단 시 점착력은 $\frac{2}{3}$ 배

2 기초의 구비조건

기초의 구비조건	동결 깊이
① 동해를 받지 않는 최소한의 근입 깊이(D_f)를 가질 것(기초 깊이는 동결 깊이보다 깊어야 함) ② 지지력에 대해 안정할 것 ③ 침하에 대해 안정할 것 　(침하량이 허용 침하량 이내일 것) ④ 기초공 시공이 가능할 것(내구적, 경제적)	

3 직접기초(얕은 기초)에서 (수정) 극한지지력 공식

(수정) 극한지지력(q_{ult})
q_{ult} = 점착지지력 + 마찰지지력 + 덮개토압에 의한 지지력
Terzaghi의 극한지지력(q_{ult}) = $\alpha c N_c + \beta B \gamma_1 N_r + \gamma_2 D_f N_q$
c : 점착력　　　　　　　　　　　B : 기초폭(m) D_f : 근입깊이　　　　　　　　　 N_c, N_r, N_q : 지지력계수(ϕ의 함수) γ_1 : 기초 저면 아래 지반의 단위중량　γ_2 : 기초 저면 위 지반의 단위중량

극한지지력의 특징

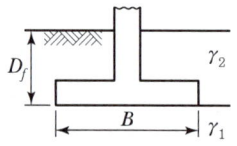

• q_{ult} 는 폭, 근입 깊이에 비례
• N_c, N_r, N_q(지지력계수)는 내부마찰각(ϕ)에 의해 결정[점착력(c)과 무관]
• B는 기초의 폭(단변), 원형 기초에서는 지름

• B : 구형의 단변길이
• L : 구형의 장변길이

4 기초형상에 따른 형상계수(α, β)

형상계수＼기초형상	연속 기초	정사각형 기초	원형 기초	직사각형 기초
α	1.0	1.3	1.3	$1.0 + 0.3\frac{B}{L}$
β	0.5	0.4	0.3	$0.5 - 0.1\frac{B}{L}$

과년도 기출문제

01 다음 중 얕은 기초는?

① Footing 기초　② 말뚝 기초
③ Caisson 기초　④ Pier 기초

[해설]

기초의 종류
- 직접 기초(얕은 기초) : 푸팅(Footing) 기초, 전면(Mat) 기초
- 깊은 기초 : 말뚝 기초, 피어(Pier) 기초, 케이슨(Caisson) 기초

02 기초가 갖추어야 할 조건이 아닌 것은? [22년 1회]

① 동결, 세굴 등에 안전하도록 최소한의 근입깊이를 가져야 한다.
② 기초의 시공이 가능하고 침하량이 허용치를 넘지 않아야 한다.
③ 상부로부터 오는 하중을 안전하게 지지하고 기초 지반에 전달하여야 한다.
④ 미관상 아름답고 주변에서 쉽게 구득할 수 있는 재료로 설계되어야 한다.

[해설]

기초의 구비조건
- 동해를 받지 않는 최소한의 근입깊이(D_f)를 가질 것(기초깊이는 동결깊이보다 깊어야 함)
- 지지력에 대해 안정할 것
- 침하에 대해 안정할 것(침하량이 허용침하량 이내일 것)
- 기초공 시공이 가능할 것(내구적, 경제적)

03 일반적인 기초의 필요조건으로 틀린 것은? [16년 1회]

① 동해를 받지 않는 최소한의 근입깊이를 가져야 한다.
② 지지력에 대해 안정해야 한다.
③ 침하를 허용해서는 안 된다.
④ 사용성·경제성이 좋아야 한다.

[해설]

기초 구비조건
- 최소한의 근입깊이를 가질 것(동결깊이 이하)
- 지지력에 대해 안정할 것
- 침하에 대해 안정할 것(침하량이 허용 침하량 이내일 것)
- 기초공 기공이 가능할 것
- 사용성·경제성이 좋을 것

04 일반적인 기초의 필요조건으로 틀린 것은? [21년 2회]

① 침하를 허용해서는 안 된다.
② 지지력에 대해 안정해야 한다.
③ 사용성, 경제성이 좋아야 한다.
④ 동해를 받지 않는 최소한의 근입깊이를 가져야 한다.

[해설]

침하량이 허용침하량 이내이어야 한다.

05 기초의 구비조건에 대한 설명 중 틀린 것은? [20년 3회]

① 상부하중을 안전하게 지지해야 한다.
② 기초 깊이는 동결 깊이 이하여야 한다.
③ 기초는 전체침하나 부등침하가 전혀 없어야 한다.
④ 기초는 기술적, 경제적으로 시공 가능하여야 한다.

[해설]

기초는 허용침하 이내이어야 한다.

06 Terzaghi의 극한지지력 공식에 대한 설명으로 틀린 것은? [18년 1회]

① 기초의 형상에 따라 형상계수를 고려하고 있다.
② 지지력계수 N_c, N_q, N_γ는 내부마찰각에 의해 결정된다.
③ 점성토에서의 극한지지력은 기초의 근입깊이가 깊어지면 증가된다.
④ 극한지지력은 기초의 폭에 관계없이 기초 하부의 흙에 의해 결정된다.

[해설]

- $q_{ult} = \alpha N_c C + \beta \gamma_1 N_\gamma B + \gamma_2 N_q D_f$
- 극한지지력(q_{ult})은 기초의 폭(B)과 관계가 있다.

정답 01 ① 02 ④ 03 ③ 04 ① 05 ③ 06 ④

과년도 기출문제

07 테르쟈기(Terzaghi)의 얕은 기초에 대한 지지력 공식 $q_u = \alpha c N_c + \beta \gamma_1 B N_\gamma + \gamma_2 D_f N_q$에 대한 설명으로 틀린 것은? [17년 4회]

① 계수 α, β를 형상계수라 하며 기초의 모양에 따라 결정된다.
② 기초의 깊이 D_f가 클수록 극한 지지력도 이와 더불어 커진다고 볼 수 있다.
③ N_c, N_γ, N_q는 지지력계수라 하는데 내부마찰각과 점착력에 의해서 정해진다.
④ γ_1, γ_2는 흙의 단위 중량이며 지하수위 아래에서는 수중단위 중량을 써야 한다.

【해설】
지지력계수(N_c, N_r, N_q)는 내부마찰각(ϕ)에 의해 결정된다.

08 Terzaghi의 극한지지력 공식에 대한 설명으로 틀린 것은? [20년 4회]

① 기초의 형상에 따라 형상계수를 고려하고 있다.
② 지지력계수 N_c, N_q, N_γ는 내부마찰각에 의해 결정 된다.
③ 점성토에서의 극한지지력은 기초의 근입깊이가 깊어지면 증가된다.
④ 사질토에서의 극한지지력은 기초의 폭에 관계없이 기초 하부의 흙에 의해 결정된다.

【해설】
사질토에서 극한지지력은 기초의 폭에 비례한다.

09 Terzaghi의 얕은 기초에 대한 수정지지력 공식에서 형상계수에 대한 설명 중 틀린 것은?(단, B는 단변의 길이, L은 장변의 길이이다.) [20년 3회]

① 연속기초에서 $\alpha = 1.0$, $\beta = 0.5$이다.
② 원형기초에서 $\alpha = 1.3$, $\beta = 0.6$이다.
③ 정사각형기초에서 $\alpha = 1.3$, $\beta = 0.4$이다.
④ 직사각형기초에서 $\alpha = 1 + 0.3\dfrac{B}{L}$, $\beta = 0.5 - 0.1\dfrac{B}{L}$이다.

【해설】
원형기초에서 $\alpha = 1.3$, $\beta = 0.3$이다.

10 얕은 기초에 대한 Terzaghi의 수정지지력 공식은 아래의 표와 같다. 4m×5m의 직사각형 기초를 사용할 경우 형상계수 α와 β의 값으로 옳은 것은? [20년 1회]

$$q_u = \alpha c N_c + \beta \gamma_1 B N_\gamma + \gamma_2 D_f N_q$$

① $\alpha = 1.18$, $\beta = 0.32$
② $\alpha = 1.24$, $\beta = 0.42$
③ $\alpha = 1.28$, $\beta = 0.42$
④ $\alpha = 1.32$, $\beta = 0.38$

【해설】
직사각형 기초
- $\alpha = 1 + 0.3\dfrac{B}{L} = 1 + 0.3\dfrac{4}{5} = 1.24$
- $\beta = 0.5 - 0.1\dfrac{B}{L} = 0.5 - 0.1\dfrac{4}{5} = 0.42$

11 얕은 기초의 지지력 계산에 적용하는 Terzaghi의 극한지지력 공식에 대한 설명으로 틀린 것은? [18년 3회]

① 기초의 근입깊이가 증가하면 지지력도 증가한다.
② 기초의 폭이 증가하면 지지력도 증가한다.
③ 기초지반이 지하수에 의해 포화되면 지지력은 감소한다.
④ 국부전단 파괴가 일어나는 지반에서 내부마찰각(ϕ')은 $\dfrac{2}{3}\phi$를 적용한다.

【해설】
국부전단 파괴가 일어나는 지반에서 점착력(c')은 $\dfrac{2}{3}c$이다.

정답 07 ③ 08 ④ 09 ② 10 ② 11 ④

과년도 기출문제

12 단위체적중량 18kN/m³, 점착력 20kN/m², 내부마찰각 0°인 점토 지반에 폭 2m, 근입깊이 3m의 연속기초를 설치하였다. 이 기초의 극한지지력을 Terzaghi 식으로 구한 값은?(단, 지지력계수 $N_c = 5.7$, $N_r = 0$, $N_q = 1.00$이다.)

① 232kN/m^2 ② 168kN/m^2
③ 127kN/m^2 ④ 84kN/m^2

[해설]

테르자기 극한지지력 공식

$q_{ult} = \alpha c N_c + \beta \gamma_1 B N_\gamma + \gamma_2 D_f N_q$

$q_{ult} = 1.0 \times 20 \times 5.7 + 0.5 \times 18 \times 2 \times 0 + 18 \times 3 \times 1.0$
$\quad\quad = 168 \text{kN/m}^2$

13 다음 Terzaghi의 극한지지력 공식에 대한 설명으로 틀린 것은?

$$q_u = \alpha c N_c + \beta \gamma_1 B N_\gamma + \gamma_2 D_f N_q$$

① α, β는 기초형상계수이다.
② 원형 기초에서 B는 원의 직경이다.
③ 정사각형 기초에서 α의 값은 1.3이다.
④ N_c, N_γ, N_q는 지지력계수로서 흙의 점착력에 의해 결정된다.

[해설]

N_c, N_r, N_q는 지지력계수로서 흙의 내부마찰각에 의해 결정된다.

14 Terzaghi의 지지력 공식에서 고려되지 않는 것은?

① 흙의 내부 마찰각 ② 기초의 근입 깊이
③ 압밀량 ④ 기초의 폭

15 4m×4m 크기인 정사각형 기초를 내부마찰각 $\phi = 20°$, 점착력 $c = 30 \text{kN/m}^2$인 지반에 설치하였다. 흙의 단위중량 $\gamma = 19 \text{kN/m}^3$이고 안전율(FS)을 3으로 할 때 Terzaghi 지지력 공식으로 기초의 허용하중을 구하면?(단, 기초의 근입깊이는 1m이고, 전반전단파괴가 발생한다고 가정하며, 지지력계수 $N_c = 17.69$, $N_q = 7.44$, $N_\gamma = 4.97$이다.) [21년 3회]

① 3,780kN ② 5,239kN
③ 6,750kN ④ 8,140kN

[해설]

- $q_u = \alpha N_c C + \beta \gamma_1 N_r B + \gamma_2 N_q D_f = 1,010.516 \text{kN/m}^2$
  ($\alpha = 1.3$, $\beta = 0.4$)
- $q_a = \dfrac{q_u}{F_s} = \dfrac{1,010.516}{3} = 336.84 \text{kN/m}^2$
- $Q_a(\text{kN}) = q_a \times A = 336.84 \times (4 \times 4) = 5,239 \text{kN}$

정답 12 ② 13 ④ 14 ③ 15 ②

13 직접기초

5 주어진 조건에 따른 Terzaghi의 수정 극한지지력 식

모래지반에 기초 설치	점토지반에 기초 설치	지표 위에 기초 설치
$q_{ult} = \beta B \gamma_1 N_r + \gamma_2 D_f N_q$ ($c = 0$)	$q_{ult} = \alpha c N_c + \gamma_2 D_f N_q$ ($\phi = 0$, $N_r = 0$)	$q_{ult} = \alpha c N_c + \beta B \gamma_1 N_r$ ($D_f = 0$)

극한지지력(q_{ult}) = $\alpha c N_c + \beta B \gamma_1 N_r + \gamma_2 D_f N_q$

+ 얕은 기초의 지지력에 영향을 미치는 것
  - 기초의 형상
  - 기초의 깊이
  - 지반의 경사

6 지하수위 영향에 따른 단위중량 계산 ($0 \le d_1 \le D_f$)

지하수위 조건	모식도	γ_1, γ_2
지하수위가 기초 저면보다 위에 위치할 때		① $\gamma_1 = \gamma_{sub}$ ② $\gamma_2 = \dfrac{\gamma_t d_1 + \gamma_{sub} d_2}{D_f}$ ($\gamma_2 D_f = \gamma_t d_1 + \gamma_{sub} d_2$)
극한지지력	$q_{ult} = \alpha c N_c + \beta B \gamma_1 N_r + \gamma_2 D_f N_q$	

+ 지하수위가 기초 저면에 위치
  - $\gamma_1 = \gamma_{sub}$
  - $\gamma_2 = \gamma_t$
  [흙의 단위중량(γ_1)은 지하수면 이하에서는 수중밀도(γ_{sub})를 사용]

7 지하수위 영향에 따른 단위중량 계산 ($d \le B$)

지하수위 조건	모식도	γ_1, γ_2
지하수위가 기초 저면보다 아래에 위치할 때 ($d \le B$)		① $\gamma_1 = \dfrac{\gamma_t d + \gamma_{sub}(B-d)}{B}$ [$\gamma_1 B = \gamma_t d + \gamma_{sub}(B-d)$] ② $\gamma_2 = \gamma_t$
극한지지력	$q_{ult} = \alpha c N_c + \beta B \gamma_1 N_r + \gamma_2 D_f N_q$	

+ 기초 바닥에서 지하수위까지의 연직거리가 기초 폭보다 큰 경우($d \ge B$)는 지지력에 영향이 없다.

8 직접기초의 허용지지력(q_a)

허용지지력(t/m²)	허용 총 하중(t)
$q_a = \dfrac{q_{ult}}{F_s} = \dfrac{극한지지력}{안전율}$	$Q_a = q_a \times A$

+ 안전율(F_s)
  $= \dfrac{\text{저항하는 힘(지지력)}}{\text{작용하는 힘(지지력)}}$
  $= \dfrac{\text{극한지지력(최대저항력)}}{\text{허용지지력}}$

- 순 허용지지력에 사용되는 안전율은 3 이상으로 한다.

과년도 기출문제

01 다음 그림과 같은 정방형 기초에서 안전율을 3으로 할 때 Terzaghi공식을 사용한 한 변의 최소길이 B는?(단, 흙의 전단강도 $c=60\text{kN/m}^2$, $\phi=0°$이고, 물의 단위중량은 9.81kN/m^2이며, 흙의 습윤 및 포화단위중량은 각각 19kN/m^2, 20kN/m^2, $N_c=5.7$, $N_r=0$, $N_q=1.0$이다.) [22년 2회]

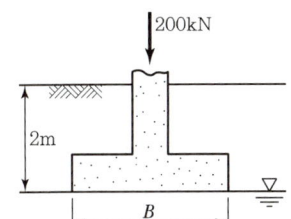

① 1.115m ② 1.432m
③ 1.512m ④ 1.624m

[해설]

형상계수	원형 기초	정사각형 기초	연속기초
α	1.3	1.3	1.0
β	0.3	0.4	0.5

• 극한지지력
$q_{ult} = \alpha c N_c + \beta \gamma_1 B N_r + \gamma_2 D_f N_q$
$= 1.3 \times 60 \times 5.7 + 0.4 \times (20-9.8) \times B \times 0 + 19 \times 2 \times 1.0$
$= 482.6 \text{kN/m}^2$

• 허용지지력(q_a) $= \dfrac{q_{ult}}{F_s} = \dfrac{482.6}{3} = 160.87 \text{kN/m}^2$

따라서 허용하중(Q_a) $= q_a \cdot A$에서 $200 = 160.87 \times B^2$
$\therefore B = 1.115\text{m}$

02 그림과 같이 3m×3m 크기의 정사각형 기초가 있다. Terzaghi 지지력공식 $q_u = 1.3cN_c + \gamma_1 D_f N_q + 0.4\gamma_2 BN_\gamma$을 이용하여 극한지지력을 산정할 때 사용되는 흙의 단위중량(γ_2)의 값은?(단, 물의 단위중량은 9.81kN/m^3이다.) [19년 2회]

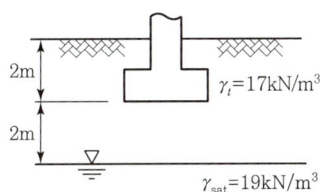

① 9.4kN/m^3 ② 11.7kN/m^3
③ 14.4kN/m^3 ④ 17.2kN/m^3

[해설]

• $B \leq d$: 지하수위 영향 없음
• $B > d$: 지하수위 영향 고려

$\gamma_2 = \dfrac{\gamma \cdot d + \gamma_{sub}(B-d)}{B} = \dfrac{17 \times 2 + (19-9.81)(3-2)}{3}$
$= 14.4\text{kN/m}^3$

03 연속기초에 대한 Terzaghi의 극한지지력 공식은 $q_u = cN_c + 0.5\gamma_1 BN_\gamma + \gamma_2 D_f N_q$로 나타낼 수 있다. 아래 그림과 같은 경우 극한지지력 공식의 두 번째 항의 단위중량(γ_1)의 값은?(단, 물의 단위중량은 9.80kN/m^3이다.) [21년 2회]

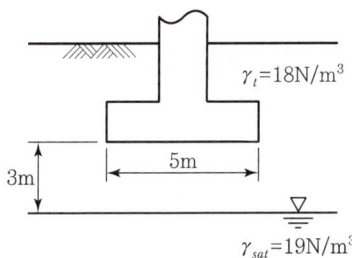

① 14.48kN/m^3 ② 16.00kN/m^3
③ 17.45kN/m^3 ④ 18.20kN/m^3

[해설]

$\gamma_1(\gamma_2) = \dfrac{\gamma_d + \gamma_{sub}(B-d)}{B}$
$= \dfrac{18 \times 3 + (19-9.81) \times (5-3)}{5}$
$= 14.48\text{kN/m}^3$

정답 01 ① 02 ③ 03 ①

과년도 기출문제

04 크기가 1.5m×1.5m인 정방형 직접기초가 있다. 근입깊이가 1.0m일 때, 기초 저면의 허용지지력을 테르자기(Terzaghi) 방법에 의하여 구하면? (단, 기초지반의 점착력은 15kN/m², 단위중량은 18kN/m³, 마찰각은 20°이고 이때의 지지력계수는 $N_c=17.69$, $N_q=7.44$, $N_r=3.64$이며, 허용지지력에 대한 안전율은 4.0으로 한다.)

① 약 130kN/m²　② 약 140kN/m²
③ 약 150kN/m²　④ 약 160kN/m²

[해설]

테르자기 극한지지력 공식
$q_{ult} = \alpha c N_c + \beta \gamma_1 BN_r + \gamma_2 D_f N_q$

형상계수	원형 기초	정사각형 기초	연속기초
α	1.3	1.3	1.0
β	0.3	0.4	0.5

$q_{ult} = 1.3 \times 15 \times 17.69 + 0.4 \times 18 \times 1.5 \times 3.64 + 18 \times 1.0 \times 7.44$
$= 518.2 \text{kN/m}^2$

허용지지력 $(q_a) = \dfrac{q_{ult}}{F_s} = \dfrac{518.2}{4} = 129.6 \text{kN/m}^2$
$\fallingdotseq 130 \text{kN/m}^2$

05 4m×4m 크기인 정사각형 기초를 내부 마찰각 $\phi=20°$, 점착력 $c=3\text{t/m}^2$인 지반에 설치하였다. 흙의 단위중량$(\gamma)=1.9\text{t/m}^3$이고 안전율을 3으로 할 때 기초의 허용하중을 Terzaghi 지지력 공식으로 구하면?(단, 기초의 깊이는 1m이고, 전반전단파괴가 발생한다고 가정하며, $N_c=17.69$, $N_q=7.44$, $N_\gamma=4.97$이다.) [16년 4회]

① 478t　② 524t
③ 567t　④ 621t

[해설]

허용하중 $(Q_a) = q_a \times A$

- q_a (허용지지력) $= \dfrac{q_u}{F_s} = \dfrac{98.24}{3} = 32.75 \text{t/m}^2$

$(q_q = \alpha c N_c + \beta B \gamma_1 N_r + \gamma_2 D_f N_q$
$= 1.3 \times 3 \times 17.69 + 0.4 \times 4 \times 1.9 \times 4.97 + 1.9 \times 1 \times 7.44$
$= 98.24 \text{t/m}^2)$

- $A = B \times L = 4 \times 4 = 16 \text{m}^2$

$\therefore Q_a = q_a \times A = 32.75 \times 16 = 524\text{t}$

06 점성토 시료를 교란시켜 재성형을 한 경우 시간이 지남에 따라 강도가 증가하는 현상을 나타내는 용어는?

① 크리프(Creep)
② 틱소트로피(Thixotropy)
③ 이방성(Anisotropy)
④ 아이소크론(Isocron)

[해설]

틱소트로피(Thixotrophy) 현상
Remolding한 교란된 시료를 함수비 변화 없이 그대로 방치하면 시간이 경과되면서 강도가 일부 회복되는 현상으로 점성토 지반에서만 일어난다.

07 포화된 점토에 대하여 비압밀 비배수(UU)시험을 하였을 때의 결과에 대한 설명으로 옳은 것은?(단, ϕ : 내부마찰각, c : 점착력) [22년 1회]

① ϕ와 c가 나타나지 않는다.
② ϕ는 "0"이 아니지만, c는 "0"이다.
③ ϕ와 c가 모두 "0"이 아니다.
④ ϕ는 "0"이고 c는 "0"이 아니다.

[해설]

포화된 점토의 UU − Test

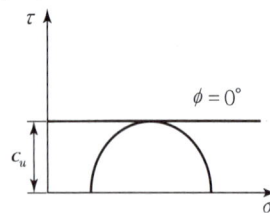

$\therefore$ 내부마찰각 $\phi=0°$이고 점착력 $c_u \neq 0$이다.

정답　04 ①　05 ②　06 ②　07 ④

과년도 기출문제

08 모래나 점토 같은 입상재료(粒狀材料)를 전단하면 Dilatancy 현상이 발생하며 이는 간극수압과 밀접한 관계가 있다. 다음에 설명한 이들의 관계 중 옳지 않은 것은? [20년 3회]

① 과압밀 점토에서는 (+) Dilatancy에 부(−)의 공극수압이 발생한다.
② 정규압밀 점토에서는 (−) Dilatancy에 정(+)의 공극수압이 발생한다.
③ 밀도가 큰 모래에서는 (+) Dilatancy가 일어난다.
④ 느슨한 모래에서는 (+) Dilatancy가 일어난다.

[해설]
느슨한 모래에서는 (−) Dilatancy가 일어난다.

09 지표면이 수평이고 옹벽의 뒷면과 흙과의 마찰각이 0°인 연직옹벽에서 Coulomb의 토압과 Rankine의 토압은?

① Coulomb의 토압은 항상 Rankine의 토압보다 크다.
② Coulomb의 토압은 Rankine의 토압보다 클 때도 있고 작을 때도 있다.
③ Coulomb의 토압과 Rankine의 토압은 같다.
④ Coulomb의 토압은 항상 Rankine의 토압보다 작다.

[해설]
Coulomb의 토압론은 벽 마찰각을 고려하고 Rankine의 토압은 벽마찰각을 무시하는데 Coulomb의 토압론에서 벽마찰각을 고려하지 않으면 Rankine의 토압과 같아진다.

10 지표가 수평인 곳에 높이 5m의 연직옹벽이 있다. 흙의 단위중량이 1.8t/m³, 내부마찰각이 30°이고 점착력이 없을 때 주동토압은 얼마인가?

① 45kN/m ② 55kN/m
③ 65kN/m ④ 75kN/m

[해설]
• 주동토압계수
$$K_a = \tan^2\left(45° - \frac{\phi}{2}\right) = \tan^2\left(45° - \frac{30}{2}\right)$$
$$= 0.333$$
• 전주동토압
$$P_a = \frac{1}{2} K_a \gamma_t H^2$$
$$= \frac{1}{2} \times 0.333 \times 1.8 \times 5^2$$
$$= 7.5\text{t/m} = 75\text{kN/m}$$

11 흙의 다짐에 대한 일반적인 설명으로 틀린 것은? [18년 3회]

① 다진 흙의 최대 건조밀도와 최적함수비는 어떻게 다짐하더라도 일정한 값이다.
② 사질토의 최대 건조밀도는 점성토의 최대 건조밀도보다 크다.
③ 점성토의 최적함수비는 사질토보다 크다.
④ 다짐에너지가 크면 일반적으로 밀도는 높아진다.

[해설]
다짐에너지가 증가하면 최대 건조밀도는 증가하고 최적함수비는 감소한다.

정답 08 ④ 09 ③ 10 ④ 11 ①

13 직접기초

9 Meyerhof 공식(모래지반의 극한지지력)

극한지지력 공식	내용
$q_{ult} = 3NB\left(1 + \dfrac{D_f}{B}\right)$	N : 표준관입시험치 B : 기초의 폭 D_f : 근입 깊이

➕ Meyerhof의 일반지지력 공식에 포함되는 계수
- 형상계수
- 근입깊이계수
- 하중경사계수
- 지지력계수

10 연속기초의 편심하중

편심하중	압축응력
(그림: 폭 B, 편심거리 e, 연직하중 Q)	$\sigma_{max} = \dfrac{Q}{A}\left(1 + \dfrac{6e}{B}\right)$ $\sigma_{min} = \dfrac{Q}{A}\left(1 - \dfrac{6e}{B}\right)$

➕
- σ_{max} : 최대압축응력
- σ_{min} : 최소압축응력
- Q : 연직하중
- A : 폭(B)×길이(L)
  (연속기초는 단위길이로 해석)
- e(편심거리) $= \dfrac{M}{Q}$

11 보상기초 정의

보상기초	정의
(그림: 근입깊이 D_f, 하중 Q, 단위중량 γ)	① 지지층이 깊을 경우 기초가 설치되는 지반을 굴착하여 구조물로 인한 하중 증가를 감소하는 얕은 기초 ② 구조물 하중$(\gamma \cdot D_f)$만큼 하중이 감소됨 ③ 완전 보상기초는 토압 증가가 없음$(q=0)$
순압력(q)	완전 보상기초의 근입 깊이
$q = \dfrac{Q}{A} - (\gamma \cdot D_f)$	$D_f = \dfrac{Q}{A \cdot \gamma}$

➕ 순압력
근입 깊이만큼의 흙에 의한 압력을 제외한 기초의 단위면적당 작용하는 하중

완전 보상기초
근입깊이가 증가함에 따라 기초에 작용하는 순압력이 0이 되는 기초

12 부분 보상기초

부분 보상기초	부분 보상기초의 안전율
① $D_f < \dfrac{Q}{A}$ ② $q = \dfrac{Q}{A} - (\gamma D_f) > 0$	$F_s = \dfrac{q_{u(net)}}{q} = \dfrac{\text{순극한지지력}}{\text{하중(압력)}}$ $= \dfrac{q_{u(net)}}{\dfrac{Q}{A} - (\gamma \cdot D_f)}$

과년도 기출문제

토목 / 기사 / 필기

01 Meyerhof의 극한지지력 공식에서 사용하지 않는 계수는? [18년 2회]

① 형상계수 ② 깊이계수
③ 시간계수 ④ 하중경사계수

[해설]
Meyerhof의 극한지지력 공식에 포함되는 계수
형상계수, 근입깊이계수, 하중경사계수

02 Meyerhof의 일반 지지력 공식에 포함되는 계수가 아닌 것은? [19년 1회]

① 국부전단계수 ② 근입깊이계수
③ 경사하중계수 ④ 형상계수

[해설]
Meyerhof의 일반 지지력 공식에 포함되는 계수
• 형상계수   • 근입깊이계수
• 하중경사계수   • 지지력계수

03 기초폭 4m의 연속기초를 지표면 아래 3m 위치의 모래지반에 설치하려고 한다. 이때 표준 관입시험 결과에 의한 사질지반의 평균 N값이 10일 때 극한 지지력은?(단, Meyerhof 공식 사용) [15년 1회]

① $420t/m^2$ ② $210t/m^2$
③ $105t/m^2$ ④ $75t/m^2$

[해설]
Meyerhof 공식
$q_{ult} = 3NB\left(1+\dfrac{D_f}{B}\right) = 3\times10\times4\times\left(1+\dfrac{3}{4}\right) = 210t/m^2$

04 기초폭 4m인 연속기초에서 기초면에 작용하는 합력의 연직성분은 10kN이고 편심거리가 0.4m일 때, 기초지반에 작용하는 최대 압력은? [17년 4회]

① $2kN/m^2$ ② $4kN/m^2$
③ $6kN/m^2$ ④ $8kN/m^2$

[해설]
연속기초의 편심하중
$q_{max} = \dfrac{Q}{B}\left(1+\dfrac{6e}{B}\right) = \dfrac{10}{4}\left(1+\dfrac{6\times0.4}{4}\right) = 4kN/m^2$

05 다음 그림과 같은 폭(B) 1.2m, 길이(L) 1.5m인 사각형 얕은 기초에 폭(B) 방향에 대한 편심이 작용하는 경우 지반에 작용하는 최대 압축응력은? [18년 1회]

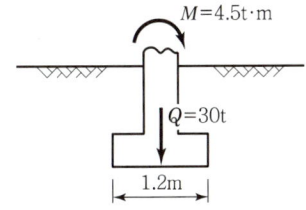

① $29.2t/m^2$ ② $38.5t/m^2$
③ $39.7t/m^2$ ④ $41.5t/m^2$

[해설]
$\sigma_{max} = \dfrac{Q}{A}\left(1+\dfrac{6e}{B}\right) = \dfrac{30}{1.2\times1.5}\left(1+\dfrac{6\times0.15}{1.2}\right) = 29.2t/m^2$
$\left(M = Q\cdot e,\ e = \dfrac{M}{Q} = \dfrac{4.5}{30} = 0.15m\right)$

06 직접기초 굴착공법이 아닌 것은?

① 오픈 컷(Open Cut) 공법
② 트랜치 컷(Trench Cut) 공법
③ 아일랜드(Island) 공법
④ 디프 웰(Deep Well) 공법

[해설]
기초 굴착공법
• Open Cut
• 아일랜드 공법
• 트렌치 컷 공법

정답 01 ③ 02 ① 03 ② 04 ② 05 ① 06 ④

07 그림과 같은 20×30m 전면기초인 부분보상기초(Partially Compensated Foundation)의 지지력 파괴에 대한 안전율은? [16년 1회]

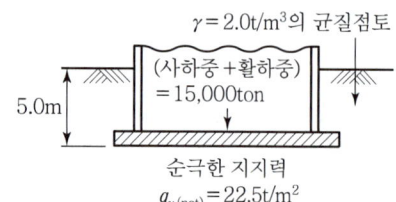

① 3.0　② 2.5
③ 2.0　④ 1.5

[해설]

부분보상기초의 안전율 $(F_s) = \dfrac{q_{u(net)}}{q} = \dfrac{순극한\ 지지력}{하중(압력)}$

$\therefore F_s = \dfrac{q_{u(net)}}{\dfrac{Q}{A} - (\gamma \cdot D_f)} = \dfrac{22.5}{\dfrac{15000}{20 \times 30} - (2 \times 5)} = 1.5$

08 모래치환법에 의한 밀도 시험을 수행한 결과 퍼낸 흙의 체적과 질량이 각각 365.0cm³, 745g이었으며, 함수비는 12.5%였다. 흙의 비중이 2.65이며, 실내표준다짐 시 최대 건조밀도가 1.90t/m³일 때 상대다짐도는? [19년 3회]

① 88.7%　② 93.1%
③ 95.3%　④ 97.8%

[해설]

- $\gamma_d = \dfrac{\gamma_t}{1+\omega} = \dfrac{745/365}{1+0.125} = 1.813$
- $\gamma_{d\max} = 1.9$

$\therefore RC = \dfrac{\gamma_d}{\gamma_{d\max}} = \dfrac{1.813}{1.9} \times 100 = 95.3\%$

09 흙의 다짐에 대한 설명으로 틀린 것은? [17년 4회]

① 조립토는 세립토보다 최대 건조단위중량이 커진다.
② 습윤 측 다짐을 하면 흙 구조가 면모구조가 된다.
③ 최적 함수비로 다질 때 최대 건조단위중량이 된다.
④ 동일한 다짐에너지에 대해서는 건조 측이 습윤 측보다 더 큰 강도를 보인다.

[해설]

건조 측에서 다지면 면모구조, 습윤 측에서 다지면 이산구조가 된다.

10 흙시료 채취에 대한 설명으로 틀린 것은? [15년 1회]

① 교란의 효과는 소성이 낮은 흙이 소성이 높은 흙보다 크다.
② 교란된 흙은 자연상태의 흙보다 압축강도가 작다.
③ 교란된 흙은 자연상태의 흙보다 전단강도가 작다.
④ 흙시료 채취 직후에 비교적 교란되지 않은 코어(Core)는 부(負)의 과잉간극수압이 생긴다.

[해설]

소성이 낮은 흙은 교란 효과가 작다.

11 내부마찰각 $\phi_u = 0$, 점착력 $c_u = 4.5\text{t/m}^2$, 단위중량이 1.9t/m^3 되는 포화된 점토층에 경사각 45°로 높이 8m인 사면을 만들었다. 그림과 같은 하나의 파괴면을 가정했을 때 안전율은?(단, $ABCD$의 면적은 70m²이고, $ABCD$의 무게중심은 O점에서 4.5m거리에 위치하며, 호 AC의 길이는 20.0m이다.) [18년 2회]

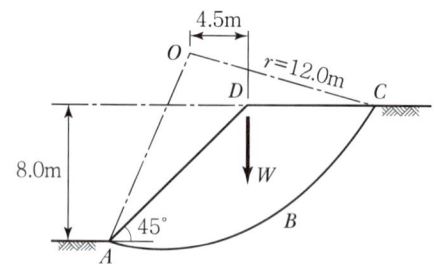

① 1.2　② 1.8
③ 2.5　④ 3.2

정답　07 ④　08 ③　09 ②　10 ①　11 ②

[해설]

$F_s = \dfrac{cRL}{W\hat{e}} = \dfrac{4.5 \times 12 \times 20}{(70 \times 1.9) \times 4.5} = 1.8$

12 다음 그림에서 활동에 대한 안전율은? [18년 3회]

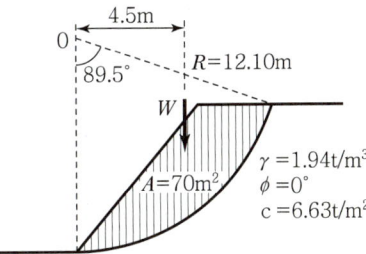

① 1.30   ② 2.05
③ 2.15   ④ 2.48

[해설]

유한사면($\phi = 0$, 질량법)
$F_s = \dfrac{cRL}{W\hat{e}} = \dfrac{cRL}{(A \cdot l \cdot \gamma)e} = \dfrac{6.63 \times 12.1 \times 18.9}{(70 \times 1 \times 1.94) \times 4.5} = 2.48$

$\left(\dfrac{89.5°}{360°} = \dfrac{L}{2\pi R}, \ L = 18.9 \right)$

13 다음은 사면의 안정해석 방법을 설명하고 있다. 틀린 것은?

① 마찰원법은 균일한 토질 지반에 적용된다.
② Fellenius 방법은 절편의 양측에 작용하는 힘의 합력은 0이라고 가정한다.
③ Bishop 방법은 흙의 장기 안정해석에 유효하게 쓰인다.
④ Fellenius 방법은 공극 수압을 고려한 $\phi = 0$ 해석법이다.

[해설]

- Fellenius 방법($\phi = 0$ 해석법) : 전응력 해석법으로 공극 수압을 고려하지 않는다.
- Bishop 방법($c - \phi$ 해석법) : 유효응력 해석법으로 공극 수압을 고려한다.

14 깊은 기초

1 주동말뚝과 수동말뚝

주동말뚝	수동말뚝
① 말뚝이 변형함에 따라 지반이 저항 ② 말뚝이 움직이는 주체가 됨	연약지반 상에서 지반이 먼저 변형하고 그 결과 말뚝이 저항하는 말뚝

+ 인장말뚝

큰 벤딩 모멘트를 받는 기초의 인발력에 저항하는 부재로 사용되는 말뚝

2 단항과 군항의 판정기준

지중응력이 미치는 범위(직경)	단항(외말뚝)	군항(무리말뚝)
$D_o = 1.5\sqrt{r \cdot l}$	$D_o < S$	$D_o > S$

D_o : 지중응력이 미치는 범위(직경)
  (무리말뚝의 영향을 고려하지 않아도 되는 말뚝의 최소 간격)
r : 말뚝의 반경
l : 말뚝 길이

S : 말뚝 중심 사이의 간격

+ 단항(외말뚝)

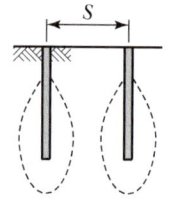

응력중첩이 생기지 않으면 단항으로 판정

군항(무리말뚝)

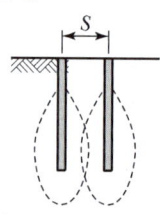

응력중첩이 생기면 군항으로 판정

3 단항과 군항의 허용지지력

단항(단말뚝)의 허용지지력	군항(군말뚝, 무리말뚝)의 허용지지력
$Q_{as} = Q_a \cdot N$	$Q_{ag} = E \cdot Q_a \cdot N$

- Q_a : 말뚝 1개의 허용지지력
  N : 말뚝 개수
  E : 군항의 효율($E < 1$)

4 군항의 효율

군항의 효율(E)	θ
$E = 1 - \theta \left[\dfrac{(m-1)n + (n-1)m}{90mn}\right]$	$\theta(°) = \tan^{-1}\left(\dfrac{d}{S}\right) $

m : 말뚝의 열수
n : 1열속의 말뚝수
d : 말뚝의 직경(cm)
S : 말뚝 중심 사이의 간격(cm)

- 무리말뚝인 군항의 침하량은 동일한 규모의 하중을 받는 단항(외말뚝)의 침하량보다 크다.

- 군항은 단항보다 각각의 말뚝이 발휘하는 지지력이 작다.

과년도 기출문제

토목 / 기사 / 필기

01 말뚝기초의 지반거동에 대한 설명으로 틀린 것은? [20년 4회]

① 연약지반상에 타입되어 지반이 먼저 변형하고 그 결과 말뚝이 저항하는 말뚝을 주동말뚝이라 한다.
② 말뚝에 작용한 하중은 말뚝 주변의 마찰력과 말뚝 선단의 지지력에 의하여 주변 지반에 전달된다.
③ 기성말뚝을 타입하면 전단파괴를 일으키며 말뚝 주위의 지반은 교란된다.
④ 말뚝 타입 후 지지력의 증가 또는 감소현상을 시간효과(Time Effect)라 한다.

[해설]

주동말뚝과 수동말뚝

주동말뚝	수동말뚝
• 말뚝이 변형함에 따라 지반이 저항 • 말뚝이 움직이는 주체가 됨	연약지반상에서 지반이 먼저 변형하고 그 결과 말뚝이 저항하는 말뚝

02 콘크리트 말뚝을 마찰말뚝으로 보고 설계할 때, 총 연직하중을 200kN, 말뚝 1개의 극한 지지력을 89kN, 안전율을 2.0으로 하면 소요말뚝의 수는? [16년 2회]

① 6개 ② 5개
③ 3개 ④ 2개

[해설]

소요말뚝의 수 = $\dfrac{작용하중}{말뚝의\ 허용지지력(Q_a)}$

$\left(Q_a = \dfrac{Q_u}{F_s} = \dfrac{89}{2} = 44.5\right)$

∴ 소요말뚝의 수 = $\dfrac{200}{44.5}$ = 4.5 ≒ 5본

03 말뚝기초에 대한 설명으로 틀린 것은? [22년 1회]

① 군항은 전달되는 응력이 겹쳐지므로 말뚝 1개의 지지력에 말뚝 개수를 곱한 값보다 지지력이 크다.
② 동역학적 지지력 공식 중 엔지니어링 뉴스 공식의 안전율(F_s)은 6이다.
③ 부주면마찰력이 발생하면 말뚝의 지지력은 감소한다.
④ 말뚝기초는 기초의 분류에서 깊은 기초에 속한다.

[해설]

군항의 허용지지력은 단항의 지지력보다 효율(E)만큼 작다.
$Q_{ag} = E \cdot Q_a \cdot N\ (E < 1)$

04 20개의 무리말뚝에 있어서 효율이 0.75이고, 단항으로 계산된 말뚝 한 개의 허용지지력이 150kN일 때 무리말뚝의 허용지지력은? [21년 1회]

① 1,125kN ② 2,250kN
③ 3,000kN ④ 4,000kN

[해설]

$Q_{ag} = Q_a \times N \times E$
$= 150 \times 20 \times 0.75 = 2,250kN$

05 중심 간격이 2m, 지름 40cm인 말뚝을 가로 4개, 세로 5개씩 전체 20개의 말뚝을 박았다. 말뚝 한 개의 허용지지력이 150kN이라면 이 군항의 허용지지력은 약 얼마인가?(단, 군말뚝의 효율은 Converse-Labarre 공식을 사용한다.) [20년 3회]

① 4,500kN ② 3,000kN
③ 2,415kN ④ 1,215kN

[해설]

$Q_{ag} = Q_a \cdot N \cdot E = 150 \times 20 \times 0.805 = 2,415kN$

$\left(E = 1 - \theta\left[\dfrac{(m-1)n + m(n-1)}{90mn}\right]\right.$

$\left.= 1 - \tan^{-1}\left(\dfrac{40}{200}\right)\left[\dfrac{15+16}{90 \times 4 \times 5}\right] = 0.805\right)$

정답 01 ① 02 ② 03 ① 04 ② 05 ③

14 깊은 기초

5 말뚝의 지지력 산정방법

정역학적 공식	동역학적 공식(항타공식)
① Terzaghi 공식 ② Meyerhof 공식 ③ Dörr 공식 ④ Dunham 공식	① Sander 공식 ② Engineering News 공식 ③ Hiley 공식 ④ Weisbach 공식

+ 정역학적 공식은 점성토 지반에 잘 맞는다.
현장타설 콘크리트말뚝의 지지력 추정

동역학적 공식은 사질토 지반에 잘 맞는다.
항타할 때의 타격에너지와 지반의 변형에 의한 에너지가 같다고 하여 만든 공식으로 기성말뚝을 항타하여 시공 시 지지력을 추정

• 동역학적 공식 중 Hiley 공식이 가장 합리적

디젤해머
램, 앤빌블록, 연료 주입 시스템으로 구성된다. 연약지반에서는 램이 들어올려지는 양이 작아서 공기-연료 혼합물의 점화가 불가능하여 사용이 어렵다.

말뚝의 정적지지력(Q_u)
선단지지력 + 주면마찰저항력

6 정역학적 공식에 의한 극한지지력

말뚝의 하중 부담	정역학적 공식에 의한 극한지지력
(그림)	$Q_u = Q_p + Q_f$ Q_u : 정역학적 공식에 의한 극한지지력(t) Q_p : 선단지지에 의한 말뚝의 지지력(t) Q_f : 주면마찰에 의한 말뚝의 지지력(t)

7 선단지지력과 주면마찰저항력

선단지지력(Q_p, Meyerhof법)	주면마찰저항력(Q_f)
$Q_p = A_p(c_u N_c + q' N_q)$	$Q_f = (\Sigma P_s \times \Delta L) \cdot f_s$
Q_p : 선단지지력(t) A_p : 말뚝 선단의 면적(m²) c_u : 말뚝선단 주위 흙의 점착력(t/m²) N_c : 지지력 계수($\phi=0$ 일 때 $N_c=9$) q' : 말뚝 선단과 같은 위치의 연직유효응력 　　($\gamma \cdot l$) N_q : 지지력 계수($\phi=0$ 일 때 $N_q=0$)	Q_f : 말뚝의 주면마찰력 P_s : 말뚝단면의 윤변 ΔL : P_s와 f_s가 일정한 곳에서의 말뚝길이 f_s : 말뚝둘레의 마찰력

과년도 기출문제

01 말뚝 지지력에 관한 여러 가지 공식 중 정역학적 지지력 공식이 아닌 것은? [20년 1회]

① Dörr의 공식
② Terzaghi의 공식
③ Meyerhof의 공식
④ Engineering News 공식

[해설]
말뚝의 지지력 산정 방법

정역학적 공식	동역학적 공식
Terzaghi 공식	Sander 공식
Meyerhof 공식	Engineering News 공식
Dörr 공식	Hiley 공식
Dunham 공식	Weisbach 공식

02 다음 중 말뚝의 지지력을 구하는 공식이 아닌 것은?

① 샌더(Sander) 공식
② 힐리(Hiley) 공식
③ 재키(Jaky) 공식
④ 엔지니어링 뉴스 공식

[해설]
말뚝의 지지력을 구하는 공식(동역학적)
- Hiley 공식
- Weisbach 공식
- Engineering-News 공식
- Sander 공식

03 깊은 기초의 지지력 평가에 관한 설명으로 틀린 것은? [18년 1회]

① 현장 타설 콘크리트 말뚝 기초는 동역학적 방법으로 지지력을 추정한다.
② 말뚝 항타분석기(PDA)는 말뚝의 응력분포, 경시효과 및 해머 효율을 파악할 수 있다.
③ 정역학적 지지력 추정방법은 논리적으로 타당하나 강도정수를 추정하는 데 한계성을 내포하고 있다.
④ 동역학적 방법은 항타장비, 말뚝과 지반조건이 고려된 방법으로 해머 효율의 측정이 필요하다.

[해설]
지지력 평가
- 정역학적 방법: 점성토지반(현장 타설 콘크리트 말뚝 지지력 산정)
- 동역학적 방법: 사질토지반

04 말뚝기초의 지지력에 관한 설명으로 틀린 것은?

① 부의 마찰력은 아래 방향으로 작용한다.
② 말뚝선단부의 지지력과 말뚝 주변 마찰력의 합이 말뚝의 지지력이 된다.
③ 점성토 지반에는 동역학적 지지력 공식이 잘 맞는다.
④ 재하시험 결과를 이용하는 것이 신뢰도가 큰 편이다.

[해설]
사질토 지반에서는 동역학적 지지력 공식이, 점성토 지반에서는 정역학적 지지력 공식이 잘 맞는다.

05 점착력이 $50kN/m^2$, $\gamma_t = 18kN/m^3$의 비배수상태($\phi=0$)인 포화된 점성토 지반에 직경 40cm, 길이 10cm의 PHC 말뚝이 항타 시공되었다. 이 말뚝의 선단지지력은 얼마인가?(단, Meyerhof 방법을 사용)

① 15.7kN
② 32.3kN
③ 56.5kN
④ 450kN

[해설]
- 말뚝의 정적지지력 = 선단지지력 + 주면마찰력
- 선단지지력(Meyerhof 방법)
$$Q_p = A_p \cdot (c_u \cdot N_c + q' \cdot N_q)$$
$$= \frac{\pi \times 0.4^2}{4} \times (50 \times 9 + 18 \times 10 \times 0) = 56.5kN$$
여기서, 내부마찰각 $\phi=0$인 경우
지지력계수 $N_c = 9$, $N_q = 0$

정답 01 ④ 02 ③ 03 ① 04 ③ 05 ③

14 깊은 기초

8 Hiley의 공식

극한지지력
$Q_u = \dfrac{W_h \cdot H \cdot e}{S + \dfrac{1}{2}(C_1 + C_2 + C_3)} \left(\dfrac{W_h + n^2 \cdot W_P}{W_h + W_P} \right)$

Q_u : 극한 지지력
H : 낙하고(cm)
n : 반발계수
C_1, C_2, C_3 : 캡, 말뚝, 흙의 일시작 탄성 압축량(cm)
e : Hammer의 효율
W_h : 해머의 무게(t)
S : 말뚝의 최종 관입량(cm)
W_P : 말뚝의 중량(t)
Hiley 공식의 안전율=3

Hiley 공식
- 가장 합리적
- 모래, 자갈에 작합
- 말뚝머리에서 측정되는 반발량을 이용

9 Sander 공식

극한지지력	허용지지력
$Q_u = \dfrac{W_h \cdot H}{S}$	$Q_a = \dfrac{Q_u}{F_s} = \dfrac{W_h \cdot H}{8S}$

Q_u : 극한지지력
H : 낙하고(cm)
Q_a : 허용지지력
W_h : 해머의 무게(t)
S : 타격당 말뚝의 평균 관입량(cm)
F_s : 안전율

- 동역학적 지지력 공식에서 말뚝의 침하량(S)과 낙하고(H)의 단위는 cm로 대입해야 한다.

Sander 공식의 안전율
$F_s = 8$

10 Engineering-News 공식

		극한지지력	$Q_u = \dfrac{W_h \cdot H}{S + 2.54}$
Drop Hammer (낙하 해머)		허용지지력	$Q_a = \dfrac{W_h \cdot H}{F_s(S+2.54)} = \dfrac{W_h \cdot H}{6(S+2.54)} = \dfrac{H_e \cdot 100 \cdot E}{6(S+2.54)}$
Steam Hammer (증기 해머)	단동식	극한지지력	$Q_u = \dfrac{W_h \cdot H}{S+0.25}$
		허용지지력	$Q_a = \dfrac{W_h \cdot H}{F_s(S+0.25)} = \dfrac{W_h \cdot H}{6(S+0.25)} = \dfrac{H_e \cdot 100 \cdot E}{6(S+0.25)}$
	복동식	극한지지력	$Q_u = \dfrac{(W_h + A_p \cdot P)H}{S+0.25}$
		허용지지력	$Q_a = \dfrac{(W_h + A_p \cdot P)H}{F_s(S+0.25)} = \dfrac{(W_h + A_p \cdot P)H}{6(S+0.25)}$

Engineering News 공식의 안전율
$F_s = 6$

- H : 낙하고(cm)
  S : 타격당 말뚝의 평균 관입량(cm)
  A_p : 피스톤의 면적(cm²)
  P : 해머에 작용하는 증기압(t/cm²)
  H_e : 해머의 타격에너지(t·m)
  E : 해머의 효율

- 낙하해머(Drop Hammer)의 손실 상수는 2.54

- 증기해머(Steam Hammer)의 손실 상수는 0.25

과년도 기출문제

01 연약점토 지반에 말뚝을 시공하는 경우, 말뚝을 타입 후 어느 정도 기간이 경과한 후에 재하시험을 하게 된다. 그 이유로 가장 적합한 것은?
　　　　　　　　　　　　　　　　　[19년 3회]

① 말뚝에 부마찰력이 발생하기 때문이다.
② 말뚝에 주면마찰력이 발생하기 때문이다.
③ 말뚝 타입 시 교란된 점토의 강도가 원래대로 회복하는 데 시간이 걸리기 때문이다.
④ 말뚝 타입 시 말뚝 자체가 받는 충격에 의해 두부의 손상이 발생할 수 있어 안정화에 시간이 걸리기 때문이다.

[해설]

흐트러진 점토 지반이 함수비의 변화 없이 시간이 경과할수록 원상태로 강도가 회복되는 현상을 틱소트로피라 하며 강도회복시간은 약 3주 정도 걸린다. 그래서 말뚝을 타입 후 어느 정도 기간이 경과한 후에 재하시험을 한다.

02 무게 300N의 드롭해머로 3m 높이에서 말뚝을 타입할 때 1회 타격당 최종 침하량이 1.5cm 발생하였다. Sander 공식을 이용하여 산정한 말뚝의 허용지지력은?
　　　　　　　　　　　　　　　　　[15년 4회]

① 7.50kN　　② 8.61kN
③ 9.37kN　　④ 15.67kN

[해설]

허용지지력$(Q_a) = \dfrac{Q_u}{F_s} = \dfrac{W_h \cdot H}{8 \cdot S} = \dfrac{300 \times 300}{8 \times 1.5} = 7,500\text{N}$
　　　　　　$= 7.5\text{kN}$

$\left(Q_u = \dfrac{W_h \cdot H}{S} \right)$

03 직경 30cm 콘크리트 말뚝을 단동식 증기해머로 타입하였을 때 엔지니어링 뉴스공식을 적용한 말뚝의 허용지지력은?(단, 타격에너지=36kN·m 해머효율=0.8, 손실상수=0.25cm, 마지막 25mm 관입에 필요한 타격횟수=5)

① 640kN　　② 1,280kN
③ 1,920kN　　④ 3,840kN

[해설]

엔지니어링 뉴스공식

$Q_a = \dfrac{H_e \times 100 \times E}{6(S+0.25)} = \dfrac{36 \times 100 \times 0.8}{6(0.5+0.25)} = 640\text{kN}$

(여기서, 타격당 말뚝의 평균관입량 $S = \dfrac{25}{5} = 5\text{mm} = 0.5\text{cm}$)

04 단동식 증기 해머로 말뚝을 박았다. 해머의 무게 25kN, 낙하고 3m, 타격당 말뚝의 평균관입량 1cm, 안전율 6일 때 Engineering-News 공식으로 허용지지력을 구하면?
　　　　　　　　　　　　　　　　　[19년 2회]

① 2,500kN　　② 2,000kN
③ 1,000kN　　④ 500kN

[해설]

Engineering-News공식(단동식 증기해머)
허용지지력은

$Q_a = \dfrac{Q_u}{F_s} = \dfrac{W_h \cdot H}{6(S+0.25)} = \dfrac{25 \times 300}{6(1+0.25)} = 1,000\text{kN}$

(Engineering-News공식의 안전율 $F_s = 6$)

05 무게가 3ton인 단동식 증기 Hammer를 사용하여 낙하고 1.2m에서 Pile을 타입할 때 1회 타격당 최종 침하량이 2cm이었다. Engineering News 공식을 사용하여 허용 지지력을 구하면 얼마인가?
　　　　　　　　　　　　　　　　　[18년 2회]

① 13.3t　　② 26.7t
③ 80.8t　　④ 160t

[해설]

$Q_a = \dfrac{Q_u}{F_s} = \dfrac{WH}{F_s(S+0.25)}$
　　$= \dfrac{3 \times 120}{6(2+0.25)} = 26.7\text{t}$

정답 01 ③　02 ①　03 ①　04 ③　05 ②

14 깊은 기초

⑪ 부마찰력(Negative Friction)

부마찰력 모식도
연약지반에 말뚝을 박은 다음 성토할 경우에는 말뚝 주면 침하량이 말뚝의 침하량보다 상대적으로 클 때 말뚝 주면에 발생하는 (−)의 마찰을 부주면 마찰력이라 한다.

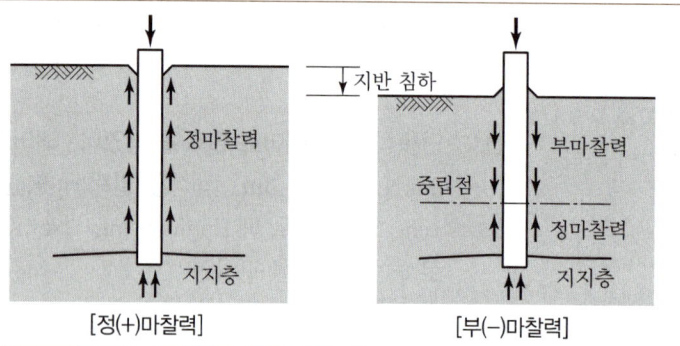

[정(+)마찰력]   [부(−)마찰력]

특징	① 아래쪽으로 작용하는 말뚝의 주면마찰력 ② 말뚝에 부마찰력이 발생하면 말뚝의 지지력은 부주면 마찰력만큼 감소 ③ 연약 지반을 관통하여 견고한 지반까지 말뚝을 박은 경우 일어나기 쉬움 ④ 연약한 점토에서 부마찰력은 상대 변위의 속도가 느릴수록 적게 발생
발생 원인	① 지반 중에 연약점토층의 압밀침하 ② 연약한 점토층 위의 성토(사질토) 하중 ③ 지하수위의 저하

➕ 정역학적 극한지지력
$Q_u = Q_p + Q_f$

부마찰력 작용 시 극한지지력
$Q_u = Q_p - Q_{nf}$

• 부마찰력이 일어나면 극한지지력은 감소

• 말뚝이 박힌 채 지반이 침하하면 말뚝과 지반이 서로 일체식 거동을 하여 부마찰력이 발생

• 동일 속도로 내려가면(상대변위의 속도가 느리면) 부마찰력은 적게 발생

⑫ 부마찰력의 크기

부마찰력의 크기	내용
$Q_{nf} = f_n A_s$	f_n : 단위면적당 부마찰력(연약 점토 $f_n = \dfrac{q_u}{2}$) A_s : 부마찰력이 작용하는 부분의 말뚝 주면적($\pi D l$) l : 말뚝 관입깊이

➕ q_u : 일축압축강도

과년도 기출문제

토 목 / 기 사 / 필 기

01 다음 중 부마찰력이 발생할 수 있는 경우가 아닌 것은? [18년 1회]

① 매립된 생활쓰레기 중에 시공된 관 측정
② 붕적토에 시공된 말뚝 기초
③ 성토한 연약점토지반에 시공된 말뚝 기초
④ 다짐된 사질지반에 시공된 말뚝 기초

[해설]

부마찰력
연약지반에 말뚝을 박으면 아래로 작용하는 말뚝의 주면 마찰력

02 연약지반 위에 성토를 실시한 다음, 말뚝을 시공하였다. 시공 후 발생될 수 있는 현상에 대한 설명으로 옳은 것은? [21년 1회]

① 성토를 실시하였으므로 말뚝의 지지력은 점차 증가한다.
② 말뚝을 암반층 상단에 위치하도록 시공하였다면 말뚝의 지지력에는 변함이 없다.
③ 압밀이 진행됨에 따라 지반의 전단강도가 증가되므로 말뚝의 지지력은 점차 증가한다.
④ 압밀로 인해 부주면마찰력이 발생되므로 말뚝의 지지력은 감소한다.

[해설]

연약지반에 부마찰력이 생기면 지지력은 감소한다.

03 말뚝의 부주면마찰력에 대한 설명으로 틀린 것은? [22년 1회]

① 연약한 지반에서 주로 발생한다.
② 말뚝 주변의 지반이 말뚝보다 더 침하될 때 발생한다.
③ 말뚝주면에 역청 코팅을 하면 부주면마찰력을 감소시킬 수 있다.
④ 부주면마찰력의 크기는 말뚝과 흙 사이의 상대적인 변위속도와는 큰 연관성이 없다.

[해설]

연약한 점토에서 부마찰력은 상대변위의 속도가 느릴수록 적고, 빠를수록 크다.

04 말뚝에서 부주면마찰력에 대한 설명으로 틀린 것은? [21년 3회]

① 아래쪽으로 작용하는 마찰력이다.
② 부주면마찰력이 작용하면 말뚝의 지지력은 증가한다.
③ 압밀층을 관통하여 견고한 지반에 말뚝을 박으면 일어나기 쉽다.
④ 연약지반에 말뚝을 박은 후 그 위에 성토를 하면 일어나기 쉽다.

[해설]

부주면마찰력이 작용하면 말뚝의 지지력은 감소한다.

05 말뚝의 부마찰력에 대한 설명 중 틀린 것은? [19년 2회]

① 부마찰력이 작용하면 지지력이 감소한다.
② 연약지반에 말뚝을 박은 후 그 위에 성토를 한 경우 일어나기 쉽다.
③ 부마찰력은 말뚝 주변 침하량이 말뚝의 침하량보다 클 때 아래로 끌어내리려는 마찰력을 말한다.
④ 연약한 점토에 있어서는 상대변위의 속도가 느릴수록 부마찰력은 크다.

[해설]

부마찰력의 특징
• 아래쪽으로 작용하는 말뚝의 주면 마찰력이다.
• 말뚝에 부마찰력이 발생하면 말뚝의 지지력은 부주면 마찰력만큼 감소한다.
• 연약지반을 관통하여 견고한 지반까지 말뚝을 박은 경우 일어나기 쉽다.
• 연약한 점토에서 부마찰력은 상대변위의 속도가 느릴수록 적게 발생한다.

정답 01 ④ 02 ④ 03 ④ 04 ② 05 ④

과년도 기출문제

06 가로 2m, 세로 4m의 직사각형 케이슨이 지중 16m까지 관입되었다. 단위면적당 마찰력 $f = 0.2$ kN/m²일 때 케이슨에 작용하는 주면마찰력(Skin Friction)은 얼마인가?

① 38.4kN ② 27.5kN
③ 19.2kN ④ 12.8kN

[해설]
$$Q_{f(주면마찰력)} = f_n \cdot A_s$$
$$= 0.2 \times (2+4+2+4) \times 16 = 38.4 \text{kN}$$

07 연약점성토층을 관통하여 철근콘크리트 파일을 박았을 때 부마찰력(Negative Friction)은?(단, 이때 지반의 일축압축강도 $q_u = 20$kN/m², 파일 직경 $D = 50$cm, 관입깊이 $l = 10$m이다.)

① 157.1kN ② 185.3kN
③ 208.2kN ④ 242.4kN

[해설]
부마찰력 $(Q_{nf}) = f_n A_s$
- 마찰응력 $(f_s) = \dfrac{q_u}{2} = \dfrac{20}{2} = 10$kN/m²
- $A_s = \pi D l = \pi \times 0.5 \times 10 = 15.71$m²
∴ $Q_{nf} = f_n A_s = 10 \times 15.71 = 157.1$kN

08 $\gamma_{sat} = 2.0$t/m³인 사질토가 20°로 경사진 무한사면이 있다. 지하수위가 지표면과 일치하는 경우 이 사면의 안전율이 1 이상이 되기 위해서는 흙의 내부마찰각이 최소 몇 도 이상이어야 하는가? [15년 2회]

① 18.21° ② 20.52°
③ 36.06° ④ 45.47°

[해설]
무한사면(사질토)
$$F_s = \dfrac{c}{\gamma_{sub} \cdot Z \sin i \cos i} + \dfrac{\gamma_{sub}}{\gamma_{sat}} \times \dfrac{\tan \phi}{\tan i}$$
$$= \dfrac{\gamma_{sub}}{\gamma_{sat}} \cdot \dfrac{\tan \phi}{\tan i} = \dfrac{1}{2} \times \dfrac{\tan \phi}{\tan 20°} \geq 1$$
∴ $\phi = 36.06°$

09 샘플러(Sampler)의 외경이 6cm, 내경이 5.5cm일 때, 면적비(A_r)는? [17년 4회]

① 8.3% ② 9.0%
③ 16% ④ 19%

[해설]
$$면적비(A_r) = \dfrac{{D_w}^2 - {D_e}^2}{{D_e}^2} \times 100 = \dfrac{6^2 - 5.5^2}{5.5^2} \times 100 = 19\%$$

10 외경이 50.8mm, 내경이 34.9mm인 스플릿 스푼 샘플러의 면적비는? [20년 1회]

① 112% ② 106%
③ 53% ④ 46%

[해설]
$$A_r = \dfrac{50.8^2 - 34.9^2}{34.9^2} \times 100 = 112\%$$

11 암질을 나타내는 항목과 직접 관계가 없는 것은? [16년 4회]

① N치 ② RQD값
③ 탄성파 속도 ④ 균열의 간격

[해설]
암질의 평가 항목
- 암질지수(RQD)
- 균열 간격
- 탄성파 속도
- 암석의 일축 압축강도
- 불연속면의 상태

정답 06 ① 07 ① 08 ③ 09 ④ 10 ① 11 ①

과년도 기출문제

12 다음 현장시험 중 Sounding의 종류가 아닌 것은? [16년 4회]

① Vane 시험
② 표준관입시험
③ 동적 원추관입시험
④ 평판재하시험

[해설]

사운딩(Sounding)
㉠ 정적 사운딩
  • 콘 관입시험
  • 이스키 메타
  • 베인 전단시험
㉡ 동적 사운딩
  • 동적 원추관입시험
  • 표준관입시험(SPT)

13 Vane Test에서 Vane의 지름 5cm, 높이 10cm, 파괴 시 토크가 590kg·cm일 때 점착력은? [17년 2회]

① 1.29kg/cm^2 ② 1.57kg/cm^2
③ 2.13kg/cm^2 ④ 2.76kg/cm^2

[해설]

$$c_u = \frac{M_{\max}}{\pi D^2 \left(\dfrac{H}{2} + \dfrac{D}{6}\right)} = \frac{590}{\pi \times 5^2 \left(\dfrac{10}{2} + \dfrac{5}{6}\right)} = 1.29 \text{kg/cm}^2$$

정답 12 ④ 13 ①

15 지반개량공법

1 점성토 개량공법

탈수공법 (압밀 촉진)	① 샌드 드레인 공법(Sand Drain) ② 페이퍼 드레인 공법(Paper Drain) ③ 팩 드레인 공법(Pack Drain) ④ 프리로딩 공법(Preloading) ⑤ 생석회 말뚝 공법
치환공법 (공기단축, 공사비 저렴)	① 굴착 치환공법 ② 자중에 의한 치환공법 ③ 폭파에 의한 치환공법

압밀배수 원리를 이용한 점성토 개량공법
- 샌드 드레인 공법(Sand Drain)
- 페이퍼 드레인 공법(Paper Drain)
- 팩 드레인 공법(Pack Drain)
- 프리로딩 공법(Preloading)

생석회 말뚝공법(점성토 개량공법)
- 탈수효과 : 생석회 + 물 = 체적 증가
- 팽창(압밀)효과
- 건조효과 : 고온 발열반응

2 사질토 개량공법

다짐공법	배수공법	고결
① 다짐말뚝공법 ② Compozer 공법 ③ Vibro Flotation 공법 ④ 전기충격식 공법 ⑤ 폭파다짐공법	Well Point 공법	약액주입공법

3 연약지반에서 일시적 지반개량공법

일시적 지반개량공법	① Well Point 공법 ② 동결공법 ③ 대기압 공법(진공압밀공법)

웰 포인트(Well Point) 공법
- 웰 포인트라는 양수관을 다수 박아서 상부를 연결하여 진공 흡입펌프에 의해 지하수를 양수하는 강제 배수공법
- 적용 깊이 : 8~30m
- 투수성이 좋은 지반일 때 유리
- 모래지반에 효과적(점토지반은 곤란)

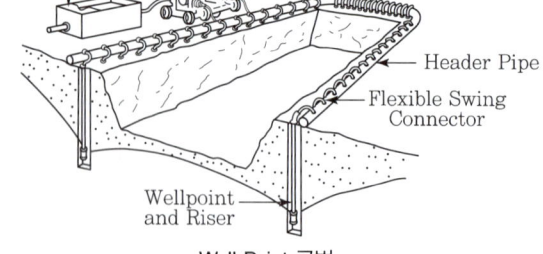

Well Point 공법

과년도 기출문제

01 다음 지반개량공법 중 연약한 점토지반에 적당하지 않은 것은? [19년 1회]

① 샌드 드레인 공법
② 프리로딩 공법
③ 치환 공법
④ 바이브로 플로테이션 공법

[해설]
바이브로 플로테이션 공법은 사질토 개량 공법이다.

02 다음 지반개량공법 중 연약한 점토지반에 적합하지 않은 것은? [22년 2회]

① 프리로딩공법
② 샌드드레인공법
③ 페이퍼드레인공법
④ 바이브로플로테이션공법

[해설]
점성토 탈수방법
- 페이퍼드레인공법
- 프리로딩공법
- 생석회말뚝공법

03 연약지반 개량공법 중 점성토 지반에 이용되는 공법은? [21년 1회]

① 전기충격공법
② 폭파다짐공법
③ 생석회 말뚝공법
④ 바이브로 플로테이션 공법

[해설]
생석회 말뚝공법 : 점성토 개량공법(탈수공법)

04 지반개량공법 중 연약한 점성토 지반에 적당하지 않은 것은? [21년 3회]

① 치환 공법
② 침투압 공법
③ 폭파다짐 공법
④ 샌드 드레인 공법

[해설]
폭파다짐 공법은 사질토 개량공법이다.

05 지반개량공법 중 주로 모래질 지반을 개량하는 데 사용되는 공법은? [22년 1회]

① 프리로딩공법
② 생석회 말뚝공법
③ 페이퍼드레인공법
④ 바이브로플로테이션공법

[해설]
점성토 탈수방법
- 페이퍼드레인공법
- 프리로딩공법
- 생석회말뚝공법

06 다음 중 일시적인 지반개량공법에 속하는 것은? [20년 1회]

① 동결공법
② 프리로딩 공법
③ 약액주입공법
④ 모래다짐말뚝공법

[해설]
일시적인 지반개량공법
- Well Point 공법
- 동결공법
- 대기압공법(진공압밀공법)

07 다음 연약지반 개량공법 중 일시적인 개량공법은? [22년 2회]

① 치환공법
② 동결공법
③ 약액주입공법
④ 모래다짐말뚝공법

[해설]
일시적인 연약지반 개량공법
- 웰포인트(Well Point)공법
- 동결공법
- 진공압밀공법(대기압공법)

정답 01 ④ 02 ④ 03 ③ 04 ③ 05 ④ 06 ① 07 ②

15 지반개량공법

④ Sand Drain 공법의 유효직경(d_e, 물을 흡수하는 범위)

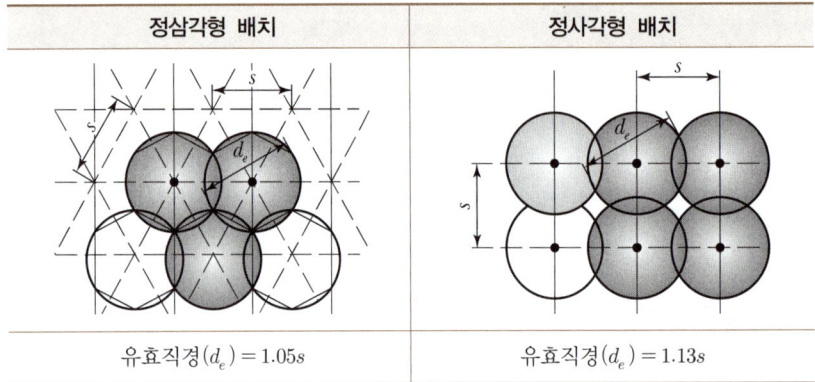

정삼각형 배치	정사각형 배치
유효직경(d_e) = 1.05s	유효직경(d_e) = 1.13s

+ Sand Drain 공법은 2차 압밀비가 높은 점토 및 이탄 같은 유기질 흙에는 큰 효과가 없다.

+ 유효직경
  d_e : 유효직경
  s : 말뚝간격

⑤ 평균압밀도(U)

평균압밀도(U)	
$U = 1 - (1-U_h)(1-U_v)$	U_h : 수평방향 압밀도 U_v : 연직방향 압밀도

⑥ Paper Drain

모식도	Paper Drain	특징
	합성수지로 만든 card board를 타입 기계를 이용해서 지중에 압입하여 압밀을 촉진시켜 지반을 개량하는 공법	① 시공속도 빠름 ② 공사비가 저렴함 ③ 주변지반을 교란시키지 않음 ④ 배수효과가 양호함 ⑤ 횡방향력에 대한 저항력이 작음

+ Paper Drain 단점
  • 장기간 사용 시 열화현상 발생하여 배수효과 저하
  • 장기간 사용 시 Sand Drain이 유리
  • 특수기계(Mandrel) 필요
  • 횡방향력에 대한 저항력이 작음

⑦ Paper Drain의 등치 환산원의 직경

등치 환산원의 직경(D)	
$D = \alpha \dfrac{2(A+B)}{\pi}$	D : 등치 환산원의 직경 α : 형상계수(보통 $\alpha = 0.75$) A : Paper Drain의 폭 B : Paper Drain의 두께

과년도 기출문제

01 Sand Drain 공법에서 Sand Pile을 정삼각형으로 배치할 때 모래기둥의 간격은?(단, Pile의 유효지름은 40cm이다.) [15년 1회]

① 35cm ② 38cm
③ 42cm ④ 45cm

[해설]
정삼각형 배치 시 유효직경(d_e) = 1.05s
∴ 40 = 1.05s
샌드파일의 간격(s) = 38cm

02 Sand Drain의 지배 영역에 관한 Barron의 정삼각형 배치에서 샌드 드레인의 간격을 d, 유효원의 직경을 d_e라 할 때 d_e를 구하는 식으로 옳은 것은? [15년 2회]

① $d_e = 1.128d$ ② $d_e = 1.028d$
③ $d_e = 1.050d$ ④ $d_e = 1.50d$

[해설]
정삼각형 배열(d_e) = 1.05d
정사각형 배열(d_e) = 1.13d

03 연약지반 개량공법에 대한 설명 중 틀린 것은? [20년 3회]

① 샌드드레인 공법은 2차 압밀비가 높은 점토 및 이탄 같은 유기질 흙에 큰 효과가 있다.
② 화학적 변화에 의한 흙의 강화공법으로는 소결 공법, 전기화학적 공법 등이 있다.
③ 동압밀공법 적용 시 과잉간극 수압의 소산에 의한 강도증가가 발생한다.
④ 장기간에 걸친 배수공법은 샌드드레인이 페이퍼 드레인보다 유리하다.

[해설]
2차 압밀비가 높은 점토 및 이탄 같은 유기질 흙에 샌드드레인 공법은 큰 효과가 없다.

04 연약지반 처리공법 중 Sand Drain 공법에서 연직 및 수평 방향을 고려한 평균 압밀도 U는?(단, $U_v = 0.20$, $U_h = 0.71$이다.) [19년 3회]

① 0.573 ② 0.697
③ 0.712 ④ 0.768

[해설]
$U = 1 - (1-U_h)(1-U_v)$
$= 1 - (1-0.71)(1-0.20)$
$= 0.768$

05 Paper Drain 설계 시 Drain Paper의 폭이 10cm, 두께가 0.3cm일 때 Drain Paper의 등치환산원의 직경이 약 얼마이면 Sand Drain과 동등한 값으로 볼 수 있는가?(단, 형상계수(a)는 0.75이다.) [20년 1회]

① 5cm ② 8cm
③ 10cm ④ 15cm

[해설]
$2(A+B) \cdot \alpha = \pi D$
$2(10+0.3) \times 0.75 = \pi \times D$
∴ $D = 5cm$

07 폭 10cm, 두께 3mm인 Paper Drain 설계 시 Sand drain의 직경과 동등한 값(등치환산원의 지름)으로 볼 수 있는 것은? [16년 2회]

① 2.5cm ② 5.0cm
③ 7.5cm ④ 10.0cm

[해설]
등치환산원의 지름(D) = $\alpha \times \dfrac{2(A+B)}{\pi}$
$= 0.75 \times \dfrac{2(10+0.3)}{\pi}$
$= 5cm$

정답 01 ② 02 ③ 03 ① 04 ④ 05 ① 06 ②

15 지반개량공법

8 압성토 공법

목적	압성토 공법
고성토의 제방에서 전단파괴가 발생되기 전에 제방의 외측에 흙을 돋우어 활동에 대한 저항모멘트를 증대시켜 전단파괴를 방지하는 공법	(본성토, 압성토, 연약지반, H, $H/3$, $2H$)

➕ 압성토 공법은 사면보호 공법이 아니고 사면보강 공법 중 하나이다.

9 동다짐 공법

동다짐 공법	개량심도
① 동압밀 공법이라고 하며 중량이 큰 중추(10~40t)를 여러 차례 낙하시키며 충격과 진동으로 개량시키는 방법 ② 사질토 지반에 효과적(포화된 점성토에서도 사용 가능)	$D = \alpha\sqrt{W \cdot H}$ D : 개량심도 α : 토질계수(보정계수 0.5) W : 추의 무게 H : 낙하고

➕ 개량심도
개량이 가능한 깊이

➕ 토질계수(보정계수)
$\alpha = 0.4 \sim 0.7$이며, 통상 경험적으로 0.5를 많이 사용한다.

10 토목섬유의 종류 및 주요 기능

토목섬유의 종류	주요 기능
① 지오텍스타일 ② 지오멤브레인 ③ 지오그리드 ④ 지오매트	① 배수기능 ② 필터(여과) 기능 ③ 분리기능 ④ 보강기능

➕ 토목섬유

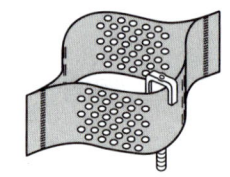

지오텍스타일(Geotextile)
- 합성섬유를 직조하여 만든 다공성 직물
- 흙 속에 폴리에스테르, 나일론, 폴리에틸렌 등을 사용하여 연약지반을 개량하는 시공방법

11 토목섬유의 주요 기능

토목섬유 주요 기능	주요 기능 해설
배수 기능	물을 모아 출구로 배출시키는 기능
필터(여과) 기능	토립자의 이동을 막고 물만을 통과시키는 기능
분리 기능	조립토와 세립토의 혼합을 방지하는 기능
보강 기능	토목섬유의 인장강도에 의해 안정성을 증진시키는 기능

과년도 기출문제

01 고성토의 제방에서 전단파괴가 발생되기 전에 제방의 외측에 흙을 돋우어 활동에 대한 저항모멘트를 증대시켜 전단파괴를 방지하는 공법은? [18년 3회]

① 프리로딩 공법　② 압성토 공법
③ 치환 공법　　　④ 대기압 공법

[해설]
압성토 공법은 성토비탈면에 소단모양의 압성토를 하여 활동에 대한 저항모멘트를 크게 하는 것이 목적이다.

02 10m 깊이의 쓰레기층을 동다짐을 이용하여 개량하려고 한다. 사용할 해머 중량이 20t, 하부 면적 반경 2m의 원형 블록을 이용한다면, 해머의 낙하고는? [15년 2회]

① 15m　② 20m
③ 25m　④ 23m

[해설]
개량심도$(D) = \alpha\sqrt{W \cdot H}$
$10 = 0.5\sqrt{20 \times H}$
∴ $H = 20m$

03 토목섬유의 주요 기능 중 옳지 않은 것은?

① 보강(Reinforcement)　② 배수(Drainage)
③ 댐핑(Damping)　　　 ④ 분리(Separation)

[해설]
토목섬유 주요기능
• 배수　• 보강　• 방수 및 차단　• 필터　• 차단

04 토목 섬유재 중 지오텍스타일의 수행 기능이 아닌 것은?

① 배수(Drainage)　　② 보강(Reinforcement)
③ 여과(Filtration)　　④ 차수(Seepage Barrier)

[해설]
토목섬유의 4가지 기능
• 배수기능 : 투수성이 큰 토목 섬유의 평면 내부를 따라서 물을 이동시키는 기능
• 여과기능 : 세립자의 이동을 막고 물만 통과시키는 기능
• 분리기능 : 점토, 실트 등의 세립토 사이에 설치되어서 이들 재료가 서로 혼합되는 것을 막아주는 기능
• 보강기능 : 토목섬유의 인장강도에 의해 토류 구조물의 안전성을 증진시키는 기능

05 다음 중 지오텍스타일(Geotextile)의 설명 중 맞는 것은?

① 흙 속에 직물 따위를 넣어 수분을 흡수함으로써 유효응력을 줄이는 방법이다.
② 흙 속에 폴리에스테르, 나일론, 폴리에틸렌 등을 사용하여 연약지반을 개량하는 시공법의 하나이다.
③ 흙 속에 직물 따위를 넣어 압밀에 의한 침하량을 크게 하기 위하여 사용하는 시공법이다.
④ 흙 속에 직물 따위를 넣어 흙과 직물 사이의 접합면이 흙의 내부마찰각을 줄이게 함으로써 흙의 강도를 높이는 데 사용하는 시공법이다.

[해설]
• 토목섬유(Geotextile) : 땅(Geo)과 직물(Textile)의 합성어로 폴리에스테르, 나일론, 폴리에틸렌 등의 합성섬유를 직조하여 만든 다공성 직물이며 흙 속에 포설하여 보강, 필터, 분리, 배수 등의 효과를 얻을 수 있다.
• 폴리에스테르, 나일론, 폴리에틸렌 등을 연약지반에 사용하여 배수, 필터, 분리, 보강 기능의 효과를 얻는다.
• 지오텍스타일 공법 : 흙 속에 토목 섬유를 깔아 연약지반의 인장강도를 크게 하여 지지력을 증대시켜 연약지반을 개량한다.

06 약액주입공법은 그 목적이 지반의 차수 및 지반 보강에 있다. 다음 중 약액주입공법에서 고려해야 할 사항으로 거리가 먼 것은? [15년 2회]

① 주입률　　　　② Piping
③ Grout 배합비　④ Gel Time

[해설]
Piping 현상
수위차가 있는 지반 중에 파이프 형태의 수맥의 생겨 사질층의 물이 배출되는 현상

정답　01 ②　02 ②　03 ③　04 ④　05 ②　06 ②

과년도 기출문제

07 토립자가 둥글고 입도분포가 나쁜 모래 지반에서 표준관입시험을 한 결과 N치는 10이었다. 이 모래의 내부 마찰각을 Dunham의 공식으로 구하면?
[19년 2회]

① 21° ② 26°
③ 31° ④ 36°

[해설]

$\phi = \sqrt{12N} + 15 = \sqrt{12 \times 10} + 15 = 26°$

08 어느 지반에 30cm×30cm 재하판을 이용하여 평판재하시험을 한 결과, 항복하중이 5t, 극한 하중이 9t이었다. 이 지반의 허용지지력은? [16년 4회]

① 55.6t/m² ② 27.8t/m²
③ 100t/m²   ④ 33.3t/m²

[해설]

㉠ 항복지지력$(q_y) = \dfrac{Q_y}{A_p} = \dfrac{5}{0.3 \times 0.3} = 55.56 \text{t/m}^2$

㉡ 극한 지지력$(q_u) = \dfrac{Q_u}{A_p} = \dfrac{9}{0.3 \times 0.3} = 100 \text{t/m}^2$

㉢ 허용지지력(q_a)

• $q_a = \dfrac{q_y}{2} = \dfrac{55.56}{2} = 27.8 \text{t/m}^2$

• $q_a = \dfrac{q_u}{3} = \dfrac{100}{3} = 33.3 \text{t/m}^2$

둘 중 작은 값인 27.8t/m²가 허용지지력이 된다.

09 도로의 평판재하시험을 끝낼 수 있는 조건이 아닌 것은?
[15년 4회]

① 하중강도가 현장에서 예상되는 최대 접지압을 초과 시
② 하중강도가 그 지반의 항복점을 넘을 때
③ 침하가 더 이상 일어나지 않을 때
④ 침하량이 15mm에 달할 때

[해설]

평판재하시험이 끝나는 조건
• 침하량이 15mm에 달할 때
• 하중강도가 예상되는 최대 접지압력을 초과할 때
• 하중강도가 그 지반의 항복점을 넘을 때

10 단위체적중량 1.8t/m³, 점착력 2.0t/m², 내부마찰각 0°인 점토 지반에 폭 2m, 근입깊이 3m의 연속기초를 설치하였다. 이 기초의 극한지지력을 Terzaghi 식으로 구한 값은?(단, 지지력계수 $N_c = 5.7$, $N_r = 0$, $N_q = 1.00$이다.)

① 23.2t/m² ② 16.8t/m²
③ 12.7t/m² ④ 8.4t/m²

[해설]

테르자기 극한지지력 공식
$q_{ult} = \alpha c N_c + \beta \gamma_1 B N_\gamma + \gamma_2 D_f N_q$
$q_{ult} = 1.0 \times 2.0 \times 5.7 + 0.5 \times 1.8 \times 2 \times 0 + 1.8 \times 3 \times 1.0$
$\quad = 16.8 \text{ t/m}^2$

11 아래 그림과 같이 사질토 지반에 타설된 무리마찰 말뚝이 있다. 말뚝은 원형이고 직경은 0.4m, 설치 간격은 1m이었다. 이 무리말뚝의 효율은 얼마인가?(단, Convert-Labarre 공식을 사용할 것)

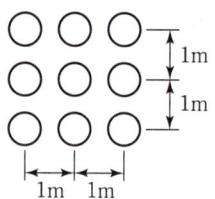

① 0.55 ② 0.62
③ 0.68 ④ 0.75

[해설]

군항(무리말뚝)의 지지력 효율
$E = 1 - \theta \left[\dfrac{(m-1)n + (n-1)m}{90mn} \right]$

여기서, $\theta = \tan^{-1} \dfrac{d}{S}$

$\therefore E = 1 - \tan^{-1} \left(\dfrac{0.4}{1} \right) \left[\dfrac{(3-1) \times 3 + (3-1) \times 3}{90 \times 3 \times 3} \right] = 0.68$

정답 07 ② 08 ② 09 ③ 10 ② 11 ③

과년도 기출문제

12 지름 $d=20\text{cm}$인 나무말뚝을 25본 박아서 기초 상판을 지지하고 있다. 말뚝의 배치를 5열로 하고 각 열은 두 간격으로 5본씩 박혀 있다. 말뚝의 중심 간격 $S=1\text{m}$이고 본의 말뚝이 단독으로 10t의 지지력을 가졌다고 하면 이 무리말뚝은 전체로 얼마의 하중을 견딜 수 있는가?(단, Converse-Labbarre식을 사용한다.) [16년 1회]

① 100t
② 200t
③ 300t
④ 400t

[해설]

군항의 허용지지력
$Q_{ag} = E \cdot N \cdot Q_a$

• 군항의 지지력 효율
$$E = 1 - \theta\left[\frac{(m-1)n + (n-1)m}{90mn}\right]$$
$$= 1 - 11.3\left[\frac{(5-1)\times 5 + (5-1)\times 5}{90\times 5\times 5}\right] = 0.8$$

(여기서, $\theta = \tan^{-1}\frac{d}{S} = \tan^{-1}\left(\frac{20}{100}\right) = 11.3$)

• $N = 5\times 5 = 25$
• $R_a = 10\text{t}$

∴ 군항의 허용지지력 $R_{ag} = E \cdot N \cdot R_a = 0.8 \times 25 \times 10 = 200\text{t}$

13 다음의 연약지반 개량공법에서 일시적인 개량공법은? [17년 1회]

① Well Point 공법
② 치환공법
③ Paper Drain 공법
④ Sand Compaction Pile 공법

[해설]

일시적 개량공법
• 동결공법
• 대기압공법(진공압밀공법)
• Well Point 공법

14 다음 중 일시적인 지반개량공법에 속하는 것은? [16년 4회]

① 다짐 모래말뚝 공법
② 약액주입공법
③ 프리로딩 공법
④ 동결공법

[해설]

일시적인 지반개량공법
• Well Point 공법
• 동결공법
• 대기압공법(진공압밀공법)

15 연약점토지반에 압밀촉진공법을 적용한 후, 전체 평균압밀도가 90%로 계산되었다. 압밀촉진공법을 적용하기 전, 수직방향의 평균압밀도가 20%였다고 하면 수평방향의 평균압밀도는? [18년 3회]

① 70%
② 77.5%
③ 82.5%
④ 87.5%

[해설]

평균압밀도$(u) = 1 - (1-u_h)(1-u_v)$
$0.9 = 1 - (1-u_h)(1-0.2)$
∴ $u_h = 87.5\%$

정답 12 ② 13 ① 14 ④ 15 ④

06 CHAPTER

상하수도공학

ENGINEER CIVIL ENGINEERING

01 상수도시설계획
02 수원, 취수시설
03 수질관리 및 수질기준
04 상수관로시설
05 정수장시설
06 하수도시설계획
07 하수관로시설
08 하수처리장시설
09 배출수 및 슬러지 처리
10 펌프장시설

01 상수도시설계획

1 상수도시설계획

(1) 상수도계통도
수원 → 취수 → 도수 → 정수 → 송수 → 배수 → 급수

(2) 계획년차
5~15년

(3) 계획급수량 계획 1인 1일 최대급수량 결정
(도시규모에 따라 300~400lpcd)

(4) 급수보급률
$$급수보급률 = \frac{급수인구}{총인구} \times 100$$

Lpcd
liter per capita day(L/인·day)

(5) 계통도 개념이해

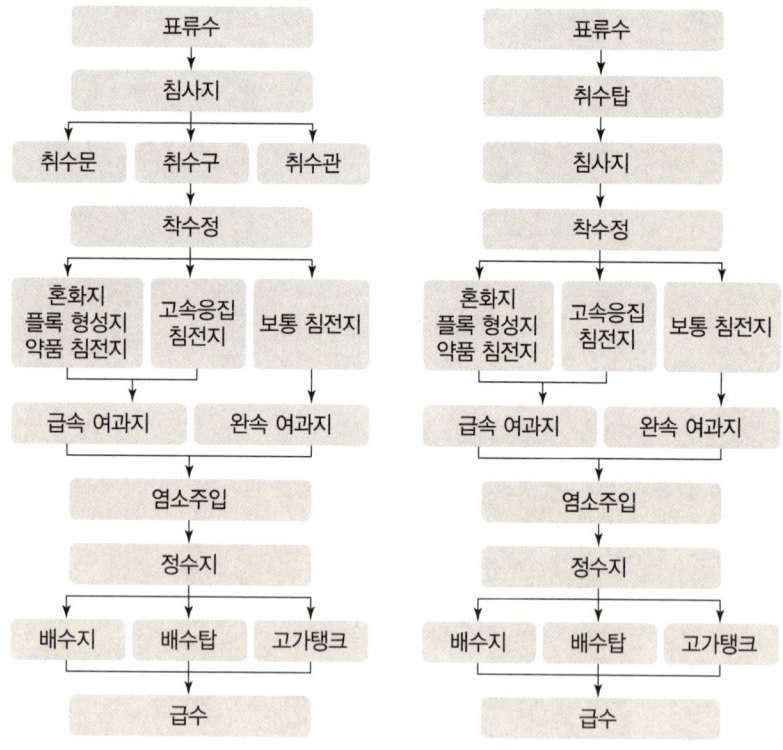

기타 취수방법에 의한 상수도계통도   취수탑에 의한 상수도계통도

과년도 기출문제

토목 / 기사 / 필기

01 정수장으로부터 배수지까지 정수를 수송하는 시설은? [18년 1회]

① 도수시설
② 송수시설
③ 정수시설
④ 배수시설

[해설]
상수도계통도는 수원→취수→도수→정수→송수→배수→급수이므로 송수시설이다.

02 상수도계통의 도수시설에 관한 설명으로 옳은 것은? [20년 3회]

① 수원에서 취한 물을 정수장까지 운반하는 시설을 말한다.
② 정수 처리된 물을 수용가에서 공급하는 시설을 말한다.
③ 적당한 수질의 물을 수원지에서 모아서 취하는 시설을 말한다.
④ 정수장에서 정수 처리된 물을 배수지까지 보내는 시설을 말한다.

[해설]
상수도계통도
수원→취수→도수→정수→송수→배수→급수

03 일반적인 상수도 계통도를 바르게 나열한 것은? [18년 1회, 19년 2회, 21년 1회]

① 수원 및 저수시설→취수→배수→송수→정수→도수→급수
② 수원 및 저수시설→취수→도수→정수→급수→배수→송수
③ 수원 및 저수시설→취수→도수→정수→송수→배수→급수
④ 수원 및 저수시설→취수→배수→정수→급수→도수→송수

[해설]
상수도계통도
수원→취수→도수→정수→송수→배수→급수

04 지표수를 수원으로 하는 일반적인 상수도의 계통도로 옳은 것은? [20년 4회]

① 취수탑→침사지→급속여과→보통침전지→소독→배수지→급수
② 침사지→취수탑→급속여과→응집침전지→소독→배수지→급수
③ 취수탑→침사지→보통침전지→급속여과→배수지→소독→급수
④ 취수탑→침사지→응집침전지→급속여과→소독→배수지→급수

[해설]
대부분 침사지는 취수 앞에 있으나 취수탑의 경우에는 취수탑이 수원지에 해당하므로 뒤에 있다.

05 보통 상수도의 기본계획에서 대상이 되는 기간인 계획(목표)년도는 계획수립 시부터 몇 년간을 표준으로 하는가? [21년 1회]

① 3~5년간
② 5~10년간
③ 15~20년간
④ 25~30년간

[해설]
상수도의 계획년한은 5~15년이지만 통상 장기간을 보기 때문에 5~10년보다는 15~20년으로 수립하는 것이 좋다.

정답 01 ② 02 ① 03 ③ 04 ④ 05 ③

01 상수도시설계획

❷ 계획급수량산정

(1) 급수량

계산	급수량 = 계획급수인구 × 계획 1인 1일 최대급수량
종류	가정용수, 공공용수, 공업용수, 불명수, 소화용수 등
특징	• 대도시일수록, 공업이 발달할수록 높다. • 기온이 높을수록 높다. • 정액급수일 때 높다. • 하루 중 물사용 패턴이 다르다.

✚ 농업용수는 해당없음

(2) 계획급수량의 종류

① 계획 1일 평균급수량
② 계획 1일 최대급수량
③ 계획 1일 시간최대급수량

각종요금산정지표
• 상수도시설설계기준
• 배수관 구경결정
• 배수펌프 용량결정기준

(3) 계획급수량의 계산

① 계획 1인 1일 평균급수량 = $\dfrac{\text{계획 1인 1일 평균사용수량}}{\text{계획유효율}}$

② 계획 1일 평균급수량 = 계획 1인 1일 평균급수량 × 계획급수인구

③ 계획 1인 1일 최대급수량 = $\dfrac{\text{1일 최대급수량}}{\text{급수인구}}$

④ 계획 1일 최대급수량 = 계획 1일 평균급수량 × 계획첨두율

⑤ 계획 1일 최대급수량 = 계획 1인 1일 최대급수량 × 계획급수인구

구분 급수량 종류	연평균 1일 사용수량에 대한 비	대상구조물
1일 평균급수량	1	수원지, 저수지, 유역면적 결정
1일 최대평균급수량	1.25	보조저수지, 보조용수펌프의 용량 결정
1일 최대급수량	1.5	취수, 정수, 배수시설(송수관구경, 배수지) 결정
시간 최대급수량	2.25(1.5×1.5)	배수본관의 구경 결정, 배수펌프의 용량 결정

과년도 기출문제

01 급수보급율 90%, 계획 1인 1일 최대급수량 440 L/인, 인구 12만의 도시에 급수계획을 하고자 한다. 계획 1일 평균급수량은?(단, 계획유효율은 0.85로 가정한다.) [21년 3회]

① 33,915m³/d ② 36,660m³/d
③ 38,600m³/d ④ 40,392m³/d

[해설]

계획 1일 평균급수량 = 440×10⁻³m³/인·d×120,000인×0.9
= 47,520m³/d
계획유효율을 고려하면 47,520m³/d×0.85 = 40,392m³/d

02 어느 A시의 장래 2030년의 인구추정 결과 85,000 명으로 추산되었다. 계획년도의 1인 1일당 평균급수량을 380L, 급수보급률을 95%로 가정할 때 계획년도의 계획 1일 평균급수량은? [22년 2회]

① 30,685m³/d ② 31,205m³/d
③ 31,555m³/d ④ 32,305m³/d

[해설]

계획 1일 평균급수량 = 85,000인×380L/인·day×0.95
= 85,000인×380×10⁻³m³/인·day×0.95
= 30,685m³/d

03 "A"시의 2021년 인구는 588,000명이며, 연간 약 3.5%씩 증가하고 있다. 2027년도를 목표로 급수시설의 설계에 임하고자 한다. 1일 1인 평균급수량은 250L이고 급수율을 70%로 가정할 때 계획 1일 평균급수량은?(단, 인구추정식은 등비증가법으로 산정한다.) [22년 1회]

① 약 126,500m³/day ② 약 129,000m³/day
③ 약 258,000m³/day ④ 약 387,000m³/day

[해설]

계획 1일 평균급수량 = 250L/인·day×P_n×0.7
$P_n = P_0(1+r)^n$ = 588,000×(1+0.035)⁶ = 722,802인
(여기서, n = 2027년 − 2021년 = 6)
∴ 계획 1일 평균급수량 = 250L/인·day×722,802인×0.7
= 126,490,350L/day
= 126,490m³/day
= 약 126,500m³/day

04 1인 1일 평균급수량에 대한 일반적인 특징으로 옳지 않은 것은? [22년 2회]

① 소도시는 대도시에 비해서 수량이 크다.
② 공업이 번성한 도시는 소도시보다 수량이 크다.
③ 기온이 높은 지방이 추운지방보다 수량이 크다.
④ 정액급수의 수도는 계량급수의 수도보다 소비수량이 크다.

[해설]

대도시가 소도시에 비하여 물소비량이 크다.

05 계획급수량을 산정하는 식으로 옳지 않은 것은? [20년 1회]

① 계획 1인 1일 평균급수량 =
계획 1인 1일 평균사용수량/계획첨두율
② 계획 1일 최대급수량 =
계획 1일 평균급수량×계획첨두율
③ 계획 1일 평균급수량 =
계획 1인 1일 평균급수량×계획급수인구
④ 계획 1일 최대급수량 =
계획 1인 1일 최대급수량×계획급수인구

[해설]

계획 1인 1일 평균급수량 = 계획 1인 1일 평균사용수량/계획유효율

06 상수도의 도수, 취수, 송수, 정수시설의 용량 산정에 기준이 되는 수량은? [기 15년]

① 계획 1일 평균급수량
② 계획 1일 최대급수량
③ 계획 1인 1일 평균급수량
④ 계획 1인 1일 최대급수량

[해설]

상수도시설의 설계기준 및 용량 산정은 계획 1일 최대급수량으로 한다.

정답 01 ④ 02 ① 03 ① 04 ① 05 ① 06 ②

01 상수도시설계획

3 인구추정방법

(1) 등차급수법

발전성이 적은 읍, 면에 사용되며, 과소추정될 우려가 크다.

$$P_n = P_0 + na$$

$$a = \frac{P_0 - P_t}{t}$$

여기서, P_n : n년 후 추정인구
P_t : 현재부터 t년 전 인구
n : 계획년차
P_0 : 현재인구
a : 연평균 인구증가수
t : 경과년수

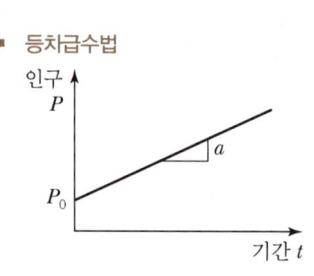

등차급수법

(2) 등비급수법

성장단계에 있는 신도시 또는 대도시에 적용되며, 과대 추정될 우려가 크다.

$$P_n = P_0 \cdot (1+r)^n$$

여기서, r : 연평균증가율 $= \left\{ \left(\dfrac{P_0}{P_t}\right)^{\frac{1}{t}} - 1 \right\}$

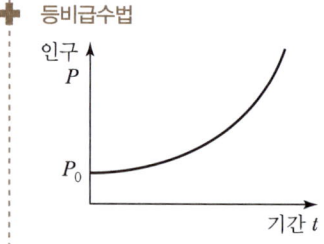

등비급수법

(3) Logistic 곡선법(논리곡선법)

포화인구의 추정이 가능한 도시에 적용된다.

$$P_n = \frac{K}{1 + e^{(a-bn)}}$$

여기서, e : 자연대수의 밑
K : 포화인구
a, b : 상수
n : 기준년부터의 경과년수

① S곡선법, 포화인구 추정법
② 인구증가의 한계 존재 → 포화인구(K)
③ 인구의 최소한도는 0이다.

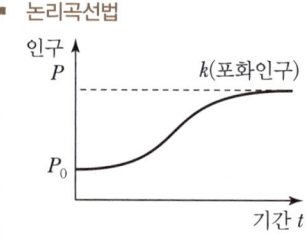

논리곡선법

과년도 기출문제

01 다음의 인구추정방법 중에서 대상지역의 포화인구를 먼저 추정한 후 계획기간의 인구를 추정하는 방법은? [기 04년]

① 등차급수법 ② 등비급수법
③ 최소자승법 ④ 로지스틱곡선법

[해설]
이론곡선 또는 S곡선법으로 포화인구를 먼저 추정한 후 인구를 추정하는 방법이다.

02 어느 도시의 인구가 10년 전 10만 명에서 현재는 20만 명이 되었다. 등비급수법에 의한 인구 증가를 보였다고 하면 연평균 인구증가율은? [18년 2회]

① 0.08947 ② 0.07177
③ 0.06251 ④ 0.03589

[해설]
증가율은 $r = \left(\dfrac{P_0}{P_t}\right)^{\frac{1}{t}} - 1$ 이므로

$r = \left(\dfrac{200,000}{100,000}\right)^{\frac{1}{10}} - 1 = 0.07177$

03 어느 도시의 급수인구 자료가 표와 같을 때 등비증가법에 의한 2020년도의 예상급수인구는? [19년 2회]

연도	인구(명)
2005	7,200
2010	8,800
2015	10,200

① 약 12,000명 ② 약 15,000명
③ 약 18,000명 ④ 약 21,000명

[해설]
$r = \left(\dfrac{10200}{7200}\right)^{1/10} - 1 = 0.035$ 이므로,

$P_n = 10200 \times (1+0.035)^5 = 12,114$ 명

04 어떤 도시에 대한 다음의 인구 통계표에서 2004년 현재로부터 5년 후의 인구를 추정하려 할 때 연평균 인구증가율(r)은? [기 04년]

연도	2000	2001	2002	2003	2004
인구(명)	10,900	11,200	11,500	11,850	12,200

① 0.28545 ② 0.18571
③ 0.02857 ④ 0.00279

[해설]
$P_n = P_o(1+r)^n$ 에서 연평균 인구증가율은 r 이고,
$t = 2004 - 2000 = 4$

$r = \left(\dfrac{P_o}{P_t}\right)^{\frac{1}{t}} - 1 = \left(\dfrac{12,200}{10,900}\right)^{1/4} - 1 = 0.02857$

05 다음 급수인구추정법 중 논리곡선법(로지스틱곡선) 식으로 옳은 것은? [기 05년]

① $P_n = P_o + \Delta q^2$
② $P_n = P_o + nq$
③ $P_n = \dfrac{K}{1+e^{(a-bx)}}$
④ $P_n = P_o(1+r)^n$

06 장래의 추정인구에 있어 신뢰도가 적어지는 이유에 해당되지 않는 것은?

① 인구 증가율이 높을수록
② 추정 목표연도가 길수록
③ 인구가 감소하는 경우가 많을수록
④ 과거의 인구자료가 많을수록

[해설]
신뢰도는 과거 인구자료가 많을수록 높아진다.

정답 01 ④ 02 ② 03 ① 04 ③ 05 ③ 06 ④

02 수원, 취수시설

1 수원

(1) 수원의 종류
① 천수
② 지표수(하천수, 호소수, 저수지수)
③ 지하수(천층수, 심층수, 용천수, 복류수)

➕ 상수원수의 70%는 하천수이다.

(2) 저수지와 호수에서의 현상

성층현상	• 여름·겨울철에 발생(여름에 현저하게 발생) • 원인 : 수심에 따른 온도·밀도차
전도현상	• 봄·가을에 발생(물의 수직운동) • 정수부하발생, 염소요구량 증대

(3) 수원의 구비조건
① 상수소비자와 가까울 것
② 자연유하로 도수할 수 있을 것(가능한 한 소비지보다 높은 곳에 위치할 것)
③ 계획취수량이 최대 갈수기에도 확보 가능할 것

➕ **평수위, 평수량**
1년 중 185일은 이보다 저하하지 않는 수위와 수량

저수위, 저수량
1년 중 275일은 이보다 저하하지 않는 수위와 수량

갈수위, 갈수량
1년 중 355일은 이보다 저하하지 않는 수위와 수량

2 취수시설

(1) 계획취수량
계획 1일 최대급수량×1.05~1.1

(2) 하천수 취수방법
취수관, 취수탑, 취수문

(3) 저수지용량 결정
유출량누가곡선(Ripple법)
① 유효저수량(필요저수량)
② 저수시작일

(4) 상수침사지

내용	침사지의 제원
계획 취수량	10~20분
침사지 내의 유속	2~7cm/sec
유효수심	3~4m

➕ **취수관**
연간수위변동이 적은 곳에 적합

취수탑
대량취수 가능, 건설비가 많이 듦

취수문
농업용취수에 적합

지하수의 취수 방법
• 천층수 : 천정, 심정
• 심층수 : 굴착정
• 용천수 : 집수매거
• 복류수 : 집수매거

과년도 기출문제

01 수원에 관한 설명으로 옳지 않은 것은? [기 15, 19년]

① 복류수는 어느정도 여과된 것이므로 지표수에 비해 수질이 양호하며 정수공정에서 침전지를 생략하는 경우도 있다.
② 용천수는 지하수가 자연적으로 지표로 솟아나온 것으로 그 성질은 대체로 지표수와 비슷하다.
③ 천층수는 지표면에서 깊지 않은 곳에 위치하므로 공기의 투과가 양호하므로 산화작용이 활발하게 진행된다.
④ 심층수는 대지의 정화작용으로 무균 또는 거의 이에 가까운 것이 보통이다.

[해설]
용천수는 그 성질이 대체로 복류수와 비슷하다.

02 오염된 호수의 심층수에 대한 설명으로 옳은 것은? [기 04년]

① 수온 및 수질의 일변화가 심하다.
② 플랑크톤 농도가 높다.
③ 낮은 용존 산소로 인해 수중 생물의 서식에 좋지 않다.
④ 계절에 따라 물의 성층현상과 부영양화의 결과로 정수과정에 좋은 영향을 준다.

03 피압지하수를 양수하는 우물은 다음 중 어느 것인가? [기 02년]

① 굴착정   ② 심정(깊은 우물)
③ 천정(얕은 우물)   ④ 집수매거

04 우물의 수리에서 자유수면 우물의 평형공식은? (Q=양수량, K=투수계수) [기 04년]

① $Q = \pi K \dfrac{H^2 - h_o^2}{\ln \dfrac{R}{r_o}}$ ② $Q = \pi K \dfrac{H^2 - h_o^2}{\log_{10} \dfrac{R}{r_o}}$

③ $Q = \dfrac{1}{\pi K} \cdot \dfrac{H^2 - h_o^2}{\ln \dfrac{R}{r_o}}$ ④ $Q = \dfrac{1}{\pi K} \cdot \dfrac{H^2 - h_o^2}{\log_{10} \dfrac{R}{r_o}}$

[해설]
$$Q = \dfrac{\pi K (H^2 - h^2)}{2 \cdot 3 \log(R/r)} = \dfrac{\pi K (H^2 - h^2)}{\ln(R/r)}$$

05 오염된 호수의 심층수에 대한 설명으로 옳은 것은? [기 04년]

① 수온 및 수질의 일변화가 심하다.
② 플랑크톤 농도가 높다.
③ 낮은 용존 산소로 인해 수중 생물의 서식에 좋지 않다.
④ 계절에 따라 물의 성층현상과 부영양화의 결과로 정수과정에 좋은 영향을 준다.

06 호수나 저수지에 대한 설명으로 틀린 것은? [기 19년]

① 여름에는 성층을 이룬다.
② 가을에는 순환(Turn Over)을 한다.
③ 성층은 연직방향의 밀도차에 의해 구분된다.
④ 성층현상이 지속되면 하층부의 용존산소량이 증가한다.

[해설]
하층부로 갈수록 용존산소는 부족해진다.

07 수원의 구비조건으로 옳지 않은 것은? [기 19년]

① 수질이 좋아야 한다.
② 가능한 한 높은 곳에 위치하는 것이 좋다.
③ 계절적으로 수량변동이 큰 것이 유리하다.
④ 소비지로부터 가까운 곳에 위치하여야 한다.

정답 01 ② 02 ③ 03 ① 04 ① 05 ③ 06 ④ 07 ③

과년도 기출문제

08 계획취수량의 결정에 대한 설명으로 옳은 것은?

① 계획 1일 평균급수량에 10% 정도 증가된 수량으로 결정한다.
② 계획 1일 최대급수량에 10% 정도 증가된 수량으로 결정한다.
③ 계획 1일 평균급수량에 30% 정도 증가된 수량으로 결정한다.
④ 계획 1일 최대급수량에 30% 정도 증가된 수량으로 결정한다.

09 취수시설 중 취수탑에 대한 설명으로 틀린 것은?

① 큰 수위변동에 대응할 수 있다.
② 지하수를 취수하기 위한 탑 모양의 구조물이다.
③ 유량이 안정된 하천에서 대량으로 취수할 때 유리하다.
④ 취수구를 상하에 설치하여 수위에 따라 좋은 수질을 선택하여 취수할 수 있다.

[해설]
취수탑은 하천수의 취수방법이다.

10 취수보의 취수구에서의 표준 유입속도는? [기 12, 17, 19, 20년]

① 0.3~0.6m/s   ② 0.4~0.8m/s
③ 0.5~1.0m/s   ④ 0.6~1.2m/s

11 하안에 직접 취수구를 설치하는 방식으로 일반적인 농업용수의 취수에 쓰여지는 구조와 유사한 취수시설은?

① 취수탑   ② 취수조
③ 취수문   ④ 취수관거

12 다음은 급수용 저수지의 필요수량을 결정하기 위한 유량 b가 곡선도이다. 틀린 설명은? [기 07, 17, 19년]

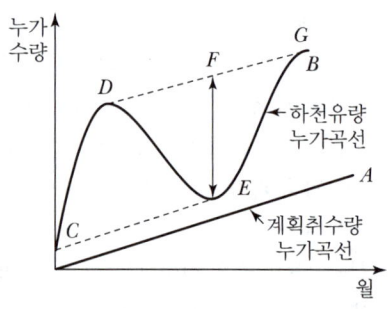

① 유효저수량은 $\overline{EF}$이다.
② 저수 시작점은 C이다.
③ $\overline{DE}$ 구간에서는 저수지의 수위가 상승한다.
④ 이론적 산출방법으로 Ripple's Method라 한다.

13 지하수는 지층수와 암반수의 형태로 존재한다. 이를 취수하기 위한 시설이 아닌 것은? [기 02, 17년]

① 집수매거   ② 취수문
③ 얕은 우물   ④ 깊은 우물

14 집수매거(Infiltration Galleries)에 관한 설명 중 옳지 않은 것은? [기 15년]

① 집수매거는 복류수의 흐름방향에 대하여 지형 등을 고려하여 가능한 직각으로 설치하는 것이 효율적이다.
② 집수매거의 매설깊이는 5m 이상으로 하는 것이 바람직하다.
③ 집수매거 내의 평균유속은 유출단에서 1m/s 이하가 되도록 한다.
④ 집수매거의 집수개구부(공) 직경은 3~5cm를 표준으로 하고, 그 수는 관거표면적 1m²당 10~20개로 한다.

정답 08 ② 09 ② 10 ② 11 ③ 12 ③ 13 ② 14 ④

과년도 기출문제

[해설]

경사	매설 깊이	거내 속도	집수공		
			유입속도	지름	면적당 개수
1/500	5m	1m/s	30cm/s	10~20mm	20~30

15 집수매거(Infiltration Galleries)에 관한 설명으로 옳지 않은 것은? [기 22년]

① 철근콘크리트조의 유공관 또는 권선형 스크린관을 표준으로 한다.
② 집수매거 내의 평균소속은 유출단에서 1m/s 이하가 되도록 한다.
③ 집수매거의 부설 방향은 표류수의 상황을 정확하게 파악하여 위수할 수 있도록 한다.
④ 집수매거는 하천부지의 하상 밑이나 구하천부지 등의 땅속에 매설하여 복류수나 자유수면을 갖는 지하수를 취수하는 시설이다.

[해설]
집수매거의 부설 방향은 복류수의 상황을 정확하게 파악하여 효율적으로 취수할 수 있도록 한다.

16 취수시설의 침사지 설계에 관한 설명 중 틀린 것은? [기 15, 16년]

① 침사지 내에서의 평균유속은 10~15cm/min를 표준으로 한다.
② 침사지의 체류시간은 계획취수량의 10~20분을 표준으로 한다.
③ 침사지의 형상은 장방형으로 하고 길이는 폭의 3~8배를 표준으로 한다.
④ 침사지의 유효수심은 3~4m를 표준으로 하고, 퇴사심도는 0.5~1m로 한다.

[해설]
상수침사지 내에서의 평균유속은 2~7cm/sec이다.

17 상수도시설 중 침사지에 대한 설명으로 옳지 않은 것은?

① 침사지의 길이는 폭의 3~8배를 표준으로 한다.
② 침사지 내에서의 평균유속은 10~20cm/s를 표준으로 한다.
③ 침사지의 위치는 가능한 한 취수구에 가까워야 한다.
④ 유입 및 유출구에는 제수밸브 혹은 슬루스케이트를 설치한다.

[해설]
상수침사지 내의 평균유속은 2~7cm/sec이다.

정답 15 ③ 16 ① 17 ②

03 수질관리 및 수질기준

1 수질관리(수질용어)

pH	$pH = -\log[H^+] = \log\dfrac{1}{[H^+]}$
DO(용존산소)를 높이기 위한 조건	온도↓, 수심↓, 수압↓, 경사↑, 유속↑
BOD & COD	• 잔존 BOD 공식 : $L_t = L_a \cdot 10^{-k_1 \cdot t}$ 　　　　　　　　$L_t = L_a \cdot e^{-k_1 \cdot t}$ • 소비 BOD 공식 : $BOD_t = L_a - L_t = L_a(1 - 10^{-K_1 \cdot t})$, 　　　　　　　　$BOD_t = L_a - L_t = L_a(1 - e^{-K_1 \cdot t})$
경도	• 유발물질 : Ca, Mg • 음용수 수질기준 : 1,000mg/L를 넘지 않을 것 　　　　　　　　　(수돗물의 경우 300mg/L)
색도제거	전염소처리, 오존처리, 활성탄처리
자정작용	용존산소 부족곡선(임계점, 변곡점)
혼합농도	$C_m = \dfrac{C_1 \cdot Q_1 + C_2 \cdot Q_2}{Q_1 + Q_2}$
부영양화	① 원인물질 : 질소(N), 인(P) ② 부영양화된 호수의 특징 　• 색도가 증가, 조류 발생 　• 수심이 낮은 곳에서 나타나며, 한 번 부영양화가 되면 회복 안 됨 　• 투명도가 저하 ③ 부영양화 현상의 방지대책 　• 인이 함유된 합성세제의 사용금지 　• 조류의 이상 번식 시 황산구리($CuSO_4$) 또는 활성탄 살포 　• 하수 내 질소(S), 인(P)을 제거하기 위한 폐수의 3차 처리

+ pH범위

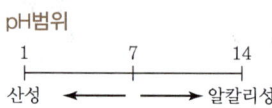

- 잔존 BOD 공식 L_a : 최초 BOD
- 소비 BOD 공식 L_a : 최종 BOD

- Whipple의 자정4단계와 연계

평균강우량 산정식과 연계

$$P = \dfrac{P_1 A_1 + P_2 A_2}{A_1 + A_2}$$

개념이해

01 호수 내에 조류가 많이 있을 때 pH는?

① 하강한다.　　　　　② 일정하게 유지된다.
③ 상승한다.　　　　　④ 상승하다가 하강한다.

> 호수 내 조류는 수소이온 농도를 상승시켜 알카리성 수질을 만든다.
>
> 답 ③

과년도 기출문제

01 용존산소(DO)에 대한 설명으로 옳지 않은 것은?

① 오염된 물은 용존산소량이 적다.
② BOD가 큰 물은 용존산소량이 많다.
③ 용존산소량이 적은 물은 혐기성 분해가 일어나기 쉽다.
④ 용존산소가 극히 적은 물은 어류의 생존에 적합하지 않다.

02 다음 중 BOD 값이 크게 나타나는 경우는?

① 영양염류가 풍부한 경우
② DO 농도가 큰 경우
③ 유기물질이 많은 경우
④ 미생물이 활성화 되어 있는 경우

[해설]

유기물이 많은 경우 미생물이 활발히 증식하며, 이때 BOD는 상승한다.

03 "BOD 값이 크다"는 것이 의미하는 것은?

① 무기물질이 충분하다.
② 영양염류가 풍부하다.
③ 용존산소가 풍부하다.
④ 미생물분해가 가능한 물질이 많다.

[해설]

BOD 값이 크다는 것은 유기물의 증가로 오염이 되었다는 것을 뜻하므로 미생물 분해가 가능한 물질이 많아졌다는 의미이다.

04 수질오염 지표항목 중 COD에 대한 설명으로 옳지 않은 것은? [기 18, 20년]

① COD는 해양오염이나 공장폐수의 오염지표로 사용된다.
② 생물분해 가능한 유기물도 COD로 측정할 수 있다.
③ $NaNO_2$, SO_2^-는 COD 값에 영향을 미친다.
④ 유기물 농도값은 일반적으로 COD > TOD > TOC > BOD이다.

[해설]

TOC(Total organic carbon), TOD(Total Oxygen Demand), COD(Chemical Oxygen Demand), BOD(Biological Oxygen Demand)이며, 유기물 농도값은 TOD > COD > BOD > TOC이다.

05 하천수의 5일간 BOD(BOD_5)에서 주로 측정되는 것은? [기 17년]

① 탄소성 BOD
② 질소성 BOD
③ 산소성 BOD 및 질소성 BOD
④ 탄소성 BOD 및 산소성 BOD

06 BOD_5가 155mg/L인 폐수가 있다. 탈산소계수(K_1)가 0.2/day일 때 4일 후 남아 있는 BOD는? (단, 상용대수 기준) [기 04, 16년]

① 27.3mg/L   ② 56.4mg/L
③ 127.5mg/L ④ 172.2mg/L

[해설]

$L_t = L_a(1-10^{-kt})$

$155 = L_a(1-10^{-0.2 \times 5})$

따라서 $L_a = 172.2 mg/L$

$L_t = 172.2(1-10^{-0.2 \times 4}) = 144.9 mg/L$

따라서 4일 후 남아 있는 BOD
$= 172.2 - 144.9 = 27.3 mg/L$

정답 01 ② 02 ③ 03 ④ 04 ④ 05 ① 06 ①

과년도 기출문제

07 BOD 200mg/L, 유량 600m³/day인 어느 식료품 공장폐수가 BOD 10mg/L, 유량 2m³/s 인 하천에 유입한다. 폐수가 유입되는 지점으로부터 하류 15km 지점의 BOD는?(단, 다른 유입원은 없고, 하천의 유속은 0.05m/s, 20℃ 탈산소계수(K_1) =0.1/day이고, 상용대수, 20℃ 기준이며 기타 조건은 고려하지 않음) [기 11, 15, 19년]

① 4.79mg/L   ② 5.39mg/L
③ 7.21mg/L   ④ 8.16mg/L

[해설]

공장폐수 하천수의 혼합 후 농도

$$C = \frac{Q_1 C_1 + Q_2 C_2}{Q_1 + Q_2}$$

하천유량 2m³/s는
$2 \times 86,400 \text{m}^3/\text{day} = 172,800 \text{m}^3/\text{day}$
따라서 C = 10.66mg/L
BOD 감소량 하류 15km 이동시간은 $t(\text{day}) = L/V$
$15,000\text{m}/0.05\text{m/sec} = \frac{15,000}{0.05 \times 86,400} \text{day} = 3.47 \text{day}$
잔존 BOD 공식에 대입하면,
$BOD_{3.47} = 10.66 \times 10^{-0.1 \times 3.47} = 4.79 \text{mg/L}$

08 수중의 질소화합물의 질산화 진행과정으로 옳은 것은? [기 16, 19년]

① $NH_3-N \rightarrow NO_2^--N \rightarrow NO_3^--N$
② $NH_3-N \rightarrow NO_3^--N \rightarrow NO_2^--N$
③ $NO_2^--N \rightarrow NO_3^--N \rightarrow NH_3-N$
④ $NO_3^--N \rightarrow NO_2^--N \rightarrow NH_3-N$

[해설]

암모니아성질소(NH_3-N) → 아질산성질소(NO_2^--N) → 질산성질소(NO_3^--N)

09 하수 고도처리 중 하나인 생물학적 질소 제거 방법에서 질소의 제거 직전 최종형태(질소제거의 최종산물)는? [기 20년]

① 질소가스(N_2)
② 질산염(NO_3^-)
③ 아질산염(NO_2^-)
④ 암모니아성 질소(NH_4^+)

[해설]

탈질화과정의 순서
암모니아성질소 → 아질산성질소 → 질산성질소 → N_2

10 상수원수에 포함된 색도제거를 위한 단위조작으로 거리가 먼 것은? [기 16년]

① 폭기처리   ② 응집침전처리
③ 활성탄처리   ④ 오존처리

[해설]

색도제거방법으로는 전염소처리, 오존처리, 활성탄처리가 있으며, 부유물질 등에 의한 색도발생의 경우 응집침전을 통해 처리할 수 있다.

11 하천의 자정작용 중에서 가장 큰 작용을 하는 것은?

① 침전   ② 일광
③ 화학적 작용   ④ 생물학적 작용

12 하천의 재폭기(Reaeration) 계수가 0.2/day, 탈산소계수가 0.1/day이면 하천의 자정계수는? [기 04년]

① 0.1   ② 0.2
③ 0.5   ④ 2

정답 07 ① 08 ① 09 ① 10 ① 11 ④ 12 ④

[해설]

자정계수

$$f = \frac{재폭기계수(K_2)}{탈산소계수(K_1)} = \frac{0.2}{0.1} = 2$$

13 용존산소 부족곡선(DO Sag Curve)에서 산소의 복귀율(회복속도)이 최대로 되었다가 감소하기 시작하는 점은? [기 17년]

① 임계점 ② 변곡점
③ 오염 직후 ④ 포화 직전

[해설]

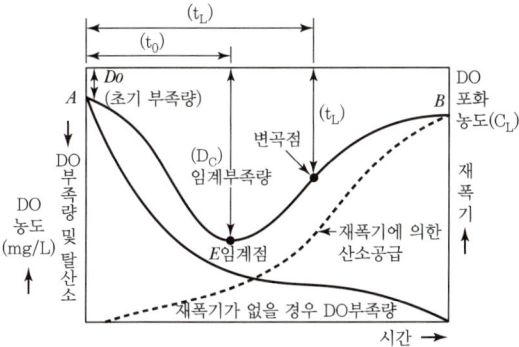

14 하천의 자정단계 중 DO가 가장 낮은 단계는?

① 분해지대 ② 활발한 분해지대
③ 회복지대 ④ 정수지대

15 하천유량이 200,000m³/day이고, BOD가 1mg/L인 하천에 유량이 6,250m³/day이고 BOD가 100mg/L인 하수가 유입될 때, 혼합 후의 BOD는? [기 04년]

① 2mg/L ② 4mg/L
③ 6mg/L ④ 8mg/L

[해설]

$$C = \frac{Q_1 C_1 + Q_2 C_2}{Q_1 + Q_2}$$
$$= \frac{(200,000 \times 1) + (6,250 \times 100)}{200,000 + 6,250} = 4\text{mg/L}$$

16 다음 중 호수의 부영양화 현상을 일으키는 주요 원인 물질은?

① 질소, 인 ② 철
③ 산소 ④ 수은

17 호수의 부영양화에 대한 설명으로 옳지 않은 것은? [기 19년]

① 부영양화의 주된 원인물질은 질소와 인이다.
② 조류의 이상증식으로 인하여 물의 투명도가 저하된다.
③ 조류의 발생이 과다하면 정수공정에서 여과지를 폐색시킨다.
④ 조류제거 약품으로는 일반적으로 황산알루미늄을 사용한다.

[해설]

조류제거는 마이크로스트레이너법으로 한다.

18 다음 중 수돗물 속에서 나는 냄새의 원인은 무엇인가?

① pH ② 온도
③ 용존산소 ④ 조류(Algae)

19 저수지의 수원에서 부영양화를 방지하기 위한 대책으로 잘못된 것은?

① 영양염류 공급 ② 황산구리 투여
③ N, P 유입 방지 ④ 고도 하수처리 도입

정답 13 ② 14 ② 15 ② 16 ① 17 ④ 18 ④ 19 ①

03 수질관리 및 수질기준

2 수질기준

(1) 미생물에 관한 기준
  1mL 중 100CFU를 넘지 않을 것

(2) 대장균 검출 이유
  ① 병원균추정의 간접지표 이용
  ② 타 세균의 존재 유무 추정
  ③ 검출방법이 용이함

(3) 건강상 유해영향 무기물질에 관한 기준
  ① 납, 시안, 비소 0.01mg/L를 넘지 아니할 것
  ② 수은 0.001mg/L를 넘지 아니할 것
  ③ 카드뮴 0.005mg/L를 넘지 아니할 것
  ④ 암모니아성 질소, 질산성 질소는 공장폐수 오염지표임

(4) 건강상 유해영양 유기물질에 관한 기준
  페놀 0.005mg/L를 넘지 아니 할 것

(5) 소독부산물에 관한 기준
  THM 0.1mg/L를 넘지 아니할 것(염소과다주입 시 발생)

(6) 심미적 영향물질에 관한 기준
  철, 구리, 아연, 알루미늄

(7) 소독제 및 소독부산물, 방사능에 관한 기준은 신설되었다.

➕ **심미적 영향물질 기준**
- 색도 : 5도
- 경도 : 300
- 염소이온 : 250

개념이해

01 먹는 물에 대장균이 검출될 경우 오염수로 판정되는 이유로 옳은 것은? [기 20년]
① 대장균이 병원균이기 때문이다.
② 대장균은 반드시 병원균과 공존하기 때문이다.
③ 대장균은 번식 시 독소를 분비하여 인체에 해를 끼치기 때문이다.
④ 사람이나 동물의 체내에 서식하므로 병원성 세균의 존재 추정이 가능하기 때문이다.

▶ 대장균을 검사하는 이유는 타 병원균의 존재 유무를 추정하기 위해서 이다.

답 ④

과년도 기출문제

01 수질검사에서 대장균을 검사하는 이유는?

① 대장균이 병원체이기 때문이다.
② 대장균을 이용하여 병원체의 존재를 추정하기 위해서 이다.
③ 수질오염을 가져오는 대표적인 세균이기 때문이다.
④ 물을 부패시키는 세균이기 때문이다.

02 대장균군의 수를 나타내는 MPN(최확수)에 대한 설명으로 옳은 것은? [기 18년]

① 검수 1mL 중 이론상 있을 수 있는 대장균군의 수
② 검수 10mL 중 이론상 있을 수 있는 대장균군의 수
③ 검수 50mL 중 이론상 있을 수 있는 대장균군의 수
④ 검수 100mL 중 이론상 있을 수 있는 대장균군의 수

[해설]
MPN은 100mL 중 이론상 있을 수 있는 대장균군의 수이다.

03 다음 중 음료수의 수질기준으로 적합하지 않은 것은?

① 암모니아성 질소와 아질산성 질소는 동시에 검출되지 아니할 것
② 수소이온 농도는 pH 6.5~8.0
③ 탁도는 2도를 초과하지 아니할 것
④ 비소는 0.05mg/L를 초과하지 아니할 것

[해설]
암모니아성질소는 0.5mg/L를 넘지 아니할 것

04 다음 중 음료수의 수질기준에 부적합한 것은? [기 03년]

① 납은 0.05mg/L를 넘지 아니할 것
② 페놀은 0.005mg/L를 넘지 아니할 것
③ 경도는 100mg/L를 넘지 아니할 것
④ 황산은 200mg/L를 넘지 아니할 것

[해설]
경도는 300mg/L를 넘지 아니할 것

05 다음의 소독방법 중 발암물질인 THM 발생 가능성이 가장 높은 것은?

① 염소소독
② 오존소독
③ 이산화염소소독
④ 자외선소독

[해설]
소독을 위한 염소의 과다 투입은 발암성 물질인 THM을 발생시킨다.

06 THM은 발암물질로 알려져 있어서 음용수 수질기준에 의하여 규제하고 있다. 음용수에서 트리할로메탄의 기준농도는 얼마인가?

① 0.01ppm 이하
② 0.05ppm 이하
③ 0.1ppm 이하
④ 1.0ppm 이하

07 먹는 물의 수질기준 항목인 화학물질과 분류항목의 조합이 옳지 않은 것은? [기 19년]

① 황산이온 – 심미적
② 염소이온 – 심미적
③ 질산성질소 – 심미적
④ 트리클로로에틸렌 – 건강

[해설]
질산성질소는 무기물질이다.

08 하천 및 저수지의 수질해석을 위한 수학적 모형을 구성하고자 할 때 가장 기본이 되는 수학적 방정식은? [기 12, 16, 20년]

① 에너지보존의 식
② 질량보존의 식
③ 운동량보존의 식
④ 난류의 운동방정식

정답 01 ② 02 ④ 03 ① 04 ③ 05 ① 06 ③ 07 ③ 08 ②

04 상수관로시설

1 계획도수량과 계획송수량

① 계획도수량＝계획취수량 기준
② 계획송수량＝계획 1일 최대급수량 기준

계획취수량
계획 1일 최대급수량×1.05~1.1

2 도수송수노선 결정 시 고려사항

① 관로 도중에 감압을 위한 접합정을 설치
② 최소 동수경사선 이하가 되도록 설계

최소 동수경사선 이하가 안 될 경우
- 상류 측 관경 크게
- 접합정 설치
- 감압밸브 설치

3 수로의 평균유속

도수관, 송수관	0.3~3m/sec
원형관에서 유속최대	81~84%
원형관에서 유량최대	91~94%
관두께 산정	$t = \dfrac{pD}{2\sigma_w}$
관수로 계산 공식	$h_l = f\dfrac{l}{D} \cdot \dfrac{V^2}{2g}$ $f = \dfrac{64}{R_e}$ $f = \dfrac{124.5n^2}{D^{1/3}}$ $V = \dfrac{1}{n}R_h^{2/3}I^{1/2}$ $R_h = \dfrac{d}{4}$ $R_h = \dfrac{bh}{b+2h}$ $I = \dfrac{h_L}{L}$

4 상수도 밸브

제수밸브(Gate Valve)	사고 시 통수량 조절
역지밸브(Check Valve)	물의 역류를 방지
안전밸브(Safety Valve)	수격작용, 이상수압

과년도 기출문제

01 도수시설의 계획도수량은 무엇을 기준으로 계획하여야 하는가?

① 계획취수량
② 계획 1일 최대급수량
③ 계획 1일 평균급수량
④ 계획 시간 최대급수량

[해설]
계획도수량은 계획취수량을 기준으로 설계한다.

02 상수도 송수시설의 용량산정을 위한 계획송수량의 기준이 되는 수량은? [기 15년]

① 계획 1일 최대급수량
② 계획 1일 평균급수량
③ 계획 1인 1일 최대급수량
④ 계획 1인 1일 평균급수량

03 상수도의 도수 및 송수관로의 일부분이 동수경사선보다 높을 경우에 취할 수 있는 방법으로 옳은 것은? [기 14년]

① 접합정을 설치하는 방법
② 스크린을 설치하는 방법
③ 감압밸브를 설치하는 방법
④ 상류 측 관로의 관경을 작게 하는 방법

04 접합정(Junction Well)에 대한 설명으로 옳은 것은? [기 04, 17년]

① 수로에 유입한 토사류를 침전시켜서 이를 제거하기 위한 시설
② 종류가 다른 관 또는 도랑의 연결부, 관 또는 도랑의 굴곡부 등의 수두를 감쇄하기 위하여 그 도중에 설치하는 시설
③ 양수장이나 배수지에서 유입수의 수위 조절과 양수를 위하여 설치한 작은 우물
④ 수압관 및 도수관에 발생하는 수압의 급격한 증감을 조정하는 수조

05 도수 및 송수관로 계획에 대한 설명으로 옳지 않은 것은? [기 19년]

① 비정상적 수압을 받지 않도록 한다.
② 수평 및 수직의 급격한 굴곡을 많이 이용하여 자연유하식이 되도록 한다.
③ 가능한 한 단거리가 되도록 한다.
④ 가능한 한 적은 공사비가 소요되는 곳을 택한다.

06 자연유하식 관로를 설치할 때, 수두를 분할하여 수압을 조절하기 위한 목적으로 설치하는 부대설비는?

① 양수정
② 분수전
③ 수로교
④ 접합정

07 상수도 시설 중 접합정에 관한 설명으로 가장 옳은 것은? [기 05, 19년]

① 복류수를 취수하기 위해 매설한 유공관거 시설
② 상부를 개방하지 않은 수로 시설
③ 배수지 등의 유입수의 수위조절과 양수를 위한 시설
④ 관로의 도중에 설치하여 주로 관로의 수압을 조절할 목적으로 설치하는 시설

08 도·송수관로 내의 토사류 퇴적방지와 관 내면의 마멸방지를 위한 평균유속의 허용한도로 옳은 것은? [기 96, 15, 16년]

① 최소한도 0.3m/s, 최대한도 3.0m/s
② 최소한도 0.1m/s, 최대한도 2.0m/s
③ 최소한도 0.2m/s, 최대한도 1.5m/s
④ 최소한도 0.5m/s, 최대한도 1.0m/s

정답 01 ① 02 ① 03 ① 04 ② 05 ② 06 ④ 07 ④ 08 ①

과년도 기출문제

09 자연유하식 도수관을 설계할 때의 평균유속의 허용최대한도는? [기 14, 19년]

① 2.0m/s ② 2.5m/s
③ 3.0m/s ④ 3.5m/s

10 도수 및 송수 관로 내의 최소유속을 정하는 주요이유는? [기 19년]

① 관로 내면의 마모를 방지하기 위하여
② 관로 내 침전물의 퇴적을 방지하기 위하여
③ 양정에 소모되는 전력비를 절감하기 위하여
④ 수격작용이 발생할 가능성을 낮추기 위하여

11 도수관거에 관한 설명으로 틀린 것은? [기 12, 15, 20년]

① 관경의 산정에 있어서 시점의 고수위, 종점의 저수위를 기준으로 동수경사를 구한다.
② 자연유하식 도수관거의 평균유속의 최소한도는 0.3m/s로 한다.
③ 자연유하식 도수관거의 평균유속의 최대한도는 3.0m/s로 한다.
④ 도수관거 동수경사의 통상적인 범위는 1/1,000 ~ 1/3,000이다.

[해설]
관경의 산정에 있어서 시점의 저수위, 종점의 고수위를 기준으로 동수경사를 구한다.

12 원형하수관에서 유량이 최대가 되는 때는? [기 05, 15, 20년]

① 가득차서 흐를 때
② 수심이 92~84% 차서 흐를 때
③ 수심이 80~85% 차서 흐를 때
④ 수심이 75~80% 차서 흐를 때

13 지름 300mm의 주철관을 설치할 때, 40kgf/cm²의 수압을 받는 부분에서는 주철관의 두께는 최소한 얼마로 하여야 하는가? (단, 허용인장응력 σ_{ta} = 1,400kgf/cm²이다.) [기 19년]

① 3.1mm ② 3.6mm
③ 4.3mm ④ 4.8mm

[해설]

$t = \dfrac{PD}{2\sigma}$ 로부터 $t = \dfrac{40\text{kgf/cm}^2 \times 30\text{cm}}{2 \times 1,400\text{kgf/cm}^2}$

$t = 0.4286\text{cm} ≒ 4.3\text{mm}$

14 직경 100cm인 원형관로에 물이 1/2 정도 차서 흐르고 있다. 이 관수로의 경심은 얼마인가? [기 98년]

① 50cm ② 30cm
③ 25cm ④ 20cm

[해설]

경심(동수반경) $R_h = \dfrac{A}{P}$ 이므로

따라서 $\dfrac{\pi d^2}{4} / \dfrac{\pi d}{2} = \dfrac{d}{2} = \dfrac{100}{2} = 50\text{cm}$

15 구형수로가 수리학상 유리한 단면을 얻으려할 경우 폭이 28m라면 경심(R)은? [기 20년]

① 3m ② 5m
③ 7m ④ 9m

[해설]

수리상유리한 단면은 $h = \dfrac{b}{2}$ 이므로

$R_h = \dfrac{bh}{b+2h} = \dfrac{b \times \dfrac{b}{2}}{b + 2 \times \dfrac{b}{2}} = \dfrac{\dfrac{28^2}{2}}{2 \times 28} = 7\text{m}$

정답 09 ③ 10 ② 11 ① 12 ② 13 ③ 14 ① 15 ③

과년도 기출문제

토목 / 기사 / 필기

16 수평으로 부설한 지름 400mm, 길이 1,500m의 주철관으로 20,000m³/day의 물이 수송될 때 펌프에 의한 송수압이 53.95N/cm²이면 관수로 끝에서 발생되는 압력은?(단, 관의 마찰손실계수 $f=0.03$, 물의 단위중량 $\gamma=9.81$kN/m³, 중력가속도 g=9.8m/s²) [기 22년]

① 3.5×10^5N/m² ② 4.5×10^5N/m²
③ 5.0×10^5N/m² ④ 5.5×10^5N/m²

[해설]

$Q = 20,000\text{m}^3/\text{d} = 20,000\text{m}^3/86,400\text{sec} = 0.232\text{m}^3/\text{sec}$
$d = 400\text{mm} = 0.4\text{m}$
$V = \dfrac{Q}{A} = \dfrac{0.232}{\dfrac{\pi\times 0.4^2}{4}} = 1.845\text{m/sec}$
$P = 53.95\text{N/cm}^2 = 53.95/0.01^2\text{m}^2 = 539,500\text{N/m}^2$
$\gamma = 9.81\text{kN/m}^3 = 9,810\text{N/m}^3$
∴ 관수로 끝에서 발생되는 압력
$= 539,500\text{N/m}^2 - P_{end} = 539,500\text{N/m}^2 - \gamma h$
$= 539,500\text{N/m}^2 - \gamma\times f\dfrac{l}{d}\dfrac{V^2}{2g}$
$= 539,500\text{N/m}^2 - 9,810\times 0.03\times \dfrac{1,500}{0.4}\times \dfrac{1.845^2}{2\times 9.8}$
$= 347,828\text{N/m}^2 = 3.5\times 10^5\text{N/m}^2$

17 다음은 급수시설에 설치되는 각종 밸브이다. 역류를 방지하기 위해 설치되는 밸브는 어느 것인가? [기 12년]

① Stop Valve ② Check Valve
③ Safety Valve ④ Gate Valve

18 관로 내에 이상 수압이 발생하는 경우 관의 파열을 방지하기 위해 자동적으로 물을 배출하는 관의 부속설비는?

① 공기밸브 ② 안전밸브
③ 역지밸브 ④ 감압밸브

19 배수관 내에 큰 수격작용이 일어날 경우에 배수관의 손상을 방지하기 위하여 설치하는 것으로, 큰 수격작용이 일어나기 쉬운 곳에 설치하여 첨두압력을 긴급 방출함으로써 관로나 펌프를 보호하는 것은?

① 공기밸브 ② 안전밸브
③ 역지밸브 ④ 감압밸브

20 도수관에 설치되는 공기밸브에 대한 설명 중 틀린 것은?

① 관로의 종단도상에서 상향돌출부의 상단에 설치한다.
② 관로 중 제수밸브 사이에 공기밸브를 설치할 경우 낮은 쪽 배수밸브 바로 위에 설치한다.
③ 매설관에 설치하는 공기밸브에는 밸브실을 설치한다.
④ 공기밸브에는 보수용의 제수밸브를 설치한다.

21 다음 상수도관의 관종 중 내식성이 크고 중량이 가벼우며 손실두수가 적으나 저온에서 강도가 낮고 열이나 유기용제에 약한 것은? [기 20년]

① 흄관 ② 강관
③ PVC관 ④ 석면 시멘트관

[해설]

열이나 유기용제에 약한 관은 PVC관이다.

정답 16 ① 17 ② 18 ② 19 ② 20 ② 21 ③

04 상수관로시설

5 배수시설

(1) 계획배수량과 용량
① 표준 8~12시간
② 최소 6시간 이상

(2) 배수지의 수압범위
① 1.5~4.0kg/cm²
② 15~40m
③ 150~400kPa

➕ • 최소동수압 400kPa
• 최대정수압 700kPa

➕ **배수지의 위치**
• 수평위치 : 배수구역 중앙
• 수직위치 : 15~40m

(3) 배수관 배치방식
① 격자식과 수지상식
② 격자식의 장단점
   • 제수밸브가 많다.
   • 사고 시 단수구간이 좁다.
   • 건설비가 많이 소요된다.

(4) 관망해석

1) 등가길이관법 = 등치관법
   직경이 D_1인 관을 직경 D_2인 등치관으로 바꾸는 경우
   Hazen-William 공식으로부터
   $$Q_1 = K\,C\,C_1^{2.63}\,h_1^{0.54}\,L_1^{-0.54}$$
   $$Q_2 = K\,C\,C_2^{2.63}\,h_2^{0.54}\,L_2^{-0.54}$$
   $\therefore Q_1 = Q_2$, $h_1 = h_2$ 이므로
   $$\frac{Q_1}{Q_2} = 1 = \left(\frac{D_1}{D_2}\right)^{2.63}\left(\frac{L_2}{L_1}\right)^{0.54}$$ 가 된다.
   $$\therefore L_2 = L_1\left(\frac{D_2}{D_1}\right)^{4.87}$$

➕ **등치관**
손실수두가 같으면서 직경이 다른 관

2) Hardy Cross법의 가정
   ① 들어간 유량은 모두 나간다.
   ② 각 폐합관의 마찰손실은 약 0이다.
   ③ 미소손실은 무시한다.

3) Hazen-Williams 공식
   $$h_L = KQ^{1.85}$$

과년도 기출문제

01 배수관의 갱생공법으로 기존 관 내의 세척(Cleaning)을 수행하는 일반적인 공법과 거리가 먼 것은? [기 15, 21년]

① 제트(Jet) 공법
② 로터리(Rotary) 공법
③ 스크레이퍼(Scraper) 공법
④ 실드(Shield) 공법

[해설]
실드(Shield) 공법은 연약·대수지반에 터널을 만들 때 사용되는 굴착공법이다.

02 상수도에서 배수지의 용량으로 기준이 되는 것은? [기 16년]

① 계획시간 최대급수량의 12시간분 이상
② 계획시간 최대급수량의 24시간분 이상
③ 계획 1일 최대급수량의 12시간분 이상
④ 계획 1일 최대급수량의 24시간분 이상

03 배수지의 적정 배치와 용량에 대한 설명으로 옳지 않은 것은? [기 20년]

① 배수상 유리한 높은 장소를 선정하여 배치한다.
② 용량은 계획 1일 최대급수량의 18시간분 이상을 표준으로 한다.
③ 시설물의 배치에는 가능한 한 안정되고 견고한 지반의 장소를 선정한다.
④ 가능한 한 비상시에도 단수 없이 급수할 수 있도록 배수지 용량을 설정한다.

[해설]
용량은 표준 8~12시간, 최소 6시간 이상을 표준으로 한다.

04 상수도 배수관 내의 수압은 다음 중 어느 범위로 유지시키는 것이 가장 좋은가? [기 96년]

① 1.0~4.0kg/cm²
② 1.0~10.0kg/cm²
③ 1.5~4.0kg/cm²
④ 1.5~10.0kg/cm²

05 배수관의 수압에 관한 사항으로 ㉠, ㉡에 들어 갈 적정한 값은? [기 12년]

> 1. 급수관을 분기하는 지점에서 배수관 내의 최소동수압은 (㉠)kPa 이상을 확보한다.
> 2. 급수관을 분기하는 지점에서 배수관 내의 최소정수압은 (㉡)kPa를 초과하지 않아야 한다.

① ㉠ 150 ㉡ 700
② ㉠ 150 ㉡ 600
③ ㉠ 200 ㉡ 700
④ ㉠ 200 ㉡ 600

06 배수 및 급수시설에 관한 설명으로 틀린 것은? [기 16, 20년]

① 배수본관은 시설의 신뢰성을 높이기 위해 2개열 이상으로 한다.
② 배수지의 건설에는 토압, 벽체의 균열, 지하수의 부상, 환기 등을 고려한다.
③ 급수관 분기지점에서 배수관 내의 최대정수압은 1,000kPa 이상으로 한다.
④ 관로공사가 끝나면 시공의 적합여부를 확인하기 위하여 수압 시험 후 통수한다.

[해설]
최대정수압은 700kPa 이상으로 한다.

정답 01 ④ 02 ③ 03 ② 04 ③ 05 ① 06 ③

과년도 기출문제

07 다음 중 배수관망법의 종류에 속하지 않는 것은 어느 것인가? [기 01년]

① 격자식 ② 수지상식
③ 가압식 ④ 종합식

[해설]
가압식은 배수 방식이다.

08 상수도 배수관망 중 격자식 배수관망에 대한 설명으로 틀린 것은? [기 96, 04, 15, 18년]

① 물이 정체하지 않는다.
② 사고 시 단수 구역이 작아진다.
③ 수리 계산이 복잡하다.
④ 제수밸브가 적게 소요되며 시공이 용이하다.

[해설]
격자식 배수관망은 제수밸브가 많이 필요하며, 시공이 복잡하다.

09 배수관망의 구성 방식 중 격자식과 비교한 수지상식의 설명으로 틀린 것은? [기 18, 22년]

① 수리계산이 간단하다.
② 사고 시 단수구간이 크다.
③ 제수밸브를 많이 설치해야 한다.
④ 관의 말단부에 물이 정체되기 쉽다.

[해설]
격자식의 특징
• 제수밸브를 많이 설치한다.
• 사고 시 단수구간이 크다.
• 건설비가 많이 소요된다.

10 배수관의 관망 중 수지상식에 관한 설명으로 알맞은 것은? [기 05년]

① 관을 그물 모양처럼 연결하는 방식이다.
② 수리계산이 간단하고 비교적 정확하다.
③ 사고 시 단수되는 구간을 최소화 할 수 있다.
④ 관의 설치 시 비교적 공사비가 많이 든다.

11 관망에서 등치관에 대한 설명으로 옳은 것은? [기 12, 17년]

① 관의 직경이 같은 관을 말한다.
② 유속이 서로 같으면서 관의 직경이 다른 관을 말한다.
③ 수두손실이 같으면서 관의 직경이 다른 관을 말한다.
④ 수원과 수질이 같은 주관과 지관을 말한다.

12 관의 길이가 1,000m이고, 직경 20cm인 관을 직경 40cm의 등치관으로 바꿀 때, 등치관의 길이는?(단, Hazen-Williams 공식 사용) [기 16, 21년]

① 2,924.2m ② 5,924.2m
③ 19,242.6m ④ 29,242.6m

[해설]

$L_2 = L_1 \left(\dfrac{D_2}{D_1}\right)^{4.87}$ 이므로

$L_2 = 1000 \times \left(\dfrac{0.4}{0.2}\right)^{4.87} = 29,242.6\text{m}$

13 Hardy-Cross법에 의해 상수 배수관망을 해석할 때에 각 폐합관의 마찰손실수두 h의 산정식은? (단, Q는 유량, k는 상수) [기 03년]

① Hazen-Williams 식 사용 시 $h = kQ^{1.85}$
② Hazen-Williams 식 사용 시 $h = kQ^3$
③ Darcy-Weisbach 식 사용 시 $h = kQ^{1.85}$
④ Darcy-Weisbach 식 사용 시 $h = kQ^3$

정답 07 ③　08 ④　09 ③　10 ②　11 ③　12 ④　13 ①

과년도 기출문제

14 그림은 Hardy-Cross 방법에 의한 배수관망의 도해법이다. 그림에 대한 설명으로 틀린 것은?(단, Q는 유량, H는 손실수두를 의미한다.) [기 18년]

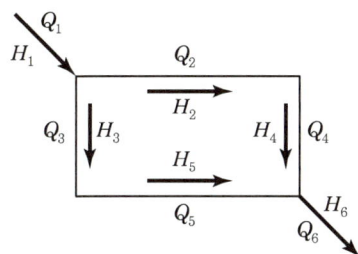

① Q_1과 Q_6은 같다.
② Q_2의 방향은 +이고, Q_3의 방향은 -이다.
③ $H_2+H_4+H_3+H_5$는 0이다.
④ H_1은 H_6과 같다.

15 배수지의 저수위와 배수구역 관말까지의 관로길이가 3km, 관로경사가 3‰일 때 두 지점 간의 고저차는 얼마인가?(단, 배수관말의 적정 수압을 고려한다.) [기 96년]

① 9m
② 14m
③ 24m
④ 29m

[해설]
배수관말의 최소동수압 $1.5\text{kg/cm}^2 = 15\text{m}$
$I = \dfrac{h_L}{L}$ 로 부터 $h_L = L \times I$
고저차 = 손실수두차(h_L) + 최소수두
$= 3{,}000\text{m} \times \dfrac{3}{1{,}000} + 15\text{m} = 24\text{m}$

정답 14 ④ 15 ③

04 상수관로시설

6 급수시설

(1) 직결식 급수방식
　① 배수관의 수압을 이용하여 급수
　② 배수관의 관경과 수압이 급수장치의 사용수량에 대해 충분한 경우 적용

(2) 탱크식 급수방식
　① 배수관의 수압이 소요수압에 비해 부족할 경우
　② 일시에 많은 수량을 필요로 하는 경우
　③ 배수관의 압력변동에 관계없이 상시 일정 수량과 압력을 필요로 하는 경우
　④ 급수관의 고장에 따른 단수 시에도 어느 정도의 급수를 지속시킬 필요가 있는 경우
　⑤ 배수관의 수압이 과대하여 급수장치에 고장을 일으킬 염려가 있는 경우
　⑥ 재해 시, 단수 시, 강수 시 물을 반드시 확보해야 할 경우

(3) 교차연결(Cross Connection)

　1) 정의
　　음료수를 공급하는 수도와 음용수로 사용될 수 없는 다른 계통의 수도 사이에 관이 서로 물리적으로 연결된 것

　2) 교차연결의 발생원인
　　① 화재 등으로 소화전을 열었을 때
　　② 배수관의 수리나 청소를 위하여 니토관을 열었을 때
　　③ 상수관이 하수관과 함께 같은 도랑에 매설될 때
　　④ 염된 물을 담은 용기의 유출구가 상수유입구보다 높은 곳에 위치할 때

　3) 교차연결의 방지대책
　　① 수도관과 하수관을 같은 위치에 매설하지 않는다.
　　② 수도관의 진공발생을 방지하기 위해 공기밸브를 부착한다.
　　③ 연결관에 제수밸브, 역지밸브 등을 설치한다.
　　④ 오염된 물의 유출구를 상수관보다 낮게 설치한다.

과년도 기출문제

01 급수방식에 대한 설명으로 틀린 것은? [기 14년]

① 급수방식은 급수전의 높이, 수요자가 필요로 하는 수량 등을 고려하여 결정한다.
② 직결식은 직결직압식과 직결가압식으로 구분할 수 있다.
③ 저수조식은 수돗물을 일단 저수조에 받아서 급수하는 방식으로 단수나 감수 시 물의 확보가 어렵다.
④ 직결식과 저수조식의 병용방식은 하나의 건물에 직결식과 저수조식의 양쪽 급수방식을 병용하는 것이다.

[해설]
저수조식은 단수나 감수 시 일정 유량의 물을 확보하기 위한 방식이다.

02 급수방식에 대한 설명으로 옳지 않은 것은?

① 급수방식에는 직결식, 저수조식 및 직결·저수조 병용식이 있다.
② 직결식에는 직결직압식과 직결가압식이 있다.
③ 급수관으로부터 수돗물을 일단 저수조에 받아서 급수하는 방식을 저수조식이라 한다.
④ 수도의 단수 시에도 물을 반드시 확보해야 하는 경우는 직결식을 적용하는 것이 바람직하다.

[해설]
단수 시에도 물의 확보가 필요한 경우에는 저수조식 및 탱크식 급수방식을 선택하여야 한다.

03 급수방법에는 고가수조식과 압력수조식이 있다. 압력수조식을 고가수조식과 비교한 설명으로 옳지 않은 것은? [기 17년]

① 조작상에 최고·최저의 압력차가 적고 급수압의 변동폭이 적다.
② 큰 설비에는 공기압축기를 설치해서 때때로 공기를 보급하는 것이 필요하다.
③ 취급이 비교적 어렵고 고장이 많다.
④ 저수량이 비교적 적다.

[해설]
압력수조식은 저수조에 물을 받은 다음 펌프로 압력수조에 넣고, 그 내부압력에 의하여 급수하는 방식이므로 공기압축기를 필요로 하지 않는다. 단, 큰 설비에는 공기압축기를 설치해서 때때로 공기를 보급하는 것이 필요하다.

04 교차연결(Cross Connection)에 대한 설명으로 가장 옳은 것은?

① 가정하수관과 우수관거가 연결된 것
② 연결수관에 압력계가 연결된 것
③ 하수관에 유량계가 연결된 것
④ 음용수관과 음용수로 사용될 수 없는 물을 수송하는 관이 연결된 것

[해설]
교차연결은 음용수관과 음용수로 사용될 수 없는 물을 수송하는 관이 연결된 것이다.

정답 01 ③ 02 ④ 03 ① 04 ④

05 정수장시설

1 응집

(1) 응집제

응집에 사용되는 약품을 응집제라 하며 일반적으로 응집제로서 가장 많이 사용되는 것은 명반(황산반토, 황산알루미늄), $Al_2(SO_4)_3$, 철염($FeCl_2$, $FeCl_3$, $FeSO_4$ 등)으로서 명반은 주로 정수처리에 많이 사용되며, 철염은 폐수처리에 주로 사용된다.

➕ **명반**
$Al_2(SO_4)_3 \cdot 18H_2O$

품명	장점	단점	응집적정 pH
황산 반토	• 여러 폐수에 적용이 가능함 • 모든 종류의 부유물에 대해 유효함 • 부식성, 자극성이 없어 취급이 용이 • 독성이 없어 다량주입 가능 • 다른 응집제에 비해 가격이 저렴함	• 응집이 발생하는 pH 범위가 좁음 • Floc이 가벼움 • 황산반토 수용액은 강산성으로 취급에 주의를 요함	5.5~8.5
PAC	• 응집, Floc 형성 속도가 빠름 • 성능이 좋음 • 저온 열화하지 않음 • 알칼리도의 소모가 황산반토의 절반밖에 되지 않음 • 탁도제거에 탁월함 • 적정주입량의 폭이 크며 과잉주입하여도 효과가 떨어지지 않음	고가임	
황산 제1철	• Floc이 무겁고 침강이 빠름 • 값이 쌈 • 저온이나 pH 변화에 의한 영향이 적음 • 알칼리도가 높은 고탁도의 원수에 사용이 가능	• 산화할 필요가 있음 • 철이온이 잔류함 • 소석회와 함께 사용해야 함 • 부식성이 강함	9~11
염화 제2철	• 응집 pH 범위가 넓음(pH 3.5 이상) • Floc이 무겁고 침강이 빠름 • 소석회의 사용이 필요 없음	• 부식성이 강함 • 더운물로 용해시켜야 함	4~12

(2) 응집제주입량

$$C \times Q \times \frac{1}{순도}$$

(3) Jar-Test(약품교반시험, 응집교반시험)

① 응집제의 적정량 및 알맞은 농도를 결정
② 급속교반 후 완속교반하는 이유 : 플록을 깨뜨리지 않고 크기를 증가시키기 위하여

과년도 기출문제

01 원수수질 상황과 정수수질 관리목표를 중심으로 정수방법을 선정할 때 종합적으로 검토하여야 할 사항으로 틀린 것은? [기 22년]

① 원수수질
② 원수시설의 규모
③ 정수시설의 규모
④ 정수수질의 관리목표

[해설]
정수방법의 선정을 위한 원수시설의 규모는 관련이 없다.

02 착수정의 체류시간 및 수심에 대한 표준으로 옳은 것은? [기 16년]

① 체류시간 : 1분 이상, 수심 : 3~5m
② 체류시간 : 1분 이상, 수심 : 10~12m
③ 체류시간 : 1.5분 이상, 수심 : 3~5m
④ 체류시간 : 1.5분 이상, 수심 : 10~12m

03 응집제로서 가격이 저렴하고 탁도, 세균, 조류 등의 거의 모든 현탁성 물질 또는 부유물의 제거에 유효하며, 무독성 때문에 대량으로 주입할 수 있으며 부식성이 없는 결정을 갖는 응집제는?

① 황산알루미늄
② 암모늄 명반
③ 황산 제1철
④ 폴리염화 알루미늄

[해설]
응집제로 가장 많이 쓰는것은 명반(황산반토, 황산알루미늄)이다.

04 응집제의 하나인 황산알루미늄의 장점이라 볼 수 없는 것은?

① 다른 응집제에 비해 가격이 저렴하다.
② 독성이 없으므로 다중으로 주입할 수 있다.
③ 결정은 부식성이 없어 취급이 용이하다.
④ 플록생성 시 적정 pH 폭이 넓다.

[해설]
황산알루미늄은 적정 pH 폭이 좁다.

05 원수의 알칼리도가 50ppm, 탁도가 500ppm일 때 황산알루미늄의 소비량은 60ppm이다. 수량이 48,000m³/day일 때 5% 용액의 황산알루미늄은 1일에 얼마나 필요한가?(단, 액체의 비중은 1로 본다.) [기 07년]

① 40.6m³/day
② 47.6m³/day
③ 50.6m³/day
④ 57.6m³/day

[해설]
황산알루미늄 1일 사용량
$= 60 \times 10^{-3} kg/m^3 \times 48,000 m^3/day \times \dfrac{1}{0.05}$
$= 57.6 t/day = 57.6 m^3/day$

06 Jar-Test는 다음 중 어느 것과 관계되는가? [기 02년]

① 흡착제
② 응집제
③ 알칼리도
④ 경도

[해설]
Jar-Test는 적정응집제 주입량을 결정하기 위한 것이다.

07 Jar-Test는 적정응집제의 주입량과 적정 pH를 결정하기 위한 시험이다. Jar-Test 시 응집제를 주입한 후 급속교반 후 완속교반을 하는 이유는? [기 07, 13, 18년]

① 응집제를 용해시키기 위해서
② 응집제를 고르게 섞기 위해서
③ 플록이 고르게 퍼지게 하기 위해서
④ 플록을 깨뜨리지 않고 성장시키기 위해서

정답 01 ② 02 ③ 03 ① 04 ④ 05 ④ 06 ② 07 ④

05 정수장시설

2 침전

(1) Stokes의 법칙

식	$V_s = \dfrac{(\rho_s - \rho_w)\,g\,d^2}{18\mu} = \dfrac{(s-1)\,g\,d^2}{18\nu}$ 여기서, V_s : 입자의 침강속도(cm/sec) g : 중력가속도 ρ_s : 입자의 밀도(g/cm³) ρ_w : 물의 밀도(g/cm³) s : 비중 μ : 물의 점성계수(g/cm · sec) ν : 물의 동점성계수 d : 입자의 직경(cm)
기본 가정	• 입자의 크기는 일정하다. • 입자의 형상은 구형(원형)이다. • 물의 흐름은 층류상태($R_e < 0.5$)이다.

> Stokes 침강법칙은 1차 침전, 독립침전, 단독침전, 자유침전, 보통침전을 설명할 수 있다.

(2) 침전관계 이론

1) 면부하율(수면적 부하, SLR : Surface Loading Rate)

$$V_0 = \frac{Q}{A} = \frac{h}{t}$$

> 수면적 부하와 침전속도는 동일한 값을 갖는다.

2) 침전속도가 V_0보다 작은 입자의 평균제거율(침전효율, 침전효과)

$$E(\%) = \frac{V_s}{V_0} \times 100 = \frac{V_s}{Q/A} \times 100 = \frac{V_s}{h/t} \times 100$$

여기서, V_s : 침전속도(m/sec)
  h : 유효수심(m)
  t : 체류시간(hr)
  $V_s \geq V_0$: 모든 퇴적부에 침전된다.
  $V_s \leq V_0$: 유출부로 유출된다.

(3) 고속응집침전지

1) 목적

기존 플록의 존재하에서 새로운 플록을 형성시키는 것으로, 응집침전의 효율을 향상시키는 것

2) 고속응집침전지의 수와 구조

① 용량은 계획정수량의 1.5~2.0시간분으로 한다.
② 지내의 평균 상승유속은 40~50mm/min을 표준으로 한다.
③ 청소, 고장 등의 경우에도 침전에 지장이 없는 지수로 한다.

과년도 기출문제

01 다음 중 저농도 현탁입자의 침전형태는? [기 22년]

① 단독침전
② 응집침전
③ 지역침전
④ 압밀침전

[해설]
저농도 현탁입자의 경우 중력에 의한 침전이 합당하므로 1차 침전 또는 단독침전이다.

02 다음 중 Stoke's 법칙의 기본 가정이 아닌 것은 어느 것인가? [기 01년]

① 입자의 크기가 일정하다.
② 입자 간 응집성을 고려한다.
③ 물의 흐름은 층류상태이다.
④ 입자의 형상은 구형이다.

03 침전에 관한 Stoke's의 법칙에 대한 설명으로 잘못된 것은? [기 06년]

① 침강속도는 입자와 액체의 밀도차에 비례한다.
② 침강속도는 겨울철이 여름철보다 크다.
③ 침강속도는 입자의 크기가 클수록 크다.
④ 침강속도는 중력가속도에 비례한다.

[해설]
$V_s = \frac{(\rho_s - \rho_w)gd^2}{18\mu} = \frac{(s-1)gd^2}{18\nu}$ 의 각 항목들의 관계를 잘 살펴본다.

04 동일한 조건에서 비중 2.5인 입자의 침전속도는 비중 2.0인 입자의 몇 배인가?(단, Stokes 법칙 기준) [기 15년]

① 1.25배
② 1.5배
③ 1.6배
④ 2.5배

[해설]
$s - 1$로부터 $\frac{2.5-1}{2.0-1} = 1.5$

05 침사지의 직경 0.01mm인 토립자의 침강속도가 0.008cm/sec일 때 같은 침사지에 밀도가 같고 토립자의 직경이 0.02mm인 토립자의 침강속도는? [기 00년]

① 0.032cm/sec
② 0.016cm/sec
③ 0.008cm/sec
④ 0.064cm/sec

[해설]
$V_s = \frac{(\rho_s - \rho_w)gd^2}{18\mu} = \frac{(s-1)gd^2}{18\nu}$ 에서 침강속도는 토립자 직경의 제곱에 비례한다.
따라서 $V_1 : D_1^2 = V_2 : D_2^2$ 으로부터
$V_2 = \left(\frac{D_2}{D_1}\right)^2 \times V_1 = \left(\frac{0.02}{0.01}\right)^2 \times 0.008 = 0.032 \text{cm/s}$

06 침전지 내에서 비중이 0.7인 입자의 부상속도를 V라 할 때, 비중이 0.4인 입자의 부상속도는?

① 0.5V
② 1.25V
③ 1.75V
④ 2V

[해설]
$V_s = \frac{(\rho_w - \rho_s)gd^2}{18\mu} = \frac{(1-s)gd^2}{18\nu}$ 에서 $V_s \propto (1-s)$ 이므로,
$V_2 = \frac{(1-0.4)}{(1-0.7)} = 2V$

07 깊이 3m, 표면적 500m²인 어떤 수평류 침전지에 1,000m³/hr의 유량이 유입된다. 독립침전임을 가정할 때 100% 제거할 수 있는 입자의 최소 침강속도는? [기 97년]

① 0.5m/hr
② 1.0m/hr
③ 2.0m/hr
④ 2.5m/hr

정답 01 ① 02 ② 03 ② 04 ② 05 ① 06 ④ 07 ③

과년도 기출문제

[해설]

$V_0 = \dfrac{Q}{A} = \dfrac{1,000}{500} = 2.0\text{m/hr}$

08 침전지의 유효수심이 4m, 1일 최대사용수량이 450m³, 침전지 간이 12시간일 경우 침전지의 수면적은? [기 19년]

① 56.3m² ② 42.7m²
③ 30.1m² ④ 21.3m²

[해설]

$V_0 = \dfrac{Q}{A} = \dfrac{h}{t}$ 이므로, $\dfrac{450\text{m}^3/\text{day}}{A} = \dfrac{4\text{m}}{12\text{hr}}$ 이다.

따라서, $A = 56.25\text{m}^2$

09 침전지의 표면부하율이 19.2m³/m²·day이고, 체류시간이 5시간일 때 침전지의 유효수심은? [기 16년]

① 2.5m ② 3.0m
③ 3.5m ④ 4.0m

[해설]

$V_0 = \dfrac{Q}{A} = \dfrac{h}{t}$ 이므로

$V_0 = \dfrac{h}{t}$

따라서

$h = V_0 \times t = 19.2\text{m}^3/\text{m}^2 \cdot \text{day} \times 5 \times \dfrac{1}{24}\text{day} = 4\text{m}$

10 침전지의 수심이 4m이고, 체류시간이 2시간일 때 이 침전지의 표면부하율은? [기 00, 12년]

① 12m³/m²·day ② 24m³/m²·day
③ 36m³/m²·day ④ 48m³/m²·day

[해설]

$V_0 = \dfrac{Q}{A} = \dfrac{h}{t}$ 이므로 $V_0 = \dfrac{h}{t} = \dfrac{4\text{m}}{2\text{hr}} = 2\text{m/hr}$

11 유입수량이 50m³/min, 침전지 용량이 3,000m³, 침전지 유효수심이 6m일 때 수면부하율(m³/m²·day)은? [기 14년]

① 115.2 ② 125.2
③ 144.0 ④ 154.0

[해설]

$V_0 = \dfrac{h}{t} = \dfrac{Q}{A}$

$(50 \times 1,440)/(3,000 \div 6) = 144$

12 침전시간 1시간, 침전지의 깊이 3m, 침강입자의 침전속도 V가 0.027m/min일 때 침전효과는?

① 48% ② 52%
③ 54% ④ 58%

[해설]

$E = \dfrac{V_s}{V_o} \times 100$ 에서

$V_o = \dfrac{h}{t}$ 이므로

$E = \dfrac{V_s}{h/t} \times 100$

$= \dfrac{0.027}{3/60} \times 100 = 54$

13 침전지의 침전효율을 증가시키기 위한 설명으로 옳지 않은 것은? [기 13년]

① 표면부하율을 작게 하여야 한다.
② 침전지 표면적을 크게 하여야 한다.
③ 유량을 작게 하여야 한다.
④ 지내 수평속도를 크게 하여야 한다.

정답 08 ① 09 ④ 10 ④ 11 ③ 12 ③ 13 ④

과년도 기출문제

14 정수장 침전지의 침전효율에 영향을 주는 인자에 대한 설명으로 옳지 않은 것은? [기 08, 20년]

① 수온이 낮을수록 좋다.
② 체류시간이 길수록 좋다.
③ 입자의 직경이 클수록 좋다.
④ 침전지의 수표면적이 클수록 좋다.

[해설]
수온은 높을수록 좋다.

15 정수장에서 혼화, 플록형성, 침전이 하나의 반응조 내에서 이루어지는 침전지는? [기 00, 13년]

① 고속응집침전지
② 약품침전지
③ 보통침전지
④ 경사판침전지

16 고속응집침전지를 선택할 때 고려하여야 할 사항으로 옳지 않은 것은? [기 20년]

① 처리수량의 변동이 적어야 한다.
② 탁도와 수온의 변동이 적어야 한다.
③ 원수 탁도는 10NTU 이상이어야 한다.
④ 최고 탁도는 10,000NTU 이하인 것이 바람직하다.

[해설]
최고 탁도는 1,000NTU 이하인 것이 바람직하다.

정답 14 ① 15 ① 16 ④

05 정수장시설

3 여과

(1) 여과면적

여과속도와 계획정수량이 결정되면 다음 식으로 총여과면적을 구한다.

$$A = \frac{Q}{Vn}$$

- Q : 계획정수량(m^3/d)
- V : 여과속도(m/d)
- A : 총여과면적(m^3)
- n : 여과지수

(2) 완속여과와 급속여과

1) 완속여과와 급속여과의 특징 비교

구분	완속여과	급속여과
용지면적	크다	작다
세균 제거	좋다	나쁘다
수질	양호	–
약품처리	불필요	필요
손실수두	작다	크다
건설비	많다	적다
유지 관리비	적다	많다
원수수질	저탁도	고탁도
여재 세척법	많이 소요	적게 소요
관리기술	불필요	필요

2) 완속여과와 급속여과의 제원 비교

구분	완속여과	급속여과
여과속도	4~5m/d	120~150m/d
모래층 두께	70~90cm	60~70cm
세균 제거율	98~99.5%	95~98%
모래 유효경	0.3~0.45mm	0.45~1.0mm
균등계수	2.0 이하	1.7 이하
여과율	$3 \sim 6 m^3/m^2 \cdot day$	$100 \sim 200 m^3/m^2 \cdot day$
사상(砂上)수심	90~120cm	1m 이상
여과작용	생물학적 응결작용	여과, 응결, 침전

(3) Micro-floc 여과

직접여과법으로 응집침전을 행하지 않고 급속여과를 행하는 것

과년도 기출문제

01 여과모래 선정 시 주요 고려사항이 아닌 것은?
　　　　　　　　　　　　　　　　　　　　　[기 05년]

① 균등계수　　② 유효경
③ 마멸률　　　④ 인장강도

[해설]
여과모래는 탁질은 거르고 물은 통과시켜야 하므로 여과사의 균등계수, 유효경, 마멸률을 고려하여 선정해야 한다.

02 여과사의 입도분석 결과가 다음과 같을 때 이 여과사의 균등계수는?　　　　　　　　　[기 05년]

체통과율 입경(%)	5	10	20	40	60	80
입경(mm)	0.2	0.32	0.38	0.6	0.85	1.30

① 1.7　　② 2.8
③ 3.2　　④ 3.5

[해설]
$C_u = \dfrac{D_{60}}{D_{10}} = \dfrac{0.85}{0.3} = 2.83$

03 여과지의 여재에서 다음 모래의 균등계수는 얼마인가?(단, 10% 통과율 입경 : 0.4mm, 60% 통과율 입경 : 0.6mm)　　　　　　　　[기 99년]

① 1.5　　② 1.0
③ 0.6　　④ 0.4

[해설]
$C_u = \dfrac{D_{60}}{D_{10}} = \dfrac{0.6}{0.4} = 1.5$

04 정수장의 처리수량이 35,000m³/day이다. 여과속도를 150m/day, 여과지수를 5로 계획하고자 할 때, 여과지 1지의 면적은?

① 46.7m²　　② 53.6m²
③ 57.7m²　　④ 65.4m²

[해설]
$A = \dfrac{Q}{Vn}$ 이므로 $A = \dfrac{35{,}000\text{m}^3/\text{d}}{150\text{m}/\text{d} \times 5} = 46.67\text{m}^2$

05 어떤 도시의 계획 1일 최대급수량이 90,000m²일 때 여과속도가 150m/day인 여과지를 설계하고자 한다. 여과지를 폭 8m, 길이 10m의 장방형으로 하면 지의 수는 몇 개가 필요한가?(단, 예비지는 고려하지 않는다)　　　[기 99년]

① 4개　　② 6개
③ 8개　　④ 10개

[해설]
$A = \dfrac{Q}{n \times V}$ 로부터 $n = \dfrac{Q}{VA}$

따라서 $n = \dfrac{90{,}000}{150 \times (8 \times 10)} = 7.5 ≒ 8$ 개

06 어떤 도시의 계획급수인구는 200,000명이며 계획 1일 최대급수량이 60,000m³일 때 여과속도를 4m/day로 할 때 여고지의 소요면적과 여과지를 폭 30m, 길이 50m의 장방형으로 할 경우 지의 수로 옳은 것은?　　　　　　　　　[기 99년]

① $A = 35{,}000\text{m}^2$, $N = 12$개
② $A = 50{,}000\text{m}^2$, $N \equiv 11$개
③ $A = 44\text{m}^2$, $N \equiv 10$개
④ $A = 15{,}000\text{m}^2$, $N \equiv 10$개

[해설]
$A = \dfrac{Q}{V} = \dfrac{60{,}000}{4} = 15{,}000\text{m}^2$

$N = \dfrac{15{,}000}{30 \times 50} = 10$개

정답　01 ④　02 ②　03 ①　04 ①　05 ③　06 ④

과년도 기출문제

07 여과면적이 1지당 120m²인 정수장에서 역세척과 표면세척을 6분/회씩 수행할 경우 1지당 배출되는 세척수량은?(단, 역세척 속도는 5m/분, 표면세척 속도는 4m/분이다.) [기 20년]

① 1,080m³/회
② 2,640m³/회
③ 4,920m³/회
④ 6,480m³/회

[해설]

$A = \dfrac{Q}{Vn}$ 으로부터 $Q = AVn$

역세척 + 표면세척

$Q = (120 \times 5 \times 6 + 120 \times 4 \times 6) \times 1 = 6,480 \, \text{m}^3/\text{회}$

08 완속여과지의 구조와 형상의 설명으로 틀린 것은? [기 16년]

① 여과지의 총 깊이는 4.5~5.5m를 표준으로 한다.
② 형상은 직사각형을 표준으로 한다.
③ 배치는 1열이나 2열로 한다.
④ 주위벽 상단은 지반보다 15cm 이상 높인다.

[해설]

여과지의 깊이는 하부집수장치의 높이에 자갈층 두께, 모래층 두께, 모래면 위의 수심과 여유고를 더해 2.5~3.5m를 표준으로 한다.

09 완속여과지에 관한 설명으로 옳지 않은 것은? [기 19년]

① 응집제를 필수적으로 투입해야 한다.
② 여과속도는 4~5m/d를 표준으로 한다.
③ 비교적 양호한 원수에 알맞은 방법이다.
④ 급속여과지에 비해 넓은 부지면적을 필요로 한다.

[해설]

응집제 투입을 통한 약품침전을 거치게 되면 급속여과시설로 간다.

10 완속여과지와 비교할 때 급속여과지에 대한 설명으로 틀린 것은? [기 21년]

① 대규모처리에 적합하다.
② 세균처리에 있어 확실성이 적다.
③ 유입수가 고탁도인 경우에 적합하다.
④ 유지관리비가 적게 들고 특별한 관리기술이 필요하지 않다.

[해설]

급속여과지는 약품침전지를 거쳐오기 때문에 응집제를 필요로 하므로 유지관리비가 들고 특별한 관리기술이 필요하다.

11 급속여과법과 비교할 때, 완속여과법의 특징으로 옳은 것은? [기 17년]

① 넓은 부지가 필요하며 시공비가 많이 든다.
② 모래층의 오염물질을 제거하기 위한 역세척이 반드시 필요하다.
③ 약품사용과 동력 소비에 따른 유지관리비가 많이 든다.
④ 여과를 할 때 손실수두가 크다.

[해설]

완속여과법은 비교적 저탁도 원수에 적용하며, 넓은 부지가 소요되므로 건설비가 많이 든다.

12 완속여과지에서 모래층의 두께는 수질과 관계가 깊다. 간단한 식취만으로 여과기능을 재생하기 위한 모래층의 두께는? [기 15년]

① 10~20cm
② 70~90cm
③ 100~120cm
④ 150~160cm

[해설]

완속여과지의 모래층 두께는 70~90cm이다.

정답 07 ④ 08 ① 09 ① 10 ④ 11 ① 12 ②

과년도 기출문제

13 급속여과지에서 여과 시의 균등계수에 관한 설명으로 틀린 것은? [기 14년]

① 균등계수의 상한은 1.7이다.
② 입경분포의 균일한 정도를 나타낸다.
③ 균등계수가 1에 가까울수록 탁질억류가능량은 증가한다.
④ 입도가적곡선의 50% 통과직경과 5% 통과직경에 의해 구한다.

14 다층여과지에 대한 설명으로 옳지 않은 것은? [기 13년]

① 모래단층여과지에 비하여 여과속도를 크게 할 수 있다.
② 탁질억류량에 대한 손실수두가 적어서 여과지속시간이 길어진다.
③ 표면여과의 경향이 강하므로 여과층의 단위체적당 탁질억류량이 작다.
④ 수류방향에서 여재의 입경이 큰 것으로부터 작은 것으로 역입도의 여과층을 구성한다.

[해설]
다층여과지는 여과층의 단위체적당 탁질억류량이 많다.

15 금속이온 및 염소이온(염화나트륨 제거율 93% 이상)을 제거할 수 있는 막여과공법은? [기 20년]

① 역삼투법
② 나노여과법
③ 정밀여과법
④ 한외여과법

[해설]
막여과공법 중 이온 제거에 많이 이용되는 것은 역삼투법이다.

16 급속여과에서 탁질누출현상이 일어나기까지의 순서도 옳은 것은? [기 00년]

① Air Binding – 부수압 – Scour – 탁질누출현상
② Air Binding – Scour – 부수압 – 탁질누출현상
③ 부수압 – Scour – Air Binding – 탁질누출현상
④ 부수압 – Air Binding – Scour – 탁질누출현상

[해설]
탁질누출현상은 급속여과에서 발생하며 부(-)수압이 되면 공기장애(Air Binding)가 발생하여 균열(Scour)이 생기고 이 틈으로 탁질이 누출되는 것을 말한다.

정답 13 ④ 14 ③ 15 ① 16 ④

05 정수장시설

4 소독

(1) 염소소독과 전염소처리

구분	염소소독	전염소처리
색도제거	안된다.	된다.
잔류염소	생성	비생성
THM	발생	발생

(2) 잔류염소

1) 유리잔류염소

수중의 염소는 물의 pH에 따라 HOCl나 OCl^-를 생성하는데, 이와 같이 수중에서 HOCl, OCl^- 형태로 존재하는 염소를 유리잔류염소라 한다.

2) 결합잔류염소

염소가 수중의 NH_3, 또는 유기성 질소화합물과 반응하여 존재하는 것으로 클로라민(Chloramine)이 대표적이다. 클로라민의 종류는 물의 pH, 암모니아의 양, 온도의 영향을 받는다.

(3) 염소요구량

$$(주입염소농도 - 잔류염소농도) \times Q \times \frac{1}{순도}$$

(4) 오존처리의 단점

① 가격이 비싸다.
② 소독의 지속성이 없다.
③ 암모니아제거 안 된다.

(5) 활성탄처리

목적	이취미 제거
종류	분말활성탄(응집처리 전 주입), 입상활성탄(여과와 소독 중간 주입)

(6) 배출수처리

처리순서	조정 → 농축 → 탈수 → 건조 → 최종처분
조정시설	슬러지균등화시설
농축시설	부피감소시설
탈수, 건조시설	함수율 감소시설

＋ 살균력세기
$HOCl > OCl^- >$ 클로라민

＋ 수중에 존재하는 암모니아와 염소와의 반응식
- $Cl_2 + H_2O \rightleftarrows HOCl + H_2O$
- $HOCl + NH_3 \rightleftarrows H_2O + NH_2Cl$
  (Mono Chloramin) : pH 8.5 이상
- $HOC + NH_2Cl \rightarrow H_2O + NH_2Cl$
  (Dichloramin) : pH 4.5 이상
- $HOCl + NHCl \rightarrow H_2O + NCl_3$
  (Trichloramin) : pH 4.4 이하

＋ 염소요구량의 단위가 mg/L인지 kg/day인지를 확인해야 한다.

과년도 기출문제

01 병원균 등의 세균을 완전히 제거하기 위하여 사용되는 정수방법은? [기 04년]

① 응집
② 소독
③ 여과
④ 침전

02 전염소처리의 목적 중 틀린 것은? [기 05년]

① 세균을 제거한다.
② 암모니아성 질소와 유기물 등을 제거한다.
③ 철, 망간 등을 제거한다.
④ 수중의 불순물을 침전시킨다.

03 정수장에서 전염소처리 설비의 목적과 관계 없는 것은? [기 06, 14, 19년]

① 철, 망간의 제거
② 맛, 냄새의 제거
③ 트리할로메탄의 제거
④ 암모니아성 질소, 유기물의 처리

04 소독을 위해 염소를 주입하였을 때 수중의 유리잔류염소는?

① 클로라민
② Cl_2
③ Cl^-
④ $HOCl$, OCl^-

05 염소소독 시 살균력이 가장 강한 것은?

① $HOCl$
② OCl^-
③ NH_2Cl
④ $NHCl_2$

06 정수 처리에서 염소소독을 실시할 경우 물이 산성 일수록 살균력이 커지는 이유는? [기 04 12, 20년]

① 수중의 OCl 증가
② 수중의 OCl 감소
③ 수중의 $HOCl$ 증가
④ 수중의 $HOCl$ 감소

[해설]

차아염소산($HOCl$)도 pH 6~9에서 가수분해반응이 일어나므로 산성일수록 증가하고 알칼리성일 때는 OCl가 증가한다.

07 염소의 살균능력을 순서대로 표시한 것으로 옳은 것은? [기 14년]

① $HOCl > OCl^- >$ 클로라민
② 클로라민 $> OCl^- > HOCl$
③ 클로라민 $> HOCl > OCl^-$
④ $OCl^- >$ 클로라민 $> HOCl$

[해설]

살균력의 세기
오존 $> HOCl > OCl^- >$ 클로라민

08 pH 및 수온이 어떠할 때 염소살균 효과가 높아지는가? [기 12년]

① pH가 낮고 수온이 높을 때
② pH가 낮고 수온이 낮을 때
③ pH가 높고 수온이 낮을 때
④ pH가 높고 수온이 높을 때

정답 01 ② 02 ④ 03 ③ 04 ④ 05 ① 06 ③ 07 ① 08 ①

과년도 기출문제

09 파괴점 염소처리(또는 불연속점 염소처리)에 대한 설명 중 틀린 것은?

① 염소를 주입하여 생성된 클로라민을 모두 파괴하고 유리잔류염소로 소독하는 방법이다.
② 파괴점(Breakpoint)은 염소요구량이 소비되고 나서 유리잔류염소가 존재하기 시작하는 점을 말한다.
③ 유리잔류염소는 살균력이 강하여 소독효과를 충분히 달성할 수가 있다.
④ 파괴점 염소소독을 할 경우 THM 등의 소독부산물 생성을 방지할 수 있다.

10 상수도의 정수공정에서 염소소독에 대한 설명으로 틀린 것은? [기 22년]

① 염소살균은 오존살균에 비해 가격이 저렴하다.
② 염소소독의 부산물로 생성되는 THM은 발암성이 있다.
③ 암모니아성질소가 많은 경우에는 클로라민이 형성된다.
④ 염소요구량은 주입염소량과 유리 및 결합잔류염소량의 합이다.

[해설]

염소요구량 = 주입염소농도 − 잔류염소농도

11 유량이 3,000m³/day인 처리수에 7.0mg/L의 비율로 염소를 주입시켰더니 잔류염소량이 0.2mg/L였다. 이 처리수의 염소 요구량은?

① 19.4kg/day
② 20.4kg/day
③ 21.4kg/day
④ 22.4kg/day

[해설]

염소요구량 = 주입염소량 − 잔류염소량
$= (7-0.2) \times 10^{-3} \text{kg/m}^3 \times 3,000 \text{m}^3/\text{day}$
$= 20.4 \text{kg/day}$

12 분말활성탄과 입상활성탄의 비교 설명으로 틀린 것은? [기 16년]

① 분말활성탄은 재생 사용이 용이하다.
② 분말활성탄은 기존시설을 사용하여 처리할 수 있다.
③ 입상활성탄은 누출에 의한 흑수현상(검은물 발생) 우려가 거의 없다.
④ 입상활성탄은 비교적 장기간 처리하는 경우에 유리하다.

[해설]

입상활성탄은 고형물 형태이고, 여과와 소독 중간에 실시하며, 분말활성탄은 입자 형태이므로 응집침전 전에 실시한다. 따라서 분말활성탄은 재사용이 어렵다.

13 활성탄흡착 공정에 대한 설명으로 옳지 않은 것은? [기 17, 20년]

① 활성탄은 비표면적이 높은 다공성의 탄소질 입자로 형상에 따라 입성활성탄과 분말활성탄으로 구분된다.
② 분말활성탄의 흡착능력이 떨어지면 재생공정을 통해 재활용한다.
③ 활성탄흡착을 통해 소수성의 유기물질을 제거할 수 있다.
④ 모래여과 공정 전단에 활성탄흡착 공정을 두게 되면, 탁도 부하가 높아져서 활성탄 흡착효율이 떨어지거나 역세척을 자주 해야 할 필요가 있다.

정답 09 ④ 10 ④ 11 ② 12 ① 13 ②

과년도 기출문제

14 상수도의 소독방법 중 염소살균과 오존살균에 대한 설명으로 옳지 않은 것은?

[기 04년]

① 오존의 살균력은 염소보다 우수하다.
② 오존살균은 배오존처리설비가 필요하다.
③ 오존살균은 염소살균에 비하여 잔류성이 강하다.
④ 염소살균은 발암물질인 트리할로메탄(THM)을 생성시킬 가능성이 있다.

[해설]

오존살균 단점
가격이 비싸고, 소독의 지속성이 없으며, 암모니아 제거가 안 된다.

15 정수처리의 단위조작으로 사용되는 오존처리에 관한 설명으로 틀린 것은?

[기 19, 22년]

① 유기물질의 생분해성을 증가시킨다.
② 염소 주입에 앞서 오존을 주입하면 염소의 소비량을 감소시킨다.
③ 오존은 자체의 높은 산화력으로 염소에 비하여 높은 살균력을 가지고 있다.
④ 인의 제거능력이 뛰어나고 수온이 높아져도 오존 소비량은 일정하게 유지된다.

[해설]

수온이 높아지면 용해도가 감소하고 분해가 빨라져 오존의 소비량이 극격히 높아진다.

16 다음 중 오존처리법을 통해 제거할 수 있는 물질이 아닌 것은?

[기 20년]

① 철
② 망간
③ 맛·냄새물질
④ 트리할로메탄(THM)

17 다음 배출수 처리단계 중 제일 처음 단계에 속하는 것은?

① 처분시설   ② 농축시설
③ 조정단계   ④ 탈수단계

18 정수장의 슬러지 처리과정을 순서대로 열거한 것은?

[기 19년]

① 조정-농축-탈수-건조-반출
② 농축-조정-탈수-건조-반출
③ 탈수-조정-농축-건조-반출
④ 농축-탈수-조정-건조-반출

19 정수시설 중 배출수처리시설의 농축조에서 고형물부하는 몇 kg/(m²·day)를 표준으로 하는가?

[기 13년]

① 10~20   ② 20~30
③ 30~40   ④ 40~50

정답 14 ③ 15 ④ 16 ④ 17 ③ 18 ① 19 ①

06 하수도시설계획

1 하수도의 개요

하수도의 계획년차	20년
계획오수량	180~250Lpcd(계획급수량의 60~70%)

2 계획하수량

오수관거	계획시간 최대오수량
우수관거	계획우수량
합류관거	계획시간 최대오수량 + 계획우수량
차집관거	우천 시 계획오수량 또는 계획시간 최대오수량의 3배

3 계획오수량 산정

계획오수량	생활오수량 + 공장폐수량 + 지하수량
생활오수량	1인 1일 최대오수량 × 계획배수인구
지하수량	• 1인 1일 최대오수량의 10~20% • 하수관의 길이 1km당 0.2~0.4L/sec • 1인 1일당 17~25L로 가정
계획오수량의 종류	• 계획 1일 평균오수량 : 하수도 요금산정의 지표 • 계획 1일 최대오수량 : 하수처리장의 설계기준 • 계획 1일 시간 최대오수량 : 오수관 구경 결정, 오수펌프의 용량 결정

+ 지하수량은 침출수를 의미한다.

4 계획우수량 산정(합리식 적용)

- $Q = \dfrac{1}{3.6} C \cdot I \cdot A \, (A : \text{km}^2$일 경우$)$
- $Q = \dfrac{1}{360} C \cdot I \cdot A \, (A : \text{ha}$일 경우$)$
- 유달시간 $T = t_1 + t_2 = t_1 + \dfrac{L}{V}$

  여기서, t_1 : 유입시간
  t_2 : 유하시간

+ 유달시간의 단위
min

과년도 기출문제

01 하수도시설을 계획할 때 일반적으로 목표연도는 몇 년 후로 하는가? [기 04, 12, 17, 19년]

① 10년 ② 20년
③ 30년 ④ 40년

02 하수도계획의 기본적 사항에 관한 설명으로 옳지 않은 것은? [기 12, 20년]

① 하수도계획의 목표연도는 시설의 내용년수, 건설기간 등을 고려하여 50년을 원칙으로 한다.
② 계획구역은 계획 목표연도에 시가화 예상구역까지 포함하여 광역적으로 정하는 것이 좋다.
③ 신시가지 하수도계획의 수렵 시에는 기존 시가지 및 신시가지를 합하여 종합적으로 고려해야 한다.
④ 공공수역의 수질보전 및 자연환경보전을 위하여 하수도 정비를 필요로 하는 지역을 계획구역으로 한다.

03 하수도계획에서 수질 환경기준에 준하는 배제방식, 처리방법, 시설의 취지 결정에 활용하기 위하여 필요한 조사는?

① 상수도급수현황
② 음용수의 수질기준
③ 방류수역의 허용부하량
④ 공업용수도의 현황

04 하수처리계획 및 재이용계획을 위한 계획오수량에 대한 설명으로 옳은 것은? [기 18년]

① 계획 1일 최대오수량은 계획시간 최대오수량을 1일의 수량으로 환산하여 1.3~1.8배를 표준으로 한다.
② 합류식에서 우천 시 계획오수량은 원칙적으로 계획 1일 평균오수량의 3배 이상으로 한다.
③ 계획 1일 평균오수량은 계획 1일 최대오수량의 70~80%를 표준으로 한다.
④ 지하수량은 계획 1일 평균오수량의 10~20%로 한다.

[해설]
계획시간 최대오수량은 계획 1일 최대오수량을 1일의 수량으로 환산하여 1.3~1.8배를 표준으로 한다. 합류식에서 우천 시 계획오수량은 원칙적으로 계획 1일 시간최대오수량의 3배 이상으로 한다. 지하수량은 계획 1일 최대오수량의 10~20%로 한다.

05 하수도의 목적에 관한 설명으로 가장 거리가 먼 것은? [기 18년]

① 하수도는 도시의 건전한 발전을 도모하기 위한 필수시설이다.
② 하수도는 공중위생의 향상에 기여한다.
③ 하수도는 공공용 수역의 수질을 보전함으로써 국민의 건강보호에 기여한다.
④ 하수도는 경제발전과 산업기반의 정비를 위하여 건설된 시설이다.

[해설]
하수도의 목적은 공공수역의 수질, 공중위생, 건전한 도시발전을 위한 것이며, 하수도 설비를 통하여 부차적으로 경제발전과 산업기반의 정비가 이루어지는 것이지 정비를 위하여 하수도 시설을 하는 것은 아니다.

06 다음 중 하수도시설의 목적과 가장 거리가 먼 것은? [기 16년]

① 하수의 배제와 이에 따른 생활환경의 개선
② 슬러지 처리 및 자원화
③ 침수방지
④ 지속발전 가능한 도시구축에 기여

정답 01 ② 02 ① 03 ③ 04 ③ 05 ④ 06 ②

과년도 기출문제

07 계획오수량 산정 시 고려하는 사항에 대한 설명으로 옳지 않은 것은? [기 12, 14, 17년]

① 지하수량은 1인 1일 최대오수량의 10~20%로 한다.
② 계획 1일 평균오수량은 계획 1일 최대오수량의 70~80%를 표준으로 한다.
③ 계획시간 최대오수량은 계획 1일 평균오수량의 1시간당 수량의 0.9~1.2배를 표준으로 한다.
④ 계획 1일 최대오수량은 1인 1일 최대오수량에 계획인구를 곱한 후 공장폐수량, 지하수량 및 기타 배수량을 더한 값으로 한다.

08 하수도의 계획오수량 산정 시 고려할 사항이 아닌 것은? [기 22년]

① 계획오수량 산정 시 산업폐수량을 포함하지 않는다.
② 오수관로는 계획시간 최대오수량을 기준으로 계획한다.
③ 합류식에서 하수의 차집관로는 우천 시 계획오수량을 기준으로 계획한다.
④ 우천 시 계획오수량 산정 시 생활오수량 외 우천 시 오수관로에 유입되는 빗물의 양과 지하수의 침입량을 추정하여 합산한다.

[해설]
계획오수량 산정은 생활오수량, 공장폐수량, 지하수량, 기타이다.

09 오수관로 설계 시 기준이 되는 수량은? [기 04년]

① 계획오수량
② 계획 1일 최대오수량
③ 계획 1일 평균오수량
④ 계획시간 최대오수량

[해설]
분류식의 오수관거는 오수만 유하하므로 계획시간 최대오수량으로 설계한다.

10 가정하수, 공장폐수 및 우수를 혼합해서 수송하는 하수관거는?

① 가정 하수관거(Sanitary Sewer)
② 우수관거(Storm Sewer)
③ 합류식 하수관거(Combined Sewer)
④ 분류식 하수관거(Separate Sewer)

11 다음은 하수관거별 계획하수량을 나타낸 것이다. 틀린 것은? [기 99, 11, 16, 18년]

① 오수관거 : 계획시간 최대오수량
② 우수관거 : 계획시간 최대우수량
③ 합류관거 : 계획시간 최대오수량+계획우수량
④ 차집관거 : 우천 시 계획오수량

12 관거별 계획하수량에 대한 설명으로 옳지 않은 것은? [기 12, 15, 16, 17, 19년]

① 오수관거의 계획오수량은 계획 1일 최대오수량으로 한다.
② 우수관거에서는 계획우수량으로 한다.
③ 합류식관거에서는 계획시간 최대오수량에 계획우수량을 합한 것으로 한다.
④ 차집관거는 우천 시 계획오수량으로 한다.

13 $Q = \dfrac{1}{360}CIA$ 는 합리식으로서 첨두유량을 산정할 때 사용된다. 이 식에 대한 설명으로 옳지 않은 것은? [기 08, 12, 18년]

① C는 유출계수로 무차원이다.
② I는 도달시간 내의 강우강도로 단위는 mm/hr이다.
③ A는 유역면적으로 단위는 km^{2}이다.
④ Q는 첨두유출량으로 단위는 m^3/sec이다.

[해설]
합리식 공식 $Q = \dfrac{1}{360}CIA$ 이므로 면적은 ha이다.

정답 07 ③ 08 ① 09 ④ 10 ③ 11 ② 12 ① 13 ③

과년도 기출문제

14 하수도 계획 대상유역에서 분할된 각 구역별 유출계수가 표와 같을 때 전체 유역의 유출계수는?

구역	면적(km²)	토지상태	유출계수
1	0.05	콘크리트포장	0.90
2	0.50	교외주택지역	0.35
3	0.03	아파트지역	0.60

① 0.350 ② 0.410
③ 0.447 ④ 0.534

[해설]
면적가중을 구하면,
$C = \dfrac{0.05 \times 0.9 + 0.5 \times 0.35 + 0.03 \times 0.6}{0.05 + 0.5 + 0.03} = 0.410$

15 어떤 지역의 강우지속시간(t)과 강우강도 역수(1/I)와의 관계를 구해보니 그림과 같이 기울기가 1/3,000, 절편이 1/150이 되었다. 이 지역의 강우강도를 Talbot형 ($\dfrac{a}{t+b}$)으로 표시한 것으로 옳은 것은? [기 14, 17, 20년]

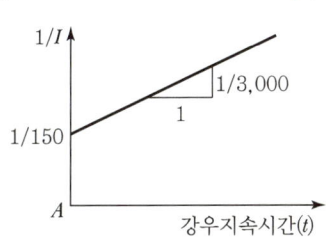

① $\dfrac{3,000}{t+20}$ ② $\dfrac{20}{t+3,000}$
③ $\dfrac{10}{t+1,500}$ ④ $\dfrac{1,500}{t+10}$

[해설]
$a = \dfrac{1}{기울기} = 3,000$
$b = \dfrac{절편}{기울기} = \dfrac{1/150}{1/3,000} = 20$
$I = \dfrac{a}{t+b} = \dfrac{3,000}{t+20}$

16 유역면적 100ha, 유출계수 0.6, 강우강도 2mm/min인 지역의 합리식에 의한 우수량은? [기 99년]

① 2m³/s ② 3.3m³/s
③ 20m³/s ④ 33m³/s

[해설]
$Q = \dfrac{1}{360} CIA$
$= \dfrac{1}{360} \times 0.6 \times (2 \times 60)\text{mm/hr} \times 100 = 20\text{m}^3/\text{s}$

17 강우강도 $I = \dfrac{3,500}{t[분]+10}$[mm/hr], 유역 면적 2.0 km², 유입시간 7분, 유출계수 C=0.7, 관 내 유속이 1m/sec인 경우 관의 길이 500m인 하수관에서 흘러나오는 우수량은?
[기 04, 11, 14, 17년]

① 53.7m³/sec ② 35.8m³/sec
③ 48.9m³/sec ④ 45.7m³/sec

[해설]
유달시간 $t = t_1 + \dfrac{L}{60V} = 7 + \dfrac{500}{60 \times 1} = 15.33\text{min}$
강우강도 $I = \dfrac{3,500}{15.33+10} = 138.18\text{mm/hr}$
$Q = \dfrac{1}{3.6} CIA = \dfrac{1}{3.6} 0.7 \times 138.18 \times 0.2$

정답 14 ② 15 ① 16 ③ 17 ①

06 하수도시설계획

5 하수배제방식의 비교

	합류식	분류식
장점	• 전 우수량의 완전처리가 가능함 • 강우 시 수세(水洗)효과가 있음 • 관거의 부설비가 적게 듦 • 침수피해 다발지역이나 우수배제시설이 정비되지 않은 지역에서 유리 • 단면적이 크기 때문에 폐쇄의 염려가 없음 • 관의 검사에 편리함 • 관거의 단면이 크기 때문에 경사가 완만함	• 하수처리장의 부하를 경감시키고, 처리비용을 절감할 수 있음 • 유량이 일정하며, 유속이 빨라 관 내에 침전물이 생기지 않음 • 위생상 관점에서 분류식이 바람직함 • 오수의 완전처리가 가능함 • 유량 및 유속의 변동폭이 작음 • 처리장에 유입되는 토사유입량이 적음
단점	• 우천 시 일정한 유량 이상이 되면 오수의 월류현상이 발생 • 우천 시 다량의 토사가 유입되어 침전지에 퇴적됨 • 강우 시 비점오염원이 하수처리장에 유입되어 이에 따른 대책 필요함 • 청천 시 유속이 작아 오물이 침전하기 쉬움 • 하수관거 내의 유속 변화폭이 큼 • 하수처리장에 유입하는 하수의 수질변동이 큼	• 관거의 공사비가 많이 듦 • 강우초기 도로나 관로 내에 퇴적된 오염물질이 그대로 강으로 합류됨 • 합류식에 비해 경사가 급해지고 매설깊이가 깊어짐 • 우천 시 우수가 미처리되어 전부 공공수역에 방류되기 때문에 수질오탁의 문제가 발생함 • 지하수의 유입량을 고려해야 함

➕ 하수배제방식 모식도

분류식: 오수 / 우수 → 하천
합류식: 오수+우수 → 하수종말처리장

6 하수관거 배치방식

직각식 (수직식, Perpendicular System)	하수관거를 방류 수면에 직각으로 배치하는 방식으로 하천유량이 풍부하고 하천이 도시의 중심을 지나갈 때 적당한 방식이다.
선형식 (선상식, Fan System)	지형이 한쪽 방향으로 경사되어 있을 때 하수관을 수지상(나뭇가지)으로 배치하여 전 하수를 1개의 간선으로 모아 배제하는 방식이다.

➕ • 직각식(수직식) : 도심형
• 선형식(선상식) : 산간마을형

개념이해

01 하천유량이 풍부할 때 하수를 신속히 배제할 수 있는 가장 경제적인 방법은?

① 직각식　　　② 선형식
③ 방사식　　　④ 집중식

답 ①

과년도 기출문제

01 하수의 배제방식 중 분류식 하수도에 대한 설명으로 틀린 것은? [기 04, 17년]

① 우수관 및 오수관의 구별이 명확하지 않은 곳에서는 오접의 가능성이 있다.
② 강우초기의 오염된 우수가 직접 하천 등으로 유입될 수 있다.
③ 우천 시에 수세효과가 있다.
④ 우천 시 월류의 우려가 없다.

[해설]
합류식은 관거 내에 퇴적이 적으며 수세효과를 기대할 수 있다.

02 합류식 하수도에 대한 설명으로 틀린 것은?

① 관로의 단면적이 커서 폐쇄될 가능성이 적다.
② 우천 시 오수가 월류할 수 있다.
③ 관로 오접합 문제가 발생할 수 있다.
④ 강우 시 수세효과가 있다.

03 하수관거의 배제방식에 대한 설명으로 옳지 않은 것은? [기 11, 13, 15, 18년]

① 합류식은 청천 시 관 내에 오물이 침전하기 쉽다.
② 분류식은 합류식에 비해 부설비용이 많이 든다.
③ 분류식은 일정량 이상이 되면 우천 시 오수가 월류한다.
④ 합류식 관거는 단면이 커서 환기가 잘되고 검사에 편리하다.

04 오수 및 우수의 배제방식인 분류식과 합류식에 대한 설명으로 틀린 것은? [기 14, 17, 20년]

① 합류식은 관의 단면적이 크기 때문에 폐쇄의 염려가 적다.
② 합류식은 일정량 이상이 되면 우천 시 오수가 월류할 수 있다.
③ 분류식은 합류식에 비하여 일반적으로 관거의 부설비가 많이 든다.
④ 분류식은 별도의 시설 없이 오염도가 심한 초기우수를 유입시켜 처리한다.

05 지형이 한쪽 방향으로 경사져 있을 때 그 고저에 따라 하수관을 배치하여 1개의 간선으로 모아 배제하는 방식은? [기 99년]

① 직각식
② 차집식
③ 방사식
④ 선상식

06 다음 하수의 배수계통 중 선형식의 특징으로 틀린 것은? [기 96년]

① 나뭇가지 형태와 비슷한 모양으로 배치된다.
② 소도시보다 대도시에 적합하다.
③ 한 방향으로 경사진 지역에 적합하다.
④ 하수를 한 지점으로 집중시킬 수 있을 때 적합하다.

정답 01 ② 02 ③ 03 ③ 04 ④ 05 ④ 06 ②

07 하수관로시설

1 유속과 경사

(1) 하수관로 유속과 경사의 특징
① 관거 내에 토사 등이 침전, 정체하지 않는 유속일 것
② 하류 관거의 유속은 상류보다 크게 할 것
③ 경사는 하류에 갈수록 완만하게 할 것
④ 급류는 관거에 손상을 주므로 피할 것

(2) 하수관로의 유속

관거	최소유속	최대유속
오수관거, 차집관거	0.6m/sec	3.0m/sec
우수관거, 합류관거	0.8m/sec	3.0m/sec

➕ 우수관거의 최저유속이 큰 이유
침전물의 비중이 오수관거보다 크기 때문

➕ 이상적 유속
1~1.8m/sec

(3) 하수관거의 경사

하수관거의 일반적인 평탄지 경사	적당한 경사의 토지	급경사의 토지
$\dfrac{1}{관경(mm)}$	$\dfrac{1}{관경(mm)} \times 1.5$	$\dfrac{1}{관경(mm)} \times 2.0$

(4) 최소관경과 매설위치

구분	최소관경	최소토피
오수관거, 차집관거	200mm	관거의 최소토피 1.0m
우수관거, 합류관거	250mm	차도에서는 1.2m, 보도에서는 1.0m 이상 토통은 1.5~2.0m 정도로 매설

개념이해

01 우수관거 및 합류관거 내에서의 부유물 침전을 막기 위하여 계획우수량에 대하여 요구되는 최소 유속은? [기 10, 13, 14, 18년]

① 0.3m/sec　　② 0.6m/sec
③ 0.8m/sec　　④ 1.2m/sec

답 ③

과년도 기출문제

01 오수관거 설계 시 적합한 유속범위는? [기 96, 98년]

① 0.1~1.0m/sec
② 0.3~2.0m/sec
③ 0.6~3.0m/sec
④ 1.0~4.0m/sec

02 하수관의 설계 시 알맞은 유속범위는?
[기 14, 16년]

① 우수관 : 1.0~5.0m/s, 오수관 : 0.6~5.0m/s
② 우수관 : 0.1~1.0m/s, 오수관 : 0.2~1.2m/s
③ 우수관 : 0.6~3.0m/s, 오수관 : 0.8~3.0m/s
④ 우수관 : 0.8~3.0m/s, 오수관 : 0.6~3.0m/s

03 하수관로에 대한 설명 중 적합하지 않는 것은?
[기 10년]

① 우수관로 및 합류식관로는 계획우수량에 대하여 유속을 최소 0.8m/s, 최대 3.0m/s로 한다.
② 우수관로 및 합류식관로의 최소관경은 250mm를 표준으로 한다.
③ 관로의 최소 흙두께는 원칙적으로 1m로 한다.
④ 관로경사는 하류로 갈수록 증가시켜야 한다.

04 하수관거의 경사와 유속에 대한 설명으로서 틀린 것은?

① 관거경사는 하류로 갈수록 감소시킨다.
② 유속이 너무 크면 관거를 손상시키고 내용년수를 줄어들게 한다.
③ 유속을 너무 크게 하면 경사가 급하게 되어 굴착 깊이가 점차 깊어져서 시공이 곤란하고 공사비용이 증대된다.
④ 오수관거의 최대유속은 계획시간 최대오수량에 대하여 1.0m/sec로 한다.

05 오수관거 및 우수관거의 최소관경에 대한 표준으로 옳은 것은? [기 12, 15, 18년]

① 오수관거 100mm, 우수관거 150mm
② 오수관거 150mm, 우수관거 100mm
③ 오수관거 200mm, 우수관거 250mm
④ 오수관거 250mm, 우수관거 200mm

[해설]
오수관거 200mm, 우수관거 및 합류관거는 250mm로 2007년부터 개정되었음

06 평탄한 지형에서 가정 하수관거의 직경이 0.5m일 경우 관거의 경사는 어느 정도가 가장 적당한가?

① $\dfrac{1}{50}$ ② $\dfrac{1}{100}$
③ $\dfrac{1}{500}$ ④ $\dfrac{1}{1,000}$

[해설]
평탄지형에서의 경사는 $= \dfrac{1}{관경(\text{mm})}$

$= \dfrac{1}{0.5\text{m}} = \dfrac{1}{500\text{mm}}$

정답 01 ③ 02 ④ 03 ④ 04 ④ 05 ③ 06 ③

07 하수관로시설

② 하수관거의 단면형상

(1) 하수관거의 특성

특성	① 관거 내면이 매끈하여 조도계수가 작아야 한다. ② 접속(이음)시공이 용이하고, 수밀성과 신축성이 높아야 한다. ③ 유량의 변동에 대해 유속의 변동이 작은 수리특성을 가진 단면형이어야 한다. ④ 외압에 대한 강도가 충분하고 파괴에 대한 저항력이 커야 한다. ⑤ 산 및 알칼리에 대한 부식성과 내구성이 강해야 한다. ⑥ 경제성이 있도록 가격이 저렴해야 한다.

(2) 하수관거의 장단점

구분	장점	단점
원형	• 수리학적으로 유리함 • 내경 3m 정도까지 공장제품을 사용할 수 있어 공기가 단축됨 • 역학계산이 간단함	• 지질에 따라 특별기초 필요 • 연결부분이 많아 지하수 침투량이 많음 • 대구경인 경우 운반비가 많이 듦
직사각형	• 토피 및 폭원의 제약이 있는 장소에 유리함 • 역학계산이 간단함 • 대규모 공사에 가장 많이 이용	• 철근 부식 시 상주하중에 대해 불안 • 만류의 경우 유속·유량 감소
마제형	• 수리학적으로 유리함 • 대구경 관거에 유리·경제적 • 만류 시까지는 수리학적으로 유리함 • 상부의 아치작용으로 역학적으로 유리함	• 시공성이 열악함 • 현장타설의 경우 공기가 긺 • 구조계산이 복잡함
계란형	• 우량이 적은 경우 원형보다 유리함 • 수직방향의 토압에 유리함(원형관보다 관폭이 작아도 됨)	• 재질에 따라 제조비가 증가되는 경우도 있음 • 수직방향의 시공에 정확도가 요구되므로 면밀한 시공이 필요함

개념이해

01 대구경관거에 유리하며 경제적이고 상반부의 아치 작용에 의해 역학적으로 유리한 하수관거의 단면형상은? [기 04년]

① 사다리꼴형
② 직사각형
③ 말굽형
④ 계란형

○ 하수관거 중에서 수리학적으로 경제적이고, 역학적으로 가장 튼튼한 하수관거는 마제형(말굽형) 하수관거이다.

답 ③

과년도 기출문제

01 원심력을 이용해서 콘크리트관을 다지기 때문에 강도와 내구성이 크고, 통수 능력의 변동이 적은 장점이 있는 하수관은? [기 98, 11년]

① 도관
② 흄(Hume)관
③ 현장 치기 철근콘크리트관
④ 무근 콘크리트관

[해설]
원심력 철근콘크리트관 = 흄관

02 하수관으로 이용되는 도관에 관한 설명 중 틀린 것은? [기 97년]

① 다른 관종에 비해 가볍고 시공이 쉽다.
② 화학변화에 대해 비교적 저항이 강하다.
③ 보통 내경 40cm 이하의 소형관에 사용된다.
④ 충격에 강하다.

[해설]
도관은 충격에 약하다.

03 하수관거의 특성이 아닌 것은? [기 10년]

① 외압에 대한 강도가 충분하고 파괴에 대한 저항이 커야 한다.
② 유량의 변동에 대해서 유속의 변동이 큰 수리 특성을 지닌 단면형이어야 한다.
③ 산 및 알칼리의 부식성에 대해서 강해야 한다.
④ 이음의 시공이 용이하고, 그 수밀성과 신축성이 높아야 한다.

04 하수관거의 단면형상은 원형, 직사각형, 말굽형, 계란형 등이 있다. 다음 중 말굽형의 장점이 아닌 것은? [기 04년]

① 수리학적으로 유리하다.
② 대구경관거에 유리하며 경제적이다.
③ 현장타설의 경우 공사기간이 단축된다.
④ 상반부의 아치 작용에 의해 역학적으로 유리하다.

05 하수관거의 각종 단면형상에 대한 설명 중 옳지 않은 것은?

① 원형 하수관거는 수리학적으로 유리하며 내경 3m 정도까지 공장제품을 사용할 수 있어 공사기간이 단축된다.
② 직사각형 단면의 관거는 구조계산이 복잡하고 공사 기간이 길어진다.
③ 말굽형 단면은 수리학적으로 유리한 것이 장점이나 시공성이 열악한 것이 단점이다.
④ 계란형 단면은 수직방향의 시공에 정확도가 요구되므로 면밀한 시공이 필요하다.

06 하수관거의 단면에 대한 설명으로 옳지 않은 것은? [기 10, 16년]

① 계란형은 유량이 적은 경우 원형거에 비해 수리학적으로 유리하다.
② 말굽형은 상반부의 아치 작용에 의해 역학적으로 유리하다.
③ 원형 직사각형은 역학계산이 비교적 간단하다.
④ 원형은 주로 공장제품이므로 지하수의 침투를 최소화 할 수 있다.

[해설]
원형관은 이음부분이 많아 지하수가 침입될 가능성이 높다.

정답 01 ② 02 ④ 03 ② 04 ③ 05 ② 06 ④

07 하수관로시설

3 하수관거의 접합

수면접합	① 관의 수위를 에너지 경사선이나 계획수위와 일치되도록 접하는 방법 ② 수리학적으로 가장 유리한 방법으로 수위계산이 필요
관정접합	① 접속하는 관거의 내면 상단부를 일치시키는 방법 ② 만류 시에도 단면을 유효하게 이용이 가능 ③ 수면접합보다는 못하나 비교적 정류를 얻을 수 있음 ④ 지세가 급하여 수위차가 많이 발생하는 곳에 적합 ⑤ 평탄한 지형에는 낙차가 많이 발생하여 관거의 매설깊이 증대 ⑥ 굴착깊이가 커서 토공비가 많이 들고 펌프 배수 시 양정이 증가
관중심접합	① 관거의 내면 중심부를 일치시키는 방법 ② 수면접합과 관정접합의 중간 방법
관저접합	① 관거의 내면하부를 일치시킴 ② 수리학적으로 가장 불리한 방법으로 하수관거 접합 방식 중 가장 부적절함 ③ 상류의 굴착깊이를 줄이기 위해 사용하며 공사비가 적게 듦 ④ 평탄한 지형에서 토공량을 줄이기 위해 사용 ⑤ 수위상승을 방지하고 양정고를 줄일 수 있어 펌프를 이용한 하수배제 시 적합

개념이해

01 관로의 접합에 대한 설명으로 틀린 것은?

① 2개의 관로가 합류하는 경우의 중심교각은 장애물이 있을 때에는 60° 이하로 한다.
② 2개의 관로가 곡선을 갖고 합류하는 경우의 곡률반경은 내경의 3배 이하로 한다.
③ 관로의 관경이 변화하는 경우 또는 2개의 관로가 합류하는 경우의 접합 방법은 원칙적으로 수면접합 또는 관정접합으로 한다.
④ 지표의 경사가 급한 경우에는 관경변화에 대한 유무에 관계없이 원칙적으로 지표의 경사에 따라서 단차접합 또는 계단접합으로 한다.

> 2개의 관로가 곡선을 갖고 합류하는 경우의 곡률반경은 내경의 5배 이하로 한다.
> 답 ②

과년도 기출문제

01 관경이 다른 하수관의 접합 방법 중 시공 시 사후의 흐름은 원활하나 굴착깊이가 커지는 접합방법은?

① 수면접합 ② 관정접합
③ 관중심접합 ④ 관저접합

03 하수관거의 접합 중에서 굴착 깊이를 얕게 함으로 공사비용을 줄일 수 있으며, 수위상승을 방지하고 양정고를 줄일 수 있어 펌프로 배수하는 지역에 적합한 방법은? [기 12, 15년]

① 관저접합 ② 관정접합
③ 수면접합 ④ 관중심접합

03 급경사지에서 관 내의 유속조정과 최소토피를 유지하며 상류 측의 굴착깊이를 줄일 수 있는 관접합은? [기 00년]

① 단차접합 ② 소켓접합
③ 관저접합 ④ 수면접합

04 관거의 접합방법 중에서 관의 매설깊이가 얕게 되어서 공사비가 적어지고, 펌프의 배수에도 유리한 방법은? [기 06년]

① 수면접합 ② 관정접합
③ 관중심접합 ④ 관저접합

05 하수관의 접합방법에 관한 설명 중 틀린 것은? [기 01, 15년]

① 관정접합은 토공량을 줄이기 위하여 평탄한 지형에 많이 이용되는 방법이다.
② 관저접합은 관의 내면하부를 일치시키는 방법이다.
③ 단차접합은 아주 심한 급경사지에 이용되는 방법이다.
④ 관중심접합은 관의 중심을 일치시키는 방법이다.

06 다음은 관거의 접합방법에 관한 설명이다. 틀린 것은?

① 수면접합 : 수리학적으로 대개 계획수위를 일치시켜 접합시키는 것으로서 양호한 방법이다.
② 관정접합 : 유수는 원활히 흐름이 되지만 굴착깊이가 증가되어 공사비가 증가된다.
③ 관중심접합 : 수면접합과 관저접합의 중간적인 방법이나 보통 수면접합에 준용된다.
④ 관저접합 : 수위상승을 방지하고 양정고를 줄일 수 있으나 굴착깊이가 증가되어 공사비가 증대된다.

[해설]
관저집합은 굴착깊이가 감소하고, 공사비를 줄일 수 있다.

정답 01 ② 02 ① 03 ③ 04 ④ 05 ① 06 ④

07 하수관로시설

4 관정부식(Crown Corrosion)

정의	하수 내 유기물, 단백질, 기타 황화합물이 혐기성 상태에서 분해되어 생성되는 황화수소(H_2S)가 하수관 내의 공기 중으로 솟아오르면 호기성 미생물에 의해서 SO_2나 SO_3가 된다. 이들이 관정부의 물방울에 녹아서 황산(H_2SO_4)이 된다. 이 황산이 콘크리트관에 함유되어 있는 철(Fe), 칼슘(Ca), 알루미늄(Al) 등과 반응하여 황산염이 되어 콘크리트관을 부식 파괴하는 현상을 관정부식이라고 한다.
원인물질	S(황화합물)
발생과정	S(황화합물) + 혐기성미생물 → (환원반응) → H_2S(황화수소가스) H_2S + 호기성미생물 → (산화반응) → H_2SO_4(황산) H_2SO_4 + Fe, Al, Ca 등 → 관정부식
방지대책	① 하수의 유속을 증가시킨다. ② 용존산소 농도를 증가시킨다(폭기 장치 설치). ③ 하수관 내에 염소 등의 소독제를 주입, 관 내의 미생물을 제거한다. ④ 콘크리트관 내부를 PVC나 기타물질로 피복한다.

- 산화 : 산소를 얻는 것
- 환원 : 수소를 얻는 것

개념이해

01 하수관거의 관정부식(Crown Corrosion)이 되는 주요원인 물질은?

[기 04년]

① 황화합물 ② 질소화합물
③ 칼슘화합물 ④ 염소화합물

▶ 관정부식의 주원인 물질은 황화수소를 포함한 황화합물이다.

답 ①

과년도 기출문제

01 하수관거 내에 황화수소(H_2S)가 통상 존재하는 이유는 무엇인가? [기 03, 10, 12, 15년]

① 용존산소로 인해 유황이 산화하기 때문이다.
② 용존산소 결핍으로 박테리아가 메탄가스를 환원시키기 때문이다.
③ 용존산소 결핍으로 박테리아가 황산염을 환원시키기 때문이다.
④ 용존산소로 인해 박테리아가 메탄가스를 환원시키기 때문이다.

[해설]
H_2S는 혐기성미생물에 의한 환원작용에 의해 발생한다.

02 하수관거 내 침전물에서 방출하는 가스 중 관정부식의 주요 원인이 되는 것은?

① CH_4
② H_2S
③ Cl^-
④ CO_2

[해설]
관정부식의 주요 원인은 황화합물에 의한 H_2S이다.

03 관정부식을 예방하기 위한 방법으로 적당하지 않은 것은? [기 03년]

① 관 내의 유속 증가
② 내부 벽면의 라이닝(피복)
③ 염소투입
④ 매설심도 증가

[해설]
관정부식의 예방법으로는 관 내 유속 증가, 폭기 장치 설치, 염소 투입, 관 내부 피복의 방법 등이 있다.

04 콘크리트 하수관의 내부 천정이 부식되는 현상에 대한 대응책으로 틀린 것은? [기 18년]

① 방식재료를 사용하여 관을 보호한다.
② 하수 중의 유황 함유량을 낮춘다.
③ 관 내의 유속을 감소시킨다.
④ 하수에 염소를 주입하여 박테리아 번식을 억제한다.

[해설]
관정부식의 방지법으로는 유속을 증가시키고, 폭기장치를 설치하며, 염소를 살포하거나 관 내를 피복하는 방법이 있다.

정답 01 ③ 02 ② 03 ④ 04 ③

07 하수관로시설

5 부대시설

(1) 맨홀(Manhole)

설치목적	• 하수관거의 청소 및 점검 • 장애물 제거 • 보수를 위한 사람 및 기계의 출입 가능 • 악취나 부식성 가스의 통풍 및 환기 • 관거의 접합을 위함
설치장소	• 관거의 기점, 방향, 경사 및 관 직경 등이 변하는 곳 • 단차가 발생하는 곳 • 관거가 합류하는 곳 • 관거의 직선부에서도 관경에 따라 아래와 같은 범위 내의 간격으로 설치한다.

관경(mm)	300 이하	600 이하	1,000 이하	1,500 이하	1,650 이하
최대간격(m)	50	75	100	150	200

(2) 역사이펀(Inverted Siphon)

정의	하수관거 시공 중 장애물 횡단방법으로 하수관거가 하천, 철도, 지하철 등 평면통과가 불가능한 지하매설물을 횡단하는 경우 평면교차가 불가능하여 동수경사선 이하로 매설하는 하수관거 시설이다.
설계시 고려사항	• 역사이펀 관거 내의 유속은 토사가 침전되는 것을 방지하기 위해 상류측 관거 내의 유속보다 20~30% 증가시킨다. • 입구와 출구 형상은 손실수두를 적게 하기 위해 종구(Bell Mouth)형으로 한다.

(3) 우수조정지(유수지)

정의	우천 시 배수구역으로부터 우수를 임시로 저장하여 유량을 조절함으로써 하류지역의 우수유출이나 침수를 방지하는 시설이다.
설치목적	• 시가지의 침수방지 • 유출계수의 감소 • 첨두 유량의 감소 • 유달시간 증대
설치장소	• 하수관거의 유하능력(용량)이 부족한 곳 • 하류지역의 펌프장 능력이 부족한 곳 • 방류수역의 유하능력이 부족한 곳

➕ **우수조정지의 구조 및 형식**
댐식, 굴착식, 지하식, 현지저류식

과년도 기출문제

01 하수관거의 직선부에서 맨홀(Man Hole)의 관경에 대한 최대 간격의 표준으로 옳은 것은?
[기 12, 13, 17년]

① 관경 600mm 이하의 경우 최대간격 50m
② 관경 600mm 초과 1,000 이하의 경우 최대간격 100m
③ 관경 1,000mm 초과 1,500 이하의 경우 최대간격 125m
④ 관경 1,650mm 이상의 경우 최대간격 150m

02 다음은 하수관거 역사이펀의 설계에 관한 사항이다. 적합하지 않은 것은?
[기 03년]

① 역사이펀 양단부에 설치하는 역사이펀실에는 반드시 이토실을 설치한다.
② 역사이펀 관거는 계획하저면보다 적어도 1m 이상 깊게 매설한다.
③ 고장 시를 대비하여 상류부에서 직접 하천으로 방류할 수 있는 설비를 갖추는 것이 좋다.
④ 역사이펀 내의 유속은 상류 하수관 내의 유속보다 작게 한다.

[해설]
역사이펀 내의 유속은 상류 하수관 내의 유속보다 크게 한다.

03 우천 시 배수구역으로부터 방류되는 초기 우수의 오염부하량을 감소시키고 우수를 일시 저류하여 유량조절을 할 수 있는 시설은?

① 침사지   ② 우수토실
③ 우수펌프장   ④ 우수조정지

04 도시화에 의한 우수유출량의 증대로 하수관거 및 방류수로의 유하능력이 부족한 곳에 설치하여 하류지역의 우수유출이나 침수방지에 효과적인 기능을 발휘하는 시설은?

① 토구   ② 침사지
③ 우수받이   ④ 유수지

[해설]
우수조정지에 대한 설명이며, 우수조정지 = 유수지이다.

05 우수조정지의 구조형식으로 거리가 먼 것은?
[기 11년]

① 댐식(제방높이 15m 미만)
② 월류식
③ 지하식
④ 굴착식

06 다음은 우수조정지를 설치하는 목적이다. 틀린 것은?

① 시가지의 침수방지   ② 유출계수의 증대
③ 첨두유량의 감소   ④ 유달시간의 증대

07 우수조정지를 설치하고자 할 때 효과적인 기능을 발휘할 수 있는 위치로 적당하지 않은 것은?
[기 11, 13년]

① 하수관거의 용량이 부족한 곳
② 하류지역의 배수펌프장 능력이 부족한 곳
③ 인구 밀집 현상이 심화된 고지대
④ 방류수로의 유하능력이 부족한 곳

정답 01 ② 02 ④ 03 ④ 04 ④ 05 ② 06 ② 07 ③

08 하수처리장시설

1 물리적 처리시설

(1) 하수침사지

비중 2.65 이상, 직경 0.2mm 이상의 비부패성 무기물 및 입자가 큰 부유물 제거

1) 부유물 제거

평균유속	0.3m/sec의 독립 입자침전
형상	직사각형과 정사각형
침사지 설치목적	• 토사류 등에 의한 펌프손상 방지 • 관, 밸브 등의 폐색, 마모 방지 • 슬러지 생성량 감소 • 화학처리, 생물학적 처리의 부하 감소

2) 침사지의 제원

	수면적 부하(오수)	1,800m³/m²·d
	수면적 부하(우수)	3,600m³/m²·d
침사지(중력식)	최소제거입자(오수)	0.2mm(ρ = 2.65)
	최소제거입자(우수)	0.4mm(ρ = 2.65)
	체류시간	30~60sec
	평균유속	0.3m/sec

(2) 유량조정조

유입하수의 유량과 수질의 변동을 흡수해서 균등화함으로써 충격부하에 대비하며, 처리시설의 처리효율을 높이고, 처리수량의 향상을 도모할 목적으로 설치하는 시설로 소규모 도시의 처리장의 경우 유입수량과 수질의 변동이 크므로 필요시 설치할 수 있다.

과년도 기출문제

01 하수처리시설의 용량을 결정하는 기준이 되는 기본적 하수량은?

① 계획 1일 평균오수량
② 계획 1일 최대오수량
③ 계획 시간 최대오수량
④ 계획 1인 1일 최대가정오수량

02 하수도시설에 관한 설명으로 옳지 않은 것은?
[기 97, 12, 16년]

① 하수도시설은 관거시설, 펌프장시설 및 처리장시설로 크게 구별할 수 있다.
② 하수배제는 자연유하를 원칙으로 하고 있으며 펌프시설도 사용할 수 있다.
③ 하수처리장시설은 물리적 처리시설을 제외한 생물학적 · 화학적 처리시설을 의미한다.
④ 하수배제방식은 합류식과 분류식으로 대별할 수 있다.

03 하수처리과정 중 3차 처리의 주제거 대상이 되는 것은?

① 부유물질   ② 유기물질
③ 발암물질   ④ 영양염류

04 하수처리방법 중 물리적 처리방법이 아닌 것은?

① 침전   ② 여과
③ 흡착   ④ 환원

[해설]
환원은 화학적 처리방법이다.

05 하수도의 침사지에 대한 설명으로 옳지 않은 것은?
[기 97년]

① 침사지의 평균유속은 0.3m/s를 표준으로 한다.
② 침사지의 체류시간은 30~60s를 표준으로 한다.
③ 침사량은 일반적으로 하수량 1,000m³당 0.05~0.2m² 정도이다.
④ 유효수심은 유입관거의 유효수심에 따르는 것을 원칙으로 한다.

[해설]
유효수심은 침전효율과 관계 없으며, 표면부하율, 평균유속, 체류시간에 따라 달라진다.

06 상수도 취수시설 중 침사지에 관한 시설기준으로 틀린 것은?
[기 20년]

① 길이는 폭의 3~8배를 표준으로 한다.
② 침사지의 체류시간은 계획취수량의 10~20분을 표준으로 한다.
③ 침사지의 유효수심은 3~4m를 표준으로 한다.
④ 침사지 내의 평균유속은 20~30cm/s를 표준으로 한다.

[해설]
침사지 내의 평균유속은 2~7cm/s를 표준으로 한다.

07 하수시설 중 펌프장에 설치하는 침사지에 대한 설명으로 적합하지 않은 것은?

① 침사지의 체류시간은 10분이 일반적이다.
② 일반적으로 직경 0.2mm 이상의 비부패성 무기물 및 입자가 큰 부유물질을 제거하는 것이 목표이다.
③ 합류식 관거에서는 청천 시와 우천 시에 따라 오수전용과 우수전용으로 구별하여 설치하는 것이 좋다.
④ 침사지의 평균유속은 0.3m/s를 표준으로 한다.

정답 01 ② 02 ③ 03 ④ 04 ④ 05 ④ 06 ④ 07 ①

과년도 기출문제

[해설]
하수침사지의 체류시간은 30~60초이다.

08 하수처리장의 최초 침전지에 대한 설명 중 틀린 것은? [기 99년]

① 장방형 침전지의 경우 폭과 길이의 비는 1 : 3~ 1 : 5 정도로 한다.
② 표면부하율은 계획 1일 최대오수량에 대하여 25~40$m^3/m^2 \cdot day$로 한다.
③ 월류 위어의 부하율은 일반적으로 200$m^3/m \cdot day$ 이상으로 한다.
④ 침전지의 유효수심은 2.5~4m를 표준으로 한다.

[해설]
최초 침전지의 월류 위어의 부하율은 일반적으로 250$m^3/m \cdot day$로 한다.

09 다음은 하수도시설 중 최초 침전지에 대한 설명이다. 틀린 것은? [기 96년]

① 슬러지 제거기 설치의 경우 침전지 바닥의 경사는 장방형에 있어 1:100~1:50의 경사이다.
② 표면부하율은 계획 1일 최대오수량을 기준으로 25~40$m^3/m^2 \cdot day$ 이내로 하여야 한다.
③ 유효수심은 2.5~4m를 표준으로 한다.
④ 침전지의 수면 여유고는 20~30cm 정도를 두어야 한다.

[해설]
침전지의 수면 여유고는 40~60cm이다.

10 하수처리시설의 2차 침전지에 대한 내용으로 틀린 것은? [기 22년]

① 유효수심은 2.5~4m를 표준으로 한다.
② 침전지수면의 여유고는 40~60cm 정도로 한다.
③ 직사각형인 경우 길이와 폭의 비는 3 : 1 이상으로 한다.
④ 표면부하율은 계획 1일 최대오수량에 대하여 25~40$m^3/m^2 \cdot day$로 한다.

[해설]
2차 침전지에서 제거되는 SS는 주로 미생물 응결물(Floc)이므로 1차 침전지의 SS에 비해 침강속도가 느리다. 따라서 표면부하율은 1차 침전지보다 작아야 하므로, 계획 1일 최대오수량에 대하여 20~30$m^3/m^2 \cdot day$로 하되, SRT가 길고 MLSS 농도가 높은 고도처리의 경우 표면부하율을 15~25$m^3/m^2 \cdot day$로 할 수 있다.

11 하수도시설의 1차 침전지에 대한 설명으로 옳지 않은 것은? [기 12, 18년]

① 침전지 형상은 원형, 직사각형 또는 정사각형으로 한다.
② 직사각형 침전지의 폭과 길이의 비는 1:3 이상으로 한다.
③ 유효수심은 2.5~4m를 표준으로 한다.
④ 침전시간은 계획 1일 최대오수량에 대하여 일반적으로 12시간 정도로 한다.

[해설]
침전시간은 계획 1일 최대오수량에 대하여 표면부하율과 유효수심을 고려하여 정하며, 일반적으로 2~4시간으로 한다.

정답 08 ③ 09 ④ 10 ④ 11 ④

과년도 기출문제

12 일반적인 하수처리장의 2차 침전지에 대한 설명으로 옳지 않은 것은? [기 00, 18년]

① 표면부하율은 표준활성슬러지의 경우, 계획 1일 최대오수량의 대하여 20~30m³/m²·day로 한다.
② 유효수심은 2.5~4m를 표준으로 한다.
③ 침전시간은 계획일 평균오수량에 따라 정하며, 5~10시간으로 한다.
④ 수면의 요유고는 40~60cm 정도로 한다.

[해설]
침전시간은 계획 1일 최대오수량에 따라 정하며, 3~5시간으로 한다.

13 하수처리장 2차 침전지에서 슬러지 부상이 일어날 경우 관계되는 작용은?

① 질산화 반응
② 탈질 반응
③ 핀플록 반응
④ 미생물 플록이 형성 안 됨

[해설]
탈질 반응에 의하여 슬러지가 부상된다.

14 석회를 사용하여 하수를 응집침전하고자 할 경우의 내용으로 틀린 것은? [기 22년]

① 콜로이드성 부유물질의 침전성이 향상된다.
② 알칼리도, 인산염, 마그네슘 등과도 결합하여 제거시킨다.
③ 석회첨가에 의한 인 제거는 황산반토보다 슬러지 발생량이 일반적으로 적다.
④ 알칼리제를 응집보조제로 첨가하여 응집침전의 효과가 향상되도록 pH를 조정한다.

[해설]
응집보조제를 사용할 경우 일반적으로 슬러지 발생량은 많아진다.

정답 12 ③ 13 ② 14 ③

08 하수처리장시설

2 하수고도처리(3차 처리)

(1) 3차 고도처리

하수를 2차 처리인 생물학적처리(활성슬러지법, 살수여상법 등)를 거친 후에도 오염물질의 완전한 제거가 어려우므로 물을 원래의 수질로 환원시키기 위하여 실시하는 처리단계로 주요 제거 대상은 영양염류(N, P)이다.

(2) 생물학적 제거방법

질소 제거법	• 생물학적 질산화-탈질법 • 이온 교환법 • Break Point 염소주입법
인 제거법	• A/O법(Anaerobic Oxic, 혐기호기법) • Phostrip법
질소, 인 동시 제거법	• 수정 Bardenpho법 • A^2/O법(Anaerobic Anoxic Oxic, 혐기무산소호기법) • SBR법, UCT법, VIP법, 수정 Phostrip법 등

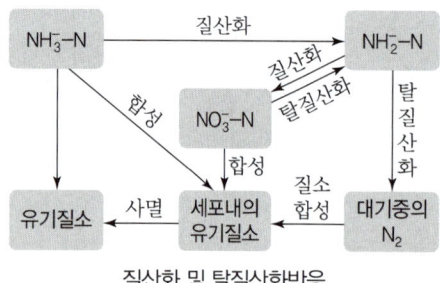

질산화 및 탈질산화반응

개념이해

01 하수고도처리 중 하나인 생물학적 질소 제거방법에서 질소의 제거 직전 최종형태(질소 제거의 최종산물)는?   [기 20년]

① 질소가스(N_2)
② 질산염(NO_3^-)
③ 아질산염(NO_2^-)
④ 암모니아성 질소(NH_4^+)

○ 탈질화과정의 순서
암모니아성질소 → 아질산성질소 → 질산성질소 → N_2

답 ①

과년도 기출문제

01 고도처리를 도입하는 이유와 거리가 먼 것은?
[기 18년]

① 잔류 용존유기물의 제거
② 잔류염소의 제거
③ 질소의 제거
④ 인의 제거

[해설]
고도처리의 목적은 영양염류 제거이며 영양염류는 질소와 인이다. 잔류염소는 소독의 지속성과 관련이 있으므로 해당되지 않는다.

02 하수처리과정 중 3차 처리의 주 제거 대상이 되는 것은?

① 발암물질　　② 부유물질
③ 영양염류　　④ 유기물질

[해설]
하수 3차 고도처리는 영양염류(질소, 인) 제거를 목적으로 한다.

03 하수고도처리에서 인을 제거하기 위한 방법이 아닌 것은?
[기 18년]

① 응집제 첨가 활성슬러지법
② 활성탄흡착법
③ 정석탈인법
④ 혐기호기조합법

[해설]
활성탄흡착법은 이취미 제거 즉, 맛과 냄새를 좋게 하기 위한 방법이다.

04 질소, 인 제거와 같은 고도처리를 도입하는 이유로 틀린 것은?
[기 14년]

① 폐쇄성 수역의 부영양화 방지
② 슬러지 발생량 저감
③ 처리수의 재이용
④ 수질환경기준 만족

[해설]
하수를 고도처리하면 슬러지 발생량은 증가한다.

05 하수 중의 질소와 인을 동시 제거하기 위해 이용될 수 있는 고도처리 시스템은? [기 04, 15, 18, 20년]

① Anaerobic Oxic법
② 3단 활성슬러지법
③ Phostrip법
④ Anaerobic Anoxic Oxic법

[해설]
생물학적 처리로 A^2O(Anaerobic Anoxic Oxic)공법

정답 01 ②　02 ③　03 ②　04 ②　05 ④

08 하수처리장시설

3 생물학적처리

(1) 생물학적 처리를 위한 운영조건

호기성 처리 시	영양물질	BOD : N : P의 농도비가 100 : 5 : 1이 되도록 조정
	용존산소	최저 DO 0.5~2.0mg/L로 유지
	pH	6.5~8.5로 유지(최적 pH 6.8~7.2)
	수온	20~40℃로 높게 유지
	독성물질	일반적으로 Cu, Cd, Cr, CN, Cl, Hg, phenol 등이 포함되면 안 됨
혐기성 처리 시	중온 소화온도	30~35℃ 유지
	고온소화	50~55℃로 유지
	알칼리도	2,000mg/L 이상 유지

(2) 활성슬러지법

BOD 용적 부하	$\dfrac{BOD \cdot Q}{\forall} = \dfrac{BOD}{t}$
BOD 슬러지 부하	$\dfrac{BOD \cdot Q}{MLSS \cdot \forall} = \dfrac{BOD}{MLSS \cdot t}$
슬러지팽화현상 (Sludge Bulking)의 원인	높은 C/N비(과도한 탄산화)
슬러지 용적지수(SVI)	$SVI = \dfrac{30분간 \ 침전 \ 후 \ 슬러지 \ 부피(mL/L)}{MLSS \ 농도(mg/L)} \times 1,000$ $SDI = \dfrac{100}{SVI}$, 또는 $SDI \times SVI = 100$
슬러지 반송율	$r = \dfrac{MLSS \ 농도 - 유입수의 \ SS}{반송슬러지 \ SS - MLSS \ 농도}$
활성슬러지 변법	• 산화구법(≠산화지법) • 계단식 폭기법, 장시간 폭기법

➕
- $SVI = \dfrac{\forall}{C} \times 1,000$
- SDI : 슬러지밀도지수
- $r = \dfrac{M}{S-M}$

- 산화지법은 생물학적처리의 방법임
- 산화구법은 활성슬러지 변법임

개념이해

01 생물학적 처리를 위한 영양조건으로 하수의 일반적인 BOD : N : P 비는 다음 중 어느 것이 가장 적당한가? [기 97년]

① BOD : N : P = 100 : 50 : 10
② BOD : N : P = 100 : 10 : 1
③ BOD : N : P = 100 : 10 : 5
④ BOD : N : P = 100 : 5 : 1

답 ④

02 생물학적 처리방법으로 하수를 처리하고자 한다. 이를 위한 운영조건으로 틀린 것은? [기 04년]

① 영양물질인 BOD : N : P의 농도비가 100 : 5 : 1이 되도록 조절한다.
② 폭기조 내 용존산소는 통상 2mg/L로 유지한다.
③ pH의 최적조건은 6.8~7.2로써 이 때 미생물이 활발하다.
④ 수온은 낮게 유지할수록 경제적이다.

수온은 높게(20~40°) 유지시켜야 한다.

답 ④

과년도 기출문제

01 하수처리장 침전지의 수심이 3m이고, 표면 부하율이 36m³/m²·day일 때 침전지에서의 체류시간은?

① 30분　　② 1시간
③ 2시간　　④ 3시간

[해설]

$V = \dfrac{Q}{A} = \dfrac{h}{t}$ 에서 $36/24 = \dfrac{3}{t}$

∴ $t = 2\text{hr}$

또는

$t = \dfrac{h}{V}$ 에서 ∴ $t = \dfrac{3}{36/24} = 2\text{hr}$

02 활성슬러지 공정의 2차 침전지를 설계하는데 다음과 같은 기준을 사용하였다. 이 침전지의 수리학적 체류시간은?(단, 수심=5.4m, 유입수량=5,000 m³/d, 표면부하율=30m³/m²·d)

① 2.8시간　　② 3.5시간
③ 4.3시간　　④ 5.2시간

[해설]

$V_0 = \dfrac{Q}{A}$ 로부터 $30\text{m}^{-3}/\text{m}^{-2}\cdot\text{d} = \dfrac{5,000\text{m}^3/\text{d}}{A}$

∴ $A = 166.67\text{m}^2$

$t = \dfrac{V}{Q}$ 이므로 $t = \dfrac{5.4\text{m} \times 166.67\text{m}^2}{5,000\text{m}^3/\text{d}} = 0.18\text{day}$

$0.18\text{day} = 0.18 \times 24\text{hr} = 4.32\text{시간}$

03 인구가 100,000명인 A도시의 1일 1인당 오수량이 250L이다. 하수를 처리하기 위해 유효수심 3m, 침전시간 2시간으로 설계하려면 침전지의 면적은 얼마가 적당한가? [기 96년]

① 347m²　　② 521m²
③ 694m²　　④ 1,563m²

[해설]

수면적 부하는 $\dfrac{Q}{A} = \dfrac{h}{t}$

$Q = 100,000\text{명} \times 250\text{L/인·일} \times 10^{-3}\text{m}^3/\text{L}$
　$= 25,000\text{m}^3/\text{day}$

$\dfrac{25,000\text{m}^3/\text{day}}{A} = \dfrac{3\text{m}}{2\text{hr}}$

$A = \dfrac{2 \times \dfrac{1}{24}\text{day} \times 25,000\text{m}^3/\text{day}}{3\text{m}} = 694.4\text{m}^2$

04 하수처리장에서 480,000L/day의 하수량을 처리한다. 펌프장의 습정(Wet Well)을 하수로 채우기 위하여 40분이 소요된다면 습정의 부피는 몇 m³인가? [기 11, 14, 19년]

① 12.3m³　　② 13.3m³
③ 14.3m³　　④ 15.3m³

[해설]

$480,000\text{L/day} = \dfrac{480,000\text{L}}{1,440\text{min}}$

따라서 $\dfrac{480,000\text{L}}{1,440\text{min}} \times 40\text{min} = 3,333\text{L} = 13.3\text{m}^3$

05 포기조에 가해진 BOD 부하 1kg당 100m³의 공기를 주입시켜야 한다면 BOD가 150mg/L인 하수 7,570m³/day를 처리하기 위해서는 얼마의 공기를 주입하여야 하는가? [기 14년]

① 7,570m³/day　　② 11,350m³/day
③ 75,700m³/day　　④ 113,550m³/day

[해설]

100m³/kg 주입공기량이므로 kg을 ton으로 바꾸면 필요한 공기량은 1ppm당 100×10³이 된다. 150mg/L는 150ppm이므로 150ppm에 대한 공기주입량은

$\dfrac{150}{10^6} \times 100 \times 10^3 \times 7,570\text{m}^3/\text{day} = 113,550\text{m}^3/\text{day}$

정답 01 ③　02 ③　03 ③　04 ②　05 ④

과년도 기출문제

06 다음의 처리방법 중 일반적으로 BOD 제거율이 가장 좋은 처리 방법은?

① 혐기성소화법
② 살수여상법
③ 회전원판법
④ 활성슬러지법

07 활성슬러지 공법에 대한 설명으로 옳은 것은?

① F/M비가 낮을수록 잉여슬러지 발생량은 증가된다.
② F/M비가 낮을수록 잉여슬러지 발생량은 감소된다.
③ F/M비가 낮을수록 잉여슬러지 발생량은 초기 감소된 후 다시 증가된다.
④ F/M비와 잉여슬러지는 상관관계가 없다.

08 하수처리법 중 활성슬러지법에 대한 설명으로 옳은 것은?

① 세균을 제거함으로써 슬러지를 정화한다.
② 부유물을 활성화시켜 침전·부착시킨다.
③ 1가지 미생물군에 의해서만 처리가 이루어진다.
④ 호기성 미생물의 대사작용에 의하여 유기물을 제거한다.

09 활성슬러지법에 있어서 MLSS란 무엇을 의미하는가? [기 13년]

① 방류수 중의 부유물질
② 반송슬러지 중의 부유물질
③ 하수 중의 용존물질
④ 포기조 중의 부유물질

10 폭기조 내에서 MLSS를 일정하게 유지하기 위한 방법으로 가장 적절한 것은? [기 13년]

① 폭기율을 조정한다.
② 슬러지 반송율을 조정한다.
③ 하수 유입량을 조정한다.
④ 슬러지를 바닥에 침전시킨다.

[해설]
폭기조 내의 MLSS 농도를 일정하게 유지하기 위해서는 침강 슬러지의 일부를 다시 폭기조에 반송하는데 이 슬러지를 반송 슬러지라고 한다.

11 인구 1인당 생활오수의 BOD 오염부하 원단위를 50g/인·일이라 할 때 인구 10만 도시의 하수처리장에 유입되는 BOD 부하는?

① 50ton/일
② 5,000kg/일
③ 500kg/일
④ 50kg/일

[해설]
$50g/인·일 \times 100,000인 = 5,000,000g/일$
따라서 5,000kg/일

12 하수량 1,000m³/day, BOD 200mg/L인 하수를 250m³ 유효용량의 포기조로 처리할 경우 BOD 용적부하는? [기 00, 16, 17년]

① $0.8kgBOD/m^3 \cdot day$
② $1.25kgBOD/m^3 \cdot day$
③ $8kgBOD/m^3 \cdot day$
④ $12.5kgBOD/m^3 \cdot day$

[해설]
$$BOD\ 용적부하 = \frac{BOD \cdot Q}{\forall}$$
$$= \frac{200 \times 10^{-3} kg/m^3 \times 1,000 m^3/day}{250 m^3}$$
$$= 0.8 kg \cdot BOD/m^{-3} \cdot day$$

정답 06 ④ 07 ② 08 ④ 09 ④ 10 ② 11 ② 12 ①

과년도 기출문제

13 하수 종말 처리장 유입수의 평균 BOD=1,800mg/L, 평균 유량 2,000m³·day, 폭기조 MLVSS 2,500mg/L, 폭기조의 부피 14,000m²일 때 F/M 비는?

① 0.08kg−BOD/kg−MLVSS·day
② 0.10kg−BOD/kg−MLVSS·day
③ 0.18kg−BOD/kg−MLVSS·day
④ 0.21kg−BOD/kg−MLVSS·day

[해설]

$$F/M비 = \frac{BOD \cdot Q}{MLVSS \cdot V} = \frac{1,800 \times 2,000}{2,500 \times 14,000} = 0.10$$

14 유입하수 10,000m³/day, 유입 BOD 농도 120mg/L, 폭기조 내 MLSS 농도 2,000mg/L, BOD 부하 0.3 kg·BOD/kg·MLSS·day일 때 폭기조의 용적은?

① 600m³
② 1,200m³
③ 2,000m³
④ 2,500m³

[해설]

BOD 부하 = $\frac{BOD \times Q}{MLSS \times V}$ 로부터

$$V = \frac{BOD \times Q}{MLSS \times BOD 부하} = \frac{120 \times 10,000}{2,000 \times 0.3}$$
$$= 2,000m^3$$

15 하수량 40,000m³/day, BOD 농도 300mg/L 하수를 체류시간 6시간의 활성슬러지 방식인 폭기조에서 처리하고자 한다. 폭기조를 2개조 운영하려고 할 경우 1개조의 폭기조 용적은?

① 2,500m³
② 3,500m³
③ 5,000m³
④ 7,000m³

[해설]

하수량 40,000m³/d = 1,666.7m³/h
BOD 농도 300mg/L = 300×1,000kg/m³

BOD 용적부하 = $\frac{BOD \cdot Q}{\forall} = \frac{BOD}{t}$

$$= \frac{300 \times 1,000kg/m^3}{6h} = 50,000$$

$$\forall = \frac{300 \times 1,000 \times 1,666.7}{50,000} = 10,000$$

∴ 1개조 용적은 5,000m³

16 하수의 유입량이 29,000m³·day, 폭기조의 부피 8,500m³, MLSS가 2,500mg/L일 때 폭기시간은 얼마인가? [기 96년]

① 약 5시간
② 약 7시간
③ 약 9시간
④ 약 12시간

[해설]

$$t = \frac{\forall}{Q} = \frac{8,500}{29,000} = 0.29day ≒ 7hr$$

17 최종침전지의 규격이 5m×25m×2m이고, 처리장의 유입량이 650m³·day일 경우 침전지의 체류시간은?(단, 슬러지의 반송률은 60%이다.)

① 3.57시간
② 4.48시간
③ 5.76시간
④ 6.59시간

[해설]

$$t = \frac{\forall}{Q(1+r)} = \frac{5 \times 25 \times 2}{650(1+0.6)} = 0.24day$$

18 슬러지 용적지수(SVI)에 관한 설명 중 옳지 않은 것은? [기 05, 12, 19년]

① 폭기조 내 혼합물을 30분간 정지한 후 침강한 1g의 슬러지가 차지하는 부피(mL)로 나타낸다.
② 정상적으로 운전되는 폭기조의 SVI는 50 : 150 범위이다.
③ SVI는 슬러지 밀도지수(SDI)에 100을 곱한 값을 의미한다.
④ SVI는 폭기시간, BOD 농도, 수온 등에 영향을 받는다.

정답 13 ② 14 ③ 15 ③ 16 ② 17 ③ 18 ③

과년도 기출문제

19 슬러지 용적지수에 대한 설명 중 맞는 것은? [기 17년]

① 침전 슬러지량 100mL 중에 포함되는 MLSS를 그램수로 나타낸 것이다.
② 슬러지의 벌킹 여부를 확인하는 지표로 사용된다.
③ 수치가 클수록 침전성이 양호한 것이다.
④ SVI가 200 이상일 때 침전성은 양호하다.

20 슬러지밀도지표(SDI)와 슬러지용량지표(SVI)와의 관계로 옳은 것은? [기 14년]

① $SDI = \dfrac{10}{SVI}$ ② $SDI = \dfrac{100}{SVI}$
③ $SDI = \dfrac{SVI}{10}$ ④ $SDI = \dfrac{SVI}{100}$

21 MLSS 농도 3,000mg/L의 혼합액을 1L 메스실린더에 취해 30분간 정치했을 때 침강 슬러지가 차지하는 용적이 440mL이었다면 이 슬러지의 슬러지밀도지수(SDI)는? [기 15년]

① 0.68 ② 0.97
③ 78.5 ④ 89.8

[해설]

$$SVI = \dfrac{30분\ 침강\ 후\ 슬러지\ 부피(ml/L)}{MLSS\ 농도(mg/L)} \times 1,000$$

$$SVI = \dfrac{440 \times 1,000}{3,000} = 146.7$$

$$SDI = \dfrac{100}{SVI} = \dfrac{100}{146.7} = 0.68$$

22 1L의 메스실린더에 활성 슬러지를 채우고 30분간 침전시킨 후 침전된 슬러지의 부피가 180mL였다. 이때 MLSS가 2,000mg/L였다면 슬러지용적지표(SVI)는? [기 04년]

① 90   ② 100
③ 180 ④ 200

[해설]

$$SVI = \dfrac{SV[mg/L] \times 10^3}{MLSS[ml/L]} = \dfrac{180 \times 10^3}{2,000} = 90$$

23 활성슬러지법에 의하여 폐수를 처리할 경우 폭기조 혼합액의 MLSS가 2,000mg/L이고, 이것을 30분간 정체시킨 침전슬러지량이 시료의 30%라면 슬러지지표(SVI)는?

① 50   ② 100
③ 150 ④ 200

[해설]

$$SVI = \dfrac{SV(\%)}{MLSS} \times 10,000$$
$$= \dfrac{30}{2,000} \times 10,000 = 150$$

24 MLSS 2,000mg/L의 포기조 혼합액을 매스실린더에 1L를 정확히 취한 뒤 30분간 정치하였다. 이때 계면위치가 320mL를 가리켰다면 이 슬러지의 SVI는? [기 21년]

① 160mL/g ② 260mL/g
③ 440mL/g ④ 640mL/g

[해설]

$$SVI = \dfrac{V}{C} \times 1,000 = \dfrac{320}{2,000} \times 1,000 = 160mL/g$$

25 활성슬러지법에 의한 하수처리 시 폭기조의 MLSS를 2,400mg/L로 유지할 때 SVI가 120이면 반송률(R)은?(단, 유입수의 SS는 고려하지 않음) [기 04년]

① 24% ② 32%
③ 40% ④ 46%

정답 19 ② 20 ② 21 ① 22 ① 23 ③ 24 ① 25 ③

과년도 기출문제

[해설]

$$SVI = \frac{SV(\%) \times 10^4}{MLSS[mg/L]} \text{ 에서}$$

$$120 = \frac{SV \times 10^4}{2,400} \quad \therefore SV = 28.8\%$$

따라서,

반송률 $R = \frac{100 \times SV}{100 - SV} = \frac{100 \times 28.8}{100 - 28.8} = 40.4\%$

26 활성슬러지 공정에서 2차 침전지 반송슬러지의 농도가 16,000mg/L였다. 폭기조의 MLSS 농도를 2,500mg/L로 유지하기 위한 반송률은? [기 04년]

① 15.6%   ② 18.5%
③ 31.2%   ④ 37.0%

[해설]

반송률 $R = \frac{M}{S-M} = \frac{2,500}{16,000 - 2,500} = 0.185 = 18.5\%$

27 하수처리시설에서 폭기조의 혼합액 중 부유물농도(MLSS) 100g/m³, 반송슬러지 중의 부유물 농도 500g/m³일 때 슬러지 반송비는? [기 11년]

① 15%   ② 20%
③ 25%   ④ 30%

[해설]

$r = \frac{M}{S-M} = \frac{100g/m^3}{500g/m^3 - 100g/m^3} = 0.25 = 25\%$

28 반송슬러지의 SS 농도가 6,000mg/L이다. MLSS 농도를 2,500mg/L로 유지하기 위한 슬러지 반송비는? [기 16, 19년]

① 25%   ② 55%
③ 71%   ④ 100%

[해설]

$r = \frac{MLSS}{SS - MLSS} = \frac{2,500}{6,000 - 2,500} = 71.4\%$

29 슬러지 반송비가 0.4, 반송슬러지의 농도가 1%일 때 포기조 내의 MLSS 농도는?

① 1,234mg/L   ② 2,857mg/L
③ 3,325mg/L   ④ 4,023mg/L

[해설]

$r = \frac{X}{X_r - X}$

$0.4 = \frac{X}{0.01 - X}$

따라서 $X = 0.002857$ 농도는 ppm 단위이므로
$0.002857 \times 10^6 = 2,857 mg/L$

30 반송슬러지 농도를 X_R, 슬러지 반송비를 R이라 할 때, 반응조 내의 MLSS 농도 X를 구하는 식은?(단, 유입수의 SS는 무시함) [기 11년]

① $X = \frac{X_R}{(1-R)}$

② $X = \frac{R \times X_R}{(1+R)}$

③ $X = R \times (X_R + 1)$

④ $X = \frac{R \times X_R}{(1-R)}$

[해설]

$R = \frac{X}{X_R - X}$ 이므로 $R(X_R - X) = X$

$RX_R = (R+1)X$

$\therefore X = \frac{RX_R}{R+1}$

31 슬러지 팽화의 원인으로서 옳지 않은 것은? [기 06, 10년]

① 영양물질의 불균형
② 유기물의 과도한 부하
③ 용존산소량 불량
④ 과도한 질산화

정답 26 ② 27 ③ 28 ③ 29 ② 30 ② 31 ④

과년도 기출문제

32 활성슬러지 공법에서 벌킹(Bulking) 현상의 원인이 아닌 것은? [기 04년]

① 유량, 수질의 과부하
② pH의 저하
③ 낮은 용존산소
④ 반송유량의 과다

33 활성슬러지법과 비교하여 생물막법의 특징으로 옳지 않은 것은? [기 08, 11년]

① 운전조작이 간단하다.
② 하수량 증가에 대응하기 쉽다.
③ 반응조를 다단화하여 반응효율과 처리 안정성 향상이 도모된다.
④ 생물종 분포가 단순하여 처리효율을 높일 수 있다.

34 살수여상에 관한 하수처리의 주 원리는 다음 중 어느 것인가?

① 하수 내의 고형물이 산소와 결합하여 침전물을 형성한다.
② 쇄석 내의 재질에 의해 BOD가 여과된다.
③ 하수 내의 고형물이 쇄석에 의해 흡수된다.
④ 쇄석표면에 번식하는 미생물이 하수와 접촉하여 섭취 분해한다.

35 회전원판법(Rotating Biological Comtactors)에 대한 설명으로 옳은 것은? [기 04년]

① 수면에 일부가 잠겨 있는 원판을 설치하여 원판에 부착, 번식한 미생물군을 이용해서 하수를 정화한다.
② 보통 1차 침전지를 설치하지 않고, 타원형 무한수로의 반응조를 이용하여 기계식 포기 장치에 의해 포기를 행한다.

③ 산기 장치 및 상징수 배출 장치를 설치한 회분조로 구성된다.
④ 여상에 살수되는 하수가 여재의 표면에 부착된 미생물군에 의해 유기물을 제거하는 방법이다.

[해설]
② 산화구법
③ 연속회분식 활성슬러지법
④ 살수여상법

36 접촉산화법의 특징으로 옳은 것은? [기 10년]

① 미생물량과 영향인자를 정상상태로 유지하기 위한 조작이 비교적 쉽다.
② 초기 건설비가 적다.
③ 대규모 시설에 적합하다.
④ 분해속도가 낮은 기질제거에 효과적이다.

37 다음 중 활성슬러지법의 변법이 아닌 것은? [기 02년]

① 호기성 산화지
② 장시간 폭기법
③ 산화구법
④ 계단식 폭기법

38 하수의 생물학적 처리법 중 산화구법(Oxidation Ditchprocess)이 속하는 처리법은? [기 12년]

① 산화지법
② 소화법
③ 활성슬러지법
④ 살수여상법

정답 32 ④ 33 ④ 34 ④ 35 ① 36 ④ 37 ① 38 ③

과년도 기출문제

39 활성슬러지변법 중 생물반응조의 체류시간(HRT)이 일반적으로 가장 긴 것은?

① 산화구법
② 장기 폭기법
③ 계단식 폭기법
④ 순환식 질산화 탈질법

[해설]
산화구법은 HRT가 길고 일조량을 필요로 하기 때문에 넓은 처리장부지가 소요된다.

40 장기 폭기법에 관한 설명으로 옳은 것은?
[기 16, 20년]

① F/M비가 크다.
② 슬러지 발생량이 적다.
③ 부지가 적게 소요된다.
④ 대규모 처리장에 많이 이용된다.

[해설]
장기폭기법
- 슬러지량이 크게 감소한다.
- 폭기시간은 18~24시간이다.
- 초기시설비가 크다.
- 최초 침전지가 없다.

41 계단식 폭기법의 특징에 대한 다음 설명 중 적합하지 않은 것은?
[기 02년]

① 유입수를 분할해서 유입시키도록 폭기조 내 산소 이용율을 균등화시킨다.
② 유입수의 BOD 부하량이 높아져도 F/M비를 적정한 범위로 유지하기 쉽다.
③ 폭기조 내에서 유출하는 혼압액의 MLSS 농도를 낮출 수 있으므로 SVI가 높아져도 그 대응이 쉽다.
④ 폭기시간이 길므로 폭기조의 미생물은 내생호흡율 단계에 있으므로 슬러지 생산량이 매우 작다.

[해설]
④는 장기폭기법에 대한 설명이다.

42 다음 그림은 어떤 처리방식을 나타낸 것인가?

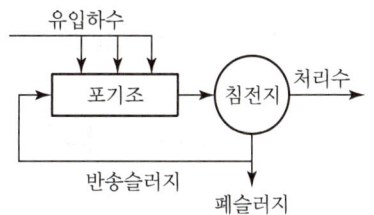

① 표준활성슬러지법
② 계단식 폭기법
③ 접촉안정법
④ 산화구법

43 산기식 포기장치를 사용하며 유입부에 많은 산기기를 설치하고 포기조의 말단부에는 적은 수의 산기기를 설치하는 활성슬러지의 변법은? [기 04년]

① 점감식 포기법(Tapered Aeration)
② 계단식 포기법(Step Aeration)
③ 장기 포기법(Extended Aeration)
④ 수정식 포기법(Modified Aeration)

44 하수의 처리방법 중 생물막법에 해당되는 것은?
[기 17년]

① 산화구법
② 심층포기법
③ 회전원판법
④ 순산소활성슬러지법

정답 39 ① 40 ② 41 ④ 42 ② 43 ① 44 ③

09 배출수 및 슬러지 처리

1 슬러지 처리 목적

① 생화학적 안정화(유기물 → 무기물)
② 병원균 제거(위생적으로 안정화)
③ 부피의 감량화
④ 부패와 악취냄새의 감소 및 제거

2 슬러지 함수율과 부피와의 관계

$$\frac{\forall_2}{\forall_1} = \frac{100 - W_1}{100 - W_2}$$

- 1 : $\forall_1$ ~전 부피, W_1 ~전 함수율
- 2 : $\forall_2$ ~후 부피, W_2 ~후 함수율

3 슬러지 처리 계통

농축(부피가 1/3 감소) → 소화(부피가 1/6 감소) → 개량 → 탈수 → 건조 → 최종 처분

농축
부피 감소 시설

소화
안정화 시설

탈수, 건조
함수율 감소 시설

4 호기성과 혐기성 슬러지 소화방법 비교

구분	호기성	혐기성
BOD	처리수의 BOD가 낮음	처리수의 BOD가 높음
동력	동력이 소요됨	동력시설 없이 연속처리 가능
냄새	없음	많이 남
비료	비료가치가 큼	비료가치가 작음
부산물	가치 있는 부산물 생성 안됨	가치는 부산물인 메탄 생성
시설비	적게 듦	많이 듦
운전	운전이 쉬움	운전이 까다로움
질소	질소가 산화되어 NO_2로 방출	질소가 NH_3-N으로 방출
규모	소규모 활성 슬러지에 좋음	대규모 시설에 적합함
적용	2차 슬러지에 적용하는 것이 가능	1차 슬러지에 보다 적합함
병원균	사멸율이 낮음	사멸율이 높음
시설비	최초 시설비가 적게 듦	최초 시설비가 많이 듦

과년도 기출문제

01 슬러지 처리의 목표가 아닌 것은? [기 97년]

① 슬러지의 생화학적 안정화
② 최종적인 슬러지의 감량화
③ 병원균의 처리
④ 중금속의 처리

02 슬러지 처리 과정을 순차적으로 나열한 것 중 옳은 것은? [기 05, 07, 14, 16년]

① 생슬러지 – 소화 – 개량 – 탈수 및 건조 – 농축 – 연소 – 최종 처분
② 생슬러지 – 농축 – 소화 – 개량 – 탈수 및 건조 – 연소 – 최종 처분
③ 생슬러지 – 개량 – 탈수 및 건조 – 소화 – 농축 – 연소 – 최종 처분
④ 생슬러지 – 농축 – 탈수 및 건조 – 소화 – 연소 – 개량 – 최종 처분

03 슬러지 처리 및 이용 계획에 대한 설명으로 옳은 것은?

① 슬러지 안정화 및 감량화보다 매립을 권장한다.
② 슬러지를 녹지 및 농지에 이용하는 것은 배제한다.
③ 병원균 및 중금속 검사는 슬러지 이용 관점에서 중요하지 않다.
④ 슬러지를 건설자재로 이용하는 것이 권장된다.

04 하수처리장의 슬러지 처리 공정 중 잉여 슬러지를 10이라고 할 때 부피가 약 1/6로 감소되는 공정은 어느 것인가? [기 98년]

① 농축   ② 소화
③ 탈수   ④ 소각

[해설]
농축은 1/3, 소화 1/6, 탈수 1/25, 소각 1/125로 감소된다.

05 슬러지 처리 과정 중 슬러지의 부피를 감소시키고 취급이 용이하도록 만들 목적으로 슬러지의 함수율을 감소시키는 과정은? [기 11년]

① 개량   ② 소화
③ 탈수   ④ 소각

[해설]
탈수는 함수율 감소 시설이다.

06 다음 중 하수슬러지 개량방법에 속하지 않는 것은? [기 18년]

① 세정   ② 열처리
③ 동결   ④ 농축

[해설]
하수슬러지의 개량방법에는 세정, 열처리 동결융해, 약품처리가 있다.

07 슬러지를 혐기성 소화법으로 처리할 경우의 호기성 소화법에 비하여 갖는 특징으로 틀린 것은? [기 04년]

① 병원균의 사멸률이 낮다.
② 동력시설 없이 연속적인 처리가 가능하다.
③ 부산물로 유용한 메탄가스가 생산된다.
④ 유지관리비가 적게 소요된다.

[해설]
병원균을 사멸시키거나 통제가 가능하다.

08 호기성 소화의 특징을 설명한 것으로 옳지 않은 것은? [기 11, 18년]

① 처리된 소화슬러지에서 악취가 나지 않는다.
② 상징수의 BOD 농도가 높다.
③ 폭기를 위한 동력 때문에 유지관리비가 많이 든다.
④ 수온이 낮을 때에는 처리효율이 떨어진다.

정답 01 ④ 02 ② 03 ④ 04 ② 05 ③ 06 ④ 07 ① 08 ②

[해설]
호기성 소화는 상징수의 BOD 농도가 낮다.

09 호기성 처리방법에 비해 혐기성 처리방법이 갖고 있는 특징에 대한 설명으로서 틀린 것은?
[기 15, 19년]

① 슬러지 발생량이 적다.
② 유용한 자원인 메탄이 생성된다.
③ 운전조건의 변화에 적응하는 시간이 짧다.
④ 동력비 및 유지관리비가 적게 든다.

10 슬러지의 혐기성 소화에 대한 설명으로 옳지 않은 것은?

① 온도, pH의 영향을 쉽게 받는다.
② 호기성 처리보다 분해속도가 느리다.
③ 호기성 처리에 비해 유지비가 경제적이다.
④ 정상적인 소화 시 가장 많이 발생되는 가스는 CO_2이다.

[해설]
혐기성 소화는 환원과 관련 있으므로 H와 반응한다.

11 혐기성 처리방법은 호기성 처리방법에 비해 다음의 특징을 갖고 있다. 틀린 것은? [기 08년]

① 슬러지 발생량이 적다.
② 유기물 농도가 높은 하수의 처리에 적합하다.
③ 반응이 빠르고 생물의 에너지 효율이 높다.
④ 메탄가스가 생성된다.

12 슬러지의 호기성 소화를 혐기성 소화법과 비교한 설명 중 틀린 것은? [기 06, 16, 17년]

① 상징수의 수질이 양호하다.
② 포기에 드는 동력비가 많이 필요하다.
③ 악취발생이 감소한다.
④ 가치 있는 부산물이 생성된다.

13 혐기성 슬러지 소화조를 설계할 경우 탱크의 크기를 결정하는데 있어 고려할 사항이 해당되지 않는 것은? [기 14년]

① 소화조에 유입되는 슬러지 양과 특성
② 고형물 체류시간 및 온도
③ 소화조의 운전방법
④ 소화조 표면부하율

14 혐기성 소화공정에서 소화가스 발생량이 저하될 때 그 원인으로 적합하지 않은 것은? [기 13, 18년]

① 소화슬러지의 과잉배출
② 조 내 퇴적 퇴사의 배출
③ 소화조 내 온도의 저하
④ 소화가스의 누출

[해설]
조 내 퇴적 토사를 배출하면 소화공정을 원활히 하기 때문에 소화가스발생량이 증가된다.

15 혐기성 소화에서 탄산염 완충시스템의 관여하는 알칼리도의 종류가 아닌 것은? [기 15년]

① HCO_3^- ② CO_3^{2-}
③ OH^- ④ HPO_4^-

16 생물학적 작용에서 호기성 분해로 인한 생성물이 아닌 것은? [기 96, 14년]

① CO_2 ② CH_4
③ NO_3 ④ SO_4

정답 09 ③ 10 ④ 11 ③ 12 ④ 13 ④ 14 ② 15 ④ 16 ②

과년도 기출문제

17 혐기성 소화공정의 영향 인자가 아닌 것은?
[기 15, 16년]

① 체류시간　② 온도
③ 메탄함량　④ 알칼리도

18 혐기성 소화공정을 적절하게 운전 및 관리하기 위하여 확인해야 할 사항으로 옳지 않은 것은?
[기 20년]

① COD 농도 측정　② 가스발생량 측정
③ 상징수의 pH 측정　④ 소화슬러지의 성상 파악

[해설]
혐기성 소화공정은 미생물이 반응물질이므로 COD는 해당사항이 없다.

19 혐기성 소화에 의한 슬러지 처리법에서 발생되는 가스성분 중 가장 많이 차지하는 것은?

① 탄산가스　② 메탄가스
③ 유화수소　④ 황화수소

20 다음 슬러지 탈수방법 중 슬러지 케이크의 함수율이 55~70% 정도로 생산하는 탈수기는 어느 것인가?
[기 95년]

① 진공여과법　② 가압여과기
③ 원심분리기　④ 슬러지 건조상

21 다음 중 함수율이 가장 낮은 슬러지 케이크를 생산할 수 있는 탈수방법은 어느 것인가?

① 중력식 농축조　② 진공탈수기
③ 원심탈수기　④ 가압탈수기

22 슬러지의 중량(건조 무게)이 3,000kg이고, 비중이 1.05, 수분 함량이 96%인 슬러지의 용적은?
[기 04년]

① $71m^3$　② $85m^3$
③ $101m^3$　④ $115m^3$

[해설]
$\gamma = \dfrac{W}{\forall}$ 이므로, $1.05 t/m^3 = \dfrac{3t}{(1-0.96)\forall}$
따라서, $\forall = 71.43 m^3$

23 슬러지의 함수율이 95%에서 90%로 저하되었다. 이때 전체 슬러지의 부피는 어떻게 되는가?(단, 슬러지의 비중은 1.0으로 한다.)

① 1/2로 감소한다.　② 1/3로 감소한다.
③ 1/4로 감소한다.　④ 1/5로 감소한다.

[해설]
$\dfrac{\forall_1}{\forall_2} = \dfrac{1-0.95}{1-0.90} = \dfrac{1}{2}$

24 함수율 95%인 슬러지를 농축시켰더니 최초부피의 1/3이 되었다. 농축된 슬러지의 함수율은?(단, 농축 전후의 슬러지 비중은 1로 가정) [기 11, 20년]

① 65%　② 70%
③ 85%　④ 90%

[해설]
$\dfrac{\forall_2}{\forall_1} = \dfrac{100-W_1}{100-W_2}$ 에서
$\dfrac{1}{3} = \dfrac{100-95}{100-W_2}$, $W_2 = 85\%$

25 슬러지 소각에 대한 설명으로 틀린 것은?

① 부패성이 없다.
② 위생적으로 안전하다.
③ 슬러지용적이 1/50~1/100로 감소한다.
④ 타 처리방법에 비하여 소요 부지 면적이 크다.

정답　17 ③　18 ①　19 ②　20 ②　21 ④　22 ①　23 ①　24 ③　25 ④

10 펌프장시설

1 펌프의 결정기준과 특성

결정기준	• 펌프대수는 줄인다(단, 2지 이상). • 동일용량의 것을 사용한다. • 대용량의 것을 사용한다.
특성	양정, 효율, 동력

2 펌프의 종류

원심력 펌프	상하수도에 주로 많이 사용함
축류펌프	가장 저양정용이고, 비교회전도가 가장 큼
사류 펌프	양정, 수위의 변화가 큰 곳에 적합

3 펌프의 계산

펌프의 구경	$D = 146\sqrt{\dfrac{Q}{V}}$
펌프의 축동력	$P = \dfrac{13.33QH}{\eta}\,[HP]$, $P = \dfrac{9.8QH}{\eta}\,[\text{kW}]$
비교회전도	$N_s = N \times \dfrac{Q^{1/2}}{H^{3/4}}$

4 수격작용

펌프의 급정지, 급가동으로 관로 내 유속의 급격한 변화가 생기고 관로 내 압력이 급상승 또는 급강하하는 현상

수격작용의 방지대책
- 관 내 유속을 저하시킨다.
- 펌프의 급정지를 피한다.
- 안전밸브를 설치한다.

5 공동현상

압력의 저하가 포화증기압 이하로 하강하면 양수되는 액체가 기화하여 공동이 생기는 현상

공동현상 방지방법
- 흡입양정을 작게 한다.
- 흡입관 직경을 크게 한다.
- 임펠러를 수중에 위치시켜 잠기도록 한다.

과년도 기출문제

01 하수도시설에서 펌프장시설의 계획하수량과 설치대수에 대한 설명으로 옳지 않은 것은?　　　　[기 10, 17년]

① 오수펌프의 용량은 분류식의 경우, 계획시간 최대오수량으로 계획한다.
② 펌프의 설치대수는 계획오수량과 계획우수량에 대하여 각 2대 이하를 표준으로 한다.
③ 합류식의 경우, 오수펌프의 용량은 우천 시 계획오수량으로 계획한다.
④ 빗물펌프는 예비기를 설치하지 않는 것을 원칙으로 하지만, 필요에 따라 설치를 검토한다.

[해설]
펌프의 설치대수는 계획오수량과 계획우수량에 대하여 각 2대 이상을 표준으로 한다.

02 펌프에 관한 설명으로 틀린 것은?

① 일반적으로 용량이 클수록 효율을 떨어진다.
② 흡입구경은 유량과 흡입구의 유속에 의해 결정된다.
③ 토출구경은 흡입구경, 전양정, 비교회전도 등을 고려하여 정한다.
④ 침수우려가 있는 곳에는 합축형 또는 수중형을 설치한다.

[해설]
일반적으로 용량이 클수록 효율을 좋아진다.

03 펌프대수를 결정할 때 일반적인 고려사항에 대한 설명으로 옳지 않은 것은?　　　　[기 12, 17, 20년]

① 건설비를 절약하기 위해 예비는 가능한 대수를 적게 하고 소용량으로 한다.
② 펌프의 설치대수는 유지관리상 가능한 적게 하고 동일용량의 것으로 한다.
③ 펌프는 가능한 최고효율점 부근에서 운전하도록 대수 및 용량을 정한다.
④ 펌프는 용량이 작을수록 효율이 높으므로 가능한 소용량의 것으로 한다.

[해설]
펌프는 용량이 클수록 효율이 높으므로 가능한 대용량의 것으로 한다.

04 펌프를 선택할 때에 반드시 고려해야 할 사항은?　　　　[기 12년]

① 양정　　② 지질
③ 무게　　④ 방향

05 펌프 선정 시의 고려사항으로 가장 거리가 먼 것은?　　　　[기 13년]

① 펌프의 특성
② 펌프의 중량
③ 펌프의 동력
④ 펌프의 효율

06 하수도에서 가장 일반적으로 사용하는 펌프의 형태는 무엇인가?　　　　[기 96년]

① 원심 펌프
② 용적식 펌프
③ 에어리조트 펌프
④ 수중 모터 펌프

[해설]
원심 펌프는 상·하수도의 양수에 가장 일반적으로 이용한다.

정답 01 ② 02 ① 03 ④ 04 ① 05 ② 06 ①

과년도 기출문제

07 펌프의 분류 중 원심 펌프의 특징에 대한 설명으로 옳은 것은? [기 10년]

① 일반적으로 효율이 높고, 적용 범위가 넓으며, 적은 유량을 가감하는 경우 소요동력이 적어도 운전에 지장이 없다.
② 양정변화에 대하여 수량의 변동이 적고 또 수량변동에 대해 동력의 변화도 적으므로 우수용 펌프 등 수위변동이 큰 곳에 적합하다.
③ 회전수를 높게 할 수 있으므로, 수형으로 되며 전양정이 4m 이하인 경우에 경제적으로 유리하다.
④ 펌프와 전도기를 일치로 펌프흡입실 내에 설치하며, 유입수량이 적은 경우 및 펌프장의 크기에 제한을 받는 경우 등에 사용한다.

08 다음 펌프 중 양정 높이가 가장 낮은 것은?

① 원심력 펌프   ② 터빈 펌프
③ 사류 펌프   ④ 축류 펌프

09 다음 펌프 중 가장 큰 비교회전도를 나타내는 것은? [기 20년]

① 사류 펌프   ② 원심 펌프
③ 축류 펌프   ④ 터빈 펌프

[해설]
축류 펌프는 가장 저양정이면서 비교회전도가 가장 크다.

10 다음 펌프 중 가장 큰 비교회전도(N_s)를 나타내는 것은? [기 01년]

① 터빈 펌프   ② 사류 펌프
③ 축류 펌프   ④ 원심 펌프

11 다음 중 펌프 흡입구의 표준유속은 얼마인가? [기 00년]

① 0.5~1.0m/sec   ② 1.0~1.5m/sec
③ 1.5~3.0m/sec   ④ 3.0~4.0m/sec

12 하수도시설에서 펌프의 선정기준 중 틀린 것은? [기 15, 22년]

① 전양정이 5m 이하이고 구경이 400mm 이상인 경우는 축류 펌프를 선정한다.
② 전양정이 4m 이상이고 구경이 80mm 이상인 경우는 원심 펌프를 선정한다.
③ 전양정이 5~20m이고 구경이 300mm 이상인 경우는 원심 사류 펌프를 선정한다.
④ 전양정이 3~12m이고 구경이 400mm 이상인 경우는 원심 펌프를 선정한다.

[해설]

전양정(m)	형식	펌프구경(mm)
5 이하	축류 펌프	400 이상
3~12	사류 펌프	400 이상
5~20	원심 사류 펌프	300 이상
4 이상	원심 펌프	80 이상

13 취수장에서 1일 15,000ton의 물을 양수하기 위한 펌프의 흡입 구경은?(단, 토출구의 유속은 3m/s)

① 272mm   ② 172mm
③ 135mm   ④ 35mm

[해설]
$$\frac{\pi \times D^2}{4} = \frac{15,000/86,000}{3}$$ 으로부터
$D = 0.2714m = 271.4mm$

과년도 기출문제

14 펌프의 토출량이 0.94m³/min이고, 흡입구의 유속이 2m/s라 가정할 때 펌프의 흡입구경은?

[기 04, 17년]

① 100mm ② 200mm
③ 250mm ④ 300mm

[해설]

펌프의 구경 $d = 146\sqrt{\dfrac{Q}{V}}$ 이므로 $146 \times \sqrt{\dfrac{0.94}{2}} = 100.1mm$

15 높이 25m인 고수조에서 매시간 20ton의 물을 양수하고자 한다. 이때 흡입양정이 5m이고, 마찰손실수두가 10m이라면 펌프의 전양정은 얼마인가?

① 20m ② 30m
③ 40m ④ 50m

[해설]

전양정 = 실양정+손실수두의 합 – 흡입수두
 = 25 + 10 – 5 = 30m

16 90% 효율을 가진 전동기에 의해 가동되는 효율 80%의 펌프를 가지고 250L/sec의 물을 20m의 총수두로 퍼 올릴 때 요구되는 전동기의 출력은? (단, 여유율은 없는 것으로 가정한다.) [기 11년]

① 61.27kW ② 68.08kW
③ 82.23kW ④ 91.37kW

[해설]

$P = \dfrac{9.8QH}{\eta}$[Kw]이므로

$= \dfrac{9.8 \times 250 \times 10^{-3} m^3/sec \times 20m}{0.8 \times 0.9} = 68.05Kw$

17 1일 28,800m³의 물을 8.8m의 높이로 양수하려고 한다. 펌프의 효율을 80%, 축동력에 15%의 여유를 둘 때 원동기의 소요동력은 몇 kW인가?

[기 04년]

① 41.3 ② 35.9
③ 30.3 ④ 29.8

[해설]

$Q = \dfrac{28,800}{24} \div 3,600 = 0.333 m^3/sec$

$P_s = \dfrac{9.8QH}{\eta} = \dfrac{9.8 \times 0.333 \times 8.8}{0.80} = 35.897kw$

원동기 출력 $P_m = P_s(1+\alpha) = 35.897(1+0.15) = 41.3kw$

18 0.2m³/sec의 물을 30m 높이에 양수하기 위한 펌프의 소요동력(HP)은? (단, 펌프의 효율은 70%)

[기 04년]

① 29HP ② 58HP
③ 113HP ④ 157HP

[해설]

펌프의 축동력

$P_s = \dfrac{13.33QH}{\eta} = \dfrac{13.33 \times 0.2 \times 30}{0.7} = 114HP$

19 지름 15cm, 길이 50m인 주철관으로 유량 0.03m³/s의 물을 50m 양수하려고 한다. 양수 시 발생되는 총 손실수두가 5m이었다면 이 펌프의 소요축동력(kW)은? (단, 여유율은 0이며 펌프의 효율은 80%이다.)

[기 18년]

① 20.0kW ② 30.5kW
③ 33.5kW ④ 37.2kW

[해설]

$P_p = \dfrac{9.8QH}{\eta}$ 이므로 $\dfrac{9.8 \times 0.03 \times (50+5)}{0.8} = 20.2kW$

정답 14 ① 15 ② 16 ② 17 ① 18 ③ 19 ①

과년도 기출문제

20 80%의 전달효율을 가진 전동기에 의해서 가동되는 85% 효율의 펌프가 300L/s의 물을 25.0m 양수할 때 요구되는 정동기의 출력(kW)은? [기 17년]

① 60.0kW ② 73.3kW
③ 86.3kW ④ 107.9kW

[해설]

kW일 경우 출력 = $\dfrac{9.8QH}{\eta}$ 이므로,

$= \dfrac{9.8 \times 300\text{L/s} \times 25\text{m}}{0.85 \times 0.8}$

$= \dfrac{9.8 \times 300 \times 10^{-3}\text{m}^3/\text{s} \times 25\text{m}}{0.85 \times 0.8} = 108.1\text{kW}$

21 직경 300mm, 길이 100m인 주철관을 사용하여 0.15m³/sec의 물을 20m 높이에 양수하기 위한 펌프의 소요동력은?(단, 마찰손실 계수 f = 0.0268, 펌프의 효율은 70%이고, 마찰손실 고려)

① 약 57HP(마력)
② 약 62HP(마력)
③ 약 72HP(마력)
④ 약 81HP(마력)

[해설]

$P_s = \dfrac{13.3QH}{\eta}$ 에서

총수두 $H = h + h_L$ 이므로

$h_L = f\dfrac{l}{D}\dfrac{V^2}{2g} = f \times \dfrac{l}{D} \times \dfrac{1}{2g} \times \left(\dfrac{4Q}{\pi D^2}\right)^2$

$= 0.0268 \times \dfrac{100}{0.3} \times \dfrac{1}{2 \times 9.8} \times \left(\dfrac{4 \times 0.15}{\pi \times 0.3^2}\right)^2 = 2.05\text{m}$

따라서 $P_s = \dfrac{13.3 \times 0.15 \times (20 + 2.05)}{0.7} = 62.84\text{HP}$

22 양수량이 8m³/min, 전양정이 4m, 회전수 1,160 rpm인 펌프의 비교회전도는? [기 07, 17년]

① 316 ② 985
③ 1,160 ④ 1,436

[해설]

$N_s = N\dfrac{Q^{1/2}}{H^{3/4}}$ 이므로 $1,160 \times \dfrac{8^{1/2}}{4^{3/4}} = 1,160$

23 양수량이 500m³/h, 전양정이 10m, 회전수가 1,100 rpm일 때 비교회전도(N_s)는? [기 04, 08, 20년]

① 362 ② 565
③ 614 ④ 809

[해설]

$N_s = N \times \dfrac{Q^{1/2}}{H^{3/4}}$, $500\text{m}^3/\text{h} = 500\text{m}^3/60\text{min}$

$N_s = 1,100 \times \dfrac{8.33^{1/2}}{10^{3/4}} = 564.56 ≒ 565$

24 펌프의 회전수 N=3,000rpm, 양수량 Q=1.5m³/min, 전양정 H=300m인 5단 원심펌프의 비회전도 N_s는? [기 12, 18년]

① 약 100회 ② 약 150회
③ 약 170회 ④ 약 210회

[해설]

다단펌프인 경우 전양정 H는 1단당 전양정으로 한다.

$N_s = N\dfrac{Q^{1/2}}{H^{3/4}} = 3000 \times \dfrac{(1.5\text{m}^3/\text{min})^{1/2}}{(300/5)^{3/4}} ≒ 170.4$

25 펌프의 비교회전도(Specific Speed)에 대한 설명으로 옳은 것은? [기 13, 18년]

① 임펠러(Impeller)가 배출량 1m³/min을 전양정 1m로 운전 시 회전수
② 임펠러(Impeller)가 배출량 1m³/sec을 전양정 1m로 운전 시 회전수
③ 작은 비회전도 값에 대한 대유량, 저양정의 정도
④ 큰 비회전도 값에 대한 소유량, 대양정의 정도

정답 20 ④ 21 ② 22 ③ 23 ② 24 ③ 25 ①

과년도 기출문제

26 펌프의 비속도(N_s)에 대한 설명으로 옳은 것은?
[기 11, 15년]

① N_s가 작게 되면 사류형으로 되고 계속 작아지면 축류형으로 된다.
② N_s가 커지면 임펠러 외경에 대한 임펠러의 폭이 작아진다.
③ N_s가 작으면 일반적으로 토출량이 적은 고양정의 펌프를 의미한다.
④ 토출량과 전양정이 동일하면 회전속도가 클수록 N_s가 작아진다.

27 펌프의 비속도(비교회전도, N_s)에 대한 설명으로 틀린 것은?
[기 14, 19년]

① N_s가 작으면 유량이 많은 저양정의 펌프가 된다.
② 수량 및 전양정이 같다면 회전수가 클수록 N_s가 크게 된다.
③ 1m³/min의 유량을 1m 양수하는데 필요한 회전수를 의미한다.
④ N_s가 크게 되면 사류형으로 되고 계속 커지면 축류형으로 된다.

[해설]
N_s가 작으면 고양정 펌프가 된다.

28 다음은 상수도 펌프에 관한 설명이다. 틀린 것은?
[기 95년]

① 흡수정은 펌프의 바로 밑 또는 가까운 거리에 설치한다.
② 흡입구경은 토출량과 흡입구 유속을 고려하여 정한다.
③ 효율은 일반적으로 토출량에 비례하여 낮아진다.
④ 흡입구의 유속은 1.5~3.0m/sec를 표준으로 한다.

[해설]
효율은 토출량에 비례하여 상승하다가 낮아진다.

29 펌프의 흡입관에 대한 다음 사항 중 틀린 것은?
[기 07, 12, 15년]

① 충분한 흡입수두를 가질 수 있도록 한다.
② 흡입관은 가능하면 수평으로 설치되도록 한다.
③ 흡입관에는 공기가 혼입되지 않도록 한다.
④ 펌프 한 대에 하나의 흡입관을 설치한다.

30 송수펌프의 전양정을 H, 관로 손실수두의 합을 $\sum h_f$, 실양정을 h_a, 관로 말단의 잔류속도수두를 h_0라 할 때 관계식으로 옳은 것은?
[기 04년]

① $H = h_a + \sum h_f + h_0$
② $H = h_a - \sum h_f - h_0$
③ $H = h_a - \sum h_f + h_0$
④ $H = h_a + \sum h_f - h_0$

[해설]
전양정은 손실수도와 관 내의 유속에 의한 마찰 손실수두와의 종합을 말한다.

31 그림은 펌프 특성곡선이다. 펌프의 양정을 나타내는 곡선 형태는?
[기 16, 22년]

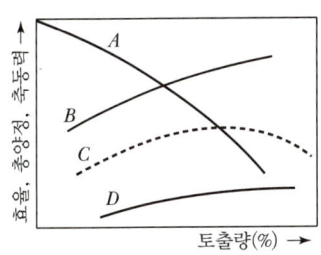

① A ② B
③ C ④ D

32 펌프의 시스템 수두곡선은 다음 중 어떤 항목의 관계를 나타내고 있는가?

① 총수두와 양수량 ② 총수두와 효율
③ 총수두와 동력   ④ 효율과 관경

정답 26 ③ 27 ① 28 ③ 29 ② 30 ① 31 ① 32 ①

과년도 기출문제

33 펌프의 특성곡선은 펌프의 양수량(토출량)과 무엇과의 관계를 나타낸 것인가? [기 18년]

① 비속도, 공동지수, 총양정
② 총양정, 효율, 축동력
③ 비속도, 축동력, 총양정
④ 공동지수, 총양정, 효율

[해설]
펌프의 특성곡선은 양정, 효율, 축동력의 관계를 나타낸 것이다.

34 일반적으로 적용하는 펌프의 특성곡선에 포함되지 않는 것은? [기 19년]

① 토출량-양정 곡선
② 토출량-효율 곡선
③ 토출량-축동력 곡선
④ 토출량-회전도 곡선

[해설]
펌프 특성곡선은 토출량과 양정, 효율, 축동력과의 관계이다.

35 운전 중에 있는 펌프의 토출량을 조절하는 방법으로 옳지 않은 것은? [기 10년]

① 펌프의 운전대수를 조절한다.
② 펌프의 흡입 측 밸브를 조절한다.
③ 펌프의 회전수를 조절한다.
④ 펌프의 토출 측 밸브를 조절한다.

36 펌프의 수격현상 발생을 최소화하기 위한 대책으로 옳지 않은 것은? [기 03, 04, 15, 19년]

① 펌프에 플라이 휠(Fly Wheel)을 붙여 펌프의 관성을 증가시킨다.
② 관 내 유속을 증가시켜 신속히 유송한다.
③ 압력 조절 수조(Surge Tank)를 설치한다.
④ 펌프의 급정지를 피한다.

[해설]
관 내 유속을 감소시켜야 수격현상(Water Hammer)을 억제할 수 있다.

37 상수도관 내의 수격현상(Water Hammer)을 경감시키는 방안으로 적합하지 않은 것은? [기 03, 04, 13년]

① 펌프의 급정지를 피한다.
② 에어챔버(Air Chamber)를 설치한다.
③ 운전 중 관 내 유속을 최대로 유지한다.
④ 관로에 압력조절탱크(Surge Tank)를 설치한다.

38 수격작용(Water Hammer)의 방지 또는 감소대책에 대한 설명으로 틀린 것은? [기 19년]

① 펌프의 토출구에 완만히 닫을 수 있는 역지밸브를 설치하여 압력상승을 적게 한다.
② 펌프 설치위치를 높게 하고 흡입양정을 크게 한다.
③ 펌프에 플라이휠(Fly Wheel)을 붙여 펌프의 관성을 증가시켜 급격한 압력강하를 완화한다.
④ 토출 측 관로에 압력조절수조를 설치한다.

[해설]
펌프의 설치위치를 낮게하여 공동현상을 방지하고, 회전수를 작게하여 수격작용을 방지한다.

39 상수도에서 펌프가압으로 배수할 경우에 펌프의 급정지, 급기동 등으로 수격작용이 일어날 경우 배수관의 손상을 방지하기 위하여 설치하는 밸브는?

① 제수밸브(Sluice Valve)
② 공기밸브(Air Valve)
③ 안전밸브(Safety Valve)
④ 역지 또는 압력 조정밸브(Pressure Reducing Valve)

정답 33 ② 34 ④ 35 ② 36 ② 37 ③ 38 ② 39 ③

과년도 기출문제

40 상수도의 펌프설비에서 캐비테이션(공동현상)의 대책에 대한 설명으로 옳은 것은? [기 17년]

① 펌프의 설치위치를 높게 한다.
② 펌프의 회전속도를 낮게 선정한다.
③ 펌프를 운전할 때 흡입 측 밸브를 완전히 개방하지 않도록 한다.
④ 동일한 토출량과 회전속도이면 한쪽흡입펌프가 양쪽흡입펌프보다 유리하다.

41 펌프의 공동현상(Cavitation)에 관한 내용과 가장 거리가 먼 것은? [기 04년]

① 흡입양정이 클수록 발생하기 쉽다.
② 펌프의 급정지 시 발생하기 쉽다.
③ 회전 날개의 파손 또는 소음, 진동의 원인이 된다.
④ 회전 날개 입구의 압력이 포화 증기압 이하일 때 발생한다.

[해설]
펌프의 급정지 시 수격작용 발생

42 공동현상(Cavitation) 방지책으로 옳지 않은 것은? [기 12년]

① 펌프의 회전수를 높인다.
② 흡입관의 손실을 가능한 한 작게 한다.
③ 펌프의 설치위치를 가능한 한 낮추도록 한다.
④ 흡입 측 밸브를 완전히 개방하고 펌프를 운전한다.

43 상수도 계획 설계 단계에서 펌프의 공동현상(Cavitation) 대책으로 옳지 않은 것은? [기 16년]

① 펌프의 회전속도를 낮게 한다.
② 흡입쪽 밸브에 의한 손실수두를 크게 한다.
③ 흡입관의 구경은 가능하면 크게 한다.
④ 펌프의 설치 위치를 가능한 한 낮게 한다.

44 펌프의 운전 중 공동현상을 방지하는 방법으로 옳지 않은 것은? [기 97년]

① 펌프의 고정위치를 가능한 높이고 흡입수두를 작게 한다.
② 임펠러를 수중에 잠기도록 한다.
③ 펌프의 회전수를 낮춘다.
④ 흡입관의 지름을 크게 하고 가능한 손실수두를 줄인다.

45 공동현상(Cavitation)의 방지책에 대한 설명으로 옳지 않은 것은? [기 12년]

① 마찰손실을 작게 한다.
② 펌프의 흡입관경을 작게 한다.
③ 임펠러(Impeller) 속도를 작게 한다.
④ 흡입수두를 작게 한다.

46 펌프의 공동현상을 방지하기 위한 흡입양정의 표준으로 옳은 것은? [기 03년]

① −11m까지   ② −9m까지
③ −7m까지   ④ −5m까지

47 펌프의 공동현상에 대한 설명으로 잘못된 것은? [기 06년, 11, 15년]

① 공동현상이 발생하면 소음이 발생한다.
② 공동현상을 방지하려면 펌프의 회전수를 높게 해야 한다.
③ 펌프의 흡입양정이 너무 적고 임펠러 회전속도가 빠를 때 공동현상이 발생한다.
④ 공동현상은 펌프의 성능 저하의 원인이 될 수 있다.

정답 40 ② 41 ② 42 ① 43 ② 44 ① 45 ② 46 ④ 47 ②

부록

APPENDIX

CBT 실전모의고사

ENGINEER CIVIL ENGINEERING

01 제1회 CBT 실전모의고사

02 제2회 CBT 실전모의고사

03 제3회 CBT 실전모의고사

04 제4회 CBT 실전모의고사

05 제5회 CBT 실전모의고사

01 제1회 CBT 실전모의고사

1과목 응용역학

01 다음 그림에서 P_1과 R 사이의 각 θ를 나타낸 것은?

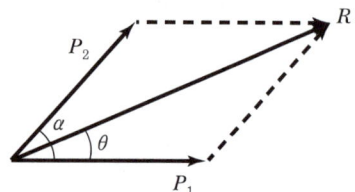

① $\theta = \tan^{-1}\left(\dfrac{P_2\cos\alpha}{P_2 + P_1\cos\alpha}\right)$

② $\theta = \tan^{-1}\left(\dfrac{P_2\cos\alpha}{P_1 + P_2\sin\alpha}\right)$

③ $\theta = \tan^{-1}\left(\dfrac{P_2\sin\alpha}{P_1 + P_2\cos\alpha}\right)$

④ $\theta = \tan^{-1}\left(\dfrac{P_2\sin\alpha}{P_1 + P_2\sin\alpha}\right)$

[해설]

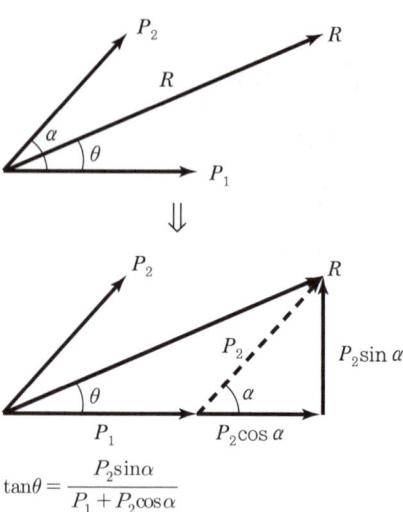

$\tan\theta = \dfrac{P_2\sin\alpha}{P_1 + P_2\cos\alpha}$

합력방향 $\theta = \tan^{-1}\dfrac{P_2\sin\alpha}{P_1 + P_2\cos\alpha}$

02 그림과 같은 사다리꼴의 도심 G의 위치 $\bar{y}$로 옳은 것은?

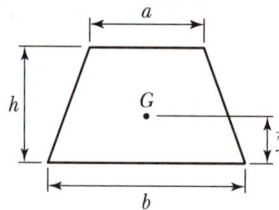

① $\bar{y} = \dfrac{h}{3}\dfrac{a+b}{a+2b}$ ② $\bar{y} = \dfrac{h}{3}\dfrac{a+b}{2a+b}$

③ $\bar{y} = \dfrac{h}{3}\dfrac{a+2b}{a+b}$ ④ $\bar{y} = \dfrac{h}{3}\dfrac{2a+b}{a+b}$

[해설]

$y = \dfrac{h}{3} \cdot \dfrac{2a+b}{a+b}$

03 다음 구조물은 몇 부정정 차수인가?

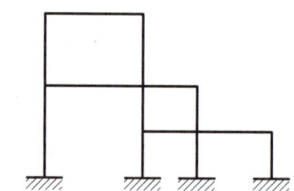

① 12차 부정정   ② 15차 부정정
③ 18차 부정정   ④ 21차 부정정

[해설]

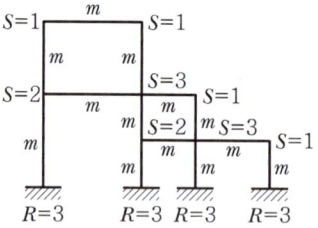

$N = R + m + s - 2P$
$\quad = 12 + 13 + 14 - 2 \times 12$
$\quad = 39 - 24$
$\quad = 15$차 부정정

정답 01 ③ 02 ④ 03 ②

[별해]

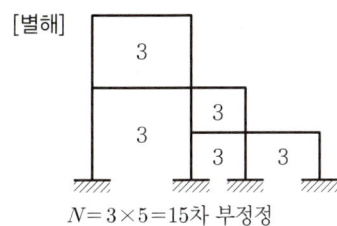

$N = 3 \times 5 = 15$차 부정정

04 그림과 같이 단순보에 하중 P가 경사지게 작용 시 A점에서의 수직반력 V_A를 구하면?

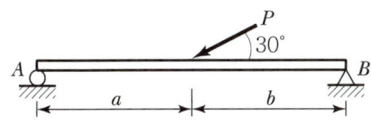

① $\dfrac{Pb}{(a+b)}$ ② $\dfrac{Pb}{2(a+b)}$

③ $\dfrac{Pa}{(a+b)}$ ④ $\dfrac{Pa}{2(a+b)}$

[해설]

$\sum M_B = V_A \times (a+b) - P \cdot \sin 30° \times b = 0$

$V_A = \dfrac{\dfrac{P}{2} \times b}{a+b} = \dfrac{Pb}{2(a+b)}(\uparrow)$

05 그림과 같은 라멘에서 A점의 수직반력(R_A)은?

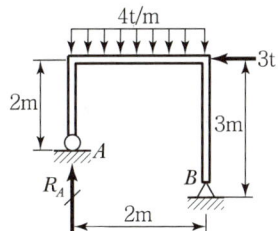

① 6.5t ② 7.5t
③ 8.5t ④ 9.5t

[해설]

$\sum M_B = R_A \times 2 - (4 \times 2) \times 1 - 3 \times 3 = 0$

$\therefore R_A = 8.5t(\uparrow)$

[별해] $R_A = \dfrac{wl}{2} + \dfrac{Ph}{l} = \dfrac{4 \times 2}{2} + \dfrac{3 \times 3}{2} = 8.5t$

06 다음 그림과 같은 하중을 받는 트러스에서 A지점은 힌지(Hinge), B지점은 롤러(Roller)로 되어 있을 때 A점의 반력의 합력 크기는?

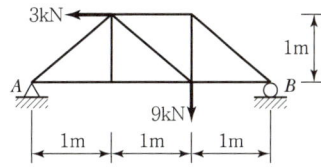

① 3kN ② 4kN
③ 5kN ④ 6kN

[해설]

- $\sum H = 0 \quad -3 + H_A = 0$
  $\therefore H_A = 3\text{kN}(\rightarrow)$
- $\sum M_B = V_A \times 3 - 3 \times 1 - 9 \times 1 = 0$
  $\therefore V_A = 4\text{kN}(\uparrow)$
- A점 반력
  $R_A = \sqrt{H_A^2 + V_A^2} = \sqrt{3^2 + 4^2} = 5\text{kN}(\nearrow)$

07 그림과 같이 한 변의 길이가 d인 정사각형 단면을 가진 부재가 점 A에서 하중 4.8kN을 받고 있을 때 필요한 정사각형 최소 단면의 한 변 길이 d는 얼마인가?(단, 자중은 무시하고 부재 허용인장응력 $\sigma_w = 1{,}200\text{N/cm}^2$으로 한다.)

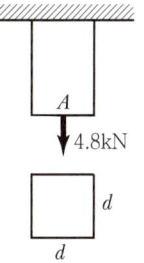

① 2cm ② 3cm
③ 1cm ④ 4cm

[해설]

[공식] $\sigma = \dfrac{P}{A}$

$1{,}200 = \dfrac{4{,}800}{d^2} \quad \therefore d = 2\text{cm}$

정답 04 ② 05 ③ 06 ③ 07 ①

08 지름 D인 원형 단면보에 휨모멘트 M이 작용할 때 최대 휨응력은?

① $\dfrac{64M}{\pi D^3}$ ② $\dfrac{32M}{\pi D^3}$

③ $\dfrac{16M}{\pi D^3}$ ④ $\dfrac{8M}{\pi D^3}$

[해설]

$$Z = \dfrac{I_x}{y_1} = \dfrac{\dfrac{\pi D^4}{64}}{\dfrac{D}{2}} = \dfrac{\pi D^3}{32}$$

$$\sigma_{\max} = \dfrac{M}{Z} = \dfrac{32M}{\pi D^3}$$

09 단면이 20cm×30cm인 압축부재가 있다. 그 길이가 2.9m일 때 이 압축부재의 세장비는 약 얼마인가?

① 33   ② 50
③ 60   ④ 100

[해설]

[공식] $\lambda = \dfrac{l}{r_{\min}}$

$r = \dfrac{b}{2\sqrt{3}}\,(\square),\ \dfrac{b}{3\sqrt{2}}\,(\triangle),\ \dfrac{D}{4\sqrt{1}}\,(\bigcirc)$

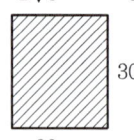

$l = 2.9\text{m} = 290\text{cm}$

$\therefore \lambda = \dfrac{l}{r_{\min}} = \dfrac{2.9 \times 100}{\dfrac{20}{2\sqrt{3}}} = \dfrac{290}{\dfrac{20}{2\sqrt{3}}} = 50.2$

10 지름이 d인 강선이 반지름 r인 원통 위로 굽어져 있다. 이 강선 내의 최대 굽힘모멘트 $M_{\max}$를 계산하면?(단, 강선의 탄성계수 $E = 2 \times 10^6 \text{kg/cm}^2$, $d = 2\text{cm}, r = 10\text{cm}$)

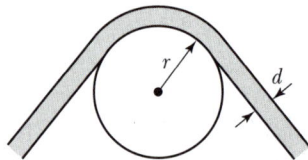

① $1.2 \times 10^5 \text{kg} \cdot \text{cm}$ ② $1.4 \times 10^5 \text{kg} \cdot \text{cm}$
③ $2.0 \times 10^5 \text{kg} \cdot \text{cm}$ ④ $2.2 \times 10^5 \text{kg} \cdot \text{cm}$

[해설]

$\dfrac{1}{R} = \dfrac{M}{EI}$

$M = \dfrac{EI}{R} = \dfrac{E\left(\dfrac{\pi d^4}{64}\right)}{\left(r + \dfrac{d}{2}\right)} = \dfrac{E\pi d^4}{64\left(r + \dfrac{d}{2}\right)} = \dfrac{(2 \times 10^6)\pi(2^4)}{64\left(10 + \dfrac{2}{2}\right)}$

$= 1.4 \times 10^5 \text{kg} \cdot \text{cm}$

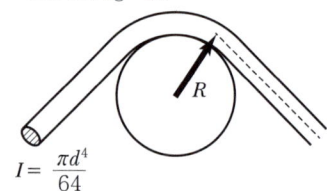

$I = \dfrac{\pi d^4}{64}$

11 다음 그림에서 처음에 P_1이 작용했을 때 자유단의 처짐 δ_1이 생기고, 다음에 P_2를 가했을 때 자유단의 처짐이 δ_2만큼 증가되었다고 한다. 이때 외력 P_1이 행한 일은?

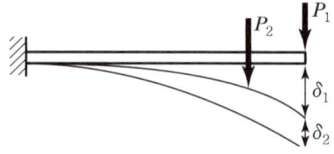

① $\dfrac{1}{2}P_1\delta_1 + P_1\delta_2$ ② $\dfrac{1}{2}P_1\delta_1 + P_2\delta_2$

③ $\dfrac{1}{2}(P_1\delta_1 + P_1\delta_2)$ ④ $\dfrac{1}{2}(P_1\delta_1 + P_2\delta_2)$

정답 08 ② 09 ② 10 ② 11 ①

[해설]

- P_1이 한 일 $= \dfrac{P_1 \cdot \delta_1}{2} + P_1 \cdot \delta_2 \quad A_1 + A_2$
- P_2가 한 일 $= \dfrac{P_2 \cdot \delta_2}{2} \quad A_3$

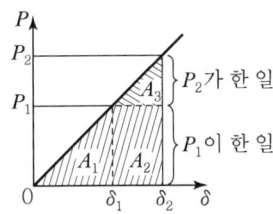

12 부정정 구조물의 해석법에 대한 설명으로 옳지 않은 것은?

① 변위법은 변위를 미지수로 하고, 힘의 평형방정식을 적용하여 미지수를 구하는 방법으로 강성도법이라고도 한다.
② 부정정력을 구하는 방법으로 변위일치법과 3연모멘트법은 응력법에 속하며, 처짐각법과 모멘트분배법은 변위법으로 분류된다.
③ 3연 모멘트법은 부정정 연속보의 2경간 3개 지점에 대한 휨모멘트 관계방정식을 만들어 부정정을 해석하는 방법이다.
④ 처짐각법으로 해석할 때 축방향력과 전단력에 의한 변형은 무시하고, 절점에 모인 각 부재는 모두 강절점으로 가정한다.

13 그림에서 합력 R과 P_1 사이의 각을 α라고 할 때 $\tan\alpha$를 나타낸 식으로 옳은 것은?

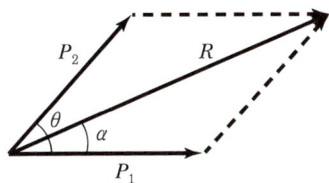

① $\tan\alpha = \dfrac{P_2\sin\theta}{P_1 + P_2\cos\theta}$

② $\tan\alpha = \dfrac{P_1\sin\theta}{P_1 + P_2\cos\theta}$

③ $\tan\alpha = \dfrac{P_2\cos\theta}{P_1 + P_2\sin\theta}$

④ $\tan\alpha = \dfrac{P_1\cos\theta}{P_1 + P_2\sin\theta}$

[해설]

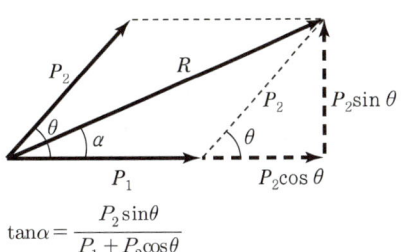

$\tan\alpha = \dfrac{P_2\sin\theta}{P_1 + P_2\cos\theta}$

14 다음 삼각형의 x축에 대한 단면1차모멘트는?

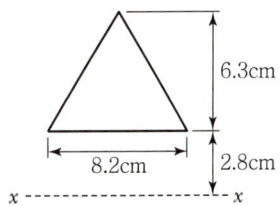

① 126.6cm^3 ② 136.6cm^3
③ 146.6cm^3 ④ 156.6cm^3

[해설]

$G_x = \left(\dfrac{1}{2} \times 6.3 \times 8.2\right) \times \left(2.8 + \dfrac{6.3}{3}\right) = 126.6\text{cm}^3$

15 다음 라멘의 부정정의 차수는?

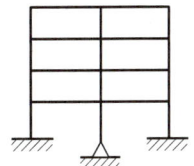

① 23차 부정정 ② 28차 부정정
③ 32차 부정정 ④ 36차 부정정

[해설]

$N = R + m + s - 2P$
$= 8 + 20 + 25 - 2 \times 15$
$= 23$차 부정정

16 그림에서 지점 A, B의 반력 $R_A = R_B$가 되기 위한 거리 x는?

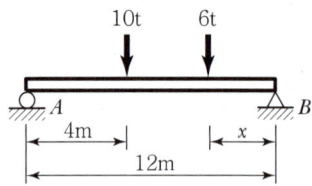

① 2.67m ② 2.87m
③ 3.02m ④ 3.22m

[해설]

- $\Sigma V = 0$, ∴ $R_A + R_B = 16\text{t}$
  $R_A = R_B$이므로 $2R_A = 16\text{t}$ ∴ $R_A = 8\text{t}(\uparrow)$
- $\Sigma M_B = R_A \times 12\text{m} - 10 \times 8\text{m} - 6 \times x = 0$
  ∴ $x ≒ 2.67\text{m}$

17 그림과 같은 라멘에서 A점의 수직반력(R_A)은?

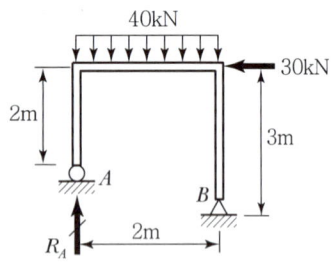

① 65kN ② 75kN
③ 85kN ④ 95kN

[해설]

$\Sigma M_B = R_A \times 2 - 40 \times 2 \times 1 - 30 \times 3 = 0$

∴ $R_A = \dfrac{80 + 90}{2} = 85\text{kN}$

또는 $R_A = \dfrac{wl}{2} + \dfrac{ph}{l} = \dfrac{40 \times 2}{2} + \dfrac{30 \times 3}{2} = 85\text{kN}$

[별해]

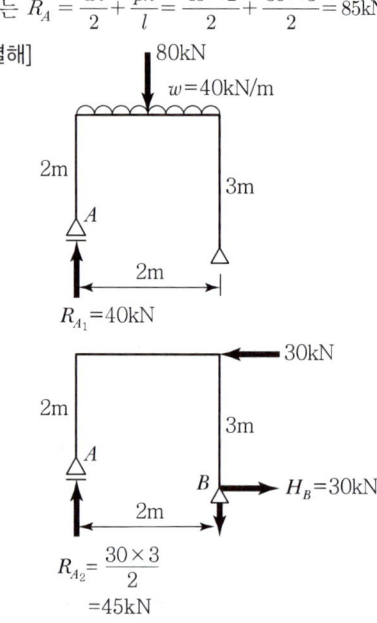

$R_{A_1} = 40\text{kN}$

$R_{A_2} = \dfrac{30 \times 3}{2} = 45\text{kN}$

∴ $R_A = R_{A_1} + R_{A_2} = 40 + 45 = 85\text{kN}$

18 트러스 해석 시 가정을 설명한 것 중 틀린 것은?

① 부재들은 일단에서 마찰이 없는 핀으로 연결된다.
② 하중과 반력은 모두 트러스의 격점에만 작용한다.
③ 부재의 도심축은 직선이며 연결핀의 중심을 지난다.
④ 하중으로 인한 트러스의 변형을 고려하여 부재력을 산출한다.

[해설]

트러스의 변형은 고려하지 않는다.

19 지름 4cm, 길이 100cm의 둥근 막대가 인장력을 받아서 길이가 0.6cm 늘어나고 동시에 지름이 0.008cm만큼 줄었을 때 이 재료의 푸아송 수는?

① 1.5 ② 2.0
③ 2.5 ④ 3.0

[해설]

$$\text{푸아송 수}(m) = \frac{\text{세로변형률}}{\text{가로변형률}} = \frac{\frac{\Delta l}{l}}{\frac{\Delta d}{d}} = \frac{d \cdot \Delta l}{l \cdot \Delta d}$$

$$= \frac{4 \times 0.6}{100 \times 0.008} = 3$$

20 20cm × 30cm인 단면의 저항모멘트는?(단, 재료의 허용 휨응력은 70kg/cm²이다.)

① 2.1t · m   ② 3.0t · m
③ 4.5t · m   ④ 6.0t · m

[해설]

$\sigma = \dfrac{M}{Z}$

$\therefore M = \sigma \cdot Z$

$= (70)\left(\dfrac{1}{6} \times 20 \times 30^2\right)$

$= 210{,}000 \text{kg/cm} = 2.1 \text{t} \cdot \text{m}$

2과목 측량학

21 노선측량에서 교각이 32°15′00″, 곡선 반지름이 600m일 때의 곡선장(CL)은?

① 355.52m   ② 337.72m
③ 328.75m   ④ 315.35m

[해설]

$\text{곡선장}(CL) = R \cdot I \cdot \dfrac{\pi}{180}$

$= 600 \times 32°15′00″ \times \dfrac{\pi}{180}$

$= 337.72 \text{m}$

22 삼각형 A, B, C의 내각을 측정하여 다음과 같은 결과를 얻었다. 오차를 보정한 각 B의 최확값은?

- ∠A = 59°59′27″(1회 관측)
- ∠B = 60°00′11″(2회 관측)
- ∠C = 59°59′49″(3회 관측)

① 60°00′20″   ② 60°00′22″
③ 60°00′33″   ④ 60°00′44″

[해설]

각 B의 최확값
- 오차
  180° − (59°59′27″ + 60°00′11″ + 59°59′49″) = 33″
- 조건부 관측 시 관측 횟수가 다를 경우 경중률
  $A : B : C = \dfrac{1}{1} : \dfrac{1}{2} : \dfrac{1}{3} = 6 : 3 : 2$
- 조정량
  $\dfrac{\text{조정할 각의 경중률}}{\text{경중률의 합}} \times \text{오차} = \dfrac{3}{11} \times 33 = 9″$
- 각 B의 최확값 = 60°00′11″ + 9″
  = 60°00′20″

정답 20 ① 21 ② 22 ①

23 답사나 홍수 등 급하게 유속관측을 필요로 하는 경우에 편리하여 주로 이용하는 방법은?

① 이중부자
② 표면부자
③ 스크루(Screw)형 유속계
④ 프라이스(Price)식 유속계

[해설]

유속관측(부자에 의한 방법)
㉠ 표면부자
  • 답사, 홍수 시 급한 유속을 관측할 때 편리
  • 나무 코르크, 병 등을 이용하여 수면 유속을 관측
㉡ 이중부자
  • 표면에다 수중부자를 연결한 것
  • 수면에서 6/10 되는 깊이

24 완화곡선에 대한 설명으로 옳지 않은 것은?

① 완화곡선의 곡선 반지름은 시점에서 무한대, 종점에서 원곡선의 반지름 R로 된다.
② 클로소이드의 형식에는 S형, 복합형, 기본형 등이 있다.
③ 완화곡선의 접선은 시점에서 원호에, 종점에서 직선에 접한다.
④ 모든 클로소이드는 닮은꼴이며 클로소이드 요소에는 길이의 단위를 가진 것과 단위가 없는 것이 있다.

[해설]

완화곡선의 특징
• 완화곡선의 반지름은 시작점에서 무한대, 종점에서는 원곡선의 반지름(R)이 된다.
• 완화곡선의 접선은 시작점에서 직선, 종점에서는 원호에 접한다.

25 하천측량 시 무제부에서의 평면측량 범위는?

① 홍수가 영향을 주는 구역보다 약간 넓게
② 계획하고자 하는 지역의 전체
③ 홍수가 영향을 주는 구역까지
④ 홍수영향 구역보다 약간 좁게

[해설]

무제부에서 평면측량의 범위는 홍수가 영향을 주는 구역보다 약간 넓게 측량한다.

26 한 변의 길이가 10m인 정사각형 토지를 축척 1 : 600 도상에서 관측한 결과, 도상의 변 관측오차가 0.2mm씩 발생하였다면 실제면적에 대한 오차 비율(%)은?

① 1.2% ② 2.4%
③ 4.8% ④ 6.0%

[해설]

실제면적에 대한 오차 비율(%)
$\frac{\Delta A}{A} = 2\frac{\Delta l}{l}$ (%)
㉠ $l = 10$ m
㉡ Δl
  • $\frac{1}{m} = \frac{도상거리}{실제거리} = \frac{도상관측오차}{실제측정오차}$
  • $\frac{1}{600} = \frac{0.2}{\Delta l}$
  $\Delta l = 120$ mm $= 0.12$ m
㉢ $\frac{\Delta A}{A} = 2 \cdot \frac{\Delta l}{l} = 2 \times \frac{0.12}{10}$
  $= 0.024 = 2.4\%$

27 지구의 형상에 대한 설명으로 틀린 것은?

① 회전타원체는 지구의 형상을 수학적으로 정의한 것이고, 어느 하나의 국가에 기준으로 채택한 타원체를 기준타원체라 한다.
② 지오이드는 물리적인 형상을 고려하여 만든 불규칙한 곡면이며, 높이 측정의 기준이 된다.
③ 지오이드 상에서 중력 포텐셜의 크기는 중력 이상에 의하여 달라진다.
④ 임의 지점에서 회전타원체에 내린 법선이 적도면과 만나는 각도를 측지위도라 한다.

정답 23 ② 24 ③ 25 ① 26 ② 27 ③

[해설]
지오이드는 등 포텐셜면이다(지오이드 상에서 중력포텐셜의 크기는 모두 같다).

28 그림과 같은 수준망을 각각의 환(Ⅰ~Ⅳ)에 따라 폐합 오차를 구한 결과가 표와 같다. 폐합오차의 한계가 $\pm 1.0\sqrt{S}$ cm 일 때 우선적으로 재관측할 필요가 있는 노선은?(단, S : 거리[km])

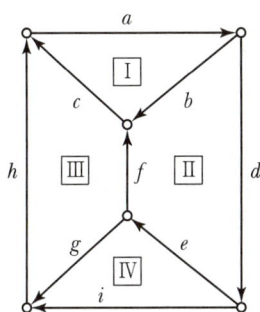

노선	a	b	c	d	e	f	g	h	i
거리 (m)	4.1	2.2	2.4	6.0	3.6	4.0	2.2	2.3	3.5

환	Ⅰ	Ⅱ	Ⅲ	Ⅳ	외주
폐합오차 (m)	-0.017	0.048	-0.026	-0.083	-0.031

① e노선 ② f노선
③ g노선 ④ h노선

[해설]
- 각 노선의 길이
  Ⅰ $= a+b+c = 8.7$
  Ⅱ $= b+d+e+f = 15.8$
  Ⅲ $= c+F+g+H = 10.9$
  Ⅳ $= e+g+i = 9.3$
  외주 $= a+d+i+h = 15.9$
- 각 노선의 오차 한계
  Ⅰ $= \pm 1.0\sqrt{8.7} = \pm 2.95$ cm
  Ⅱ $= \pm 1.0\sqrt{15.8} = \pm 3.98$ cm
  Ⅲ $= \pm 1.0\sqrt{10.9} = \pm 3.30$ cm
  Ⅳ $= \pm 1.0\sqrt{9.3} = \pm 3.05$ cm
  외주 $= \pm 1.0\sqrt{15.9} = \pm 3.99$ cm

- 여기서 Ⅱ와 Ⅳ 노선의 폐합 오차가 오차 한계보다 크므로 공통으로 속한 'e' 노선을 우선적으로 재측한다.

29 하천의 유속측정결과, 수면으로부터 깊이의 2/10, 4/10, 6/10, 8/10 되는 곳의 유속(m/s)이 각각 0.662, 0.552, 0.442, 0.332이었다면 3점법에 의한 평균유속은?

① 0.4603m/s ② 0.4695m/s
③ 0.5245m/s ④ 0.5337m/s

[해설]
3점법
$$V_m = \frac{1}{4}(V_{0.2} + 2V_{0.6} + V_{0.8})$$
$$= \frac{1}{4}\{0.662 + (2 \times 0.442) + 0.332\} = 0.4695 \text{m/s}$$

30 지상 1km²의 면적을 지도상에서 4cm²으로 표시하기 위한 축척으로 옳은 것은?

① 1 : 5,000 ② 1 : 50,000
③ 1 : 25,000 ④ 1 : 250,000

[해설]
$$\frac{1}{m} = \sqrt{\frac{4}{1 \times 100^2 \times 1,000^2}} = \frac{1}{50,000}$$

31 토털스테이션으로 각을 측정할 때 기계의 중심과 측점이 일치하지 않아 0.5mm의 오차가 발생하였다면 각 관측 오차를 2″ 이하로 하기 위한 변의 최소 길이는?

① 82.501m ② 51.566m
③ 8.250m ④ 5.157m

[해설]
$$\frac{\Delta l}{l} = \frac{\theta''}{\rho''}(206265'')$$
$$\frac{0.5}{l} = \frac{2}{206265}$$
∴ $l = 51566.25$ mm $= 51.566$ m

32 토적곡선(Mass Curve)을 작성하는 목적으로 가장 거리가 먼 것은?

① 토량의 운반거리 산출
② 토공기계의 선정
③ 토량의 배분
④ 교통량 산정

[해설]

토적곡선(Mass Curve, 유토곡선) 작성 목적
• 토량 분배
• 평균운반거리 산출
• 토공기계 산정

33 등고선의 성질에 대한 설명으로 옳지 않은 것은?

① 등고선은 분수선(능선)과 평행하다.
② 등고선은 도면 내·외에서 폐합하는 폐곡선이다.
③ 지도의 도면 내에서 폐합하는 경우 등고선의 내부에는 산꼭대기 또는 분지가 있다.
④ 절벽에서 등고선이 서로 만날 수 있다.

[해설]

등고선은 분수선과 직각으로 교차한다.

34 노선 설치 방법 중 좌표법에 의한 설치방법에 대한 설명으로 틀린 것은?

① 토털스테이션, GPS 등과 같은 장비를 이용하여 측점을 위치시킬 수 있다.
② 좌표법에 의한 노선의 설치는 다른 방법보다 지형의 굴곡이나 시통 등의 문제가 적다.
③ 좌표법은 평면곡선 및 종단곡선의 설치 요소를 동시에 위치시킬 수 있다.
④ 평면적인 위치의 측설을 수행하고 지형표고를 관측하여 종단면도를 작성할 수 있다.

[해설]

좌표법은 평면곡선 및 종단곡선의 설치요소를 동시에 위치시킬 수 없다.

35 삼각수준측량에서 정밀도 10^{-5}의 수준차를 허용할 경우 지구곡률을 고려하지 않아도 되는 최대시준거리는?(단, 지구곡률반지름 $R=6,370$km이고, 빛의 굴절계수는 무시)

① 35m   ② 64m
③ 70m   ④ 127m

[해설]

$$\frac{1}{10^5} = \frac{D^2/2R}{D} = \frac{D}{2R}$$

$$\therefore D = \frac{2R}{10^5} = \frac{2 \times 6,370 \times 10^3}{10^5} = 127.4\text{m}$$

36 국토지리정보원에서 발급하는 기준점 성과표의 내용으로 틀린 것은?

① 삼각점이 위치한 평면좌표계의 원점을 알 수 있다.
② 삼각점 위치를 결정한 관측방법을 알 수 있다.
③ 삼각점의 경도, 위도, 직각좌표를 알 수 있다.
④ 삼각점의 표고를 알 수 있다.

[해설]

기준점 성과표 기재사항
• 삼각점 번호
• 경위도 좌표값
• 평면직각 좌표 및 표고
• 수준원점
• 도엽명칭 및 번호
• 진북방향각 등

37 다음 설명 중 옳지 않은 것은?

① 측지학적 3차원 위치결정이란 경도, 위도 및 높이를 산정하는 것이다.
② 측지학에서 면적이란 일반적으로 지표면의 경계선을 어떤 기준면에 투영하였을 때의 면적을 말한다.
③ 해양측지는 해양상의 위치 및 수심의 결정, 해저지질조사 등을 목적으로 한다.
④ 원격탐사는 피사체와의 직접 접촉에 의해 획득한 정보를 이용하여 정량적 해석을 하는 기법이다.

정답 32 ④ 33 ① 34 ③ 35 ④ 36 ② 37 ④

[해설]

원격탐사(RS)
- 지표 대상물에서 반사, 방사된 전자 스팩트럼을 측정
- 정량적, 정성적 해석

38 다음 중 다각측량의 순서로 가장 적합한 것은?

① 계획 → 답사 → 선점 → 조표 → 관측
② 계획 → 선점 → 답사 → 조표 → 관측
③ 계획 → 선점 → 답사 → 관측 → 조표
④ 계획 → 답사 → 선점 → 관측 → 조표

[해설]

다각 측량의 순서
계획 – 답사 – 선점 – 조표 – 관측 – 계산

39 측점 M의 표고를 구하기 위하여 수준점 A, B, C로부터 수준측량을 실시하여 표와 같은 결과를 얻었다면 M의 표고는?

측점	표고(m)	관측방향	고저차(m)	노선길이
A	11.03	A → M	+2.10	2km
B	13.60	B → M	−0.30	4km
C	11.64	C → M	+1.45	1km

① 13.09m ② 13.13m
③ 13.17m ④ 13.22m

[해설]

M의 표고(최확값)

- $P_M = \dfrac{P_A H_A + P_B H_B + P_C H_C}{P_A + P_B + P_C}$
- $H_A = 11.03 + 2.10 = 13.13$
  $H_B = 13.60 - 0.30 = 13.30$
  $H_C = 11.64 + 1.45 = 13.09$
- $P_A : P_B : P_C = \dfrac{1}{2} : \dfrac{1}{4} : \dfrac{1}{1} = 4 : 2 : 8$

∴ $P_M = \dfrac{13.13 \times 4 + 13.30 \times 2 + 13.09 \times 8}{4 + 2 + 8} = 13.13\text{m}$

40 지성선에 해당하지 않는 것은?

① 구조선   ② 능선
③ 계곡선   ④ 경사변환선

[해설]

凸선 (철선, 능선)	• 지표면의 가장 높은 곳을 연결한 선(V형) • 빗물이 좌우로 흐르게 되므로 분수선이라고도 함
凹선 (요선, 합수선)	• 지표면의 가장 낮은 곳을 연결한 선(A형) • 빗물이 합쳐지므로 계곡선이라고도 함
경사 변환선	• 동일 방향 경사면에서 경사의 크기가 다른 두 면의 교선
최대 경사선	• 동일 방향 경사면에서 경사의 크기가 다른 두 면의 교선 • 등고선에 직각으로 교차하며 유하선(물이 흐름)이라고 함

정답 38 ① 39 ② 40 ①

3과목 수리수문학

41 수심 h, 단면적 A, 유량 Q로 흐르고 있는 개수로에서 에너지 보정계수를 α라고 할 때 비에너지 H_e를 구하는 식은?(단, h =수심, g =중력가속도)

① $H_e = h + \alpha\left(\dfrac{Q}{A}\right)$
② $H_e = h + \alpha\left(\dfrac{Q}{A}\right)^2$
③ $H_e = h + \alpha\left(\dfrac{Q^2}{A}\right)$
④ $H_e = h + \dfrac{\alpha}{2g}\left(\dfrac{Q}{A}\right)^2$

[해설]

비에너지 $H_e = h + \dfrac{\alpha v^2}{2g} = h + \dfrac{\alpha}{2g}\left(\dfrac{Q}{A}\right)^2$

42 두 수조가 관길이 $L=50$m, 지름 $D=0.8$m, Manning의 조도계수 $n=0.013$인 원형관으로 연결되어 있다. 이 관을 통하여 유량 $Q=1.2$m³/s의 난류가 흐를 때, 두 수조의 수위차(H)는?(단, 마찰, 단면 급확대 및 급축소 손실만을 고려한다.)

① 0.98m   ② 0.85m
③ 0.54m   ④ 0.36m

[해설]

- $f = \dfrac{124.6 n^2}{D^{\frac{1}{3}}} = \dfrac{124.6 \times 0.013^2}{0.8^{\frac{1}{3}}} = 0.0227$
- $Q = \dfrac{\pi D^2}{4} \times \sqrt{\dfrac{2gH}{1.5 + f\dfrac{l}{D}}}$

$1.2 = \dfrac{\pi \times 0.8^2}{4} \times \sqrt{\dfrac{2 \times 9.8 \times H}{1.5 + 0.0227 \times \dfrac{50}{0.8}}}$

∴ $H = 0.85$m

43 어떤 유역에 내린 호우사상의 시간적 분포가 표와 같고 유역의 출구에서 측정한 지표유출량이 15mm일 때 ϕ-지표는?

시간(hr)	0~1	1~2	2~3	3~4	4~5	5~6
강우강도 (mm/hr)	2	10	6	8	2	1

① 2mm/hr   ② 3mm/hr
③ 5mm/hr   ④ 7mm/hr

[해설]

총강우량은 $2+10+6+8+2+1=29$mm이고,
이 중 15mm가 유출되었으므로 14mm가 침투량이다.
$(10-3)+(6-3)+(8-3)=15$mm
∴ $\phi-$ index=3mm/hr이다.

44 DAD(Depth-Area-Duration) 해석에 관한 설명으로 옳은 것은?

① 최대평균우량깊이, 유역면적, 강우강도와의 관계를 수립하는 작업이다.
② 유역면적을 대수 축(Logarithmic Scale)에, 최대평균강우량을 산술 축(Arithmetic Scale)에 표시한다.
③ DAD 해석 시 상대습도 자료가 필요하다.
④ 유역면적과 증발산량과의 관계를 알 수 있다.

[해설]

면적을 대수 축에, 최대평균강우량을 산술 축에, 지속시간을 제3의 변수로 표기하는 방법이 DAD 해석이다.

45 정상류(Steady Flow)의 정의로 가장 적합한 것은?

① 수리학적 특성이 시간에 따라 변하지 않는 흐름
② 수리학적 특성이 공간에 따라 변하지 않는 흐름
③ 수리학적 특성이 시간에 따라 변하는 흐름
④ 수리학적 특성이 공간에 따라 변하는 흐름

[해설]

시간에 따른 흐름의 특성이 변하지 않는 경우를 정류(정상류), 변하는 경우를 부정류라 한다.

정답 41 ④ 42 ② 43 ② 44 ② 45 ①

46 개수로 내 흐름에 있어서 한계수심에 대한 설명으로 옳은 것은?

① 상류 쪽의 저항이 하류 쪽의 조건에 따라 변한다.
② 유량이 일정할 때 비력이 최대가 된다.
③ 유량이 일정할 때 비에너지가 최소가 된다.
④ 비에너지가 일정할 때 유량이 최소가 된다.

[해설]
한계수심
- 유량이 일정하고 비에너지가 최소일 때의 수심
- 에너지가 일정하고 유량이 최대로 흐를 때의 수심
- 유량이 일정하고 비력이 최소일 때의 수심

47 단위유량도 작성 시 필요 없는 사항은?

① 유효우량의 지속시간
② 직접유출량
③ 유역면적
④ 투수계수

[해설]
단위도의 구성요소
- 직접유출량
- 유효우량 지속시간
- 유역면적

48 컨테이너 부두 안벽에 입사하는 파랑의 입사파고가 0.8m이고, 안벽에서 반사된 파랑의 반사파고가 0.3m일 때 반사율은?

① 0.325
② 0.375
③ 0.425
④ 0.475

[해설]
- 파랑의 반사율 $K_R = \dfrac{H_R}{H_I}$

  여기서, K_R : 반사율, H_R : 반사파고, H_I : 입사파고

- 반사율 $K_R = \dfrac{H_R}{H_I} = \dfrac{0.3}{0.8} = 0.375$

49 댐의 여수로에서 도수를 발생시키는 목적 중 가장 중요한 것은?

① 유수의 에너지 감쇄
② 취수를 위한 수위 상승
③ 댐 하류부에서의 유속의 증가
④ 댐 하류부에서의 유량의 증가

[해설]
댐 여수로에서 도수를 발생시키는 것은 유수의 에너지 감쇄에 목적이 있다.

50 강우계의 관측분포가 균일한 평야지역의 작은 유역에 발생한 강우에 적합한 유역 평균강우량 산정법은?

① Thiessen의 가중법
② Talbot의 강도법
③ 산술평균법
④ 등우선법

[해설]
산술평균법은 강우계의 관측분포가 균일한 평야지역에 적용한다.

51 흐름에 대한 설명 중 틀린 것은?

① 흐름이 층류일 때는 뉴턴의 점성법칙을 적용할 수 있다.
② 등류란 모든 점에서의 흐름의 특성이 공간에 따라 변하지 않는 흐름이다.
③ 유관이란 개개의 유체입자가 흐르는 경로를 말한다.
④ 유선이란 각 점에서 속도벡터에 접하는 곡선을 연결한 선이다.

[해설]
유관이란 여러 개의 유선이 모여 만든 하나의 가상 폐합관을 말한다.

정답 46 ③ 47 ④ 48 ② 49 ① 50 ③ 51 ③

52 우량관측소에서 측정된 5분 단위 강우량 자료가 표와 같을 때 10분 지속 최대 강우강도는?

시각(분)	0	5	10	15	20
누가우량(mm)	0	2	8	18	25

① 17mm/hr ② 48mm/hr
③ 102mm/hr ④ 120mm/hr

[해설]

시각(분)	0	5	10	15	20
우량(mm)	0	2	6	10	7

$I = (10+7) \times \dfrac{60}{10} = 102 \text{mm/h}$

53 흐르는 유체 속에 잠겨 있는 물체에 작용하는 항력과 관계가 없는 것은?

① 유체의 밀도 ② 물체의 크기
③ 물체의 형상 ④ 물체의 밀도

[해설]

$D = C_D \cdot A \cdot \dfrac{\rho V^2}{2}$

여기서, C_D : 항력계수 $\left(C_D = \dfrac{24}{Re}\right)$

A : 투영면적, $\dfrac{\rho V^2}{2}$: 동압력

∴ 항력과 관련이 없는 인자는 물체의 밀도이다.

54 그림과 같이 반지름 R인 원형관에서 물이 층류로 흐를 때 중심부에서의 최대속도를 V라 할 경우 평균속도 V_m은?

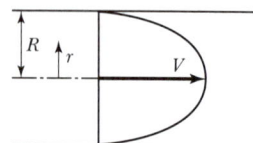

① $V_m = \dfrac{V}{2}$ ② $V_m = \dfrac{V}{3}$
③ $V_m = \dfrac{V}{4}$ ④ $V_m = \dfrac{V}{5}$

[해설]

$V = 2V_m$

∴ $V_m = \dfrac{V}{2}$

55 관수로의 흐름이 층류인 경우 마찰손실계수(f)에 대한 설명으로 옳은 것은?

① 조도에만 영향을 받는다.
② 레이놀즈수에만 영향을 받는다.
③ 항상 0.2778로 일정한 값을 갖는다.
④ 조도와 레이놀즈수에 영향을 받는다.

[해설]

층류영역에서의 마찰손실계수는 레이놀즈수에만 영향을 받는다. $\left(f = \dfrac{64}{Re}\right)$

56 중량이 600N, 비중이 3.0인 물체를 물(담수)속에 넣었을 때 물속에서의 중량은?

① 100N ② 200N
③ 300N ④ 400N

[해설]

- $W = W \cdot V$
 $0.6\text{kN} = (3 \times 9.8\text{kN}) \times V$
 ∴ $V = 0.02\text{m}^3$
- $W = B + W'$
 $W' = W - B(W \cdot V)$
 ∴ $W' = 0.6\text{kN} - [(1 \times 9.8\text{kN}) \times 0.02]$
 $= 0.404\text{kN}$
 $= 404\text{N}$

정답 52 ③ 53 ④ 54 ① 55 ② 56 ④

57 물속에 존재하는 임의의 면에 작용하는 정수압의 작용방향은?

① 수면에 대하여 수평방향으로 작용한다.
② 수면에 대하여 수직방향으로 작용한다.
③ 정수압의 수직압은 존재하지 않는다.
④ 임의의 면에 직각으로 작용한다.

[해설]
정수압의 작용방향은 모든 면에 직각으로 작용

58 저수지의 측벽에 폭 20cm, 높이 5cm의 직사각형 오리피스를 설치하여 유량 200L/s를 유출시키려고 할 때 수면으로부터의 오리피스 설치 위치는? (단, 유량계수 $C = 0.62$)

① 33m ② 43m
③ 53m ④ 63m

[해설]
$Q = Ca\sqrt{2gh}$

$\therefore h = \dfrac{Q^2}{C^2 a^2 2g} = \dfrac{0.2^2}{0.62^2 \times (0.2 \times 0.05)^2 \times 2 \times 9.8} = 53m$

59 대수층에서 지하수가 2.4m의 투과거리를 통과하면서 0.4m의 수두손실이 발생할 때 지하수의 유속은?(단, 투수계수 = 0.3m/s)

① 0.01m/s ② 0.05m/s
③ 0.1m/s   ④ 0.5m/s

[해설]
$Q = A \cdot V = A \cdot K \cdot I = A \cdot K \cdot \dfrac{h_L}{L}$

$\therefore V = K \cdot \dfrac{h_L}{L} = 0.3 \times \dfrac{0.4}{2.4} = 0.05m/s$

60 삼각위어에 있어서 유량계수가 일정하다고 할 때 유량변화율(dQ/Q)이 1% 이하가 되기 위한 월류수심의 변화율(dH/H)은?

① 0.4% 이하 ② 0.5% 이하
③ 0.6% 이하 ④ 0.7% 이하

[해설]
- $\dfrac{dQ}{Q} = \dfrac{5}{2} \dfrac{dH}{H}$

  $\therefore 1 = \dfrac{5}{2} \dfrac{dH}{H}$

- $\dfrac{dH}{H} = \dfrac{2}{5}\% = 0.4\%$ 이하

정답 57 ④ 58 ③ 59 ② 60 ①

4과목 철근콘크리트 및 강구조

61 나선철근으로 둘러싸인 압축부재의 축방향 주철근의 최소 개수는?

① 3개　　② 4개
③ 5개　　④ 6개

[해설]

철근콘크리트 기둥에서 축방향철근의 최소 개수

기둥 종류	단면 모양	축방향철근의 최소 개수
띠철근 기둥	삼각형	3개
	사각형, 원형	4개
나선철근 기둥	원형	6개

62 아래 그림에서 빗금 친 대칭 T형보의 공칭모멘트강도(M_n)는?(단, 경간의 3,200mm, $A_s = 7,094$ mm², $f_{ck} = 28$MPa, $f_y = 400$MPa)

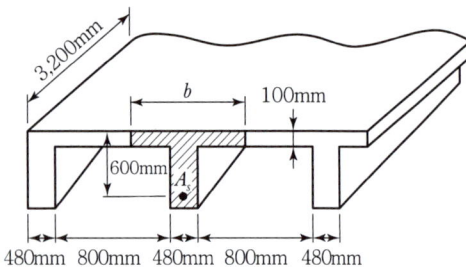

① 1,475.9kN·m　　② 1,583.2kN·m
③ 1,648.4kN·m　　④ 1,721.6kN·m

[해설]

㉠ T형보(대칭 T형보)에서 플랜지의 유효폭(b_e)
- $16t_f + b_w = (16 \times 100) + 480 = 2,080$mm
- 양쪽 슬래브의 중심 간 거리 $= 800 + 480 = 1,280$mm
- 보 경간의 $\frac{1}{4} = 3,200 \times \frac{1}{4} = 800$mm

위 값 중에서 최소값을 취하면 $b_e = 800$mm이다.

㉡ T형보의 판별

폭이 $b = 800$mm인 직사각형 단면보에 대한 등가사각형 깊이
$\eta = 1 (f_{ck} \leq 40\text{MPa인 경우})$
$a = \dfrac{f_y A_s}{\eta 0.85 f_{ck} b} = \dfrac{400 \times 7,094}{1 \times 0.85 \times 28 \times 800} = 149$mm
$t_f = 100$mm
$a(=149\text{mm}) > t_f(=100\text{mm})$이므로 T형보로 해석한다.

㉢ T형보의 등가사각형 깊이(a)

- $A_{sf} = \dfrac{\eta 0.85 f_{ck}(b - b_w) t_f}{f_y}$
  $= \dfrac{1 \times 0.85 \times 28 \times (800 - 480) \times 100}{400}$
  $= 1,904$mm²

- $a = \dfrac{(A_s - A_{sf}) f_y}{\eta 0.85 f_{ck} b_w} = \dfrac{(7,094 - 1,904) \times 400}{1 \times 0.85 \times 28 \times 480}$
  $= 181.7$mm

㉣ T형보의 공칭 휨강도(M_n)

$M_n = A_{sf} f_y \left(d - \dfrac{t_f}{2}\right) + (A_s - A_{sf}) f_y \left(d - \dfrac{a}{2}\right)$
$= 1,904 \times 400 \times \left(600 - \dfrac{100}{2}\right)$
$+ (7,094 - 1,904) \times 400 \times \left(600 - \dfrac{181.7}{2}\right)$
$= 1,475.9 \times 10^6 \text{N·mm} = 1,475.9 \text{kN·m}$

63 아래 그림과 같은 보의 단면에서 표피철근의 간격 s는 약 얼마인가?(단, 습윤환경에 노출되는 경우로서, 표피철근의 표면에서 부재 측면까지 최단거리(c_c)는 50mm, $f_{ck} = 28$MPa, $f_y = 400$MPa이다.)

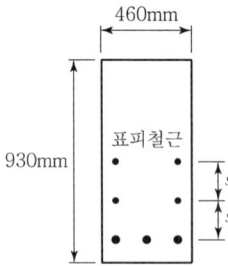

① 170mm　　② 190mm
③ 220mm　　④ 240mm

정답　61 ④　62 ①　63 ①

[해설]

$k_{cr} = 210$(건조환경 : 280, 그 외의 환경 : 210)

$f_s = \frac{2}{3}f_y = \frac{2}{3} \times 400 = 266.7\text{MPa}$

$S_1 = 375\left(\frac{k_{cr}}{f_s}\right) - 2.5C_c = 375 \times \left(\frac{210}{266.7}\right) - 2.5 \times 50 = 170.3\text{mm}$

$S_2 = 300\left(\frac{k_{cr}}{f_s}\right) = 300 \times \left(\frac{210}{266.7}\right) = 236.2\text{mm}$

$S = [S_1, S_2]_{\min} = 170.3\text{mm}$

64 프리스트레스의 손실을 초래하는 요인 중 포스트텐션 방식에서만 두드러지게 나타나는 것은?

① 마찰
② 콘크리트의 탄성수축
③ 콘크리트의 크리프
④ 정착장치의 활동

[해설]

PS강재와 쉬스의 마찰에 의한 손실은 포스트텐션 방식에서만 발생한다.

65 다음 중 최소 전단철근을 배치하지 않아도 되는 경우가 아닌 것은?(단, $\frac{1}{2}\phi V_c < V_u$ 인 경우)

① 슬래브나 확대기초의 경우
② 전단철근이 없어도 계수휨모멘트와 계수전단력에 저항할 수 있다는 것을 실험에 의해 확인할 수 있는 경우
③ T형보에서 그 깊이가 플랜지 두께의 2.5배 또는 복부폭의 1/2 중 큰 값 이하인 보
④ 전체 깊이가 450mm 이하인 보

[해설]

최소 전단철근량 규정이 적용되지 않는 경우
• $h \leq 250\text{mm}$인 경우
• $h \leq \left[2.5t_f, \frac{1}{2}b_w\right]_{\max}$ 인 I형보 또는 T형보
• 슬래브와 확대기초

• 교대벽체 및 날개벽, 옹벽의 벽체, 암거 등과 같이 휨이 주거동인 판부재
• 콘크리트 장선구조

66 철근 콘크리트 휨부재에서 최소철근비를 규정한 이유로 가장 적당한 것은?

① 부재의 경제적인 단면 설계를 위해서
② 부재의 사용성을 증진시키기 위해서
③ 부재의 시공 편의를 위해서
④ 부재의 급작스런 파괴를 방지하기 위해서

[해설]

철근 콘크리트 휨부재에서 최소철근비를 규정한 이유는 휨부재의 급작스런 파괴를 방지하기 위함이다.

67 순단면이 볼트의 구멍 하나를 제외한 단면(즉, $A - B - C$ 단면)과 같도록 피치(s)를 결정하면? (단, 구멍의 직경은 18mm이다.)

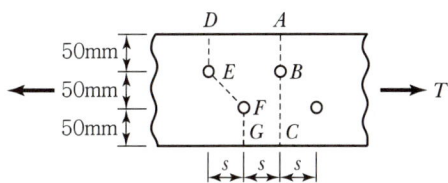

① 50mm ② 55mm
③ 60mm ④ 65mm

[해설]

$d_h = \phi + 3 = 18\text{mm}$

$b_{n1} = b_g - d_h$

$b_{n2} = b_g - 2d_h + \frac{s^2}{4g}$

$b_{n1} = b_{n2}$

$b_g - d_h = b_g - 2d_h + \frac{s^2}{4g}$

$s = \sqrt{4gd_h} = \sqrt{4 \times 50 \times 18} = 60\text{mm}$

정답 64 ① 65 ④ 66 ④ 67 ③

68 다음 그림과 같은 맞대기 용접 이음에서 이음의 응력을 구하면?

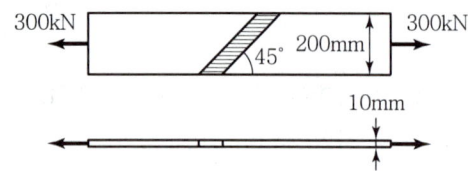

① 150.0MPa ② 106.1MPa
③ 200.0MPa ④ 212.1MPa

[해설]
$$f = \frac{P}{A} = \frac{300 \times 10^3}{10 \times 200} = 150\text{N/mm}^2 = 150\text{MPa}$$

69 정착구와 커플러의 위치에서 프리스트레스 도입 직후 포스트텐션 긴장재의 응력은 얼마 이하로 하여야 하는가?(단 f_{pu}는 긴장재의 설계기준 인장강도)

① $0.6f_{pu}$ ② $0.74f_{pu}$
③ $0.70f_{pu}$ ④ $0.85f_{pu}$

[해설]
긴장재(PS강재)의 허용응력

적용범위	허용응력
긴장할 때 긴장재의 인장응력	$0.8f_{pu}$와 $0.94f_{py}$ 중 작은 값 이하
프리스트레스 도입 직후 긴장재의 인장응력	$0.74f_{pu}$와 $0.82f_{py}$ 중 작은 값 이하
정착구와 커플러(Coupler)의 위치에서 프리스트레스 도입 직후 포스트텐션 긴장재의 인장응력	$0.7f_{pu}$ 이하

70 지간이 4m이고 단순지지된 1방향 슬래브에서 처짐을 계산하지 않는 경우 슬래브의 최소두께로 옳은 것은?(단, 보통중량 콘크리트를 사용하고, f_{ck} =28MPa, f_y=400MPa인 경우)

① 100mm ② 150mm
③ 200mm ④ 250mm

[해설]
단순지지된 1방향 슬래브에서 처짐을 계산하지 않아도 되는 최소두께(h_{min})

- $f_y = 400$MPa인 경우 : $h_{min} = \dfrac{l}{20}$
- $f_y \neq 400$MPa인 경우 : $h_{min} = \dfrac{l}{20}\left(0.43 + \dfrac{f_y}{700}\right)$

$f_y = 400$MPa이므로 최소두께(h_{min})는 다음과 같다.
$$h_{min} = \frac{l}{20} = \frac{4 \times 10^3}{20} = 200\text{mm}$$

71 설계기준 압축강도(f_{ck})가 35MPa인 보통 중량 콘크리트로 제작된 구조물에서 압축이형 철근으로 $D29$(공칭지름 28.6mm)를 사용한다면 기본정착길이는?(단, $f_y = 400$MPa)

① 483mm ② 492mm
③ 503mm ④ 512mm

[해설]
$\lambda = 1$(보통 중량의 콘크리트인 경우)
$$l_{db} = \frac{0.25d_b f_y}{\lambda \sqrt{f_{ck}}} = \frac{0.25 \times 28.6 \times 400}{1 \times \sqrt{35}} = 483.43\text{mm}$$
$0.043d_b f_y = 0.043 \times 28.6 \times 400 = 491.92$mm
$l_{db} < 0.043d_b f_y$ 이므로
$l_{db} = 0.043d_b f_y = 491.92$mm

72 $b_w = 250$mm, $d = 500$mm, $f_{ck} = 21$MPa, $f_y = 400$MPa인 직사각형 보에서 콘크리트가 부담하는 설계전단강도(ϕV_c)는?

① 71.6kN ② 76.4kN
③ 82.2kN ④ 91.5kN

[해설]
$$\phi V_c = \phi\left(\frac{1}{6}\sqrt{f_{ck}}\, b_w d\right)$$
$$= 0.75 \times \left(\frac{1}{6} \times \sqrt{21} \times 250 \times 500\right)$$
$$= 71.6 \times 10^3 \text{N} = 71.6\text{kN}$$

정답 68 ① 69 ③ 70 ③ 71 ② 72 ①

73 옹벽의 구조해석에 대한 설명으로 틀린 것은?

① 뒷부벽은 직사각형보로 설계하여야 하며, 앞부벽은 T형보로 설계하여야 한다.
② 저판의 뒷굽판은 정확한 방법이 사용되지 않는 한, 뒷굽판 상부에 재하되는 모든 하중을 지지하도록 설계하여야 한다.
③ 캔틸레버식 옹벽의 저판은 전면벽과의 접합부를 고정단으로 간주한 캔틸레버로 가정하여 단면을 설계할 수 있다.
④ 부벽식 옹벽의 전면벽은 3변 지지된 2방향 슬래브로 설계할 수 있다.

[해설]

부벽식 옹벽에서 부벽의 설계
• 앞부벽 : 직사각형 보로 설계
• 뒷부벽 : T형 보로 설계

74 처짐과 균열에 대한 다음 설명 중 틀린 것은?

① 처짐에 영향을 미치는 인자로는 하중, 온도, 습도, 재령, 함수량, 압축철근의 단면적 등이다.
② 크리프, 건조수축 등으로 인하여 시간의 경과와 더불어 진행되는 처짐이 탄성처짐이다.
③ 균열폭을 최소화하기 위해서는 적은 수의 굵은 철근보다는 많은 수의 가는 철근을 인장 측에 잘 분포시켜야 한다.
④ 콘크리트 표면의 균열폭은 피복두께의 영향을 받는다.

[해설]

• 탄성처짐 : 하중이 실리자마자 발생하는 처짐
• 장기처짐 : 콘크리트의 건조수축과 크리프로 인하여 시간의 경과와 더불어 발생하는 처짐

75 그림과 같은 단면을 갖는 지간 10m의 PSC보에 PS 강재가 100mm의 편심거리를 가지고 직선배치되어 있다. 자중을 포함한 계수등분포하중 16kN/m가 보에 작용할 때, 보 중앙단면 콘크리트 상연응력은 얼마인가?(단, 유효 프리스트레스 힘 $P_e = 2,400$kN)

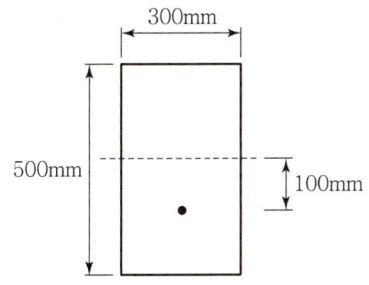

① 11.2MPa ② 12.8MPa
③ 13.6MPa ④ 14.9MPa

[해설]

$f_t = \dfrac{P_e}{A} - \dfrac{P_e \cdot e}{I}y + \dfrac{M}{I}y$

$= \dfrac{P_e}{bh}\left(1 - \dfrac{6e}{h}\right) + \dfrac{3wl^2}{4bh^2}$

$= \dfrac{(2400 \times 10^3)}{300 \times 500}\left(1 - \dfrac{6 \times 100}{500}\right) + \dfrac{3 \times 16 \times (10 \times 10^3)^2}{4 \times 300 \times 500^2} =$

$12.8 \text{N/mm}^2 = 12.8\text{MPa}$

76 $M_u = 170$kN · m의 계수 모멘트 하중을 지지하기 위한 단철근 직사각형 보의 필요한 철근량(A_s)을 구하면?(단, $b_w = 300$mm, $d = 450$mm, $f_{ck} = 28$MPa, $f_y = 350$MPa, $\phi = 0.85$이다.)

① 1,070mm² ② 1,175mm²
③ 1,280mm² ④ 1,375mm²

[해설]

㉠ $\eta = 1 (f_{ck} \leq 40\text{MPa}$인 경우)

$M_u \leq M_d = \phi \rho f_y bd^2\left(1 - 0.59\dfrac{\rho}{\eta}\dfrac{f_y}{f_{ck}}\right)$

$\left(\dfrac{0.59}{\eta}\phi\dfrac{f_y^2}{f_{ck}}bd^2\right)\rho^2 - (\phi f_y bd^2)\rho + M_u \leq 0$

$\left(\dfrac{0.59}{1} \times 0.85 \times \dfrac{350^2}{28} \times 300 \times 450^2\right)\rho^2$
$- (0.85 \times 350 \times 300 \times 450^2)\rho + (170 \times 10^6) \leq 0$

$\rho^2 - 0.135559\rho + 0.001275 \leq 0$

$0.010169 \leq \rho \leq 0.125391$

정답 73 ① 74 ② 75 ② 76 ④

㉡ 또한, $\phi = 0.85$를 사용하기 위해서는 $\varepsilon_t \geq \varepsilon_{t,l}$ 이어야 한다. 따라서, $\varepsilon_t \geq \varepsilon_{t,l}$일 경우의 철근비를 $\rho_{t,l}$이라 두면 다음 조건식을 만족해야 한다.

$\rho \leq \rho_{t,l}$ (즉, $\varepsilon_t \geq \varepsilon_{t,l}$을 만족하기 위한 조건식)

$\varepsilon_{t,l} = 0.005(f_y \leq 400\text{MPa}$인 경우)

$f_{ck} \leq 40\text{MPa}$ 인 경우

$\rho_{t,l} = 0.68 \dfrac{f_{ck}}{f_y} \dfrac{0.0033}{0.0033 + \varepsilon_{t,l}}$

$= 0.68 \times \dfrac{28}{350} \times \dfrac{0.0033}{0.0033 + 0.005}$

$= 0.021629$

$\rho \leq 0.021629$

㉢ ㉠과 ㉡의 결과로부터

$0.010169 \leq \rho\left(= \dfrac{A_s}{bd}\right) \leq 0.021629$

$1{,}373\text{mm}^2 \leq A_s \leq 2{,}920\text{mm}^2$

77 플레이트 보(Plate Girder)의 경제적인 높이는 다음 중 어느 것에 의해 구해지는가?

① 전단력 ② 지압력
③ 휨모멘트 ④ 비틀림모멘트

[해설]
강판형(Plate Girder)의 경제적인 높이는 휨모멘트에 의하여 결정된다.

78 폭(b_w)이 400mm, 유효깊이(d)가 500mm인 단철근 직사각형보 단면에서, 강도설계법에 의한 균형철근량은 약 얼마인가?(단, $f_{ck} = 35\text{MPa}$, $f_y = 400\text{MPa}$)

① 6,400mm² ② 6,900mm²
③ 7,400mm² ④ 7,900mm²

[해설]
$f_{ck} = 35\text{MPa} \leq 40\text{MPa}$인 경우

$\rho_b = 0.68 \dfrac{f_{ck}}{f_y} \dfrac{660}{660 + f_y}$

$= 0.68 \times \dfrac{35}{400} \times \dfrac{660}{660 + 400} = 0.037$

$A_{s,b} = \rho_b bd = 0.037 \times 400 \times 500 = 7{,}400\text{mm}^2$

79 아래 그림과 같은 단면을 가지는 단철근 직사각형보에서 최외단 인장철근의 순인장변형률(ε_t)이 0.0045일 때 설계휨강도를 구할 때 적용하는 강도감소계수(ϕ)는?(단, $f_{ck} = 28\text{MPa}$, $f_y = 400\text{MPa}$)

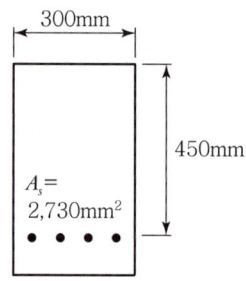

① 0.804 ② 0.817
③ 0.826 ④ 0.839

[해설]

• $f_y = 400\text{MPa}$인 경우, $\varepsilon_{t,l}$(인장지배 한계 변형률)과 ε_y(압축지배 한계 변형률)의 값
$\varepsilon_{t,l} = 0.005(f_y \leq 400\text{MPa}$인 경우)
$\varepsilon_y = \dfrac{f_y}{E_s} = \dfrac{400}{2 \times 10^5} = 0.002$

• ϕ_c(압축지배 단면의 감도감소계수)의 값
나선철근으로 보강된 부재, $\phi_C = 0.70$
그 외의 기타 부재, $\phi_c = 0.65$

• $\varepsilon_y (= 0.002) \leq \varepsilon_t (= 0.0045) \leq \varepsilon_{t,l} (= 0.005)$이므로 변화구간 단면 부재이다.

• 변화구간 단면 부재의 ϕ(강도감소계수)값 결정

$\phi = 0.85 - \dfrac{\varepsilon_{t,l} - \varepsilon_t}{\varepsilon_{t,l} - \varepsilon_y}(0.85 - \phi_c)$

$= 0.85 - \dfrac{0.005 - 0.0045}{0.005 - 0.002}(0.85 - 0.65)$

$= 0.817$

80 폭(b_w) 300mm, 유효 깊이(d) 450mm, 전체 높이(h) 550mm, 철근량(A_s) 4,800mm²인 보의 균열 모멘트 M_{cr}의 값은?(단, f_{ck}가 21MPa인 보통 중량 콘크리트 사용)

① 24.5kN·m ② 28.9kN·m
③ 35.6kN·m ④ 43.7kN·m

정답 77 ③ 78 ③ 79 ② 80 ④

[해설]

$\lambda = 1$ (보통 중량의 콘크리트인 경우)
$f_r = 0.63\lambda\sqrt{f_{ck}} = 0.63 \times 1 \times \sqrt{21} = 2.89\text{MPa}$
$Z = \dfrac{bh^2}{6} = \dfrac{300 \times 550^2}{6} = 15.125 \times 10^6 \text{mm}^3$
$M_{cr} = f_r \cdot Z = 2.89 \times (15.125 \times 10^6)$
$\qquad = 43.7 \times 10^6 \text{N} \cdot \text{mm} = 43.7\text{kN} \cdot \text{m}$

5과목 토질 및 기초

81 어떤 흙의 습윤 단위중량이 2.0t/m^3, 함수비 20%, 비중 $G_s = 2.7$인 경우 포화도는 얼마인가?

① 84.1% ② 87.1%
③ 95.6% ④ 98.5%

[해설]

$S = \dfrac{G_s \cdot \omega}{e}(G_s \cdot \omega = S \cdot e)$

$\gamma_d = \dfrac{G_s \cdot \gamma_w}{1+e}, \therefore e = \dfrac{G_s \cdot \gamma_w}{\gamma_d} - 1 = \dfrac{2.7 \times 1}{1.67} - 1$
$\qquad = 0.62\text{t/m}^2$

$\left(\gamma_d = \dfrac{\gamma_t}{1+\omega} = \dfrac{2.0}{1+0.2} = 1.67\text{t/m}^3\right)$

$\therefore S = \dfrac{G_s \cdot \omega}{e} = \dfrac{2.7 \times 0.2}{0.62} = 0.871 = 87.1\%$

82 아래 그림과 같은 무한 사면이 있다. 흙과 암반의 경계면에서 흙의 강도정수 $c = 1.8\text{t/m}^2$, $\phi = 25°$이고, 흙의 단위중량 $\gamma = 1.9\text{t/m}^3$인 경우 경계면에서 활동에 대한 안전율을 구하면?

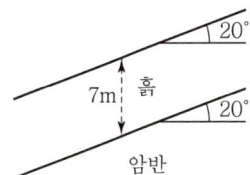

① 1.55 ② 1.60
③ 1.65 ④ 1.70

[해설]

$F_s = \dfrac{c}{\gamma z \sin i \cos i} + \dfrac{\tan\phi}{\tan i}$
$\quad = \dfrac{1.8}{1.9 \times 7 \times \sin 20° \times \cos 20°} + \dfrac{\tan 25°}{\tan 20°} = 1.7$

83 말뚝기초의 지반거동에 관한 설명으로 틀린 것은?

① 연약지반 상에 타입되어 지반이 먼저 변형하고 그 결과 말뚝이 저항하는 말뚝을 주동말뚝이라 한다.
② 말뚝에 작용한 하중은 말뚝 주변의 마찰력과 말뚝 선단의 지지력에 의하여 주변 지반에 전달된다.
③ 기성말뚝을 타입하면 전단파괴를 일으키며 말뚝 주위의 지반은 교란된다.
④ 말뚝 타입 후 지지력의 증가 또는 감소 현상을 시간효과(Time effect)라 한다.

[해설]
- 주동말뚝 : 말뚝이 변형함에 따라 지반이 저항
- 수동말뚝 : 지반이 먼저 변형하고 그 결과 말뚝이 저항

84 지반 내 응력에 대한 다음 설명 중 틀린 것은?

① 전응력이 커지는 크기만큼 간극수압이 커지면 유효응력은 변화가 없다.
② 정지토압계수 K_0는 1보다 클 수 없다.
③ 지표면에 가해진 하중에 의해 지중에 발생하는 연직응력의 증가량은 깊이가 깊어지면서 감소한다.
④ 유효응력이 전응력보다 클 수도 있다.

[해설]
- $\sigma' = \sigma(\uparrow) - u(\uparrow)$
- K_0(사질토) < 1, K_0(과압밀 점토) > 1
  ∴ K_0는 과압밀 점토에서는 1보다 크다.
- $\Delta\sigma_Z = \dfrac{Q}{Z^2}I_\sigma \left(\Delta\sigma_Z \propto \dfrac{1}{Z^2}\right)$
- 모세관 현상 시
  $\sigma' > \sigma$

85 흐트러지지 않은 연약한 점토시료를 채취하여 일축압축시험을 실시하였다. 공시체의 직경이 35mm, 높이가 100mm이고 파괴 시의 하중계의 읽음값이 2kg, 축방향의 변형량이 12mm일 때 이 시료의 전단강도는?

① 0.04kg/cm² ② 0.06kg/cm²
③ 0.09kg/cm² ④ 0.12kg/cm²

[해설]

전단강도$(S) = c + \sigma'\tan\phi(\phi=0) = c = \dfrac{q_u}{2}$

- 파괴 시 압축강도(σ) = 일축압축강도(q_u)

$\sigma(q_u) = \dfrac{P}{A_0} = \dfrac{P}{\dfrac{A}{1-\varepsilon}} = \dfrac{P}{\dfrac{A}{1-\dfrac{\Delta L}{L}}} = \dfrac{2}{\dfrac{\pi \cdot 3.5^2}{4}{1-\dfrac{1.2}{10}}} = 0.18\text{kg/cm}^2$

∴ $S = c = \dfrac{q_u}{2} = \dfrac{0.18}{2} = 0.09\text{kg/cm}^2$

86 다음의 연약지반 개량공법에서 일시적인 개량공법은?

① Well Point 공법
② 치환공법
③ Paper Drain 공법
④ Sand Compaction Pile 공법

[해설]

일시적 개량공법
- 동결공법
- 대기압공법(진공압밀공법)
- Well Point 공법

87 흐트러지지 않은 시료를 이용하여 액성한계 40%, 소성한계 22.3%를 얻었다. 정규압밀점토의 압축지수(C_c) 값을 Terzaghi와 Peck이 발표한 경험식에 의해 구하면?

① 0.25 ② 0.27
③ 0.30 ④ 0.35

[해설]

불교란 시료(C_c)
$C_c = 0.009(W_L - 10) = 0.009(40 - 10) = 0.27$

88 간극비 $e_1 = 0.80$인 어떤 모래의 투수계수 $k_1 = 8.5 \times 10^{-2}$cm/sec일 때 이 모래를 다져서 간극비를 $e_2 = 0.57$로 하면 투수계수 k_2는?

① 8.5×10^{-3}cm/sec ② 3.5×10^{-2}cm/sec
③ 8.1×10^{-2}cm/sec ④ 4.1×10^{-1}cm/sec

[해설]

$$k_1 : k_2 = \frac{e_1^3}{1+e_1} : \frac{e_2^3}{1+e_2}$$

$$8.5 \times 10^{-2} : k_2 = \frac{0.80^3}{1+0.80} : \frac{0.57^3}{1+0.57}$$

$$\therefore k_2 = 3.5 \times 10^{-2} \text{cm/sec}$$

89 흙막이 벽체의 지지 없이 굴착 가능한 한계굴착깊이에 대한 설명으로 옳지 않은 것은?

① 흙의 내부마찰각이 증가할수록 한계굴착깊이는 증가한다.
② 흙의 단위중량이 증가할수록 한계굴착깊이는 증가한다.
③ 흙의 점착력이 증가할수록 한계굴착깊이는 증가한다.
④ 인장응력이 발생되는 깊이를 인장균열깊이라고 하며, 보통 한계굴착깊이는 인장균열깊이의 2배 정도이다.

[해설]

- 한계굴착깊이$(H_c) = 2Z_c = \frac{4c}{\gamma}\tan\left(45 + \frac{\phi}{2}\right)$
- $H_c \propto \frac{1}{\gamma}$

90 중심 간격이 2.0m, 지름이 40cm인 말뚝을 가로 4개, 세로 5개씩 전체 20개를 박았다. 말뚝 한 개의 허용지지력이 15ton이라면 이 군항의 허용지지력은 약 얼마인가?(단, 군말뚝의 효율은 Converse −Labarre 공식을 사용)

① 450.0t ② 300.0t
③ 241.5t ④ 114.5t

[해설]

군항의 허용 지지력$(R_{ag}) = E \cdot R_a \cdot N$

- $\theta° = \tan^{-1}\left(\frac{d}{S}\right) = \tan^{-1}\left(\frac{40}{200}\right) = 11.3°$
- 효율$(E) = 1 - \theta°\left[\frac{(m-1)n+(n-1)m}{90mn}\right]$
$= 1 - 11.3°\left[\frac{(5-1)4+(4-1)5}{90 \times 5 \times 4}\right] = 0.805$

$\therefore R_{ag} = E \cdot R_a \cdot N = 0.805 \times 15 \times (4 \times 5) = 241.5$t

91 연속 기초에 대한 Terzaghi의 극한 지지력 공식은 $q_u = c \cdot N_c + 0.5 \cdot \gamma_1 \cdot B \cdot N_\gamma + \gamma_2 \cdot D_f \cdot N_q$로 나타낼 수 있다. 아래 그림과 같은 경우 극한 지지력 공식의 두 번째 항의 단위중량 γ_1의 값은?

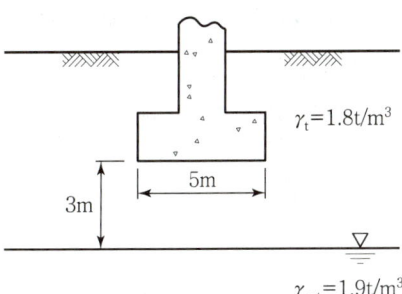

① 1.44t/m³ ② 1.60t/m³
③ 1.74t/m³ ④ 1.82t/m³

[해설]

$\gamma_1 \cdot B = \gamma_t \cdot d + \gamma_{sub}(B-d)$

$\gamma_1 = \frac{\gamma_t \cdot d + \gamma_{sub}(B-d)}{B}$

$= \frac{1.8 \times 3 + (1.9-1)(5-3)}{5}$

$= 1.44$t/m³

92 흙의 다짐에 관한 설명 중 옳지 않은 것은?

① 조립토는 세립토보다 최적함수비가 작다.
② 최대 건조단위중량이 큰 흙일수록 최적 함수비는 작은 것이 보통이다.
③ 점성토 지반을 다질 때는 진동 롤러로 다지는 것이 유리하다.
④ 일반적으로 다짐 에너지를 크게 할수록 최대 건조단위중량은 커지고 최적함수비는 줄어든다.

[해설]

사질토 지반을 다질 때는 진동 롤러로 다지는 것이 유리하다.

93 표준관입시험에 관한 설명 중 옳지 않은 것은?

① 표준관입시험의 N값으로 모래지반의 상대밀도를 추정할 수 있다.
② N값으로 점토지반의 연경도에 관한 추정이 가능하다.
③ 지층의 변화를 판단할 수 있는 시료를 얻을 수 있다.
④ 모래지반에 대해서도 흐트러지지 않은 시료를 얻을 수 있다.

[해설]

모래지반에 대해서는 흐트러진 시료를 얻을 수 있다.

94 유선망은 이론상 정사각형으로 이루어진다. 동수경사가 가장 큰 곳은?

① 어느 곳이나 동일함
② 땅속 가장 깊은 곳
③ 정사각형이 가장 큰 곳
④ 정사각형이 가장 작은 곳

[해설]

동수경사(i) = $\frac{\Delta h}{L}$, $i \propto \frac{1}{L(폭)}$

∴ 동수경사(i)는 L(폭)에 반비례

95 아래 그림과 같은 점성토 지반의 토질시험결과 내부마찰각(ϕ)은 30°, 점착력(c)은 1.5t/m²일 때 A점의 전단강도는?

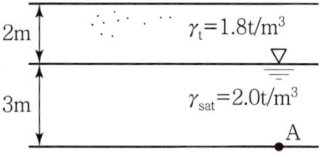

① 3.84t/m²
② 4.27t/m²
③ 4.83t/m²
④ 5.31t/m²

[해설]

$S(\tau_f) = c + \sigma'\tan\phi = 1.5 + 6.6\tan30° = 5.31\text{t/m}^2$
[$\sigma' = (1.8 \times 2) + (1 \times 3) = 6.6$]

96 침투유량(q) 및 B점에서의 간극수압(u_B)을 구한 값으로 옳은 것은?(단, 투수층의 투수계수는 3×10^{-1}cm/sec이다.)

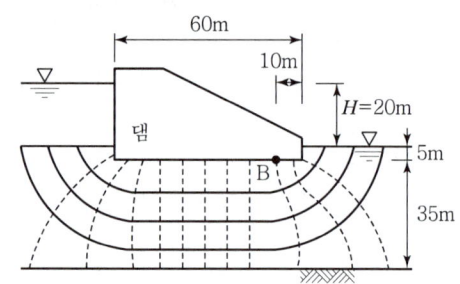

① $q = 100\text{cm}^3/\text{sec/cm}$, $u_B = 0.5\text{kg/cm}^2$
② $q = 100\text{cm}^3/\text{sec/cm}$, $u_B = 1.0\text{kg/cm}^2$
③ $q = 200\text{cm}^3/\text{sec/cm}$, $u_B = 0.5\text{kg/cm}^2$
④ $q = 200\text{cm}^3/\text{sec/cm}$, $u_B = 1.0\text{kg/cm}^2$

[해설]

• 침투유량(q)

$q = K \cdot H \cdot \frac{N_f}{N_d} = (3 \times 10^{-1})(20 \times 100)\left(\frac{4}{12}\right)$

$= 200\text{cm}^3/\text{sec/cm}$

- 간극수압(u_B)

$$u_B = \gamma_w z_B + \left(\frac{\Delta h}{L}\gamma_w z\right) = (1\times 5) + \left(\frac{20}{12}\times 1\times 3\right)$$
$$= 10\text{t/m}^2 = 1\text{kg/cm}^2$$

97 베인전단시험(Vane Shear Test)에 대한 설명으로 옳지 않은 것은?

① 베인전단시험으로부터 흙의 내부마찰각을 측정할 수 있다.
② 현장 원위치 시험의 일종으로 점토의 비배수전단강도를 구할 수 있다.
③ 십자형의 베인(Vane)을 땅속에 압입한 후, 회전 모멘트를 가해서 흙이 원통형으로 전단파괴될 때 저항모멘트를 구함으로써 비배수 전단강도를 측정하게 된다.
④ 연약점토지반에 적용된다.

[해설]

베인시험

- $c_u = \dfrac{M_{\max}}{\pi D^2 \left(\dfrac{H}{2}+\dfrac{D}{6}\right)}$

- 점착력(c), 비배수 전단강도(c_u)를 측정할 수 있다.

98 정규압밀점토에 대하여 구속응력 1kg/cm²로 압밀배수시험한 결과 파괴 시 축차응력이 2kg/cm²이었다. 이 흙의 내부마찰각은?

① 20° ② 25°
③ 30° ④ 40°

[해설]

$$\sin\phi = \frac{\sigma_1-\sigma_3}{\sigma_1+\sigma_3},$$
$$\phi = \sin^{-1}\left(\frac{\sigma_1-\sigma_3}{\sigma_1+\sigma_3}\right) = \sin^{-1}\left(\frac{3-1}{3+1}\right)$$
$$= \sin^{-1}\left(\frac{2}{4}\right) = 30°$$
($\sigma_3 = 1$이고 $\sigma_1-\sigma_3 = 2$이면 $\sigma_1 = 3$)

99 사질토 지반에서 직경 30cm의 평판재하시험결과 30t/m²의 압력이 작용할 때 침하량이 10mm라면, 직경 1.5m의 실제 기초에 30t/m²의 하중이 작용할 때 침하량의 크기는?

① 14mm ② 25mm
③ 28mm ④ 35mm

[해설]

$$S_{(기초)} = S_{(재하판)} \cdot \left(\frac{2B_{기초}}{B_{기초}+B_{재하판}}\right)^2$$
$$= 0.01 \times \left(\frac{2\times 1.5}{1.5+0.3}\right)^2$$
$$= 0.028\text{m}$$
$$= 28\text{mm}$$

100 아래의 표와 같은 조건에서 군지수는?

- 흙의 액성한계 : 49%
- 흙의 소성지수 : 25%
- 10번 체 통과율 : 96%
- 40번 체 통과율 : 89%
- 200번 체 통과율 : 70%

① 9 ② 12
③ 15 ④ 18

[해설]

군지수(GI) = $0.2a + 0.005ac + 0.01bd$
- $a = P_{\#200} - 35 = 70 - 35 = 35\,(0 \le a \le 40)$
- $b = P_{\#200} - 15 = 70 - 15 = 55 = 40\,(0 \le b \le 40)$
- $c = W_L - 40 = 49 - 40 = 9\,(0 \le c \le 20)$
- $d = I_p - 10 = 25 - 10 = 15\,(0 \le d \le 20)$
∴ $GI = (0.2\times 35) + (0.005\times 35\times 9) + (0.01\times 40\times 15)$
   $= 14.575 = 15$

정답 97 ① 98 ③ 99 ③ 100 ③

6과목 상하수도공학

101 하수도시설에서 펌프장시설의 계획하수량과 설치대수에 대한 설명으로 옳지 않은 것은?

① 오수펌프의 용량은 분류식의 경우, 계획시간 최대오수량으로 계획한다.
② 펌프의 설치대수는 계획오수량과 계획우수량에 대하여 각 2대 이하를 표준으로 한다.
③ 합류식의 경우, 오수펌프의 용량은 우천 시 계획오수량으로 계획한다.
④ 빗물펌프는 예비기를 설치하지 않는 것을 원칙으로 하지만, 필요에 따라 설치를 검토한다.

[해설]
펌프의 설치대수는 2대 이상을 표준으로 한다.

102 지하수를 취수하기 위한 시설이 아닌 것은?

① 취수틀   ② 집수매거
③ 얕은 우물   ④ 깊은 우물

[해설]
취수관, 취수탑, 취수틀, 취수문, 취수언 등은 하천수의 취수방법이다.

103 상수 취수시설인 집수매거에 관한 설명으로 틀린 것은?

① 철근콘크리트조의 유공관 또는 권선형 스크린관을 표준으로 한다.
② 집수매거의 경사는 수평 또는 흐름방향으로 향하여 완경사로 설치한다.
③ 집수매거의 유출단에서 매거 내의 평균유속은 3m/s 이상으로 한다.
④ 집수매거는 가능한 한 직접 지표수의 영향을 받지 않도록 매설깊이는 5m 이상으로 하는 것이 바람직하다.

[해설]
집수매거의 매거 내 평균유속은 1m/s이다.

104 BOD가 200mg/L인 하수를 1,000m³의 유효용량을 가진 포기조로 처리할 경우 유량이 20,000m³/day이면 BOD용적부하량은?

① 2.0kg/m³·day   ② 4.0kg/m³·day
③ 5.0kg/m³·day   ④ 8.0kg/m³·day

[해설]
$$BOD\text{-용적부하} = \frac{BOD \times Q}{\forall} = \frac{200\text{mg/L} \times 20,000\text{m}^3/\text{day}}{1,000\text{m}^3}$$
$$= 4.0\text{kg/m}^3 \cdot \text{day}$$

105 급수관의 배관에 대한 설비기준으로 옳지 않은 것은?

① 급수관을 부설하고 되메우기를 할 때에는 양질토 또는 모래를 사용하여 적절하게 다짐한다.
② 동결이나 결로의 우려가 있는 급수장치의 노출부에 대해서는 적절한 방한장치가 필요하다.
③ 급수관의 부설은 가능한 한 배수관에서 분기하여 수도미터 보호통까지 직선으로 배관한다.
④ 급수관을 지하층에 배관할 경우에는 가급적 지수밸브와 역류방지장치를 설치하지 않는다.

[해설]
급수관을 지하층 또는 2층 이상에 배관할 경우에는 각 층마다 지수밸브와 함께 진공파괴기 등의 역류방지 밸브를 설치하고, 배관이 노출되는 부분에는 적당한 간격으로 건물에 고정시킨다.

106 상수도의 펌프설비에서 캐비테이션(공동현상)의 대책에 대한 설명으로 옳은 것은?

① 펌프의 설치위치를 높게 한다.
② 펌프의 회전속도를 낮게 선정한다.
③ 펌프를 운전할 때 흡입 측 밸브를 완전히 개방하지 않도록 한다.

정답 101 ② 102 ① 103 ③ 104 ② 105 ④ 106 ②

④ 동일한 토출량과 회전속도이면 한쪽 흡입펌프가 양쪽 흡입펌프보다 유리하다.

[해설]

동일한 토출량과 동일한 회전속도이면, 일반적으로 양쪽 흡입펌프가 한쪽 흡입펌프보다 캐비테이션에서 유리하다. 흡입 측 밸브를 완전히 개방하고 펌프를 운전한다.

107 고도정수처리 단위 공정 중 하나인 오존처리에 관한 설명으로 옳지 않은 것은?

① 오존은 철·망간의 산화능력이 크다.
② 오존의 산화력은 염소보다 훨씬 강하다.
③ 유기물의 생분해성을 증가시킨다.
④ 오존의 잔류성이 우수하므로 염소의 대체 소독제로 쓰인다.

[해설]

오존은 가격이 비싸고 소독의 지속성 즉, 잔류성이 없고, 암모니아 제거가 되지 않는다.

108 하수도시설기준에 의한 관거별 계획하수량에 대한 설명으로 틀린 것은?

① 오수관거에서는 계획 1일 최대오수량으로 한다.
② 오수관거에서는 계획우수량으로 한다.
③ 합류식 관거에서는 계획시간 최대오수량에 계획우수량을 합한 것으로 한다.
④ 차집관거에서는 우천 시 계획오수량으로 한다.

[해설]

오수관거는 계획시간 최대오수량으로 한다.

109 강우강도 $I = \dfrac{3{,}500}{t(\text{분})+10}$ mm/hr, 유입시간 7분, 유출계수 $C = 0.7$, 유역면적 2.0km², 관 내 유속이 1m/s인 경우 관의 길이 500m인 하수관에서 흘러나오는 우수량은?

① 35.8m³/s ② 45.7m³/s
③ 48.9m³/s ④ 53.7m³/s

[해설]

$Q = \dfrac{1}{3.6} CIA$ 이므로,

$Q = \dfrac{1}{3.6} \times 0.7 \times \dfrac{3{,}500}{\left(7+\dfrac{500}{1\times 60}\right)+10} \times 2 = 53.7 \text{m}^3/\text{s}$

110 하수의 처리방법 중 생물막법에 해당되는 것은?

① 산화구법
② 심층포기법
③ 회전원판법
④ 순산소활성슬러지법

[해설]

살수여상법, 회전원판법은 생물막법이다.

111 저수지를 수원으로 하는 원수에서 맛과 냄새를 유발할 경우 기존 정수장에서 취할 수 있는 가장 바람직한 조치는?

① 적정위치에 활성탄 투여
② 취수탑 부근에 펜스 설치
③ 침사지의 모래 제거
④ 응집제의 다량 주입

[해설]

활성탄은 이취미 제거 즉, 맛과 냄새를 좋게 한다.

112 우수조정지에 대한 설명으로 틀린 것은?

① 하류관거의 유하능력이 부족한 곳에 설치한다.
② 하류지역의 펌프장 능력이 부족한 곳에 설치한다.
③ 우수의 방류방식은 펌프가압식을 원칙으로 한다.
④ 구조형식은 댐식, 굴착식 및 지하식으로 한다.

[해설]

우수의 방류는 청천시 자연유하식을 원칙으로 한다.

113 오수 및 우수의 배제방식인 분류식과 합류식에 대한 설명으로 틀린 것은?

① 합류식은 관의 단면적이 크기 때문에 폐쇄의 염려가 적다.
② 합류식은 일정량 이상이 되면 우천 시 오수가 월류할 수 있다.
③ 분류식은 2계통을 건설하는 경우, 합류식에 비하여 일반적으로 관거의 부설비가 많이 든다.
④ 분류식은 별도의 시설 없이 오염도가 높은 초기우수를 처리장으로 유입시켜 처리한다.

[해설]
분류식은 강우초기에 강이나 하천에 비점오염원을 유입시켜 오염시킬 우려가 있다.

114 하천수의 5일간 BOD(BOD_5)에서 주로 측정되는 것은?

① 탄소성 BOD
② 질소성 BOD
③ 산소성 BOD 및 질소성 BOD
④ 탄소성 BOD 및 산소성 BOD

[해설]
1단계 BOD는 탄소계 BOD이고 2단계 BOD는 질소계 BOD이다.

115 계획우수량 산정에 있어서 하수관거의 확률연수는 원칙적으로 몇 년으로 하는가?

① 2~3년
② 3~5년
③ 10~30년
④ 30~50년

[해설]
계획하수량은 20년을 원칙으로 하므로 계획우수량 산정에 있어 하수관거의 확률연수는 10~30년으로 보는 것이 합리적이다.

116 하수처리・재이용계획의 계획오수량에 대한 설명으로 틀린 것은?

① 계획시간 최대오수량은 계획 1일 최대오수량의 1시간당 수량의 1.3~1.8배를 표준으로 한다.
② 계획오수량은 생활오수량, 공장폐수량 및 지하수량으로 구분할 수 있다.
③ 지하수량은 1인 1일 평균오수량의 5% 이하로 한다.
④ 계획 1일 평균오수량은 계획 1일 최대오수량의 70~80%를 표준으로 한다.

[해설]
지하수량은 1인 1일 최대오수량의 10~20%로 한다.

117 접합정(接合井, Junction Well)에 대한 설명으로 옳은 것은?

① 수로에 유입한 토사류를 침전시켜서 이를 제거하기 위한 시설
② 종류가 다른 도수관 또는 도수거의 연결 시, 도수관 또는 도수거의 수압을 조정하기 위하여 그 도중에 설치하는 시설
③ 양수장이나 배수지에서 유입수의 수위조절과 양수를 위하여 설치한 작은 우물
④ 배수지의 유입지점과 유출지점의 부근에 수질을 감시하기 위하여 설치하는 시설

[해설]
접합정은 종류가 다른 도수관 또는 도수거의 연결 시, 도수관 또는 도수거의 수압을 조정하기 위하여 그 도중에 설치하는 시설이다.

118 1인 1일 평균급수량에 대한 일반적인 특징으로 옳지 않은 것은?

① 소도시는 대도시에 비해서 수량이 크다.
② 공업이 번성한 도시는 소도시보다 수량이 크다.
③ 기온이 높은 지방이 추운 지방보다 수량이 크다.
④ 정액급수의 수도는 계량급수의 수도보다 소비수량이 크다.

정답 113 ④ 114 ① 115 ③ 116 ③ 117 ② 118 ①

[해설]
대도시일수록, 공업이 번성할수록, 기온이 높을수록, 정액급수일수록 급수량은 크다.

119 깊이 3m, 폭(너비) 10m, 깊이 50m인 어느 수평류 침전지에 1,000m³/hr의 유량이 유입된다. 이상적인 침전지임을 가정할 때, 표면부하율은?

① 0.5m/hr ② 1.0m/hr
③ 2.0m/hr ④ 2.5m/hr

[해설]
$V_0 = \dfrac{Q}{A} = \dfrac{h}{t}$ 이므로, $V_0 = \dfrac{1000\text{m}^3/\text{hr}}{10\text{m} \times 50\text{m}} = 2.0\text{m/hr}$

120 하수슬러지 소화공정에서 혐기성 소화법에 비하여 호기성 소화법의 장점이 아닌 것은?

① 유효 부산물 생성 ② 상징수 수질 양호
③ 악취 발생 감소   ④ 운전 용이

[해설]
혐기성 소화법에 비하여 호기성 소화법의 장점 · 단점

구분	호기성 소화법
장점	• 최초 시공비 절감 • 악취 발생 감소 • 운전 용이 • 상징수의 수질 양호
단점	• 소화슬러지의 탈수 불량 • 포기에 드는 동력비 과다 • 유기물 감소율 저조 • 건설부지 과다 • 저온 시의 효율저하 • 가치있는 부산물이 생성되지 않음

정답 119 ③ 120 ①

02 제2회 CBT 실전모의고사

1과목 응용역학

01 기둥의 길이가 3m이고 단면이 100mm×120mm인 직사각형이라면 이 기둥의 세장비는?

① 86.8　　② 94.8
③ 103.9　　④ 112.9

[해설]

- $I_{min} = \dfrac{b^3 h}{12} = \dfrac{10^3 \times 12}{12} = 1,000 cm^4$
- $r_{min} = \sqrt{\dfrac{I_{min}}{A}} = \sqrt{\dfrac{1,000}{10 \times 12}} ≒ 2.887 cm$
- 세장비 $\lambda = \dfrac{l}{r_{min}} = \dfrac{300}{2.887} ≒ 103.9$

02 그림과 같은 보에서 CD 구간의 곡률반경(曲律半徑)은 얼마인가?(단, 이 보의 휨강도 $EI = 3,800$ t·m²이다.)

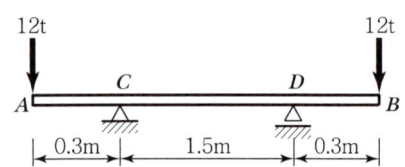

① 924m　　② 1,056m
③ 1,174m　　④ 1,283m

[해설]

- $M_C = M_D = -12t \times 0.3m = -3.6 t·m$
- 곡률반경
  $R_{CD} = \dfrac{EI}{M_{CD}} = \dfrac{3,800}{3.6} ≒ 1,055.6 m$

03 다음 그림과 같은 캔틸레버보에 굽힘으로 인하여 저장된 변형에너지는?(단, EI는 일정하다.)

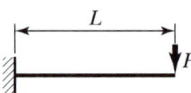

① $\dfrac{P^2 L^3}{6EI}$　　② $\dfrac{P^2 L^3}{48EI}$

③ $\dfrac{P^2 L^3}{12EI}$　　④ $\dfrac{P^2 L^3}{38EI}$

[해설]

[공식]
㉠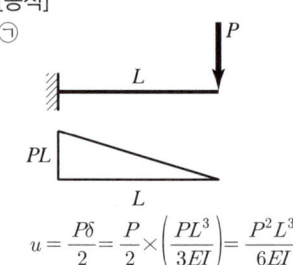

$u = \dfrac{P\delta}{2} = \dfrac{P}{2} \times \left(\dfrac{PL^3}{3EI}\right) = \dfrac{P^2 L^3}{6EI}$

㉡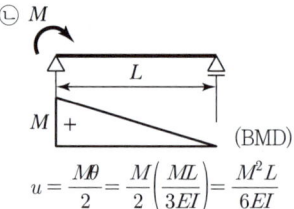

$u = \dfrac{M\theta}{2} = \dfrac{M}{2}\left(\dfrac{ML}{3EI}\right) = \dfrac{M^2 L}{6EI}$

04 정정 구조물에 비해 부정정 구조물이 갖는 장점을 설명한 것 중 틀린 것은?

① 설계모멘트의 감소로 부재가 절약된다.
② 부정정 구조물은 그 연속성 때문에 처짐의 크기가 작다.
③ 외관을 우아하고 아름답게 제작할 수 있다.
④ 지점 침하 등으로 인해 발생하는 응력이 적다.

[해설]

부정정 구조물은 지점 침하 등으로 인해 발생하는 응력이 크다.

정답　01 ③　02 ②　03 ①　04 ④

05 그림에서 두 힘 P_1, P_2에 대한 합력(R)의 크기는?

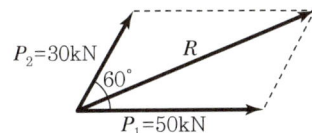

① 60kN　　② 70kN
③ 80kN　　④ 90kN

[해설]

$$R = \sqrt{P_1^2 + P_2^2 + 2P_1 P_2 \cos\alpha}$$
$$= \sqrt{30^2 + 50^2 + 2 \times 30 \times 50 \times \cos 60°} = 70\text{kN}$$
$\therefore R = 70\text{kN}$

[별해]

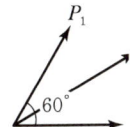

$P_1 : P_2 = 3 : 5$ 이고
$\alpha = 60°$
$\therefore R = 7$

06 그림과 같은 단면에서 외곽 원의 직경(D)이 60cm이고 내부 원의 직경($D/2$)은 30cm라면, 빗금 친 부분의 도심의 위치는 x에서 얼마나 떨어진 곳인가?

① 33cm
② 35cm
③ 37cm
④ 39cm

[해설]

- $A = \dfrac{\pi D^2}{4} - \dfrac{\pi \left(\dfrac{D}{2}\right)^2}{4} = \dfrac{\pi D^2}{4} - \dfrac{\pi D^2}{16} = \dfrac{3\pi D^2}{16}$

- $G_x = \Sigma A \cdot y = \dfrac{\pi D^2}{4} \times \dfrac{D}{2} - \dfrac{\pi D^2}{16} \times \dfrac{D}{4} = \dfrac{7\pi D^3}{64}$

$\therefore y = \dfrac{G_x}{A} = \dfrac{\dfrac{7\pi D^3}{64}}{\dfrac{3\pi D^2}{16}} = \dfrac{7D}{12} = \dfrac{7 \times 60}{12} = 35\text{cm}$

07 그림과 같은 라멘의 부정정 차수는?

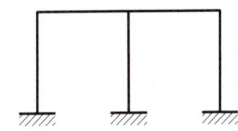

① 3차　　② 5차
③ 6차　　④ 7차

[해설]

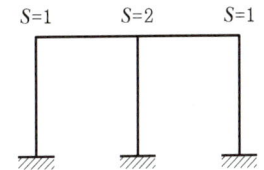

$N = R + m + S - 2P = 9 + 5 + 4 - 2 \times 6$
$= 18 - 12 = 6$차 부정정

[별해 1] 단층 N

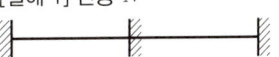

$N = R - 3 - H = 9 - 3 - 0 = 6$차 부정정

[별해 2]

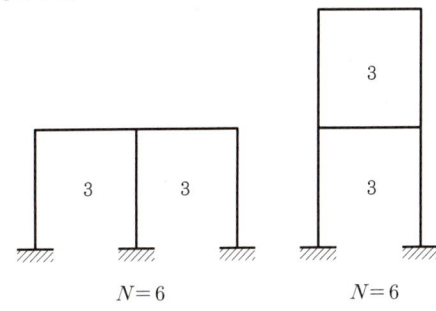

$N = 6$　　　　$N = 6$

[응용]

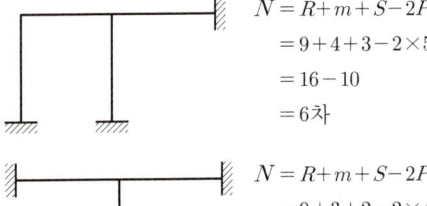

$N = R + m + S - 2P$
$= 9 + 4 + 3 - 2 \times 5$
$= 16 - 10$
$= 6$차

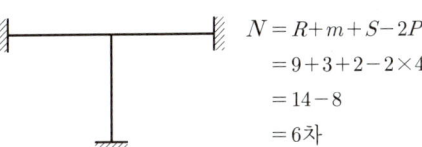

$N = R + m + S - 2P$
$= 9 + 3 + 2 - 2 \times 4$
$= 14 - 8$
$= 6$차

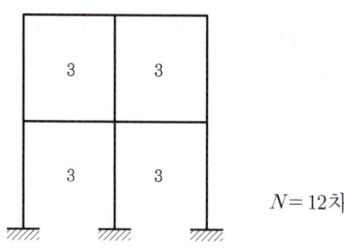

$N = 12$차

[기사 기출]

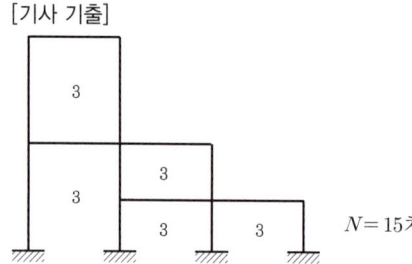

$N = 15$차

08 다음 그림과 같은 보에서 두 지점의 반력이 같게 되는 하중의 위치(x)를 구하면?

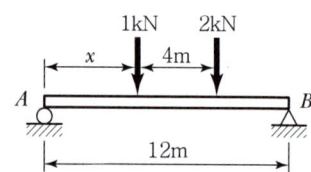

① 0.33m ② 1.33m
③ 2.33m ④ 3.33m

[해설]

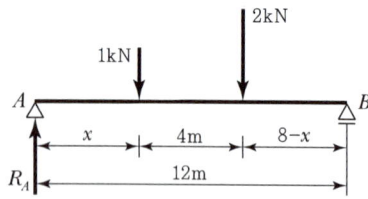

- $\Sigma V = 0$
  $-1 - 2 + R_A + R_B = 0$
  $R_A + R_B = 3\text{kN}$
  $R_A = R_B$이므로
  $R_A = 1.5\text{kN},\ R_B = 1.5\text{kN}$

- $\Sigma M_B = 0$
  $R_A \times 12 - 1(12 - x) - 2(8 - x) = 0$
  $1.5 \times 12 - 12 + x - 16 + 2x = 0$
  $3x = 12 + 16 - 18$
  $3x = 10$
  $x = 3.33\text{m}$

[별해]

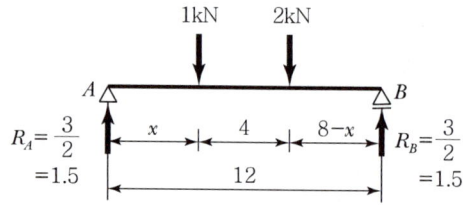

$\Sigma M_A = 0$
$-R_B \times 12 + 2(x + 4) + 1(x) = 0$
$-R_B \times 12 + 2x + 8 + 1x = 0$
$-18 + 3x + 8 = 0$
$3x = 10$
$\therefore x = 3.33\text{m}$

09 그림과 같은 라멘 구조물에서 A점의 수직반력(R_A)은?

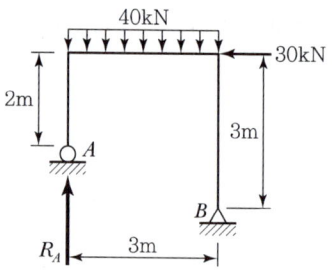

① 30kN ② 45kN
③ 60kN ④ 90kN

[해설]

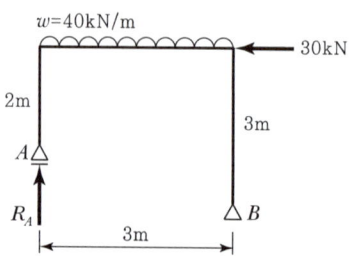

정답 08 ④ 09 ④

- $\sum M_B = 0$

  $R_A \times 3 - 40 \times 3 \times \frac{3}{2} - 30 \times 3 = 0$

  $R_A = \frac{180+90}{3} = \frac{270}{3} = 90\text{kN}(\uparrow)$

- $\sum V = 0$

  $-(40 \times 3) + R_A + R_B = 0$

  $R_B = 30\text{kN}(\uparrow)$

10 아래 그림과 같은 트러스에서 응력이 발생하지 않는 부재는?

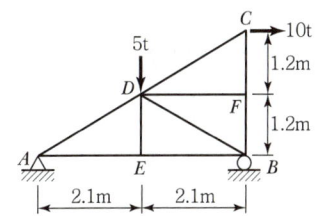

① DE 및 DF ② DE 및 DB
③ AD 및 DC ④ DB 및 DC

[해설]

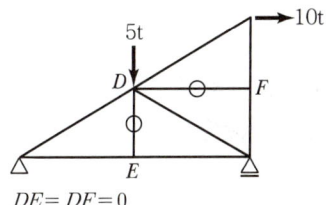

$DE = DF = 0$

11 직경 50mm, 길이 2m의 봉이 힘을 받아 길이가 2mm 늘어났다면, 이때 이 봉의 직경은 얼마나 줄어드는가?[단, 이 봉의 푸아송(Poisson's) 비는 0.3이다.]

① 0.015mm ② 0.030mm
③ 0.045mm ④ 0.060mm

[해설]

[조건]
$D = 50\text{mm}, \ l = 2\text{m}, \ \Delta l = 2\text{mm}$
푸아송 비 $\nu = 0.3$

푸아송 비$(\nu) = \frac{\text{가로}\ \varepsilon}{\text{세로}\ \varepsilon} = \frac{\frac{\Delta d}{D}}{\frac{\Delta l}{l}} = \frac{l\Delta d}{D\Delta l}$

$\therefore \Delta d = \frac{\nu \cdot D \cdot \Delta l}{l} = \frac{0.3 \times 50 \times 2}{2,000} = 0.015\text{mm}$

12 단면이 원형(반지름 R)인 보에 휨모멘트 M이 작용할 때 이 보에 작용하는 최대 휨응력은?

① $\frac{4M}{\pi R^3}$ ② $\frac{12M}{\pi R^3}$
③ $\frac{16M}{\pi R^3}$ ④ $\frac{32M}{\pi R^3}$

[해설]

- $Z = \frac{I_X}{y_1} = \frac{\left(\frac{\pi R^4}{4}\right)}{R} = \frac{\pi R^3}{4}$

- $\sigma_{\max} = \frac{M}{Z} = \frac{M}{\left(\frac{\pi R^3}{4}\right)} = \frac{4M}{\pi R^3}$

[별해] $\sigma_{\max} = \frac{M}{Z} = \frac{M}{\frac{\pi D^3}{32}} = \frac{32M}{\pi D^3} = \frac{32M}{\pi(2R)^3} = \frac{4M}{\pi R^3}$

13 15cm × 25cm의 직사각형 단면을 가진 길이 5m인 양단 힌지 기둥이 있다. 세장비는?

① 139.2 ② 115.5
③ 93.6   ④ 69.3

[해설]

- $r_{\min} = \sqrt{\dfrac{I_{\min}}{A}} = \sqrt{\dfrac{\left(\dfrac{hb^3}{12}\right)}{bh}}$

  $= \dfrac{b}{2\sqrt{3}} = \dfrac{15}{2\sqrt{3}} = 4.33\text{cm}$

- $\lambda = \dfrac{l}{r_{\min}} = \dfrac{(5 \times 10^2)}{4.33} = 115.47$

14 다음의 단순보의 C점의 곡률반경을 구하면 얼마인가?(단, $E = 10{,}000\text{kg/cm}^2$, $I = 40{,}000\text{cm}^4$)

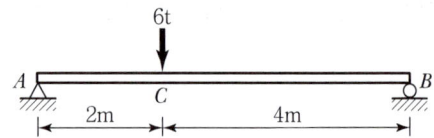

① 350cm ② 400cm
③ 450cm ④ 500cm

[해설]

$M_C = \dfrac{Pab}{l} = \dfrac{6 \times 2 \times 4}{6} = 8\text{t} \cdot \text{m} = 800{,}000\text{kg} \cdot \text{cm}$

$\therefore R_C = \dfrac{EI}{M_C} = \dfrac{10{,}000 \times 40{,}000}{800{,}000} = 500\text{cm}$

15 탄성변형에너지는 외력을 받는 구조물에서 변형에 의해 구조물에 축적되는 에너지를 말한다. 탄성체이며 선형거동을 하는 길이 L인 캔틸레버보의 끝단에 집중하중 P가 작용할 때 굽힘모멘트에 의한 탄성변형에너지는?(단, EI는 일정하다.)

① $\dfrac{P^2 L^2}{2EI}$ ② $\dfrac{P^2 L^3}{2EI}$

③ $\dfrac{P^2 L^2}{6EI}$ ④ $\dfrac{P^2 L^3}{6EI}$

[해설]

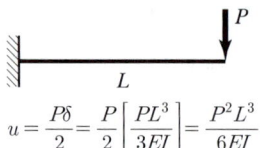

$u = \dfrac{P\delta}{2} = \dfrac{P}{2}\left[\dfrac{PL^3}{3EI}\right] = \dfrac{P^2 L^3}{6EI}$

[보충] 휨모멘트에 의한 탄성에너지(u)
⟨일반식⟩

$u = \displaystyle\int_o^l \dfrac{M_x^{\,2}}{2EI}dx$

⟨집중하중 P 작용 시⟩

(예)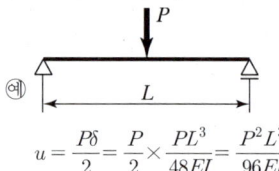

$u = \dfrac{P\delta}{2} = \dfrac{P}{2} \times \dfrac{PL^3}{48EI} = \dfrac{P^2 L^3}{96EI}$

(예)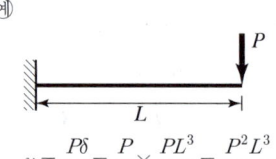

$u = \dfrac{P\delta}{2} = \dfrac{P}{2} \times \dfrac{PL^3}{3EI} = \dfrac{P^2 L^3}{6EI}$

16 주어진 보에서 지점 A의 휨모멘트(M_A) 및 반력 R_A의 크기로 옳은 것은?

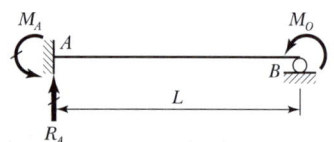

① $M_A = \dfrac{M_o}{2}$, $R_A = \dfrac{3M_o}{2L}$

② $M_A = M_o$, $R_A = \dfrac{M_o}{L}$

③ $M_A = \dfrac{M_o}{2}$, $R_A = \dfrac{5M_o}{2L}$

④ $M_A = M_o$, $R_A = \dfrac{2M_o}{L}$

정답 14 ④ 15 ④ 16 ①

[해설]

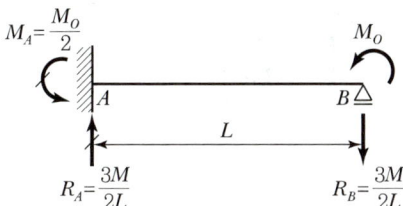

- $M_A = \dfrac{M_o}{2}$
- $R_A = \dfrac{3M_o}{2L}(\uparrow)$

[별해]
- $M_A = \dfrac{M_o}{2}(\curvearrowleft)$
- $\Sigma M_B = 0$

$R_A \times L - \dfrac{M_o}{2} - M_o = 0$

$R_A = \dfrac{3M_o}{2L}(\uparrow)$

17 다음 그림과 같이 강선 A와 B가 서로 평행상태를 이루고 있다. 이때 각도 θ의 값은?

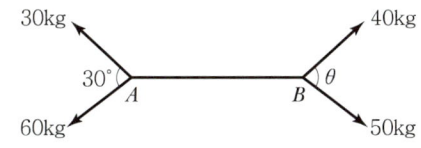

① 47.2°   ② 32.6°
③ 28.4°   ④ 17.8°

[해설]
합력 $R_A = R_B$이므로
$R = \sqrt{30^2 + 60^2 + 2 \times 30 \times 60 \times \cos 30°}$
$= \sqrt{40^2 + 50^2 + 2 \times 40 \times 50 \times \cos \theta}$
∴ $\theta = 28.4°$

18 그림과 같은 4분원 중에서 빗금 친 부분의 밑변으로부터 도심까지의 위치 y는?

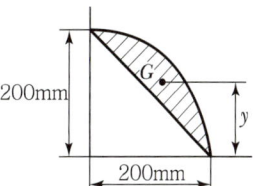

① 116.8mm   ② 126.8mm
③ 146.7mm   ④ 158.7mm

[해설]
- $A = \dfrac{\pi r^2}{4} - \dfrac{r^2}{2} = \dfrac{200^2 \pi}{4} - \dfrac{200^2}{2}$
$= 11,400 \text{mm}^2$
- $G_x = A \cdot y = \dfrac{\pi r^2}{4} \times \dfrac{4r}{3\pi} - \dfrac{r^2}{2} \times \dfrac{r}{3}$
$= \dfrac{200^2 \pi}{4} \times \dfrac{4 \times 200}{3\pi} - \dfrac{200^2}{2} \times \dfrac{200}{3}$
$\fallingdotseq 1,333,333 \text{mm}^3$
- $y = \dfrac{G_x}{A} = \dfrac{1,333,333}{11,400} \fallingdotseq 116.8 \text{mm}$

[별해] $y = \dfrac{2r}{3(\pi-2)} = \dfrac{2 \times 200}{3(\pi-2)} = 116.80 \text{mm}$

19 그림과 같은 구조물의 부정정 차수는?

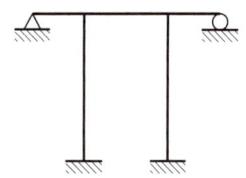

① 6차 부정정   ② 5차 부정정
③ 4차 부정정   ④ 3차 부정정

[해설]

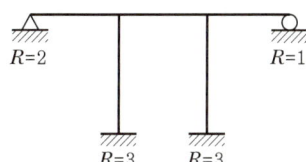

정답 17 ③ 18 ① 19 ①

$$N = R + m + S - 2P$$
$$= 9 + 5 + 4 - 2 \times 6$$
$$= 18 - 12$$
$$= 6차 부정정$$

$\begin{cases} R = 9 \\ m = 5 \\ S = 4 \\ P = 6 \end{cases}$

[별해 1]

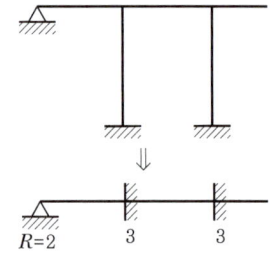

단층 $N = R - 3 - H$
$= 9 - 3 - 0$
$= 6차 부정정$

[별해 2]

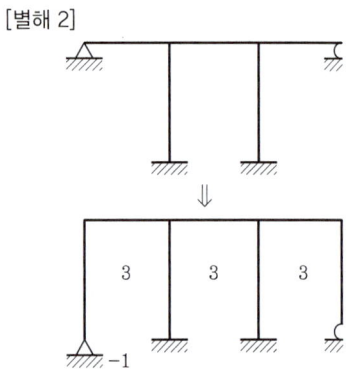

$N = (3 + 3 + 3) - 3 = 6차 부정정$

20 다음 그림과 같은 보에서 A점의 반력이 B점의 반력의 두 배가 되는 거리 x는?

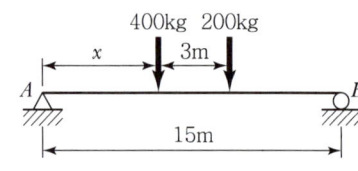

① 2.5m ② 3.0m
③ 3.5m ④ 4.0m

[해설]

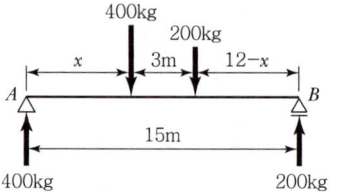

- $\sum V = 0$
  $-400 - 200 + R_A + R_B = 0$
  $R_A + R_B = 600$
  $2R_B + R_B = 600$
  $3R_B = 600$
  $R_B = 200\text{kg}$
  $\therefore R_A = 400\text{kg}$

- $\sum M_B = 0$
  $400 \times 12 - 400(15 - x) - 200(12 - x) = 0$
  $x = 4\text{m}$

[검산]

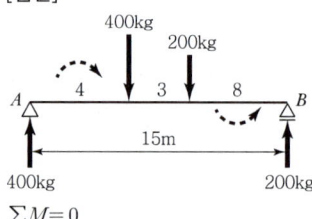

$\sum M = 0$

$400 \times 4 - 200 \times 8 = 0$

정답 **20** ④

2과목 측량학

21 측량의 분류에 대한 설명으로 옳은 것은?

① 측량 구역이 상대적으로 협소하여 지구의 곡률을 고려하지 않아도 되는 측량을 측지측량이라 한다.
② 측량정확도에 따라 평면기준점측량과 고저기준점측량으로 구분한다.
③ 구면 삼각법을 적용하는 측량과 평면 삼각법을 적용하는 측량과의 근본적인 차이는 삼각형의 내각의 합이다.
④ 측량법에는 기본측량과 공공측량의 두 가지로만 측량을 분류한다.

[해설]
- 지구의 곡률을 고려하지 않아도 되는 측량을 평면측량이라 한다.
- 측량 위치에 따라 평면기준점측량과 고저기준점측량으로 구분한다.
- 구면 삼각법에서 삼각형 내각의 합 : 180° + 구과량
  평면 삼각법에서 삼각형 내각의 합 : 180°
- 법에 따른 분류(기본측량, 공공측량, 일반측량, 지적측량 등)

22 수준측량에서 시준거리를 같게 함으로써 소거할 수 있는 오차에 대한 설명으로 틀린 것은?

① 기포관축과 시준선이 평행하지 않을 때 생기는 시준선 오차를 소거할 수 있다.
② 시준거리를 같게 함으로써 지구곡률오차를 소거할 수 있다.
③ 표척 시준시 초점나사를 조정할 필요가 없으므로 이로 인한 오차인 시준오차를 줄일 수 있다.
④ 표척의 눈금 부정확으로 인한 오차를 소거할 수 있다.

[해설]
등거리 관측(시준거리를 같게)으로 제거되는 오차
- 시준축오차(기포관축과 시준축이 평행되지 않은 오차)
- 지구곡률오차(구차)
- 빛의 굴절로 인한 오차(기차)

23 UTM 좌표에 대한 설명으로 옳지 않은 것은?

① 중앙 자오선의 축척 계수는 0.9996이다.
② 좌표계는 경도 6°, 위도 8° 간격으로 나눈다.
③ 우리나라는 40구역(ZONE)과 43구역(ZONE)에 위치하고 있다.
④ 경도의 원점은 중앙자오선에 있으며 위도의 원점은 적도상에 있다.

[해설]
우리나라는 51구역(ZONE)과 52구역(ZONE)에 위치하고 있다.

24 1,600m²의 정사각형 토지 면적을 0.5m²까지 정확하게 구하기 위해서 필요한 변길이의 최대 허용 오차는?

① 2.25mm ② 6.25mm
③ 10.25mm ④ 12.25mm

[해설]
$$\frac{\Delta A}{A} = 2\frac{\Delta l}{l}, \frac{0.5}{1600} = 2 \cdot \frac{x}{40}, x = 6.25 \text{ mm}$$

25 도로공사에서 거리 20m인 성토구간에 대하여 시작 단면 $A_1 = 72\text{m}^2$, 끝 단면 $A_2 = 182\text{m}^2$, 중앙단면 $A_m = 132\text{m}^2$라고 할 때 각주공식에 의한 성토량은?

① 2,540.0m³ ② 2,573.3m³
③ 2,600.0m³ ④ 2,606.7m³

[해설]
$$각주공식(V) = \frac{h}{3}(A_1 + 4A_m + A_2)$$
$$= \frac{10}{3}(72 + 4 \times 132 + 182)$$
$$= 2,606.7\text{m}^3$$

정답 21 ③ 22 ④ 23 ③ 24 ② 25 ④

26 도로 기점으로부터 교점(IP)까지의 추가거리가 400m, 곡선 반지름 $R=200$m, 교각 $I=90°$인 원곡선을 설치할 경우, 곡선시점(BC)은?(단, 중심 말뚝거리 $=20$m)

① No.9
② No.9+10m
③ No.10
④ No.10+10m

[해설]
$$BC = IP - TL$$
$$= 400 - \left(200 \times \tan\frac{90}{2}\right)$$
$$= 200\text{m}$$
∴ 200m = No.10

27 곡선설치에서 교각 $I=60°$, 반지름 $R=150$m일 때 접선장($T.L$)은?

① 100.0m
② 86.6m
③ 76.8m
④ 38.6m

[해설]
$$TL = R \times \tan\frac{I}{2} = 150 \times \tan\frac{60°}{2}$$
$$= 86.6 \text{ m}$$

28 수평각 관측 방법에서 그림과 같이 각을 관측하는 방법은?

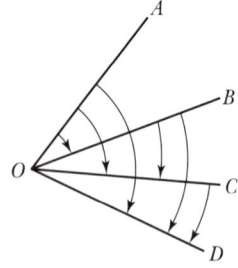

① 방향각 관측법
② 반복 관측법
③ 배각 관측법
④ 조합각 관측법

[해설]
각 관측법(조합각 관측법)
• 가장 정확한 값을 얻을 수 있다.
• 1등 삼각 측량에 이용
• 측각 총수 $= \frac{1}{2}S(S-1)$

29 수준측량에서 레벨의 조정이 불완전하여 시준선이 기포관축과 평행하지 않을 때 생기는 오차의 소거 방법으로 옳은 것은?

① 정위, 반위로 측정하여 평균한다.
② 지반이 견고한 곳에 표척을 세운다.
③ 전시와 후시의 시준거리를 같게 한다.
④ 시작점과 종점에서의 표척을 같은 것을 사용한다.

[해설]
전시와 후시의 시준거리를 같게 했을 때 소거되는 오차
• 시준축 오차(시준선이 기포관축과 평행하지 않을 때 생기는 오차)
• 시준선의 편심오차
• 수평축 오차

30 수준측량의 야장기입방법 중 가장 간단한 방법으로 전시(BS)와 후시(FS)만 있으면 되는 방법은?

① 고차식
② 교호식
③ 기고식
④ 승강식

[해설]
고차식
• 가장 간단한 방법
• 전시(FS)와 후시(BS)만 있으면 된다.

기고식
중간점이 많은 경우 편리

정답 26 ③ 27 ② 28 ④ 29 ③ 30 ①

31 수면으로부터 수심의 $\frac{2}{10}$, $\frac{4}{10}$, $\frac{6}{10}$, $\frac{8}{10}$인 곳에서 유속을 측정한 결과가 각각 1.2m/s, 1.0m/s, 0.7m/s, 0.3m/s이었다면 평균 유속은?(단, 4점법 이용)

① 1.095m/s ② 1.005m/s
③ 0.895m/s ④ 0.775m/s

[해설]
4점법
$$V_m = \frac{1}{5}\left\{(V_{0.2}+V_{0.4}+V_{0.6}+V_{0.8})+\frac{1}{2}\left(V_{0.2}+\frac{V_{0.8}}{2}\right)\right\}$$
$$= \frac{1}{5}\left\{(1.2+1.0+0.7+0.3)+\frac{1}{2}\left(1.2+\frac{0.3}{2}\right)\right\}$$
$$= 0.775\text{m/s}$$

32 삼각망 조정에 관한 설명으로 옳지 않은 것은?

① 임의 한 변의 길이는 계산경로에 따라 달라질 수 있다.
② 검기선은 측정한 길이와 계산된 길이가 동일하다.
③ 1점 주위에 있는 각의 합은 360°이다.
④ 삼각형의 내각의 합은 180°이다.

[해설]
① 변조건 : 임의 한 변의 길이는 계산순서에 관계없이 동일하다.

33 캔트(Cant)의 크기가 C인 곡선에서 곡선반지름과 설계속도를 모두 2배로 하면 새로운 캔트의 크기는?

① $\frac{1}{2}C$ ② $2C$
③ $4C$ ④ $8C$

[해설]
캔트(C) = $\frac{V^2 S}{gR}$, $\frac{2^2}{2} \cdot \frac{V^2 S}{gR} = 2C$

34 클로소이드 곡선(Cothoid Curve)에 대한 설명으로 옳지 않은 것은?

① 고속도로에 널리 이용된다.
② 곡률이 곡선의 길이에 비례한다.
③ 완화곡선(緩和曲線)의 일종이다.
④ 클로소이드 요소는 모두 단위를 갖지 않는다.

[해설]
클로소이드 요소는 단위가 있는 것도 있고 단위가 없는 것도 있다.

35 지형측량방법 중 기준점 측량에 해당되지 않는 것은?

① 수준측량
② 삼각측량
③ 트래버스측량
④ 스타디아측량

[해설]
기준점(골격) 측량
- 삼각측량
- 다각(트래버스) 측량
- 수준측량

36 측점 A에 각관측 장비를 세우고 50m 떨어져 있는 측점 B를 시준하여 각을 관측할 때, 측선 AB에 직각방향으로 3cm의 오차가 있었다면 이로 인한 각관측 오차는?

① 0°1′13″ ② 0°1′22″
③ 0°2′04″ ④ 0°2′45″

[해설]
$$\frac{\Delta l}{l} = \frac{\theta''}{\rho''}, \quad \frac{0.03}{50} = \frac{\theta''}{206265''}$$
$$\therefore \theta'' = 2'03.76''$$

37 직접법으로 등고선을 측정하기 위하여 A점에 레벨을 세우고 기계고 1.5m를 얻었다. 70m 등고선상의 P점을 구하기 위한 표척(Staff)의 관측값은?(단, A점 표고는 71.6m이다.)

① 1.0m ② 2.3m
③ 3.1m ④ 3.8m

[해설]

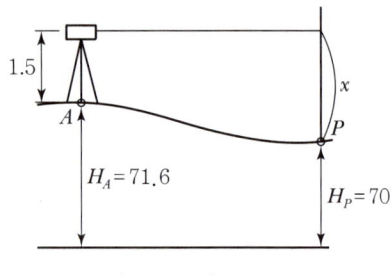

$X = (71.6 + 1.5) - 70 = 3.1\text{m}$

38 하천에서 수애선 결정에 관계되는 수위는?

① 갈수위(DWL)
② 최저수위(HWL)
③ 평균최저수위(NLWL)
④ 평수위(OWL)

[해설]

평수위(OWL)
• 하천에서 수애선 결정에 관계되는 수위
• 어떤 기간 동안 관측한 수위 가운데 1/2은 그 수위보다 높고, 다른 1/2은 낮은 수위

39 20m 줄자로 두 지점의 거리를 측정한 결과가 320m였다. 1회 측정마다 ±3mm의 우연오차가 발생한다면 두 지점 간의 우연오차는?

① ±12mm ② ±14mm
③ ±24mm ④ ±48mm

[해설]

우연오차 $= a\sqrt{n} = 3\sqrt{\dfrac{320}{20}} = \pm 12\text{mm}$

40 시가지에서 5개의 측점으로 폐합 트래버스를 구성하여 내각을 측정한 결과, 각관측 오차가 30″이었다. 각관측의 경중률이 동일할 때 각오차의 처리방법은?(단, 시가지의 허용오차 범위 $= 20″\sqrt{n} \sim 30″\sqrt{n}$)

① 재측량한다.
② 각의 크기에 관계없이 등배분한다.
③ 각의 크기에 비례하여 배분한다.
④ 각의 크기에 반비례하여 배분한다.

[해설]

• 오차의 허용범위
  $20″\sqrt{5} \sim 30″\sqrt{5} = 44.7″ \sim 67.1″$
• 각 관측오차(30″) < 허용범위
• 관측오차를 등배분 조정

정답 37 ③ 38 ④ 39 ① 40 ②

3 과목 수리수문학

41 삼각위어에서 수두를 H라 할 때 위어를 통해 흐르는 유량 Q와 비례하는 것은?

① $H^{-1/2}$ ② $H^{1/2}$
③ $H^{3/2}$ ④ $H^{5/2}$

[해설]

$Q = \dfrac{8}{15} C \tan \dfrac{\theta}{2} \sqrt{2g} \, H^{\frac{5}{2}}$

∴ $Q \propto H^{\frac{5}{2}}$

42 도수(Hydraulic Jump)에 대한 설명으로 옳은 것은?

① 수문을 급히 개방할 경우 하류로 전파되는 흐름
② 유속이 파의 전파속도보다 작은 흐름
③ 상류에서 사류로 변할 때 발생하는 현상
④ Froude 수가 1보다 큰 흐름에서 1보다 작아질 때 발생하는 현상

[해설]

도수는 Froude 수가 1보다 큰 사류에서 Froude 수가 1보다 작은 상류로 바뀔 때 발생하는 현상이다.

43 어떤 계속된 호우에 있어서 총 유효우량 ΣR_e (mm), 직접유출의 총량 ΣQ_e (m³), 유역면적 A (km²) 사이에 성립하는 식은?

① $\Sigma R_e = A \times \Sigma Q_e$
② $\Sigma R_e = \dfrac{10^3 \times A}{\Sigma Q_e}$
③ $\Sigma R_e = 10^3 \times A \times \Sigma Q_e$
④ $\Sigma R_e = \dfrac{\Sigma Q_e}{10^3 \times A}$

[해설]

총 유효우량 ΣR_e (mm)은 직접유출의 총량 ΣQ_e을 유역면적 A로 나누어서 구할 수 있다.

$\Sigma R_e (\text{cm}) = \dfrac{\Sigma Q_e \times 10^6 (\text{cm}^3)}{A \times 10^{10} (\text{cm}^2)}$

∴ $\Sigma R_e (\text{mm}) = \dfrac{\Sigma Q_e}{A \times 10^3}$

44 DAD 해석에 관계되는 요소로 짝지어진 것은?

① 강우깊이, 면적, 지속기간
② 적설량, 분포면적, 적설일수
③ 수심, 하천 단면적, 홍수기간
④ 강우량, 유수단면적, 최대수심

[해설]

DAD 해석의 구성요소는 강우량(강우깊이), 유역면적, 강우지속시간이다.

45 그림과 같이 원형관 중심에서 V의 유속으로 물이 흐르는 경우에 대한 설명으로 틀린 것은?(단, 흐름은 층류로 가정한다.)

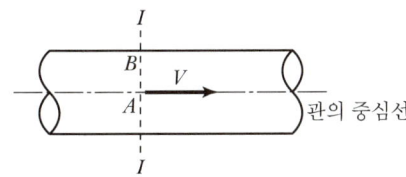

① A점에서의 유속은 단면 평균유속의 2배다.
② A점에서의 마찰력은 V^2에 비례한다.
③ A점에서 B점으로 갈수록 마찰력은 커진다.
④ 유속은 A점에서 최대인 포물선 분포를 한다.

[해설]

A점의 마찰력은 0이다.

46 두 개의 수평한 판이 5mm 간격으로 놓여 있고, 점성계수 0.01N·s/cm²인 유체로 채워져 있다. 하나의 판을 고정시키고 다른 하나의 판을 2m/s로 움직일 때 유체 내에서 발생되는 전단응력은?

① 1N/cm²   ② 2N/cm²
③ 3N/cm²   ④ 4N/cm²

정답 41 ④ 42 ④ 43 ④ 44 ① 45 ② 46 ④

[해설]

$\tau = \mu \dfrac{dv}{dy} = 0.01 \times \dfrac{200}{0.5} = 4\text{N/cm}^2$

47 관 내의 손실수두(h_L)와 유량(Q)의 관계로 옳은 것은?(단, Darcy-Weisbach 공식을 사용)

① $h_L \propto Q$
② $h_L \propto Q^{1.85}$
③ $h_L \propto Q^2$
④ $h_L \propto Q^{2.5}$

[해설]

$h_L = f \dfrac{l}{D} \dfrac{V^2}{2g} = f \dfrac{l}{D} \dfrac{1}{2g} \left(\dfrac{Q}{A}\right)^2$

∴ $h_L \propto Q^2$

48 유역의 평균 폭 B, 유역면적 A, 본류의 유로연장 L인 유역의 형상을 양적으로 표시하기 위한 유역형상계수는?

① $\dfrac{A}{L}$
② $\dfrac{A}{L^2}$
③ $\dfrac{B}{L}$
④ $\dfrac{B}{L^2}$

[해설]

유역형상계수 $F = \dfrac{A}{L^2}$

여기서, F : 형상계수
A : 유역면적
L : 유역 주 하천의 길이

49 지하수 흐름과 관련된 Dupuit의 공식으로 옳은 것은?(단, q=단위폭당 유량, ℓ=침윤선 길이, k= 투수계수)

① $q = \dfrac{k}{2\ell}\left(h_1^2 - h_2^2\right)$
② $q = \dfrac{k}{2\ell}\left(h_1^2 + h_2^2\right)$
③ $q = \dfrac{k}{\ell}\left(h_1^{\frac{3}{2}} - h_2^{\frac{3}{2}}\right)$
④ $q = \dfrac{k}{\ell}\left(h_1^{\frac{3}{2}} + h_2^{\frac{3}{2}}\right)$

[해설]

Dupuit의 침윤선 공식
$q = \dfrac{k}{2l}\left(h_1^2 - h_2^2\right)$

50 강우자료의 변화요소가 발생한 과거의 기록치를 보정하기 위하여 전반적인 자료의 일관성을 조사하려고 할 때, 사용할 수 있는 가장 적절한 방법은?

① 정상 연강수량 비율법
② Thiessen의 가중법
③ 이중 누가우량 분석
④ DAD 분석

[해설]

이중 누가우량 분석은 강수자료의 일관성 검증을 위해 실시하는 방법이다.

51 수면폭이 1.2m인 V형 삼각 수로에서 2.8m³/s의 유량이 0.9m 수심으로 흐른다면 이때의 비에너지는?(단, 에너지보정계수 $\alpha = 1$로 가정한다.)

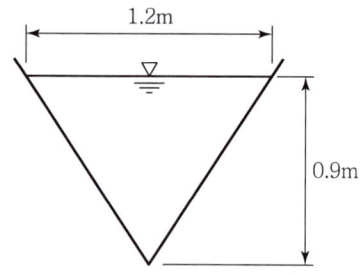

① 0.9m
② 1.14m
③ 1.84m
④ 2.27m

[해설]

• $A = \dfrac{1}{2}bh = \dfrac{1}{2} \times 1.2 \times 0.9 = 0.54\text{m}^2$

• $V = \dfrac{Q}{A} = \dfrac{2.8}{0.54} = 5.19\text{m/s}$

∴ $h_e = h + \dfrac{\alpha V^2}{2g} = 0.9 + \dfrac{1 \times 5.19^2}{2 \times 9.8} = 2.27\text{m}$

52 층류영역에서 사용 가능한 마찰손실계수의 산정식은?(단, Re : Reynolds 수)

① $\dfrac{1}{Re}$ ② $\dfrac{4}{Re}$
③ $\dfrac{24}{Re}$ ④ $\dfrac{64}{Re}$

[해설]

마찰손실계수 $f = \dfrac{64}{Re}$ 이다.

53 수심 10.0m에서 파속(C_1)이 50.0m/s인 파랑이 입사각(β_1) 30°로 들어올 때, 수심 8.0m에서 굴절된 파랑의 입사각(β_2)은?(단, 수심 8.0m에서 파랑의 파속(C_2) = 40.0m/s)

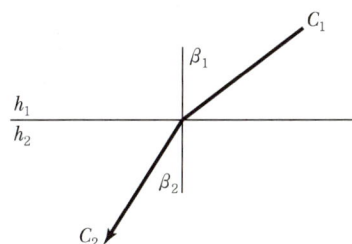

① 20.58° ② 23.58°
③ 38.68° ④ 46.15°

[해설]

- $\dfrac{\sin\alpha_1}{\sin\alpha_2} = \dfrac{C_1}{C_2} = \dfrac{L_1}{L_2}$

  여기서, α_1, α_2 : 입사각
  C_1, C_2 : 파랑의 파속
  L_1, L_2 : 수심

- $\dfrac{\sin\beta_1}{\sin\beta_2} = \dfrac{10}{8} = \dfrac{50}{40}$

  $\therefore \beta_2 = \sin^{-1}\left(\dfrac{L_2}{L_1}\right)\sin\beta_1 = \sin^{-1}\left(\dfrac{8}{10}\right) \times \sin 30°$
  $= 23.58°$

54 벤투리미터(Venturi Meter)의 일반적인 용도로 옳은 것은?

① 수심 측정 ② 압력 측정
③ 유속 측정 ④ 단면 측정

[해설]

벤투리미터
관 내에 축소부를 두어 축소 전과 축소 후의 압력차를 측정하여 관수로의 유속 및 유량을 측정하는 기구를 말한다.

55 단면적 20cm²인 원형 오리피스(Orifice)가 수면에서 3m의 깊이에 있을 때, 유출수의 유량은?(단, 유량계수는 0.6이라 한다.)

① 0.0014m³/s ② 0.0092m³/s
③ 0.0119m³/s ④ 0.1524m³/s

[해설]

$Q = Ca\sqrt{2gh} = 0.6 \times (20 \times 10^{-4}) \times \sqrt{2 \times 9.8 \times 3}$
$= 0.0092 \text{m}^3/\text{sec}$

56 그림과 같은 관로의 흐름에 대한 설명으로 옳지 않은 것은?(단, h_1, h_2는 위치 1, 2에서의 수두, h_{LA}, h_{LB}는 각각 관로 A 및 B에서의 손실수두이다.)

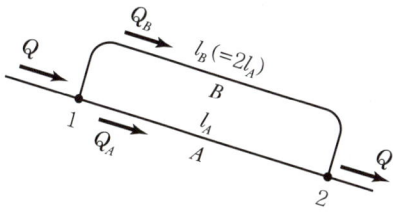

① $h_{LA} = h_{LB}$ ② $Q = Q_A + Q_B$
③ $Q_A = Q_B$ ④ $h_2 = h_1 - h_{LA}$

[해설]

- 병렬 관수로의 해석에서 각 관수로의 손실수두의 크기는 같다고 본다.
  $\therefore h_{LA} = h_{LB}$

- 병렬 관수로의 연속방정식
  $Q = Q_A + Q_B$

57 1시간 간격의 강우량이 15.2mm, 25.4mm, 20.3mm, 7.6mm이고, 지표 유출량이 47.9mm일 때 ϕ-index는?

① 5.15mm/hr ② 2.58mm/hr
③ 6.25mm/hr ④ 4.25mm/hr

[해설]
ϕ-index의 산정
- 총 강우량 = 15.2 + 25.4 + 20.3 + 7.6 = 68.5mm
- 침투량 = 68.5 − 47.9 = 20.6mm
$\therefore \phi$-index $= \dfrac{20.6}{4} = 5.15$mm/hr

58 비중 γ_1의 물체가 비중 $\gamma_2 (\gamma_2 > \gamma_1)$의 액체에 떠 있다. 액면 위의 부피($V_1$)와 액면 아래의 부피($V_2$) 비$\left(\dfrac{V_1}{V_2}\right)$는?

① $\dfrac{V_1}{V_2} = \dfrac{\gamma_2}{\gamma_1} + 1$ ② $\dfrac{V_1}{V_2} = \dfrac{\gamma_2}{\gamma_1} - 1$
③ $\dfrac{V_1}{V_2} = \dfrac{\gamma_1}{\gamma_2}$ ④ $\dfrac{V_1}{V_2} = \dfrac{\gamma_2}{\gamma_1}$

[해설]
- W(무게) $= B$(부력)
- $\gamma_1 V$(총 체적) $= \gamma_2 V_2$(물에 잠긴 만큼의 체적)
  $\gamma_1 (V_1 + V_2) = \gamma_2 V_2$
- $\gamma_1 V_1 = V_2 (\gamma_2 - \gamma_1)$
$\therefore \dfrac{V_1}{V_2} = \dfrac{\gamma_2 - \gamma_1}{\gamma_1} = \dfrac{\gamma_2}{\gamma_1} - 1$

59 기계적 에너지와 마찰손실을 고려하는 베르누이 정리에 관한 표현식은?(단, E_P 및 E_T는 각각 펌프 및 터빈에 의한 수두를 의미하며, 유체는 점 1에서 점 2로 흐른다.)

① $\dfrac{v_1^2}{2g} + \dfrac{p_1}{\gamma} + z_1 = \dfrac{v_2^2}{2g} + \dfrac{p_2}{\gamma} + z_2 + E_P + E_T + h_L$

② $\dfrac{v_1^2}{2g} + \dfrac{p_1}{\gamma} + z_1 = \dfrac{v_2^2}{2g} + \dfrac{p_2}{\gamma} + z_2 - E_P - E_T - h_L$

③ $\dfrac{v_1^2}{2g} + \dfrac{p_1}{\gamma} + z_1 = \dfrac{v_2^2}{2g} + \dfrac{p_2}{\gamma} + z_2 - E_P + E_T + h_L$

④ $\dfrac{v_1^2}{2g} + \dfrac{p_1}{\gamma} + z_1 = \dfrac{v_2^2}{2g} + \dfrac{p_2}{\gamma} + z_2 + E_P - E_T + h_L$

[해설]
펌프와 터빈을 모두 설치한 경우
$z_1 + \dfrac{p_1}{\gamma} + \dfrac{v_1^2}{2g} + E_P = z_2 + \dfrac{p_2}{\gamma} + \dfrac{v_2^2}{2g} + E_T + h_L$
$\therefore z_1 + \dfrac{p_1}{\gamma} + \dfrac{v_1^2}{2g} = z_2 + \dfrac{p_2}{\gamma} + \dfrac{v_2^2}{2g} - E_P + E_T + h_L$

60 수심 2m, 폭 4m, 경사 0.0004인 직사각형 단면 수로에서 유량 14.56m³/s가 흐르고 있다. 이 흐름에서 수로표면 조도계수(n)는?(단, Manning 공식 사용)

① 0.0096   ② 0.01099
③ 0.02096 ④ 0.03099

[해설]
$Q = AV = A \dfrac{1}{n} R^{\frac{2}{3}} I^{\frac{1}{2}}$

$\therefore n = \dfrac{A R^{\frac{2}{3}} I^{\frac{1}{2}}}{Q}$

$= \dfrac{(4 \times 2) \times 1^{\frac{2}{3}} \times 0.0004^{\frac{1}{2}}}{14.56}$

$= 0.01099$

정답 57 ① 58 ② 59 ③ 60 ②

4과목 철근콘크리트 및 강구조

61 인장 이형철근의 정착길이 산정 시 필요한 보정계수(α, β)에 대한 설명으로 틀린 것은?

① 피복두께가 $3d_b$ 미만 또는 순간격이 $6d_b$ 미만인 에폭시 도막철근일 때 철근도막계수(β)는 1.5를 적용한다.
② 상부철근(정착길이 또는 겹침이음부 아래 300mm를 초과되게 굳지 않은 콘크리트를 친 수평철근)인 경우 철근배치 위치계수(α)는 1.3을 사용한다.
③ 아연도금 철근은 철근 도막계수(β)를 1.0으로 적용한다.
④ 에폭시 도막철근이 상부철근인 경우 상부철근의 위치계수(α)와 철근도막계수(β)의 곱, $\alpha\beta$가 1.6보다 크지 않아야 한다.

[해설]
에폭시 도막철근이 상부철근인 경우 상부철근의 위치계수(α)와 철근도막계수(β)의 곱, $\alpha\beta$가 1.7보다 크지 않아야 한다.

62 그림과 같은 용접부에 작용하는 응력은?

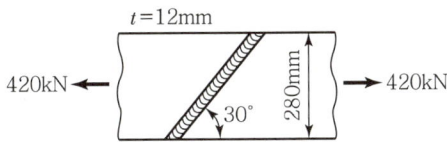

① 112.7MPa ② 118.0MPa
③ 120.3MPa ④ 125.0MPa

[해설]
$$f = \frac{P}{A} = \frac{(420 \times 10^3)}{12 \times 280} = 125 \text{N/mm}^2 = 125 \text{MPa}$$

63 T형 PSC보에 설계하중을 작용시킨 결과 보의 처짐은 0이었으며, 프리스트레스 도입단계부터 부착된 계측장치로부터 상부 탄성변형률 $\varepsilon = 3.5 \times 10^{-4}$을 얻었다. 콘크리트 탄성계수 $E_c = 26,000$MPa, T형보의 단면적 $A_g = 150,000$mm², 유효율 $R = 0.85$일 때, 강재의 초기 긴장력 P_i를 구하면?

① 1,606kN ② 1,365kN
③ 1,160kN ④ 2,269kN

[해설]
$$P_e = E_c \varepsilon A = 26,000 \times (3.5 \times 10^{-4}) \times 150,000$$
$$= 1,365,000 \text{N} = 1,365 \text{kN}$$
$$P_e = RP_i$$
$$P_i = \frac{P_e}{R} = \frac{1,365}{0.85} = 1,605.9 \text{kN} \fallingdotseq 1,606 \text{kN}$$

64 아래 그림과 같은 보에서 계수전단력 $V_u = 225$kN에 대한 가장 적당한 스터럽 간격은?(단, 사용된 스터럽은 철근 D13이며, 철근 D13의 단면적은 127mm², $f_{ck} = 24$MPa, $f_y = 350$MPa이다.)

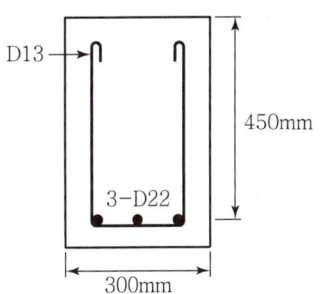

① 110mm ② 150mm
③ 210mm ④ 225mm

[해설]
$V_u = 225$kN
$$V_c = \frac{1}{6}\sqrt{f_{ck}}b_w d = \frac{1}{6} \times \sqrt{24} \times 300 \times 450$$
$$= 110,227 \text{N} = 110.23 \text{kN}$$
$\phi V_c = 0.75 \times 110.23 = 82.67$kN
$V_u > \phi V_c$이므로 전단보강이 필요

정답 61 ④ 62 ④ 63 ① 64 ③

$$V_s = \frac{V_u}{\phi} - V_c = \frac{225}{0.75} - 110.23 = 190\text{kN}$$

$$\frac{1}{3}\sqrt{f_{ck}}\,b_w d = 2V_c = 2 \times 110.23 = 220.46\text{kN}$$

$V_s < \frac{1}{3}\sqrt{f_{ck}}\,b_w d$ 이므로 전단철근 간격 s는 다음 값 이하라야 한다.

- $s \leq \dfrac{d}{2} = \dfrac{450}{2} = 225\text{ mm}$
- $s \leq 600\text{ mm}$
- $s \leq \dfrac{A_v f_y d}{V_s} = \dfrac{(2 \times 127) \times 350 \times 450}{190 \times 10^3}$
  $= 210.6\text{mm}$

따라서 전단철근 간격 s는 위 값 중에서 최소값인 210.6mm 이하라야 한다.

65 강도설계에서 $f_{ck} = 29\text{MPa}$, $f_y = 300\text{MPa}$일 때 단철근 직사각형보의 균형철근비(ρ_b)는?

① 0.0349　　② 0.0452
③ 0.0518　　④ 0.0671

[해설]
- $f_{ck} = 29\text{Mpa} \leq 40\text{MPa}$인 경우
- $\rho_b = 0.68\dfrac{f_{ck}}{f_y}\dfrac{660}{660 + f_y}$
  $= 0.68 \times \dfrac{29}{300} \times \dfrac{660}{660 + 300} = 0.0452$

66 철근콘크리트의 강도설계법을 적용하기 위한 기본 가정으로 틀린 것은?

① 철근의 변형률은 중립축으로부터의 거리에 비례한다.
② 콘크리트의 변형률은 중립축으로부터의 거리에 비례한다.
③ 인장 측 연단에서 철근의 극한변형률은 0.003으로 가정한다.
④ 항복강도 f_y 이하에서 철근의 응력은 그 변형률의 E_s배로 본다.

[해설]
$f_{ck} \leq 40\text{MPa}$인 경우 압축 측 연단에서 콘크리트의 극한변형률은 0.0033으로 가정한다.

67 보의 활하중은 1.7t/m, 자중은 1.1t/m인 등분포하중을 받는 경간 12m인 단순 지지보의 계수 휨모멘트(M_u)는?

① 68.4t·m　　② 72.7t·m
③ 74.9t·m　　④ 75.4t·m

[해설]
$\omega_u = 1.2\omega_D + 1.6\omega_L$
$\quad = 1.2 \times 1.1 + 1.6 \times 1.7 = 4.04\text{t·m}$
$M_u = \dfrac{\omega_u \cdot l^2}{8} = \dfrac{4.04 \times 12^2}{8} = 72.72\text{t·m}$

68 철근콘크리트 휨부재의 최소 철근량에 대한 설명 중 틀린 것은?

① 보에서 철근량 A_s는 $\phi M_n \geq 1.3 M_{cr}$의 조건을 만족하도록 배치하여야 한다.
② 부재의 모든 단면에서 해석에 의해 필요한 철근량보다 1/3 이상 인장철근이 더 배치되어 $\phi M_n \geq \dfrac{4}{3}M_u$의 조건을 만족하는 최소 철근량 요건을 적용하지 않아도 된다.
③ 휨부재의 급작스러운 파괴를 방지하기 위해서 최소 철근량 규정이 제시되었다.
④ 두께가 균일한 구조용 슬래브의 경간방향으로 보강되는 인장철근의 최소 단면적은 수축·온도 철근의 규정에 따라야 한다.

[해설]
휨부재의 최소 철근량은 $\phi M_n \geq 1.2 M_{cr}$의 조건을 만족하도록 배치하여야 한다.

정답　65 ②　66 ③　67 ②　68 ①

69 아래의 그림과 같은 복철근 보의 탄성처짐이 15mm 라면 5년 후 지속하중에 의해 유발되는 전체 처짐은?(단, $A_s = 3,000\text{mm}^2$, $A_s' = 1,000\text{mm}^2$, $\xi = 2.0$)

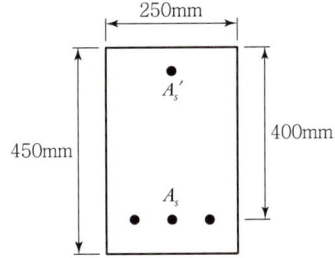

① 35mm
② 38mm
③ 40mm
④ 45mm

[해설]

$\xi = 2.0$(하중 재하기간이 5년 이상인 경우)

$\rho' = \dfrac{A_s'}{bd} = \dfrac{1,000}{250 \times 400} = 0.01$

$\lambda_\Delta = \dfrac{\xi}{1+50\rho'} = \dfrac{2.0}{1+(50 \times 0.01)} = 1.33$

$\delta_L = \lambda_\Delta \cdot \delta_i = 1.33 \times 15 = 20\text{mm}$

$\delta_T = \delta_i + \delta_L = 15 + 20 = 35\text{mm}$

70 철근콘크리트 부재의 철근 이음에 관한 설명 중 옳지 않은 것은?

① D35를 초과하는 철근은 겹침이음을 하지 않아야 한다.
② 인장 이형철근의 겹침이음에서 A급 이음은 $1.3l_d$ 이상, B급 이음은 $1.0l_d$ 이상 겹쳐야 한다.(단, l_d는 규정에 의해 계산된 인장이형철근의 정착길이이다.)
③ 압축 이형철근의 이음에서 콘크리트의 설계기준 압축강도가 21MPa 미만인 경우에는 겹침이음 길이를 1/3 증가시켜야 한다.
④ 용접이음과 기계적 이음은 철근의 항복강도의 125% 이상을 발휘할 수 있어야 한다.

[해설]

이형철근의 최소 겹침이음 길이
• A급 이음 : $1.0l_d$ 이상(배근된 철근량이 소요 철근량의 2배 이상이고, 겹침이음된 철근량이 총 철근량의 $\dfrac{1}{2}$ 이하인 경우)
• B급 이음 : $1.3l_d$ 이상(A급 이외의 이음)

71 프리스트레스의 손실을 초래하는 원인 중 프리텐션 방식보다 포스트텐션 방식에서 크게 나타나는 것은?

① 콘크리트의 탄성수축
② 강재와 쉬스의 마찰
③ 콘크리트의 크리프
④ 콘크리트의 건조수축

[해설]

PS강재와 쉬스의 마찰에 의한 손실은 포스트텐션 방식에서만 발생한다.

72 철근콘크리트 구조물의 전단철근에 대한 설명으로 틀린 것은?

① 이형철근을 전단철근으로 사용하는 경우 설계기준 항복강도 f_y는 550MPa을 초과하여 취할 수 없다.
② 전단철근으로서 스터럽과 굽힘철근을 조합하여 사용할 수 있다.
③ 주인장철근에 45° 이상의 각도로 설치되는 스터럽은 전단철근으로 사용할 수 있다.
④ 경사스터럽과 굽힘철근은 부재 중간높이인 0.5d에서 반력점 방향으로 주인장철근까지 연장된 45°선과 한 번 이상 교차되도록 배치하여야 한다.

[해설]

이형철근을 전단철근으로 사용하는 경우 설계기준 항복강도 f_y는 500MPa을 초과하여 취할 수 없다.

73 다음은 L형강에서 인장응력 검토를 위한 순폭계산에 대한 설명이다. 틀린 것은?

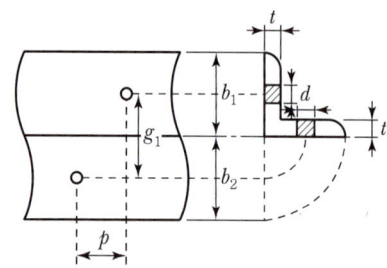

① 전개 총폭(b) = $b_1 + b_2 - t$이다.
② $\dfrac{P^2}{4g} \geq d$인 경우 순폭(b_n) = $b - d$이다.
③ 리벳선간거리(g) = $g_1 - t$이다.
④ $\dfrac{P^2}{4g} < d$인 경우 순폭(b_n) = $b - d - \dfrac{P^2}{4g}$이다.

[해설]

- $\dfrac{p^2}{4g} \geq d$인 경우 : $b_n = b - d$
- $\dfrac{p^2}{4g} < d$인 경우 : $b_n = b - d - \left(d - \dfrac{p^2}{4g}\right)$

74 직사각형 단순보에서 계수 전단력 $V_u = 70\text{kN}$을 전단철근 없이 지지하고자 할 경우 필요한 최소 유효깊이 d는?(단, $b = 400\text{mm}$, $f_{ck} = 24\text{MPa}$, $f_y = 350\text{MPa}$)

① 426mm
② 572mm
③ 611mm
④ 751mm

[해설]

$\dfrac{1}{2}\phi V_c \geq V_u$

$\dfrac{1}{2}\phi\left(\dfrac{1}{6}\lambda\sqrt{f_{ck}}\,b_w d\right) \geq V_u$

$d \geq \dfrac{12 V_u}{\phi \lambda \sqrt{f_{ck}}\,b_w} = \dfrac{12 \times (70 \times 10^3)}{0.75 \times 1 \times \sqrt{24} \times 400} = 571.5\text{mm}$

75 경간이 8m인 직사각형 PSC보($b = 300\text{mm}$, $h = 500\text{mm}$)에 계수하중 $w = 40\text{kN/m}$가 작용할 때 인장 측의 콘크리트 응력이 0이 되려면 얼마의 긴장력으로 PS강재를 긴장해야 하는가?(단, PS강재는 콘크리트 단면도심에 배치되어 있음)

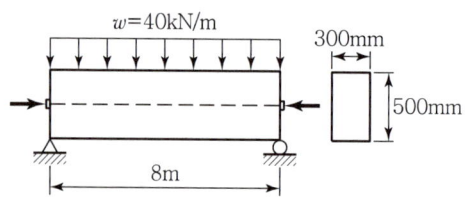

① $P = 1,250\text{kN}$
② $P = 1,880\text{kN}$
③ $P = 2,650\text{kN}$
④ $P = 3,840\text{kN}$

[해설]

$M = \dfrac{wl^2}{8} = \dfrac{40 \times 8^2}{8} = 320\text{kN}\cdot\text{m}$

$f_b = \dfrac{P}{A} - \dfrac{M}{I}y_b = \dfrac{P}{bh} - \dfrac{6M}{bh^2} = 0$

$P = \dfrac{6M}{h} = \dfrac{6 \times 320}{0.5} = 3,840\text{kN}$

76 $b = 300\text{mm}$, $d = 500\text{mm}$, $As = 3-D25 = 1,520\text{mm}^2$가 1열로 배치된 단철근 직사각형 보의 설계휨강도 ϕM_n은 얼마인가?(단, $f_{ck} = 28\text{MPa}$, $f_y = 400\text{MPa}$이고, 과소철근보이다.)

① $132.5\text{kN}\cdot\text{m}$
② $183.3\text{kN}\cdot\text{m}$
③ $236.4\text{kN}\cdot\text{m}$
④ $307.7\text{kN}\cdot\text{m}$

[해설]

$f_{ck} = 28\text{MPa} \leq 40\text{MPa}$인 경우
$\varepsilon_{cu} = 0.003$, $\eta = 1$, $\beta_1 = 0.8$

$a = \dfrac{A_s f_y}{\eta\, 0.85 f_{ck} b} = \dfrac{1,520 \times 400}{1 \times 0.85 \times 28 \times 300} = 85.15\text{mm}$

$\varepsilon_t = \dfrac{d_t \beta_1 - a}{a}\varepsilon_{cu}$

$= \dfrac{500 \times 0.8 - 85.15}{85.15} \times 0.0033 = 0.0122$

$\varepsilon_{t.l} = 0.005$ ($f_y \leq 400\text{MPa}$인 경우)

$\varepsilon_{t.l} < \varepsilon_t$이므로 인장지배단면 $-\phi = 0.85$

정답 73 ④ 74 ② 75 ④ 76 ③

$$\phi M_n = \phi A_s f_y \left(d - \frac{a}{2} \right)$$
$$= 0.85 \times 1,520 \times 400 \times \left(500 - \frac{85.15}{2} \right)$$
$$= 236.4 \times 10^6 \text{N} \cdot \text{mm} = 236.4 \text{kN} \cdot \text{m}$$

77 슬래브와 보가 일체로 타설된 비대칭 T형 보(반T형보)의 유효폭은 얼마인가?(단, 플랜지 두께=100mm, 복부폭=300mm, 인접보와의 내측거리=1,600mm, 보의 경간=6.0m)

① 800mm ② 900mm
③ 1,000mm ④ 1,100mm

[해설]

반 T형 보(비대칭 T형 보)의 플랜지 유효폭(b_e)
- $6t_f + b_w = (6 \times 100) + 300 = 900$mm
- $\left(\text{보 지간의 } \frac{1}{12} \right) + b_w = \frac{6,000}{12} + 300 = 800$mm
- $\left(\text{인접보와 내측거리의 } \frac{1}{2} \right) + b_w$
  $= \frac{1,600}{2} + 300 = 1,100$mm

위 값 중에서 최솟값을 취하면 $b_e = 800$mm이다.

78 강도설계법에서 그림과 같은 T형 보의 응력사각형 블록의 깊이(a)는 얼마인가?(단, $A_s = 14 - D25 = 7,094$mm², $f_{ck} = 21$MPa, $f_y = 300$MPa)

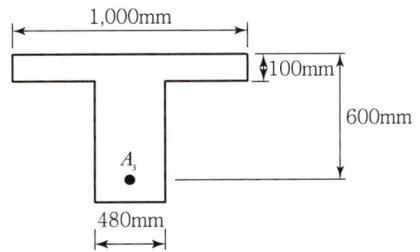

① 120mm ② 130mm
③ 140mm ④ 150mm

[해설]

- T형 보의 판별
  폭이 $b = 1,000$mm인 직사각형 단면보에 대한 등가사각형 깊이
  $\eta = 1 (f_{ck} \leq 40$Mpa인 경우$)$
  $a = \frac{A_s f_y}{\eta 0.85 f_{ck} b} = \frac{7,094 \times 300}{1 \times 0.85 \times 21 \times 1,000} = 119.2$mm
  $t_f = 100$mm
  $a(=119.2$mm$) > t_f(=100$mm$)$이므로 T형 보로 해석

- T형 보의 등가사각형 깊이(a)
  $A_{sf} = \frac{\eta 0.85 f_{ck}(b - b_w) t_f}{f_y}$
  $= \frac{1 \times 0.85 \times 21 \times (1,000 - 480) \times 100}{300}$
  $= 3,094$mm²
  $a = \frac{(A_s - A_{sf}) f_y}{\eta 0.85 f_{ck} b_w} = \frac{(7,094 - 3,094) \times 300}{1 \times 0.85 \times 21 \times 480} = 140$mm

79 프리스트레스트 콘크리트 중 포스트텐션 방식의 특징에 대한 설명으로 틀린 것은?

① 부착시키지 않은 PSC 부재는 부착시킨 PSC 부재에 비하여 파괴강도가 높고, 균열 폭이 작아지는 등 역학적 성능이 우수하다.
② PS 강재를 곡선상으로 배치할 수 있어서 대형 구조물에 적합하다.
③ 프리캐스트 PSC 부재의 결합과 조립에 편리하게 이용된다.
④ 부착시키지 않은 PSC 부재는 그라우팅이 필요하지 않으며, PS 강재의 재긴장도 가능하다.

[해설]

부착시킨 PSC 부재는 부착시키지 않은 PSC 부재에 비하여 파괴강도가 높고, 균열 폭이 작아지는 등 역학적 성질이 우수하다.

정답 77 ① 78 ③ 79 ①

80 $A_g = 180,000\text{mm}^2$, $f_{ck} = 24\text{MPa}$, $f_y = 350\text{MPa}$ 이고, 종방향 철근의 전체 단면적(A_{st}) = 4,500 mm²인 나선철근기둥(단주)의 공칭축강도(P_n)는?

① 2,987.7kN ② 3,067.4kN
③ 3,873.2kN ④ 4,381.9kN

[해설]
$P_n = \alpha\{0.85f_{ck}(A_g - A_{st}) + f_y \cdot A_{st}\}$
$= 0.85\{0.85 \times 24 \times (180,000 - 4,500) + 350 \times 4,500\}$
$= 4,381,920\text{N} = 4,381.9\text{kN}$

[해설]
실제침투유속(V_s) = $\frac{1}{n} \cdot V$

㉠ n
- $\gamma_d = \frac{W}{V_{(A \cdot l)}} = \frac{420}{20 \times 10} = 2.1\text{g/cm}^3$
- $\gamma_d = \frac{G_s \gamma_w}{1+e} \to e = \frac{G_s \cdot \gamma_w}{\gamma_d} - 1 = \frac{2.67 \times 1}{2.1} - 1 = 0.271$
- $n = \frac{e}{1+e} = \frac{0.271}{1+0.271} = 0.213$

㉡ $V = k \cdot i = k \cdot \frac{h}{L}$
- $k = \frac{QL}{hAt} = \frac{150 \times 10}{15 \times 20 \times (2 \times 60)} = 0.042\text{cm/sec}$
- $V = k \cdot \frac{h}{L} = 0.042 \times \frac{15}{10} = 0.063\text{cm/sec}$

∴ $V_s = \frac{1}{n} \cdot V = \frac{1}{0.213} \times 0.063 = 0.296\text{cm/sec}$

5과목 토질 및 기초

81 Vane Test에서 Vane의 지름 5cm, 높이 10cm, 파괴 시 토크가 590kg·cm일 때 점착력은?

① 1.29kg/cm² ② 1.57kg/cm²
③ 2.13kg/cm² ④ 2.76kg/cm²

[해설]
$c_u = \frac{M_{\max}}{\pi D^2 \left(\frac{H}{2} + \frac{D}{6}\right)} = \frac{590}{\pi \times 5^2 \left(\frac{10}{2} + \frac{5}{6}\right)} = 1.29\text{kg/cm}^2$

82 단면적 20cm², 길이 10cm의 시료를 15cm의 수두차로 정수위 투수시험을 한 결과 2분 동안에 150cm³의 물이 유출되었다. 이 흙의 비중은 2.67이고, 건조중량이 420g이었다. 공극을 통하여 침투하는 실제 침투유속 V_s는 약 얼마인가?

① 0.018cm/sec ② 0.296cm/sec
③ 0.437cm/sec ④ 0.628cm/sec

83 단위중량이 1.8t/m³인 점토지반의 지표면에서 5m 되는 곳의 시료를 채취하여 압밀시험을 실시한 결과 과압밀비(Over Consolidation ratio)가 2임을 알았다. 선행압밀압력은?

① 9t/m² ② 12t/m²
③ 15t/m² ④ 18t/m²

[해설]
과압밀비(OCR) = $\frac{P_c}{P(\sigma')}$
∴ 선행압밀압력(P_c) = OCR × P = 2 × (1.8 × 5) = 18t/m²

84 연약지반에 구조물을 축조할 때 피조미터를 설치하여 과잉간극수압의 변화를 측정했더니 어떤 점에서 구조물 축조 직후 10t/m²이었지만 4년 후는 2t/m²이었다. 이때의 압밀도는?

① 20% ② 40%
③ 60% ④ 80%

정답 80 ④ 81 ① 82 ② 83 ④ 84 ④

[해설]

압밀도 $= \dfrac{u_i - u_t}{u_i} = \dfrac{10-2}{10} = 0.8 = 80\%$

85 다음 그림과 같은 $p-q$ 다이어그램에서 K_f 선이 파괴선을 나타낼 때 이 흙의 내부마찰각은?

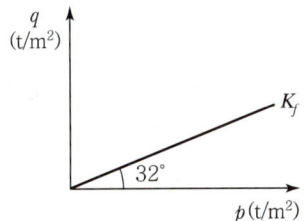

① 32° ② 36.5°
③ 38.7° ④ 40.8°

[해설]

$\sin\phi = \tan\alpha$
$\therefore \phi = \sin^{-1}(\tan\alpha) = \sin^{-1}(\tan 32°) = 38.7°$

86 다음 그림에서 A점의 간극수압은?

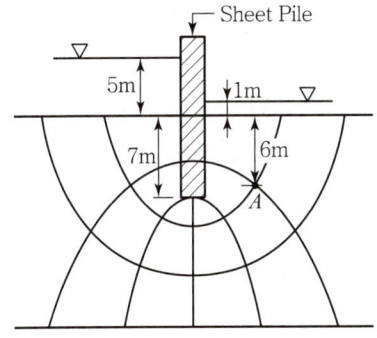

① 47.73 kN/m² ② 75.13 kN/m²
③ 120.64 kN/m² ④ 45.57 kN/m²

[해설]

A점의 간극수압

$u_A = \gamma_w \cdot z_A + \left(\dfrac{\Delta h}{L} \cdot \gamma_w \cdot z\right)$
$= 9.8 \times 7 + \left(\dfrac{4}{6} \times 9.8 \times 1\right) = 75.13 \text{ kN/m}^2$

87 연약지반 위에 성토를 실시한 다음, 말뚝을 시공하였다. 시공 후 발생될 수 있는 현상에 대한 설명으로 옳은 것은?

① 성토를 실시하였으므로 말뚝의 지지력은 점차 증가한다.
② 말뚝을 암반층 상단에 위치하도록 시공하였다면 말뚝의 지지력에는 변함이 없다.
③ 압밀이 진행됨에 따라 지반의 전단강도가 증가되므로 말뚝의 지지력은 점차 증가된다.
④ 압밀로 인해 부의 주면마찰력이 발생되므로 말뚝의 지지력은 감소된다.

[해설]

부마찰력이 일어나면 말뚝의 지지력은 감소한다.

88 얕은 기초에 대한 Terzaghi의 수정지지력 공식은 아래와 같다. 4m×5m의 직사각형 기초를 사용할 경우 형상계수 α와 β의 값으로 옳은 것은?

$$q_u = \alpha c N_c + \beta \gamma_1 B N_\gamma + \gamma_2 D_f N_q$$

① $\alpha = 1.2$, $\beta = 0.4$
② $\alpha = 1.28$, $\beta = 0.42$
③ $\alpha = 1.24$, $\beta = 0.42$
④ $\alpha = 1.32$, $\beta = 0.38$

[해설]

직사각형 기초(B는 단변)

- $\alpha = 1.0 + 0.3 \dfrac{B}{L} = 1.0 + 0.3 \times \dfrac{4}{5} = 1.24$
- $\beta = 0.5 - 0.1 \dfrac{B}{L} = 0.5 - 0.1 \times \dfrac{4}{5} = 0.42$

89 다짐되지 않은 두께 2m, 상대 밀도 40%의 느슨한 사질토 지반이 있다. 실내시험결과 최대 및 최소 간극비가 0.80, 0.40으로 각각 산출되었다. 이 사질토를 상대 밀도 70%까지 다짐할 때 두께의 감소는 약 얼마나 되겠는가?

정답 85 ③ 86 ② 87 ④ 88 ③ 89 ②

① 12.4cm   ② 14.6cm
③ 22.7cm   ④ 25.8cm

[해설]

압밀침하량(ΔH) = $\dfrac{e_1 - e_2}{1+e_1} \cdot H$

• $D_r = \dfrac{e_{max} - e_1}{e_{max} - e_{min}}$, $e_1 = e_{max} - D_r(e_{max} - e_{min})$

 ∴ $e_1 = 0.8 - 0.4(0.8 - 0.4) = 0.64$

• $D_r = \dfrac{e_{max} - e_2}{e_{max} - e_{min}}$, $e_2 = e_{max} - D_r(e_{max} - e_{min})$

 ∴ $e_2 = 0.8 - 0.7(0.8 - 0.4) = 0.52$

 ∴ $\Delta H = \dfrac{e_1 - e_2}{1+e_1} H = \dfrac{0.64 - 0.52}{1+0.64} \times 200 = 14.6\text{cm}$

90 $\phi = 33°$인 사질토에 25° 경사의 사면을 조성하려고 한다. 이 비탈면의 지표까지 포화되었을 때 안전율을 계산하면?(단, 사면 흙의 $\gamma_{sat} = 1.8\text{t/m}^3$)

① 0.62   ② 0.70
③ 1.12   ④ 1.41

[해설]

지표면과 지하수위가 일치(사질토)

$F_s = \dfrac{\gamma_{sub}}{\gamma_{sat}} \times \dfrac{\tan\phi}{\tan i} = \dfrac{0.8}{1.8} \times \dfrac{\tan 33°}{\tan 25°} = 0.62$

91 사질토 지반에 축조되는 강성기초의 접지압 분포에 대한 설명 중 맞는 것은?

① 기초 모서리 부분에서 최대 응력이 발생한다.
② 기초에 작용하는 접지압 분포는 토질에 관계없이 일정하다.
③ 기초의 중앙 부분에서 최대 응력이 발생한다.
④ 기초 밑면의 응력은 어느 부분이나 동일하다.

[해설]

강성 기초의 접지압

점토지반	모래지반
기초 모서리에서 최대응력 발생	기초 중앙부에서 최대응력 발생

92 말뚝 지지력에 관한 여러 가지 공식 중 정역학적 지지력 공식이 아닌 것은?

① Dörr 의 공식
② Terzaghi 의 공식
③ Meyerhof 의 공식
④ Engineering News 공식

[해설]

말뚝의 지지력 산정 방법

정역학적 공식	동역학적 공식
• Terzaghi 공식 • Meyerhof 공식 • Dörr 공식 • Dunham 공식	• Sander 공식 • Engineering News 공식 • Hiley 공식 • Weisbach 공식

93 평판재하실험 결과로부터 지반의 허용지지력 값은 어떻게 결정하는가?

① 항복강도의 $\dfrac{1}{2}$, 극한강도의 $\dfrac{1}{3}$ 중 작은 값
② 항복강도의 $\dfrac{1}{2}$, 극한강도의 $\dfrac{1}{3}$ 중 큰 값
③ 항복강도의 $\dfrac{1}{3}$, 극한강도의 $\dfrac{1}{2}$ 중 작은 값
④ 항복강도의 $\dfrac{1}{3}$, 극한강도의 $\dfrac{1}{2}$ 중 큰 값

[해설]

허용지지력(q_t)은

$\dfrac{q_y(\text{항복강도})}{2}$ 또는 $\dfrac{q_u(\text{극한강도})}{2}$ 중 작은 값

정답 90 ① 91 ③ 92 ④ 93 ①

94 흙의 다짐에 관한 설명으로 틀린 것은?

① 다짐에너지가 클수록 최대건조단위중량(γ_{dmax})은 커진다.
② 다짐에너지가 클수록 최적함수비(w_{opt})는 커진다.
③ 점토를 최적함수비(w_{opt})보다 작은 함수비로 다지면 면모구조를 갖는다.
④ 투수계수는 최적함수비(w_{opt}) 근처에서 거의 최솟값을 나타낸다.

[해설]
다짐에너지가 클수록 γ_{dmax}는 증가, 최적함수비(OMC)는 감소

95 아래 그림에서 A점 흙의 강도정수가 $c = 3\text{t/m}^2$, $\phi = 30°$일 때 A점의 전단강도는?

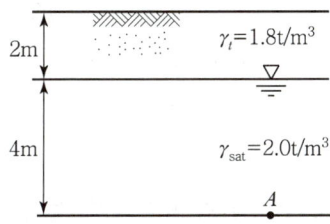

① 6.93t/m^2 ② 7.39t/m^2
③ 9.93t/m^2 ④ 10.39t/m^2

[해설]
$$S(\tau_f) = c + \sigma' \tan\phi$$
$$= 3 + (1.8 \times 2 + 1 \times 4)\tan 30°$$
$$= 7.39\text{t/m}^2$$

96 점토지반으로부터 불교란 시료를 채취하였다. 이 시료는 직경 5cm, 길이 10cm이고, 습윤무게는 350g이며, 함수비가 40%일 때 이 시료의 건조단위 무게는?

① 1.78g/cm^3 ② 1.43g/cm^3
③ 1.27g/cm^3 ④ 1.14g/cm^3

[해설]
$$\gamma_d = \frac{\gamma_t}{1+\omega} = \frac{1.78}{1+0.4} = 1.27\text{g/cm}^3$$
$$\left[\gamma_t = \frac{W}{V} = \frac{350}{\left(\frac{\pi \times 5^2}{4}\right) \times 10} = 1.78\text{g/cm}^3\right]$$

97 $\gamma_t = 1.9\text{t/m}^3$, $\phi = 30°$인 뒤채움 모래를 이용하여 8m 높이의 보강토 옹벽을 설치하고자 한다. 폭 75mm, 두께 3.69mm의 보강띠를 연직방향 설치간격 $S_v = 0.5\text{m}$, 수평방향 설치간격 $S_h = 1.0\text{m}$로 시공하고자 할 때, 보강띠에 작용하는 최대힘 $T_{\max}$의 크기를 계산하면?

① 1.53t ② 2.53t
③ 3.53t ④ 4.53t

[해설]
$$T_{\max} = \sigma_h \times S_h \times S_v$$
$$= (\gamma \cdot H \cdot K_a) \times S_h \times S_v$$
$$= \left[1.9 \times 8 \times \tan^2\left(45° - \frac{30°}{2}\right) \times 1.0\text{m} \times 0.5\text{m}\right]$$
$$= 2.53\text{t}$$

98 다음 표의 설명과 같은 경우 강도정수 결정에 적합한 삼축압축시험의 종류는?

최근에 매립된 포화 점성토 지반 위에 구조물을 시공한 직후의 초기 안정 검토에 필요한 지반 강도정수 결정

① 압밀배수시험(CD)
② 압밀비배수시험(CU)
③ 비압밀비배수시험(UU)
④ 비압밀배수시험(UD)

[해설]
비압밀비배수시험(UU)
• 포화된 점토지반 위에 급속하게 성토하는 제방의 안전성을 검토
• 점토의 단기간 안정 검토 시

정답 94 ② 95 ② 96 ③ 97 ② 98 ③

99 두 개의 규소판 사이에 한 개의 알루미늄판이 결합된 3층 구조가 무수히 많이 연결되어 형성된 점토광물로서 각 3층 구조 사이에는 칼륨이온(K^+)으로 결합되어 있는 것은?

① 몬모릴로나이트(Montmorillonite)
② 할로이사이트(Halloysite)
③ 고령토(Kaolinite)
④ 일라이트(Illite)

[해설]

일라이트(Illite)
- 보통 점토로서 3층 구조[칼륨이온(K^+)으로 결합]
- $0.75 \leq 활성도(A) \leq 1.25$

100 두께 2m인 투수성 모래층에서 동수경사가 $\frac{1}{10}$이고, 모래의 투수계수가 5×10^{-2}cm/sec라면 이 모래층의 폭 1m에 대하여 흐르는 수량은 매분당 얼마나 되는가?

① 6,000cm³/min ② 600cm³/min
③ 60cm³/min ④ 6cm³/min

[해설]

$Q = k \cdot i \cdot A$
$= 5 \times 10^{-2} \times \frac{1}{10} \times (200 \times 100) \times 60 = 6,000 \text{cm}^3/\text{min}$

6과목 상하수도공학

101 그림은 급속여과지에서 시간경과에 따른 여과유량(여과속도)의 변화를 나타낸 것이다. 정압 여과를 나타내고 있는 것은?

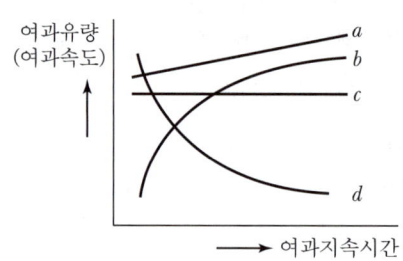

① a ② b
③ c ④ d

[해설]

정압여과인 경우에는 여과속도의 변화폭이 크며, 여과지속시간이 길어질수록 여과속도는 급속히 작아진다.

102 유입하수의 유량과 수질변동을 흡수하여 균등화함으로써 처리시설의 효율화를 위한 유량조정조에 대한 설명으로 옳지 않은 것은?

① 조의 유효수심은 3~5m를 표준으로 한다.
② 조의 형상은 직사각형 또는 정사각형을 표준으로 한다.
③ 조 내에는 오염물질의 효율적 침전을 위하여 난류를 일으킬 수 있는 교반시설을 하지 않도록 한다.
④ 조의 용량은 유입하수량 및 유입부하량의 시간변동을 고려하여 설정수량을 초과하는 수량을 일시 저류하도록 정한다.

[해설]

유량조정조는 유입하수의 유량과 수질의 변동을 균등화함으로써 처리시설의 처리효율을 높이고 처리수질의 향상을 도모할 목적으로 설치하는 것이므로 난류를 일으킬 수 있는 교반시설을 설치한다.

103 관망에서 등치관에 대한 설명으로 옳은 것은?

① 관의 직경이 같은 관을 말한다.
② 유속이 서로 같으면서 관의 직경이 다른 관을 말한다.
③ 수두손실이 같으면서 관의 직경이 다른 관을 말한다.
④ 수원과 수질이 같은 주관과 지관을 말한다.

[해설]
관망에서 등치관이란 수두손실이 같으면서 관의 직경이 다른 관을 말한다.

104 하수도계획의 원칙적인 목표연도로 옳은 것은?

① 10년　　② 20년
③ 50년　　④ 100년

[해설]
하수도시설계획의 계획년한은 원칙적으로 20년으로 한다.

105 용존산소 부족곡선(DO Sag Curve)에서 산소의 복귀율(회복속도)이 최대로 되었다가 감소하기 시작하는 점은?

① 임계점　　② 변곡점
③ 오염 직후 점　　④ 포화 직전 점

[해설]
용존산소 부족곡선(DO Sag Curve)에서 DO가 최소가 되는 지점은 임계점이며, 산소의 복귀율(회복속도)이 최대로 되었다가 감소하기 시작하는 점은 변곡점이다.

106 도수 및 송수관로 중 일부분이 동수경사선보다 높은 경우 조치할 수 있는 방법으로 옳은 것은?

① 상류 측에 대해서는 관경을 작게 하고, 하류 측에 대해서는 관경을 크게 한다.
② 상류 측에 대해서는 관경을 작게 하고, 하류 측에 대해서는 접합정을 설치한다.
③ 상류 측에 대해서는 관경을 크게 하고, 하류 측에 대해서는 관경을 작게 한다.
④ 상류 측에 대해서는 접합정을 설치하고, 하류 측에 대해서는 관경을 크게 한다.

[해설]
• 상류 측 관경을 크게 한다.
• 접합정을 설치한다
• 감압밸브를 설치한다.

107 슬러지지표(SVI)에 대한 설명으로 옳지 않은 것은?

① SVI는 침전슬러지량 100mL 중에 포함되는 MLSS를 그램(g) 수로 나타낸 것이다.
② SVI는 활성슬러지의 침강성을 보여주는 지표로 광범위하게 사용된다.
③ SVI가 50~150일 때 침전성이 양호하다.
④ SVI가 200 이상이면 슬러지 팽화가 의심된다.

[해설]
SVI는 폭기조혼합액 1L를 30분간 침전시킨 후 1g의 MLSS가 슬러지로 형성될 때 차지하는 부피를 단위부피(mL)당으로 나타낸 값을 말한다.

108 유량이 100,000m³/d이고 BOD가 2mg/L인 하천으로 유량 1,000m³/d, BOD 100mg/L인 하수가 유입된다. 하수가 유입된 후 혼합된 BOD의 농도는?

① 1.97mg/L　　② 2.97mg/L
③ 3.97mg/L　　④ 4.97mg/L

[해설]
혼합농도 $C = \dfrac{C_1 Q_1 + C_2 Q_2}{Q_1 + Q_2}$ 이므로

$\dfrac{2\text{mg/L} \times 100,000\text{m}^3/\text{d} + 100\text{mg/L} \times 1,000\text{m}^3/\text{d}}{100,000\text{m}^3/\text{d} + 1,000\text{m}^3/\text{d}}$
$= 2.97\text{mg/L}$

정답 103 ③　104 ②　105 ②　106 ④　107 ①　108 ②

109 계획급수인구를 추정하는 이론곡선식이 $y = \dfrac{K}{1+e^{(a-bx)}}$ 로 표현될 때, 식 중의 K가 의미하는 것은?(단, y : x년 후의 인구, x : 기준년부터의 경과연수, e : 자연대수의 밑, a, b : 상수)

① 현재인구 ② 포화인구
③ 증가인구 ④ 상주인구

[해설]
K는 포화인구를 의미한다.

110 80%의 전달효율을 가진 전동기에 의해서 가동되는 85% 효율의 펌프가 300L/s의 물을 25.0m 양수할 때 요구되는 전동기의 출력(kW)은?(단, 여유율 $\alpha = 0$으로 가정)

① 60.0kW ② 73.3kW
③ 86.3kW ④ 107.9kW

[해설]
kW일 경우 출력 = $\dfrac{9.8QH}{\eta}$ 이므로,

$\dfrac{9.8 \times 300\text{L/s} \times 25\text{m}}{0.85 \times 0.8} = \dfrac{9.8 \times 300 \times 10^{-3}\text{m}^3/\text{s} \times 25\text{m}}{0.85 \times 0.8}$
$= 108.1\text{kW}$

111 호수나 저수지에서 발생되는 성층현상의 원인과 가장 관계가 깊은 요소는?

① 적조현상 ② 미생물
③ 질소(N), 인(P) ④ 수온

[해설]
성층현상은 수온과 관련이 깊으며 겨울철과 여름철에 주로 나타나고 특히 여름철에 두드러지게 나타난다.

112 하수관거 직선부에서 맨홀(Man Hole)의 관경에 대한 최대 간격의 표준으로 옳은 것은?

① 관경 600mm 이하의 경우 최대간격 50m
② 관경 600mm 초과 1,000mm 이하의 경우 최대 간격 100m
③ 관경 1,000mm 초과 1,500mm 이하의 경우 최대간격 125m
④ 관경 1,650mm 이상의 경우 최대간격 150m

[해설]
관거 직선부에서는 맨홀의 최대 간격은 600mm 이하 관에서 최대간격 75m, 600mm 초과 1,000 이하에서 100m, 1,000 mm 초과 1,500mm 이하에서 150m, 1,650mm 이상에서 200m를 표준으로 하며, 관거 곡선부에서도 현장여건에 따라 곡률반경을 고려하여 맨홀을 설치한다.

113 정수장에서 1일 50,000m³의 물을 정수하는데 침전지의 크기가 폭 10m, 길이 40m, 수심 4m인 침전지 2개를 가지고 있다. 2지의 침전지가 이론상 100% 제거할 수 있는 입자의 최소 침전속도는? (단, 병렬연결 기준)

① 31.25m/d ② 62.5m/d
③ 125m/d   ④ 625m/d

[해설]
$V_0 = \dfrac{Q}{A}$ 이므로 $V_0 = \dfrac{50,000\text{m}^3/\text{d}}{10\text{m} \times 40\text{m} \times 2\text{지}} = 62.5\text{m/d}$

114 급수방법에는 고가수조식과 압력수조식이 있다. 압력수조식을 고가수조식과 비교한 설명으로 옳지 않은 것은?

① 조작상에 최고·최저의 압력차가 적고, 급수압의 변동 폭이 적다.
② 큰 설비에는 공기 압축기를 설치해서 때때로 공기를 보급하는 것이 필요하다.
③ 취급이 비교적 어렵고 고장이 많다.
④ 저수량이 비교적 적다.

[해설]
압력수조식은 저수조에 물을 받은 다음 펌프로 압력수조에 넣고, 그 내부압력에 의하여 급수하는 방식이므로 공기압축기를 필요로 하지 않는다.

115 하수의 배제방식 중 분류식 하수도에 대한 설명으로 틀린 것은?

① 우수관 및 오수관의 구별이 명확하지 않은 곳에서는 오접의 가능성이 있다.
② 강우 초기의 오염된 우수가 직접 하천 등으로 유입될 수 있다.
③ 우천 시에 수세효과가 있다.
④ 우천 시 월류의 우려가 없다.

[해설]
분류식은 오수관과 우수관을 따로 배제하므로 강우 초기에 오염된 물질이 하천에 직접 유입될 우려가 있으므로 수세효과보다는 하천의 오염우려가 있다.

116 수질시험 항목에 관한 설명으로 옳지 않은 것은?

① DO(용존산소)는 물속에 용해되어 있는 분자상의 산소를 말하며 온도가 높을수록 DO농도는 감소한다.
② COD(화학적 산소요구량)는 수중의 산화 가능한 유기물이 일정 조건에서 산화제에 의해 산화되는데 요구되는 산소량을 말한다.
③ 잔류염소는 처리수를 염소소독하고 남은 염소로 차아염소산이온과 같은 유리잔류염소와 클로라민 같은 결합잔류염소를 말한다.
④ BOD(생물화학적 산소요구량)는 수중 유기물이 혐기성 미생물에 의해 3일간 분해될 때 소비되는 산소량을 ppm으로 표시한 것이다.

[해설]
BOD_5 값을 떠올리자. 5일간 분해될 때의 소비되는 산소량임을 알 수 있다.

117 어떤 지역의 강우지속시간(t)과 강우강도 역수($1/I$)와의 관계를 구해보니 그림과 같이 기울기가 1/3,000, 절편이 1/150이 되었다. 이 지역의 강우강도를 Talbot형 $\left(I = \dfrac{a}{t+b}\right)$으로 표시한 것으로 옳은 것은?

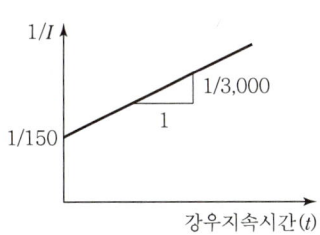

① $\dfrac{3,000}{t+20}$ ② $\dfrac{20}{t+3,000}$

③ $\dfrac{10}{t+1,500}$ ④ $\dfrac{1,500}{t+10}$

[해설]
강우강도는 Talbot형, Sherman형, Japaness형의 세 가지 형태가 있다.

118 우수조정지의 설치장소로 적당하지 않은 곳은?

① 토사의 이동이 부족한 장소
② 하수관거의 유하능력이 부족한 장소
③ 방류수로의 유하능력이 부족한 장소
④ 하류지역 펌프장 능력이 부족한 장소

[해설]
토사이동은 우수조정지시설의 설치장소와 관련이 없다.

정답 115 ③ 116 ④ 117 ① 118 ①

119 특정오염물의 제거가 필요하여 활성탄 흡착으로 제거하고자 한다. 연구결과 수량 대비 5%의 활성탄을 사용할 때 오염물질의 75%가 제거되며, 10%의 활성탄을 사용한 때는 96.5%가 제거되었다. 이 특정 오염물의 잔류농도를 처음 농도의 0.5% 이하로 처리하기 위해서는 활성탄을 수량 대비 몇 %로 처리하여야 하는가?(단, 흡착과정은 Freundlich 방정식 $\frac{X}{M} = K \cdot C^{1/n}$ 을 만족한다.)

① 약 10% ② 약 12%
③ 약 14% ④ 약 16%

[해설]

$\frac{X}{M} = K \cdot C^{1/n}$ 의 식에 양변에 log를 취하면,

$\log\frac{X}{M} = \frac{1}{n}\log C + \log K$

여기서, 직선의 방정식을 수립한다.
Y = AX+B
$Y = \log\frac{X}{M}$, $A = \frac{1}{n}$, $X = \log C$, $B = \log K$

주어진 data를 이용,
직선의 방정식을 구하여, K와 n값을 구한 후,
$\frac{X}{M} = K \cdot C^{1/n}$ 식을 완성한다.
잔류농도가 0.5 이하 처리를 위해서는 제거가 99.5%가 되는 활성탄사용량을 구한다.

$\frac{75}{5} = K\,25^{\frac{1}{n}}$ 식과 $\frac{96.5}{10} = K\,3.5^{\frac{1}{n}}$ 을 Y=AX+B로 대입
직선의 방정식으로 계산하여 K와 n을 구하면
n = 4.47, K = 7.3을 구할 수 있고,

따라서 $\frac{X}{M} = K \cdot C^{1/n}$ 식은 $\frac{X}{M} = 7.3 \cdot C^{1/4.47}$ 이 된다.
흡착과정이 본 식을 만족하므로,
오염물질의 잔류농도가 0.5%이하로 처리하려면,

$\frac{99.5}{M} = 7.3 \times 0.5^{\frac{1}{4.47}}$

따라서 흡착제의 중량 M = 15.9%임

120 계획오수량 산정 시 고려사항에 대한 설명으로 옳지 않은 것은?

① 지하수량은 1인 1일 최대오수량의 10~20%로 한다.
② 계획 1일 평균오수량은 계획 1일 최대오수량의 70~80%를 표준으로 한다.
③ 계획시간 최대오수량은 계획 1일 평균오수량의 1시간당 수량의 0.9~1.2배를 표준으로 한다.
④ 계획 1일 최대오수량은 1인 1일 최대오수량에 계획인구를 곱한 후 공장폐수량, 지하수량 및 기타 배수량을 더한 값으로 한다.

[해설]
계획시간 최대오수량은 계획 1일 최대오수량의 1시간당 수량의 1.3~1.8배를 표준으로 한다.

정답 119 ④ 120 ③

03 제3회 CBT 실전모의고사

1과목 응용역학

01 그림과 같은 3힌지(Hinge) 원호 아치가 $P=10t$의 하중을 받고 있다. B지점에서 수평반력(H_B)은?

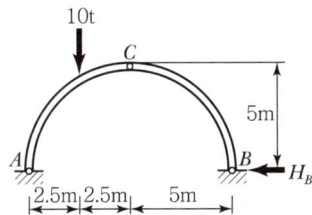

① 1.5t　　② 2.0t
③ 2.5t　　④ 3.0t

[해설]
- $\sum M_A = 0$, $R_A \times 10 - 10 \times 7.5 = 0$
  ∴ $R_A = 7.5t$, $R_B = 2.5t$
- $\sum M_{C(힌지\ 우측)} = -R_B \times 5m + H_B \times 5m = 0$
  ∴ $H_B = R_B = 2.5t(\leftarrow)$

[별해] $H_A = H_B = \dfrac{P \cdot a}{2h} = \dfrac{10 \times 2.5}{2 \times 5} = 2.5t$

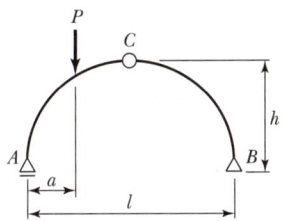

02 그림과 같은 와렌(Warren) 트러스에서 부재력이 '0(영)'인 부재는 몇 개인가?

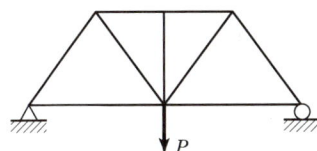

① 0개　　② 1개
③ 2개　　④ 3개

[해설]

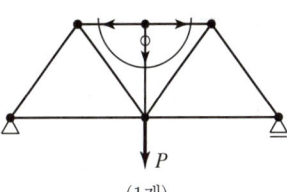
(1개)

[참고] 0부재

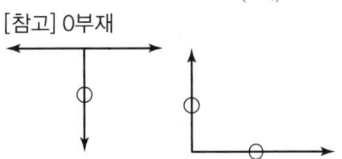

03 길이 50mm, 지름 10mm의 강봉을 당겼더니 5mm 늘어났다면 지름의 줄어든 값은 얼마인가?(단, 푸아송 비 $\nu = 1/3$이다.)

① $\dfrac{1}{6}$ mm　　② $\dfrac{1}{5}$ mm
③ $\dfrac{1}{3}$ mm　　④ $\dfrac{1}{2}$ mm

[해설]
- 푸아송 비 $(\nu) = \dfrac{\Delta d/d}{\Delta l/l} = \dfrac{l \cdot \Delta d}{d \cdot \Delta l}$
- $\Delta d = \dfrac{\nu \cdot d \cdot \Delta l}{l} = \dfrac{\frac{1}{3} \times 10 \times 5}{50} = \dfrac{1}{3}$ mm

04 휨모멘트가 M인 다음과 같은 직사각형 단면에서 $A-A$에서의 휨응력은?

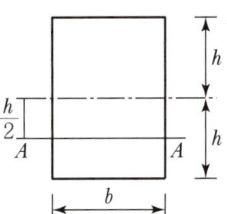

① $\dfrac{3M}{bh^2}$　　② $\dfrac{3M}{4bh^2}$
③ $\dfrac{3M}{2bh^2}$　　④ $\dfrac{M}{4b^2h^2}$

정답　01 ③　02 ②　03 ③　04 ②

[해설]

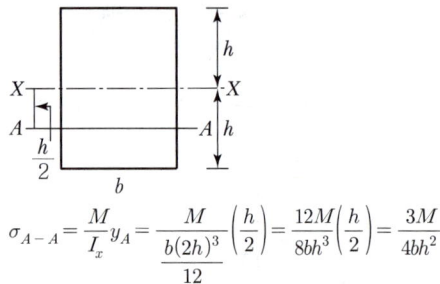

$$\sigma_{A-A} = \frac{M}{I_x}y_A = \frac{M}{\frac{b(2h)^3}{12}}\left(\frac{h}{2}\right) = \frac{12M}{8bh^3}\left(\frac{h}{2}\right) = \frac{3M}{4bh^2}$$

05 길이가 3m이고 가로 20cm, 세로 30cm인 직사각형 단면의 기둥이 있다. 좌굴응력을 구하기 위한 이 기둥의 세장비는?

① 34.6 ② 43.3
③ 52.0 ④ 40.7

[해설]

- $r_{min} = \sqrt{\frac{I_{min}}{A}} = \sqrt{\frac{\left(\frac{hb^3}{12}\right)}{(bh)}}$
  $= \frac{b}{2\sqrt{3}} = \frac{20}{2\sqrt{3}} = 5.77\,\text{cm}$
- $\lambda = \frac{L}{r_{min}} = \frac{(3\times 10^2)}{5.77} = 52$

06 중앙에 집중하중 P를 받는 그림과 같은 단순보에서 지점 A로부터 $l/4$인 지점(점 D)의 처짐각(θ_D)과 수직 처짐량(δ_D)은?(단, EI는 일정)

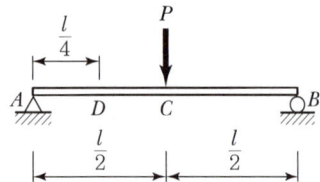

① $\theta_D = \frac{5Pl^2}{64EI}, \quad \delta_D = \frac{3Pl^3}{768EI}$

② $\theta_D = \frac{3Pl^2}{128EI}, \quad \delta_D = \frac{5Pl^3}{384EI}$

③ $\theta_D = \frac{3Pl^2}{64EI}, \quad \delta_D = \frac{11Pl^3}{768EI}$

④ $\theta_D = \frac{3Pl^2}{128EI}, \quad \delta_D = \frac{11Pl^3}{384EI}$

[해설]

[1] [공식]

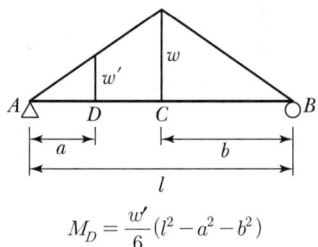

$$M_D = \frac{w'}{6}(l^2 - a^2 - b^2)$$

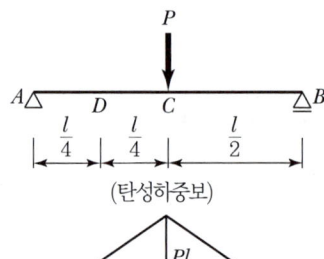

(탄성하중보)

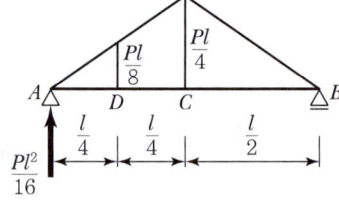

- $\theta_D = \frac{S_D}{EI} = \frac{1}{EI}\left[R_A - \left(\frac{l}{4}\times\frac{Pl}{8}\times\frac{1}{2}\right)\right]$
  $= \frac{1}{EI}\left[\frac{Pl^2}{16} - \left(\frac{Pl^2}{64}\right)\right]$
  $= \frac{1}{EI}\left[\frac{(4-1)Pl^2}{64}\right]$
  $= \frac{1}{EI}\times\frac{3}{64}Pl^2$
  $= \frac{3Pl^2}{64EI}$

- $\delta_D = \frac{M_D}{EI}$

$$= \frac{\left(R_A \times \frac{L}{4}\right) - \left(\frac{L}{4} \times \frac{PL}{8} \times \frac{1}{2}\right)\left(\frac{L}{4} \times \frac{1}{3}\right)}{EI}$$

$$= \frac{\left(\frac{PL^2}{16} \times \frac{L}{4}\right) - \left(\frac{PL^2}{64} \times \frac{L}{12}\right)}{EI}$$

$$= \frac{\frac{PL^3}{64} - \frac{PL^3}{768}}{EI}$$

$$= \frac{\frac{(12-1)PL^3}{798}}{EI}$$

$$= \frac{11PL^3}{768EI}$$

[별해]

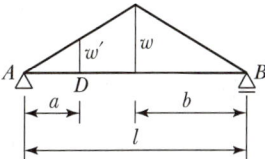

$$\delta_D = \frac{M_D}{EI} = \frac{\frac{w'}{6}(l^2 - a^2 - b^2)}{EI}$$

$$= \frac{\frac{1}{6}\left(\frac{PL}{8}\right)\left[L^2 - \left(\frac{L}{4}\right)^2 - \left(\frac{L}{2}\right)^2\right]}{EI}$$

$$= \frac{\frac{PL}{48}\left[L^2 - \frac{L^2}{16} - \frac{L^2}{4}\right]}{EI}$$

$$= \frac{\frac{PL}{48}\left[\frac{16L^2 - L^2 - 4L^2}{16}\right]}{EI}$$

$$= \frac{\frac{PL}{48}\left[\frac{11L^2}{16}\right]}{EI}$$

$$= \frac{11PL^3}{768EI}$$

[2]

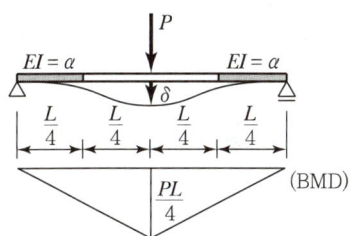

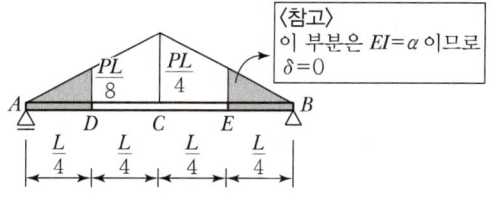

〈참고〉 이 부분은 $EI=\alpha$ 이므로 $\delta=0$

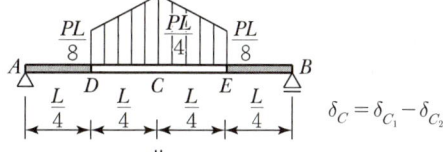

$\delta_C = \delta_{C_1} - \delta_{C_2}$

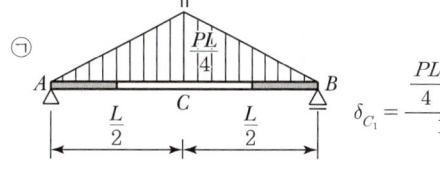

$\delta_{C_1} = \frac{\frac{PL}{4} \times L^2}{12}$

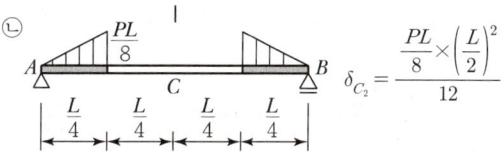

$\delta_{C_2} = \frac{\frac{PL}{8} \times \left(\frac{L}{2}\right)^2}{12}$

㉢ $\delta_C = \delta_{C_1} - \delta_{C_2}$

$$= \frac{\left\{\frac{\frac{PL}{4} \times L^2}{12} - \frac{\frac{PL}{8} \times \left(\frac{L}{2}\right)^2}{12}\right\}}{EI}$$

$$= \frac{PL^3}{48EI} - \frac{PL^3}{384EI}$$

$$= \frac{PL^3}{384EI}(8-1)$$

$$= \frac{7PL^3}{384EI}$$

07 다음 그림과 같은 캔틸레버보에서 휨모멘트에 의한 탄성변형에너지는?(단, EI는 일정하다.)

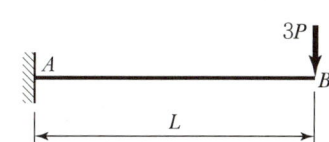

① $\frac{2P^2L^3}{3EI}$ ② $\frac{3P^2L^3}{2EI}$

③ $\frac{2P^2L^3}{9EI}$ ④ $\frac{9P^2L^3}{2EI}$

정답 07 ②

[해설]

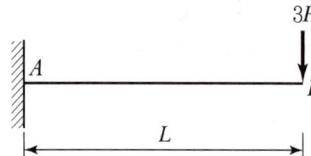

[공식]
$u = \dfrac{P}{2}\delta$

- $\delta_B = \dfrac{(3P)L^3}{3EI}$
- $u = \dfrac{(3P)}{2}\delta_B = \dfrac{(3P)}{2} \times \left[\dfrac{(3P)L^3}{3EI}\right] = \dfrac{3P^2L^3}{2EI}$

08 아래 그림과 같은 보에서 A점의 수직반력은?

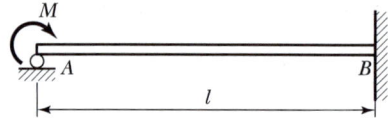

① $\dfrac{M}{l}(\uparrow)$ ② $\dfrac{3M}{2l}(\downarrow)$

③ $\dfrac{3M}{2l}(\uparrow)$ ④ $\dfrac{M}{l}(\downarrow)$

[해설]

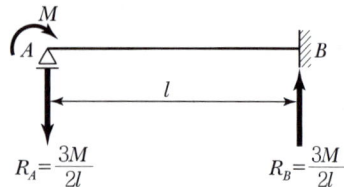

09 다음 그림과 같이 강선 A와 B가 서로 평행상태를 이루고 있다. 이때 각도 θ의 값은?

① 67.84°   ② 56.63°
③ 42.26°   ④ 28.35°

[해설]
$R = \sqrt{30^2 + 60^2 + 2\times 30\times 60\times \cos 60°}$
$ = \sqrt{40^2 + 50^2 + 2\times 40\times 50\times \cos\theta}$
$30^2 + 60^2 + 3{,}600\times \dfrac{1}{2} = 40^2 + 50^2 + 4{,}000\cos\theta$
$\therefore\ \theta = 56.63°$

10 그림과 같은 1/4원 중에서 음영 부분의 도심까지 위치 y_0는?

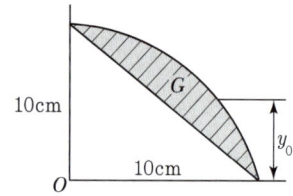

① 4.94cm   ② 5.20cm
③ 5.84cm   ④ 7.81cm

[해설]
$y_0 = \dfrac{G_x}{A}$

$= \dfrac{\left(\dfrac{\pi r^2}{4}\right)\left(\dfrac{4r}{3\pi}\right) - \left(\dfrac{r^2}{2}\right)\left(\dfrac{r}{3}\right)}{\dfrac{\pi r^2}{4} - \dfrac{r^2}{2}}$

$= \dfrac{2r}{3(\pi - 2)}$

$= \dfrac{2\times 10}{3(\pi - 2)} = \dfrac{20}{3.42} = 5.84\text{cm}$

11 다음 그림과 같은 보에서 A점의 반력이 B점의 반력의 2배가 되도록 하는 거리 x는 얼마인가?

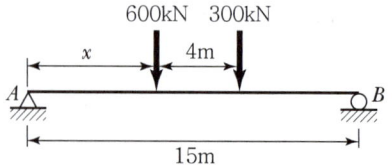

정답 08 ② 09 ② 10 ③ 11 ③

① 1.67m ② 2.67m
③ 3.67m ④ 4.67m

[해설]
- $\sum V = 0$
  $R_A + R_B - 900 = 0$
  $(2R_B) + R_B = 900$
  $R_B = 300\text{kN}$
  $R_A = 2R_B = 600\text{kN}$

- $\sum M_A = 0$
  $600 \times x + 300 \times (x+4) - 300 \times 15 = 0$
  $x = 3.67\text{m}(\rightarrow)$

12 다음 그림과 같은 3힌지 아치에 집중하중 P가 가해질 때 지점 B에서의 수평반력은?

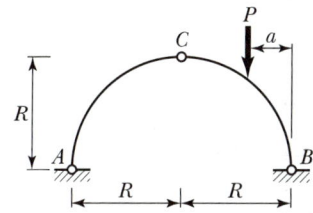

① $\dfrac{Pa}{4R}$ ② $\dfrac{P(R-a)}{2R}$
③ $\dfrac{P(R-a)}{4R}$ ④ $\dfrac{Pa}{2R}$

[해설]
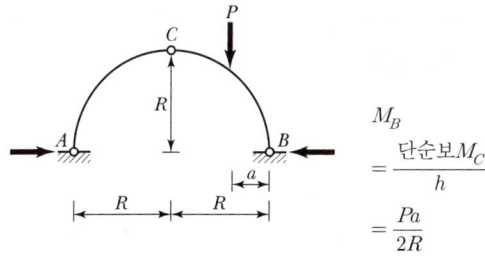

$M_B = \dfrac{\text{단순보}M_C}{h} = \dfrac{Pa}{2R}$

[참고]
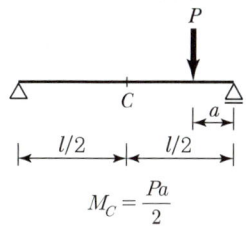

$M_C = \dfrac{Pa}{2}$

13 다음 트러스에서 부재력이 0인 부재는?

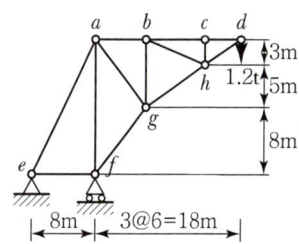

① 부재 $a-e$ ② 부재 $a-f$
③ 부재 $b-a$ ④ 부재 $c-h$

[해설]
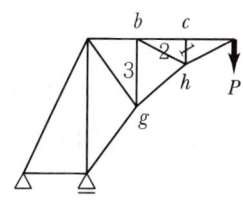

$bg = bh = ch = 0$

[참고] 0부재 판별순서
1. 절점표시
2. 반력표시(반력계산)
3. 절점주위 부재수 3개 이하
4. 원 → 화살표

14 강재에 탄성한도보다 큰 응력을 가한 후 그 응력을 제거한 후 장시간 방치하여도 얼마간의 변형이 남게 되는데 이러한 변형을 무엇이라 하는가?

① 탄성변형 ② 피로변형
③ 소성변형 ④ 취성변형

정답 12 ④ 13 ① 14 ③

15 그림과 같은 직사각형 단면의 보가 최대 휨모멘트 $M_{\max}=2\mathrm{t}\cdot\mathrm{m}$를 받을 때 $a-a$단면의 휨응력은?

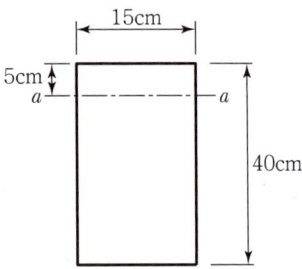

① $22.5\mathrm{kg/cm^2}$ ② $37.5\mathrm{kg/cm^2}$
③ $42.5\mathrm{kg/cm^2}$ ④ $46.5\mathrm{kg/cm^2}$

[해설]
- $I=\dfrac{bh^3}{12}=\dfrac{15\times 40^3}{12}=8\times 10^4\mathrm{cm}^4$
- $y=\dfrac{h}{2}-5=\dfrac{40}{2}-5=15\mathrm{cm}$
- $\sigma=\dfrac{M}{I}y=\dfrac{(2\times 10^5)\times 15}{(8\times 10^4)}=37.5\mathrm{kg/cm^2}$

16 그림과 같이 가운데가 비어 있는 직사각형 단면 기둥의 길이가 $L=10\mathrm{m}$일 때 이 기둥의 세장비는?

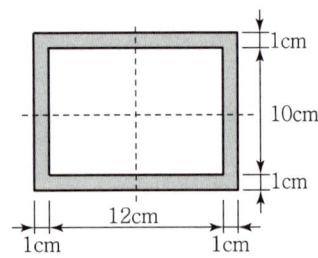

① 1.9 ② 191.9
③ 2.2 ④ 217.4

[해설]
- $A=14\times 12-12\times 10=48\mathrm{cm}^2$
- $I_{\max}=\dfrac{BH^3-bh^3}{12}=\dfrac{14\times 12^3-12\times 10^3}{12}=1,016\mathrm{cm}^4$
- $r_{\min}=\sqrt{\dfrac{I_{\min}}{A}}=\sqrt{\dfrac{1,016}{48}}\fallingdotseq 4.6\mathrm{cm}$
- 세장비 $\lambda=\dfrac{l}{r_{\min}}=\dfrac{1,000}{4.6}\fallingdotseq 217.39$

17 정정보의 처짐과 처짐각을 계산할 수 있는 방법이 아닌 것은?

① 이중적분법(Double Integration Method)
② 공액보법(Conjugate Beam Method)
③ 처짐각법(Slope Deflection Method)
④ 단위하중법(Unit Load Method)

[해설]
처짐을 구하는 방법
- 이중적분법
- 모멘트면적법
- 탄성하중법
- 공액보법
- 단위하중법

부정정 구조물의 해석 방법
- 연성법(하중법)
  - 변위일치법
  - 3연 모멘트법
- 강성법(변위법)
  - 처짐각법
  - 모멘트 분배법

18 휨모멘트를 받는 보의 탄성에너지를 나타내는 식으로 옳은 것은?

① $U=\int_o^L \dfrac{M^2}{2EI}dx$ ② $U=\int_o^L \dfrac{2EI}{M^2}dx$
③ $U=\int_o^L \dfrac{EI}{2M^2}dx$ ④ $U=\int_o^L \dfrac{M^2}{EI}dx$

[해설]
휨모멘트를 받는 보의 탄성에너지(U) 기본식
$U=\int_o^L \dfrac{M^2}{2EI}dx$

정답 15 ② 16 ④ 17 ③ 18 ①

[참고]
- 전단력에 의한 에너지 U
$$U=\int_o^L \frac{S^2}{2GA}dx$$
- 축방향력에 의한 U
$$U=\int_o^L \frac{N^2}{2AE}dx$$

19 아래 그림과 같은 보에서 A점의 휨모멘트는?

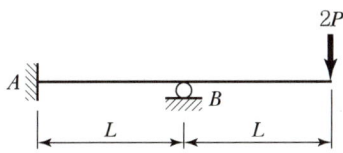

① $\frac{PL}{8}$ (시계방향) ② $\frac{PL}{2}$ (시계방향)
③ $\frac{PL}{2}$ (반시계방향) ④ PL (시계방향)

[해설]
- $M_B = 2PL$
- $M_A = \frac{M_B}{2} = PL$

20 다음 그림에 표시된 힘들의 x방향의 합력은 약 얼마인가?

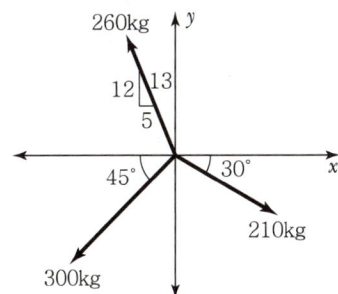

① 55kg(←) ② 77kg(→)
③ 122kg(→) ④ 130kg(←)

[해설]
$\sum H = -260 \times \frac{5}{13} - 300 \times \cos 45° + 210 \times \cos 30°$
$= -100 - 212.3 + 181.87$
$= -130.26\text{kg}$
$= 130.26\text{kg}(←)$

2과목 측량학

21 측점 A에 토털스테이션을 정치하고 B점에 설치한 프리즘을 관측하였다. 이때 기계고 1.7m, 고저각 +15°, 시준고 3.5m, 경사거리가 2,000m이었다면, 두 측점의 고저차는?

① 495.838m ② 515.838m
③ 535.838m ④ 555.838m

[해설]
$H_B = H_A + \Delta h = H_A + I + h - S$
$\therefore \Delta h = I + h - S$
$= 1.7 + (2,000\sin 15°) - 3.5 = 515.838\text{m}$

22 100m²의 정사각형 토지면적을 0.2m²까지 정확하게 계산하기 위한 한 변의 최대허용오차는?

① 2mm ② 4mm
③ 5mm ④ 10mm

[해설]
$2 \cdot \frac{\Delta l}{l} = \frac{\Delta A}{A}$
$2 \cdot \frac{\Delta l}{10} = \frac{0.2}{100}$
$\therefore \Delta l = 0.01\text{m} = 10\text{mm}$

23 트래버스 측량의 결과로 위거오차 0.4m, 경거오차 0.3m를 얻었다. 총 측선의 길이가 1,500m이었다면 폐합비는?

① 1/2,000 ② 1/3,000
③ 1/4,000 ④ 1/5,000

[해설]

$$폐합비 = \frac{1}{m} = \frac{\sqrt{위거오차^2 + 경거오차^2}}{\sum l}$$
$$= \frac{\sqrt{0.4^2 + 0.3^2}}{1,500} = \frac{1}{3,000}$$

24 측량에 있어 미지값을 관측할 경우에 나타나는 오차와 관련된 설명으로 틀린 것은?

① 경중률은 분산에 반비례한다.
② 경중률은 반복 관측일 경우 각 관측값 간의 편차를 의미한다.
③ 일반적으로 큰 오차가 생길 확률은 작은 오차가 생길 확률보다 매우 작다.
④ 표준편차는 각과 거리가 같은 1차원의 경우에 대한 정밀도의 척도이다.

[해설]

경중률은 관측값의 신뢰도를 나타내는 척도를 의미한다. 관측값 간의 편차는 표준편차(평균제곱근 오차)이다.

25 도면에서 곡선에 둘러싸여 있는 부분의 면적을 구하기에 가장 적합한 방법은?

① 좌표법에 의한 방법 ② 배횡거법에 의한 방법
③ 삼사법에 의한 방법 ④ 구적기에 의한 방법

[해설]

경계선이 직선으로 둘러싸인 지역	경계선이 곡선으로 둘러싸인 지역
• 삼각형법(삼사법, 삼변법) • 배횡거법 • 좌표법	• 지거법(심프슨 법칙) • 방안법(투사지법) • 구적기법

26 하천측량에 대한 설명으로 옳지 않은 것은?

① 수위관측소의 위치는 지천의 합류점 및 분류점으로서 수위의 변화가 일어나기 쉬운 곳이 적당하다.
② 하천측량에서 수준측량을 할 때의 거리표는 하천의 중심에 직각 방향으로 설치한다.
③ 심천측량은 하천의 수심 및 유수부분의 하저상황을 조사하고 횡단면도를 제작하는 측량을 말한다.
④ 하천측량 시 처음에 할 일은 도상 조사로서 유로상황, 지역면적, 지형, 토지이용 상황 등을 조사하여야 한다.

[해설]

수위관측소는 수위의 변화가 생기지 않는 장소에 설치한다.

27 캔트가 C인 노선에서 설계속도와 반지름을 모두 2배로 할 경우, 새로운 캔트 C'는?

① $\frac{C}{2}$ ② $\frac{C}{4}$
③ $2C$ ④ $4C$

[해설]

$$캔트(C) = \frac{V^2 S}{gR} = \frac{4V^2 S}{2gR} = 2C$$

28 그림과 같은 수준환에서 직접수준측량에 의하여 표와 같은 결과를 얻었다. D점의 표고는?(단, A점의 표고는 20m, 경중률은 동일)

구분	거리(km)	표고(m)
$A \to B$	3	$B = 12.401$
$B \to C$	2	$C = 11.275$
$C \to D$	1	$D = 9.780$
$D \to A$	2.5	$A = 20.044$

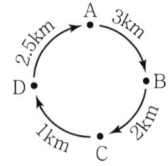

① 6.877m ② 8.327m
③ 9.749m ④ 10.586m

정답 23 ② 24 ② 25 ④ 26 ① 27 ③ 28 ③

[해설]
- 폐합오차 = 20 − 20.044 = −0.044
- D점 조정량 = $\dfrac{\text{추가거리}}{\text{전체거리}} \times \text{폐합오차}$

  $= \dfrac{6}{8.5} \times (-0.044) = -0.031$

∴ D점의 표고 = 9.780 − 0.031 = 9.749m

29 지형측량에서 등고선의 성질에 대한 설명으로 옳지 않은 것은?

① 등고선은 절대 교차하지 않는다.
② 등고선은 지표의 최대 경사선 방향과 직교한다.
③ 동일 등고선 상에 있는 모든 점은 같은 높이이다.
④ 등고선 간의 최단거리의 방향은 그 지표면의 최대 경사의 방향을 가리킨다.

[해설]
등고선은 동굴과 절벽에서는 교차한다.

30 지오이드(Geoid)에 대한 설명 중 옳지 않은 것은?

① 평균해수면을 육지까지 연장한 가상적인 곡면을 지오이드라 하며 이것은 지구타원체와 일치한다.
② 지오이드는 중력장의 등퍼텐셜면으로 볼 수 있다.
③ 실제로 지오이드면은 굴곡이 심하므로 측지측량의 기준으로 채택하기 어렵다.
④ 지구타원체의 법선과 지오이드의 법선 간의 차이를 연직선 편차라 한다.

[해설]
지오이드는 지구타원체와 일치하지 않는다.

31 노선측량으로 곡선을 설치할 때에 교각(I) 60°, 외선 길이(E) 30m로 단곡선을 설치할 경우 곡선 반지름(R)은?

① 103.7m   ② 120.7m
③ 150.9m   ④ 193.9m

[해설]
외할(E) = $R\left(\sec\dfrac{I}{2} - 1\right)$

$30 = R\left(\sec\dfrac{60°}{2} - 1\right)$

∴ R = 193.9m

32 홍수 때 급히 유속을 측정하기에 가장 알맞은 것은?

① 봉부자   ② 이중부자
③ 수중부자   ④ 표면부자

[해설]
표면부자는 답사나 홍수 시 급히 유속을 관측할 때 편리한 방법(나무코르크, 병)이다.

33 트래버스 측량의 각 관측방법 중 방위각법에 대한 설명으로 틀린 것은?

① 진북을 기준으로 어느 측선까지 시계 방향으로 측정하는 방법이다.
② 험준하고 복잡한 지역에서는 적합하지 않다.
③ 각이 독립적으로 관측되므로 오차 발생 시 개별 각의 오차는 이후의 측량에 영향이 없다.
④ 각 관측값의 계산과 제도가 편리하고 신속히 관측할 수 있다.

[해설]
③은 교각법에 대한 설명이다.

34 삼각측량과 삼변측량에 대한 설명으로 틀린 것은?

① 삼변측량은 변 길이를 관측하여 삼각점의 위치를 구하는 측량이다.
② 삼각측량의 삼각망 중 가장 정확도가 높은 망은 사변형삼각망이다.
③ 삼각점의 선점 시 기계나 측표가 동요할 수 있는 습지나 하상은 피한다.
④ 삼각점의 등급을 정하는 주된 목적은 표석설치를 편리하게 하기 위함이다.

정답 29 ① 30 ① 31 ④ 32 ④ 33 ③ 34 ④

[해설]
삼각점은 각 관측 정확도에 따라 1등부터 4등까지 4등급으로 분류한다.

35 수준측량의 부정오차에 해당되는 것은?

① 기포의 순간 이동에 의한 오차
② 기계의 불완전 조정에 의한 오차
③ 지구곡률에 의한 오차
④ 빛의 굴절에 의한 오차

[해설]
수준측량에서 부정오차는 오차의 제거가 불가능한 기계 내부 오차이다.

36 토량 계산공식 중 양단면의 면적차가 클 때 산출된 토량의 일반적인 대소 관계로 옳은 것은?(단, 중앙단면법 : A, 양단면평균법 : B, 각주공식 : C)

① A=C<B ② A<C=B
③ A<C<B ④ A>C>B

[해설]
계산값의 크기
• 양단평균법>각주공식>중앙단면법
• 각주공식이 가장 정확

37 측량성과표에 측점 A의 진북방향각은 $0°06'17''$이고, 측점 A에서 측점 B에 대한 평균방향각은 $263°38'26''$로 되어 있을 때에 측점 A에서 측점 B에 대한 역방위각은?

① $83°32'09''$ ② $83°44'43''$
③ $263°32'09''$ ④ $263°44'43''$

[해설]
• AB 방위각 : $263°38'26'' - 6'17'' = 263°32'09''$
• AB 역방위각 : $263°32'09'' + 180° - 360° = 83°32'09''$

38 GNSS 측량에 대한 설명으로 틀린 것은?

① 다양한 항법위성을 이용한 3차원 측위방법으로 GPS, GLONASS, Galileo 등이 있다.
② VRS 측위는 수신기 1대를 이용한 절대측위방법이다.
③ 지구질량중심을 원점으로 하는 3차원 직교좌표체계를 사용한다.
④ 정지측량, 신속정지측량, 이동측량 등으로 측위방법을 구분할 수 있다.

[해설]
VRS(가상 기지국) 측위는 수신기 1대를 이용한 이동측위(RTK) 방법이다.

39 노선측량에 관한 설명으로 옳은 것은?

① 일반적으로 단곡선 설치 시 가장 많이 이용하는 방법은 지거법이다.
② 곡률이 곡선길이에 비례하는 곡선을 클로소이드 곡선이라 한다.
③ 완화곡선의 접선은 시점에서 원호에, 종점에서 직선에 접한다.
④ 완화곡선의 반지름은 종점에서 무한대이고 시점에서는 원곡선의 반지름이 된다.

[해설]
• 단곡선 설치 시 가장 많이 이용하는 방법은 편각법이다.
• 곡률이 곡선장에 비례하는 곡선을 클로소이드 곡선이라 한다.
• 완화곡선의 접선은 시점에서 직선, 종점에서 원호에 접한다.
• 완화곡선의 반지름은 시점에서 무한대, 종점에서는 원곡선의 반지름이 된다.

40 지형측량의 순서로 옳은 것은?

① 측량계획 → 골조측량 → 측량원도 작성 → 세부측량
② 측량계획 → 세부측량 → 측량원도 작성 → 골조측량
③ 측량계획 → 측량원도 작성 → 골조측량 → 세부측량
④ 측량계획 → 골조측량 → 세부측량 → 측량원도 작성

정답 35 ① 36 ③ 37 ① 38 ② 39 ② 40 ④

[해설]

지형 측량 작업 순서
측량계획 → 탐사 및 선점 → 기준점(골조) 측량 → 세부 측량 → 측량원도 → 지도 편집

3 과목 수리수문학

41 개수로 흐름에 대한 설명으로 틀린 것은?

① 한계류 상태에서는 수심의 크기가 속도수두의 2배가 된다.
② 유량이 일정할 때 상류에서는 수심이 작아질수록 유속이 커진다.
③ 비에너지는 수평기준면을 기준으로 한 단위무게의 유수가 가진 에너지를 말한다.
④ 흐름이 사류에서 상류로 바뀔 때에는 도수와 함께 큰 에너지 손실을 동반한다.

[해설]

비에너지는 수로 바닥면을 기준으로 한 단위무게의 유수가 진 에너지를 말한다.

42 밀도가 ρ인 유체가 일정한 유속 V_O로 수평방향으로 흐르고 있다. 이 유체 속에 지름 d, 길이 l인 원주가 그림과 같이 놓였을 때 원주에 작용되는 항력(抗力)을 구하는 공식은?(단, C_D는 항력계수)

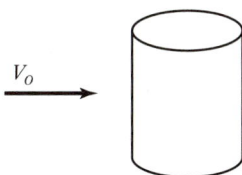

① $C_D \cdot \dfrac{\pi d^2}{4} \cdot \dfrac{\rho V_O}{2}$ ② $C_D \cdot d \cdot l \cdot \dfrac{\rho V_O^2}{2}$
③ $C_D \cdot \dfrac{\pi d^2}{4} \cdot l \cdot \dfrac{\rho V_O}{2}$ ④ $C_D \cdot \pi d \cdot l \cdot \dfrac{\rho V_O}{2}$

[해설]

$$항력(D) = C_D \cdot A \cdot \frac{\rho V^2}{2} = C_D \cdot d \cdot l \cdot \frac{\rho V_O^2}{2}$$

43 폭 3.5m, 수심 0.4m인 직사각형 수로의 Francis 공식에 의한 유량은?(단, 접근유속은 무시하고 양단수축이다.)

① 1.59m³/s ② 2.04m³/s
③ 2.19m³/s ④ 2.34m³/s

[해설]

$$Q = 1.84(b-0.1nh)h^{\frac{3}{2}} = 1.84(3.5-0.1\times 2\times 0.4)\times 0.4^{\frac{3}{2}}$$
$$= 1.59 \text{m}^3/\text{sec}$$

44 개수로에서 단면적이 일정할 때 수리학적으로 유리한 단면에 해당되지 않는 것은?(단, H : 수심, R_h : 동수반경, l : 측면의 길이, B : 수면폭, P : 윤변, θ : 측면의 경사)

① H를 반지름으로 하는 반원에 외접하는 직사각형 단면
② R_h가 최대 또는 P가 최소인 단면
③ $H = B/2$이고 $R_h = B/2$인 직사각형 단면
④ $l = B/2$, $R_h = H/2$, $\theta = 60°$인 사다리꼴 단면

[해설]

직사각형 단면에서 수리학적으로 유리한 단면이 되기 위한 조건은 $B = 2H$, $R = \dfrac{H}{2}$이다.
(수심 H를 반지름으로 하는 반원에 외접하는 단면)

45 Thiessen 다각형에서 각각의 면적이 20km², 30km², 50km²이고, 이에 대응하는 강우량이 각각 40mm, 30mm, 20mm일 때, 이 지역의 면적 평균 강우량은?

① 25mm ② 27mm
③ 30mm ④ 32mm

정답 41 ③ 42 ② 43 ① 44 ① 45 ②

[해설]

$$P_m = \frac{\sum_{i=1}^{N} A_i P_i}{\sum_{i=1}^{N} A_i}$$

$$= \frac{(20 \times 40) + (30 \times 30) + (50 \times 20)}{20 + 30 + 50}$$

$$= 27\text{mm}$$

46 미소진폭파(Small-amplitude Wave)이론을 가정할 때 일정 수심 h의 해역을 전파하는 파장 L, 파고 H, 주기 T의 파랑에 대한 설명 중 틀린 것은?

① h/L이 0.05보다 작을 때, 천해파로 정의한다.
② h/L이 1.0보다 클 때, 심해파로 정의한다.
③ 분산관계식은 L, h 및 T 사이의 관계를 나타낸다.
④ 파랑의 에너지는 H^2에 비례한다.

[해설]

심해파(deep water wave)
수심이 파장의 1/20보다 얕을 때의 해파

47 면적 10km²인 저수지의 수면으로부터 2m 위에서 측정된 대기의 평균온도가 25℃, 상대습도가 65%, 풍속이 4m/s일 때 증발률이 1.44mm/day이었다면 저수지 수면에서 일증발량은?

① 9,360m³/day ② 3,600m³/day
③ 7,200m³/day ④ 14,400m³/day

[해설]

일증발량 = 수표면적 × 증발률
= $(10 \times 10^6) \times (1.44 \times 10^{-3})$
= 14,400m³/day

48 정상류의 흐름에 대한 설명으로 옳은 것은?

① 흐름 특성이 시간에 따라 변하지 않는 흐름이다.
② 흐름 특성이 공간에 따라 변하지 않는 흐름이다.
③ 흐름 특성이 단면에 관계없이 동일한 흐름이다.
④ 흐름 특성이 시간에 따라 일정한 비율로 변하는 흐름이다.

[해설]
정상류는 흐름의 특성이 시간에 따라 변하지 않는 흐름을 말한다.

49 지하수의 투수계수에 영향을 주는 인자와 거리가 먼 것은?

① 토양의 평균입경   ② 지하수의 단위중량
③ 지하수의 점성계수 ④ 토양의 단위중량

[해설]
투수계수와 관련이 없는 인자는 토양의 단위중량이다.

50 차원계를 $[MLT]$에서 $[FLT]$로 변환할 때 사용하는 식으로 옳은 것은?

① $[M] = [LFT]$ ② $[M] = [L^{-1}FT^2]$
③ $[M] = [LFT^2]$ ④ $[M] = [L^2FT]$

[해설]

$F = MLT^{-2}$ ∴ $M = L^{-1}FT^2$

51 수면 높이차가 항상 20m인 두 수조가 지름 30cm, 길이 500m, 마찰손실계수가 0.03인 수평관으로 연결되었다면 관 내의 유속은?(단, 마찰, 단면 급확대 및 급축소에 따른 손실을 고려한다.)

① 2.76m/s ② 4.72m/s
③ 5.76m/s ④ 6.72m/s

[해설]

$$V = \sqrt{\frac{2gH}{1.5 + f\frac{l}{D}}} = \sqrt{\frac{2 \times 9.8 \times 20}{1.5 + 0.03 \times \frac{500}{0.3}}} = 2.76\text{m/s}$$

정답 46 ② 47 ④ 48 ① 49 ④ 50 ② 51 ①

52 그림에서 배수구의 면적이 5cm²일 때 물통에 작용하는 힘은?(단, 물의 높이는 유지되고, 손실은 무시한다.)

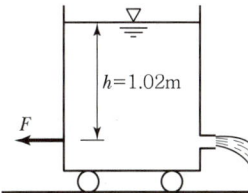

① 1N ② 10N
③ 100N ④ 102N

[해설]

- $V = \sqrt{2gh} = \sqrt{2 \times 980 \times 102} = 447 \, cm/sec$
- $F_x = \dfrac{wQ}{g}(V_1 - V_2) = \dfrac{1 \times 5 \times 447}{980} \times (447 - 0)$
  $= 1019g = 1.019kg \times 9.8$
  $= 10N$

53 수심 H에 위치한 작은 오리피스(Orifice)에서 물이 분출할 때 일어나는 손실수두(Δh)의 계산식으로 틀린 것은?(단, V_a는 오리피스에서 측정된 유속이며 C_v는 유속계수이다.)

① $\Delta h = H - \dfrac{V_a^2}{2g}$
② $\Delta h = H\left(1 - C_v^2\right)$
③ $\Delta h = \dfrac{V_a^2}{2g}\left(\dfrac{1}{C_v^2} - 1\right)$
④ $\Delta h = \dfrac{V_a^2}{2g}\left(\dfrac{1}{C_v^2 + 1}\right)$

[해설]

오리피스의 손실수두
오리피스에서 물이 분출할 때 일어나는 손실수두는 다음 식에 의해 계산한다.

- $\Delta h = H - \dfrac{V_a^2}{2g}$
- $\Delta h = H(1 - C_v^2)$
- $\Delta h = \dfrac{V_a^2}{2g}\left(\dfrac{1}{C_v^2} - 1\right)$

54 그림과 같이 정수 중에 있는 판에 작용하는 전수압을 계산하는 식은?

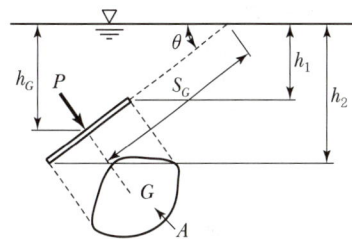

① $P = \gamma S_G A$
② $P = \gamma \dfrac{h_1 + h_2}{2} A$
③ $P = \gamma h_G A$
④ $P = \gamma h_G A \sin\theta$

[해설]

- $P = \gamma h_G A$
- $h_G = S_G \sin\theta$

55 다음 중에서 차원이 다른 것은?

① 증발량 ② 침투율
③ 강우강도 ④ 유출량

[해설]

물리량	단위	차원
증발량	mm/day	LT^{-1}
침투율	mm/hr	LT^{-1}
강우강도	mm/hr	LT^{-1}
유출량	m³/sec	L^3T^{-1}

56 두께가 10m인 피압대수층에서 우물을 통해 양수한 결과, 50m 및 100m 떨어진 두 지점에서 수면 강하가 각각 20m 및 10m로 관측되었다. 정상상태를 가정할 때 우물의 양수량은?(단, 투수계수는 0.3m/hr)

① $7.6 \times 10^{-2} m^3/s$
② $6.0 \times 10^{-3} m^3/s$
③ $9.4 m^3/s$
④ $21.6 m^3/s$

정답 52 ② 53 ④ 54 ③ 55 ④ 56 ①

[해설]

$$Q = \frac{2\pi a K(H-h_o)}{2.3\log(R/r_o)}$$
$$= \frac{2\times\pi\times 10\times(0.3/3{,}600)\times(20-10)}{2.3\log(100/50)}$$
$$= 7.6\times 10^{-2}\,\text{m}^3/\text{s}$$

57 폭이 넓은 하천에서 수심이 2m이고 경사가 $\frac{1}{200}$인 흐름의 소류력(Tractive Force)은?

① 98N/m² ② 49N/m²
③ 196N/m² ④ 294N/m²

[해설]

$$\tau = whI = 1\times 2\times \frac{1}{200} = 0.01\,\text{t/m}^2$$
$$= 10\,\text{kg/m}^2 = 98\,\text{N/m}^2\ (1\text{kg}=9.8\text{N})$$

58 강우량 자료를 분석하는 방법 중 이중누가곡선법에 대한 설명으로 옳은 것은?

① 평균강수량을 산정하기 위하여 사용한다.
② 강수의 지속기간을 구하기 위하여 사용한다.
③ 결측자료를 보완하기 위하여 사용한다.
④ 강수량 자료의 일관성을 검증하기 위하여 사용한다.

[해설]

이중누가우량분석
강수자료의 일관성 검증을 위해 실시하는 방법이다.

59 지름이 4cm인 원형관 속에 물이 흐르고 있다. 관로 길이 1.0m 구간에서 압력강하가 0.1N/m²이었다면 관벽의 마찰응력은?

① 0.001N/m²
② 0.002N/m²
③ 0.01N/m²
④ 0.02N/m²

[해설]

• $\tau = \dfrac{\Delta P r}{2l} = \omega RI$

• $\tau = \dfrac{\Delta P r}{2l} = \dfrac{0.1\times 0.02}{2\times 1} = 0.001\,\text{N/m}^2$

60 관수로 흐름에서 난류에 대한 설명으로 옳은 것은?

① 마찰손실계수는 레이놀즈수만 알면 구할 수 있다.
② 관벽 조도가 유속에 주는 영향은 층류일 때보다 작다.
③ 관성력의 점성력에 대한 비율이 층류의 경우보다 크다.
④ 에너지 손실은 주로 난류효과보다 유체의 점성 때문에 발생한다.

[해설]

관수로 흐름의 특징
• 난류에서의 마찰손실계수는 레이놀즈수(Re)와 상대조도$\left(\dfrac{e}{D}\right)$의 함수이다.
• 난류에서는 관벽의 조도가 유속에 주는 영향이 층류일 때보다 크다.
• 난류에서는 관성력이 점성력에 비하여 크므로 관성력과 점성력의 비율이 층류의 경우보다 크다.
• 점성에 의한 에너지 손실은 난류보다 층류의 경우에 발생된다.

정답 57 ① 58 ④ 59 ① 60 ③

4과목 철근콘크리트 및 강구조

61 활하중 20kN/m, 고정하중 30kN/m를 지지하는 지간 8m의 단순보에서 계수모멘트(M_u)는?(단, 하중계수와 하중조합을 고려할 것)

① 512kN·m ② 544kN·m
③ 576kN·m ④ 605kN·m

[해설]
$W_u = 1.2W_D + 1.6W_L$
$\quad = (1.2 \times 30) + (1.6 \times 20) = 68\text{kN/m}$
$M_u = \dfrac{W_u l^2}{8} = \dfrac{68 \times 8^2}{8} = 544\text{kN·m}$

62 $A_s = 3,600\text{mm}^2$, $A_s' = 1,200\text{mm}^2$로 배근된 그림과 같은 복철근 보의 탄성처짐이 12mm라 할 때 5년 후 지속하중에 의해 유발되는 추가 장기처짐은 얼마인가?

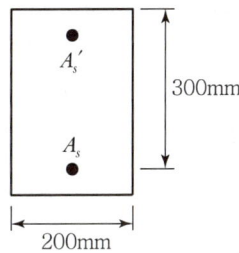

① 36mm ② 18mm
③ 12mm ④ 6mm

[해설]
$\xi = 2.0$(하중 재하기간이 5년 이상인 경우)
$\rho' = \dfrac{A_s'}{bd} = \dfrac{1,200}{200 \times 300} = 0.02$
$\lambda_\Delta = \dfrac{\xi}{1+50\rho'} = \dfrac{2.0}{1+(50 \times 0.02)} = 1.0$
$\delta_L = \lambda_\Delta \cdot \delta_i = 1.0 \times 12 = 12\text{mm}$

63 순단면이 볼트의 구멍 하나를 제외한 단면(즉, $A-B-C$ 단면)과 같도록 피치(s)를 결정하면? (단, 구멍의 직경은 22mm이다.)

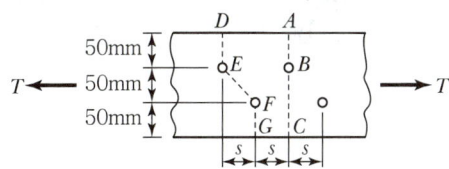

① 114.9mm ② 90.6mm
③ 66.3mm ④ 50mm

[해설]
$d_h = \phi + 3 = 22\text{mm}$
$b_{n1} = b_g - d_h$
$b_{n2} = b_g - 2d_h + \dfrac{s^2}{4g}$
$b_{n1} = b_{n2}$
$b_g - d_h = b_g - 2d_h + \dfrac{s^2}{4g}$
$s = \sqrt{4gd_h} = \sqrt{4 \times 50 \times 22} = 66.3\text{mm}$

64 프리스트레스의 손실 원인 중 프리스트레스 도입 후 시간이 경과함에 따라서 생기는 것은 어느 것인가?

① 콘크리트의 탄성수축
② 콘크리트의 크리프
③ PS 강재와 쉬스의 마찰
④ 정착단의 활동

[해설]
프리스트레스의 손실 원인
• 프리스트레스 도입 시 손실(즉시 손실)
 – 정착 장치의 활동에 의한 손실
 – PS 강재와 쉬스 사이의 마찰에 의한 손실
 – 콘크리트의 탄성 변형에 의한 손실
• 프리스트레스 도입 후 손실(시간 손실)
 – 콘크리트의 크리프에 의한 손실
 – 콘크리트의 건조수축에 의한 손실
 – PS 강재의 릴랙세이션에 의한 손실

정답 61 ② 62 ③ 63 ③ 64 ②

65 아래의 표와 같은 조건의 경량콘크리트를 사용할 경우 경량 콘크리트계수(λ)로 옳은 것은?

- 콘크리트 설계기준 압축강도(f_{ck}) : 24MPa
- 콘크리트 인장강도(f_{ap}) : 2.17MPa

① 0.72 ② 0.75
③ 0.79 ④ 0.85

[해설]

$f_{sp} = 0.56\lambda\sqrt{f_{ck}}$

$\lambda = \dfrac{f_{sp}}{0.56\sqrt{f_{ck}}} = \dfrac{2.17}{0.56\sqrt{24}} = 0.79$

66 옹벽의 설계 및 해석에 대한 설명으로 틀린 것은?

① 옹벽 저판의 설계는 슬래브의 설계방법규정에 따라 수행하여야 한다.
② 앞 부벽식 옹벽에서 앞 부벽은 직사각형 보로 설계한다.
③ 부벽식 옹벽의 전면벽은 3변 지지된 2방향 슬래브로 설계할 수 있다.
④ 옹벽은 상재하중, 뒷채움 흙의 중량, 옹벽의 자중 및 옹벽에 작용하는 토압, 필요에 따라서 수압에도 견디도록 설계하여야 한다.

[해설]

옹벽 저판의 설계는 정확한 방법이 사용되지 않는 한 뒷부벽 또는 앞부벽 간의 거리를 경간으로 가정하여 고정보 또는 연속보로 설계할 수 있다.

67 유효깊이(d)가 910mm인 아래 그림과 같은 단철근 T형 보의 설계휨강도(ϕM_n)를 구하면?(단, 인장철근량(A_s)은 7,652mm², $f_{ck}=$21MPa, $f_y=$350MPa, 인장지배단면으로 $\phi=0.85$, 경간은 3,040mm이다.)

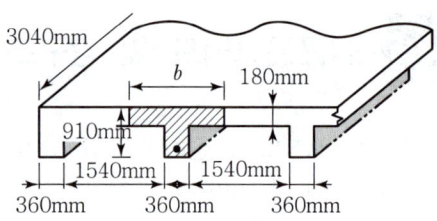

① 1,803kN·m ② 1,845kN·m
③ 1,883kN·m ④ 1,981kN·m

[해설]

㉠ T형 보(대칭 T형 보)에서 플랜지의 유효폭(b_e)
- $16t_f + b_w = (16 \times 180) + 360 = 3,240$mm
- 양쪽 슬래브의 중심 간 거리 = 1,540 + 360 = 1,900mm
- 보 경간의 $\dfrac{1}{4} = 3,040 \times \dfrac{1}{4} = 760$mm

위 값 중에서 최소값을 취하면 $b_e = 760$mm이다.

㉡ T형 보의 판별
$b = 760$mm인 직사각형 단면보에 대한 등가사각형 깊이
$\eta = 1$ ($f_{ck} \leq 40$MPa인 경우)
$a = \dfrac{f_y A_s}{\eta 0.85 f_{ck} b} = \dfrac{350 \times 7,652}{1 \times 0.85 \times 21 \times 760} = 197.4$mm
$t_f = 180$mm
$a(=197.4\text{mm}) > t_f(=180\text{mm})$이므로 T형 보로 해석한다.

㉢ T형 보의 등가사각형 깊이(a)

$A_{sf} = \dfrac{\eta 0.85 f_{ck}(b-b_w)t_f}{f_y}$

$= \dfrac{1 \times 0.85 \times 21 \times (760-360) \times 180}{350}$

$= 3,672$mm²

$a = \dfrac{(A_s - A_{sf})f_y}{\eta 0.85 f_{ck} b_w}$

$= \dfrac{(7,652-3,672) \times 350}{1 \times 0.85 \times 21 \times 360} = 216.8$mm

㉣ T형보의 설계휨강도(ϕM_n)
$\phi = 0.85$ (인장지배 단면인 경우)
$M_d = \phi M_n$

$= \phi \left\{ A_{sf}f_y\left(d - \dfrac{t_f}{2}\right) + (A_s - A_{sf})f_y\left(d - \dfrac{a}{2}\right) \right\}$

$= 0.85 \left\{ 3,672 \times 350 \times \left(910 - \dfrac{180}{2}\right) \right.$

$\left. + (7,652 - 3,672) \times 350 \times \left(910 - \dfrac{216.8}{2}\right) \right\}$

$= 1,845 \times 10^6$ N·mm $= 1,845$kN·m

정답 65 ③ 66 ① 67 ②

68 아래 그림과 같은 단철근 직사각형 보에서 최외단 인장철근의 순인장변형률(ε_t)은?(단, $A_s = 2,028$ mm², $f_{ck} = 35$MPa, $f_y = 400$MPa)

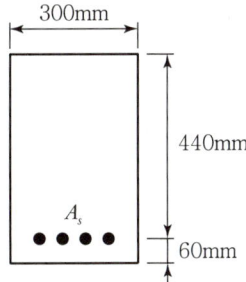

① 0.00432
② 0.00648
③ 0.00948
④ 0.01257

[해설]

$f_{ck} = 35$MPa ≤ 40MPa인 경우
$\varepsilon_{cu} = 0.0033, \eta = 1, \beta_1 = 0.8$
$a = \dfrac{f_y A_s}{\eta 0.85 f_{ck} b} = \dfrac{400 \times 2,028}{1 \times 0.85 \times 35 \times 300} = 90.89$mm
$\varepsilon_t = \dfrac{d_t \beta_1 - a}{a} \varepsilon_{cu}$
$= \dfrac{440 \times 0.8 - 90.89}{90.89} \times 0.0033 = 0.00948$

69 폭(b)이 250mm이고, 전체 높이(h)가 500mm인 직사각형 철근콘크리트 보의 단면에 균열을 일으키는 비틀림모멘트 T_{cr}는 약 얼마인가?(단, $f_{ck} = 28$MPa이다.)

① 9.8kN·m
② 11.3kN·m
③ 12.5kN·m
④ 18.4kN·m

[해설]

$A_{cp} = b_w \cdot h = 250 \times 500 = 125,000$mm²
$p_{cp} = 2(b_w + h) = 2 \times (250 \times 500) = 1,500$mm
$T_{cr} = \dfrac{1}{3}\sqrt{f_{ck}}\dfrac{A_{cp}^2}{p_{cp}} = \dfrac{1}{3} \times \sqrt{28} \times \dfrac{125,000^2}{1,500}$
$= 18.4 \times 10^6$N·mm $= 18.4$kN·m

70 그림과 같은 복철근 보의 유효깊이(d)는?(단, 철근 1개의 단면적은 250mm²이다.)

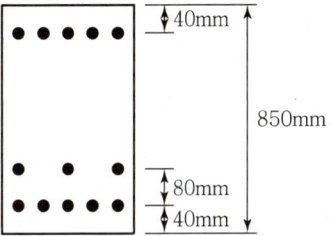

① 730mm
② 740mm
③ 760mm
④ 780mm

[해설]

$8d = 3(850 - 40 - 80) + 5(850 - 40)$
$d = 780$mm

71 계수전단력(V_u)이 콘크리트에 의한 설계전단강도 (ϕV_c)의 1/2을 초과하는 철근콘크리트 휨부재에는 최소 전단철근을 배치하도록 규정하고 있다. 다음 중 이 규정에서 제외되는 경우에 대한 설명으로 틀린 것은?

① 슬래브와 기초판
② 전체 깊이가 400mm 이하인 보
③ I형 보, T형 보에서 그 깊이가 플랜지 두께의 2.5배 또는 복부폭의 1/2 중 큰 값 이하인 보
④ 교대 벽체 및 날개벽, 옹벽의 벽체, 암거 등과 같이 휨이 주거동인 판 부재

[해설]

최소 전단철근량 규정이 적용되지 않는 경우
- $h \leq 250$mm인 경우
- $h \leq \left[2.5t_f, \dfrac{1}{2}b_w\right]_{max}$ 인 I형 보 또는 T형 보
- 슬래브와 확대기초
- 교대벽체 및 날개벽, 옹벽의 벽체, 암거 등과 같이 휨이 주거동인 판 부재
- 콘크리트 장선구조

정답 68 ③ 69 ④ 70 ④ 71 ②

72 그림과 같은 맞대기 용접의 용접부에 발생하는 인장응력은?

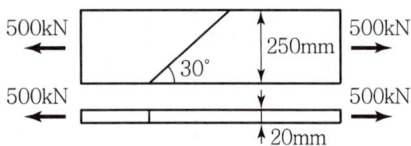

① 100MPa   ② 150MPa
③ 200MPa   ④ 220MPa

[해설]

$f = \dfrac{P}{A} = \dfrac{500 \times 10^3}{20 \times 250} = 100\text{N/mm}^2 = 100\text{MPa}$

맞대기 용접부(홈용접부)의 인장응력은 용접부의 경사각도와 관계없고, 다만 하중과 하중이 재하된 수직단면과 관계있다.

73 그림과 같은 포스트텐션 보에서 마찰에 의한 B점의 프리스트레스 감소량(ΔP)의 크기는?[단, 긴장단에서 긴장재의 긴장력(P_{pj})=1,000kN, 근사식을 사용하며, 곡률마찰계수(μ_p)=0.3/rad, 파상마찰계수(K)=0.004/m]

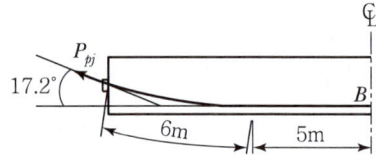

① 54.68kN   ② 81.23kN
③ 118.17kN ④ 141.74kN

[해설]

$180° : \pi(\text{rad}) = 17.2° : \alpha_{px}$

$\alpha_{px} = \dfrac{\pi \times 17.2}{180} = 0.3(\text{rad})$

$(kl_{px} + \mu_p \alpha_{px}) = 0.004 \times 11 + 0.3 \times 0.3$
$\qquad\qquad\qquad = 0.134 \leq 0.3 (\text{근사식 적용})$

$\Delta P = P_{pj} \left[\dfrac{(kl_{px} + \mu_p \alpha_{px})}{1 + (kl_{px} + \mu_p \alpha_{px})} \right]$

$\qquad = 1,000 \left[\dfrac{0.134}{1 + 0.134} \right] = 118.17\text{kN}$

74 이형 철근의 정착길이에 대한 설명으로 틀린 것은?(단, d_b = 철근의 공칭지름)

① 표준 갈고리가 있는 인장 이형철근 : $10d_b$ 이상, 또한 200mm 이상
② 인장 이형철근 : 300mm 이상
③ 압축 이형철근 : 200mm 이상
④ 확대머리 인장 이형철근 : $8d_b$ 이상, 또한 150mm 이상

[해설]

이형철근의 정착길이
- 인장 이형철근 : 300mm 이상
- 압축 이형철근 : 200mm 이상
- 표준 갈고리가 있는 인장 이형철근 : $8d_b$ 이상, 또한 150mm 이상
- 확대머리 인장 이형철근 : $8d_b$ 이상, 또한 150mm 이상

75 1방향 슬래브에 대한 설명으로 틀린 것은?

① 1방향 슬래브의 두께는 최소 80mm 이상으로 하여야 한다.
② 4변에 의해 지지되는 2방향 슬래브 중에서 단변에 대한 장변의 비가 2배를 넘으면 1방향 슬래브로서 해석한다.
③ 슬래브의 정모멘트 철근 및 부모멘트 철근의 중심 간격은 위험단면에서는 슬래브 두께의 2배 이하이어야 하고, 또한 300mm 이하로 하여야 한다.
④ 슬래브의 정모멘트 철근 및 부모멘트 철근의 중심 간격은 위험단면을 제외한 단면에서는 슬래브 두께의 3배 이하이어야 하고, 또한 450mm 이하로 하여야 한다.

[해설]

1방향 슬래브의 두께는 최소 100mm 이상으로 하여야 한다.

정답 72 ① 73 ③ 74 ① 75 ①

76 그림과 같이 단면의 중심에 PS 강선이 배치된 부재에 자중을 포함한 계수하중(w) 30kN/m가 작용한다. 부재의 연단에 인장응력이 발생하지 않으려면 PS 강선에 도입되어야 할 긴장력(P)은 최소 얼마 이상인가?

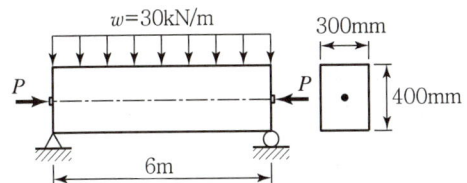

① 2,005kN ② 2,025kN
③ 2,045kN ④ 2,065kN

[해설]

$$f_b = \frac{P}{A} - \frac{M}{Z} = \frac{P}{bh} - \frac{3wl^2}{4bh^2} = 0$$

$$P = \frac{3wl^2}{4h} = \frac{3 \times 30 \times 6^2}{4 \times 0.4} = 2,025\text{kN}$$

77 철근콘크리트 구조물에서 연속 휨부재의 모멘트 재분배를 하는 방법에 대한 다음 설명 중 틀린 것은?

① 근사해법에 의하여 휨모멘트를 계산한 경우에는 연속 휨부재의 모멘트 재분배를 할 수 없다.
② 휨모멘트를 감소시킬 단면에서 최외단 인장철근의 순인장변형률 ε_t가 0.0075 이상인 경우에만 가능하다.
③ 경간 내의 단면에 대한 휨모멘트의 계산은 수정된 부모멘트를 사용하여야 한다.
④ 재분배량은 산정된 부모멘트의 $20\left[1 - \frac{\rho - \rho'}{\rho_b}\right]$% 이다.

[해설]
연속 휨부재의 부모멘트 재분배에 있어서, 근사해법에 의해 휨모멘트를 계산할 경우를 제외하고 어떠한 가정의 하중을 적용하여 탄성이론에 의하여 산정한 연속 휨부재 받침부의 부모멘트는 20% 이내에서 $1,000\varepsilon_t$%만큼 증가 또는 감소시킬 수 있다.

78 다음과 같은 띠철근 단주 단면의 공칭 축하중 강도(P_n)는?[단, 종방향 철근(A_{st}) = 4-D29 = 2,570 mm², f_{ck} = 21MPa, f_y = 400MPa]

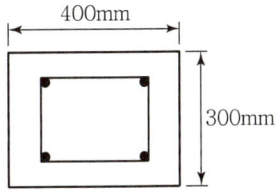

① 3,331.7kN ② 3,070.5kN
③ 2,499.3kN ④ 2,187.2kN

[해설]
$$P_n = \alpha\{0.85f_{ck}(A_g - A_{st}) + f_y A_{st}\}$$
$$= 0.80\{0.85 \times 21 \times (400 \times 300 - 2,570) + 400 \times 2,570\}$$
$$= 2,499.3 \times 10^3 \text{N} = 2,499.3 \text{kN}$$

79 리벳으로 연결된 부재에서 리벳이 상하 두 부분으로 절단되었다면 그 원인은?

① 연결부의 인장파괴 ② 리벳의 압축파괴
③ 연결부의 지압파괴 ④ 리벳의 전단파괴

80 강도설계법에 대한 기본가정 중 옳지 않은 것은?

① 철근 및 콘크리트의 변형률은 중립축으로부터의 거리에 비례한다.
② 콘크리트의 인장강도는 휨계산에서 무시한다.
③ 압축 측 연단에서 콘크리트의 극한 변형률은 콘크리트의 설계기준 압축강도가 40MPa 이하인 경우에는 0.0033으로 가정한다.
④ 항복강도 f_y 이하에서 철근의 응력은 그 변형률에 관계없이 f_y와 같다고 가정한다.

[해설]
항복강도 f_y 이하의 철근응력은 그 변형률의 E_s배로 취한다. f_y에 해당하는 변형률보다 더 큰 변형률에 대한 철근의 응력은 변형률에 관계없이 f_y와 같다고 가정한다.

정답 76 ② 77 ④ 78 ③ 79 ④ 80 ④

5과목 토질 및 기초

81 기초폭 4m인 연속기초에서 기초면에 작용하는 합력의 연직성분은 10t이고 편심거리가 0.4m일 때, 기초지반에 작용하는 최대 압력은?

① $2t/m^2$ ② $4t/m^2$
③ $6t/m^2$ ④ $8t/m^2$

[해설]
연속기초의 편심하중
$q_{max} = \dfrac{Q}{B}\left(1+\dfrac{6e}{B}\right) = \dfrac{10}{4}\left(1+\dfrac{6\times 0.4}{4}\right) = 4t/m^2$

82 분사현상에 대한 안전율이 2.5 이상이 되기 위해서는 Δh를 최대 얼마 이하로 하여야 하는가?(단, 간극률(n) = 50%)

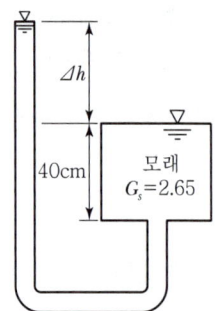

① 7.5cm ② 8.9cm
③ 13.2cm ④ 16.5cm

[해설]
- $F_s = \dfrac{i_{cr}}{i} = 2.5$
- $F_s = \dfrac{\dfrac{G_s-1}{1+e}}{\dfrac{h}{L}} = \dfrac{\dfrac{2.65-1}{1+1}}{\dfrac{h}{40}} = 2.5$

$\therefore h = 13.2cm$

$\left(e = \dfrac{n}{1-n} = \dfrac{0.5}{1-0.5} = 1\right)$

83 10m 두께의 점토층이 10년 만에 90% 압밀이 된다면, 40m 두께의 동일한 점토층이 90% 압밀에 도달하는 데 소요되는 기간은?

① 16년 ② 80년
③ 160년 ④ 240년

[해설]
- $t = \dfrac{T_v \cdot H^2}{C_v}$, $t \propto H^2$
- $t_1 : H_1^2 = t_2 : H_2^2$
  $10 : 10^2 = t_2 : 40^2$
  $\therefore t_2 = \dfrac{10 \times 40^2}{10^2} = 160$년

84 테르쟈기(Terzaghi)의 얕은 기초에 대한 지지력 공식 $q_u = \alpha c N_c + \beta \gamma_1 B N_\gamma + \gamma_2 D_f N_q$에 대한 설명으로 틀린 것은?

① 계수 α, β를 형상계수라 하며 기초의 모양에 따라 결정된다.
② 기초의 깊이 D_f가 클수록 극한 지지력도 이와 더불어 커진다고 볼 수 있다.
③ N_c, N_γ, N_q는 지지력계수라 하는데 내부마찰각과 점착력에 의해서 정해진다.
④ γ_1, γ_2는 흙의 단위 중량이며 지하수위 아래에서는 수중단위 중량을 써야 한다.

[해설]
지지력계수(N_c, N_r, N_q)는 내부마찰각(ϕ)에 의해 결정된다.

85 아래 그림과 같은 지표면에 2개의 집중하중이 작용하고 있다. 3t의 집중하중 작용점 하부 2m 지점 A에서의 연직하중의 증가량은 약 얼마인가?(단, 영향계수는 소수점 이하 넷째 자리까지 구하여 계산하시오.)

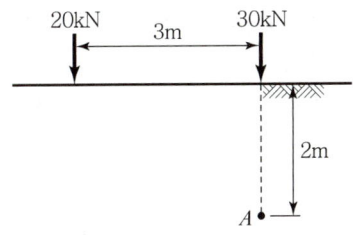

① 0.37t/m^2 ② 0.89t/m^2
③ 1.42t/m^2 ④ 1.94t/m^2

[해설]

연직응력의 증가량($\Delta\sigma_Z$) $=\dfrac{Q}{Z^2}I_\sigma$

$\Delta\sigma_Z(3\text{t})+\Delta\sigma_Z(2\text{t})$

$=\left(\dfrac{Q}{Z^2}\times\dfrac{3}{2\pi}\right)+\left(\dfrac{Q}{Z^2}\times\dfrac{3}{2\pi}\cdot\dfrac{Z^5}{R^5}\right)$

$=\left(\dfrac{3}{2^2}\times\dfrac{3}{2\pi}\right)+\left(\dfrac{2}{2^2}\times\dfrac{3}{2\pi}\cdot\dfrac{2^5}{3.6^5}\right)=0.37\text{t/m}^2$

(여기서, $R=\sqrt{r^2+Z^2}=\sqrt{3^2+2^2}=3.6$)

86 다음 중 연약점토지반 개량공법이 아닌 것은?

① Preloading 공법
② Sand drain 공법
③ Paper drain 공법
④ Vibro floatation 공법

[해설]

바이브로 플로테이션 공법은 사질토 지반 개량공법이다.

87 간극비(e)와 간극률(n, %)의 관계를 옳게 나타낸 것은?

① $e=\dfrac{1-n/100}{n/100}$ ② $e=\dfrac{n/100}{1-n/100}$
③ $e=\dfrac{1+n/100}{n/100}$ ④ $e=\dfrac{1+n/100}{1-n/100}$

[해설]

$n=\dfrac{e}{1+e},\ \therefore\ e=\dfrac{n}{1-n}=\dfrac{n/100}{1-n/100}$

88 옹벽배면의 지표면 경사가 수평이고, 옹벽배면 벽체의 기울기가 연직인 벽체에서 옹벽과 뒤채움 흙 사이의 벽면마찰각(δ)을 무시할 경우, Rankine 토압과 Coulomb 토압의 크기를 비교하면?

① Rankine 토압이 Coulomb 토압보다 크다.
② Coulomb 토압이 Rankine 토압보다 크다.
③ Rankine 토압과 Coulomb 토압의 크기는 항상 같다.
④ 주동토압은 Rankine 토압이 더 크고, 수동토압은 Coulomb 토압이 더 크다.

[해설]

벽 마찰각(δ)을 무시하면 Rankine 토압과 Coulonb 토압의 크기는 항상 같다.

89 샘플러(Sampler)의 외경이 6cm, 내경이 5.5cm일 때, 면적비(A_r)는?

① 8.3%   ② 9.0%
③ 16%   ④ 19%

[해설]

면적비(A_r) $=\dfrac{D_w^{\ 2}-D_e^{\ 2}}{D_e^{\ 2}}\times 100=\dfrac{6^2-5.5^2}{5.5^2}\times 100=19\%$

90 아래 그림에서 투수계수 $K=4.8\times 10^{-3}\text{cm/sec}$일 때 Darcy 유출속도($v$)와 실제 물의 속도(침투속도, v_s)는?

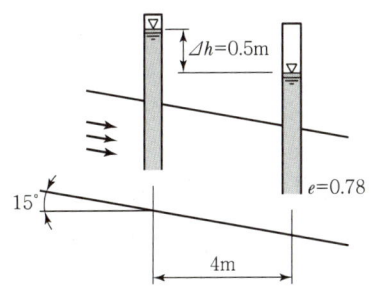

① $v=3.4\times 10^{-4}\text{cm/sec},\ v_s=5.6\times 10^{-4}\text{cm/sec}$
② $v=3.4\times 10^{-4}\text{cm/sec},\ v_s=9.4\times 10^{-4}\text{cm/sec}$

③ $v = 5.8 \times 10^{-4}$cm/sec, $v_s = 10.8 \times 10^{-4}$cm/sec
④ $v = 5.8 \times 10^{-4}$cm/sec, $v_s = 13.2 \times 10^{-4}$cm/sec

[해설]

- 유출속도$(v) = k \cdot i = k \cdot \dfrac{h}{L} = (4.8 \times 10^{-3}) \times \dfrac{0.5}{4.14}$
  $= 5.8 \times 10^{-4}$cm/sec
  $\left(\text{여기서, } \cos 15° = \dfrac{4}{L}, \therefore L = \dfrac{4}{\cos 15°} = 4.14\right)$

- 침투속도$(v_s) = \dfrac{1}{n} \times V = \dfrac{1}{0.438} \times (5.8 \times 10^{-4})$
  $= 1.32 \times 10^{-3} = 13.2 \times 10^{-4}$cm/sec
  $\left(\text{여기서, } n = \dfrac{e}{1-e} = \dfrac{0.78}{1-0.78} = 0.438\right)$

91 수직방향의 투수계수가 4.5×10^{-8}m/sec이고, 수평방향의 투수계수가 1.6×10^{-8}m/sec인 균질하고 비등방(非等方)인 흙댐의 유선망을 그린 결과 유로(流路) 수가 4개이고 등수두선의 간격 수가 18개이었다. 단위길이(m)당 침투수량은?(단, 댐 상하류의 수면의 차는 18m이다.)

① 1.1×10^{-7}m³/sec
② 2.3×10^{-7}m³/sec
③ 2.3×10^{-8}m³/sec
④ 1.5×10^{-8}m³/sec

[해설]

침투수량$(Q) = k \cdot H \cdot \dfrac{N_f}{N_d}$
$= (\sqrt{k_H \cdot k_V}) \times H \times \dfrac{N_f}{N_d}$
$= \sqrt{(4.5 \times 10^{-8}) \times (1.6 \times 10^{-8})} \times 18 \times \dfrac{4}{18}$
$= 1.1 \times 10^{-7}$m³/sec

92 사면안정 해석방법에 대한 설명으로 틀린 것은?

① 일체법은 활동면 위에 있는 흙덩어리를 하나의 물체로 보고 해석하는 방법이다.
② 절편법은 활동면 위에 있는 흙을 몇 개의 절편으로 분할하여 해석하는 방법이다.
③ 마찰원방법은 점착력과 마찰각을 동시에 갖고 있는 균질한 지반에 적용된다.
④ 절편법은 흙이 균질하지 않아도 적용이 가능하지만, 흙속에 간극수압이 있을 경우 적용이 불가능하다.

[해설]

절편법
- 이질토층 및 지하수위가 있는 경우 적용 가능
- 절편법
  - Fellenius 방법 : 간극수압을 고려하지 않음
  - Bishop 방법 : 간극수압 고려

93 흙의 다짐에 대한 설명으로 틀린 것은?

① 조립토는 세립토보다 최대 건조단위중량이 커진다.
② 습윤 측 다짐을 하면 흙 구조가 면모구조가 된다.
③ 최적 함수비로 다질 때 최대 건조단위중량이 된다.
④ 동일한 다짐에너지에 대해서는 건조 측이 습윤 측보다 더 큰 강도를 보인다.

[해설]

건조 측에서 다지면 면모구조, 습윤 측에서 다지면 이산구조가 된다.

94 다음 중 시료채취에 대한 설명으로 틀린 것은?

① 오거보링(Auger Boring)은 흐트러지지 않은 시료를 채취하는 데 적합하다.
② 교란된 흙은 자연상태의 흙보다 전단강도가 작다.
③ 액성한계 및 소성한계 시험에서는 교란시료를 사용하여도 괜찮다.
④ 입도분석시험에서는 교란시료를 사용하여도 괜찮다.

[해설]

오거보링은 교란(흐트러진) 시료를 채취하는 데 적합하다.

정답 91 ① 92 ④ 93 ② 94 ①

95 성토나 기초지반에 있어 특히 점성토의 압밀 완료 후 추가 성토 시 단기 안정문제를 검토하고자 하는 경우 적용되는 시험법은?

① 비압밀 비배수시험
② 압밀 비배수시험
③ 압밀 배수시험
④ 일축압축시험

[해설]
- 비압밀 및 비배수시험(UU) : 점토지반의 단기간 안정검토
- 압밀 배수시험(CD) : 점토지반의 장기간 안정검토
- 압밀 비배수시험(CU) : 압밀 완료 후 단기간 안정검토

96 어떤 굳은 점토층을 깊이 7m까지 연직 절토하였다. 이 점토층의 일축압축강도가 $1.4kg/cm^2$, 흙의 단위중량이 $2t/m^3$라 하면 파괴에 대한 안전율은? (단, 내부마찰각은 30°)

① 0.5 ② 1.0
③ 1.5 ④ 2.0

[해설]
- 안전율(F_s) = $\dfrac{H_c}{H}$
- 한계고(H_c) = $2Z_c = 2\dfrac{2c}{\gamma}\tan\left(45° + \dfrac{\phi}{2}\right) = \dfrac{2q_u}{\gamma_t} = \dfrac{2 \times 14}{2}$
  $= 14m$
  (여기서 $q_u = 1.4kg/cm^2 = 14t/m^3$)
- ∴ 안전율(F_s) = $\dfrac{14}{7} = 2$

97 도로 연장 3km 건설 구간에서 7개 지점의 시료를 채취하여 다음과 같은 CBR을 구하였다. 이때의 설계 CBR은 얼마인가?

- 7개의 CBR : 5.3, 5.7, 7.6, 8.7, 7.4, 8.6, 7.2

[설계 CBR 계산용 계수]

개수(n)	2	3	4	5	6	7	8	9	10 이상
d_2	1.41	1.91	2.24	2.48	2.67	2.83	2.96	3.08	3.18

① 4 ② 5
③ 6 ④ 7

[해설]
설계 CBR = 평균 CBR $-\dfrac{\text{최대 CBR} - \text{최소 CBR}}{d_2}$
$= 7.21 - \left(\dfrac{8.7 - 5.3}{2.83}\right) = 6$

98 자연상태의 모래지반을 다져 $e_{\min}$에 이르도록 했다면 이 지반의 상대밀도는?

① 0% ② 50%
③ 75% ④ 100%

[해설]
상대밀도(D_r) = $\dfrac{e_{\max} - e}{e_{\max} - e_{\min}} \times 100$ (여기서, $e \to e_{\min}$)
$= \left(\dfrac{e_{\max} - e_{\min}}{e_{\max} - e_{\min}}\right) \times 100 = 100\%$

99 어떤 지반의 미소한 흙요소에 최대 및 최소 주응력이 각각 $1kg/cm^2$ 및 $0.6kg/cm^2$일 때, 최소주응력면과 60°를 이루는 면 상의 전단응력은?

① $0.10kg/cm^2$ ② $0.17kg/cm^2$
③ $0.20kg/cm^2$ ④ $0.27kg/cm^2$

[해설]
전단응력(τ) = $\dfrac{\sigma_1 - \sigma_3}{2}\sin 2\theta = \dfrac{1 - 0.6}{2}\sin(2 \times 30°)$
$= 0.17kg/cm^2$
(θ : 최대 주응력면과 파괴면이 이루는 각으로, $\theta + \theta' = 90°$, $\theta = 90° - \theta' = 90° - 60° = 30°$)

정답 95 ② 96 ④ 97 ③ 98 ④ 99 ②

100 Sand drain 공법의 지배 영역에 관한 Barron의 정사각형 배치에서 사주(Sand pile)의 간격을 d, 유효원의 지름을 d_e라 할 때 d_e를 구하는 식으로 옳은 것은?

① $d_e = 1.13d$ ② $d_e = 1.05d$
③ $d_e = 1.03d$ ④ $d_e = 1.50d$

[해설]

유효직경(d_e)

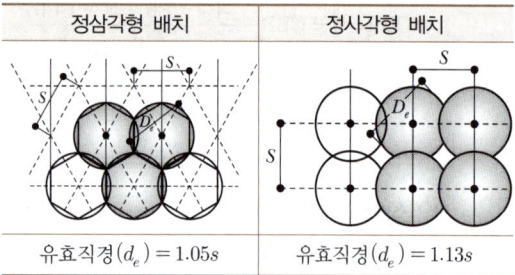

정삼각형 배치	정사각형 배치
유효직경(d_e) = 1.05s	유효직경(d_e) = 1.13s

6과목 상하수도공학

101 Ripple's Method에 의하여 저수지 용량을 결정하려고 할 때 그림에서 최대 갈수량을 대비한 저수개시 시점은?(단, $\overline{AB}$, $\overline{CD}$, $\overline{EF}$, $\overline{GH}$는 $\overline{OX}$와 평행)

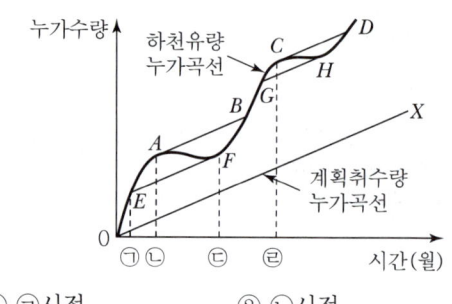

① ㉠시점 ② ㉡시점
③ ㉢시점 ④ ㉣시점

[해설]

계획취수량 누가직선과 선분EF와 평행하게 이어 만나는 부분인 E점이 저수시작일이다.

102 상수도 계획에서 계획연차 결정에 있어서 일반적으로 고려해야 할 사항으로 틀린 것은?

① 장비 및 시설물의 내구연한
② 시설확장 시 난이도와 위치
③ 도시발전 상황과 물사용량
④ 도시급수지역의 전염병 발생 상황

[해설]

상수도시설의 계획연차 결정은 물 사용량과 시설 용량과 관련 있으므로 전염병발생상황과는 관련이 없다.

103 취수보의 취수구에서의 표준 유입속도는?

① 0.3~0.6m/s ② 0.4~0.8m/s
③ 0.5~1.0m/s ④ 0.6~1.2m/s

[해설]

취수보의 취수구에서의 표준 유입속도는 0.4~0.8m/s이다.

정답 100 ① 101 ① 102 ④ 103 ②

104 다음 중 하수 고도처리의 주요 처리대상 물질에 해당되는 것은?

① 질소, 인   ② 유기물
③ 소독부산물 ④ 미생물

[해설]
하수 3차 고도처리의 주요 처리 대상물질은 영양염류로서 질소와 인이다.

105 합류식과 분류식에 대한 설명으로 옳지 않은 것은?

① 합류식의 경우 관경이 커지기 때문에 2계통인 분류식보다 건설비용이 많이 든다.
② 분류식의 경우 오수와 우수를 별개의 관로로 배제하기 때문에 오수의 배제계획이 합리적이 된다.
③ 분류식의 경우 관거 내 퇴적은 적으나 수세효과는 기대할 수 없다.
④ 합류식의 경우 일정량 이상이 되면 우천 시 오수가 월류한다.

[해설]
합류식은 하나의 관을 매설하기 때문에 건설비용이 감소한다.

106 완속여과지와 비교할 때, 급속여과지에 대한 설명으로 옳지 않은 것은?

① 유입수가 고탁도인 경우에 적합하다.
② 세균처리에 있어 확실성이 적다.
③ 유지관리비가 적게 들고 특별한 관리기술이 필요하지 않다.
④ 대규모처리에 적합하다.

[해설]
급속여과지는 빠르게 처리하므로 여과면적을 많이 필요로 하지 않으며, 고탁도처리가 가능하다. 또한 대규모처리에 적합하다. 그러나 빠른 처리로 인하여 세균처리율이 떨어지며 유지관리비 및 관리기술이 필요하다.

107 물의 맛·냄새의 제거 방법으로 식물성 냄새, 생선 비린내, 황화수소냄새, 부패한 냄새의 제거에 효과가 있지만, 곰팡이 냄새 제거에는 효과가 없으며 페놀류는 분해할 수 있지만, 약품냄새 중에는 아민류와 같이 냄새를 강하게 할 수도 있으므로 주의가 필요한 처리 방법은?

① 폭기방법   ② 염소처리법
③ 오존처리법   ④ 활성탄처리법

[해설]
염소소독의 단점
• 색도제거가 안된다.
• THM이 발생한다.
• 곰팡이냄새제거에 효과가 없다.
• 바이러스제거에 효과가 없다.

108 펌프의 토출량이 0.94m³/min이고, 흡입구의 유속이 2m/s라 가정할 때 펌프의 흡입구경은?

① 100mm   ② 200mm
③ 250mm   ④ 300mm

[해설]
펌프의 구경 $d = 146\sqrt{\dfrac{Q}{V}}$ 이므로 $146 \times \sqrt{\dfrac{0.94}{2}} = 100.1\text{mm}$

109 인구 30만의 도시에 급수계획을 하고자 한다. 계획 1인 1일 최대 급수량을 350L로 하고 계획급수보급률을 80%라 할 때 계획 1일 평균급수량은? (단, 이 도시는 중소도시로 계획첨두율은 1.5로 가정한다.)

① 126,000m³/day   ② 84,000m³/day
③ 73,500m³/day   ④ 56,000m³/day

[해설]
계획 1일 평균급수량
$= 300,000\text{인} \times 350 \times 10^{-3}\text{m}^3/\text{인}\cdot\text{day} \times 0.8 \div 1.5$
$= 56,000\text{m}^3/\text{day}$

정답 104 ① 105 ① 106 ③ 107 ② 108 ① 109 ④

110 하수도계획의 목표연도는 원칙적으로 몇 년으로 설정하는가?

① 5년 ② 10년
③ 15년 ④ 20년

[해설]
상수도시설계획은 5~15년, 하수도시설계획은 20년이다.

111 하수관거의 설계기준에 대한 설명으로 틀린 것은?

① 경사는 상류에서 크게 하고 하류로 갈수록 감소시켜야 한다.
② 유속은 하류로 갈수록 작게 하여야 한다.
③ 오수관거의 최소관경은 200mm를 표준으로 한다.
④ 관거의 최소 흙두께는 원칙적으로 1m로 한다.

[해설]
하수관거의 유속은 하류로 갈수록 빠르게 경사는 완만하게 하여야 한다.

112 펌프대수 결정을 위한 일반적인 고려사항에 대한 설명으로 옳지 않은 것은?

① 건설비를 절약하기 위해 예비는 가능한 한 대수를 적게 하고 소용량으로 한다.
② 펌프의 설치대수는 유지관리상 가능한 한 적게 하고 동일용량의 것으로 한다.
③ 펌프는 가능한 한 최고효율점 부근에서 운전하도록 대수 및 용량을 정한다.
④ 펌프는 용량이 작을수록 효율이 높으므로 가능한 한 소용량의 것으로 한다.

[해설]
펌프 결정 시에는 가능한 한 대수를 줄이고, 동일 용량의 것을 사용하며, 대용량을 선택한다.

113 양수량이 8m³/min, 전양정이 4m, 회전수가 1,160 rpm인 펌프의 비교회전도는?

① 316 ② 985
③ 1,160 ④ 1,436

[해설]
$N_s = N \dfrac{Q^{1/2}}{H^{3/4}}$ 이므로 $1,160 \times \dfrac{8^{1/2}}{4^{3/4}} = 1,160$

114 활성탄 흡착공정에 대한 설명으로 옳지 않은 것은?

① 활성탄은 비표면적이 높은 다공성의 탄소질 입자로, 형상에 따라 입상활성탄과 분말활성탄으로 구분된다.
② 분말활성탄의 흡착능력이 떨어지면 재생공정을 통해 재활용한다.
③ 활성탄 흡착을 통해 소수성의 유기물질을 제거할 수 있다.
④ 모래여과공정 전단에 활성탄 흡착공정을 두게 되면, 탁도 부하가 높아져서 활성탄 흡착효율이 떨어지거나 역세척을 자주 해야 할 필요가 있다.

[해설]
입상활성탄의 경우 재생하여 재사용하나 분말활성탄의 경우 사용 후 버리기 때문에 미생물 번식의 우려가 없다.

115 하수처리·재이용계획의 계획오수량에 대한 설명 중 옳지 않은 것은?

① 계획 1일 최대오수량은 1인 1일 최대오수량에 계획인구를 곱한 후, 공장폐수량, 지하수량 및 기타 배수량을 더한 것으로 한다.
② 계획오수량은 생활오수량, 공장폐수량, 지하수량으로 구분한다.
③ 지하수량은 1인 1일 최대오수량의 10~20%로 한다.
④ 계획시간 최대오수량은 계획 1일 평균오수량의 1시간당 수량의 2~3배를 표준으로 한다.

정답 110 ④ 111 ② 112 ④ 113 ③ 114 ② 115 ④

[해설]

계획시간 최대오수량은 계획 1일 최대오수량의 1시간당 수량의 1.3~1.8배를 표준으로 한다.

116 배수면적 2km²인 유역 내 강우의 하수관거 유입시간이 6분, 유출계수가 0.70일 때 하수관거 내 유속이 2m/s인 1km 길이의 하수관에서 유출되는 우수량은?(단, 강우강도 $I = \dfrac{3,500}{t+25}$ mm/h, t의 단위 : [분])

① 0.3m³/s ② 2.6m³/s
③ 34.6m³/s ④ 43.9m³/s

[해설]

$Q = \dfrac{1}{3.6}CIA$, $T = t_1 + \dfrac{L}{V}$ 이므로

$T = 6 + \dfrac{1,000}{2 \times 60} = 14.3$ 분

$Q = \dfrac{1}{3.6} \times 0.7 \times \dfrac{3,500}{14.3+25} \times 2 = 34.6$ m³/sec

117 도수거에 대한 설명으로 옳지 않은 것은?

① 개거나 암거인 경우에는 대개 30~50m 간격으로 시공조인트를 겸한 신축조인트를 설치한다.
② 개수로의 평균유속 공식은 Manning 공식을 주로 사용한다.
③ 도수거에서 평균유속의 최대한도는 5m/s로 한다.
④ 도수거의 최소유속은 0.3m/s로 한다.

[해설]

도수관의 유속범위는 0.3~3m/sec이다.

118 하수처리장 유입수의 SS농도는 200mg/L이다. 1차 침전지에서 30% 정도가 제거되고 2차 침전지에서 85%의 제거효율을 갖고 있다. 하루 처리용량이 3,000m³/day일 때 방류되는 총 SS량은?

① 6,300kg/day ② 6,300mg/day
③ 63kg/day ④ 2,800g/day

[해설]

- 1차 침전지 처리 후 잔류 SS농도
  200mg/L − 200mg/L × 0.3 = 140mg/L
- 2차 침전지 처리 후 잔류 SS농도
  140mg/L − 140mg/L × 0.85 = 21mg/L

∴ 방류되는 총 SS량은
21×10^{-3} kg/m³ × 3,000m³/day = 63kg/day

119 상수도 배수관에 사용하는 관 종류와 특징으로 옳지 않은 것은?

① 경질폴리염화비닐(PVC)관은 내식성이 크고 유기용제, 열 및 자외선에 강하다.
② 덕타일주철관은 강도가 커서 충격에 강하나 비교적 무겁다.
③ 강관은 내압 및 충격에 강하나 부식에 약하며 처짐이 크다.
④ 스테인리스강관은 강도가 크지만 다른 금속과의 절연처리가 필요하다.

[해설]

수도용 경질폴리염화비닐(PVC)관 또는 폴리에틸렌관을 매설하는 경우에는 자외선의 영향을 받을 우려가 있는 부분, 높은 온도를 받는 부분, 또는 온도저하가 현저한 곳은 피하는 것이 바람직하다.

120 활성슬러지법과 비교하여 생물막법의 특징으로 옳지 않은 것은?

① 운전조작이 간단하다.
② 다량의 슬러지 유출에 따른 처리수 수질 악화가 발생하지 않는다.
③ 반응조를 다단화하여 반응효율과 처리안정성 향상이 도모된다.
④ 생물종 분포가 단순하여 처리효율을 높일 수 있다.

[해설]

생물막법은 다양한 미생물의 생물종을 여재층 또는 회전원판 등에 포식하여 처리하는 방식이다.

정답 116 ③ 117 ③ 118 ③ 119 ① 120 ④

04 제4회 CBT 실전모의고사

1과목 응용역학

01 다음과 같이 1변이 a인 정사각형 단면의 1/4을 절취한 나머지 부분의 도심(C)의 위치 y_o는?

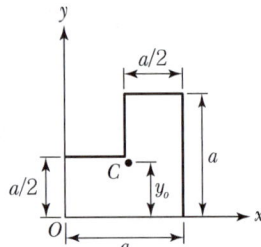

① $\dfrac{5a}{12}$
② $\dfrac{6a}{12}$
③ $\dfrac{7a}{12}$
④ $\dfrac{8a}{12}$

[해설]

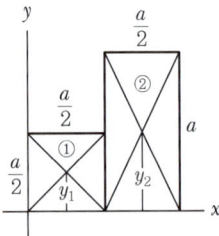

여기서
$\begin{cases} y_1 = \dfrac{a}{4} \\ y_2 = \dfrac{a}{2} \end{cases}$

$y = \dfrac{G_x}{A} = \dfrac{\left(\dfrac{a}{2} \times \dfrac{a}{2}\right)y_1 + \left(\dfrac{a}{2} \times a\right)y_2}{\left(\dfrac{a}{2} \times \dfrac{a}{2}\right) + \left(a \times \dfrac{a}{2}\right)} = \dfrac{5}{12}a$

02 그림과 같은 단순보에서 A점의 반력이 B점의 반력의 2배가 되도록 하는 거리 x는?(단, x는 A점으로부터의 거리이다.)

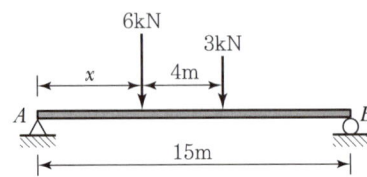

① 1.67m
② 2.67m
③ 3.67m
④ 4.67m

[해설]

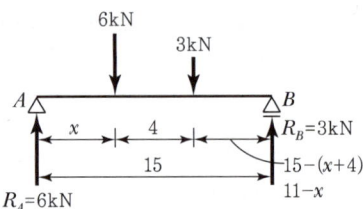

- $\sum V = 0$
$R_A + R_B - 6 - 3 = 0$
$R_A + R_B = 9$
$(2R_B) + R_B = 9$
$3R_B = 9$
$R_B = 3\text{kN}$
$\therefore R_A = 6\text{kN}$

- $\sum M_B = 0$

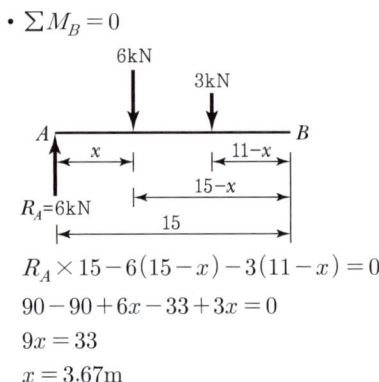

$R_A \times 15 - 6(15-x) - 3(11-x) = 0$
$90 - 90 + 6x - 33 + 3x = 0$
$9x = 33$
$x = 3.67\text{m}$

[별해]

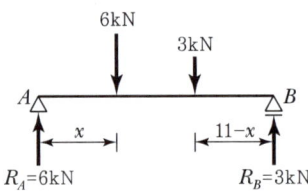

$\sum M = 0$
시계방향 짝힘 M+반시계방향 짝힘 $M = 0$
$6x - 3(11-x) = 0$
$6x - 33 + 3x = 0$
$9x = 33$
$x = 3.67\text{m}$

정답 01 ① 02 ③

03 그림과 같은 3힌지 아치의 C점에 연직하중(P) 400kN이 작용한다면 A점에 작용하는 수평반력(H_A)은?

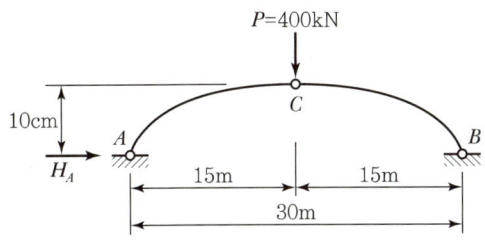

① 100kN ② 150kN
③ 200kN ④ 300kN

[해설]

[공식]

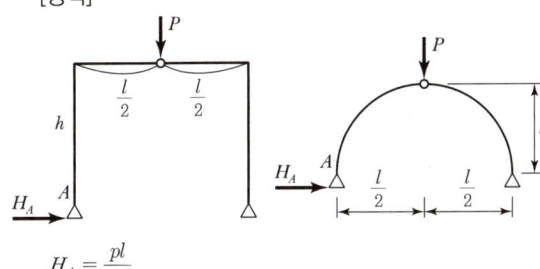

$$H_A = \frac{pl}{4h}$$

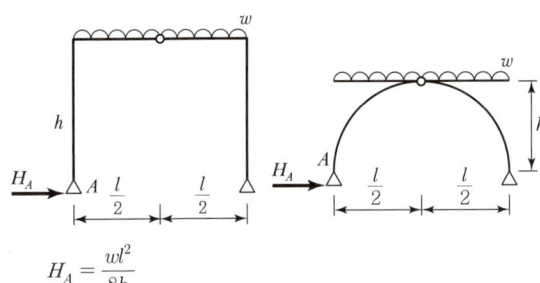

$$H_A = \frac{wl^2}{8h}$$

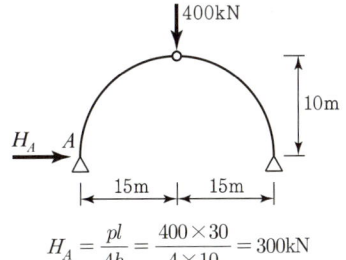

$$H_A = \frac{pl}{4h} = \frac{400 \times 30}{4 \times 10} = 300\text{kN}$$

04 그림과 같은 트러스에서 부재력이 0인 부재는 몇 개인가?

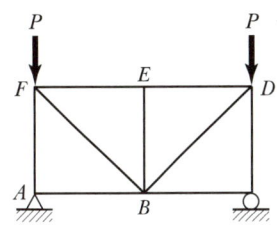

① 3개 ② 4개
③ 5개 ④ 7개

[해설]

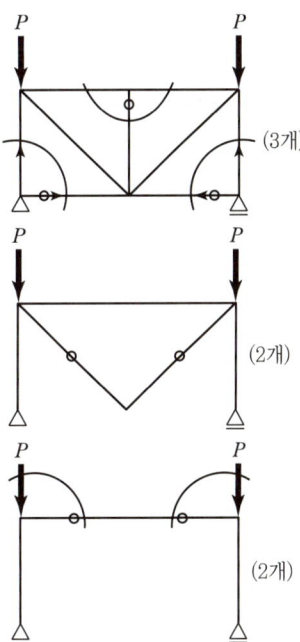

05 길이 5m의 철근을 200MPa의 인장응력으로 인장하였더니 그 길이가 5mm만큼 늘어났다고 한다. 이 철근의 탄성계수는?(단, 철근의 지름은 20mm이다.)

① 2×10^4MPa ② 2×10^5MPa
③ 6.37×10^4MPa ④ 6.37×10^5MPa

정답 03 ④ 04 ④ 05 ②

[해설]
[조건]
길이 $l = 5\text{m} = 5 \times 10^3 \text{mm}$
응력 $\sigma = 200\text{MPa} = 200\text{N/mm}^2$
늘어난 길이 $\delta = 5\text{mm}$
지름 $D = 20\text{mm}$ ∴ $A = \dfrac{\pi(20)^2}{4} = 314\text{mm}^2$
$E = \dfrac{\sigma}{\varepsilon} = \sigma \dfrac{l}{\delta} = (200) \times \dfrac{5 \times 10^3}{5} = 2 \times 10^5 \text{MPa}$

06 그림과 같은 직사각형 단면의 보가 최대 휨모멘트 $M_{\max} = 20\text{kN} \cdot \text{m}$를 받을 때 $a-a$단면의 휨응력은?

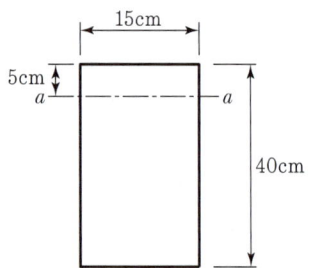

① 2.25MPa ② 3.75MPa
③ 4.25MPa ④ 4.65MPa

[해설]

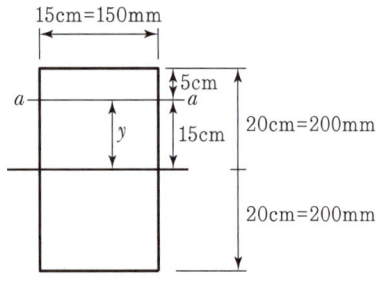

$\begin{cases} M = 20\text{kN} \cdot \text{m} = 20 \times 10^3 \times 10^3 \text{N} \cdot \text{mm} \\ I = \dfrac{1}{12} \times 150 \times 400^3 = 8 \times 10^8 \text{mm}^4 \\ y = 150\text{mm} \end{cases}$

$\sigma = \dfrac{M}{I}y = \dfrac{20 \times 10^6}{8 \times 10^8} \times 150 = 3.75 \text{N/mm}^2 = 3.75\text{MPa}$

07 기둥의 길이가 3.5m이고 단면이 10cm×15cm인 직사각형이라면 이 기둥의 세장비는?

① 80.83 ② 121.23
③ 142.96 ④ 165.47

[해설]
$\lambda = \dfrac{l}{r_{\min}} = \dfrac{l}{\sqrt{\dfrac{I_{\min}}{A}}} = \dfrac{350}{\sqrt{\dfrac{10^3 \times \dfrac{12}{12}}{10 \times 12}}} \fallingdotseq 121.23$

08 그림과 같은 보에서 A점의 처짐각을 구하면?(단, $EI = 2 \times 10^5 \text{kg} \cdot \text{m}^2$이다.)

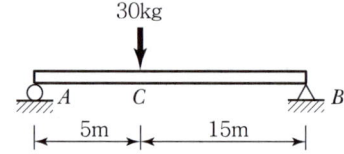

① 0.00328rad ② 0.00563rad
③ 0.00600rad ④ 0.01125rad

[해설]
$\theta_A = \dfrac{Pab(l+b)}{6EIl} = \dfrac{30 \times 5 \times 15 \times (20+15)}{6 \times 2 \times 10^5 \times 20}$
$= 0.00328\text{rad}$

09 탄성변형에너지는 외력을 받는 구조물에서 변형에 의해 구조물에 축적되는 에너지를 말한다. 탄성체이며 선형거동을 하는 길이 L인 캔틸레버보의 끝단에 집중하중 P가 작용할 때 굽힘모멘트에 의한 탄성변형에너지는?(단, EI는 일정하다.)

① $\dfrac{P^2L^2}{6EI}$ ② $\dfrac{P^2L^2}{2EI}$
③ $\dfrac{P^2L^3}{6EI}$ ④ $\dfrac{P^2L^3}{2EI}$

[해설]

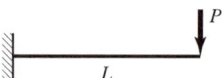

$$u = \frac{P\delta}{2} = \frac{P}{2} \times \left[\frac{PL^3}{3EI}\right] = \frac{P^2L^3}{6EI}$$

[별해]

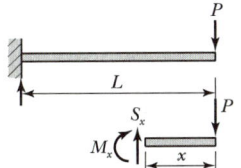

$\sum M_{\tilde{x}} = 0 (\cap \oplus)$
$M_x = -Px$

$$U = \frac{1}{2}\int_0^L \frac{M_x^2}{EI}dx = \frac{1}{2}\int_0^L \frac{(-Px)^2}{EI}dx$$
$$= \frac{P^2}{2EI}\left[\frac{1}{3} \cdot x^3\right]_0^L = \frac{P^2L^3}{6EI}$$

10 그림과 같은 부정정 구조물에서 B지점의 반력의 크기는?(단, 보의 휨강도 EI는 일정하다.)

① $\frac{7}{3}P$

② $\frac{7}{4}P$

③ $\frac{7}{5}P$

④ $\frac{7}{6}P$

[해설]

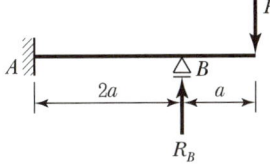

[공식]

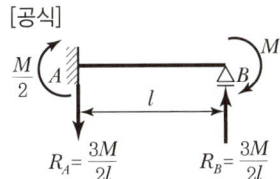

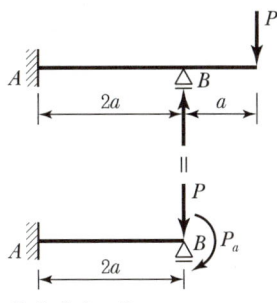

B점 반력 : R_B

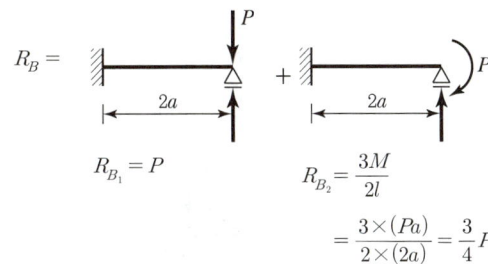

$R_{B_1} = P$ $R_{B_2} = \frac{3M}{2l}$
$= \frac{3 \times (Pa)}{2 \times (2a)} = \frac{3}{4}P$

$\therefore R_B = P + \frac{3}{4}P = \frac{7}{4}P$

[참고]

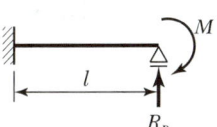

지점 처짐 $\delta = 0$

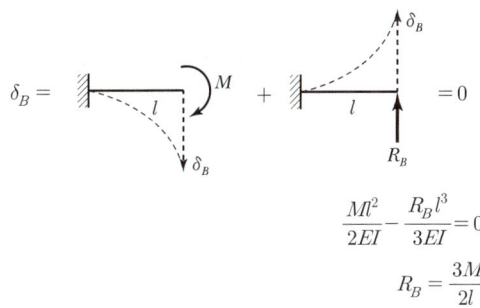

$$\frac{Ml^2}{2EI} - \frac{R_Bl^3}{3EI} = 0$$
$$R_B = \frac{3M}{2l}$$

11 그림에 표시된 힘들의 x방향의 합력으로 옳은 것은?

① $0.4\text{kN}(\leftarrow)$
② $0.7\text{kN}(\rightarrow)$
③ $1.0\text{kN}(\rightarrow)$
④ $1.3\text{kN}(\leftarrow)$

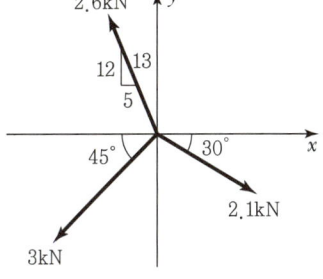

정답 10 ② 11 ④

[해설]

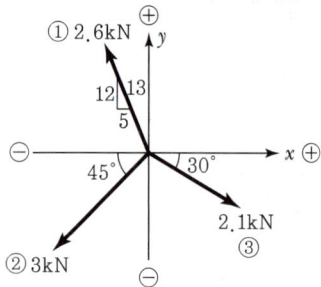

㉠ $H = 5 \times \dfrac{2.6}{13} = 1\text{kN}$

㉡ $H = -1 \times \dfrac{3}{\sqrt{2}} = -2.1216$

㉢ $H = +\sqrt{3} \times \dfrac{2.1}{2} = 1.8186$

∴ $H = 1 - 2.1216 + 1.8186 = 1.303\text{kN}$

12 다음 그림과 같은 T형 단면에서 도심축 $C-C$ 축의 위치 y는?

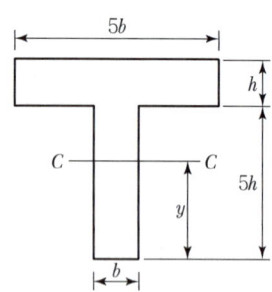

① $2.5h$ ② $3.0h$
③ $3.5h$ ④ $4.0h$

[해설]

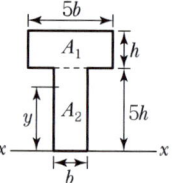

$$y = \dfrac{G_x}{A} = \dfrac{5bh \times \left(\dfrac{h}{2}+5h\right)+5bh \times 2.5h}{5bh+5bh}$$

$$= \dfrac{27.56h^2 + 12.5bh^2}{10bh} = 4h$$

[별해]
$A_1 = A_2$ 이면

$$y = \dfrac{y_1+y_2}{2} = \dfrac{5.5h+2.5h}{2} = 4h$$

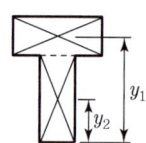

13 다음의 단순보에서 A점의 반력이 B점의 반력의 3배가 되기 위한 거리 x는 얼마인가?

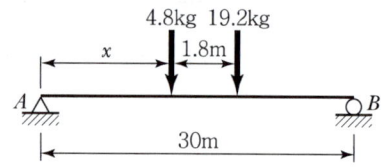

① 3.75m ② 5.04m
③ 6.06m ④ 6.66m

[해설]
- $\sum V = 0$
 $R_A - 4.8 - 19.2 + R_B = 0$
 $(3R_B) + R_B = 24$
 $R_B = 6\text{kg}(\uparrow)$
- $\sum M_A = 0$
 $4.8x + 19.2(x+1.8) - 6 \times 30 = 0$
 $24x = 145.44$
 $x = 6.06\text{m}(\rightarrow)$

정답 12 ④ 13 ③

14 다음 그림과 같은 반원형 3힌지 아치에서 A점의 수평반력은?

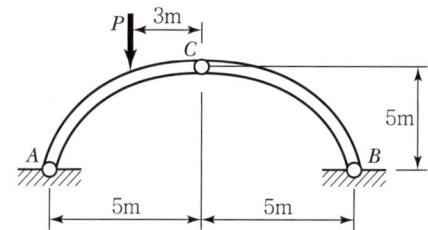

① P ② $\dfrac{P}{2}$

③ $\dfrac{P}{4}$ ④ $\dfrac{P}{5}$

[해설]

- $\sum M_B = V_A \times 10 - P \times 8 = 0$

  $\therefore V_A = \dfrac{4}{5}P$(힌지 좌측 부분)

- $\sum M_C = V_A \times 5 - P \times 3 - H_A \times 5 = 0$

  $\therefore H_A = \dfrac{P}{5}(\rightarrow)$

[별해 1] $H_A = \dfrac{P(5-3)}{2h} = \dfrac{P \times 2}{2 \times 5} = \dfrac{P}{5}(\rightarrow)$

[별해 2]

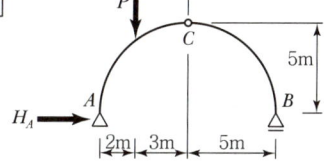

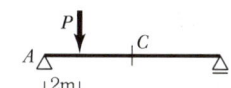

$H_A = \dfrac{\text{단순보}M_C}{h} = \dfrac{P \times 2}{2 \times 5} = \dfrac{P}{5}$

[보충]

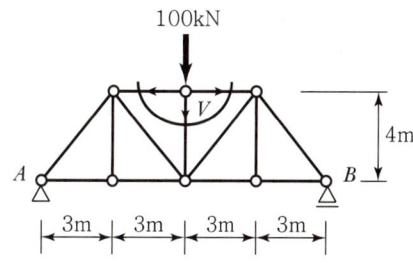

15 그림의 트러스에서 수직 부재 V의 부재력은?

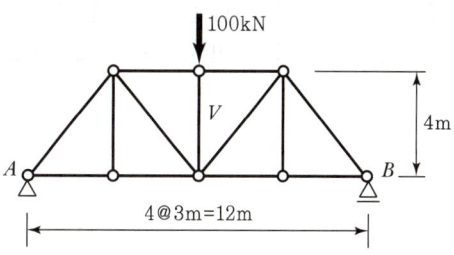

① 100kN(인장) ② 100kN(압축)
③ 50kN(인장) ④ 50kN(압축)

[해설]

$\sum V = 0$
$-100 - V = 0$
$V = -100\text{kN (압축)}$

16 길이 5m, 단면적 10cm²의 강봉을 0.5mm 늘이는 데 필요한 인장력은?(단, $E = 2 \times 10^6 \text{kg/cm}^2$)

① 2t ② 3t
③ 4t ④ 5t

[해설]

$\Delta l = \dfrac{Pl}{AE}$ 식에서

$P = \dfrac{\Delta l \cdot A \cdot E}{l} = \dfrac{0.05 \times 10 \times 2 \times 10^6}{500}$

$= 2,000\text{kg} = 2\text{t}$

정답 14 ④ 15 ② 16 ①

17 똑같은 휨모멘트 M을 받고 있는 두 보의 단면이 〈그림 1〉 및 〈그림 2〉와 같다. 〈그림 2〉의 보의 최대 휨응력은 〈그림 1〉의 보의 최대 휨응력의 몇 배인가?

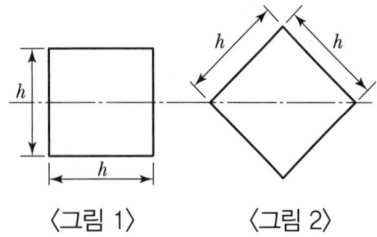

〈그림 1〉 〈그림 2〉

① $\sqrt{2}$ 배
② $2\sqrt{2}$ 배
③ $\sqrt{5}$ 배
④ $\sqrt{3}$ 배

[해설]

[공식]
$\sigma_{\max} = \dfrac{M_{\max}}{Z}$

- $Z_1 = \dfrac{I}{y} = \dfrac{\frac{h^4}{12}}{\frac{h}{2}} = \dfrac{h^3}{6}$

- $Z_2 = \dfrac{I}{y} = \dfrac{\frac{h^4}{12}}{\frac{h}{\sqrt{2}}} = \dfrac{\sqrt{2}\,h^3}{12}$

- $\dfrac{Z_1}{Z_2} = \dfrac{2}{\sqrt{2}} = \sqrt{2}$

18 길이가 l이고 지름이 D인 원형 단면 기둥의 세장비는?

① $\dfrac{2l}{D}$
② $\dfrac{4l}{D}$
③ $\dfrac{l}{2D}$
④ $\dfrac{l}{D}$

[해설]

세장비 $\lambda = \dfrac{l}{r} = \dfrac{l}{\frac{D}{4}} = \dfrac{4l}{D}$

19 다음 구조물에서 하중이 작용하는 위치에서 일어나는 처짐의 크기는?

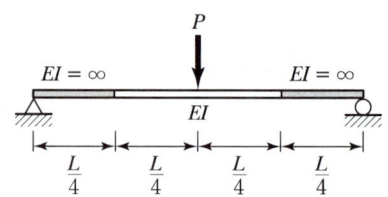

① $\dfrac{PL^3}{48EI}$
② $\dfrac{PL^3}{96EI}$
③ $\dfrac{7PL^3}{384EI}$
④ $\dfrac{11PL^3}{384EI}$

[해설]

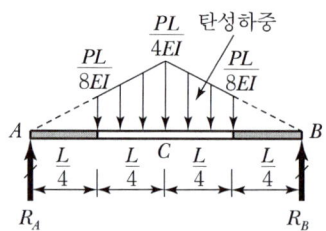

$\sum M_B = 0$

$R_A \times L - \left\{\left(\dfrac{PL}{8EI} \times \dfrac{L}{2}\right) + \left(\dfrac{1}{2} \times \dfrac{PL}{8EI} \times \dfrac{L}{2}\right)\right\} \times \dfrac{L}{2} = 0$

$R_A = \dfrac{3PL^2}{64EI}(\uparrow)$

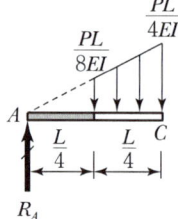

$M_C = \dfrac{3PL^2}{64EI} \times \dfrac{L}{2} - \left\{\left(\dfrac{PL}{8EI} \times \dfrac{L}{4}\right) \times \left(\dfrac{L}{4} \times \dfrac{1}{2}\right)\right.$
$\left. + \left(\dfrac{1}{2} \times \dfrac{PL}{8EI} \times \dfrac{L}{4}\right) \times \left(\dfrac{L}{4} \times \dfrac{1}{3}\right)\right\}$

$= \dfrac{7PL^3}{384EI}$

[별해] 양쪽 지점 부근 $\dfrac{L}{4}$ 구간은 $EI = \infty$이므로 휨모멘트를 무시한다. 따라서 공액보를 그리면 다음과 같다.

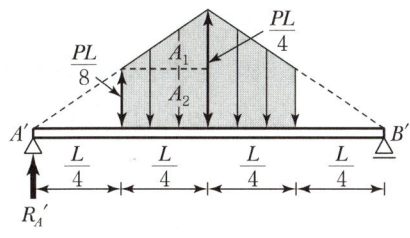

- $R_A' = R_B' = \underbrace{\dfrac{L}{4} \times \dfrac{PL}{8} \times \dfrac{1}{2}}_{A_1} + \underbrace{\dfrac{L}{4} \times \dfrac{PL}{8}}_{A_2}$

  $= \dfrac{3PL^2}{64}(\uparrow)$

- $y_{\max} = \dfrac{M_{\max}'}{EI}$

  $= \dfrac{1}{EI}\left[R_A' \times \dfrac{L}{2} - \left(\dfrac{L}{4} \times \dfrac{PL}{8} \times \dfrac{1}{2}\right) \right.$

  $\left. \times \dfrac{L}{12} - \left(\dfrac{L}{4} \times \dfrac{PL}{8}\right) \times \dfrac{L}{8} \right]$

  $= \dfrac{1}{EI}\left(\dfrac{3PL^2}{64} \times \dfrac{L}{2} - \dfrac{PL^3}{768} - \dfrac{PL^3}{256} \right)$

  $= \dfrac{7PL^3}{384EI}$

20 아래 그림과 같은 캔틸레버보에서 휨모멘트에 의한 탄성변형에너지는?(단, EI는 일정하다.)

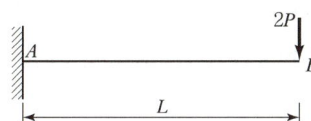

① $\dfrac{2P^2L^3}{3EI}$ ② $\dfrac{P^2L^3}{3EI}$

③ $\dfrac{P^2L^3}{6EI}$ ④ $\dfrac{P^2L^3}{2EI}$

[해설]

$U = \dfrac{P}{2}\delta = \dfrac{2P}{2} \times \dfrac{(2P)L^3}{3EI} = \dfrac{2P^2L^3}{3EI}$

2과목 측량학

21 직사각형의 가로, 세로의 거리가 그림과 같다. 면적 A의 표현으로 가장 적절한 것은?

75m±0.003m
A
100m±0.008m

① $7,500\text{m}^2 \pm 0.67\text{m}^2$
② $7,500\text{m}^2 \pm 0.41\text{m}^2$
③ $7,500.9\text{m}^2 \pm 0.67\text{m}^2$
④ $7,500.9\text{m}^2 \pm 0.41\text{m}^2$

[해설]

$A \pm \Delta A = (75 \times 100) \pm \sqrt{(75 \times 0.008)^2 + (100 \times 0.003)^2}$
$= 7,500\text{m}^2 \pm 0.67\text{m}^2$

22 하천측량을 실시하는 주목적에 대한 설명으로 가장 적합한 것은?

① 하천 개수공사나 공작물의 설계, 시공에 필요한 자료를 얻기 위하여
② 유속 등을 관측하여 하천의 성질을 알기 위하여
③ 하천의 수위, 기울기, 단면을 알기 위하여
④ 평면도, 종단면도를 작성하기 위하여

[해설]

하천측량을 실시하는 목적은 시공에 필요한 자료를 얻기 위함이다.

23 30m당 0.03m가 짧은 줄자를 사용하여 정사각형 토지의 한 변을 측정한 결과 150m이었다면 면적에 대한 오차는?

① 41m^2 ② 43m^2
③ 45m^2 ④ 47m^2

정답 20 ① 21 ① 22 ① 23 ③

[해설]

$$2\frac{\Delta l}{l} = \frac{\Delta A}{A}$$

$$2\frac{0.03}{30} = \frac{\Delta A}{150 \times 150}$$

$$\therefore \Delta A = 45\text{m}^2$$

24 지반의 높이를 비교할 때 사용하는 기준면은?

① 표고(Elevation)
② 수준면(Level Surface)
③ 수평면(Horizontal Plane)
④ 평균해수면(Mean Sea Level)

[해설]

평균해수면은 높이의 기준이 되는 면이다.

25 클로소이드 곡선에서 곡선 반지름(R)=450m, 매개변수(A)=300m일 때 곡선길이(L)는?

① 100m
② 150m
③ 200m
④ 250m

[해설]

매개변수(A^2) = RL

$L = \frac{A^2}{R} = \frac{300^2}{450} = 200\text{m}$

26 등고선의 성질에 대한 설명으로 옳지 않은 것은?

① 등고선은 도면 내외에서 폐합하는 폐곡선이다.
② 등고선은 분수선과 직각으로 만난다.
③ 동굴 지형에서 등고선은 서로 만날 수 있다.
④ 등고선의 간격은 경사가 급할수록 넓어진다.

[해설]

등고선의 간격은 경사가 급할수록 좁아진다.

27 축척 1 : 25,000 지형도에서 거리가 6.73cm인 두 점 사이의 거리를 다른 축척의 지형도에서 측정한 결과 11.21cm이었다면 이 지형도의 축척은 약 얼마인가?

① 1 : 20,000
② 1 : 18,000
③ 1 : 15,000
④ 1 : 13,000

[해설]

$\frac{1}{25,000} = \frac{6.73\text{cm} \times 10^{-2}}{\text{실제거리}}$, 따라서 실제거리=1,682.5m

$\frac{1}{m} = \frac{11.21\text{cm} \times 10^{-2}}{1,682.5\text{m}}$

$\therefore$ 축척$\left(\frac{1}{m}\right) = \frac{1}{15,000}$

28 트래버스측량(다각측량)에 관한 설명으로 옳지 않은 것은?

① 트래버스 중 가장 정밀도가 높은 것은 결합 트래버스로서 오차점검이 가능하다.
② 폐합 오차 조정에서 각과 거리측량의 정확도가 비슷한 경우 트랜싯 법칙으로 조정하는 것이 좋다.
③ 오차의 배분은 각 관측의 정확도가 같을 경우 각의 대소에 관계없이 등분하여 배분한다.
④ 폐합 트래버스에서 편각을 관측하면 편각의 총합은 언제나 360°가 되어야 한다.

[해설]

트랜싯 법칙 : 각의 정확도 > 거리의 정확도

29 수심 H인 하천의 유속측정에서 수면으로부터 깊이 0.2H, 0.6H, 0.8H인 점의 유속이 각각 0.663m/s, 0.532m/s, 0.467m/s이었다면 3점법에 의한 평균유속은?

① 0.565m/s
② 0.554m/s
③ 0.549m/s
④ 0.543m/s

정답 24 ④ 25 ③ 26 ④ 27 ③ 28 ② 29 ③

[해설]
3점법
$$V_m = \frac{V_{0.2} + 2V_{0.6} + V_{0.8}}{4}$$
$$= \frac{0.663 + (2 \times 0.532) + 0.467}{4}$$
$$= 0.549 \text{m/s}$$

30 교점($I.P$)은 도로 기점에서 500m의 위치에 있고 교각 $I = 36°$일 때 외선길이(외할) = 5.00m라면 시단현의 길이는?(단, 중심말뚝거리는 20m이다.)

① 10.43m ② 11.57m
③ 12.36m ④ 13.25m

[해설]
$$BC = IP - TL = 500 - \left(R \tan \frac{I}{2}\right)$$
$$= 500 - \left(97.159 \tan \frac{36°}{2}\right) = 468.43\text{m}$$
$$\left[E = R\left(\sec\frac{I}{2} - 1\right), 5 = R\left(\sec\frac{36°}{2} - 1\right), \therefore R = 97.159\text{m}\right]$$
∴ 시단현은 $480 - 468.43 = 11.57$m

31 교각이 60°이고 반지름이 300m인 원곡선을 설치할 때 접선의 길이(T.L.)는?

① 81.603m ② 173.205m
③ 346.412m ④ 519.615m

[해설]
$$TL = R \tan \frac{I}{2} = 300 \times \tan \frac{60°}{2} = 173.205\text{m}$$

32 단일삼각형에 대해 삼각측량을 수행한 결과 내각이 $\alpha = 54°25'32''$, $\beta = 68°43'23''$, $\gamma = 56°51'14''$이었다면 β의 각 조건에 의한 조정량은?

① $-4''$ ② $-3''$
③ $+4''$ ④ $+3''$

[해설]
$(\alpha + \beta + \gamma) - 180° = 9''/3$
∴ β의 조정량은 : $-3''$

33 그림과 같이 4개의 수준점 A, B, C, D에서 각각 1km, 2km, 3km, 4km 떨어진 P점의 표고를 직접 수준 측량한 결과가 다음과 같을 때 P점의 최확값은?

- A→P = 125.762m
- B→P = 125.750m
- C→P = 125.755m
- D→P = 125.771m

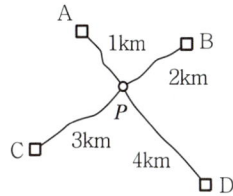

① 125.755m ② 125.759m
③ 125.762m ④ 125.765m

[해설]
$$\text{최확값} = \frac{(125.762 \times 12) + (125.750 \times 6) + (125.755 \times 4) + (125.771 \times 3)}{12 + 6 + 4 + 3} = 125.759\text{m}$$

34 GNSS 관측성과로 틀린 것은?

① 지오이드 모델
② 경도와 위도
③ 지구중심좌표
④ 타원체고

[해설]
지오이드 모델은 중력측량을 통해 얻어진다.

정답 30 ② 31 ② 32 ② 33 ② 34 ①

35 삼각망의 종류 중 유심삼각망에 대한 설명으로 옳은 것은?

① 삼각망 가운데 가장 간단한 형태이며 측량의 정확도를 얻기 위한 조건이 부족하므로 특수한 경우 외에는 사용하지 않는다.
② 가장 높은 정확도를 얻을 수 있으나 조정이 복잡하고, 포함된 면적이 작으며 특히 기선을 확대할 때 주로 사용한다.
③ 거리에 비하여 측점수가 가장 적으므로 측량이 간단하며 조건식의 수가 적어 정확도가 낮다.
④ 광대한 지역의 측량에 적합하며 정확도가 비교적 높은 편이다.

[해설]
- 삼각망 가운데 가장 간단한 형태는 단열삼각망이다.
- 삼각망의 정확도 순서 : 사변형삼각망 > 유심삼각망 > 단열삼각망

36 다음은 폐합 트래버스 측량성과이다. 측선 CD의 배횡거는?

측선	위거(m)	경거(m)
AB	65.39	83.57
BC	-34.57	19.68
CD	-65.43	-40.60
DA	34.61	-62.65

① 60.25m ② 115.90m
③ 135.45m ④ 165.90m

37 어떤 횡단면의 도상면적이 40.5cm²이었다. 가로 축척이 1 : 20, 세로 축척이 1 : 60이었다면 실제 면적은?

① 48.6m² ② 33.75m²
③ 4.86m² ④ 3.375m²

[해설]
$$\frac{1}{m_1} \times \frac{1}{m_2} = \frac{도상면적}{실제면적}$$
$$\frac{1}{20} \times \frac{1}{60} = \frac{40.5\text{cm}^2}{실제면적}$$
∴ 실제면적 = 48,600cm² = 4.86m²

38 GNSS 상대측위 방법에 대한 설명으로 옳은 것은?

① 수신기 1대만을 사용하여 측위를 실시한다.
② 위성과 수신기 간의 거리는 전파의 파장 개수를 이용하여 계산할 수 있다.
③ 위상차의 계산은 단순차, 2중차, 3중차와 같은 차분기법으로는 해결하기 어렵다.
④ 전파의 위상차를 관측하는 방식이나 절대측위 방법보다 정확도가 낮다.

[해설]
- GNSS 상대측위는 수신기 2대를 사용하여 측위를 실시한다.
- 위상차의 계산은 차분기법으로 해결할 수 있다.
- 절대측위 방법보다 전파의 위상차를 관측하는 방법이 정확도가 높다.

39 중심말뚝의 간격이 20m인 도로구간에서 각 지점에 대한 횡단면적을 표시한 결과가 그림과 같을 때, 각주공식에 의한 전체 토공량은?

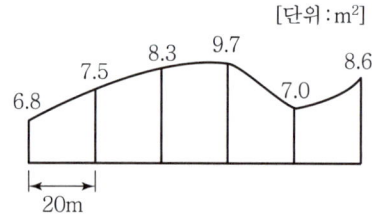

① 156m³ ② 672m³
③ 817m³ ④ 920m³

[해설]
심프슨 제1법칙 + 양단면 평균법
$$V = \frac{1}{3} \times 20[6.8 + 7.5 + 4(7.5 + 9.7) + 2(8.3)] + \left(\frac{7+8.6}{2} \times 20\right)$$
$$= 820\text{m}^3$$

정답 35 ④ 36 ④ 37 ③ 38 ② 39 ③

40 노선측량에 대한 용어 설명 중 옳지 않은 것은?

① 교점 – 방향이 변하는 두 직선이 교차하는 점
② 중심말뚝 – 노선의 시점, 종점 및 교점에 설치하는 말뚝
③ 복심곡선 – 반지름이 서로 다른 두 개 또는 그 이상의 원호가 연결된 곡선으로 공통접선의 같은 쪽에 원호의 중심이 있는 곡선
④ 완화곡선 – 고속으로 이동하는 차량이 직선부에서 곡선부로 진입할 때 차량의 원심력을 완화하기 위해 설치하는 곡선

[해설]

중심말뚝은 노선상 20m마다 설치한다.

3과목 수리수문학

41 수리학에서 취급되는 여러 가지 양에 대한 차원이 옳은 것은?

① 유량 = $[L^3T^{-1}]$
② 힘 = $[MLT^{-3}]$
③ 동점성계수 = $[L^3T^{-1}]$
④ 운동량 = $[MLT^{-2}]$

[해설]

물리량	공학단위계	절대단위계
유량	L^3T^{-1}	L^3T^{-1}
힘	F	MLT^{-2}
동점성계수	L^2T^{-1}	L^2T^{-1}
운동량	FT	MLT^{-1}

42 폭이 b인 직사각형 위어에서 접근유속이 작은 경우 월류수심이 h일 때 양단수축 조건에서 월류수맥에 대한 단수축 폭(b_0)은?(단, Francis 공식을 적용)

① $b_0 = b - \dfrac{h}{5}$
② $b_0 = 2b - \dfrac{h}{5}$
③ $b_0 = b - \dfrac{h}{10}$
④ $b_0 = 2b - \dfrac{h}{10}$

[해설]

$b_o = b - 0.1 \times 2 \times h = b - \dfrac{2h}{10} = b - \dfrac{h}{5}$

43 누가우량곡선(Rainfall Mass Curve)의 특성으로 옳은 것은?

① 누가우량곡선의 경사가 클수록 강우강도가 크다.
② 누가우량곡선의 경사는 지역에 관계없이 일정하다.
③ 누가우량곡선으로 일정기간 내의 강우량을 산출할 수는 없다.
④ 누가우량곡선은 자기우량 기록에 의하여 작성하는 것보다 보통우량계의 기록에 의하여 작성하는 것이 더 정확하다.

[해설]

누가우량곡선 특징
• 곡선의 경사가 클수록 강우강도가 크다.
• 누가우량곡선은 지역에 따라 그 값이 다르다.
• 누가우량 곡선으로 일정기간 강우량의 산정이 가능하다.
• 자기우량기록계가 보통우량계보다 정확하다.

44 폭 4.8m, 높이 2.7m의 연직 직사각형 수문이 한 쪽 면에서 수압을 받고 있다. 수문의 밑면은 힌지로 연결되어 있고 상단은 수평 체인(Chain)으로 고정되어 있을 때 이 체인에 작용하는 장력(張力)은?(단, 수문의 정상과 수면은 일치한다.)

정답 40 ② 41 ① 42 ① 43 ① 44 ②

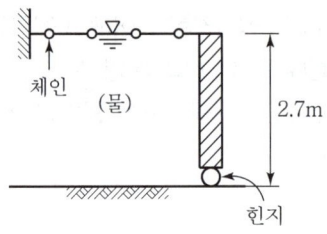

① 29.23kN ② 57.15kN
③ 7.87kN   ④ 0.88kN

[해설]

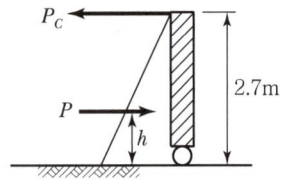

- $P = wh_G A = 1 \times \frac{2.7}{2} \times (4.8 \times 2.7) = 17.5t$
- $17.5 \times \frac{1}{3} \times 2.7 = P_c \times 2.7$
- $\therefore P_c = 5.85t = 5.85 \times 9.8 = 57.16kN$

45 어느 소유역의 면적이 20ha, 유수의 도달시간이 5분이다. 강수자료의 해석으로부터 얻어진 이 지역의 강우강도식이 아래와 같을 때 합리식에 의한 홍수량은?(단, 유역의 평균 유출계수는 0.6이다.)

강우강도식 : $I = \frac{6,000}{(t+35)}[\text{mm/hr}]$
여기서, t : 강우지속시간[분]

① 18.0m³/s ② 5.0m³/s
③ 1.8m³/s   ④ 0.5m³/s

[해설]

- $I = \frac{6,000}{(t+35)} = \frac{6,000}{(5+35)} = 150 \text{mm/hr}$
- $Q = \frac{1}{360} CIA = \frac{1}{360} \times 0.6 \times 150 \times 20 = 5\text{m}^3/\text{s}$

46 비력(Special Force)에 대한 설명으로 옳은 것은?

① 물의 충격에 의해 생기는 힘의 크기
② 비에너지가 최대가 되는 수심에서의 에너지
③ 한계수심으로 흐를 때 한 단면에서의 총에너지 크기
④ 개수로의 어떤 단면에서 단위중량당 운동량과 정수압의 합계

[해설]

충력치(비력)
- 개수로 어떤 단면에서 수로바닥을 기준으로 단위중량당의 운동량(동수압과 정수압의 합)
- $M = \eta \frac{Q}{g} V + h_G A$

47 지름이 20cm인 관수로에 평균유속 5m/s로 물이 흐른다. 관의 길이가 50m일 때 5m의 손실수두가 나타났다면, 마찰속도(U_*)는?

① $U_* = 0.022$m/s ② $U_* = 0.22$m/s
③ $U_* = 2.21$m/s   ④ $U_* = 22.1$m/s

[해설]

$U_* = \sqrt{gRI} = \sqrt{9.8 \times \frac{0.2}{4} \times \frac{5}{50}} = 0.22\text{m/s}$

48 항만을 설계하기 위해 관측한 불규칙 파랑의 주기 및 파고가 다음 표와 같을 때, 유의파고($H_{1/3}$)는?

연번	파고(m)	주기(s)
1	9.5	9.8
2	8.9	9.0
3	7.4	8.0
4	7.3	7.4
5	6.5	7.5
6	5.8	6.5
7	4.2	6.2
8	3.3	4.3
9	3.2	5.6

정답 45 ② 46 ④ 47 ② 48 ②

① 9.0m   ② 8.6m
③ 8.2m   ④ 7.4m

[해설]
유의파고는 임의 관측시간 동안 관측된 파고 중에서 파고가 높은 순서로 전체 1/3에 해당하는 파고들의 평균값이다.
$$H_{1/3} = \frac{9.5 + 8.9 + 7.4}{3} = 8.6m$$

49 비에너지와 한계수심에 관한 설명으로 옳지 않은 것은?

① 비에너지가 일정할 때 한계수심으로 흐르면 유량이 최소가 된다.
② 유량이 일정할 때 비에너지가 최소가 되는 수심이 한계수심이다.
③ 비에너지는 수로바닥을 기준으로 하는 단위 무게당 흐름에너지이다.
④ 유량이 일정할 때 직사각형 단면 수로 내 한계수심은 최소 비에너지의 $\frac{2}{3}$이다.

[해설]
비에너지가 일정하고 유량이 최대로 흐를 때의 수심을 한계수심이라 한다.

50 토양면을 통해 스며든 물이 중력의 영향 때문에 지하로 이동하여 지하수면까지 도달하는 현상은?

① 침투(Infiltration)
② 침투능(Infiltration Capacity)
③ 침투율(Infiltration Rate)
④ 침루(Percolation)

[해설]
- 침투는 토양면을 통해 물이 스며드는 현상
- 침루는 스며든 물이 중력에 의해 지하수위까지 도달하는 현상

51 오리피스(Orifice)의 이론유속 $V = \sqrt{2gh}$ 이 유도되는 이론으로 옳은 것은?(단, V: 유속, g: 중력가속도, h: 수두차)

① 베르누이(Bernoulli)의 정리
② 레이놀즈(Reynolds)의 정리
③ 벤투리(Venturi)의 이론식
④ 운동량방정식 이론

[해설]
Torricelli 정리($V = \sqrt{2gh}$)
베르누이 정리를 이용하여 오리피스의 유출구의 이론유속을 구하는 공식이다.

52 3차원 흐름의 연속방정식을 아래와 같은 형태로 나타낼 때 이에 알맞은 흐름의 상태는?

$$\frac{\partial u}{\partial x} + \frac{\partial v}{\partial y} + \frac{\partial w}{\partial z} = 0$$

① 비압축성 정상류   ② 비압축성 부정류
③ 압축성 정상류   ④ 압축성 부정류

[해설]
$\frac{\partial u}{\partial x} + \frac{\partial v}{\partial y} + \frac{\partial w}{\partial z} = 0$ 는 3차원 비압축성 정상류 흐름이다.

53 동력 20,000kW, 효율 88%인 펌프를 이용하여 150m 위의 저수지로 물을 양수하려고 한다. 손실수두가 10m일 때 양수량은?

① 15.5m³/s   ② 14.5m³/s
③ 11.2m³/s   ④ 12.0m³/s

[해설]
- $P = \frac{1,000}{75} \times \frac{Q(H_e + H_L)}{\eta}$ (HP)
- $20,000 = \frac{9.8 \times Q \times (150 + 10)}{0.88}$
- ∴ $Q = 11.22 m^3/s$

정답 49 ①   50 ④   51 ①   52 ①   53 ③

54 측정된 강우량 자료가 기상학적 원인 이외에 다른 영향을 받았는지의 여부를 판단하는, 즉 일관성(Consistency)에 대한 검사방법은?

① 순간단위유량도법
② 합성단위유량도법
③ 이중누가우량분석법
④ 선행강수지수법

[해설]
이중누가우량분석은 강수자료의 일관성 검증을 위한 방법이다.

55 레이놀즈(Reynolds)수에 대한 설명으로 옳은 것은?

① 중력에 대한 점성력의 상대적인 크기
② 관성력에 대한 점성력의 상대적인 크기
③ 관성력에 대한 중력의 상대적인 크기
④ 압력에 대한 탄성력의 상대적인 크기

[해설]
레이놀즈수
• $Re = \dfrac{VD}{\nu}$
• Re수는 점성력에 대한 관성력의 비이다.

56 하천의 모형실험에 주로 사용되는 상사법칙은?

① Reynolds의 상사법칙
② Weber의 상사법칙
③ Cauchy의 상사법칙
④ Froude의 상사법칙

[해설]
수리모형의 상사법칙

종류	특징
Reynolds의 상사법칙	점성력이 흐름을 주로 지배하고, 관수로 흐름의 경우에 적용
Froude의 상사법칙	중력이 흐름을 주로 지배하고, 개수로 흐름의 경우에 적용(하천의 모형실험)

57 Darcy의 법칙에 대한 설명으로 옳지 않은 것은?

① Darcy의 법칙은 지하수의 흐름에 대한 공식이다.
② 투수계수는 물의 점성계수에 따라서도 변화한다.
③ Reynolds 수가 클수록 안심하고 적용할 수 있다.
④ 평균유속이 동수경사와 비례관계를 가지고 있는 흐름에 적용될 수 있다.

[해설]
Darcy의 법칙은 정상류흐름에 층류에만 적용된다.(특히, $R_e < 4$일 때 잘 적용된다.)

58 A저수지에서 200m 떨어진 B저수지로 지름 20cm, 마찰손실계수 0.035인 원형 관으로 0.0628m³/s의 물을 송수하려고 한다. A저수지와 B저수지 사이의 수위차는?(단, 마찰손실, 단면 급확대 및 급축소 손실을 고려한다.)

① 5.75m ② 6.94m
③ 7.14m ④ 7.45m

[해설]

$$Q = \dfrac{\pi D^2}{4} \times \sqrt{\dfrac{2gH}{1.5 + f\dfrac{l}{D}}}$$

$$0.0628 = \dfrac{\pi \times 0.2^2}{4} \times \sqrt{\dfrac{2 \times 9.8 \times H}{1.5 + 0.035 \times \dfrac{200}{0.2}}}$$

∴ $H = 7.45$m

59 다음 중 단위유량도 이론에서 사용하고 있는 기본 가정이 아닌 것은?

① 일정 기저시간 가정 ② 비례가정
③ 푸아송 분포 가정   ④ 중첩가정

[해설]
단위도의 3가정
• 일정 기저시간 가정
• 비례가정
• 중첩가정

정답 54 ③ 55 ② 56 ④ 57 ③ 58 ④ 59 ③

60 배수곡선(Backwater Curve)에 해당하는 수면곡선은?

① 댐을 월류할 때의 수면곡선
② 홍수 시의 하천의 수면곡선
③ 하천 단락부(段落部) 상류의 수면곡선
④ 상류 상태로 흐르는 하천에 댐을 구축했을 때 저수지의 수면곡선

[해설]

배수곡선(부등류의 수면곡선, 완경사)
- 수심이 점차적으로 커짐
- 상류에 댐을 만들 때 생김(배수효과)
- 한계류 또는 등류수심보다 큰 영역

4 과목 철근콘크리트 및 강구조

61 강도설계법에서 사용하는 강도감소계수(ϕ)의 값으로 틀린 것은?

① 무근콘크리트의 휨모멘트 : $\phi=0.55$
② 전단력과 비틀림모멘트 : $\phi=0.75$
③ 콘크리트의 지압력 : $\phi=0.70$
④ 인장지배단면 : $\phi=0.85$

[해설]

콘크리트의 지압력에 대한 강도감소계수(ϕ)는 0.65이다.

62 철근 콘크리트보에 배치되는 철근의 순간격에 대한 설명으로 틀린 것은?

① 동일 평면에서 평행한 철근 사이의 수평 순간격은 25mm 이상이어야 한다.
② 상단과 하단에 2단 이상으로 배치된 경우 상하 철근의 순간격은 25mm 이상으로 하여야 한다.
③ 철근의 순간격에 대한 규정은 서로 접촉된 겹침이음 철근과 인접된 이음철근 또는 연속철근 사이의 순간격에도 적용하여야 한다.
④ 벽체 또는 슬래브에서 휨 주철근의 간격은 벽체나 슬래브 두께의 2배 이하로 하여야 한다.

[해설]

벽체 또는 슬래브에서 휨 주철근의 중심간격은 위험단면을 제외한 단면에서는 벽체 또는 슬래브 두께의 3배 이하이어야 하고, 또한 450mm 이하로 하여야 한다.

정답 60 ④   61 ③   62 ④

63 다음 그림과 같은 단철근 직사각형보가 공칭 휨강도(M_n)에 도달할 때 인장철근의 변형률은 얼마인가?(단, 철근 D22 4개의 단면적 1,548mm², $f_{ck}=$ 35MPa, $f_y=400$MPa)

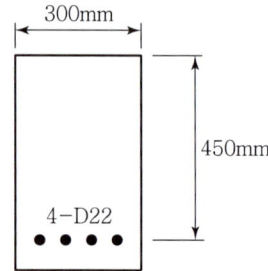

① 0.0102 ② 0.0138
③ 0.0186 ④ 0.0198

[해설]

$f_{ck}=35$MPa ≤ 40MPa인 경우
$\varepsilon_{cu}=0.0033,\ \eta=1,\ \beta_1=0.8$
$c=\dfrac{f_y A_s}{\eta 0.85 f_{ck} b \beta_1}=\dfrac{400\times 1{,}548}{1\times 0.85\times 35\times 300\times 0.8}=86.72$mm
$\varepsilon_t=\dfrac{d_t-c}{c}\varepsilon_c=\dfrac{450-86.72}{86.72}\times 0.0033=0.0138$

64 그림의 PSC 콘크리트보에서 PS강재를 포물선으로 배치하여 프리스트레스 $P=1{,}000$kN이 작용할 때 프리스트레스의 상향력은?(단, 보 단면은 $b=300$mm, $h=600$mm이고, $s=250$mm이다.)

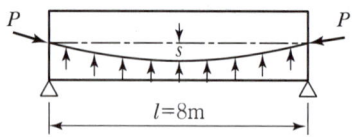

① 51.65kN/m ② 41.76kN/m
③ 31.25kN/m ④ 21.38kN/m

[해설]

$U=\dfrac{8Ps}{l^2}=\dfrac{8\times 1{,}000\times 0.25}{8^2}=31.25$kN/m

65 그림의 T형보에서 $f_{ck}=28$MPa, $f_y=400$MPa일때 공칭모멘트강도(M_n)를 구하면?(단, $A_s=5{,}000$mm²)

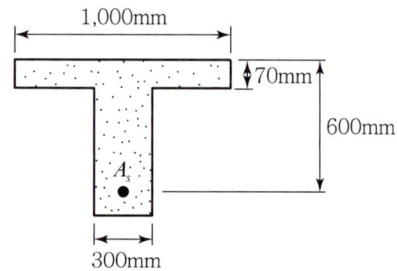

① 1,110.5kN·m
② 1,251.0kN·m
③ 1,372.5kN·m
④ 1,434.0kN·m

[해설]

- T형 단면보의 판별
  폭이 $b=1{,}000$mm인 직사각형 단면보에 대한 등가사각형 깊이
  $\eta=1\ (f_{ck}\leq 40$MPa인 경우)
  $a=\dfrac{f_y A_s}{\eta 0.85 f_{ck} b}=\dfrac{400\times 5{,}000}{1\times 0.85\times 28\times 1{,}000}=84$mm
  $a(=84$mm$)>t_f(=70$mm$)$이므로
  T형 단면보로 해석

- T형 단면보의 공칭휨강도(M_n)
  $A_{sf}=\dfrac{\eta 0.85 f_{ck}(b-b_w)t_f}{f_y}$
  $=\dfrac{1\times 0.85\times 28\times (1{,}000-300)\times 70}{400}$
  $=2{,}915.5$mm²
  $a=\dfrac{(A_s-A_{sf})f_y}{\eta 0.85 f_{ck} b_w}$
  $=\dfrac{(5{,}000-2{,}915.5)\times 400}{1\times 0.85\times 28\times 300}=116.8$mm
  $M_n=A_{sf}f_y\left(d-\dfrac{t_f}{2}\right)+(A_s-A_{sf})f_y\left(d-\dfrac{a}{2}\right)$
  $=2{,}915.5\times 400\times \left(600-\dfrac{70}{2}\right)$
  $+(5{,}000-2{,}915.5)\times 400\times \left(600-\dfrac{116.8}{2}\right)$
  $=1110.5\times 10^6$N·mm$=1{,}110.5$kN·m

66 다음 중 적합비틀림에 대한 설명으로 옳은 것은?

① 균열의 발생 후 비틀림모멘트의 재분배가 일어날 수 없는 비틀림
② 균열의 발생 후 비틀림모멘트의 재분배가 일어날 수 있는 비틀림
③ 균열의 발생 전 비틀림모멘트의 재분배가 일어날 수 없는 비틀림
④ 균열의 발생 전 비틀림모멘트의 재분배가 일어날 수 있는 비틀림

[해설]

적합비틀림(Comparibility Torsion)
1. 정의
   적합비틀림이란 평형방정식과 더불어 변형에 대한 적합조건식을 만족시켜야 구조물의 해석이 가능한 비틀림을 의미한다.
   즉, 정정구조물에 비틀림하중이 작용하는 경우 평형방정식만으로 구조물의 해석이 가능한 평형비틀림(Equilibrium Torsion)과는 달리 부정정구조물에 비틀림이 작용하는 경우 평형방정식과 적합조건식을 고려해야 구조물의 해석이 가능한 비틀림을 적합비틀림이라 한다.
2. 특성
   ① 부재에 균열이 발생하면 균열 후 힘의 재분배로 비틀림 모멘트가 줄어든다.
   ② 주변부재의 강성이 클 경우 부재의 비틀림모멘트가 줄어든다.

67 용접 시의 주의 사항에 관한 설명 중 틀린 것은?

① 용접의 열을 될 수 있는 대로 균등하게 분포시킨다.
② 용접부의 구속을 될 수 있는 대로 적게 하여 수축변형을 일으키더라도 해로운 변형이 남지 않도록 한다.
③ 평행한 용접은 같은 방향으로 동시에 용접하는 것이 좋다.
④ 주변에서 중심으로 향하여 대칭으로 용접해 나간다.

[해설]
용접은 중심에서 주변을 향해 대칭으로 해나가는 것이 변형을 적게 한다.

68 콘크리트의 강도설계에서 등가 직사각형 응력블록의 깊이 $a = \beta_1 c$로 표현할 수 있다. f_{ck}가 60MPa인 경우 β_1의 값은 얼마인가?

① 0.80 ② 0.78
③ 0.76 ④ 0.74

[해설]
$f_{ck} = 60$MPa인 경우 $\beta_1 = 0.76$

69 $A_s = 4,000\text{mm}^2$, $A_s' = 1,500\text{mm}^2$로 배근된 그림과 같은 복철근 보의 탄성처짐이 15mm이다. 5년 이상의 지속하중에 의해 유발되는 장기처짐은 얼마인가?

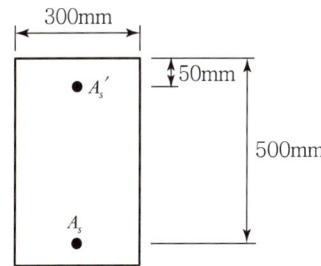

① 15mm ② 20mm
③ 25mm ④ 30mm

[해설]
$\xi = 2.0$(하중 재하기간이 5년 이상인 경우)
$\rho' = \dfrac{A_s'}{bd} = \dfrac{1,500}{300 \times 500} = 0.01$
$\lambda_\Delta = \dfrac{\xi}{1 + 50\rho'} = \dfrac{2}{1 + (50 \times 0.01)} = 1.33$
$\delta_L = \lambda_\Delta \cdot \delta_i = 1.33 \times 15 = 20\text{mm}$

70 $M_u = 200$kN·m의 계수모멘트가 작용하는 단철근 직사각형보에서 필요한 철근량(A_s)은 약 얼마인가?(단, $b = 300$mm, $d = 500$mm, $f_{ck} = 28$MPa, $f_y = 400$MPa, $\phi = 0.85$이다.)

① 1,072.7mm² ② 1,266.3mm²
③ 1,524.6mm² ④ 1,785.4mm²

[해설]

㉠ $\eta = 1(f_{ck} \leq 40\text{MPa}$ 인 경우$)$

$M_u \leq M_d = \phi\rho f_y bd^2\left(1 - 0.59\dfrac{\rho}{\eta}\dfrac{f_y}{f_{ck}}\right)$

$\left(\dfrac{0.59}{\eta}\phi\dfrac{f_y^2}{f_{ck}}bd^2\right)\rho^2 - (\phi f_y bd^2)\rho + M_u \leq 0$

$\left(\dfrac{0.59}{1} \times 0.85 \times \dfrac{400^2}{28} \times 300 \times 500^2\right)\rho^2$
$- (0.85 \times 400 \times 300 \times 500^2)\rho + (200 \times 10^6) \leq 0$

$\rho^2 - 0.1186441\rho + 0.0009305 \leq 0$

$0.0084437 \leq \rho \leq 0.1102004$

㉡ 또한, 강도감소계수(ϕ)가 $\phi = 0.85$이기 위해서는 인장지 배단면이 되어야 하므로
$\varepsilon_t \geq \varepsilon_{t,l}$, 즉 $\rho \leq \rho_{t,l}$이어야 한다.
$\varepsilon_{t,l} = 0.005(f_y \leq 400\text{MPa}$인 경우$)$
$f_{ck} \leq 40\text{MPa}$ 인 경우

$\rho_{t,l} = 0.68\dfrac{f_{ck}}{f_y}\dfrac{0.0033}{0.0033 + \varepsilon_{t,l}}$

$= 0.68 \times \dfrac{28}{400} \times \dfrac{0.0033}{0.0033 + 0.005} = 0.0189253$

$\rho \leq 0.0189253$

㉢ ㉠과 ㉡의 결과로부터
$0.0084437 \leq \rho\left(=\dfrac{A_s}{bd}\right) \leq 0.0189253$
$1,266\text{mm}^2 \leq A_s \leq 2,839\text{mm}^2$

71 다음 그림과 같은 보통중량콘크리트 직사각형 단면의 보에서 균열모멘트(M_{cr})는?(단, $f_{ck} = 24$ MPa이다.)

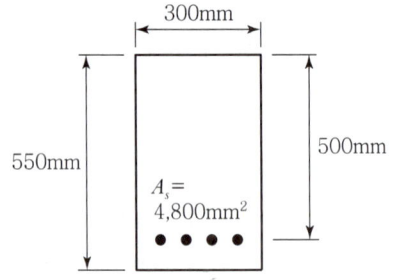

① $46.7\text{kN} \cdot \text{m}$ ② $52.3\text{kN} \cdot \text{m}$
③ $56.4\text{kN} \cdot \text{m}$ ④ $62.1\text{kN} \cdot \text{m}$

[해설]

$\lambda = 1$(보통중량의 콘크리트인 경우)
$f_r = 0.63\lambda\sqrt{f_{ck}} = 0.63 \times 1 \times \sqrt{24} = 3.086\text{MPa}$
$Z = \dfrac{bh^2}{6} = \dfrac{300 \times 550^2}{6} = 15.125 \times 10^6\text{mm}$
$M_{cr} = f_r \cdot Z$
$= 3.086 \times (15.125 \times 10^6)$
$= 46.7 \times 10^6 \text{N} \cdot \text{mm} = 46.7\text{kN} \cdot \text{m}$

72 프리스트레스 감소 원인 중 프리스트레스 도입 후 시간의 경과에 따라 생기는 것이 아닌 것은?

① PC강재의 릴랙세이션 ② 콘크리트의 건조수축
③ 콘크리트의 크리프 ④ 정착 장치의 활동

[해설]

프리스트레스의 손실 원인
- 프리스트레스 도입 시 손실(즉시 손실)
  - 정착 장치의 활동에 의한 손실
  - PS강재와 쉬스 사이의 마찰에 의한 손실
  - 콘크리트의 탄성변형에 의한 손실
- 프리스트레스 도입 후 손실(시간 손실)
  - 콘크리트의 크리프에 의한 손실
  - 콘크리트의 건조수축에 의한 손실
  - PS강재의 릴랙세이션에 의한 손실

73 서로 다른 크기의 철근을 압축부에서 겹침이음하는 경우 이음길이에 대한 설명으로 옳은 것은?

① 이음길이는 크기가 큰 철근의 정착길이와 크기가 작은 철근의 겹침이음길이 중 큰 값 이상이어야 한다.
② 이음길이는 크기가 작은 철근의 정착길이와 크기가 큰 철근의 겹침이음길이 중 작은 값 이상이어야 한다.
③ 이음길이는 크기가 작은 철근의 정착길이와 크기가 큰 철근의 겹침이음길이의 평균값 이상이어야 한다.
④ 이음길이는 크기가 큰 철근의 정착길이와 크기가 작은 철근의 겹침이음길이를 합한 값 이상이어야 한다.

정답 71 ① 72 ④ 73 ①

[해설]

서로 다른 크기의 철근을 압축부재에서 겹침이음을 하는 경우 이음길이는 크기가 큰 철근의 정착길이와 크기가 작은 철근의 겹침이음 길이 중 큰 값 이상이어야 한다.

74 주어진 T형 단면에서 부착된 프리스트레스트 보강재의 인장응력(f_{ps})은 얼마인가?(단, 긴장재의 단면적 $A_{ps}=1,290\text{mm}^2$이고, 프리스트레싱 긴장재의 종류에 따른 계수 $\gamma_p=0.4$, 긴장재의 설계기준 인장강도 $f_{pu}=1,900\text{MPa}$, $f_{ck}=35\text{MPa}$)

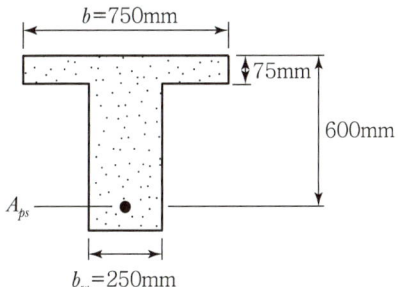

① 1,900MPa ② 1,861MPa
③ 1,804MPa ④ 1,752MPa

[해설]

$\beta_1 = 0.8\,(f_{ck} \leq 40\text{MPa}$인 경우$)$

$\rho_p = \dfrac{A_{ps}}{bd_p} = \dfrac{1,290}{750 \times 600} = 0.00287$

$f_{ps} = f_{pu}\left(1 - \dfrac{\gamma_p}{\beta_1}\rho_p\dfrac{f_{pu}}{f_{ck}}\right)$

$\quad = 1,900 \times \left(1 - \dfrac{0.4}{0.8} \times 0.00287 \times \dfrac{1,900}{35}\right) = 1,752\text{MPa}$

75 그림과 같은 복철근 보의 유효깊이(d)는?(단, 철근 1개의 단면적은 250mm²이다.)

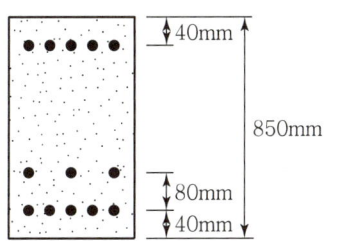

① 810mm ② 780mm
③ 770mm ④ 730mm

[해설]

$d_1 = 850 - 80 - 40 = 730\text{mm}$
$d_2 = 850 - 40 = 810\text{mm}$
$8d = 3d_1 + 5d_2$
$d = \dfrac{1}{8}(3 \times 730 + 5 \times 810) = 780\text{mm}$

76 철근의 부착응력에 영향을 주는 요소에 대한 설명으로 틀린 것은?

① 경사인장균열이 발생하게 되면 철근이 균열에 저항하게 되고, 따라서 균열면 양쪽의 부착응력을 증가시키기 때문에 결국 인장철근의 응력을 감소시킨다.
② 거푸집 내에 타설된 콘크리트의 상부로 상승하는 물과 공기는 수평으로 놓인 철근에 의해 가로막히게 되며, 이로 인해 철근과 철근 하단에 형성될 수 있는 수막 등에 의해 부착력이 감소될 수 있다.
③ 전단에 의한 인장철근의 장부력(Dowel Force)은 부착에 의한 쪼갬 응력을 증가시킨다.
④ 인장부 철근이 필요에 의해 절단되는 불연속 지점에서는 철근의 인장력 변화정도가 매우 크며 부착응력 역시 증가한다.

[해설]

경사인장균열이 발생하게 되면 철근이 균열에 저항하게 되고, 따라서 균열면 양쪽의 부착응력을 증가시키기 때문에 결국 인장철근의 응력을 증가시킨다.

77 그림과 같은 용접부의 응력은?

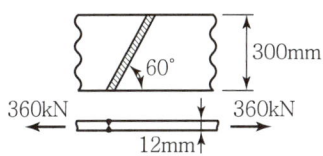

① 115MPa ② 110MPa
③ 100MPa ④ 94MPa

정답 74 ④ 75 ② 76 ① 77 ③

[해설]

$$f = \frac{P}{bt} = \frac{360 \times 10^3}{300 \times 12} = 100\text{N/mm}^2 = 100\text{MPa}$$

78 계수전단력(V_u)이 262.5kN일 때 그림과 같은 보에서 가장 적당한 수직스터럽의 간격은?(단, 사용된 스터럽은 D13을 사용하였으며, D13철근의 단면적은 127mm^2, $f_{ck} = 28\text{MPa}$, $f_y = 400\text{MPa}$이다.)

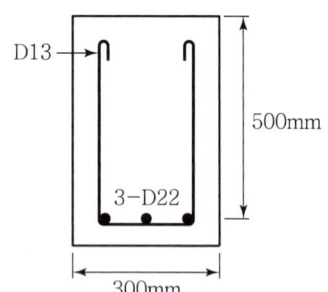

① 195mm ② 201mm
③ 233mm ④ 265mm

[해설]

$V_u = 262.5\text{kN}$

$V_c = \frac{1}{6}\lambda\sqrt{f_{ck}}\,bd$

$\quad = \frac{1}{6} \times 1 \times \sqrt{28} \times 300 \times 500$

$\quad = 132.3 \times 10^3\text{N} = 132.3\text{kN}$

$\phi V_c = 0.75 \times 132.3 = 99.2\text{kN}$

$V_u(=262.5\text{kN}) > \phi V_c(=99.2\text{kN})$이므로 전단보강 필요

$V_s = \frac{V_u - \phi V_c}{\phi} = \frac{262.5 - 99.2}{0.75} = 217.8\text{kN}$

$\frac{1}{3}\lambda\sqrt{f_{ck}}\,bd = 2V_c = 2 \times 132.3 = 264.6\text{kN}$

$V_s(=217.8\text{kN}) < \frac{1}{3}\lambda\sqrt{f_{ck}}\,bd(=264.6\text{kN})$이므로 전단철근간격 S는 다음 값 이하여야 한다.

- $S \leq \dfrac{d}{2} = \dfrac{500}{2} = 250\text{mm}$
- $S \leq 600\text{mm}$
- $S \leq \dfrac{A_v F_y d}{V_s} = \dfrac{(2 \times 127) \times 400 \times 500}{(217.8 \times 10^3)} = 233\text{mm}$

따라서 전단철근간격 S는 최소값인 233mm 이하여야 한다.

79 다음 그림의 지그재그로 구멍이 있는 판에서 순폭을 구하면?(단, 구멍직경은 25mm)

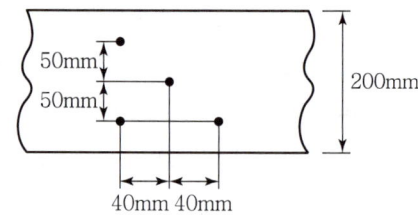

① 187mm ② 141mm
③ 137mm ④ 125mm

[해설]

$d_h = \phi + 3 = 25\text{mm}$

$b_{n2} = b_g - 2d_h = 200 - (2 \times 25) = 150\text{mm}$

$b_{n3} = b_g - 3d_h + 2 \times \dfrac{S^2}{4g}$

$\quad = 200 - (3 \times 25) + \left(2 \times \dfrac{40^2}{4 \times 50}\right) = 141\text{mm}$

$b_n = [b_{n2},\ b_{n3}]_{\min} = 141\text{mm}$

80 아래의 표와 같은 조건의 경량콘크리트를 사용하고, 설계기준항복강도가 400MPa인 D25(공칭직경 : 25.4mm)철근을 인장철근으로 사용하는 경우 기본정착길이(l_{db})는?

- 콘크리트 설계기준 압축강도(f_{ck}) : 24MPa
- 콘크리트 인장강도(f_{sp}) : 2.17MPa

① 1,430mm ② 1,515mm
③ 1,535mm ④ 1,575mm

[해설]

- f_{sp}가 주어진 경우 경량골재콘크리트 계수(λ)

$\lambda = \dfrac{f_{sp}}{0.56\sqrt{f_{ck}}} = \dfrac{2.17}{0.56\sqrt{24}} = 0.79$

정답 78 ③ 79 ② 80 ④

- 인장철근의 기본정착길이(l_{db})

$$l_{db} = \frac{0.6 d_b f_y}{\lambda \sqrt{f_{ck}}} = \frac{0.6 \times 25.4 \times 400}{0.79 \times \sqrt{24}} = 1,575 \text{mm}$$

5과목 토질 및 기초

81 어떤 흙에 대해서 일축압축시험을 한 결과 일축압축 강도가 1.0kg/cm^2이고 이 시료의 파괴면과 수평면이 이루는 각이 50°일 때 이 흙의 점착력(c_u)과 내부 마찰각(ϕ)은?

① $c_u = 0.60 \text{kg/cm}^2$, $\phi = 10°$
② $c_u = 0.42 \text{kg/cm}^2$, $\phi = 50°$
③ $c_u = 0.60 \text{kg/cm}^2$, $\phi = 50°$
④ $c_u = 0.42 \text{kg/cm}^2$, $\phi = 10°$

[해설]

- $\theta = 45° + \frac{\phi}{2}$, $50° = 45° + \frac{\phi}{2}$
  ∴ $\phi = 10°$
- $q_u = 2c \tan\left(45° + \frac{\phi}{2}\right)$, $1 = 2c \tan\left(45° + \frac{10°}{2}\right)$
  ∴ $c = 0.42 \text{kg/cm}^2$

82 피조콘(Piezocone) 시험의 목적이 아닌 것은?

① 지층의 연속적인 조사를 통하여 지층 분류 및 지층 변화 분석
② 연속적인 원지반 전단강도의 추이 분석
③ 중간 점토 내 분포한 Sand Seam 유무 및 발달 정도 확인
④ 불교란 시료 채취

[해설]

- 콘 관입시험은 지반의 공학적 성질을 추정하는 원위치시험이다.
- 피조콘 관입시험은 종래에는 할 수 없었던 흙의 투수성이나 압밀특성 등의 추정과 관입 저항치의 유효응력까지도 추정할 수 있다.

83 포화된 지반의 간극비를 e, 함수비를 w, 간극률을 n, 비중을 G_s라 할 때 다음 중 한계 동수 경사를 나타내는 식으로 적절한 것은?

① $\frac{G_s + 1}{1 + e}$
② $\frac{e - w}{w(1 + e)}$
③ $(1 + n)(G_s - 1)$
④ $\frac{G_s(1 - w + e)}{(1 + G_s)(1 + e)}$

[해설]

$$i_c(\text{한계동수경사}) = \frac{\gamma_{sub}}{\gamma_w} = \frac{G_s - 1}{1 + e} = \frac{\frac{Se}{w} - 1}{1 + e} = \frac{Se - \omega}{(1 + e)\omega}$$

$(G_s \omega = Se, \ G_s = \frac{Se}{\omega})$

∴ $S = 1$, $i_c = \frac{e - \omega}{(1 + e)\omega}$

84 다음 중 투수계수를 좌우하는 요인이 아닌 것은?

① 토립자의 비중
② 토립자의 크기
③ 포화도
④ 간극의 형상과 배열

[해설]

$K \propto$ 직경 $\propto \gamma_w \propto$ 간극비 $\propto \frac{1}{\mu(\text{점성계수})}$

85 어떤 점토의 압밀계수는 $1.92 \times 10^{-3} \text{cm}^2/\text{sec}$, 압축계수는 $2.86 \times 10^{-2} \text{cm}^2/\text{g}$이었다. 이 점토의 투수계수는?(단, 이 점토의 초기간극비는 0.8이다.)

① $1.05 \times 10^{-5} \text{cm/sec}$
② $2.05 \times 10^{-5} \text{cm/sec}$
③ $3.05 \times 10^{-5} \text{cm/sec}$
④ $4.05 \times 10^{-5} \text{cm/sec}$

[해설]

$$K = C_v \cdot m_v \cdot \gamma_w$$
$$= C_v \cdot \frac{a_v}{1 + e_1} \cdot \gamma_w = 1.92 \times 10^{-3} \times \left(\frac{2.86 \times 10^{-2}}{1 + 0.8}\right) \times 1$$
$$= 3.05 \times 10^{-5} \text{cm/sec}$$

정답 81 ④ 82 ④ 83 ② 84 ① 85 ③

86 반무한지반의 지표상에 무한길이의 선하중 q_1, q_2가 다음의 그림과 같이 작용할 때 A점에서의 연직응력 증가는?

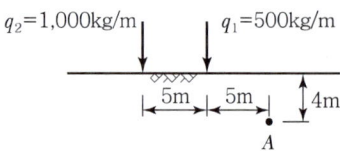

① 3.03kg/m^2
② 12.12kg/m^2
③ 15.15kg/m^2
④ 18.18kg/m^2

[해설]

반무한지반에서 선하중 작용 시 응력 증가량

$$\Delta\sigma_z = \frac{2qz^3}{\pi(x^2+z^2)^2}$$

• $q_1 = 500\text{kg/m} = 0.5\text{t/m}$

$$\Delta\sigma_{z_1} = \frac{2\times 0.5 \times 4^3}{\pi(5^2+4^2)^2} = 0.012\text{t/m}^2$$

• $q_2 = 1,000\text{kg/m} = 1\text{t/m}$

$$\Delta\sigma_{z_2} = \frac{2\times 1 \times 4^3}{\pi(10^2+4^2)^2} = 0.003\text{t/m}^2$$

∴ $\Delta\sigma_z = \Delta\sigma_{z_1} + \Delta\sigma_{z_2} = 0.012 + 0.003 = 0.015\text{t/m}^2$
$= 15\text{kg/m}^2$

87 크기가 30cm×30cm인 평판을 이용하여 사질토 위에서 평판재하시험을 실시하고 극한지지력 20t/m²를 얻었다. 크기가 1.8m×1.8m인 정사각형기초의 총허용하중은 약 얼마인가?(단, 안전율 3을 사용한다.)

① 22ton
② 66ton
③ 130ton
④ 150ton

[해설]

$F_s = \dfrac{Q_u}{Q_a}$, Q_a(허용하중) $= \dfrac{Q_u}{F_s}$

• $Q_u(\text{t}) = q_u(\text{t/m}^2) \times A$
• q_u
  $0.3 : 20 = 1.8 \times q_u$, $q_u = 120\text{t/m}^2$

∴ $Q_u = q_u(120) \times A(1.8 \times 1.8) = 388.8\text{t}$

허용하중 $Q_a = \dfrac{Q_u}{F_s} = \dfrac{388.8}{3} = 129.6\text{t}$

88 $\gamma_{sat} = 2.0\text{t/m}^3$인 사질토가 20°로 경사진 무한사면이 있다. 지하수위가 지표면과 일치하는 경우 이 사면의 안전율이 1 이상이 되기 위해서는 흙의 내부마찰각이 최소 몇 도 이상이어야 하는가?

① 18.21°
② 20.52°
③ 36.06°
④ 45.47°

[해설]

무한사면($C=0$)

$$F_s = \frac{\gamma_{sub}}{\gamma_{sat}} \cdot \frac{\tan\phi}{\tan i} \geq 1 \quad \therefore\ \frac{1}{2} \cdot \frac{\tan\phi}{\tan 20°} = 1$$

내부마찰각 $\phi = 36.05°$

89 깊은 기초의 지지력 평가에 관한 설명으로 틀린 것은?

① 현장 타설 콘크리트 말뚝 기초는 동역학적 방법으로 지지력을 추정한다.
② 말뚝 항타분석기(PDA)는 말뚝의 응력분포, 경시효과 및 해머 효율을 파악할 수 있다.
③ 정역학적 지지력 추정방법은 논리적으로 타당하나 강도정수를 추정하는 데 한계성을 내포하고 있다.
④ 동역학적 방법은 항타장비, 말뚝과 지반조건이 고려된 방법으로 해머 효율의 측정이 필요하다.

[해설]

지지력 평가
• 정역학적 방법 : 점성토지반(현장 타설 콘크리트 말뚝 지지력 산정)
• 동역학적 방법 : 사질토지반

90 Terzaghi의 극한지지력 공식에 대한 설명으로 틀린 것은?

① 기초의 형상에 따라 형상계수를 고려하고 있다.
② 지지력계수 N_c, N_q, N_γ는 내부마찰각에 의해 결정된다.
③ 점성토에서의 극한지지력은 기초의 근입깊이가 깊어지면 증가된다.
④ 극한지지력은 기초의 폭에 관계없이 기초 하부의 흙에 의해 결정된다.

정답 86 ③ 87 ③ 88 ③ 89 ① 90 ④

[해설]
- $q_{ult} = \alpha N_c C + \beta \gamma_1 N_r B + \gamma_2 N_q D_f$
- 극한지지력(q_{ult})은 기초의 폭(B)과 관계가 있다.

91 흙의 다짐시험에서 다짐에너지를 증가시킬 때 일어나는 결과는?

① 최적함수비는 증가하고, 최대 건조단위중량은 감소한다.
② 최적함수비는 감소하고, 최대 건조단위중량은 증가한다.
③ 최적함수비와 최대 건조단위중량이 모두 감소한다.
④ 최적함수비와 최대 건조단위중량이 모두 증가한다.

[해설]
다짐에너지를 증가시키면 OMC(최적함수비)는 감소하고 $\gamma_{d\max}$(최대 건조단위중량)는 증가한다.

92 유선망(Flow Net)의 성질에 대한 설명으로 틀린 것은?

① 유선과 등수두선은 직교한다.
② 동수경사(i)는 등수두선의 폭에 비례한다.
③ 유선망으로 되는 사각형은 이론상 정사각형이다.
④ 인접한 두 유선 사이, 즉 유로를 흐르는 침투수량은 동일하다.

[해설]
$V = Ki = K \cdot \dfrac{\Delta L}{L}$ ∴ i(동수경사) $\propto \dfrac{1}{L(\text{폭})}$

93 다음 그림에서 토압계수 $K=0.5$일 때의 응력경로는 어느 것인가?

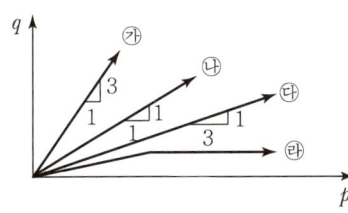

① ㉮ ② ㉯
③ ㉰ ④ ㉱

[해설]
응력경로(응력비) $= \dfrac{1-K}{1+K} = \dfrac{1-0.5}{1+0.5} = \dfrac{1}{3}$

94 다음 중 부마찰력이 발생할 수 있는 경우가 아닌 것은?

① 매립된 생활쓰레기 중에 시공된 관 측정
② 붕적토에 시공된 말뚝 기초
③ 성토한 연약점토지반에 시공된 말뚝 기초
④ 다짐된 사질지반에 시공된 말뚝 기초

[해설]
부마찰력
연약지반에 말뚝을 박으면 아래로 작용하는 말뚝의 주면 마찰력

95 흙 시료의 전단파괴면을 미리 정해놓고 흙의 강도를 구하는 시험은?

① 직접전단시험 ② 평판재하시험
③ 일축압축시험 ④ 삼축압축시험

[해설]
- 직접전단시험(전단파괴면을 미리 정함)
- 수직응력(σ) $= \dfrac{P}{A}$, 전단응력(τ) $= \dfrac{S}{A}$

96 4.75mm체(4번 체) 통과율이 90%이고, 0.075mm체(200번 체) 통과율이 4%, $D_{10} = 0.25\,\text{mm}$, $D_{30} = 0.6\,\text{mm}$, $D_{60} = 2\,\text{mm}$인 흙을 통일분류법으로 분류하면?

① GW ② GP
③ SW ④ SP

[해설]
- 0.075mm(No.200체) 통과율 4% → 조립토
- 4.75mm(No.4체) 통과율 90% → S

정답 91 ② 92 ② 93 ③ 94 ④ 95 ① 96 ④

- $C_u = \dfrac{D_{60}}{D_{10}} = \dfrac{2}{0.25} = 8$

  $C_g = \dfrac{{D_{30}}^2}{D_{10} \cdot D_{60}} = \dfrac{0.6^2}{0.25 \times 2} = 0.72$

- W(양입도) 조건

  모래 : $C_u > 6$ and $1 < C_g < 3$

  따라서, 통일분류법으로 분류하면 SP이다.

97 표준관입 시험에서 N치가 20으로 측정되는 모래 지반에 대한 설명으로 옳은 것은?

① 내부마찰이 약 30°~40° 정도인 모래이다.
② 유효상재하중이 20t/m²인 모래이다.
③ 간극비가 1.2인 모래이다.
④ 매우 느슨한 상태이다.

[해설]

- 사질토에서 N치 중간 : 10~30
- $\phi = \sqrt{12N} + 25 = 40.5°$, $\phi = \sqrt{12N} + 15 = 30.5°$

∴ 내부마찰각이 약 30°~40° 정도인 모래이다.

98 그림과 같은 지반에서 하중으로 인하여 수직응력($\Delta\sigma_1$)이 1.0kg/cm² 증가되고 수평응력($\Delta\sigma_3$)이 0.5kg/cm² 증가되었다면 간극수압은 얼마나 증가되었는가?(단, 간극수압계수 $A = 0.5$이고 $B = 1$이다.)

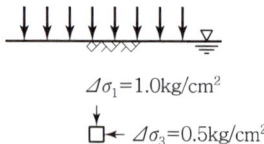

① 0.50kg/cm² ② 0.75kg/cm²
③ 1.00kg/cm² ④ 1.25kg/cm²

[해설]

3축 압축 시 과잉간극수압(포화)
$\Delta u = B[\Delta\sigma_3 + A(\Delta\sigma_1 - \Delta\sigma_3)]$
$= 1[0.5 + 0.5(1-0.5)] = 0.75\text{kg/cm}^2$

99 다음 그림과 같은 폭(B) 1.2m, 길이(L) 1.5m인 사각형 얕은 기초에 폭(B) 방향에 대한 편심이 작용하는 경우 지반에 작용하는 최대 압축응력은?

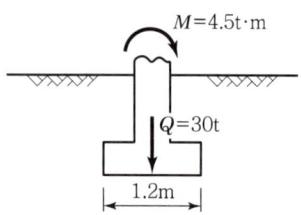

① 29.2t/m² ② 38.5t/m²
③ 39.7t/m² ④ 41.5t/m²

[해설]

$\sigma_{max} = \dfrac{Q}{A}\left(1 + \dfrac{6e}{B}\right) = \dfrac{30}{1.2 \times 1.5}\left(1 + \dfrac{6 \times 0.15}{1.2}\right) = 29.2\text{t/m}^2$

$\left(M = Q \cdot e,\ e = \dfrac{M}{Q} = \dfrac{4.5}{30} = 0.15\text{m}\right)$

100 그림과 같이 옹벽 배면의 지표면에 등분포하중이 작용할 때, 옹벽에 작용하는 전체 주동토압의 합력(P_a)과 옹벽 저면으로부터 합력의 작용점까지의 높이(h)는?

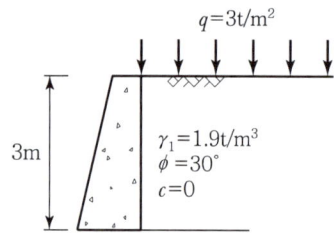

① $P_a = 2.85$t/m, $h = 1.26$m
② $P_a = 2.85$t/m, $h = 1.38$m
③ $P_a = 5.85$t/m, $h = 1.26$m
④ $P_a = 5.85$t/m, $h = 1.38$m

[해설]

옹벽 저면으로부터 합력의 작용점까지의 높이(h)

$$h = \frac{P_{a_1} \times \frac{H}{2} + P_{a_2} \times \frac{H}{3}}{P_a}$$

- $P_{a_1} = qK_aH = 3 \times 0.333 \times 3 = 2.997$
- $P_{a_2} = \frac{1}{2}\gamma_t H^2 K_a = \frac{1}{2} \times 1.9 \times 3^2 \times 0.333 = 2.84715$

  $\left[K_a = \tan^2\left(45° - \frac{\phi}{2}\right) = \tan^2\left(45° - \frac{30°}{2}\right) = 0.333 \right]$

∴ 전 주동토압의 합력(P_a)

$P_a = P_{a_1} + P_{a_2} = 2.997 + 2.84715 = 5.85 \text{t/m}$

따라서 합력의 작용점까지 높이(h)

$$h = \frac{P_{a_1} \times \frac{H}{2} + P_{a_2} \times \frac{H}{3}}{P_a} = \frac{\left(2.997 \times \frac{3}{2}\right) + \left(2.84715 \times \frac{3}{3}\right)}{5.85}$$

$= 1.26\text{m}$

6과목 상하수도공학

101 펌프의 회전수 $N = 3,000$rpm, 양수량 $Q = 1.7$ m³/min, 전양정 $H = 300$m인 6단 원심펌프의 비교회전도 N_s는?

① 약 100회 ② 약 150회
③ 약 170회 ④ 약 210회

[해설]

주의 H : 전양정 m(다단펌프인 경우는 1단당 전양정으로 한다)

$N_s = N\dfrac{Q^{1/2}}{H^{3/4}}$ 이므로 $3,000 \times \dfrac{1.7^{1/2}}{(300/6)^{3/4}} = 208$

102 정수지에 대한 설명으로 틀린 것은?

① 정수지란 정수를 저류하는 탱크로 정수시설로는 최종단계의 시설이다.
② 정수지 상부는 반드시 복개해야 한다.
③ 정수지의 유효수심은 3~6m를 표준으로 한다.
④ 정수지의 바닥은 저수위보다 1m 이상 낮게 해야 한다.

[해설]

상수도시설 설계기준 정수지 구조에서 정수지의 바닥은 저수위보다 15cm 이상 낮게 해야 한다.

103 계획시간 최대배수량 $q = K \times \dfrac{Q}{24}$ 에 대한 설명으로 틀린 것은?

① 계획시간 최대배수량은 배수구역 내의 계획급수인구가 그 시간대에 최대량의 물을 사용한다고 가정하여 결정한다.
② Q는 계획 1일 평균급수량으로 단위는 [m³/day]이다.
③ K는 시간계수로 주·야간의 인구변동, 공장, 사업소 등에 의한 사용형태, 관광지 등의 계절적 인구이동에 의하여 변한다.

정답 101 ④ 102 ④ 103 ②

④ 시간계수 K는 1일 최대급수량이 클수록 작아지는 경향이 있다.

[해설]

Q는 계획 1일 최대급수량$[m^3/day]$이고, K는 시간계수로 계획시간 최대배수량의 시간 평균 배수량에 대한 비율이다.

104 Jar-Test는 적정 응집제의 주입량과 적정 pH를 결정하기 위한 시험이다. Jar-Test 시 응집제를 주입한 후 급속교반 후 완속교반을 하는 이유는?

① 응집제를 용해시키기 위해서
② 응집제를 고르게 섞기 위해서
③ 플록이 고르게 퍼지게 하기 위해서
④ 플록을 깨뜨리지 않고 성장시키기 위해서

[해설]

Jar-Test 시 응집제를 주입한 후 급속교반 후 완속교반을 하는 이유는 플록을 깨뜨리지 않고 성장시키기 위해서이다.

105 계획하수량을 수용하기 위한 관로의 단면과 경사를 결정함에 있어 고려할 사항으로 틀린 것은?

① 우수관로는 계획우수량에 대하여 유속을 최소 0.8 m/s, 최대 3.0m/s로 한다.
② 오수관로의 최소 관경은 200mm를 표준으로 한다.
③ 관로의 단면은 수리적 특성을 고려하여 선정하되 원형 또는 직사각형을 표준으로 한다.
④ 관로경사는 하류로 갈수록 점차 급해지도록 한다.

[해설]

유속은 빠르게 경사는 완만하게 한다.

106 합류식 하수도에 대한 설명으로 옳지 않은 것은?

① 청천 시에는 수위가 낮고 유속이 적어 오물이 침전하기 쉽다.
② 우천 시에 처리장으로 다량의 토사가 유입되어 침전지에 퇴적된다.
③ 소규모 강우 시 강우 초기에 도로나 관로 내에 퇴적된 오염물이 그대로 강으로 합류할 수 있다.
④ 단일관로로 오수와 우수를 배제하기 때문에 침수피해의 다발지역이나 우수배제시설이 정비되지 않은 지역에서는 유리한 방식이다.

[해설]

합류식은 강우 초기에 수세효과가 있다.

107 하수처리계획 및 재이용계획을 위한 계획오수량에 대한 설명으로 옳은 것은?

① 계획 1일 최대오수량은 계획시간 최대오수량을 1일의 수량으로 환산하여 1.3~1.8배를 표준으로 한다.
② 합류식에서 우천 시 계획오수량은 원칙적으로 계획 1일 평균오수량의 3배 이상으로 한다.
③ 계획 1일 평균오수량은 계획 1일 최대오수량의 70~80%를 표준으로 한다.
④ 지하수량은 계획 1일 평균오수량의 10~20%로 한다.

[해설]

계획시간 최대오수량은 계획 1일 최대오수량을 1일의 수량으로 환산하여 1.3~1.8배를 표준으로 한다. 합류식에서 우천 시 계획오수량은 원칙적으로 계획 1일 시간 최대오수량의 3배 이상으로 한다. 지하수량은 계획 1일 최대오수량의 10~20%로 한다.

108 주요 관로별 계획하수량으로서 틀린 것은?

① 우수관로 : 계획우수량+계획오수량
② 합류식 관로 : 계획시간 최대오수량+계획우수량
③ 차집관로 : 우천 시 계획오수량
④ 오수관로 : 계획시간 최대오수량

[해설]

우수관은 계획우수량이다.

정답 104 ④ 105 ④ 106 ③ 107 ③ 108 ①

109 하수처리시설의 펌프장시설의 중력식 침사지에 관한 설명으로 틀린 것은?

① 체류시간은 30~60초를 표준으로 하여야 한다.
② 모래퇴적부의 깊이는 최소 50cm 이상이어야 한다.
③ 침사지의 평균유속은 0.3m/s를 표준으로 한다.
④ 침사지 형상은 정방형 또는 장방형 등으로 하고 지수는 2지 이상을 원칙으로 한다.

[해설]
모래퇴적부의 깊이는 일시에 이를 수용할 수 있도록 예상되는 침사량 청소방법 및 빈도 등을 고려하여 일반적으로 수심의 10~30%로 보며, 적어도 30cm 이상으로 할 필요가 있다

110 일반적인 상수도계통도를 바르게 나열한 것은?

① 수원 및 저수시설 → 취수 → 배수 → 송수 → 정수 → 도수 → 급수
② 수원 및 저수시설 → 취수 → 도수 → 정수 → 급수 → 배수 → 송수
③ 수원 및 저수시설 → 취수 → 도수 → 정수 → 송수 → 배수 → 급수
④ 수원 및 저수시설 → 취수 → 배수 → 정수 → 급수 → 도수 → 송수

[해설]
일반적인 상수도계통도는 수원 → 취수 → 도수 → 정수 → 송수 → 배수 → 급수이다.

111 하수도시설의 1차 침전지에 대한 설명으로 옳지 않은 것은?

① 침전지의 형상은 원형, 직사각형 또는 정사각형으로 한다.
② 직사각형 침전지의 폭과 길이의 비는 1 : 3 이상으로 한다.
③ 유효수심은 2.5~4m를 표준으로 한다.
④ 침전시간은 계획 1일 최대오수량에 대하여 일반적으로 12시간 정도로 한다.

[해설]
침전시간은 계획 1일 최대오수량에 대하여 표면부하율과 유효수심을 고려하여 정하며, 일반적으로 2~4시간으로 한다.

112 하수도의 목적에 관한 설명으로 가장 거리가 먼 것은?

① 하수도는 도시의 건전한 발전을 도모하기 위한 필수시설이다.
② 하수도는 공중위생의 향상에 기여한다.
③ 하수도는 공공용 수역의 수질을 보전함으로써 국민의 건강보호에 기여한다.
④ 하수도는 경제발전과 산업기반의 정비를 위하여 건설된 시설이다.

[해설]
하수도의 목적은 공공수역의 수질, 공중위생, 건전한 도시발전을 위한 것이며, 하수도 설비를 통하여 부차적으로 경제발전과 산업기반의 정비가 이루어지는 것이지 정비를 위하여 하수도 시설을 하는 것은 아니다.

113 배수관망의 구성방식 중 격자식과 비교한 수지상식의 설명으로 틀린 것은?

① 수리계산이 간단하다.
② 사고 시 단수구간이 크다.
③ 제수밸브를 많이 설치해야 한다.
④ 관의 말단부에 물이 정체되기 쉽다.

[해설]
제수밸브가 많은 것은 격자식의 특징이다.

114 정수장으로부터 배수지까지 정수를 수송하는 시설은?

① 도수시설
② 송수시설
③ 정수시설
④ 배수시설

정답 109 ② 110 ③ 111 ④ 112 ④ 113 ③ 114 ②

[해설]
송수시설은 정수장으로부터 배수지까지 정수를 수송하는 시설을 말한다.

115 호기성 소화의 특징을 설명한 것으로 옳지 않은 것은?

① 처리된 소화 슬러지에서 악취가 나지 않는다.
② 상징수의 BOD 농도가 높다.
③ 폭기를 위한 동력 때문에 유지관리비가 많이 든다.
④ 수온이 낮을 때에는 처리효율이 떨어진다.

[해설]
호기성 소화의 처리수의 상징수는 BOD 농도가 낮다.

116 지름 15cm, 길이 500m인 주철관으로 유량 0.03 m³/s의 물을 50m 양수하려고 한다. 양수 시 발생되는 총손실수두가 5m이었다면 이 펌프의 소요축동력(kW)은?(단, 여유율은 0이며 펌프의 효율은 80%이다.)

① 20.2kW   ② 30.5kW
③ 33.5kW   ④ 37.2kW

[해설]
$P_p = \dfrac{9.8QH}{\eta}$ 이므로 $\dfrac{9.8 \times 0.03 \times (50+5)}{0.8} = 20.2$ kW

117 어느 도시의 인구가 200,000명, 상수보급률이 80%일 때 1인 1일 평균급수량이 380L/인·일이라면 연간 상수 수요량은?

① 11.096×10^6 m³/년   ② 13.874×10^6 m³/년
③ 22.192×10^6 m³/년   ④ 27.742×10^6 m³/년

[해설]
200,000명×380L/인·일×0.8=60,8000,000L/day
=60,800,000×365×10⁻³ m³/년
=22,192,000,000×10⁻³ m³/년=22.192×10⁶ m³/년

118 계획급수인구가 5,000명, 1인 1일 최대급수량을 150L/(인·day), 여과속도는 150m/day로 하면 필요한 급속여과지의 면적은?

① 5.0m²   ② 10.0m²
③ 15.0m²   ④ 20.0m²

[해설]
$A = \dfrac{Q}{Vn}$ 에서 $Q = 5000$인$\times 150$L/인·day
$= 750,000$L/day·L를 m³으로 바꾸면 750m³/day
따라서 $A = \dfrac{750}{150}$m² $= 5$m²

119 고도처리를 도입하는 이유와 거리가 먼 것은?

① 잔류 용존유기물의 제거
② 잔류염소의 제거
③ 질소의 제거
④ 인의 제거

[해설]
고도처리의 목적은 영양염류 제거이며 영양염류는 질소와 인이다. 잔류염소는 소독의 지속성과 관련이 있으므로 해당되지 않는다.

120 상수시설 중 가장 일반적인 장방형 침사지의 표면부하율의 표준으로 옳은 것은?

① 50~150mm/min
② 200~500mm/min
③ 700~1,000mm/min
④ 1,000~1,250mm/min

[해설]
장방형 침사지의 표면부하율은 200~500 mm/min을 표준으로 한다.

정답 115 ② 116 ① 117 ③ 118 ① 119 ② 120 ②

05 제5회 CBT 실전모의고사

1과목 응용역학

01 다음 구조물에서 B점의 수평방향 반력 R_B를 구한 값은?(단, EI는 일정)

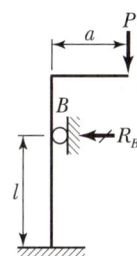

① $\dfrac{3Pa}{2l}$ ② $\dfrac{3Pl}{2a}$

③ $\dfrac{2Pa}{3l}$ ④ $\dfrac{2Pl}{3a}$

[해설]

$R_B = \dfrac{3M}{2l} = \dfrac{3Pa}{2l}$

02 그림과 같은 4개의 힘이 작용할 때 G점에 대한 모멘트는?

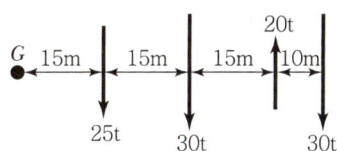

① $3,825\text{t}\cdot\text{m}$ ② $2,025\text{t}\cdot\text{m}$
③ $2,175\text{t}\cdot\text{m}$ ④ $1,650\text{t}\cdot\text{m}$

[해설]

$\sum M_G = 25\times15 + 30\times30 - 20\times45 + 30\times55$
$= 2,025\text{t}\cdot\text{m}$

03 아래 그림에서 단면의 도심 $\bar{y}$를 구하면?

① 2.5cm
② 2.0cm
③ 1.5cm
④ 1.0cm

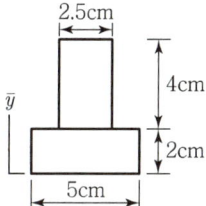

[해설]

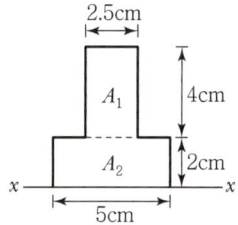

$y = \dfrac{G_x}{A}$

$= \dfrac{(2.5\times4)\times(2+2)+(5\times2)\times1}{(2.5\times4)+(5\times2)} = 2.5\text{cm}$

[별해] $A_1 = A_2$이면

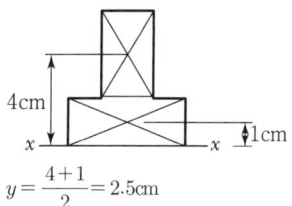

$y = \dfrac{4+1}{2} = 2.5\text{cm}$

04 그림과 같은 단순보에서 C점에 30kN·m의 모멘트가 작용할 때 A점의 반력은?

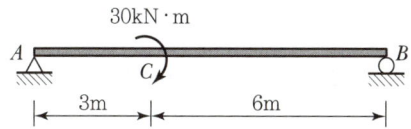

① $\dfrac{10}{3}\text{kN}(\downarrow)$ ② $\dfrac{10}{3}\text{kN}(\uparrow)$

③ $\dfrac{20}{3}\text{kN}(\downarrow)$ ④ $\dfrac{20}{3}\text{kN}(\uparrow)$

정답 01 ① 02 ② 03 ① 04 ①

[해설]

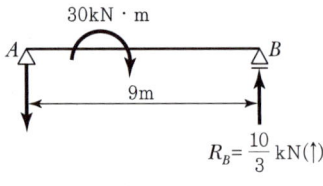

$R_A = \dfrac{30}{9} = \dfrac{10}{3}$kN(↓)

05 그림과 같은 3활절 아치에서 D점에 연직하중 20t이 작용할 때 A점에 작용하는 수평반력 H_A는?

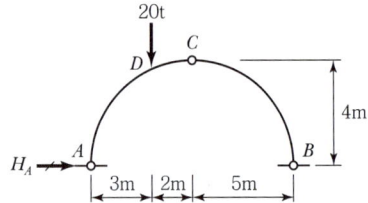

① 5.5t   ② 6.5t
③ 7.5t   ④ 8.5t

[해설]

- $\Sigma M_B = V_A \times 10\text{m} - 20\text{t} \times 7\text{m} = 0$
  $\therefore V_A = 14\text{t}(\uparrow)$
- $\Sigma M_{C(힌지\ 좌측)} = V_A \times 5\text{m} - H_A \times 4\text{m} - 20\text{t} \times 2\text{m} = 0$
  $\therefore H_A = 7.5\text{t}(\rightarrow)$

[별해] $H_A = \dfrac{20 \times 3}{2 \times h} = 7.5\text{t}$

06 다음 그림과 같은 트러스에서 AC의 부재력은?

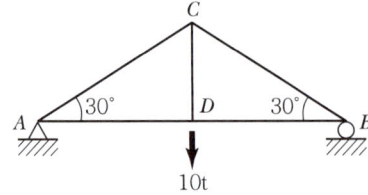

① 인장 10t   ② 인장 15t
③ 압축 5t   ④ 압축 10t

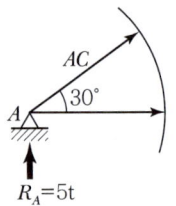

$\Sigma V = 0$
$R_A + AC \cdot \sin 30° = 0$
$5 + AC \cdot \dfrac{1}{2} = 0$
$\therefore AC = -10\text{t}(압축)$

07 다음 중 단위 변형을 일으키는 데 필요한 힘은?

① 강성도   ② 유연도
③ 축강도   ④ 푸아송 비

[해설]

- $\delta = \dfrac{PL}{AE}$
  $P=1$일 때 δ $\therefore$ 유연도$(f) = \dfrac{L}{AE}$
- $P = \dfrac{AE}{L}\delta$
  $\delta = 1$ 늘이는 데 필요한 힘
  $\therefore$ 강성도$(K) = \dfrac{AE}{L}$

08 그림과 같은 단면을 갖는 부재(A)와 부재(B)가 있다. 동일 조건의 보에 사용하고 재료의 강도도 같다면, 휨에 대한 강도를 비교한 설명으로 옳은 것은?

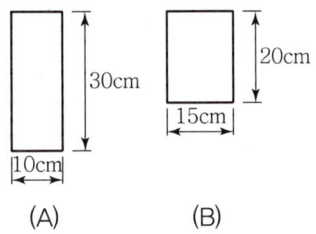

① 보 (A)는 보 (B)보다 휨에 대한 강도가 2.0배 크다.
② 보 (B)는 보 (A)보다 휨에 대한 강도가 2.0배 크다.
③ 보 (B)는 보 (A)보다 휨에 대한 강도가 1.5배 크다.
④ 보 (A)는 보 (B)보다 휨에 대한 강도가 1.5배 크다.

정답 05 ③ 06 ④ 07 ① 08 ④

[해설]

- $Z_{(A)} = \sigma_y \cdot \dfrac{10 \times 30^2}{6}$
- $Z_{(B)} = \sigma_y \cdot \dfrac{15 \times 20^2}{6}$
- $\dfrac{Z_{(A)}}{Z_{(B)}} = 1.5$

[별해 1]

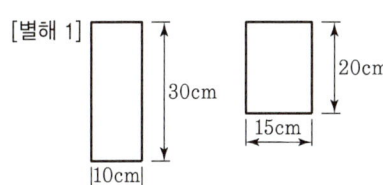

	(A)	(B)
$Z=$	$\dfrac{10 \times 30^2}{6}$	$\dfrac{15 \times 20^2}{6}$
	3	2
	1.5	1

[별해 2] $A_1 = A_2$인 경우 높이비 = 강성비

(A)	:	(B)
30	:	20
1.5	:	1

09 직경 d인 원형 단면 기둥의 길이가 4m이다. 세장비가 100이 되도록 하려면 이 기둥의 직경은?

① 9cm ② 13cm
③ 16cm ④ 25cm

[해설]

- $r_{min} = \dfrac{d}{4}$
- $\lambda = \dfrac{l}{r_{min}} = \dfrac{l}{\left(\dfrac{d}{4}\right)} = \dfrac{4l}{d}$

  $d = \dfrac{4l}{\lambda} = \dfrac{4 \times (4 \times 10^2)}{100} = 16\text{cm}$

10 그림과 같은 보에서 최대 처짐이 발생하는 위치는?(단, 부재의 EI는 일정하다.)

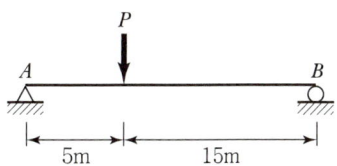

① A점으로부터 5.00m 떨어진 곳
② A점으로부터 6.18m 떨어진 곳
③ A점으로부터 8.82m 떨어진 곳
④ A점으로부터 10.00m 떨어진 곳

[해설]

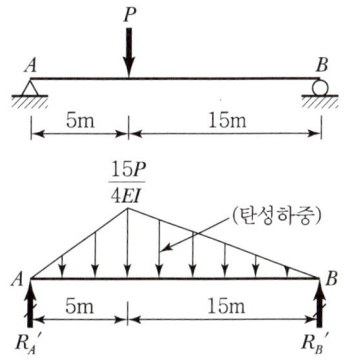

$\sum M_{\textcircled{A}} = 0$

$\left(\dfrac{1}{2} \times \dfrac{15D}{4EI} \times 20\right) \times \left(\dfrac{20+5}{3}\right) - R_B' \times 20 = 0$

$R_B' = \dfrac{125P}{8EI}$

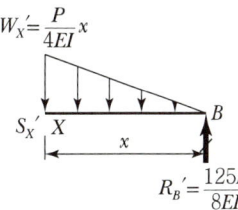

- $S_x - \left(\dfrac{1}{2} \times \dfrac{P}{4EI} x \times x\right) + \dfrac{125P}{8EI} = 0$

  $S_x = \dfrac{P}{8EI}(x^2 - 125)$

- 최대 처짐(y_{max})은 처짐각(θ)이 '0'인 곳에서 발생한다.

  $S_x = 0$

  $x^2 - 125 = 0,\ x = 5\sqrt{5} = 11.18\text{m}$

따라서 최대 처짐은 B점으로부터 좌측으로 11.18m 떨어진 곳, 즉 A점으로부터 $20 - 11.18 = 8.82$m 떨어진 곳에서 발생한다.

정답 09 ③ 10 ③

11 그림과 같은 2개의 캔틸레버보에 저장되는 변형에너지를 각각 $U_{(1)}$, $U_{(2)}$라고 할 때 $U_{(1)} : U_{(2)}$의 비는?

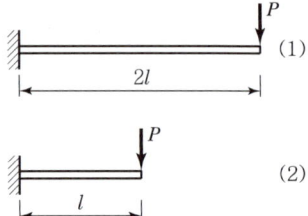

① 2 : 1
② 4 : 1
③ 8 : 1
④ 16 : 1

[해설]

[공식]
$$U = \frac{P^2 l^3}{6EI}$$

길이의 세제곱(l^3)에 비례한다.
$U_{(1)} : U_{(2)} = (2l)^3 : l^3 = 8 : 1$

12 다음과 같은 보의 A점의 수직반력 V_A는?

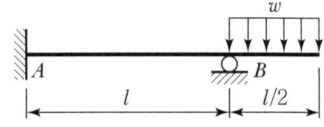

① $\frac{3}{8}wl(\downarrow)$
② $\frac{1}{4}wl(\downarrow)$
③ $\frac{3}{16}wl(\downarrow)$
④ $\frac{3}{32}wl(\downarrow)$

[해설]

[공식]

㉠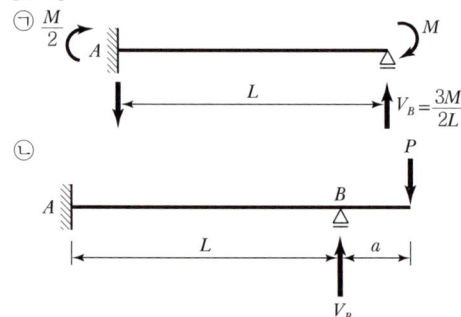

㉡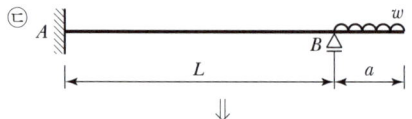

$$V_B = P + \frac{3M}{2L} = P + \frac{3(Pa)}{2L}$$

㉢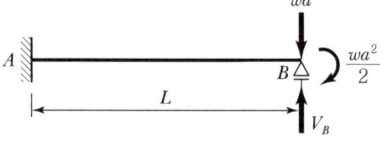

⇩

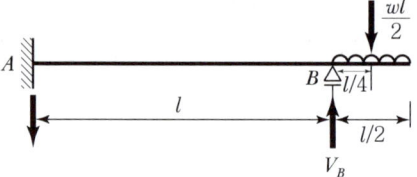

$$V_B = wa + \frac{3M}{2L} = wa + \frac{3\left(\frac{wa^2}{2}\right)}{2L}$$

[그림 생략]

- $V_B = \frac{wl}{2} + \frac{3M}{2l} = \frac{wl}{2} + \frac{3\left(\frac{wl^2}{8}\right)}{2l}$
  $= \frac{wl}{2} + \frac{3}{16}wl = \frac{11}{16}wl$

- $\sum V = 0$
  $-\frac{wl}{2} + V_A + V_B = 0$
  $-\frac{wl}{2} + V_A + \frac{11}{16}wl = 0$
  $V_A = \frac{-3}{16}wl = \frac{3}{16}wl(\downarrow)$

13 600kg의 힘이 그림과 같이 A와 C의 모서리에 작용하고 있다. 이 두 힘에 의해서 발생하는 모멘트는?

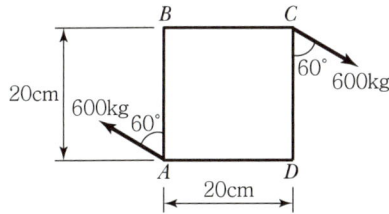

① 163.9kg·m ② 169.7kg·m
③ 173.9kg·m ④ 179.7kg·m

[해설]

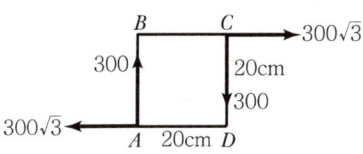

$M = 300 \times 20 + 300\sqrt{3} \times 20$
$= 6,000 + 6,000\sqrt{3}$
$= 16,392 \text{kg} \cdot \text{cm} = 163.92 \text{kg} \cdot \text{m}$

14 주어진 단면의 도심을 구하면?

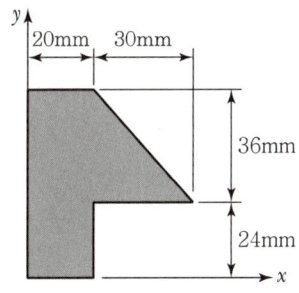

① $\overline{x} = 16.2\text{mm}, \overline{y} = 31.9\text{mm}$
② $\overline{x} = 31.9\text{mm}, \overline{y} = 16.2\text{mm}$
③ $\overline{x} = 14.2\text{mm}, \overline{y} = 29.9\text{mm}$
④ $\overline{x} = 29.9\text{mm}, \overline{y} = 14.2\text{mm}$

[해설]

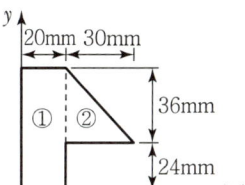

- $G_x = \Sigma A \cdot y$
  $= 20 \times 60 \times 30 + 30 \times 36 \times \frac{1}{2} \times \left(24 + \frac{36}{3}\right)$
  $= 55,440 \text{mm}^3$

- $G_y = \Sigma A \cdot x$
  $= 20 \times 60 \times 10 + 30 \times 36 \times \frac{1}{2} \times \left(20 + \frac{30}{3}\right)$
  $= 28,200 \text{mm}^3$

- $A = A_1 + A_2 = 20 \times 60 + 30 \times 36 \times \frac{1}{2}$
  $= 1,740 \text{mm}^3$

- $y = \dfrac{G_x}{A} = \dfrac{55,440}{1,740} \fallingdotseq 31.9\text{mm}$

- $x = \dfrac{G_y}{A} = \dfrac{28,200}{1,740} \fallingdotseq 16.2\text{mm}$

15 그림과 같은 보에서 A점의 반력은?

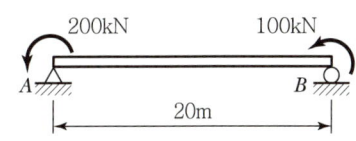

① 15kN ② 18kN
③ 20kN ④ 23kN

[해설]

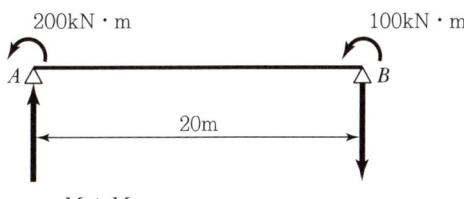

$R_A = \dfrac{M_1 + M_2}{L} = \dfrac{200 + 100}{20} = 15\text{kN}$

16 다음 그림과 같은 3활절 포물선 아치의 수평반력(H_A)은?

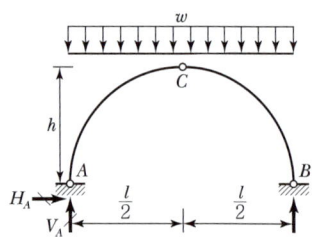

① 0
② $\dfrac{wl^2}{8h}$
③ $\dfrac{3wl^2}{8h}$
④ $\dfrac{5wl^2}{8h}$

[해설]

- $V_A = V_B = \dfrac{wl}{2}(\uparrow)$
- $\Sigma M_C = V_A \times \dfrac{l}{2} - H_A \times h - w \times \dfrac{l}{2} \times \dfrac{l}{4} = 0$

$\therefore H_A = \dfrac{wl^2}{8h}$

[별해]

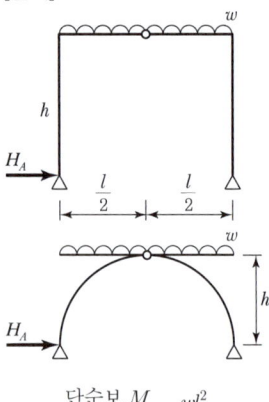

$H_A = \dfrac{단순보\ M_c}{h} = \dfrac{wl^2}{8h}$

[보충]

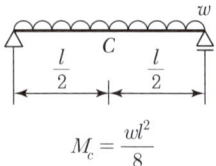

$M_c = \dfrac{wl^2}{8}$

17 그림과 같은 트러스에서 AC부재의 부재력은?

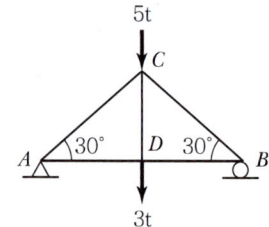

① 인장 4t ② 압축 4t
③ 인장 8t ④ 압축 8t

[해설]

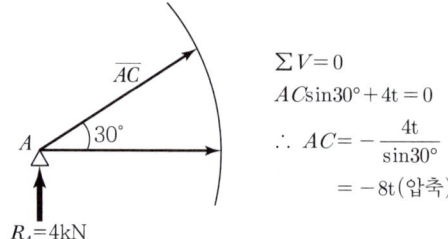

$\Sigma V = 0$
$AC \sin 30° + 4\text{t} = 0$
$\therefore AC = -\dfrac{4\text{t}}{\sin 30°}$
$\qquad = -8\text{t}(압축)$

18 지름 20mm, 길이 1m인 강봉을 4t의 힘으로 인장할 경우 이 강봉의 변형량은?(단, 이 강봉의 탄성계수는 $E = 2.0 \times 10^6 \text{kg/cm}^2$이다.)

① 0.908mm ② 0.808mm
③ 0.737mm ④ 0.637mm

[해설]

$\Delta l = \dfrac{Pl}{AE} = \dfrac{4,000 \times 100}{\dfrac{2^2 \pi}{4} \times 2 \times 10^6} = 0.0637\text{cm} = 0.637\text{mm}$

19 길이 10m, 폭 20cm, 높이 30cm인 직사각형 단면을 갖는 단순보에서 자중에 의한 최대 휨응력은? (단, 보의 단위중량은 25kN/m³으로 균일한 단면을 갖는다.)

① 6.25MPa ② 9.375MPa
③ 12.25MPa ④ 15.275MPa

정답 16 ② 17 ④ 18 ④ 19 ①

[해설]

- $w = rA = 1.5\text{kN/m} = 1.5\text{N/mm}$
- $\sigma_{max} = \dfrac{M_{max}}{Z} = \dfrac{\left(\dfrac{wl^2}{8}\right)}{\dfrac{bh^2}{6}} = \dfrac{3wl^2}{4bh^2}$

$$= \dfrac{3 \times 1.5 \times (10 \times 10^3)^2}{4 \times (20 \times 10) \times (30 \times 10)^2}$$

$$= 6.25\text{N/mm}^2 = 6.25\text{MPa}$$

20 그림과 같은 직사각형 단면의 단주에 편심 축하중 P가 작용할 때 모서리 A점의 응력은?

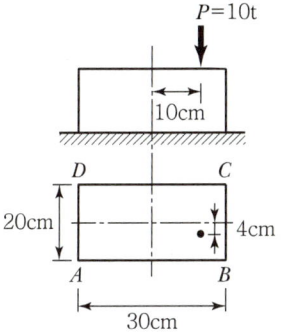

① 3.4kg/cm^2 ② 30kg/cm^2
③ 38.6kg/cm^2 ④ 70kg/cm^2

[해설]

㉠ 복편심응력

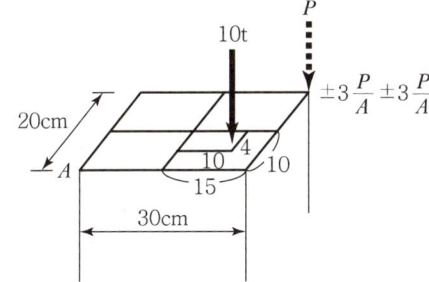

㉡ $\sigma_A = -\dfrac{P}{A} \pm \dfrac{Pe_x}{I_y}x \pm \dfrac{Pe_y}{I_x}y$

$= -\dfrac{P}{A} + \left(3 \times \dfrac{2}{3} \times \dfrac{P}{A}\right) - \left(3 \times \dfrac{2}{5} \times \dfrac{P}{A}\right)$

$\left(15 \xrightarrow{\frac{2}{3}} 10\right) \quad \left(10 \xrightarrow{\frac{2}{5}} 4\right)$

$= -\dfrac{P}{A} + 2\dfrac{P}{A} - \dfrac{6}{5} \times \dfrac{P}{A}$

$= \dfrac{P}{A}\left(-1 + 2 - \dfrac{6}{5}\right) = -\dfrac{1}{5} \times \dfrac{P}{A}$

$= -\dfrac{1}{5} \times \dfrac{10 \times 10^3}{20 \times 30} = -3.4\text{kg/cm}^2$

2과목 측량학

21 지형의 토공량 산정 방법이 아닌 것은?

① 각주공식 ② 양단면 평균법
③ 중앙단면법 ④ 삼변법

[해설]

삼변법은 삼각형의 면적을 구하는 방법이다.

22 그림에서 $\overline{AB} = 500\text{m}$, $\angle a = 71°33'54''$, $\angle b_1 = 36°52'12''$, $\angle b_2 = 39°05'38''$, $\angle c = 85°36'05''$를 관측하였을 때 $\overline{BC}$의 거리는?

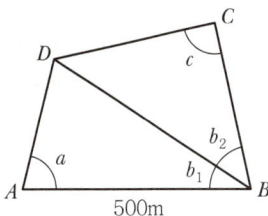

① 391mm ② 412mm
③ 422mm ④ 427mm

[해설]

$\dfrac{BC}{\sin(180° - \angle c + \angle b_2)} = \dfrac{DB}{\sin \angle c}$

$\dfrac{BC}{\sin(180° - 85°36'05'' + 39°05'38'')} = \dfrac{DB}{\sin 85°36'05''}$

$\therefore BC = 412\text{m}$

$\left(\dfrac{DB}{\sin 71°33'54''} = \dfrac{500}{\sin \angle ADB}\right)$

정답 20 ① 21 ④ 22 ②

23 수평각관측법 중 가장 정확한 값을 얻을 수 있는 방법으로 1등 삼각측량에 이용되는 방법은?

① 조합각 관측법　② 방향각법
③ 배각법　　　　 ④ 단각법

[해설]

각관측법(조합각 관측법)
- 수평각 각관측 방법 중 가장 정확한 각을 얻을 수 있다.
- 1등 삼각측량에 이용

24 지형도 작성을 위한 방법과 거리가 먼 것은?

① 탄성파 측량을 이용하는 방법
② 토털스테이션 측량을 이용하는 방법
③ 항공사진 측량을 이용하는 방법
④ 인공위성 영상을 이용하는 방법

[해설]

지형도 작성방법
- 평판 측량을 이용하는 방법
- 항공사진 측량을 이용하는 방법
- 수치지형 모델에 의한 방법
- 기존 지도를 이용하는 방법

25 클로소이드(Clothoid)의 매개변수(A)가 60m, 곡선길이(L)가 30m일 때 반지름(R)은?

① 60m　　② 90m
③ 120m　 ④ 150m

[해설]

매개변수(A^2) = RL
$$L = \frac{A^2}{R} = \frac{60^2}{30} = 120\text{m}$$

26 하천측량에 대한 설명으로 틀린 것은?

① 제방중심선 및 종단측량은 레벨을 사용하여 직접 수준측량 방식으로 실시한다.
② 심천측량은 하천의 수심 및 유수부분의 하저상황을 조사하고 횡단면도를 제작하는 측량이다.
③ 하천의 수위경계선인 수애선은 평균수위를 기준으로 한다.
④ 수위 관측은 지천의 합류점이나 분류점 등 수위 변화가 생기지 않는 곳을 선택한다.

[해설]

하천의 수위경계선인 수애선은 평수위를 기준으로 한다.

27 지형의 표시법에서 자연적 도법에 해당하는 것은?

① 점고법　　② 등고선법
③ 영선법　　④ 채색법

[해설]

지형의 표시법

자연적 도법		부호적 도법		
음영법	영선법	점고법	등고선법	채색법

28 도로 설계 시에 단곡선의 외할(E)은 10m, 교각은 60°일 때, 접선장($T.L$)은?

① 42.4m　　② 37.3m
③ 32.4m　　④ 27.3m

[해설]

$$TL = R\tan\frac{I}{2} = 65 \times \tan\frac{60°}{2} \fallingdotseq 37.3\text{m}$$

$$\left[E = R\left(\sec\frac{I}{2}-1\right), 10 = R\left(\sec\frac{60°}{2}-1\right), \therefore R = 65\text{m}\right]$$

29 레벨을 이용하여 표고가 53.85m인 A점에 세운 표척을 시준하여 1.34m를 얻었다. 표고 50m의 등고선을 측정하려면 시준하여야 할 표척의 높이는?

① 3.51m　　② 4.11m
③ 5.19m　　④ 6.25m

[해설]

표척의 높이는 $x = 53.85 + 1.34 - 50 = 5.19\text{m}$

30 다각측량에 관한 설명 중 옳지 않은 것은?

① 각과 거리를 측정하여 점의 위치를 결정한다.
② 근거리이고 조건식이 많아 삼각측량에서 구한 위치보다 정확도가 높다.
③ 선로와 같이 좁고 긴 지역의 측량에 편리하다.
④ 삼각측량에 비해 시가지 또는 복잡한 장애물이 있는 곳의 측량에 적합하다.

[해설]
다각측량은 삼각측량보다 정확도가 떨어진다.

31 기지의 삼각점을 이용하여 새로운 도근점들을 매설하고자 할 때 결합 트래버스측량(다각측량)의 순서는?

① 도상계획 → 답사 및 선점 → 조표 → 거리관측 → 각관측 → 거리 및 각의 오차 분배 → 좌표계산 및 측점전개
② 도상계획 → 조표 → 답사 및 선점 → 각관측 → 거리관측 → 거리 및 각의 오차 분배 → 좌표계산 및 측점전개
③ 답사 및 선점 → 도상계획 → 조표 → 각관측 → 거리관측 → 거리 및 각의 오차 분배 → 좌표계산 및 측점전개
④ 답사 및 선점 → 조표 → 도상계획 → 거리관측 → 각관측 → 좌표계산 및 측점전개 → 거리 및 각의 오차 분배

[해설]
다각측량 순서
계획 → 답사 및 선점 → 조표 → 관측

32 완화곡선에 대한 설명으로 옳지 않은 것은?

① 완화곡선은 모든 부분에서 곡률이 동일하지 않다.
② 완화곡선의 반지름은 무한대에서 시작한 후 점차 감소되어 원곡선의 반지름과 같게 된다.
③ 완화곡선의 접선은 시점에서 원호에 접한다.
④ 완화곡선에 연한 곡선 반지름의 감소율은 캔트의 증가율과 같다.

[해설]
완화곡선의 접선은 시점에서는 직선에 접하고 종점에서는 원호에 접한다.

33 축척 1 : 600인 지도상의 면적을 축척 1 : 500으로 계산하여 $38.675m^2$을 얻었다면 실제면적은?

① $26.858m^2$ ② $32.229m^2$
③ $46.410m^2$ ④ $55.692m^2$

[해설]
$$\left(\frac{1}{500}\right)^2 = \frac{x}{38.675}, \therefore x = 0.0001547m^2$$
$$\left(\frac{1}{600}\right)^2 = \frac{x}{실제면적}, \therefore 실제면적 = 55.692m^2$$

34 A, B 두 점 간의 거리를 관측하기 위하여 그림과 같이 세 구간으로 나누어 측량하였다. 측선 $\overline{AB}$의 거리는?(단, Ⅰ : 10m±0.01m, Ⅱ : 20m±0.03m, Ⅲ : 30m±0.05m이다.)

① 60m±0.09m
② 30m±0.06m
③ 60m±0.06m
④ 30m±0.09m

[해설]
AB거리 $= A \pm \triangle A = 60m \pm 0.06m$
• $A = L_1 + L_2 + L_3 = 10 + 20 + 30 = 60m$
• $\triangle A = \sqrt{(\triangle L_1^2 + \triangle L_2^2 + \triangle L_3^2)}$
$= \sqrt{0.01^2 + 0.03^2 + 0.05^2} = 0.06m$

정답 30 ② 31 ① 32 ③ 33 ④ 34 ③

35 그림과 같은 터널 내 수준측량의 관측결과에서 A점의 지반고가 20.32m일 때 C점의 지반고는? (단, 관측값의 단위는 m이다.)

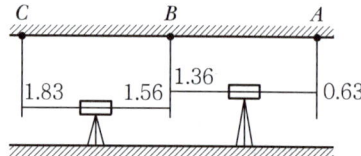

① 21.32m ② 21.49m
③ 16.32m ④ 16.49m

[해설]

$H_C = H_A(20.32) - 0.63 + 1.36 - 1.56 + 1.83 = 21.32m$

36 그림의 다각측량 성과를 이용한 C점의 좌표는? (단, $\overline{AB} = \overline{BC} = 100m$이고, 좌표 단위는 m이다.)

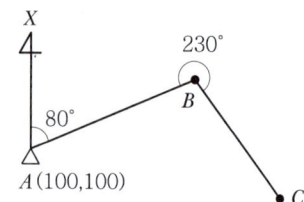

① $X = 48.27m$, $Y = 256.28m$
② $X = 53.08m$, $Y = 275.08m$
③ $X = 62.31m$, $Y = 281.31m$
④ $X = 69.49m$, $Y = 287.49m$

[해설]

- C점의 좌표를 구하기 위해 먼저 B점의 좌표를 구하면
$X_B = X_A + AB\cos AB = 100 + 100 \times \cos 80° = 117.365m$
$Y_B = Y_A + AB\sin AB = 100 + 100 \times \sin 80° = 198.481m$
- 따라서 C점의 좌표는
$X_C = X_B + BC\cos BC = 117.365 + 100 \times \cos 130° = 53.08m$
$Y_C = Y_B + BC\sin BC = 198.481 + 100 \times \sin 130° = 275.08m$

37 A, B, C, D 네 사람이 각각 거리 8km, 12.5km, 18km, 24.5km의 구간을 왕복 수준측량하여 폐합차를 7mm, 8mm, 10mm, 12mm 얻었다면 4명 중에서 가장 정밀한 측량을 실시한 사람은?

① A ② B
③ C ④ D

[해설]

$E = a\sqrt{n}$에서 1회 관측오차는 $a = \dfrac{E}{\sqrt{n}}$이다.

1회 관측오차(a)가 제일 적은 사람은
$B\left(a = \dfrac{E}{\sqrt{n}} = \dfrac{8}{\sqrt{25}} = 1.6\right)$이다.

38 캔트(Cant)의 계산에서 속도 및 반지름을 2배로 하면 캔트는 몇 배가 되는가?

① 2배 ② 4배
③ 8배 ④ 16배

[해설]

- 캔트(C) = $\dfrac{V^2 S}{gR}$
- 속도와 반지름이 2배이면 캔트(C)는 2배가 된다.

39 수준점 A, B, C에서 수준측량을 하여 P점의 표고를 얻었다. 관측거리를 경중률로 사용한 P점 표고의 최확값은?

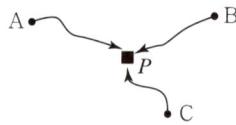

노선	P점 표고값	노선거리
$A \to P$	57.583m	2km
$B \to P$	57.700m	3km
$C \to P$	57.680m	4km

① 57.641m ② 57.649m
③ 57.654m ④ 57.706m

[해설]

P점 표고의 최확값은

- 경중률은 $\frac{1}{2} : \frac{1}{3} : \frac{1}{4} = 6 : 4 : 3$
- P점의 최확값은 $\frac{P_1 l_1 + P_2 l_2 + P_3 l_3}{P_1 + P_2 + P_3}$

$= \frac{6 \times 57.583 + 4 \times 57.700 + 3 \times 57.680}{6 + 4 + 3} = 57.641\text{m}$

40 지구상에서 50km 떨어진 두 점의 거리를 지구곡률을 고려하지 않은 평면측량으로 수행한 경우의 거리오차는?(단, 지구의 반지름은 6,370km이다.)

① 0.257m ② 0.138m
③ 0.069m ④ 0.005m

[해설]

거리오차$(d-l) = \frac{1}{12}\left(\frac{l^3}{R^2}\right)$

$= \frac{1}{12}\left(\frac{50^3}{6{,}370^2}\right) = 0.257\text{m}$

3과목 수리수문학

41 다음 중 유효강우량과 가장 관계가 깊은 것은?

① 직접유출량 ② 기저유출량
③ 지표면유출량 ④ 지표하유출량

[해설]

유효강우량과 가장 관계가 깊은 것은 직접유출이다.

42 지하수의 투수계수에 관한 설명으로 틀린 것은?

① 같은 종류의 토사라 할지라도 그 간극률에 따라 변한다.
② 흙입자의 구성, 지하수의 점성계수에 따라 변한다.
③ 지하수의 유량을 결정하는 데 사용된다.
④ 지역 특성에 따른 무차원 상수이다.

[해설]

투수계수는 지하수 유량을 결정하는 데 사용되며, 속도의 차원을 갖는다.

43 그림과 같은 노즐에서 유량을 구하기 위한 식으로 옳은 것은?(단, 유량계수는 1.0으로 가정한다.)

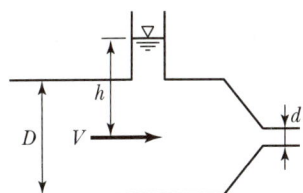

① $\frac{\pi d^2}{4}\sqrt{\frac{2gh}{1-(d/D)^2}}$ ② $\frac{\pi d^2}{4}\sqrt{\frac{2gh}{1-(d/D)^4}}$
③ $\frac{\pi d^2}{4}\sqrt{\frac{2gh}{1+(d/D)^2}}$ ④ $\frac{\pi d^2}{4}\sqrt{2gh}$

[해설]

$Q = Ca\sqrt{\frac{2gh}{1-\left(\frac{Ca}{A}\right)^2}} = \frac{\pi \times d^2}{4}\sqrt{\frac{2gh}{1-\left(\frac{d}{D}\right)^4}}$

정답 40 ① 41 ① 42 ④ 43 ②

44 물의 점성계수를 μ, 동점성계수를 ν, 밀도를 ρ라 할 때 관계식으로 옳은 것은?

① $\nu = \rho\mu$ ② $\nu = \dfrac{\rho}{\mu}$
③ $\nu = \dfrac{\mu}{\rho}$ ④ $\nu = \dfrac{1}{\rho\mu}$

[해설]

$\nu = \dfrac{\mu}{\rho}$, $\rho = \dfrac{w}{g}$

45 폭 2.5m, 월류수심 0.4m인 사각형 위어(Weir)의 유량은?(단, Francis 공식 : $Q = 1.84B_oh^{3/2}$에 의하며, B_o : 유효폭, h : 월류수심, 접근유속은 무시하며 양단수축이다.)

① $1.117\text{m}^3/\text{s}$ ② $1.126\text{m}^3/\text{s}$
③ $1.145\text{m}^3/\text{s}$ ④ $1.164\text{m}^3/\text{s}$

[해설]

$Q = 1.84(b - 0.1nh)h^{\frac{3}{2}}$
$= 1.84 \times (2.5 - 0.1 \times 2 \times 0.4) \times 0.4^{\frac{3}{2}}$
$= 1.126\text{m}^3/\text{s}$

46 흐름의 단면적과 수로경사가 일정할 때 최대유량이 흐르는 조건으로 옳은 것은?

① 윤변이 최소이거나 동수반경이 최대일 때
② 윤변이 최대이거나 동수반경이 최소일 때
③ 수심이 최소이거나 동수반경이 최대일 때
④ 수심이 최대이거나 수로 폭이 최소일 때

[해설]

수리학적으로 유리한 단면이 되기 위해서는 경심(R)이 최대이거나, 윤변(P)이 최소일 때 성립된다.

47 그림과 같이 단위폭당 자중이 $3.5 \times 10^6\text{N/m}$인 직립식 방파제에 $1.5 \times 10^6\text{N/m}$의 수평 파력이 작용할 때, 방파제의 활동 안전율은?(단, 중력가속도 $= 10.0\text{m/s}^2$, 방파제와 바닥의 마찰계수 $= 0.7$, 해수의 비중 $= 1$로 가정하며, 파랑에 의한 양압력은 무시하고, 부력은 고려한다.)

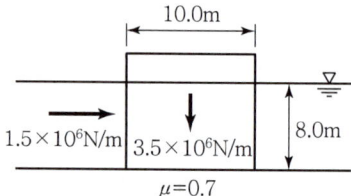

① 1.20 ② 1.22
③ 1.24 ④ 1.26

[해설]

- W = 케이슨의 자중 − 케이슨의 부력
  $= 3.5 \times 10^6 \times 10^{-3} - (10 \times 8 \times 1) \times 10$
  $= 2,700\text{kN/m}$
- 안전율 계산
  $F_s = \dfrac{fW_V}{P_h} = \dfrac{0.7 \times 2,700}{1.5 \times 10^6 \times 10^{-3}} = 1.26$

48 유역면적이 4km^2이고 유출계수가 0.8인 산지하천의 강우강도가 80mm/hr이다. 합리식을 사용한 유역출구에서의 첨두홍수량은?

① $35.5\text{m}^3/\text{s}$ ② $71.1\text{m}^3/\text{s}$
③ $128\text{m}^3/\text{s}$ ④ $256\text{m}^3/\text{s}$

[해설]

$Q = \dfrac{1}{3.6}CIA = \dfrac{1}{3.6} \times 0.8 \times 80 \times 4 = 71.11\text{m}^3/\text{s}$

49 Manning의 조도계수 $n = 0.012$인 원관을 사용하여 $1\text{m}^3/\text{s}$의 물을 동수경사 1/100로 송수하려 할 때 적당한 관의 지름은?

① 70cm ② 80cm
③ 90cm ④ 100cm

[해설]

- $Q = AV = \dfrac{\pi D^2}{4} \times \dfrac{1}{n} R^{\frac{2}{3}} I^{\frac{1}{2}}$

- $1 = \dfrac{\pi D^2}{4} \times \dfrac{1}{0.012} \times \left(\dfrac{D}{4}\right)^{\frac{2}{3}} \times \left(\dfrac{1}{100}\right)^{\frac{1}{2}}$

  $\therefore D = 0.7\text{m} = 70\text{cm}$

50 관수로 흐름에서 레이놀즈 수가 500보다 작은 경우의 흐름 상태는?

① 상류　　② 난류
③ 사류　　④ 층류

[해설]

- $Re < 2,000$: 층류
- $2,000 < Re < 4,000$: 천이영역
- $Re > 4,000$: 난류

51 광폭 직사각형 단면 수로의 단위폭당 유량이 16 m³/s일 때, 한계경사는?(단, 수로의 조도계수 $n = 0.02$이다.)

① 3.27×10^{-3}　　② 2.73×10^{-3}
③ 2.81×10^{-2}　　④ 2.90×10^{-2}

[해설]

- $h_c = \left(\dfrac{\alpha Q^2}{gB^2}\right)^{\frac{1}{3}} = \left(\dfrac{1 \times 16^2}{9.8 \times 1^2}\right)^{\frac{1}{3}} = 2.97\text{m}$

- $C = \dfrac{1}{n} R^{\frac{1}{6}} = \dfrac{1}{0.02} \times 2.97^{\frac{1}{6}} = 59.95$

  (광폭개수로 $R = h$)

  $\therefore I_c = \dfrac{g}{\alpha C^2} = \dfrac{9.8}{1 \times 59.95^2} = 2.73 \times 10^{-3}$

52 개수로 흐름에 관한 설명으로 틀린 것은?

① 사류에서 상류로 변하는 곳에 도수현상이 생긴다.
② 개수로 흐름은 중력이 원동력이 된다.
③ 비에너지는 수로 바닥을 기준으로 한 에너지이다.
④ 배수곡선은 수로가 단락(段落)이 되는 곳에 생기는 수면곡선이다.

[해설]

저하곡선은 수로가 단락되어 수로경사가 갑자기 클 때 생기는 수면곡선이다.

53 정지유체에 침강하는 물체가 받는 항력(Drag Force)의 크기와 관계가 없는 것은?

① 유체의 밀도　　② Froude 수
③ 물체의 형상　　④ Reynolds 수

[해설]

항력$(D) = C_D \cdot A \cdot \dfrac{\rho V^2}{2}$

여기서, C_D : 항력계수 $\left(C_D = \dfrac{24}{R_e}\right)$

　　　　A : 투영면적

　　　　$\dfrac{\rho V^2}{2}$: 동압력

$\therefore$ Froude 수는 항력과 관련이 없다.

54 $\triangle t$ 시간 동안 질량 m인 물체에 속도변화 $\triangle v$가 발생할 때, 이 물체에 작용하는 외력 F는?

① $\dfrac{m \cdot \triangle t}{\triangle v}$　　② $m \cdot \triangle v \cdot \triangle t$
③ $\dfrac{m \cdot \triangle v}{\triangle t}$　　④ $m \cdot \triangle t$

[해설]

$F = ma = m\dfrac{(v_2 - v_1)}{\triangle t} = m\dfrac{\triangle v}{\triangle t}$

55 다음 중 평균강우량 산정방법이 아닌 것은?

① 각 관측점의 강우량을 산술평균하여 얻는다.
② 각 관측점의 지배면적을 가중인자로 잡아서 각 강우량에 곱하여 합산한 후 전 유역면적으로 나누어서 얻는다.
③ 각 등우선 간의 면적을 측정하고 전 유역면적에 대한 등우선 간의 면적을 등우선 간의 평균 강우량에 곱하여 이들을 합산하여 얻는다.

정답　50 ④　51 ②　52 ④　53 ②　54 ③　55 ④

④ 각 관측점의 강우량을 크기순으로 나열하여 중앙에 위치한 값을 얻는다.

[해설]

유역의 평균우량 산정법
- 산술평균법 : 각 관측점의 강우량을 산술평균하여 구한다.
- Thiessen법 : 각 관측점의 지배면적을 가중인자로 잡아서 각 강우량에 곱하여 합산한 후 전 유역면적으로 나누어서 구한다.
- 등우선법 : 각 등우선 간의 면적을 측정하고 전 유역면적에 대한 등우선 간의 면적을 등우선 간의 평균강우량에 곱하고 이들을 합산하여 구한다.

56 강우자료의 일관성을 분석하기 위해 사용하는 방법은?

① 합리식
② DAD 해석법
③ 누가우량곡선법
④ SCS(Soil Conservation Service) 방법

[해설]

이중누가우량분석은 수십 년에 걸친 장기간의 강수자료의 일관성 검증을 위해 실시한다.

57 부체의 안정에 관한 설명으로 옳지 않은 것은?

① 경심(M)이 무게중심(G)보다 낮을 경우 안정하다.
② 무게중심(G)이 부심(B)보다 아래쪽에 있으면 안정하다.
③ 부심(B)과 무게중심(G)이 동일 연직선상에 위치할 때 안정을 유지한다.
④ 경심(M)이 무게중심(G)보다 높을 경우 복원모멘트가 작용한다.

[해설]

부체의 안정조건
- 안정 : 경심(M) - 중심(G) - 부심(C)
- 불안정 : 중심(G) - 경심(M) - 부심(C)
∴ 부체가 안정되기 위해서는 경심(M)이 중심(G)보다 위에 있어야 한다.

58 다음 중 물의 순환에 관한 설명으로서 틀린 것은?

① 지구상에 존재하는 수자원이 대기권을 통해 지표면에 공급되고, 지하로 침투하여 지하수를 형성하는 등 복잡한 반복과정이다.
② 지표면 또는 바다로부터 증발된 물이 강수, 침투 및 침류, 유출 등의 과정을 거치는 물의 이동현상이다.
③ 물의 순환과정에서 강수량은 지하수 흐름과 지표면 흐름의 합과 동일하다.
④ 물의 순환과정 중 강수, 증발 및 증산은 수문기상학 분야이다.

[해설]

강수량은 지하수 흐름과 지표면 흐름의 합과 동일하지 않다.

59 압력수두 P, 속도수두 V, 위치수두 Z라고 할 때 정체압력수두 P_s는?

① $P_s = P - V - Z$
② $P_s = P + V + Z$
③ $P_s = P - V$
④ $P_s = P + V$

[해설]

- 정체압 = $P + \dfrac{\rho V^2}{2}$
- 정체압력수두 $P_s = P + V$

60 관수로에서 관의 마찰손실계수가 0.02, 관의 지름이 40cm일 때, 관내 물의 흐름이 100m를 흐르는 동안 2m의 마찰손실수두가 발생하였다면 관내의 유속은?

① 0.3m/s
② 1.3m/s
③ 2.8m/s
④ 3.8m/s

[해설]

- $h_L = f \dfrac{l}{D} \dfrac{V^2}{2g}$
- $V = \sqrt{\dfrac{2gDh_L}{fl}} = \sqrt{\dfrac{2 \times 9.8 \times 0.4 \times 2}{0.02 \times 100}} = 2.8 \text{m/s}$

정답 56 ③ 57 ① 58 ③ 59 ④ 60 ③

4과목 철근콘크리트 및 강구조

61 아래 T형보에서 공칭모멘트강도(M_n)는?(단, $f_{ck}=24$MPa, $f_y=400$MPa, $A_s=4,764\text{mm}^2$)

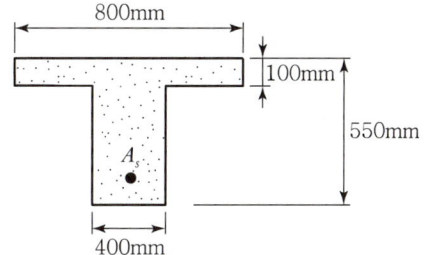

① 812.7kN·m ② 871.6kN·m
③ 912.4kN·m ④ 934.5kN·m

[해설]

- T형 단면보의 판별
  폭이 $b=800$mm인 직사각 단면보에 대한 등가직사각형 깊이
  $\eta=1(f_{ck}\leq 40$MPa인 경우$)$
  $a=\dfrac{f_y A_s}{\eta 0.85 f_{ck} b}=\dfrac{400\times 4,764}{1\times 0.85\times 24\times 800}=116.76$mm
  $a(=116.76\text{mm})>t_f(=100\text{mm})$이므로
  T형 단면보로 해석

- T형 단면보의 공칭휨강도(M_n)
  $A_{sf}=\dfrac{\eta 0.85 f_{ck}(b-b_w)t_f}{f_y}$
  $=\dfrac{1\times 0.85\times 24\times (800-400)\times 100}{400}=2,040\text{mm}^2$
  $a=\dfrac{(A_s-A_{sf})f_y}{\eta 0.85 f_{ck} b_w}$
  $=\dfrac{(4,764-2,040)\times 400}{1\times 0.85\times 24\times 400}=133.5$mm
  $M_n=A_{sf}f_y\left(d-\dfrac{t_f}{2}\right)+(A_s-A_{sf})f_y\left(d-\dfrac{a}{2}\right)$
  $=2,040\times 400\times\left(550-\dfrac{100}{2}\right)$
  $+(4,764-2,040)\times 400\times\left(550-\dfrac{133.5}{2}\right)$
  $=934.5\times 10^6$N·mm $=934.5$kN·m

62 PSC보의 휨 강도 계산 시 긴장재의 응력 f_{ps}의 계산은 강재 및 콘크리트의 응력 – 변형률 관계로부터 정확히 계산할 수도 있으나 콘크리트구조기준에서는 f_{ps}를 계산하기 위한 근사적 방법을 제시하고 있다. 그 이유는 무엇인가?

① PSC 구조물은 강재가 항복한 이후 파괴까지 도달함에 있어 강도의 증가량이 거의 없기 때문이다.
② PS강재의 응력은 항복응력 도달 이후에도 파괴 시까지 점진적으로 증가하기 때문이다.
③ PSC보를 과보강 PSC보로부터 저보강 PSC보의 파괴상태로 유도하기 위함이다.
④ PSC 구조물은 균열에 취약하므로 균열을 방지하기 위함이다.

[해설]

콘크리트 구조설계 기준에서 PSC보의 휨강도 계산 시 긴장재의 응력 f_{ps}를 계산하기 위한 근사적 방법을 제시해 준 이유는 PS강재의 응력이 항복응력도달 이후에도 파괴 시까지 점진적으로 증가하기 때문이다.

63 직사각형 보에서 계수 전단력 $V_u=70$kN을 전단철근 없이 지지하고자 할 경우 필요한 최소 유효깊이 d는 약 얼마인가?(단, $b=400$mm, $f_{ck}=21$MPa, $f_y=350$MPa)

① $d=426$mm
② $d=556$mm
③ $d=611$mm
④ $d=751$mm

[해설]

$V_u\leq\dfrac{1}{2}\phi V_c=\dfrac{1}{2}\phi\left(\dfrac{1}{6}\lambda\sqrt{f_{ck}}bd\right)$
$d\geq\dfrac{12V_u}{\phi\lambda\sqrt{f_{ck}}b}=\dfrac{12\times(70\times 10^3)}{0.75\times 1\times\sqrt{21}\times 400}=611$mm

정답 61 ④ 62 ② 63 ③

64 철근의 겹침이음 등급에서 A급 이음의 조건은 다음 중 어느 것인가?

① 배치된 철근량이 이음부 전체 구간에서 해석결과 요구되는 소요 철근량의 3배 이상이고 소요 겹침이음길이 내 겹침이음된 철근량이 전체 철근량의 1/3 이상인 경우
② 배치된 철근량이 이음부 전체 구간에서 해석결과 요구되는 소요 철근량의 3배 이상이고 소요 겹침이음길이 내 겹침이음된 철근량이 전체 철근량의 1/2 이하인 경우
③ 배치된 철근량이 이음부 전체 구간에서 해석결과 요구되는 소요 철근량의 2배 이상이고 소요 겹침이음길이 내 겹침이음된 철근량이 전체 철근량의 1/3 이상인 경우
④ 배치된 철근량이 이음부 전체 구간에서 해석결과 요구되는 소요 철근량의 2배 이상이고 소요겹침이음길이 내 겹침이음된 철근량이 전체 철근량의 1/2 이하인 경우

[해설]
이형철근의 겹침이음
- A급이음 : 배근된 철근량이 소요철근량의 2배 이상이고, 겹침이음된 철근량이 총철근량의 $\frac{1}{2}$ 이하인 경우
- B급이음 : A급이음 이외의 경우

65 철근콘크리트 부재의 전단철근에 관한 다음 설명 중 옳지 않은 것은?

① 주인장철근에 30° 이상의 각도로 구부린 굽힘철근도 전단철근으로 사용할 수 있다.
② 부재축에 직각으로 배치된 전단철근의 간격은 $d/2$ 이하, 600mm 이하로 하여야 한다.
③ 최소 전단철근량은 $0.35\frac{b_w \cdot s}{f_{yt}}$ 보다 작지 않아야 한다.
④ 전단철근의 설계기준항복강도는 300MPa을 초과할 수 없다.

[해설]
전단철근의 설계기준항복강도(f_y)는 500MPa을 초과하여 취할 수 없다. 다만, 용접이형철망을 사용할 경우는 600MPa을 초과하여 취할 수 없다.

66 다음 중 반T형보의 유효폭(b)을 구할 때 고려하여야 할 사항이 아닌 것은?(단, b_w는 플랜지가 있는 부재의 복부폭)

① 양쪽 슬래브의 중심 간 거리
② (한쪽으로 내민 플랜지 두께의 6배) + b_w
③ (보의 경간의 1/12) + b_w
④ (인접 보와의 내측 거리의 1/2) + b_w

[해설]
반T형보(비대칭T형보)의 플랜지 유효폭은 다음 값 중에서 최소값으로 한다.
- (플랜지 두께의 6배) + b_w
- (인접 보와의 내측간 거리의 1/2) + b_w
- (보의 경간의 1/12) + b_w

67 다음 그림과 같은 필렛용접의 형상에서 $S=9$mm일 때 목두께 a의 값으로 적당한 것은?

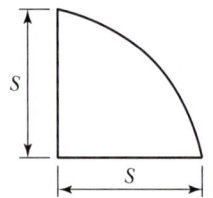

① 5.46mm ② 6.36mm
③ 7.26mm ④ 8.16mm

[해설]
$a = 0.707S = 0.707 \times 9 = 6.36$mm

68 옹벽에서 T형보로 설계하여야 하는 부분은?

① 뒷부벽식 옹벽의 뒷부벽
② 뒷부벽식 옹벽의 전면벽
③ 앞부벽식 옹벽의 저판
④ 앞부벽식 옹벽의 앞부벽

[해설]
부벽식 옹벽에서 부벽의 설계
- 앞부벽 : 직사각형보로 설계
- 뒷부벽 : T형보로 설계

69 복철근 보에서 압축철근에 대한 효과를 설명한 것으로 적절하지 못한 것은?

① 단면 저항 모멘트를 크게 증대시킨다.
② 지속하중에 의한 처짐을 감소시킨다.
③ 파괴 시 압축 응력의 깊이를 감소시켜 연성을 증대시킨다.
④ 철근의 조립을 쉽게 한다.

[해설]
압축철근의 사용 효과
- 지속하중에 의한 처짐을 감소시킨다.
- 연성을 증가시킨다.
- 철근의 조립을 쉽게 한다.

70 PSC 부재에서 프리스트레스의 감소 원인 중 도입 후에 발생하는 시간적 손실의 원인에 해당하는 것은?

① 콘크리트의 크리프
② 정착장치의 활동
③ 콘크리트의 탄성수축
④ PS 강재와 쉬스의 마찰

[해설]
프리스트레스의 손실 원인
- 프리스트레스 도입 시 손실(즉시 손실)
  - 정착 장치의 활동에 의한 손실
  - PS강재와 쉬스 사이의 마찰에 의한 손실
  - 콘크리트의 탄성변형에 의한 손실
- 프리스트레스 도입 후 손실(시간 손실)
  - 콘크리트의 크리프에 의한 손실
  - 콘크리트의 건조수축에 의한 손실
  - PS강재의 릴랙세이션에 의한 손실

71 휨부재 설계 시 처짐계산을 하지 않아도 되는 보의 최소 두께를 콘크리트구조기준에 따라 설명한 것으로 틀린 것은?[단, 보통중량콘크리트($m_c = 2,300\text{kg/m}^3$)와 f_y는 400MPa인 철근을 사용한 부재이며, l은 부재의 길이이다.]

① 단순지지된 보 : $l/16$
② 1단 연속 보 : $l/18.5$
③ 양단 연속 보 : $l/21$
④ 캔틸레버 보 : $l/12$

[해설]
처짐을 계산하지 않아도 되는 휨부재의 최소두께

부재	최소 두께 또는 높이			
	캔틸레버	단순지지	일단 연속	양단 연속
보	$\frac{l}{8}$	$\frac{l}{16}$	$\frac{l}{18.5}$	$\frac{l}{21}$
1방향 슬래브	$\frac{l}{10}$	$\frac{l}{20}$	$\frac{l}{24}$	$\frac{l}{28}$

이 표의 값은 보통중량콘크리트($m_c = 2,300\text{kg/m}^3$)와 설계기준항복강도 400MPa 철근을 사용한 부재에 대한 값이며, 다른 조건에 대해서는 이 값을 다음과 같이 보정하여야 한다.
① 1,500~2,000kg/m³ 범위의 단위질량을 갖는 구조용 경량콘크리트에 대해서는 계산된 h 값에 $(1.65 - 0.00031 m_c)$를 곱하여야 하나, 1.09 이상이어야 한다.
② f_y가 400MPa 이외인 경우는 계산된 h 값에 $(0.43 + \frac{f_y}{700})$를 곱하여야 한다.

72 다음 중 콘크리트구조물을 설계할 때 사용하는 하중인 "활하중(Live Load)"에 속하지 않는 것은?

① 건물이나 다른 구조물의 사용 및 점용에 의해 발생되는 하중으로서 사람, 가구, 이동칸막이 등의 하중

정답 68 ① 69 ① 70 ① 71 ④ 72 ④

② 적설하중
③ 교량 등에서 차량에 의한 하중
④ 풍하중

[해설]

활하중이란 풍하중, 지진하중과 같은 환경하중이나 고정하중을 포함하지 않고 건물이나 다른 구조물의 사용 및 점용에 의해 발생되는 하중으로서 사람, 가구, 이동칸막이, 창고의 저장물, 설비기계 등의 하중과 적설하중 또는 교량 등에서 차량에 의한 하중을 의미한다.

73 그림과 같은 두께 13mm의 플레이트에 4개의 볼트구멍이 배치되어 있을 때 부재의 순단면적은? (단, 구멍의 직경은 24mm이다.)

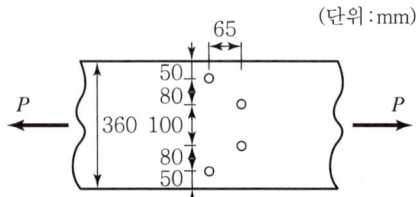

① 4,056mm²   ② 3,916mm²
③ 3,775mm²   ④ 3,524mm²

[해설]

$d_h = \phi + 3 = 24\text{mm}$
$b_{n2} = b_g - 2d_h = 360 - (2 \times 24) = 312\text{mm}$
$b_{n3} = b_g - 3d_h + \dfrac{s^2}{4g}$
$\quad = 360 - (3 \times 24) + \left(\dfrac{65^2}{4 \times 80}\right) = 301.2\text{mm}$
$b_{n4} = b_g - 4d_h + 2 \times \dfrac{s^2}{4g}$
$\quad = 360 - (4 \times 24) + \left(2 \times \dfrac{65^2}{4 \times 80}\right) = 290.4\text{mm}$
$b_n = [b_{n2},\ b_{n3},\ b_{n4}]_{\min} = 290.4\text{mm}$
$A_n = b_n t = 290.4 \times 13 = 3,775.2\text{mm}^2$

74 다음 중 용접부의 결함이 아닌 것은?

① 오버랩(Overlap)   ② 언더컷(Undercut)
③ 스터드(Stud)   ④ 균열(Crack)

[해설]

스터드(Stud)는 강재와 콘크리트가 일체가 될 수 있도록 강재보의 상부 플랜지에 용접한 볼트 모양의 전단연결재이다.

75 철근콘크리트 보를 설계할 때 변화구간에서 강도감소계수(ϕ)를 구하는 식으로 옳은 것은? (단, 나선철근으로 보강되지 않은 부재이며, ε_t는 최외단 인장철근의 순인장변형률이다.)

① $\phi = 0.65 + (\varepsilon_t - 0.002)\dfrac{200}{3}$

② $\phi = 0.7 + (\varepsilon_t - 0.002)\dfrac{200}{3}$

③ $\phi = 0.65 + (\varepsilon_t - 0.002) \times 50$

④ $\phi = 0.7 + (\varepsilon_t - 0.002) \times 50$

[해설]

나선철근으로 보강되지 않은 경우 강도감소계수(ϕ)를 구하는 식

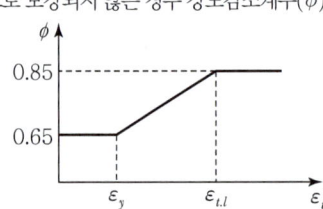

$\phi = 0.65 + (\varepsilon_t - \varepsilon_y)\dfrac{0.2}{(\varepsilon_{t.l} - \varepsilon_y)}$

위 식에서 항복변형률(ε_y)과 인장지배 변형률 한계($\varepsilon_{t.l}$)는 철근의 항복응력(f_y)에 의해서 그 값이 결정된다.
따라서, 본 문제의 경우 철근의 항복응력(f_y)이 주어지지 않았으므로 문제가 성립되지 않는다.
만약 $f_y = 400\text{MPa}$일 경우, 강도감소계수(ϕ)를 구하는 식을 표현하면 다음과 같다.

$\varepsilon_y = \dfrac{f_y}{E_s} = \dfrac{400}{2 \times 10^5} = 0.002$

$\varepsilon_{t.l} = 0.005$ ($f_y \leq 400\text{MPa}$인 경우)

$\phi = 0.65 + (\varepsilon_t - \varepsilon_y)\dfrac{0.2}{(\varepsilon_{t.l} - \varepsilon_y)}$

$\quad = 0.65 + (\varepsilon_t - 0.002)\dfrac{0.2}{(0.005 - 0.002)}$

$\quad = 0.65 + (\varepsilon_t - 0.002)\dfrac{200}{3}$

정답 73 ③ 74 ③ 75 정답 없음

76 그림과 같은 복철근 직사각형보에서 압축연단에서 중립축까지의 거리(c)는?(단, $A_s = 4,764\text{mm}^2$, $A_s' = 1,284\text{mm}^2$, $f_{ck} = 38\text{MPa}$, $f_y = 400\text{MPa}$)

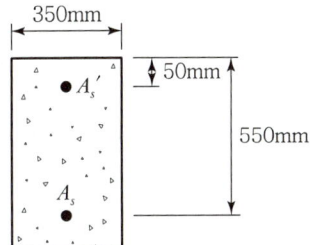

① 143.74mm   ② 153.91mm
③ 168.62mm   ④ 178.41mm

[해설]
$f_{ck} = 38\text{Mpa} \leq 40\text{MPa}$인 경우
$\eta = 1$, $\beta_1 = 0.8$
$c = \dfrac{(A_s - A_s')f_y}{\eta 0.85 f_{ck} b \beta_1} = \dfrac{(4,764 - 1,284) \times 400}{1 \times 0.85 \times 38 \times 350 \times 0.8} = 153.91\text{mm}$

77 그림과 같은 띠철근 기둥에서 띠철근의 최대 간격은?(단, $D10$의 공칭직경은 9.5mm, $D32$의 공칭직경은 31.8mm)

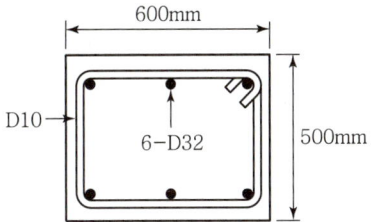

① 400mm   ② 456mm
③ 500mm   ④ 509mm

[해설]
띠철근 기둥에서 띠철근의 간격
- 축방향 철근 지름의 16배 이하
  $= 31.8 \times 16 = 508.8\text{mm}$ 이하
- 띠철근 지름의 48배 이하
  $= 9.5 \times 48 = 456\text{mm}$ 이하
- 부재 최소치수 이하 = 500mm 이하
따라서 띠철근의 간격은 최소값인 456mm 이하이어야 한다.

78 단순 지지된 2방향 슬래브의 중앙점에 집중하중 P가 작용할 때 경간비가 1 : 2라면 단변과 장변이 부담하는 하중비($P_S : P_L$)는?(단, P_S : 단변이 부담하는 하중, P_L : 장변이 부담하는 하중)

① 1 : 8   ② 8 : 1
③ 1 : 16   ④ 16 : 1

[해설]
$P_S = \dfrac{L^3}{S^3 + L^3}P = \dfrac{2^3}{1^3 + 2^3}P = \dfrac{8}{9}P$
$P_L = \dfrac{S^3}{S^3 + L^3}P = \dfrac{1^3}{1^3 + 2^3}P = \dfrac{1}{9}P$
$P_S : P_L = \dfrac{8}{9}P : \dfrac{1}{9}P = 8 : 1$

79 경간 6m인 단순 직사각형 단면($b = 300\text{mm}$, $h = 400\text{mm}$)보에 계수하중 30kN/m가 작용할 때 PS강재가 단면도심에서 긴장되며 경간 중앙에서 콘크리트 단면의 하연 응력이 0이 되려면 PS강재에 얼마의 긴장력이 작용되어야 하는가?

① 1,805kN   ② 2,025kN
③ 3,054kN   ④ 3,557kN

[해설]
$f_b = \dfrac{P}{A} - \dfrac{M}{Z} = \dfrac{P}{bh} - \dfrac{6}{bh^2} \cdot \dfrac{wl^2}{8} = \dfrac{1}{bh}\left(P - \dfrac{3wl^2}{4h}\right) = 0$
$P = \dfrac{3wl^2}{4h} = \dfrac{3 \times 30 \times 6^2}{4 \times 0.4} = 2,025\text{kN}$

80 철근콘크리트가 성립하는 이유에 대한 설명으로 잘못된 것은?

① 철근과 콘크리트와의 부착력이 크다.
② 콘크리트 속에 묻힌 철근은 녹슬지 않고 내구성을 갖는다.
③ 철근과 콘크리트의 무게가 거의 같고 내구성이 같다.
④ 철근과 콘크리트는 열에 대한 팽창계수가 거의 같다.

[해설]

철근콘크리트의 성립 요건
- 철근과 콘크리트의 부착력이 크다.
- 콘크리트 속의 철근은 부식되지 않는다.
- 철근과 콘크리트의 열팽창계수가 거의 같다.

5과목 토질 및 기초

81 어떤 시료에 대해 액압 1.0kg/cm^2를 가해 각 수직변위에 대응하는 수직하중을 측정한 결과가 아래 표와 같다. 파괴 시의 축차응력은?(단, 피스톤의 지름과 시료의 지름은 같다고 보며, 시료의 단면적 $A_O = 18\text{cm}^2$, 길이 $L = 14\text{cm}$이다.)

ΔL (1/100mm)	0	...	1,000	1,100	1,200	1,300	1,400
P(kg)	0	...	54.0	58.0	60.0	59.0	58.0

① 3.05kg/cm^2 ② 2.55kg/cm^2
③ 2.05kg/cm^2 ④ 1.55kg/cm^2

[해설]

- 최대 수직하중 : 60kg
- $\sigma = \sigma_1 - \sigma_3 = \dfrac{P}{A_0} = \dfrac{P}{\dfrac{A}{1-\varepsilon}} = \dfrac{P}{\dfrac{A}{1-\dfrac{\Delta L}{L}}}$

$= \dfrac{60}{\dfrac{18}{1-\dfrac{1.2}{14}}} = 3.05\text{kg/cm}^2$

82 전단마찰각이 25°인 점토의 현장에 작용하는 수직응력이 5t/m^2이다. 과거 작용했던 최대 하중이 10t/m^2이라고 할 때 대상지반의 정지토압계수를 추정하면?

① 0.40 ② 0.57
③ 0.82 ④ 1.14

[해설]

$K_o(\text{과압밀}) = K_o(\text{정규압밀}) \sqrt{\text{OCR}}$
$= (1-\sin\phi)\sqrt{\dfrac{P_c}{P_o}} = (1-\sin25°) \times \sqrt{\dfrac{10}{5}} = 0.82$

83 무게가 3ton인 단동식 증기 Hammer를 사용하여 낙하고 1.2m에서 pile을 타입할 때 1회 타격당 최종 침하량이 2cm이었다. Engineering News 공식을 사용하여 허용 지지력을 구하면 얼마인가?

① 13.3t ② 26.7t
③ 80.8t ④ 160t

[해설]

$Q_a = \dfrac{Q_u}{F_s} = \dfrac{WH}{F_s(S+0.25)}$
$= \dfrac{3 \times 120}{6(2+0.25)} = 26.7\text{t}$

84 점토지반의 강성기초의 접지압 분포에 대한 설명으로 옳은 것은?

① 기초 모서리 부분에서 최대 응력이 발생한다.
② 기초 중앙 부분에서 최대 응력이 발생한다.
③ 기초 밑면의 응력은 어느 부분이나 동일하다.
④ 기초 밑면에서의 응력은 토질에 관계없이 일정하다.

[해설]

강성기초의 접지압

점토지반	모래지반
기초 모서리에서 최대 응력 발생	기초 중앙부에서 최대 응력 발생

정답 81 ① 82 ③ 83 ② 84 ①

85 다음 그림과 같이 피압수압을 받고 있는 2m 두께의 모래층이 있다. 그 위의 포화된 점토층을 5m 깊이로 굴착하는 경우 분사현상이 발생하지 않기 위한 수심(h)은 최소 얼마를 초과하도록 하여야 하는가?

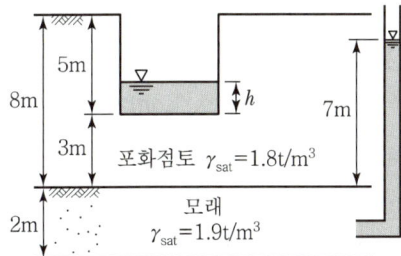

① 1.3m ② 1.6m
③ 1.9m ④ 2.4m

[해설]
분사현상은 유효응력이 0일 때 발생
- $\sigma = 1 \times h + 1.8 \times 3 = h + 5.4$
- $u = 1 \times 7 = 7$
- $\sigma' = \sigma - u = h + 5.4 - 7 = 0$ ∴ $h = 1.6m$

86 내부마찰각 $\phi_u = 0$, 점착력 $c_u = 4.5 t/m^2$, 단위중량이 $1.9 t/m^3$ 되는 포화된 점토층에 경사각 45°로 높이 8m인 사면을 만들었다. 그림과 같은 하나의 파괴면을 가정했을 때 안전율은?(단, $ABCD$의 면적은 $70m^2$이고, $ABCD$의 무게중심은 O점에서 4.5m 거리에 위치하며, 호 AC의 길이는 20.0m이다.)

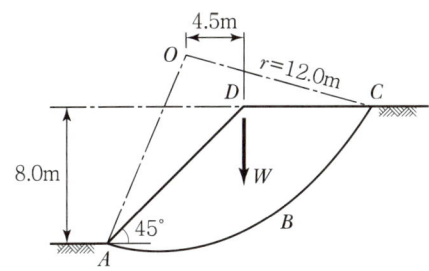

① 1.2 ② 1.8
③ 2.5 ④ 3.2

[해설]
$$F_s = \frac{cRL}{We} = \frac{4.5 \times 12 \times 20}{(70 \times 1.9) \times 4.5} = 1.8$$

87 다음 중 임의 형태 기초에 작용하는 등분포하중으로 인하여 발생하는 지중응력계산에 사용하는 가장 적합한 계산법은?

① Boussinesq법 ② Osterberg법
③ Newmark 영향원법 ④ 2 : 1 간편법

[해설]
Newmark 영향원법
- 등분포하중으로 인해 발생하는 지중응력 계산에 사용
- $\sigma_z = 0.005nq$
  여기서, n : 면적요소 수, q : 등분포하중

88 노건조한 흙 시료의 부피가 $1,000 cm^3$, 무게가 $1,700g$, 비중이 2.65이라면 간극비는?

① 0.71 ② 0.43
③ 0.65 ④ 0.56

[해설]
$$\gamma_d = \frac{W_s}{V} = \frac{G_s}{1+e} \gamma_w$$
$$\frac{1,700}{1,000} = \frac{2.65}{1+e} \times 1$$
∴ 간극비(e) = 0.56

89 흙의 공학적 분류방법 중 통일 분류법과 관계없는 것은?

① 소성도 ② 액성한계
③ No.200체 통과율 ④ 군지수

[해설]
군지수는 AASHTO 분류법과 관계있다.

90 수조에 상방향의 침투에 의한 수두를 측정한 결과, 그림과 같이 나타났다. 이때, 수조 속에 있는 흙에 발생하는 침투력을 나타낸 식은?(단, 시료의 단면적은 A, 시료의 길이는 L, 시료의 포화단위중량은 γ_{sat}, 물의 단위중량은 γ_w이다.)

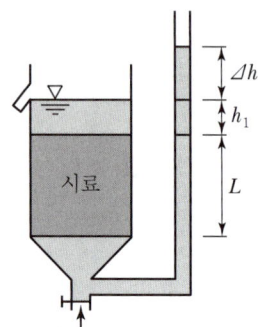

① $\Delta h \cdot \gamma_w \cdot \dfrac{A}{L}$ ② $\Delta h \cdot \gamma_w \cdot A$

③ $\Delta h \cdot \gamma_{sat} \cdot A$ ④ $\dfrac{\gamma_{sat}}{\gamma_w} \cdot A$

[해설]

- 단위면적당 침투수압
$F = i\gamma_w z = \dfrac{\Delta h}{L} \times \gamma_w \times L = \Delta h \cdot \gamma_w$
- 시료면적에 작용하는 침투수압
$F = \Delta h \cdot \gamma_w \cdot A$

91 포화단위중량이 $1.8 t/m^3$인 흙에서의 한계동수경사는 얼마인가?

① 0.8 ② 1.0
③ 1.8 ④ 2.0

[해설]

$i_c = \dfrac{\gamma_{sub}}{\gamma_w} = \dfrac{G_s - 1}{1 + e} = \dfrac{0.8}{1} = 0.8$

92 입경이 균일한 포화된 사질지반에 지진이나 진동 등 동적하중이 작용하면 지반에서는 일시적으로 전단강도를 상실하게 되는데, 이러한 현상을 무엇이라고 하는가?

① 분사현상(Quick Sand)
② 틱소트로피현상(Thixotropy)
③ 히빙현상(Heaving)
④ 액상화현상(Liquefaction)

[해설]

액상화현상 : 간극수압의 상승으로 유효응력이 감소되고 그 결과 사질토가 외력에 대한 전단저항을 잃게 되는 현상

93 다음 시료채취에 사용되는 시료기(Sampler) 중 불교란시료 채취에 사용되는 것만 고른 것으로 옳은 것은?

(1) 분리형 원통 시료기(Split Spoon Sampler)
(2) 피스톤 튜브 시료기(Piston Tube Sampler)
(3) 얇은 관 시료기(Thin Wall Tube Sampler)
(4) Laval 시료기(Laval Sampler)

① (1), (2), (3) ② (1), (2), (4)
③ (1), (3), (4) ④ (2), (3), (4)

[해설]

교란시료 채취 : 분리형 원통 시료기(Split Spoon Sampler)

94 점토의 다짐에서 최적함수비보다 함수비가 적은 건조 측 및 함수비가 많은 습윤 측에 대한 설명으로 옳지 않은 것은?

① 다짐의 목적에 따라 습윤 및 건조 측으로 구분하여 다짐계획을 세우는 것이 효과적이다.
② 흙의 강도 증가가 목적인 경우, 건조 측에서 다지는 것이 유리하다.
③ 습윤 측에서 다지는 경우, 투수계수 증가효과가 크다.
④ 다짐의 목적이 차수를 목적으로 하는 경우, 습윤 측에서 다지는 것이 유리하다.

[해설]
습윤 측에서 다지면 투수계수 감소효과가 크다.

95 어떤 지반에 대한 토질시험결과 점착력 $c = 0.50$ kg/cm², 흙의 단위중량 $\gamma = 2.0$t/m³이었다. 그 지반에 연직으로 7m를 굴착했다면 안전율은 얼마인가?(단, $\phi = 0$이다.)

① 1.43
② 1.51
③ 2.11
④ 2.61

[해설]

안전율$(F_s) = \dfrac{H_c}{H}$

• 한계고$(H_c) = \dfrac{4c}{\gamma_t}\tan\left(45° + \dfrac{\phi}{2}\right) = \dfrac{4 \times 5}{2.0}\tan\left(45° + \dfrac{0°}{2}\right)$
$= 10$m
$(c = 0.5$kg/cm² $= 5$t/m²이다)

• $H = 7$m

∴ 연직사면의 안전율$(F_s) = \dfrac{H_c}{H} = \dfrac{10}{7} = 1.43$

96 다음 그림과 같이 점토질 지반에 연속기초가 설치되어 있다. Terzaghi 공식에 의한 이 기초의 허용지지력은?(단, $\phi = 0$이며, 폭$(B) = 2$m, $N_c = 5.14$, $N_q = 1.0$, $N_\gamma = 0$, 안전율 $F_S = 3$이다.)

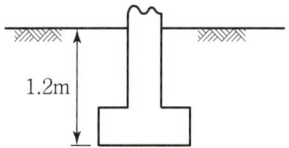

점토질 지반 $\gamma = 1.92$t/m³
일축압축강도 $q_u = 14.86$t/m²

① 6.4t/m²
② 13.5t/m²
③ 18.5t/m²
④ 40.49t/m²

[해설]

형상계수	원형기초	정사각형기초	연속기초
α	1.3	1.3	1.0
β	0.3	0.4	0.5

• $q_{ult} = \alpha c N_c + \beta \gamma_1 B N_\gamma + \gamma_2 D_f N_q$
$= 1 \times \left(\dfrac{14.86}{2}\right) \times 5.14 + 0.5 \times 1.92 \times 2 \times 0$
$+ 1.92 \times 1.2 \times 1 = 40.49$t/m²

• $q_a = \dfrac{q_u}{F_s} = \dfrac{40.49}{3} = 13.5$t/m²

97 Meyerhof의 극한지지력 공식에서 사용하지 않는 계수는?

① 형상계수
② 깊이계수
③ 시간계수
④ 하중경사계수

[해설]

Meyerhof의 극한지지력 공식에 포함되는 계수
• 형상계수
• 근입깊이계수
• 하중경사계수

98 토질조사에 대한 설명 중 옳지 않은 것은?

① 사운딩(Sounding)이란 지중에 저항체를 삽입하여 토층의 성상을 파악하는 현장 시험이다.
② 불교란시료를 얻기 위해서 Foil Sampler, Thin wall tube sampler 등이 사용된다.
③ 표준관입시험은 로드(Rod)의 길이가 길어질수록 N치가 작게 나온다.
④ 베인시험은 정적인 사운딩이다.

[해설]

표준관입시험은 로드(Rod) 길이가 길어지면 타격에너지가 손실되어 N치가 커진다.

정답 95 ① 96 ② 97 ③ 98 ③

99 2.0kg/cm^2의 구속응력을 가하여 시료를 완전히 압밀한 다음, 축차응력을 가하여 비배수 상태로 전단시켜 파괴 시 축변형률 $\varepsilon_f = 10\%$, 축차응력 $\triangle\sigma_f = 2.8 \text{kg/cm}^2$, 간극수압 $\triangle u_f = 2.1 \text{kg/cm}^2$를 얻었다. 파괴시 간극수압계수 A는?(단, 간극수압계수 B는 1.0으로 가정한다.)

① 0.44　　② 0.75
③ 1.33　　④ 2.27

[해설]

A계수 $= \dfrac{D\text{계수}}{B\text{계수}} = \dfrac{0.75}{1} = 0.75$

(D계수 $= \dfrac{\Delta u}{\Delta \sigma_1 - \Delta \sigma_3} = \dfrac{2.1}{2.8} = 0.75$)

100 다음 그림과 같이 3개의 지층으로 이루어진 지반에서 수직방향 등가투수계수는?

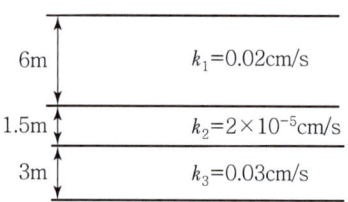

① 2.516×10^{-6} cm/s　② 1.274×10^{-5} cm/s
③ 1.393×10^{-4} cm/s　④ 2.0×10^{-2} cm/s

[해설]

$K_v = \dfrac{H_1 + H_2 + H_3}{\dfrac{H_1}{K_1} + \dfrac{H_2}{K_2} + \dfrac{H_3}{K_3}} = \dfrac{600 + 150 + 300}{\dfrac{600}{0.02} + \dfrac{150}{2 \times 10^{-5}} + \dfrac{300}{0.03}}$

$= 1.393 \times 10^{-4}$ cm/s

6과목 상하수도공학

101 도수(Conveyance Of Water)시설에 대한 설명으로 옳은 것은?

① 상수원으로부터 원수를 취수하는 시설이다.
② 원수를 음용 가능하게 처리하는 시설이다.
③ 배수지로부터 급수관까지 수송하는 시설이다.
④ 취수원으로부터 정수시설까지 보내는 시설이다.

[해설]

상수도계통도의 순서를 보면 취수-도수-정수-송수-배수-급수이다.

102 양수량이 50m^3/min이고 전양정이 8m일 때 펌프의 축동력은?[단, 펌프의 효율$(\eta) = 0.8$]

① 65.2kW　② 73.6kW
③ 81.5kW　④ 92.4kW

[해설]

$P_p = \dfrac{9.8QH}{\eta}$ 이므로, $P_p = \dfrac{9.8 \times 50 \times 8}{0.8 \times 60} = 81.7$ kW

60으로 나눈 이유는 Q의 단위가 m^3/sec이므로 즉, 분단위를 초단위로 바꾸어야 한다.

103 계획오수량 중 계획시간 최대오수량에 대한 설명으로 옳은 것은?

① 계획 1일 최대오수량의 1시간당 수량의 1.3~1.8배를 표준으로 한다.
② 계획 1일 최대오수량의 70~80%를 표준으로 한다.
③ 1인 1일 최대오수량의 10~20%로 한다.
④ 계획 1일 평균오수량의 3배 이상으로 한다.

[해설]

①, ②는 계획1일 평균오수량에 대한 표준이고, ③은 지하수량의 기준이며, ④는 차집관의 기준이다.

104 완속여과와 급속여과의 비교 설명으로 틀린 것은?

① 원수가 고농도의 현탁물일 때는 급속여과가 유리하다.
② 여과속도가 다르므로 용지 면적의 차이가 크다.
③ 여과의 손실수두는 급속여과보다 완속여과가 크다.
④ 완속여과는 약품처리 등이 필요하지 않으나 급속여과는 필요하다.

[해설]
완속여과는 여과의 속도가 느리므로 손실수두도 작다.

105 수질오염 지표항목 중 COD에 대한 설명으로 옳지 않은 것은?

① COD는 해양오염이나 공장폐수의 오염지표로 사용된다.
② 생물분해 가능한 유기물도 COD로 측정할 수 있다.
③ $NaNO_2$, SO_2^- 는 COD 값에 영향을 미친다.
④ 유기물 농도값은 일반적으로 COD > TOD > TOC > BOD이다.

[해설]
TOC(Total Organic Carbon)총유기탄소, TOD(Total Oxygen Demand), COD(Chemical Oxygen Demand), BOD(Biological Oxygen Demand)이며, 유기물 농도값은 TOC > TOD > COD > BOD이다.

106 고형물 농도가 30mg/L인 원수를 Alum 25mg/L를 주입하여 응집 처리하고자 한다. 1,000m³/day 원수를 처리할 때 발생 가능한 이론적 최종 슬러지($Al(OH)_3$)의 부피는?[단, Alum= $Al_2(SO_4)_3$ · $18H_2O$, 최종 슬러지 고형물 농도=2%, 고형물 비중=1.2]

[반응식]
$Al_2(SO_4)_3 \cdot 18H_2O + 3Ca(HCO_3)_2 \rightarrow$
$2Al(OH)_3 + 3CaSO_4 + 18H_2O + 6CO_2$

[분자량]
$Al_2(SO_4)_3 \cdot 18H_2O = 666$, $Ca(HCO_3)_2 = 162$,
$Al(OH)_3 = 78$, $CaSO_4 = 136$

① 0.20m³/day   ② 0.24m³/day
③ 0.30m³/day   ④ 0.34m³/day

[해설]
고형물량=원수량×(고형물농도+응집제주입량×분자량비율)
= 1,000m³/day×(30mg/L+25mg/L×0.234)
= 1,000m³/day×(30×10⁻⁶m³/m³ + 25×0.234×10⁻⁶m³/m³)
= 0.03585m³/day
여기서, 분자량비율은 반응식에서 주어진 $Al_2(SO_4)_3 \cdot 18H_2O$: $2Al(OH)_3$에 대한 분자량 비율로 $\frac{2 \times 78}{666} = 0.234$임
최종슬러지 $Al(OH)_3$의 부피는 최종슬러지 고형물 농도와 비중을 고려하여
$= 0.03585 m^3/day \times \frac{100}{100-98} \times \frac{1}{1.2} ≒ 1.5 m^3/day$

107 다음 중 하수슬러지 개량방법에 속하지 않는 것은?

① 세정   ② 열처리
③ 동결   ④ 농축

[해설]
하수슬러지의 개량방법에는 세정, 열처리 동결융해, 약품처리가 있다.

108 합리식을 사용하여 우수량을 산정할 때 필요한 자료가 아닌 것은?

① 강우강도   ② 유출계수
③ 지하수의 유입   ④ 유달시간

[해설]

합리식 공식 $Q = CIA$의 항목을 보면, 지하수의 유입은 관련이 없음을 알 수 있다.

109 일반적인 하수처리장의 2차 침전지에 대한 설명으로 옳지 않은 것은?

① 표면부하율은 표준활성슬러지의 경우, 계획 1일 최대오수량에 대하여 $20 \sim 30 \mathrm{m}^3/\mathrm{m}^2 \cdot \mathrm{d}$로 한다.
② 유효수심은 $2.5 \sim 4\mathrm{m}$를 표준으로 한다.
③ 침전시간은 계획 1일 평균오수량에 따라 정하며 $5 \sim 10$시간으로 한다.
④ 수면의 여유고는 $40 \sim 60\mathrm{cm}$ 정도로 한다.

[해설]

침전시간은 계획 1일 최대오수량에 따라 정하며, $3 \sim 5$시간으로 한다.

110 어느 도시의 인구가 10년 전 10만 명에서 현재는 20만 명이 되었다. 등비급수법에 의한 인구증가를 보였다고 하면 연평균 인구증가율은?

① 0.08947   ② 0.07177
③ 0.06251   ④ 0.03589

[해설]

증가율은 $r = \left(\dfrac{P_0}{P_t}\right)^{\frac{1}{t}} - 1$ 이므로

$r = \left(\dfrac{200,000}{100,000}\right)^{\frac{1}{10}} - 1 = 0.07177$

111 하수도용 펌프 흡입구의 유속에 대한 설명으로 옳은 것은?

① $0.3 \sim 0.5\mathrm{m/s}$를 표준으로 한다.
② $1.0 \sim 1.5\mathrm{m/s}$를 표준으로 한다.
③ $1.3 \sim 3.0\mathrm{m/s}$를 표준으로 한다.
④ $5.0 \sim 10.0\mathrm{m/s}$를 표준으로 한다.

[해설]

하수도용 펌프 흡입구의 유속은 $1.3 \sim 3.0\mathrm{m/s}$를 표준으로 한다.

112 상수도 배수관망 중 격자식 배수관망에 대한 설명으로 틀린 것은?

① 물이 정체하지 않는다.
② 사고 시 단수구역이 작아진다.
③ 수리계산이 복잡하다.
④ 제수밸브가 적게 소요되며 시공이 용이하다.

[해설]

격자식 배수관망은 제수밸브가 많으며, 공사비가 많이 소요된다.

113 정수처리 시 트리할로메탄 및 곰팡이 냄새의 생성을 최소화하기 위해 침전지와 여과지 사이에 염소제를 주입하는 방법은?

① 전염소처리   ② 중간염소처리
③ 후염소처리   ④ 이중염소처리

[해설]

전염소처리는 취수 앞에서 주입하며, 후염소처리는 자체로 염소소독이라 부르며, 소독지에서 주입한다. 따라서 침전지와 여과지 사이에 주입하는 것은 중간염소처리라고 부른다.

114 호수의 부영양화에 대한 설명으로 틀린 것은?

① 부영양화는 정체성 수역의 상층에서 발생하기 쉽다.
② 부영양화된 수원의 상수는 냄새로 인하여 음료수로 부적당하다.
③ 부영양화로 식물성 플랑크톤의 번식이 증가되어 투명도가 저하된다.
④ 부영양화로 생물활동이 활발하여 깊은 곳의 용존산소가 풍부하다.

[해설]

부영양화가 되면 조류가 발생하며 냄새를 유발하고, 용존산소는 줄어들게 된다.

정답 109 ③ 110 ② 111 ③ 112 ④ 113 ② 114 ④

115 콘크리트 하수관의 내부 천정이 부식되는 현상에 대한 대응책으로 틀린 것은?

① 방식재료를 사용하여 관을 방호한다.
② 하수 중의 유황 함유량을 낮춘다.
③ 관 내의 유속을 감소시킨다.
④ 하수에 염소를 주입하여 박테리아 번식을 억제한다.

116 하수 배제방식의 특징에 관한 설명으로 틀린 것은?

① 분류식은 합류식에 비해 우천 시 월류의 위험이 크다.
② 합류식은 분류식(2계통 건설)에 비해 건설비가 저렴하고 시공이 용이하다.
③ 합류식은 단면적이 크기 때문에 검사, 수리 등에 유리하다.
④ 분류식은 강우 초기에 노면의 오염물질이 포함된 세정수가 직접 하천 등으로 유입된다.

117 1인 1일 평균 급수량의 일반적인 증가 감소에 대한 설명으로 틀린 것은?

① 기온이 낮은 지방일수록 증가한다.
② 인구가 많은 도시일수록 증가한다.
③ 문명도가 낮은 도시일수록 감소한다.
④ 누수량이 증가하면 비례하여 증가한다.

[해설]
급수량의 특징은 기온이 높을수록 즉, 여름에 증가한다.

118 하수고도처리에서 인을 제거하기 위한 방법이 아닌 것은?

① 응집제 첨가 활성슬러지법
② 활성탄흡착법
③ 정석탈인법
④ 혐기호기조합법

[해설]
활성탄흡착법은 이취미 제거 즉, 맛과 냄새를 좋게하기 위한 방법이다.

119 상수도계통에서 상수의 공급과정으로 옳은 것은?

① 취수 – 정수 – 도수 – 배수 – 송수 – 급수
② 취수 – 도수 – 정수 – 송수 – 배수 – 급수
③ 취수 – 배수 – 정수 – 도수 – 급수 – 송수
④ 취수 – 정수 – 송수 – 배수 – 도수 – 급수

[해설]
상수도계통도는 취수 – 도수 – 정수 – 송수 – 배수 – 급수이다.

120 우수관거 및 합류관거 내에서의 부유물 침전을 막기 위하여 계획우수량에 대하여 요구되는 최소 유속은?

① 0.3m/s   ② 0.6m/s
③ 0.8m/s   ④ 1.2m/s

[해설]
우수관, 합류관의 유속범위는 0.8~3m/sec이다.

정답 115 ③ 116 ① 117 ① 118 ② 119 ② 120 ③

MEMO

MEMO

MEMO

한 권으로 끝내는
토목종합문제 토목기사 필기

발행일 | 2024. 2. 10 초판 발행
2025. 1. 10 개정 1판1쇄
2026. 1. 20 개정 2판1쇄

저 자 | 조준호 · 박재성 · 이관석 · 채수하
발행인 | 정용수
발행처 | 예문사

주 소 | 경기도 파주시 직지길 460(출판도시) 도서출판 예문사
T E L | 031) 955-0550
F A X | 031) 955-0660
등록번호 | 11-76호

- 이 책의 어느 부분도 저작권자나 발행인의 승인 없이 무단 복제하여 이용할 수 없습니다.
- 파본 및 낙장은 구입하신 서점에서 교환하여 드립니다.
- 예문사 홈페이지 http://www.yeamoonsa.com

정가 : 42,000원

ISBN 978-89-274-6055-8 13530